Springer-Lehrbuch

Springer

Berlin
Heidelberg
New York
Barcelona
Hongkong
London
Mailand
Paris
Tokio

Markus Linnemann • Michael Kühl

Biochemie für Mediziner

Ein Lern- und Arbeitsbuch mit klinischem Bezug

6., überarbeitete Auflage

Mitbegründet von Sinan Güler
unter Mitarbeit von Thorsten Holletz

Mit 693 Abbildungen

Springer

Dr. med. Dipl. Bioch. Markus Linnemann
Bioscientia Standort Frankfurt
Nibelungenallee 37 - 41
60318 Frankfurt-Nordend
e-mail: Linnemann@bioscientia.de

Professor Dr. Michael Kühl
Universität Ulm
Abteilung Biochemie
Albert-Einstein-Allee 11
89081 Ulm
e-mail: michael.kuehl@medizin.uni-ulm.de

Unter dem gleichen Titel bis zur 5. Auflage ursprünglich erschienen im Vieweg Verlag.

ISBN 3-540-43673-1 6. Aufl. Springer-Verlag Berlin Heidelberg New York
ISBN 3-540-43045-8 5. Aufl. Springer-Verlag Berlin Heidelberg New York

Die Deutsche Bibliothek – Cip-Einheitsaufnahme

Linnemann, Markus:
Biochemie für Mediziner : ein Lern- und Arbeitsbuch mit klinischem Bezug / Markus Linnemann ; Michael Kühl. Mitbegr. von Sinan Güler. Unter Mitarb. von Thorsten Holletz. - 6. Aufl. -
Berlin ; Heidelberg ; New York ; Barcelona ; Hongkong ; London ; Mailand ; Paris ; Tokio ; Springer 2003
(Springer-Lehrbuch)
ISBN 3-540-43673-1

Springer-Verlag Berlin Heidelberg New York
ein Unternehmen der BertelsmannSpringer Science+Business Media GmbH

http://www.springer.de

Einbandgestaltung: deblik Berlin
Gedruckt auf säurefreiem Papier SPIN: 10878544 02/3020/M - 5 4 3 2 1 0

Vorwort zur 6. Auflage

Dieses Buch richtet sich in erster Linie an Studentinnen und Studenten medizinischer Fächer in der Vorklinik. Erfahrungsgemäß stellt die Biochemie eine der großen Hürden vor dem Physikum dar, die viele durch das Auswendiglernen aneinandergereihter Fakten zu bewältigen suchen. Häufig bleibt zwischen Praktika und Prüfungen wenig Zeit, sich mit den umfassenden, „großen" Lehrbüchern auseinanderzusetzen. So bleibt in vielen Fällen nur der Ausweg über die sogenannten Repetitorien, die in geraffter Form Faktenwissen auflisten, ohne dem Leser ein Verständnis für Zusammenhänge zu vermitteln. Diese Art des Lernens ist lästig, die gespeicherten Fakten werden nach den Prüfungen schneller vergessen, als sie erlernt wurden. Die Biochemie bleibt leider all zu oft als ein Fach in Erinnerung, an das man nur mit Schaudern zurückdenkt, zumal die Relevanz für den Klinikalltag leider oft genug undeutlich bleibt.

Das vorliegende, nunmehr in der 6. Auflage erscheinende Buch, trägt einerseits dem Zeitmangel von Studentinnen und Studenten Rechnung, andererseits wird - wo nötig - Erklärungen angemessen Platz eingeräumt. Vor allem aber wird der Bezug zwischen Biochemie und klinischem Alltag hergestellt.

In der Regel bauen die Kapitel dieses Buches aufeinander auf. Bisweilen ließen sich Vorgriffe nicht vermeiden, so daß in diesen Passagen auf nachfolgende Abschnitte verwiesen werden mußte. An vielen Stellen wird dem Leser das Faktenwissen zusätzlich zum Text noch einmal in einer Tabelle präsentiert. Insbesondere trifft dies auf die einzelnen Vitamine zu.

Was ist neu an der 6. Auflage? Viele Abbildungen wurden überarbeitet und zum Teil durch bessere ersetzt. Im Kapitel Immunologie wurde der Abschnitt über die Aktivierung von Lymphozyten verbessert. Hier findet sich jetzt auch eine einführender Abschnitt in die Apoptose. Das Kapitel zur Blutgerinnung wurde abermals aktualisiert. Im ganzen Buch wurden, wenn nötig, die klinischen Bezüge unserem fortschreitenden Wissen angepasst.

Wir möchten abschließend allen danken, die an der Fertigstellung dieser Auflage mitgewirkt haben, ganz besonders PD Dr. Thomas Heinemann und dem Team vom Springer-Verlag, Frau Dr. Hertel, Frau Dr. Börsch-Supan sowie Frau Kollmar-Thoni.

Möge dieses Buch ein Hilfe für alle diejenigen sein, die aus Interesse oder notgedrungen mit einer der dynamischsten Wissenschaften unserer Zeit, der Biochemie, in Berührung kommen.

Frankfurt und Ulm, im April 2002

Markus Linnemann
Michael Kühl

Inhaltsverzeichnis

1 Grundlagen der allgemeinen Chemie

1.1 Atombau und Periodensystem der Elemente

Lange Zeit war man der Ansicht, daß es sich bei den Atomen (atomos gr. unteilbar) um die kleinsten unteilbaren Bausteine der Materie handelt. Heute wissen wir, daß es wesentlich kleinere Teilchen gibt, aus denen die Atome aufgebaut sind. Zur Beschreibung dieses Teils des Mikrokosmos' wurden im Laufe der Geschichte eine Vielzahl von Modellen entworfen, die es ermöglichten, experimentelle Beobachtungen hinreichend gut zu verstehen. Eine wesentliche Erkenntnis stellte dabei die Tatsache dar, daß den Elementarteilchen, aus denen ein Atom aufgebaut ist, sowohl Teilchen- als auch Welleneigenschaften zukommen. Dies bedeutet, daß man zu ihrer Beschreibung sowohl Teilchen- als auch Wellenvorstellungen nutzen kann. In diesem Abschnitt werden die wesentlichen Grundlagen des Atombaus sowohl auf der Ebene des Teilchen- als auch des wellenmechanischen Modells erläutert. Da sich der Atombau der Elemente gleichzeitig im Periodensystem der Elemente (PSE) widerspiegelt, sollen diese Zusammenhänge an gleicher Stelle dargestellt werden.

1.1.1 Der Aufbau der Atome

Atome bestehen aus verschiedenen **Elementarteilchen**, von denen drei für das Verständnis der wesentlichen Eigenschaften der Atome von Bedeutung sind. Dies sind die **Elektronen** (e^-), welche eine negative Ladung tragen, die ladungslosen **Neutronen** (n) und die positiv geladenen **Protonen** (p^+). Sie sind durch ihre Ladung, ihren Aufenthaltsort im Atom und ihre Masse voneinander unterscheidbar. Atome sind nach außen neutrale Gebilde, da die Anzahl ihrer Elektronen und Protonen gleich ist. Die Protonen befinden sich zusammen mit den Neutronen im Zentrum des Atoms, dem Atomkern, wohingegen sich die Elektronen im wesentlich größeren Raum um den Atomkern, der Atomhülle, in Form einer Wolke negativer Ladung aufhalten. Die absolute Masse eines Elektrons läßt sich mit $9{,}1 \cdot 10^{-28}$ g beziffern. Protonen und Neutronen haben nahezu die gleiche Masse und sind mit $1{,}67 \cdot 10^{-24}$ g etwa 2000 mal schwerer als ein Elektron.

Ganz allgemein sei an dieser Stelle bemerkt, daß man in den Naturwissenschaften zwischen den Begriffen Größe und Einheit unterscheidet. Die **Größe** ergibt sich dabei aus dem Produkt von Zahlenwert und Einheit. So ist beispielsweise für die Größe „Masse" die entsprechende Einheit das Kilogramm, der Term „5 kg" ist das Produkt des Zahlenwertes 5 und der Einheit kg und somit eine Größe. Für jede Größe gibt es in Form eines lateinischen oder griechischen Buchstabens ein Größensymbol, z.B „m" für die Größe „Masse" oder „V" für das „Volumen". Da die Zahlenwerte für Massen, die im atomaren Bereich liegen, sehr „unhandlich" sind, hat man den zwölften Teil der absoluten Masse m_A des Kohlenstoffatoms ^{12}C als die atomare Masseneinheit u definiert. Die folgenden beiden Gleichungen verdeutlichen diesen Zusammenhang.

$$\text{atomare Masseneinheit} = \frac{\text{absolute Masse eines Kohlenstoffatoms } ^{12}_{6}\text{C}}{12} \quad (1.1)$$

$$u = \frac{m_A\left({}^{12}_{6}C\right)}{12} = \frac{1{,}994 \cdot 10^{-23}\,g}{12} = 1{,}66 \cdot 10^{-24}\,g \qquad (1.2)$$

Wir erhalten relative Massen, wenn wir die absolute Masse (z. B. eines Protons) durch die atomare Masseneinheit dividieren. Relative Größen sind einheitenlos, da sie aus dem Quotienten zweier absoluter Größen gebildet werden, aus dem sich die Einheiten kürzen.

$$\text{relative Masse eines Protons} = \frac{\text{absolute Masse des Protons}}{\text{atomare Masseneinheit}} \qquad (1.3)$$

$$\text{relative Masse eines Protons} = \frac{m_A\left(p^+\right)}{u} = \frac{1{,}6726 \cdot 10^{-24}\,g}{1{,}6600 \cdot 10^{-24}\,g} = 1{,}007 \qquad (1.4)$$

Tabelle 1.1: Charakteristische Größen der drei Elementarteilchen. Die absolute Ladung wird in der Einheit Coulomb C angegeben.

Teilchen	absolute Ladung in C	relative Ladung	absolute Masse in g	relative Masse
Elektron/e^-	$- 1{,}60219 \cdot 10^{-19}$	- 1	$9{,}109535 \cdot 10^{-28}$	0,000548
Neutron/n	0	0	$1{,}674954 \cdot 10^{-24}$	1,008665
Proton/p^+	$+ 1{,}60219 \cdot 10^{-19}$	+ 1	$1{,}672649 \cdot 10^{-24}$	1,007276

Die Atome der verschiedenen chemischen Elemente unterscheiden sich durch die Anzahl ihrer Protonen im Atomkern. Da die Protonen eines Atoms die positive Ladung des Atomkerns bestimmen, bezeichnet man die Protonenanzahl auch als Kernladungszahl. Sie gibt gleichzeitig auch die Anzahl der Elektronen an, da die positive Ladung der Protonen durch die gleiche Anzahl negativ geladener Elektronen kompensiert wird und so das Atom nach außen hin neutral erscheint. Die Kernladungszahl ist auch gleich der Ordnungszahl (OZ), nach deren Größe man die Elemente in ihrem Periodensystem (PSE-Periodensystem der Elemente) ordnet.

$$\text{Kernladungszahl} = \text{Ordnungszahl} = \text{Summe Protonen} = \text{Summe Elektronen} \qquad (1.5)$$

Wie man an den Zahlenwerten für die Massen der Elementarteilchen in Tabelle 1.1 bemerkt, haben Elektronen eine wesentlich geringere Masse als Protonen und Neutronen. Die Masse eines Atoms wird demzufolge hauptsächlich durch die Masse seines Atomkerns bestimmt. Man bezeichnet deshalb die Summe der Anzahl der Protonen und Neutronen eines Atoms als seine **Massenzahl.**

$$\text{Massenzahl} = \text{Summe Protonen} + \text{Summe Neutronen} \qquad (1.6)$$

Zur Charakterisierung der Atome eines Elements gibt man neben der Ordnungszahl auch die **Massenzahl** an und nutzt dabei die in Abb. 1.1 dargestellte Schreibweise. Das in Abb. 1.1 dargestellte Kohlenstoffatom besitzt demzufolge 6 Protonen und 6 Elektronen sowie zusätzlich 6 Neutronen, die zusammen mit den 6 Protonen die Massenzahl 12 ergeben. Da die Kernladungszahl eines Kohlenstoffatoms immer 6 beträgt, läßt man sie oft weg und schreibt nur ^{12}C.

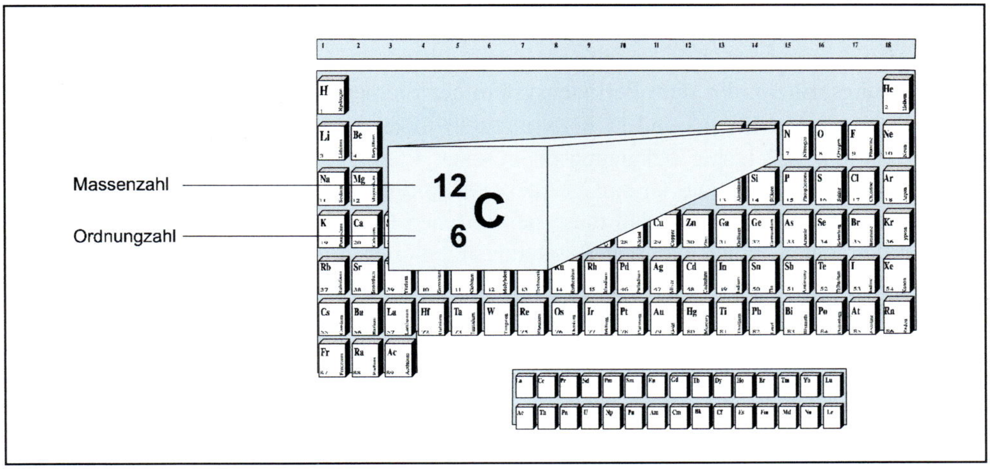

Abb. 1.1: Schreibweise des Elementsymbols mit Massen- und Ordnungszahl.

Ein Atom mit einer bestimmten Ordnungs- und Massenzahl bezeichnet man auch als **Nuklid**. Bei der Veränderung der Neutronenanzahl entsteht kein Atom eines neuen Elements. Solche unterschiedlichen Nuklide ein und desselben Elements nennt man **Isotope**.

Mit anderen Worten kann man Isotope auch als Atome mit gleicher Kernladungs-, aber unterschiedlicher Massenzahl bezeichnen. Neben den stabilen Isotopen eines Elements gibt es auch instabile, die sich unter Abgabe von Elementarteilchen stabilisieren. Aufgrund der dabei auftretenden Radioaktivität nennt man sie auch Radioisotope. Eine Reihe von ihnen verwendet man in der chemischen und biochemischen Forschung als radioaktive Marker (mark engl. markieren) (Tabelle 1.2). Die Isotopenzusammensetzung eines natürlich existierenden Elements kann man als konstant ansehen. Jedes Isotop kommt mit einer definierten Häufigkeit vor. Die einfachsten Atome sind die des Elements Wasserstoff. Es gibt drei Wasserstoffisotope mit einer jeweils ganz bestimmten Isotopenhäufigkeit: das Isotop ^{1}H (99,99 %), das **Deuterium** ^{2}H (0,01 %) und das radioaktive **Tritium** ^{3}H (künstlich synthetisiert). Die drei Isotope unterscheiden sich lediglich durch die Anzahl der Neutronen im Atomkern, was sich in ihren abweichenden Massenzahlen widerspiegelt. Während das häufigste Isotop ^{1}H kein Neutron besitzt, hat Deuterium ein und Tritium zwei Neutronen. An dieser Stelle soll noch einmal hervorgehoben werden, daß Atome ein und desselben chemischen Elements stets die gleiche Kernladungszahl besitzen, sich aber in ihren Massenzahlen unterscheiden können.

Tabelle 1.2: Einige Elemente mit ihren Isotopen und deren Isotopenhäufigkeit. Die mit einem Stern gekennzeichneten Isotope sind radioaktiv.

Element	Symbol	A_r	Ordnungszahl	Isotope (Isotopenhäufigkeit)
Wasserstoff	H	1,008	1	^{1}H (99,99%), ^{2}H (0,01%), ^{3}H (künstl.)
Phosphor	P	30,974	15	^{31}P (100%), $^{32}P^{*}$ (künstl.)
Schwefel	S	32,066	16	^{32}S (95,02%), $^{35}S^{*}$ (künstl.)
Kobalt	Co	58,933	27	^{59}Co (100%), $^{60}Co^{*}$ (künstl.)
Iod	I	126,904	53	$^{125}I^{*}$ (künstl.), ^{127}I (100%), $^{131}I^{*}$ (künstl.)

1.1.2 Das Periodensystem der Elemente

Das Ordnungsprinzip, das dem Periodensystem der Elemente (PSE) zugrunde liegt, wurde schon 1869 von L. MEYER[1] und D. MENDELEJEW[2] erkannt. Es stellt ein Übersichtsschema dar, in das alle 112 bisher bekannten chemischen Elemente ihrer Ordnungszahl entsprechend eingeordnet sind. Die Grundlage dieser Einordnung ist demzufolge die Elektronenkonfiguration. Wir bemerken, daß diese periodischen Charakter trägt, wenn wir folgendes Beispiel betrachten. Folgt man den Besetzungsregeln der Atomorbitale, so stellt man fest, daß mit steigender Ordnungszahl immer wieder Elemente auftreten, die im äußersten Orbital beispielsweise genau ein s-Elektron besitzen (Tabelle 1.3). Gleiches finden wir auch für andere Valenzelektronenkonfigurationen. Elektronen, die sich in den äußersten s-, p-, d- oder f-Orbitalen befinden, bezeichnet man auch als **Valenzelektronen** (**Außenelektronen**). Wir können also feststellen: Elemente mit gleicher Valenzelektronenkonfiguration wiederholen sich periodisch. Im PSE sind die Elemente als Kästchen in waagerechten und senkrechten Reihen angeordnet. Diese Kästchen beinhalten verschiedene Angaben über das jeweilige Element. In der Regel sind dies das Elementsymbol, der Name des Elements, die Ordnungszahl und die relative Atommasse. Zusätzlich können noch weitere Angaben gemacht werden, deren Bedeutung meist in einer Legende erläutert wird. Die waagerechten Reihen heißen **Perioden**, von denen es insgesamt sieben gibt. In ihnen sind die Elemente mit steigender Ordnungszahl nebeneinander angeordnet. Die senkrechten Reihen der Elemente heißen **Gruppen**. Mit wenigen Ausnahmen stehen in ihnen Elemente gleicher Valenzelektronenkonfiguration untereinander (Tabelle 1.3 und Tabelle 1.4).

Tabelle 1.3: Valenzelektronen der Elemente der ersten Hauptgruppe (Ia).

Element	Elementsymbol	Ordnungszahl	Valenzelektronenkonfiguration
Wasserstoff	H	1	$1s^1$
Lithium	Li	3	$2s^1$
Natrium	Na	11	$3s^1$
Kalium	K	19	$4s^1$
Rubidium	Rb	37	$5s^1$
Caesium	Cs	55	$6s^1$
Francium	Fr	87	$7s^1$

Die Gruppen unterteilt man weiter in **Hauptgruppen** (Ia - VIIIa), in denen sich die Elemente befinden, die als Außenelektronen nur Elektronen in s- und p-Orbitalen besitzen. Mit der Ausnahme des Heliums gibt die Hauptgruppennummer immer die Zahl der Valenzelektronen des Elements an. Desweiteren gibt es **Nebengruppen** (Ib - VIIIb) mit Elementen, die als Valenzelektronen d- und f-Elektronen aufweisen. Die Nebengruppenelemente zählen allesamt zu den Metallen, weshalb man sie auch als **Übergangsmetalle** bezeichnet. Zusätzlich gehören die Lanthanoiden (OZ 58 - OZ 71) und die Actinoiden (OZ 90 - OZ 103) zu den Nebengruppenelementen.

---

[1]**MEYER, JULIUS LOTHAR**: * 1830, † 1895: Deutscher Chemiker, stellte 1869 gleichzeitig und unabhängig von MENDELEJEW das Periodensystem der Elemente auf.

[2]**MENDELEJEW, DIMITRIJ**: * 1834, † 1907: Russischer Chemiker, arbeitete auf dem Gebiet der physikalischen Chemie. Parallel zu MEYER gelang ihm die Formulierung des Periodensystems der Elemente. Das Element 101 ist nach ihm benannt.

Tabelle 1.4: Valenzelektronenkonfiguration in den Hauptgruppen.

Hauptgruppen							
Ia	**IIa**	**III**	**IVa**	**Va**	**VIa**	**VIIa**	**VIIIa**
s^1	s^2	s^2p^1	s^2p^2	s^2p^3	s^2p^4	s^2p^5	s^2p^6

Sie sind aus Platzgründen einzeln aufgeführt und ordnen sich zwischen der dritten und vierten Nebengruppe ein. Tabelle 1.4 zeigt zur Verdeutlichung die Valenzelektronenkonfiguration in den jeweiligen Hauptgruppen.

Den rechten Abschluß des PSE stellt die 8. Hauptgruppe dar. In ihr stehen die **Edelgase**. Wie der Name schon sagt, handelt es sich ausnahmslos um Gase, die wegen ihrer chemischen Reaktionsträgheit als edel bezeichnet werden. Die Erklärung dafür ist ihre besonders stabile Elektronenkonfiguration. Die jeweils äußersten s- und p-Orbitale sind vollständig besetzt. Mit Ausnahme des Heliums, das über ein mit zwei Elektronen vollständig besetztes 1s-Orbital verfügt, haben alle Edelgase 8 Valenzelektronen (Elektronenkonfiguration s^2p^6). Wegen der besonders hohen Stabilität dieses Zustandes wird er auch als **Elektronenoktett** (Edelgaskonfiguration) bezeichnet. Es sei darauf hingewiesen, daß sich viele physikalische und chemische Eigenschaften der Elemente innerhalb des PSE, der Elektronenkonfiguration folgend, periodisch ändern. So nimmt beispielsweise der Metallcharakter der Elemente von links nach rechts ab, der Nichtmetallcharakter hingegen in gleicher Richtung zu. In einer Gruppe erhöhen sich die metallischen Eigenschaften von oben nach unten, das Umgekehrte gilt für die nichtmetallischen Eigenschaften. Dies bedeutet, daß typische Metalle links unten und typische Nichtmetalle rechts oben im PSE zu finden sind. Weitere sich periodisch ändernde Eigenschaften, auf die später noch eingegangen wird, sind die Elektronegativität, der Atomradius und das Atomvolumen, der Ionenradius, die Ionisierungsenergie, die Elektronenaffinität, der basische und saure Charakter der Oxide und die Oxidationsstufe.

1.2 Die Grundtypen der chemischen Bindung

Beim Zusammenschluß von Atomen eines Elements oder Atomen verschiedener Elemente entstehen chemische Verbindungen. Beispielsweise können sich in einem Protein viele tausend Atome zu einem Molekül vereinigen. Vermittelt wird dieser Zusammenschluß durch chemische Bindungen. Dabei kann man verschiedene Grenztypen wie die Ionenbeziehung (Ionenbindung), die metallische Bindung, die Atombindung (kovalente Bindung) und die VAN-DER-WAALS-Bindung unterscheiden. Die Übergänge zwischen diesen idealen Formen sind fließend. In den folgenden Abschnitten wollen wir alle diese Bindungstypen einer näheren Betrachtung unterziehen.

1.2.1 Die Ionenbindung

Im Abschnitt 1.1.2 war schon die Rede davon, daß eine vollständige Valenzelektronenkonfiguration s^2p^6 (Elektronenoktett) energetisch hohe Stabilität besitzt. Aus diesem Grunde sind Atome mit nur wenigen Valenzelektronen (Metalle) bestrebt, diese abzugeben, wobei positiv geladene **Kationen** entstehen. Diese besitzen dann die besonders stabile Valenzelektronenkonfiguration des vorhergehenden Edelgases. Umgekehrt können Atome, denen für eine Edelgaskonfiguration nur ein oder zwei Elektronen fehlen (Nichtmetalle), diese unter Bildung negativ geladener **Anionen** aufnehmen.

Natrium-Atom		Natrium-Kation	Fluor-Atom		Fluorid-Anion	
Na	$\xrightarrow{-e^-}$	Na^+	F	$\xrightarrow{+e^-}$	F^-	(1.7)
$1s^2\,2s^2\,2p^6\,3\mathbf{s}^{\mathbf{1}}$		$1s^2\,2\mathbf{s}^{\mathbf{2}}\,2\mathbf{p}^{\mathbf{6}}$	$1s^2\,2\mathbf{s}^{\mathbf{2}}\,2\mathbf{p}^{\mathbf{5}}$		$1s^2\,2\mathbf{s}^{\mathbf{2}}\,2\mathbf{p}^{\mathbf{6}}$	

Nicht alle Elemente neigen in gleichem Maße zur Bildung von Ionen. Kationen werden besonders von den Elementen der ersten und zweiten Hauptgruppe (typische Metalle) und Anionen vornehmlich von den Elementen der sechsten und siebten Hauptgruppe (typische Nichtmetalle) gebildet. Die physikalische Größe, die das Bestreben eines Atoms widerspiegelt, Elektronen abzugeben (Bildung von Kationen), ist die **Ionisierungsenergie**. Der umgekehrte Vorgang, das Bestreben eines Atoms zusätzliche Elektronen aufzunehmen (Bildung von Anionen), wird durch die **Elektronenaffinität** beschrieben. Um die Tendenz zur Ionenbildung auf einfache Art abschätzen zu können, hat man den Begriff der **Elektronegativität** (EN) eingeführt. Sie gibt die Tendenz eines Atoms an, in einer Verbindung Elektronen zu sich heranzuziehen. Die Elektronegativität ist eine relative Größe mit Zahlenwerten zwischen 0 und 4. Alle drei Größen zeigen, da sie direkt mit der Elektronenkonfiguration der Elemente verknüpft sind, eine Periodizität im PSE. Für die Elektronegativität heißt das, daß sie innerhalb der Perioden von links nach rechts und innerhalb der Gruppen von unten nach oben zunimmt. Dabei werden die Edelgase (8. Hauptgruppe) ausgeklammert, weil sie aufgrund der schon vorhandenen Edelgaskonfiguration keine Tendenz zur Elektronenaufnahme bzw. Abgabe zeigen. Ein Element mit einer hohen Elektronegativität, beispielsweise das Fluor (F), steht rechts oben im PSE.

Bei der Bildung der ionischen Verbindung Natriumchlorid aus metallischem Natrium und Chlorgas gibt das Natriumatom sein 3s-Elektron ab. Es bildet sich dabei das positiv geladene Natriumkation mit der Elektronenkonfiguration des Edelgases Neon. Dieses Elektron kann das Chloratom, dem zur Elektronenkonfiguration des Edelgases Argon nur ein Elektron fehlt, aufnehmen. Dabei entsteht das negativ geladene Chloridion.

2Na	+	Cl_2	$\longrightarrow$	$2Na^+$	+	$2Cl^-$	(1.8)
$1s^2\,2s^2\,2p^6\,3\mathbf{s}^{\mathbf{1}}$		$1s^2\,2s^2\,2p^6\,3\mathbf{s}^{\mathbf{2}}\,3\mathbf{p}^{\mathbf{5}}$		$1s^2\,2\mathbf{s}^{\mathbf{2}}\,2\mathbf{p}^{\mathbf{6}}$		$1s^2\,2s^2\,2p^6\,3\mathbf{s}^{\mathbf{2}}\,3\mathbf{p}^{\mathbf{6}}$	

Beide Ionen üben infolge ihrer entgegengesetzten Ladungen starke Anziehungskräfte aufeinander aus und lagern sich im Rahmen eines **Ionengitters** zu Ionenkristallen zusammen. Eine solche Bindung bezeichnet man als **Ionenbeziehung** (Ionenbindung). Sie wird immer dann ausgebildet, wenn zwei Elemente mit einer großen Elektronegativitätsdifferenz (typische Metalle mit typischen Nichtmetallen) eine Verbindung bilden. Die Ionenbeziehung ist eine ungerichtete Bindung, da die elektrostatischen Kräfte in alle Raumrichtungen wirken. Stoffe, denen eine Ionenbeziehung zugrunde liegt, werden auch **Salze** genannt. Salze sind nach außen neutral, das heißt, es lagern sich in einem Ionenkristall immer genau gleich viele positive und negative Ladungen zusammen. Die Stabilität einer Verbindung wird durch die Bindungsenergie angegeben. Für Salze, die in fester Form ein Ionengitter bilden, ist dies die **Gitterenergie**. Sie gibt den Energiebetrag an, der einerseits frei wird, wenn sich ein Ionengitter bildet und andererseits investiert werden muß, um das Ionengitter gegen die elektrostatischen Anziehungskräfte der Ionen aufzulösen.

1.2.2 Die Atombindung

Den wohl wichtigsten Typ der chemischen Bindung stellt die Atombindung dar. Atombindungen bilden sich immer dann aus, wenn zwei Elemente mit einer geringen Tendenz zur Ionenbildung und einer kleinen Elektronegativitätsdifferenz chemische Bindungen eingehen. Dies trifft auf Stoffe zu, die sich aus Nichtmetallatomen zusammensetzen. Eine solche Bindung basiert nach LEWIS (1916) darauf, daß jedes der beiden Atome ein einzelnes **ungepaartes Valenzelektron** besitzt und dieses für ein gemeinsames **bindendes Elektronenpaar** zur Verfügung stellt. Dadurch wird es für beide Atome möglich, unter Einbeziehung des gemeinsamen Elektronenpaares eine stabile Valenzelektronenkonfiguration zu erreichen. Die Anzahl der Atombindungen, die ein Atom eingeht, nennt man **Bindigkeit**.

Ein Atom kann nicht unbegrenzt viele Atombindungen eingehen, vielmehr wird die höchste mögliche Bindigkeit durch seine Elektronenkonfiguration bestimmt. Abb. 1.2 soll diese Zusammenhänge erläutern helfen. Zur Erklärung sei angemerkt, daß es verschiedene Formelschreibweisen gibt: In der **Summenformel** werden die Art (Elementsymbol) und die Anzahl (tiefgestellte Zahl) der an einer Verbindung beteiligten Atome angegeben. Dagegen sind aus einer **Strukturformel** zusätzlich die Bindungen, die die einzelnen Atome miteinander verknüpfen, ersichtlich. Bindende Elektronenpaare werden als Striche zwischen den Atomen geschrieben, freie Valenzelektronenpaare können als zusätzliche Striche am Elementsymbol angegeben sein. Zur besseren Verständlichkeit kann es manchmal sinnvoll sein, die Valenzelektronen als Punkte um das Elementsymbol anzuordnen.

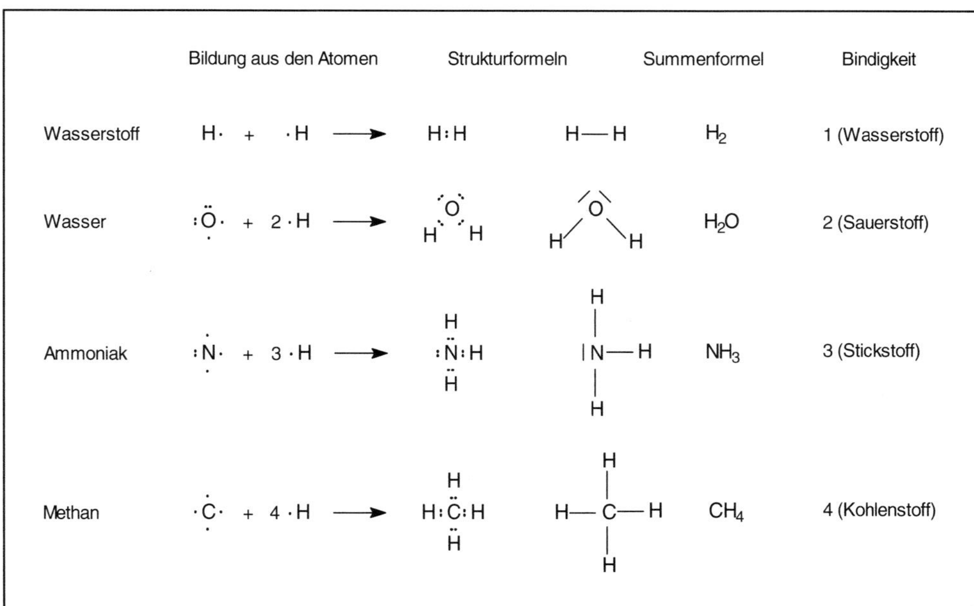

Abb. 1.2: Die Bildung von Wasserstoff H_2, Wasser H_2O, Ammoniak NH_3 und Methan CH_4 aus den Atomen. Weiterhin angeführt sind Struktur- und Summenformeln sowie Bindigkeiten der jeweiligen Verbindungen.

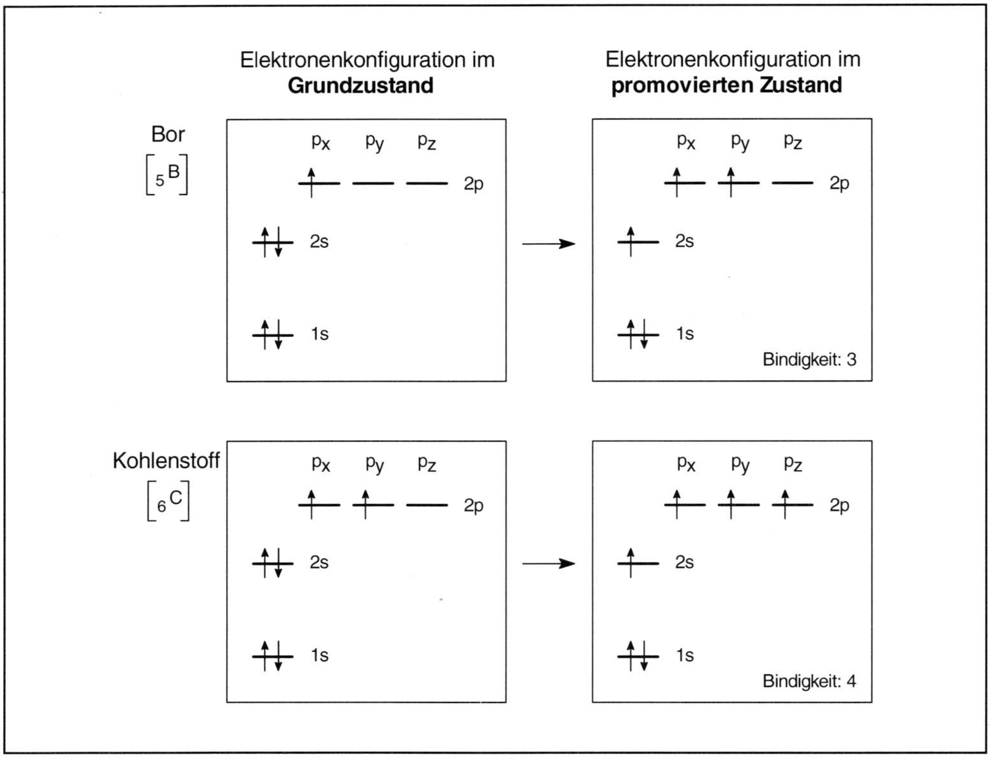

Abb. 1.3: Valenzelektronenkonfiguration verschiedener Atome im Grund- und im promovierten Zustand sowie daraus abgeleitete Bindigkeiten. Man bezeichnet das 1s-Orbital auch als K-Schale, während 2s- und die drei 2p-Orbitale als L-Schale zusammengefaßt werden.

Betrachtet man das Methanmolekül, so sind für die kovalenten C-H-Bindungen vier ungepaarte Valenzelektronen am Kohlenstoffatom erforderlich. Kohlenstoff besitzt als Element der vierten Hauptgruppe zwar vier Valenzelektronen, von denen im Grundzustand jedoch zunächst nur zwei ungepaart sind. Durch Energiezufuhr ist es möglich, daß das C-Atom eine Elektronenkonfiguration mit vier ungepaarten Elektronen erreicht und dadurch seine Bindigkeit erhöhen kann. Dies geschieht durch den Übergang eines Elektrons aus dem 2s-Orbital in ein unbesetztes 2p-Orbital. Diesen Vorgang nennt man **Promotion**. Die dazu erforderliche Energie wird durch die nachfolgende Bildung bindender Elektronenpaare wieder zurückgewonnen. Wie Abb. 1.3 zeigt, lassen sich diese Vorstellungen auch auf andere Atome übertragen. Die Elemente der 2. Periode können maximal vier kovalente Bindungen ausbilden, da sich auf der L-Schale insgesamt nur 8 Elektronen im 2s- und 2p-Orbital unterbringen lassen. Dagegen besteht für Elemente der nachfolgenden Perioden die Möglichkeit, höhere Bindigkeiten zu erreichen, da ab der 3. Periode zusätzlich d-Orbitale für die Bindungsbildung zur Verfügung stehen.

Nach der Ausbildung einer Atombindung werden die beiden beteiligten Atome in einem bestimmten Abstand zueinander gehalten (Energieminimum). Man bezeichnet den mittleren Abstand (wegen der Schwingungen der Atomkerne um diesen Abstand) zwischen den beiden Atomkernen auch als **Bindungslänge**. Eine weitere Annäherung der Atome ist nur unter Energiezufuhr denkbar, da die positiv geladenen Kerne einander abstoßen.

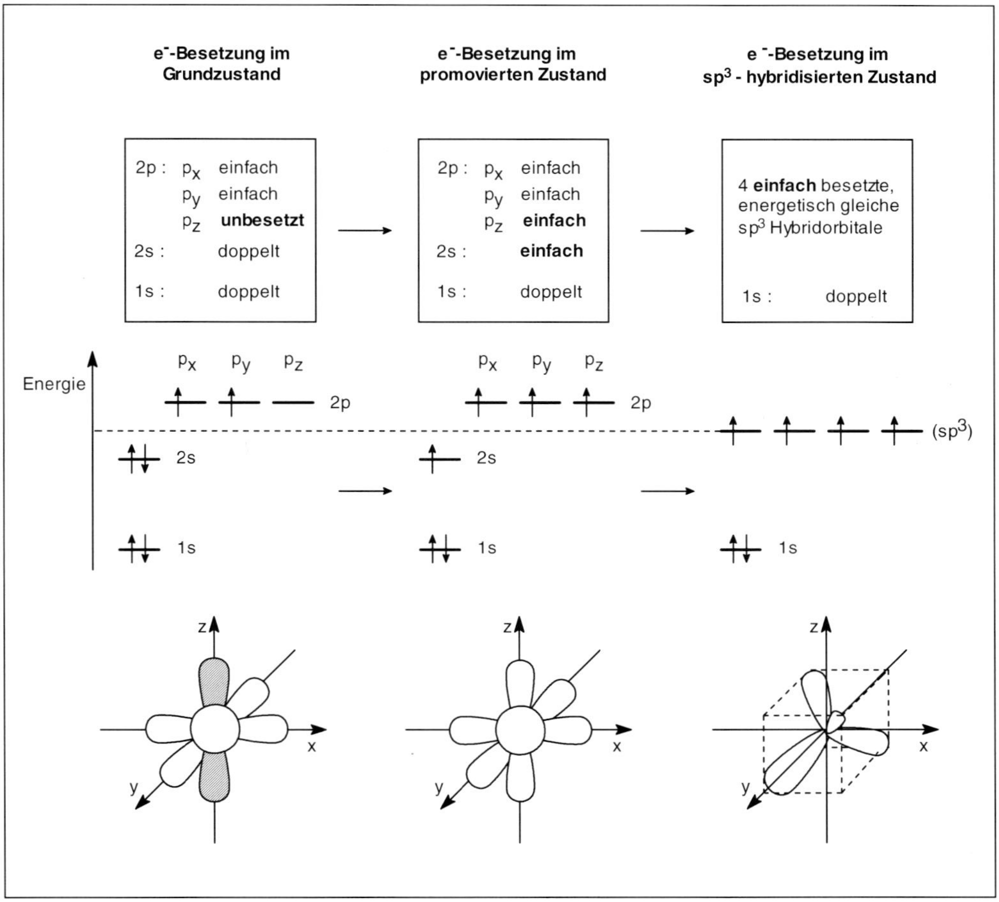

Abb. 1.4: Hybridisierung des Kohlenstoffatoms und Bildung von sp^3-Hybridorbitalen. Die Abbildung ist in drei Spalten gegliedert, in denen jeweils verschiedene Elektronenzustände dargestellt sind. In der Mitte sind die Veränderungen in den Energieniveauschemata gezeigt. Der untere Teil stellt eine Veranschaulichung der Veränderungen in der räumlichen Gestalt der Orbitale dar. Das dunkle Orbital ist unbesetzt (p_z-Orbital), während die hellen Orbitale mit Elektronen besetzt sind. Das 1s-Orbital ist in den Abbildungen nicht mitgezeichnet, es befindet sich ganz im Zentrum des Koordinatensystems. Man erkennt, wie aus dem kugelsymmetrischen 2s-Orbital und den drei hantelförmigen 2p-Orbitalen vier gleiche, nun keulenförmige sp^3-Hybridorbitale entstehen. Sie zeigen in vier der insgesamt acht Ecken eines Würfels. Würde man die Endpunkte der sp^3-Hybridorbitale miteinander verbinden, so entstünde ein Tetraeder.

Mit der wellenmechanischen Betrachtung der chemischen Bindung wird es zusätzlich möglich, Aussagen über den räumlichen Aufbau von Molekülen zu gewinnen. Wir wollen uns diesen Zusammenhang anhand des Methanmoleküls CH_4 erschließen. In diesem Abschnitt haben wir bereits erfahren, daß die Voraussetzung für die Vierbindigkeit des Kohlenstoffs die Anhebung eines 2s-Elektrons in ein unbesetztes 2p-Orbital ist (Promotion). Als deren Ergebnis befindet sich das Kohlenstoffatom in einem angeregten Zustand mit vier ungepaarten Valenzelektronen, die sich zunächst in unterschiedlichen Atomorbitalen befinden (2s-Orbital und den drei 2p-Orbitalen p_x, p_y und p_z). Diese Atomorbitale kombinieren nun zu vier energetisch und geometrisch gleichen Orbitalen. Man nennt diesen Vorgang **Hybridisierung** und die dabei entstehenden Orbitale **sp^3-Hybridorbitale** (benannt nach den an der Hybridisierung beteiligten Orbitalen, Abb. 1.4).

Bei der Bildung des Methanmoleküls CH_4 aus den Atomen überlappt jedes der vier sp^3-Hybridorbitale des Kohlenstoffatoms mit einem 1s-Atomorbital des Wasserstoffatoms. Dies hat zur Folge, daß jeweils ein bindendes Molekülorbital mit zwei Elektronen besetzt wird. Es enstehen 4 gleichwertige σ (Sigma)-Bindungen. Man spricht immer dann von einer **σ-Bindung**, wenn die Elektronen rotationssymmetrisch um die gedachte Bindungsachse verteilt sind. Die räumliche Struktur des Methans CH_4 wird durch die Hybridisierung des Kohlenstoffatoms bestimmt. Die vier gleichwertigen sp^3-Hybridorbitale lassen sich im Raum nur so anordnen, daß sich das C-Atom im Zentrum eines Tetraeders befindet und die sp^3-Hybridorbitale in seine vier Ecken gerichtet sind. Damit beträgt der Winkel zwischen zwei C-H-Bindungen, der sogenannte **Bindungswinkel** (Valenzwinkel), 109,5° (Abb. 1.5)

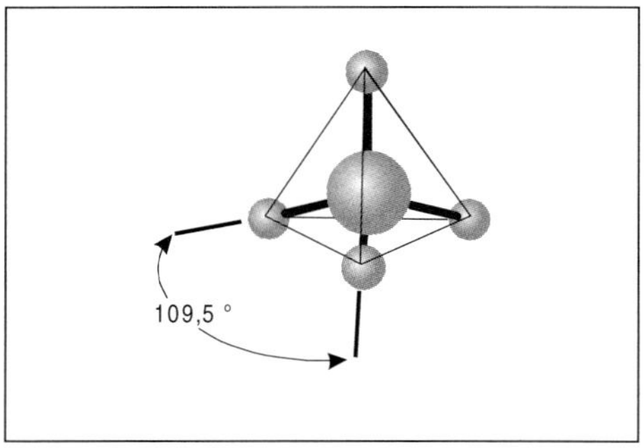

Abb. 1.5: Die Raumstruktur des Methanmoleküls CH_4. Der gedachte Tetraeder zwischen den Wasserstoffatomen ist mit feinen Linien eingezeichnet.

Im Ethanmolekül $H_3C\text{-}CH_3$ sind beide Kohlenstoffatome sp^3-hybridisiert. Die C-H-Bindungen entstehen auf gleiche Art wie beim Methan durch Überlappung der jeweils mit einem Elektron besetzten sp^3-Hybridorbitale des Kohlenstoffs mit den einfach besetzten 1s-Orbitalen der Wasserstoffatome. Bei der C-C-Bindung dagegen überlappen zwei sp^3-Hybridorbitale. Man spricht bei dieser σ-Bindung von einer **C-C-Einfachbindung**.

Das Hybridisierungskonzept umfaßt nicht nur die Bildung von sp^3-Hybridorbitalen, wie sie für die Beschreibung des Methans CH_4 und des Ethans $H_3C\text{-}CH_3$ herangezogen wurden. Kohlenstoff kann auch sp^2-hybridisiert vorliegen. In diesem Fall kommt es nach der Promotion nur zur Hybridisierung des 2s-Orbitals mit zwei 2p-Atomorbitalen, wobei 3 energetisch gleichwertige, einfach besetzte sp^2-Hybridorbitale entstehen. Ein 2p-Atomorbital bleibt unverändert. Räumlich gesehen sind die 3 sp^2-Hybridorbitale in einer Ebene angeordnet, wobei der Winkel zwischen den Orbitalen 120° beträgt. Man nennt diese Anordnung „trigonal eben". Das einfach besetzte 2p-Atomorbital steht senkrecht zur Ebene der sp^2-Hybridorbitale (Abb. 1.6). Eine solche Hybridisierung der Kohlenstoffatome ist im Ethenmolekül $H_2C{=}CH_2$ verwirklicht. Zusätzlich zu dem σ-Bindungsgerüst, das sich in einer Ebene befindet, überlappen die beiden einfach besetzten 2p-Atomorbitale, die nicht in die Hybridisierung mit einbezogen sind. Dabei entsteht ein doppelt besetztes bindendes **π-Molekülorbital**, dessen größte Elektronendichte ober- und unterhalb der Ebene des σ-Bindungsgerüsts liegt. Bei dieser zusätzlichen Bindung ist die Anordnung der Elektronen um die gedachte C-C-Bindungsachse nicht rotationssymmetrisch. Daher spricht man hier von einer **π (Pi)-Bindung**. Insgesamt gesehen liegt damit im Ethenmolekül $H_2C{=}CH_2$ eine **C-C-Doppelbindung** vor (Abb. 1.6). Eine freie Drehbarkeit um die gedachte Bindungsachse ist nicht mehr möglich, weil dazu die π-Bindung für kurze Zeit aufgehoben werden müßte.

Zuletzt ist die sp-Hybridisierung des Kohlenstoffatoms zu nennen. Dabei hybridisiert das einfach besetzte 2s-Orbital mit einem einfach belegten 2p-Orbital, und es entstehen zwei äquivalente sp-Hybridorbitale. Zwei der insgesamt drei 2p-Orbitale bleiben unverändert. Die beiden sp-Hybridorbitale schließen einen Winkel von 180° ein.

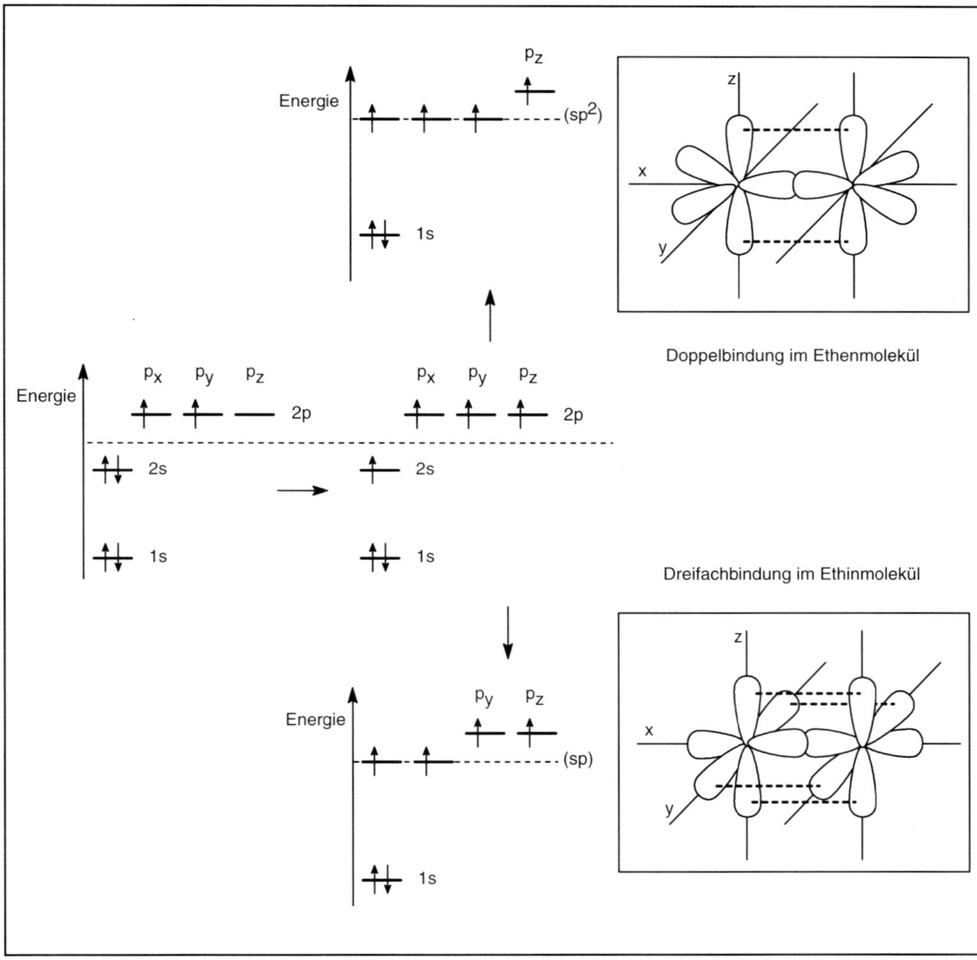

Abb. 1.6: sp^2- und sp-Hybridisierung des Kohlenstoffatoms und Bildung von Mehrfachbindungen. In beiden Molekülen entstehen die σ-Bindungen durch die Überlappung jeweils zweier Hybridorbitale, die auf der x-Achse liegend dargestellt sind. Die π-Bindungen werden durch die Überlappungen der verbleibenden p-Orbitale gebildet. Die dick gestrichelten Linien sollen dies kennzeichnen, wobei immer zwei gegenüberliegende einer π-Bindung entsprechen.

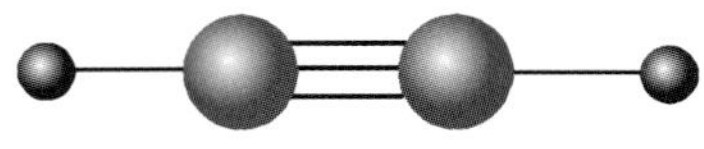

Abb. 1.7: Eine sp-Hybridisierung der Kohlenstoffatome finden wir beispielsweise im Ethinmolekül HC≡CH. Aufgrund des Valenzwinkels von 180° ist das gesamte Molekül linear.

An jedem der beiden Kohlenstoffatome des Ethinmoleküls HC≡CH bleiben zwei einfach besetzte p-Orbitale übrig. Sie stehen jeweils senkrecht zur gedachten C-C-Bindungsachse und schließen zueinander einen Winkel von 90° ein. Ähnlich dem Ethenmolekül $H_2C{=}CH_2$ kommt es beim Ethin HC≡CH durch die Überlappung der einfach besetzten p-Atomorbitale zur Herausbildung von zwei bindenden π-Molekülorbitalen, die jeweils mit zwei Elektronen besetzt sind. Es liegt eine **C-C-Dreifachbindung** vor, die aus einer σ- und zwei π-Bindungen besteht. Auch hier ist die freie Drehbarkeit um die gedachte Kernverbindungsachse aufgehoben (Abb. 1.6). Das Konzept der Hybridisierung ist nicht nur auf das Kohlenstoff-atom beschränkt. Es ist auf alle Atome, die kovalente Bindungen eingehen, anwendbar. Bei den Elementen höherer Perioden können an der Hybridisierung neben s- und p- auch d-Orbitale beteiligt sein. Die Voraussetzung dafür ist, daß die an der Hybridisierung beteiligten Atomorbitale energetisch nah beieinander liegen. Es ist deshalb nicht möglich, daß ein 2s-Orbital mit einem 4p-Orbital hybridisiert.

Tabelle 1.5: Räumliche Eigenschaften von Hybridorbitalen.

Hybridisierung	Anzahl der Hybridorbitale	Orientierung	Winkel zwischen Hybridorbitalen	Beispiele
sp^3	4	tetraedrisch	109,5°	H_2O, NH_3, CH_4
sp^2	3	trigonal eben	120,0°	σ-Bindungsgerüst im Ethen
sp	2	linear	180,0°	σ-Bindungsgerüst im Ethin

Rein kovalente Bindungen treten nur in Molekülen gleicher Nichtmetallatome auf (H_2, Cl_2). Hier ist die Elektronendichte des bindenden Elektronenpaares gleichmäßig zwischen den an der Bindung beteiligten Atomen verteilt. Besitzen jedoch die an einer Atombindung beteiligten Atome eine Elektronegativitätsdifferenz, so wird die Elektronendichte am Atom höherer Elektronegativität größer, am Atom mit der geringeren Elektronegativität dagegen kleiner. Man spricht von einer **polaren Atombindung**. Bisweilen ist es sinnvoll, die Polarität einer Atombindung in Strukturformeln hervorzuheben. Dies geschieht durch die Angabe einer **negativen Partialladung** δ^- am Atom mit der höheren und einer **positiven Partialladung** δ^+ am Atom mit der geringeren Elektronegativität.

Moleküle, in denen aufgrund polarer Atombindungen positiver und negativer Ladungsschwerpunkt nicht zusammenfallen, bezeichnet man als **Dipolmoleküle**. Hierhin gehören das Wassermolekül mit H als positivem und O als negativem Pol oder das HCl-Molekül, bei dem der negative Pol durch das Chloratom gestellt wird.

1.2.3 Wasserstoffbrückenbindung

Verbindet sich Wasserstoff mit einem Element hoher Elektronegativität (F, O, N), so entsteht eine polare Atombindung. Die Verbindungen Fluorwasserstoff HF, Ammoniak NH_3 oder Wasser H_2O können dafür als Beispiele dienen. Solche Dipolmoleküle neigen dazu, sich zu größeren Molekülverbänden zusammenzulagern. Man versteht dies, wenn man sich beispielsweise für das Wassermolekül vorstellt, daß der positive Ladungsschwerpunkt am Wasserstoffatom eine zusätzliche Bindung mit einem freien Elektronenpaar des Sauerstoffatoms eines anderen Wassermoleküls eingeht. Bindungen dieser Art, die wesentlich schwächer als Atombindungen oder auch Ionenbindungen sind, bezeichnet man als **Wasserstoffbrückenbindungen**. Sie können sowohl zwischen Molekülen gleicher Art (z. B. Wassermolekülen) als auch zwischen verschiedenartigen Molekülen (beispielsweise den beiden Strängen eines DNA-Doppelstranges) und innerhalb eines Moleküles (z. B. eines Proteins) auftreten. Voraussetzung für das Zustandekommen einer Wasserstoffbrückenbindung ist die räumliche Nähe eines **Wasserstoffbrückendonators** (donare lat. geben) und eines **Wasserstoffbrückenakzeptors** (accipere lat. annehmen). Als Donator fungiert immer ein positiviertes Wasserstoffatom, das über eine polare Atombindung an ein stark elektronegatives Atom (F, O, N) gebunden ist. Den Akzeptor bildet ein negativiertes Atom (F, O, N), das über ein freies Elektronenpaar verfügt. Den Wasserstoffbrückenbindungen kommt in der belebten Natur eine besondere Bedeutung zu. Sie bestimmen die Feinstruktur und biologischen Funktionen einer Vielzahl von Biomolekülen (z. B. Nukleinsäuren, Proteinen).

1.2.4 VAN-DER-WAALS-Bindung

Neben der Wasserstoffbrückenbindung stellt die VAN-DER-WAALS-Bindung eine weitere labile Wechselwirkung von Molekülen dar. Sie ist durch schwache und ungerichtete Anziehungskräfte zwischen elektrisch neutralen, unpolaren Molekülen gekennzeichnet (hydrophobe Wechselwirkung). Die Ladungsdichte in Molekülen unterliegt permanent leichten Schwankungen (Elektronendichteschwankungen), die im Molekül zur Entstehung sogenannter fluktuierender Dipole (fluctuare lat. schwanken) führen. In einem benachbarten Molekül wird ständig ein gleichgerichteter Dipol induziert, wobei eine Anziehung zwischen beiden Molekülen entsteht. Derartige Wechselwirkungen sind um so stärker, je größer das Elektronensystem des Moleküls ist. Besondere Bedeutung haben VAN-DER-WAALS-Bindungen für die Struktur und die biologische Funktion von Proteinen und Lipiden.

1.3 Funktionelle Gruppen

Wird ein Wasserstoffatom, z. B. im Methan, durch ein anderes Atom oder eine Gruppe von Atomen ersetzt, so weicht dieses Atom bzw. diese Atomgruppe in ihrem chemischen Verhalten deutlich von den verbliebenen H-Atomen ab. In der Regel liegt hier ein Ort erhöhter Reaktitivität vor, d. h. an dieser Stelle erhält das Molekül „Funktionalität", indem es mit anderen Molekülen besser reagieren kann. In diesem Sinne bekommt es „chemische Funktionalität". Man spricht daher auch von **funktionellen Gruppen**, womit auch ein einzelnes Atom (z. B. –Cl oder –Br) gemeint sein kann. Es gibt enorm viele funktionelle Gruppen. Wir wollen hier in aller Kürze nur die für die Biochemie wichtigsten ansprechen.

Die einfachste funktionelle Gruppe dieses Typs ist die Alkoholgruppe, die entsprechenden Verbindungen heißen **Alkanole**. Aromatische Moleküle, also Ringstrukturen mit konjugierten Doppelbindungen, werden **Phenole** genannt.

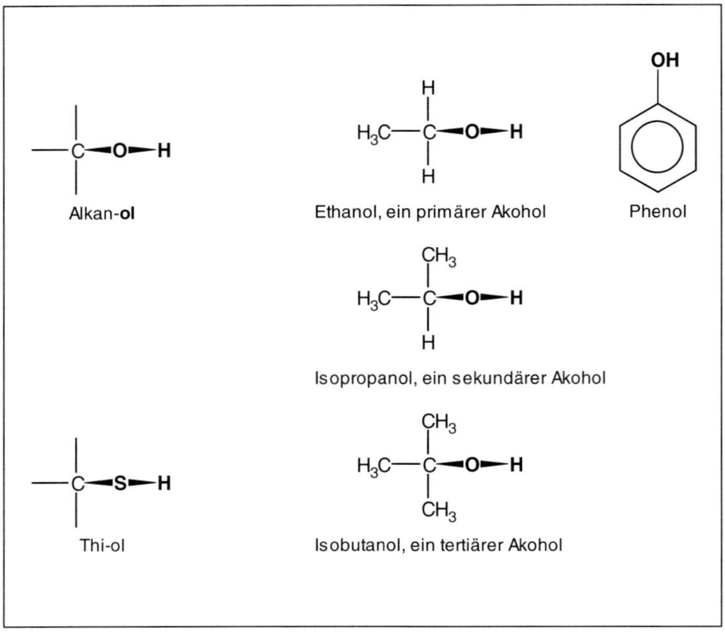

Abb. 1.8: Aufgrund seiner Elektronegativität ist der Sauerstoff in der Alkoholgruppe negativ polarisiert, das C-Atom dagegen positiv. Somit werden einerseits elektrophile, andererseits nucleophile Angriffe erleichtert. Je nach Anzahl weiterer C-Atome, die an dem Kohlenstoffatom mit der OH-Gruppe gebunden sind, unterscheidet man zwischen primärem, sekundärem und tertiärem Alkohol. Ist der Sauerstoff durch Schwefel ersetzt, so spricht man von einem Thiol.

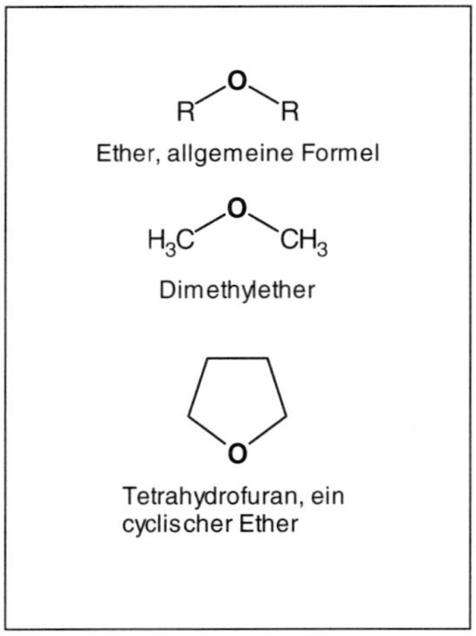

Abb. 1.9: Die beiden Gruppen R müssen nicht wie in der Abbildung identisch sein, sondern können auch variieren (R^1-O-R^2). Ether können nicht wie Alkohole über Wasserstoffbrückenbindungen assoziieren, so daß ihre Siedepunkte deutlich niedriger liegen. Sie sind zudem weniger reaktiv und lassen sich kaum mit Wasser mischen. Tetrahydrofuran ist ein Vertreter der cyclischen Ether. Ether bilden unter Lichteinfluß mit Sauerstoff Hydroperoxide, die explosiv sind.

Ersetzt man gedanklich die beiden Wasserstoffatome im Wasser durch Methylgruppen, so erhält man den einfachsten Vertreter der **Ether**, den Dimethylether.

Eine sehr wichtige funktionelle Gruppe ist die Carbonylgruppe. Ist diese Gruppe nur mit Alkyl- oder Arylresten (R) verknüpft, so liegt ein **Keton** vor. Wird formal einer dieser Reste R durch ein Wasserstoffatom ersetzt, so kommt man zu den **Aldehyden**.

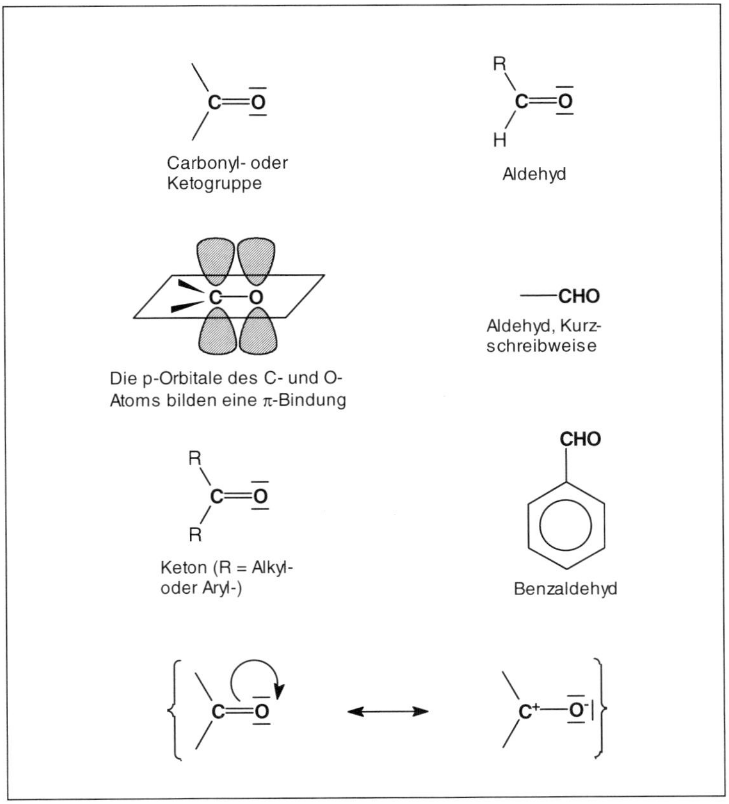

Abb. 1.10: In der Carbonylgruppe existiert ähnlich der C=C-Doppelbindung eine σ- und ein π-Bindung. Kraft seiner höheren Elektronegativität zieht der Carbonyl-Sauerstoff die p-Elektronen mehr auf seine Seite, so wie das die mesomere Grenzstruktur im unteren Teil der Abbildung verdeutlicht. Das C-Atom besitzt also eine positive Teilladung und wird somit zum bevorzugten Ziel nucleophiler Angriffe, der Sauerstoff ist negativ polarisiert. Diese Konstellation erklärt die hohe Reaktivität der Aldehyde und Ketone. Die beiden Gruppen R im abgebildeten Keton müssen nicht identisch sein, sondern können variieren (R^1-CO-R^2).

Ketone erhalten im Anschluß an den Namen des Alkans den Suffix –on, also z. B. Propan und Propan**on** (Trivialname: Aceton), wohingegen Aldehyde an der Endung –al wie bei Methan**al** (Trivialname: Formaldehyd) zu erkennen sind. Der einfachste aromatische Aldehyd ist Benzaldehyd.

Ersetzt man (wiederum formal) im Keton der Abb. 1.10 einen Rest R durch eine Hydroxylgruppe, so gelangt man zur **Carboxylgruppe**, der funktionellen Gruppe der organischen Säuren oder **Carbonsäuren**. Ihre Säureeigenschaften ergeben sich aus der Dissoziation der Hydroxylgruppe:

$$\text{R-COOH} \rightarrow \text{R-COO}^- + \text{H}^+ \qquad (1.9)$$

Das entstandene Anion heißt Säureanion oder Carboxylatanion, der Suffix lautet –at. So heißt das Anion der Buttersäure beispielsweise Butyr**at**.

Die wichtigste stickstoffhaltige Gruppe ist die **Aminogruppe** –NH_2. Verbindungen, die diese Gruppe beinhalten, leiten sich formal vom Ammoniak NH_3 ab und heißen Amine. Anilin ist das einfachste (primäre) aromatische Amin.

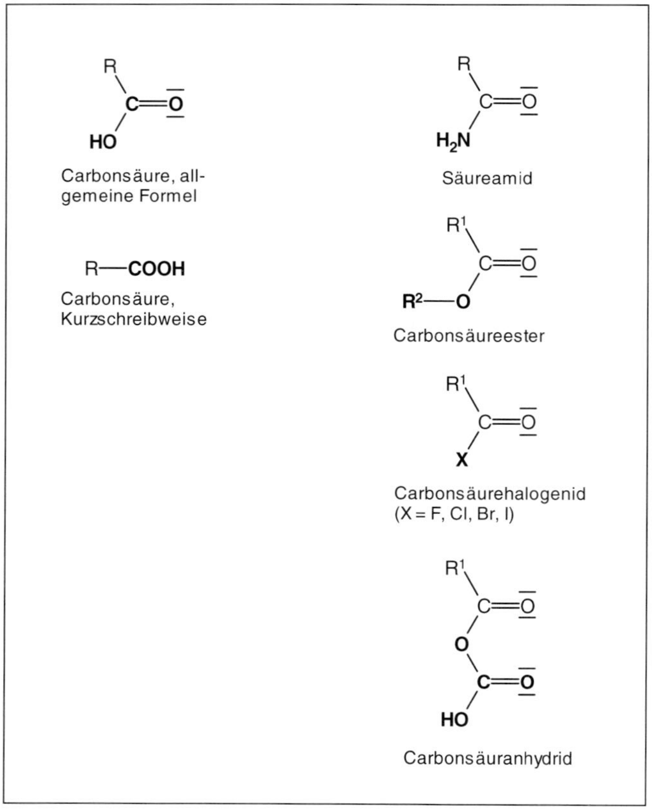

Abb. 1.11: Die Carboxyl- oder Carbonsäuregruppe. Durch formales Ersetzten des –OH in der Carboxylgruppe gelangt man zu den Derivaten der Carbonsäuren. Die wichtigsten sind rechts aufgelistet. Carbonsäureanhydride kann man sich auch als Produkt aus zwei Säuremolekülen denken, denen ein Wassermolekül entzogen wurde.

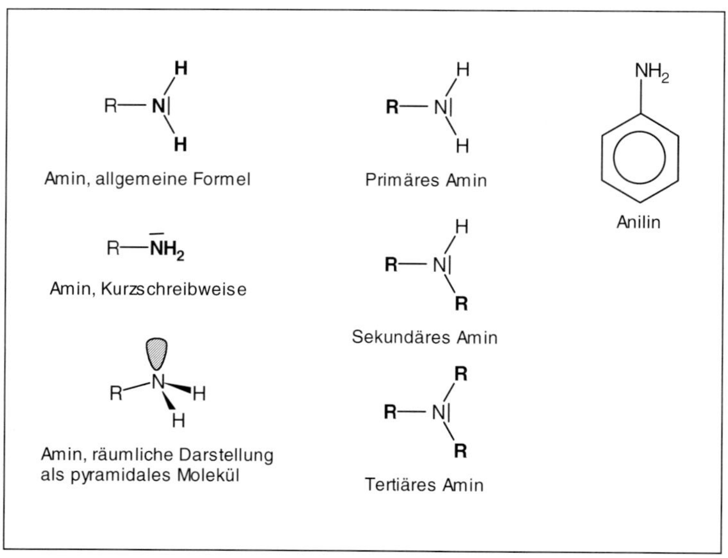

Abb. 1.12: Ersetzt man im Ammoniak die Wasserstoffatome formal durch ein, zwei oder drei Alkyl- bzw. Arylgruppen, so erhält man jeweils primäre, sekundäre oder tertiäre Amine. Die Amine besitzen ebenso wie das Ammoniak eine pyramidale Struktur mit einem einsamen Elektronenpaar an der Spitze. Der C-N-C-Bindungswinkel beträgt 108° und kommt dem im Tetraeder mit 109,5° sehr nahe.

1.4 Stereochemie

Das Verständnis biochemischer Abläufe ist oft eng mit den strukturellen Eigenschaften der beteiligten Moleküle verknüpft. Deshalb wollen wir uns im folgenden Abschnitt etwas näher mit der räumlichen Struktur der Moleküle befassen. Dasjenige Teilgebiet der Chemie, welches sich mit der dreidimensionalen Struktur der Moleküle befaßt, nennt man **Stereochemie** (stereos gr. Raum). Moleküle können sich nicht nur durch ihre Summenformeln unterscheiden, sondern auch in der räumlichen Anordnung der Atome. Dies ist leicht zu verstehen, da sie ja dreidimensionale Gebilde sind. Wie können nun diese räumlichen Unterschiede in den üblichen zweidimensionalen Strukturformeln zum Ausdruck gebracht werden? Um uns das dazu notwendige Handwerkszeug anzueignen, wollen wir uns als erstes mit dem wichtigen Begriff der **Isomerie** (isos gr. gleich, meros gr. Teil) vertraut machen. Beginnen wir mit zwei einfachen organischen Verbindungen: Propanol und Isopropanol (Abb. 1.13). Vergleicht man ihre Struktur- und Summenformeln nebeneinander und betrachtet zudem ihre Siedepunkte, so überrascht folgender Sachverhalt: Zwei Stoffe mit gleicher Summenformel weisen unterschiedliche chemische Struktur und abweichende physikalische Eigenschaften auf!

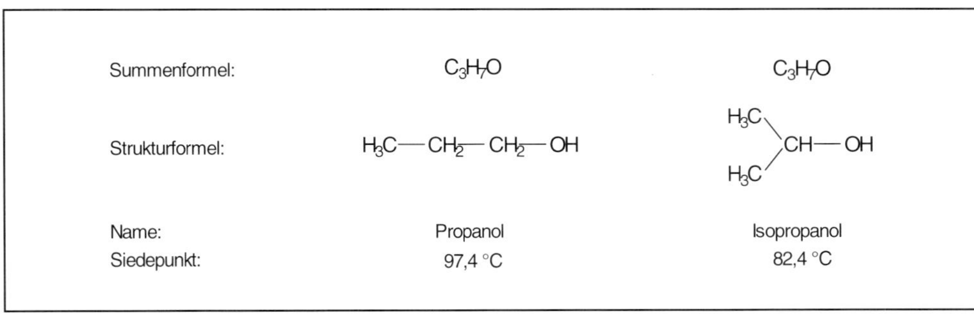

Abb. 1.13: Beispiel für Strukturisomerie: Propanol und Isopropanol.

Verbindungen, auf die die oben gemachte Feststellung zutrifft, nennt man **Isomere**. In unserem Fall handelt es sich um eine Spielart der Isomerie, um die sogenannte **Struktur-** oder **Konstitutionsisomerie** (constitutio lat. Beschaffenheit, Zustand). Hierbei finden wir bei gleicher Summenformel voneinander abweichende Stellungen einzelner Atome oder Atomgruppen (Substituenten) vor. So sind bei Propanol und Isopropanol jeweils ein Sauerstoff- und ein Wasserstoffatom an ganz unterschiedliche C-Atome gebunden. Ihre „Stellung" zum Kohlenstoffgerüst ist jeweils anders. Ein weiteres, einfaches Beispiel soll dies noch einmal verdeutlichen. Beim Butan bzw. Isobutan sind die Kohlenstoffatome verschieden zueinander angeordnet.

Von der Strukturisomerie muß der Begriff der **Stereoisomerie** abgegrenzt werden. Hierunter faßt man Formen der Isomerie zusammen, bei der sich die Isomere in der räumlichen Anordnung von Substituenten um ein einzelnes, gemeinsames Kohlenstoffatom voneinander abheben. Betrachten wir als Beispiel die Aminosäure Alanin (Abb. 1.14). Um das tetraedische α-C-Atom (sp^3-Hybridisierung) können die vier unterschiedlichen Atome bzw. Atomgruppen (-COOH, $-NH_2$, $-CH_3$, -H) auf zwei Weisen angeordnet werden.

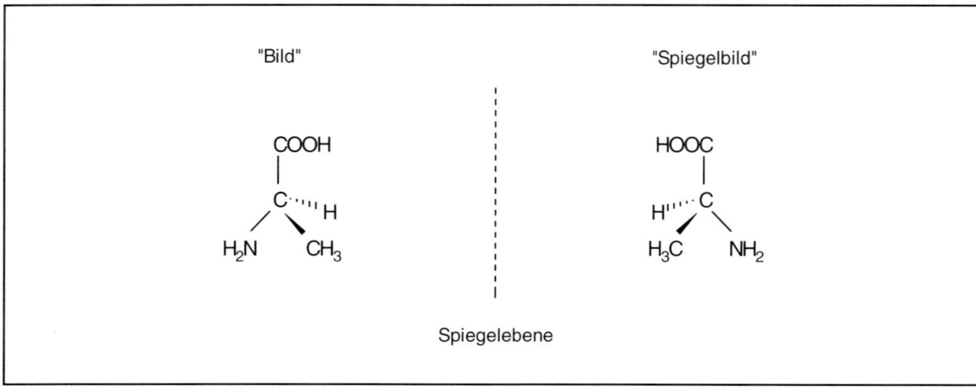

Abb. 1.14: Spiegelbildisomerie am Beispiel der Aminosäure Alanin. Das zentrale C-Atom, an dem die funktionellen Gruppen –COOH und –NH_2 gebunden sind, wird α-C-Atom genannt.

In Abb. 1.14 befindet sich das zentrale α–C-Atom genau in der Papierebene. Die keilförmig eingezeichneten Bindungen strecken sich aus dieser Ebene dem Leser entgegen. Auf der gegenüberliegenden Seite der Papierebene zeigen die gestrichelt eingezeichneten Bindungen in entgegengesetzter Richtung vom Leser weg. Der räumlich gedachte Tetraeder wird also quasi vom Papierblatt „geteilt". Hielte man nun einen Taschenspiegel neben eine der beiden Tetraederformeln (also im rechten Winkel zur Papierebene), so wird sie im Spiegelbild in die jeweils andere Struktur überführt. Isomere, die sich sozusagen „mit einem Taschenspiegel" ineinander überführen lassen, werden vom Chemiker **Spiegelbildisomere** oder auch **Enantiomere** genannt. Eine wichtige Voraussetzung für Spiegelbildisomerie ist die Tatsache, daß an mindestens einem Kohlenstoffatom eines Moleküls vier verschiedene Substituenten (wie im Beispiel des Alanins) gebunden sind. Der Vollständigkeit halber soll erwähnt werden, daß bei Spiegelbildisomerie nicht notwendigerweise der Kohlenstoff die Rolle des zentralen Atoms übernehmen muß. In der anorganischen Chemie wäre auch ohne weiteres ein Siliciumatom als Zentralatom mit vier unterschiedlichen Atomgruppen denkbar. In der Biochemie jedoch treten andere Zentralatome als der Kohlenstoff praktisch nicht in Erscheinung.

Wenn man jetzt versucht, im Kopf oder anhand eines Molekülmodells aus dem Baukasten die beiden Enantiomere genau übereinander zu legen, also zur Deckung zu bringen, so wird man scheitern. Ersatzweise kann der Leser diesen Versuch auch noch einmal mit seinen beiden Händen unternehmen. Auch sie sind nicht deckungsgleich übereinanderzulegen (nicht in die Hände klatschen, das wäre „aufeinanderlegen"!). Trotz aller Ähnlichkeit sind also die beiden Alaninformen bzw. ihre „Handanaloga" nicht identisch, sondern unterscheidbar! „Chiros" ist das griechische Wort für Hand, ein C-Atom mit vier verschiedenen Bindungpartnern zeigt immer Spiegelbildisomerie, es ist ein **chirales** oder auch **asymmetrisches C-Atom**. Das Phänomen der Spiegelbildisomerie am asymmetrischen C-Atom wird daher auch als **Chiralität**, das asymmetrische C-Atom als **Chiralitätszentrum** bezeichnet.

Unsere am Alanin gemachten Betrachtungen lassen sich übrigens auch (mit einer Ausnahme) auf alle anderen Aminosäuren übertragen. Diese Ausnahme bildet die Aminosäure Glycin (Abb. 1.15). Sie besitzt zwei H-Atome am zentralen Kohlenstoffatom und damit nur noch drei unterscheidbare Substituenten. Glycin ist somit **nicht chiral** (**achiral**), das „Spiegelbild" läßt sich gedanklich ohne Schwierigkeiten mit dem „Bild" zur Deckung bringen.

Bei allen anderen Aminosäuren jedoch sind vier unterschiedliche Substituenten an das α-C-Atom gebunden, womit es zwei Spiegelbildisomere von jeder Aminosäure (außer Glycin) gibt. Sie werden **L- und D-Form** der jeweiligen Aminosäure genannt. Wie kann man nun ihren räumlich begründeten Unterschied in den einfachen, ebenen (planaren) Strukturformeln darstellen?

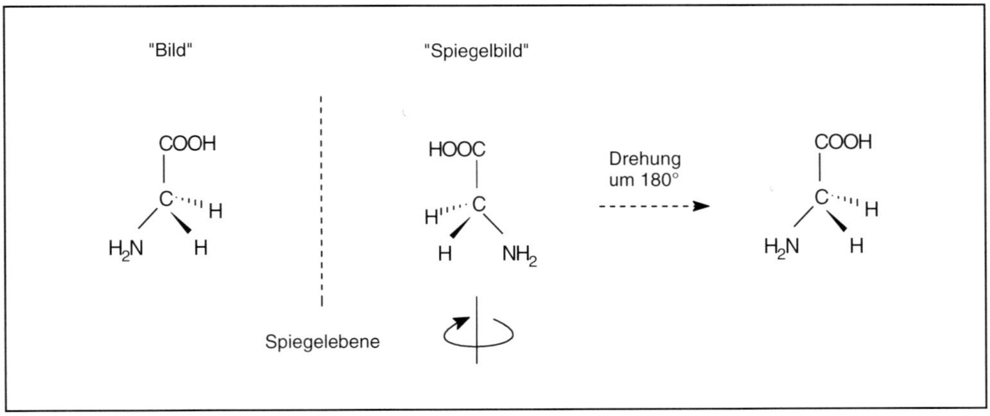

Abb. 1.15: Von der Aminosäure Glycin gibt es kein Enantiomerenpaar - „Bild" und „Spiegelbild" sind identisch. Eine Drehung des „Spiegelbildes" um 180° beweist, daß es sich um ein und dasselbe Molekül handelt. Bei den stereoisomeren Formen des Alanins (Abb. 1.14) ist dies nicht der Fall.

Der Chemiker bedient sich zur Lösung dieses Problems der sogenannten FISCHER-**Projektion**. Man verzichtet dabei auf die in Abb. 1.14 verwendete Keil-Strich-Darstellung und gibt dem Anwender statt dessen eine „Leseanleitung" an die Hand. Bindungen, die vom zentralen α-C-Atom nach rechts oder links zeigen, ragen aus der Papierebene nach vorne heraus (sie entsprechen also Bindungen, die durch einen Keil dargestellt werden könnten). Die Bindungen, die nach oben oder unten führen, zeigen hinter die Papierebene (sie könnten also durch gestrichelte Bindungen symbolisiert werden). Weiterhin wurde vereinbart, daß in der FISCHER-Projektion das C-Atom mit der höchsten Oxidationsstufe im Molekül oben geschrieben wird, also im Falle der Aminosäuren das Kohlenstoffatom der Carboxylgruppe -COOH. Verdeutlichen wir uns dies wieder am Beispiel des Alanins.

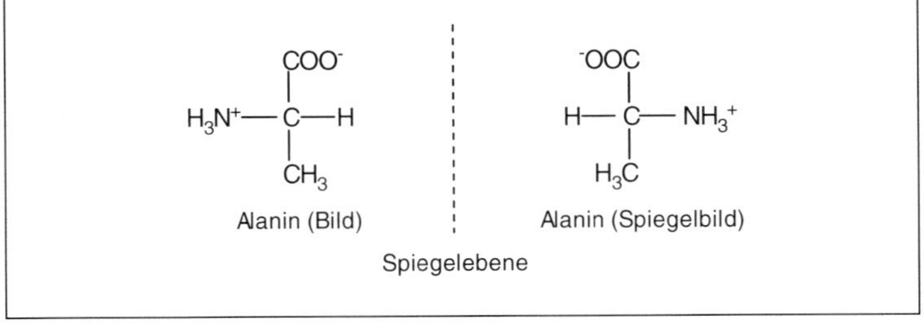

Abb. 1.16: FISCHER-Projektion am Beispiel des Alanins.

Befindet sich in dieser Projektionsform die Aminogruppe $-NH_2$ rechts vom asymmetrischen C*-Atom (asymmetrische C-Atome werden mit einem Stern gekennzeichnet), so bezeichnet man diese Form als D-Form (D von dexter lat. rechts). Im umgekehrten Fall, also beim „Spiegelbild", spricht man von der L-Form (L von laevis lat. links). Im menschlichen Organismus kommen nur L-Aminosäuren vor. Die FISCHER-Projektion findet auch Anwendung bei der Nomenklatur der Kohlenhydrate und wird uns dort wieder begegnen.

Wir kommen nun zu einer weiteren spezifischen Eigenschaft von Enantiomeren: Sie sind optisch aktive Substanzen, d. h. sie drehen die Ebene linear polarisierten Lichts um einen bestimmten Winkel, den sogenannten **Drehwinkel α**, nach rechts oder links. Linear polarisiertes Licht schwingt nur in einer zur Ausbreitungsrichtung vertikalen Ebene, natürliches Licht hingegegen ist ein Gemisch unendlich vieler Schwingungsebenen vertikal zur Ausbreitungsrichtung. Ein Polarisationsfilter entfernt beim Passieren eines Lichtstrahls bis auf eine Schwingungsebene alle anderen Schwingungsebenen, so daß das Licht nach dem Durchqueren des Polarisationsfilters nur noch in der einzigen nicht herausgefilterten Ebene schwingt. Beim Durchgang durch eine optisch aktive Substanz wird die Ebene des linear polarisierten Lichtes um einen Winkel gedreht, der für die optisch aktive Substanz charakteristisch ist. Dieser heißt **Polarisationswinkel α**. Die Ursache für die optische Aktivität liegt im oben bereits erläuterten asymmetrischen α-C-Atom. Enantiomere drehen die Ebene des linear polarisierten Lichts um den gleichen Winkelbetrag, jedoch in unterschiedliche Richtungen: in einem Fall nach rechts, im anderen nach links. Dies bezeichnet man als **Drehsinn**; er wird durch die Symbole (+) für rechtsdrehend und (-) für linksdrehend angegeben. Enantiomere haben bis auf ihren unterschiedlichen Drehsinn die gleichen chemisch-physikalischen Eigenschaften! Vorsicht bei der Handhabung der Begriffe D und L sowie rechts- (+) und linksdrehend (-)! Der Drehsinn eines Moleküls ist völlig unabhängig von der durch Nomenklaturregeln vereinbarten Substituentenstellung am asymmetrischen C*-Atom! So gibt es durchaus linksdrehende D-Enantiomere D(-), ebenso kann man rechtsdrehende L-Formen L(+) finden. Die D, L-Nomenklatur ist ursprünglich für Zucker und Aminosäuren entwickelt worden und wird heute auch hauptsächlich dort angewandt. Für Stereoisomere, die wesentlich kompliziertere Strukturen als Zucker und Aminosäuren besitzen, ist sie jedoch oft ungeeignet. Aus diesem Grunde wurde sie durch die wesentlich allgemeiner anwendbare **R, S-Nomenklatur** ersetzt. Auch hierbei haben wir es wieder mit einer Reihe von Regeln zu tun, deren Anwendung uns zu einer der beiden Isomerenbezeichnungen R oder S führt. Dabei können wir die Vorgehensweise in zwei Schritte unterteilen:

1. Wir betrachten das chirale C*-Atom, dessen Konfiguration wir bestimmen wollen und geben den vier benachbarten Atomen eine Rangfolge (1 > 2 > 3 > 4), welche auch als Priorität bezeichnet wird. Den höchsten Rang (1) erhält das Atom mit der höchsten Ordnungszahl (PSE benutzen! - z. B. O > N > C > H). Es kommt recht oft vor, daß zwei oder mehrere der dem chiralen C^*-Atom benachbarten Atome gleich sind. In diesem Fall entscheidet die Summe der Ordnungszahlen der Atome in zweiter Nachbarschaft, wobei Atome, die doppelt gebunden sind, zweifach zählen. Für Alanin bedeutet dies NH_2 > COOH > CH_3 > H (Abb. 1.17).

2. Jetzt drehen wir das Molekül gedanklich so, daß sich der Substituent mit der niedrigsten Priorität hinter dem chiralen C*-Atom befindet. Im Falle des Alanins ist dies das H-Atom. Die anderen drei Substituenten betrachten wir nun in Richtung fallender Priorität (1 → 2 → 3; beim Alanin also in Richtung NH_2 → COOH → CH_3). Wandert unsere Auge dabei in Uhrzeigerrichtung, so wird die Konfiguration mit R (rectus lat. rechts) bezeichnet. Im anderen Fall sprechen wir von der S-Konfiguration (sinister lat. links) (Abb. 1.17).

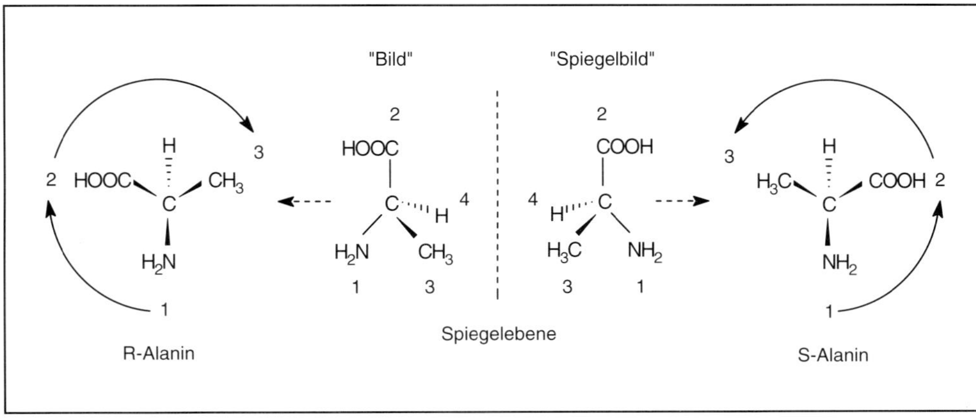

Abb. 1.17: R, S-Konfiguration am Beispiel des Alanins.

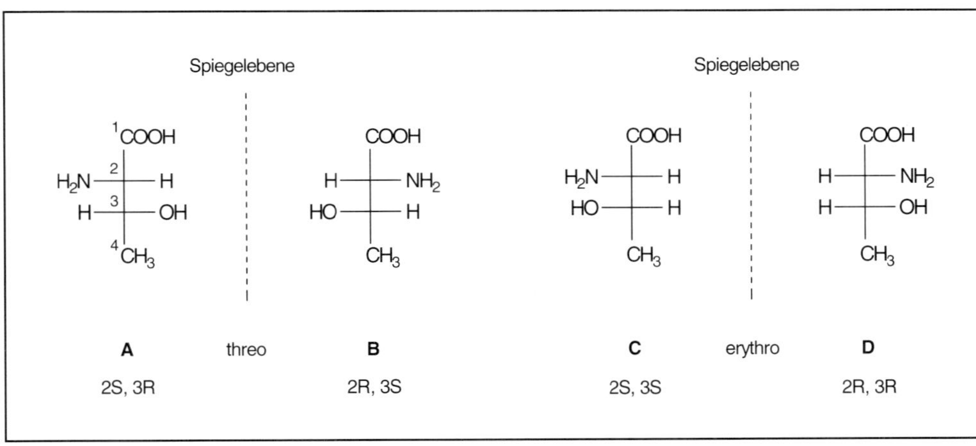

Abb. 1.18: Stereoisomere der Aminosäure Threonin in der Fischer-Projektion. Formel A zeigt die natürlich vorkommende Form des Threonins. Zwei Enantiomerenpaare A/B und C/D sind erkennbar. Die Enantiomere mit ungleicher Konfiguration an den C-Atomen 2 und 3 (A/B) nennt man auch threo-Form, diejenigen mit gleicher Konfiguration erythro-Form. Alle Stereoisomerenpaare, die sich nicht wie „Bild" und „Spiegelbild" zueinander verhalten, sind Diastereomere (A/C, A/D, B/C, B/D).

Es ist wichtig, sich einzuprägen, daß aufgrund der verschiedenen Regeln, die zu den Konfigurationsbezeichnungen führen, keine Analogien zwischen der D, L- und der R, S-Nomenklatur bestehen. Ein L-konfiguriertes Chiralitätszentrum hat in der R, S-Nomenklatur nicht zwangsläufig auch S-Konfiguration. Wir müssen dies anhand der Regeln prüfen. Die R, S-Nomenklatur läßt sich auch auf Verbindungen mit mehreren Chiralitätszentren anwenden, wobei nacheinander jedes der chiralen C*-Atome betrachtet wird, die Zahl der möglichen Stereoisomeren vervielfacht sich. Wir erkennen dies, wenn wir die Aminosäure Threonin betrachten (Abb. 1.18). Threonin besitzt zwei Kohlenstoffatome (C-2 und C-3), die für sich genommen jeweils mit vier verschiedenen Substituenten verbunden sind. Es gibt also zwei chirale C*-Atome und damit vier verschiedene stereoisomere Formen (Abb. 1.18).

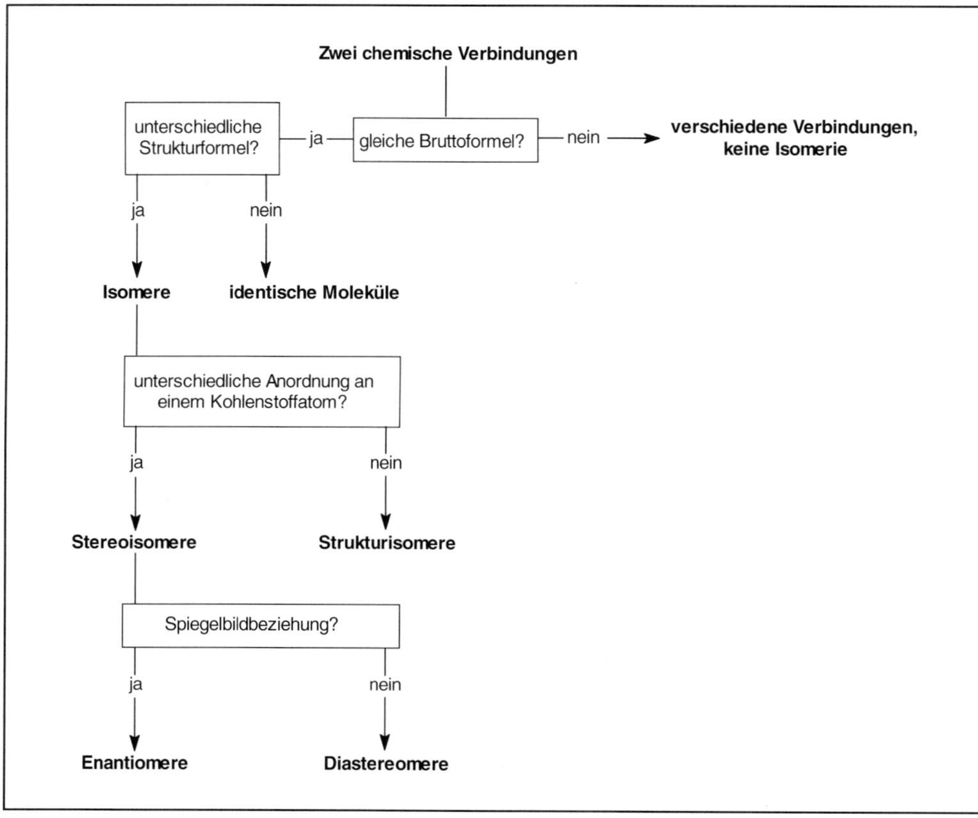

Abb. 1.19: Schema zur Ermittlung der stereochemischen Verhältnisse einer Verbindung.

Mathematisch ausgedrückt heißt das: für n verschiedene Chiralitätszentren existieren 2^n Isomere. Jeweils zwei Stereoisomere des Threonins verhalten sich zueinander wie Bild und Spiegelbild und bilden demzufolge Enantiomerenpaare. Diejenigen Stereoisomere, die sich nicht spiegelbildlich zueinander verhalten, gelten als **Diastereomere**.

Handelt es sich bei zwei isomeren Molekülen um Stereoisomere, so prüft man zunächst, ob sie sich spiegelbildlich zueinander verhalten. Ist dies der Fall, so liegen Enantiomere bzw. Spiegelbildisomere vor. Kann man keine Spiegelbildbeziehung feststellen, so muß es sich unter Voraussetzung der Stereoisomerie um Diastereomere handeln (Abb. 1.19).

1.5 Chemische Reaktionen

Bei einer **chemischen Reaktion** werden Atome miteinander verbunden oder voneinander getrennt. Dabei werden nie Atome zerstört oder neu gebildet, und kein Atom eines Elements wird in das eines anderen verwandelt. Betrachten wir als Beispiel die uns aus der Schule bekannte Knallgasreaktion, bei der Wasser- und Sauerstoff zu Wasser reagieren:

$$2\ H_2 + O_2 \rightarrow 2\ H_2O \qquad (1.10)$$

Bei dieser **chemischen Gleichung**, die uns bei der Beschreibung der chemischen Reaktion hilft, gibt der Reaktionspfeil die Richtung der ablaufenden Umsetzung an - links von ihm stehen die Ausgangsstoffe (Edukte) und rechts von ihm die gebildeten Stoffe (Produkte). Die Reaktionsgleichung (1.10) beschreibt also, daß zwei Moleküle Wasserstoff H_2 mit einem Molekül Sauerstoff O_2 zu zwei Molekülen Wasser H_2O reagieren. Dabei wird deutlich, daß bei einer chemischen Reaktion die Bindungsverhältnisse zwischen den Atomen verändert werden (Lösung bestehender und Knüpfung neuer chemischer Bindungen). Die entstehenden Stoffe können völlig neue chemische und physikalische Eigenschaften besitzen. In unserem Beispiel entsteht aus den bei Raumtemperatur gasförmigen Stoffen Wasserstoff und Sauerstoff Wasser. Woher wissen wir nun, daß genau **zwei** Moleküle H_2 mit nur **einem** Molekül O_2 reagieren? Um diese Frage zu beantworten, muß erwähnt werden, daß sich die Atome der Elemente stets im Verhältnis ganzer Zahlen zu einer Verbindung vereinigen. Für das Wasser heißt dieses Verhältnis: H : O = 2 : 1, das wir ja auch in der Summenformel des Wassers H_2O wiederfinden. Jetzt wird klar, daß zur Bildung eines Moleküls Wasser genau zwei Atome Wasserstoff H und ein Atom Sauerstoff erforderlich sind. Da beide Gase bei Raumtemperatur nicht als Einzelatome (elementar), sondern molekular als H_2 bzw. O_2 vorliegen, müssen sich bei einem Verhältnis von 2 : 1 auch 2 Moleküle Wasser bilden. Diese Überlegungen haben uns gleichzeitig verdeutlicht, daß bei chemischen Reaktionen die Summe der Massen der Ausgangsstoffe immer gleich der Summe der Massen der Reaktionsprodukte sein muß (Erhaltung der Masse). Gleiches gilt für Ladungen, wie sie in Reaktionen auftreten, an denen Ionen beteiligt sind (Erhaltung der Ladung).

1.5.1 Stoffmenge und molare Masse

Aus einer Reaktionsgleichung können wir das Zahlenverhältnis der an einer Reaktion beteiligten Teilchen (Atome, Ionen oder Moleküle) ablesen. Da bei chemischen Reaktionen die Summe der Massen der Ausgangsstoffe immer gleich derjenigen der Reaktionsprodukte ist (Erhaltung der Masse), ist es möglich, mit Hilfe der Reaktionsgleichung Massen bzw. Volumina von Edukten und Produkten zu berechnen. Eine zentrale Rechengröße stellt dabei die **Stoffmenge n** dar. Die SI-Einheit (SI = System International d'Unités) für die Stoffmenge n ist das Mol (mol). Es ist nicht wie das Gramm (g) eine Einheit für die Masse (wie schwer?), sondern eine für die Anzahl der Teilchen (wie viele?). Das Mol wird daher häufiger auch als eine Zähleinheit bezeichnet. Natürlich stellt sich hier sofort die Frage, wieviele Teilchen in einem Mol enthalten sind. Die Antwort darauf gibt eine wichtige Naturkonstante, die sogenannte **AVOGADRO[3]-Konstante N_A**. Aus dem Wort Konstante können wir schon ableiten, daß ein Mol immer gleich viele Teilchen enthält, nämlich

$$N_A = \frac{6{,}022 \cdot 10^{23}\ \text{Teilchen}}{\text{mol}} \qquad (1.11)$$

---

[3]**AVOGADRO, AMADEO**: * 1776 in Turin, † 1856: Italienischer Physiker und Chemiker. Die nach ihm benannte Naturkonstante wurde früher auch als LOSCHMIDT (österreichischer Physiker, * 1821, † 1895)-Zahl bzw. -Konstante bezeichnet. Seine Beschäftigung mit den Eigenschaften von Gasen führten zum berühmten AVOGADRO-Satz: „Gleiche Volumina von Gasen enthalten bei gleichem Druck und gleicher Temperatur die gleiche Anzahl von Atomen oder Molekülen."

Der Zahlenwert ergibt sich aus der Definition: Ein Mol sind genau soviele Teilchen, wie in 12 Gramm des Kohlenstoffisotops ^{12}C enthalten sind, das sind $6{,}022 \cdot 10^{23}$ Teilchen. Für die Stoffmenge gilt allgemein, daß man unter „Teilchen“ Moleküle, Atome, Protonen, Elektronen usw. auffassen kann. Um es noch einmal zu verdeutlichen: ein Mol Elektronen sind $6{,}022 \cdot 10^{23}$ Elektronen, ein Mol Natriumatome sind $6{,}022 \cdot 10^{23}$ Natriumatome und genauso sind ein Mol Wasserstoffmoleküle H_2 $6{,}022 \cdot 10^{23}$ Moleküle. Leider lassen sich Teilchen im Labor schlecht „abzählen“, sie werden vielmehr „abgewogen“. Daher mußte man nach einer Größe suchen, die eine Verknüpfung zwischen der Zählgröße „Stoffmenge“ und der Masse herstellt.

Die Verbindung zwischen den Begriffen der Stoffmenge (mit der Einheit mol) und der Masse (mit der Einheit g) ermöglicht die **molare Masse M** (auch Molmasse mit der Einheit g/mol). Sie gibt an, welche Masse in Gramm ein Mol eines ganz bestimmten Stoffes besitzt. Die molare Masse beantwortet also die Frage: Wieviel wiegen $6{,}022 \cdot 10^{23}$ Teilchen, nämlich genau ein Mol, eines bestimmten Stoffes?

$$M = \frac{m}{n} \qquad (1.12)$$

Dabei steht M für die molare Masse, m für die Masse und n für die Stoffmenge des jeweils betrachteten Stoffes. An dieser Stelle muß betont werden, daß die molare Masse M eine **stoffspezifische Konstante** ist. Sie muß daher immer im Zusammenhang mit dem Stoff, auf den sie sich bezieht, genannt werden. So findet man im Periodensystem der Elemente (PSE) neben jedem Elementsymbol auch den Zahlenwert der zugehörigen molaren Masse M. Hier fällt uns auf, daß in Abschnitt 1.1.2 derselbe Wert der einheitenlosen relativen Atommasse A_r zugeordnet wurde. Das muß uns verwirren - zwei Größen mit gleichem Zahlenwert, einmal ohne Einheit als relative Atommasse A_r und einmal mit der Einheit g/mol als molare Masse M. Doch die Konfusion läßt sich leicht erklären. Die relative Atommasse A_r ergibt sich nach Gleichung (1.13) aus dem Quotienten der absoluten Atommasse m_A und der atomaren Masseneinheit u (siehe auch Abschnitt 1.1.1). Stellt man Gleichung (1.13) nach der absoluten Atommasse m_A um, so erhält man Gleichung (1.14), die wir später benötigen.

$$A_r = \frac{m_A}{u} \qquad (1.13)$$

$$m_A = A_r \cdot u \qquad (1.14)$$

Wie wir etwas weiter oben erfahren haben, gibt die molare Masse M eines chemischen Elements an, welche Masse ein Mol Atome dieses Elements besitzt. Das heißt, man erhält die molare Masse M des Elements auch, wenn man die absolute Atommasse des Elements kennt und sie mit der Anzahl der Atome, die in einem Mol enthalten sind, nämlich der AVOGADRO-Konstante N_A, multipliziert. Dieser Sachverhalt wird durch Gleichung (1.15) wiedergegeben.

$$M = m_A \cdot N_A \qquad (1.15)$$

Setzt man nun Gleichung (1.14) in Gleichung (1.15) ein, so erhält man Gleichung (1.16) und (1.17), in denen das Produkt aus der atomaren Masseneinheit u und der AVOGADRO-Konstante N_A vorkommt. Rechnet man dieses Produkt aus, so erhält man als Ergebnis: 1 g/mol, also die Einheit der molaren Masse M.

$$M = A_r \cdot u \cdot N_A \tag{1.16}$$

$$\begin{aligned} M &= A_r \cdot 1{,}660 \cdot 10^{-24}\,g \cdot 6{,}022 \cdot 10^{23}\,mol^{-1} \\ &= A_r \cdot 1{,}000\ g \cdot mol^{-1} \end{aligned} \tag{1.17}$$

Damit erklärt sich der Zusammenhang zwischen der molaren Masse M eines Elements und der relativen Atommasse A_r seiner Atome. Was wir bis jetzt für die Atome eines Elements erfahren haben, gilt genauso für Moleküle, die aus verschiedenen Atomen aufgebaut sind. Die **relative Molekülmasse** M_r ergibt sich dabei aus der Summe der relativen Atommassen A_r der im Molekül enthaltenen Atome. Auch hier ist wieder der Wert der relativen Molekülmasse gleich dem Zahlenwert der molaren Masse. In der Tabelle 1.6 sind relative Atommassen einiger Elemente angegeben.

Tabelle 1.6: Die relativen Atommassen einiger ausgewählter Elemente.

Element	Elementsymbol	Relative Atommasse A_r
Wasserstoff	H	1,0079
Kohlenstoff	C	12,011
Stickstoff	N	14,007
Sauerstoff	O	15,999
Phosphor	P	30,974
Schwefel	S	32,060

In der folgenden Gleichung ist als Beispiel die Berechnung der relativen Molekülmasse für das Wassermolekül angegeben.

$$M_r(H_2O) = 2 \cdot A_r(H) + A_r(O) = 2 \cdot 1{,}0079 + 15{,}9999 = 18{,}0148 \tag{1.18}$$

Die molare Masse M des Wassermoleküls beträgt demnach also 18,0148 g/mol. Man beachte, daß molare Massen M im Unterschied zu den relativen Molekülmassen M_r immer die Einheit g/mol besitzen. Für biologische Makromoleküle benutzt man häufig die relative Molekülmasse M_r mit der Einheit **Dalton**[4] (D oder Da). So besitzt beispielsweise ein 50.000-Dalton-Protein (auch 50 kDa) eine relative Molekülmasse M_r von 50.000. Der aufmerksame Leser hat sofort bemerkt, daß relative Größen eigentlich einheitenlos sind. Jedoch hat man in diesem Fall zu Ehren JOHN DALTONS eine Ausnahme gemacht. Eine neuere

---

[4]**DALTON, JOHN**: * 1766, † 1844: Englischer Physiker und Chemiker. Nach ihm ist das DALTON-Partialdruckgesetz (siehe dort) benannt. Neben seinen Untersuchungen an Gasen formulierte Dalton in seinem zweiteiligen Buch „A new system of chemical philosophy" grundlegende Gedanken zur Atomtheorie. Hierin definiert er den Elementbegriff und den Molekülbegriff und stellte im Gegensatz zur Alchemie klar, daß Elemente nicht in andere Elemente umzuwandeln sind. DALTON kann somit als Mitbegründer der modernen Chemie gelten.

Empfehlung der IUPAC (International Union of Pure and Applied Chemistry) schlägt allerdings vor, wieder zu der korrekten einheitenlosen Angabe überzugehen.

1.5.2 Konzentration

Unter einer Konzentration versteht man allgemein die „Menge“ (Stoffmenge n, Masse m oder Volumen V) eines gelösten Stoffes pro Gesamtvolumen V der Lösung (und nicht nur des Lösungsmittels!). Die am häufigsten verwandte Konzentrationsgröße ist dabei die **Stoffmengenkonzentration c** (Molarität), also die Stoffmenge n des gelösten Stoffes pro Gesamtvolumen V der Lösung. Im Nenner der Gleichung (1.19) steht also die Summe der Volumina von gelöstem Stoff und seinem Lösungsmittel:

$$c = \frac{n}{V} \tag{1.19}$$

Als gut handhabbare Einheit für das Volumen ist abweichend von der SI-Einheit Kubikmeter (m^3) das Liter (L) üblich. Eingesetzt in Gleichung (1.19) ergibt sich als Einheit für die Stoffmengenkonzentration mol/L. Ist in einem Liter Lösung ein Mol einer Substanz gelöst, so wird diese 1 molar genannt, abgekürzt 1 M. Wir bezeichnen die molare Konzentration eines Stoffes i fortan durch runde Klammern und den vorangestellten Buchstaben c (concentration engl. Konzentration), also in unserem Fall mit c(i). Häufig findet man in der Literatur auch sogenannte **Massenkonzentrationen**, die sich aus dem Verhältnis der Masse des gelösten Stoffes zum Gesamtvolumen ergeben. Sie haben die Einheit g/L.

Vielerorts wird man aber auch auf relative Konzentrationsgrößen stoßen. Hier sind zum einen der Massen- und zum anderen der Volumenanteil zu nennen. Der **Massenanteil** (früher auch Massenbruch) w(i) ist der Quotient der Masse m(i) des Stoffes i und der Gesamtmasse m der Lösung:

$$w(i) = \frac{m(i)}{m} = \frac{m(i)}{m(i) + m(L)} \tag{1.20}$$

Dabei steht m(L) für die Masse des Lösungsmittels. Der Massenanteil kann auf verschiedene Art angegeben werden, üblich ist die Angabe in Massenprozent bzw. (w/w) % (weight engl. Gewicht), wobei der Massenanteil mit 100 multipliziert werden muß. Eine 0,9 % ige wässrige Natriumchlorid-Lösung (**physiologische Kochsalzlösung**) enthält demzufolge 0,9 g NaCl und 99,1 g H_2O in 100 g Lösung. Gleichung (1.21) zeigt, daß die Angabe des Massenanteils nicht nur in Massenprozent erfolgen kann. Eine 0,9 % ige NaCl-Lösung läßt sich auch folgendermaßen beschreiben:

$$w(\text{NaCl}) = 0{,}009 = 0{,}9\,\% = 9\,‰ = 0{,}009\ \text{g/g} = 9\ \text{mg/g} \tag{1.21}$$

Wenn nichts Gegenteiliges angegeben ist, beziehen sich Prozentangaben gewöhnlich immer auf Massenanteile.

Der **Volumenanteil** φ(i) ist analog als der Quotient des Volumens V(i) der Komponente i und des Gesamtvolumens V definiert. Ähnlich dem Massenanteil läßt sich diese Relativgröße, nach der Multiplikation mit 100, in Volumenprozent bzw. (v/v) % (volume engl. Volumen) angegeben:

$$\varphi(i) = \frac{V(i)}{V} \tag{1.22}$$

Zusätzlich zu diesen Angaben gibt es die Angabe (w/v) %. Sie steht für die Masse des gelösten Stoffes m(i) in Gramm auf 100 mL Lösung. Zum Herstellen einer 1 % igen Lösung (w/v) wiegt man also 1 g der Substanz i ab und füllt auf 100 mL mit Lösungsmittel auf.

1.5.3 Stöchiometrische Berechnungen

Mit dem bis hierhin vermittelten Wissen sind wir in der Lage, anhand von Reaktionsgleichungen verschiedene stöchiometrische (stoicheion gr. Element, metron gr. messen) Berechnungen durchzuführen. Wir können beispielsweise berechnen, wieviele Milliliter Wasser entstehen, wenn wir 1 mol Sauerstoff O_2 vollständig mit Wasserstoff H_2 umsetzen. Die Reaktionsgleichung, die diese Umsetzung beschreibt, haben wir bereits kennengelernt:

$$2\ H_2 + O_2 \rightarrow 2\ H_2O \tag{1.10}$$

Wir erkennen aus ihr den für uns wichtigen Sachverhalt, daß bei dieser Reaktion aus einem Mol Sauerstoff zwei Mol Wasser entstehen. Diese Tatsache können wir durch Gleichung (1.23) wiedergeben. Sie besagt, daß sich die Stoffmengen $n(O_2)$ und $n(H_2O)$ wie 1 zu 2 verhalten:

$$\frac{n\ (O_2)}{n\ (H_2O)} = \frac{1}{2} \tag{1.23}$$

Nach $n(H_2O)$ umgestellt ergibt sich:

$$n\ (H_2O) = 2 \cdot n\ (O_2) \tag{1.24}$$

Eine solche Stoffmengenbilanz sollte immer am Anfang einer stöchiometrischen Berechnung stehen. Die uns unbekannte Größe in Gleichung (1.23) und (1.24) ist $n(H_2O)$. Die Stoffmenge $n(H_2O)$ ist mit der Masse $m(H_2O)$ über die molare Masse $M(H_2O)$ verknüpft:

$$n\ (H_2O) = \frac{m\ (H_2O)}{M\ (H_2O)} \tag{1.25}$$

Setzen wir die beiden Terme für $n(H_2O)$ in Gleichung (1.24) und (1.25) gleich und stellen nach $m(H_2O)$ um, so erhalten wir:

$$m(H_2O) = 2 \cdot n(O_2) \cdot M(H_2O) \tag{1.26}$$

Gleichung (1.26) ermöglicht es uns, die Masse des entstehenden Wassers zu berechnen. Da uns jedoch das Volumen interessiert, müssen wir die Masse $m(H_2O)$ mit Hilfe der Dichte des Wassers ins Volumen $V(H_2O)$ umrechnen. Allgemein gilt für die Dichte:

$$\rho = \frac{m}{V} \tag{1.27}$$

Stellen wir Gleichung (1.27) für Wasser nach $V(H_2O)$ um, so ergibt sich:

$$V(H_2O) = \frac{m(H_2O)}{\rho(H_2O)} \tag{1.28}$$

Zusammen mit Gleichung (1.26) gelangen wir zu einer Gleichung, die uns die Berechnung des Wasservolumens ermöglicht:

$$V(H_2O) = \frac{2 \cdot n(O_2) \cdot M(H_2O)}{\rho(H_2O)} = \frac{2 \cdot 1\ \text{mol} \cdot 18{,}0148\ \text{g/mol}}{1\ \text{g/mL}} = 36{,}03\ \text{mL} \tag{1.29}$$

Wir wissen nun, daß die Umsetzung von einem Mol Sauerstoff O_2 mit zwei Mol Wasserstoff H_2 genau 36,03 ml Wasser ergibt. Eine weitere Frage ist: Wieviel Liter Gas entsprechen dann eigentlich einem Mol Sauerstoff O_2 bzw. zwei Mol Wasserstoff H_2? Um diese Frage beantworten zu können, muß man wissen, daß ein Mol aller idealer Gase unter Normalbedingungen (0 °C, 101,325 kPa) ein Volumen von 22,4 L besitzen. Man bezeichnet dieses Volumen als **Molvolumen** (22,4 L/mol) und meint damit dasjenige Volumen, welches $6{,}022 \cdot 10^{23}$ Atome oder Moleküle jedes idealen Gases unter Normalbedingungen einnehmen. Auf unsere Reaktionsgleichung bezogen heißt das: 22,4 L Sauerstoff O_2 reagieren mit 44,8 L Wasserstoff H_2 zu 36,03 mL Wasser.

1.5.4 Chemisches Gleichgewicht

Wie bereits bekannt, ist eine chemische Reaktion die Umwandlung von Ausgangsstoffen (Edukten) in ihre Reaktionsprodukte. Sie läßt sich beispielweise so beschreiben:

$$A + B \rightleftharpoons C + D \tag{1.30}$$

Hierbei sind A und B die Edukte, C und D die Produkte. Der Rückpfeil deutet an, daß chemische Reaktionen prinzipiell reversibel, d. h. umkehrbar sind. Edukte und Produkte lassen sich also je nach Reaktion in unterschiedlichem Maße ineinander überführen. Es gibt chemische Umsetzungen, bei denen die Rückreaktion so geringfügig stattfindet, daß sie praktisch nicht beobachtet wird. Solche Reaktionen werden in der Chemie als irreversibel bezeichnet. Hat ein chemisches System einen Zustand erreicht, bei dem genauso viele Teilchen hin- wie rückreagieren, die Reaktion von außen betrachtet also in der Bilanz unverändert zu bleiben scheint, so befindet es sich im chemischen Gleichgewicht. Da jedoch trotz des statischen Eindrucks („es scheint sich nichts am Gesamtsystem zu ändern") Hin- und Rückreaktionen weiterhin stattfinden, d. h. auf molekularer Ebene generell Reaktionen ablaufen, spricht man von einem dynamischen Gleichgewicht. Dieser Begriff ist vom statischen Gleichgewicht der Physik abzugrenzen, wo tatsächlich keine Umsetzung stattfindet. Als Beispiel können wir die Wippe auf dem Kinderspielplatz nehmen. Befindet sich diese im physikalischen Gleichgewicht, erfolgt keinerlei Bewegung. Chemische Gleichgewichtsreaktionen werden durch einen Doppelpfeil beschrieben. Irreversible Umsetzungen, die zum ganz überwiegenden Teil auf der Seite der Produkte liegen, erscheinen makroskopisch als vollständige Reaktion und werden durch einen einfachen Pfeil angedeutet.

1.5.5 Massenwirkungsgesetz

Gleichgewichtsreaktionen werden durch das **Massenwirkungsgesetz (MWG)** beschrieben. In dieses Gesetz gehen bei Reaktionen in Lösungen die molaren Konzentrationen der reagierenden Stoffe ein. Zur Herleitung des Massenwirkungsgesetzes betrachtet man Hin- und Rückreaktion getrennt:

$$A + B \longrightarrow C + D \tag{1.31}$$

$$C + D \longrightarrow A + B \tag{1.32}$$

Für beide Reaktionen kann man eine Reaktionsgeschwindigkeit v angeben, die von den Konzentrationen der Ausgangsstoffe abhängig ist. Je höher diese Ausgangskonzentrationen sind, um so mehr Teilchen befinden sich in einem definierten Volumen. Damit steigt auch die Wahrscheinlichkeit, daß sie miteinander kollidieren. Der Zusammenstoß zweier oder mehrerer Moleküle bzw. Atome ist die Voraussetzung dafür, daß sie zu neuen chemischen Verbindungen, eben den Produkten reagieren. Folglich nimmt mit der Anzahl der Kollisionen auch diejenige der chemischen Reaktionen und damit der Umsatz der Edukte zu den Produkten zu. Das spiegelt sich in einer Erhöhung der **Reaktionsgeschwindigkeit** v wider. Die Einheit für v ist $mol \cdot L^{-1} \cdot s^{-1}$, also für eine Konzentrationsveränderung („Umsatz der reagierenden Teilchen in der Zeit") pro Zeiteinheit. Sind also die Konzentrationen der Edukte hoch, so reagieren sie auch mit großer Geschwindigkeit zu Produkten weiter. In dem Maße, wie die Konzentrationen der Ausgangsstoffe im Verlauf der Reaktion abnehmen, sinkt auch die entsprechende Reaktionsgeschwindigkeit v. Mathematisch formuliert: Die Reaktionsgeschwindigkeit v ist den Konzentrationen der Ausgangsstoffe direkt proportional. Für die Hin- und Rückreaktion können wir daher folgende Gleichungen formulieren:

$$v_1 = k_1 \cdot c(A) \cdot c(B) \tag{1.33}$$

$$v_2 = k_2 \cdot c(C) \cdot c(D) \tag{1.34}$$

Dabei ist v_1 die Reaktionsgeschwindigkeit der Hin- und v_2 die der Rückreaktion. In beiden Gleichungen sind k_1 und k_2 die Proportionalitätskonstanten der jeweiligen Reaktion. Sie werden als **Geschwindigkeitskonstanten** bezeichnet. Ihr Wert ist temperaturabhängig und muß für jede einzelne Reaktion experimentell ermittelt werden. Im chemischen Gleichgewicht ist die Geschwindigkeit der Hin- gleich derjenigen der Rückreaktion:

$$v_1 = v_2 \tag{1.35}$$

Einsetzen der Gleichungen (1.33) und (1.34) in (1.35) liefert:

$$k_1 \cdot c(A) \cdot c(B) = k_2 \cdot c(C) \cdot c(D) \tag{1.36}$$

Diese Gleichung faßt man zu einem Ausdruck zusammen, indem man die Geschwindigkeitskonstanten k_1 und k_2 durcheinander dividiert. Der Quotient dieser beiden Konstanten ist eine neue Konstante:

$$K = \frac{k_1}{k_2} = \frac{c(C) \cdot c(D)}{c(A) \cdot c(B)} \tag{1.37}$$

K ist die **Gleichgewichtskonstante (Massenwirkungskonstante)** der betrachteten Reaktion und für jedes System bei gleicher Temperatur konstant. Ist $K > 1$, so liegt das Gleichgewicht auf der Seite der Reaktionsprodukte - ist dagegen $K < 1$, so liegt es auf der der Edukte. Bei Reaktionen, in denen die beteiligten Stoffe in einem bestimmten Verhältnis vorliegen, erscheinen die stöchiometrischen Zahlen als Exponenten im MWG. Als Beispiel soll die folgende Umsetzung dienen:

$$3\,A + B \rightleftharpoons 2\,C + 4\,D \tag{1.38}$$

Für diese Reaktion lautet das Massenwirkungsgesetz dann:

$$K = \frac{[c(C)]^2 \cdot [c(D)]^4}{[c(A)]^3 \cdot [c(B)]} \tag{1.39}$$

Mit Hilfe des MWG's versteht man, daß eine Erhöhung der Konzentration eines Edukts zwangsläufig Auswirkungen auf die anderen Reaktionspartner haben muß. Erhöht man beispielsweise die Konzentration c(A), so müssen auch die Konzentrationen c(C) und c(D) steigen, da sich die Gleichgewichtskonstante K bei gleichbleibender Temperatur nicht verändert. Das Gleichgewicht verschiebt sich also zugunsten der Reaktionsprodukte. Den gleichen Effekt erzielt man, wenn eines der Produkte ständig entfernt wird, weil es beispielsweise in einer nachfolgenden Reaktion sofort weiterreagiert oder aber als Gas aus dem System entweicht und somit dem Gleichgewicht entzogen wird. Entweicht beispielsweise der Stoff D als Gas, so ist seine Konzentration c(D) im Reaktionsgemisch klein und dementsprechend gering müssen auch die Konzentrationen c(A) und c(B) werden, d. h. die Edukte werden vollständig umgesetzt und das Gleichgewicht liegt auf der Seite der Produkte.

1.6 Thermodynamik chemischer Reaktionen

Das Massenwirkungsgesetz gibt Auskunft über die Lage eines chemischen Gleichgewichtes. Die Gleichgewichtslage einer betrachteten Reaktion läßt sich im Labor mit dem Massenwirkungsgesetz auf jeden Fall experimentell bestimmen. Man kann sie aber auch am Schreibtisch rein theoretisch berechnen, was den Vorteil hat, daß man häufig einen größeren experimentellen Aufwand umgehen kann. Um die Massenwirkungskonstante K einer Reaktion jedoch mathematisch herzuleiten, bedarf es der Klärung einiger Begriffe der **Thermodynamik** (thermos gr. warm, dynamis gr. Kraft). Man kann die chemische Thermodynamik als die Lehre von den energetischen Zusammenhängen bei chemischen Reaktionen auffassen. Sie gibt uns Regeln in die Hand, mit denen wir die Lage des Gleichgewichtes berechnen und Aussagen darüber treffen können, ob bei einer Reaktion Energie frei wird oder aufgewendet werden muß. Dadurch wird auch eine Voraussage darüber möglich, ob eine chemische Reaktion überhaupt stattfinden kann. Wenn man es einmal allgemein betrachtet, besteht Leben physikochemisch gesehen aus der Verwertung von Energie. Ob wir nur ein paar Schritte vor die Haustür machen, Sport treiben oder am Schreibtisch sitzen, überall wird Energie benötigt und umgesetzt. Wir wollen uns daher in diesem Abschnitt mit den chemischen Grundlagen der Energetik beschäftigen. Grundsätzlich kann Energie in Form von Wärme, mechanischer Arbeit (beispielsweise Sport, Muskelarbeit), Licht (z. B. beim Glühwürmchen) oder Elektrizität (man denke an den Zitteraal) zugeführt oder abgegeben werden. Aus der Physik ist bekannt, daß man Wärme und Licht als elektromagnetische Strahlungen beschreiben kann, die lediglich einen anderen Wellenlängenbereich repräsentieren.

Es muß betont werden, daß die Thermodynamik grundsätzlich keine Aussagen über die Geschwindigkeit der Gleichgewichtseinstellung einer chemischen Reaktion trifft. Auf Fragestellungen dieser Art gibt die **Kinetik** (kinein gr. bewegen) eine Antwort, mit der wir uns im Abschnitt 1.7 ausführlicher befassen werden.

Sicherlich ist dem Leser schon einmal der Begriff **exotherm** (ex lat. aus, heraus, thermos gr. Wärme) begegnet. Eine chemische Reaktion, bei der Wärme abgegeben wird, nennen wir exotherm. Umgekehrt wird eine Reaktion, bei der wir zu ihrer Aufrechterhaltung Energie beisteuern müssen, z. B. indem wir Wärme mit einem Bunsenbrenner zuführen, **endotherm** (endo gr. in, innerhalb) genannt. Wir sehen also, daß Reaktionen, die ohne Energiezufuhr nicht von allein ablaufen würden, durch Zufuhr von Energie ermöglicht werden können. Die Bioenergetik benutzt thermodynamische Aussagen bei der Beschreibung der Energiegewinnung und -verwertung der Lebewesen. Wir wollen uns daher ein wenig in die Gesetze der Thermodynamik einarbeiten.

1.6.1 Der Begriff des Systems

In der Regel betrachten wir für unsere energetischen Untersuchungen nur einen bestimmten, wohldefinierten Teil des Universums. Wir können uns z. B. Gedanken über den Treibhauseffekt machen, d. h., wir betrachten die Temperaturentwicklung auf der Erde. Sie ist das **System**, während der Mond nicht Bestandteil dieses Systems ist und zur **Umgebung** gezählt werden muß. Wie sich die Temperatur auf dem Mond entwickelt, interessiert daher in diesem Zusammenhang nicht. Gute Beispiele für biologische Systeme sind die Zelle oder auch der menschliche Organismus in seiner Gesamtheit. Die Umgebung der Zelle wäre in diesem Fall das umliegende Gewebe, die des menschlichen Individuums seine Umwelt. Als Fazit kann festgehalten werden, daß alles, was nicht zu einem System zählt, die Umgebung darstellt.

Man unterscheidet drei verschiedene Formen von Systemen. Können wir einem System sowohl Materie als auch Energie zuführen oder daraus entnehmen, so wird von einem **offenen System** gesprochen. Ein Suppentopf wäre ein offenes System, dem man ja immer noch eine Prise Salz als Materie oder über die Herdplatte (folglich aus der Umgebung des Suppentopfes) etwas mehr Energie in Form von Wärme zuführen kann. Kocht man dagegen die

Suppe in einem Schnellkochtopf, so haben wir es mit einem **geschlossenen System** zu tun. Nach Beginn des Kochvorganges ist bei geschlossenem Deckel keine weitere Materiezufuhr mehr möglich. Eine verschlossene Thermoskanne stellt hingegen ein annähernd **abgeschlossenes System** dar, aus dem Materie gar nicht und Energie nur in geringem Umfange entweichen kann. Bei diesem Beispiel wird deutlich, daß es im strengen Sinne neben dem Universum als Ganzes kein abgeschlossenes System gibt, es sich dabei also um eine Idealvorstellung handelt. Ein abgeschlossenes System erlaubt nach korrekter Definition weder einen Materie- noch einen Energieaustausch. Wie uns sofort klar wird, ist der Mensch ein **offenes System**. Wir nehmen durch unser Essen ständig Materie und Energie (chemische nämlich) zu uns.

1.6.2 Der erste Hauptsatz der Thermodynamik

Der erste Hauptsatz der Thermodynamik ist eine Formulierung des Energieerhaltungssatzes der Physik, der besagt, daß Energie weder erzeugt noch vernichtet werden kann. Um diese Aussage in eine allgemeine Form zu bringen, müssen wir den Unterschied zwischen Energie, Arbeit und Wärme klarstellen. Bei Wärme und Arbeit handelt es sich um zwei verschiedene Erscheinungsformen der Energie. Wir können einen Topf mit Wasser zum Kochen bringen, indem wir ein Stück rotglühendes Eisen in den Topf werfen, also **Wärme** zuführen. Statt dessen läßt sich der Inhalt auch durch mechanische Arbeit, z. B. kräftiges Rühren, erwärmen. Letztere Methode wäre allerdings ineffektiv und würde unweigerlich mit einem Muskelkater enden. Wie die Thermodynamiker zeigen können, ist die Wärme ein Maß für die kinetische Energie (Bewegungsenergie) der Teilchen. Je wärmer ein Körper ist, desto schneller und ungeordneter bewegen sich seine Teilchen. Die Summe aller Energien (mechanische, elektrische und Wärmeenergie), die die Gesamtheit der Teilchen eines Systems besitzt, wird als Innere Energie U des betrachteten Systems bezeichnet.

Die verbale Formulierung des **ersten Hauptsatzes** lautet: Die Innere Energie U eines abgeschlossenen Systemes ist konstant. Wird aus dem abgeschlossenen ein geschlossenes System, so ändert sich die Innere Energie (ausgedrückt als ΔU), wenn wir Arbeit W oder Wärme Q zuführen:

$$\Delta U = U_2 - U_1 = Q + W \tag{1.40}$$

Das Δ-Zeichen (sprich: Delta) soll verdeutlichen, daß sich eine Größe im Laufe eines Vorganges verändert. So bezeichnet U_1 die Innere Energie des Ausgangszustandes, U_2 entsprechend die des Endzustandes eines betrachteten Energieumsatzes. Geschieht dies im Verlauf einer chemischen Reaktion, nennen wir ΔU auch **Reaktionsenergie**.

Tabelle 1.7: Vorzeichenregeln für Größenänderungen der Inneren Energie, Wärme und Arbeit.

Größe	Symbol	Vorzeichen	Bedeutung
Änderung der Inneren Energie	ΔU	positiv (+)	das System nimmt Energie auf
Änderung der Inneren Energie	ΔU	negativ (−)	das System gibt Energie ab
Wärme	Q	positiv (+)	das System nimmt Wärme auf
Wärme	Q	negativ (−)	das System gibt Wärme ab
Arbeit	W	positiv (+)	dem System wird Arbeit zugeführt
Arbeit	W	negativ (−)	das System leistet Arbeit

Wenn Reaktionsenergie frei wird, das System also Energie abgibt, versieht man ihren Zahlenwert mit einem negativen Vorzeichen. Wendet man Gleichung (1.40) auf das Musterbeispiel eines abgeschlossenen Systems an, das Universum, so läßt sich der erste Hauptsatz der Thermodynamik auch anders formulieren: **Energie kann weder erzeugt noch vernichtet werden**. Dabei sind für die einzelnen Größen die Vorzeichenregeln der Tabelle 1.7 zu beachten.

Wenn bei einer chemischen Reaktion mechanische Arbeit beteiligt ist, wird sie im allgemeinen in Form von Volumenarbeit gegen den konstanten Atmosphärendruck p geleistet:

$$W = -p \cdot \Delta V = -p \cdot (V_2 - V_1) \qquad (1.41)$$

Das negative Vorzeichen ergibt sich aus der Vorzeichenkonvention (s.o.). Bei einer Volumenabnahme ($\Delta V < 0$) wird dem System Arbeit zugeführt ($W > 0$) und bei einer Volumenzunahme ($\Delta V > 0$) wird vom System Arbeit geleistet ($W < 0$). Mit Hilfe der Gleichung (1.42) können wir Gleichung (1.40) auch folgendermaßen schreiben:

$$\Delta U = Q - p \cdot \Delta V \qquad (1.42)$$

1.6.3 Die Reaktionsenthalpie

Nehmen wir einmal an, eine chemische Reaktion liefert einen definierten Energiebetrag ΔU. Führen wir diese Reaktion in einem fest verschlossenen Stahlmantelgefäß, also bei konstantem Volumen ($\Delta V = 0$) durch, wird der Term $p\Delta V$ in Gleichung (1.42) gleich Null. Das heißt, das System verrichtet keine Volumenarbeit und die gesamte Energie fällt in Form von Wärme Q an. Chemische Reaktionen verlaufen jedoch oft bei konstantem Druck (Atmosphärendruck) und nicht bei konstantem Volumen. In diesem Fall kann sich das System bei der Reaktion ausdehnen. Dies geschieht beispielsweise dadurch, daß als Reaktionsprodukte Gase entstehen, die die umgebende Luft verdrängen. Das System leistet also gegen den äußeren Druck (z. B. den Atmosphärendruck) eine Volumenarbeit. Dieser Anteil an der Reaktionsenergie kann nicht mehr als Wärmeenergie anfallen. Die Reaktionsenergie ΔU teilt sich dann nach Gleichung (1.42) in Volumenarbeit ($- p\Delta V$) und einen verbleibenden, als Wärme erhältlichen Energieanteil auf. Diesen verbleibenden Anteil nennen wir **Reaktionsenthalpie Δ H** (en gr. darin, thalpos gr. Wärme - auch Wärmetönung oder Reaktionswärme). Gleichung (1.43) geht aus Gleichung (1.42) hervor, indem wir $Q = \Delta H$ setzen und nach ΔH umstellen.

$$\Delta H = H_2 - H_1 = \Delta U + p \cdot \Delta V \qquad (\text{für } \Delta p = 0) \qquad (1.43)$$

Da biochemische Vorgänge eigentlich immer bei konstantem Druck ablaufen (in der Zelle darf es nicht zu massiven Druckschwankungen kommen!), interessiert den Biochemiker nur die Reaktionsenthalpie ΔH. Sie wird häufig zusammen mit der Reaktionsgleichung angegeben, wobei die sogenannte **Standardreaktionsenthalpie $\Delta H°$** (sprich: Delta H null) verwendet wird. Die Werte geben die Enthalpieänderung bei der Umsetzung von einem Mol unter Standardbedingungen 25°C (298 K) und Normaldruck (101,325 kPa) an. Zusätzlich sollen in den Reaktionsgleichungen die Aggregatzustände der beteiligten Stoffe als in

Klammern stehende Kleinbuchstaben (s für **s**olid engl. fest, l für **l**iquid engl. flüssig, g für **g**aseous engl. gasförmig) angegeben sein, da auch Aggregatzustandsänderungen am Energieumsatz beteiligt sind. Als Beispiel soll die folgende Gleichung mit der uns schon bekannten Knallgasreaktion stehen.

$$2\ H_2(g) + O_2(g) \rightarrow 2\ H_2O(l) \qquad \Delta H° = -286\ KJ \cdot mol^{-1} \qquad (1.44)$$

Aus dem negativen Vorzeichen der Standardreaktionsenthalpie $\Delta H°$ erkennt man, daß es sich um eine exotherme Reaktion handelt, daß heißt die Reaktionswärme von 286 KJ/mol wird an die Umgebung abgegeben (negatives Vorzeichen).

1.6.4 Der zweite Hauptsatz: Immer diese Unordnung

Der erste Hauptsatz sagt lediglich aus, daß Energie nicht aus dem Nichts gewonnen werden kann. Man stelle sich einmal vor, daß man ein Stück heißes Eisen in einen Topf mit Wasser wirft. Dieses wird sicher verdampfen, jedoch hat noch nie jemand beobachtet, daß das Stück Eisen verdampft und das Wasser gleichzeitig gefriert. Nach dem ersten Hauptsatz wäre dies ohne weiteres möglich, da Energie lediglich vom Wasser in das Eisen übertragen würde. Gesucht wird also eine Größe, die uns die Richtung einer Reaktion angibt. Die Thermodynamiker haben dazu die Größe **Entropie S** definiert. Innerhalb des Universums, also in einem abgeschlossenen System im strengen Sinne, nimmt die Entropie ständig zu. Eine Abnahme ist nicht möglich. Formal:

$$\Delta S > 0; \quad \text{für ein abgeschlossenes System} \qquad (1.45)$$

Das ist der **2. Hauptsatz der Thermodynamik**, der nur für abgeschlossene Systeme gilt. Betrachten wir ein offenes oder geschlossenes System, kann infolge einer Veränderung die Entropie durchaus abnehmen. Voraussetzung ist dann allerdings, daß sie in der Umgebung zunimmt. Das heißt, wir betrachten immer die Summe aus System- und Umgebungsentropie. Diese muß einen Wert größer als Null besitzen. Was aber ist Entropie nun bildlich? Der Entropiebegriff kann mit erheblichem mathematischen Aufwand über Wahrscheinlichkeitsfunktionen definiert werden. Das wollen wir uns hier ersparen. Stattdessen betrachten wir ein alltägliches Beispiel. Eine geöffnete Parfümflasche wird ihren Duft über den gesamten zur Verfügung stehenden Raum verteilen. Waren die Duftteilchen zuvor durch die Flasche in einer geordneten und abgegrenzten Form „verpackt", so verteilen sie sich jetzt regellos und ungeordnet in dem die Flasche umgebenden Raum. Aber auch dieser setzt den Teilchen mit seinen Wänden „ordnende Grenzen". Wird die Zimmertür geöffnet, so würden sich die Teilchen der ganzen Wohnung bemächtigen. Letztendlich nähmen sie jeden zur Verfügung stehenden Raum (bis hin zur Erdatmosphäre) in Anspruch. Waren sie ursprünglich in einem Gefäß gefangen, so können sie sich jetzt grenzenlos, ungeordnet und zufällig verteilt bewegen. Wohl nie werden wir beobachten, daß sich die Teilchen freiwillig aus der Atmosphäre in die festgefügte Ordnung einer Parfümflasche zurückziehen. Unser Beispiel zeigt, daß Teilchen stets einen Zustand größtmöglicher Unordnung und Zufälligkeit anstreben, umgekehrt aber Ordnung fürchten „wie der Teufel das Weihwasser".

1.6.5 GIBBS-HELMHOLTZ-Gleichung

Wir können in der Natur zwei grundlegende Tendenzen beobachten, die die Freiwilligkeit von Vorgängen, also beispielsweise von chemischen Reaktionen, begründen: Einerseits neigen Systeme dazu, in einen Zustand geringerer Energie überzugehen. Für Vorgänge, die bei konstantem Druck ablaufen, ist die entscheidende Größe dabei die Enthalpie H. Diese Tendenz bezeichnen wir auch als das Prinzip vom Energieminimum. Demzufolge sind exotherme ($\Delta H < 0$) gegenüber endothermen chemischen Reaktionen ($\Delta H > 0$) bevorzugt. Andererseits streben Systeme nach einem Zustand möglichst großer Unordnung und gleichmäßiger stofflicher Verteilung, wobei die Entropie S ein Maß für die Unordnung des Systems darstellt. Diese Tendenz bezeichnen wir als das Prinzip der Entropiezunahme. Der Zustand eines Systems hat also ein umso größeres Bestreben sich zu verändern, je höher seine Enthalpie H und je geringer seine Entropie S ist. Dabei kann man beobachten, daß mit zunehmender Temperatur der Einfluß der Entropie an Bedeutung gewinnt. Diese Größen lassen sich zur **freien Enthalpie G** wie folgt zusammenfassen:

$$G = H - T \cdot S \tag{1.46}$$

Die Reaktionsfähigkeit eines Systems ist also umso höher, je größer seine freie Enthalpie G ist. Allerdings sind solche absoluten Energiewerte wie in Gleichung (1.45) nicht zugänglich und dienen nur einer theoretischen Veranschaulichung. Unsere Betrachtungen sind bis hierhin auch nur auf den Zustand eines Systems fixiert und nicht auf einen Vorgang, bei dem ein Anfangszustand in einen Endzustand übergeht. Wenn wir unsere Betrachtung dahingehend erweitern, uns also beispielsweise eine chemische Reaktion denken, so können wir eine **freie Reaktionsenthalpie ΔG** unter Benutzung der Reaktionsenthalpie ΔH und der Reaktionsentropie ΔS formulieren:

$$\begin{aligned} \Delta G &= G_2 - G_1 = (H_2 - T \cdot S_2) - (H_1 - T \cdot S_1) \\ &= (H_2 - H_1) - T \cdot (S_2 - S_1) \end{aligned} \tag{1.47}$$

$$\Delta G = \Delta H - T \cdot \Delta S \tag{1.48}$$

Gleichung (1.48), die auch GIBBS-HELMHOLTZ-Gleichung genannt wird, ist eine fundamentale Gleichung der Thermodynamik. Wie wir sehen werden, ermöglicht sie eine Vorhersage über den Verlauf einer Reaktion. Damit eine Reaktion freiwillig abläuft, muß ΔG kleiner Null sein. Solche Reaktionen heißen **exergonisch**. Diejenigen mit positiven ΔG-Werten, werden **endergonisch** genannt. Sie können allerdings in der Natur nur dann ablaufen, wenn sie mit exergonischen Reaktionen so gekoppelt sind, daß der Gesamtprozeß wieder exergonisch wird. Wir werden dies noch des öfteren kennenlernen, wenn wir uns mit den einzelnen Stoffwechselwegen beschäftigen. Als anschauliches Beispiel kann man sich vorstellen, daß ein Achterbahnwagen ja auch nicht von allein bergauf fährt, er kann dies nur, wenn er durch Bergabfahrten genügend Schwung bekommen hat.

Betrachten wir noch einmal die GIBBS-HELMHOLTZ-Gleichung (1.48). Exotherme Reaktionen ($\Delta H < 0$), die unter Entropiezunahme ($\Delta S > 0$) verlaufen, sind spontan möglich, weil ΔG immer kleiner Null bleibt. Der umgekehrte Fall, also endotherme Reaktionen ($\Delta H > 0$), die unter Entropieabnahme ($\Delta S < 0$) verlaufen würden, sind unmöglich ($\Delta G > 0$). In allen anderen Fällen entscheidet die Temperatur über Freiwilligkeit oder Unmöglichkeit einer Reaktion. Reaktionen mit $\Delta H < 0$ und $\Delta S < 0$ sind nur unterhalb und solche mit $\Delta H > 0$ und $\Delta S > 0$ nur oberhalb einer bestimmten Temperatur möglich. Wir können somit beurteilen, ob eine chemische Reaktion thermodynamisch möglich ist oder nicht. Die hier geschilderten Zusammenhänge sind in Tabelle 1.8 noch einmal übersichtlich dargestellt.

Verläuft eine Reaktion unter Standardbedingungen, wird der ΔG-Wert mit ΔG° bezeichnet. In biologischen Systemen spricht man auch von $\Delta G^{\circ\prime}$, womit zusätzlich ein pH-Wert von sieben festgelegt ist. Für die Hydrolyse von ATP etwa, ist $\Delta G^{\circ\prime} = -31$ kJ/mol.

Tabelle 1.8: Aussagen über die Freiwilligkeit chemischer Reaktionen als Ergebnis der GIBBS-HELMHOLTZ-Gleichung.

Reaktions-enthalpie ΔH	Reaktions-entropie ΔS	Freie Reaktionsenthalpie ΔG	Aussage über die Freiwilligkeit der Reaktion
exotherme Reaktionen $\Delta H < 0$	Entropiezunahme $\Delta S > 0$	ΔG ist immer < 0	Spontan möglich
	Entropieabnahme $\Delta S < 0$	ΔG ist unterhalb einer bestimmten Temperatur < 0	Unterhalb einer bestimmten Temperatur möglich
endotherme Reaktionen $\Delta H > 0$	Entropiezunahme $\Delta S > 0$	ΔG ist oberhalb einer bestimmten Temperatur < 0	Oberhalb einer bestimmten Temperatur möglich
	Entropieabnahme $\Delta S < 0$	ΔG ist immer > 0	Unmöglich

1.7 Kinetik chemischer Reaktionen

1.7.1 Die Aktivierungsenergie

Nachdem wir uns im Abschnitt 1.6 mit den Grundlagen der Thermodynamik vertraut gemacht haben, wollen wir uns in diesem Abschnitt der **Kinetik** chemischer Reaktionen zuwenden. Sie beschreibt die Geschwindigkeit, mit der sich die Konzentrationen der an einer Reaktion beteiligten Stoffe, also sowohl der Edukte als auch der Produkte, ändern. Sie macht weiterhin Aussagen darüber, welcher Reaktionsmechanismus einer chemischen Umsetzung zugrunde liegt.

Wir haben erfahren, daß nach thermodynamischen Gesichtpunkten eine exergonische chemische Reaktion ($\Delta G < 0$) spontan ablaufen sollte. Als Beispiel für eine solche Reaktion kann uns wieder die schon mehrmals erwähnte Knallgasreaktion (1.10) dienen.

$$2\,H_2 + O_2 \rightarrow 2\,H_2O \tag{1.10}$$

Mischen wir die für die Reaktion erforderlichen Gasvolumina von Wasserstoff und Sauerstoff miteinander, so beobachten wir keine spontane Reaktion, die wir nach der thermodynamischen Aussage ($\Delta G < 0$) erwartet hätten. Erst durch die Zufuhr eines geringen Energiebetrages (z. B. durch einen Funken oder eine Flamme) läuft die Reaktion explosionsartig ab. Was ist geschehen? Es besteht offensichtlich für den spontanen Ablauf der Reaktion eine Energiebarriere, die erst durch die Energiezufuhr, etwa in Form eines Funkens, überwunden werden konnte und damit die eigentliche exergone Reaktion in Gang bringt.

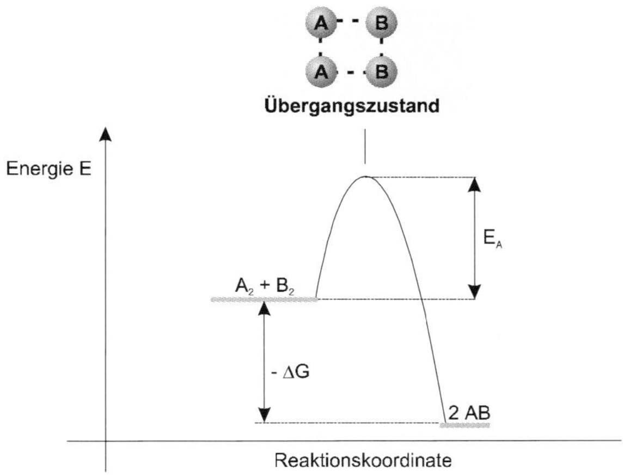

Abb. 1.20: Energieprofil einer exergonen Reaktion.

Oder anders ausgedrückt: Für die Einleitung der Reaktion ist die Zufuhr einer **freien Aktivierungsenthalpie Δ G**$^{\neq}$ erforderlich.

$$\Delta G^{\neq} = \Delta H^{\neq} - T \cdot \Delta S^{\neq} \tag{1.49}$$

Vereinfachend, und dabei die Aktivierungsentropie $\Delta S^{\neq}$ vernachlässigend, spricht man von der **Aktivierungsenergie** $\mathbf{E_A}$ einer Reaktion. Wir wollen uns die Knallgas-reaktion einmal auf molekularer Ebene vorstellen. Dabei wird klar, daß Wasserstoff und Sauerstoff nur miteinander reagieren können, wenn beide Moleküle heftig genug aufeinanderstoßen. Das gelingt ihnen nur, wenn sie die nötige Energie dazu besitzen, die in Form von Wärmeenergie (Funken, Flamme) zugeführt wurde. In Gleichung (1.49) wird diese Energiezufuhr durch die Aktivierungsenthalpie $\Delta H^{\neq}$ beschrieben. Aber nicht jeder Zusammenstoß, sei er noch so heftig, muß zur Reaktion führen. Die Moleküle müssen außerdem in einer ganz bestimmten räumlichen Anordnung aufeinanderprallen, um bestehende Bindungen lösen und neue Bindungen ausbilden zu können. Diese Tatsache wird in Gleichung (1.49) durch die Aktivierungsentropie $\Delta S^{\neq}$ berücksichtigt. Einen Zusammenstoß, bei dem die beteiligten Moleküle sowohl genügend Energie besitzen als auch in der erforderlichen räumlichen Anordnung kollidieren, bezeichnet man als **effektive Kollision**. Ein solcher Zusammenstoß führt zur Bildung eines kurzlebigen **aktivierten Komplexes (Übergangszustand)** aus beiden Molekülen, der im weiteren Reaktionsverlauf in die Reaktionsprodukte zerfällt. Wir wollen zunächst festhalten, daß die Geschwindigkeit einer Reaktion von der Größe der freien Aktivierungsenthalpie $\Delta G^{\neq}$ abhängt. Je größer $\Delta G^{\neq}$, also je größer die zu überwindende Energiebarriere ist, desto geringer ist die Reaktionsgeschwindigkeit.

Es ist nun nicht mehr überraschend, daß die Zahl der effektiven Kollisionen natürlich auch von den Konzentrationen der Reaktionspartner abhängig ist. Wenn sich eine größere Anzahl von Molekülen in einem bestimmten Volumen bewegt, steigt auch die Wahrscheinlichkeit einer Kollision. Man stelle sich nur vor, mit geschlossenen Augen eine überfüllte U-Bahn verlassen zu wollen, die wohl kaum vermeidbaren Kollisionen mit anderen Fahrgästen würden ebenso eine sehr „schnelle Reaktion“ provozieren. Je höher die Konzentration der Reaktionspartner, desto größer ist auch die Reaktionsgeschwindigkeit.

1.7.2 Reaktionsordnung und Molekularität

Die Konzentrationsabhängigkeit der Reaktionsgeschwindigkeit wird durch sogenannte **Zeitgesetze (Geschwindigkeitsgesetze)** wiedergegeben. Wir werden nachfolgend einige Zeitgesetze chemischer Reaktionen betrachten. Zuvor seien jedoch noch zwei allgemeine Begriffe geklärt, zum einen die **Molekularität** chemischer Reaktionen, zum anderen die **Reaktionsordnung**. Die Molekularität gibt die Zahl der Moleküle an, die an dem zur Reaktion führenden Stoß beteiligt sind. Man unterscheidet mono-, bi- und trimolekulare Reaktionen. Weil die gleichzeitige Kollision von drei Molekülen ein unwahrscheinliches Ereignis ist, sind trimolekulare Reaktionen relativ selten.

Zeitgesetze chemischer Reaktionen haben die allgemeine Form:

$$v = k \cdot c(A)^a \cdot c(B)^b \cdot c(C)^c \cdot \ldots \quad (1.50)$$

Als Reaktionsordnung n versteht man die Summe der Exponenten, mit denen die Konzentrationen im Zeitgesetz auftreten:

$$n = a + b + c + \ldots \quad (1.51)$$

Molekularität und Reaktionsordnung stimmen nicht in allen Fällen überein (s. u. Reaktionen pseudo-erster Ordnung)!

1.7.3 Reaktionen 1. Ordnung

Als erstes wollen wir nun folgende einfache monomolekulare Reaktion betrachten:

$$A \longrightarrow B \quad (1.52)$$

Es handelt sich dabei um eine **Reaktion erster Ordnung**. In der Natur treten Reaktionen dieser Art als Zerfallsreaktionen auf, so zum Beispiel beim radioaktiven Zerfall, aber auch bei thermischen und durch UV-Strahlung induzierten Zerfallsreaktionen. Experimentell kann man zeigen, daß bei solchen Reaktionen die Reaktionsgeschwindigkeit v direkt proportional der Konzentration c(A) des zerfallenden Stoffes ist. Das Zeitgesetz für Reaktionen erster Ordnung lautet damit:

$$v = -\frac{d\,c(A)}{dt} = k \cdot c(A) \quad (1.53)$$

$$\frac{1}{c(A)}\,d\,c(A) = -k \cdot dt \quad (1.54)$$

Wir haben also in Gleichung (1.53) die Reaktionsgeschwindigkeit über die Abnahme (deshalb das negative Vorzeichen) der Konzentration des Stoffes A (d c(A)) in der Zeiteinheit (dt) ausgedrückt. c(A) bedeutet dabei die Konzentration des Stoffes A zur Zeit t. Der Proportionalitätsfaktor k ist die **Geschwindigkeitskonstante** der Reaktion, eine kinetische Größe, die für jede Reaktion bei konstanter Temperatur charakteristisch ist. An dieser Stelle soll noch einmal festgehalten werden, was wir bei der Ableitung des Massenwirkungsgesetzes (Abschnitt 1.5.5) schon bemerkt haben, daß nämlich die Reaktionsgeschwindigkeit v eine Größe ist, die sich im Verlauf der Reaktion ändert. Die anfänglich hohe Konzentration der Edukte wird im Verlauf der Umsetzung immer kleiner und parallel dazu auch die Reaktionsgeschwindigkeit v.

Wie kann man die Geschwindigkeitskonstante k der Reaktion (1.53) bestimmen? Das Zeitgesetz (1.53) stellt eine gewöhnliche Differentialgleichung dar, bei deren Integration wir unter Berücksichtigung der Anfangsbedingungen ($t = 0$; $c(A) = c(A)_0$ = Anfangskonzentration von A) zu folgender Lösung gelangen:

$$c(A) = c(A)_0 \cdot e^{-kt} \qquad (1.55)$$

Dabei ist c(A) die aktuelle Konzentration des Stoffes A zur Zeit t und $c(A)_0$ die Anfangskonzentration von A. Über die Logarithmierung von (1.55) (ln - natürlicher Logarithmus zur Basis e) erhalten wir eine lineare Funktion der Form $y = b - a \cdot x$:

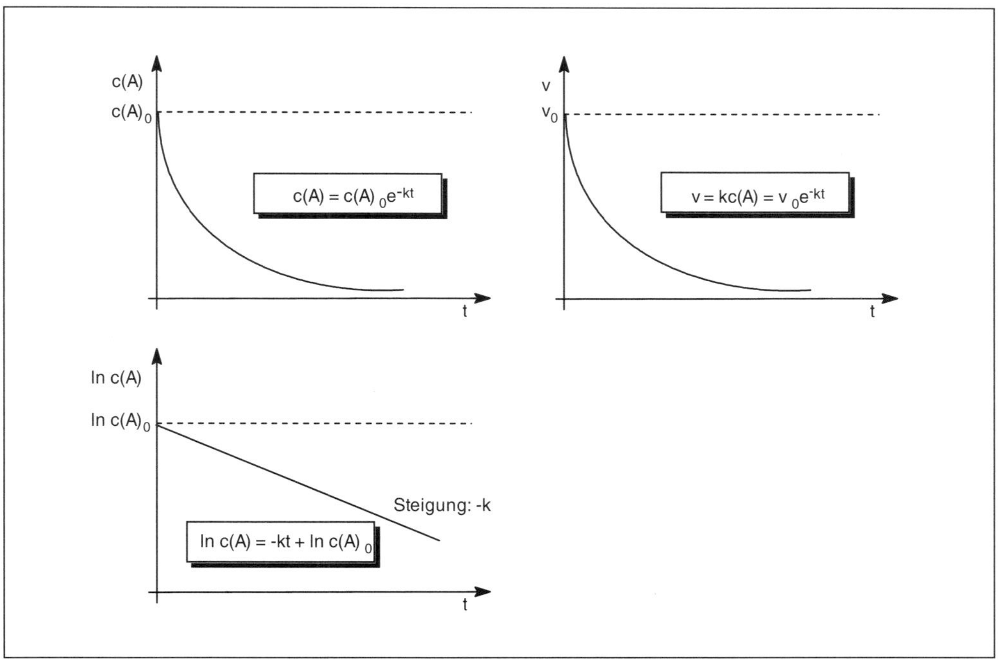

Abb. 1.21: Graphische Ermittlung der Geschwindigkeitskonstante bei einer Reaktion erster Ordnung. Links oben ist die Abnahme der Konzentration c(A) über der Zeit aufgetragen. Die logarithmische Darstellung führt uns zu einem linearen Zusammenhang (unteres Diagramm).

$$\ln c(A) = \ln c(A)_0 - kt \tag{1.56}$$

Wenn wir jetzt durch geeignete Messungen den Verlauf der Konzentration c(A) in bestimmten Zeitabständen verfolgen und den natürlichen Logarithmus dieser Konzentration (ln c(A)) über der Zeit t auftragen, so können wir aus dem Anstieg der entstehenden Geraden die Geschwindigkeitskonstante k bestimmen. Und nur wenn diese Auftragung eine Gerade ergibt, ist gleichzeitig bewiesen, daß wir es tatsächlich mit einer Reaktion erster Ordnung zu tun haben und das zugehörige Zeitgesetz (1.53) gilt. Prinzipiell wäre ja auch folgende Reaktion denkbar:

$$2\,A \rightarrow B \tag{1.57}$$

Dabei würde es sich jedoch um eine bimolekulare Reaktion zweiter Ordnung handeln.

Eine Besonderheit der Reaktionen erster Ordnung ist, daß sie eine **Halbwertszeit** $t_{1/2}$ besitzen, die nicht von der Anfangskonzentration $c(A)_0$ abhängt. Die Halbwertszeit $t_{1/2}$ ist genau die Zeit, nach der die Konzentration von A auf die Hälfte der Anfangskonzentration $c(A)_0$ gesunken ist. Setzt man diese Bedingung, so gilt:

$$c(A) = \frac{c(A)_0}{2} \tag{1.58}$$

Einsetzen in (1.55) ergibt dann:

$$\frac{1}{2}\,c(A)_0 = c(A)_0 \cdot e^{-kt_{1/2}} \tag{1.59}$$

$$\frac{1}{2} = e^{-kt_{1/2}} \tag{1.60}$$

$$-\ln 2 = -kt_{1/2} \tag{1.61}$$

$$t_{1/2} = \frac{\ln 2}{k} = \frac{0{,}693}{k} \tag{1.62}$$

einen Ausdruck, der die Halbwertszeit $t_{1/2}$ einer Reaktion erster Ordnung als eine Größe ausweist, die nicht von der Anfangskonzentration $c(A)_0$ abhängt. Bei den weiter unten betrachteten Zeitgesetzen ist dies nicht der Fall.

1.7.4 Reaktionen 2. Ordnung

Wir wollen uns nun einer bimolekularen Reaktion zweiter Ordnung zuwenden, die nach folgendem Reaktionsschema verläuft:

$$A + B \rightarrow C \tag{1.63}$$

Für eine Reaktion dieses Typs findet man häufig folgendes Zeitgesetz:

$$v = -\frac{d\ c(A)}{dt} = k \cdot c(A) \cdot c(B) \qquad (1.64)$$

Die Reaktionsgeschwindigkeit ist also von den Konzentrationen beider Ausgangsstoffe A und B abhängig. Im speziellen Fall identischer Eduktkonzentrationen, also mit c(A) = c(B), kann 1.64 umformuliert werden:

$$v = -\frac{d\ c(A)}{dt} = k \cdot c(A) \cdot c(A) = k \cdot c(A)^2 \qquad (1.65)$$

Ähnlich wie wir es für Reaktionen erster Ordnung gesehen haben, läßt sich auch für Reaktionen zweiter Ordnung, durch Integration der Zeitgesetze (1.64) bzw. (1.65) und nachfolgender geeigneter graphischer Auftragung, die Geschwindigkeitskonstante k bestimmen:

Integration und Umformung der Gleichung (1.65) liefern:

$$\int_{c(A)_0}^{c(A)} \frac{1}{c(A)^2} \cdot dc = -k\int_0^t 1 \cdot dt \qquad (1.66)$$

$$-\frac{1}{c(A)} - \left(-\frac{1}{c(A)_0}\right) = -kt \qquad (1.67)$$

$$\frac{1}{c(A)} - \frac{1}{c(A)_0} = kt \qquad (1.68)$$

$$\frac{1}{c(A)} = kt + \frac{1}{c(A)_0} \qquad (1.69)$$

Die graphische Auftragung von (1.69) liefert eine Gerade mit dem Ursprung $1/c(A)_0$ zum Zeitpunkt t = 0, deren Steigung gleich der Geschwindigkeitskonstanten k ist (Abb. 1.22).

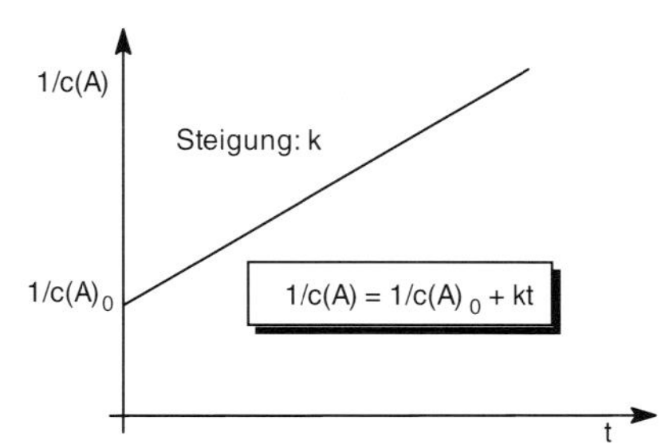

Abb. 1.22: Graphische Auftragung des Konzentrations-/Zeitgesetzes für Reaktionen zweiter Ordnung, wenn die Eduktkonzentrationen gleich groß sind.

Zur Halbwertszeit $t_{1/2}$ gilt für die Konzentration des Edukts c(A):

$$c(A) = \frac{c(A)_0}{2} \tag{1.70}$$

Einsetzen in (1.69) ergibt dann:

$$\frac{2}{c(A)_0} - \frac{1}{c(A)_0} = kt_{1/2} \tag{1.71}$$

$$t_{1/2} = \frac{1}{k \cdot c(A)_0} \tag{1.72}$$

Die Halbwertszeit von Reaktionen 2. Ordnung ist also von der Anfangskonzentration des Edukts abhängig.

1.7.5 Reaktionen pseudo-erster Ordnung

Wir wollen uns jetzt noch einige Besonderheiten ansehen. Für eine Reaktion, wie sie (1.58) darstellt, kann unter Umständen auch ein Zeitgesetz für eine Reaktion erster Ordnung zutreffen. Dies ist genau dann der Fall, wenn A zunächst in einer sehr langsamen Reaktion zu einem Zwischenprodukt Z reagiert, welches sich aber sofort mit B weiter zu C umsetzt:

$$A \xrightarrow{\text{langsam}} Z + B \xrightarrow{\text{schnell}} C \tag{1.73}$$

Der erste Schritt dieser Reaktion verläuft als monomolekulare Reaktion. Da er gleichzeitig den langsamsten Teilschritt darstellt, bestimmt er auch die Gesamtgeschwindigkeit der Reaktion. Man bezeichnet deshalb den langsamsten Teilschritt einer Reaktionsfolge als den **geschwindigkeitsbestimmenden Schritt**. Eine weitere Besonderheit stellt der Fall dar, in dem einer der beiden Ausgangsstoffe in großem Überschuß vorhanden ist. Liegt beispielsweise in der Reaktion (1.63) B in großem Überschuß vor, so verändert sich seine Konzentration c(B) im Vergleich zu c(A) kaum. Das bedeutet, man kann den Einfluß von c(B) auf die Reaktionsgeschwindigkeit vernachlässigen. Man findet experimentell näherungsweise ein Zeitgesetz für eine Reaktion erster Ordnung:

$$v = -\frac{d\ c(A)}{dt} = k \cdot c(A) \tag{1.74}$$

Man spricht in diesem Fall von einer Reaktion **pseudo-erster Ordnung**.

1.7.6 Reaktionen 0. Ordnung

Es gibt auch Reaktionen, bei denen die Reaktionsgeschwindigkeit völlig unabhängig von den Konzentrationen der reagierenden Stoffe ist. Man spricht dann von **Reaktionen nullter Ordnung**. Dies gilt im Besonderen für enzymatische Reaktionen, bei denen ein Substrat, welches in sehr hohem Überschuß vorliegt, von einem Enzym umgesetzt wird. In diesem

Fall hat eine Erhöhung der Substratkonzentration keine Erhöhung der Reaktionsgeschwindigkeit zur Folge, da das Enzym ohnehin schon mit der höchstmöglichen Geschwindigkeit arbeitet. Für eine Reaktion nullter Ordnung findet man folgendes Zeitgesetz:

$$v = -\frac{d\ c(A)}{dt} = k \qquad (1.75)$$

Integration und Umformung der Gleichung (1.75) liefert:

$$\int_{c(A)_0}^{c(A)} 1 \cdot dc(A) = -k\int_0^t 1 \cdot dt \qquad (1.76)$$

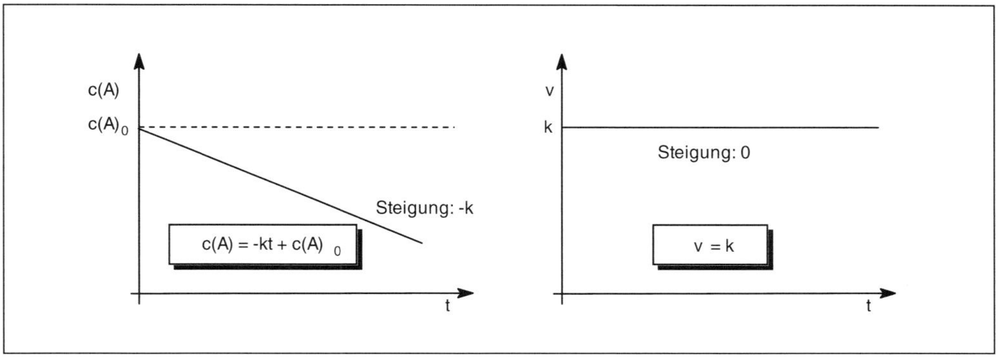

Abb. 1.23: Konzentrations- und Geschwindigkeits-/Zeitgesetz von Reaktionen 0. Ordnung.

$$c(A) - c(A)_0 = -kt \qquad (1.77)$$

$$c(A) = -kt + c(A)_0 \qquad (1.78)$$

Für die Halbwertszeit $t_{1/2}$ gilt dann mit (1.78):

$$\frac{1}{2}c(A)_0 = -kt_{1/2} + c(A)_0 \qquad (1.79)$$

$$t_{1/2} = \frac{c(A)_0}{2 \cdot k} \qquad (1.80)$$

Wir wollen uns jetzt noch dem Einfluß der Temperatur T auf die Reaktionsgeschwindigkeit zuwenden. Die Temperatur T spiegelt die mittlere kinetische Energie (Bewegungsenergie) der Teilchen wider, das heißt, je höher die Temperatur, desto umfangreicher ist der Anteil der Teilchen, die die nötige Energie für effektive Kollisionen besitzen. Je größer also die Temperatur ist, desto höher ist die Reaktionsgeschwindigkeit. Als Faustregel kann man sich merken, daß eine Temperaturerhöhung um 10 °C eine Erhöhung der Reaktionsgeschwindigkeit um den Faktor 2 - 4 zur Folge hat. Diese Zusammenhänge werden durch die **ARRHENIUS-Gleichung**[5] wiedergegeben:

$$k = A \cdot e^{-\frac{\Delta G^{\neq}}{R \cdot T}} \tag{1.81}$$

Dabei ist k die Geschwindigkeitskonstante der betrachteten Reaktion, A ein Proportionalitätsfaktor und R die allgemeine Gaskonstante.

1.8 Säuren und Basen

1.8.1 Säuren und Basen nach BRÖNSTED

Säuren und Basen sind Stoffe, die uns alltäglich umgeben, denken wir an die Zitrone mit ihrem sauren Geschmack oder an eine basische Waschlauge. Aber welche Eigenschaft charakterisiert eine Säure bzw. eine Base? Von den verschiedenen Definitionen, die sich im Laufe der Zeit herausgebildet haben, ist diejenige nach BRÖNSTED eine sehr anschauliche. **Säuren** sind nach ihr Verbindungen, die in wässriger Lösung H^+-Ionen (Protonen) abgeben, sie sind also **Protonendonatoren**. **Basen** hingegen können H^+-Ionen aufnehmen, sie sind **Protonenakzeptoren**.

$$\text{Säure} \rightleftharpoons H^+ + \text{Base} \tag{1.82}$$

Tabelle 1.9: Säuren stellen Protonendonatoren und Basen Protonenakzeptoren dar.

Säuren	Protonenübertragungs-Reaktionen Protonenabgabe → ← Protonenaufnahme	Basen	konjugierte Säure/Base-Paare
Chlorwasserstoff (Salzsäure) HCl	$HCl \rightleftharpoons H^+ + Cl^-$	Chloridion Cl^-	HCl / Cl^-
Ammoniumion NH_4^+	$NH_4^+ \rightleftharpoons H^+ + NH_3$	Ammoniak NH_3	NH_4^+ / NH_3
Wasser H_2O	$H_2O \rightleftharpoons H^+ + OH^-$	Hydroxidion OH^-	H_2O / OH^-
Hydroniumion (Hydroxoniumion) H_3O^+	$H_3O^+ \rightleftharpoons H^+ + H_2O$	Wasser H_2O	H_3O^+ / H_2O

5 **ARRHENIUS, SVANTE**: * 19.02.1859 in Uppsala, † 02.10.1927 in Stockholm. Schwedischer Physikochemiker, der insbesondere auf dem Gebiet der Reaktionen in wäßrigen Lösungen sowie über die Gesetze der Dissoziation arbeitete. Er erhielt 1903 den Nobelpreis für Chemie.

Jeder Säure in Tabelle 1.9 ist eine zugehörige Base gegenübergestellt. Gibt z. B. Chlorwasserstoff HCl in wässriger Lösung ein Proton ab, so entsteht ein Cloridion Cl^-, welches natürlich potentiell wieder in der Lage ist, seinerseits ein Proton aufzunehmen und somit nach Brönsted eine Base ist. Man sagt, das Cloridion Cl^- ist die **konjugierte (korrespondierende) Base** zur Säure HCl. Umgekehrt ist Chlorwasserstoff HCl die **konjugierte (korrespondierende) Säure** zur Base Cl^-. Die Paare HCl / Cl^-, NH_4^+ / NH_3 usw. nennt man auch konjugierte **Säure/Base-Paare**. Sie sind in der letzten Spalte der Tabelle 1.9 dargestellt.

Wir müssen festhalten, daß es in gewöhnlicher Materie keine freien Protonen gibt, weil ihre Ladung im Verhältnis zu ihrer Größe zu hoch ist. Eine Säure kann nur H^+-Ionen abgeben, wenn eine Base zugegen ist, die sie wieder aufnimmt. In einer wässrigen Lösung nimmt häufig Wasser die Protonen auf. Es fungiert hierbei als Base. Dabei entstehen **Hydroniumionen H_3O^+ (Hydroxoniumionen)**:

$$H_2O + H^+ \rightarrow H_3O^+ \qquad (1.83)$$

Wenn wir also eine Säure in Wasser geben, beispielsweise indem wir Chlorwasserstoffgas HCl in ein Becherglas mit Wasser einleiten, so reagiert die Säure mit dem Wasser unter Bildung von Hydroniumionen H_3O^+ und Chloridionen Cl^-. Die vollständige Gleichung muß heißen:

$$HCl + H_2O \rightleftharpoons H_3O^+ + Cl^- \qquad (1.84)$$

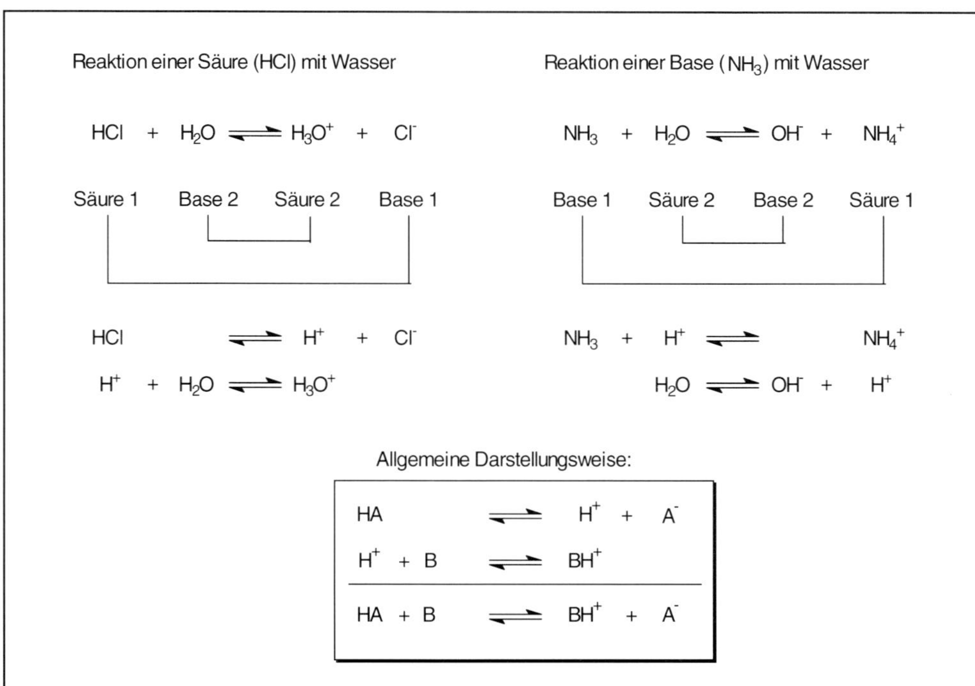

Abb. 1.24: Zwei Beispiele für Säure/Base-Reaktionen.

Insgesamt gesehen haben wir es hierbei mit einer **Säure/Base-Reaktion** zu tun. Die Säure HCl reagiert mit der Base H_2O unter Bildung der Säure H_3O^+ und der Base Cl^-. Säure/Base-Reaktionen sind **Protonenübertragungsreaktion** (**Protolysereaktion**). Natürlich besitzen auch Säure/Base-Reaktionen ein chemisches Gleichgewicht, im speziellen Fall Protolysegleichgewicht genannt.

Wird bei einer Reaktion eine kovalente Bindung gespalten (wie in (1.84) zwischen dem Wasserstoffatom und dem Chloratom), so sprechen wir auch von einer **Dissoziation**. Man sagt: Chlorwasserstoff HCl dissoziiert in wässriger Lösung in H_3O^+ und Cl^-.

Betrachten wir noch einmal Tabelle 1.9. Dabei fällt uns auf, daß Wasser H_2O sowohl als Säure als auch als Base fungiert, da es sowohl ein Proton abgeben als auch eines aufnehmen kann. Stoffe mit dieser Eigenschaft bezeichnet man als **Ampholyte** (amphi gr. beide, jeder von beiden, lysis gr. Lösung, Auflösung) oder Amphotere. Weitere Ampholyte sind das Hydrogencarbonat HCO_3^-, das Hydrogenphosphat HPO_4^{2-}, das Dihydrogenphosphat $H_2PO_4^-$ und alle Aminosäuren, um nur einige Beispiele zu nennen.

1.8.2 pH- und pK-Begriff, Ionenprodukt des Wassers

Wasser ist nicht nur im chemischen Labor das wichtigste Lösungsmittel, es ist auch die Lebensgrundlage biologischer Systeme. Es ist daher auch immer unmittelbar an Säure/Base-Reaktionen beteiligt, so daß wir zunächst das System Wasser genauer betrachten wollen. Reines Wasser ist nur geringfügig dissoziiert, das Gleichgewicht für seine **Eigendissoziation (Autoprotolyse)** lautet

$$2\,H_2O \rightleftharpoons H_3O^+ + OH^- \qquad (1.85)$$

und liegt deutlich auf der linken Seite. Wendet man auf diese Gleichgewichtsreaktion das Massenwirkungsgesetz an, so erhält man:

$$K = \frac{c(H_3O^+) \cdot c(OH^-)}{c(H_2O)^2} \qquad (1.86)$$

Da Wasser in großem Überschuß vorhanden ist (das Gleichgewicht liegt wie schon erwähnt auf der Seite des Wassers), kann seine Konzentration $c(H_2O)$ als konstant aufgefaßt werden. Man kann die Gleichgewichtskonstante K aus Gleichung (1.86) mit der als konstant vorausgesetzten Konzentration des undissozierten Wassers $c(H_2O)$ zum **Ionenprodukt des Wassers K_W** zusammenfassen, da das Produkt zweier Konstanten wieder eine Konstante ergibt:

$$K \cdot c(H_2O)^2 = c(H_3O^+) \cdot c(OH^-) \qquad (1.87)$$

$$K_W = c(H_3O^+) \cdot c(OH^-) \qquad (1.88)$$

Man hat durch Messung der elektrischen Leitfähigkeit die Konzentrationen der Dissoziationsprodukte des Wassers (H_3O^+, OH^-) für T = 25 °C bestimmt:

$$c(H_3O^+) = 10^{-7}\ \frac{mol}{L} \tag{1.89}$$

$$c(OH^-) = 10^{-7}\ \frac{mol}{L} \tag{1.90}$$

Mit der Gleichung (1.88) ergibt sich für das Ionenprodukt des Wassers bei 25 °C:

$$K_w = 10^{-7}\ \frac{mol}{L} \cdot 10^{-7}\ \frac{mol}{L} = 10^{-14}\ \frac{mol}{L} \tag{1.91}$$

Das Produkt der H_3O^+- und der OH^--Ionenkonzentration ist in wäßrigen Lösungen konstant! Da Gleichgewichtskonstanten schlecht handhabbare Zahlenwerte beinhalten, hat man sogenannte pK-Werte eingeführt. Sie sind als der negative dekadische Logarithmus des Zahlenwertes der Gleichgewichtskonstanten K definiert:

$$pK = -\lg K \tag{1.92}$$

Analog verstehen wir unter dem pH-Wert den negativen dekadischen Logarithmus des Zahlenwertes der H_3O^+-Ionenkonzentration:

$$pH = -\lg c(H_3O^+) \tag{1.93}$$

Entsprechend ist der pOH-Wert als der negative dekadische Logarithmus des Zahlenwertes der OH^--Ionenkonzentration definiert:

$$p(OH) = -\lg c(OH^-) \tag{1.94}$$

Damit ergibt sich für die Gleichungen (1.88) und (1.91):

$$-\lg K_W = \left[-\lg c(H_3O^+)\right] + \left[-\lg c(OH^-)\right] \tag{1.95}$$

$$pK_W = pH + pOH = 7 + 7 = 14 \tag{1.96}$$

Aus der Gleichung (1.89) ist die H_3O^+-Ionenkonzentration von Wasser bekannt. Eingesetzt in die Gleichung (1.93) ergibt sich:

$$pH = -\lg 10^{-7} = 7 \tag{1.97}$$

Ein pH-Wert von 7 kennzeichnet also neutrale wäßrige Lösungen; sie reagieren an diesem Punkt weder sauer noch basisch. Der pOH-Wert ist bei pH = 7 ebenfalls 7, da nach der Gleichung (1.96) gilt:

$$pOH = 14 - pH \tag{1.98}$$

Bei Zugabe einer Säure zu Wasser kommt es zu einer Säure/Base-Reaktion, wobei Wasser als Base wirkt, indem es ein Proton H^+ aufnimmt und zum H_3O^+-Ion wird. Je mehr H_3O^+-Ionen in einer Lösung vorhanden sind, desto saurer ist die Lösung.

Man unterscheidet zwischen **starken und schwachen Säuren bzw. Basen**. Starke Säuren bzw. Basen dissoziieren in Wasser vollständig, z. B. die Salzsäure HCl. Das chemische Gleichgewicht liegt auf der rechten Seite der Gleichung:

$$HA + H_2O \rightleftharpoons H_3O^+ + A^- \tag{1.99}$$

Schwache Säuren wie die Essigsäure CH_3-COOH dissoziieren nur teilweise, so daß es zur Ausbildung eines chemischen Gleichgewichts mit Hin- und Rückreaktion kommt. Wenn wir das Massenwirkungsgesetz für Gleichung (1.99) formulieren, erhalten wir:

$$K = \frac{c(H_3O^+) \cdot c(A^-)}{c(HA) \cdot c(H_2O)} \tag{1.100}$$

Die Konzentration des Wassers $c(H_2O)$ können wir als konstant ansehen, da sie durch die Dissoziation der Säure in verdünnter Lösung kaum verändert wird. Man kann somit K mit der als konstant angenommenen Konzentration $c(H_2O)$ zu einer neuen Konstante K_S zusammenfassen:

$$K_S = K \cdot c(H_2O) = \frac{c(H_3O^+) \cdot c(A^-)}{c(HA)} \tag{1.101}$$

K_S (bzw. K_a, a von acid engl. Säure) ist die temperaturabhängige **Säurekonstante** einer Säure. Hat eine Säure einen großen K_S-Wert, so liegt das Dissoziationsgleichgewicht auf der rechten Seite der Gleichung (1.99), die Säure ist stark (für HCl ist K_S ca. 10^6 mol/L bei 25 °C). Umgekehrt bedeutet eine kleine Säurekonstante (K_S-Wert), daß wir es mit einer schwachen Säure zu tun haben (für Essigsäure ist $K_S = 1{,}8 \cdot 10^{-5}$ mol/L bei 25°C).

Bei Zugabe einer Base B zu Wasser fungiert das Wasser als Säure, indem es ein Proton abgibt und zum OH^--Ion wird (Tabelle 1.9). Die Zunahme von OH^--Ionen und die wegen des Ionenproduktes des Wassers gleichzeitig abnehmende H_3O^+-Ionenkonzentration bewirken den basischen Charakter. Betrachten wir wieder die allgemeine Reaktionsgleichung für die Dissoziation einer Base in Wasser:

$$B + H_2O \rightleftharpoons BH^+ + OH^- \tag{1.102}$$

Wenn wir für diese Gleichung das Massenwirkungsgesetz formulieren, so erhalten wir:

$$K = \frac{c(BH^+) \cdot c(OH^-)}{c(B) \cdot c(H_2O)} \tag{1.103}$$

Durch das Zusammenfassen von K und $c(H_2O)$ erhalten wir die **Basenkonstante** K_B:

$$K_B = K \cdot c(H_2O) = \frac{c(BH^+) \cdot c(OH^-)}{c(B)} \tag{1.104}$$

Auch bei K_S und K_B benutzt man häufig die pK_S- und pK_B-Werte. Sie stellen ebenfalls den negativen dekadischen Logarithmus der Zahlenwerte der K_S- bzw. K_B-Werte dar. Also sind:

$$pK_S = -\lg K_S \tag{1.105}$$

$$pK_B = -\lg K_B \tag{1.106}$$

Wenn wir den Zusammenhang zwischen dem pK_S-Wert einer Säure HA und dem pK_B-Wert der korrespondierenden Base A^- betrachten, so gelten die Reaktionsgleichungen:

$$HA + H_2O \xrightleftharpoons{K_s} H_3O^+ + A^- \tag{1.107}$$

$$A^- + H_2O \xrightleftharpoons{K_b} HA + OH^- \tag{1.108}$$

Multipliziert man jetzt die zugehörigen Gleichungen für den K_S- und den K_B-Wert miteinander, so folgt:

$$K_S \cdot K_B = \frac{c(H_3O^+) \cdot c(A^-)}{c(HA)} \cdot \frac{c(HA) \cdot c(OH^-)}{c(A^-)} \tag{1.109}$$

Durch Kürzen von c(HA) und $c(A^-)$ erhält man:

$$K_S \cdot K_B = c(H_3O^+) \cdot c(OH^-) = K_W \tag{1.110}$$

was gleichbedeutend ist mit:

$$pK_S + pK_B = pK_W = 14 \tag{1.111}$$

Wichtig ist in diesem Zusammenhang die Gleichung (1.111), die es ermöglicht, aus dem pK_S-Wert einer Säure den pK_B-Wert der korrespondierenden Base zu berechnen. Je stärker eine Säure oder Base ist, desto kleiner ist ihr pK-Wert. Sehr starke Säuren besitzen z. B. negative pK_S-Werte, sehr schwache Säuren pK_S-Werte größer als 15.

Setzt man in Gleichung (1.105) den Zahlenwert des K_S-Wertes für Essigsäure ($1{,}8 \cdot 10^{-5}$) ein, erhält man:

$$pK_S = -\lg K_S = -\lg \quad 1{,}8 \cdot 10^{-5} = 4{,}75 \tag{1.112}$$

Die korrespondierende Base der Essigsäure, das Acetat CH_3COO^-, besitzt nach Gleichung (1.111) einen pK_B von 9,25, da gilt:

$$pK_B = 14 - pK_S = 14 - 4{,}75 = 9{,}25 \qquad (1.113)$$

1.8.3 pH-Wert-Berechnungen starker und schwacher Säuren

Allgemein beschreiben wir die Dissoziation einer Säure HA mit Gleichung (1.99):

$$HA + H_2O \rightleftharpoons H_3O^+ + A^- \qquad (1.99)$$

Da starke Säuren praktisch vollständig dissoziieren, darf man die H_3O^+-Ionenkonzentration mit der Konzentration der eingesetzten Säure $c_0(HA)$ gleichsetzen.

$$c(H_3O^+) = c_0(HA) \qquad (1.114)$$

Der pH-Wert errechnet sich nach

$$pH = -\lg c(H_3O^+) = -\lg c_0(HA) \qquad (1.115)$$

Somit besitzt eine 0,1 M (= $1 \cdot 10^{-1}$ mol/L) Salzsäure einen pH-Wert von:

$$pH = -\lg 1 \cdot 10^{-1} = 1 \qquad (1.116)$$

Wir wissen inzwischen, daß schwache Säuren nicht vollständig, sondern nur teilweise dissoziieren. Deshalb kann man die H_3O^+-Ionenkonzentration nicht der Konzentration der eingesetzten Säure $c_0(HA)$ gleichsetzen, wie wir das bei starken Säuren getan haben. Vielmehr liegt immer noch ein bestimmter Anteil undissoziiert als Säure HA vor:

$$HA + H_2O \rightleftharpoons H_3O^+ + A^- \qquad (1.99)$$

Aber eine gültige Aussage können wir Gleichung (1.99) auch jetzt noch entnehmen. Nämlich diese, daß aus einem Teilchen HA je ein Molekül H_3O^+ und ein Molekül A^- entstehen. Dementsprechend sind auch die Konzentrationen $c(H_3O^+)$ und $c(A^-)$ gleich:

$$c(H_3O^+) = c(A^-) \qquad (1.117)$$

Setzt man diesen Ausdruck in Gleichung (1.101) ein, so erhält man:

$$K_S = \frac{c(H_3O^+) \cdot c(A^-)}{c(HA)} \qquad (1.101)$$

$$K_S = \frac{c(H_3O^+)^2}{c(HA)} \qquad (1.118)$$

Und umgestellt nach der uns interessierenden Konzentration der H_3O^+-Ionen ergibt sich:

$$c(H_3O^+) = \sqrt{K_S \cdot c(HA)} \qquad (1.119)$$

Da bei schwachen Säuren nur ein sehr geringer Anteil der eingesetzten Säure dissoziiert vorliegt, können wir diesen vernachlässigen und die Konzentrationen der eingesetzten Säure c_0 (HA) mit der Konzentration der undissoziiert vorliegenden Säure c(HA) gleichsetzen.

$$c(H_3O^+) = \sqrt{K_S \cdot c_0(HA)} \qquad (1.120)$$

Erst jetzt ist uns die Berechnung der H_3O^+-Konzentration möglich. Mit dieser läßt sich nach Gleichung (1.93) dann der pH-Wert für schwache Säuren berechnen:

$$pH = -\lg c(H_3O^+) \qquad (1.93)$$

1.8.4 Säure/Base-Titrationen

Unter einer **Titration** versteht man allgemein die Bestimmung einer unbekannten Konzentration durch vollständige Umsetzung mit einer zugefügten Lösung bekannter Konzentration. Grundlage der Säure/Base-Titration ist die **Neutralisationsreaktion**:

$$H_3O^+ + OH^- \rightleftharpoons H_2O \qquad (1.121)$$

Machen wir uns dies an einem Beispiel deutlich: In einem Gefäß befinden sich 10 mL 0,01 mol/L Salzsäure (HCl), also insgesamt 0,0001 mol; die H_3O^+-Ionenkonzentration beträgt wegen der vollständigen Dissoziation dieser starken Säure ebenfalls 0,01 mol/L. Die Konzentration an OH^--Ionen $c(OH^-)$ ist wegen des Ionenproduktes des Wassers (K_W):

$$K_W = c(H_3O^+) \cdot c(OH^-) = 10^{-14}\ \frac{mol^2}{L^2} \qquad (1.122)$$

$$c(OH^-) = \frac{K_W}{c(H_3O^+)} = \frac{10^{-14}\ \frac{mol^2}{L^2}}{10^2\ \frac{mol}{L}} = 10^{-12}\ \frac{mol}{L} \qquad (1.123)$$

In dieser Lösung liegt ein großer Überschuß an H_3O^+-Ionen vor, weshalb die Lösung sauer reagiert. Der pH-Wert läßt sich unter Verwendung von Gleichung (1.93) berechnen:

$$pH = -\lg c\ (H_3O^+) = -\lg 10^{-2} = 2 \qquad (1.124)$$

Gibt man zu dieser Lösung tropfenweise 0,01 mol/L Natronlauge, so wird die Konzentration an H_3O^+-Ionen abnehmen, da diese durch die zugeführten OH^--Ionen unter Wasserbildung neutralisiert werden. Hat man genau 10 mL 0,01 mol/L NaOH hinzugefügt, also eine Stoffmenge von 0,0001 mol, so sind alle H_3O^+-Ionen der Salzsäure neutralisiert. An diesem Punkt, den man **Äquivalenzpunkt** (aequus lat. gleich, gleich groß; valenz lat. stark, mächtig) nennt, entsprechen die Konzentrationen von H_3O^+-Ionen und OH^--Ionen wieder denen reinen Wassers, die Lösung ist also neutral und der pH-Wert gleich 7. Fügt man über den Äquivalenzpunkt hinaus NaOH-Lösung hinzu, so wird die Konzentration der OH^--Ionen größer als diejenige der H_3O^+-Ionen, die Lösung wird basischer und der pH-Wert steigt. Trägt man den pH-Wert über der zugefügten Menge Natronlauge graphisch auf, so erhält man eine Titrationskurve.

Es soll hervorgehoben werden, daß der Umschlagsbereich von sauer über neutral zu basisch um den Äquivalenzpunkt recht eng ist, die Kurve besitzt hier eine große Steigung. In der Praxis bedeutet dies, daß die Zugabe eines Tropfens sehr schnell einen Umschlag von sauer zu basisch bewirken kann.

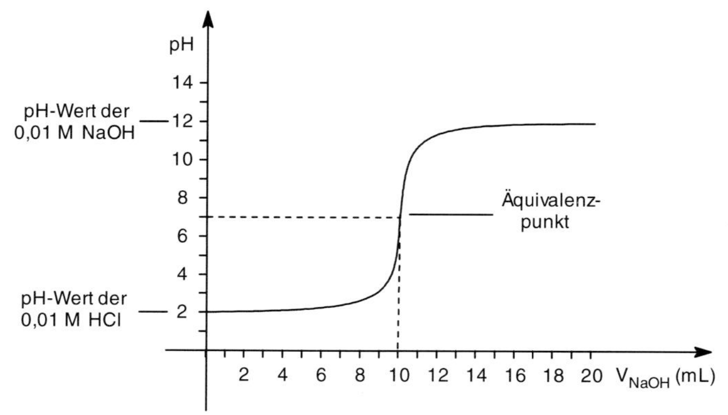

Abb. 1.25: Titrationskurve für die Titration von 10 mL 0,01 M HCl mit 0,01 M NaOH. Der pH-Wert zu Beginn der Titration ist 2 (pH-Wert einer 0,01 M HCl). Nach Zutropfen eines Äquivalents 0,01 M NaOH, dies sind genau 10 mL, nämlich ebensoviel, wie wir HCl vorgelegt haben (die beiden Konzentrationen sind gleich), erreicht man den Äquivalenzpunkt. In diesem Fall, der Titration einer starken Säure mit einer starken Base, liegt er bei pH 7. Nach Zugabe weiterer NaOH gelangt man schließlich an den pH-Wert einer 0,01 M NaOH (pH = 12).

1.8.5 Puffer und Pufferkapazität

Puffer sind Lösungen schwacher Säuren und ihrer korrespondierenden Basen bzw. umgekehrt. Diese Lösungen sind in der Lage, den pH-Wert auch nach Zugabe von größeren Mengen an Säure oder Base beizubehalten, also die Zugabe an Protonen oder Hydroxidionen abzupuffern. In einer Pufferlösung kann also der pH-Wert selbst bei Zugabe starker Säuren oder Basen in einem bestimmten Rahmen fast konstant gehalten werden! Diese Eigenschaft bleibt auch nach Verdünnen von Pufferlösungen erhalten. Puffer besitzen in lebenden Systemen eine überragende Bedeutung, da viele Lebensprozesse nur bei annähernd konstantem pH-Wert ablaufen können. So büßen beispielsweise Proteine bei extremen pH-Wertschwankungen ihre Funktion ein. Der pH-Wert des Blutes ist daher eine streng regulierte Größe und wird durch verschiedene Puffer gewährleistet.

Betrachten wir zunächst allgemein die Dissoziationsreaktion einer schwachen Säure (1.99) und die zugehörige Gleichung für die Säurekonstante K_S (1.101):

$$HA + H_2O \rightleftharpoons H_3O^+ + A^- \qquad (1.99)$$

$$K_S = K \cdot c(H_2O) = \frac{c(H_3O^+) \cdot c(A^-)}{c(HA)} \qquad (1.101)$$

Durch Umstellen der Gleichung (1.101) nach $c(H_3O^+)$ erhalten wir:

$$c(H_3O^+) = K_S \cdot \frac{c(HA)}{c(A^-)} \qquad (1.125)$$

Errechnen des negativen dekadischen Logarithmus (- lg) für diesen Term liefert:

$$pH = pK_S - \lg \frac{c(HA)}{c(A^-)} \qquad (1.126)$$

$$pH = pK_S + \lg \frac{c(A^-)}{c(HA)} \qquad (1.127)$$

Die Gleichung (1.127) heißt **HENDERSON-HASSELBALCH-Gleichung** oder Puffergleichung und kann für die Berechnung von Puffersystemen benutzt werden. Betrachten wir den Fall, daß die Konzentrationen von Säure c(HA) und korrespondierender Base $c(A^-)$ gleich sind. Dann ist der Quotient $c(A^-)$ / c(HA) gleich 1. Der dekadische Logarithmus von 1 beträgt 0, so daß man bei äquimolaren Konzentrationen von Säure und Base erhält:

$$pH = pK_S + 0 = pK_S \qquad (1.128)$$

Gibt man zu einer Pufferlösung H_3O^+-Ionen, so werden diese durch die korrespondierende Base A^- abgefangen und neutralisiert:

$$H_3O^+ + A^- \rightleftharpoons HA + H_2O \qquad (1.129)$$

Gibt man hingegen OH^--Ionen hinzu, so werden diese von der Säure HA unter Neutralisation abgefangen:

$$OH^- + HA \rightleftharpoons A^- + H_2O \qquad (1.130)$$

Wir sehen also, daß in beiden Fällen Ionen entstehen, die schon im Puffer enthalten sind und deren Zunahme den pH-Wert nur geringfügig verändert. Das geht solange, wie noch A^--Ionen (diese werden bei H_3O^+-Zugabe ja verbraucht) bzw. Säure HA vorhanden sind (diese wird im Fall der OH^--Zugabe verbraucht). Ist eine der beiden Pufferkomponenten verbraucht, so ist die Kapazität des Puffers erschöpft. Eine weitere Zugabe von Säure (H_3O^+) bzw. Base (OH^-) würde den pH-Wert stark ins Saure bzw. Basische verschieben. Für den pH-Wert des Puffersystems ist nur das Verhältnis von Säure und korrespondierender Base wichtig, für die **Pufferkapazität** jedoch ist die Konzentration dieser Komponenten ausschlaggebend. Hierin liegt der Vorteil höher konzentrierter Puffer. Je höher die Konzentrationen von HA und A^- sind, desto größer ist die Pufferkapazität. Die beste Wirkung haben Puffer, bei denen pH = pK_S beträgt, da sie einer Verschiebung des pH-Wertes ins Saure als auch ins Basische in gleichem Maße entgegenwirken. Die Bedingung pH = pK_S ist erfüllt, wenn die Säure HA und Base A^- in äquimolaren Konzentrationen vorliegen. Derjenige Bereich, in dem ein Puffer ausreichende Pufferqualitäten besitzt, nennt man seinen Pufferbereich. Als Faustregel für den Pufferbereich gilt: Die optimale Wirkung wird im Bereich von $pK_S \pm 1$ erzielt.

Ein wichtiges Puffersystem im menschlichen Organismus ist der **Kohlensäure/Hydrogencarbonatpuffer** des Blutes. Ein Bestandteil dieses Puffersystems ist die Kohlensäure H_2CO_3, eine schwache zweiprotonige Säure:

$$H_2CO_3 + H_2O \rightleftharpoons HCO_3^- + H_3O^+ \tag{1.131}$$

$$HCO_3^- + H_2O \rightleftharpoons CO_3^{2-} + H_3O^+ \tag{1.132}$$

Für die Pufferwirkung im Blut ist lediglich die erste Reaktion (1.131) relevant, die zweite findet nur in vernachlässigbarem Umfang statt. So lautet die HENDERSON-HASSELBALCH-Gleichung (Puffergleichung) für den Carbonatpuffer des Blutes:

$$pH = pK_S + \lg \frac{c(HCO_3^-)}{c(H_2CO_3)} \tag{1.133}$$

Ist die Kohlensäure der eine Bestandteil des Carbonatpuffers, so ist ihr basischer Gegenspieler das Hydrogencarbonat HCO_3^-. Der pK_S von Kohlensäure beträgt $-\lg 4{,}2 \cdot 10^{-7} = 6{,}38$, d. h., der Kohlensäure/Hydrogencarbonatpuffer besitzt unter Standardbedingungen seine beste Pufferwirkung bei einem pH von 6,38. Die Temperatur im Körper weicht mit 37 °C jedoch von den Standardbedingungen ab, wodurch sich der pK_S-Wert und der Pufferbereich auf 6,10 verschieben.

Im Nenner der Gleichung (1.133) steht für die Säure der Term $c(H_2CO_3)$. In dieser Form findet man Kohlensäure aber nur in verschwindend geringen Mengen im Blut vor, der überwiegende Teil der Gesamtkohlensäure ist als CO_2-Gas physikalisch im Blut gelöst. Die korrektere Form der Gleichung (1.133) ist also:

$$pH = pK_S + \lg \frac{c(HCO_3^-)}{c(H_2CO_3) + c(CO_2)} \tag{1.134}$$

Da aber $c(H_2CO_3)$ vernachlässigbar klein ist, vereinfacht sich die Gleichung (1.134) zu:

$$pH = pK_S + \lg \frac{c(HCO_3^-)}{c(CO_2)} \tag{1.135}$$

Ordnet man jedoch im klinischen Alltag eine Blutgasanalyse an, so erhält man vom Labor keine Konzentrationsangaben für die Blutgase, sondern sogenannte Partialdrücke mit den Einheiten kPa oder mmHg. Sofort sind wir mit zwei wichtigen Fragen konfrontiert. Was ist ein Partialdruck, und wie hängt dieser mit der Konzentration eines Gases in einer Flüssigkeit wie Blut zusammen?

In den Lungenalveolen befindet sich immer eine ganze Reihe von Gasen, neben dem Kohlendioxid z. B. Sauerstoff, Stickstoff und Wasserdampf. Jedes „Mitglied" des alveolären Gasgemisches hat seinen Anteil am Gesamtdruck, der in einem solchen Lungenbläschen herrscht. Je mehr „Mitglieder" (also Gasteilchen) ein bestimmtes Gas im Gemisch repräsentieren, um so höher ist auch ihr „Druckbeitrag" zum Gesamtdruck. Abstrakter formuliert: Der Gesamtdruck eines Gasgemisches setzt sich aus der Summe der Einzeldrücke oder **Partialdrücke** seiner Teilnehmer (Einzelgase) zusammen. Dieser Sachverhalt heißt **DALTON-Gesetz**. Je größer der Partialdruck eines Gases in der Alveole ist, um so höher wird auch seine Konzentration im Blut der anliegenden Kapillare sein, in die das Gas hinüberdiffundiert. Dieser Zusammenhang wird mathematisch durch das **HENRY-DALTON-Gesetz** erfaßt, das eine direkte Proportionalität zwischen der Konzentration eines Gases in einer Flüssigkeit und seinem Partialdruck in dem darüber befindlichen Gasgemisch beschreibt:

$$c(\text{Gas}) = \alpha \cdot p(\text{Gas}) \qquad (1.136)$$

In unserem speziellen Falle lautet das **HENRY-DALTON**-Gesetz also:

$$c(CO_2) = \alpha \cdot p(CO_2) \qquad (1.137)$$

In Gleichung (1.137) wird der Proportionalitätsfaktor α als **BUNSEN-Absorptionskoeffizient** oder kurz als Löslichkeitskoeffizient bezeichnet. Dieser Koeffizient ist eine stoffspezifische Konstante; er spiegelt die individuellen Löslichkeitseigenschaften eines bestimmten Gases bei einer gegebenen Temperatur wider. Für Kohlendioxid ist α bei 37 °C im Plasma 0,225 mmol $\cdot$ L^{-1} $\cdot$ kPa^{-1} bzw. 0,03 mmol $\cdot$ L^{-1} $\cdot$ $mmHg^{-1}$. Das Pascal ist die SI-Einheit für den Druck, die ältere Druckeinheit sind die bekannten mm Quecksilbersäule (mmHg). 1 mm Hg (Quecksilbersäule) entsprechen 133,3 Pa. Nun können wir Gleichung (1.137) in den Nenner der HENDERSON-HASSELBALCH-Gleichung für den Carbonatpuffer des Blutes einsetzen:

$$pH = pK_S + \lg \frac{c(HCO_3^-)}{\alpha \cdot p(CO_2)} \qquad (1.138)$$

Bei der Lungenpassage des Blutes gleichen sich alveolärer und arterieller Partialdruck eines Gases einander an. Somit können wir unter Berücksichtigung der obigen Zusammenhänge bei der arteriellen Blutgasanalyse $c(CO_2)$ durch den CO_2-Partialdruck $p(CO_2)$ ausdrücken. Die Puffergleichung für den Kohlensäure/Hydrogencarbonatpuffer des Blutes hat demnach drei wichtige Größen:

- den pH-Wert,
- die Hydrogencarbonatkonzentration $c(HCO_3^-)$ und
- den Partialdruck des Kohlendioxids $p(CO_2)$.

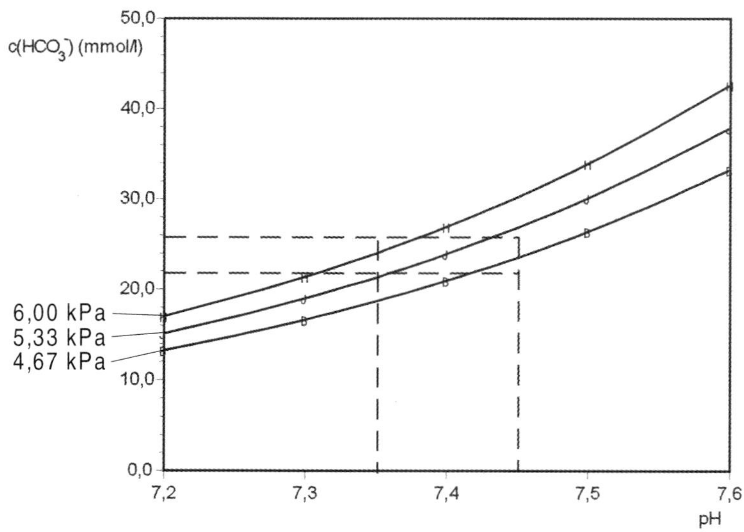

Abb. 1.26: Das pH-Hydrogencarbonat-Diagramm gemäß (1.122) für drei Isobaren (isos gr. gleich und baros gr. Schwere). Angegeben sind die Isobaren derjenigen CO_2-Partialdrücke, die den mittleren Normwert (5,33 kPa) bzw. die Grenzen des Normbereichs (4,67 kPa und 6,00 kPa) markieren. Der Normbereich selbst wird durch das Areal repräsentiert, das durch die äußeren Isobaren (4,67 kPa und 6,00 kPa) und das gestrichelte Rechteck gemeinsam umgrenzt wird. Im Zentrum dieses Bereichs liegt der Punkt für die Werte bei pH 7,4, der sich auf der 5,33 kPa-Isobaren befindet.

Zur Bestimmung des Säure/Base-Status' müssen von diesen drei Größen zwei durch eine Blutanalyse bestimmt werden, damit man die dritte Größe errechnen kann. Wir wollen an dieser Stelle die HENDERSON-HASSELBALCH-Gleichung durch Einsetzen der entsprechenden Zahlenwerte mit Leben erfüllen. Die HCO_3^--Konzentration liegt im arteriellen Blut bei 24 mmol/L, der Partialdruck des Kohlendioxids $p(CO_2)$ beträgt 5,33 kPa (40 mmHg). Damit erhalten wir für den pH-Wert des arteriellen Blutes einen Wert von 7,4:

$$\mathrm{pH} = 6{,}1 + \lg \frac{24\,\frac{\mathrm{mmol}}{\mathrm{L}}}{0{,}225\,\frac{\mathrm{mmol}}{\mathrm{L}\cdot\mathrm{kPa}}\cdot 5{,}33\ \mathrm{kPa}} = 7{,}4 \qquad (1.139)$$

Für venöses Blut beträgt $p(CO_2)$ 6,27 kPa oder 47 mm Hg. Es soll nicht verschwiegen werden, daß neben dem Kohlensäure/Hydrogencarbonatpuffer auch noch andere Puffersysteme des Blutes eine Rolle spielen. Hier sind insbesondere das Hämoglobin und die Plasmaproteine (sogenannter Proteinatpuffer) hervorzuheben. Daneben existiert auch noch der Phosphatpuffer mit dem Säure/Base-Paar $H_2PO_4^-/HPO_4^{2-}$, der aber aufgrund seiner geringen Konzentration (geringe Pufferkapazität) im Plasma nur eine untergeordnete Rolle spielt. Im Harn kommt dem Phosphatpuffer dagegen eine größere Bedeutung zu. Im Gegensatz zum

Kohlensäure/Carbonatpuffer ist bei den übrigen Puffersystemen kein Gas beteiligt, sie werden daher auch unter dem Begriff der nichtflüchtigen Puffer (Kohlendioxid dagegen als Gas ist flüchtig) des Blutes zusammengefaßt.

Die Summe aller Pufferbasen (also Hydrogencarbonat, Hämoglobin und Proteinat) nennt der Kliniker Gesamtpufferbasen, ihre Konzentration im Blut beträgt 48 mmol/L. Kommt es bei Störungen des Säure/Base-Haushalts zur Erhöhung oder Verminderung der Gesamtpufferbasen, so spricht der Arzt vom positiven oder negativen **Basenüberschuß** (engl. **b**ase **e**xcess, BE). Der letztgenannte Begriff ist recht unglücklich gewählt, er sollte daher besser durch das Wort „Basendefizit" ersetzt werden!

1.9 Redoxreaktionen

1.9.1 Oxidation und Reduktion - Definition der Begriffe

Der Name Redoxreaktion leitet sich, wie man leicht erkennt, von den Begriffen Reduktion und Oxidation ab. Aus diesem Grunde wollen wir zunächst klären, was es mit diesen Begriffen auf sich hat. Betrachten wir dazu die Reaktion zwischen den Elementen Natrium Na und Chlor Cl_2 als Beispiel für eine Redoxreaktion.

$$2\,Na + Cl_2 \rightleftharpoons 2\,NaCl \qquad (1.140)$$

Das entstehende Natriumchlorid NaCl ist, wie wir wissen, ein Salz, welches aus Natriumionen Na^+ und Cloridionen Cl^- aufgebaut ist (Abschnitt 1.2.1). Somit können wir die Reaktion (1.140) gedanklich in folgende zwei Teilprozesse zerlegen:

$$2\,Na \rightarrow 2\,Na^+ + 2\,e^- \qquad (1.141)$$

$$Cl_2 + 2\,e^- \rightarrow 2\,Cl^- \qquad (1.142)$$

Reaktionen, die unter Elektronenabgabe verlaufen, bezeichnet man als **Oxidationen**. Dies trifft auf die Teilreaktion (1.141) zu, in der jedes Natriumatom Na ein Elektron abgibt, wobei ein Natriumion Na^+ entsteht. Umgekehrt bezeichnet man Reaktionen, die sich durch eine Elektronenaufnahme auszeichnen, als **Reduktionen**. In der Teilreaktion (1.142) nimmt molekulares Chlor Cl_2 zwei Elektronen auf, und es entstehen zwei Chloridionen Cl^-. **Redoxreaktionen** sind also immer eine Kopplung aus Oxidations- und Reduktionsprozessen. Man bezeichnet denjenigen Reaktionspartner, der die Elektronen abgibt (Elektronendonator) auch als das **Reduktionsmittel** (Red), weil er einen anderen Stoff reduziert, wobei er natürlich selbst oxidiert wird. In unserem Beispiel fungiert Natrium Na als Reduktionsmittel. Den Empfänger der Elektronen (Elektronenakzeptor) nennt man das **Oxidationsmittel** (Ox), weil er die Oxidation eines anderen Stoffes bewirkt. Redoxreaktionen können nur ablaufen, wenn Reduktions- und Oxidationsmittel gleichzeitig vorhanden sind, und die Elektronen, die das eine abgibt, vom anderen sofort wieder aufgenommen werden können. Allgemein können wir formulieren:

$$\text{Red} + \text{Ox} \rightarrow \text{oxidiertes Red} + \text{reduziertes Ox} \qquad (1.143)$$

In den beschriebenen Teilprozessen bezeichnet man die folgenden Paare Na/Na^+, $Cl_2/2\,Cl^-$ auch als **korrespondierende Redoxpaare**.

1.9.2 Die Oxidationszahlen

Eine wichtige Hilfe bei der Betrachtung von Redoxreaktionen stellen die Oxidationszahlen der einzelnen Atome dar. Verändert sich die Oxidationszahl eines Atoms in einer betrachteten Reaktion, so hat es entweder Elektronen abgegeben oder aufgenommen und war damit als Oxidations- oder Reduktionsmittel an einer Redoxreaktion beteiligt. Wir wollen uns die Regeln ansehen, die uns den Zugang zu den Oxidationszahlen der Atome verschaffen:

1. Die Atome der Elemente erhalten die Oxidationszahl „Null":

$$\text{Elemente:}\quad \overset{0}{Na},\ \overset{0}{Cl_2},\ \overset{0}{Mg},\ \overset{0}{O_2},\ \overset{0}{H_2} \qquad \text{Oxidationszahl} = 0$$

2. Bei einfachen Ionen entspricht die Oxidationszahl der Ladung des jeweiligen Ions:

$$\text{Einfache Ionen:}\quad \overset{+1}{Na^+},\ \overset{-1}{Cl^-},\ \overset{+2}{Mg^{2+}},\ \overset{-2}{O^{2-}} \qquad \text{Oxidationszahl} = \text{Ladung}$$

3. In mehratomigen Molekülen und Ionen muß die Oxidationszahl errechnet werden. In einem Molekül ergänzen sich die Oxidationszahlen zu Null und in einem mehratomigen Ion zur Ladung des Ions. Sauerstoff erhält dabei in der Regel die Oxidationszahl -2 und Wasserstoff die Oxidationszahl +1.

$$\text{Moleküle:}\quad \overset{-3}{N}H_3,\ \overset{-4}{C}H_4,\ H_2\overset{-2}{O},\ \overset{+2}{C}O,\ \overset{+4}{C}O_2,\ H\overset{-1}{Cl}$$

$$\text{Mehratomige Ionen:}\quad \overset{-3}{N}H_4^+,\quad \overset{+7}{Mn}O_4^-,\quad \overset{+5}{P}O_4^{3-}$$

Permanganat Phosphat

Diese Rechnung soll am Beispiel des Ammoniumions NH_4^+ verdeutlicht werden. Die Addition der Oxidationszahlen der vier Wasserstoffatome (nach der 3. Regel jeweils +1) ergibt eine Summe von +4. Da das Ammoniumion eine positive Ladung besitzt, muß die Oxidationszahl des Stickstoffs also -3 betragen.

Nimmt die Oxidationszahl eines Atoms während der Reaktion zu, so liegt eine Oxidation vor. Umgekehrt zeigt eine Abnahme der Oxidationszahl eines Atoms eine Reduktion an. Durch die Bestimmung der Oxidationszahlen der Atome läßt sich leicht feststellen, ob die betrachtete Reaktion überhaupt eine Redoxreaktion ist und wenn ja, natürlich auch welche Stoffe reduziert und welche oxidiert werden. Diese Zusammenhänge sollen noch einmal am Beispiel der Auflösung von Zink Zn durch Salzsäure HCl demonstriert werden:

$$\overset{0}{Zn} + 2\,\overset{+1}{H}\overset{-1}{Cl} \longrightarrow \overset{+2}{Zn}\overset{-1}{Cl_2} + \overset{0}{H_2} \qquad (1.144)$$

Wir erkennen, daß Zink Zn in dieser Reaktion oxidiert wird, wohingegen die Wasserstoffionen H^+ zu molekularem Wasserstoff H_2 reduziert werden; Chlor ist dagegen an der Redoxreaktion nicht beteiligt. Folglich sind an dieser Reaktion die beiden Redoxpaare Zn/Zn^{2+} und $H_2/2\ H^+$ beteiligt.

1.9.3 Elektrodenpotential und elektrochemische Spannungsreihe

Eine eindrucksvolle Redoxreaktion läuft ab, wenn man ein Stück Zinkblech in eine Kupfer(II)sulfat-Lösung $CuSO_4$ hält. Nimmt man es nach einiger Zeit heraus, so hat sich auf dem Zink Zn metallisches Kupfer Cu abgeschieden. Gleichzeitg kann man nach einer Analyse feststellen, daß in der anfänglich nur aus Kupfer- und Sulfationen bestehenden Lösung nun auch Zinkionen Zn^{2+} enthalten sind. Demnach ist folgende Redoxreaktion abgelaufen:

$$\overset{0}{Zn} + \overset{+2}{Cu}{}^{2+} + \overset{+6}{S}O_4^{2-} \longrightarrow \overset{+2}{Zn}{}^{2+} + \overset{0}{Cu} + \overset{+6}{S}O_4^{2-} \qquad (1.145)$$

Mit Hilfe der Oxidationszahlen können wir leicht die beiden an dieser Reaktion beteiligten Redoxpaare herausfinden. Es sind Zn/Zn^{2+} und Cu/Cu^{2+}, wobei Zink oxidiert wurde und Kupferionen Cu^{2+} reduziert worden sind. Die Sulfationen SO_4^{2-} sind nicht an der Redoxreaktion beteiligt.

$$\overset{0}{Zn} \longrightarrow \overset{+2}{Zn}{}^{2+} + 2e^- \qquad (1.146)$$

$$\overset{+2}{Cu}{}^{2+} + 2e^- \longrightarrow \overset{0}{Cu} \qquad (1.147)$$

Allgemein können wir uns merken, daß Redoxteilprozesse, wie sie (1.146) und (1.147) darstellen, umkehrbar und somit Gleichgewichtsreaktionen sind. In welche Richtung der jeweilige Teilprozeß abläuft, hängt immer von der Oxidations- bzw. Reduktionskraft des Reaktionspartners ab. Die Gesamtreaktion (1.145) wird jedoch unter den genannten Bedingungen immer in der angegebenen Richtung ablaufen, eine Rückreaktion ist in diesem Fall nicht möglich. Hält man nämlich umgekehrt ein Kupferblech in eine Zink(II)sulfat-Lösung, so wird sich Zink nie freiwillig abscheiden bzw. Cu^{2+}-Ionen in die Lösung gehen. Das hat seine Ursache darin, daß das Redoxpaar Cu/Cu^{2+} ein größeres Bestreben hat, Elektronen aufzunehmen, als das Redoxpaar Zn/Zn^{2+}. Wir können uns diesen Sachverhalt auch mit Hilfe des Potentialbegriffs klarmachen. Dabei soll uns folgendes Beispiel behilflich sein. Stellen wir uns ein geschlossenes Wehr in einem Bewässerungssystem vor. Auf der einen Seite des Wehres ist der Wasserstand hoch, auf der anderen dagegen niedriger. Je größer die Höhendifferenz der beiden Wasserstände ist, desto heftiger wird sich das Wasser beim Öffnen des Wehres in den tiefer gelegenen Kanalteil ergiessen. Oder anders formuliert: Das Höhenpotential des Wassers auf der einen Seite ist größer als auf der anderen. Das Wasser fließt also immer vom höheren zum niedrigeren Potential. Wenn wir dieses Beispiel auf die Redoxreaktion (1.145) übertragen, so entsprechen die beiden Seiten des Wehres den Redoxpaaren. Hat ein Redoxpaar ein größeres Bestreben, Elektronen aufzunehmen als das andere, so besitzt es auch ein größeres **Redoxpotential**.

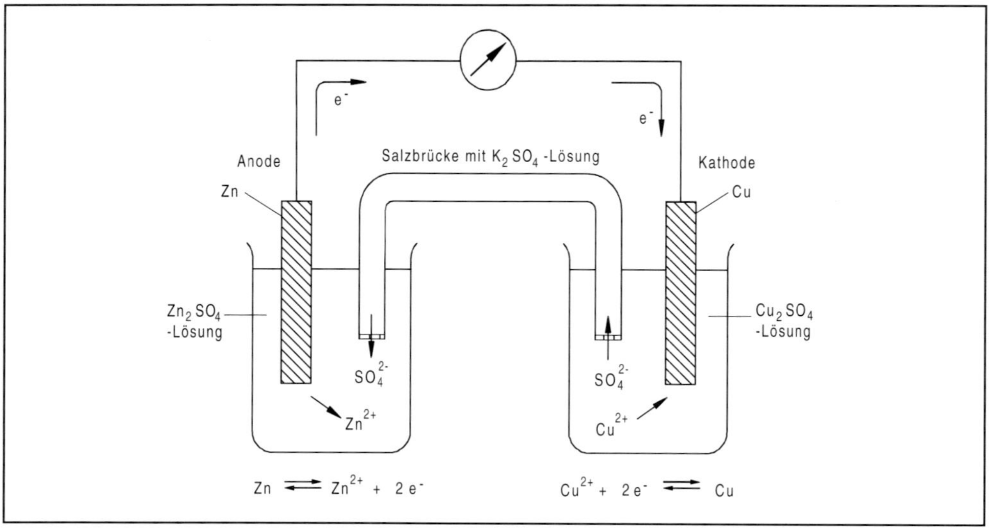

Abb. 1.27: Kopplung der Redoxpaare Zn/Zn^{2+} und Cu/Cu^{2+} in einer elektrochemischen Zelle.

Im Unterschied zum Wasser fließen Elektronen aber immer vom Redoxpaar mit dem geringeren Redoxpotential (Zn/Zn^{2+}) zu demjenigen mit dem größeren (Cu/Cu^{2+}).

Wie können wir nun die Größe der Potentialdifferenz zwischen den beiden Redoxpaaren Cu/Cu^{2+} und Zn/Zn^{2+} bestimmen? Dazu müssen wir zunächst die beiden Teilprozesse unserer Redoxreaktion räumlich voneinander trennen. Dies geschieht in einer **elektrochemischen Zelle**, die aus zwei **Halbzellen** besteht (Abb. 1.27). Die beiden Halbzellen entstehen jeweils durch das Eintauchen der Metalle (Cu, Zn) in die entsprechenden wässrigen Metallsalz-Lösungen (1 mol/L $CuSO_4$, 1 mol/L $ZnSO_4$). Jede dieser Anordnungen stellt eine **Elektrode** dar. Wir haben es also mit einer Zink- und einer Kupferelektrode zu tun. Beide sind mit einem Kabel über ein Meßgerät verbunden. Zusätzlich müssen die Halbzellen durch eine sogenannte Salzbrücke, die mit Kaliumsulfat-Lösung gefüllt ist, verbunden werden. Dies ist erforderlich, da der bei der Redoxreaktion stattfindende Elektronentransport über den Draht (äußerer Ladungstransport) durch eine Rückwanderung von Ionen über die Salzbrücke ausgeglichen werden muß. Diejenige Elektrode, zu der sich die Anionen bewegen, heißt **Anode**, während die Kationen zur **Kathode** wandern.

Sobald alle Verbindungen der elektrochemischen Zelle geschlossen sind, fließen Elektronen über den Draht von der Zink- zur Kupferelektrode, was durch einen Stromfluß in einem entsprechenden Meßgerät (Strommesser) angezeigt wird. Diese Elektronen werden an der Anode durch die Oxidation des Zinks Zn zu Zn^{2+}-Ionen, welche in Lösung gehen, frei. Dabei wird der äußere Ladungstransport (Elektronen) durch Abwanderung der Zn^{2+}-Ionen über die Salzbrücke bzw. Ladungsausgleich durch die Zuwanderung von SO_4^{2-}-Ionen ausgeglichen. Gleichzeitig werden an der Kathode Cu^{2+}-Ionen unter Aufnahme von Elektronen als elementares Kupfer Cu abgeschieden. Auch hier wird der Verlust an Kationen (Cu^{2+}) in der Lösung durch Zuwanderung anderer Kationen (Zn^{2+}, K^+) bzw. Abwanderung von Anionen (SO_4^{2-}) ausgeglichen. Wenn wir nun die Potentialdifferenz ΔE zwischen den beiden Elektroden messen wollen, müssen wir ein Spannungsmessgerät anstelle des Strommessers anschließen. Daraus geht schon hervor, daß das Redoxpotential als eine Spannung mit der Einheit Volt V angegeben wird. Im Falle einer Spannungsmessung fließt kein Strom, was uns verständlich wird, wenn wir noch einmal an unser Wehr denken. In diesem Fall können wir den Wasserstandsunterschied auch nur genau messen, wenn das Wehr geschlossen ist. Spannungsmeßgeräte setzen deshalb dem Stromfluß einen sehr großen Widerstand entgegen. In unserem konkreten Fall können wir unter Standardbedingungen (25 °C, 1 molare Lösungen) eine Potentialdifferenz $\Delta E°$ von 1,11 Volt ablesen. Spätestens jetzt bemerken wir, daß es sich bei dieser elektrochemischen Zelle auch um eine Batterie handelt. Schließen wir anstelle eines Messgerätes eine Glühlampe an, so fließt der Strom durch die leuchtende Lampe. Der Stromfluß kommt zum Stillstand und die Lampe geht aus, wenn alle Cu^{2+}-Ionen als Kupfer abgeschieden sind oder aber alles Zink als Zn^{2+}-Ionen in Lösung gegangen ist.

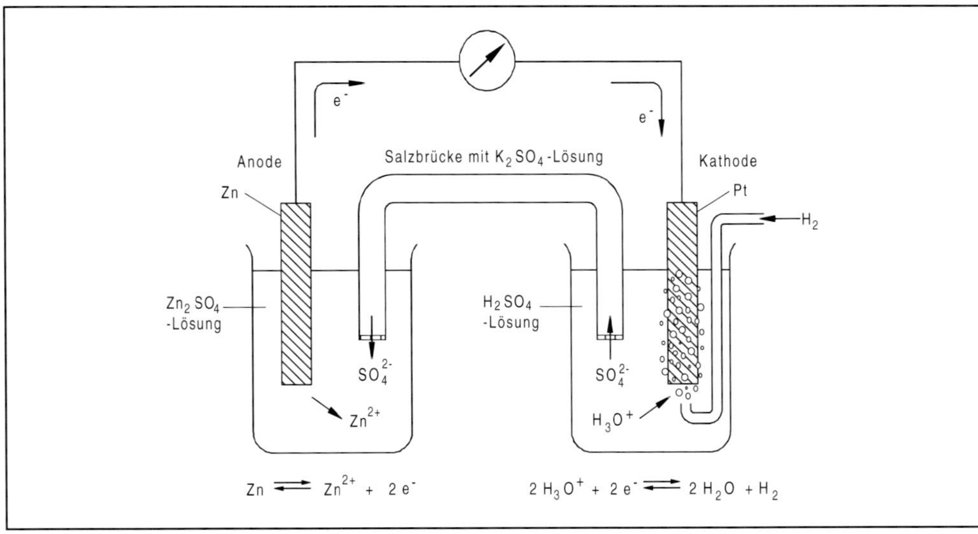

Abb. 1.28: Normalwasserstoffelektrode in Verbindung mit einer Zinkelektrode.

Fließt in einer elektrochemischen Zelle ein Strom, so verrichtet diese eine Arbeit. Die Energie, die dabei umgewandelt wird, stammt aus der ablaufenden Redoxreaktion. Die Änderung der freien Enthalpie ΔG ist ein Maß für die maximale Arbeit, die sich aus der betrachteten Redoxreaktion gewinnen läßt. Bei konstantem Druck und konstanter Temperatur läßt sich ΔG nach folgender Gleichung berechnen:

$$\Delta G = -n \cdot F \cdot \Delta E \qquad (1.148)$$

Dabei ist n die Anzahl der übertragenen Elektronen, F heißt FARADAY-Konstante ($F = 96487\ C \cdot mol^{-1}$) und ΔE ist die Potentialdifferenz. Auf die Frage, wie man das Redoxpotential einer Halbzelle (auch **Elektrodenpotential**) bestimmen kann, haben wir bis hierhin noch keine Antwort gefunden. Eine absolute Größenangabe ist dafür auch nicht möglich. Man ist vielmehr nur in der Lage, Potentialdifferenzen zwischen zwei Elektroden zu messen. Um nun trotzdem verschiedene Halbzellen miteinander vergleichen zu können, hat man eine Referenz-Halbzelle oder **Bezugselektrode** definiert, der man willkürlich das Potential 0,00 Volt gegeben hat. Genauso wie man Höhenangaben auch auf den Meeresspiegel mit einer festgelegten Höhe von 0 Metern bezieht, kann man nun alle Elektrodenpotentiale E als Potentialdifferenzen ΔE zur Bezugselektrode angeben.

Als Referenz-Halbzelle gilt die sogenannte **Normalwasserstoffelektrode**. Ihr Aufbau ist aus Abb. 1.28 ersichtlich. Ein Platinblech taucht bei einer Temperatur von 25 °C (298 K) in eine Säure mit einer H_3O^+-Konzentration von 1 mol/L (das entspricht pH = 0; also z. B. 1 mol/L HCl) ein und wird von Wasserstoffgas mit einem Druck von 101,325 kPa umspült. Unter den hier angegebenen Standardbedingungen erhält die Normalwasserstoffelektrode also das **Standardelektrodenpotential E° = 0,00 V**. Wir sprechen von einem Standardelektrodenpotential E°, wenn einmolare Lösungen vorliegen und die Reaktion bei einer Temperatur von 25 °C stattfindet. Erfolgt die Redoxreaktion dagegen bei pH = 7 und 37 °C, so wird die in der Biochemie übliche Bezeichnung E°' verwendet. E° und E°' unterscheiden sich um einen Wert von 42 mV. Der Redoxteilprozeß, der als eine Gleichgewichtsreaktion an der Platinoberfläche einer Normalwasserstoffelektrode abläuft, lautet:

$$2\,H_2O + H_2 \rightleftharpoons 2\,H_3O^+ + 2\,e^- \qquad (1.149)$$

In Abhängigkeit von der zweiten Elektrode findet dieser Teilprozeß entweder in der einen oder der anderen Richtung statt. In Verbindung mit einer Zinkelektrode (Abb. 1.28) verläuft die Reaktion (1.149) beispielsweise von rechts nach links. Die Elektronen fließen von der Zinkelektrode zur Normalwasserstoffelektrode, und deren Potential erhält ein negatives Vorzeichen. Kombinieren wir jedoch eine Kupferelektrode mit der Normalwasserstoffelektrode, so werden die Elektronen in umgekehrter Richtung fließen. Das Potential der Kupferelektrode erhält ein positives Vorzeichen.

Allgemein können wir uns merken, daß die Potentialdifferenz ΔE° immer die Differenz aus dem Standardelektrodenpotential (Normalpotential) der Kathode $E°_{Kathode}$ minus dem der Anode $E°_{Anode}$ ist:

$$\Delta E = E°_{Kathode} - E°_{Anode} \qquad (1.150)$$

Für den Fall in Abb. 1.28 mißt man eine Potentialdifferenz ΔE° von 0,76 V. Da die Zinkelektrode als Anode fungiert, errechnet sich ihr Standardelektrodenpotential $E°_{Zn/Zn^{2+}}$ nach:

$$E^0_{Zn/Zn^{2+}} = E^0_{H_2/H_3O^+} - \Delta E \qquad (1.151)$$

Tabelle 1.10: Normalpotentiale verschiedener Redoxpaare.

Redoxpaar					**Standardelektrodenpotential E° [V]**
Red		**Ox**			
Na	$\rightleftharpoons$	Na^+	+	e^-	- 2,71
Mg	$\rightleftharpoons$	Mg^{2+}	+	$2e^-$	- 2,40
Zn	$\rightleftharpoons$	Zn^{2+}	+	$2e^-$	- 0,76
Fe	$\rightleftharpoons$	Fe^{2+}	+	$2e^-$	- 0,44
$2\,H_2O + H_2$	$\rightleftharpoons$	$2\,H_3O^+$	+	$2e^-$	± 0,00
Cu	$\rightleftharpoons$	Cu^{2+}	+	$2e^-$	+ 0,35
$2\,I^-$	$\rightleftharpoons$	I_2	+	$2e^-$	+ 0,58
Fe^{2+}	$\rightleftharpoons$	Fe^{3+}	+	e^-	+ 0,77
$2\,Cl^-$	$\rightleftharpoons$	Cl_2	+	$2e^-$	+ 1,36
$2\,F^-$	$\rightleftharpoons$	F_2	+	$2e^-$	+ 2,86

$$E^0_{Zn/Zn^{2+}} = 0{,}00V - 0{,}76V = -0{,}76V \quad (1.152)$$

Die in Tabelle 1.10 aufgeführten Standardelektrodenpotentiale stellen einen Ausschnitt aus der **elektrochemischen Spannungsreihe** dar, in der alle Redoxpaare nach der Größe ihrer Normalpotentiale geordnet werden, wobei dasjenige mit dem negativsten E°-Wert ganz oben steht. Mit der Kenntnis der Normalpotentiale ist es uns möglich, Aussagen über die Freiwilligkeit einer Redoxreaktion zu machen. Wir können uns merken, daß die reduzierte Form eines Redoxpaares immer freiwillig mit der oxidierten Form eines weiter unten in der elektrochemischen Spannungsreihe stehenden Elementes reagiert.

Für die Reaktion von Zink Zn mit Cu^{2+}-Ionen wollen wir das einmal durchrechnen. Die Reaktionsgleichung (1.145) für diese Umsetzung haben wir schon kennengelernt.

$$\overset{0}{Zn} + \overset{+2}{Cu^{2+}} + \overset{+6}{SO_4^{2-}} \longrightarrow \overset{+2}{Zn^{2+}} + \overset{0}{Cu} + \overset{+6}{SO_4^{2-}} \quad (1.145)$$

Die Potentialdifferenz zwischen den beiden beteiligten Redoxpaaren (Zn/Zn^{2+}) und (Cu/Cu^{2+}) errechnet sich mit Gleichung (1.150) zu:

$$\Delta E = E^\circ_{Kathode} - E^\circ_{Anode} \quad (1.150)$$

$$\Delta E = E^\circ_{Cu/Cu^{2+}} - E^\circ_{Zn/Zn^{2+}} = 0{,}35V - (-0{,}76V) = 1{,}11V \quad (1.153)$$

Nach Gleichung (1.148) können wir die freie Standardreaktionsenthalpie ΔG° für diese Reaktion berechnen.

$$\Delta G = -n \cdot F \cdot \Delta E \quad (1.148)$$

Bei einer positiven Potentialdifferenz ΔE (1,11 V) ergibt sich ein negativer Wert für die freie Reaktionsenthalpie ΔG, d. h. die betrachtete Reaktion (1.145) läuft freiwillig ab.

1.9.4 Die NERNST-Gleichung

Stimmen die Konzentrationen der Reaktionsteilnehmer in einer Halbzelle nicht mit den Standardbedingungen (1 molare Lösungen) überein, so hat WALTER NERNST[6] 1889 eine Gleichung entwickelt, die die Berechnung des veränderten Potentials E ermöglicht.

$$E = E^0 + \frac{R \cdot T}{n \cdot F} \ln \frac{c(\text{Elektronenakzeptor})}{c(\text{Elektronendonator})} \quad (1.154)$$

Dabei ist R die allgemeine Gaskonstante (8,314 J/mol · K), T die absolute Temperatur in Kelvin, n die Anzahl der übertragenen Elektronen und F die **FARADAY[7]-Konstante** (F =

[6] **NERNST, WALTER**: * 1864, † 1941: Deutscher Chemiker, neben der berühmten Gleichung ist auch der Verteilungssatz nach ihm benannt. 1920 erhielt NERNST der Nobelpreis für Chemie.

96487 $C \cdot mol^{-1}$), die die Ladung von 1 mol Elektronen angibt. Weiterhin sind die Konzentrationen des Elektronenakzeptors (der oxidierten Form des Redoxpaares) und des Elektronendonators (der reduzierten Form des Redoxpaares) enthalten. Wenn wir die Konstanten zusammenfassen und anstelle des natürlichen (ln) den dekadischen Logarithmus (lg) verwenden, erhalten wir die folgende vereinfachte Form der NERNSTschen Gleichung:

$$E = E^0 + \frac{0{,}06}{n} \lg \frac{c(\text{Elektronenakzeptor})}{c(\text{Elektronendonator})} \tag{1.155}$$

Wir wollen als Beispiel einmal eine Kupferelektrode betrachten, bei der die Konzentration der Cu^{2+}-Ionen statt 1 mol/L nur 0,1 mol/L beträgt. Da genau 2 Elektronen übertragen werden, erhält die NERNSTsche Gleichung die Form:

$$E_{Cu/Cu^{2+}} = E^0_{Cu/Cu^{2+}} + \frac{0{,}06}{2} \lg \frac{c(Cu^{2+})}{c(Cu)} \tag{1.156}$$

Die Konzentration des Kupfers c(Cu) kann man gleich 1 setzen, da wir es mit einem festen Metall zu tun haben. So errechnet sich das veränderte Elektrodenpotential $E_{Cu/Cu2+}$ zu:

$$E_{Cu/Cu^{2+}} = 0{,}35\,V + \frac{0{,}06}{2} \lg \frac{0{,}1}{1} = 0{,}32\,V \tag{1.157}$$

Mit der NERNST-Gleichung (1.154) ist es möglich, unbekannte Standardelektrodenpotentiale E° zu berechnen. Man bestimmt das Elektrodenpotential E für verschiedene Konzentrationen an Elektronenakzeptor und -donator. Aus den graphischen Auftragungen der Ergebnisse gegen den Logarithmusterm läßt sich E° ermitteln. Dazu sucht man den Schnittpunkt mit der E-Achse an der Stelle, wo der Logarithmusterm den Wert Null annimmt.

Zusammenfassend können wir uns merken, daß man mit Hilfe des Redoxpotentials eine Aussage darüber treffen kann, in welche Richtung eine Redoxreaktion verläuft. Das Potential hängt von den Konzentrationen der Reaktionsteilnehmer ab. Aus der Potentialdifferenz ΔE können wir die Änderung der freien Enthalpie ΔG berechnen und damit eine Aussage über die Freiwilligkeit einer Redoxreaktion machen.

1.10 Literatur

(1) Breitmaier, E., Jung, G.: Organische Chemie I und II. Thieme Verlag Stuttgart (1983)
(2) Henning, H. G., Jugelt, W., Sauer, G.: Praktische Chemie. Verlag Volk und Gesundheit, Berlin (1990)
(3) Mortimer, C. E.: Chemie. 6. Auflage. Thieme Verlag Stuttgart (1996)

---

[7] **FARADAY, MICHAEL**: * 1791; † 1867: Englischer Physiker und Chemiker. Er entdeckte 1831die elektromagnetische Induktion und konstruierte den ersten Dynamo. Neben der Naturkonstanten tragen der FARADAY-Käfig (ein Metallkäfig mit nicht zu großen Öffnungen, der elektrostatischen Schutz bietet, z.B. ein Flugzeug) und die Gesetze der Elektrolyse seinen Namen. Er prägte eine Reihe uns heute geläufiger Begriffe, z.B. Elektrolyse, Elektrode, Elektrolyt, Kathode oder Anode. Ihm zu Ehren wurde die Einheit der elektrischen Kapazität Farad genannt.

2 Aminosäuren, Peptide und Proteine

2.1 Die allgemeine Struktur der Aminosäuren

Chemisch betrachtet sind Aminosäuren α-Aminocarbonsäuren, also organische Säuren mit einer **Carboxylgruppe** -COOH, die zusätzlich noch über eine **Aminogruppe** $-NH_2$ verfügen. Der griechische Buchstabe α bezeichnet dasjenige Kohlenstoffatom, an das die Säuregruppe -COOH gebunden ist. Anders als bei den uns bereits bekannten Carbonsäuren finden wir an diesem α-C-Atom bei Aminosäuren eine weitere funktionelle Gruppe, die Aminogruppe $-NH_2$. Am α-C-Atom einer jeden Aminosäure sind also die beiden sie definierenden Gruppen gebunden, so daß sich bei physiologischem pH-Wert die allgemeine Formeldarstellung in Abb. 2.1 ergibt.

Der Buchstabe R kennzeichnet einen von Aminosäure zu Aminosäure unterschiedlichen Rest, der somit die Individualität der einzelnen Aminosäuren charakterisiert. Beim Glycin beispielsweise besteht R lediglich aus einem H-Atom. Die Eigenschaften der einzelnen Aminosäuren werden sich also auf diesen charakteristischen Rest R zurückführen lassen, während die allgemeinen Kennzeichen dieser Säuren durch die stets vorhandenen funktionellen Gruppen am α-C-Atom gegeben sind.

Worin liegt nun die Bedeutung der Aminosäuren? Sie sind die Grundbausteine einer wichtigen Stoffklasse, der Proteine. Proteine übernehmen in den Zellen vielfältige strukturelle und funktionelle Aufgaben, deren Besprechung wir in diesem und dem Enzymkapitel viel Platz widmen werden. Wegen ihrer tragenden Rolle als „Elementarbausteine" der Proteine sind Aminosäuren ein unverzichtbarer Bestandteil unserer Nahrung, weshalb ihnen auch aus ernährungsphysiologischer Sicht einige Bedeutung zukommt.

Bei genauer Betrachtung der Proteinstrukturen stellt man fest, daß praktisch alle Proteine des Menschen lediglich aus 20 verschiedenen Aminosäuren aufgebaut sind. Jede dieser 20 Aminosäuren besitzt einen Namen, der in der Regel durch einen **Drei-** oder **Einbuchstabencode** abgekürzt wird, so z. B. die Aminosäure Glycin als Gly oder G. Der Dreibuchstabencode ist einprägsamer und wird daher in diesem Buch generell verwendet, bei der Wiedergabe umfangreicher Proteinstrukturen mit mehreren hundert Aminosäuren ist jedoch der Einbuchstabencode praktischer.

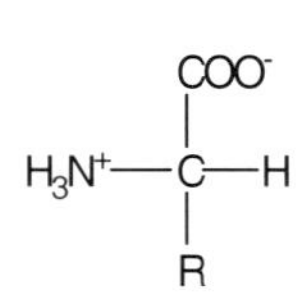

Abb. 2.1: Allgemeine Formel der α-Aminosäuren. Die Amino- und Carboxylgruppe sind am α-C-Atom gebunden, der Rest R ist von Aminosäure zu Aminosäure verschieden und macht ihre Individualität aus. Man beachte, daß bei physiologischem pH-Wert sowohl Amino- als auch Carboxylgruppe ionisiert vorliegen, also als $-NH_3^+$ und $-COO^-$.

2.2 Chemische Einteilung der Aminosäuren

Es gibt verschiedene Wege, die Aminosäuren nach dem chemischen Charakter ihrer Seitenketten R einzuteilen. Eine sinnvolle und gleichermaßen gut merkbare Einteilung ist nach der Polarität der Seitengruppen möglich. Demnach gibt es vier Gruppen, deren Vertreter im folgenden mit ihren jeweiligen relativen Molekülmassen, Codekürzeln und pK_S-Werten aufgeführt sind. Bei sauren oder basischen Aminosäuren ist auch deren pK_S (R)-Wert der Seitenkette angegeben. Die Aminosäuren mit unpolaren, ungeladenen Resten sind in Tabelle 2.1 und Abb. 2.2 zusammengefaßt.

Tabelle 2.1: Aminosäuren mit unpolarem, ungeladenem Rest.

Aminosäure	M_r	Kurzbezeichnungen	pK_S (α-COOH/α-NH_2/R)
Glycin	75	Gly bzw. G	2,34/9,60/ -
Alanin	89	Ala bzw. A	2,34/9,69/ -
Leucin	131	Leu bzw. L	2,36/9,60/ -
Isoleucin	131	Ile bzw. I	2,40/9,70/ -
Valin	117	Val bzw. V	2,30/9,60/ -
Phenylalanin	165	Phe bzw. F	1,80/9,10/ -
Tryptophan	204	Trp bzw. W	2,40/9,40/ -
Methionin	149	Met bzw. M	2,30/9,20/ -
Prolin	115	Pro bzw. P	2,00/10,60/ -

Zwei der neun Aminosäuren, Tryptophan und Phenylalanin, weisen einen aromatischen Ring in der Seitenkette auf. Das aromatische Ringsystem des Tryptophans leitet sich vom Indol ab, das des Phenylalanins vom Benzol. Methionin enthält als besonderes Charakteristikum ein Schwefelatom und ist damit eine der beiden schwefelhaltigen Aminosäuren, die man in menschlichen Proteinen findet. Das Prolin fällt strukturell etwas aus dem Rahmen, weil es einen intramolekularen Ring bildet. Es wird dadurch im Gegensatz zu den anderen 19 Aminosäuren, welche primäre Amine darstellen, zu einem **sekundären Amin**. Bei primären Aminen ist das Stickstoffatom der Aminogruppe lediglich mit einem Kohlenstoffatom C verknüpft, bei einem sekundären mit zwei (wie im Prolin) und bei einem tertiären sogar mit drei C-Atomen. Im Kollagen, einem wichtigen Protein des Bindegewebes, liegt die Aminosäure Prolin leicht abgewandelt vor. Sie ist hier am C-Atom 4 hydroxyliert und heißt dann folglich 4-Hydroxyprolin.

Alle oben angeführten Vertreter sind wesentlich schlechter in Wasser löslich als die Aminosäuren der nachfolgenden Gruppe. Am wenigsten hydrophob ist Alanin, welches als Grenzfall zwischen den Aminosäuren mit unpolarem und polarem ungeladenen Rest betrachtet werden kann.

Die Gruppe der Aminosäuren mit polarem, ungeladenem Rest sind in Tabelle 2.2 zusammengefaßt und in Abb. 2.3 dargestellt.

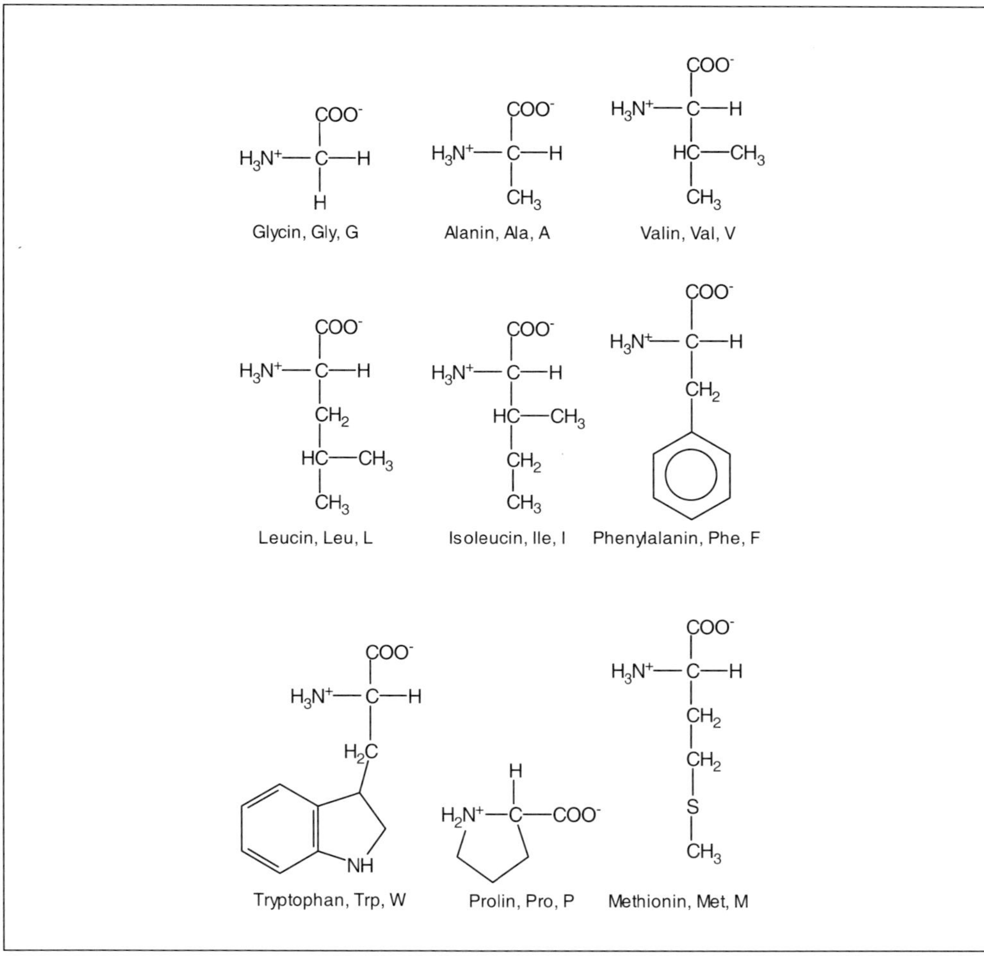

Abb. 2.2: Aminosäuren mit unpolarem, ungeladenem Rest. Tryptophan und Phenylalanin weisen einen aromatischen Ring auf, Methionin verfügt über ein Schwefelatom. Prolin ist kein Imin, sondern ein sekundäres Amin, bei dem das Stickstoff- mit zwei Kohlenstoffatomen verknüpft ist.

Tabelle 2.2: Aminosäuren mit polarem, ungeladenem Rest. Besitzt der Rest R eine Säure/Base-Gruppe, so ist auch deren pK_S-Wert angeführt.

Aminosäure	M_r	Kurzbezeichnungen	pK_S (α-COOH/α-NH_2/R)
Serin	105	Ser bzw. S	2,21/9,15/ -
Cystein	121	Cys bzw. C	1,71/10,78/8,33
Threonin	119	Thr bzw. T	2,63/10,43/-
Tyrosin	181	Tyr bzw. Y	2,20/9,11/10,07
Asparagin	132	Asn bzw. N	2,00/8,80/ -
Glutamin	146	Gln bzw. Q	2,20/9,10/ -

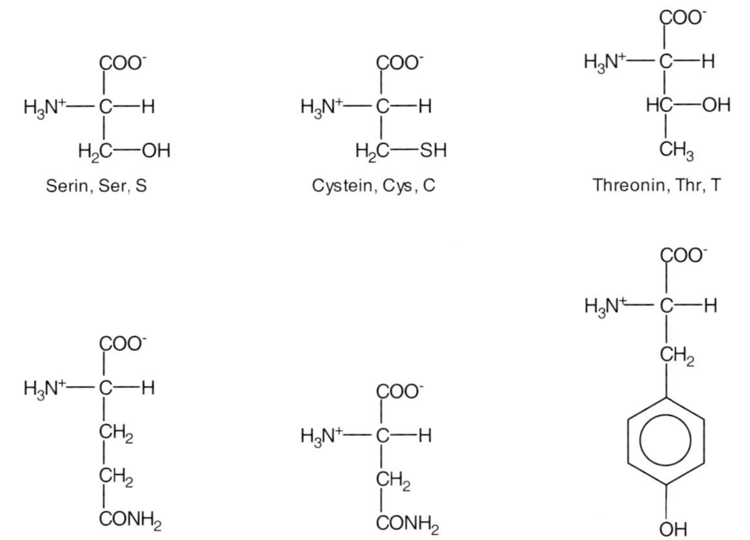

Abb. 2.3: Aminosäuren mit polarem, ungeladenem Rest. Tyrosin ähnelt mit seinem Ring sehr dem Phenylalanin der Abb. 2.2, Asparagin und Glutamin sind die Säureamide der sauren Aminosäuren Asparaginsäure und Glutaminsäure. Cystein ist neben Methionin die andere schwefelhaltige Aminosäure, die aber im Gegensatz zu jener mit ihrer -SH-Gruppe Disulfidbrücken ausbilden kann.

Tabelle 2.3: Aminosäuren mit basischem, positiv geladenem Rest (bei pH 7). Man beachte den pK_S der Histidin-Seitenkette, der mit 6,0 (fett) im physiologischen pH-Wertbereich liegt.

Aminosäure	M_r	Kurzbezeichnungen	pK_S (α-COOH/α-NH_2/R)
Lysin	146	Lys bzw. K	2,18/8,95/10,53
Arginin	174	Arg bzw. R	2,17/9,04/12.48
Histidin	155	His bzw. H	1,82/**6,00**/9,17

Die Polarität von Serin, Threonin und Tyrosin ist auf die Hydroxylgruppe -OH zurückzuführen, diejenige von Glutamin und Asparagin auf die Säureamidgruppen (bei diesen ist das -OH der Säuregruppe -COOH durch $-NH_2$ ersetzt), während Cystein durch die Sulfhydryl- oder Thiolgruppe -SH zu einem polaren Molekül wird. Asparagin und Glutamin sind die Säureamide der entsprechenden sauren Aminosäuren, zu denen sie leicht durch Säuren oder Basen umgesetzt werden, wobei Ammoniak frei wird. Die am stärksten polaren Seitengruppen unter den Aminosäuren mit polarem, ungeladenem Rest besitzen Tyrosin und Cystein, die mehr als ihre Verwandten dazu tendieren, unter Abgabe von Protonen zu Anionen zu werden. Allerdings sind die Säureeigenschaften ihrer Seitenketten eher gering, wie die pK_S-Werte von Cystein (8,33) und Tyrosin (10,07) zeigen. Cystein hat eine besondere Bedeutung bei der Ausbildung dreidimensionaler Proteinstrukturen, indem es unter Oxidation **Disulfidbrücken -S-S-** mit einem benachbarten oder gegenüberliegenden Cysteinrest ausbildet. Dadurch können verschiedene Abschnitte von Peptiden und Proteinen durch eine feste, kovalente Bindung miteinander verknüpft werden. Bilden lediglich zwei isolierte Cysteinmoleküle unter Oxidation ihrer Thiolgruppen eine Disulfidbindung aus, so resultiert daraus das Cystin. Die Aminosäuren mit basischem, positiv geladenem Rest sind in Tabelle 2.3 und Abb. 2.4 zusammengefaßt.

Basische Aminosäuren tragen bei pH 7 eine positive Ladung an einem Stickstoffatom ihrer Seitenkette. Alle besitzen ein Kohlenstoffgerüst aus sechs Kohlenstoffatomen. Die basische Eigenschaft des Lysins wird durch die Aminogruppe in ε-Position gewährleistet, über die auch eine Säureamidbindung mit organischen Carbonsäuren ausgebildet werden kann. Ebenso wie das Prolin ist Lysin als Hydroxyaminosäure 5-Hydroxylysin Bestandteil des Kollagens. Während Arginin seine Basizität über die Guanidinogruppe -NH-C=NH(-NH_2) erhält, ist beim Histidin der Imidazolring mit seinem Stickstoffatom als basische Gruppe anzusehen. Histidin ist die einzige Aminosäure, deren pK_S-Wert mit 6,0 in der Nähe von 7 liegt, was ihr zu Puffereigenschaften im physiologischen pH-Wert-Bereich verhilft. Als Gegenstück zu den basischen sind die Aminosäuren mit saurem Rest anzuführen:

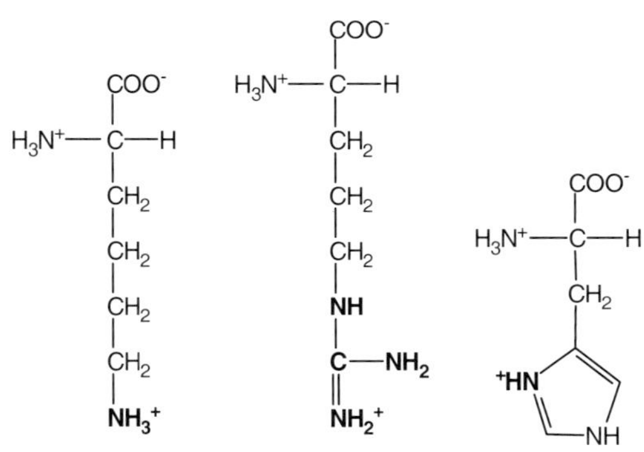

Abb. 2.4: Die basischen Aminosäuren. Der aromatische Ring des Histidins leitet sich vom Imidazol ab. An die endständige ε-Aminogruppe des Lysins sind oft Fremdmoleküle gebunden, die dann in Enzymen, z. B. als reaktive Gruppe, funktionelle Bedeutung erlangen.

Tabelle 2.4: Die sauren Aminosäuren. Sie sind bei pH 7 negativ geladen.

Aminosäure	M_r	Kurzbezeichnungen	pK_S (α-COOH/α-NH_2/R)
Asparaginsäure	133	Asp bzw. D	2,09/9,82/3,86
Glutaminsäure	147	Glu bzw. E	2,19/9,67/4,25

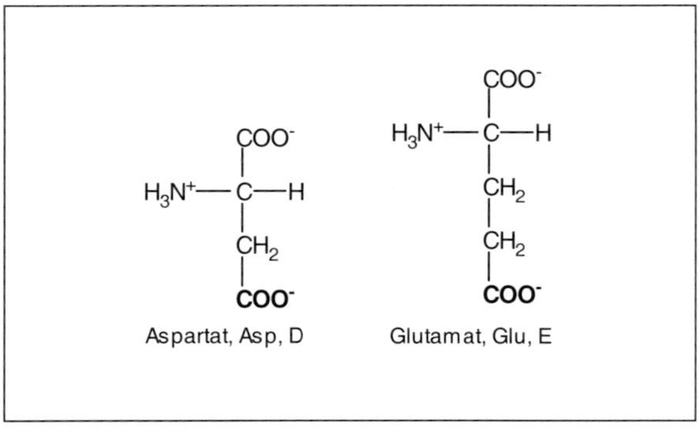

Abb. 2.5: Aminosäuren mit saurem Rest R.

Die Struktur der sauren Aminosäuren ergibt sich aus Abb. 2.5. Beide Aminosäuren sind bei pH 6 bis 7 voll ionisiert. Sie spielen im Aminosäurestoffwechsel zentrale Rollen (Kapitel: Aminosäurestoffwechsel) und können auch als Vorstufen für Neurotransmitter (Überträgerstoffe des Nervensystems) fungieren. Besonders das Glutamat tritt im Stoffwechsel häufig in modifizierter Form auf. Es kann in Position 4 carboxyliert vorliegen (also eine weitere Carboxylgruppe tragen). In diesem Falle spricht man vom γ-Carboxyglutamat, welches bei bestimmten Gerinnungsfaktoren eine Rolle als calciumbindende Gruppe spielt. Abschließend sei darauf hingewiesen, daß die angeführten Aminosäuren eine durchschnittliche relative Molekülmasse von etwa 110 besitzen, so daß sich die Molekülmassen von Peptiden relativ schnell mit diesem Wert überschlagen lassen.

2.3 Seltene Aminosäuren

Neben den zwanzig proteinogenen Aminosäuren findet man in der Natur eine beträchtliche Zahl weiterer Aminosäuren, die aber seltener auftreten. Einige von ihnen sind Intermediate im Stoffwechsel, wie es beispielsweise Ornithin und Citrullin im Harnstoffzyklus (Kapitel: Aminosäurestoffwechsel) sind. Homocystein entsteht bei der Demethylierung des Methionins in dessen Stoffwechsel. β-Alanin ist eine Vorstufe für das Vitamin Pantothensäure (Kapitel: Kohlenhydrate II), die γ-Aminobuttersäure (GABA) fungiert als Übermittler von Nervensignalen. Anstelle der beim Menschen und den höheren Tieren üblichen L-Aminosäuren (siehe dazu den folgenden Abschnitt 2.8) existieren bei Bakterien, Insekten und Regenwürmern auch die D-Formen der jeweiligen Aminosäuren.

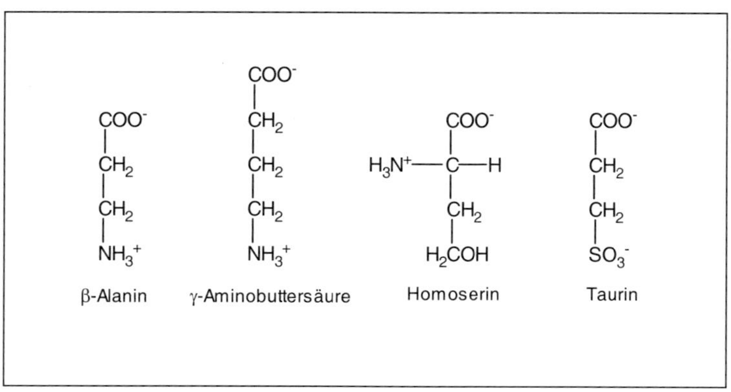

Abb. 2.6: Exemplarisch ausgewählte seltene Aminosäuren.

Tabelle 2.5: Einige seltene Aminosäuren. Man beachte, daß einige dieser Aminosäuren nur als Zwischenprodukte des Stoffwechsels auftreten.

Aminosäure	M_r	Vorkommen und Funktion
Cystin	240	Reichlich im Keratin und im Haar vorhanden; bildet Disulfidbrükken innerhalb oder zwischen Proteinketten aus.
β-Alanin	89	Abbauprodukt der Pyrimidine; Baustein von Coenzym A, Pantothensäure, Anserin und Carnosin
γ-Aminobuttersäure	103	Vorkommen als Neurotransmitter im Nervengewebe
δ-Aminolävulinsäure	131	Zwischenprodukt bei der Porphyrinsynthese
Homoserin	119	Zwischenprodukt im Methioninstoffwechsel
Taurin	125	Wird in der Leber aus Cystein gebildet; ist Bestandteil der Gallensäure Taurocholsäure.
Citrullin	175	Zwischenprodukt des Harnstoffzyklus' in der Leber
Ornithin	132	Zwischenprodukt des Harnstoffzyklus' in der Leber
Thyroxin	777	Schilddrüsenhormon
Sarcosin	89	Vorkommen in vielen Geweben; Zwischenprodukt bei der Synthese von Glycin
4-Hydroxyprolin	131	Bestandteil des Kollagens im Bindegewebe
5-Hydroxylysin	162	Bestandteil des Kollagens im Bindegewebe

2.4 Der isoelektrische Punkt pI

Aminosäuren verfügen über zwei funktionelle Gruppen, die beide entweder als Protonendonator oder Protonenakzeptor fungieren können. Gemeint sind die Carboxyl- und die Aminogruppe. Stoffe, die Säure- und Baseeigenschaften in sich vereinigen können, werden **Ampholyte** (amphi gr. beide, jeder von beiden und lysis gr. Auflösung) oder **Amphotere** (amphoteros gr. beide) genannt. Wie bei allen Ampholyten drängt sich auch bei den Aminosäuren die Frage auf, unter welchen Umständen mehr die sauren oder die basischen Eigenschaften des amphoteren Moleküls in den Vordergrund treten. In neutralem Milieu wird die Aminosäure andere Eigenschaften zeigen als in einer Salzsäure- oder Natriumhydroxidlösung (Natronlauge, stark basisch). Wir müssen also das Verhalten der Aminosäuren in Abhängigkeit vom pH-Wert betrachten. Ist dieser wie bei Salzsäure niedrig, so tritt die starke Säure H_3O^+ (aus der Salzsäure) in Konkurrenz mit der schwachen Säuregruppe -COOH der Aminosäure. Als Protonendonator tritt nur noch das in großer Überzahl vorhandene H_3O^+-Teilchen auf, die -COOH-Gruppe kann ihre Säureeigenschaften nicht zur Geltung bringen und bleibt undissoziiert. An wen aber gibt der Protonendonator H_3O^+ seine H^+-Teilchen ab? Natürlich an die stärkste erreichbare Base in der Lösung, die Aminogruppe $-NH_2$ der Aminosäure, welche folglich bei niedrigem pH-Wert protoniert als $-NH_3^+$ vorliegt. Lassen wir nun in Gedanken den pH-Wert kontinuierlich ansteigen und vermindern damit also die Anzahl an H_3O^+-Teilchen, so kann sich die Carboxylgruppe als Protonendonator immer stärker entfalten. Zunehmend mehr Carboxylgruppen dissoziieren, bis ein Zustand erreicht ist, in dem praktisch alle Carboxylgruppen deprotoniert sind. Da die $-NH_3^+$-Gruppen bei unserem Gedankenexperiment unverändert geblieben sind, müssen in diesem Zustand fast alle Aminosäureteilchen als Zwitterionen vorliegen:

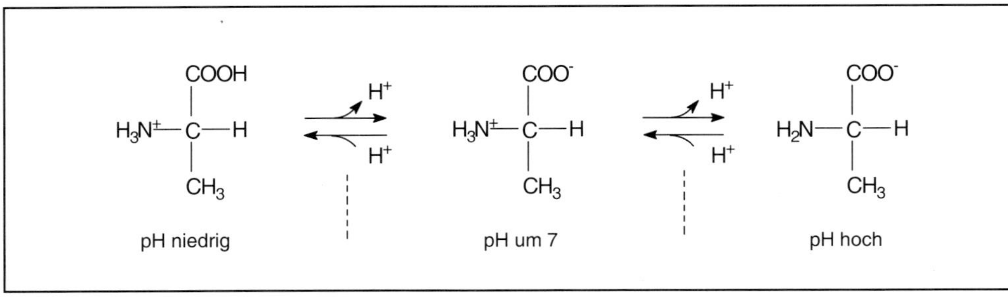

Abb. 2.7: Säure/Base-Verhalten der Aminosäure Alanin bei verschiedenen pH-Werten. Links der Zustand bei niedrigem pH-Wert (wenn z. B. Salzsäure beigemischt wurde), rechts die Alaninformel für basische pH-Werte (z. B. bei Zugabe von Natronlauge). Beim neutralem pH-Wert 7 finden wir Alanin überwiegend in der mittleren Zwitterionenformel vor, die somit den Übergang zwischen den beiden einfach geladenen Formen stellt. Eine Aminosäure verändert also entlang einer gedachten pH-Wert-Achse kontinuierlich ihren Ladungszustand. Am isoelektrischen Punkt, einem für die jeweilige Aminosäure charakteristischen pH-Wert, liegt sie fast vollständig als Zwitterion vor.

Derjenige **pH-Wert**, bei dem eine Aminosäure fast nur als Zwitterion vorliegt, heißt **isoelektrischer Punkt pI**. Aufgrund ihres Zwitterionencharakters zeigen Aminosäuren am isoelektrischen Punkt (isos gr. gleich) nach außen keine elektrische Ladung. Daher bewegen sie sich an diesem Punkt auch nicht im elektrischen Feld, sondern verbleiben an Ort und Stelle. Bei weiter steigendem pH-Wert liegen in der Lösung mehr und mehr freie OH^--Ionen vor, welche eine viel stärkere Base als die $-NH_2$-Gruppe darstellen. Diese kann ihr zusätzliches Proton nicht mehr halten und muß es an die starke Base OH^- abtreten. Die $-NH_3^+$-Gruppierung wirkt also als Säure und geht zunehmend in die ungeladene Aminogruppe über. Die $-COO^-$-Gruppe bleibt von diesen Veränderungen unberührt, so daß die Aminosäure bei hohen pH-Werten als Anion vorliegt, wie man an Abb. 2.7 noch einmal nachvollziehen kann. Unser Gedankenexperiment läßt sich auch im Labor praktisch nachahmen. Durch Zugabe von Salzsäure oder Natronlauge zu einer bereits gelösten Aminosäure läßt sich der pH-Wert beliebig variieren. Die dabei auftretenden Veränderungen werden übersichtlich in Form von Titrationskurven dargestellt. Am Beispiel der physiologisch wichtigen Aminosäure Histidin soll der Zustand dieser Aminosäure im Verlaufe einer Titration mit Salzsäure bzw. Natronlauge demonstriert werden (Abb. 2.8).

Der pI liegt bei den meisten Aminosäuren bei ungefähr pH 6, bei sauren Aminosäuren bei ca. pH 3 und bei basischen bei etwa pH 10. Da alle bisher angeführten Säure/Base-Reaktionen Gleichgewichtsreaktionen sind, existieren auch am pI nicht alle Aminosäuremoleküle in der Zwitterionform. Es finden sich daneben auch immer jeweils gleiche (!) Mengen an kationischen bzw. anionischen Formen.

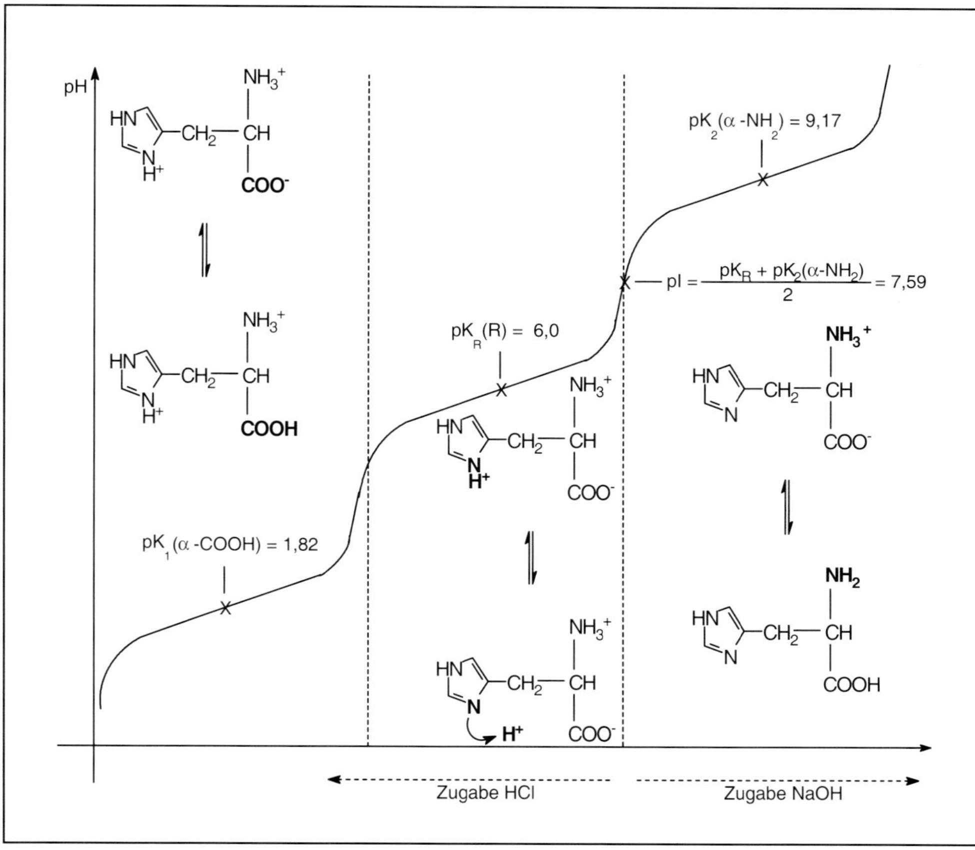

Abb. 2.8: Titrationskurve einer Histidinlösung bei Zugabe von Salzsäure und Natronlauge. Man beachte die verschiedenen Ladungszustände der Aminosäure und die Lage des isoelektrischen Punktes.

Abschließend soll die mathematische Bestimmung des isoelektrischen Punktes dargestellt werden. Für die beiden Aminosäuregleichgewichte lassen sich die entsprechenden Massenwirkungsgesetze aufstellen:

$$K_1 = \frac{c(H^+) \cdot c(\text{Zwitterion})}{c(\text{Kation})} \tag{2.1}$$

$$K_2 = \frac{c(H^+) \cdot c(\text{Anion})}{c(\text{Zwitterion})} \tag{2.2}$$

Die Gleichungen (2.1) und (2.2) werden nach c(Zwitterion) aufgelöst und dann gleichgesetzt:

$$\frac{c(H^+) \cdot c(\text{Anion})}{K_2} = \frac{K_1 \cdot c(\text{Kation})}{c(H^+)} \tag{2.3}$$

Nun wird Gleichung (2.3) nach $c(H^+)$ aufgelöst:

$$c(H^+)^2 = \frac{K_1 \cdot K_2 \cdot c(\text{Kation})}{c(\text{Anion})} \tag{2.4}$$

Speziell am isoelektrischen Punkt sind aber die Konzentrationen des Aminosäureanions und -kations gleich:

$$c(\text{Kation}) = c(\text{Anion}) \tag{2.5}$$

Mit (2.5) folgt aus (2.4):

$$c(H^+)^2 = K_1 \cdot K_2 \tag{2.6}$$

$$c(H^+) = \sqrt{K_1 \cdot K_2} \tag{2.7}$$

Logarithmieren von (2.7) liefert den pH-Wert für den „isoelektrischen Punkt" pI:

$$pI = \frac{pK_1 + pK_2}{2} \tag{2.8}$$

Wo aber liegt nun der pI bei einer basischen oder sauren Aminosäure? Zur Beantwortung dieser Frage wenden wir uns noch einmal der Abb. 2.8 zu. Im sauren Bereich besitzt Histidin entweder zwei oder eine positive Nettoladung, im stark basischen Milieu verfügt die Aminosäure lediglich über eine negative Gesamtladung. Verfolgt man die Titrationskurve von pK_R zu pK_2, so ändert Histidin seinen Ladungszustand von +1 nach -1. Genau auf halbem Wege weisen fast alle Histidinmoleküle den Nettoladungszustand 0 auf, nur noch ganz wenige Aminosäuremoleküle von jeweils exakt gleicher Anzahl tragen an diesem Punkt nach außen die elektrische Ladung +1 bzw. -1. An dieser Stelle ist also laut Definition der isoelektrische Punkt pI des Histidins erreicht. Sein Wert liegt gleichermaßen vom pK-Wert der basischen Aminogruppe pK_2 und dem Seitenketten-pK-Wert pK_R des Imidazolringes entfernt, so daß wir verallgemeinernd für basische Aminosäuren sagen dürfen:

$$pI = \frac{pK_R + pK_2}{2} \tag{2.9}$$

Bei sauren Aminosäuren verhält es sich genau umgekehrt, hier liegt der isoelektrische Punkt zwischen pK_1, also dem pK-Wert der sauren -COOH-Gruppe, und dem pK_R der Seitenkette. Am pI einer sauren Aminosäure ist die α-COOH-Gruppe vollständig zu $-COO^-$ dissoziiert, die Carboxylgruppe der Seitenkette R ist praktisch zu 100 % undissoziiert. Somit addieren sich die negative Ladung des $-COO^-$-Anions und diejenige der positiven geladenen $-NH_3^+$-Gruppe zu 0. Analog zu (2.9) gilt für den isoelektrischen Punkt saurer Aminosäuren:

$$pI = \frac{pK_R + pK_1}{2} \tag{2.10}$$

2.5 Essentielle Aminosäuren

Der menschliche Organismus ist nicht fähig, alle benötigten Aminosäuren eigenständig zu synthetisieren. Er muß daher einige, die **essentiellen Aminosäuren**, mit der Nahrung aufnehmen. Zu ihnen gehören:

Tabelle 2.6: Die essentiellen Aminosäuren und ihr täglicher Bedarf. Der Bedarf an Phenylalanin kann zu 70 bis 75 % durch Tyrosin (beide sind aromatische Aminosäuren) gedeckt werden, derjenige des Methionins zu 80 bis 89 % durch Cystin (beide Aminosäuren beinhalten ein Schwefelatom). Im Alter kann der Bedarf an Lysin und Methionin steigen. Besonders während der Schwangerschaft und des Stillens ist eine höhere Zufuhr an essentiellen Aminosäuren notwendig. Histidin erscheint eingeklammert, da es nur im Säuglingsalter essentiell ist.

Essentielle Aminosäure	Empfohlene Zufuhr (g/d)	Mindestbedarf		
	Erwachsene	Säuglinge (mg/d/kg KG)	Männer (g/d)	Frauen (g/d)
L-Lysin	1,60	103	0,80	0,50
L-Threonin	1,00	87	0,50	0,31
L-Leucin	2,20	150	1,10	0,62
L-Isoleucin	1,40	126	0,70	0,45
L-Valin	1,60	105	0,80	0,65
L-Phenylalanin				
- Tyrosin vorhanden		90	0,30	0,22
- Tyrosin nicht vorh.	2,20	-	1,10	-
L-Tryptophan	0,50	22	0,25	0,16
L-Methionin	1,10			
- Cystin vorhanden		45	0,20	0,35
- Cystin nicht vorh.	2,20	-	1,10	-
(L-Histidin)	0,00	34	0,00	0,00

Häufig bezeichnet man Histidin auch als „halbessentielle" Aminosäure, da der Körper nur während der Wachstumsphase auf ihre zusätzliche Zufuhr angewiesen ist. Für den erwachsenen Menschen ist Histidin nicht mehr essentiell. Da vom Organismus auch im Ruhestoffwechsel ständig Protein abgebaut wird und der Proteinstickstoff in Form von Harnstoff ausgeschieden wird, muß ein entsprechendes Proteinquantum laufend durch die Nahrung nachgeliefert werden, um eine ausgeglichene Stickstoffbilanz zu garantieren. Unter der **Stickstoffbilanz** versteht man die Differenz zwischen aufgenommenem Proteinstickstoff und dem als Harnstoff ausgeschiedenen Stickstoff. Will man diese Bilanz ausgeglichen halten, so ist eine Zufuhr von mindestens 45 g Protein/Tag für Frauen und 55 g Protein/Tag für Männern bei gemischter Kost erforderlich. Hierbei ist aber nicht nur die absolute Menge an zugeführten Proteinen wichtig, sondern auch Menge und Verhältnis der in ihnen enthaltenen essentiellen Aminosäuren. Stehen diese in einem ungünstigen Mengenverhältnis zueinander, so kann das Nahrungsprotein nicht optimal für die körpereigene Proteinsynthese genutzt werden, was wiederum eine Erhöhung des Proteinbedarfs zur Folge hat. Wenn man von der an Tryptophan freien Gelatine absieht, ist tierisches Protein bezüglich seiner Zusammensetzung an essentiellen Aminosäuren als hochwertig einzustufen, während Pflanzenprotein als minderwertiger zu betrachten ist. Säugetierfleisch übertrifft hinsichtlich seines Gehalts an essentiellen Aminosäuren Fisch, der diesbezüglich wiederum dem Geflügel vorzuziehen ist. Das Schlußlicht bilden die Pflanzenproteine. So mangelt es Hülsenfrüchten an Methionin, Weizen und Mais weisen zu wenig Lysin auf. Wie das Beispiel der Vegetarier jedoch beweist, kann eine ausgewogene pflanzliche Kost durchaus alleine den Bedarf an essentiellen Aminosäuen eines Erwachsenen decken.

2.6 Aufbau der Peptidbindung

Die Carboxylgruppe -COOH einer Aminosäure kann unter Freisetzung eines Wassermoleküls mit einer Aminogruppe $-NH_2$ einer zweiten Aminosäure reagieren:

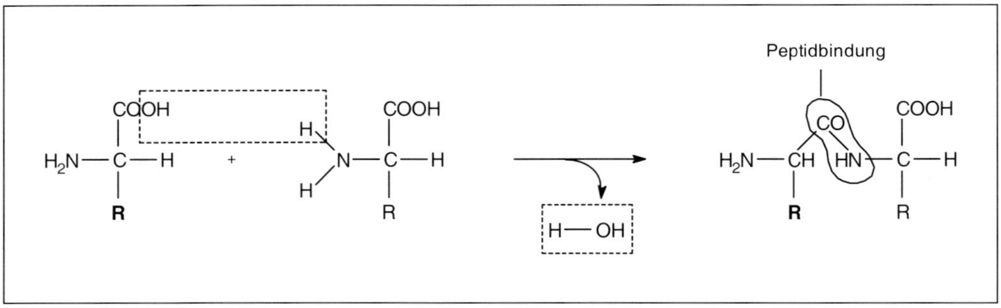

Abb. 2.9: Die Ausbildung der Peptidbindung.

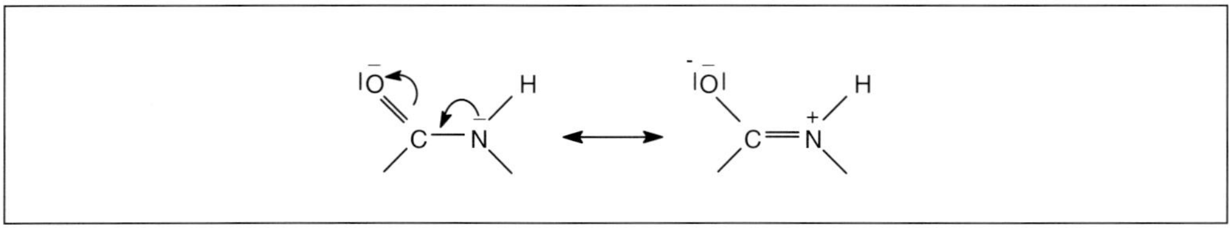

Abb. 2.10: Der partielle Doppelbindungscharakter der Peptidbindung. Die gezeigten Strukturen stellen Grenzzustände dar, der wahre Zustand befindet sich zwischen diesen Formeln. Wegen der auftretenden Doppelbindung zwischen C- und N-Atom der Peptidbindung ist eine freie Drehbarkeit um die Bindungsachse dieser beiden Atome nicht möglich.

Die entstehende Verknüpfung zwischen den beiden Aminosäuren heißt **Peptidbindung**, das Produkt **Dipeptid**. Reagieren viele Aminosäuren auf diese Weise, so entsteht ein **Polypeptid**. Polypeptide mit mehr als 100 Aminosäuren werden als Proteine bezeichnet. Der Begriff **Oligopeptid** bezieht sich auf Peptide mit bis zu zehn Aminosäuren. Die Atome der Peptidbindung -(CO)-(NH)- liegen in einer Ebene und können aus dieser nicht heraus gedreht werden. Die Ursache dieses Effektes wird aus Abb. 2.10 ersichtlich.

Wir können also für die Peptidbindung zwei mesomere Grenzstrukturen formulieren. Der Doppelpfeil verdeutlicht die Mesomerie (mesos gr. der Mittlere und meros gr. Teil) und soll andeuten, daß zwischen diesen beiden Grenzzuständen kein (!) Gleichgewicht existiert, sondern ein der Wahrheit am nächsten kommender Zwischenzustand. Der wahre Charakter der Bindung liegt also zwischen beiden mesomeren Grenzformen, so daß man der -C-N-

Bindung teilweisen (oder partiellen) Doppelbindungscharakter zuschreibt. Aus der Chemie ist bekannt, daß doppelt gebundene Atome nicht gegeneinander gedreht werden können.

2.7 Wichtige Peptide

Exemplarisch wollen wir nun einige wichtige Peptide näher betrachten: zunächst das Glutathion sowie das therapeutisch wichtige Penicillin und seine Derivate (derivare lat. ableiten), im Anschluß werden noch die Peptide Valinomycin, Gramicidin A und Actinomycin D angesprochen.

Das **Glutathion** besteht aus den drei Aminosäuren Glycin, Cystein und Glutaminsäure, stellt also ein Tripeptid dar. Abweichend vom bekannten Bindungsmodus erfolgt die Peptidbindung zwischen Glutamat und Cystein jedoch nicht über die α-, sondern über die γ-Carboxylgruppe des Glutamats. Ein derartig im Peptidverband angeordnetes Glutamat heißt daher **γ-Glutamat**. Die sich anschließende Abb. 2.11 zeigt das Glutathion in Formeldarstellung, wobei auf die besondere Verknüpfung des Glutamats hingewiesen wird:

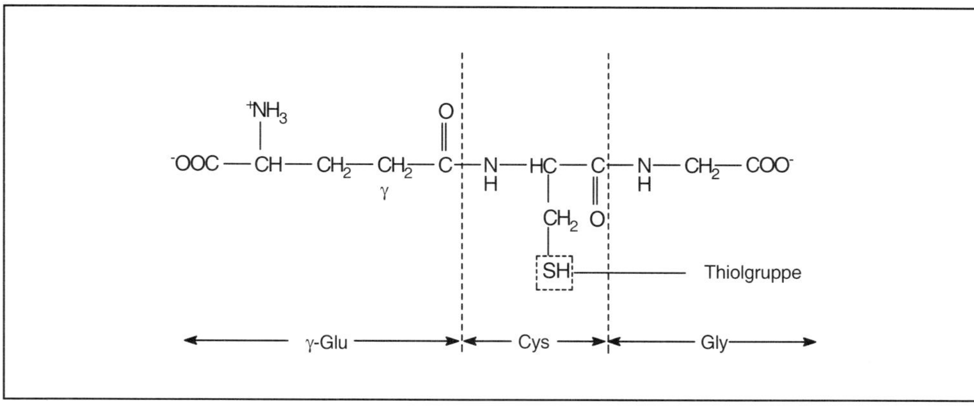

Abb. 2.11: Die Struktur des Tripeptids Glutathion. Man beachte die Verknüpfung des Glutamats über die γ-Carboxylgruppe. Die Abbildung zeigt die reduzierte Form des Moleküls. Bei Redoxprozessen, in denen Glutathion häufig eine Rolle spielt (z. B. bei der „Entgiftung“ von reaktiven Sauerstoffabkömmlingen), bildet die reduzierte Form mit einem zweiten Molekül eine Disulfidbrücke aus, so daß dann die oxidierte Form (Abkürzung: GSSG) resultiert.

Reaktiv und für die Funktion des Moleküls wichtig ist die Thiolgruppe des Cysteins, die mit ihresgleichen aus einem zweiten Glutathionmolekül eine Disulfidbrücke ausbilden kann. Diese Disulfidform repräsentiert den oxidierten Zustand des Glutathions, dessen Disulfidbrücke nun mit Hilfe von NADPH + H^+ wieder zu Glutathion reduziert werden kann. Auf die Bedeutung dieses Tripeptids, die auch eng mit der beschriebenen Redoxreaktion verbunden ist, werden wir im Kapitel Kohlenhydrate II zurückkommen. Glutathion besitzt auch als Kopplungssubstanz im Rahmen der **Biotransformation** Bedeutung (Kapitel: Kohlenhydrate II) und ist Bestandteil einiger **Leukotriene** aus dem Prostaglandinstoffwechsel.

Ein wichtiges Peptidantibiotikum ist das **Penicillin**, das vom Schimmelpilz *Penicillium notatum* aus den Aminosäuren **Valin** und **Cystein** synthetisiert wird. Seine Wirkung wurde

1928 zufällig von A. FLEMING[1] wiederentdeckt, als er beobachtete, daß Schimmelpilze bei längerem Stehenlassen an der Luft das Wachstum von Staphylokokkenkolonien auf Agarplatten verhindern. Formal kann man sich Penicillin als ringförmiges Dipeptid der beiden genannten Aminosäuren vorstellen. Das Grundmolekül des Penicillins ist die **6-Aminopenicillansäure**. Diese trägt an ihrer Carboxylgruppe variable Reste R, durch die sich die verschiedenen therapeutisch genutzten Penicilline unterscheiden. Diese Seitenkette R ist auch im wesentlichen für die pharmakologischen Eigenschaften des Moleküls verantwortlich. Der Stammvater aller Penicilline ist das **Penicillin G**, dessen Rest R eine Benzylgruppe ist. Als Synonym ist daher auch der Name **Benzylpenicillin** in Gebrauch.

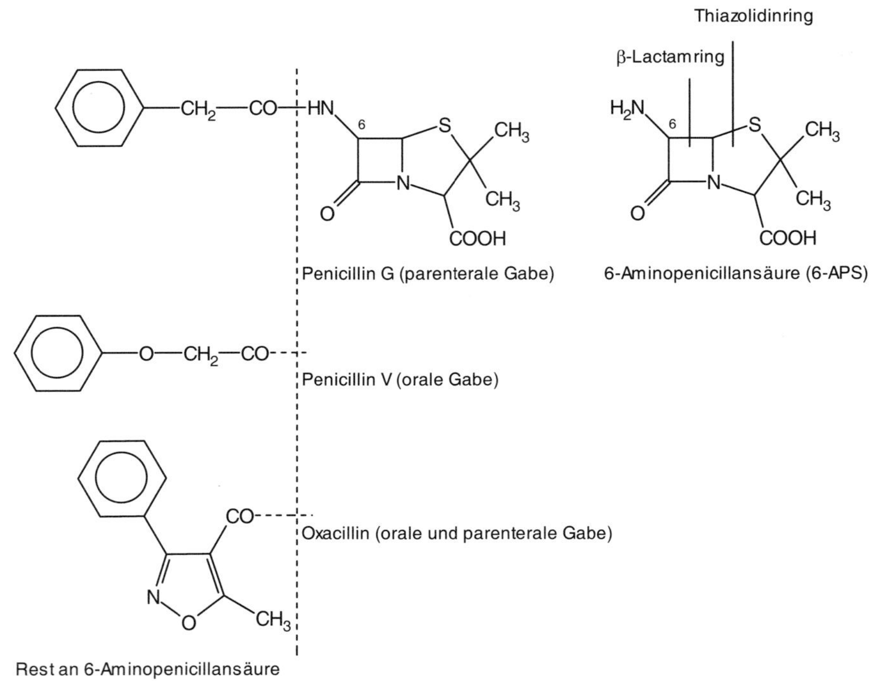

Abb. 2.12: Das Penicillin G, daneben die Grundstruktur 6-Aminopenicillansäure (6-APS). Der Vierring wird mit Ausnahme des N-Atoms vom Cystein gestellt. Alle Penicilline haben den viergliedrigen β-Lactam- und den fünfgliedrigen Thiazolidinring gemeinsam. Die einzelnen Derivate des Penicillins unterscheiden sich ausschließlich durch den jeweils abweichenden Rest R. Als Beispiele sind das Penicillin V (oral wirksam) und Oxacillin (auch gegen Staphylokokken wirksam) angeführt.

---

[1]**FLEMING, SIR ALEXANDER**: * 1881 † 1955. Entdeckte 1928 zufällig die Wachstumshemmung auf Staphylokokken auf einer Agarplatte, die durch längeres Stehenlassen dieser Platten an der Luft durch eine Kultur des Schimmelpilzes *Penicillium notatum* kontaminiert war. Dieses Einfluß von Penicillium-Pilzen auf das Bakterienwachstum war bereits in der zweiten Hälfte des 19. Jahrhunderts beobachtet worden, blieb aber ohne Konsequenzen für die Medizin. **A. FLEMING** erhielt mit CHAIN, FLOREY, BORIS und WALTER, die der klinischen Anwendung des Penicillins nach dessen Wiederentdeckung den Weg ebneten, 1945 den Nobelpreis für Medizin.

Bei Betrachtung der Abb. 2.12 fällt ein selten auftretender Vierring mit einem N-Atom auf, welcher vom Chemiker als **β-Lactamring** bezeichnet wird. Unter Lactamen versteht man intramolekulare (intra lat. innerhalb), cyclische (also ringförmige) Carbonsäureamide, deren Ringgröße durch die Präfixe α, β, γ usw. (α entspricht dem Dreiring, β dem Vierring, γ dem Fünfring usw.) angegeben wird. β-Lactame sind im Vergleich mit gewöhnlichen, d. h. nicht ringförmigen Carbonsäureamiden sehr reaktive Verbindungen. Dieser Ring ist es auch, der für die antibiotische Wirkung des Moleküls verantwortlich ist. Das bakterielle Enzym **Transpeptidase**, es hat eine zentrale Bedeutung bei der Bildung der Bakterienzell**wand** (nicht -zell**membran**!), wird von Penicillinen irreversibel inaktiviert. Unter Aufspaltung des β-Lactamringes kommt es zur kovalenten Bindung zwischen der -CO-Gruppe des Lactamringes und der Hydroxylgruppe -OH eines Serinrestes im aktiven Zentrum der bakteriellen Transpeptidase. Abb. 2.13 demonstriert diese Reaktion in formelhafter Darstellung, wobei vereinfachend nur der β-Lactamring des Penicillinmoleküls angeführt wird.

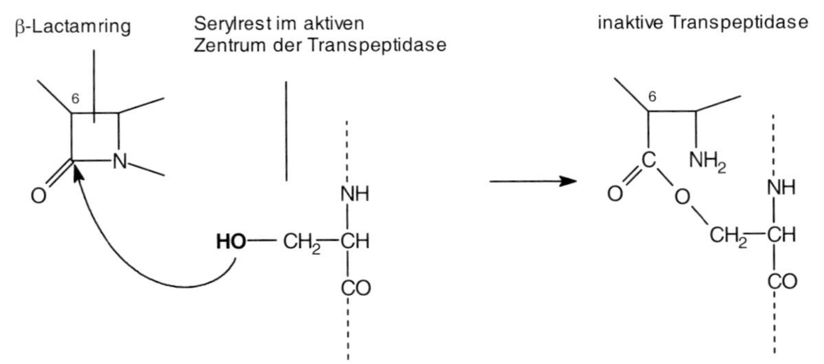

Abb. 2.13: Die Reaktion des β-Lactamringes mit dem Serin der Bakterientranspeptidase.

Diese Inaktivierungsreaktion wird insofern möglich, als das Penicillin strukturell dem eigentlichen Substrat (der Stoff, den die Transpeptidase im Normalfall chemisch umsetzt), einer D-Alanyl-D-Alanin-Sequenz aus der zu synthetisierenden Bakterienzellwandsubstanz, sehr ähnelt. Das Enzym „erkennt" folglich nicht die Unterschiede zwischen den zwei verketteten D-Alanylresten und dem „Gift" Penicillin, wodurch es sich bei der Umsetzung des falschen Substrats selber vergiftet. Der dabei entstandene Enzym-Penicillin-Komplex ist so für die lebenswichtige Zellwandsynthese des Bakteriums unbrauchbar geworden. Aus dem Gesagten ergibt sich, daß Penicillin nur proliferierende (proferre lat. hervorbringen, ausdehnen) Bakterien abtöten kann, denn nur dann kommt es zur Synthese der neuen Zellwandbestandteile. Auf ruhende Bakterien wirkt das Antibiotikum lediglich wachstumshemmend. Penicillin tötet insbesondere grampositive (anhand der sogenannten Gramfärbung lassen sich Bakterien in verschiedene Gruppen unterteilen) Bakterien wie Strepto- und Pneumokokken ab, aber auch gegen *Treponema pallidum*, den Erreger der Lues (oder Syphilis), ist es das Mittel der Wahl.

Ist der β-Lactamring einerseits die wirksame Komponente des Penicillins, so ist er andererseits die „Archillesferse" dieses wertvollen Antibiotikums. Der Ring wird bei niedrigen pH-Werten, z. B. im Magen chemisch gespalten, so daß Penicillin G nicht oral verabreicht werden kann. Einige Bakterien wie *Staphylococcus aureus* aber auch gramnegative Keime (sie lassen sich nicht mit der Gramfärbung anfärben) synthetisieren ein Enzym, die **β-Lactamase** bzw. **Penicillinase**, welches den Vierring enzymatisch öffnet. Unter Anwendung des Prinzips der sterischen Hemmung (räumliche Behinderung eines Enzyms durch „sperrige" chemische Gruppen im Substratmolekül) der β-Lactamase konnte das Lactam so geschützt werden, daß es für die Penicillin spaltenden Enzyme von *Staphylococcus aureus* kaum noch angreifbar ist. Erreicht wurde dies durch Einführung möglichst langer Seitenketten wie beim **Oxacillin** der Abb. 2.12.

Manche Mikroorganismen produzieren nichtribosomal (Ribosomen sind diejenigen Zellstrukturen, an denen im Regelfall Peptide und Proteine aufgebaut werden.) antibiotisch wirksame Peptide, die sich durch ungewöhnliche Aminosäuren auszeichnen. Oft sind diese Antibiotika ringförmig strukturiert und enthalten neben **D-Amino-** häufig auch **Keto-** und **Hydroxycarbonsäure**n. Beispiele für solche Antibiotika sind Valinomycin, Actinomycin D und Gramicidin A, deren Funktion als Ionenträgermoleküle in Zellmembranen im Kapitel **Lipide I** beschrieben wird.

Valinomycin besteht aus 6 Aminosäuren, die von L- und D-Valin gestellt werden. Sie sind jeweils abwechselnd über Ester- und Säureamidbindungen mit **Milchsäure** (abgekürzt Lac) und **D-Hydroxyisovaleriansäure** (abgekürzt Val-OH) cyclisch verknüpft. Die Sauerstoffatome des ringförmigen Moleküls können dabei Alkalimetallionen wie in einem Käfig binden, wobei diese Bindung zum Kaliumion 50.000 mal stärker als zum Natriumion ist. **Gramicidin A** besteht dagegen aus einer Kette von 15 Aminosäuren, von denen als ungewöhnliche Aminosäuren D-Valin, D-Leucin und Glycinol hervortreten. Gramicidin A bildet in Zellmembranen eine schraubenförmige Struktur, die selektiv Kaliumionen durch ihr Inneres hindurchläßt. **Actinomycin D** hat einen komplizierten Aufbau, an dem neben den Aminosäuren Methylvalin (Val-Met), Sarkosin (Sar), Prolin, D-Valin und Threonin auch eine heterocyclische Dicarbonsäure beteiligt ist. Es ist cytostatisch wirksam (hemmt folglich das Zellwachstum z. B. bei Tumoren) und kann durch Einschub (Intercalation) in die DNA des Zellkerns die Synthese der Ribonukleinsäure RNA hemmen.

2.8 Peptidgifte

Schlangen, Insekten, Skorpione sowie Pilze und Pflanzen bilden Toxine (toxikon gr. Pfeilgift, Heilmittel) mit Peptidstruktur, die oft bereits in geringen Dosen tödlich wirken können. Das Bienengift **Mellitin**, ein schraubenförmiges (helicales) Peptid mit 26 Aminosäuren, wirkt hämolytisch (haima gr. Blut). Aus dem grünen Knollenblätterpilz *Amanita phalloides* sind bisher 13 Toxine bekannt, wobei α-Amanitin und Phalloidin hervorgehoben werden sollen. Bei beiden handelt es sich um bicyclische Peptide (also mit Zweiringstruktur). **Phalloidin** besitzt 7 Aminosäuren, während **α-Amanitin** mit 8 Aminosäuren zu den Octapeptiden zählt. Beide Peptide sind thermostabil (keine Zerstörung durch Kochen!) und werden von Proteinasen bzw. Peptidasen nicht gespalten. Im Gegensatz zu den meisten anderen Peptidgiften aus dem Tier- und Pflanzenreich sind diese Pilztoxine daher auch oral (os lat. Mund) wirksam. Beide Gifte greifen besonders die Leberzelle an, wobei α-Amanitin die Nukleinsäuresynthese durch spezifische Blockade der DNA-abhängigen RNA-Polymerase im Zellkern hemmt (Kapitel: Nukleinsäuren und molekulare Genetik), während Phalloidin Membranstrukturen, besonders das Endoplasmatische Retikulum der Leberzelle zerstört. Nach einem symptomfreien Intervall von 10 bis 24 h bekommt der Vergiftete plötzlich heftige Brechdurchfälle und Koliken. Für etwa einen Tag zeigt sich dann eine trügerische Besserung des Befindens, der eine Nekrose (necros gr. tot) der Leber und der Nierentubuli mit anschließendem Tod durch Leberkoma oder Gerinnungsstörungen folgt.

2.9 Proteine

2.9.1 Einteilung und Bedeutung der Proteine

Übersetzt man das griechische Wort „protos“, von dem sich der Begriff Protein ableitet, so kommt man zur deutschen Bedeutung „der Erste“. Natürlich läßt sich darüber streiten, ob bezüglich ihrer Bedeutung im Stoffwechselgeschehen eher den Proteinen oder den Nukleinsäuren der Vorzug zu geben ist. Unbestritten ist aber, daß den Proteinen als Strukturbestandteil beim Aufbau der Zelle einerseits und als Träger enzymatischer Reaktionen im dynamischen Zellstoffwechsel andererseits eine herausragende Rolle zufällt. Allein die Tatsache, daß fast alle Enzyme Proteine sind (eine Ausnahme bilden bestimmte RNA-Moleküle, die aber quantitativ gegenüber den Proteinenzymen nicht ins Gewicht fallen), würde bei ihrer immensen Bedeutung im Stoffwechsel ausreichen, den Proteinen einen ersten Platz auf in Bedeutungsskala für Stoffklassen zu sichern. Enzyme ermöglichen es der Zelle generell, chemische Reaktionen unter für sie geeigneten Bedingungen ablaufen zu lassen.

Struktur und Gestalt der Zelle werden in ganz überwiegendem Maße von Proteinen gewährleistet, die diese Leistung im Verein mit den Lipiden erbringen. Proteine des Cytoskeletts (cytos gr. Zelle, skeletos gr. ausgetrocknet) wie Actin oder Tubulin sorgen mit ihrem filamentösen (filum lat. Faden) Aufbau für eine in gewissen Grenzen fest umrissene äußere Form der Zelle und verleihen ihr zugleich mechanische Stabilität. Diese Proteine, welche die Zelle gleichsam wie Drahtseile durchspannen, sind mittels Membranproteinen an der Membran befestigt. Solche Membranproteine stellen spezielle Strukturen dar, die aufgrund ihres Aufbaus in der Lage sind, ganz oder teilweise die Zellmembran zu durchqueren. Auf ihre genauen Eigenschaften gehen wir im Kapitel Lipide I ein. Membranproteine sind es auch, die einem Zelltyp seine Spezifität verleihen. Mittels Rezeptoren wird die Zelle in die Lage versetzt, auf äußere Signale mit einer adäquaten Zellantwort zu reagieren. Spezifische Transportproteine sorgen über die Membran hinweg für einen Stoffaustausch mit der Umgebung der Zelle.

In höheren Lebewesen sind Proteine auch am Zusammenhalt der Zellen in größeren Verbänden beteiligt. So besteht das Bindegewebe neben einem Kohlenhydratanteil aus Proteinen wie Kollagen, Elastin oder Fibronectin. Kollagen selbst macht den größten Anteil aller Proteine des Menschen aus. Wir finden es außer im Bindegewebe auch beim Aufbau von Knochen, Knorpel und Zähnen. Aufgrund seiner großen strukturellen und funktionellen Bedeutung werden wir ihm einen eigenen Abschnitt im Kapitel zum Bindegewebe widmen.

Die Kommunikation (communicare lat. mitteilen) zwischen einzelnen Zellen bzw. Geweben wird im menschlichen Körper ebenfalls in nicht unerheblichem Ausmaß von Proteinen übernommen. So gehören wichtige Hormone der Hypophyse zur Klasse der Proteohormone. Darüber hinaus zeichnen Proteine in großen Bereichen für die spezifischen und unspezifischen Abwehrmechanismen des Körpers verantwortlich. Die Antikörper (Immunglobuline) sind hier als prominenteste Vertreter zu nennen. Und zu guter Letzt sei noch darauf verwiesen, daß koordinierte Bewegungen des menschlichen Körpers von Proteinen vermittelt werden. Die folgende Tabelle 2.7 veranschaulicht im Überblick die Bedeutung der Proteine:

Tabelle 2.7: Funktion und Lokalisation von Proteinen. Den Enzymen, dem Bindegewebe und der Immunabwehr sind eigene Kapitel gewidmet.

Funktion	Lokalisation	Beispiel
Enzymatische Katalyse	Ubiquitär	Lactatdehydrogenase
Mechanische Arbeit	Muskel, Knochen, Sehnen	Myosin, Actin
Transport von Stoffen	Ubiquitär, besonders Serum	Transferrin
Immunabwehr	Blut, Immunorgane	Immunglobulin G
Erkennung von Information	Zellmembranen	Insulinrezeptor
Stützfunktion	Bindegewebe	Kollagen
Transmembrantransport	Ubiquitär	Na^+-K^+-ATPase
Zellform und -bewegung	Ubiquitär	Actin, Tubulin

An dieser Stelle wollen wir uns zunächst mit den allgemeinen Merkmalen des Proteinaufbaus vertraut machen, bevor wir zwei Beispiele (Hämoglobin und Myoglobin) herausgreifen und näher betrachten.

2.9.2 Primär-, Sekundär-, Tertiär- und Quartärstruktur

Stark vereinfachend gesehen bestehen alle Proteine aus einer Aneinanderreihung verschiedener Aminosäuren. Von den Peptiden unterscheiden sie sich bei dieser Betrachtungsweise lediglich in der Anzahl der Aminosäuren, die in einer Kette aufeinander folgen. Umfaßt eine solche Kette mehr als hundert Aminosäuren, so spricht man von Proteinen, im anderen Falle von Polypeptiden. Diese strenge Trennung wird allerdings in der Literatur bisweilen unterlaufen, wenn auch bei Proteinen mit deutlich mehr als einhundert Aminosäuren von Polypeptiden die Rede ist. Bestünden Proteine ausschließlich aus langen Ketten eindimensional miteinander verknüpfter Aminosäuren, so ließen sie sich lediglich anhand der Kettenlänge und Aminosäurezusammensetzung voneinander abgrenzen. Die Möglichkeiten einer reinen Aminosäurekette, spezifische und individuelle Leistungen z. B. als Enzym oder Membranprotein zu erbringen, sind sehr begrenzt. Gerade aber die Vielseitigkeit in der Bewältigung verschiedenster Anforderungen ist es, die Proteine zu einem so wertvollen und universell einsetzbaren Instrument für die Zelle machen.

Eine der hervorstechendsten Eigenschaften der Proteine ist daher ihre **Dreidimensionalität**, d. h. eine räumliche Ausdehnung, die weit über die bloße Abfolge von Aminosäuren, der sogenannten Aminosäuresequenz oder kurz Sequenz, hinausgeht. Erst die dreidimensionale Proteinstruktur ermöglicht die Vielseitigkeit, Spezifität und Individualität dieser Stoffklasse. In diesem und dem nachfolgenden Kapitel wird daher auch immer wieder die Raumstruktur von Proteinen mit Begriffen wie „Faltung", „Furche" oder „zentrale Höhlung" unterstrichen werden.

Reduziert man Proteine formal auf ihre grundsätzliche Struktur, so endet man letztlich bei der schon angesprochenen Aminosäurekette, deren Abfolge von Aminosäuren (die Aneinanderreihung der „Kettenglieder") als „Urstruktur" oder „erste Struktur" beschrieben werden kann. Gemeinhin wird diese „Urstruktur" als **Primärstruktur** (primus lat. der erste) bezeichnet und synonym zur **Sequenz** eines Proteins verwendet.

Wir halten also fest: Die bloße Abfolge von Aminosäurebausteinen einer linearen Protein- oder Peptidkette wird ihre Sequenz oder Primärstruktur genannt. Ihre Kettenglieder, also die einzelnen Aminosäuren, werden durch Peptidbindungen verknüpft. Die eindimensionale Sequenz eines Proteins gibt keine Auskunft über seinen (möglichen) dreidimensionalen Aufbau, nur Anzahl und Zusammensetzung der zwanzig proteinogenen (also Proteine aufbauenden) Aminosäuren lassen sich über die Primärstruktur erschließen. Sie verfügt zudem über eine Polarität, da sie an einem Ende eine freie Aminogruppe -NH_2 (N-Terminus), am anderen eine freie Carboxylgruppe -COOH (C-Terminus) aufweist. Einer Übereinkunft zufolge beginnt eine Peptid- oder Proteinkette links mit ihrem N-Terminus und endet rechts mit dem C-Terminus: H_2N-Peptid-COOH. Eine solche Kette kann als das „Skelett" oder „Rückgrat" eines Proteins aufgefaßt werden. Ist die Sequenz chemisch allein durch Peptidbindungen festgelegt, so sind für die dreidimensionalen Strukturen größerer Peptide und Proteine weitere Bindungstypen erforderlich, zumal gerade die Peptidbindung mit ihrem partiellen Doppelbindungscharakter wenig Spielraum für unterschiedliche Anordnungen im Raum zuläßt. Würde man eine Aminosäurekette in die Hände nehmen und sie schraubenförmig wie eine Spiralkabel (ähnlich dem Telephonkabel) oder eine Wendeltreppe winden, könnte man nach einigen Versuchen eine helicale (helix gr. Schnecke) Anordnung vorfinden, wie sie in der Abb. 2.14 dargestellt ist.

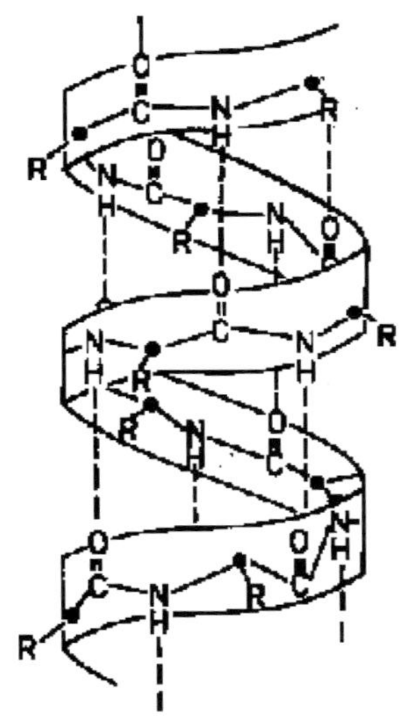

Abb. 2.14: Die α-Helix als Sekundärstruktur, wie sie von PAULING und COREY vorgeschlagen wurde.

Diese abgebildete Ausrichtung ist deutlich bevorzugt, d. h. sie wird sich erstens häufiger einstellen als andere, ähnliche Anordnungen und zweitens auch einen längeren Bestand als diese zeigen, sich somit als besonders stabil erweisen. Wie kommt es zu der Bevorzugung dieser ganz speziellen, abgebildeteten „Spirale"? Abb. 2.14 deutet die Antwort auf diese Frage bereits an, indem die Peptidbindungen der nun gedrehten Aminosäurekette in Etagen übereinanderliegen und in die Lage versetzt werden, stabilisierende Bindungen (in der Abbildung gestrichelt) zwischen den Wendelgängen auszubilden. Diese stehen parallel zur Helixachse, also fast vertikal zu den Spiralwindungen der gewundenen Kette. Wie kommt es aber zur Ausbildung dieser stabilisierenden Bindung? Beim Studium von Abb. 2.14 fällt auf, daß in dieser spiralförmigen Anordnung CO- und NH-Gruppierungen verschiedener Peptidbindungen gleichsam übereinander gestapelt vorliegen. Ist der Wasserstoff der NH-

Gruppe positiv polarisiert, so findet man beim Sauerstoff des Peptidcarbonyls -CO- genau umgekehrte Verhältnisse. Zwischen diesen beiden, unterschiedlich polarisierten Gruppen kommt es infolgedessen zur Ausbildung einer elektrostatischen Wechselwirkung, welche mit den Anziehungskräften zwischen zwei unterschiedlich geladenen Metallkugeln vergleichbar ist. Zwar ist der Zusammenhalt einer solchen Bindung, die wie eine Brücke zwischen den Etagen der Wendel wirkt, von relativ schwacher Natur, doch macht die Gesamtheit aller möglichen Brückenbindungen in einer längeren Peptidkettenhelix den eigentlichen stabilisierenden Faktor aus. Die Brückenfunktion und wichtige Rolle der Wasserstoffatome bei dieser Bindungsart gaben ihr den Namen **Wasserstoffbrückenbindung**.

Die oben genannte helicale Struktur wird üblicherweise **α-Helix** einer Aminosäurekette genannt. Sie ist **rechtsgängig** und enthält **3,6 Aminosäurereste pro Windung**, d. h. jeder Aminosäurerest ist gegen den nächsten Rest entlang der Helixachse um 100° verdreht. Eine Helix bezeichnet man dann als rechtsgängig, wenn der Drehsinn entlang der Peptidkette im Uhrzeigersinn orientiert ist. Die Seitenketten der Aminosäurereste stehen nahezu senkrecht zur Längsachse der Helix und weisen nach außen. Aber noch eine weitere Ausrichtung einer Aminosäurekette ist denkbar, die ebenfalls durch eine hohe Anzahl von Wasserstoffbrükkenbindungen stabilisiert wird. Denkt man sich die α-Helix extrem weit auseinander gezogen, so erhält man eine zickzackförmige Struktur, die an ein gefaltetes Papierblatt erinnert. Aufgrund dieser Analogie wird sie auch als **β-Faltblatt** der α-Helix zur Seite gestellt. Abb. 2.15 macht die Vorstellung vom β-Faltblatt anschaulich. α-Helix und β-Faltblatt einer Aminosäurekette werden unter dem Oberbegriff **Sekundärstruktur** (secundus lat. der zweite) zusammengefaßt.

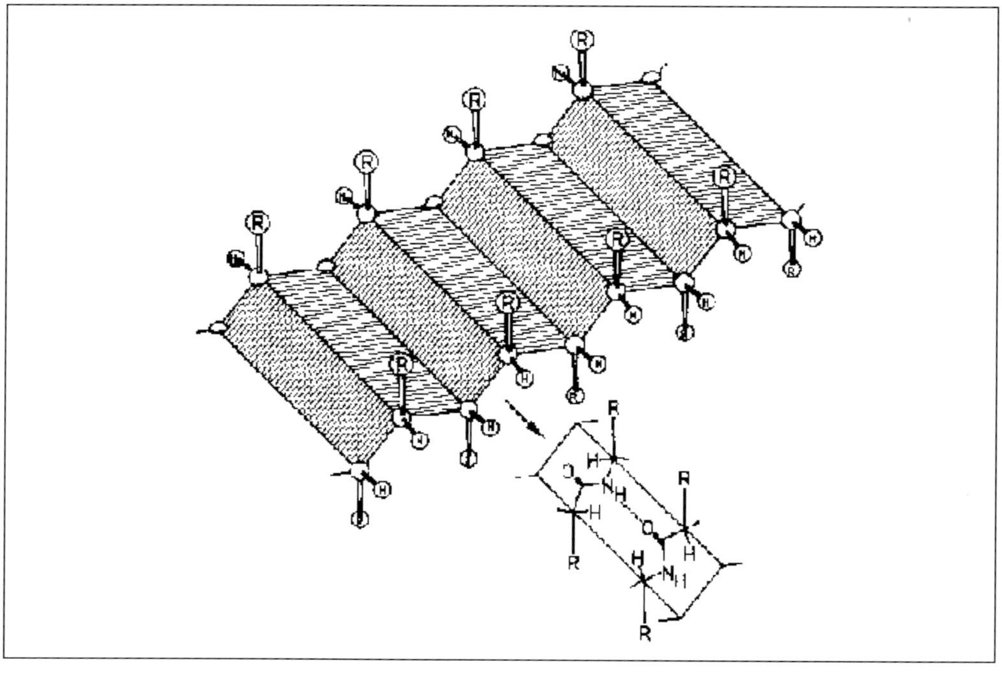

Abb. 2.15: Das β-Faltblatt als Sekundärstruktur (verändert nach P. KARLSON).

Bildete die Grundlage der α-Helix lediglich eine einzelne Peptidkette, so wird mit Abb. 2.15 deutlich, daß β-Faltblätter aus mehreren, parallel angeordneten Bereichen **derselben** Aminosäurekette bestehen. Die Stabilisierung durch Wasserstoffbrückenbindungen erfolgt hier im Gegensatz zur α-Helix seitlich zwischen den parallelen Strangabschnitten. Die Seitenketten R der Aminosäurereste liegen über oder unter der Ebene der Faltblattstruktur. Da benachbarte Polypeptidketten in einem β-Faltblatt entweder in derselben oder in entgegengesetzter Richtung verlaufen können, unterscheidet man zwischen **paralleler und antiparalleler β-Faltblattstruktur**. Es muß hier betont werden, daß beide Spielarten der Sekundärstruktur sehr wohl im gleichen Proteinmolekül auftreten können. Ein Beispiel dafür ist das Lysozym, dessen Bedeutung wir im Kapitel: Immunologie - eine Einführung näher kennenlernen werden. Daneben gibt es aber auch Proteine, die sich durch das Auftreten lediglich einer der Sekundärstrukturen auszeichnen, so z. B. das Myoglobin (α-Helix) und die Immunglobuline (β-Faltblatt).

Man könnte nun annehmen, Proteine bestünden nur aus linearen Sekundärstrukturen, die entweder isoliert wie beim Myoglobin bzw. den Immunglobulinen auftreten oder sich wie beim Lysozym abwechseln.

Tatsächlich geben sich Proteinmoleküle aber nicht mit einem Komplexitätsgrad auf der Ebene von α-Helix und β-Faltblatt zufrieden, vielmehr werden die in Sekundärstrukturen „gegossenen" Peptidketten erneut in einer übergeordneten Ordnung, der **Tertiärstruktur** (tertius lat. der dritte), geformt. Man kann sich das anhand eines Wollfadens veranschaulichen. Der Wollfaden ist dabei die in Sekundärstrukturen vorliegende Aminosäurekette. Faltet man diesen Faden zu einem Wollknäuel zusammen, so kommt man zu einer übergeordneten räumlichen Struktur, die wiederum eine bestimmte Form, beispielsweise die einer Kugel, annehmen kann. Dieses Wollknäuel wäre die Tertiärstruktur. Den Zusammenhang von Sekundär- und Tertiärstruktur vermittelt Abb. 2.16.

Die Tertiärstruktur eines bestimmten Proteins ist genausowenig wie die Sekundärstruktur ein Produkt des Zufalls, wie es das Beispiel des Wollknäuels vielleicht nahelegt. Tertiärstrukturen liegt eine durch stabilisierende Bindungen gewährleistete Ordnung zugrunde, die eben durch die Ausbildung dieser Kräfte einen energiearmen Zustand erlangt. Energiearme Strukturen sind thermodynamisch begünstigt; ihre Ausbildung erfolgt daher nicht zufällig, sondern gerichtet. Für ein bestimmtes Protein bedeutet dies: Die Tertiärstruktur dieses Proteins ist eine bestimmte, wohldefinierte dreidimensionale Anordnung der Aminosäurekette, bei der sich stabilisierende Bindungen in maximaler Zahl und optimaler Ausrichtung ausbilden können. Somit kann die Tertiärstruktur eines Proteins als ein energetisch bevorzugter Zustand gelten. Folglich ist dieser Zustand auch „keine Laune des Proteins", sondern eine gezielt angestrebte Form, aus der es sich nur durch bestimmte äußere Einflüsse (Änderung des pH-Wertes oder der Temperatur, Zugabe bestimmter Reagenzien) herausbewegen läßt.

Welcher Natur sind die Bindungen, die den Tertiärstrukturen zugrunde liegen? Hier sind zunächst einmal die bereits bekannten **Wasserstoffbrückenbindungen** zu nennen, die aber von Atomen der Aminosäureseitenketten gestellt werden, beispielsweise von OH-Gruppen des Threonins und NH_2-Gruppen des Glutamins bzw. Asparagins. Es sei daran erinnert, daß Wasserstoffbrückenbindungen zwischen den Atomen der Peptidbindungen die Sekundärstrukturen festlegen und somit **nicht** zum Kreis derjenigen Bindungsarten gezählt werden können, die für die Entstehung von Tertiärstrukturen verantwortlich sind.

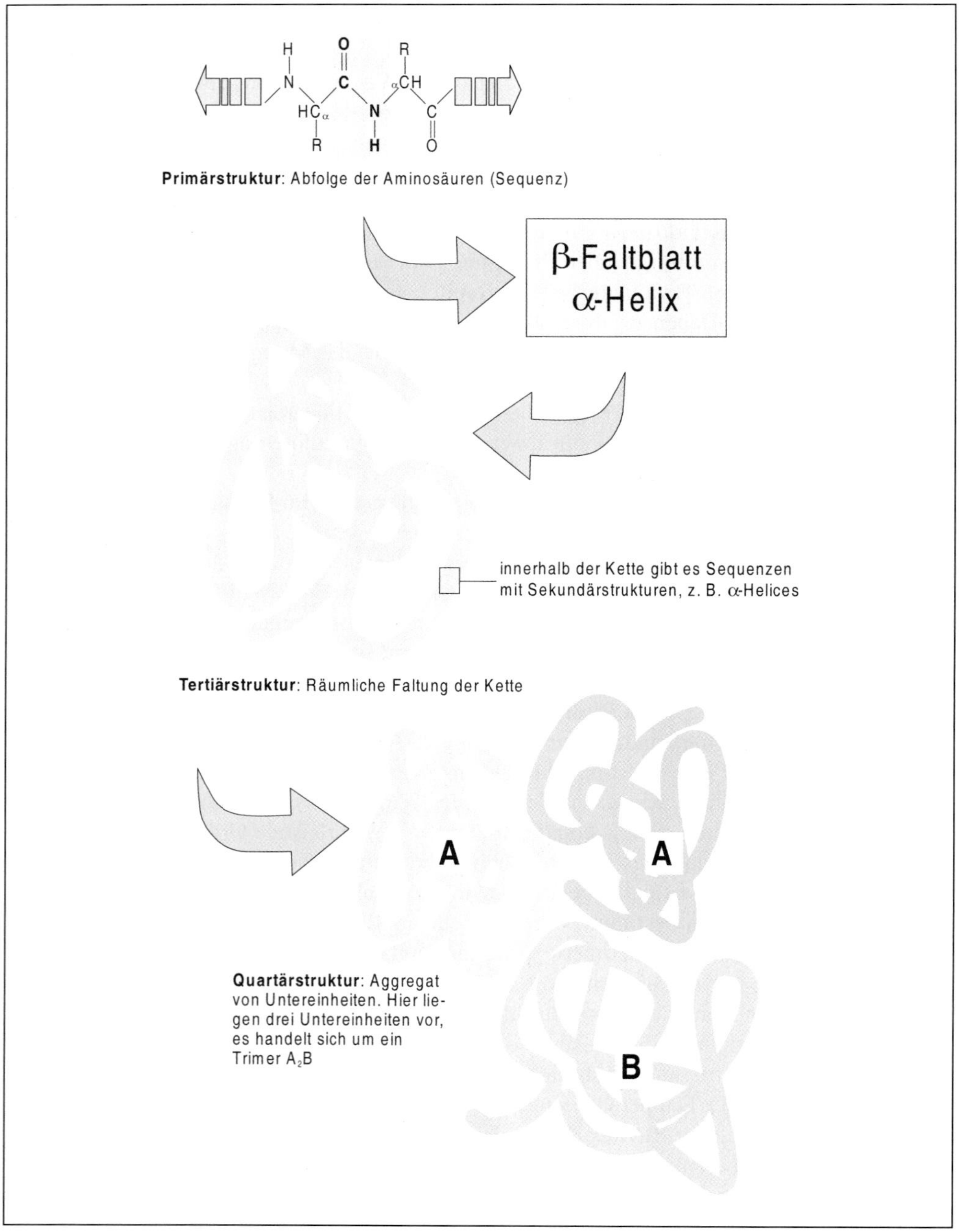

Abb. 2.16: Übersicht zum Zusammenhang einzelner Proteinstrukturmerkmale. Die Sekundärstrukturen wurden in den Abb. 2.14 und Abb. 2.15 gezeigt.

Nun gibt es innerhalb einer tertiär gefalteten Aminosäurekette auch immer Bereiche zwischen α-Helices und β-Faltblättern, die keiner der beiden Sekundärstrukturen zugerechnet werden können. Sie weisen keine Ordnung (z. B. als α-Helix) auf und sind trotzdem keine Produkte des Zufalls. Eingebunden in die Tertiärstruktur zeigen sie zwar eine unregelmäßige, aber durch den „molekularen Kontext" dennoch eindeutig festgelegte Struktur, an deren Formierung sie auch mittels Wasserstoffbrückenbindungen teilhaben können.

Speziell in diesen (nichtsekundär)-Abschnitten beteiligen sich im Gegensatz zu α-Helix- und β-Faltblattbereichen auch die Atome der Peptidbindungen an Wasserstoffbrücken, über die sie mit Seitenketten anderer Aminosäuren kommunizieren können. Die Wasserstoffbrückenbindungen der Tertiärstruktur rekrutieren sich also aus den Seitenketten aller Aminosäuren und den Peptidbindungen derjenigen Kettenabschnitte, die weder als α-Helix noch als β-Faltblatt vorliegen.

Geladene Aminosäuren wie Glutamat, Aspartat, Lysin, Histidin oder Arginin leisten mit **Ionenbindungen** einen Beitrag zur Stabilisierung der Tertiärstruktur:

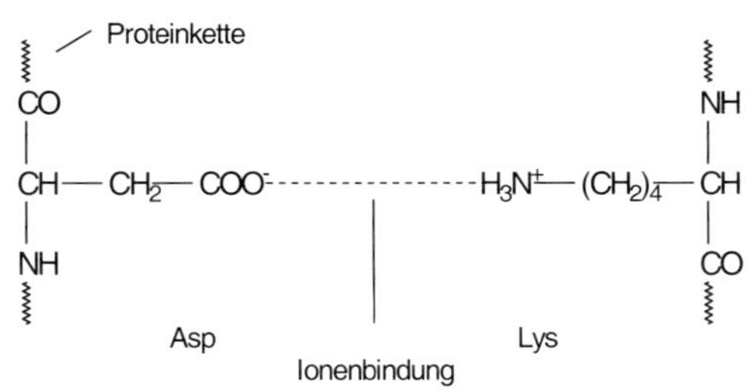

Abb. 2.17: Ionenbindung zwischen Aspartat und Lysin in einem Proteinmolekül mit Tertiärstruktur.

Eine kovalente und somit relativ feste Bindung kann zwischen zwei Cysteinresten einer oder zweier verschiedener Aminosäureketten ausgebildet werden. Bei der Reaktion solcher Cystein-SH-Gruppen entsteht die **Disulfidbrücke -S-S-**, die häufigste am Aufbau von Tertiärstrukturen beteiligte kovalente Bindung.

VAN-DER-WAALS-Kräfte stellen die schwächsten zwischenmolekularen Wechselwirkungen zwischen Atomen bzw. Molekülen dar. Sie setzen sich aus unspezifisch wirkenden Anziehungskräften zusammen. Aufgrund der Elektronenbewegungen im Molekül kann es zeitweise zum Auftreten eines Dipols kommen. Dieser induziert in einem benachbarten Molekül einen entgegengesetzten Dipol, so daß es kurzzeitig zu einer schwachen elektrostatischen Anziehung kommt. Insbesondere hydrophobe Aminosäuren wie Valin, Leucin oder Isoleucin tragen mit VAN-DER-WAALS-Kräften zum Zusammenhalt von Tertiärstrukturen bei. Sie haben auch eine Bedeutung bei der Einbettung von Membranproteinen in die lipidhaltigen Zellmembranen. Lagern sich mehrere Proteinmoleküle mit Tertiärstruktur als Untereinheiten eines Komplexes zusammen, so bezeichnet man diesen Komplex als **Quartärstruktur** (quartus lat. der vierte). Diese repräsentiert also eine Überstruktur mehrerer Tertiärstrukturen. Ein gutes Beispiel dafür ist das Hämoglobin mit seinen vier eine Quartärstruktur ausbildenden Untereinheiten. Proteine mit Quartärstruktur kommen häufig vor und stellen die höchste Organisationsform von Proteinmolekülen dar, wie auch Abb. 2.16 deutlich macht.

Gefaltete Proteine lassen sich durch geeignete Behandlung entfalten. Diesen Vorgang nennt der Biochemiker „**Denaturieren**". Eine einfache Methode, um Proteine zu denaturieren, ist das Erhitzen. Durch die Zufuhr thermischer Energie werden die oben angesprochenen schwachen Wechselwirkungen wie Wasserstoffbrücken-, Ionen- oder VAN-DER-WAALS-Bindungen zunehmend aufgebrochen, wodurch ihr stabilisierender Einfluß schwindet. Mit steigender Temperatur verlieren die meisten Proteine also ihren geordneten Aufbau, sie entfalten sich und nehmen eine Zufallsstruktur an. Eine andere vor allem im Laboralltag angewandte Methode des Denaturierens ist die Behandlung mit 8 mol/l **Harnstoff**. Daneben können durch Zugabe von **β-Mercaptoethanol** (HO-CH_2-CH_2-SH) oder **Dithiotreitol** (DTT) Disulfidbrücken zwischen Cysteinresten gespalten werden, so daß sich die Tertiärstruktur vollständig auflöst. Ein derartig denaturiertes Protein besitzt verständlicherweise keine biologische Aktivität mehr. Nach Entfernung des Harnstoffs oder β-Mercaptoethanols können sich Proteine aufgrund ihrer Tendenz, Zustände minimaler Energie anzustreben, wieder in ihre ursprüngliche Form zurückfalten. Diesen Prozeß nennt man **Renaturieren**.

2.9.3 Hämoglobin und Myoglobin: Ein Vergleich

Hämoglobin und Myoglobin stellen die beiden wichtigsten sauerstoffbindenden Proteine des Menschen dar. Während Hämoglobin für den Sauerstofftransport im Blut verantwortlich ist, übernimmt Myoglobin die Aufgabe des Sauerstoffspeichers im Muskelgewebe. **Myoglobin** (myon gr. Muskel) ist ein relativ kleines und kompakt gebautes Globulin. Vermutlich verfügen alle höheren Tiere über Myoglobin, das in größeren Mengen besonders in ihrer Skelettmuskulatur anzutreffen ist. Auffällig hoch ist der Myoglobingehalt in den Muskeln tauchender Meeressäugetiere wie Wal und Seehund. Die Strukturaufklärung dieses Proteins im Jahre 1957 gelang zuerst am Myoglobin des Pottwals.

Myoglobin besteht aus nur einer Aminosäurekette mit 153 Resten, in der acht relativ gerade Abschnitte hervorstechen. Jeder dieser acht Bereiche ist eine rechtsgängige α-Helix, wobei die längste 23, die kürzeste jedoch nur 7 Aminosäurereste umfaßt. Somit sind etwa 70 % aller Aminosäureeinheiten α-helical organisiert, die restlichen 30 % werden von Schleifen, die nicht regelmäßig strukturiert sind, gestellt. Diese Abschnitte verbinden die α-Helices miteinander und weisen relativ viele Prolinreste auf, von denen bekannt ist, daß sie sich nicht in die Ordnung der α-Helix einfügen. An der Oberfläche des annähernd kugelförmigen Moleküls befinden sich die polaren Aminosäureseitengruppen, während die unpolaren und wasserabweisenden Aminosäuren im Inneren des Myoglobins lokalisiert sind. Wie bereits angesprochen, fungiert Myoglobin im Skelettmuskel als Sauerstoffspeicher und -reserve für die sauerstoffzehrenden Stoffwechselprozesse der Muskelzellen. Die Aminosäurekette übernimmt jedoch nicht selbst die Sauerstoffbindung, sondern eine scheibenförmige Struktur, die in einer hydrophoben Höhle im Inneren des Moleküls lokalisiert ist. Ihr liegt ein ebener, stickstoffhaltiger Ring mit mehreren Seitenketten zugrunde, der **Protoporphyrin** genannt wird. Entfernt man in Gedanken die Seitengruppen des Protoporphyrins, so bleibt eine Ringstruktur mit vier N-haltigen Pyrrolringen übrig, die wir **Porphin** nennen. Diese Pyrrolringe sind wiederum durch Methinbrücken (=CH-) verknüpft, wodurch ein Ringsystem mit elf Doppelbindungen entsteht. Neun dieser Bindungen bilden als konjugierte Doppelbindungen die Grundlage der Mesomerie im Porphyrinring. Die vier Stickstoffatome des Protoporphyrins sind in der Lage, ein Eisenion Fe^{2+} im Ringzentrum zu binden. Das entstandene Molekül, ein Komplex aus Protoporphyrin und Fe^{2+}-Ion, heißt **Häm**.

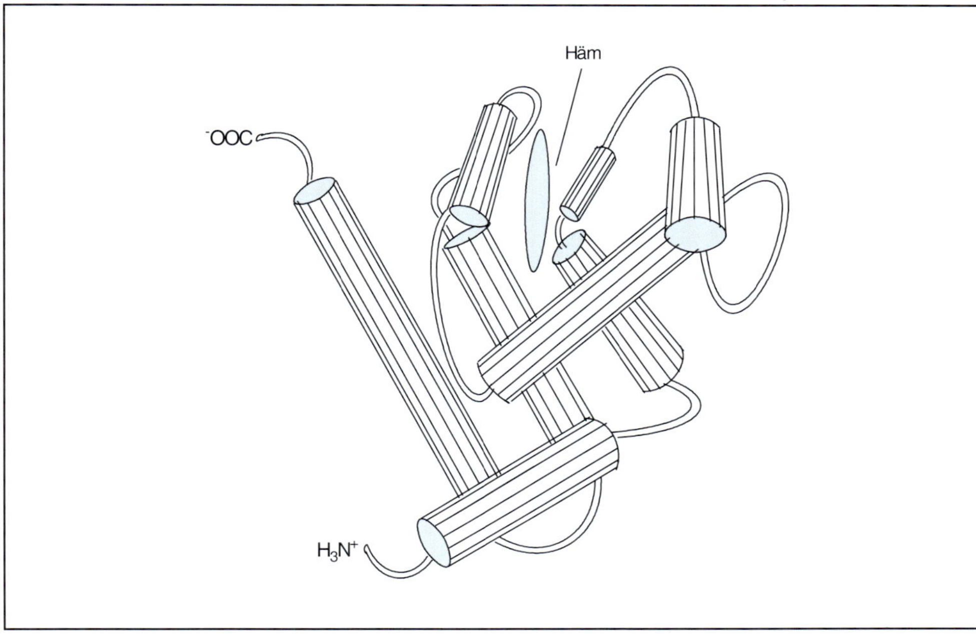

Abb. 2.18: Schematische Darstellung des Myoglobins. Die acht α-helicalen Abschnitte werden durch Zylinder verdeutlicht. Die scheibenförmige Struktur steht für das Häm.

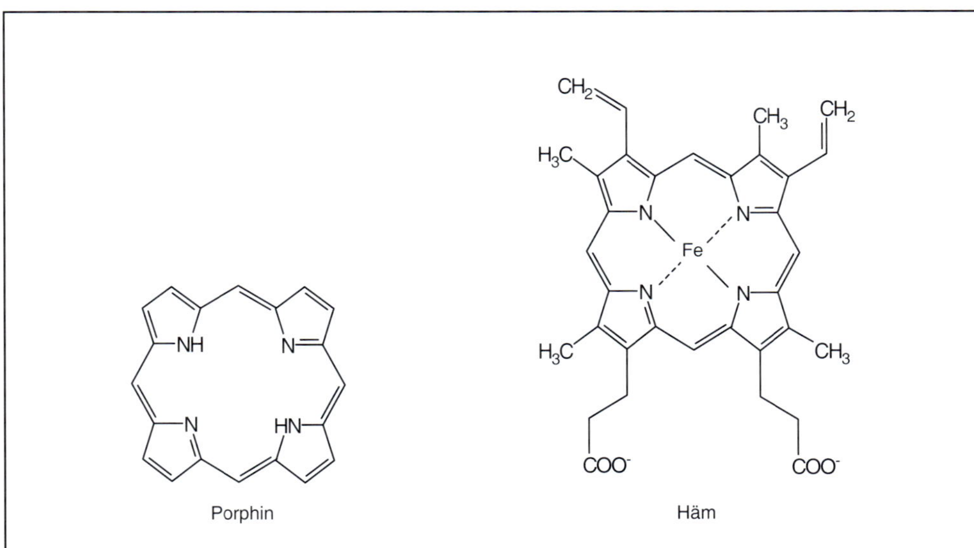

Abb. 2.19: Formeldarstellung des Häms. Unterscheide zwischen der reinen Ringstruktur, dem Porphin einerseits (links) und dem Protoporphyrin (hier speziell das Protoporphyrin IX) andererseits, das durch Anhängen der verschiedenen Seitenketten (z. B. $-CH_2-CH_2-COOH$) aus dem Porphinring hervorgeht. Häm ist somit ein Protoporphyrinring mit zentral gebundenem Eisenion.

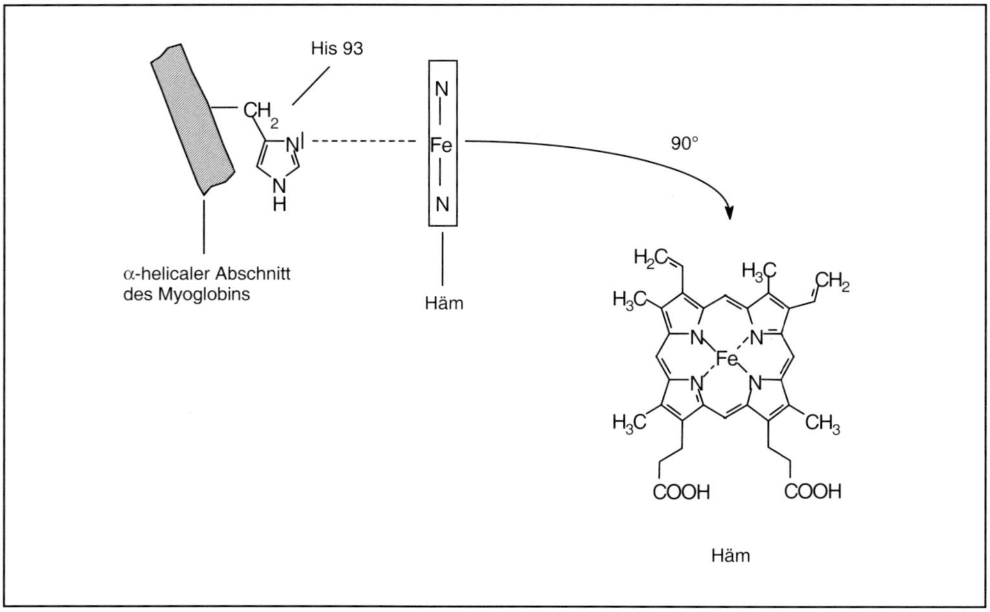

Abb. 2.20: Räumliche Beziehung zwischen Histidin 93 des Myoglobins und dem Protoporphyrin.

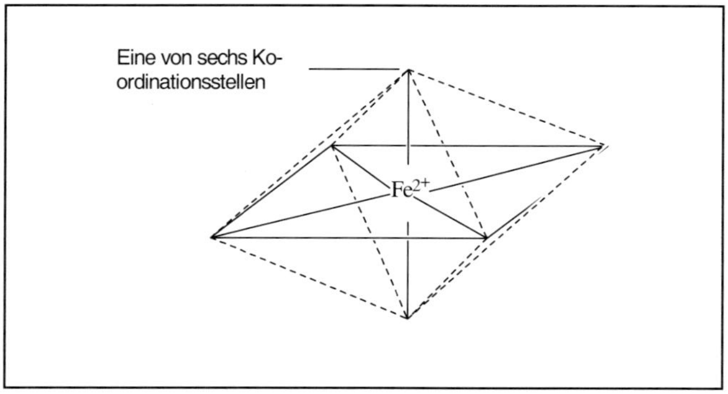

Abb. 2.21: Die räumliche Lage der Bindungspartner (Liganden) zum zentralen Eisenion

Ein Histidinrest aus einem der helicalen Abschnitte des Myoglobins, das Histidin 93, stellt den Kontakt der „Hämscheibe" zum Globinmolekül her, wobei die Bindungsachse dieser Verknüpfung etwa vertikal zur Ebene des Protoporphyrinringes steht. Häm und Histidin 93 sind nichtkovalent verbunden. Ihre Bindung ist die fünfte von sechs möglichen, die das zentrale Eisenion mit seinen Bindungspartnern eingehen kann. Diese „Partner" liegen räumlich betrachtet in den Ecken eines gedachten **Oktaeders** (okto gr. acht), man sagt, sie belegen dort die Koordinationsstellen des Zentralatoms.

Nachdem durch vier Ringstickstoffatome und einen Histidinrest fünf Koordinationsstellen des Hämeisens besetzt sind, stellt sich die Frage, für wen die sechste „Oktaederecke" freigeblieben ist. Sie ist der Ort, an dem ein Sauerstoffmolekül O_2 reversibel gebunden werden kann. Erweitern wir Abb. 2.20 um diesen sechsten Bindungspartner und berücksichtigen, daß der Sauerstoff ebenfalls über einen Histidinrest an einen α-helicalen Abschnitt des Globins gebunden ist, so ergibt sich Abb. 2.22.

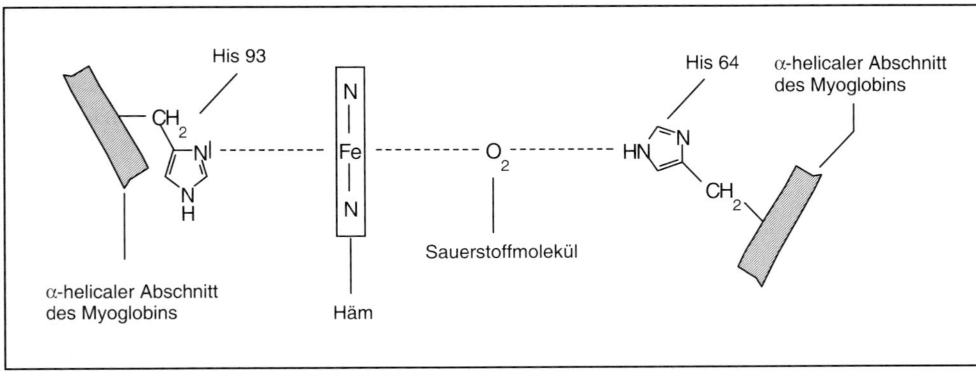

Abb. 2.22: Die Bindung des Sauerstoffmoleküls im Myoglobin (nach MATHEWS und VAN HOLDE).

Der Sauerstoff wird förmlich zwischen Häm und Histidin 64 „in die Zange genommen", wobei seine Anordnung im Myoglobin an ein Sandwich erinnert. Die Bindung des Sauerstoffs ist reversibel, so daß bei Bedarf die Koordinationsstelle wieder freigegeben wird und dann erneut von einem weiteren O_2-Molekül in Anspruch genommen werden kann.

Gasmoleküle mit ähnlicher Ausdehnung wie das Sauerstoffteilchen können an seine Stelle treten und eine feste Bindung mit dem Eisenion eingehen. Hier ist besonders an das Kohlenmonoxidmolekül CO zu denken, welches mit einer etwa um den Faktor 300 höheren Affinität (affinitas lat. Verwandschaft) gebunden wird und den Sauerstoff von der sechsten Koordinationsstelle verdrängt. Erst hohe Sauerstoffkonzentrationen, etwa durch reine Sauerstoffbeatmung bei der Therapie einer CO-Vergiftung, lassen das O_2-Molekül wieder an die Stelle des Kohlenmonoxids treten. Die Bindung des Kohlenmonoxids durch die Hämgruppe betrifft Myo- und Hämoglobin gleichermaßen, wobei aber das CO durch das physiologisch vorgeschaltete und empfindlichere Hämoglobin „abgefangen" und Myoglobin daher kaum mit dem Gift beladen wird. Bei einer **Kohlenmonoxidvergiftung**, beispielsweise durch Autoabgase oder Hochofengas, kommt es zu einer Unterversorgung mit Sauerstoff, die sich in Bewußtseinsverlust, flacher Atmung, rosafarbener Haut, Acidose und Kreislaufzusammenbruch äußert. Erfolgt keine Therapie durch Zufuhr CO-freier Luft oder Sauerstoffbeatmung, so tritt infolge Atem- und Kreislaufstillstand nach kurzer Zeit der Tod ein.

Normalerweise würde ein Sauerstoffmolekül, das in eine so große Annäherung zum Fe^{2+}-Ion gerät, dieses zum Fe^{3+}-Ion oxidieren. Isoliertes Häm ohne Globin wird erwartungsgemäß in wäßriger Lösung oxidiert. In dieser Situation fehlt jedoch die Umgebung der wasserabweisenden Aminosäuren, in die das Häm im Myo- und Hämoglobin eingebettet ist. Sie schützt das Eisen beider Proteine vor Oxidation, so daß die Bildung von Methämoglobin bzw. Metmyoglobin unterbleibt. **Methämoglobin** bzw. **-myoglobin** heißen Hämo- und Myoglobin mit einem Hämeisen, das zum Fe^{3+}-Ion oxidiert ist. Weder Methämoglobin noch Metmyoglobin sind in der Lage, Sauerstoff zu binden, und sind demzufolge physiologisch wertlos.

Ist Myoglobin ein Monomer (mono gr. eins und meros gr. Teil), so ist **Hämoglobin** (haima gr. Blut) ein Musterbeispiel für ein Protein mit Quartärstruktur. Vier Aminosäureketten, die in ihrer Tertiärstruktur derjenigen des Myoglobins stark ähneln, treten zu einem Tetramer (tetra gr. vier und meros gr. Teil) mit einer relativen Molekülmasse von 64.500 zusammen. Jede Kette besitzt wie beim Myoglobin eine Hämgruppe, so daß Hämoglobin über vier an Protoporphyrin gebundene Fe^{2+}-Ionen verfügt und somit auch vier Sauerstoffmoleküle zu binden vermag. Je zwei Aminosäureketten des Hämoglobinmoleküls sind identisch, wobei die beiden α-Ketten 141 Aminosäuren umfassen, während die beiden β-Ketten 146 Aminosäuren beinhalten. Wie im Myoglobin wechseln α-helicale Abschnitte mit Bereichen ab, die als Umkehrschleifen ohne strukturelle Regelmäßigkeit die α-Helices der jeweiligen Kette miteinander verbinden. Analog den Verhältnissen im Myoglobinmolekül sind die Hämgruppen nichtkovalent über das α-Histidin 87 bzw. β-Histidin 92 an die Aminosäureketten gebunden. Die Zusammensetzung des Hämoglobins aus seinen Untereinheiten, wie die vier unterscheidbaren Ketten auch genannt werden, ist also $\alpha_2\beta_2$. Zur Abgrenzung gegenüber anderen, insbesondere auch krankhaften Formen des Hämoglobins, wird dieses häufigste Hämoglobin des Erwachsenen als **HbA$_1$** (von **a**dult engl. Erwachsener) bezeichnet. Auffällig ist nicht nur ihre schon angedeutete strukturelle Ähnlichkeit zum Myoglobin, auch untereinander unterscheiden sich α- und β-Untereinheit in ihrer Tertiärstruktur nur unwesentlich. Das nur in geringen Mengen vorkommende **HbA$_2$** besitzt die Zusammensetzung $\alpha_2\delta_2$. Auf das fötale Hämoglobin HbF kommen wir im nächsten Kapitel zu sprechen. Ein Überblick hinsichtlich der physiologischen Hämoglobinvarianten des Erwachsenen soll die anschließende Tabelle bereits an dieser Stelle geben:

Tabelle 2.8: Physiologische Hämoglobinvarianten beim Erwachsenen.

Hämoglobin	Quartärstruktur	Anteil am Gesamthämoglobin des Erwachsenen in %	Bemerkungen
HbA_1	$\alpha_2\beta_2$	98	
HbA_2	$\alpha_2\delta_2$	1 - 1,5	
HbF	$\alpha_2\gamma_2$	0,5	80 % Anteil beim Fötus

Im Hämoglobin besitzen die jeweils identischen Ketten kaum Berührungspunkte, während die ungleichen Paare in enger Nachbarschaft zueinander liegen und über verschiedene Aminosäureseitenketten Kontakt haben. Dies wird durch die Tatsache untermauert, daß Hämoglobin in einer Harnstofflösung zu αβ-Dimeren zerfällt. Hämoglobin ist kein Serumprotein, es befindet sich fast ausschließlich in den Erythrocyten und gelangt nur in das Serum, wenn alternde Erythrocyten den roten Blutfarbstoff aufgrund von Zellmembrandefekten verlieren. Extrazelluläres Hämoglobin wird nicht frei, sondern an **Haptoglobin** gebunden im Kreislauf transportiert.

2.9.4 Sauerstoffbindungsverhalten von Hämo- und Myoglobin

Rufen wir uns zu Beginn des nun folgenden Abschnitts noch einmal den wichtigsten strukturellen Unterschied dieser beiden Moleküle ins Gedächtnis zurück. Myoglobin besitzt mit einer Proteinkette und einer Hämgruppe zugleich nur eine Bindungsstelle für Sauerstoff. Das wesentlich komplexer gebaute Hämoglobin hingegen verfügt pro Molekül mit vier Proteinketten und Hämgruppen auch über vier Bindungsstellen. In diesem Kapitel wollen wir uns mit dem Sauerstoffbindungsverhalten beider Moleküle beschäftigen.

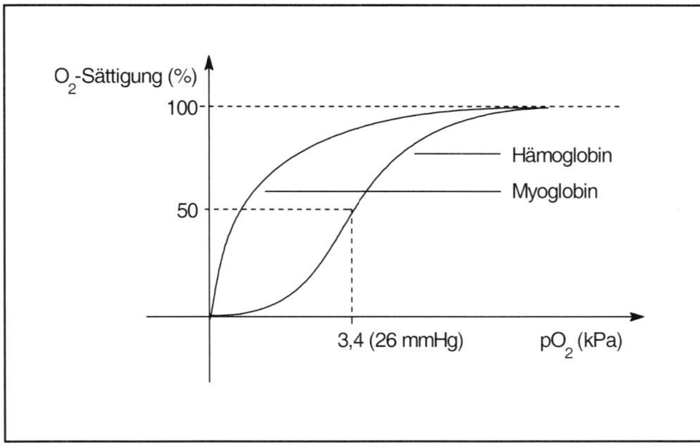

Abb. 2.23: Die Sauerstoffbindungskurven von Myo- und Hämoglobin. Die Halbsättigung des Hämoglobins ist bei 3,4 kPa erreicht.

Da die Aufnahme von Sauerstoff, wie schon besprochen, **nicht** mit einer Oxidation des Fe^{2+}-Zentralatoms der Hämgruppe einhergeht, spricht man bei der „Beladung" des Hämoglobins von einer **Oxygenierung**. Durch die Beladung mit O_2 geht dabei Desoxyhämoglobin in Oxyhämoglobin über. Den Anteil des oxygenierten Hämoglobins am Gesamthämoglobin bezeichnet man als **Sauerstoffsättigung**. Ihr Wert liegt zwischen Null (kein Sauerstoff gebunden) und eins (das gesamte Hämoglobin ist mit O_2 vollständig beladen) bzw. zwischen 0 und 100%. Wie man leicht einsieht, hängt der Oxygenierungsgrad vom Sauerstoffangebot ab. Ein Mehr an Sauerstoff muß auch zu einer verstärkten Aufnahme von O_2 durch Myo- oder Hämoglobin führen. Stellt man die O_2-Sättigung in Abhängigkeit vom O_2-Partialdruck pO_2 graphisch dar, erhält man die **O_2-Bindungskurve**. Wie sehen diese nun für Hämo- und Myoglobin aus? Abb. 2.23 zeigt beide Kurven.

Für **Myoglobin** findet man einen **hyperbolen Verlauf**, d. h., die Bindungskurve genügt mathematisch einer Hyperbelfunktion. Die Aufnahme von O_2 ist nur in geringem Maße vom Sauerstoffangebot abhängig. Schon bei relativ geringen Partialdrücken ist das Molekül voll abgesättigt. Ganz anders hingegen reagiert **Hämoglobin**. Die Bindungskurve besitzt eine S-förmige Gestalt, die man nach dem griechischen Buchstaben Sigma **sigmoid** nennt. Bei einem O_2-Partialdruck von 3,47 kPa (26 mm Hg), dem sogenannten **Halbsättigungsdruck**, findet man eine halbmaximale Sättigung des Hämoglobins mit Sauerstoff vor, also unter Druckverhältnissen, bei denen das Myoglobin schon fast vollständig abgesättigt ist. Die Ursache dieser verschiedenen Kurvenverläufe von Myo- und Hämoglobin ist in strukturellen Unterschieden begründet. Verfügt das Myoglobin ausschließlich über eine Sauerstoffbindungstelle mit fester Affinität zum O_2, so scheint diese für die vier Untereinheiten des Hämoglobins jeweils variabel zu sein. Offensichtlich bringt sich das Hämoglobin nach Bindung des ersten Sauerstoffmoleküls „in Form" und vermag die folgenden fester an sich zu binden. So läßt sich der sigmoide Verlauf der O_2-Bindungskurve, deren Steigung zunächst gering ist und erst bei höheren Sauerstoffpartialdrücken steiler wird, erklären. Man spricht in diesem Zusammenhang auch von einem **kooperativen Bindungsverhalten** der Untereinheiten des Hämoglobins. Es wurde jedoch schon darauf hingewiesen, daß HbA_1 aus je zwei α- und β-Globinketten mit fast identischer Tertiärstruktur aufgebaut ist. Wie können die verschiedenen Untereinheiten bei derart hochgradiger Ähnlichkeit über differierende O_2-Affinitäten verfügen?

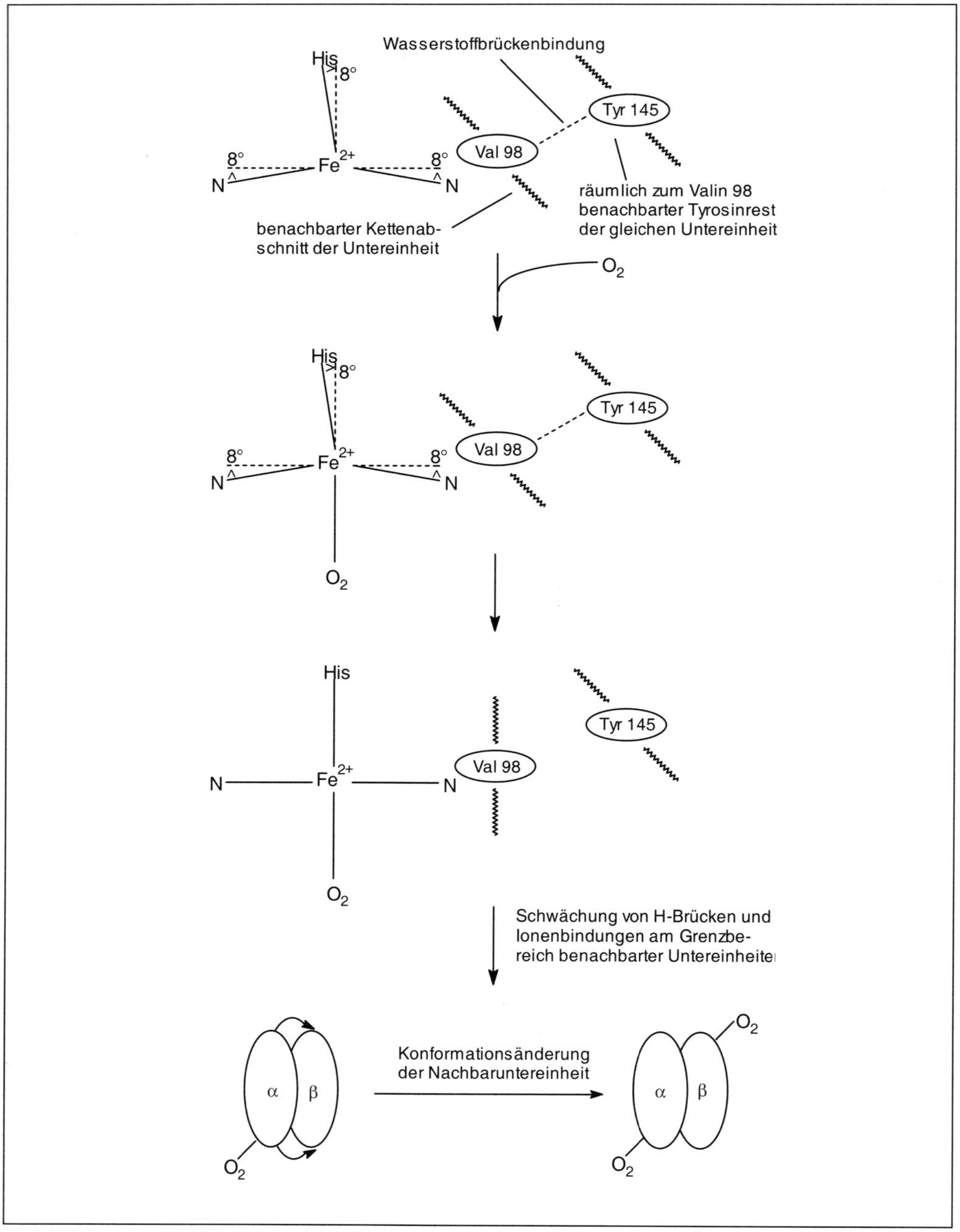

Abb. 2.24: Molekulare Veränderungen am Hämeisen und seinen benachbarten, interagierenden Aminosäuren. Letztlich kommt es durch die in der Abbildung beschriebenen Schritte zur Konformationsänderung des Hämoglobins.

Nimmt eine Untereinheit ein O_2-Molekül auf, führt dies zu einer geringfügigen Änderung ihrer Tertiär- und nachfolgender Umordnung der Quartärstruktur. Solche Strukturverschiebungen nennen wir **Konformationsänderung** eines Proteins, wobei aber auch andere Stoffklassen, z. B. die Nukleinsäuren, Konformationsänderungen erfahren können. Wie kann man sich jedoch diesen Vorgang beim Hämoglobin vorstellen?

Die Bindung des Sauerstoffs am Fe^{2+} verursacht eine „Durchbiegung" der „Hämscheibe", wobei sich die Bindung zwischen Histidin (Koordinationsstelle 5) und zentralem Fe^{2+} um 8° neigt. Diese Neigung bleibt nicht ohne Konsequenzen, denn sie verursacht die Verdrängung bestimmter Aminosäuren in räumlich angrenzende Kettenabschnitte der gleichen Untereinheit. Diese „Deformation" wiederum wird nun an die Nachbaruntereinheit gleichsam „weitergereicht", indem die bereits erwähnten schwachen Wechselwirkungen (Wasserstoffbrücken- und Ionenbindungen) zwischen den benachbarten Hämoglobinuntereinheiten ($\alpha_1\beta_2$ und $\alpha_2\beta_1$) aufgebrochen und neu formiert werden. Infolgedessen muß auch die angrenzende Untereinheit einen Strukturwandel durchlaufen, der nachhaltige Auswirkungen auf ihr Sauerstoffbindungsvermögen hat: Das Gas wird besser gebunden, die Oxygenierung wird gefördert. Die Bindung des ersten Sauerstoffatoms an eine Untereinheit erhöht also die Affinität der zweiten für O_2, die Bindung des zweiten Sauerstoffatoms die der dritten usw. Abb. 2.24 macht diesen Sachverhalt auf schematische Weise anschaulich.

Da die Anlagerung des ersten Sauerstoffs an einem **anderen** Ort erfolgt als die der nachfolgenden O_2-Moleküle, verwendet man für eine Konformationsänderung unter diesen Bedingungen den Begriff **Allosterie** (allos gr. anderer und steros gr. Raum). Ähnliche Effekte findet man auch bei einer Vielzahl anderer Proteinmoleküle, insbesondere bei den Enzymen. Bei allen erfolgt die Bindung eines regulatorisch wirksamen Moleküls an einem Ort, der sich in räumlicher Distanz zu demjenigen Bereich des Proteins befindet, der eine Strukturänderung erfährt. Wir werden dem Begriff der Allosterie im Abschnitt 4.9.2 erneut begegnen und ihn dort in Zusammenhang mit der Enzymregulation beleuchten. Tabellarisch sollen an dieser Stelle noch einmal drei wichtige Begriffe der Proteinchemie rekapituliert werden:

Tabelle 2.9: Definition wichtiger Begriffe in der Proteinchemie.

	Konformationsänderung	**Kooperativität**	**Allosterie**
Definition	Die durch einen äußeren Einfluß verursachte Änderung der Raumstruktur eines Proteins.	Die Substratanlagerung an eine Proteinbindungsstelle wirkt sich entweder fördernd oder hemmend auf die Bindungseigenschaften weiterer Bindungsstellen im Protein aus. Entsprechend spricht man von positiver und negativer Kooperativität.	Ein vom Protein gebundenes Molekül oder Ion (Effektor) beeinflußt dessen Bindungsverhalten gegenüber einer weiteren Substanz, die jedoch an anderer Stelle vom Protein gebunden wird. Effektor und Substanz können gleicher oder unterschiedlicher Natur sein.
Beispiel	Hämoglobin, viele Enzyme.	Proteine mit Quartärstruktur wie das Hämoglobin oder viele Enzyme.	Hämoglobin.

Wie soll man sich nun den dynamischen Übergangsprozeß von der Desoxy- zur Oxyform des Hämoglobins vorstellen? Dazu wurden zwei Modelle entwickelt: Einerseits das des **sequentiellen Übergangs** von KOSHLAND, NEMETHY und FILMER, andererseits der

Vorschlag von MONOD[2], WYMAN und CHANGEUX, der einen **konzertierten Wechsel der Untereinheiten** von einem zum anderen Zustand annimmt. Beide Modelle unterscheiden zwischen einem schwach- und einem stark bindenden Zustand, in dem sich die Hämoglobinuntereinheiten jeweils befinden können.

Beim KOSHLAND-Modell liegen zunächst alle Hämoglobinmoleküle ohne gebundenen Sauerstoff vor. Fast alle Untereinheiten befinden sich im schwach bindenden Zustand. Bei Anwesenheit von O_2 binden zunächst die wenigen Untereinheiten im stark bindenden Zustand das Gas. Ihre O_2-Bindung induziert (inducere lat. hineinführen) aber gleichzeitig einen Wechsel der Bindungsaffinität der jeweils benachbarten Untereinheit. Zeigte diese bisher ein geringes Bestreben, Sauerstoff zu binden, so hat sich das nun durch den „Anstoß" der oxygenierten Nachbaruntereinheit geändert. Jetzt bindet auch die induzierte Untereinheit Sauerstoff und verursacht ihrerseits bei einer der verbleibenden niederaffinen Einheiten einen Wechsel zur stark bindenden Form. Auf diese Weise induzieren wenige oxygenierte Hämoglobinuntereinheiten nach und nach, also **sequentiell**, eine Affinitätsänderung aller desoxygenierten α- und β-Ketten, bis alle Hämoglobinmoleküle mit Sauerstoff gesättigt sind.

Im Falle des Modells von MONOD, WYMAN und CHANGEUX postuliert man zwei verschiedene Konformationen für jede Globinkette. Eine davon, die **T-Form** (T von tense engl. gespannt) zeigt eine niedrige Affinität zu Sauerstoff. Die zweite Variante, die **R-Form** (R von relaxed engl. entspannt), besitzt großes Bestreben, das gasförmige Substrat anzulagern. Anfänglich ist kein Sauerstoff **gebunden**, fast alle Hämoglobinmoleküle liegen in der T-Form vor. Im Unterschied zum KOSHLAND-Modell existieren **alle** Ketten **eines** Hämoglobinmoleküls entweder **nur** im T- oder R-Zustand! Es wird ein Gleichgewicht zwischen beiden Zuständen angenommen, das bei Sauerstoffabwesenheit eindeutig auf der Seite der T-Form liegt. Jedoch wird dieses Gleichgewicht mit zunehmender Anzahl oxygenierter R-Hämoglobine zu Gunsten desoxygenierter R-Formen verschoben. Folglich müssen immer mehr niederaffine T-Hämoglobine „in einem Rutsch", also jeweils alle vier Ketten **konzertiert**, in den R-Status wechseln. Damit steigt aber die Wahrscheinlichkeit weiterer Sauerstoffbindungen, da die nun gewachsene Zahl desoxygenierter R-Hämoglobine vergleichsweise eher Sauerstoff an sich bindet als T-Moleküle (die durchaus ebenfalls O_2 binden, jedoch wesentlich seltener!). So nähert sich das System immer mehr der Sauerstoffsättigung, in der praktisch alle Hämoglobinteilchen im oxygenierten R-Zustand existieren:

[2]**MONOD, JACQUES**: * 1910 Paris, † 1976 Cannes. Entwickelte zusammen mit JACOB ein Konzept zur Regulation der Genaktivität bei Bakterien sowie das oben angesprochene Modell für die allosterische Regulation von Enzymen. 1965 erhielt er den Nobelpreis für Medizin. Lesenswert ist sein Buch „Zufall und Notwendigkeit" (dtv).

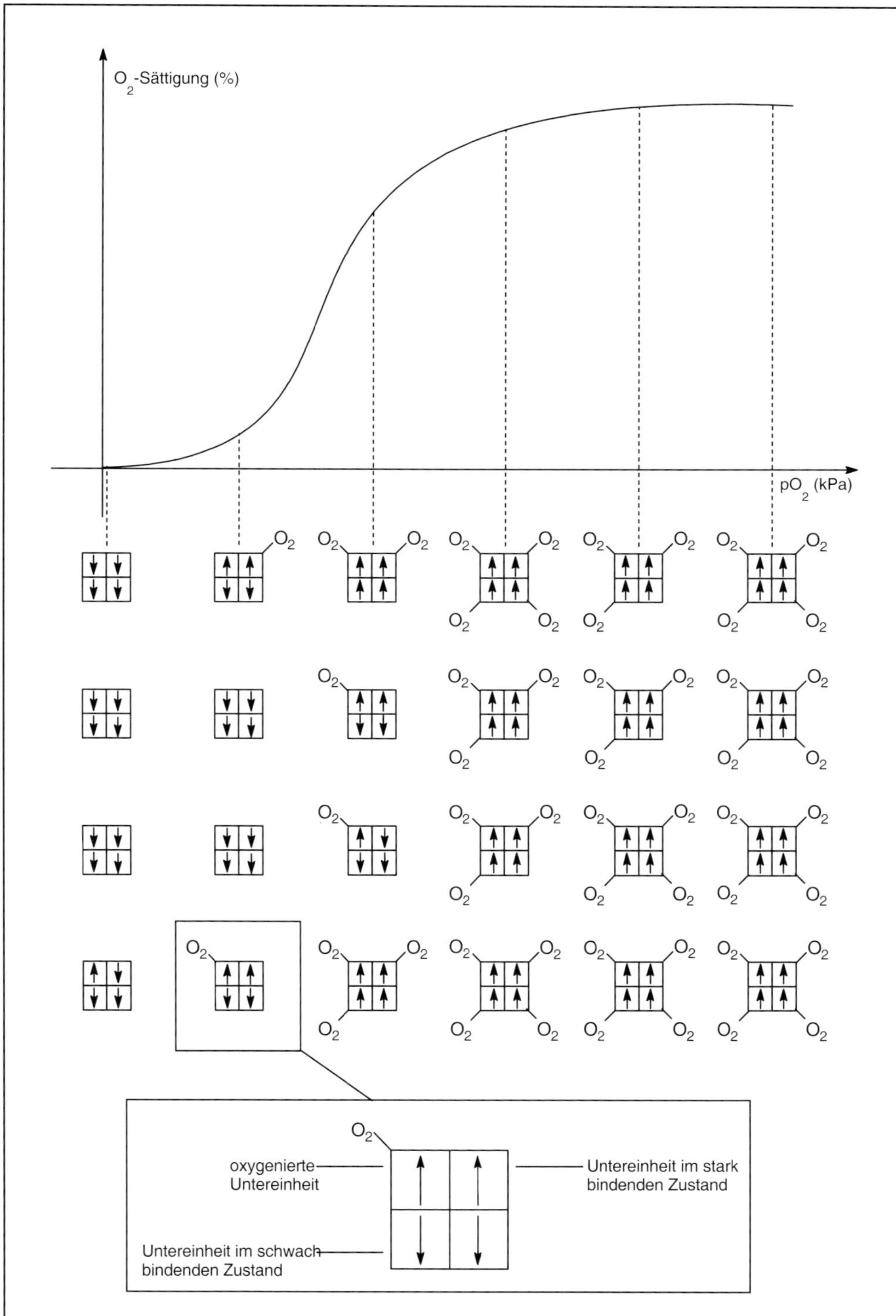

Abb. 2.25: Graphische Darstellung des Sequenzmodells nach KOSHLAND.

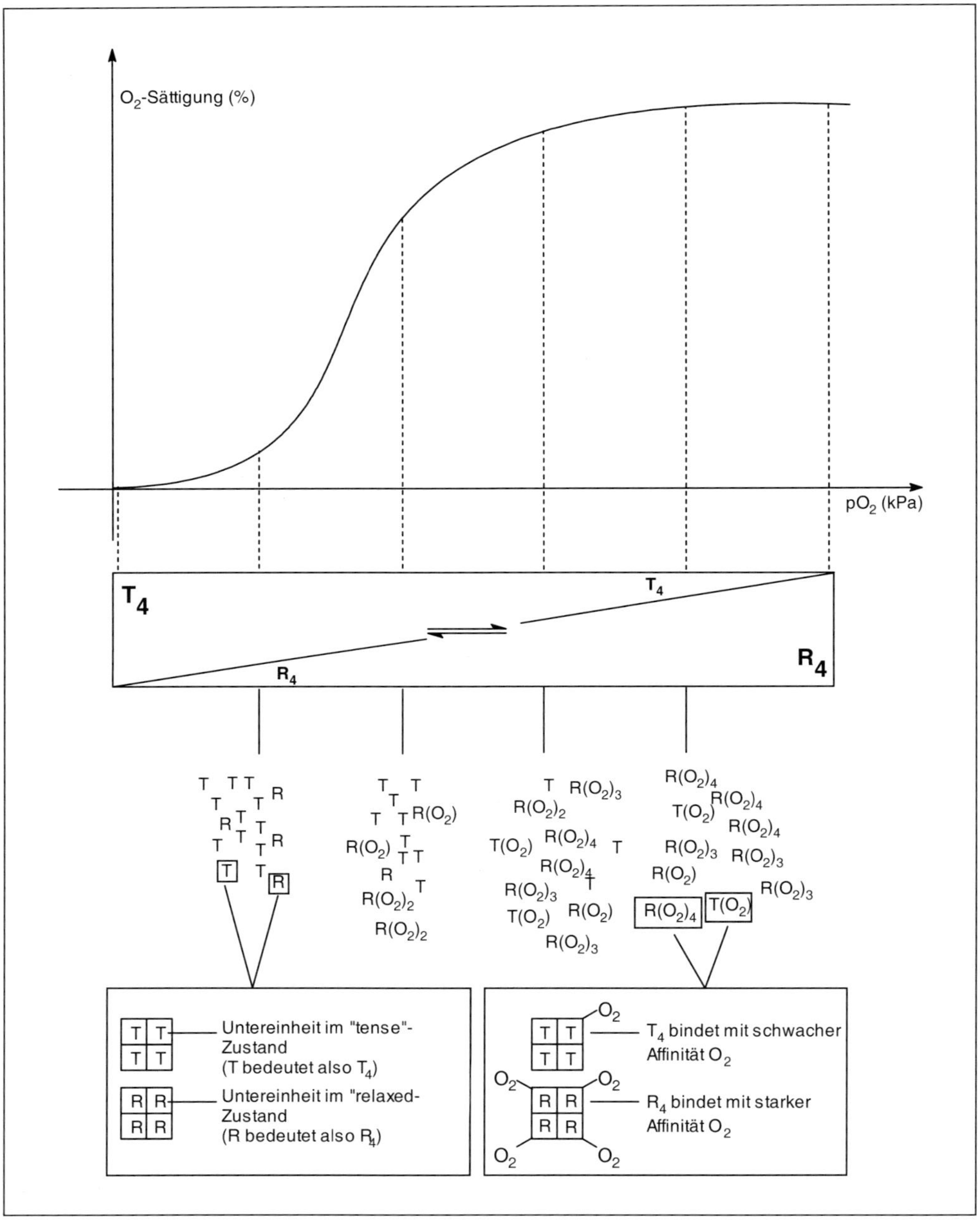

Abb. 2.26: Der allosterische Übergang zwischen T- und R-Form nach dem MONOD-Modell. Man beachte, daß im Gegensatz zum zuvor besprochenen Alternativmodell nach KOSHLAND immer alle Untereinheiten des Hämoglobins gleichzeitig (konzertiert) als T- oder R-Form vorliegen.

Bevor wir uns nun dem Hämoglobin allein zuwenden, soll die vergleichende Betrachtung von Myo- und Hämoglobin durch eine übersichtliche Tabelle abgeschlossen werden.

Tabelle 2.10: Gegenüberstellung von Eigenschaften des Myoglobin und Hämoglobin A_1.

	Myoglobin	**Hämoglobin A_1**
Vorkommen	Muskelgewebe	Erythrocyt
Aufbau	Monomer mit einem Häm	Tetramer mit vier Hämgruppen
Kettenstruktur	1 Kette mit 153 Aminosäuren	2 α-Ketten mit je 141 Aminosäuren 2 β-Ketten mit je 146 Aminosäuren
Sekundärstruktur	8 α-Helices, sonst Umkehrschleifen	8 α-Helices, sonst Umkehrschleifen
O_2-Bindungskurve	hyperbolisch	sigmoid
Allosterie	nein	ja
Kooperativität	nein	ja

2.9.5 Hämoglobinallosterie und Einfluß äußerer Faktoren

Der genaue Verlauf der O_2-Bindungskurven hängt von einer Reihe sogenannter **Effektoren** ab. So führen eine Zunahme der **H^+-Ionenkonzentration** (Azidose), des **pCO_2** sowie des im Rahmen der Glykolyse im Erythrozten anfallenden **2,3-Bisphosphoglycerats** zur Abnahme der Sauerstoffaffinität im Hämoglobin: Die Bindungskurve wird nach rechts verschoben. Umgekehrt ziehen Alkalose und Abnahme des pCO_2 eine erhöhte Sauerstoffbindung nach sich, und die Bindungskurve erscheint nach links verschoben:

$$Hb[O_2]_4 + n\ H^+ \rightleftharpoons HbH_n^+ + 4\ O_2 \quad (2.11)$$

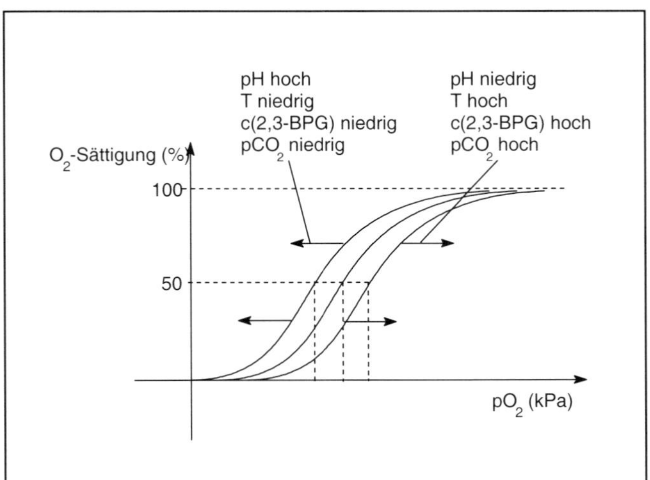

Abb. 2.27: Einfluß verschiedener Effektoren auf die Sauerstoffbindungskurve des Hämoglobins. Dabei kommt es zu einer Links- oder Rechtsverschiebung der normalen Sauerstoffbindungskurve in der Mitte. T steht für Temperatur, 2,3-BPG für 2,3-Bisphosphoglycerat.

Im Falle eines niedrigen pH-Wertes erfolgt die Stabilisierung des desoxygenierten Hämoglobins durch die zusätzlich Ausbildung weiterer Ionenbindungen zwischen geladenen Aminosäureresten in der **β-Kette** des Hämoglobins. Protonen begünstigen also die Sauerstoffabgabe des HbO_2, indem sie das Gleichgewicht durch Stabilisierung des Desoxyhämoglobins nach rechts verschieben. Der Einfluß des pH-Wertes auf das Sauerstoffbindungsverhalten des Hämoglobins heißt **BOHR-Effekt**.

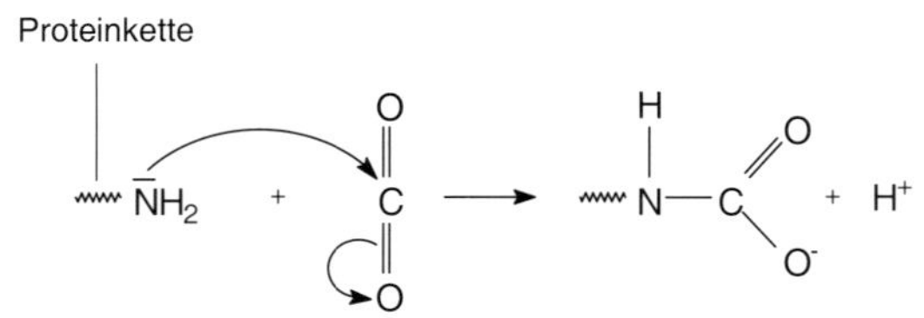

Abb. 2.28: Die Ausbildung der Carbaminobindung zwischen Kohlendioxid und Hämoglobin.

Wie wir wissen, ist **Histidin** mit seinem Seitenketten-pK_S von 6,0 die einzige Aminosäure, die im physiologischen pH-Wert-Bereich Pufferfunktionen übernehmen kann. Die **Histidinreste 146** im **C-terminalen** Bereich der beiden β-Ketten werden daher bei einem Absinken des pH-Wertes in der Körperperipherie (z. B. Muskel) protoniert. Die nunmehr positiv geladenen Histidinreste können eine Ionenbindung zur -COO^--Gruppe des Asparaginsäurerest 94 der gleichen Kette (also β) ausbilden. Diese zusätzlichen Ionenbrücken stabilisieren das Desoxyhämoglobin, so daß in der Körperperipherie mit relativ niedrigem Blut-pH-Wert die Abgabe des gebundenen Sauerstoffs favorisiert wird. Neben dem angesprochenen Histidinrest 146 beteiligen sich auch noch andere Aminosäurereste durch Protonenbindung am BOHR-Effekt, wobei das zugrundeliegende Prinzip das gleiche ist.

Der Effektor CO_2 bildet mit den terminalen Aminogruppen der Hämoglobinketten eine sogenannte **Carbaminobindung** (Abb. 2.28). Diese Reaktion zieht zwei Effekte auf das Hämoglobin nach sich. Zunächst entstehen Protonen, die über den BOHR-Effekt die Abgabe des Sauerstoffs in der Körperperipherie, in der ja das Kohlendioxid hauptsächlich aus dem Stoffwechsel anfällt, begünstigen. Darüber hinaus besitzt die entstandene Carbaminoverbindung eine **negative** Ladung, die nunmehr neue Ionenbindungen innerhalb des Hämoglobinmoleküls ausbilden kann. Dies stabilisiert analog dem BOHR-Effekt die desoxygenierte Form des Hämoglobins. Die Affinität des Hämoglobins zum Sauerstoff ist in den Kapillaren der Sauerstoff verbrauchenden Organe infolge der Carbaminoverbindungen erniedrigt.

Das negativ geladene **2,3-Bisphosphoglycerat** vermag sich durch Ausbildung von Ionenbindungen mit acht positiv geladenen Aminosäuren der beiden β-Ketten (jeweils zwei Histidinreste und **zwei** Lysinreste in jeder β-Kette), die im zentralen Bereich des Hämoglobins eine „Tasche auskleiden", in eben diese Tasche einzufügen. Dabei kommt es zu Wechselwirkungen des 2,3-Bisphosphoglycerats mit allen vier Untereinheiten des Hämoglobins (Konformationsänderung). Ähnlich wie im Falle des CO_2 wird somit die Aufnahme von O_2 erschwert. Die Formel von 2,3-Bisphosphoglycerat zeigt Abb. 2.29, die verschiedenen Effektoren Tabelle 2.11:

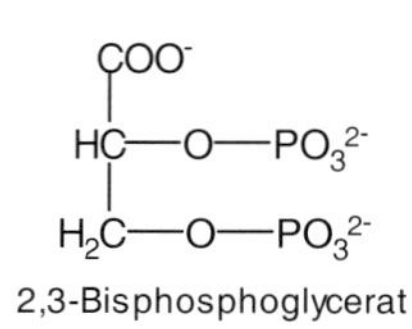

Abb. 2.29: Formeldarstellung des 2,3-Bisphosphoglycerats. Dieser Effektor verursacht eine Rechtsverschiebung der Hämoglobin-Sauerstoffbindungskurve.

Tabelle 2.11: Der Einfluß verschiedener Effektoren auf das Sauerstoffbindungsverhalten des Hämoglobins A.

Sauerstoffbindungskurve des HbA	
Linksverschiebung	**Rechtsverschiebung**
pH hoch	pH niedrig
$p(CO_2)$ niedrig	$p(CO_2)$ hoch
c(2,3-Bisphosphoglycerat) niedrig	c(2,3-Bisphosphoglycerat) hoch
Temperatur niedrig	Temperatur hoch

Beim **fetalen Hämoglobin HbF** sind die für die Effektorbindung notwendigen, positiv geladenen Histidinreste der β-Ketten durch ungeladene Serinreste ersetzt. Man spricht daher auch nicht mehr von β-, sondern von γ-Ketten, so daß sich HbF durch eine **$\alpha_2\gamma_2$-Tetramerstruktur** auszeichnet. Infolge dieser Aminosäuresubstitution (Histidin durch Serin) ist HbF nicht in der Lage wi HbA_1 2,3-Bisphosphoglycerat zu binden. Es zeigt daher bei niedrigem pO_2 einen steileren O_2-Bindungskurvenverlauf und somit eine höhere Sauerstoffaffinität als das mütterliche HbA_1. Dieser Affinitätsunterschied zwischen HbA_1 und HbF garantiert den plazentaren Sauerstofftransfer vom mütterlichen in den fetalen Kreislauf. Der Fötus besorgt sich also auf Kosten der Mutter den benötigten Sauerstoff.

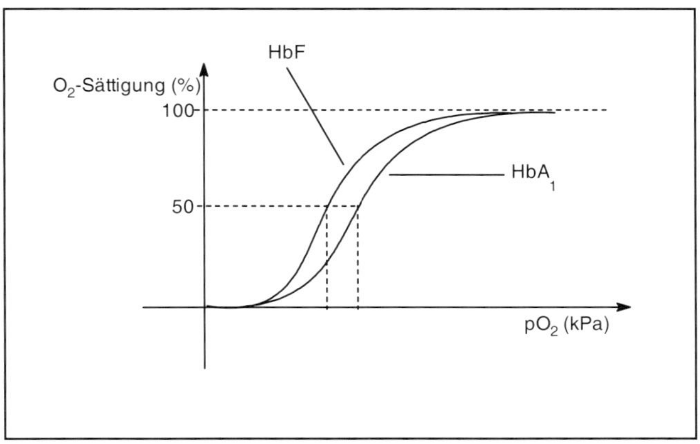

Abb. 2.30: Die Sauerstoffbindungskurve des HbF im Vergleich mit derjenigen des HbA_1.

Stoffwechselaktive Gewebe zeigen einen erhöhten Sauerstoffbedarf und produzieren zugleich vermehrt CO_2 und Säure. Insbesondere das Lactat verdient hier Erwähnung. Es fällt unter Sauerstoffmangel in arbeitenden Muskeln als Folge der anaeroben Glykolyse an. Somit liegt z. B. im Muskel ein hoher CO_2-Partialdruck und ein niedriger pH-Wert vor. Beide Effekte favorisieren eine vermehrte Abgabe von O_2 in diesem Gewebe, was sich leicht an der Bindungskurve in Abb. 2.27 verfolgen läßt. Zum BOHR-Effekt trägt zudem die Reaktion der **Carboanhydratase** bei. Sie beschleunigt die Gleichgewichtseinstellung zwischen CO_2 und Wasser einerseits sowie Hydrogencarbonationen und Protonen andererseits, wie uns Abb. 2.31 verdeutlicht.

So liegt das meiste in den Erythrocyten transportierte CO_2 als Hydrogencarbonat vor. Die Carboanhydratase selbst stellt einen der schnellsten Biokatalysatoren überhaupt dar. Sie vermag in einer Sekunde 600.000 CO_2-Moleküle umzusetzen. Nur so ist in den Kapillaren in relativ kurzer Zeit die Aufnahme und Umwandlung von Kohlendioxid zu gewährleisten. Das Gros des entstandenen Hydrogencarbonats jedoch verläßt den Erythrocyten nachfolgend im Austausch gegen Chloridionen (**Hamburger-Shift**). Die entstandenen Protonen tragen zur **Protonierung** des β-His 146 im Hämoglobin bei, was wiederum dessen Desoxygenierung begünstigt. In den Lungenkapillaren gelangt Hydrogencarbonat dagegen wieder im Austausch mit Chlorid in den Erythrocyten, wo es die Carboanhydratase in CO_2 und Wasser umsetzt:

$$HCO_3^- + H^+ \rightarrow CO_2 + H_2O \tag{2.12}$$

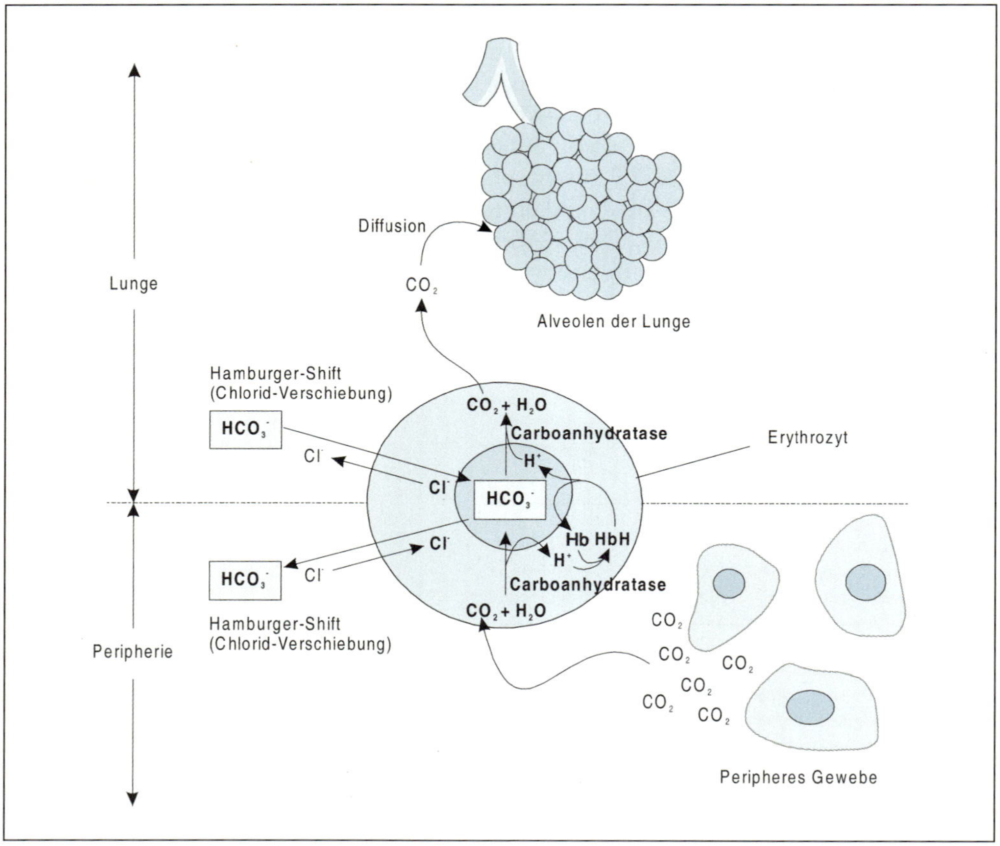

Abb. 2.31: Die Wirkungsweise der Carboanhydratase im Erythrocyten. Wichtig ist, daß Hämoglobin als Puffer für die entstehenden Protonen auftritt.

Die für diese Reaktion erforderlichen H^+-Teilchen stammen vom Hämoglobin, das bei der Oxygenierung in der Lunge in Umkehrung der Gleichung (2.12) Protonen freisetzt. Diese setzen nicht nur das **Hydrogencarbonat** in gasförmiges Kohlendioxid um, welches nachfolgend über die Alveolen abgeatmet wird, sondern reagieren auch mit der Carbaminobindung des Hämoglobins. Dabei entsteht ebenfalls CO_2 und die Aminogruppe der Hämoglobinkette wird wiederhergestellt. In der Körperperipherie unterstützt also der Übergang von Oxy- in Desoxyhämoglobin die Fixierung des gasförmigen Kohlendioxids als Hydrogencarbonat bzw. Carbaminoverbindung. In der Lunge bewirkt die Beladung des Hämoglobins mit

O_2 genau das Umgekehrte, nämlich die Freisetzung von Kohlendioxid aus der Carbaminoverbindung und Hydrogencarbonat. Diese Wechselwirkung heißt **HALDANE-Effekt**. Abb. 2.32 faßt die inversen Vorgänge in Lunge und den Zielorganen in der Peripherie zusammen.

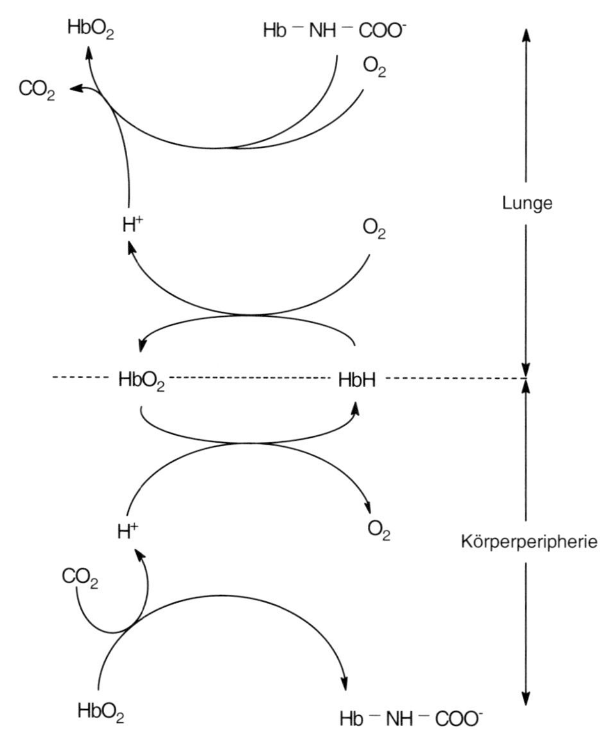

Abb. 2.32: Wechselwirkung von Kohlendioxid, Sauerstoff und Hämoglobin in Lunge (Oxygenierung) und Körperperipherie (Desoxygenierung).

2.10 Literatur

(1) Anfinsen, C. B.: Principles that govern the folding of protein chains. Science, 181, S. 223 – 230 (1973).

(2) Brandon, C., Tooze, J.: Introduction to protein structure. Garland Publishing Inc., New York (1991).

(3) Creighton, T.: Proteins: structure und molecular properties. Freeman, San Francisco (1993).

(4) Dickerson, R., Geis, I.: The structure and action of proteins. Benjamin Cummings, Menlo Park (1962).

(5) Koshland, D. L. et al.: Comparison of experimental binding data and theoretical models in proteins containing subunits. Biochemistry, Vol. 5, S. 365 –385 (1966).

(6) Monod, J., Wyman, J., Changeux, J.-P.: On the nature of allosteric transition: a plausible model. J. Mol. Biol., Vol. 12, S. 88 – 118 (1965).

3 Experimentelle Methoden

3.1 Trenn- und Reinigungsverfahren für Proteine und Nukleinsäuren

Bei der Vielzahl von Proteinen und Nukleinsäuren einer Zelle tritt für den experimentell tätigen Biochemiker sogleich ein Problem in den Vordergrund: Wie lassen sich die verschiedenen Komponenten trennen, reinigen und identifizieren? Ein scheinbar hoffnungsloses Unterfangen, hält man sich nur einmal die Vielzahl der Zellenzyme vor Augen (Enzyme sind Proteine oder in seltenen Fällen Nukleinsäuren, die Stoffwechselreaktionen beschleunigen).

Zunächst wird man sich zur Lösung dieses Problems überlegen müssen, welche Eigenschaften eines Proteins oder einer Nukleinsäure herangezogen werden können, um sie voneinander unterscheidbar zu machen. Dabei bieten sich für den Experimentator drei „Angriffsziele": **Elektrische Ladung**, **Molekülmasse** (Größe) und **Oberflächenstruktur** (Antigenität, siehe Kapitel: Immunologie - eine Einführung).

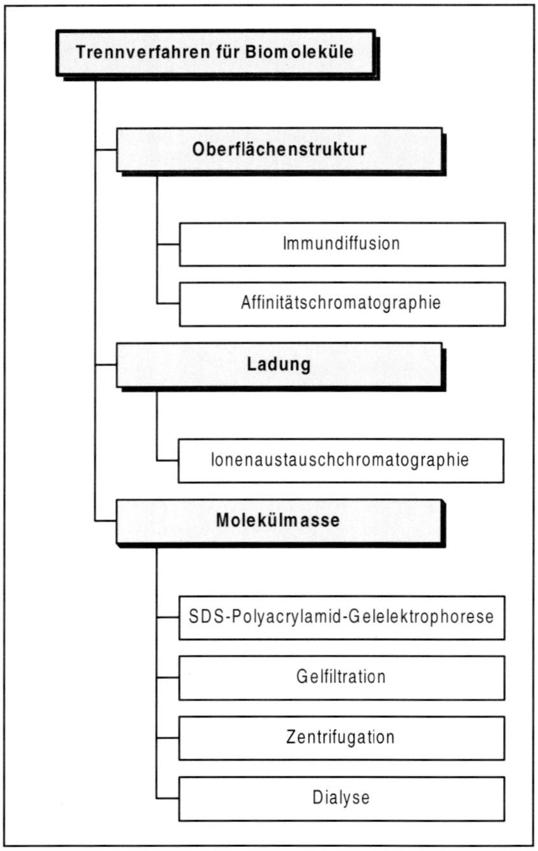

Abb. 3.1: Die drei Ansatzpunkte der Protein- und Nukleinsäureanalytik, Molekülmasse (Größe), elektrische Ladung und Oberflächenstruktur (Antigenität) eines Biomoleküls als mögliche Unterscheidungsmerkmale. Darunter sind einige prominente Beispiele für jede Methode aufgelistet, welche die jeweilige Eigenschaft des zu analysierenden Moleküls zur Trennung nutzen. Man beachte, daß die SDS-Polyacrylamid-Gelelektrophorese zwar ein auf elektrischen Feldkräften basierendes Verfahren ist, die Trennung der Moleküle im Gel aber nach der Molekülmasse (also Größe) erfolgt!

Naturgemäß wird am Anfang der Analyse eines Biomoleküls seine Abtrennung und Reinigung von anderen Stoffen stehen. Bei der Besprechung der verschiedenen Trenn- und Reinigungsverfahren wollen wir nach einer Einteilung vorgehen, die nicht systematisch, aber praktisch und übersichtlich für unsere Belange ist.

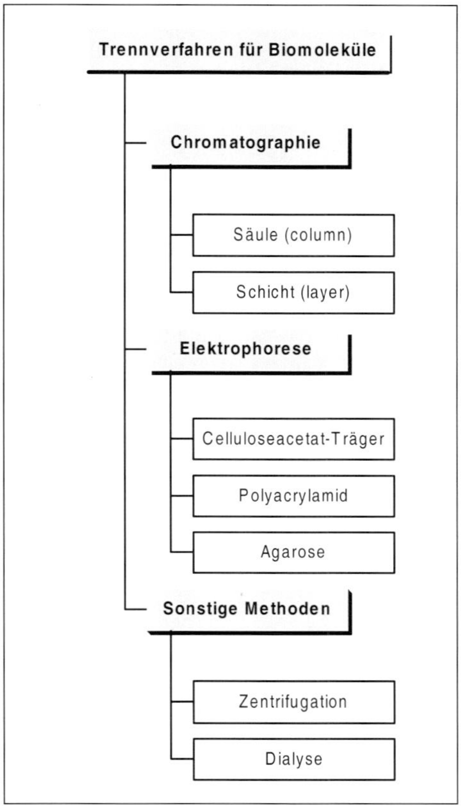

Abb. 3.2: Einteilung der Trennverfahren, wie sie den Betrachtungen in diesem Buch zugrunde liegen. Man beachte aber, daß bei jeder Methode nach Ladung, Masse und Oberflächenstruktur getrennt wird. Man denke nur an die Immunelektrophorese (Oberflächenstruktur bzw. Antigenität), die Ionenaustauschchromatographie (Ladung) oder die SDS-Polyacrylamid-Gelelektrophorese (Masse). Ein „elektrisches" Verfahren wie es die SDS-Polyacrylamid-Gelelektrophorese ist, trennt nach der Eigenschaft „Molekülmasse", nicht nach Ladung!

3.2 Elektrophoretische Trennmethoden

Grundprinzip aller elektrophoretischen (phorein gr. Tragen) Trennmethoden ist die Wanderung geladener Teilchen zu einer Elektrode umgekehrter Polarität. Daraus zu schließen, bei solchen Verfahren würden die zu trennenden Moleküle immer nach unterschiedlichen Ladungen separiert, ist wie bereits angedeutet falsch. Wir wollen daher an dieser Stelle die beiden grundlegenden Elektrophoresemethoden darstellen, die Polyacrylamid-Gelelektrophorese zur Trennung von Proteinen und die Agarose-Gelelektrophorese zur Analyse von DNA- oder RNA-Molekülen. Beiden Verfahren ist gemein, daß eine hochmolekulare Festsubstanz mit netzartigem Aufbau eine Matrix bildet, durch welche die Moleküle hindurch müssen, wenn sie erst einmal „vom Strom auf die Reise geschickt werden".

Bei der **Polyacrylamid-Gelelektrophorese** wird zur Herstellung des Gels zwischen Acrylamid und Bisacrylamid mittels eines Kettenstarts eine Polymerisationsreaktion eingeleitet. Als Starter gibt man Ammoniumperoxodisulfat (Abb. 3.3) hinzu, ein Salz, dessen Anion leicht in Radikale zerfällt. Radikale enthalten einzelne, ungepaarte Elektronen, die „dringend einen Partner suchen" und daher sehr reaktiv sind.

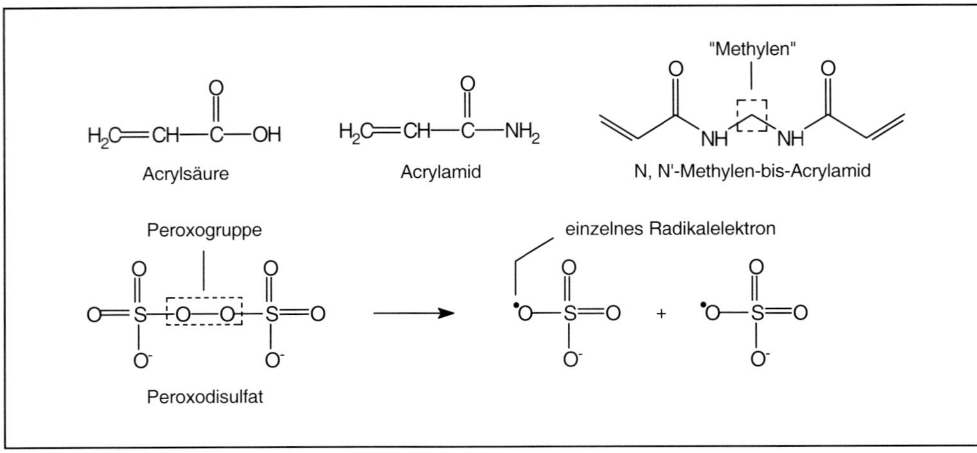

Abb. 3.3: Das Acrylamid und seine Muttersubstanz, die Acrylsäure. Acrylamid und Bisacrylamid bilden zusammen nach einer Kettenreaktion ein gelartiges Netzwerk. Diese Kettenreaktion wird durch Peroxodisulfationen gestartet, die in freie Radikale zerfallen.

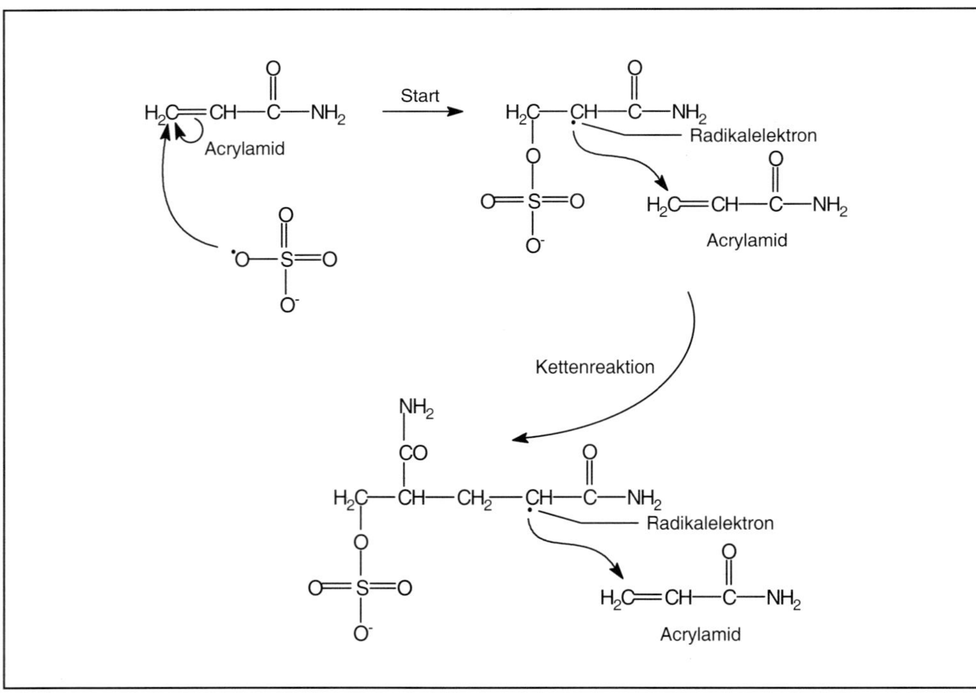

Abb. 3.4: Der Beginn der radikalischen Kettenreaktion, an deren Ende lange Polyacrylamidmoleküle stehen. Ihre Quervernetzung wird durch Bisacrylamid gewährleistet. Im Gel liegen damit molekulare Netzwerke mit „Maschen“ vor.

Ihr Partnerelektron finden sie beim Acrylamid, das somit seinerseits zum Radikal wird (Abb. 3.4). Dieses ist natürlich ebenfalls sehr aggressiv und greift chemisch sofort seinesgleichen an: Eine Kettenreaktion hat begonnen, deren Endprodukt ein langes Molekül aus Acrylamideinheiten ist, das Polyacrylamid (poly gr. viel). Um diese linearen Ketten untereinander zu einem Netz mit Geleigenschaften zu verknüpfen, wird Bisacrylamid hinzugefügt, das somit die Quervernetzung unterhält. Aus den zuvor niedermolekularen Molekülen, die in Lösung vorliegen, entsteht ein gelartiger, durchsichtiger Feststoff. Um sicher zu gehen, daß das entstehende Gel überall die gleiche Dicke aufweist, wird diese Polymerisation zwischen zwei Glasplatten durchgeführt, mit Hilfe eines Kammes sorgt man an einer Seite für Aussparungen. Im Laborjargon nennt man diese auch Taschen. Abb. 3.5 zeigt einen solchen Elektrophoreseaufbau. Betrachtet man die Abb. 3.5, fällt auf, daß der positive Pol unten eingezeichnet ist. Bei der vorgegebenen Laufrichtung von oben nach unten bedeutet dies aber, daß nur negativ geladene Proteine eine Chance hätten, in das Gel einzuwandern. Wie wird nun erreicht, daß mit diesem Aufbau alle Proteine getrennt werden können?

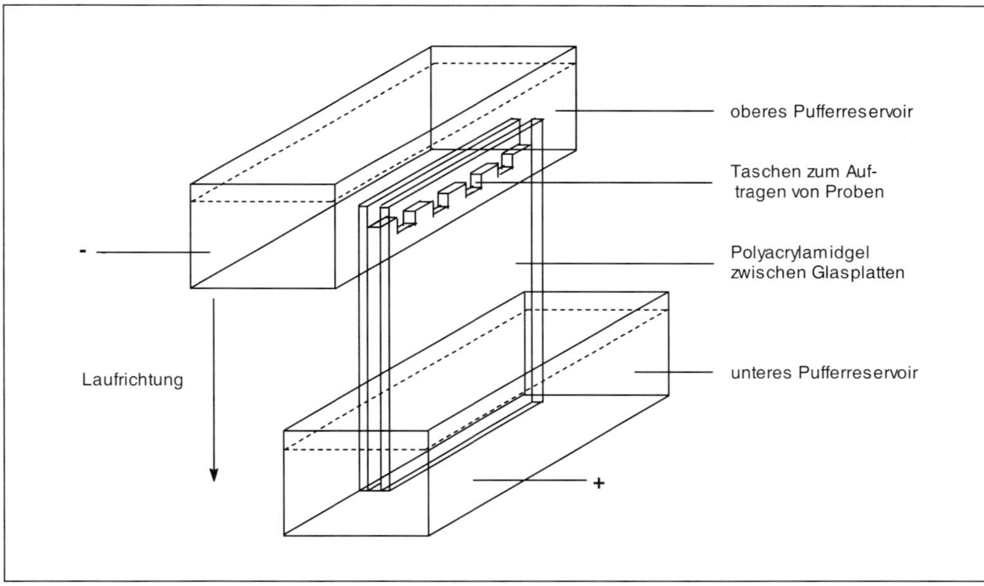

Abb. 3.5: Aufbau einer Polyacrylamid-Gelelektrophorese zur Auftrennung von Proteinen.

Durch Zusatz eines Detergenz (detergere lat. reinigen) erreicht man die Auffaltung der Proteinstruktur, das Protein wird nun von Detergenzmolekülen umgeben. Als solches findet Natriumlaurylsulfat (SDS, siehe Kapitel: Lipide I) Verwendung, dessen lipophiler (lipos gr. Fett, Talg und philos gr. Freund) „Schwanz" in das Proteinmolekül einzutauchen vermag, während der negative geladene Sulfatrest die Löslichkeit in wässriger Umgebung ermöglicht. Durch den großen Überschuß assoziierter, negativer Ladung sind alle Proteine in der Lage, zur Anode zu wandern.

Im Elektrophoresegel hängt das Laufverhalten von der Porengröße des entstandenen Netzwerkes ab. Große Proteine haben es ganz einfach schwerer, durch die für sie zu kleinen Poren zu wandern. Folglich trennt man nicht nach Ladung, sondern nach Größe des Proteins. Kleine Moleküle huschen geradezu durch das Maschenwerk, während sich große „hindurchquälen". Nach Beendigung der Elektrophorese wird mit Hilfe eines proteinspezifischen Farbstoffes die Proteinverteilung sichtbar gemacht. Wertet man die Laufstrecke der einzelnen Proteine im Vergleich zu ihren Molekülmassen aus, so stellt man ein halblogarithmisches Verhalten fest. Auf diese Weise können neben präparativen auch analytische Gele gefahren werden, um die Molekülmasse noch nicht charakterisierter Proteine zu bestimmen. Die Größe des Maschenwerkes im Gel hängt direkt von den Polymerisationsbedingungen (Konzentration an Acrylamid) ab, so daß sich über die Art und Zusammensetzung des Gels verschiedenste Trennprobleme lösen lassen.

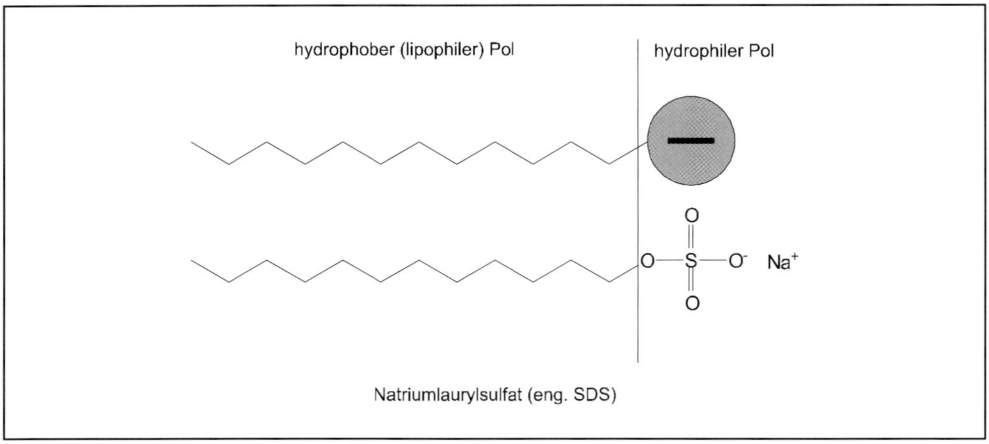

Abb. 3.6: Das Detergenz Natriumlaurylsulfat, englisch **S**odium-**d**odecyl-**s**ulfate SDS genannt, besitzt einen langen hydrophoben (hydro gr. Wasser und phobein gr. erschrecken, also wasserabweisenden und fettliebenden) „Schwanz" sowie einen hydrophilen, wasserliebenden „Kopf".

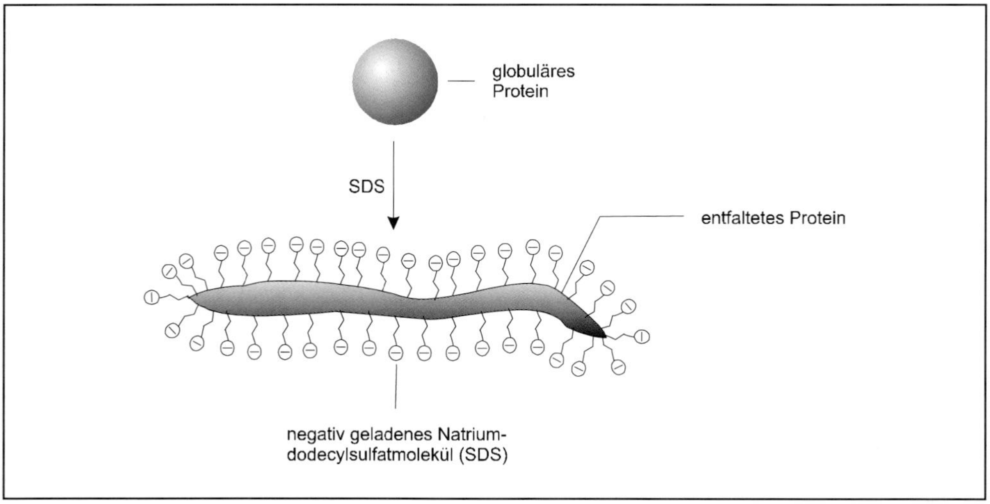

Abb. 3.7: Denaturierung eines Proteins mit SDS. Die hydrophoben „Schwänze" des Detergenz tauchen in das Proteinmolekül ein, die negativen „Köpfe" vermitteln aufgrund ihres hydrophilen Charakters die Löslichkeit des Proteins im wässrigen Medium.

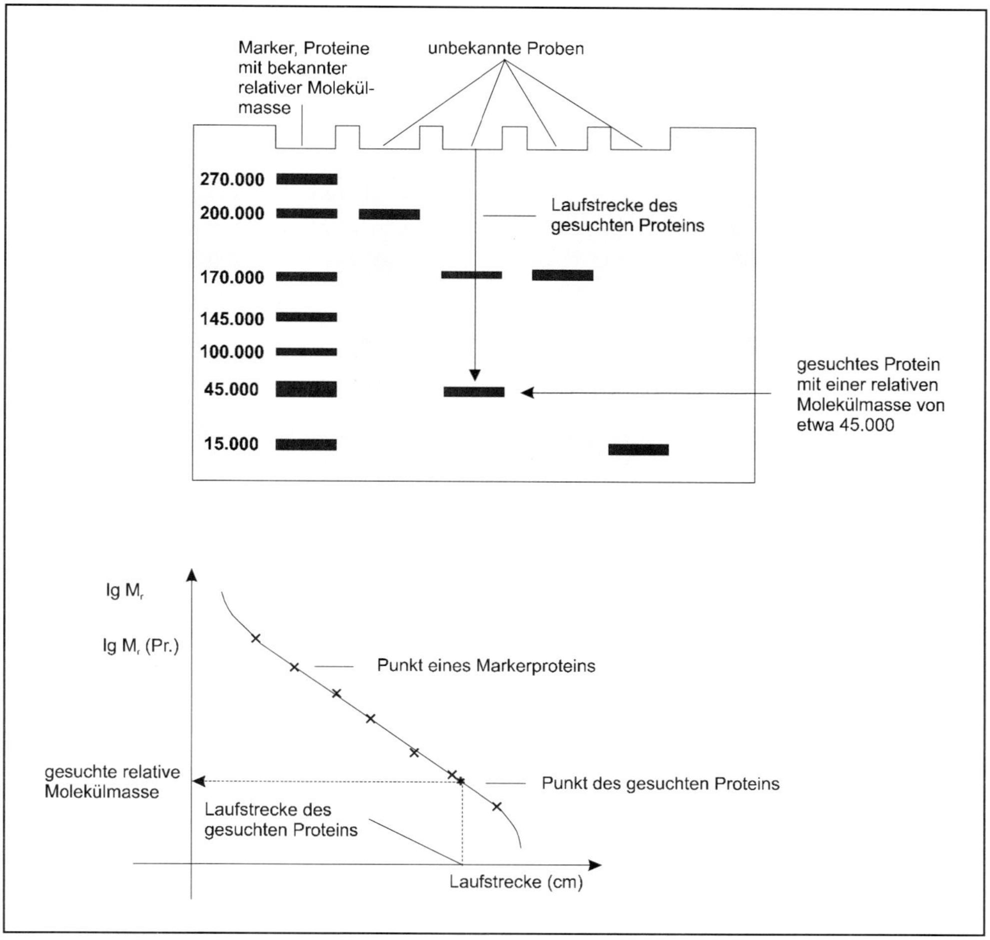

Abb. 3.8: Ergebnis einer Polyacrylamid-Gelelektrophorese nach Färbung mit Coomassie, einem proteinspezifischen Farbstoff. Unten eine Auswertung als Beispiel. Der Logarithmus der relativen Molekülmasse (M_r) wird gegen die Laufstrecke in cm aufgetragen.

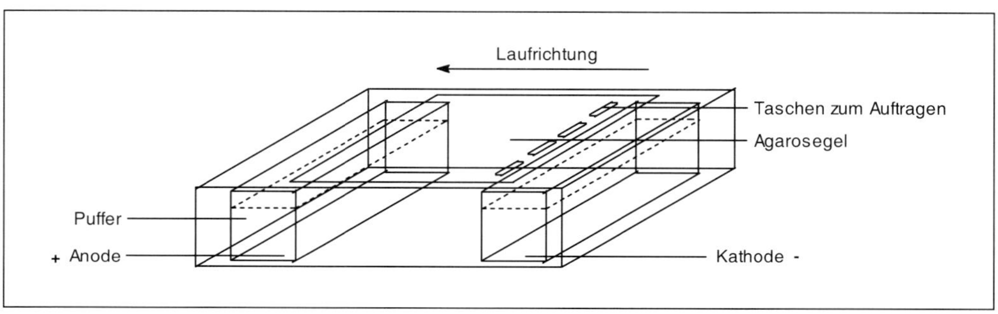

Abb. 3.9: Die Agarose-Gelelektrophorese zur Trennung von Nukleinsäuren.

3.3 Chromatographische Trennmethoden

Eine weitere wichtige Methode zur Trennung verschiedener Moleküle ist die Chromatographie (chroma gr. Farbe und graphein gr. schreiben[1]). Im Laufe der Jahre ist ein ganzes Repertoir solcher Methoden entstanden, wobei allen das Trennprinzip gemeinsam ist. Das zu separierende Substanzgemisch wird in einer Lösung, die als **mobile Phase** (flüssig oder gasförmig) bezeichnet wird, mittels Schwer- oder Kapillarkräften an einer **stationären**, also nicht bewegten **Phase** (fest, flüssig oder eine fixierte Fest/Flüssig-Mischung) vorbeigeführt.

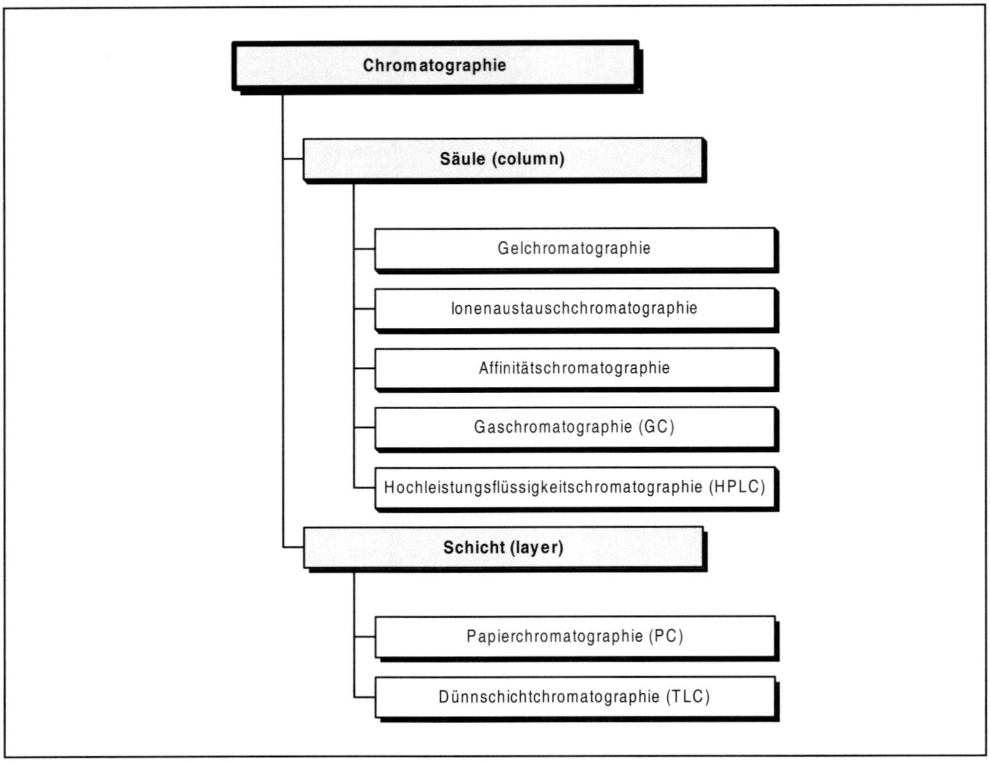

Abb. 3.10: Übersicht über die chromatographischen Trennverfahren; den Abkürzungen der einzelnen Methoden liegen die englischen Ausdrücke zugrunde, so z. B. **T**hin **L**ayer **C**hromatography TLC für Dünnschichtchromatographie, **G**as **C**hromatography für Gaschromatographie.

Bei der Hochleistungsflüssigkeitschromatographie, HPLCwird die mobile Phase unter hohem Druck durch die stationäre Phase gepreßt. Diese kann den Innenraum einer Säule ausfüllen oder wie bei der Dünnschichtchromatographie auf einen Träger aufgebracht sein. Aufgrund ihres unterschiedlichen physikochemischen Verhaltens gegenüber mobiler und stationärer Phase werden die Substanzen in einem kontinuierlichen Substanzwechsel zwischen beiden Phasen getrennt. Dabei spielen Effekte wie Verteilung und Adsorption die

[1] Im Jahre 1903 trennte der russische Botaniker Mikhail Tswett verschiedene Pflanzenfarbstoffe an einer mit Kalk gefüllten Glassäule. Bei der Pigmenttrennung entstanden farbige Banden an der stationären Phase, die möglicherweise zum Begriff Chromatographie beitrugen.

Hauptrolle. Folge dieses Wechselspiels ist eine unterschiedliche Wanderungsgeschwindigkeit der zu trennenden Komponenten entlang der stationären Phase, sie verlassen die Chromatographie als separate Fraktionen.

Ausdruck für das Verteilungsverhalten eines definierten Stoffes i zwischen mobiler und stationärer Phase ist der Verteilungskoeffizient K, der bei gegebener Temperatur eine Stoffkonstante ist:

$$K = \frac{c_i\,(\text{mobile Phase})}{c_i\,(\text{stationäre Phase})} \tag{3.1}$$

3.3.1 Gelchromatographie

Die Gelchromatographie, auch Gelfiltrations-, Molekularsieb- oder Ausschlußchromatographie genannt, trennt gelöste Moleküle nach ihrer Größe bzw. damit indirekt auch nach ihrer relativen Molekülmasse M_r. Als stationäre Phase fungieren Perlen oder Kügelchen aus Agarose-, Dextran- (zwei Kohlenhydrate) oder Polyacrylamid-Kettenmolekülen, die ein poröses, dreidimensionales Netzwerk bilden. Je nach Material ist die Porengröße variabel, für eine definierte stationäre Phase (z. B. Sephadex G 200®) ist die durchschnittliche Porenweite in hydratisiertem, gelartigem Zustand relativ konstant. Bringt man das trockene Pulver der Gelmatrix mit Wasser oder wäßrigem Puffer in Kontakt, so quillt es aufgrund der vielen polaren (Agarose, Dextran) bzw. geladenen Gruppen (z. B. Polystyrol) stark auf, es wird hydratisiert. Nur in diesem Zustand ist die Matrix für das Trennverfahren geeignet, denn im gequollenen Zustand weist die stationäre Phase jenen wichtigen Porendurchmesser auf, der für den „Siebeffekt“ des Gels unumgänglich ist. Läßt man nämlich mit der mobilen Phase ein Proteingemisch verschieden großer Moleküle durch diese hydratisierten Perlen laufen, so können Proteine mit geringeren Ausmaßen als der Porendurchmesser in diese eindringen, größere bleiben „außen vor“ und werden folglich vom Innenvolumen der Kügelchen „ausgeschlossen“. Daher rührt auch der Name **Ausschlußchromatographie**. Die relative Molekülmasse des kleinsten Teilchens, das gerade nicht mehr die Poren zu passieren vermag, wird als **Ausschlußgrenze** des betreffenden Gels angesprochen. Moleküle mit einer relativen Molekülmasse unterhalb der Ausschlußgrenze dringen also in die Gelkügelchen vor und werden dort eine zeitlang „festgehalten“, während Teilchen mit Ausmaßen jenseits der Ausschlußgrenze die Matrix passieren und somit die Säule unverzögert verlassen. Ihnen folgen, nach Molekülvolumen bzw. -masse getrennt, verspätet die kleineren Proteine. Je kleiner ein Teilchen ist, umso mehr Poren sind ihm zugänglich, umso mehr Perleninnenräume stehen für dieses zum „Verweilen“ offen und umso verzögerter wird es diese wieder verlassen, um mit der mobilen Phase (Elutionspuffer) endgültig fortgespült zu werden. Auf diesem Prinzip beruht die Separation von Stoffen durch Gelchromatographie.

Bei einer Fraktionierung von Molekülen unterschiedlicher relativer Molekülmasse (also verschiedener Größe) erscheinen die ersten Teilchen nicht, bevor ein bestimmtes Lösungsmittelvolumen die Säule verlassen hat. Dieses sogenannte **Ausschlußvolumen** V_0 entspricht dem Flüssigkeitsvolumen außerhalb des Gelnetzwerkes, also der mobilen Phase. Ihm steht die stationäre Phase in Form des Flüssigkeitsvolumens innerhalb der Perlen V_i gegenüber. Es ist wichtig, festzustellen, daß nicht die Festsubstanz der Kügelchen selbst, sondern das in ihnen eingeschlossene Puffervolumen die stationäre Phase darstellt! Das Eigenvolumen der Gelmatrix wollen wir V_g nennen. Das Gesamtvolumen der Säule V_t ergibt sich somit zu

$$V_t = V_0 + V_i + V_g \tag{3.2}$$

Das Ausschlußvolumen V_0 ist dasjenige Volumen, nach dem eine Substanz, die nicht in die Gelkügelchen eindringen kann, eine bestimmte Säule verläßt und im Eluat auftritt. Es läßt sich also, z. B. durch ein entsprechend großes Testmolekül, einfach bestimmen. Das für eine definierte Substanz i, die in die Matrix einzudringen vermag, notwendige Elutionsvolumen V_e ist natürlich größer als V_0 und zudem von K (siehe 3.1) abhängig:

$$V_e = V_0 + K \cdot V_i \tag{3.3}$$

Umstellen nach K liefert:

$$K = \frac{V_e - V_0}{V_i} \tag{3.4}$$

Mit (3.4) läßt sich feststellen: Für große Moleküle, denen der Zugang zur stationären Phase verwehrt bleibt, ist $V_e = V_0$ und K somit Null. Für sehr kleine Partikel (Lösungsmittel, Salze) gilt dagegen:

$$V_e = V_0 + V_i \tag{3.5}$$

Für diesen Fall wird durch Einsetzen von (3.5) in (3.4) also K = 1:

$$K = \frac{V_0 + V_i - V_0}{V_i} = \frac{V_i}{V_i} = 1 \tag{3.6}$$

Um das Verhalten von bestimmten Stoffen in einem definierten Gel zu charakterisieren, ist es nicht notwendig, K zu bestimmen. Hierzu benutzt man das **relative Elutionsvolumen** V_{re}, das sich aus den leicht zu ermittelnden Größen V_0 und V_e zusammensetzt:

$$V_{re} = \frac{V_e}{V_0} \tag{3.7}$$

Der Stoff, der durch Gelchromatographie abgetrennt werden soll, wird im Elutionsvolumen durch geeignete Methoden wie z. B. die Photometrie unter Verwendung von ultraviolettem (UV) oder sichtbarem („vis“ von engl. visible sichtbar) Licht erfaßt.

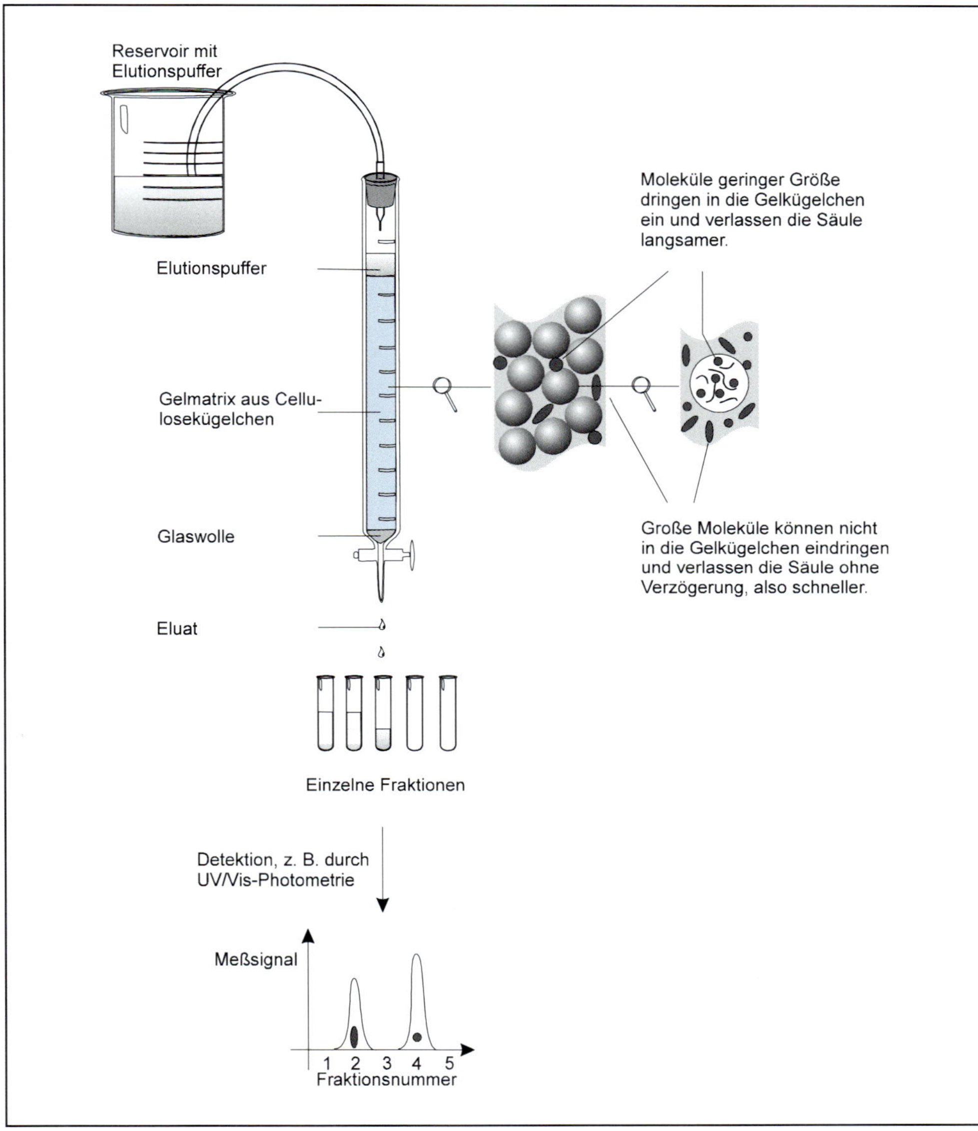

Abb. 3.11: Grundlage der Gelchromatographie sind kleine Gelkügelchen, die aus Dextran, Agarose oder Polyacrylamid bestehen. Die Kügelchen sind gelartig aufgequollen und enthalten Hohlräume, in die bestimmte Teilchen durch Oberflächenporen eindringen können. Ein definiertes Gel besitzt eine relativ konstante durchschnittliche Porenweite, die es nur Molekülen mit geringeren Ausmaßen erlaubt, diese Poren zu passieren und in das Innere zu gelangen. Solche Moleküle verweilen in den mit Lösungsmittel gefüllten Innenräumen, werden erst nach einer gewissen Zeit aus dieser stationären Phase wieder ausgewaschen (eluiert) und verlassen das Gelbett der Säule verzögert. Große Moleküle können aufgrund ihrer Ausmaße nicht oder nur sehr schlecht in die Gelmatrix vordringen und verlassen daher unverzögert, somit eher als Teilchen geringerer Dimension die Säule. Darauf beruht der eigentliche Trenneffekt der Gelchromatographie. Die getrennten Moleküle müssen schließlich mit einer geeigneten Methode in den einzelnen Eluatfraktionen aufgespürt werden. Aus den erhaltenen Daten kann man dann das Elutionsdiagramm gewinnen und die getrennten Fraktionen weiterverarbeiten.

3.3.2 Ionenaustauschchromatographie

Bei der **Ionenaustauschchromatographie** nutzt man als stationäre Phase chemisch veränderte Cellulose- oder Polystyrolkügelchen mit elektrisch geladenen Oberflächengruppen.

Geben wir zum Beispiel ein Gemisch verschiedener Proteine in einem Probenpuffer mit definiertem pH-Wert über eine positiv geladene Matrix, wie z. B. DEAE, so werden nur Makromoleküle mit negativer Ladung von dieser festgehalten. Positiv geladene Moleküle verlassen die Säule, ohne eine Bindung an die stationäre Phase einzugehen.

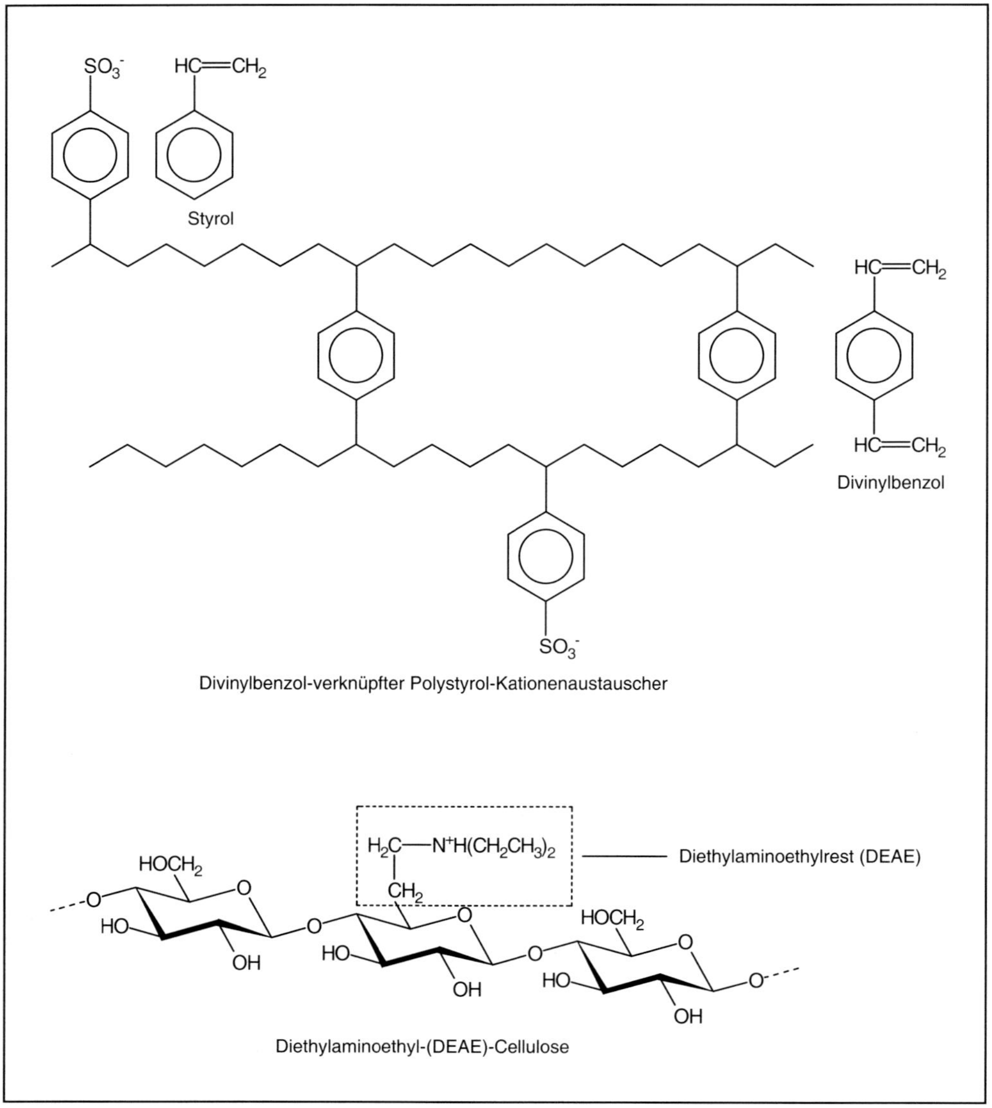

Abb. 3.12: Beispiele für Ionenaustauscher. Oben ein Kationenaustauscher auf Polystyrol/Divinylbenzolbasis, dessen Monomere zur Veranschaulichung in die Graphik aufgenommen wurden. Unten der Anionenaustauscher DEAE-Cellulose. Wichtig sind die geladenen Gruppen.

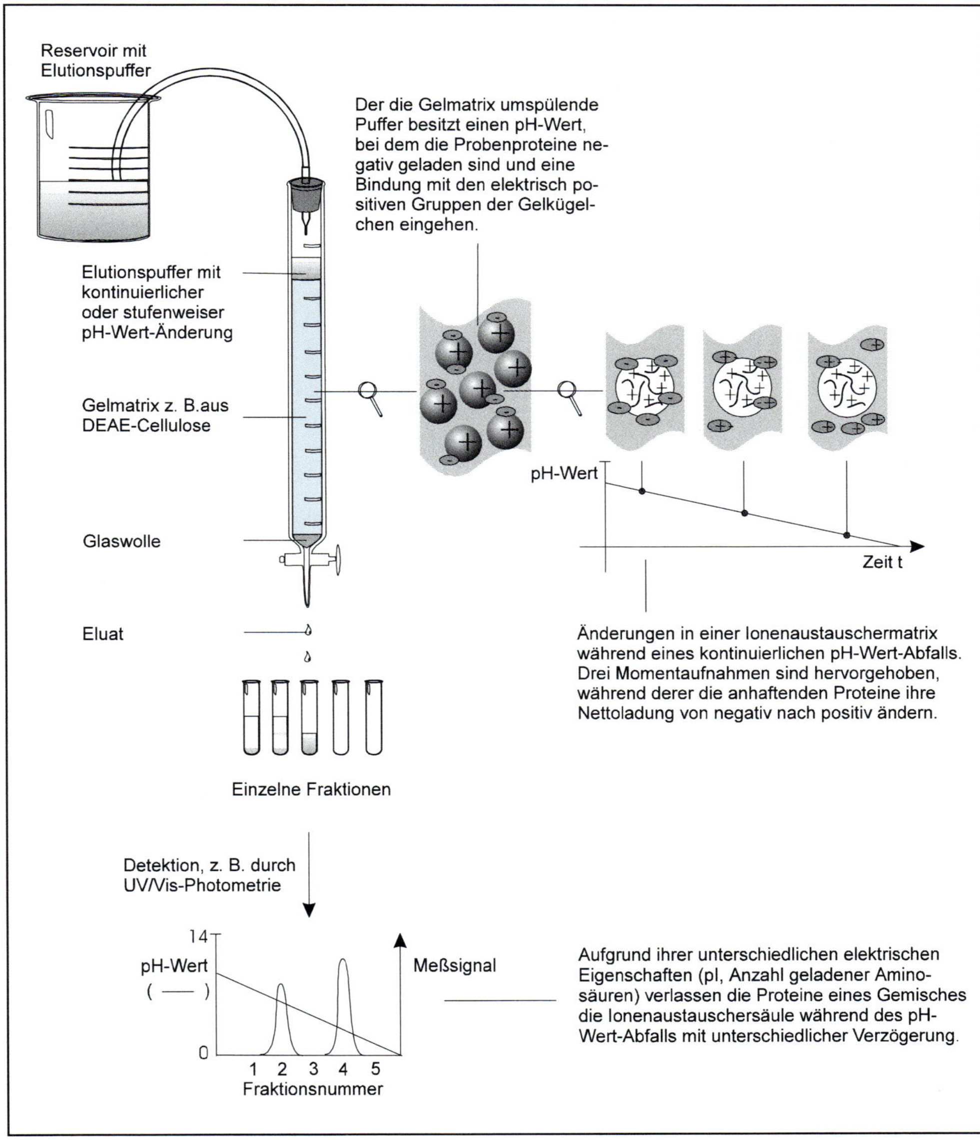

Abb. 3.13: Das Prinzip der Ionenaustauschchromatographie. Bedeutsam ist, daß beim Probenauftrag ein anderer pH-Wert herrscht als bei der Elution. Dadurch lassen sich Proteinnettoladung und Bindungsvermögen an der Matrix variieren.

Die Ladung einer Aminosäure und damit auch der Proteine hängt in hohem Maße vom pH-Wert des umgebenden Milieus ab, was sich ja auch in den unterschiedlichen isoelektrischen Punkten der Proteine niederschlägt. Verändert man den pH-Wert während der Elution nach und nach (man spricht von einem pH-Wertgradienten), so wechseln auch die Nettoladungen der anhaftenden Proteine. Wird sie positiv, so wird das gebundene Molekül aufgrund der elektrostatischen Abstoßung den Anionenaustauscher verlassen, es kommt zur Elution. Beim Kationenaustauscher verhält es sich umgekehrt.

3.3.3 Affinitätschromatographie

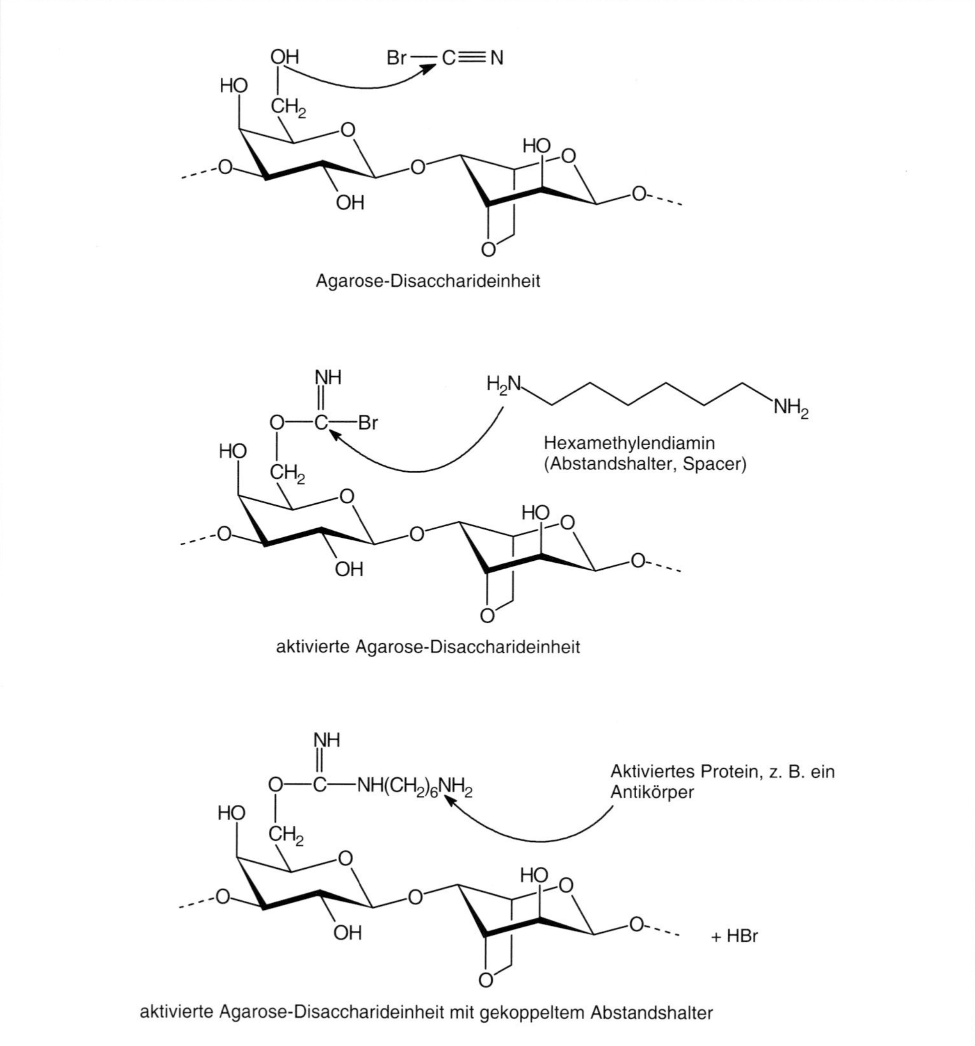

Abb. 3.14: Der eigentlichen Kopplung des Antiköpers („des Erkennungsmoleküls“) gehen Aktivierung der Agarosematrix und Einbau eines Abstandshalters (Spacer) voraus.

Der **Affinitätschromatographie** liegt die spezifische Erkennung eines Moleküls durch ein anderes zugrunde, wobei beide eine reversible, nicht kovalente Bindung miteinander eingehen. Der große Vorteil dieser Methode ist eben diese Spezifität, die es praktisch erlaubt, Reinigungen sehr effizient in einem Schritt durchzuführen.

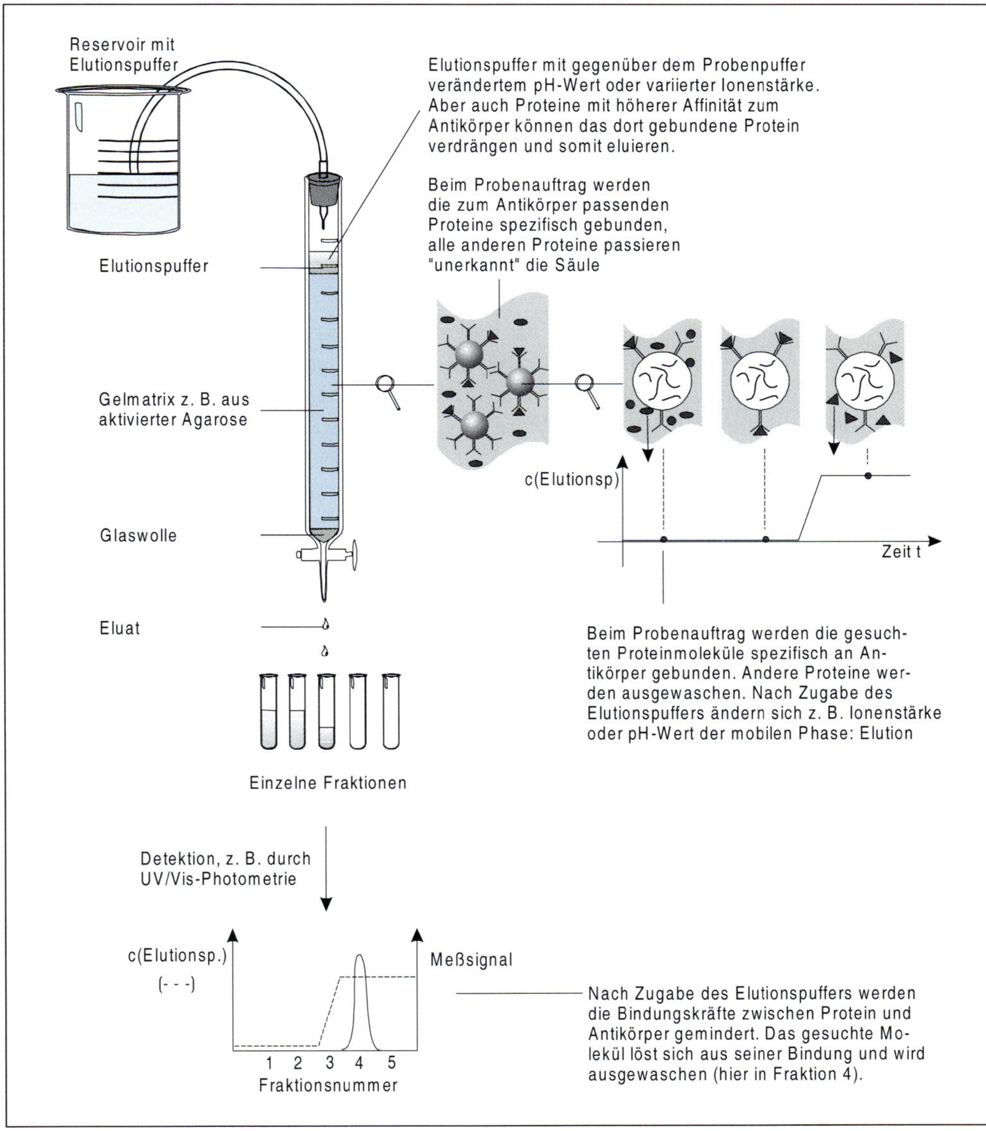

Abb. 3.15: Die Affinitätschromatographie beruht auf der spezifischen Bindung eines Moleküls durch ein anderes, man kann vereinfachend auch von „Erkennung" eines „individuell passenden" Teilchens reden. Diese Spezifität ermöglicht sehr effiziente Trennungen in einem Schritt. Beispielsweise kann man ein Hormon wie Insulin an die Gelmatrix koppeln und dessen Affinität zum Insulinrezeptor nutzen, um eben diesen aus einem Proteingemisch abzutrennen. Klassisch für die Erkennung von Molekülen sind jedoch Antikörper. In unserem Beispiel wurden solche Antikörper an eine Agarosematrix gebunden. Sie fangen das abzutrennende Protein (schwarze Dreiecke) selektiv ab und geben es erst wieder unter verändertem Milieu frei (Variation des pH-Werts oder der Salzkonzentration in der mobilen Phase). Man trägt das Proteingemisch also zunächst in einem Probenpuffer auf, der die Bindung und Abtrennung des gesuchten Teilchens erlaubt. Anschließend wechselt man zum Elutionspuffer, der die Bindung an den Antikörpern der Matrix derart abschwächt, daß die gebundenen Proteine fortgespült und getrennt von verunreinigenden Makromolekülen aufgefangen werden (hier in Fraktion 4).

So findet beispielsweise ein Enzym sein Substrat (Kapitel: Enzyme und Coenzyme), ein Hormon seinen Rezeptor (Kapitel: Hormone) oder ein Antikörper sein Antigen (Kapitel: Immunologie - eine Einführung). Antikörper sind Proteine, die recht selektiv ein zu ihnen passendes Molekül, in der Regel ebenfalls ein Protein, zu binden vermögen. Weil sie sich sehr rein und gezielt für ein spezielles Protein (das Antigen) herstellen lassen, sind sie im Hinblick auf die Affinitätschromatographie zu den idealen „Erkennungsmolekülen" avanciert. Was liegt also näher, als einen solchen, auf eine bestimmtes Antigen zugeschnittenen Antikörper an eine feste Matrix zu koppeln und für die Säulenchromatographie zu nutzen? In den meisten Fällen ist Agarose die bevorzugte stationäre Phase, an die man ein „Erkennungsmolekül" kovalent fixiert. Allerdings muß die Agarose chemisch erst für die Kopplung vorbereitet werden, man spricht von Aktivierung des Trägers. Dabei wird das Kohlenhydrat mit der organischen Verbindung **Bromcyan** quasi „scharf gemacht". Nun sind die zu erkennenden Moleküle häufig Proteine, also sehr voluminöse Teilchen. Um ihnen die räumliche Annäherung an die Matrix zu erleichtern, fügt man zwischen Antikörper und aktiviertem Agarosekügelchen einen chemischen Abstandshalter (**Spacer**) ein. Somit befindet sich der Antikörper in gebührender Entfernung von der Agarosematrix, so daß jetzt einer Bindung zum Antigen (also dem abzutrennenden Protein) nichts mehr im Wege steht.

In einem Probenpuffer, der die Bindung zwischen Antikörper und gesuchtem Protein begünstigt, wird das Proteingemisch der Säule zugeführt. Substanzen, die nicht erkannt werden, verlassen unbeeinflußt die Säule, während das passende Molekül an den gekoppelten Antikörpern haften bleibt. Mit einem Elutionspuffer kann man das Milieu in der Säule so umgestalten, daß die reversible Bindung zwischen erkennendem und gesuchtem Molekül stark abgeschwächt wird. Das abzutrennende Protein verläßt die Säule und kann separat aufgefangen werden.

3.3.4 Dünnschichtchromatographie

Als letzte chromatographische Technik soll hier abschließend die **Dünnschichtchromatographie** behandelt werden. Im Gegensatz zur Säulenchromatographie ist hier die stationäre Phase auf eine feste Trägersubstanz aufgebracht. Verwendung finden als Trennsubstanzen Kieselgel (SiO_2) oder Cellulose, die auf einer stabilen Aluminium- oder Plastikfolie immobilisiert sind. Diese plattenförmigen Gebilde stellt man in ein Lösungsmittelgemisch, welches anschließend infolge der auftretenden Kapillarkräfte innerhalb der stationären Phase nach oben aufsteigt. Auf die Platte aufgebrachte Substanzgemische lösen sich in dem Lösungsmittel und werden vom Strom aufwärts getragen. Verwendet man z. B. das hydrophile Kieselgel als stationäre Phase und ein organisches lipophiles Laufmittel, so lassen sich die verschiedensten Substanzen gemäß ihrer Lipophilie trennen. Sind sie hydrophil, werden sie von der Matrix festgehalten und nicht mit dem Lösungsmittelstrom nach oben mitgenommen. Sind sie eher lipophil, zeigen sie keine große Affinität zur Matrix und verbleiben bevorzugt im Lösungsmittel. Nach Abschluß der Chromatographie finden wir sie daher sehr weit oben. Das Verhältnis aus Laufstrecke in cm zur Gesamtlaufstrecke des Lösungsmittel bezeichnet man als **R_f-Wert**. Er ist für eine Substanz bei einem bestimmten Laufmittel und ansonsten gleicher Matrix eine Konstante. Den Aufbau der Dünnschichtchromatographie gibt Abb. 3.16 wieder.

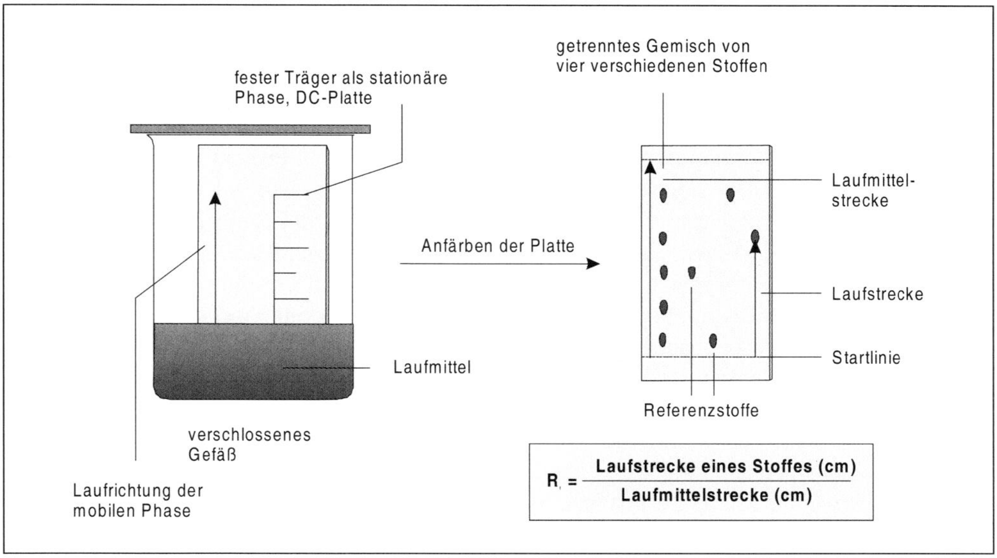

Abb. 3.16: Die Dünnschichtchromatographie.

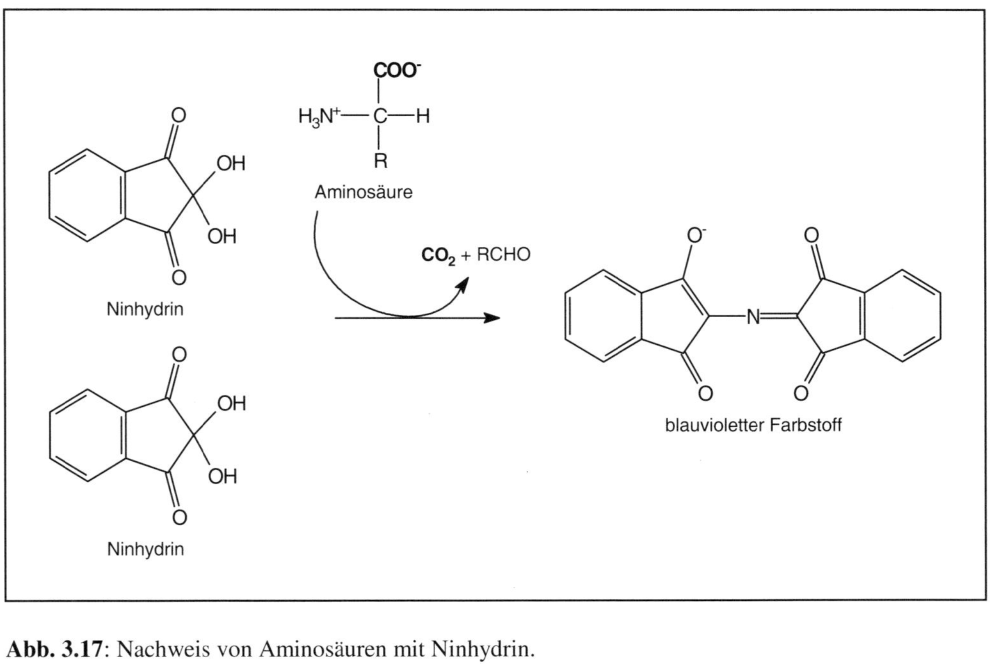

Abb. 3.17: Nachweis von Aminosäuren mit Ninhydrin.

Ein Problem dieser Technik ist das Sichtbarmachen der Substanzen nach erfolgter Trennung. Bei den Aminosäuren kann man sich einer spezifischen Reaktion bedienen. Mittels **Ninhydrin** werden sie auf der Dünnschichtplatte blauviolett angefärbt, nur Prolin ergibt ein gelblich gefärbtes Produkt. Anhand der R_f-Werte oder mit gleichzeitig aufgetrennten Referenzen lassen sich so die vormals im Gemisch vorhandenen Aminosäuren identifizieren.

3.4 Proteinsequenzierung

Anstatt des Nachweises einzelner Aminosäuren, wie wir ihn im letzten Abschnitt besprochen haben, tritt in der Praxis allerdings ein ganz anderes Problem in den Vordergrund. Hier kommt es nicht so sehr darauf an, welche Aminosäuren in einem Protein vorliegen, sondern vielmehr auf die Abfolge der Aminosäuren in diesem Protein, also auf die Primärstruktur des Proteins. Wir wollen das Vorgehen bei der Bestimmung der Sequenz hier Schritt für Schritt beschreiben und dabei an den vorherigen Abschnitt anknüpfen.

Welche Aminosäuren liegen überhaupt in einem gegebenen Protein vor? Den Lösungsweg auf diese einfache, grundlegende Frage können wir schon ohne weitere Kenntnisse beschreiben. Hierbei wird zunächst das zu untersuchende Protein über Nacht einer vollständigen hydrolytischen Spaltung unterzogen, in dem man es in Gegenwart von 6 mol/L HCl in einer zugeschmolzenen Glasampulle auf 110 °C erhitzt. Die dabei anfallenden einzelnen Aminosäuren werden dünnschichtchromatographisch aufgetrennt und durch die Ninhydrinreaktion sichtbar gemacht. Neben Ninhydrin werden heute auch Fluoreszenzfarbstoffe zur Detektion verwandt. Mit Hilfe genauer Meßgeräte ist es auch möglich, den Anteil zu bestimmen, den jede einzelne Aminosäure zum Ganzen beiträgt.

Welche Aminosäure bildet den N-Terminus eines Proteins? Ein erster Schritt zur Bestimmung der genauen Abfolge einer Proteinsequenz wäre gegeben, wenn es gelingt, zumindest die erste Aminosäure zu benennen. Hier bedient man sich bestimmter Chemikalien, welche mit einer α-Aminogruppe eine kovalente Bindung eingehen. Nach der oben beschriebenen Hydrolyse identifiziert man wiederum chromatographisch, welche der 20 proteinogenen Aminosäure markiert ist. Da im Gegensatz zur vorherigen Reaktion allerdings nur diejenige Aminosäure markiert ist, welche vormals den N-Terminus bildete (die anderen Aminosäuren tragen ja keine freien α-Aminogruppen), gelingt es leicht, den N-Terminus zu bestimmen. Früher verwendete man für diese Zwecke 2,4-Dinitrofluorbenzol (das sogenannte SANGER-Reagenz), heute kommen jedoch mehr Dansyl- und Dabsylchlorid zur Anwendung (siehe Abb. 3.18).

Auch für die Bestimmung des C-Terminus gibt es ein „spezifisches“ Reagenz. Hier spaltet man das Protein unter Einsatz von Hydrazin. Mit Ausnahme der C-terminalen Aminosäure werden dabei alle anderen Aminosäuren durch dieses modifiziert, man hat also eine Art negative Aussage gewonnen.

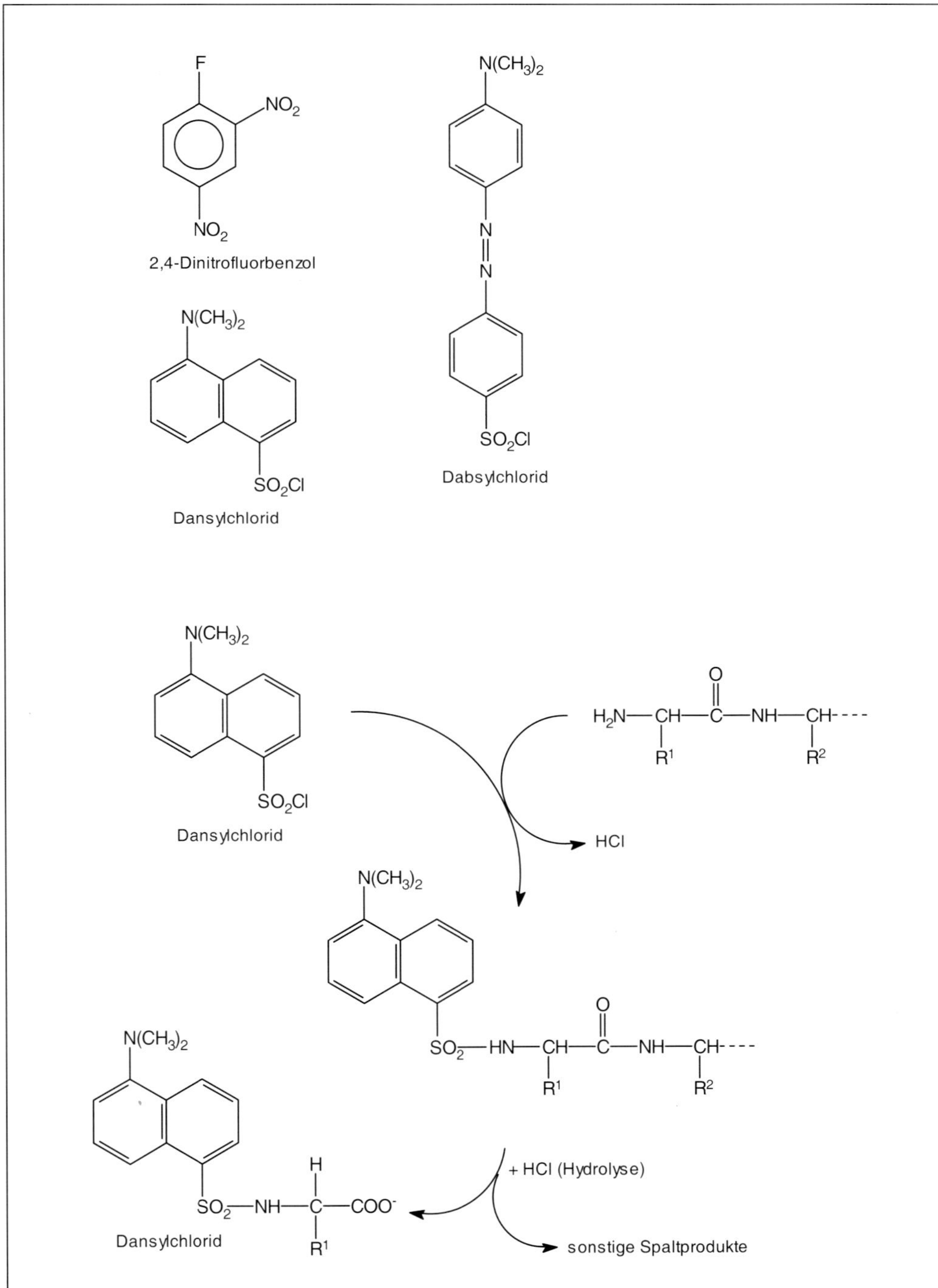

Abb. 3.18: Die Strukturen von 2,4-Dinitrofluorbenzol, Dansyl- und Dabsylchlorid. Die Reaktion mit dem N-Terminus einer Peptidkette ist stellvertretend für Dansylchlorid im unteren der Teil der Abbildung wiedergegeben.

Wie lautet die Aminosäureabfolge eines gegebenen Proteins? Zur Beantwortung dieser Frage wurde die im letzten Abschnitt eingeführte Vorgehensweise weiter verbessert. Ihr liegt folgende einfache Überlegung zugrunde. Gelingt es einem, nach der Markierung der N-terminalen Aminosäure diese selektiv abzuspalten, so liegt das Protein für einen weiteren Zyklus erneut zur Verfügung. Anders ausgedrückt: Man bestimmt an einem ständig um eine Aminosäure verkürzten Protein jedes mal erneut die N-terminale Aminosäure. Hierzu benötigt man ein Reagenz, welches die erste Aminosäure nicht nur markiert, sondern auch so modifiziert, daß die Peptidbindung zur nachfolgenden Aminosäure schon unter milden, d. h. nur leicht sauren Bedingungen abgespalten wird. Diese Bedingungen sind jedoch zu schwach, um das gesamte Protein zu spalten. Diese gesuchte Verbindung wurde im **Phenylisothiocyanat** gefunden. Die sich daraus ableitende Reaktionsfolge, welche nach ihrem Protagonisten auch EDMAN-Abbau genannt wird, ist in Abb. 3.19 wiedergegeben.

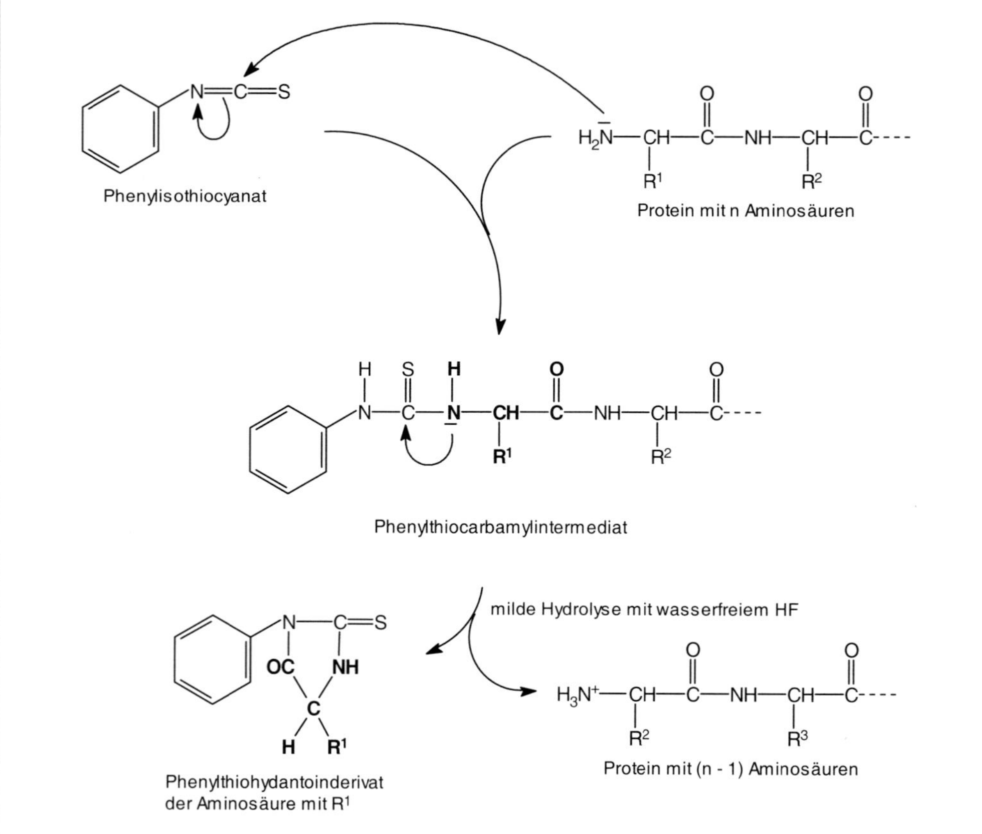

Abb. 3.19: Der EDMAN-Abbau. Der N-Terminus reagiert spezifisch mit Phenylisothiocyanat und bildet nach der Abspaltung ein sogenanntes Phenylthiohydantoinderivat.

Die abgespaltene und markierte Aminosäure wird wie schon bei den vorangegangenen Beispielen chromatographisch bestimmt. Mittlerweile ist die Technik jedoch soweit fortgeschritten, daß die Proteinsequenzierung maschinell und vollautomatisch durchgeführt wird.

Diese Methode hat jedoch auch ihre Grenzen. Größere Proteine müssen vor der Sequenzierung chemisch (z. B. mit Cyanbromid) oder enzymatisch (Proteasen) in kleinere Fragmente gespalten werden, bevor diese dann nach EDMAN sequenziert werden können. Dabei ist es natürlich von herausragender Bedeutung, überlappende Peptidfragment zu erhalten, da ansonsten eine vollständige Sequenzbestimmung nicht möglich ist. Das erste Protein, dessen Sequenz 1953 komplett bestimmt werden konnte, war das **Rinderinsulin**. Für diese Pionierarbeit erhielt FREDERICK SANGER 1958 den Nobelpreis für Chemie. SANGER gehört zu den wenigen Personen, die in ihrem Leben zwei Nobelpreisehrungen erfahren haben. 1980 erhielt er erneut den Nobelpreis für Chemie, diesmal für seine Arbeiten zur Sequenzbestimmung von Nukleinsäuren.

3.5 Literatur

(1) Cooper, T. G.: The tools of biochemistry.Wiley. (1977).
(2) Lottspeich, F., Zorbas, H.: Bioanalytik. 1. Auflage, Spektrum Akademischer Verlag (1998).
(3) Peters, J. H., Baumgarten, H.: Monoklonale Antikörper. 2. Auflage, Springer-Verlag (1990).
(4) Pingoud, A., Ubanke, C.: Arbeitsmethoden der Biochemie. Walter de Gruyter. (1997).

4 Enzyme und Coenzyme

4.1 Definitionen

Enzyme (zyme gr. Sauerteig; alter Begriff: Fermente) sind **Biokatalysatoren**. Ein Katalysator (katalysis gr. Auflösung) ist ein Stoff, dessen Anwesenheit die Geschwindigkeit einer chemischen Reaktion erhöht. Obwohl Katalysatoren während der eigentlichen Reaktion durchaus chemisch verändert werden, gehen sie letztlich wieder unverändert aus der chemischen Reaktion hervor, d. h. sie werden nicht „verbraucht". Nach Ablauf einer Katalyse können sie erneut in weitere eintreten und die nächste chemische Reaktion beschleunigen. Es ist wichtig zu betonen, daß jeder Katalysator nur die Geschwindigkeit einer chemischen Reaktion beeinflußt, nicht jedoch die Lage ihres Gleichgewichtes (Kapitel: Grundlagen der allgemeinen Chemie).

Biologische Katalysatoren sind fast immer Proteine (es gibt auch einige wenige katalytisch aktive RNA-Moleküle). In der Chemie findet man häufig Metalle und Gase, die katalytisch wirksam sind, so z. B. Platin und Rhodium als Edelmetalle in Abgaskatalysatoren von Autos. Im Gegensatz zu diesen sind Enzyme jedoch hochspezifisch. Hierbei unterscheidet man Substrat- und Wirkungsspezifität, wobei **Substratspezifität** bedeutet, daß das Enzym nur einen bestimmten, strukturell genau definierten Stoff - das **Substrat** - chemisch umsetzt. Bei hoher Substratspezifität werden selbst sehr ähnliche Stoffe vom Enzym nicht umgesetzt, denn dieses spricht nur auf sein Substrat an. Das kann so weit gehen, daß Enzyme Substrate **stereospezifisch** selektieren, d. h. sie setzen nur eines von zwei möglichen Enantiomeren um. Allerdings kann die Substratspezifität von Enzym zu Enzym variieren. So setzt die Hexokinase, ein Enzym der Glykolyse, nicht nur Glucose, sondern auch Galactose und Mannose zu ihren jeweiligen Phosphaten um. Die Glucokinase der Leber, die dieselbe Reaktion katalysiert, akzeptiert dagegen nur Glucose als Substrat. **Wirkungsspezifität** bedeutet, daß von einer Vielzahl von Reaktionen, die ein Substrat eingehen kann (z. B. Hydrolyse, Oxidation, Umlagerung usw.), nur eine einzige vom entsprechenden Enzym katalysiert wird. Die aus der organischen Chemie bekannten Nebenreaktionen spielen somit in biologischen Systemen kaum eine Rolle.

Enzyme arbeiten nur unter bestimmten Bedingungen optimal. Man sagt, sie haben in bezug auf ihre Wirkung ein **Aktivitätsmaximum** oder **-optimum**. Jedes Enzym weist pH- und Temperaturoptima auf, bei denen es das Substrat am schnellsten umsetzt. Im Optimum besitzt die katalysierte Reaktion ihre größte Geschwindigkeit.

Um den Begriff **Reaktionsgeschwindigkeit v** zu definieren, betrachten wir eine Reaktion mit den Edukten A und B, sowie ihrem Produkt C. Im Verlaufe der betrachteten Umsetzung werden A und B verbraucht, C nimmt dagegen ständig zu. Die Konzentrationen von A, B und C ändern sich erst dann nicht mehr, wenn das **chemische Gleichgewicht**

$$A + B \rightleftharpoons C \qquad (4.1)$$

erreicht ist. Dieses liegt vor, wenn die Hinreaktion

$$A + B \rightarrow C \qquad (4.2)$$

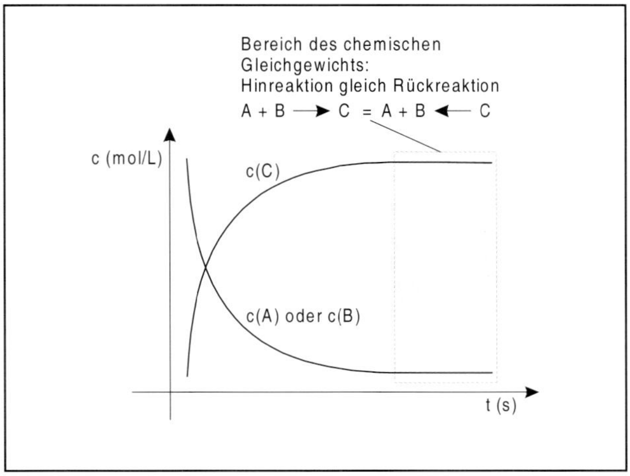

Abb. 4.1: Verhalten der Konzentrationen zweier Ausgangsstoffe A und B und des Reaktionsproduktes C im Verlaufe einer chemischen Reaktion. Der schattierte Bereich in der Abbildung repräsentiert den Zustand des chemischen Gleichgewichtes, in dem sich die Konzentrationen aller Reaktanden (netto) nicht mehr ändern (achsenparalleler Kurventeil).

genauso schnell ist wie die ebenfalls in jedem chemischen System ablaufende Rückreaktion:

$$C \rightarrow A + B \tag{4.3}$$

Netto ändert sich also im Gleichgewicht an den Konzentrationen der beteiligten Reaktanden nichts, da die Reaktionsgeschwindigkeiten von Hin- und Rückreaktion gleich groß sind. Im folgenden wollen wir nun unter der Reaktionsgeschwindigkeit v die Konzentrationsänderung Δc eines Stoffes i pro Zeitintervall Δt verstehen:

$$v = \frac{\Delta c(i)}{\Delta t} \tag{4.4}$$

Die Einheit von v ist mol/(L · s). Für unser Beispiel (4.1) gilt dann mit (4.4), wenn die Hinreaktion mit einem Plus-, die Rückreaktion mit einem Minuszeichen versehen wird:

$$v = \frac{\Delta c(C)}{\Delta t} \tag{4.5}$$

$$v = -\frac{\Delta c(A)}{\Delta t} = -\frac{\Delta c(B)}{\Delta t} \tag{4.6}$$

Im chemischen Gleichgewicht gilt dann:

$$v_{Hin} = v_{Rück} \tag{4.7}$$

Auf (4.6) übertragen gilt:

$$-\frac{\Delta c(A)}{\Delta t} = -\frac{\Delta c(B)}{\Delta t} = +\frac{\Delta c(C)}{\Delta t} \tag{4.8}$$

In der Abb. 4.1 ist der Zustand des Gleichgewichts im rechten Teil des Diagramms eingezeichnet. Der Vollständigkeit halber soll noch angeführt werden, daß die Reaktionsgeschwindigkeit v mathematisch korrekt als Differentialquotient definiert wird:

$$v = \pm \frac{dc(i)}{dt} \tag{4.9}$$

Daraus ergibt sich, daß die Reaktionsgeschwindigkeit v gleich der Steigung in jedem Punkt (Tangentensteigung) der beiden Kurven in Abb. 4.1 ist.

4.2 Benennung und Einteilung der Enzyme

Viele Enzyme werden durch das Anhängen des Suffixes **-ase** an den Namen ihres jeweiligen Substrates, welches von ihnen umgesetzt wird, benannt. Zum Beispiel heißt das Enzym, welches Arginin spaltet, Argin**ase**. Oftmals fließt aber auch der Typ der katalysierten Reaktion in den Namen ein, so z. B. bei Glutamat-Dehydrogen**ase** (dehydrogenieren = oxidieren) oder Pyruvat-Decarboxyl**ase** (decarboxylieren = entfernen von Kohlendioxid). Enzyme, die an das Substrat eine Phosphatgruppe anknüpfen, heißen **Kinase** (eine Ausnahme bildet die Streptokinase). Als Beipiele mögen die Gluco- (Glucose ist das Substrat) und die Creatinkinase (Creatin als Substrat) dienen. Enzyme, die eine Phosphatgruppe vom Substrat abspalten, heißen **Phosphatasen**. Ein Beispiel ist die Glucose-6-phosphatase, die in der Leber Glucose-6-phosphat zu Glucose umsetzt. Einige wichtige Enzyme haben ihre traditionellen, **unsystematischen** Namen beibehalten: Pepsin, Trypsin, Chymotrypsin, Lysozym.

Tabelle 4.1: Einteilung der Enzyme nach dem Reaktionstypus, den sie katalysieren. Für jede Enzymgruppe ist ein prominentes Beispiel angegeben, das auch in diesem Buch näher angesprochen wird.

Enzymgruppe	Katalysierte Reaktion	Beispiel
Oxidoreduktasen	Redoxreaktionen	Lactat-Dehydrogenase
Transferasen	Gruppenübertragung	Hexokinase
Hydrolasen	Hydrolytische Spaltung (mit Wasser)	Cholin-Esterase
Lyasen	Eliminierungen	Argininosuccinat-Lyase
Isomerasen	Isomerisierungen	Triosephosphat-Isomerase
Ligasen	Bindungsbildung unter ATP-Spaltung	Pyruvat-Carboxylase

4.3 Der Begriff des Coenzyms

4.3.1 Definition

Bei vielen enzymatisch katalysierten Reaktionen tritt neben dem eigentlichen Enzym ein in der Regel niedermolekularer Stoff hinzu, der zusammen mit dem Substrat chemisch vom Enzym verändert wird. Ohne diesen „Zusatzstoff" ist die jeweilige Reaktion nicht möglich, er wird daher auch **Coenzym** genannt. Da Coenzyme fast immer aus einer einzelnen Reaktion chemisch verändert hervortreten und erst durch eine Folgereaktion in ihrer ursprünglichen Form regeneriert werden, sollte hierbei besser von einem **Cosubstrat** gesprochen werden.

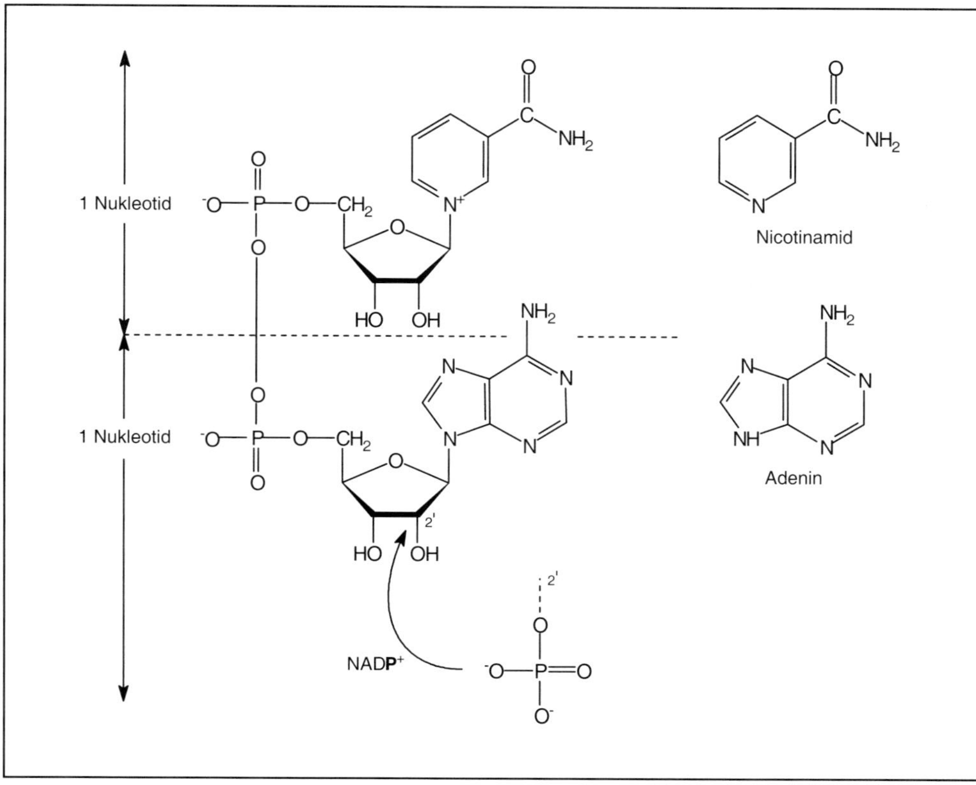

Abb. 4.2: Das Nicotinamidadenindinukleotids NAD^+ und sein Phosphats $NADP^+$ (Phosphatgruppe an C 2' der Ribose). Das NAD^+ und $NADP^+$ setzen sich aus zwei Teilnukleotiden zusammen, die über Phosphatreste miteinander verknüpft sind. Rechts die Formeln von Adenin und Nicotinamid.

Jedoch gibt es auch Coenzyme, die wie ein Enzym unverändert aus der einzelnen Reaktion hervorgehen. Hier ist der Begriff Coenzym berechtigt. Um dies anschaulicher zu machen, soll ein spezielles, im Stoffwechsel wichtiges Coenzym genauer betrachtet werden. Es handelt sich dabei um ein Coenzym der Oxidoreduktasen, das **Nicotinamidadenindinukleotid**, kurz NAD^+, das im oben definierten Sinn sowohl als Coenzym der Oxidoreduktasen sowie als Cosubstrat auftreten kann. Dazu jeweils ein Beispiel: In seiner reduzierten Form wird es als NADH + H^+ bezeichnet. Unter einem **Nukleotid** versteht man einen Stoff, der aus einer Base (Kapitel: Grundlagen der allgemeinen Chemie und Nukleinsäuren und molekulare Genetik), einem Zucker und einem Phosphat zusammengesetzt ist. Als Zucker im Nukleotid findet man in der Regel Ribose oder Desoxyribose (Kapitel: Kohlenhydrate I), als Base am häufigsten Adenin, Guanin, Cytosin, Thymin oder Uracil. Nukleotide können eine (Monophosphat), zwei (Diphosphat) oder gar drei Phosphatgruppen (Triphosphat) beinhalten. Ein sehr wichtiges Triphosphatnukleotid ist das Adenosintriphosphat ATP. Es besteht aus Adenin, Ribose und Triphosphat. Auch das NAD^+ ist ein Nukleotid. NAD^+ existiert häufiger in leicht veränderter Form, wobei an der 2'-Position des einen Ribosemoleküls eine Phosphatgruppe gebunden ist. Das Coenyzm heißt dann $NADP^+$ bzw. $NADP^+$ + H^+. NAD^+ fungiert in der Zelle als Redoxsystem (Kapitel: Grundlagen der allgemeinen Chemie). Entscheidend für die Redoxreaktion ist dabei die Ringstruktur des Nicotinamids.

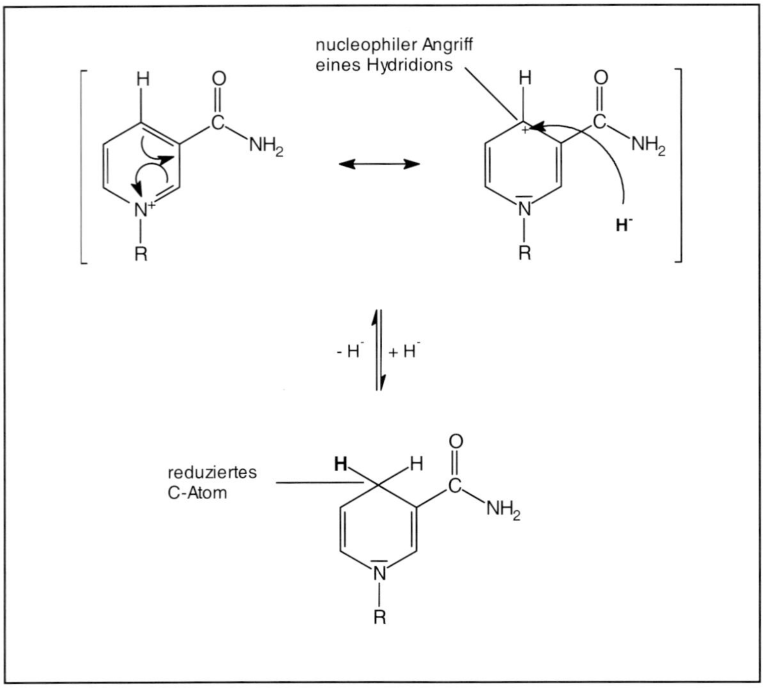

Abb. 4.3: Redoxreaktion des Nicotinamids. Man beachte, daß hier der seltene Fall einer Hydridionenverschiebung (H^-) zu beobachten ist! Bei dieser Reaktion ordnen sich die Doppelbindungen des Ringsystems neu an, während das gekennzeichnete C-Atom reduziert bzw. oxidiert wird.

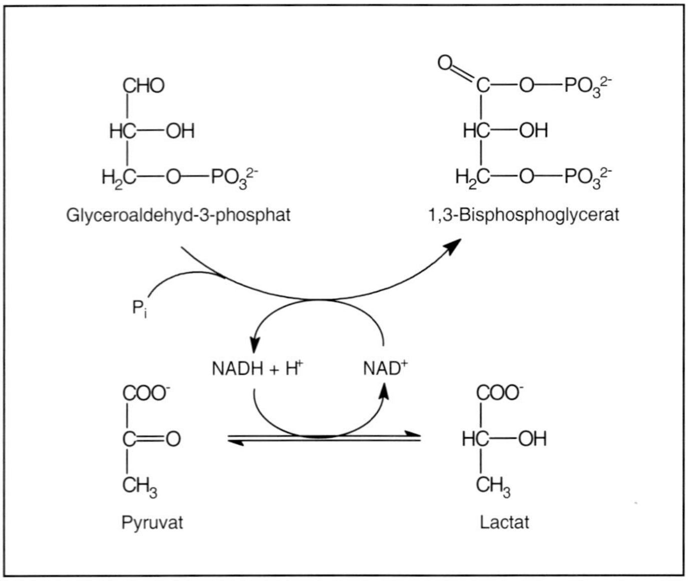

Abb. 4.4: Die Rolle des Cosubstrats NAD^+/NADH + H^+ bei zwei Reaktionen aus der Glykolyse. Oxidiert wird hier ein Zuckerphosphat namens Glycerolaldehyd-3-phosphat, reduziert wird Pyruvat, das Anion der Brenztraubensäure. Die Reaktionen dienen als Beispiel, ihre Bedeutung und Funktion werden im Kapitel „Kohlenhydrate II" beschrieben. P_i steht für anorganisches Phosphat HPO_4^{2-}

Wie aus Abb. 4.3 ersichtlich, werden bei dieser Redoxreaktion (formal) zwei Wasserstoffatome in Gestalt eines **Hydridions H^-** und eines Protons H^+ auf einen Wasserstoffakzeptor übertragen. Als ein gutes Beispiel dafür, daß NAD^+ als typisches Cosubstrat auftritt, mögen zwei Reaktionen der anaeroben Glykolyse, einem Stoffwechselabbauweg der Zukker, dienen. Bei der ersten Reaktion wird NAD^+ zu NADH + H^+ reduziert, also chemisch verändert. In einer Zweitreaktion wird NADH + H^+ dann wieder oxidiert und NAD^+ regeneriert.

Bei einer Isomerasereaktion aus dem Stoffwechsel der Galactose (ein Zucker) fungiert NAD^+ dagegen als klassisches Coenyzm. Das Enzym dieser Reaktion heißt **UDP-Glucose-4-epimerase**, an dem NAD^+ ungewöhnlicherweise während der ganzen Reaktion kovalent gebunden bleibt und aus dieser Reaktion unverändert hervorgeht. Hier ist NAD^+ als klassisches Coenzym anzusehen. Ungeachtet der hier beispielhaft erläuterten Unterscheidung zwischen Coenzymen und -substraten spricht man jedoch allgemein nur von Coenzymen.

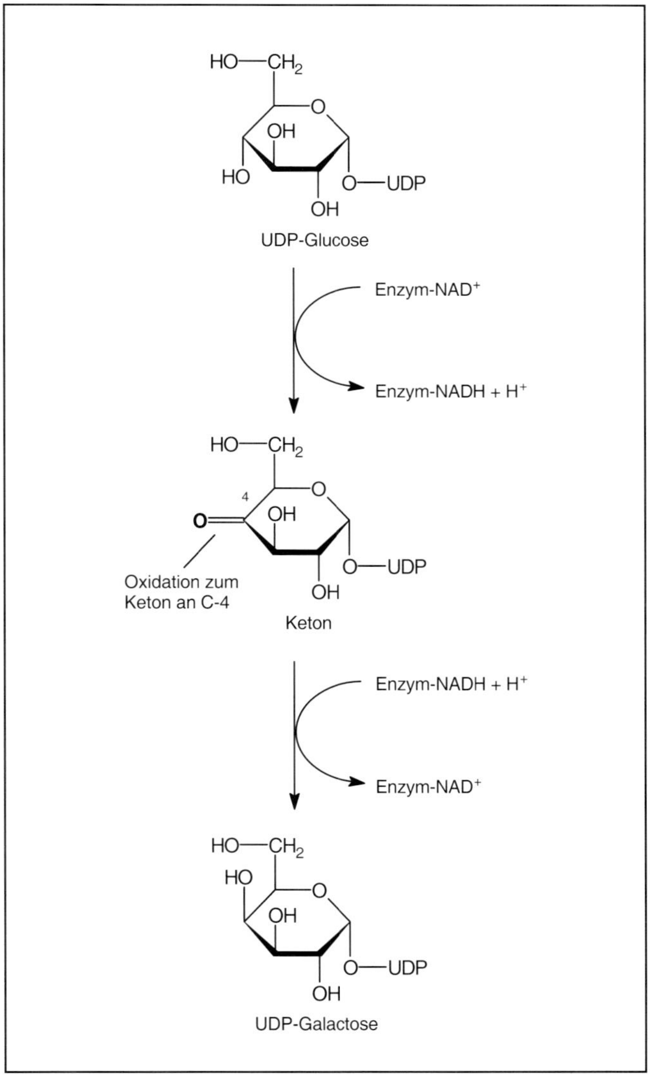

Abb. 4.5: Die Rolle des Coenzyms NAD^+/NADH + H^+ bei der Isomerisierung von Glucose zu Galactose (ein Isomer der Glucose). Auf die Reaktion selbst und das Coenzym UDP wird im Kapitel „Kohlenhydrate II" eingegangen.

4.3.2 Der Vitaminbegriff

Viele Coenzyme werden in der Zelle aus Vitaminen aufgebaut. **Vitamine** sind Stoffe, die lebensnotwendig sind und nicht eigenständig von der menschlichen Zelle synthetisiert werden können. Sie müssen, wenn auch in sehr geringen Mengen, mit der Nahrung zugeführt werden. Allerdings erfährt diese Definition des Vitaminbegriffs gewisse Einschränkungen. So kann das Nicotinsäureamid bzw. die Nicotinsäure (Niacin), das zum NAD^+ gehörende Vitamin, in begrenztem Umfang vom Menschen aus der Aminosäure **Tryptophan** in Leber und Erythrocyten erzeugt werden (aus 60 mg Tryptophan entsteht 1 mg Nicotinsäureamid). Nur bei tryptophanarmer Ernährung (Mais) ist die Zufuhr von Nicotinsäureamid über die Nahrung notwendig. Auch das Calcitriol (Vitamin D) synthetisiert der menschliche Organismus in der Regel aus Cholesterol (Kapitel: Lipide I). Im einzelnen werden die Coenzyme bei den entsprechenden Stoffwechselwegen, in denen sie auftreten, besprochen.

Tabelle 4.2: Nicotinsäure bzw. ihr Amid im tabellarischen Überblick. Das Wort Pellagra leitet sich von „pella agra", rauhe Haut, ab.

Nicotinsäure/Nicotinsäureamid (Bestandteil des Vitamin B_2-Komplexes)	
Vorkommen	Hefe, Leber, Nieren, Muskelfleisch, Erdnüsse, Bohnen, Erbsen, Linsen, Pilze, Lachs, Thunfisch, Makrele
Bedarf (pro Tag)	Erwachsene 8,8 mg bei weniger als 8340 kJ/d Energiezufuhr mit der Nahrung, bei Lactation und Schwangerschaft 7 bzw. 3 mg mehr.
Bedeutung	Als NADH + H^+ bzw. NADPH + H^+ Wasserstoffüberträger, Cosubstrat bzw. Coenzym vieler Dehydrogenasen (Glykolyse, Gärungen, Citratzyklus, Fettsäureoxidation)
Vitaminmangel	**Pellagra**: Die Pellagra tritt besonders in Gegenden auf, in denen Mais Hauptnahrungsmittel ist. Selten findet man das Krankheitsbild bei chronischem Alkoholismus, Leberzirrhose, Diabetes mellitus, chronischer Diarrhoe oder bei Tumoren. Die Krankheit wird durch Sonnenlicht begünstigt. Typisch sind die Hautveränderungen in Form einer **Dermatitis** (entzündliche Reaktion der Haut) an den lichtexponierten Bereichen. Zunächst findet man eine Rötung dieser Hautbezirke (Erythem), dann wird die Haut trokken, rissig und atrophisch. Weiterhin fällt eine chronische Entzündung der Schleimhäute von Mundhöhle, Zunge und Magen auf. Die Patienten leiden unter oft blutigen **Diarrhoen**. Daneben treten Störungen des zentralen Nervensystems wie Halluzinationen, **Delirien** und Verwirrungszustände auf.

4.4 Aktivierungsenergie und Übergangszustand

Aus dem Schulunterricht ist bekannt, daß die Gase Sauerstoff und Wasserstoff nach

$$2\ H_2 + O_2 \rightarrow 2\ H_2O + \text{Energie} \tag{4.10}$$

zu Wasser reagieren. Diese als **Knallgasreaktion** bekannte Umsetzung läuft sehr heftig ab, vorausgesetzt, man hält an das Wasserstoff/Sauerstoff-Gemisch eine offene Flamme. Überraschenderweise passiert jedoch nichts, wenn man die beiden genannten Gase bei Raumtemperatur mischt! Offensichtlich liegt dann für die Reaktion eine „Barriere" vor, die die Edukte nicht zu überwinden vermögen. Das Reaktionsgemisch muß offenbar erst aktiviert werden, um dann nach Überwinden der „Barriere" wie beschrieben reagieren zu können. Wir wollen die Reaktion (4.10) in einer verallgemeinerten Form betrachten:

$$A_2 + B_2 \rightarrow 2\ AB \tag{4.11}$$

Zunächst werden die alten Bindungen zwischen den A- und B-Atomen der Moleküle A-A und B-B gelöst, bevor die neue Bindung zwischen A und B (A-B) geknüpft wird. Dazu sind zwei Voraussetzungen zu erfüllen, welche auch Abb. 4.6 veranschaulicht:

- A-A und B-B müssen heftig genug aufeinanderprallen, damit die bestehenden Bindungen aufgebrochen werden können.
- A-A und B-B müssen räumlich zueinander passend angeordnet sein, damit sich nach Lösung der alten Bindungen die neuen A-B-Bindungen ausbilden können.

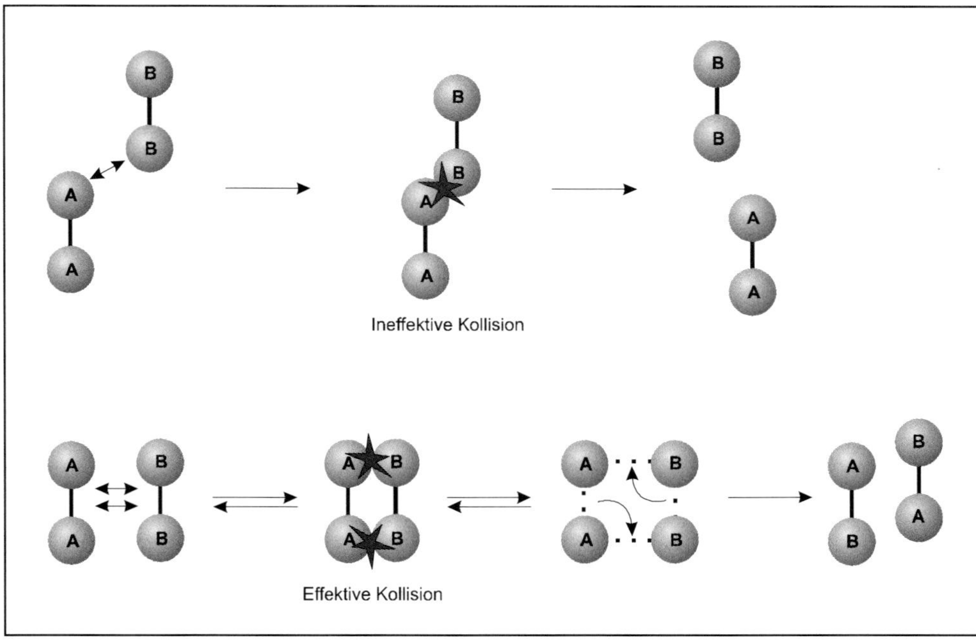

Abb. 4.6: Orientierung eines Stoßes als Reaktionsparameter. Die räumliche Anordnung entscheidet mit über die Effektivität einer Molekülkollision.

Bei der effektiven Kollision in Abb. 4.6 prallen die Teilchen A-A und B-B mit ausreichender Geschwindigkeit aufeinander, so daß ihre Bindungen aufbrechen. Die Geschwindigkeit der einzelnen Moleküle wird mit steigender Temperatur erhöht, also das Auftreten effektiver Kollisionen wahrscheinlicher. Dies steht im Einklang mit der Erfahrung, daß die Reaktionsgeschwindigkeit v einer chemischen Reaktion bei Erhöhung der Temperatur ansteigt (sogenannte Reaktionsgeschwindigkeits-Temperatur-Regel). Ist die Temperatur also ausreichend hoch und sind die reagierenden Teilchen damit schnell genug, kommt es bei geeigneter räumlicher Anordnung zu einem Komplex, innerhalb dessen alte Bindungen gelöst und neue geknüpft werden. Man nennt diesen kurzlebigen und energiereichen Komplex den **Übergangszustand**. Er wird in eckige Klammern gesetzt und seine „Bindungen" gestrichelt wiedergegeben (Abb. 4.7). Da aber die Teilchen aus dem Übergangszustand heraus auch wieder in die Ausgangsstoffe „zurückfallen" können, muß Abb. 4.7 ergänzt werden:

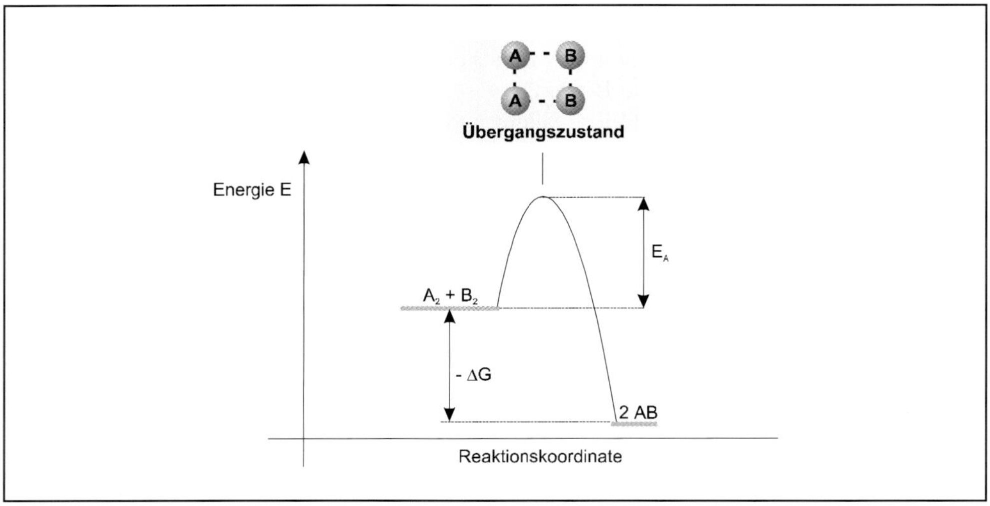

Abb. 4.7: Chemische Reaktion mit eingezeichnetem Übergangszustand. Der Ablauf einer chemischen Reaktion mit Übergangszustand läßt sich übersichtlich in einem Energieprofildiagramm darstellen. In diesem ist die potentielle Energie E_{pot} eines reagierenden chemischen Systems gegen eine „Reaktionskoordinate" aufgetragen. So läßt sich der jeweilige energetische Zustand während der gesamten Reaktion ablesen. E_A ist die sogenannte Aktivierungsenergie, ΔG die freie Reaktionsenthalpie.

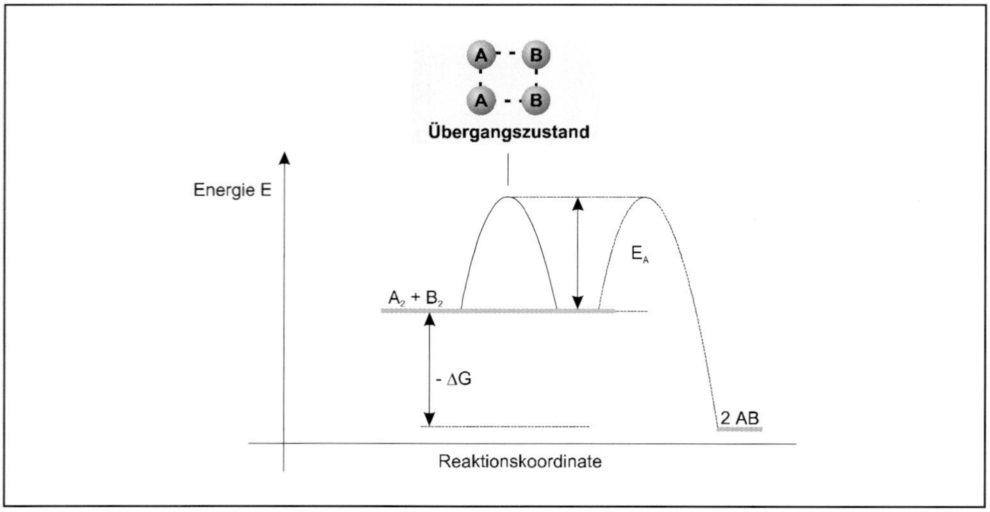

Abb. 4.8: Reversibilität des Übergangszustandes. Eine Rückreaktion vom Übergangszustand zurück zu den Ausgangsstoffen ist ebenso möglich wie eine Produktbildung. Die Abbildung zeigt hier den „Rückfall" zum Ausgangszustand mit den Edukten A_2 und B_2. Gestrichelt ist der Reaktionsablauf zum Produkt AB eingezeichnet.

Bei unserer Reaktion (4.11) kann man für den exergonen und den endergonen Ablauf zwei unterschiedliche Diagramme aufstellen (Abb. 4.9). Die zur Überwindung der „Barriere" mit dem Übergangszustand als Scheitelpunkt („Gipfel") notwendige Energie heißt **Aktivierungsenergie** E_A. Diese kann einem chemischen System beispielsweise in Form von Wärme oder Lichtenergie (photochemische Reaktionen) zugeführt werden. Die „Barriere" können wir auch als Aktivierungsberg bezeichnen. Sein Gipfel wäre dann der Übergangszustand. Von diesem kann das System in Richtung Produkte „herab-" oder aber wieder auf den Zustand der Edukte (Ausgangsstoffe) „zurückfallen".

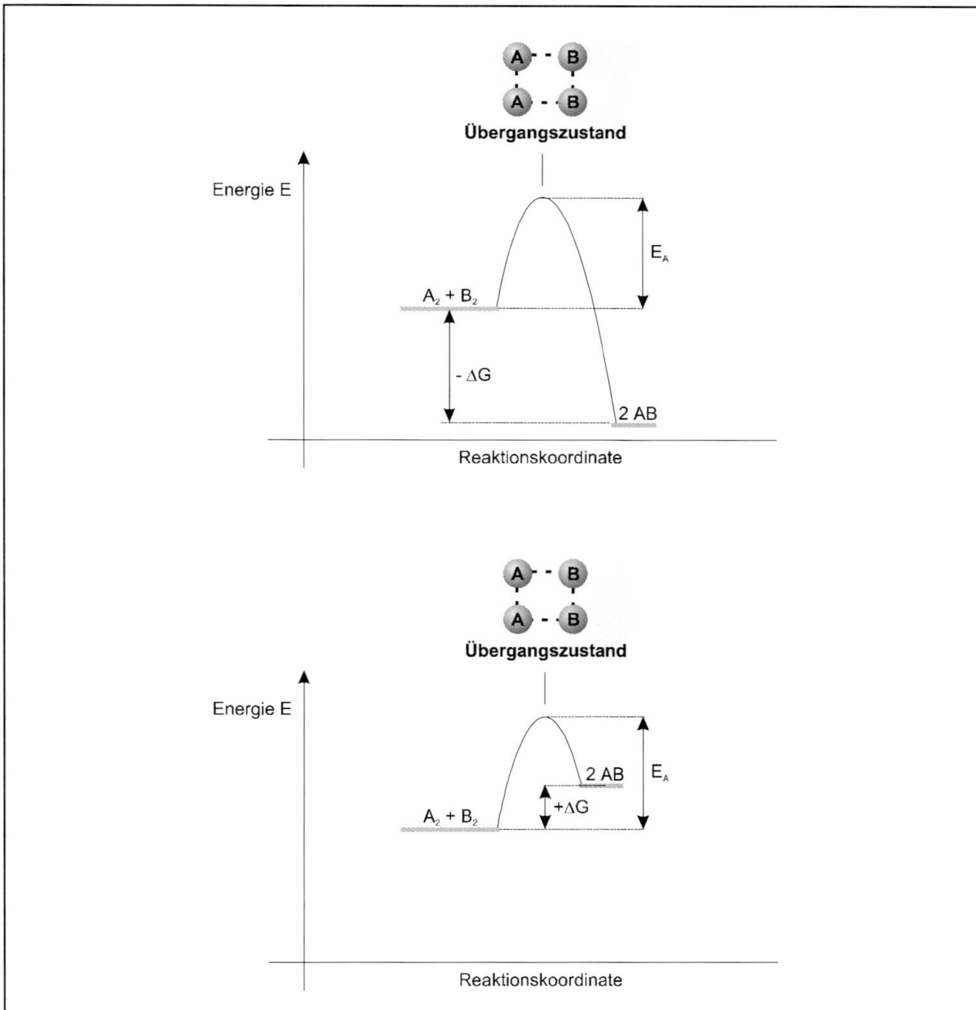

Abb. 4.9: Energieprofildiagramme der Reaktion (4.11) bei exergonem ($\Delta G < 0$) und endergonem ($\Delta G > 0$) Verlauf.

Bei Anwesenheit eines Katalysators wird dieser Aktivierungsberg verkleinert, er wird sozusagen zum Hügel „zusammengestutzt". Oder anders ausgedrückt: E_A wird bei Anwesenheit eines Katalysators für die katalysierte Reaktion im Gegensatz zur unkatalysierten vermindert.

Die betrachtete Reaktion kann nun schneller ablaufen, da die Überwindung des Aktivierungsberges bei sonst gleichen Bedingungen (Temperatur, Druck) viel leichter möglich ist. Aus Abb. 4.10 läßt sich noch eine weitere wichtige Erkenntnis gewinnen: Die freie Reaktionsenthalpie ΔG ist bei katalysierter und nicht katalysierter Reaktion gleich. Daraus ergibt sich, daß ein Katalysator **keinen Einfluß auf die Lage des chemischen Gleichgewichts** einer bestimmten Reaktion nimmt! Und noch etwas wird deutlich: Die Aktivierungsenergie für die Rückreaktion (Zerfall in A_2 und B_2) ist höher als diejenige der Hinreaktion (Synthese von 2 AB), die somit auch unter Einfluß eines Katalysators für die betrachtete Modellreaktion begünstigt bleibt.

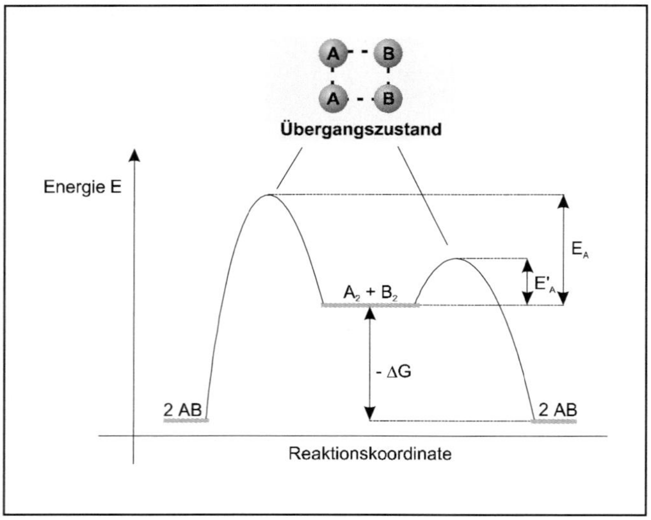

Abb. 4.10: Einfluß eines Katalysators auf die Aktivierungsenergie einer chemischen Reaktion. Links der Verlauf einer unkatalysierten Reaktion, rechts bei Anwesenheit eines Katalysators. Es ist wichtig festzuhalten, daß sich ΔG der betreffenden Reaktion nicht ändert. Lediglich die Aktivierungsenergie E_A wird zu E'_A bei der katalysierten Umsetzung vermindert.

Die Beziehung zwischen der Geschwindigkeitskonstanten k einer chemischen Reaktion (Kapitel: Grundlagen der allgemeinen Chemie) und der Aktivierungsenergie E_A bzw. der Temperatur T (sie wird jedoch zumeist konstant gehalten, so daß das gesamte Produkt RT als eine Konstante angesehen werden kann) wird durch die **ARRHENIUS-Gleichung** verdeutlicht:

$$k = A \cdot e^{-\frac{E_A}{RT}} \tag{4.12}$$

Logarithmiert man (4.12), so folgt:

$$\ln k = \ln A - \frac{E_A}{R} \cdot \frac{1}{T} \tag{4.13}$$

In Gleichung (4.12) ist **R** die **allgemeine Gaskonstante** und T die absolute Temperatur in Kelvin K, nicht in °C! Der Wert der Gaskonstanten ist **8,314 J/(K · mol)**. Daneben taucht ein für uns unbekannter Faktor A auf. Er setzt sich aus zwei weiteren Größen zusammen, der Stoßzahl Z und dem sterischen (steros gr. Raum) Faktor P. Die Stoßzahl Z gibt die Zahl der Zusammenstöße zwischen den reagierenden Teilchen wieder, während der sterische Faktor P den Einfluß der räumlichen Struktur der betrachteten Teilchen auf die Geschwindigkeit chemischer Reaktionen beschreibt. Wir hatten ja bereits gesehen, daß für das Entstehen eines Übergangszustandes eine geeignete räumliche Anordnung unabdingbar ist. Somit ergibt sich für A:

$$A = P \cdot Z \tag{4.14}$$

Gleichung (4.13) weist die Form der Geradengleichung mit der Steigung - E_A/R und dem Ordinatenabschnitt ln A auf. Die Auftragung von ln k gegen 1/T ergibt folgendes Bild:

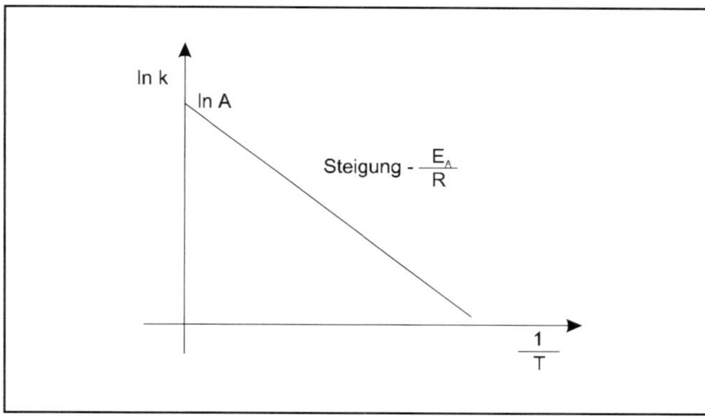

Abb. 4.11: Graph der ARRHENIUS-Gleichung bei Auftragung von ln k gegen 1/T. Bestimmt man experimentell k-Werte bei verschiedenen Temperaturen und trägt sie wie in der Abbildung gezeigt auf, so kann man sie aus der Steigung E_A berechnen (R ist ja bekannt). Den Wert von ln A erhält man aus dem Ordinatenabschnitt der Geraden.

Die ARRHENIUS-Gleichung zeigt, daß k mit der absoluten Temperatur T in Kelvin exponentiell und damit sehr stark steigt. Die Konstante nimmt immer kleinere Werte an, je höher die Aktivierungsenergie E_A für eine bestimmte Reaktion bei gegebenen Bedingungen wird. Bei definierten Konzentrationen der Edukte ist mit

$$+v = k \cdot c(A_2) \cdot c(B_2) \tag{4.15}$$

am Beispiel unserer Reaktion zwischen A-A und B-B zu ersehen, daß auch die Reaktionsgeschwindigkeit +v der Hinreaktion mit T ansteigt und umgekehrt bei größerem E_A kleiner wird. Die ARRHENIUS-Gleichung ist folglich die mathematische Zusammenfassung dessen, was in Worten zuvor in diesem Kapitel ausgeführt wurde.

4.5 Das aktive Zentrum

Enzyme sind Proteine und somit sehr komplexe Moleküle. Aufgrund ihrer Komplexität sind sie in der Lage, bestimmte räumliche Überstrukturen wie Tertiär- und Quartärstruktur auszubilden.

Das aktive Zentrum ist ein räumlicher Bezirk innerhalb der dreidimensionalen Gesamtstruktur des Enzyms. Es hat die Form einer „Höhle", einer „Spalte", „Kaverne" (caverna lat. Höhle) oder „Grube". Aminosäuren kleiden als „Wandungen" das aktive Zentrum aus. Sie stellen über die oben angeführten Bindungsarten den chemischen Kontakt zum Substrat her.

Das aktive Zentrum ist räumlich gleichsam das Negativ zum Substrat, beide passen wie Schlüssel und Schloß zusammen. Dieses bereits 1894 von EMIL FISCHER[1] formulierte **Schlüssel-Schloß-Modell** erklärt die Spezifität der Enzyme zu ihrem jeweiligen Substrat, bietet jedoch keine Erklärung für den Ablauf der Katalyse selbst. Dies wurde durch eine Fortentwicklung des Schlüssel-Schloß-Modells, dem sogenannten **Induced-fit-Modell** (induced fit engl. induzierte Anpassung) möglich. Nach diesem Modell ergibt sich folgender Ablauf der Katalyse: Das Substrat wird zunächst von den das aktive Zentrum auskleidenden Aminosäuren gebunden. Dabei sind zwei Erscheinungen von besonderer Bedeutung: Erstens wird das Substrat seinem wäßrigen Milieu entzogen und gelangt innerhalb des aktiven Zentrums in eine andere chemische Umgebung. Zweitens führt die Ausbildung von Bindungen zwischen Substrat und Aminosäuren (den „Wänden" des aktiven Zentrums) zu Veränderungen der räumlichen Struktur sowohl des Enzyms als auch des Substrats. Im reaktiven Bereich wird das Substrat räumlich und in seiner Elektronenhüllenstruktur deformiert, es wird gleichsam „in die Mangel" genommen und in seinen Übergangszustand gepreßt. Das umgebende aktive Zentrum nimmt nun eine dazu komplementäre (complementum lat. Ergänzung) Struktur an und bildet gewissermaßen das Negativ zum Übergangszustand des Substrats. Dabei werden alte Bindungen zwischen den Aminosäuren des aktiven Zentrums aufgebrochen und neue zum Substrat geknüpft.

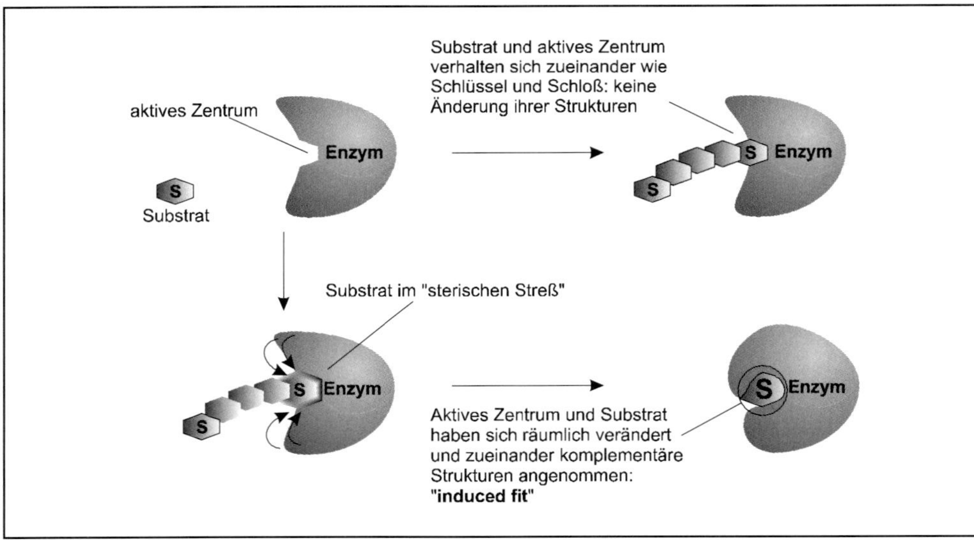

Abb. 4.12: Darstellung des Schlüssel-Schloß- und des Induced-fit-Modells.

Diese sterische Anpassung mit zeitlich und räumlich genau geordneten Bindungsstrukturen zwischen Substratübergangszustand und aktivem Zentrum schafft eine chemische Umgebung mit Reaktionsbedingungen, die eine Herabsetzung der Aktivierungsenergie gegenüber der unkatalysierten Reaktion erlauben. Auf diese Weise können auch mehrere Sub-

[1]**FISCHER, EMIL**: * 1852, † 1919: Deutscher Chemiker. Neben der von ihm formulierten „Schlüssel-Schloß-Beziehung" zwischen Enzym und Substrat wies er auch nach, daß Proteine Polypeptide sind. Für seine synthetischen Arbeiten auf dem Gebiet der Zucker- und Purinchemie erhielt FISCHER 1902 den Nobelpreis für Chemie.

strate in eine räumlich geeignete Orientierung zueinander gebracht werden. Der **Enzym-Substrat-Komplex ES** ist also Ausdruck des im Übergangszustand befindlichen Substrats S während der Katalyse. Nach Ablauf der chemischen Reaktion im aktiven Zentrum entläßt das Enzym sein(e) Substrat(e) aus demselben und kehrt zu seiner ursprünglichen räumlichen Struktur zurück. Als Fazit können wir festhalten: Das aktive Zentrum bildet eine Komplementärstruktur zum Übergangszustand des Substrats.

4.6 Die Triosephosphat-Isomerasereaktion

Die Reaktion der Triosephosphat-Isomerase ist einer der enzymatischen Schritte der Glykolyse, einem wichtigen Stoffwechselweg des Kohlenhydratabbaus. Chemisch gesehen handelt es sich bei dieser Umsetzung um die Isomerisierung zweier Triosen (Kohlenhydrate mit drei Kohlenstoffatomen), wobei Glycerolaldehyd-3-phosphat und sein Strukturisomer Dihydroxyacetonphosphat via Endiolzwischenstufe ineinander überführt werden.

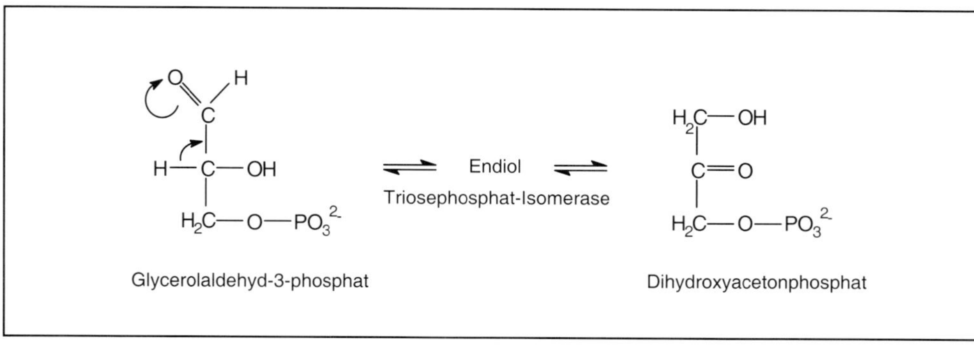

Abb. 4.13: Die Triosephosphat-Isomerasereaktion. Das Enzym katalysiert die Umwandlung von einem Strukturisomer in das jeweils andere. Bei der Reaktion wird ein Stadium durchlaufen, das durch ein Endiol, also einen Alkohol mit einer Doppelbindung und zwei Hydroxylgruppen, repräsentiert wird. Die Formierung der Bindungen zum Endiol ist bereits am Glycerolaldehyd-3-phosphat angedeutet. Näheres zu dieser Reaktion erfahren wir im Kapitel „Kohlenhydrate II".

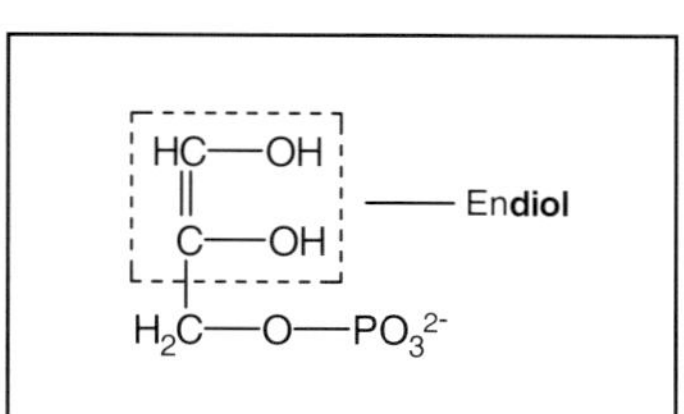

Abb. 4.14: Die Endiolstruktur als Zwischenstufe der Triosephosphat-Isomerasereaktion. Die Doppelbindung (en) im Molekül wird von zwei Hydroxylgruppen (diol) flankiert.

Die Triosephosphat-Isomerase ist eine dimeres Enzym, dessen identische Untereinheiten sowohl α-Helices als auch β-Faltblattstrukturen beinhalten. Die Isomerisierung des Substrats am aktiven Zentrum verläuft über eine Endiolstuktur als Zwischenstufe. Eine genauere Betrachtung zeigt, daß bei der Umsetzung Protonen verschoben werden, wobei ein Glutamylrest (Glu 165) als Akzeptor, ein Histidyl- bzw. Lysylrest (His 95 und Lys 12) des aktiven Zentrums als Protonendonor (H^+) fungiert.

Der Reaktionsmechanismus der Abb. 4.15 zeigt exemplarisch für alle enzymatischen Reaktionen, daß kein Unterschied zu „chemischen" Umsetzungen besteht. Hier wie dort werden Bindungen chemisch gelöst und neue geknüpft, so wie man es aus der organischen Chemie bei nichtenzymatischen Reaktionen gewohnt ist. Nur Spezifität und Geschwindigkeit einer Enzymkatalyse setzen diese deutlich von einem rein chemischen Reaktionsablauf ab! Wenn wir uns jetzt noch das Energieprofildiagramm der betrachteten Isomerasereaktion vergegenwärtigen, müssen wir Abb. 4.9 und Abb. 4.10 in Form der Abb. 4.16 verfeinern.

Im Reaktionsverlauf existieren verschiedene Zwischenstufen, die über ebenfalls diverse Aktivierungsbarrieren erreicht werden. Die dabei aufgewendeten Aktivierungsenergien sind in jedem Falle kleiner als diejenige der unkatalysierten Reaktion. Wir halten also fest: Bei Enzymkatalysen treten mehrere Zwischenstufen auf, für die im Energieprofildiagramm jeweils ein Aktivierungsenergieberg existiert. Die aufzuwendende Aktivierungsenergie ist dabei in jedem Falle kleiner als die der jeweiligen unkatalysierten (chemischen) Umsetzung.

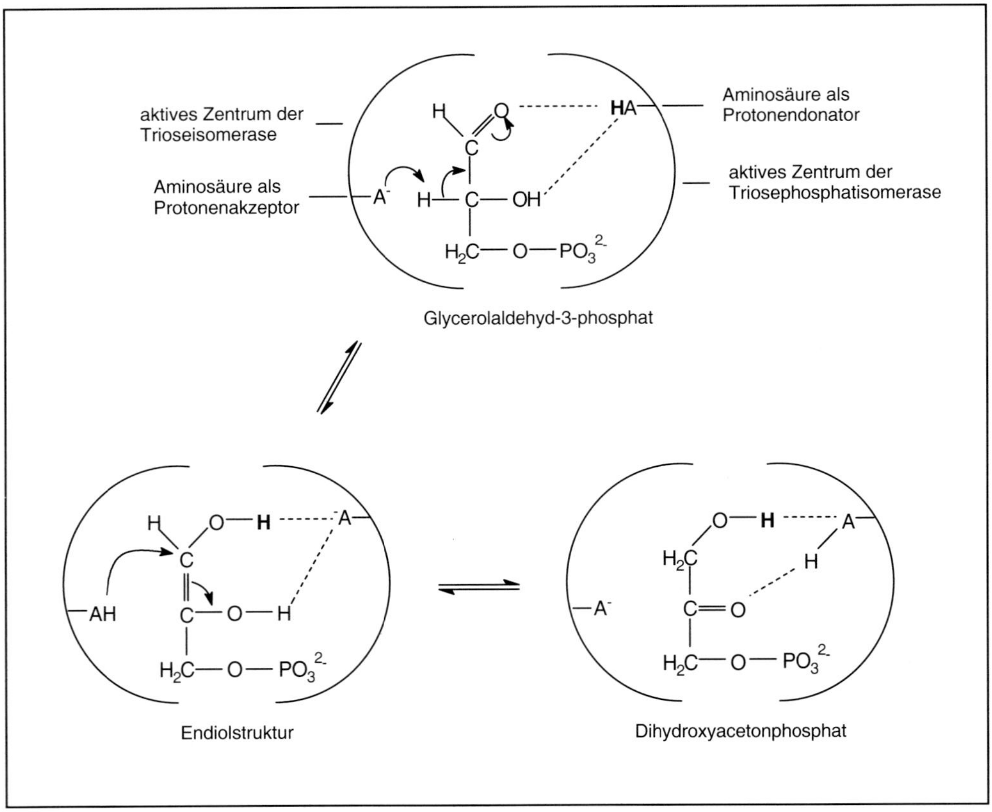

Abb. 4.15: Der genaue Mechanismus der Triosephosphat-Isomerasereaktion. Man beachte, wie Aminosäuren des aktiven Zentrums (Glu 165 und His 95 bzw. Lys 12) als Protonendonor bzw. -akzeptor auftreten. Als Zwischenprodukt ist die instabile Endiolstruktur eingezeichnet.

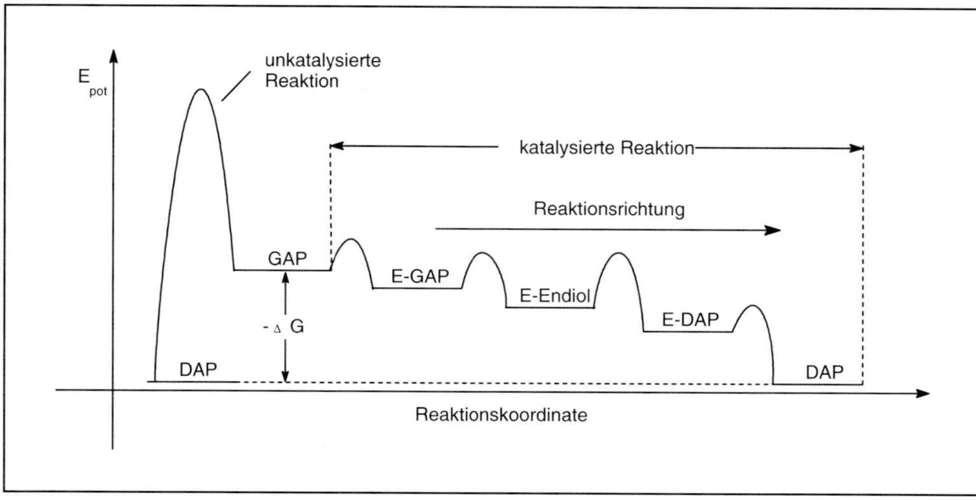

Abb. 4.16: Schematisches Energieprofildiagramm der Triosephosphat-Isomerasereaktion. Die Reaktion weist mehrere Übergangszustände auf. Die einzelnen Aktivierungsenergien sind sehr viel kleiner als diejenige der unkatalysierten Reaktion. Der Aktivierungsberg wird also in mehrere „Hügel" aufgeteilt, über die sich die katalysierte Reaktion von Zwischenstufe zu Zwischenstufe zum Endprodukt „hangelt". GAP: Glycerolaldehyd-3-phosphat, DAP: Dihydroxyacetonphosphat, E: Enzym.

4.7 MICHAELIS-MENTEN-Kinetik

4.7.1 Die MICHAELIS-MENTEN-Gleichung

Bereits 1913 leiteten LEONOR MICHAELIS[2] und MAUD MENTON eine mathematische Gleichung her, die enzymatische Ein-Substrat-Reaktionen auf relativ einfache Weise beschreibt.

Tabelle 4.3: Verwendete Abkürzungen für die Herleitungen der MICHAELIS-MENTEN-, der LINEWEAVER-BURK- und der EADIE-HOFSTEE-Gleichung.

Abkürzung	Bedeutung
E	Enzym
S	Substrat
ES	Enzym-Substrat-Komplex
P	Produkt
k_{+1}	Geschwindigkeitskonstante für die Synthese des ES-Komplexes
k_{-1}	Geschwindigkeitskonstante für den Zerfall des ES-Komplexes in E und S
k_{+2}	Geschwindigkeitskonstante für den Zerfall von ES in E und P
k_{-2}	Geschwindigkeitskonstante für die Bildung von ES aus E und P

Diese Gleichung verliert an Gültigkeit, sobald komplexere Katalysen, beispielsweise mit mehreren Substraten, betrachtet werden. Ungeachtet dessen bildet die MICHAELIS-MENTEN-

[2]**MICHAELIS, LEONOR**: * 1875, † 1950. Entwickelte 1913 zusammen mit **MAUD MENTON** die nach ihnen benannte kinetische Enzymtheorie.

Gleichung auch in diesen Fällen den Ausgangspunkt aller theoretischen Überlegungen, sie ist gleichsam das Fundament mathematischer Beschreibungen in der Enzymkinetik.

Da diese Formel außerdem ein brauchbares Instrument für die Diskussion enzymatischer Hemmungen darstellt, ist es sinnvoll, diese Fundamentalgleichung der Enzymkinetik herzuleiten und damit auch zu verstehen. Bei der nun folgenden Herleitung der MICHAELIS-MENTEN-Gleichung sollen die in Tabelle 4.3 aufgeführten Abkürzungen gelten. Das der Herleitung zugrunde liegende Reaktionsschema zeigt Abb. 4.17

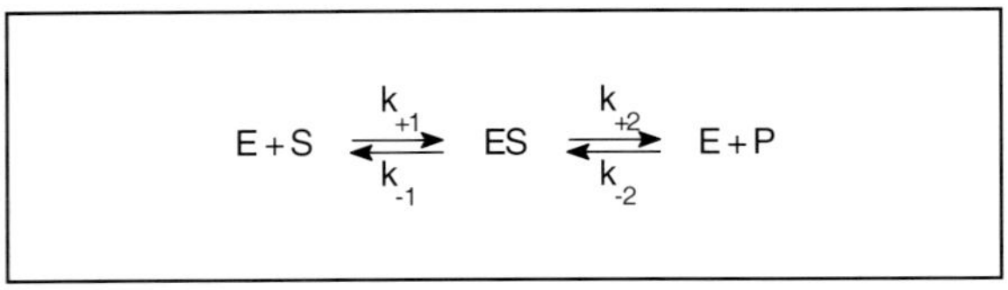

Abb. 4.17: Reaktionsschema, das der folgenden Herleitung der MICHAELIS-MENTEN-Gleichung zugrunde liegt.

Für die aktuelle Konzentration an Enzym c(E) gilt, wenn $c_0(E)$ die Gesamtkonzentration an Enzym und c(ES) die Konzentration von Enzym-Substrat-Komplex ist:

$$c_0(E) = c(E) + c(ES) \tag{4.16}$$

Und somit gilt für c(E):

$$c(E) = c_0(E) - c(ES) \tag{4.17}$$

Vereinfachend wollen wir annehmen, daß die Reaktionsgeschwindigkeit v für den Reaktionsablauf in Abb. 4.17 lediglich vom letzten Schritt, dem Zerfall von ES in P und E abhängt. Dies ist zulässig, weil dieser Teilschritt der langsamste ist und daher die Geschwindigkeit der gesamten Reaktion in Abb. 4.17 limitiert und somit bestimmt. Folglich dürfen wir für die Reaktionsgeschwindigkeit v schreiben:

$$v = k_{+2} \cdot c(ES) \tag{4.18}$$

mit

$$ES \rightarrow E + P \tag{4.19}$$

als geschwindigkeitsbestimmendem Schritt. Faßt man (4.18) in Worten zusammen, so läßt sich formulieren: Die Geschwindigkeit des limitierenden Reaktionsschrittes nach (4.19) und damit der Gesamtreaktion ist von der Konzentration des ES-Komplexes direkt abhängig. Unsere Betrachtungen beziehen sich weiterhin auf den Fall, daß die Substratkonzentration c(S) groß und die Produktkonzentration c(P) fast oder gleich 0 ist. Folglich darf dann die Rückreaktion

$$P + E \rightarrow ES \tag{4.20}$$

vernachlässigt werden. Dann gelten unter Berücksichtigung von (4.17) für die Bildung und den Zerfall von ES folgende Beziehungen, wobei die Vorzeichen von v für die Hin- (+) bzw. Rückreaktion (-) stehen:

$$+v = k_{+1} \cdot c(E) \cdot c(S) \tag{4.21}$$

Und mit Gleichung (4.17) folgt dann aus (4.21):

$$+v = k_{+1} \cdot [c_0(E) - c(ES)] \cdot c(S) \tag{4.22}$$

Für den Zerfall von ES zu E + S bzw. E+ P dürfen wir schreiben:

$$-v = k_{-1} \cdot c(ES) + k_{+2} \cdot c(ES) \tag{4.23}$$

Gleichung (4.23) wird durch Ausklammern vereinfacht:

$$-v = (k_{-1} + k_{+2}) \cdot c(ES) \tag{4.24}$$

In einem **Fließgleichgewicht** sind Bildung und Zerfall von ES gleich groß, d. h. es wird immer gerade genausoviel ES gebildet, wie gleichzeitig davon zerfällt. Mit anderen Worten: Im Fließgleichgewicht bleibt die ES-Konzentration c(ES) konstant und verändert sich netto nicht!

Unter der Annahme eines Fließgleichgewichts für c(ES) dürfen wir nun (4.22) und (4.24) gleichsetzen:

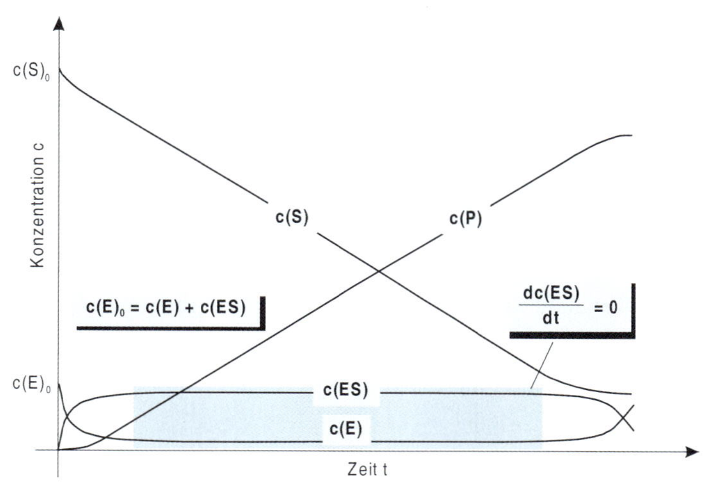

Abb. 4.18: Die Abbildung zeigt das Konzentrations-/Zeitverhalten der Reaktionsteilnehmer einer MICHAELIS-MENTEN-Enzymreaktion. Im schattierten Areal ist die Konzentration des Enzym-Substrat-Komplexes konstant, d. h. die Änderung von c(ES) in der Zeiteinheit ist 0. In diesem Bereich mit c(S) >> $c(E)_0$ (Substratsättigung) herrscht eine Fließgleichgewicht für ES, welches die Voraussetzung für die hier durchgeführte Herleitung der MICHAELIS-MENTEN-Gleichung ist.

$$k_{+1} \cdot [c_0(E) - c(ES)] \cdot c(S) = (k_{-1} + k_{+2}) \cdot c(ES) \tag{4.25}$$

An dieser Stelle sei noch einmal daran erinnert, daß diese Gleichung nur unter der oben gemachten Voraussetzung einer vernachlässigbaren Rückreaktion aus P und E zu ES gilt! (4.25) wird nun so umgeformt, daß wir die drei Geschwindigkeitskonstanten zu einer neuen Konstanten zusammenfassen können:

$$K_M = \frac{[c_0(E) - c(ES)] \cdot c(S)}{c(ES)} = \frac{k_{-1} + k_{+2}}{k_{+1}} \tag{4.26}$$

Der Quotient aus den drei Geschwindigkeitskonstanten ist wieder eine Konstante und heißt **MICHAELIS-Konstante K_M**. Umformung von (4.25) ergibt:

$$K_M = \frac{c_0(E) \cdot c(S) - c(ES) \cdot c(S)}{c(ES)} \tag{4.27}$$

$$K_M \cdot c(ES) = c_0(E) \cdot c(S) - c(ES) \cdot c(S) \tag{4.28}$$

$$K_M \cdot c(ES) + c(ES) \cdot c(S) = c_0(E) \cdot c(S) \tag{4.29}$$

$$[K_M + c(S)] \cdot c(ES) = c_0(E) \cdot c(S) \tag{4.30}$$

$$c(ES) = \frac{c_0(E) \cdot c(S)}{K_M + c(S)} \tag{4.31}$$

Einsetzen der Gleichung (4.31) in die Gleichung (4.18) liefert:

$$v = k_{+2} \cdot \frac{c_0(E) \cdot c(S)}{K_M + c(S)} \tag{4.32}$$

Ist das Enzym vollständig mit Substrat gesättigt, so liegt die gesamte Menge an Enzym als Enzym-Substrat-Komplex ES vor, und die Umsatzgeschwindigkeit v für unsere Reaktion wird maximal. Somit gilt für die Sättigung des Enzyms E mit Substrat S zu ES:

$$c(ES) = c_0(E) \tag{4.33}$$

$$v = v_{max} = k_{+2} \cdot c_0(E) \tag{4.34}$$

Gleichung (4.34) folgt aus (4.18) unter der Bedingung der Totalsättigung des Enzyms mit Substrat. Aus Gleichung (4.32) folgt dann unter Berücksichtigung von (4.34) die **MICHAELIS-MENTEN-Gleichung**:

$$v = \frac{v_{max} \cdot c(S)}{K_M + c(S)} \tag{4.35}$$

Da sich diese Herleitung auf große c(S) und sehr kleine c(P) beschränkt, wird v in der Literatur auch oft als Anfangsgeschwindigkeit v_0 bezeichnet, weil nur am Anfang einer katalysierten Reaktion c(P) klein und c(S) groß sind. Dann lautet Gleichung (4.35):

$$v_0 = \frac{v_{max} \cdot c(S)}{K_M + c(S)} \tag{4.36}$$

Die MICHAELIS-MENTEN-Gleichung ist die Geschwindigkeitsgleichung einer enzymkatalysierten Reaktion mit **einem** Substrat. In ihr werden Anfangsgeschwindigkeit, Substratkonzentration und MICHAELIS-Konstante verbunden. Auch die Enzymkonzentration ist in ihr, wenn auch nicht auf den ersten Blick, berücksichtigt. Denn wie oben festgestellt, gilt ja

$$v_{max} = k_{+2} \cdot c_0(E) \tag{4.37}$$

4.7.2 Die MICHAELIS-Konstante

Für den speziellen Fall, daß die Reaktionsgeschwindigkeit v einer enzymkatalysierten Reaktion, die der MICHAELIS-MENTEN-Gleichung folgt, halb so groß wie die maximale Geschwindigkeit v_{max} ist, gilt:

$$v = \frac{1}{2} \cdot v_{max} \tag{4.38}$$

Dann kann aus der MICHAELIS-MENTEN-Gleichung folgender Ausdruck gewonnen werden:

$$\frac{v_{max}}{2} = \frac{v_{max} \cdot c(S)}{K_M + c(S)} \tag{4.39}$$

Dividieren durch v_{max} liefert:

$$\frac{1}{2} = \frac{c(S)}{K_M + c(S)} \tag{4.40}$$

$$K_M + c(S) = 2 \cdot c(S) \tag{4.41}$$

$$K_M = c(S) \tag{4.42}$$

Gleichung (4.42) als Schlußfolgerung von (4.38) besagt, daß die MICHAELIS-Konstante einer bestimmten katalysierten Reaktion gleich derjenigen Substratkonzentration c(S) ist, bei der die Reaktionsgeschwindigkeit halbmaximal ist. Daraus ergibt sich aber, daß die Einheit der MICHAELIS-Konstanten diejenige einer Konzentration sein muß, also mol/L. K_M darf nicht mit der aus dem Massenwirkungsgesetz bekannten Gleichgewichtskonstanten K verwechselt werden! Nur für den Fall, daß $k_{+2} << k_{-1}$ in Abb. 4.17 wird, geht die MICHA-

ELIS-Konstante in die Gleichgewichtskonstante $K = k_{-1}/k_{+1}$ des ersten Teilschrittes der enzymkatalysierten Reaktion über. Dies ergibt sich aus der Tatsache, daß das Fließgleichgewicht bei fehlendem Zerfall von ES in P und E in das chemische Gleichgewicht der Synthese von ES aus E und S übergeht. Dies kann z. B. der Fall sein, wenn das Enzym durch einen Inhibitor daran gehindert wird, die Umsetzung von ES in E und P zu vollenden.

4.7.3 Die MICHAELIS-MENTEN-Auftragung

In ein v-c(S)-Diagramm kann der Graph der MICHAELIS-MENTEN-Gleichung aufgetragen werden. K_M findet man bei der Zuordnung von $v_{max}/2$ zur entsprechenden Substratkonzentration. Die Kurve nähert sich asymptotisch v_{max}.

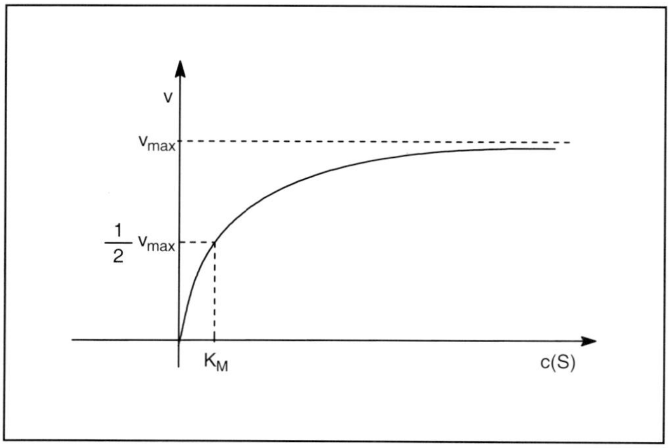

Abb. 4.19: Die MICHAELIS-MENTEN-Auftragung.

4.7.4 Die LINEWEAVER-BURK-Gleichung und ihre Auftragung

Bei der graphischen Auftragung von Versuchsergebnissen ist die MICHAELIS-MENTEN-Auftragung unpraktisch, weil beispielsweise v_{max} schlecht darstellbar ist. Man kann die MICHAELIS-MENTEN-Gleichung diesbezüglich in eine geeignetere Form bringen. Dazu wird sie zunächst in ihre reziproke Gleichung umgestellt:

$$\frac{1}{v} = \frac{K_M + c(S)}{v_{max} \cdot c(S)} \qquad (4.43)$$

Durch weitere Umformung ergibt sich:

$$\frac{1}{v} = \frac{K_M}{v_{max} \cdot c(S)} + \frac{c(S)}{v_{max} \cdot c(S)} \qquad (4.44)$$

Kürzen liefert schließlich die **LINEWEAVER-BURK-Gleichung**:

$$\frac{1}{v} = \frac{K_M}{v_{max}} \cdot \frac{1}{c(S)} + \frac{1}{v_{max}} \qquad (4.45)$$

Die LINEWEAVER-BURK-Gleichung entspricht der bekannten Geradengleichung

$$y = ax + b \qquad (4.46)$$

mit 1/c(S) als x und 1/v als y. Die Steigung a entspricht dann K_M/v_{max}, den Achsenabschnitt finden wir in $1/v_{max}$ wieder. Setzen wir 1/v = 0, so folgt eine weitere wichtige Beziehung:

$$0 = \frac{K_M}{v_{max}} \cdot \frac{1}{c(S)} + \frac{1}{v_{max}} \qquad (4.47)$$

$$-\frac{1}{v_{max}} = \frac{K_M}{v_{max}} \cdot \frac{1}{c(S)} \qquad (4.48)$$

$$-\frac{1}{K_M} = \frac{1}{c(S)} \qquad (4.49)$$

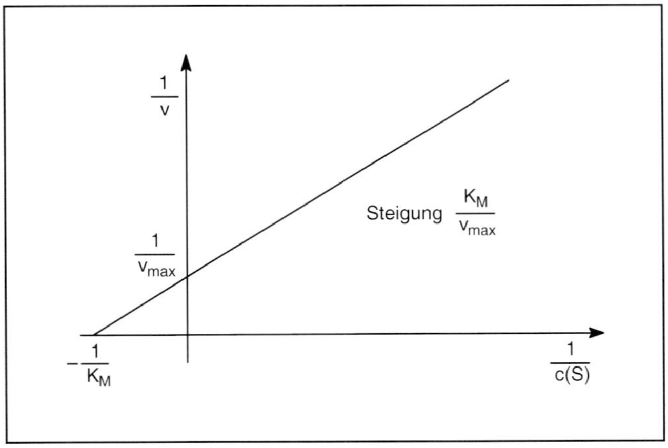

Abb. 4.20: Die LINEWEAVER-BURK-Auftragung.

Aus den Gleichungen (4.45) bis (4.49) wird mit 1/v = 0 ersichtlich, daß die LINEWEAVER-BURK-Gerade die Abszisse bei - $1/K_M$ schneidet. In der doppelt reziproken Darstellung, der sogenannten LINEWEAVER-BURK-**Auftragung**, findet man $1/v_{max}$ im Schnittpunkt der Geraden mit der Ordinate. Die Steigung der Geraden beträgt K_M/v_{max}.

4.7.5 Die EADIE-HOFSTEE-Gleichung und ihre Auftragung

Eine weitere Auftragung ermöglicht ein einfaches Ablesen von K_M und v_{max}. Man gelangt zu ihr, indem man die LINEWEAVER-BURK-Gleichung (4.45) auf beiden Seiten des Gleichheitszeichens mit v_{max} multipliziert:

$$\frac{v_{max}}{v} = \frac{K_M}{c(S)} + 1 \qquad (4.50)$$

Multiplizieren mit v und Umstellen nach v ergibt die **EADIE-HOFSTEE-Gleichung** (4.52):

$$v_{max} = \frac{K_M}{c(S)} \cdot v + v \tag{4.51}$$

$$v = -K_M \cdot \frac{v}{c(S)} + v_{max} \tag{4.52}$$

Aus Gleichung (4.52) kann man nun leicht die **EADIE-HOFSTEE-Auftragung** ableiten. Dabei findet man v_{max} im Schnittpunkt der Geraden mit der Ordinate (Achsenabschnitt), -K_M ist ihre Steigung. Für den Fall, daß v = 0 wird, gilt:

$$0 = -K_M \cdot \frac{v}{c(S)} + v_{max} \tag{4.53}$$

$$\frac{v_{max}}{K_M} = \frac{v}{c(S)} \tag{4.54}$$

Im Schnittpunkt der Gerade mit der Abszisse wird v/c(S) also gleich v_{max}/K_M. Mit diesen Kenntnissen läßt sich die EADIE-HOFSTEE-Auftragung samt markanten Punkten wiedergeben:

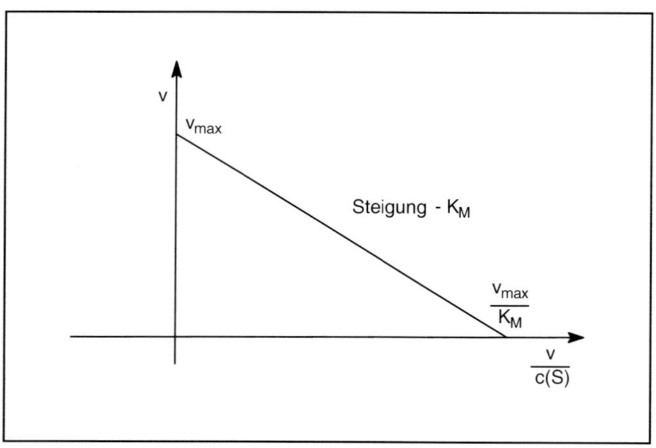

Abb. 4.21: Die EADIE-HOFSTEE-Auftragung.

4.8 Hemmung enzymatisch katalysierter Reaktionen

4.8.1 Die kompetitive Hemmung

Kompetitive Hemmung (auch Inhibition) liegt vor, wenn ein dem Substrat strukturell ähnliches Molekül mit diesem um das aktive Zentrum konkurriert (competere lat. wetteifern). Das konkurrierende Molekül, nachfolgend **Inhibitor** I (inhibere lat. behindern, hemmen) genannt, wird dabei vom Enzym nicht umgesetzt. Mit steigender Konzentration c(I) verdrängt der Inhibitor immer mehr das eigentliche Substrat vom aktiven Zentrum. Umgekehrt kann man mit wachsender Substratkonzentration wiederum den Inhibitor I vom aktiven Zentrum entfernen. Die Hemmung ist also reversibel. Bei sehr hohen Konzentrationen des Substrats S kann schließlich auch v_{max} der Reaktion erreicht werden. Das Reaktionsschema lautet:

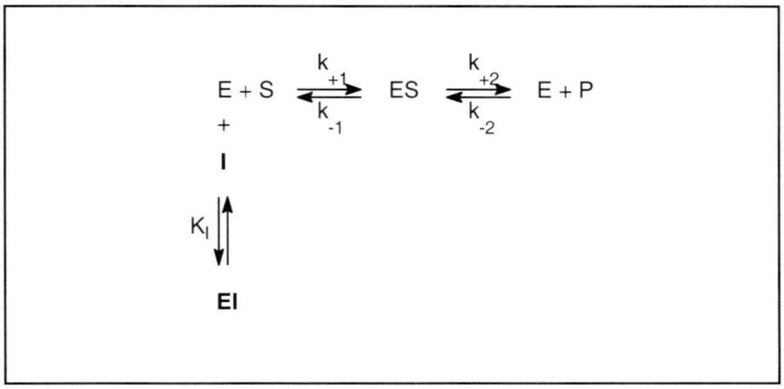

Abb. 4.22: Das Reaktionsschema der kompetitiven Hemmung.

Ein Modell für die kompetitive Hemmung liefert auch die folgende Abbildung:

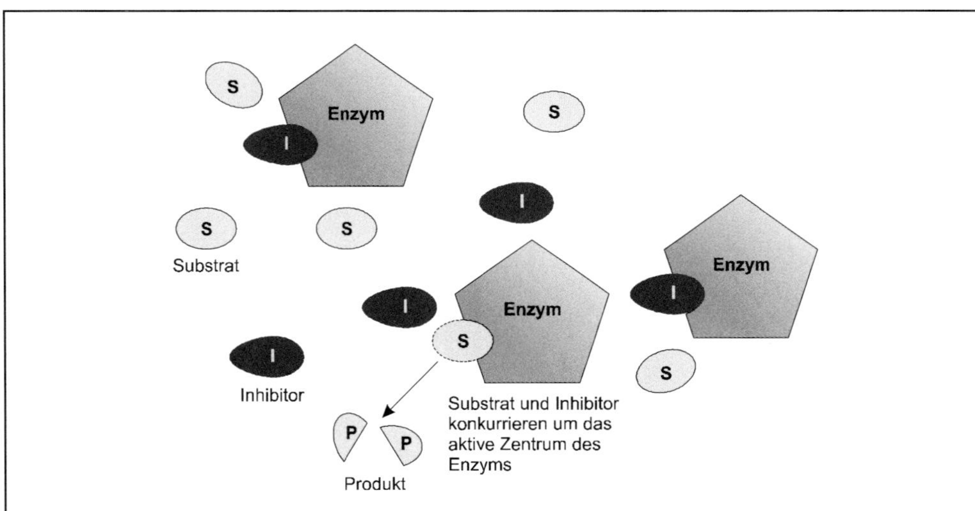

Abb. 4.23: Modell für die kompetitive Hemmung. Die Inhibitormoleküle I konkurrieren mit dem Substrat S um die gleiche Bindungsstelle, je höher die Inhibitorkonzentration ausfällt, umso mehr gerät das Substrat ins Hintertreffen und umgekehrt.

Für die Reaktion

$$E + I \rightleftharpoons EI \qquad (4.55)$$

läßt sich das Massenwirkungsgesetz mit der **Inhibitorkonstanten** K_I anwenden:

$$K_I = \frac{c(E) \cdot c(I)}{c(EI)} \tag{4.56}$$

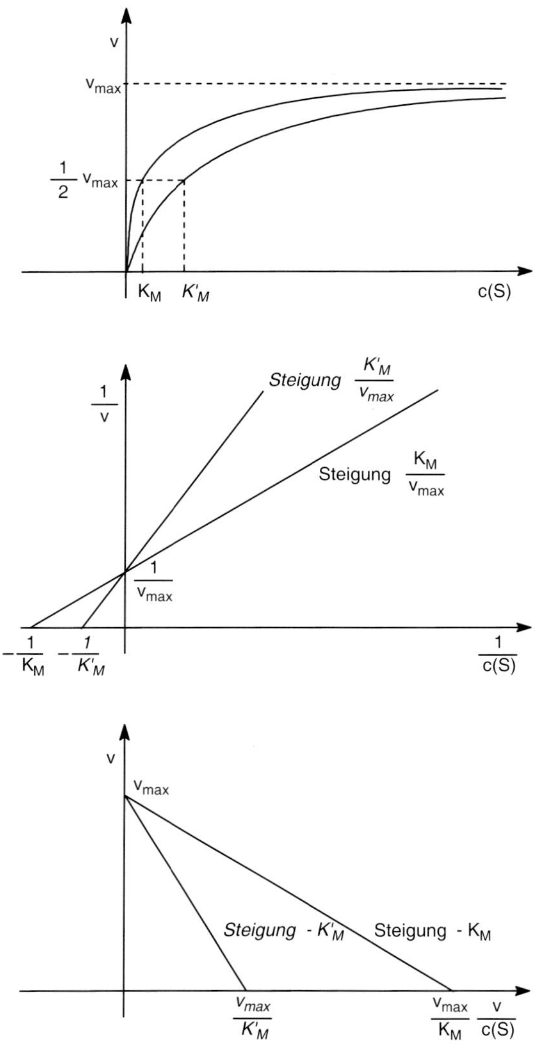

Abb. 4.24: Die kompetitive Hemmung in drei Auftragungen. Veränderte Größen sind mit einem Apostroph gekennzeichnet (z. B. K'_M), die Kenngrößen der gehemmten Reaktion werden allgemein kursiv dargestellt.

Die Inhibitorkonstante K_I findet in der MICHAELIS-MENTEN-Gleichung für kompetitiv gehemmte Reaktionen Eingang:

$$v = \frac{v_{max} \cdot c(S)}{K_M \cdot \left(1 + \frac{c(I)}{K_I}\right) + c(S)} \tag{4.57}$$

Im Vergleich zur Gleichung (4.35) der ungehemmten Reaktion muß K_M mit

$$K_M \cdot (1 + \frac{c(I)}{K_I}) > K_M \qquad (4.58)$$

größer werden, während v_{max} unverändert bleibt. Dies wird auch in den drei uns bekannten Auftragungen deutlich (Abb. 4.24).

Ein gutes Beispiel für die kompetitive Hemmung ist die Inhibition der Succinat-Dehydrogenase aus dem Citratzyklus durch **Malonat**, Oxalacetat oder Oxalat. Regulär setzt die Succinat-Dehydrogenase zu Fumarat um.

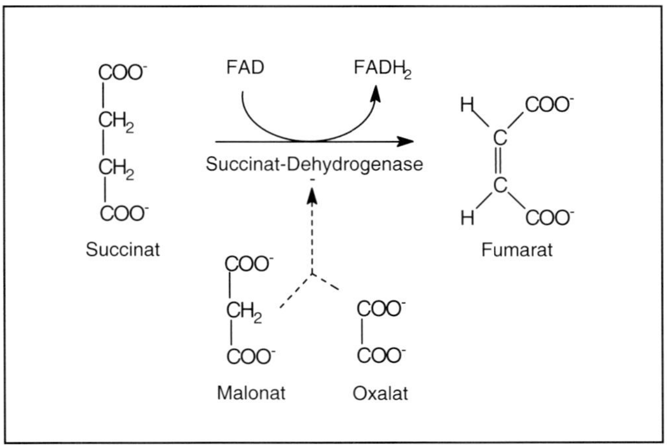

Abb. 4.25: Die Hemmung der Succinat-Dehydrogenase durch Malonat bzw. Oxalat als Beispiel für eine kompetitive Hemmung.

4.8.2 Die nichtkompetitive Hemmung

Nichtkompetitive Inhibitoren binden nicht an das aktive Zentrum eines Enzyms, sondern an einem anderen Ort des Enzymmoleküls. Diese reversible Inhibitorbindung ist unabhängig davon, ob das Enzym E isoliert oder als Enzym-Substrat-Komplex ES vorliegt. Somit ergibt sich folgendes Reaktionsschema:

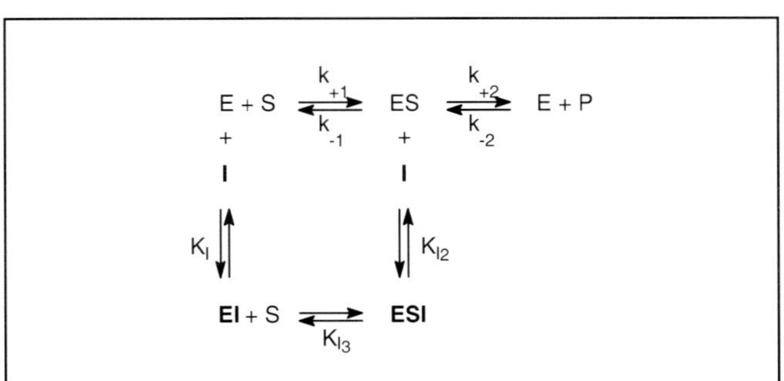

Abb. 4.26: Das Reaktionsschema der nichtkompetitiven Hemmung.

Abb. 4.27 veranschaulicht die Zusammenhänge der Abb. 4.26. Wie aus den Abbildungen ersichtlich wird, stört der Inhibitor nicht die Bindung des Substrats und umgekehrt.

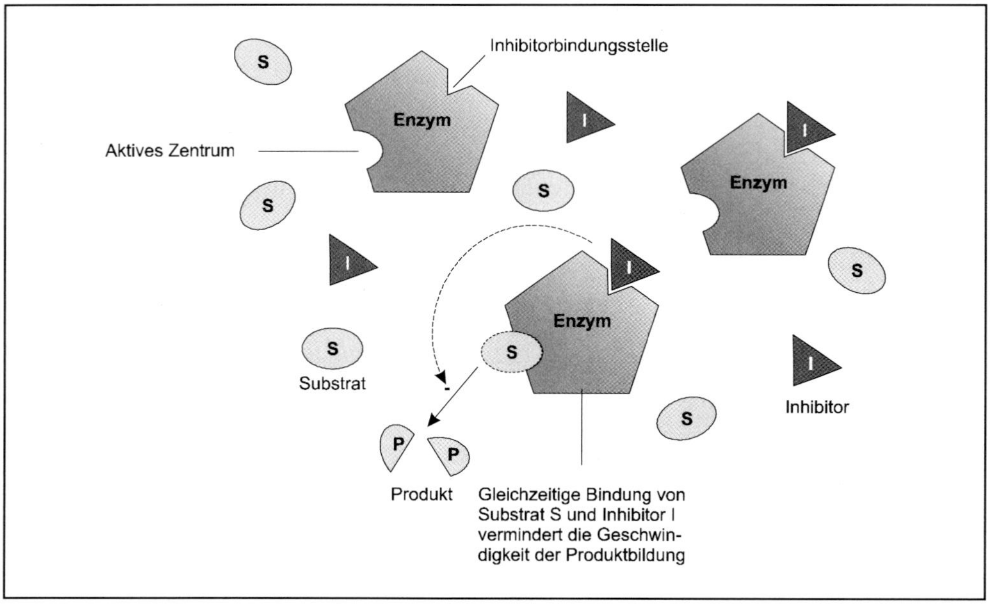

Abb. 4.27: Die nichtkompetitive Hemmung im anschaulichen Modell. Man beachte, daß der gleichzeitig gebundene Inhibitor die Affinität des Substrats zum aktiven Zentrum nicht beeinträchtigt, sehr wohl aber die Bildungsgeschwindigkeit der Produkte (und damit v_{max}).

Da es zwei Möglichkeiten für den Inhibitor gibt, an das Enzym zu binden (an E und ES), kann man auch drei verschiedene Massenwirkungsgleichungen mit entsprechenden Inhibitorkonstanten aufstellen. Der ESI-Komplex ist jedoch katalytisch inaktiv, so daß immer ein Teil des Enzyms für die Katalyse ausfällt. Daher ist die Reaktionsgeschwindigkeit auch herabgesetzt, v_{max} kann unter den Verhältnissen der nichtkompetitiven Hemmung nicht erreicht werden. Vorausgesetzt, es liegt keine gegenseitige Beeinflußung vor und der Zerfall von ES zu E und P ist infolge der Hemmung praktisch 0, kann man folgende Gleichsetzung durchführen:

$$K_M = K \tag{4.59}$$

Da kein Fließgleichgewicht mehr besteht, darf die MICHAELIS-Konstante gleich der Massenwirkungskonstanten K gesetzt werden. Dabei nimmt der Inhibitor keinen Einfluß auf die Lage des chemischen Gleichgewichts, K und somit K_M bleiben von Änderungen unberührt. Die MICHAELIS-MENTEN-Gleichung für diesen Hemmtyp lautet:

$$v = \frac{v_{max} \cdot c(S)}{(K_M + c(S)) \cdot (1 + \frac{c(I)}{K_{I1}})} \tag{4.60}$$

Gleichung (4.60) ist sehr unhandlich. Ihre Umformung in die LINEWEAVER-BURK-Gleichung liefert jedoch nachvollziehbare Erkenntnisse, wenn man sich die Geradengleichung (4.46) vor Augen hält:

$$y = ax + b \tag{4.46}$$

$$\frac{1}{v} = \frac{K_M}{v_{max}}\left(1 + \frac{c(I)}{K_{I1}}\right) \cdot \frac{1}{c(S)} + \frac{1 + \frac{c(I)}{K_{I1}}}{v_{max}} \tag{4.61}$$

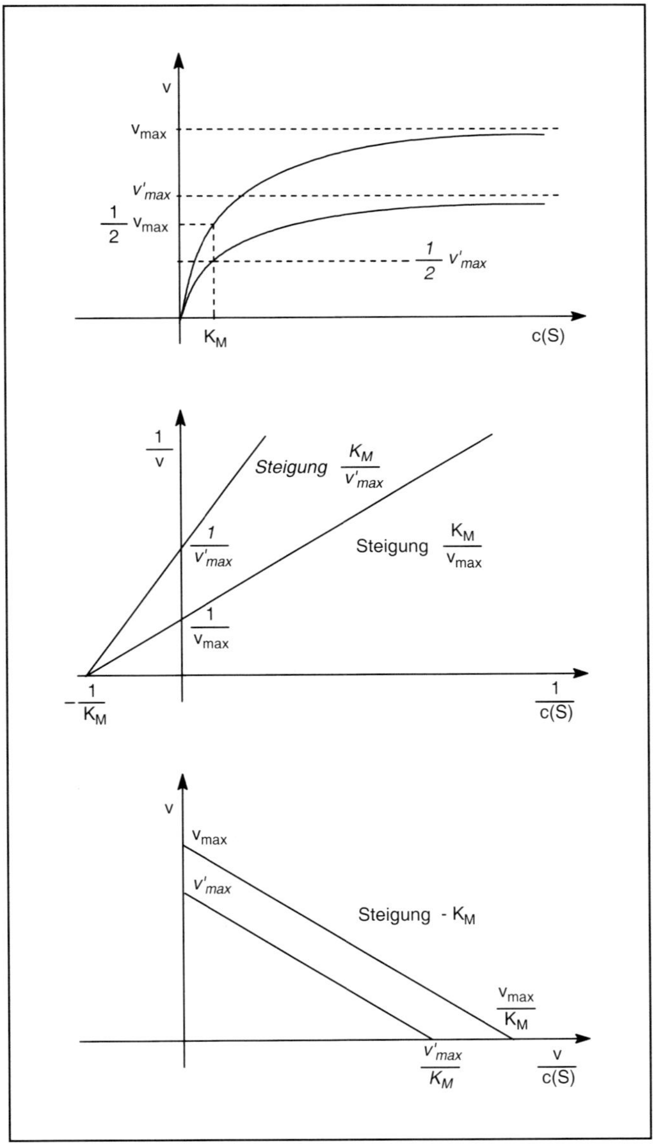

Abb. 4.28: Die nichtkompetitive Hemmung in den drei Auftragungen. Veränderte Größen sind mit einem Apostroph gekennzeichnet (z. B. K'_M), die Kenngrößen der gehemmten Reaktion werden allgemein kursiv dargestellt. Die maximale Reaktionsgeschwindigkeit v_{max} der ungehemmten Reaktion wird nicht erreicht, da der ESI-Komplex katalytisch inaktiv ist und zur enzymatischen Reaktion nicht beiträgt. Beispiele für nichtkompetitive Inhibitoren sind Schwermetalle wie Kupfer und Quecksilber, aber auch der Komplexbildner EDTA, der u.a. Mg^{2+} komplexiert und somit der Enzymreaktion entzieht.

Da

$$\frac{K_M}{v_{max}}\left(1 + \frac{c(I)}{K_{I1}}\right) > \frac{K_M}{v_{max}} \qquad (4.62)$$

und

$$\frac{1 + \frac{c(I)}{K_{I1}}}{v_{max}} > \frac{1}{v_{max}} \qquad (4.63)$$

sind (Vergleiche mit Gleichung (4.45)!), müssen Steigung und Ordinatenabschnitt in der LINEWEAVER-BURK-Darstellung größer und v_{max} damit kleiner sein als bei der ungehemmten Katalyse.

Wie bereits erwähnt, wird zwar die Bindung von E und S bei der nichtkompetitiven Hemmung nicht beeinflußt, sehr wohl aber die Bildungsgeschwindigkeit von ES, sowie dessen Zerfall in Produkt P und Enzym E. Dieser Effekt der nichtkompetitiven Hemmung wird im Gegensatz zur kompetitiven Hemmung auch durch eine Erhöhung der Substratkonzentration nicht aufgehoben. Unter Berücksichtigung dieser Erkenntnisse ergeben sich für diesen Hemmtyp die drei wichtigsten Auftragungen in Abb. 4.28. Zwei wichtige Schlußfolgerungen gelten damit für diesen Hemmtyp: K_M wird nicht verändert, während v_{max} herabgesetzt wird. Nichtkompetitive Hemmung liegt beispielsweise dann vor, wenn Schwermetalle wie Kupfer oder Quecksilber sogenannte Mercaptidbindungen außerhalb des aktiven Zentrums eingehen (mercurium lat. Quecksilber und captare lat. fangen, Bindungen zwischen dem Schwermetallatom und Schwefelatomen aus dem Enzym, also zum Beispiel -S-Hg-S-). Aber auch **EDTA** (Ethylendiamintetraacetat) kann reversibel zweiwertige Metallkationen wie Mg^{2+} binden und so zu einer nichtkompetitiven Hemmung führen, da manche Enzyme derartige Kationen für die Katalyse benötigen.

4.8.3 Die unkompetitive Hemmung

Die unkompetitive Hemmung ist eine selten auftretende Enzyminhibition. Der Inhibitor reagiert hier reversibel mit dem bereits gebildeten ES-Komplex zu einem katalytisch inaktiven ESI-Inhibitorkomplex, d. h. erst durch die Bindung des Substrats wird erst eine Bindungsstelle für den Inhibitor geschaffen. Somit lautet das Reaktionsschema für diese Art der Hemmung:

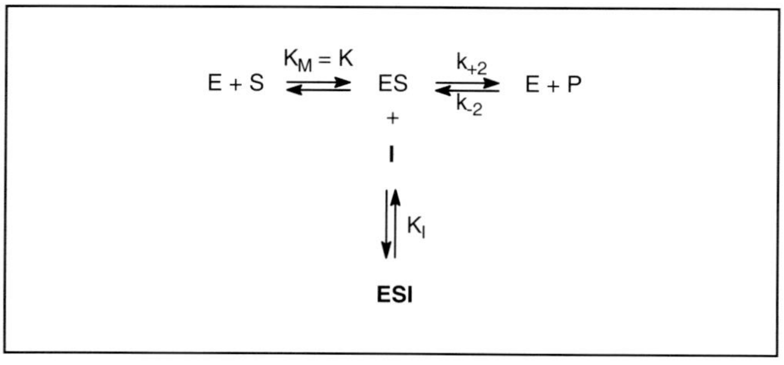

Abb. 4.29: Das Reaktionsschema der unkompetitiven Bindung.

Unser anschauliches Modell zeigt Abb. 4.30. Das Massenwirkungsgesetz für die Bildung des ESI-Komplexes ist durch

$$K_I = \frac{c(ES) \cdot c(I)}{c(ESI)} \tag{4.64}$$

gegeben. Dies bedeutet aber, daß in Anwesenheit des Inhibitors I selbst bei unendlich hoher Substratkonzentration immer auch ein katalytisch „toter" ESI-Komplex gebildet wird. Folglich wird E nie ganz in Form des aktiven Komplexes ES vorliegen, was zur Folge hat, daß v_{max} bei unkompetitiver Hemmung vermindert ist. Auch K_M muß größer werden, da der Inhibitor ständig ES-Komplex als ESI „wegfängt", das dann im Nenner der Massenwirkungsgleichung für die Bildung von ES fehlt:

$$K_M = K = \frac{c(E) \cdot c(S)}{c(ES)} \tag{4.65}$$

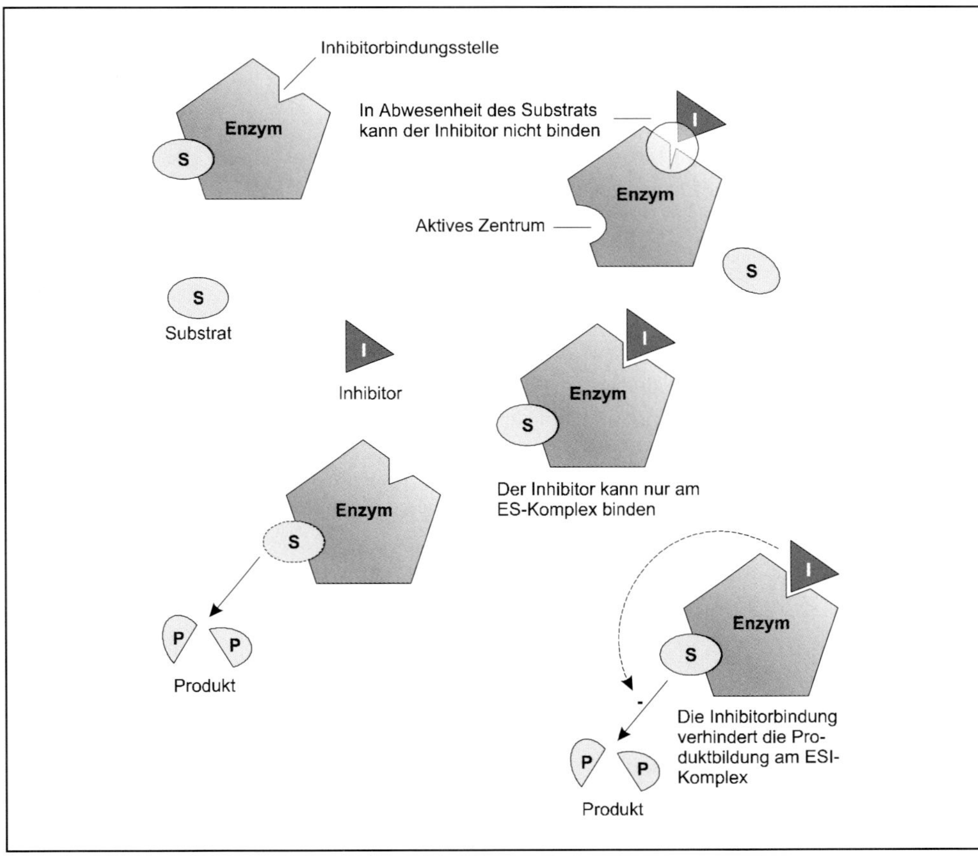

Abb. 4.30: Die unkompetitive Hemmung im Modell. Der Inhibitor I bindet nur an den ES-Komplex, wobei der katalytisch inaktive ESI-Komplex entsteht.

Nun müssen E und S ständig zu ES nachreagieren, um den Nenner der Gleichung „aufzufüllen". Der Zähler wird dabei kleiner, K_M muß daraufhin auch kleiner werden. Diese Überlegungen gelten nur unter der Voraussetzung, daß k_{+2} sehr klein ist (durch die Hemmung ist dies erfüllt) und K_M mit der Massenwirkungskonstanten K für die ES-Bildung gleichgesetzt werden darf. Die MICHAELIS-MENTEN-Gleichung für diese Hemmung lautet:

$$v = \frac{v_{max} \cdot c(S)}{K_M + c(S) \cdot (1 + \frac{c(I)}{K_I})} \qquad (4.66)$$

Die entsprechende LINEWEAVER-BURK-Gleichung hat im Vergleich mit der allgemeinen Geradengleichung

$$y = ax + b \qquad (4.46)$$

folgendes Bild:

$$\frac{1}{v} = \frac{K_M}{v_{max}} \cdot \frac{1}{c(S)} + \frac{1}{v_{max}} \cdot (1 + \frac{c(I)}{K_I}) \qquad (4.67)$$

Aus der Gleichung (4.67) folgt, daß die Steigung K_M/v_{max} gegenüber der ungehemmten Reaktion gleich bleibt, der Ordinatenabschnitt mit

$$\frac{1}{v_{max}} \cdot (1 + \frac{c(I)}{K_I}) > \frac{1}{v_{max}} \qquad (4.68)$$

aber größer wird, v_{max} wegen der reziproken Darstellung jedoch kleiner. Bei gleicher Steigung und größerem Ordinatenabschnitt für $1/v_{max}$ liegt eine Parallelverschiebung der Geraden vor, so daß letztlich K_M und v_{max} bei der unkompetitiven Hemmung im gleichen Verhältnis vermindert sind. Ihre Darstellung in den drei wichtigen Auftragungen gibt Abb. 4.31 wieder. Ein Beispiel für unkompetitive Hemmung ist die Inhibition der Cytochrom-Oxidase (Kapitel: Citratzyklus und Atmungskette) durch **Azid N_3**.

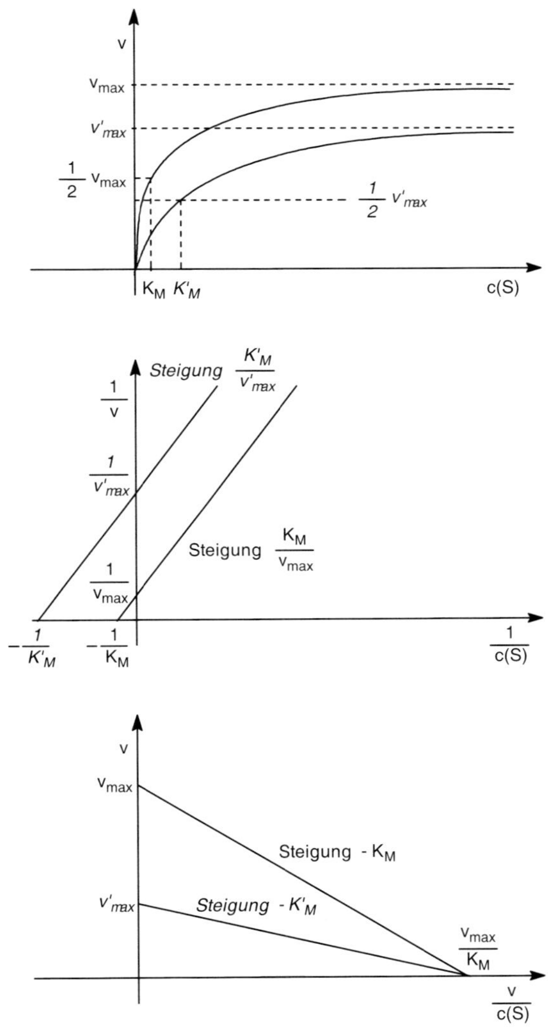

Abb. 4.31: Die unkompetitive Hemmung in drei Auftragungen. Veränderte Größen sind mit einem Apostroph gekennzeichnet (z. B. K'_M), die Kenngrößen der gehemmten Reaktion werden allgemein kursiv dargestellt.

4.8.4 Die Substratüberschußhemmung

In der Regel steigt die Reaktionsgeschwindigkeit einer katalysierten Umsetzung mit wachsender Substratkonzentration c(S) und nähert sich asymptotisch einem Maximalwert v_{max} an. Es läßt sich aber experimentell in einigen Fällen ein merkwürdiges Phänomen beobachten, das offensichtlich allen bisher gemachten Erfahrungen widerspricht.

Gemeint sind Enzymreaktionen, die zunächst im oben beschriebenen Sinne regelrecht verlaufen, also mit wachsender Substratkonzentration einer maximalen Umsatzgeschwindigkeit entgegenstreben. Wird die Konzentration des Substrats weiter erhöht, fällt die Reaktionsgeschwindigkeit v plötzlich ab und erreicht v_{max} danach nicht mehr. Dieses Verhalten wird in den uns bekannten Auftragungen durch Abb. 4.32 dokumentiert. Offenbar wirkt sich hier eine große Zahl an Substratmolekülen „störend“ auf die Produktbildung am Enzym aus. Wie jedoch muß man sich diese Inhibition vorstellen, und warum ist sie nicht grundsätzlich bei jeder Reaktion zu beobachten?

Um diese Fragen zu beantworten, wollen wir noch einmal auf die Umsetzung der Succinat-Dehydrogenase zurückgreifen, die wir schon von der Besprechung der kompetitiven Hemmung kennen (Abschnitt 4.8.1). Dazu betrachten wir zunächst Abb. 4.33. Wichtig für die Reaktion am aktiven Zentrum des Enzyms sind die beiden Carboxylgruppen des Succinats, mit deren Hilfe die Anlagerung am Enzym erfolgt. Kommt es jedoch bei sehr hoher Anzahl von Succinatmolekülen zum „Gedränge“ am Enzym, so können diese aufgrund ihrer Struktur auch mit lediglich einer Carboxylgruppe binden und durch diese „Fehlbelegung“ eine normale Umsetzung zum Fumarat verhindern. Wichtig ist dabei der strukturelle Aspekt, der auch ein (jedoch fehlerhaftes) Andocken des Substrats mit nur einer COOH-Gruppe erlaubt.

Die Substrathemmung erinnert damit etwas an die unkompetitive Hemmung. Bei dieser bilden zunächst Enzym E und Substrat S den Komplex ES, der wiederum die Voraussetzung für die Bindung des Inhibitors I ist. Das Resultat ist der katalytisch inaktive ESI-Komplex. Ersetzt man nun in der MICHAELIS-MENTEN-Gleichung für die unkompetitive Hemmung

$$v = \frac{v_{max} \cdot c(S)}{K_M + \left[c(S) \cdot \left(1 + \frac{c(I)}{K_I}\right)\right]} \tag{4.69}$$

die Konzentration des Inhibitors c(I) durch die des Substrats c(S), das ja hier die Rolle eines Inhibitors übernimmt, so erhält man:

$$v = \frac{v_{max} \cdot c(S)}{K_M + c(S) \cdot \left(1 + \frac{c(S)}{K_I}\right)} \tag{4.70}$$

Bei geringen Substratkonzentrationen darf der Quotient $c(S)/K_I$ vernachlässigt werden, so daß sich die Gleichung (4.70) zur MICHAELIS-MENTEN-Gleichung für ungehemmte Reaktionen vereinfacht. Dies steht im Einklang mit dem, was wir zuvor festgestellt hatten: Bei geringen Substratkonzentrationen tritt keine Substratüberschußhemmung in Erscheinung, die Katalyse erfolgt ungehemmt. Bei sehr hohem c(S) jedoch kann K_M unberücksichtigt bleiben, so daß dann im Falle der Substratüberschußhemmung aus (4.70) nach Kürzen von c(S) folgt:

$$v = \frac{v_{max}}{1 + \frac{c(S)}{K_I}} \tag{4.71}$$

Je höher in (4.71) also die Substratkonzentration ist, desto größer ist der Nenner, folglich umso kleiner v. Genau diese Situation liegt aber bei Substratüberschußhemmung vor.

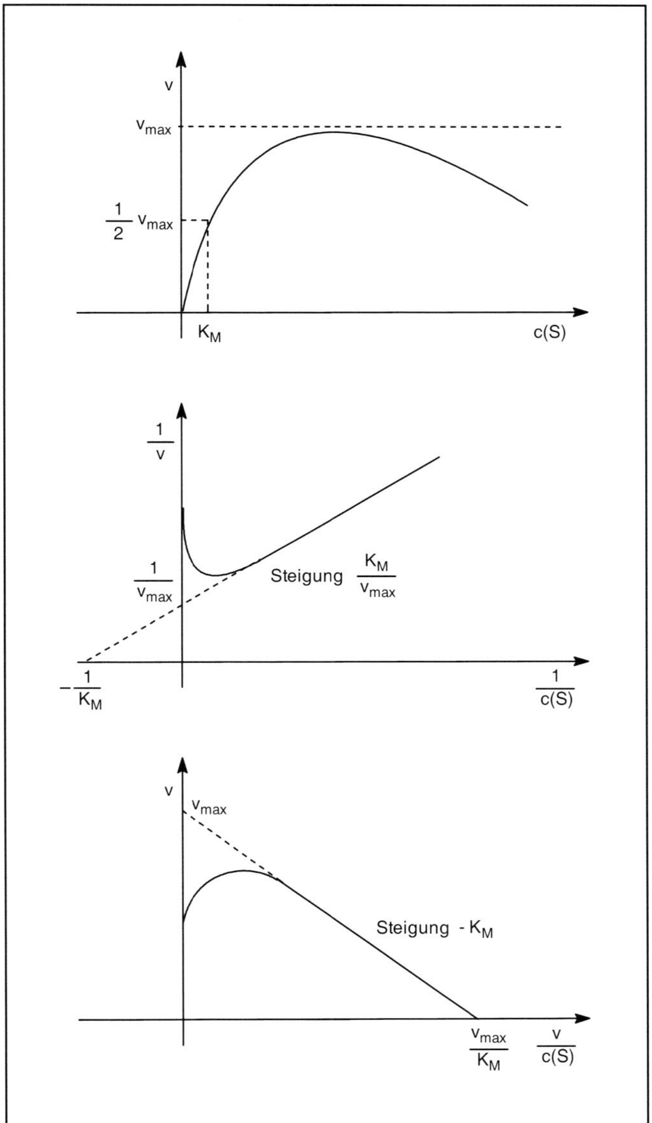

Abb. 4.32: Die Substratüberschußhemmung in den drei wichtigen Auftragungen. Man beachte, daß die Reaktion zunächst im Sinne einer MICHAELIS-MENTEN-Kinetik regelrecht verläuft und erst bei hohen Substratkonzentrationen eine abweichendes Verhalten zeigt.

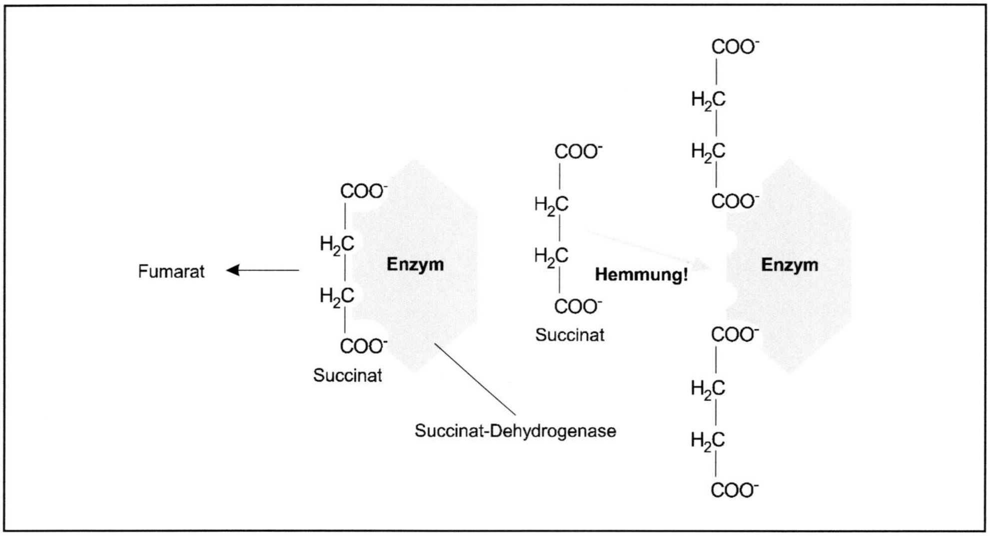

Abb. 4.33: Substratüberschußhemmung am Beispiel der Succinat-Dehydrogenase-Reaktion. Zwei Substratmoleküle behindern mit jeweils einer ihrer Carboxylgruppen die regelrechte Anlagerung des Succinats und verhindern somit bei hoher Substratkonzentration die Bildung des Produkts Fumarat. Das Substrat S wird somit zum Inhibitor I.

4.8.5 Die irreversible Hemmung

Bisher hatten wir nur Formen der reversiblen Hemmung von Enzymen besprochen. Reagiert aber ein Inhibitor kovalent mit einer reaktiven Gruppe aus dem aktiven Zentrum eines Enzyms, so entsteht eine feste chemische Bindung, die durch die Zelle nicht rückgängig gemacht werden kann. In einem solchen Fall liegt eine **irreversible Hemmung** vor, das Enzym ist „vergiftet". Irreversible Inhibitoren werden daher auch häufig als Gifte bezeichnet. Ein gutes Beispiel ist die Reaktion der Serin-Proteasen (z. B. Trypsin, Thrombin, Plasmin) mit **Diisopropylfluorophosphat DPF**.

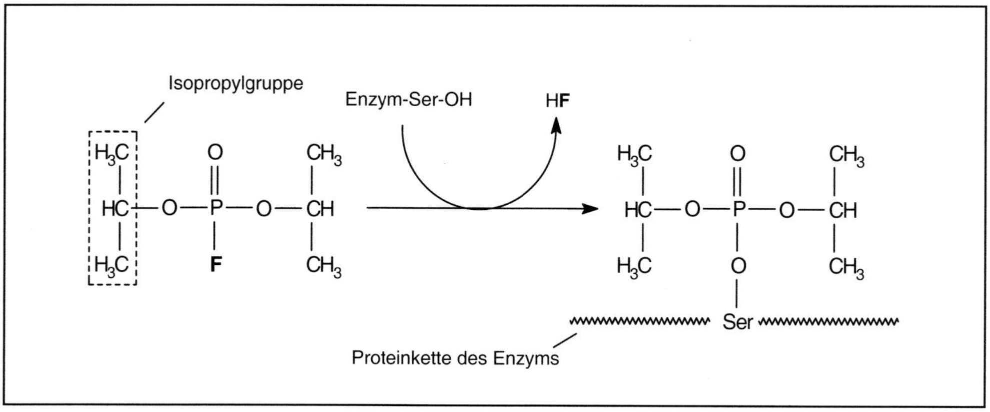

Abb. 4.34: Irreversible Hemmung von Serin-Proteinasen durch Diisopropylfluorophosphat.

In einer schnellen Reaktion setzt sich dabei der Inhibitor mit der OH-Gruppe eines Serin-Restes (Ser) im aktiven Zentrum des Enzyms um. Ein gleichermaßen reagierender Inhibitor ist das **Phenylmethansulfonylfluorid PMSF.**

Übrigens wird auch die Acetylcholin-Esterase (Kapitel: Nerv und Muskel) nach diesem Mechanismus gehemmt, was Diisopropylfluorophosphat und Phenylmethansulfonylfluorid zu gefährlichen Nervengiften macht.

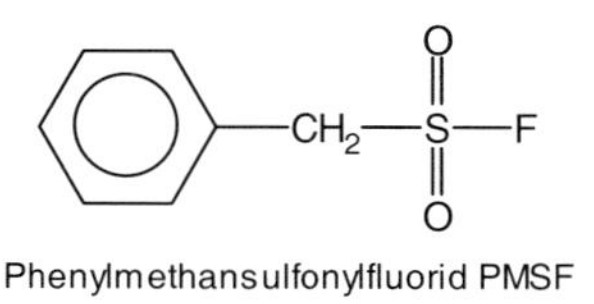

Abb. 4.35: Formeldarstellung des Phenylmethansulfonylfluorids PMSF.

4.9 Die Regulation der Enzymaktivität

4.9.1 Regulation durch Rückkopplung

Unter Rückkopplung versteht man die regulierende Beeinflussung eines oder mehrerer Anfangsschritte einer Reaktionskette durch das Endprodukt.

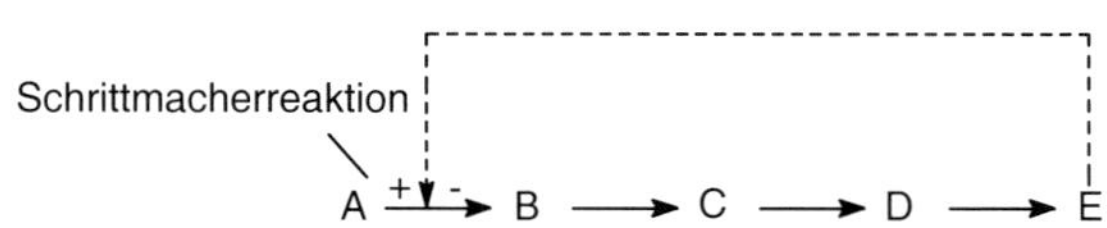

Abb. 4.36: Negative oder positive Rückkopplung des Endprodukts E auf das Schrittmacherenzym.

Dabei wird mit steigender Konzentration des Endprodukts E ein zunehmender Einfluß auf den Anfangsschritt beobachtet. Wird dieser gehemmt, so spricht man von **negativer Rückkopplung**, wird dieser verstärkt, so liegt die seltenere **positive Rückkopplung** vor. Ein Beispiel für positive Rückkopplung ist die Regulation der Phosphofructokinase aus der Glykolyse (Abbauweg der Kohlenhydrate), welche durch ADP stimuliert wird. ADP ist eines der Produkte der Phosphofructokinasereaktion. Negative Rückkopplung findet man im Stoffwechsel häufig. Als Beispiel möge hier die Hemmung der 5-Aminolävulinsäure-Synthase aus der Porphyrinsynthese durch das Häm dienen.

4.9.2 Die allosterische Regulation von Enzymen

Die Begriffe **Allosterie** (allo- gr. anders und steros gr. Raum) und **Kooperativität** wurden bereits im Kapitel „Aminosäuren, Peptide und Proteine" erläutert. Allosterische Effektoren treten typischerweise nicht mit der katalyischen Untereinheit eines oligomeren Enzyms (Enzym mit mehreren Untereinheiten) in Wechselwirkung, sondern mit einer weiteren, der sogenannten **regulatorischen Untereinheit.** Diese Bindung verursacht wiederum eine Raumstrukturveränderung der katalytischen Untereinheit, welche nun die Bindung des Substrats erschwert oder erleichtert. Dementsprechend ist von **allosterischen Inhibitoren** oder **Aktivatoren** die Rede.

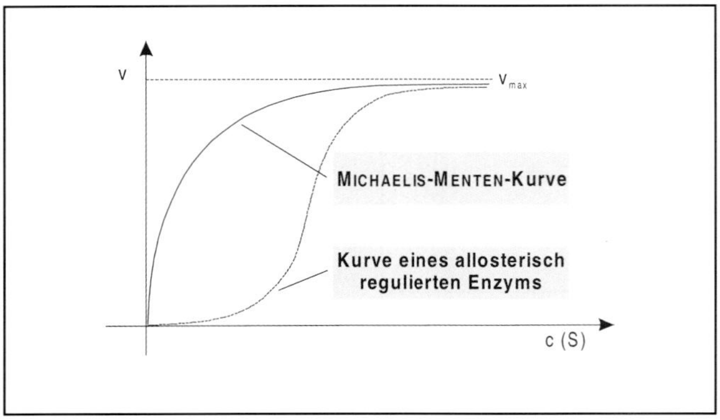

Abb. 4.37: Vergleich von hyperbolem (MICHAELIS-MENTEN) und sigmoidem (Allosterie) Kurvenverlauf.

Diese Beeinflußung läuft auf eine Veränderung des K_M- bzw. v_{max}-Wertes hinaus. Wir wollen den K_M-Wert nach allosterischer Regulation **apparenten K_M-Wert** (apparere lat. sichtbar werden) nennen. Er ist Ausdruck für diejenige Substratkonzentration, bei der ein allosterisch reguliertes Enzym halbmaximale Umsatzgeschwindigkeit erreicht. Dieser K_M-Wert ist nicht mit der MICHAELIS-Konstante aus Abschnitt 4.7.2 identisch und wird deswegen „apparent" genannt! Im Gegensatz zu dieser kann man mit der apparenten Konstanten nicht die Anfangsgeschwindigkeit v_0 der MICHAELIS-MENTEN-Gleichung bestimmen, die ja durch eine hyperbole Kurve im v-c(S)-Diagramm beschrieben wird. Allosterisch regulierte Enzyme zeigen im v-c(S)-Diagramm keinen hyperbolen, sondern einen **sigmoiden Kurvenverlauf**, für den die MICHAELIS-MENTEN-Kinetik in der uns bekannten Form nicht gilt. Wird nun durch einen allosterischen Effektor (Aktivatoren und Inhibitoren werden unter dem Begriff Effektoren zusammengefaßt) die apparente K_M verändert, während v_{max} unverändert bleibt, so spricht man vom **K-Typ allosterischer Regulation**. Beim **V- oder M-Typ** dagegen wird v_{max} variiert, und die apparente K_M bleibt erhalten. Der V-Typ ist relativ selten. Ein Beispiel ist die **Pyruvat-Carboxylase** der Gluconeogenese (ein Reaktionsweg, über den Glucose aufgebaut wird), wo der Aktivator Acetyl-CoA v_{max} vergrößert.

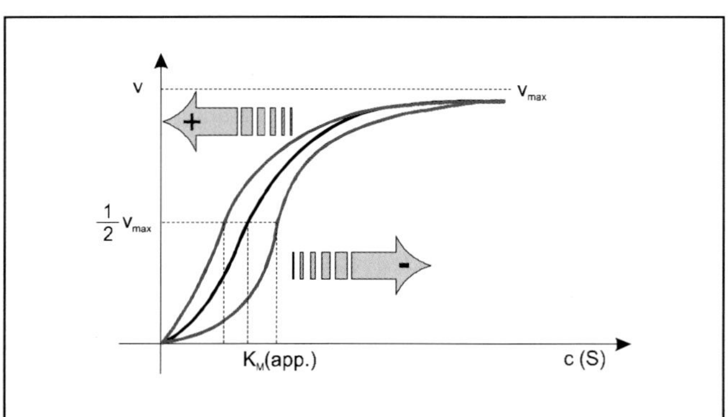

Abb. 4.38: Allosterische Regulation vom K-Typ. In der Mitte der Kurvenverlauf ohne Effektoren. Aktivatoren verschieben den Graphen nach links, Inhibitoren nach rechts.

Ein Beispiel für ein K-Typ-Enzym ist die **Aspartat-Carbamoyltransferase** aus dem Pyrimidinsyntheseweg. Sie besteht aus sechs regulatorischen und sechs katalytischen Untereinheiten und katalysiert die Reaktion. Aktivator ist ATP, Inhibitor CTP.

$$\text{Aspartat + Carbamoylphosphat} \rightarrow \text{N-Carbamoyl-L-aspartat + Phosphat} \qquad (4.72)$$

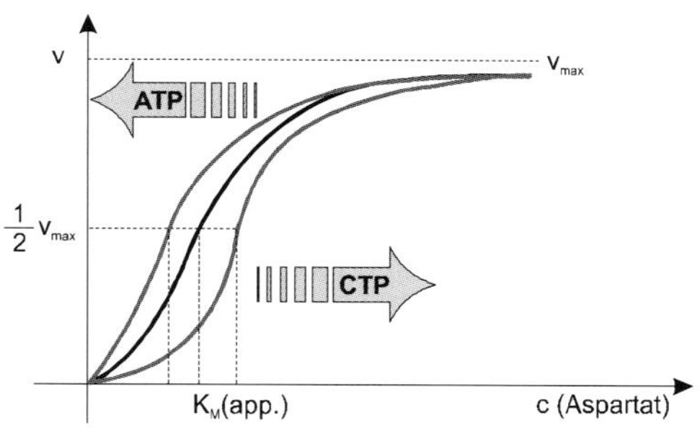

Abb. 4.39: Die allosterische Regulation von Aspartat-Carbamoyl-Transferase durch CTP und ATP.

4.9.3 Regulation durch Interkonversion

Enzyme können auch derart chemisch verändert werden, daß man sie mittels einer Modifikation „ein- oder ausschalten" kann. Diese regulatorischen Enzymmodifikationen werden mit dem Begriff **Interkonversion** (inter lat. zwischen, dazwischen und convertere lat. verwandeln, vertauschen, verändern) belegt. In der Regel beruht die Interkonversion auf der Phosphorylierung von OH-Gruppen einzelner Serin- oder Threonin-Reste des zu regulierenden Enzyms und führt dann zu einer Konformationsänderung. Je nach Einzelfall ist der phosphorylierte oder dephosphorylierte Zustand aktiv. Komplementär dazu ist dann natürlich die jeweilige andere Form der inaktive Zustand des betrachteten Enzyms. Phosphoryliert wird mittels ATP durch sogenannte **Proteinkinasen**, dephosphoryliert durch **Proteinphosphatasen**. Beide treten stets als regulatorische Gegenspieler auf und machen damit die Interkonversion zu einem reversiblen Prozeß (Abb. 4.40).

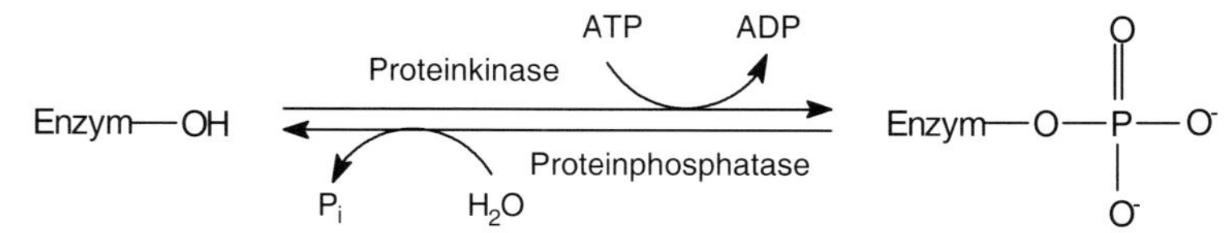

Abb. 4.40: Enzymregulation durch Interkonversion.

Interkonversion spielt eine bedeutende Rolle bei der Regulation des Glykogenauf- und Glykogenabbaus. Dort wird dieser Typ der Regulation eingehender behandelt.

4.9.4 Die regulierte Aktivierung von Enzymen durch Proteolyse

Oft ist es für einen Organismus sinnvoll, ein Enzym erst an ganz bestimmten Orten unter definierten Bedingungen aktiv werden zu lassen. Um dies zu gewährleisten, werden diese Enzyme in Form von Vorstufen, den **Zymogenen,** synthetisiert (zyme gr. Hefe, Sauerteig und genesis gr. Entstehung). Zymogene sind katalytisch inaktiv, ihre Peptidkette ist länger als die des aktiven Enzyms. Eine proteolytische Spaltung an definierten „Sollbruchstellen“ überführt die Zymogene via Konformationsänderungen in die eigentlich aktiven Enzyme, welche also vorher in Form einer Teilsequenz im inaktiven Zymogen „verpackt“ waren. Musterbeispiele solcher Enzyme sind die Verdauungsenzyme des Pankreas. Hier seien **Trypsin**, **Chymotrypsin** und **Elastase** mit ihren Zymogenen Trypsinogen, Chymotrypsinogen und Proelastase genannt. Sie werden im exkretorischen Pankreas gebildet und nach Ausschleusung durch den Ductus pancreaticus im Duodenum aktiviert.

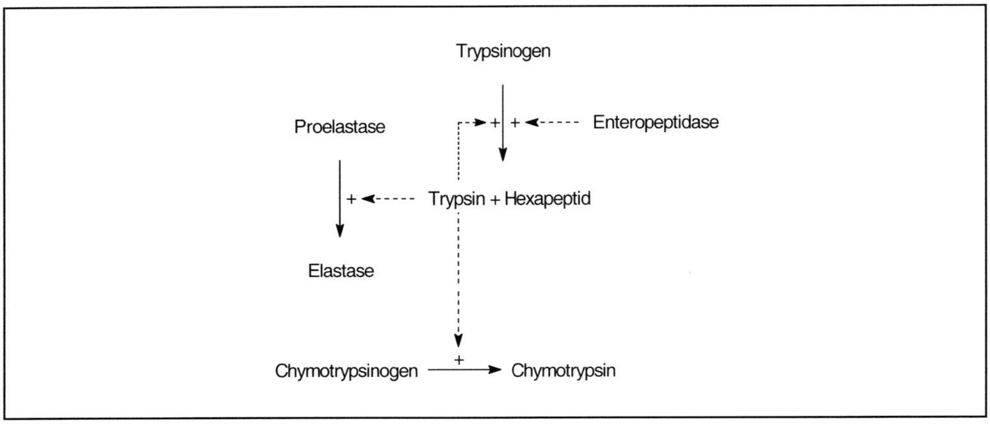

Abb. 4.41: Aktivierung der exkretorischen Pankreasenzyme als Beispiel für regulierte Enzymaktivität durch Proteolyse.

Ein Enzym der Duodenalzellen, die Enteropeptidase, spaltet Trypsinogen in Trypsin und ein inaktives Hexapeptid (hexa gr. sechs). Trypsin wiederum ist autokatalytisch und verdaut weiteres Trypsinogen. Außerdem überführt es Proelastase in Elastase und Chymotrypsinogen in Chymotrypsin. Alle Aktivierungsschritte erfolgen auf der Basis proteolytischer Abspaltung von Teilsequenzen der Zymogene (siehe Abb. 4.41). Bei Verlegung des Pankreasganges (z. B. durch Gallensteine) kann es zur vorzeitigen Aktivierung der Zymogene im Pankreas selbst kommen. Die Folge ist eine Selbstandauung des Pankreas. Man spricht dann von einer **akuten tryptischen Pankreasnekrose.** Aktivierung durch Proteolyse findet man auch im **Komplement-** (Kapitel: Immunologie - eine Einführung) und **Gerinnungssystem** (Kapitel: Blutgerinnung).

4.10 Isoenzyme und Multi-Enzym-Komplexe

Isoenzyme sind Enzyme, die die gleiche chemische Reaktion katalysieren, aber eine unterschiedliche Primärstruktur aufweisen. Wir wollen das an der Lactat-Dehydrogenase LDH, einem klinisch wichtigen Enzym der Glykolyse, erläutern. Die LDH ist ein tetrameres Enzym, d. h. sie besteht aus vier Untereinheiten. Diese Untereinheiten rekrutieren sich wiederum aus zwei Polypeptidketten, den Ketten H und M. Diese besitzen unterschiedliche Aminosäuresequenzen. Darüber hinaus wird jede Kette von einem eigenen Gen kodiert. Die isolierten Ketten besitzen keine katalytische Aktivität. Die Kombination der beiden Untereinheiten A und B zu Tetrameren ergibt fünf Isoenzyme, die genetisch kontrolliert in unterschiedlichem Maße in verschiedenen Geweben synthetisiert werden:

Tabelle 4.4: Die LDH-Isoenzyme im Überblick. Die Lokalisation der Isoenzyme ist von klinischer Bedeutung. So findet man LDH-1 und -2 zwar im Herzen, aber nicht in der Leber. LDH-5 wiederum kommt nicht im Herzmuskelgewebe vor.

Isoenzym	Struktur des Tetramers	Bevorzugte Lokalisation
LDH-1	HHHH	Herz, auch Erythrocyten und Niere
LDH-2	HHHM	Herz, Erythrocyten und Niere
LDH-3	HHMM	Granulocyten, Lunge, Gehirn
LDH-4	HMMM	Leber und Skelettmuskel, auch Lunge und Milz
LDH-5	MMMM	Leber und Skelettmuskel

Die fünf Isoenzyme lassen sich durch Elektrophorese trennen. Im Routinelabor der Klinik wird die selektive Aktivitätsbestimmung von LDH-1 durchgeführt, um einen möglichen Herzinfarkt besser von Erkrankungen der Leber abgrenzen zu können. Dabei macht man sich zunutze, daß LDH-1 etwa fünfmal schneller als LDH-5 2-Oxobutyrat in 2-Hydroxybutyrat umsetzen. Die LDH-1 wird daher auch als **α-Hydroxybutyrat-Dehydrogenase HBDH** bezeichnet.

$$\text{2-Oxobutyrat} + \text{NADH} + \text{H}^+ \rightarrow \text{2-Hydroxybutyrat} + \text{NAD}^+ \quad (4.73)$$

Ein weiteres in der Klinik wichtiges Enzym ist die **Creatinkinase CK**. Sie ist ein Dimer mit den Untereinheiten M („**m**uscle") und B („**b**rain"). Ihre Isoenzyme zeigen folgende Organverteilung:

Tabelle 4.5: Die CK-Isoenzyme in der Übersicht.

Isoenzym	Struktur des Dimers	Bevorzugte Lokalisation
CK-MM	MM	Skelettmuskel
CK-MB	MB	Herzmuskel
CK-BB	BB	Gehirn, Plazenta, Lunge

Folglich wird bei Verdacht auf Herzinfarkt besonderer Wert auf eine CK-MB-Bestimmung gelegt, während bei Skelettmuskelerkrankungen die CK-MM im Vordergrund steht. Auch bei intramuskulären Injektionen steigt die Aktivität der CK-MM im Serum an!

Multi-Enzym-Komplexe sind entweder Aggregate mehrerer unterscheidbarer Enzyme, die aufeinander folgende Reaktionsschritte katalysieren (Beispiel Pyruvat-Dehydrogenase, Kapitel: Kohlenhydrate II) oder „Überenzymstrukturen" mit Aufgabenteilung wie beim Fettsäure-Synthase-Komplex.

4.11 Enzymeinheiten

Enzymmengen werden quantitativ nicht über Konzentrationen oder Stoffmengen definiert, sondern über sogenannte Aktivitäten. Die **Enzymaktivität** A sagt aus, wieviel Substrat vom besagten Enzym innerhalb eines bestimmten Zeitintervalls umgesetzt wird. Das Ausmaß des umgesetzten Substrats wird dabei in der Einheit der Stoffmenge n, also in mol, angegeben. Dann folgt für die Aktivität:

$$A = \frac{\Delta n}{\Delta t} \tag{4.74}$$

Tabelle 4.6: Definiton und Umrechnung der Einheiten Unit bzw. Katal für die Enzymaktivität. Beide Aktivitätseinheiten werden unter bestimmten Bedingungen festgelegt: Temperatur T = 25 °C, pH-Optimum, Aktivatoren und Substrat in optimalen Konzentrationen. Die Angabe von Enzymaktivitäten in der SI-Einheit katal erfolgt allgemein in nanokatal nkat (nano = 10^{-9}), da Enzymaktivitäten nicht in Kataldimensionen verlaufen. Die auch heute noch gebräuchliche Einheit, die **Unit**, ist als 1 µmol Substratumsatz pro Minute definiert.

Defintion	Einheit	Umrechnungsfaktor	Umgerechnete Einheit
$1\ \text{katal} = \frac{\text{mol}}{\text{s}}$	1 nkat	0,06 U/nkat	0,06 U
$1\ \text{U} = \frac{\mu\text{mol}}{\text{min}}$	1 U	16,67 nkatal/U	16,67 nkat

Die **Wechselzahl** (engl. turnover number) eines Enzyms gibt die Menge an Substrat in mol an, die in einer bestimmten Zeiteinheit (in der Regel s oder min) von einer definierten Stoffmenge an Enzym (ebenfalls in mol) umgesetzt wird. Die Einheit der Wechselzahl ergibt sich aus dem Quotienten mol/(mol · s) als 1/s. Häufig werden Enzymeinheiten auf ein bestimmtes Volumen bezogen. Man kommt dann zur **Volumenaktivität** mit den Einheiten nkat/L und U/L. Besonders bei Enzymaufreinigungen aus einem Proteingemisch benutzt man eine weitere Größe, die auch als Maß für die Reinheit eines Enzyms verstanden werden kann. Hierbei handelt es sich um die **spezifische Aktivität** A_{spez}. Dabei wird eine gemessene Enzymaktivität A auf eine Menge Protein (in mg oder g) bezogen, die auch das mehr oder minder verunreinigte Enzym enthält. Da die Proteinmenge in mg oder g angegeben wird, folgt mit

$$A_{spez} = \frac{A}{m(P)} \tag{4.75}$$

für die Einheit der spezifischen Aktivität nkat/mg bzw. nkat/g oder U/mg bzw. U/g, wenn m(P) die Masse des Gesamtproteins ist. Je reiner ein Enzym in einem Proteingemisch vorliegt, umso größer ist folglich seine spezifische Aktivität. Die spezifische Aktivität ist eine relative Größe.

4.12 Enzymdiagnostik in der Klinik

4.12.1 Allgemeines

Enzyme spielen in der klinischen Diagnostik eine große Rolle. Manche zeigen bezüglich ihres Vorkommens eine bestimmte Organverteilung. Lassen sie sich im Blut nachweisen, so kann man meist Rückschlüsse auf eine bestimmte Organschädigung ziehen. Denn erst bei Organschädigungen treten die Zellenzyme in nennenswerten Mengen aus den Bildungsorganen in die Blutbahn über. Die Bestimmung von Enzymmustern gibt einer diagnostischen Aussage mehr Sicherheit als Einzelbestimmungen. Auch auf die zelluläre Lokalisation einer Schädigung kann man bei Enzymaktivitätsanstiegen im Serum mitunter rückschließen.

Tabelle 4.7: Bildungsorgane ausgewählter Enzyme. Diagnostisch wichtige Organe sind fett unterlegt.

Enzym	Organe
Alkalische Phosphatase AP	**Osteoblasten**, **Leber und Gallenwegsepithelien**, Niere, Plazenta, Dünndarm
Amylase	**Pankreas**, Speicheldrüsen, Ovarien, Tuben, Testes, Lunge
Creatinkinase CK	**Herz- und Skelettmuskel**, Gehirn, Magen
Glutamat-Dehydrogenase GLDH	**Leber** (Mitochondrien)
γ-Glutamyl-Transpeptidase γ-GT	**Leber und Gallenwegsepithelien**, Niere, Pankreas
Alanin-Aminotransferase (ALT, GPT)	**Leber**, **Herz**- und Skelettmuskulatur
Aspartat-Aminotransferase (AST, GOT)	**Leber**, Niere, **Herz- und Skelettmuskulatur**, Pankreas, Milz, Lunge
Lactat-Dehydrogenase LDH	Leber, Niere, **Herz- und Skelettmuskulatur**, Pankreas, Lymphknoten, Pankreas, Fettgewebe, **Erythrocyten**
α-Hydroxybutyrat-Dehydrogenase α-HBDH, (LDH-1),	**Herz**, Erythrocyt
Lipase	**Pankreas**
Saure Phosphatase (Tartrat-hemmbar)	**Prostata,** Thrombocyt, Leukocyt, Knochen

Tabelle 4.8: Lokalisation ausgewählter Enzyme in der Zelle.

Enzym	Zellkompartiment
Alkalische Phosphatase AP	Zellmembran
Glutamat-Dehydrogenase GLDH	Mitochondrien
γ-Glutamyl-Transpeptidase γ-GT	Zellmembran
Aspartat-Aminotransferase (AST, GOT)	Mitochondrium und Cytoplasma
Creatinkinase CK	Mitochondrium und Cytoplasma
Alanin-Aminotransferase (ALT, GPT)	Cytoplasma
Lactat-Dehydrogenase (LDH-1/-2)	Cytoplasma
Saure Phosphatase (Tartrat-hemmbar)	Lysosomen

Um bei der Messung von Enzymaktivitäten zu reproduzierbaren Ergebnissen zu kommen und den Einfluß von Störgrößen vergleichbar zu halten, ist eine besonders strenge Standardisierung der Bestimmungsmethode notwendig. Für einige Enzyme wurden solche

Standardbedingungen bereits festgelegt. Zu ihrer Aktivitätsmessung, der **optimierten Standardmethode**, müssen folgende Bedingungen eingehalten werden:

Tabelle 4.9: Die optimale Standardmethode in der Enzymdiagnostik. Sie wird für jedes Enzym individuell festgelegt. Lediglich die Meßtemperatur ist bei allen nach dieser Methode gemessenen Enzymen übereinstimmend 25 °C.

Optimierte Standardmethode	
Bedingung	**Umsetzung**
Optimale Substratkonzentration	Liegt bei maximaler Aktivität des Enzyms vor
Optimaler pH-Wert	Liegt bei maximaler Aktivität des Enzyms vor
Optimale Coenzym- und Aktivatorkonzentrationen	Liegen bei maximaler Aktivität des Enzyms vor
Definierte Meßtemperatur	25 °C, in Zukunft 37 °C

4.12.2 Creatinkinase und Herzinfarkt

Die **Creatinkinase** CK ist ein relativ spezifisches Enzym für Erkrankungen des Herz- und Skelettmuskels. Daneben kommt sie auch im Gehirn und in der Plazenta vor. Bei der Diagnostik des Herzinfarkts spielt der Nachweis von CK und ihres Isoenzyms CK-MB im Serum neben dem EKG eine herausragende Rolle.

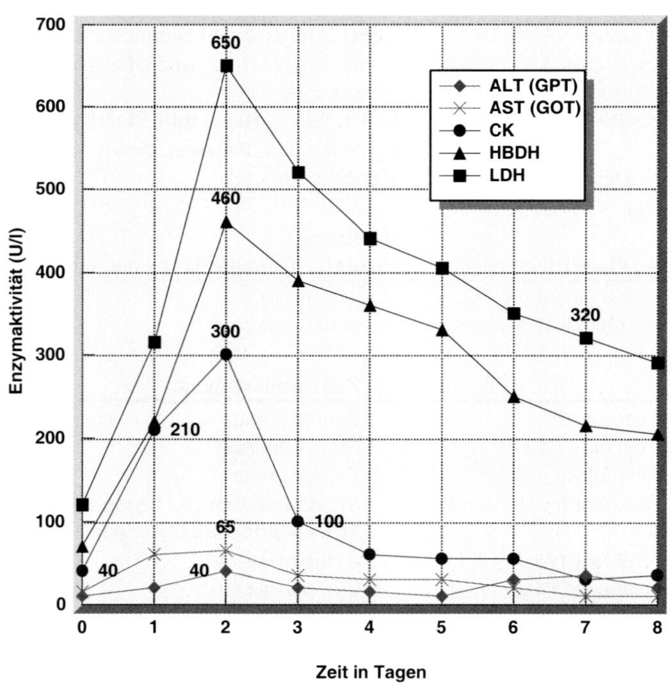

Abb. 4.42: Aktivität verschiedener Enzyme im Serum nach einem Herzinfarkt.

Nach Schädigung der Myokardzelle treten CK und CK-MB zeitlich als erste Enzyme neben der Glutamat-Oxalacetat-Transaminase GOT im Serum auf. Ihnen folgen weitere Enzyme, so daß anhand eines Enzymmusters eine Verlaufsdiagnostik möglich ist (Abb. 4.42). Zur Differentialdiagnose kann man **Aktivitätsquotienten** bilden. So ist beispielsweise der Quotient A(CK)/A(GOT) beim Herzinfarkt < 10, während er bei Skelettmuskelerkrankungen > 10 wird. Abb. 4.42 zeigt eine zeitliche Abfolge der Enzymaktivitäten im Serum. So läßt sich LDH bzw. α-HBDH am längsten nachweisen, während die Creatinkinase relativ früh wieder abfällt. Diese Verhalten ist in den unterschiedlichen Halbwertszeiten der Enzyme im Blut begründet, wie die nachfolgende Tabelle zeigt:

Tabelle 4.10: Halbwertszeiten einiger Enzyme im Plasma.

Enzym	Halbwertszeit im Plasma
Alanin-Aminotransferase (ALT, GPT)	47 ± 10 Stunden
Aspartat-Aminotransferase (AST, GOT)	17 ± 10 Stunden
Alkalische Phosphatase AP	3 bis 7 Tage
α-Amylase	3 bis 6 Stunden
Cholinesterase CHE	ca. 10 Tage
Creatinkinase CK	ca. 15 Stunden
Creatinkinase MB-Isoenzym CK-MB	12 ± 4 Stunden
Glutamat-Dehydrogenase GLDH	18 ± 1 Stunde
γ-Glutamyl-Transpeptidase γ-GT	3 - 4 Tage
α-Hydroxybutyrat-Dehydrogenase α-HBDH, (LDH-1)	113 ± 60 Stunden
Lactat-Dehydrogenase, Isoenzym 5 LDH-5	10 ± 2 Stunden
Lipase	3 - 6 Stunden

4.12.3 Lactat-Dehydrogenase

Die **Lactat-Dehydrogenase** LDH ist als cytoplasmatisches Glykolyseenzym aller Gewebe ein unspezifischer Parameter. Sie ist aber wichtig für die Spätdiagnose eines Herzinfarktes, da sich die LDH-Aktivität im Serum erst nach ein bis zwei Wochen normalisiert. Weil die LDH auch in Erythrocyten anzutreffen ist, ist der Anstieg der Serumaktivität dieses Enzyms neben anderen Parametern wie Bilirubin oder Retikulocyten ein wichtiger Indikator für hämolytische Anämien.

4.12.4 Alkalische Phosphatase und γ-Glutamyl-Transpeptidase

Die **Alkalische Phosphatase** AP ist das Leitenzym bei Knochenerkrankungen, insbesondere bei Morbus Paget und dem Osteosarkom. Auch Knochenmetastasen und Rachitis führen zur Erhöhung der Serumaktivität. Die AP-Aktivität steigt ebenfalls bei intra- und extrahepatischen Cholestasen sowie (physiologisch) in der Schwangerschaft, da auch die Plazenta AP enthält.

Um Knochen- von Gallenwegserkrankungen differenzieren zu können, bietet sich neben der AP-Messung die Bestimmung der **γ-Glutamyl-Transpeptidase** γ-GT an. Diese ist bei Erkrankungen der Knochen nicht erhöht, dagegen bei Cholestasen, Virushepatitis, Alkoholabusus (Mißbrauch von Alkohol) sowie alkoholinduzierten Hepatitiden.

4.12.5 Transaminasen und akute Virushepatitis

In der Leberdiagnostik werden meist die Transaminasen bestimmt, zu denen die **Glutamat-Pyruvat-Transaminase** GPT und die **Glutamat-Oxalacetat-Transaminase** GOT gezählt werden. Neuerdings werden sie auch als **Alanin-Aminotransferase** ALT und **Aspartat-Aminotransferase** AST bezeichnet. Ihre Serumaktivität steigt bei akuter Virushepatitis stark an, bei chronischen Hepatitiden fällt der Zuwachs geringer aus. Auch bei Leberzirrhosen findet man in der Regel nur mäßig erhöhte Werte der beiden Transaminasen.

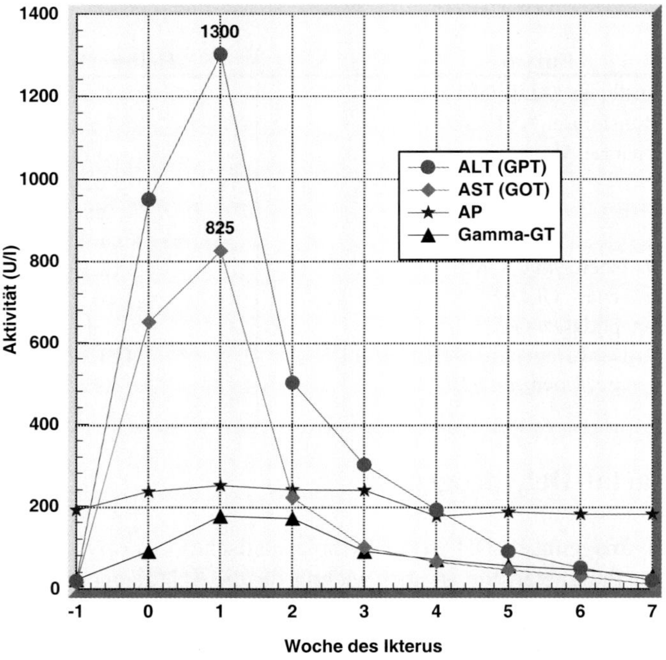

Abb. 4.43: Verlauf einiger ausgewählter Enzymaktivitäten während einer akuten Virushepatitis.

4.12.6 Glutamat-Dehydrogenase

Die **Glutamat-Dehydrogenase** GLDH ist nur in Mitochondrien lokalisiert. Dementsprechend ist sie lediglich bei massiven Leberzellschädigungen im Serum erhöht. Pathologische GLDH-Aktivitäten finden wir bei Vergiftungen mit Pilzgiften, Tetrachlorkohlenstoff und Cytostatika. Bei biliärer Zirrhose, akuten Gallenwegsverschlüssen und Metastasenleber liegen mäßig bis stark erhöhte Aktivitäten der Glutamat-Dehydrogenase GLDH im Serum vor.

4.12.7 Pankreasenzyme und Akute Pankreatitis

Anstiege der Aktivitäten von **Lipase** und **α-Amylase** deuten auf eine akute Pankreatitis hin.

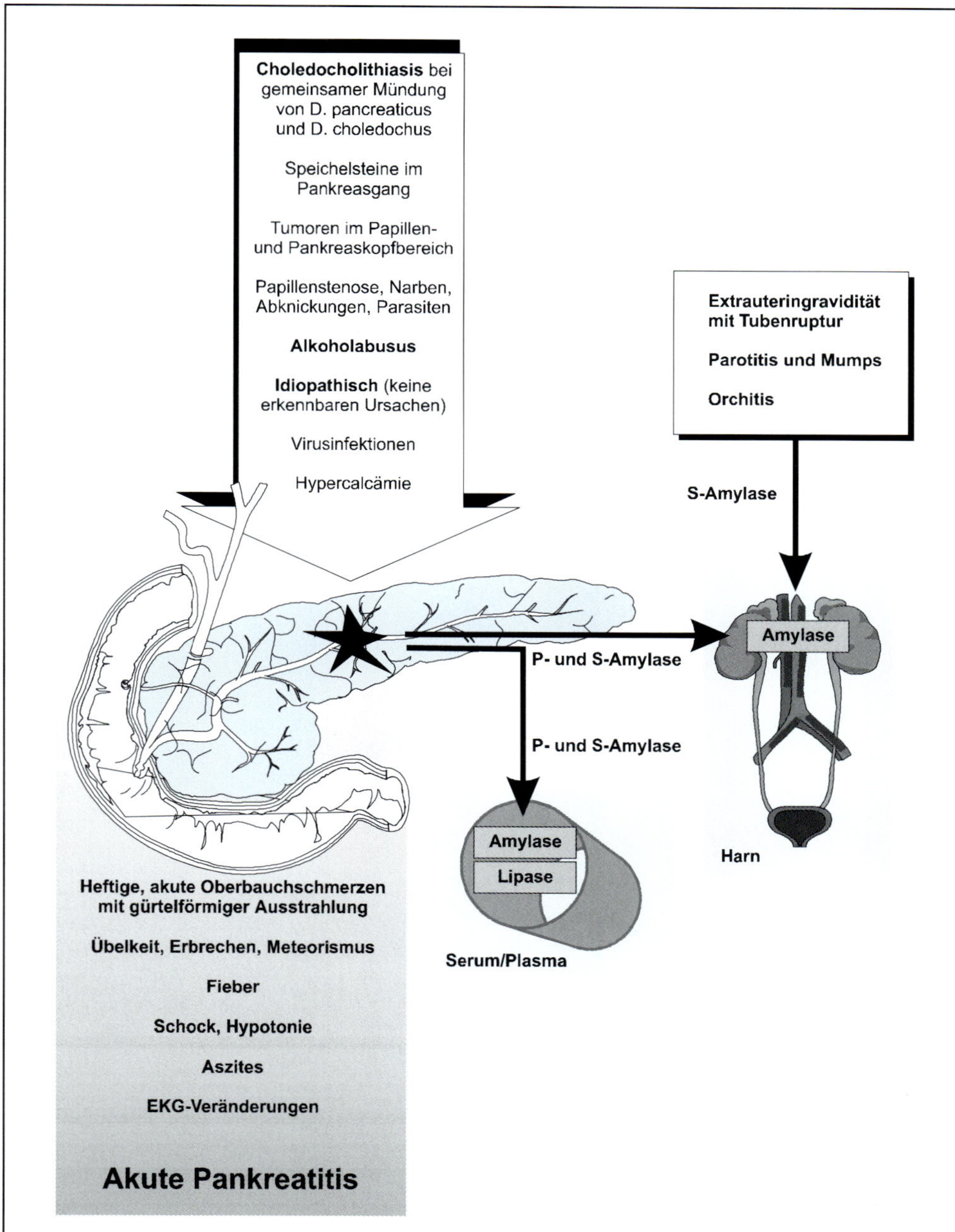

Abb. 4.44: Enzymdiagnostik bei Akuter Pankreatitis. S-Amylase ist das Speichel-, P-Amylase das Pankreas-Isoenzem.

Die Lipase ist das spezifischere Enzym, weil die Aktivität der α-Amylase auch bei Mumps, Parotitiden oder Niereninsuffizienz pathologisch verändert ist. α-Amylase wird mit dem Urin ausgeschieden. Da ihr Anstieg im Blut bei akuter Pankreatitis recht flüchtig ist, bietet sich die Bestimmung im Harn für die Spätdiagnose an. Eine chronische Pankreatitis läßt sich anhand dieser beiden Enzyme nicht diagnostizieren.

4.13 Literatur

(1) Ahlers, J. et al: Enzymkinetik. Fischer Verlag Stuttgart (1982).

(2) Moss, D. W., Henderson, A. R.: „Enzymes“ in Burtis, C. A., Ashwood, E. R.: Tietz Textbook of Clinical Chemistry. W. B. Saunders Verlag. 2nd Ed. (1994).

(3) Palmer, T.: Understanding enzymes. Verlag Ellis Horwood New York (1991).

(4) Schmidt, E., Schmidt, F. W.: Kleine Enzym-Fibel. Diagnostica Boehringer. 3. Auflage (1981).

(5) Thomas, L., Stein, W.: „Enzyme“ in Thomas, L.: Labor und Diagnose. TH-Books Verlagsgesellschaft Frankfurt (Main). 5 .Auflage (1998).

5 Kohlenhydrate I

5.1 Begriffe und Definitionen

Im Begriff Kohlenhydrate sind bereits die beiden wichtigen Bestandteile dieser Verbindungsklasse genannt: Kohlenstoff und Wasser. Zumeist enthalten Kohlenhydrate Kohlenstoff und Wasser im Verhältnis 1 : 1, was in der allgemeinen Formel $C_n(H_2O)_n$ zum Ausdruck kommt. Es gibt aber auch Ausnahmen von dieser Regel, z. B. die Aminozucker oder die Desoxyribose. Je nach Größe von n unterscheiden wir:

Tabelle 5.1: Wichtige Kohlenhydrate mit Beispielen (n = 3, tri lat. drei; n = 4, tetra gr. vier; n = 5, penta gr. fünf; n = 6, hexa gr. sechs; n = 7, hepta gr. sieben).

Anzahl n der C-Atome	Name	Beispiel
3	Triose	Glycerolaldehyd, Dihydroxyaceton
4	Tetrose	Threose, Erythrose
5	Pentose	Ribose, Desoxyribose, Xylose
6	Hexose	Glucose, Fructose, Galactose, Mannose
7	Heptose	Sedoheptulose

Alle Zucker sind **Polyalkohole** (poly gr. viel), verfügen also über mehrere Hydroxylgruppen -OH. Daneben enthalten sie entweder eine Aldehyd- oder eine Ketogruppe und werden daher als **Aldosen** bzw. **Ketosen** bezeichnet. Die vorangehende Schreibweise soll verdeutlichen, daß der allgemeine Suffix für Kohlenhydrate **-ose** lautet. Ketosen werden allerdings häufig auch mit der Endung **–ulose wi** bei Ribulose (die entsprechende Ketose der Aldose Ribose) gekennzeichnet.

Da es sich bei dem C-2-Atom im Glycerolaldehyd um ein chirales C-Atom handelt, gibt es auch zwei Enantiomere dieser Verbindung. Die D, L-Nomenklatur, die eine Aussage über die Konfiguration am asymmetrischen Kohlenstoffatom trifft, wird am Referenzkohlenhydrat Glycerolaldehyd definiert. Steht die OH-Gruppe nach **rechts**, wird die Bezeichnung **D** benutzt; ist sie nach **links** orientiert, entsprechend **L**. Bei Kohlenhydraten mit mehr als 3 C-Atomen bezieht sich diese Benennung auf das asymmetrische C-Atom, welches am **weitesten** von der Aldehydgruppe entfernt ist. Darauf wird auch noch einmal anhand der Tetrosen in Abb. 5.1 hingewiesen, bei denen ja bereits zwei Hydroxylgruppen -OH für eine Definition der Nomenklatur in Frage kämen. Die für uns wichtigen Zucker liegen überwiegend in der D-Form vor. **Achtung**: Die D, L-Nomenklatur gibt **keine** Auskunft über die spezifische Drehung linear polarisierten Lichtes, welche mit den **kleinen** Buchstaben d und l oder den Zeichen (+) und (-) gekennzeichnet wird! So gibt es durchaus D-Zucker, die linksdrehend sind und umgekehrt! Die D, L-Nomenklatur ist also relativ, sie bezieht sich auf eine Vergleichsubstanz, deren Struktur immer „zu Rate" gezogen werden muß, um eine Zuordnung für ein bestimmtes, chirales Molekül zu ermöglichen.

Wichtigste Pentose ist die D-Ribose. Sie ist eine Aldose und wichtiger Baustein der Nukleinsäuren. Die Hexosen D-Glucose, D-Galactose und D-Mannose sind Bestandteile vieler Di- und Polysaccharide. Die drei genannten Aldohexosen und die Ketohexose D-Fructose sind für den Menschen wichtige Komponenten der Nahrung.

Tabelle 5.2: Wichtige Pentosen und Hexosen. Die Nonose (nonae, lat der neute) Sialinsäure wird auch N-Acetylneuraminsäure genannt. Sie tritt häufig in Glykoproteinen auf.

Kohlenhydrat	**Abk.**	**Vorkommen/Bedeutung**
		Pentosen
D-Arabinose	Ara	In Glykosiden von Aloe und *Mycobacterium tuberculosis*
D-Ribose	Rib	Bestandteil von Nukleotiden, Nukleosiden und Nukleinsäuren
		Hexosen
D-Glucose	Glc	Bestandteil von Körperflüssigkeiten: Blut, Lymphe, Liquor. Bestandteil von Disacchariden: Saccharose, Maltose, Lactose sowie in Polysacchariden: Cellulose, Stärke, Glycogen; Bestandteil von Glykoproteinen
D-Galactose	Gal	Bestandteil von Cerebrosiden, Glykoproteinen, Gangliosiden, Komponente des Milchzuckers in der Muttermilch
N-Acetyl-D-glucosamin	GlcNAc	Alleiniger Baustein des Chitins. Vorkommen in Blutgruppen-Oligosacchariden, im Heparin und in den Oligosacchariden der Muttermilch
N-Acetyl-D-galactosamin	GalNAc	Bestandteil von Hyaluronsäure und Chondroitin
L-Fucose (L-6-Dexoxygalactose)	Fuc	Bestandteil von Polysacchariden der Muttermilch und der Blutgruppen-Oligosaccharide
D-Mannose	Man	Bestandteil von Hemicellulosen und Glykoproteinen
		Nonosen
N-Acetylneuraminsäure (Sialinsäure)	Sia	Bestandteil von Mucinen der Epithelsekrete (Darm, Harnwege), von Glykoproteinen, von Milcholigosacchariden und Gehirngangliosiden, von Zellwänden in Bakterien

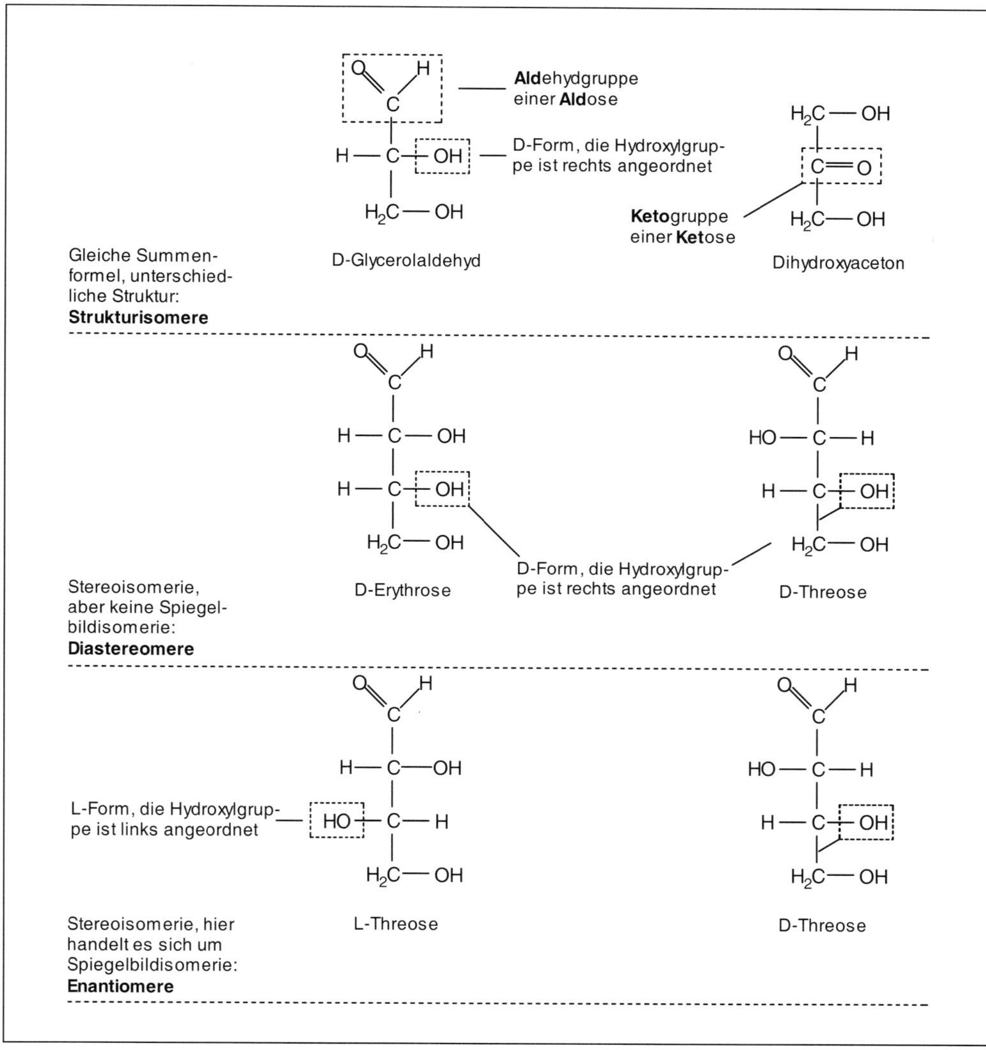

Abb. 5.1: Wichtige Triosen und Tetrosen im Überblick. Man beachte die Erläuterungen zur Isomerie der Kohlenhydrate!

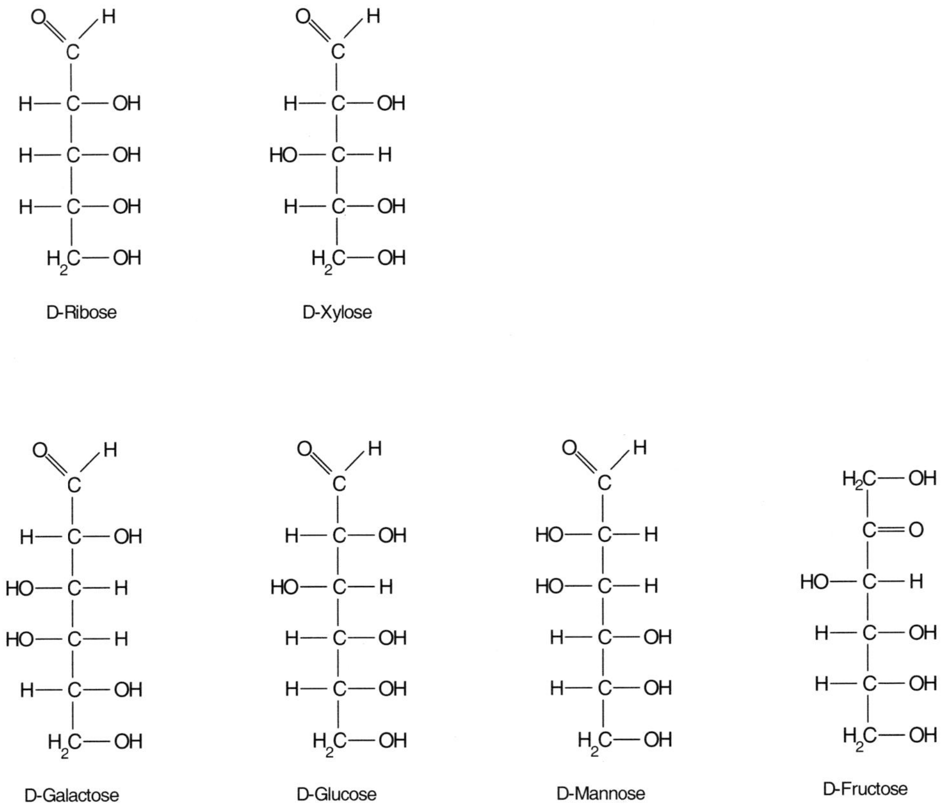

Abb. 5.2: Die Pentosen Ribose und Xylose und wichtige Hexosen. Alle Zucker sind in der D-Form dargestellt. Während die Fructose ein Konstitutions- oder Stellungsisomer zu den drei Aldohexosen ist, stellen Glucose, Galactose und Mannose untereinander Stereoisomere dar. Da sie sich aber nicht wie Bild und Spiegelbild verhalten, werden sie nicht als Enantio-, sondern als Diastereomere bezeichnet. Die Xylose verhält sich diastereomer zur Ribose.

5.2 Darstellungsformen

Bei den bisher verwendeten Zuckerdarstellungen handelt es sich um die sogenannte **FISCHER-Projektion**. In dieser Darstellungsweise wird die längste Kohlstoffatomkette vertikal gezeichnet, wobei das am höchsten oxidierte Kohlenstoffatom (bei Aldehyden das Kohlenstoffatom der Aldehydgruppe -CHO, bei Säuren dasjenige der Carboxylgruppe -COOH) nach oben orientiert wird. Abb. 5.3 zeigt, wie eine FISCHER-Projektion zu bilden ist. Die Bindungen eines Kohlenstoffatoms spannen bekanntlich einen Tetraeder (tetraeder gr. Vierflächner) auf. Das zentrale Kohlenstoffatom wird nun in die Papierebene projiziert, wodurch zwei Tetraederecken aus der Ebene nach hinten (-CHO und -CH_2OH), die anderen jedoch zum Leser nach vorne herausragen. Man symbolisiert dies durch besondere Bindungsstriche. Vom Betrachter wegzeigende Bindungen werden durch gestrichelte Keilbindungen wiedergegeben, zum Betrachter hinzeigende durch ausgefüllte Keildarstellungen. Die dreidimensionale Tetraederstruktur der Kohlenstoffbindungen findet somit in dieser Schreibweise ihr zweidimensionales Pendant, wobei die Keile dennoch besser an die Räumlichkeit der Bindungsverhältnisse erinnern, als dies bloße Bindungsstriche vermögen. Um die FISCHER-Projektion zum Abschluß zu bringen, werden die „Keilbindungen" zuletzt (gedanklich) in die Papierebene projiziert („gebogen", alle Bindungen und Atomgruppen liegen dann formal genau in dieser Ebene) und die Keilbindungen durch die altbekannten Bindungsstriche ersetzt.

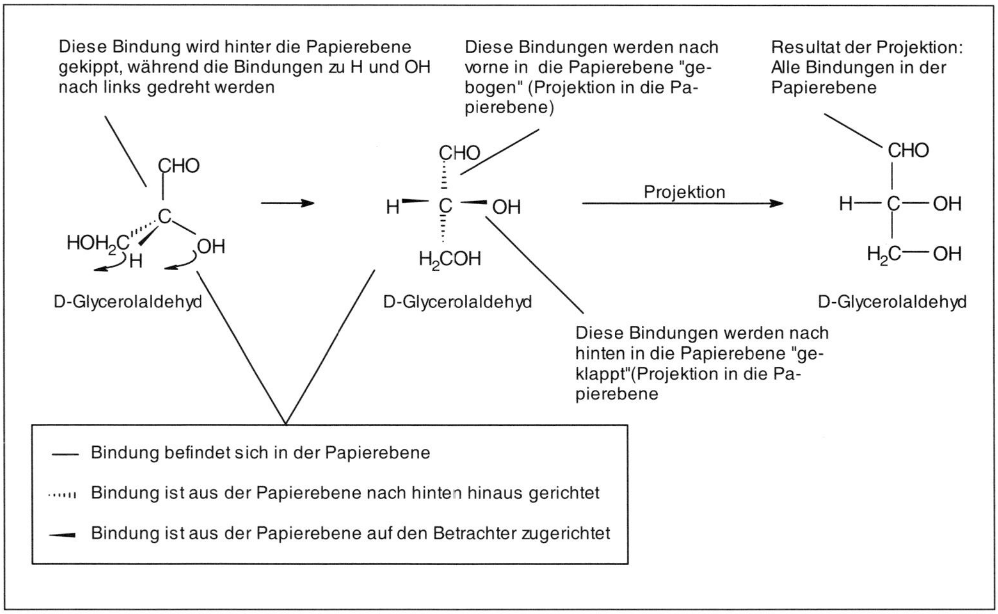

Abb. 5.3: Die FISCHER-Projektion des Glycerolaldehyds, links daneben die Formel mit keilförmigen („räumlichen") Bindungsstrichen, aus der die FISCHER-Projektion durch gedankliche Übertragung in die Papierebene abgeleitet wird.

Die **FISCHER-Projektion** ist also eine Darstellungsvorschrift, durch die eine dreidimensionale Molekülstruktur nach bestimmten Regeln zweidimensional wiedergegeben wird. Die Stellung der Substituenten in einer FISCHER-Formel ist somit nicht willkürlich, sondern durch das Projektionsreglement festgelegt (die Formel als Resultat ihrer Projektionsvorschrift). Neben der FISCHER-Projektion finden noch zwei andere Kohlenhydratdarstellungen in der Biochemie Verwendung. Die Notwendigkeit dieser Darstellungen beruht darauf, daß Monosaccharide (mono gr. eins) infolge benachbarter Aldehyd- bzw. Ketogruppen einerseits sowie Alkoholgruppen andererseits eine starke Tendenz zur **Ringbildung** aufweisen. Der dabei gebildete Verbindungstyp heißt Halbacetal. **Halbacetale** entstehen bei der Reaktion von Aldehyden mit Alkoholen; die entsprechende Verbindung bei einer analogen Reaktion zwischen Keton und Alkohol wird **Halbketal** genannt. Die als Produkte auftretenden Halbketale und -acetale werden je nach Ringgröße in zwei Klassen eingeteilt. Fünfringe heißen **Furanosen** (aufgrund ihrer Ähnlichkeit zum Furan), Sechsringe hingegen **Pyranosen** (sie ähneln dem Pyran). Die folgende Graphik verdeutlicht die Ringbildung am Beispiel der D-Glucose. Infolge Ringschluß entsteht ein neues asymmetrisches Kohlenstoffatom (C-1 im Ring, an dem die Hydroxylgruppe innerhalb der Halbacetalgruppierung zwei verschiedene Positionen einnehmen kann), unterscheiden wir zwei mögliche Formen, die als **α-** und **β-Anomer** bezeichnet werden. Anomere dürfen nicht mit **Epimeren** verwechselt werden.

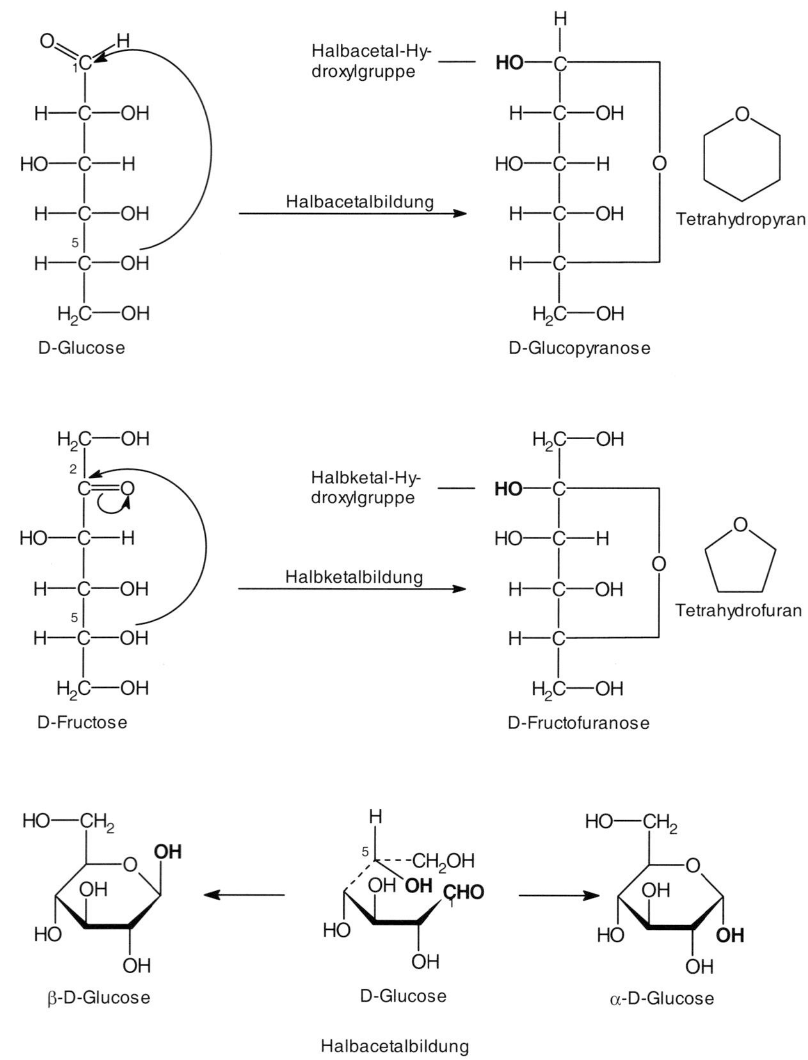

Abb. 5.4: Die Ausbildung von Anomeren nach Ringschluß im Glucosemolekül. Die ergänzten Strukturen des Tetrahydropyrans bzw. -furans erklären die Nomenklatur der Kohlenhydrate (Pyranose, Furanose). Auch die Glucose kann eine Furanosestruktur annehmen, wenn C-1 und C-4 miteinander zum Halbacetal reagieren. Hier wurde als Beispiel für eine Furanose die Fructose als Vertreterin der Ketosen gewählt. Die untere Darstellung zeigt eine Kettenformel des Glucosemoleküls, die den Ringschluß mit Anomerenbildung schon erahnen läßt.

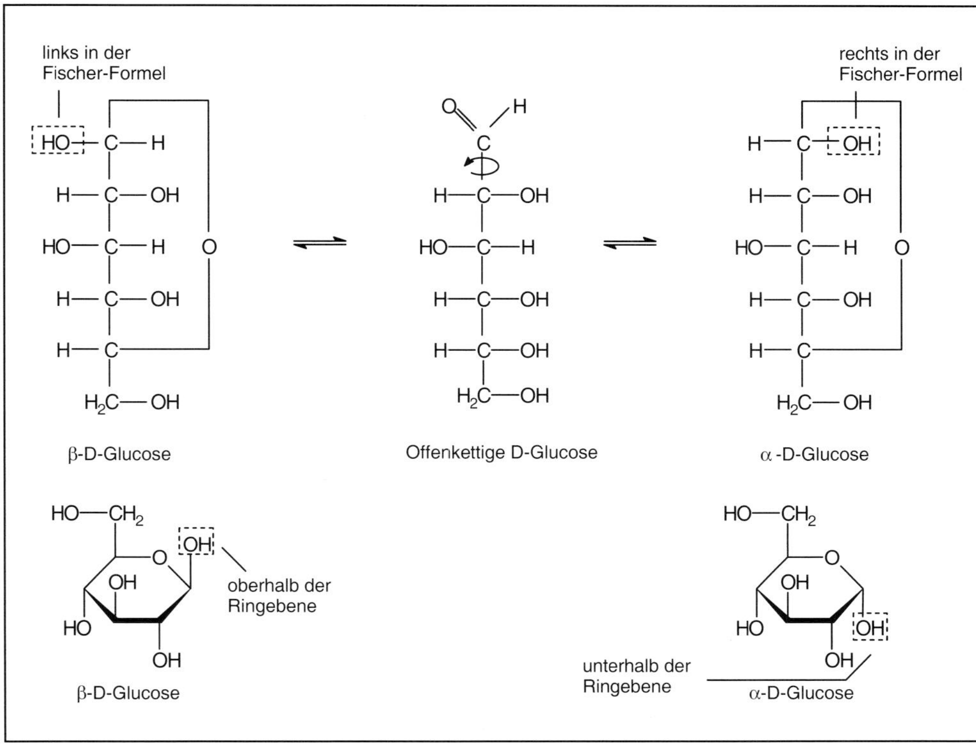

Abb. 5.5: Die Anomeren α- und β-D-Glucose stehen über die offenkettige Aldehydform des Zuckers im Gleichgewicht. Diese Gleichgewichtseinstellung zwischen den beiden Anomeren eines Kohlenhydrats über die Aldehydform heißt Mutarotation. Man beachte, daß Hydroxylgruppen, die in der FISCHER-Formel rechts stehen, in der HAWORTH-Darstellung unterhalb der Ringebene lokalisiert sind. Dagegen finden wir die links ausgerichteten Hydroxylgruppen der Kettenformel oberhalb des HAWORTH-Ringes.

Epimere Zucker differieren in der Stellung einer OH-Gruppe an denjenigen C-Atomen, die nicht an der Halbacetalbindung teilnehmen, also bei Aldohexosen die C-Atome 2 bis 5. So sind z. B. Glucose und Galactose epimere Zucker an C-4, Mannose und Glucose an C-2. Zur Erinnerung: Anomere und Epimere sind auch **Diastereomere**. Beide Begriffe stehen also für spezielle Formen von Diastereomeren in der Zuckerchemie.

Die unten rechts in Abb. 5.4 verwendeten Kohlenhydratformeln nennen sich **HAWORTH-Darstellung**. Anhand dieser Graphik können wir den Mechanismus eines experimentell zu beobachtenden Phänomens nachvollziehen, der **Mutarotation** (mutare lat. verändern und rotare lat. sich drehen, rollen). Wenn man ein reines Anomer (z. B. die α-Form der Glucose) in Wasser löst, wandelt sich diese Verbindung solange über die offenkettige Form in das andere Anomer um, bis ein Gleichgewicht zwischen beiden Formen vorliegt (Abb. 5.5). Experimentell kann der Vorgang an der Änderung der spezifischen Drehung linear polarisierten Lichtes verfolgt werden. In wässriger Lösung von Glucose liegen z. B. nach einer bestimmten Zeit immer 64 % β- und 36 % α-D-Glucose vor.

Sowohl die FISCHER- als auch die HAWORTH-Darstellung geben jedoch nicht die dreidimensionale Struktur der Kohlenhydrate wieder. Erst durch die sich aus den Tetraederstrukturen ergebende **Sesselform** werden die realen Verhältnisse bei Hexosen verdeutlicht. In dieser Formeldarstellung stehen die Ecken des Sessels für die jeweiligen Kohlenstoffatome und das eine Sauerstoffatom. Wir unterscheiden für OH-Gruppen zwei mögliche Stellungspositionen. Sie können **äquatorial** (e) oder **axial** (a) stehen. Axiale OH-Gruppen sind (vertikal) ober- oder unterhalb der skizzierten Ebene in Abb. 5.56 orientiert, äquatoriale praktisch in ihrer Höhe. Diejenige Variante, bei der mehr OH-Gruppen die äquatorialer Stellung einnehmen, stellt die stabilere dar. In diesem Falle sind sie am günstigsten im Raum orientiert, sie nehmen dann den größtmöglichen Abstand zueinander ein und behindern sich nicht gegenseitig.

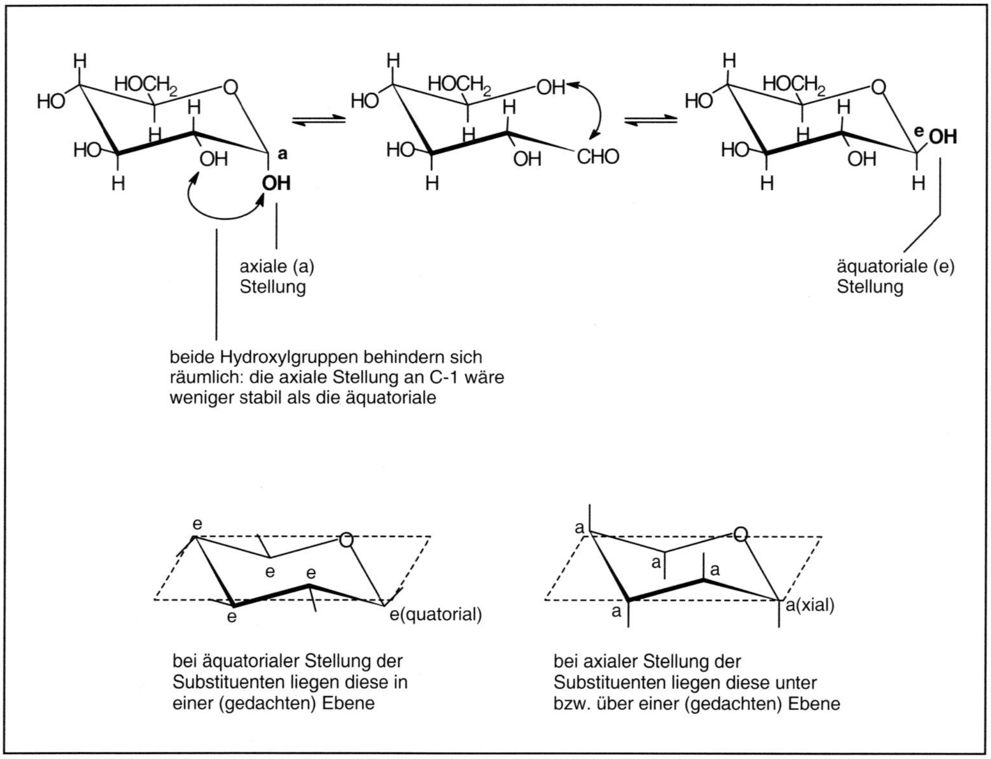

Abb. 5.6: Sesselform der D-Glucopyranose.

5.3 Disaccharide und Polysaccharide

Die freie Hydroxylgruppe an C-1 der Halbacetalgruppierung eines Zuckers kann mit einer weiteren Alkohol- oder Zucker-OH-Gruppe unter Wasserabspaltung reagieren, wobei aus einem Halbacetal ein Vollacetal oder Glykosid mit einer sogenannten **glykosidischen Bindung** entsteht. Derjenige Reaktionspartner, der unter Beisteuern seiner Alkoholgruppe mit der Halbactal-OH-Gruppe zum Gykosid (dem Vollacetal) reagiert, heißt **Aglykon**. Wenn es sich bei den Reaktanden um Monosaccharide handelt, so ist das entstehende Glykosid ein Disaccharid (dis gr. zweimal), reagieren mehrere Zucker miteinander, so kommen wir zu den Oligo- (oligo gr. wenig) und Polysacchariden. Bei diesen unterscheidet man einerseits

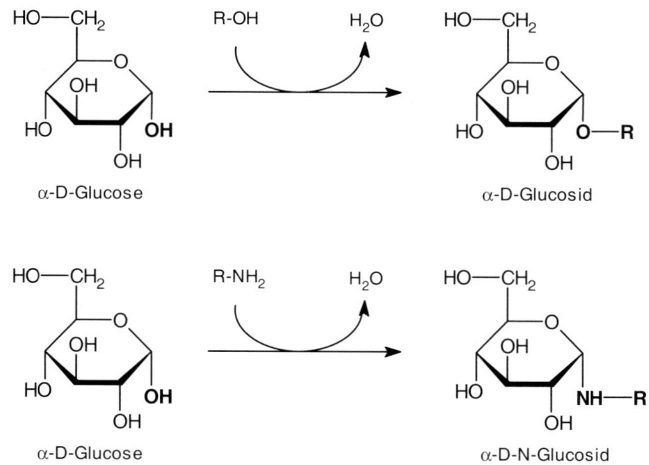

Abb. 5.7: Die Bildung der glykosidischen Bindung. Unten die N-glykosidische Bindung.

Homo- (homoios gr. gleich, ähnlich), die nur aus einem Typ Monosaccharid bestehen, und andererseits **Heteroglykane** (heteros gr. ein anderer) mit verschiedenen Zuckertypen. Neben den beschriebenen Alkoholen und Zuckern können auch Aminogruppen als Aglykone unter Bildung einer **N-glykosidischen Bindung** mit einem Monosaccharid reagieren.

Diesen Bindungstyp finden wir zwischen Zucker und Base bei der Nukleotidsynthese. In Abb. 5.8 sind die wichtigsten biologischen Disaccharide abgebildet: Saccharose (Rohrzucker), Maltose (Malzzucker) und Lactose (Milchzucker). Die Maltose ist Zwischenprodukt beim Abbau der Polysaccharide Glykogen und Stärke. Daneben entsteht auch Isomaltose, mit $\alpha(1\rightarrow6)$-gebundenen Glucosemolekülen. Lactose ist ein wichtiger Bestandteil in Mutter- und Kuhmilch. Der verbreitete Konsum von Saccharose (sakcharon gr. Zucker) hat so viele übergewichtige und kariöse Zeitgenossen zur Folge. Rohrzucker ist ein deutlich überbetontes Nahrungsmittel der westlichen Welt geworden und findet sich insbesondere in Süß- und Backwaren, aber auch in Getränken (Cola!) und Gewürzen (Ketchup). Tabelle 5.3 faßt wichtige Eigenschaften der bedeutendsten Di- und Oligosaccharide zusammen.

Bei **Polysacchariden** sind mehr als **zehn** Monosaccharidmoleküle miteinander verknüpft. Wichtigstes tierisches Speicherpolysaccharid ist das **Glykogen**. Hierbei handelt es sich um ein Polymer aus Glucoseeinheiten, die sowohl $\alpha(1\rightarrow4)$ als auch $\alpha(1\rightarrow6)$ gebunden sind. Die $\alpha(1\rightarrow4)$-Bindungen bilden eine lange Kette mit $\alpha(1\rightarrow6)$-Verzweigungen und einem Verzweigungsgrad von 1 : 10. Es dient als Reservekohlenhydrat in **Leber** und **Muskel**. Die **Stärke** ist Bestandteil vieler Nahrungsmittel, z. B. von Kartoffeln und Getreideprodukten. Ihre Bausteine sind: **Amylose**, ein $\alpha(1\rightarrow4)$ gebundenes Glucosepolymer, (Abb. 5.9) sowie **Amylopektin** ($\alpha(1\rightarrow4)$- und $\alpha(1\rightarrow6)$-verknüpfte Glucoseketten, Verzweigungsgrad 1 : 30). Das Verhältnis der Amylose und des Amylopektins in Stärke beträgt 1 zu 3. Nur die Amylosekette bildet helicale Strukturen mit sechs Glucoseeinheiten pro Windung aus (nicht mit einer α-Helix verwechseln!), in deren Inneres sich Iod einlagern kann. Dieser **Iod-Stärke-Komplex** kann wegen seiner blauen Färbung gut zum Stärkenachweis genutzt werden.

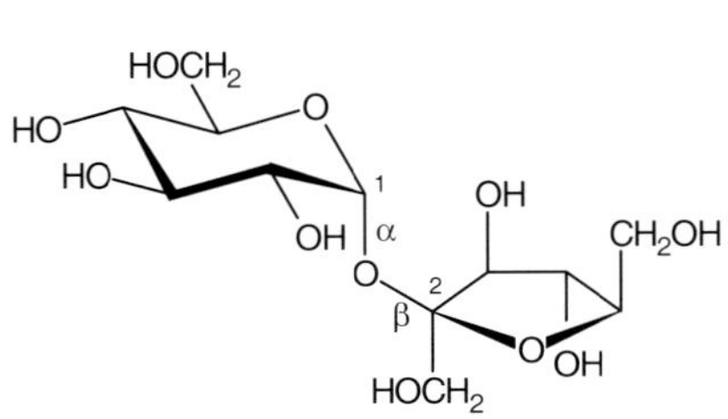

α-D-Glucopyranosyl-β-fructofuranosid
Saccharose (Rohrzucker)

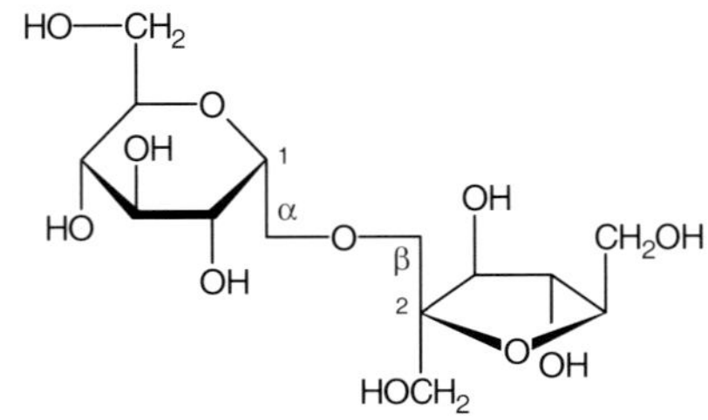

Saccharose (Rohrzucker)

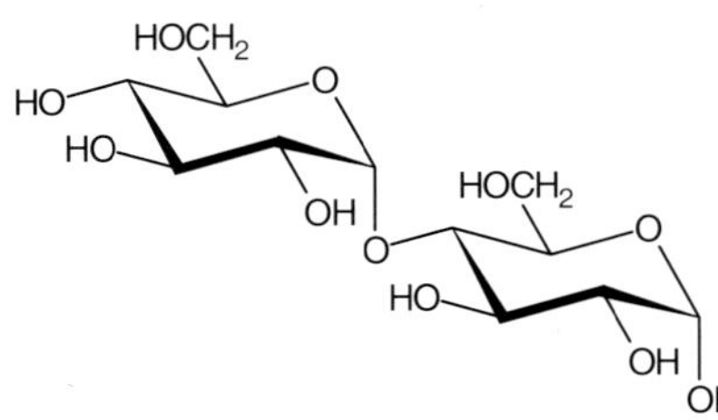

α-D-Glucopyranosyl-D-Glucopyranose
Maltose

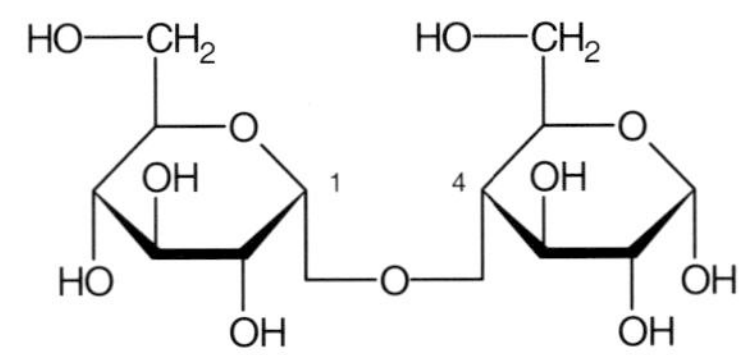

Maltose

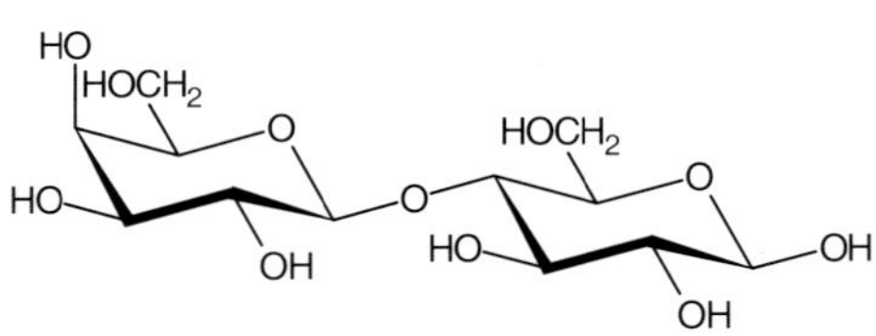

β-D-Galactopyranosyl-D-Glucopyranose
Lactose

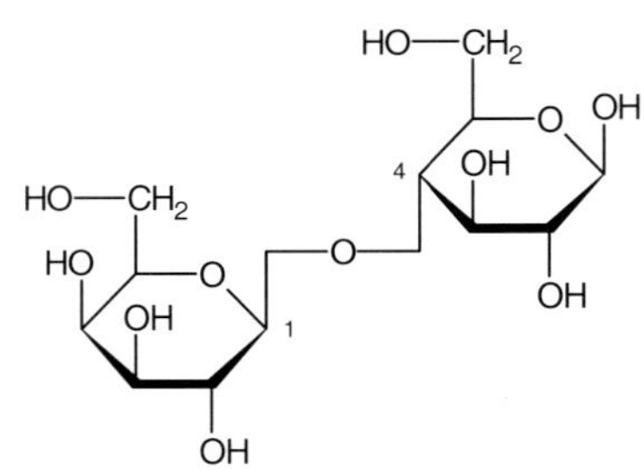

Lactose

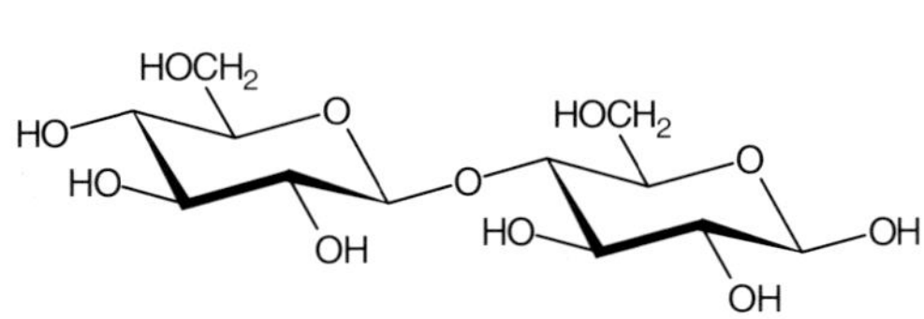

β-D-Glucopyranosyl-D-Glucopyranose
Cellobiose

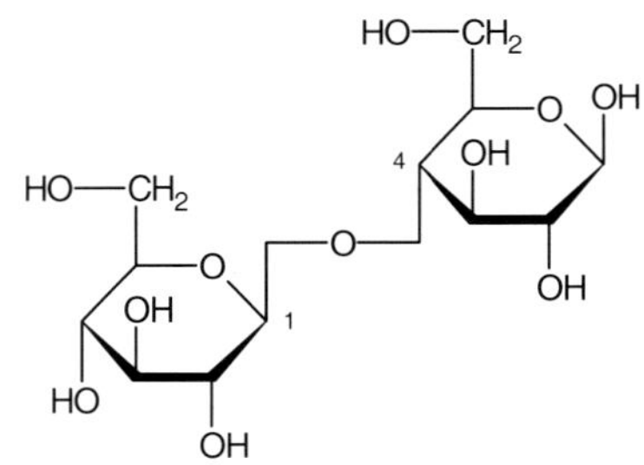

Cellobiose

Abb. 5.8: Formeldarstellungen wichtiger Disaccharide: Saccharose (in der angelsächsischen Literatur auch „Sucrose“ genannt), Maltose, Lactose und Cellobiose. Links jeweils in der Sesselform, rechts in HAWORTH-Formeln dargestellt.

Tabelle 5.3: Wichtige Disaccharide und das Trisaccharid Raffinose. Man beachte, daß als Teil der Raffinosestruktur das Disaccharid Saccharose wiederzufinden ist.

Kohlenhydrat	Bindung	Vorkommen/Bedeutung
		Disaccharide
Saccharose (Rohrzucker)	Glc α(1→2) βFrc	Endprodukt der Photosynthese; Vorkommen in vielen Früchten, Samen, Wurzeln und im Honig. Zuckerrübe 12 bis 20 %, Zuckerrohr 14 bis 21 %
Lactose (Milchzucker)	Gal β(1→4) Glc	Bestandteil der Säugermilch; in Kuh- 4 bis 5 %, in Frauenmilch 5 bis 7 %
Maltose (Malzzucker)	Glc α(1→4) Glc	Abbauprodukt von Stärke und Glycogen bei der Verdauung; Vorkommen in Gerste (Bier) und Honig
Isomaltose	Glc α(1→6) Glc	Abbauprodukt von Stärke und Glykogen bei der Verdauung
Cellobiose	Glc β(1→4) Glc	Dimerer Grundbaustein der Cellulose; Abbauprodukt der Verdauung pflanzlicher Nahrung bei Herbivoren
Trehalose	Glc α(1→1)α Glc	Blutzucker der Insekten; Vorkommen auch in Hefe und anderen Pilzen
		Trisaccharide
Raffinose	Gal α(1→6) Glc α(1→2)β Frc	Bestandteil der Zuckerrüben

Die Gerüstsubstanz der Pflanzenzellwand, **Cellulose**, ist ein β(1→4) verknüpftes Glucosepolymer. Cellulose kann wegen der β-Bindung von menschlichen Verdauungsenzymen nicht gespalten werden und fungiert als Ballaststoff in der Nahrung. **Chitin** ist die Gerüstsubstanz der Insekten und nach der Cellulose das zweithäufigste Polysaccharid. Sein Grundbaustein ist N-Acetyl-Glucosamin GlcNAc. Von medizinischer Bedeutung sind **Inulin** und **Dextran**. Während Inulin aus linearen Ketten von etwa 30 β(1→2)-verknüpften Fructofuranoseeinheiten besteht, setzt sich Dextran aus Glucosebausteinen zusammen, die sowohl α(1→4)-, α(1→6)- als auch α(1→3)-verbunden sind. In der Notfallmedizin dient Dextran als Plasmaersatzmittel. Da Inulin zwar filtriert, nicht aber resorbiert bzw. sezerniert wird, eignet es sich ideal zur Bestimmung der **glomerulären Filtrationsrate GFR** der Nieren. Dazu muß es jedoch injiziert werden. Dies ist ein Grund, warum in der Klinik das endogen synthetisierte Creatinin für Clearencebestimmungen dem Inulin vorgezogen wird.

Tabelle 5.4: Wichtige Polysaccharide in der tabellarischen Übersicht. GFR steht für glomeruläre Filtrationsrate.

Polysaccharid	Bindungstyp	Bedeutung und Vorkommen
Glykogen	α(1→4) α(1→6)	Reservekohlenhydrat in Muskel und Leber
Amylopektin	α(1→4) α(1→6)	Hauptbestandteil der Stärke (etwa zu 80 %)
Amylose	α(1→4)	Bestandteil der Stärke (etwa zu 20 %)
Cellulose	β(1→4)	Bestandteil der pflanzlichen Zellwand, dient als Ballaststoff
Chitin	β(1→4)	Gerüstsubstanz der Insekten, der Crustaceen und der Pilze
Inulin	β(1→2)	Reservekohlenhydrat einiger Pflanzen; Indikatorsubstanz zur Bestimmung der renalen GFR
Dextran	α(1→3) α(1→4) α(1→6)	Plasmaersatz in der Notfallmedizin; kann durch Bakterien gebildet werden

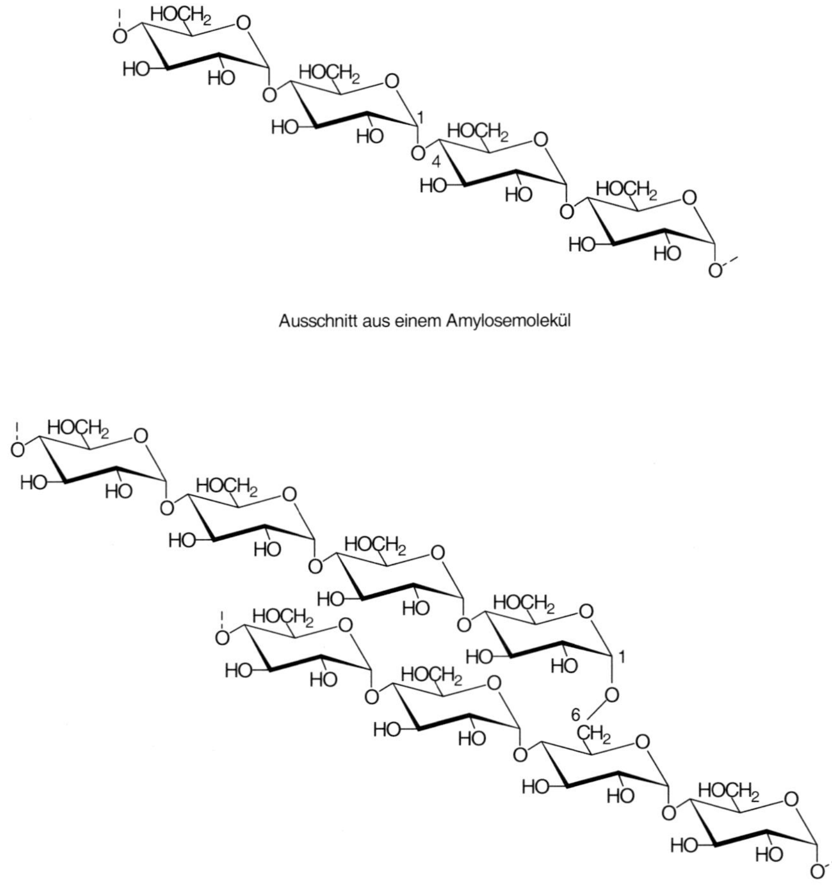

Abb. 5.9: Amylose und Amylopektin, die Strukturen der Stärke.

5.4 Abgeleitete Verbindungen

Durch Oxidation von Monosacchariden kommt man zu den Monosaccharidsäuren. Erfolgt die Oxidation am C-1-Atom, gelangt man zu Verbindungen, deren Name auf **-onsäure** enden. Das klassische Beispiel ist die **Gluconsäure**. Ihre Synthese verläuft dabei über Gluconsäurelacton, einen zyklischen Ester. Zur Erinnerung: Unter Estern versteht man den Verbindungstyp, der durch die Reaktion von Säure und Alkohol entsteht. Erfolgt diese Reaktion mittels Ringschluß intramolekular, so wird das Reaktionsprodukt **Lacton** genannt. Die phosphorylierte Form des Gluconsäurelactons findet man als Intermediat im Pentosephosphatweg. Bei Oxidationsvorgängen am C-Atom 6 entstehen die **Uronsäuren**, beispielsweise aus Glucose die Glucuronsäure:

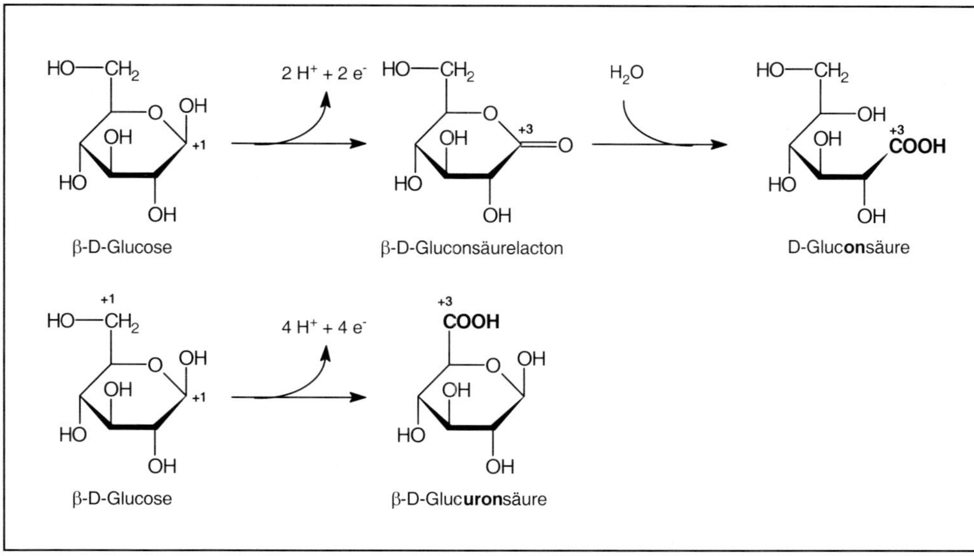

Abb. 5.10: Monosaccharidsäuren und ihre formale Herleitung. Oxidation an C-1 führt über ein Lacton (cyclischer, intramolekularer Ester) zur Onsäure, im Fall von C-6 gelangt man zur Uronsäure.

Um auf den genauen Synthesemechanismus der Glucuronsäure einzugehen, müssen wir einen weiteren Verbindungstyp einführen, die sogenannten nukleotidaktivierten Zucker. Sie entstehen aus den entsprechenden Monosacchariden nach Phosphorylierung an C-1 und Umsetzung mit dem Nukleotid UTP (Uracil + Ribose + Triphosphat, Abb. 5.11). Die **UDP-Glucuronsäure** übt eine besondere Funktion aus. Sie dient als Akzeptormolekül für schwer wasserlösliche (apolare), ausscheidungspflichtige Substanzen (Biotransformation, siehe unten). Durch die negativ geladene Carboxylgruppe werden Glucuronsäuren hydrophiler. Für die Biotransformation mittels Glucuronsäure muß Glucose zunächst zu UDP-Glucose aktiviert werden, die dann zur UDP-Glucuronsäure oxidiert wird, Abb. 5.12. Generell finden solche Aktivierungsschritte dann statt, wenn die Knüpfung der neuen Bindung nur unter Energieaufwand möglich ist. Ähnliche Reaktionsmechanismen finden wir u. a. auch bei der Synthese der Lipide.

Glucuronsäure ist zudem Ausgangsverbindung für die Biosynthese von **Vitamin C**, auch **Ascorbinsäure** genannt. Sie ist ein wasserlösliches Kohlenhydratderivat (derivare lat. ableiten), welches aufgrund der **En-di-ol-gruppe** („en" steht hier für die Doppelbindung im Molekül, „di" für zwei und „-ol" für die Alkoholgruppen, also ein Molekül mit zwei Alkoholgruppen und einer Doppelbindung) eine Säure mit hoher Reduktionskraft darstellt. Abb. 5.14 zeigt die Synthese der Ascorbinsäure aus dem Edukt Glucuronsäure, nachdem Abb. 5.13 uns mit der Struktur des Vitamins vertraut gemacht hat.

Im menschlichen Körper übernimmt Vitamin C eine Reihe von Funktionen. Zum einen ist es bei der Hydroxylierung von Lysin und Prolin im Zuge der **Kollagenbiosynthese** notwendig, zum anderen bei der Synthese der Nebennierenmarkhormone Noradrenalin und Adrenalin. So verwundert es nicht, daß Vitamin C in hohen Konzentrationen in der Nebenniere auftritt. Eine weitere Rolle übernimmt dieses Vitamin als Coenzym der Tryptophan-5-Monooxygenase bei der Umsetzung von Tryptophan zu 5-Hydroxytryptophan, dem ersten Schritt der **Serotoninbiosynthese**. Auch die Dopamin-β-Monooxygenase verwendet zur

Synthese von Noradrenalin aus Dopamin Vitamin C. Neben diesen Hydroxylierungsreaktionen ist Vitamin C an der Reduktion von Methämoglobin zu Hämoglobin beteiligt, darüber hinaus ist es in die Biosynthese der Tetrahydrofolsäure involviert.

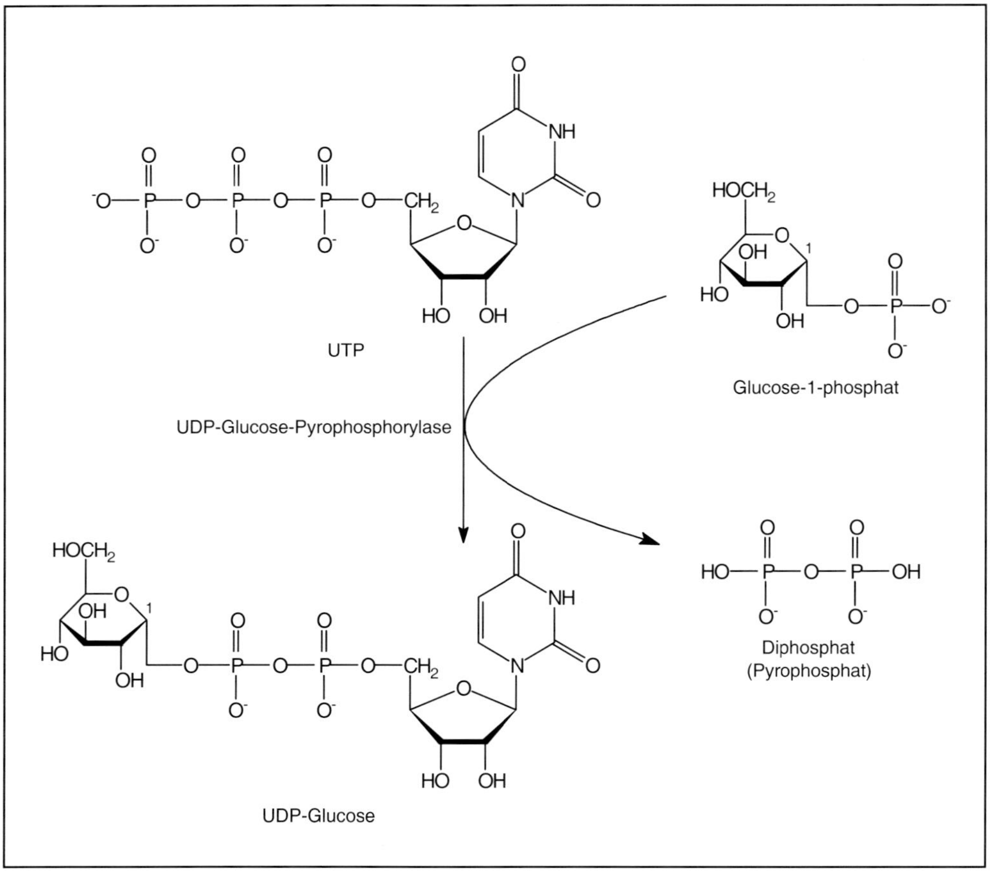

Abb. 5.11: Synthese von UDP-Glucose aus Glucose-1-phosphat und UTP.

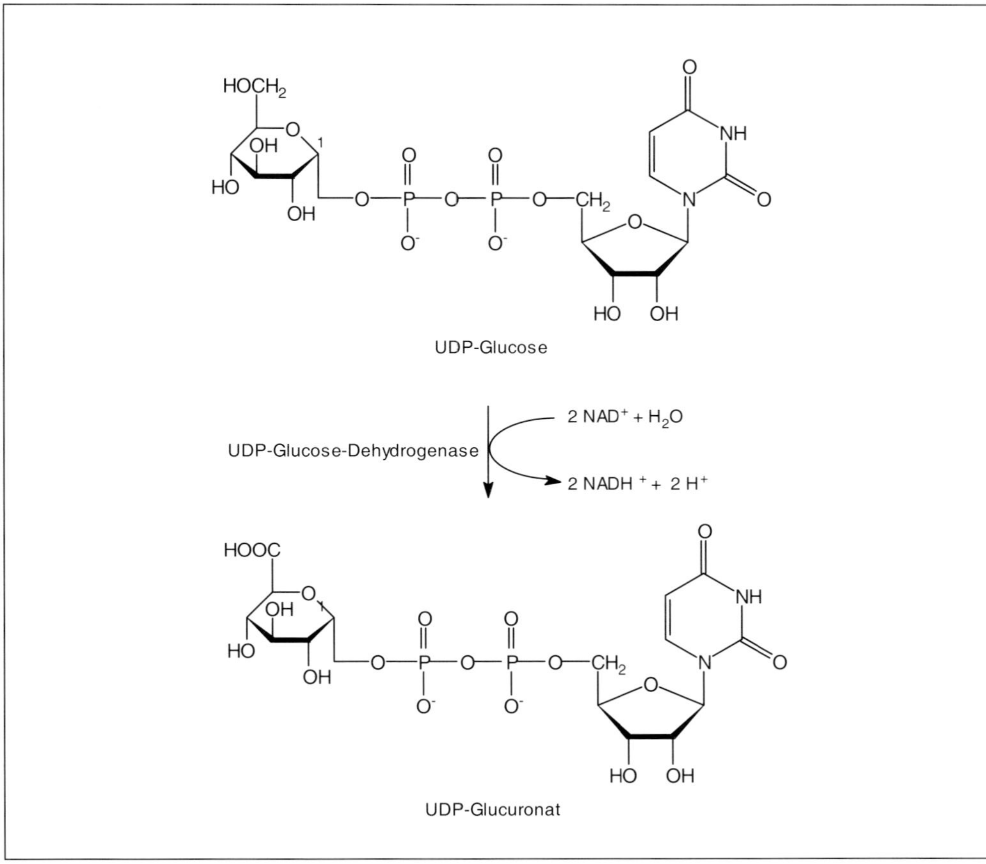

Abb. 5.12: Synthese des UDP-Glucuronats.

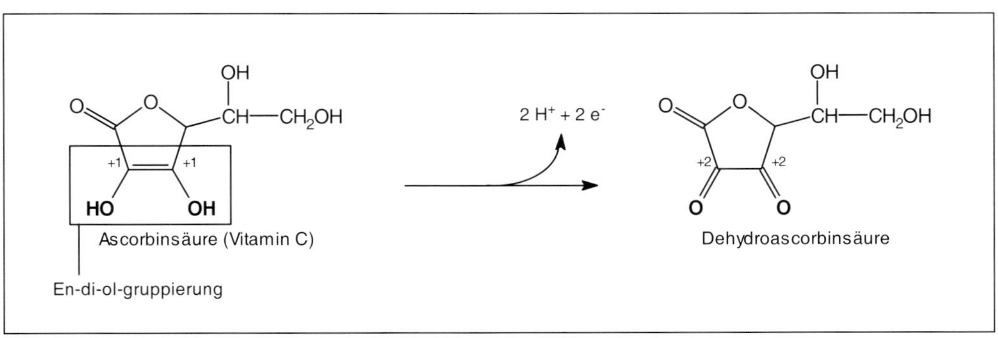

Abb. 5.13: Formeln des Redoxsystems Ascorbinsäure/Dehydroascorbinsäure. Bei einer Oxidation der Ascorbinsäure entsteht das Diketon Dehydroascorbinsäure. Die beiden Hydroxylgruppen des Vitamins C dissoziieren leicht. Daher rührt der Säurecharakter der Ascorbinsäure.

Sein Einfluß auf die p-Hydroxyphenylpyruvat-Hydroxylase (Schutzwirkung) ist noch nicht genau erklärbar. Vitamin C kommt in hohen Konzentrationen als Bestandteil von Obst und Gemüse, besonders in Zitrusfrüchten, Paprika und Tomaten vor. Durch Kochen wird es jedoch schnell zerstört. Bei Erwachsenen wird eine tägliche Zufuhr an Vitamin C von 40 bis 60 mg empfohlen, während bei schwangeren und stillenden Frauen der Bedarf auf 100 bis 150 mg pro Tag ansteigt. Der Nobelpreiträger LINUS PAULING[1] glaubte mehr Vitamin C als stillende Mütter zu benötigen und nahm 18.000 mg Ascorbinsäure täglich zu sich. Unter starken Streßsituationen ist der Vitamin-C-Bedarf ebenfalls erhöht: Überschüssiges Vitamin C wird über die Niere mit dem Harn ausgeschieden.

Massiver Ascorbinsäuremangel führt zu **Skorbut**, dessen Symptome insbesondere auf der gestörten Kollagensynthese beruhen. Blutungen der Haut und des Zahnfleisches sind die Folge. Dazu können sich Knochen- und Muskeleinblutungen sowie gestörtes Knochenwachstum gesellen. Eine schwerwiegende Komplikation sind Blutungen innerer Organe. Ein latenter Ascorbinsäuremangel geht mit körperlichem Mißbefinden einher. Die erhöhte Infektanfälligkeit in den Wintermonaten ist wohl schon sprichwörtlich. Abgeschlagenheit, Appetitlosigkeit und Müdigkeit sind weitere Erscheinungsformen.

Tabelle 5.5: Ascorbinsäure im tabellarischen Überblick.

	Ascorbinsäure (Vitamin C)
Vorkommen	Kohlgemüse, Broccoli, Spinat, Meerrettich, Petersilie, Paprika, Hagebutten, Erdbeeren, Zitrusfrüchte, Johannisbeeren, Kiwi, Kartoffeln, Kuhmilch, Leber Beim Kochen und Pasteurisieren sinkt der Ascorbinsäuregehalt der Nahrungsmittel ab. So gilt für Gemüse: 45 % Abnahme beim Kochen, 26 % beim Druckdämpfen und 23 % beim Dünsten (Durchschnittswerte).
Bedarf (pro Tag)	Säuglinge 30 bis 35 mg, Kinder 40 bis 75 mg, Erwachsene 75 mg; bei Lactation und Schwangerschaft wird eine zusätzliche Einnahme von 30 mg empfohlen
Bedeutung	Hydroxylierung von Prolin und Lysin im Rahmen der Kollagensynthese Hydroxylierung von Dopamin zu Noradrenalin Reduktion der Folsäure zu Tetrahydrofolsäure Hydroxylierung von Tryptophan zu 5-Hydroxytryptophan
Vitaminmangel	**Skorbut**: Starke Blutungsneigung mit teilweise massiven Einblutungen unter die Haut, in die Muskulatur, in das Zahnfleisch und die inneren Organe. Störungen der Bindegewebsbildung mit gestörter Zahnbildung, rissiger Haut, verändertem Knochenaufbau und -wachstum (besonders bei Kleinkindern). Mitunter auch Anämien und Eisenresorptionsstörungen.

[1] **PAULING, LINUS**: * 1901 in Portland (Oregon), † 1994. Amerikanischer Chemiker und Atomwaffengegner. Der Sohn eines deutschen Apothekers erhielt zwei ungeteilte Nobelpreise, 1954 im Fach Chemie für seine Leistung auf dem Feld der Proteinstrukturaufklärung, acht Jahre später wurde sein Engagement gegen Atomwaffentests mit dem Friedensnobelpreis gewürdigt. In seinem Heimatland wurde er jedoch während der MCCARTHY-Ära wegen seines Eintretens für einen Kernwaffenteststop als kommunistisch beeinflußt diffamiert. PAULING lehrte an der Stanford-Universität und gründete 1973 sein eigenes LINUS-PAULING-Institut für Wissenschaft und Medizin. Sein Bestseller „Vitamine C and the Common Cold“ brachte seinen Namen endgültig in Verbindung mit demjenigen Vitamin, von dem er behauptete, daß es nicht nur gegen Erkältungskrankheiten vorbeugend wirke, sondern auch gegen Krebs. Am 19. August 1994 verstarb der Wissenschaftler an seinem 1991 diagnostizierten Prostatakarzinom.

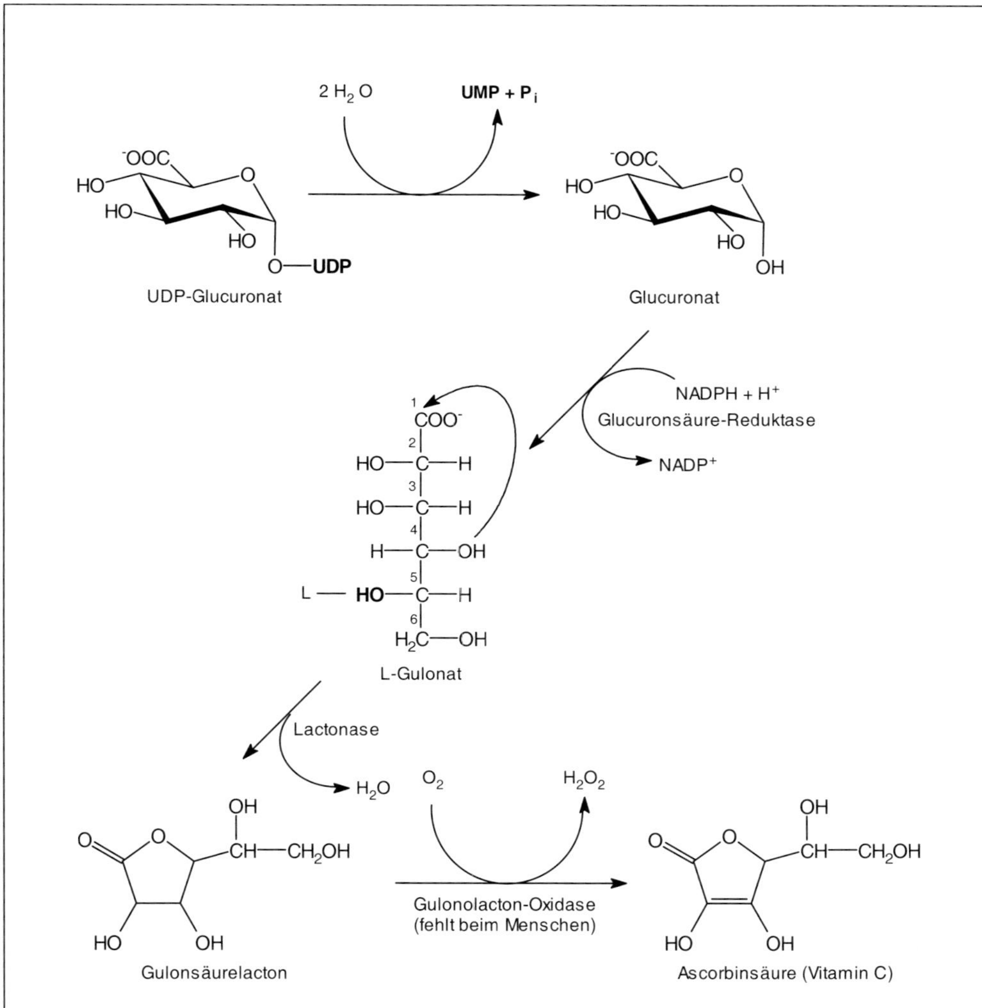

Abb. 5.14: Die Biosynthese von L-Ascorbin- aus Glucuronsäure. Sie ist eine Leistung vieler Pflanzen und Bestandteil des Leberstoffwechsels der meisten Vertebraten. Zu dieser Synthese sind Primaten (also auch der Mensch) und das Meerschweinchen nicht fähig.

Neben der Oxidation nimmt auch die Reduktion von Monosacchariden einen wichtigen Platz ein. Über die Reduktion gelangt man zu den Desoxymonosacchariden, beispielsweise kommt man auf diesem Wege von der Ribose zur Desoxyribose, einem wichtigen Baustein der DNA. Reduktionsprodukte der Monosaccharide sind zudem die **Zuckeralkohole**, welche an allen C-Atomen eine OH-Gruppe tragen. So entsteht aus Glucose **Sorbit** (auch **Glucit** genannt), aus Fructose **Sorbit** und **Mannit** (Warum zwei Produkte?). Sorbit spielt bei der Ernährung von Diabetikern eine gewisse Rolle, da manche Organe Sorbit insulinunabhängig aufnehmen und verwerten können. Eine weitere wichtige Verbindungsklasse sind **Aminoderivate** der Monosaccharide, die von der Zelle durch eine Transaminierungsreaktion mit **Glutamin** hergestellt werden. Dabei tritt eine Amino- an die Stelle einer Hydroxylgruppe. Dies geschieht meist am C-Atom 2. Im Stoffwechsel wird die Aminogruppe oft durch Acetylierung geschützt, da sie hochreaktiv ist. Abb. 5.15 zeigt uns wichtige Aminozucker.

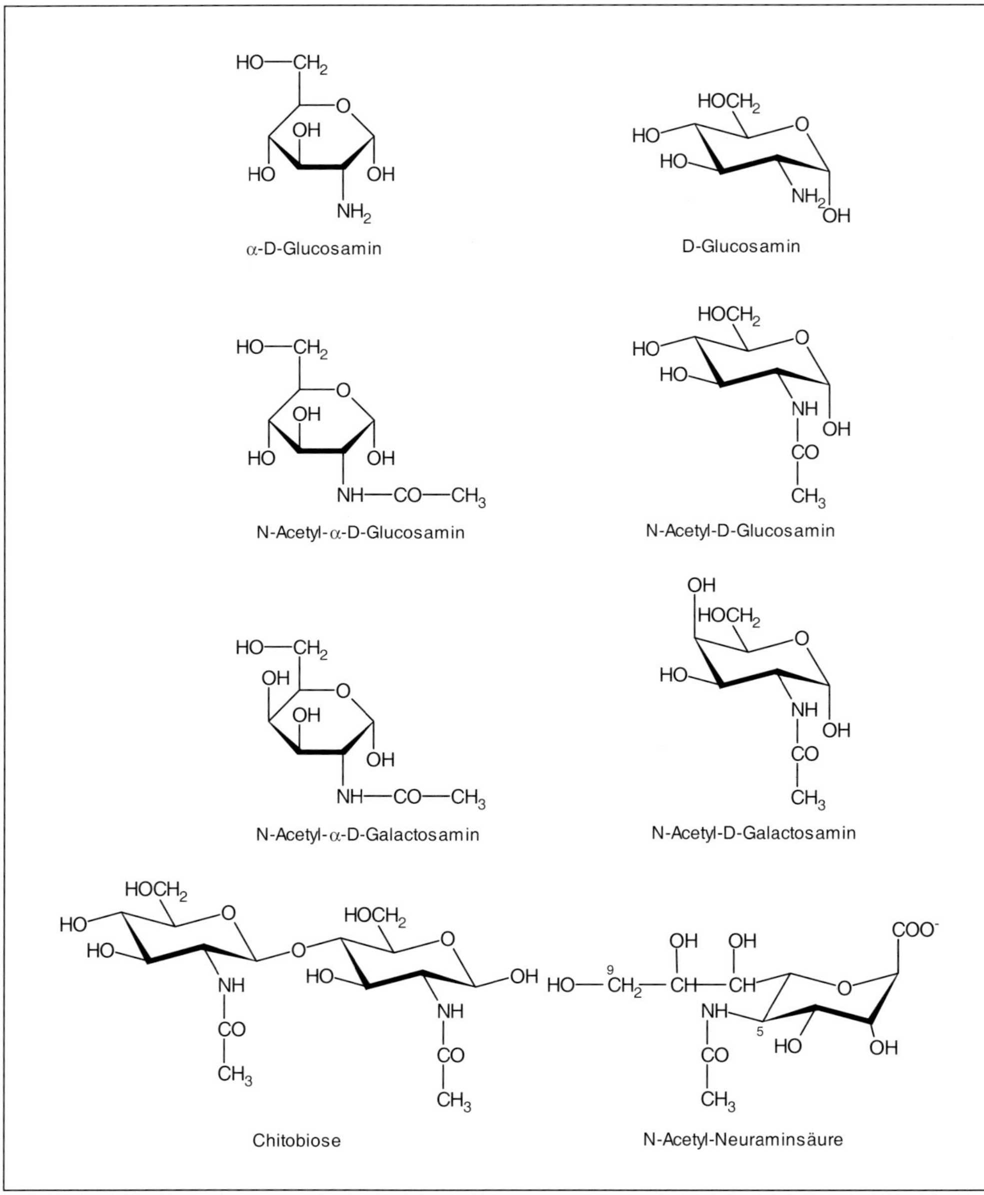

Abb. 5.15: Formeldarstellung wichtiger Aminozucker. Man beachte das Disaccharid Chitobiose, den Grundbaustein des Chitins der Crustaceen. Die N-Acetylneuraminsäure ist Bestandteil der Ganglioside und Glykoproteine.

5.5 Die Biotransformation

Neben den gut zu verwertenden führt der Mensch auch unbrauchbare oder gar giftige Substanzen mit der Nahrung zu. Gifte entstehen aber auch im Körper selbst als Abfallprodukte diverser Stoffwechselwege. Die Entgiftung durch chemische Veränderung ist somit eine vordringliche Aufgabe der dafür zuständigen Enzymsysteme. Eine wichtige Gruppe körperfremder Substanzen, die Pharmaka, sind für den Organismus aufgrund ihrer häufig auftretenden Wasserunlöslichkeit schwer auszuscheiden. Diese Probleme werden biochemisch durch eine Reihe von Reaktionen angegangen, die unter dem Begriff **Biotransformation** zusammengefaßt werden. Diese ist zum größten Teil in der **Leber** lokalisiert, in geringerem Ausmaß werden ihre Enzyme aber auch in Lunge, Darm und Niere gefunden. Es wäre jedoch zu kurz gegriffen, wollte man die Biotransformation generell als eine Summe von Entgiftungsreaktionen auffassen. Mitunter ist sogar das Gegenteil der Fall, wenn relativ harmlose Substanzen durch Biotransformation in hochgiftige Metaboliten umgewandelt werden. Diesem Phänomen trägt man durch den Begriff **Giftung** Rechnung. Als Beispiel sei das Parathion genannt, das durch Biotransformation in das eigentliche Gift Paraoxon (E 605) überführt wird. Oft entstehen auch Metaboliten, die länger oder ähnlich wie die Edukte wirken. Beispiele dafür sind das Codein des Hustensafts, aus dem teilweise Morphin hervorgeht, oder das Diazepam (Valium®), dessen Abbauprodukt Oxazepam ebenfalls wirksam ist.

In der ersten Phase wird der auszuscheidende Stoff mittels **Oxidation, Reduktion** oder **Hydrolyse** in eine reaktive Form überführt und dabei zumeist in seiner Wirkung beeinflußt. Durch Phase-I-Reaktionen können, wie oben angesprochen, ungiftige Stoffe auch erst in eine toxische (toxikon gr. Pfeilgift, Heilmittel) Form überführt werden, die dann die eigentlichen Körpergifte repäsentieren! Der Phase I schließt sich in der folgenden Phase II die **Konjugation** (coniungere lat. verbinden) ihrer Produkte zu wasserlöslichen **Glucuronaten** oder **Sulfaten** an; daneben sind aber auch andere Reaktionsmöglichkeiten bekannt, bei denen nicht unbedingt hydrophile Produkte gebildet werden! So sind einige Sulfonamide nach Acetylierung weniger hydrophil und zudem toxischer als die Edukte, sie werden überdies auch nicht mehr der Phase II (Kopplungsreaktionen) zugeführt. Die Endprodukte der Biotransformation werden größtenteils über die Nieren, in geringerem Maße auch mit der Galle ausgeschieden.

Wichtigste Phase I-Reaktion ist die **Hydroxylierung**, eine spezielle Form der Oxidation. Katalysiert wird sie durch eine **Monooxygenase**, die ein Atom des Sauerstoffmoleküls in das Substrat einbaut, während das andere mit NADPH + H^+ zu Wasser reduziert wird:

$$\text{Substrat - H} + O_2 + \text{NADPH} + H^+ \rightarrow \text{Substrat - OH} + H_2O + \text{NADP}^+ \qquad (5.1)$$

Diese Monooxygenase ist an der **Membran des Endoplasmatischen Retikulums** lokalisiert. Dort wird die eigentliche Hydroxylierung durch ein Protein vollzogen, das über eine Hämgruppe verfügt und **Cytochrom P_{450}** genannt wird. Seinen Namen erhielt es aufgrund des Absorptionsmaximums, welches es in Verbindung mit Kohlenmonoxid bei 450 nm zeigt. Durch die Hydroxylierung am Cytochrom P_{450} entstehen aus Kohlenwasserstoffen die entsprechenden Alkohole bzw. Phenole (Substrat-OH in Gleichung 5.1). Speziell bei aromatischen Kohlenwasserstoffen entstehen dabei die sehr reaktiven **Epoxide** (Abb. 5.17).

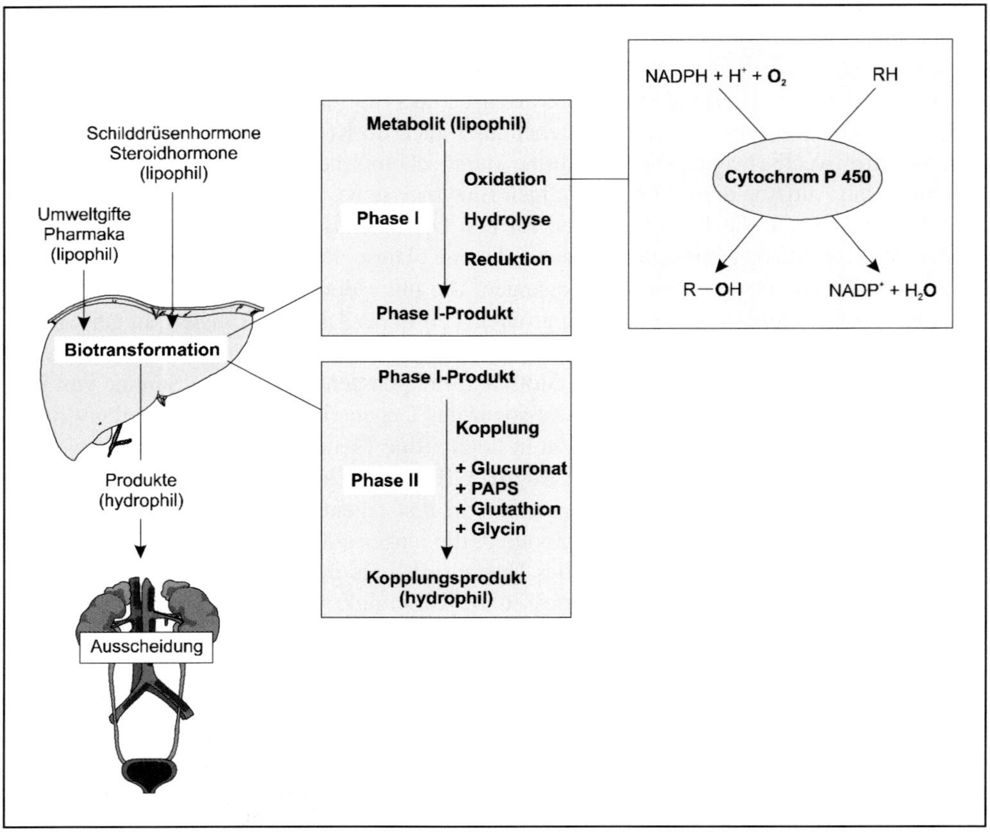

Abb. 5.16: Übersicht der Biotransformation in der Leberzelle.

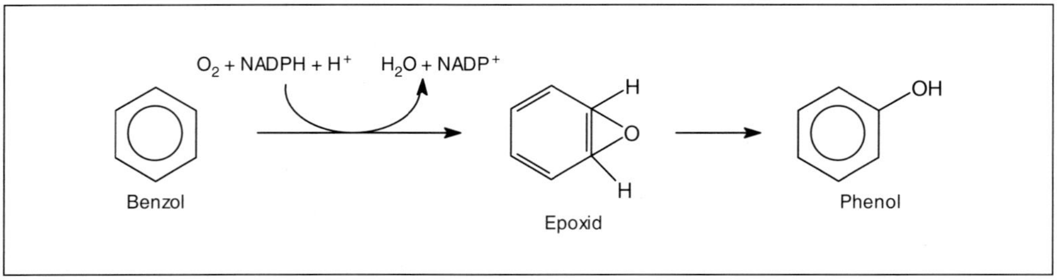

Abb. 5.17: Bildung von Epoxiden bei der Oxidation von Aromaten.

Alkoholverbindungen erhält man aber auch durch **Reduktion** der zugehörigen Aldehyd- oder Ketonderivate. Eine weitere schon angesprochene Möglichkeit, im Rahmen der Phase I reaktive Verbindungen zu erhalten, ist die Hydrolyse von Estern und Säureamiden, wobei Carbonsäuren und Amine entstehen. Abb. 5.18 faßt das Gesagte kurz zusammen.

Nach Abschluß der Phase I treten die derart vorbereiteten Verbindungen in die Phase II ein, an deren Ende die Überführung der Phase I-Produkte in wasserlösliche Metaboliten steht.

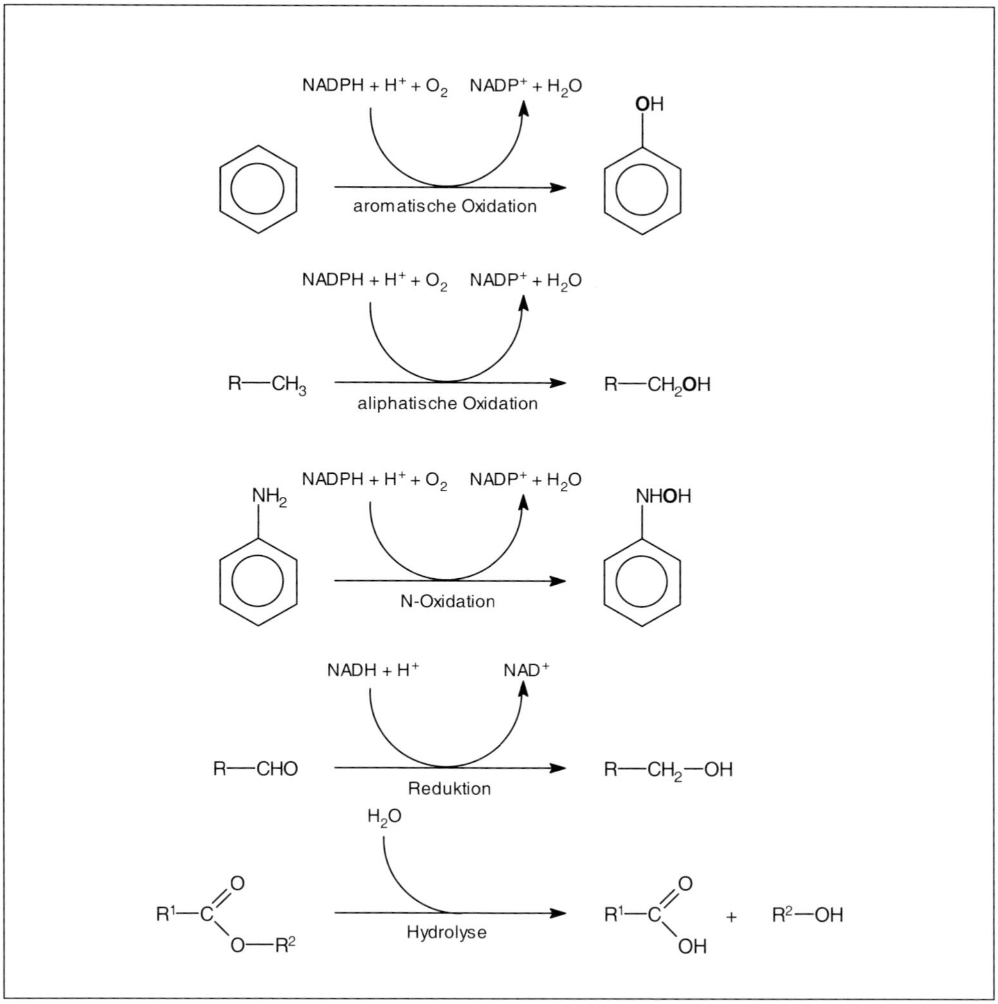

Abb. 5.18: Die Reaktionen der Phase I. Neben Estern werden auch Säureamide der Hydrolyse unterworfen, wobei dann Amine und Carbonsäuren entstehen.

Erreicht wird dies durch Kopplung an ein Molekül, das viele polare und damit hydrophile Gruppen aufweist. Der Prototyp eines solchen Konjugationspartners ist die Glucuronsäure, die zugleich die wichtigste Substanz zur Erhöhung der Hydrophilie lipophiler Ausscheidungsprodukte darstellt. Sie wird in ihrer aktiven Form, der UDP-Glucuronsäure, bereitgestellt und mittels Glucuronyltransferasen übertragen. Die Konjugation von Paracetamol, einem bekannten Schmerz- und Fiebermittel, mag dies in Abb. 5.19 verdeutlichen.

Ein häufiges Reaktionsschema der Biotransformation ist die Verknüpfung mit Aminosäuren wie **Glycin** oder Taurin. Diesen Weg beschreitet nach vorheriger Aktivierung Benzoesäure bei der Umsetzung mit Glycin zur **Hippursäure**. Trägt die Benzoesäure lediglich eine polare Gruppe, so verfügt die Hippursäure über zwei. Neben der terminalen Säuregruppe zeigt uns die Strukturformel auch noch eine polarisierte Säureamidgruppierung, die sich ähnlich der Peptidbindung in einer mesomeren Grenzformel schreiben läßt.

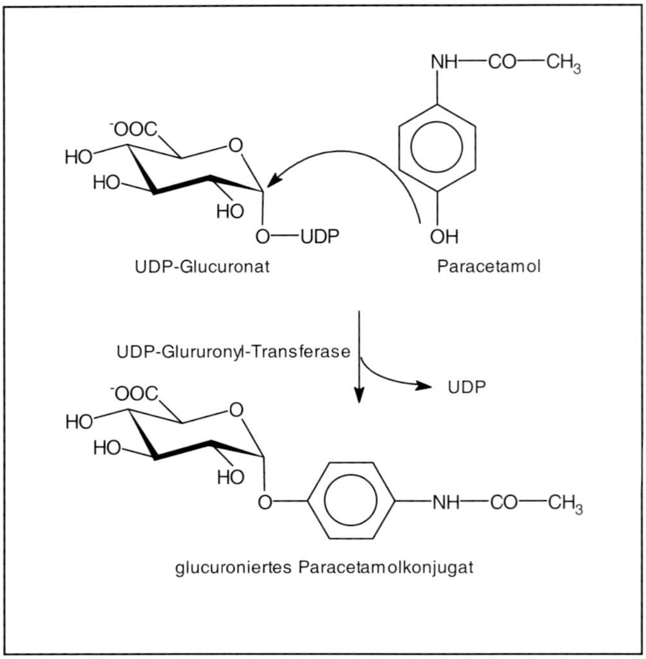

Abb. 5.19: Konjugation von Paracetamol, ein Beispiel für die Kopplung mit Glucuronat.

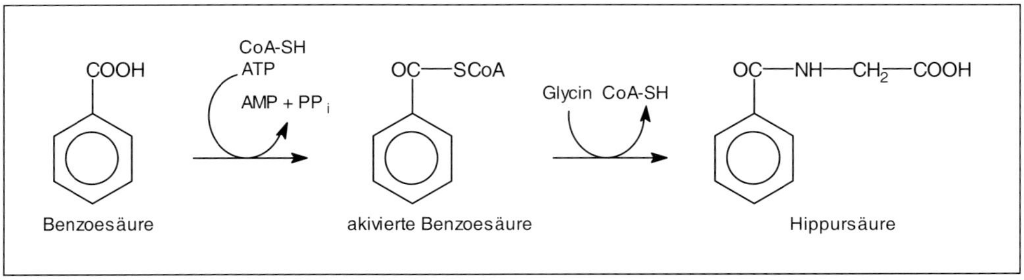

Abb. 5.20: Die Bildung von Hippursäure aus Benzoesäure, ein Beispiel für die Kopplung mit Glycin.

Die Hippursäure wurde erstmals 1829 von JUSTUS V. LIEBIG aus Pferdeharn (hippos gr. Pferd und uron gr. Harn) isoliert.

Auch bei der **Sulfatierung** in der Phase II muß ein Reaktand in aktivierter Form in die Umsetzung eintreten. Waren dies bei der Glucuron- bzw. Benzoesäure UDP-Glucuron- und CoA-Benzoesäure, so tritt hier Sulfat in seiner „aktivierten" Form **3'-Phosphoadenosin-5'-phosphosulfat**, oder kurz **PAPS**, auf den Plan. Es wird unter Verbrauch zweier Moleküle ATP nach dem in Abb. 5.21 gezeigten Syntheseschema synthetisiert. Die Bedeutung des ATPs als Energieträger in der Zelle wird uns in den folgenden Kapiteln beschäftigen. In diesem Zusammenhang wird aus dem Aminosäureabbau anfallendes Sulfat mittels ATP für andere Reaktionen im Körper konserviert und bereitgestellt. Substrate der Sulfatierung sind Phenole, Gallensäuren und Steroidhormone, auf deren Hydroxylgruppen cytoplasmatische **Sulfotransferasen** das aktivierte Sulfat übertragen. Neben der Biotransformation findet PAPS auch Eingang in die Synthese von Heteroglykanen sowie in die Bildung der Cerebroside.

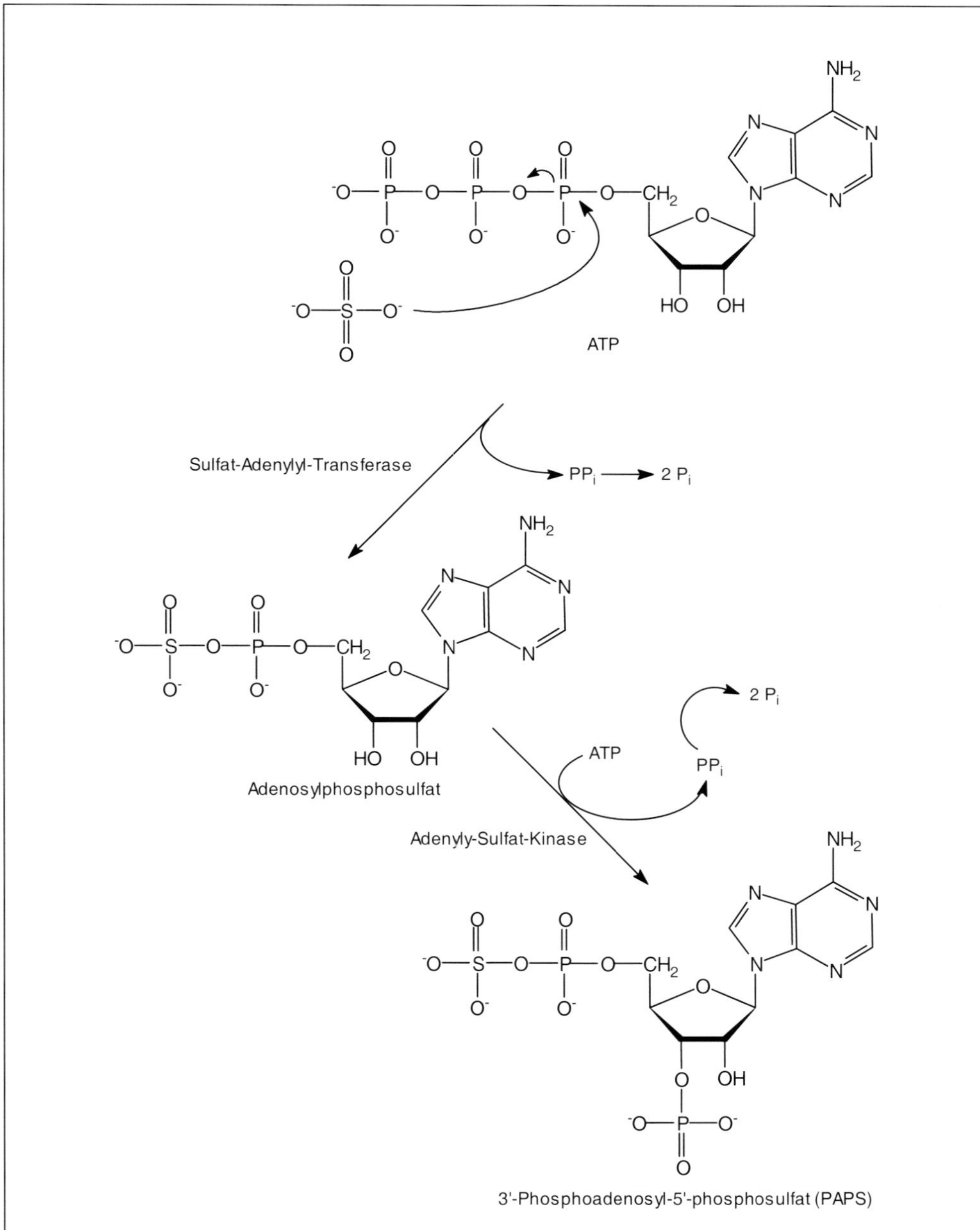

Abb. 5.21: Synthese von PAPS. Das Sulfat der angeführten Reaktion stammt letztlich aus der schwefelhaltigen Aminosäure Cystein.

Die Konjugation mit Glutathion benötigt keine Aktivierung. Glutathionyl-S-Transferasen spielen quantitativ eine bedeutende Rolle bei der Biotransformation von Fremdstoffen, wobei speziell die Glutathionyl-S-Epoxidtransferase die reaktiven Epoxide der Aromaten „entschärft“.

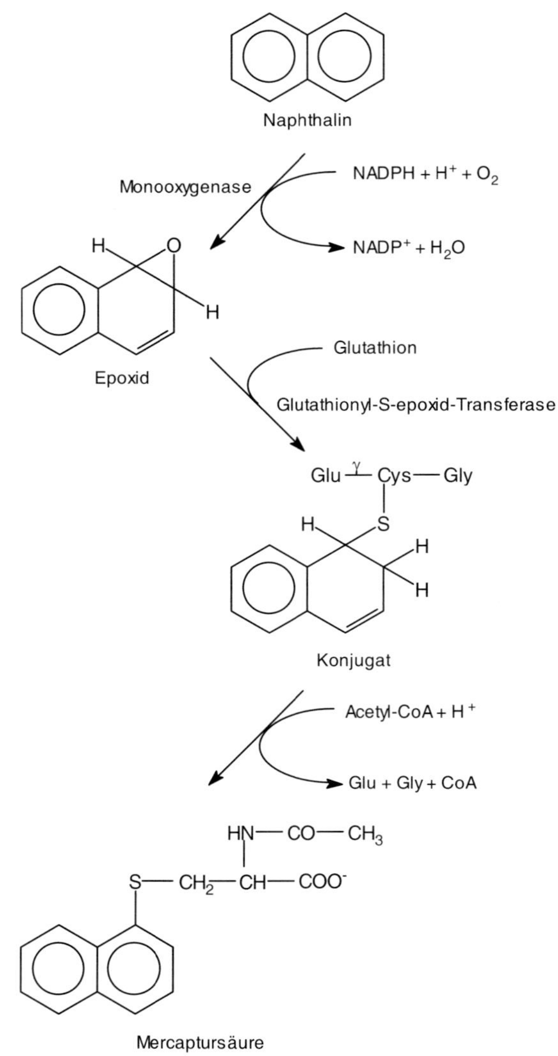

Abb. 5.22: Reaktion der Epoxide mit Glutathion zur Mercaptursäure.

Das Glutathionkonjugat wird durch mehrere Reaktionen in ein N-Acetylcystein-Derivat umgebaut. Solche Derivate nennen wir **Mercaptursäuren** (Abb. 5.22).

5.6 Glucosediagnostik in der Klinik: Der optische Test

In der Klinik ergibt sich die Notwendigkeit der Glucosediagnostik in erster Linie durch das häufige Auftreten des **Diabetes mellitus**. Aber auch bei falscher bzw. Mangelernährung ist die Konzentrationsbestimmung der Glucose im Blut indiziert. Hypoglykämien bei Insulin produzierenden Tumoren sind ebenso wie Glykogenosen eine eher seltene Indikation. Erkrankungen des Pankreas wie **Pankreatitis** und Pankreaskarzinom können durch den sekundären Insulinmangel zu Hyperglykämien führen, die durch Glucosebestimmung bewiesen werden. Das **Phäochromocytom** (phaios gr. grau, bräunlich, chroma gr. Farbe und kytos gr. Zelle) ist ein Tumor des Nebennierenmarks, der in großen Mengen Adrenalin produziert. Als contrainsuläres (contra lat. gegen) Hormon erhöht Adrenalin die Konzentration der Glucose im Blut, so daß eine Hyperglykämie zu den hervorstechenden Symptomen dieses Tumors gehört. Auch hier ist die Glucosebestimmung im Blut eine sinnvolle diagnostische Maßnahme.

Als Untersuchungsmaterial dient **arterialisiertes Kapillarblut**. Die Arterialisierung erfolgt durch lokale Erwärmung oder durch Vasodilatoren wi z. B. Finalgon®-Salbe (vas lat. Gefäß, dilatare lat. erweitern). Die Glucosekonzentration variiert zwischen arteriellem und venösem Blut um etwa 10 %. Da Glucose vom peripheren Gewebe für dessen Energiestoffwechsel aufgenommen wird, muß die Blutglucosekonzentration im venösen Kreislaufschenkel geringer ausfallen. Zur besseren Vergleichbarkeit der Ergebnisse wird daher arterialisiertes Kapillarblut zur Diagnostik herangezogen. Nach der Blutentnahme decken die Blutzellen, namentlich Erythrocyten, ihren Energiebedarf durch glykolytischen Abbau der Blutglucose. Daher müssen der Blutprobe **Natriumfluorid** oder **Monoiodacetat** als **Glykolysehemmer** beigesetzt werden.

Auch bei den chemischen Nachweismethoden für Zucker macht man sich die Oxidation der Aldehydgruppe zunutze. Da Oxidationen stets mit Reduktionen gekoppelt sind (vgl. die Redoxreaktionen in der Chemie), läßt sich eine Aldehydgruppe leicht durch ihre reduzierende Wirkung auf alkalische Cu^{2+}-Lösung in Gegenwart von Kalium-Natriumtartrat (FEHLING-Probe, Tartrate sind die Salze der Weinsäure) oder Bi^{3+}-Lösung (**NYLANDER-Probe**) nachweisen. Bei der **FEHLING-Probe** fällt schwerlösliches, rotes Kupfer-I-oxid, Cu_2O, aus:

$$R - CHO + 2Cu^{2+} + Na^{+} + 5OH^{-} \rightarrow R - COONa + 3H_2O + Cu_2O \quad (5.2)$$

Beide Methoden sind unspezifisch und weisen alle Mono- und (1→4)-verknüpfte Disaccharide nach. Man spricht in diesem Fall auch von reduzierenden Zuckern. Disaccharide wie Saccharose, die keine freien Halbacetal-OH-Gruppen mehr tragen, gehen diese Reaktionen nicht ein. In der Klinik ist jedoch die spezifische Bestimmung eines Zuckers (z. B. der Glucose in Blut oder Urin) erforderlich. Solche Nachweise werden enzymatisch durchgeführt und sollen hier am Beispiel der Glucose erläutert werden. Im Vordergrund stehen dabei drei Verfahren:

Nachweis mit Glucose-Oxidase (GOD): Glucose-Oxidase, ein pflanzliches Enzym, überführt D-Glucose zu Gluconolacton. Das dabei entstehende H_2O_2 kann mit farblosen Farbstoffbildnern (o-Tolidin, o-Dianisidin, p-Aminophenazon) unter Freisetzung farbiger Verbindungen reagieren (Prinzip der Glucoseteststreifen beim Glucosenachweis im Harn). Da Glucose-Oxidase spezifisch für β-D-Glucose ist, wird α-Glucose ca. 150 mal langsamer umgesetzt als das Anomer β-Glucose.

Neben der Farbstoffentwicklung der Abb. 5.23 kann auch der Sauerstoffverbrauch aus der Umsetzung der Glucose zum Gluconolacton mit einer entsprechenden Elektrode verfolgt werden. Allerdings muß für die Sauerstoffbestimmung Plasma statt Vollblut verwendet werden, was der WHO-Empfehlung (arterialisiertes Kapillarvollblut) zuwiderläuft. Bei pH-Werten < 5, wie sie unter Umständen im Harn eines Diabetikers auftreten können, wird die Glucose-Oxidase gehemmt!

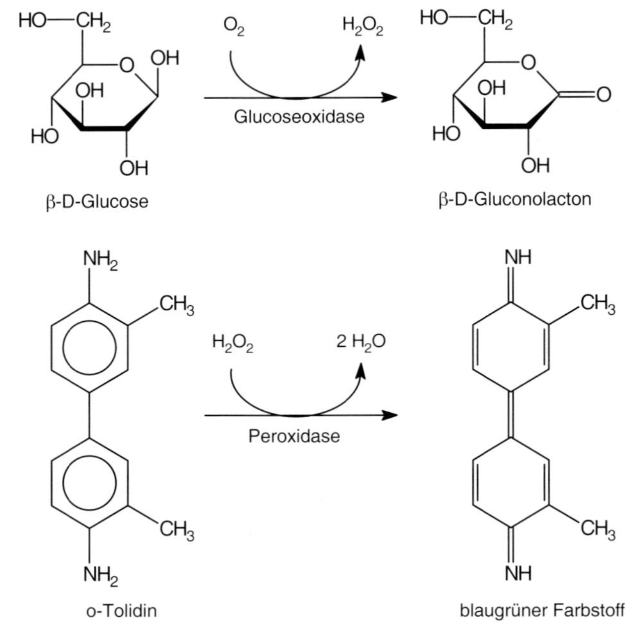

Abb. 5.23: Der enzymatische Glucosenachweis mit der Glucose-Oxidasemethode. Als Farbstoffbildner kommen neben o-Tolidin auch o-Dianisidin (statt der Methylgruppen -CH_3 findet man -OCH_3-Substituenten) oder p-Aminophenazon in Frage.

Nachweis mit Glucose-Dehydrogenase: Grundlage der Nachweisreaktion ist ein Schritt, der uns in ähnlicher Weise bei der Besprechung des Pentosephosphatwegs begegnen wird:

$$\text{Glucose} + \text{NAD}^+ \rightarrow \text{Gluconolacton} + \text{NADH} + \text{H}^+ \qquad (5.3)$$

Ein Lacton ist, wie schon erwähnt, ein zyklischer (also ringförmig geschlossener) Ester. Da die Glucose-Dehydrogenase lediglich β-D-Glucose umsetzt, ist dem Testsystem das Enzym Mutarotase beigefügt, das α-D-Glucose in β-D-Glucose überführt und somit die Katalyse beschleunigt. D-Xylose, D-Glucosamin und D-Mannose beeinträchtigen die Analyse der Blutglucosekonzentration nach Gleichung (5.3), da auch sie von der Glucose-Dehydrogenase umgesetzt werden. Die eigentliche Messung erfolgt durch den optischen Test, den wir im Rahmen des dritten Nachweisverfahrens besprechen wollen.

Glucosebestimmung mittels Hexokinasemethode und anschließendem optischen Test: Der Hexokinasemethode liegen zwei Enzymreaktionen zugrunde, wobei einer primären Hilfsreaktion die eigentliche Meßreaktion folgt:

$$\text{Glucose} + \text{ATP} \rightarrow \text{Glucose-6-phosphat} + \text{ADP} \qquad (5.4)$$

Die Meßreaktion wird von der Glucose-6-phosphat-Dehydrogenase, einem Enzym des Pentosephosphatweges, katalysiert:

$$\text{Glucose-6-phosphat} + \text{NADP}^+ \rightarrow \text{6-Phosphogluconolacton} + \text{NADPH} + \text{H}^+ \quad (5.5)$$

Die Spezifität dieses Verfahrens wird durch die Reaktion (5.5) garantiert, während die relativ unspezifische Hexokinase nach (5.4) neben D-Glucose auch D-Fructose, D-Mannose und D-Galactose in die entsprechenden Phosphatester überführt.

Die Glucosekonzentration wird hierbei ebenso wie beim Nachweis durch Glucose-Dehydrogenase indirekt über den sogenannten **optischen Test** ermittelt. „Optisch" heißt dieser Test, weil sichtbares oder ultraviolettes Licht durch die zu analysierende Probe, die sich dabei in einer Glas- oder Kunststoffküvette befindet, hindurchgeschickt (also „transmittiert") wird. Viele gelöste Stoffe können dabei Licht einer bestimmten Wellenlänge, sogenanntes monochromatisches Licht (mono gr. eins, chroma gr. Farbe), absorbieren (absorbere lat. aufsaugen). Die Intensität I des hinter der Küvette austretenden Lichts ist dann geringer als diejenige I_0 des eingestrahlten Lichts. Das Verhältnis beider Lichtintensitäten nennen wir **Transmission** T:

$$T = \frac{I}{I_0} \quad (5.6)$$

Es leuchtet ein, daß die Transmission bei einem Stoff, der kein Licht der gewählten Wellenlänge λ absorbiert, 1 bzw. 100 % ist. Umgekehrt wird sie 0 bei einem Absorber, der das gesamte eingestrahlte Licht aufnimmt. Je geringer also die Transmission, um so größer die Absorption. Ein Maß für die Absorption eines Stoffes bei einer bestimmten Wellenlänge λ ist der dekadisch logarithmierte Kehrwert der Transmission. Der dekadische Logarithmus bietet sich an, da man bei den oft sehr großen Intensitätsverhältnissen zu handlicheren Zahlenwerten gelangen möchte. Dieser logarithmische Kehrwert der Transmission wird **Extinktion E** genannt:

$$E = \lg \frac{1}{T} = \lg \frac{I_0}{I} \quad (5.7)$$

Je konzentrierter nun ein Absorber in der Küvette vorliegt, umso größer wird auch die Schwächung des durchstrahlenden Lichts sein. Die Extinktion ist folglich der Konzentration des absorbierenden Stoffes in der Lösung (der Küvette) proportional:

$$E = k \cdot c \quad (5.8)$$

In (5.8) ist k die Proportionalitätskonstante. Ferner ist einsichtig, daß die Schichtdicke d der Lösung in der Küvette Einfluß auf die Extinktion nimmt. Eine 2 cm breite Schicht wird das transmittierte Licht mehr schwächen als eine mit 1 cm Dicke. Gleichung (5.7) läßt sich daher erweitern:

$$E = \varepsilon \cdot c \cdot d \quad (5.9)$$

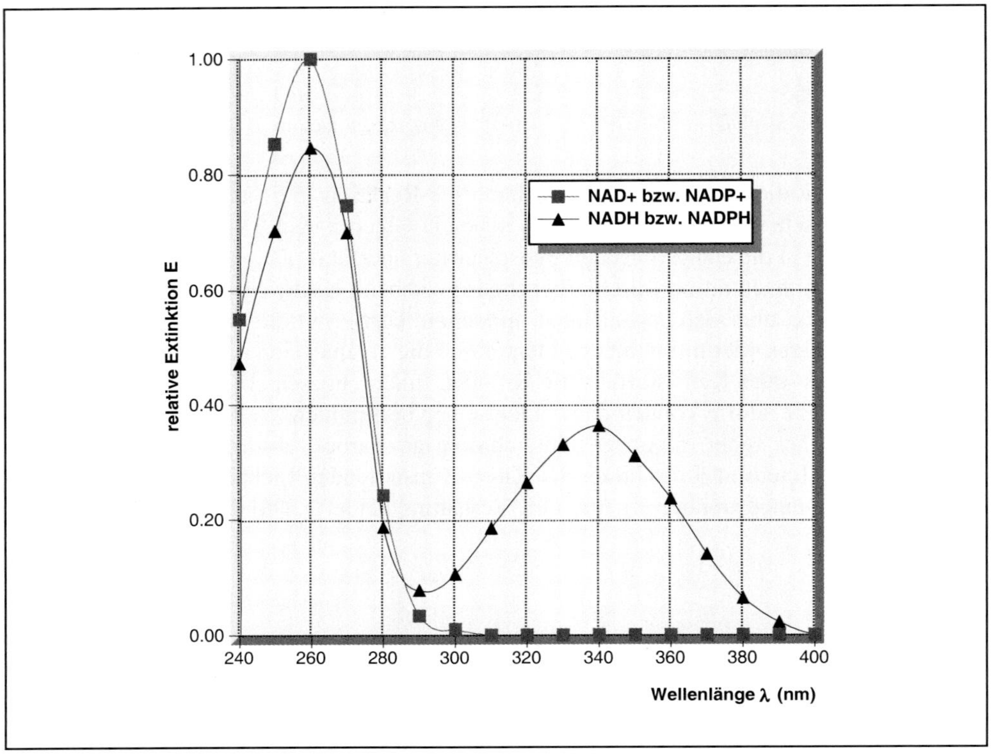

Abb. 5.24: Absorptionsspektren von $NADP^+$ bzw. NAD^+ und ihrer jeweiligen reduzierten Formen NADPH + H^+ sowie NADH + H^+. Zur Konzentrationsbestimmung der reduzierten Formen bietet sich λ = 340 nm an.

Die Gleichung (5.9) wird **LAMBERT-BEER-Gesetz** genannt. Es ist die Grundlage der **Photometrie**, also des Meßverfahrens zur Konzentrationsbestimmung, das sich der Bestimmung von Lichtschwächungen durch chemische Stoffe bedient. Das Gesetz gilt nur für verdünnte Probenlösungen und unter der Voraussetzung, daß zur Messung monochromatisches Licht verwendet wird.

Photometrische Analytik wird sowohl in der Biochemie als auch in der Klinischen Chemie überaus häufig angewendet, woraus man sich die eminente Bedeutung des LAMBERT-BEER-Gesetzes ableiten kann. Der Proportionalitätsfaktor ε dieses Gesetzes heißt **molarer Extinktionskoeffizient**. Er ist für einen definierten Stoff bei einer definierten Wellenlänge spezifisch und stellt eine **Stoffkonstant**e für eine **bestimmte Wellenlänge** dar. Der molare Extinktionskoeffizient besitzt die Einheit cm^2/mmol. Die Schichtdicke d der durchstrahlten Lösung beträgt fast immer 1 cm. Beim optischen Test ist nun der Absorber NADPH + H^+ bzw. NADH + H^+. Abb. 5.24 zeigt, daß sich reduzierte und oxidierte Form dieses Redoxsystems bei 340 nm differenzieren lassen. Bei den Glucosebestimmungen nach (5.3) und (5.5) stehen die Konzentration von NADPH + H^+ bzw. NADH + H^+ einerseits und Glucose (dessen Konzentration ja eigentlich ermittelt werden soll) andererseits im stöchiometrischen Verhältnis 1/1. Daher läßt sich bei vollständig ablaufender Reaktion (dies ist Voraussetzung!) von den Konzentrationen der entstandenen Nicotinamiddinukleotide auf die Glucosekonzentration rückschließen, indem man sie einfach gleichsetzt. Für NADPH und NADH ist der molare Extinktionskoeffizient bei 340 nm bekannt:

$$\varepsilon = \frac{6{,}22 \cdot 10^3\,\mathrm{cm}^2}{\mathrm{mol}} \qquad (5.10)$$

Mißt man die Extinktion E beim optischen Test, so läßt sich mittels LAMBERT-BEER-Gesetz die Konzentration von NADH bzw. NADPH berechnen. Dann ist aber auch unter der Annahme einer vollständigen Reaktion (bei der also die gesamte zu bestimmende Glucose reagiert hat) auch die Konzentration der Glucose bekannt, da sie ja stöchiometrisch im Verhältnis 1:1 zum NADH oder NADPH steht. Beim optischen Test wird also zunächst immer c(NADH) bzw. c(NADPH) photometrisch bestimmt und dann unter Berücksichtigung der Reaktionsgleichungen und ihrer Stöchiometrie auf die eigentlich zu definierende Konzentration (hier Glucose) rückgeschlossen. Der optische Test ist folglich auf alle Systeme anwendbar, bei denen NAD^+ bzw. $NADP^+$ und ihre reduzierten Formen am Reaktionsablauf beteiligt werden können.

5.7 Heteroglykane: Glykoproteine

Heteroglykane sind Oligo- und Polysaccharide mit verschiedenen Monosaccharidbausteinen. Wir finden sie in diversen Molekülen, den Glykoproteinen, den Glykolipiden und den Proteoglykanen. Bei den Glykoproteinen besteht das Molekül zum größten Teil aus Protein, an welches eine oder mehrere Oligosaccharidketten gebunden sind. Dies geschieht entweder **N-glykosidisch** über die Amidgruppe des **Asparagins** oder **O-glykosidisch** über die Hydroxylgruppen der Aminosäuren **Serin** und **Threonin**.

Orte der Glykoproteinsynthese sind das rauhe Endoplasmatische Retikulum und der Golgiapparat. Für die Übertragung der N-glykosidisch gebundenen Zucker auf das Protein wird als Trägersubstanz Dolicholphosphat benötigt. Hierbei ist anzumerken, daß nur Proteine glykosyliert werden können, die am rauhen Endoplasmatischen Retikulum synthetisiert werden. Proteine dagegen, die an freien Ribosomen im Cytoplasma aufgebaut werden, sind

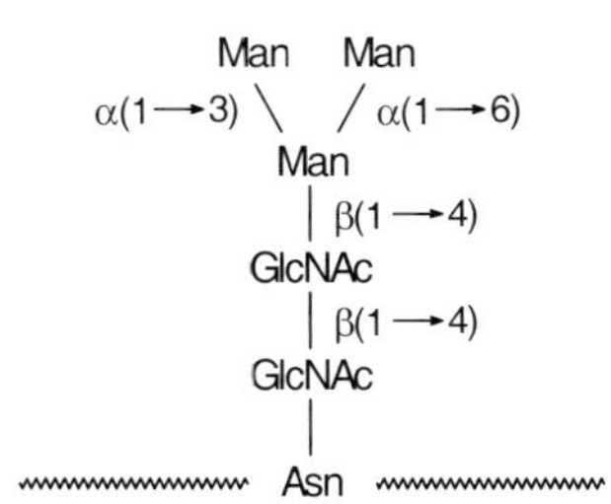

Abb. 5.25: Die Formelgraphik gibt die Kernstruktur (engl. core structure) N-glykosidisch gebundener Ketten wieder, bei O-glykosidisch verknüpften sind die beiden **N-Acetylglucosamineinheiten** durch **N-Acetylgalactosamin** ersetzt.

Tabelle 5.6: Die wichtigsten Eigenschaften der Glykoproteine.

	Glykoproteine	
Verknüpfung	N-glykosidisch	O-glykosidisch
Aminosäureanker	Asparagin	Serin, Threonin
Kernstruktur	[Man $\alpha(1\rightarrow3)$,Man $\alpha(1\rightarrow6)$] Man $\beta(1\rightarrow4)$ GlcNAc $\beta(1\rightarrow4)$ GlcNAc-	[Man $\alpha(1\rightarrow3)$,Man $\alpha(1\rightarrow6)$] Man $\beta(1\rightarrow4)$ GalNAc $\beta(1\rightarrow4)$ GalNAc-

der Glykosylierung nicht zugänglich. Dementsprechend finden wir Glykoproteine nur bei **Membran-** (mit den Zuckerstrukturen auf der extrazellulären Seite) oder **Sekretproteinen**. Zu ihnen gehören die meisten **Plasmaproteine** und die **Immunglobuline**. Auch **Hormone** können Glykoproteinstruktur besitzen (z. B. bestimmte Hypophysenhormone). Glykosylierte Proteine weisen sich durch einen erhöhten Schutz gegen proteolytischen Abbau aus. Neben dieser Schutzfunktion trägt die Glykosylierung von Proteinen und Lipiden zur strukturellen Variabilität der Zelle bei. Dabei lassen sich für N- und O-glykosidisch gebundene Kohlenhydratseitenketten folgende, konstante Kernstrukturen („core structure") finden.

Beinhaltet die Kohlenhydratseitenkette neben der Kernstruktur nur noch Mannosereste (meist 5 bis 9 Mannosereste, wenn man die Reste der Kernstruktur mitrechnet), so werden solche Strukturen zum **High-Mannose-Typ** gezählt. Schließen sich an beide endständigen Mannosereste N-Acetylglucosamineinheiten an, so handelt es sich um den **Komplextyp** eines Glykoproteins. Von den terminalen N-Acetylglucosaminresten können nun weitere Verzweigungen wie Antennen ausgehen, so daß man je nach Zahl dieser Abzweige von **bi-**, **tri-** oder **tetraantennalen** Kohlenhydratketten spricht. Der Begriff „**antennal**" wird in der Regel nur für Glykoproteinseitenketten des komplexen und hybriden Typs genutzt, findet also für den High-Mannose-Typ keine Anwendung. Die Seitenketten des **Hybridtyps** beinhalten Elemente beider bereits erläuterter Typen. Dabei sind an der $\alpha(1\rightarrow6)$-verknüpften endständigen Kernstrukturmannose ausschließlich weitere, zumeist verzweigte Mannosereste gebunden, während sich der terminalen $\alpha(1\rightarrow3)$-gebundenen Mannoseeinheit der Kernstruktur eine oder mehrere mit N-Acetylglucosamin beginnende Antennen anschließen.

Bei den wichtigen **ABO-Blutgruppenantigenen** handelt es sich um O-glykosylierte Membranproteine oder -lipide, die wir u.a. in die Erythrocytenmembran eingebettet vorfinden. Als Bestandteile der Oligosaccharidstrukturen treten Galactose, N-Acetylgalactosamin, N-Acetylglucosamin und Fucose (L-6-Desoxygalactose) auf. Zwischen einzelnen Individuen gibt es nun eine begrenzte Variabilität dieser Zuckerketten, die mit den Blutgruppen A, B, AB und O bezeichnet werden. Ihr Grundgerüst ist die **H-Substanz**, die aus N-Acetylglucosamin, Galactose und Fucose aufgebaut ist und identisch mit der Blutgruppe 0 ist. Bei der **Blutgruppe A** wird an dieses Gerüst zusätzlich **N-Acetylgalactos-amin** gehängt, bei der **Blutgruppe B** eine **Galactose**. Bei Trägern mit dem **Blutgruppenmerkmal AB** werden beide Zuckerreste hinzugefügt, es existieren also A- und B-Antigene nebeneinander auf einem Erythrocyten. Die einzelnen Gruppen unterscheiden sich also lediglich jeweils in einem oder zwei Zuckerresten. Abb. 5.28 zeigt uns die genannten Kohlenhydratstrukturen. Individuen, die eine dieser Zuckerstrukturen nicht ausbilden, erkennen diese als körperfremd und besitzen Antikörper gegen diese Oligosaccharide, welche dann in einem solchen Fall als Antigen fungieren.

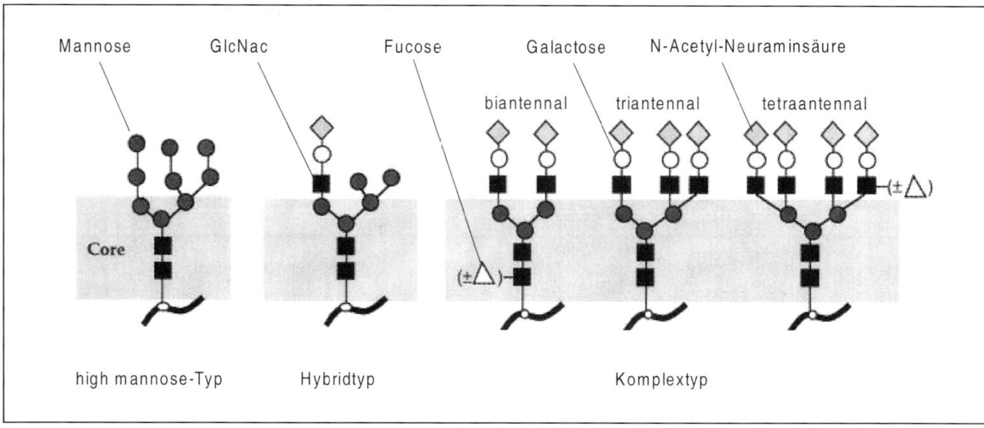

Abb. 5.26: Die verschiedenen Glykoproteintypen. Links der High-Mannose-Typ, in der Mitte ein Hybridtyp und rechts ein verschieden-antennale Komplextypen. Die Kernstrukturen sind jeweils gesondert markiert. Asparagin ist Anknüpfungspunkt in der Aminosäurekette.

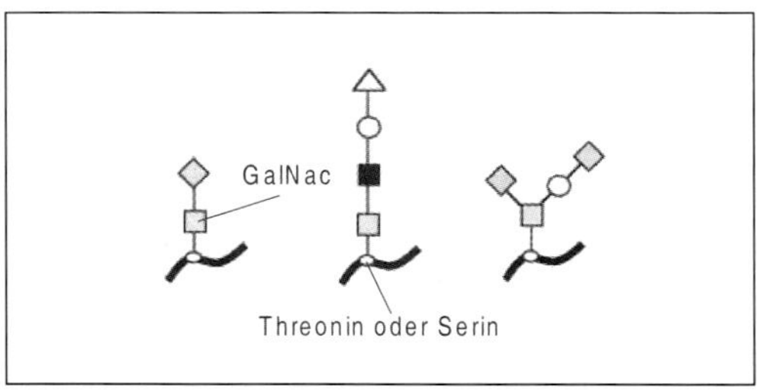

Abb. 5.27: Aufbau von O-Glykosiden. Die Bedeutung der Symbole ist der Abb. 5.26 zu entnehmen

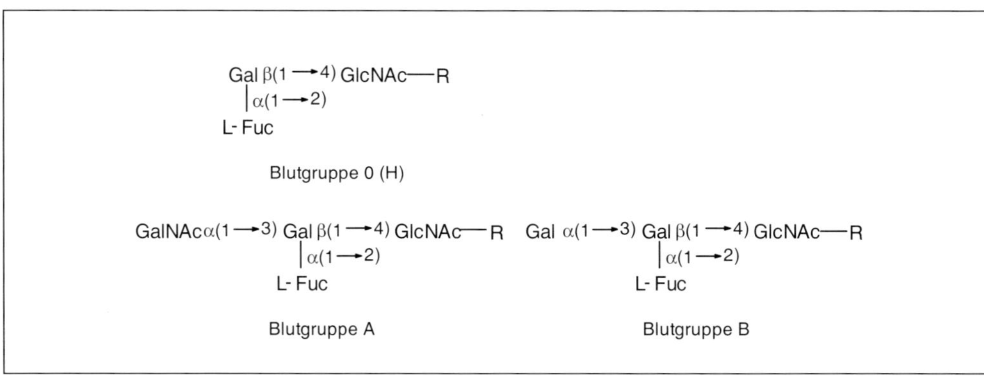

Abb. 5.28: Oligosaccharidstrukturen der ABO-Blutgruppen. Die Kohlenhydratstruktur für die Blutgruppen „0" wird auch mit „H" bezeichnet.

Tabelle 5.7: Das Transfusionsschema für die AB0-Blutgruppen. Der problemloseste Empfänger ist derjenige mit der Blutgruppe AB, die Blutgruppe 0 ist die ideale Spendergruppe bei Fehlen der eigenen (z. B. wenn im Notfall A- oder B-Konserven fehlen), da vom Empfänger keine Antikörper gegen sie gebildet werden können.

Transfusionsschema für AB0 -Blutgruppen			
Blutgruppe des Individuums	**Antikörper gegen**	**Gefahrlose Bluttransfusion von**	**Gefahrlose Blutspende an**
0	A, B	0	0, A, B, AB
A	B	0, A	A, AB
B	A	0, B	B, AB
AB	keine	0, A, B, AB	AB

5.8 Literatur

(1) Burtis, C. A., Ashwood, E. R.: Tietz Textbook of Clinical Chemistry. 2nd Ed. S. 960 – 966. W. B. Saunders (1994).

(2) Durand, G., Seta, N.: Protein glycosylation and diseases: blood and urinary oligosaccharides as markers for diagnosis and therapeutic monitoring. Clin Chem 46, S. 795 – 805 (2000).

(3) Gahmbert, C. G., Tolvanen, M. Why mammalian cell surface proteins are glycoproteins. TIBS 21, S. 308 – 311 (1996).

6 Lipide I

6.1 Definition und Einteilung der Lipide

Lipos kommt aus dem Griechischen und bedeutet Fett, Talg, Öl. Aus dem Alltag wissen wir, daß eine der hervorstechendsten Eigenschaften der Lipide ihre Wasserunlöslichkeit ist. Man sagt, sie seien hydrophob, was mit wasserfeindlich oder wasserabweisend übersetzt werden kann. Fette und fettähnliche Stoffe, Lipoide (oides gr. ähnlich) genannt, meiden also Wasser und bevorzugen ihresgleichen als Lösungsmittel.

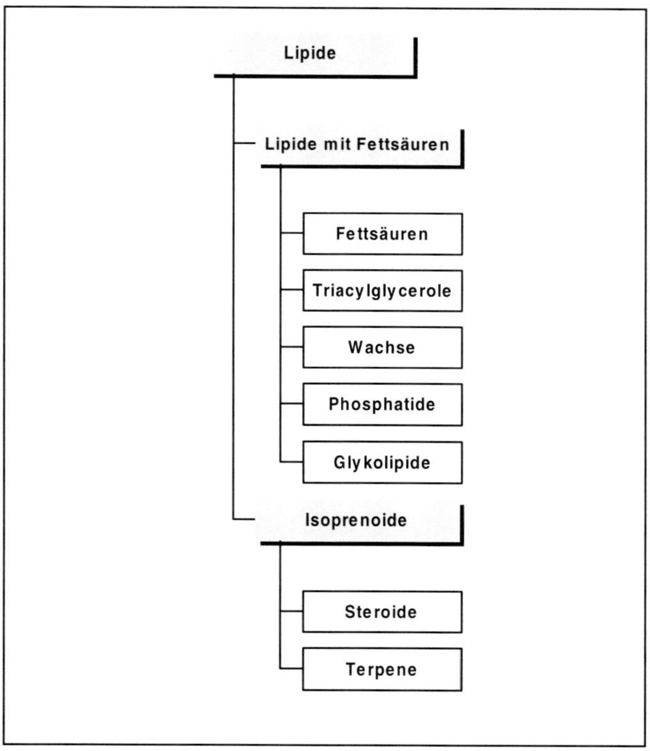

Abb. 6.1: Einteilung der Lipide.

Gut löslich sind Lipide in Diethylether, Hexan, Benzol oder Tetrachlorkohlenstoff. Ist ein Stoff i in zwei nicht mischbaren Lösungsmitteln A und B gelöst (z. B. Wasser und Benzol), so läßt er sich durch mehrmaliges Schütteln und Vermischen beider Flüssigkeiten in dasjenige der beiden Lösungsmittel überführen, in dem er sich besser löst. Dieses Ausschütteln eines gelösten Stoffes ist ein wichtiges Trennverfahren der Chemie und wird **Extraktion** genannt. Bei der Extraktion verteilt sich der gelöste Stoff zwischen den beiden angebotenen Lösungsmitteln in einem ganz bestimmten, für ihn bei einer gegebenen Temperatur charakteristischen Verhältnis. Hat sich dieses definierte Verhältnis eingestellt, so befindet er sich zwischen den beiden Lösungsmittelphasen im Gleichgewicht. Dies bedeutet aber, daß sich seine Konzentrationen in den jeweiligen Lösungsmitteln nicht mehr ändern.

Dieses Gleichgewicht wird durch den **NERNST-Verteilungssatz** beschrieben, in dem K_i der sogenannte **Verteilungskoeffizient** eines Stoffes i zwischen den beiden gegebenen Lösungsmitteln A und B ist:

$$K_i = \frac{c(i)_A}{c(i)_B} \tag{6.1}$$

Fette beinhalten in der Regel lange Ketten oder Ringstrukturen, die nur aus Kohlen- und Wasserstoffatomen aufgebaut sind. Diese sind unpolar und für das hydrophobe Verhalten der Lipide verantwortlich. Dagegen findet man Sauerstoffatome in Lipiden vergleichsweise selten. Im Zusammenspiel mit Wasserstoffatomen sind es aber gerade sie, die Biomolekülen (z. B. Kohlenhydraten) ihre Polarität und Hydrophilie verleihen. Bevor nun die einzelnen Lipide und Lipidklassen besprochen werden, soll eine Einteilung der Lipide vorgenommen werden. An dieser werden wir uns im Verlauf des Kapitels orientieren. Da die Fettsäuren strukturell die einfachsten Lipide sind, befassen wir uns mit ihnen zuerst und erläutern die anderen Lipide später.

6.2 Fettsäuren und Triglyceride

6.2.1 Struktur und physikalische Eigenschaften der Fettsäuren

Fettsäuren gehören wie auch die Essigsäure zu den organischen Säuren. Sie sind langkettige Monocarbonsäuren. Daraus dürfen wir schließen, daß sie aus einer langen Kohlenwasserstoffkette und einer Carboxylgruppe -COOH bestehen:

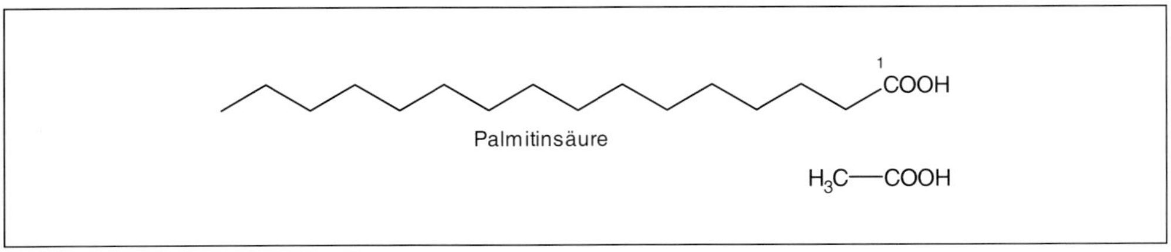

Abb. 6.2: Vergleich der Strukturen von Palmitin- und Essigsäure.

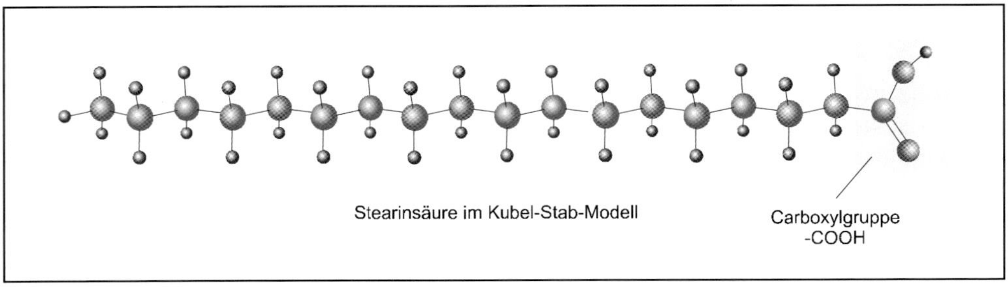

Abb. 6.3: Kugel-Stab-Modell der Stearinsäure $C_{17}H_{35}COOH$.

Eine bessere räumliche Vorstellung soll das Kugel-Stab-Modell der Stearinsäure $C_{17}H_{35}COOH$ vermitteln, Abb. 6.3, in dem besonders die gewinkelte Zickzack-Anordnung der $-CH_2$-Gruppen zum Ausdruck kommt. Abb. 6.2 macht eindringlich klar, daß aufgrund der strukturellen Unterschiede der jeweiligen Kohlenwasserstoffkette auch ein verändertes Löslichkeitsverhalten zwischen Essig- und Palmitinsäure resultieren muß. Fettsäuren sind mit einem pK_S-Wert von 4,5 schwache Säuren. Sie liegen daher bei physiologischem pH-Wert von ca. 7,0 überwiegend in der anionischen Form vor:

$$R\text{-}COOH \rightarrow R\text{-}COO^- + H^+ \qquad (6.2)$$

Dies bedeutet aber, daß Fettsäuren in der Zelle mit zwei gegensätzlichen Polen existieren. Einerseits besitzen sie einen negativ geladenen, stark hydrophilen Rest, andererseits weisen sie eine lange ungeladene und hydrophobe Kohlenwasserstoffkette auf. Stoffe, die gleichzeitig über hydrophile und hydrophobe Regionen verfügen, werden als **amphipathisch** oder **amphiphil** bezeichnet. Eingedeutscht würde man Fettsäuren als Moleküle mit beides liebenden Lösungseigenschaften beschreiben. Dies wollen wir im folgenden durch ein einfaches Symbol zum Ausdruck bringen:

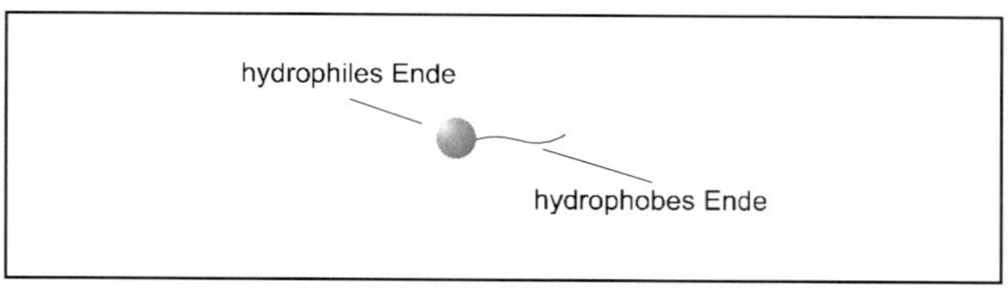

Abb. 6.4: Vereinfachtes Symbol für amphiphile Fettsäuren.

Wie verhält sich nun eine Fettsäure oder ein anderes amphiphiles Molekül in wässriger Umgebung? Wären diese Moleküle einzeln im Wasser gelöst, so müßten die Wasserteilchen diese wasserunfreundlichen Eindringlinge abkapseln. Sie würden dabei ihr ungeordnetes Miteinander in der Flüssigkeit aufgeben und sich um das hydrophobe Molekül in käfigartigen Strukturen anordnen. Diese Käfige erinnern in ihrem Aufbau etwas an Eiskristalle und weisen wie diese einen höheren Ordnungsgrad auf. Umgekehrt erniedrigt diese Anordnung aber die Entropie der Wassermoleküle. In bestimmten Bereichen läßt sich Ordnung (das Gegenteil von Entropie) nur dann aufbauen und erhalten, wenn man entweder Energie in diese Entropieverminderung investiert oder aber andernorts die Unordnung wächst (Ein Zimmer gerät quasi von selbst mit der Zeit in Unordnung. Dieses aufzuräumen bedeutet, daß man arbeitet und somit Energie investiert.). Fazit unserer Betrachtung ist, daß das Lösen eines jeden hydrophoben Einzelmoleküls energetisch betrachtet sehr ungünstig ist und die Wassermoleküle lieber dem ungeordneten Nebeneinander in der Flüssigkeit nachgehen. Oder mit anderen Worten: Das System strebt einen Zustand maximaler Entropie an.

Wie kann nun die unerwünschte Vermischung von Fettsäuremolekülen und Wasserteilchen zugunsten energetisch begünstigter Strukturen umgangen werden? Ideal wären Molekülanordnungen, die eine kleine Kontaktfläche mit dem umgebenden Wasser haben, deren Oberfläche also möglichst klein ist. Außerdem sollte diese Kontaktfläche aus den hydrophilen Enden der Fettsäuremoleküle bestehen, während die lipophilen Reste von der wäßrigen Phase wegweisen müßten. Solche Strukturen sind schichtförmige Einzelmoleküllagen, die sogenannten **Monolayer** (layer engl. Schicht, Lage), kugelförmige **Micellen** und bläschenförmige **Vesikel** (vesicula lat. Bläschen, auch Liposoomen genannt) mit **Bilayerstruktur**. Im Gegensatz zu den Micellen beinhalten Vesikel in ihrem Hohlraum eine innere wäßrige Phase, die konzentrisch durch den Bilayerring vom äußeren Wassermilieu abgetrennt ist. Die Ausbildung solcher Strukturen infolge der oben erläuterten energetischen Zwänge nennen wir den hydrophoben Effekt. Er ist die Triebfeder für die Ausbildung von Monolayer, Vesikeln und Mizellen. Kehren wir nun zu den Fettsäuren zurück. Die Palmitinsäure in Abb. 6.2 weist keine Doppelbindungen in der Kohlenwasserstoffkette auf, ihre C-Atome sind mit Wasserstoffatomen **gesättigt**.

In der Natur findet man aber auch sehr häufig Fettsäuren mit Doppelbindungen im hydrophoben Rest, sie repräsentieren die mit Wasserstoffatomen **ungesättigten Fettsäuren**.

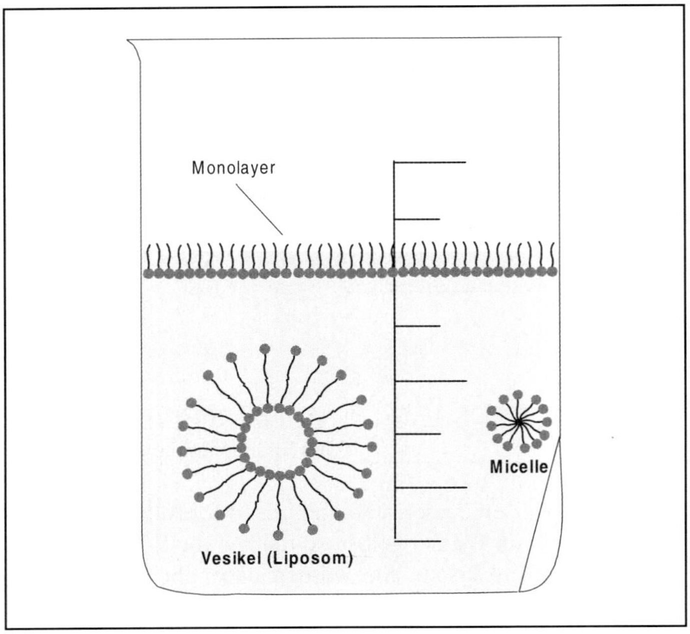

Abb. 6.5: Monolayer, Micelle und Vesikel in wäßriger Umgebung. Zur besseren Verdeutlichung wurde keine Rücksicht auf die Größenverhältnisse von Molekülen und Gefäß genommen.

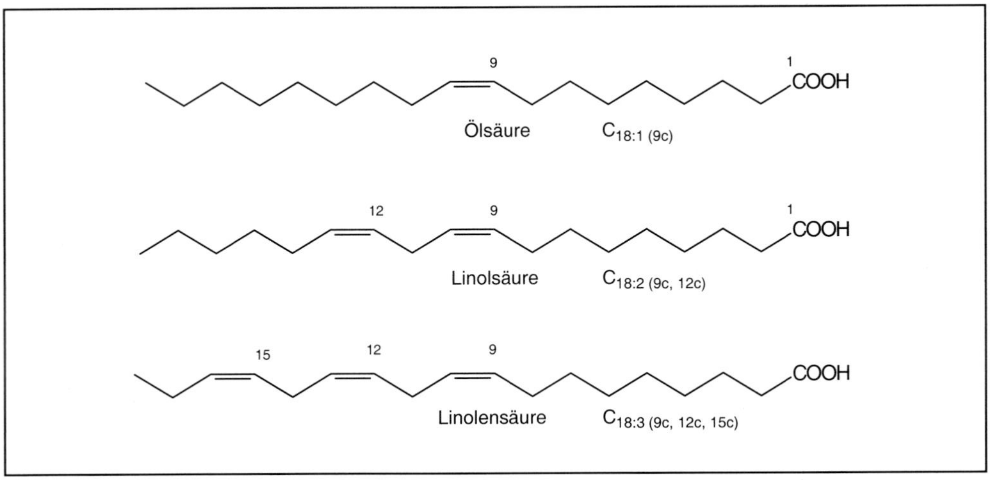

Abb. 6.6: Wichtige ungesättigte Fettsäuren und ihre Nomenklatur.

Dabei können auch mehrere Doppelbindungen im Fettsäuremolekül erscheinen, man spricht dann von **mehrfach ungesättigten Fettsäuren**.

Wichtige ungesättigte Fettsäuren sind Öl-, Linol- und Linolensäure. Abb. 6.6 zeigt die Fettsäuren in einer neuen Schreibweise, bei der die C-Atome durch Ecken in der langen Kette dargestellt sind. Die Wasserstoffatome werden der Übersichtlichkeit halber nicht eingezeichnet. Die C-Atome der Fettsäuren werden an der Carboxylgruppe -COOH beginnend durchnummeriert. Doppelbindungen werden mit einem Delta Δ gekennzeichnet, ihre Lage durch die Nummer des ersten der beiden an ihnen beteiligten C-Atomen festgelegt. In der Kurzschreibweise wird die Anzahl der Doppelbindungen von der Gesamtzahl der C-Atome einer Fettsäure durch einen Doppelpunkt getrennt, z. B. bei Linolsäure C 18 : 2.

Was aber bedeutet das c in Abb. 6.6? Die beiden Kohlenwasserstoffreste an einer Doppelbindung können in entgegengesetzte oder gleiche Richtung zeigen. Man spricht dann von **cis** oder **trans** (cis lat. diesseits und trans lat. über, hinüber, hindurch) und fügt hinter der Positionsnummer ein **c** oder **t** an (Abb. 6.7):

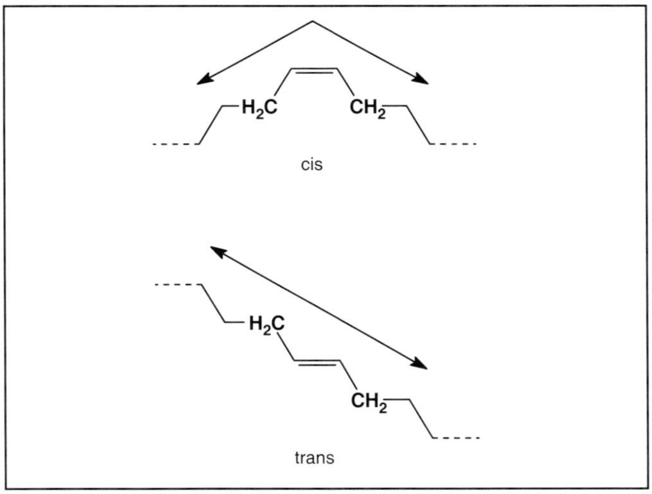

Abb. 6.7: Cis- und trans-Form einer Fettsäure. Die gestrichelten Bindungen sollen andeuten, daß die Kohlenwasserstoffketten an diesen Stellen fortgesetzt werden.

In der Zelle treten ganz überwiegend Fettsäuren in cis-Form auf. Wenn nicht anders erwähnt, handelt es sich nachfolgend immer um cis-Fettsäuren! Abb. 6.8 verdeutlicht, daß Fettsäuren mit cis-Doppelbindungen keineswegs eine lineare Struktur aufweisen, wie das Abb. 6.6 nahelegt.

Schaut man sich das **Schmelzpunktverhalten** der Fettsäuren an, so bemerkt man: Je länger der Kohlenwasserstoffrest (je größer also die Zahl der C-Atome ist), desto höher ist der Schmelzpunkt der betreffenden Fettsäure. Weiterhin stellt man fest, daß bei gleicher Kohlenstoffatomanzahl ungesättigte Fettsäuren niedrigere Schmelzpunkte besitzen als ihre gesättigten Pendants. Ungesättigte Fettsäuren mit cis-Aufbau haben wiederum niedrigere Schmelzpunkte als ihre Trans-Analoga gleicher C-Zahl. Vergleicht man nun die Formelbilder von **Öl-** oder gar **Arachidonsäure** mit denen von **Stearin**- bzw. **trans-Elaidinsäure** (beide mit 18 C-Atomen), so ergibt sich, daß letztere mit ihrer annähernd linearen Struktur viel weniger Raum benötigen als die eher sperrigen cis-ungesättigten Fettsäuren. In einer Kristallstruktur können sich nun gesättigte und trans-ungesättigte Fettsäuren wegen ihres linearen Aufbaus viel besser parallel ausrichten als cis-ungesättigte Fettsäuren mit ihrer raumfordernden Kleiderbügelstruktur.

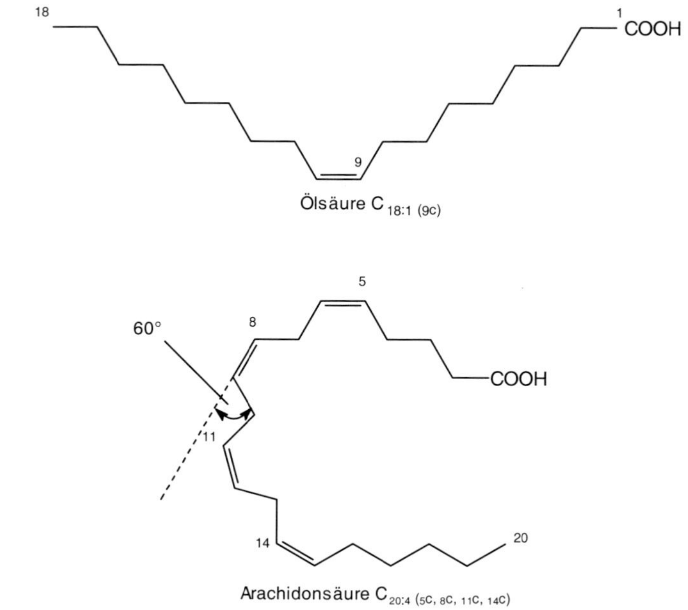

Abb. 6.8: Strukturen von Öl- und Arachidonsäure (vierfach ungesättigt, all-cis-Tetra-en-fettsäure), wobei in dieser Abbildung die korrekten Winkel zwischen den Bindungsachsen an den Doppelbindungen berücksichtigt wurden. Der Winkel zwischen der Doppelbindungsachse und derjenigen der benachbarten Einfachbindung (hier der Kohlenwasserstoffkette) beträgt 60°.

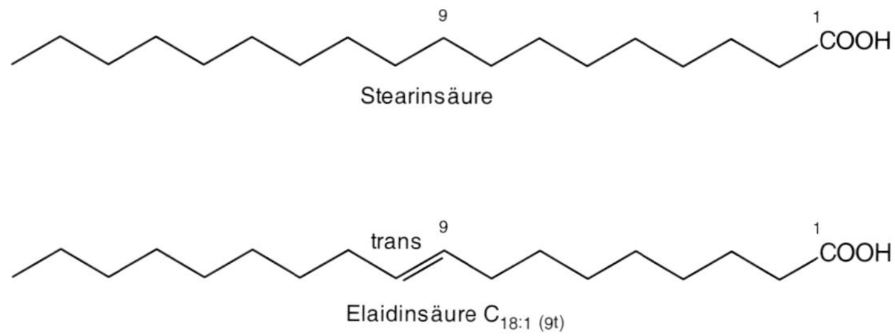

Abb. 6.9: Strukturen von Stearinsäure und Elaidinsäure, dem trans-Analogon der Ölsäure.

Die Abstände zwischen den einzelnen gesättigten Fettsäuremolekülen sind geringer, ihre Kontaktflächen größer, die hydrophoben Bindungskräfte der langen Ketten somit stärker. Folglich bricht auch ihre Anordnung im festen Kristall beim Erhitzen später zusammen, sie schmelzen bei höheren Temperaturen.

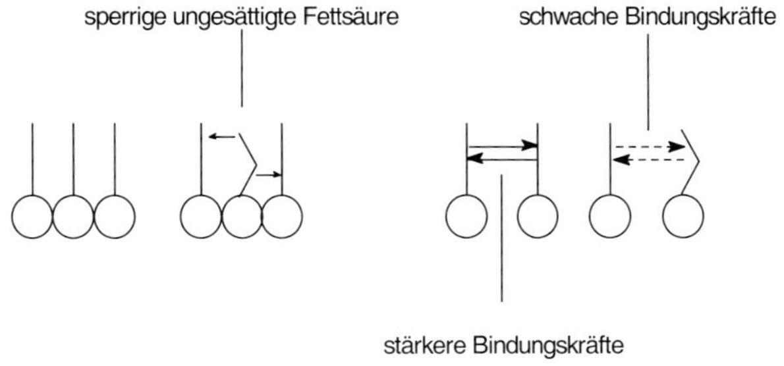

Abb. 6.10: Anordnung von Fettsäuren (vereinfacht) im Kristall, jeweils links mit gesättigten Fettsäuren, rechts daneben der Zustand bei Anwesenheit ungesättigter Fettsäuren.

Tabelle 6.1: Wichtige Fettsäuren in der Übersicht.

Fettsäure	Formel	Kurzformel	Schmelzpunkt (°C)
	Gesättigte Fettsäuren		
Laurinsäure	$H_3C\text{-}(CH_2)_{10}\text{-}COOH$	$C_{12:0}$	45,0
Myristinsäure	$H_3C\text{-}(CH_2)_{12}\text{-}COOH$	$C_{14:0}$	54,0
Palmitinsäure	$H_3C\text{-}(CH_2)_{14}\text{-}COOH$	$C_{16:0}$	63,1
Stearinsäure	$H_3C\text{-}(CH_2)_{16}\text{-}COOH$	$C_{18:0}$	69,6
	Ungesättigte Fettsäuren		
Ölsäure	(9c)	$C_{18:1}$	16,0
Linolsäure	(9c, 12c)	$C_{18:2}$	- 5,0
Linolensäure	(9c, 12c, 15c)	$C_{18:3}$	-11,0
Arachidonsäure	(5c, 8c, 11c, 14c)	$C_{20:4}$	-50,0
Elaidinsäure	(9t)	$C_{18:1}$	44,0

Beim Betrachten von Abb. 6.8 wird sofort klar, daß die Schmelzpunkte noch tiefer liegen werden als diejenigen der einfach ungesättigten Vertreter.

Abschließend soll noch auf die **Detergenzien** (detergere lat. reinigen) oder **Tenside** (tensio lat. Spannung) eingegangen werden. Sie sind wie die Fettsäuren amphiphile Moleküle, werden aber synthetisch hergestellt. Man unterscheidet ionische (kationische, anionische und zwitterionische) und nichtionische Detergenzien. Detergenzien setzen die Oberflächenspannung (die Oberflächenspannung ist diejenige Arbeit, die aufgewendet werden muß, um gegen die Bindungskräfte zwischen den obersten Wassermolekülen, also denjenigen, die die Grenze zur Luft darüber darstellen, die Flüssigkeitsoberfläche zu vergrößern) des Wassers herab, das Benetzen wasserunlöslicher Teilchen wird erleichtert. Ein Wasserläufer beispielsweise kann über einen Gartenteich laufen, auf einer Spüllösung (sie enthält Detergenzien) wird ihm das hingegen nicht gelingen. Sie vermögen darüber hinaus lipophile Strukturen wie Plasmamembranbestandteile oder hydrophobe Proteine innerhalb von Micellen im Wasser zu dispergieren. Man spricht in diesem Fall von einer **Solubilisierung** (solubilis lat. löslich) der Proteine bzw. Plasmamembranbestandteile.

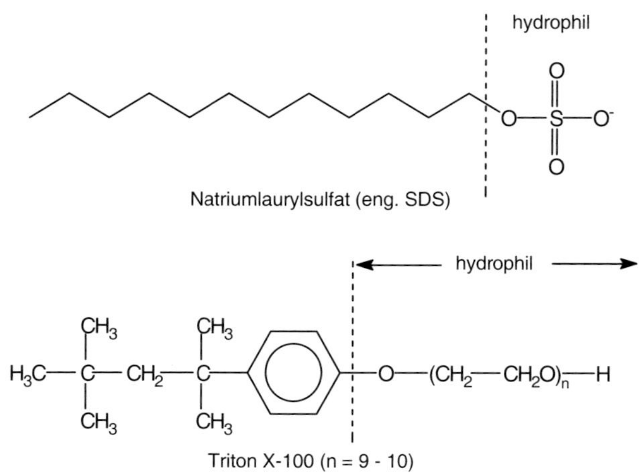

Abb. 6.11: Die Detergenzien Natriumlaurylsulfat (engl. Sodiumdodecylsulfate SDS) und Triton X-100® . Während Natriumlaurylsulfat ein Beispiel für anionische Detergenzien ist, repräsentiert Triton X-100® die Gruppe der nichtionischen Tenside.

Detergenzien finden auch in Waschmitteln Verwendung, wo sie das Herauslösen lipophiler Schmutzteilchen ermöglichen. Die Natrium- bzw. Kaliumsalze der gängigen Fettsäuren eignen sich nicht dazu, da sie in hartem Wasser (mit viel Calcium- und Magnesiumionen) als Salze dieser beiden Erdalkalimetallionen ausfallen würden (Verkalken der Waschmaschine!).

6.2.2 Die Autoxidation ungesättigter Fettsäuren und Vitamin E

Ungesättigte Fettsäuren oxidieren an der Luft zu bräunlichen, viskösen Oxidationsprodukten. Dieser Prozeß, der über Hydroperoxosäurederivate verläuft, ist die Ursache des „Ranzigwerdens" von Speisefetten und -ölen, die über einen hohen Anteil ungesättigter Fettsäuren verfügen. Diese Reaktion mit Sauerstoff verläuft radikalisch, d. h. Zwischenstufen dieser Umsetzung weisen Atome mit ungepaarten Elektronen auf. Am Beispiel der Ölsäure in Abb. 6.12 sieht man, wie die der Doppelbindung benachbarte $–CH_2$-Gruppe (die α-ständige Methylengruppe) durch Abzug eines Wasserstoffatoms zur Radikalgruppe und damit zum Angriffspunkt des Sauerstoffs wird.

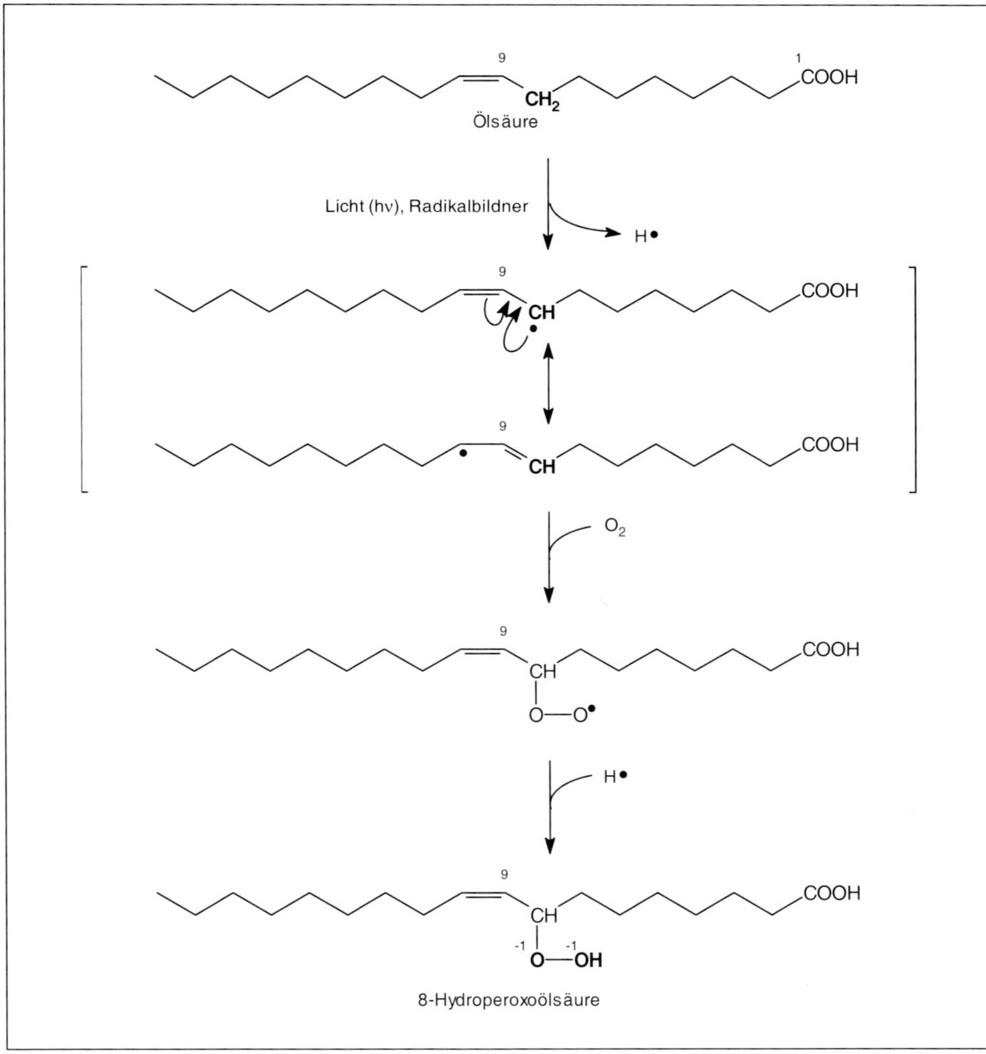

Abb. 6.12: Radikalische Autoxidation von Ölsäure zum Peroxoderivat (Man beachte die Ähnlichkeit zum Wasserstoffperoxid). Nach dem ersten Reaktionsschritt bildet sich ein mesomeriestabilisiertes Radikal, das in unserem Beispiel an C-Atom 8 mit Sauerstoff reagiert. Der Angriff könnte auch an Position 10 erfolgen.

An ungesättigten Fettsäuren wie der Linolsäure verläuft diese Autoxidation wesentlich schneller, weil das im ersten Schritt entstehende Radikal über konjugierte Doppelbindungen (das sind Doppelbindungen, die sich mit Einzelbindungen abwechseln) besser als das Ölsäurepedant mesomeriestabilisiert ist, was die Aktivierungsenergie für die initiale Radikalbildung herabsetzt:

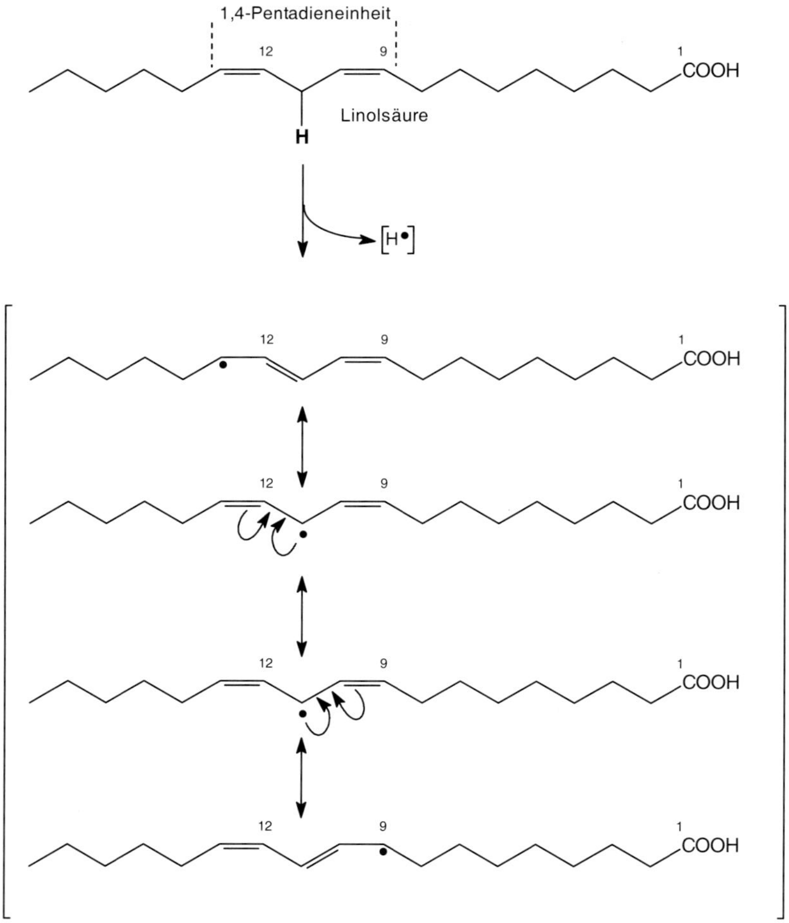

Abb. 6.13: Der erste radikalerzeugende Schritt der Linolsäureautoxidation. Die herausgehobene 1,4-Pentadieneinheit ermöglicht mit ihren konjugierten Doppelbindungen eine über fünf C-Atome „verwischte" Mesomeriestabilisierung des entstandenen Fettsäureradikals. Jede Mesomeriestabilisierung führt zur Energieerniedrigung des betrachteten Moleküls, so daß mit wachsenden Mesomeriemöglichkeiten eine chemische Reaktion begünstigt wird. Das Oxidationsmittel, Sauerstoff oder ein Peroxid, greift am radikalischen Kohlenstoff in Position 9 oder 13 an, weniger wahrscheinlich am C-Atom 11. Befindet sich das einsame Elektron am C-Atom 9 oder 13, so liegen gleichzeitig konjugierte Doppelbindungen vor, welche wiederum eine energetisch begünstigte Form des Moleküls mit sich bringen.

Nun sind ungesättigte Fettsäuren, insbesondere Linolensäure, ein wesentlicher Bestandteil bestimmter Lipoproteine, der sogenannten low density lipoproteine (LDL). Diese Partikel, deren Aufbau wir noch genauer kennenlernen werden, besitzen ihren Namen aufgrund ihrer in der Ultrazentrifugation ermittelten Dichte von 1,019 bis 1,063 kg/L. Klinische und epidemiologische Studien zeigen deutlich, daß eine hohe Konzentration von LDL im Blut mitverantwortlich für die Entstehung von Arteriosklerose und ihren Folgeerscheinungen

(Angina pectoris, Hypertonie, Herzinfarkt) ist. Und hier verdächtigt man vorrangig die oxidierten LDL als Hauptverursacher. In diesen sind die ungesättigten Fettsäuren nach obigen Mechanismus oxidiert, wobei hier als Oxidationsmittel Superoxidanion O_2^- oder Umsetzungsprodukte bestimmter Enzyme wie der Myeloperoxidase in Phagocyten fungieren. Man nimmt an, daß diese Oxidationen in der Intima der Arterien erfolgen.

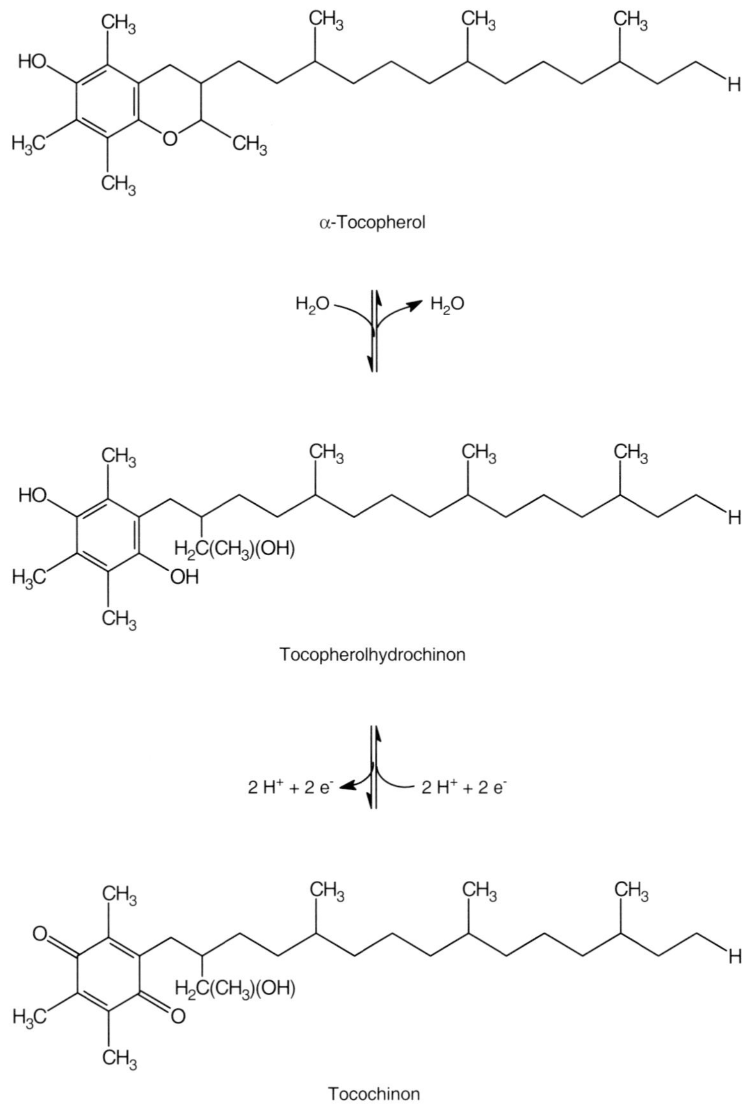

Abb. 6.14: Das Redoxsystem Tocopherol/Tocochinon. Bei seiner Schutzwirkung reduziert Vitamin E potentielle Oxidationsmittel und raubt ihnen damit ihre chemische Aggressivität. Wie bei allen Redoxsystemen wird dabei das Reduktionsmittel, also hier das Vitamin, oxidiert.

Als potenter Oxidationsinhibitor gilt das Vitamin E. Ebenso wie das Vitamin A gehört Vitamin E aufgrund seiner chemischen Struktur zu den fettlöslichen Vitaminen. Diese Eigenschaft prädestiniert gerade dieses lipophile Vitamin, innerhalb der hydrophoben LDL als Antioxidans zu wirken, und schädliche, zur Arteriosklerose führende Umsetzungen zu unterbinden oder zu vermindern. Wiederum zeigen klinische Studien, daß eine umgekehrte Korrelation zwischen Plasma-Vitamin-E-Konzentration und dem Risiko, an Angina pectoris zu erkranken, besteht. Gibt man Freiwilligen konstant bestimmte Vitamin-E-Dosen, so sinkt sowohl bei Männern als auch bei Frauen das Autreten der koronaren Herzerkrankung.

Genaugenommen besteht Vitamin E aus acht nahe verwandten, strukturell ähnlichen Substanzen: **α-, β-, γ- und δ-Tocopherol,** sowie **α-, β-, γ- und δ-Tocotrienol**. Von ihrer chemischen Grundstruktur handelt es sich ausschließlich um Derivate des 6-Chromanols, die sich hinsichtlich der Anzahl ihrer Methylgruppen und dem Sättigungsgrad der isoprenoiden C_{16}-Seitenkette unterscheiden. α-Tocopherol (Abb. 6.14) erscheint dabei für die biologische Wirkung des Vitamin E am wichtigsten zu sein, weswegen wir unsere Ausführungen im folgenden auf diese Verbindung beschränken wollen.

Der Vitamincharakter des Tocopherols ist für den Menschen nie eindeutig nachgewiesen worden, weshalb auch der täglich Bedarf mit 5 bis 30 mg relativ vage angegeben wird. Mangelsymptome sind praktisch nicht bekannt, da die menschliche Nahrung reich an Vitamin E ist. Im Tiersystem äußert sich ein Vitamin-E-Mangel je nach Tierart und Fütterungsbedingungen in verschiedensten Symptomen, bei Ratten zur Sterilität und beim Huhn zur Muskeldystrophie. Von der biochemischen Seite betrachtet versucht man diese Symptomatik auf die antioxidative Wirkung des Tocopherols im Gonadenepithel sowie in Skelett- und Herzmuskel zurückzuführen.

Therapeutisch kommt Vitamin E bei der Behandlung rheumatischer Gelenkentzündungen und bei der Prophylaxe der koronaren Herzerkrankung zum Einsatz.

Tabelle 6.2: Einige Eigenschaften des Vitamins E (Tocopherol).

	Tocopherole (Vitamin E)
Vorkommen	Pflanzenöle wie z. B. Weizenkeimöl, Olivenöl, Ölsaaten, Blattgemüse
Bedarf pro Tag	5 - 30 mg
Bedeutung	Antioxidants, Radikalfänger, Anticancerogen, eventuell Schutz vor Arteriosklerose, Reduktion der Plättchenaggregation, Verminderung des Wachstums von glatten Muskelzellen
Vitaminmangel	Beim Menschen nicht sicher nachgewiesen, beim Tier u. a. Fertilitätsstörungen

6.2.3 Bedeutung der Fettsäuren

Fettsäuren sind als Strukturbestandteile der Plasmamembranen und in Form von Triglyceriden (Abschnitt 6.2.4) im Reservefett für den menschlichen und tierischen Organismus unentbehrlich. Aus der Arachidonsäure werden die Prostaglandine aufgebaut, welche als Gewebshormone bzw. Mediatoren in den unterschiedlichsten Geweben eine große Bedeutung besitzen. Fettsäuren nehmen wir insbesondere mit Fleisch- und Wurstwaren zu uns. Aber auch Fisch und Käse sind gute Fettsäurelieferanten. In den westlichen Industrieländern ist der Fleischkonsum im allgemeinen zu hoch, es kommt zur Überernährung und unter Umständen auch zur Fettsucht, der **Adipositas**. Diese ist allerdings in der Regel gleichfalls durch einen zu großen Kohlenhydratkonsum (Süßspeisen!) bedingt, weil ja bekanntlich überschüssige Kohlenhydrate von der Zelle in Fettsäuren umgebaut werden. Bei Adipositas steigt das Risiko für bestimmte Erkrankungen beträchtlich. Diabetes mellitus, Gicht, Herzinfarkt, Arteriosklerose und Hypertonie (Bluthochdruck) sind nur einige prominente Beispiele für Krankheiten, die häufig mit Adipositas vergesellschaftet sind. Hervorzuheben sind hier die Gefäßerkrankungen, die besonders häufig bei zu hohen Cholesterol- und Triglyceridkonzentrationen im Blut auftreten. Bei den Triglyceriden sind es in erster Linie die langkettigen gesättigten Fettsäuren, die bei entsprechender Überernährung negative Folgen provozieren.

Die Zelle ist zwar in der Lage, Ölsäure zu synthetisieren, sie kann jedoch jenseits der Position 9 keine Doppelbindungen in die Kohlenwasserstoffkette einführen. Dies hat zur Folge, daß Linolsäure (18 : 2 Δ^{9c}, Δ^{12c}) und Linolensäure (18 : 3 Δ^{9c}, Δ^{12c}, Δ^{15c}) vom Organismus nicht eigenständig aufgebaut werden können. Diese Fettsäuren müssen mit der Nahrung zugeführt werden. Man nennt sie daher auch **essentielle Fettsäuren** (früher auch Vitamin F). Aus γ-Linolsäure beispielsweise vermag die Zelle jedoch dann eigenständig Arachidonsäure zu synthetisieren. Reich an essentiellen Fettsäuren sind Fisch- und Pflanzenöle.

Ernährungswissenschaftler zählen im Gegensatz zu den Chemikern die C-Atome der Fettsäuren nicht vom Carboxylende -COOH durch, sondern beginnen ihre Zählung an der endständigen Methylgruppe $-CH_3$:

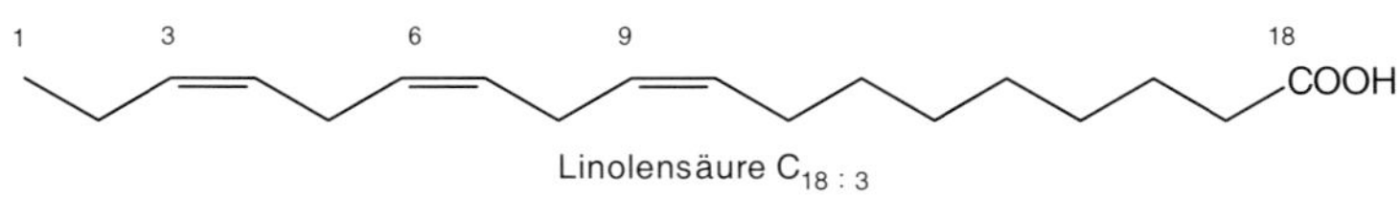

Abb. 6.15: Benennung der Linolensäure in den Ernährungswissenschaften.

Aufgrund der Doppelbindung in Position 3 nennt man die Linolensäure eine ω-3-Fettsäure (Omega ist der letzte Buchstabe des griechischen Alphabets, es wird also vom Ende gezählt). Auch die in der Zelle aus ihr entstehenden Derivate mit fünf oder sechs Doppelbindungen zählen zu den ω-3-Fettsäuren, weil sie ebenfalls in Position 3 ungesättigt sind.

Reich an ω-3-Fettsäuren sind insbesondere Kaltwasserfische (Hering, Lachs, Makrele, Thunfisch) und Fischöle. ω-3-Fettsäuren senken den Triglycerid- und Cholesterolspiegel im Blut und besitzen somit eine Schutzwirkung gegen Arteriosklerose und Herzinfarkt. Eskimos, die sich fast ausschließlich von Fisch ernähren, erkranken trotz ihrer fett- und cholesterolreichen Ernährung kaum an Herz-Kreislauferkrankungen. Darüber hinaus scheinen diese ω-3-Fettsäuren auch eine antitumorigene Wirkung zu haben. Wie ω-3-Fettsäuren diesen Schutzeffekt ausüben, läßt sich bis heute nicht befriedigend erklären. Zur Zeit wird vermutet, daß ein hohes Angebot von ω-3-Fettsäuren in der Nahrung einen Einfluß auf die Synthese der Eicosanoide (eikosi gr. zwanzig, die Eicosanoide besitzen 20 C-Atome) hat. Zu dieser Verbindungsklasse, die eine wichtige Rolle bei der Weiterleitung hormoneller Informationen im Organismus spielt, gehören die Prostaglandine, Thromboxane und Leukotriene.

6.2.4 Triglyceride (Triacylglycerole)

In der Zelle kommen Fettsäuren praktisch nicht isoliert vor, sondern in Verbindungen, die sich formal von ihnen ableiten lassen. Solche abgeleiteten Stoffe werden auch Derivate genannt (derivare lat. ableiten, abzweigen). Wichtige Carbonsäurederivate sind die **Ester**. Wir erinnern uns daran, daß Ester aus Carbonsäuren und Alkoholen gebildet werden. Die funktionelle Gruppe der Alkohole ist die Hydroxylgruppe -OH. Es gibt einwertige Alkohole mit einer OH-Gruppe (z. B. Ethanol), zweiwertige mit zwei OH-Gruppen (z. B. Ethylenglykol) und dreiwertige Alkohole wie das **Glycerin** oder **Glycerol**:

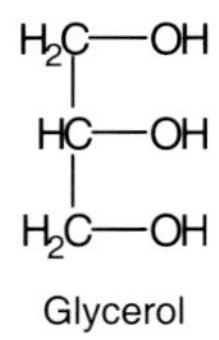

Abb. 6.16: Das Glycerin bzw. Glycerol, ein dreiwertiger Alkohol.

Reagieren nun die Carboxylgruppen (-COOH) dreier Fettsäuren mit den drei Hydroxylgruppen (-OH) des Glycerols, so kommt es zu einer dreifachen Veresterung, und wir erhalten einen Tricarbonsäureester, das **Triglycerid** oder **Triacylglycerol**:

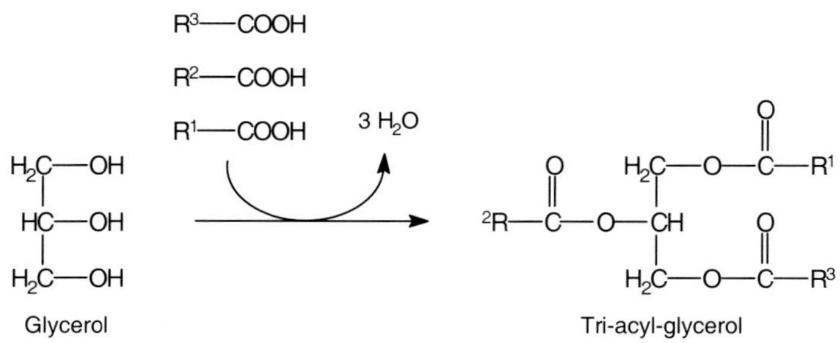

Abb. 6.17: Veresterung von Glycerol und **drei** Fettsäuren zum **Tri**-acyl-glycerol.

Abb. 6.17 zeigt, daß Glycerol mit unterschiedlichen Fettsäuren verestert werden kann. Dies entspricht auch den realen Gegebenheiten in der Zelle. Besonders die zweite Fettsäure (R^2-COOH) ist oft ungesättigt.

Erhitzt man Triglyceride mit Alkalilaugen, beispielsweise mit Natronlauge NaOH oder Kalilauge KOH, werden die Ester wiederum in Glycerol und Fettsäuren gespalten, wobei sie dann als Natrium- oder Kaliumsalze vorliegen. Die Natrium- und Kaliumsalze der Fettsäuren nennen wir **Seifen**, den Vorgang ihrer Herstellung **Verseifung** (Umkehrung der Veresterung). Seifen sind **amphiphil** und finden als Reinigungsmittel Verwendung.

Wenn wir uns das Schmelzpunktverhalten der Fettsäuren in Erinnerung rufen, verstehen wir, daß Triacylglycerole mit überwiegend gesättigten Fettsäuren bei Raumtemperatur fest sind, während diejenigen mit ungesättigten Fettsäuren, auch **Öle** genannt, bei gleichen Temperaturen flüssig sind. Margarine ist deswegen streichfähiger, weil sie mehr ungesättigte Fettsäuren enthält als Butter.

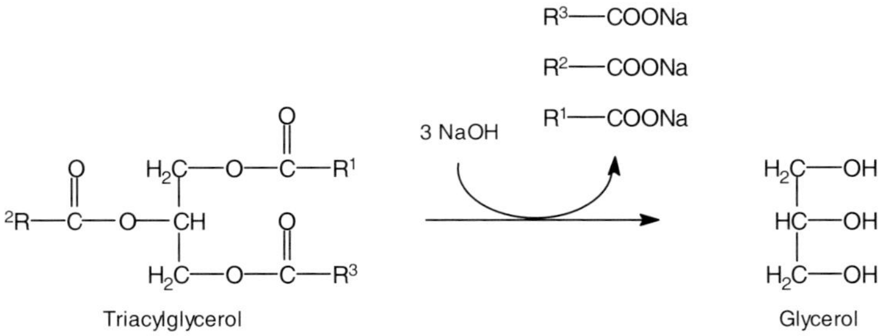

Abb. 6.18: Die Verseifung eines Triacylglycerols durch Natronlauge.

Wie synthetisiert nun die Zelle Triacylglycerole? Die Veresterung nimmt nicht Ausgang vom Glycerol, sondern vom Glycerol-3-phosphat, dem Ester aus Glycerol und Phosphorsäure. In Leber und Niere wird Glycerolphosphat aus Glycerol und ATP durch die Aktivität der **Glycerolkinase** gewonnen. In Fettgewebe und Muskulatur dagegen fehlt dieses Enzym. Hier erfolgt die Synthese durch Reduktion mit NADH + H^+ aus Dihydroxyacetonphosphat, dem Phosphorsäureester des schon bekannten Dihydroxyacetons. Anschließend werden die zwei Hydroxylgruppen des Glycerol-3-phosphats mit zwei durch Coenzym A aktivierte Fettsäuremoleküle verestert.

Dabei wird Coenzym A freigesetzt und es entsteht ein Diacylphosphatid (also ein Glycerolmolekül, das mit zwei Fettsäuren und einem Phosphorsäuremolekül verestert ist). Durch eine Phosphatase, ein Enzym, das Phosphatreste unter Mithilfe von Wasser aus Esterbindungen freisetzt, wird nun die Phosphatgruppe an C-3 abgespalten und mit einer weiteren aktivierten Fettsäure verestert. Das gebildete Triglycerid kann jetzt als Depotfett abgelagert werden. Unter einer aktivierten Fettsäure versteht man eine Verbindung aus Fettsäurekette und Coenzym A. Dessen Struktur und die des zugehörigen Vitamins Pantothensäure werden im folgenden Kapitel erwähnt, sie soll an dieser Stelle daher nicht näher betrachtet werden. **Coenzym A** wird meist **CoA** abgekürzt, wobei das **A** für **A**cylierung steht. Eine Acylgruppe ist derjenige Rest einer organischen Säure, den man erhält, wenn man formal die -OH-Gruppe aus der Carboxylgruppe -COOH abzieht. Am Beispiel der Essigsäure möge dies verdeutlicht werden.

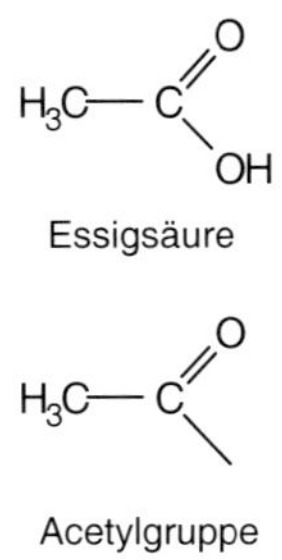

Abb. 6.19: Essigsäure und ihre Acylgruppe, die Acetylgruppe.

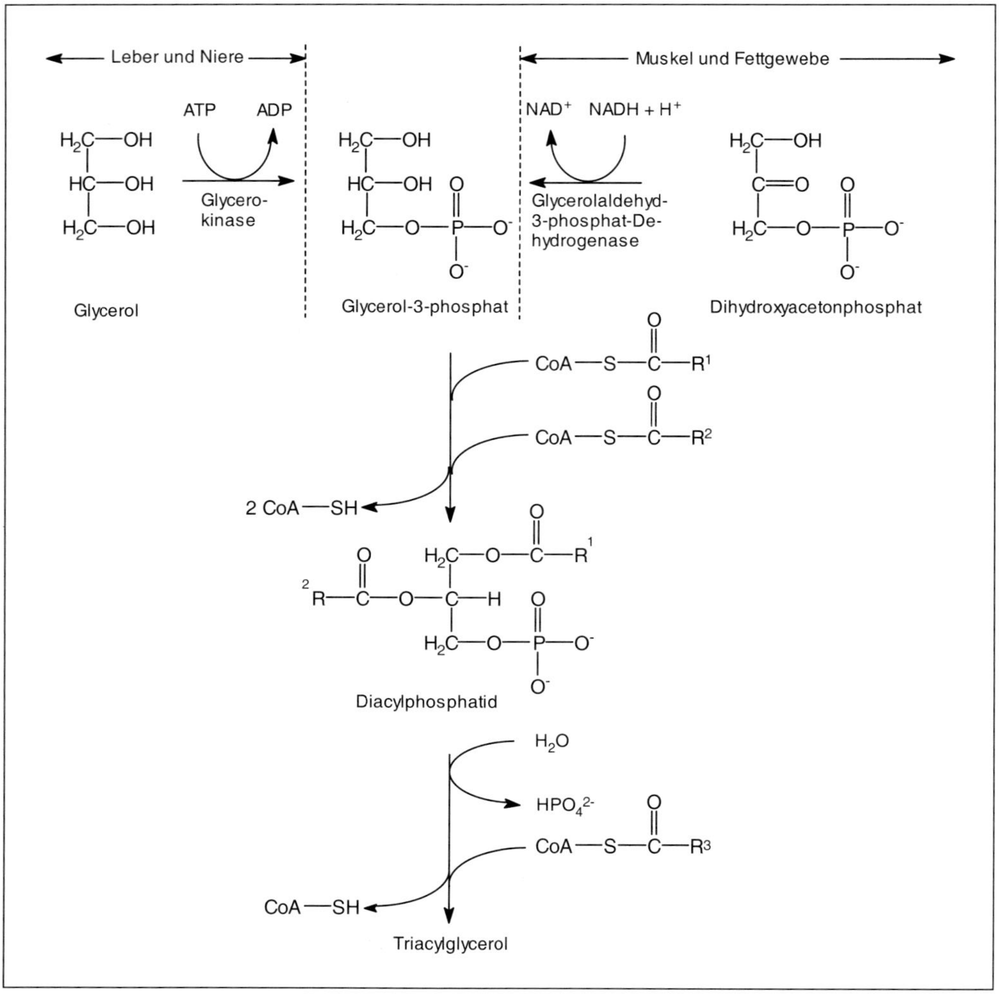

Abb. 6.20: Die Synthese von Triacylglycerolen in Leber- und Fettgewebe.

Natürlich tritt eine Acylgruppe nicht frei auf, sondern liegt gebunden vor! Beispielsweise kann die Acetylgruppe der Essigsäure an Coenzym A binden. Die Bindung erfolgt über eine **Thiolgruppe** -SH des Coenzyms. Die Thiolgruppe ist ein Analogon zur bekannten Alkoholgruppe -OH, wobei das Sauerstoffatom durch das aus der gleichen Gruppe des Periodensystems stammende Schwefelatom ersetzt ist. Wie die Hydroxylgruppe bildet auch die Thiolgruppe, sozusagen ein Schwefelalkohol, mit Säuren Esterbindungen aus, die jetzt aber **Thioesterbindungen** genannt werden:

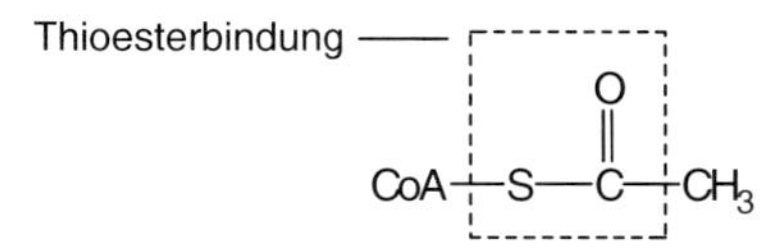

Abb. 6.21: Die Thioesterbindung am Beispiel der Essigsäure.

Das Produkt ist ein Ester aus organischer Säure und Thiol, kurz **Thioester**. Thioesterbindungen sind energiereich und besitzen ein hohes **Gruppenübertragungspotential**. Eine chemische Bindung gilt als umso energiereicher, je mehr Energie bei ihrer Spaltung frei wird. Für die Zelle ist dabei von großer Bedeutung, daß diese frei werdenden Energiebeträge in die Bildung neuer chemischer Bindungen investiert werden kann und nicht in Form von Wärme verloren geht. Energie ist also übertragbar, was das eine Molekül gibt, nimmt ein anderes in Empfang und konserviert das kostbare Gut Energie in Form einer neuen chemischen Verknüpfung.

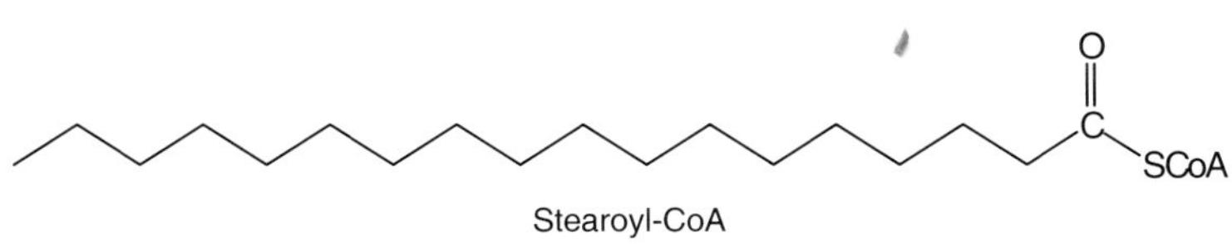

Abb. 6.22: Stearoyl-CoA als Beispiel für eine aktivierte Fettsäure.

Energiereiche Bindungen sind thermodynamisch betrachtet sehr unbeliebt, Moleküle streben einen möglichst energiearmen Zustand an. Um diesen zu erreichen, müssen Thioester, aber auch Säureanhydride wie ATP, den ungeliebten, energiereich gebundenen Partner los werden. Dies geht am besten, indem man die energiegeladene Ehe trennt, wobei ein Wassermolekül die Scheidung vollzieht. Dieser Vorgang heißt chemisch **hydrolytische Spaltung**. Dabei wird eine Gruppe frei, in unserem Beispiel die Acylgruppe, welche nun von einem anderen Partnermolekül gebunden wird. Diese neue Ehe ist weniger energiereich, das Molekül insgesamt energieärmer und weniger scheidungsanfällig. Chemisch betrachtet überträgt ein Molekül mit hohem Gruppenübertragungspotential eine Gruppe auf ein anderes Akzeptormolekül, welches nach Bindung der transferierten Gruppe über ein geringeres Gruppenübertragungspotential verfügt. Damit ist das Ziel, nämlich ein energieärmerer Zustand, in Form des Produktes erreicht. Die Richtung des Transfers ist, vorausgesetzt es erfolgt keine Energiezufuhr von außen, festgelegt: Er verläuft stets bergab, von Verbindungen mit hohem Gruppenübertragungspotential auf solche mit niedrigerem.

Der Thioester aus Essigsäure und CoA heißt Acetyl-CoA. Da hier die Acetylgruppe der Essigsäure in einer energiereichen Bindung vorliegt, wird Acetyl-CoA auch als **aktivierte Essigsäure** bezeichnet. Die Thioesterbindung wird - wie energiereiche Bindungen allgemein - häufig durch eine Wellenlinie hervorgehoben, um ihr hohes Gruppenübertragungspotential zu unterstreichen. An die Stelle der Acetylgruppe der Essigsäure kann aber auch die Acylgruppe einer Fettsäure treten, z. B. die der Stearinsäure.

6.2.5 Wachse

In natürlichen Wachsen ist eine langkettige Fettsäure mit einem ebenfalls langkettigen Alkohol verestert:

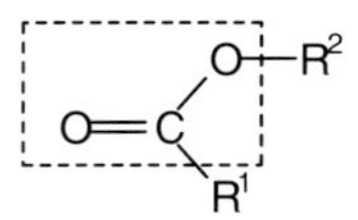

Abb. 6.23: Grundstruktur der Wachse, die leicht hydrophile Gruppe ist hervorgehoben.

Wachse besitzen lediglich eine kleine hydrophile Kopfgruppe, sie sind folglich völlig hydrophob. Daher werden sie auch von Vögeln und Blättern mancher Pflanzen als wasserabweisendes Material genutzt.

6.3 Phosphatide

Phosphatide, auch Phospholipide genannt, sind Phosphodiester, d. h. ein Molekül Phosphorsäure ist jeweils mit zwei Alkoholen verestert. Einer dieser Alkohole ist stets das uns bereits bekannte Glycerol, welches das Phosphorsäuremolekül über seine OH-Gruppe in Position 3 bindet. Betrachten wir zunächst diese Veresterung, bevor wir uns der zweiten Esterbindung des Phosphodiesters zuwenden. Der Ester aus Glycerol und Phosphorsäure ist der Monoester Glycerol-3-phosphat, von dem sich letztlich nach einer weiteren Veresterung des Phosphorsäurerestes alle Phosphatide ableiten lassen. An C-3 des Glycerols findet man die erste Esterbindung zum Phosphorsäuremolekül. Wirft man einen genaueren Blick auf die Formel der Abb. 6.24, so fällt auf, daß das C-Atom 2 mit seinen vier unterschiedlichen Liganden asymmetrisch ist. Man lehnt die **s**tereospezifische **N**omenklatur (abgekürzt sn) für das Glycerol-3-phosphat und die Phosphatide an die des Glycerolaldehyd-3-phosphats an. Glycerolaldehyd ist uns bereits im Kapitel 5 begegnet. Wie bei diesem werden diejenigen Phosphatide, bei denen die Hydroxylgruppe des C-2 in der FISCHER-Projektion nach links ausgerichtet ist, als L-Formen bezeichnet. Diese Nomenklatur ist notwendig, um die Konfiguration der beiden Enantiomere (nämlich D und L) in der FISCHER-Projektion eindeutig festzulegen. Das in Abb. 6.24 gezeigte Enantiomere mit linksständiger OH-Gruppe, die L-Form, ist das in natürlichen Phosphatiden vorkommende optische Isomer. Berücksichtigen wir nun, daß in den Phosphatiden ähnlich dem Triacylglycerol die Hydroxylgruppen an C-1 und C-2 des Glycerols mit Fettsäuren verestert sind, so kommen wir vom L-Glycerol-3-phosphat zur Formel der **Phosphatidsäure**.

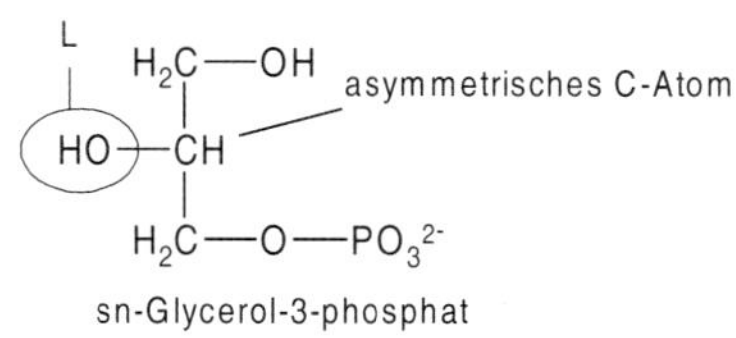

Abb. 6.24: L-Form des sn-Glycerol-3-phosphats

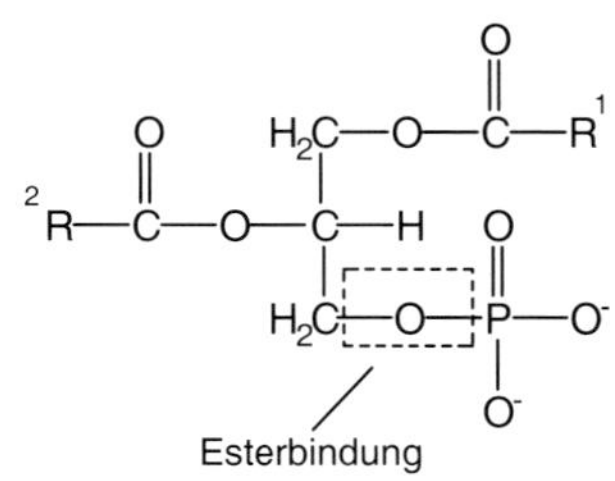

Abb. 6.25: Formeldarstellung der Phosphatidsäure.

Erfolgt zwischen einer freien OH-Gruppe der Phosphatgruppe im Phosphatidsäuremolekül Abb. 6.25 und einem beliebigen Alkohol X eine weitere Veresterung, so gelangt man nunmehr zu den Posphatiden, den eingangs definierten Phosphorsäurediestern.

Für R^{alc} können unterschiedliche Alkohole stehen: Cholin, Ethanolamin, Inositol, Glycerol, aber auch die Aminosäure Serin, die in ihrer Seitenkette einen OH-Rest aufweist (Abb. 6.27).

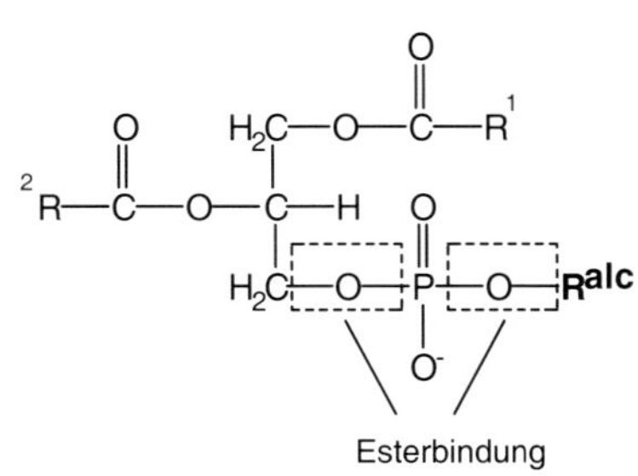

Abb. 6.26: Allgemeine Strukturformel aller Phosphatide. Der Alkohol R^{alc} (fett unterlegt) bildet mit der Hydroxylgruppe des Phosphats eine Esterbindung aus.

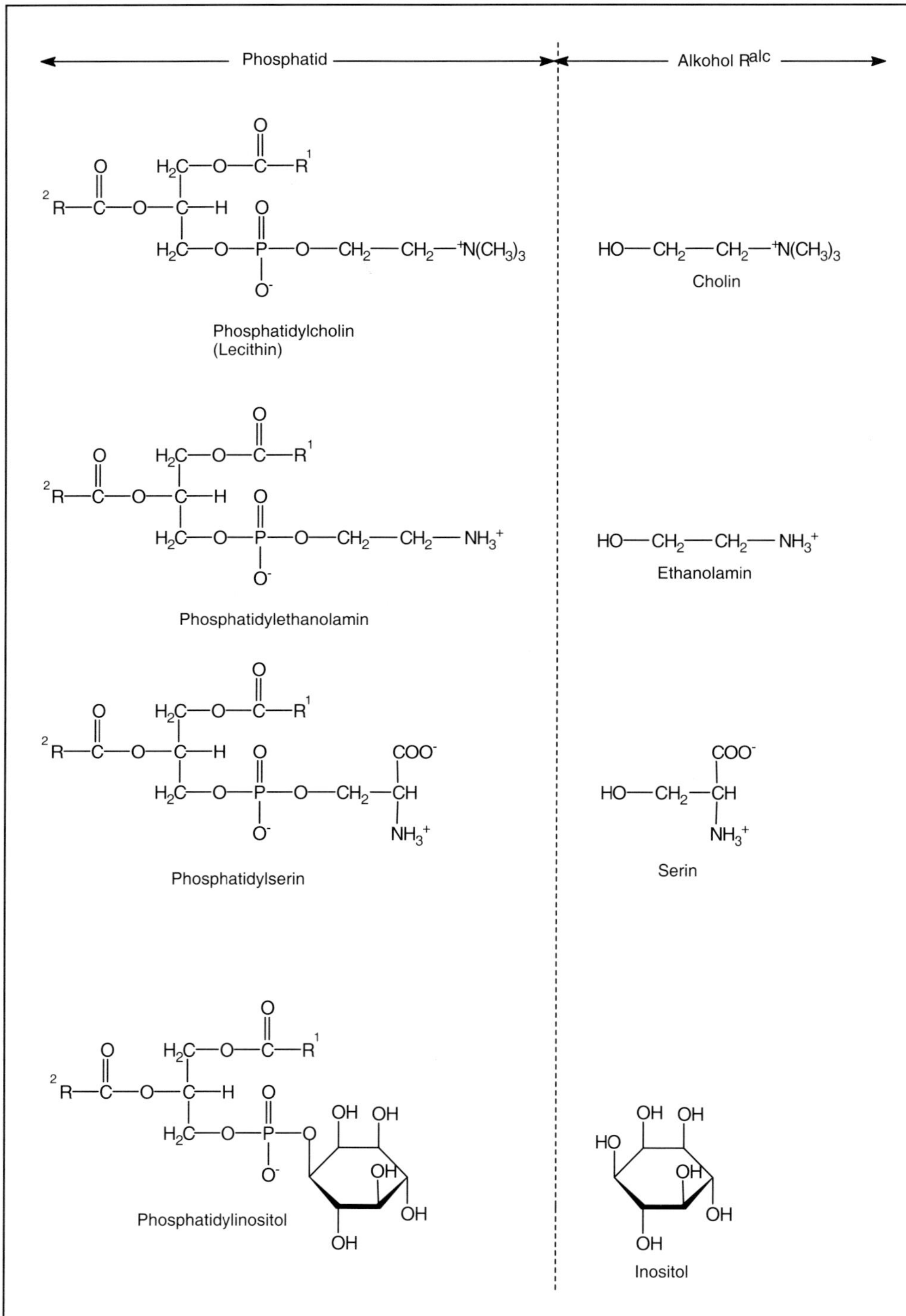

Abb. 6.27: Wichtige Phosphatide (links) mit ihren Alkoholkomponenten (rechts).

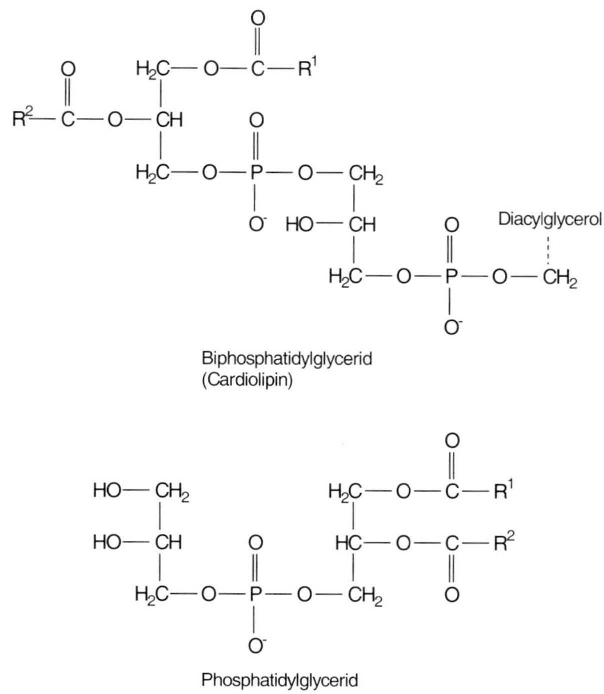

Abb. 6.28: Die Formeln von Cardiolipin und Phosphatidylglycerol.

Es muß an dieser Stelle noch einmal betont werden, daß die meisten Phosphatide nicht einheitlich auftreten, sondern wegen der Variabilität der Fettsäurereste R Gemische verwandter Stoffe darstellen! Eine etwas abweichende Struktur zeichnen Cardiolipin und Phosphatidylglycerin aus.

Die Biosynthese der Phosphatide verläuft in Leber und Fettgewebe bis zum L-Glycerol-3-phosphat auf getrennten Wegen, wie in Abb. 6.20 ausgeführt wurde. Bei der Synthese von Lecithin und Phosphatidylethanolamin, zwei bedeutenden Phosphatiden, wird das Diacylphosphatid zunächst durch eine Phosphatase dephosphoryliert und das entstandene Diacyl-Glycerol mit aktiviertem Cholin bzw. Ethanolamin verknüpft.

Diese Aktivierung erfolgt hier durch ein weiteres energiereiches Triphosphat, das **Cytidintriphosphat**. Es übernimmt im Fettstoffwechsel eine dem UTP des Kohlenhydratstoffwechsels vergleichbare Rolle. Auch die Phosphatidsäure selbst kann mittels CTP aktiviert werden. Diese aktivierte Phosphatidsäure ist dann Vorstufe für die Synthese von Cardiolipin und Phosphatidylinositol, zwei weiteren wichtigen Phosphatiden:

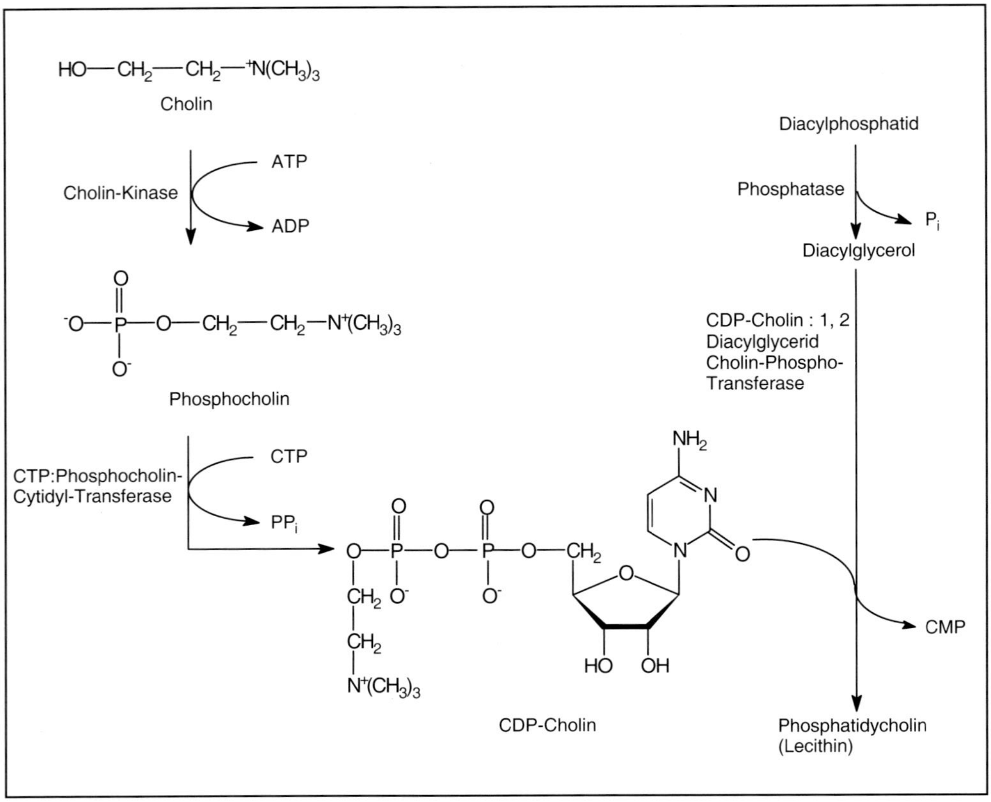

Abb. 6.29: Synthese von Phosphatidylcholin.

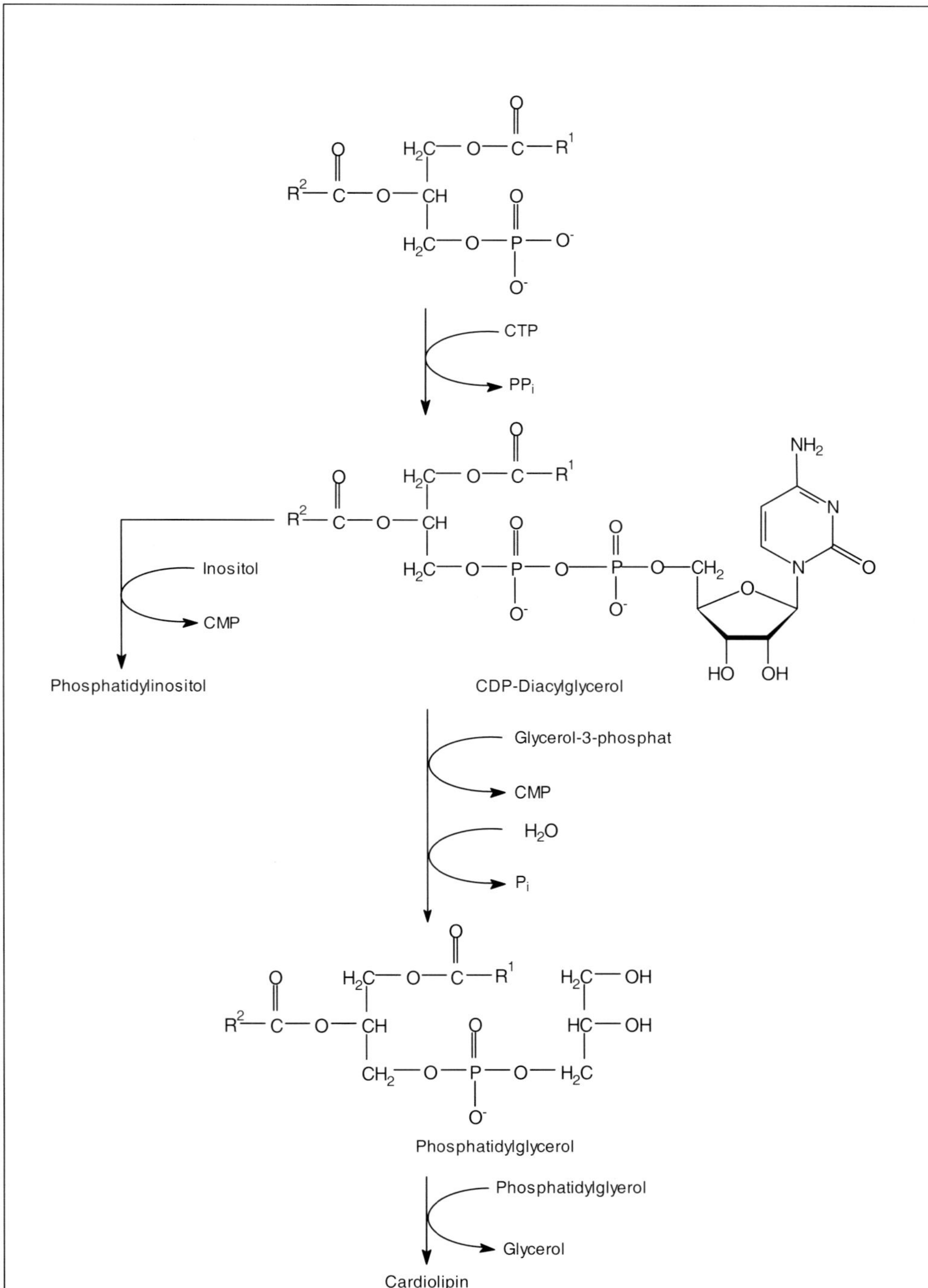

Abb. 6.30: Synthese von Phosphatidylinositol und Cardiolipin aus CDP-Diacyl-Glycerol.

Phosphatidylserin schließlich entsteht aus Phosphatidylethanolamin, indem der Ethanolaminrest gegen Serin ausgetauscht wird. Auch der umgekehrte Weg ist möglich, wenn vom Serin des Phosphatidylserins die Carboxylgruppe in Form eines Kohlendioxidmoleküls CO_2 abgespalten wird, wobei wieder Phosphatidylethanolamin entsteht.

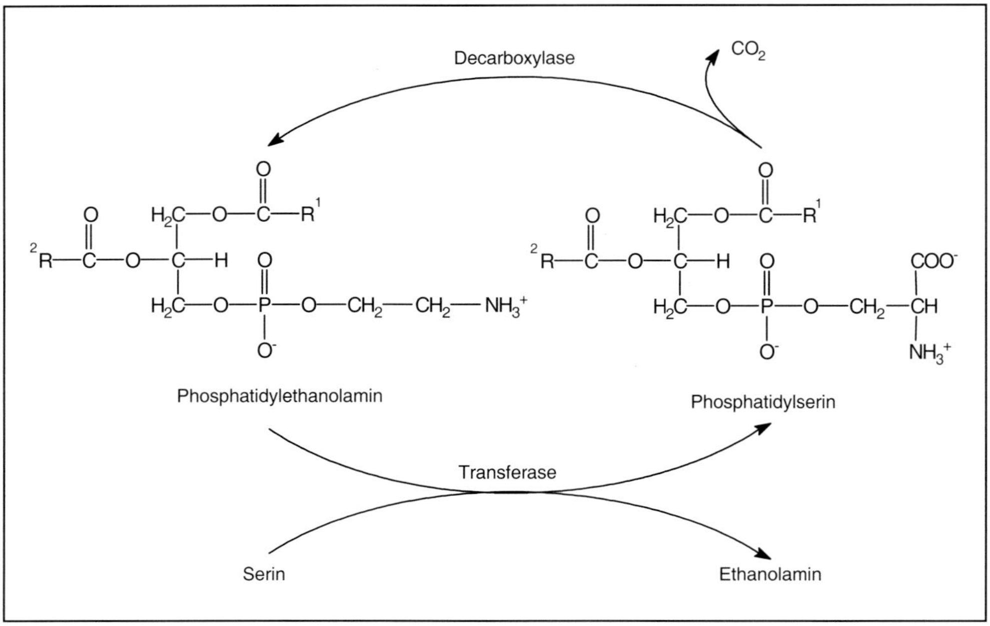

Abb. 6.31: Synthese von Phosphatidylserin und -ethanolamin.

Das **Phosphatidylcholin** (Lecithin) kann abweichend von Abb. 6.29 direkt aus Phosphatidylethanolamin durch dreifache Methylierung (Verknüpfung mit einer Methyl-Gruppe -CH_3) entstehen. Methylgruppenlieferant ist **S-Adenosylmethionin (AdoMet)**. Nach Abgabe der Methylgruppe geht das S-Adenosylmethionin in seine demethylierte Form, das S-Adenosylhomocystein (AdoHcy, ein Adenosylmethionin ohne Methylgruppe) über.

Phosphatide haben großen Anteil am Aufbau der Plasmamembran. Cardiolipin ist Bestandteil der Mitochondrienmembran. Weiterhin sind Phosphatide, besonders Lecithin, in den Lipoproteinen zu finden. Lecithin tritt darüber hinaus in der Gallenflüssigkeit auf. Phosphatidylinositol ist die Vorstufe für einen Überträger hormoneller Signale, das Inositol-1,4,5-triphosphat IP_3.

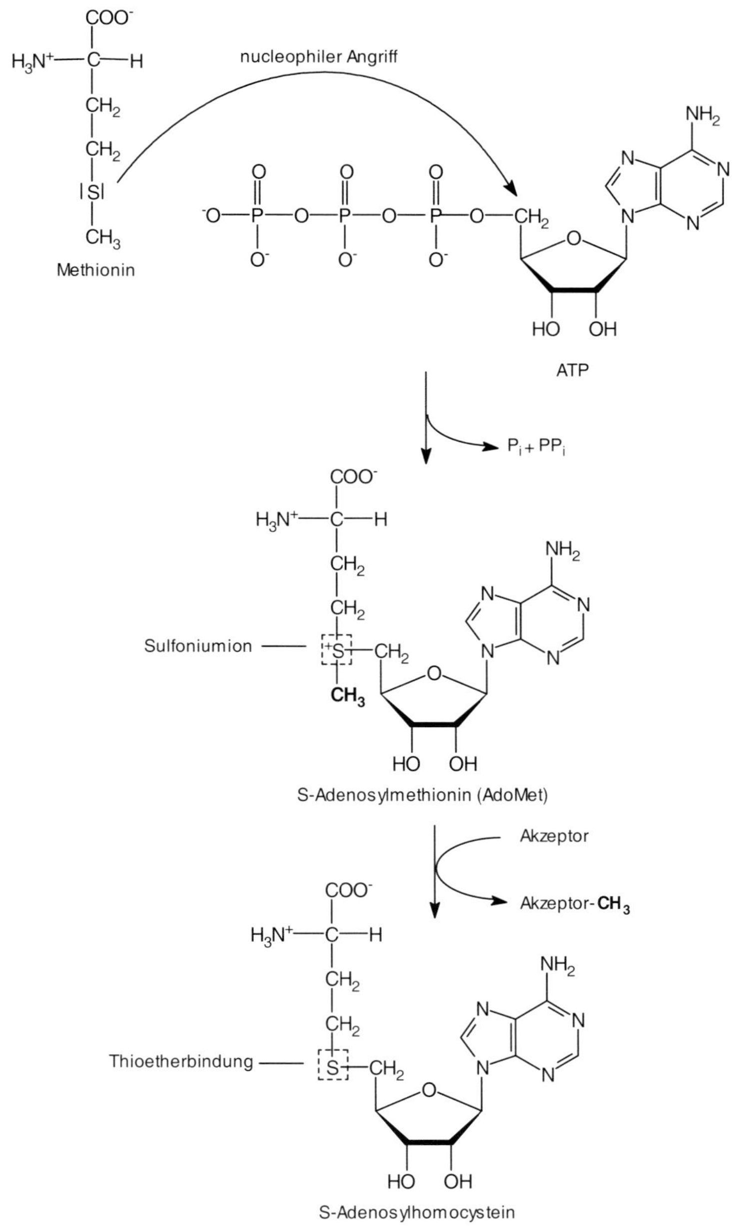

Abb. 6.32: Oben die Aktivierung des Methionins durch ATP. Das Schwefelatom greift dabei nucleophil am C-5 des ATPs an, wodurch nach Abspaltung von Diphosphat und Phosphat eine reaktionsfähige Sulfoniumverbindung mit hohem Gruppenübertragungspotential entsteht, das S-Adenosylmethionin. Es fungiert als Methylgruppendonator, wobei H_3C^+ auf einen Akzeptor mit freiem Elektronenpaar übertragen wird. Zurück bleibt der Thioether Adenosylhomocystein.

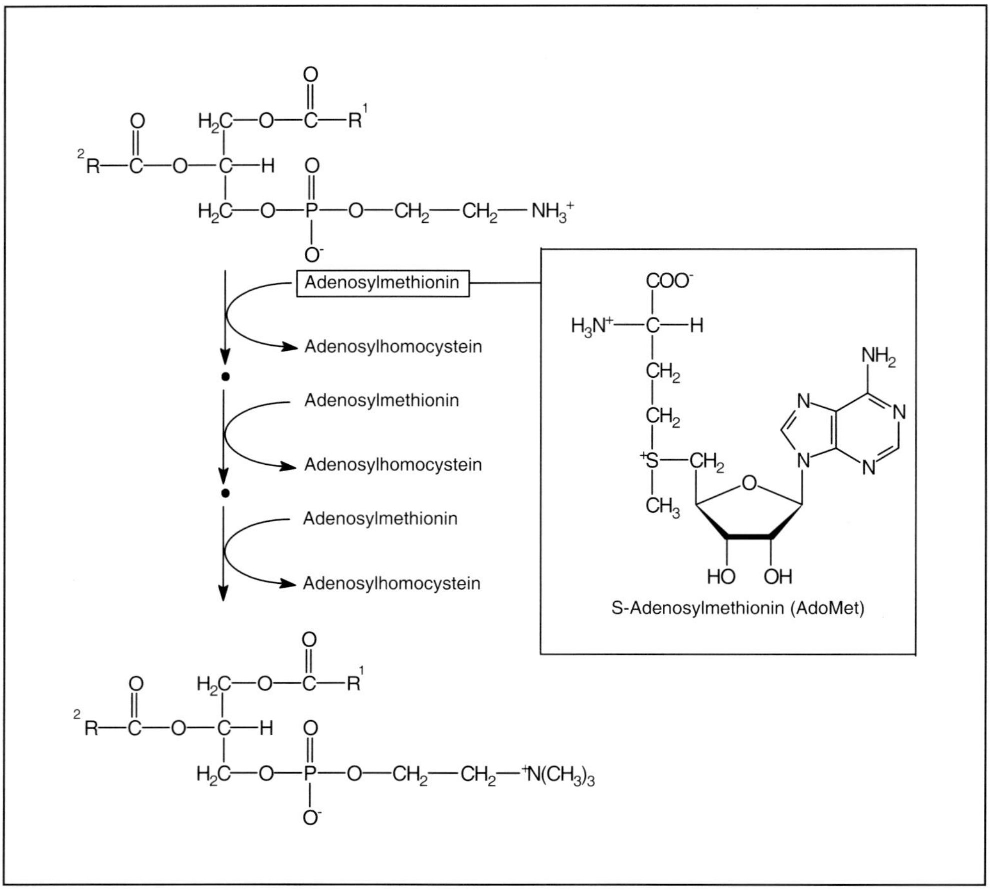

Abb. 6.33: Synthese von Lecithin aus Phosphatidylethanolamin durch dreifache Methylierung.

6.4 Sphingolipide

Bei Sphingolipiden tritt an die Stelle des Glycerols ein Aminodialkohol, das Sphingosin:

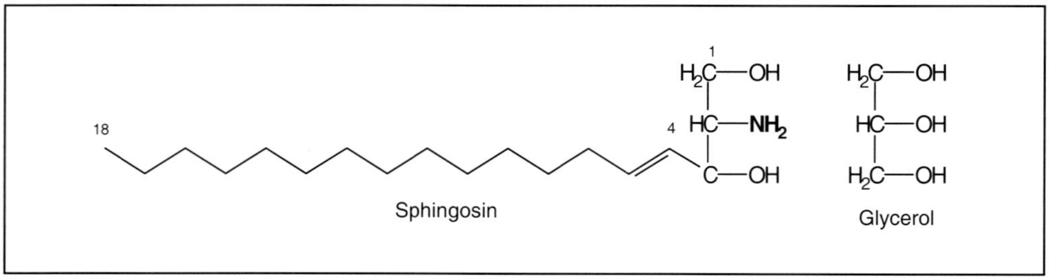

Abb. 6.34: Struktur des Sphingosins im Vergleich mit dem Glycerol. Man beachte die unterlegte Aminogruppe (-NH_2) im Sphingosinmolekül.

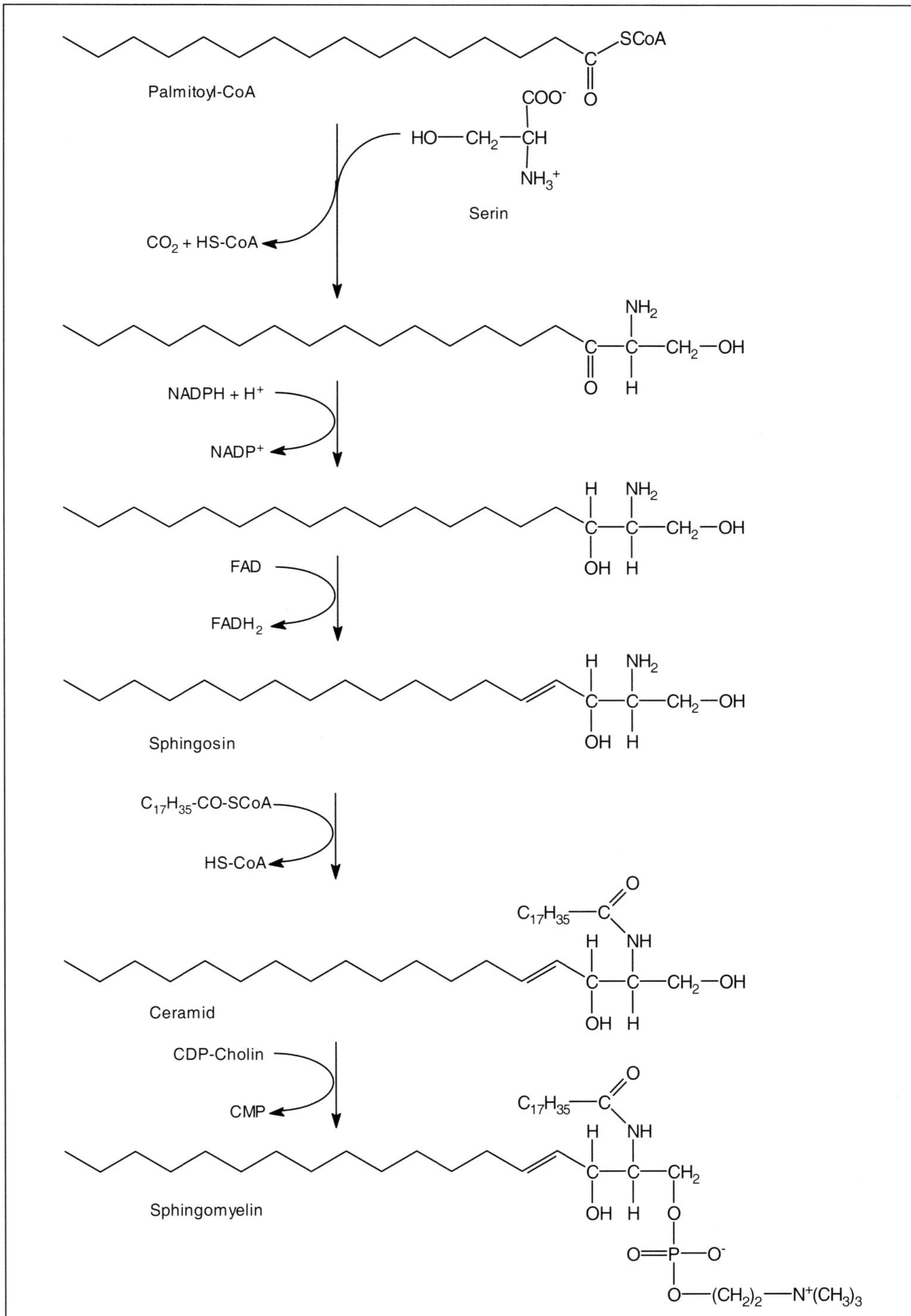

Abb. 6.35: Synthese des Sphingosins und seiner Derivate.

Sphingosin wird durch Decarboxylierung aus Serin und Palmitoyl-CoA gebildet. Die Reduktion mit NADPH + H^+ wird durch ein **Flavoprotein** (prosthetische Gruppe FAD) ermöglicht. Das Sphingosin ist eine C_{18}-Verbindung mit langer Kohlenwasserstoffkette, die eine trans-Doppelbindung beinhaltet. Die Aminogruppe -NH_2 des Sphingosins kann mit aktivierter Stearinsäure (Stearoyl-CoA) zum Säureamid reagieren. Ein **Säureamid** entsteht, wenn eine Carbonsäure mit einem Amin unter Wasserabgabe reagiert:

$$R\text{-}COOH + H_2N\text{-}R' \rightarrow R\text{-}CO\text{-}HN\text{-}R' + H_2O \qquad (6.3)$$

Das in Abb. 6.35 gezeigte Säureamid heißt **Ceramid**. Ceramide kommen frei nur in sehr geringen Mengen vor und dienen hauptsächlich als Vorstufen für die Synthese von Cerebrosiden und Gangliosiden, die wir im nächsten Abschnitt besprechen wollen. Sphingosinphosphatide finden wir besonders zahlreich in den Myelinscheiden der Nerven vor. Prominente Sphingosinphosphatide sind die Sphingomyeline, deren Synthese und allgemeine Formel ebenfalls in Abb. 6.35 aufgeführt sind. Die Sphingomyeline unterscheiden sich durch die mit Säureamidbindung verknüpfte Fettsäure (hier Stearinsäure).

6.5 Glykolipide

Wir erinnern uns, daß Kohlenhydrate viele OH-Gruppen besitzen und somit als Polyalkohole aufgefaßt werden können. Als solche sind sie mit ihrer Hydroxylgruppe am C-Atom 1 in der Lage, Glykoside mit der OH-Gruppe des Glycerols an C-3 oder des Ceramids an C-1 zu bilden.

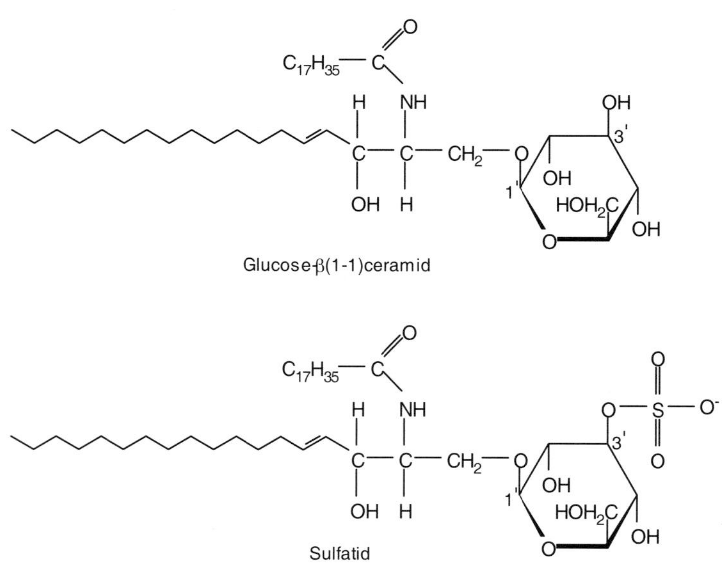

Abb. 6.36: Ein Cerebrosid (oben) und ein Sulfatid (unten) mit β-D-Glucose.

Ist das Glycerol an C-1 und C-2 mit Fettsäuren verestert, so entstehen nach Glykosidbildung mit einem Monosaccharid an C-3 **Glycerolglykolipide**. Sie sind häufiger bei Bakterien zu finden und treten bei Säugetieren in ihrer Bedeutung hinter den Glykosphingolipiden zurück. Der Grundbaustein der Glykosphingolipide ist das aus Abb. 6.35 bekannte Ceramid.

Ist ein Monosaccharid glykosidisch mit der endständigen OH-Gruppe des Ceramids verbunden, so erhalten wir ein **Cerebrosid**. Sind Cerebroside über den Kohlenhydratbaustein mit Schwefelsäure verestert, so spricht man von einem **Sulfatid**. Glykolipide finden sich in der Plasmamembran und im Myelin. Als Zuckerkomponente fungieren in der Regel Glucose (Leber, Milz, Niere) und Galactose (Gehirn). Cerebroside enthalten gewöhnlich Fettsäuren mit 22 bis 26 Kohlenstoffatomen und werden im Gegensatz zu den Sulfatiden als neutrale Glykosphingolipide bezeichnet, weil ihr Zucker keine elektrische Ladung trägt. Neutrale Glykosphingolipide mit einem Di- oder einem Oligosaccharid als Kohlenhydratgruppe werden als Dihexoside bzw. Oligohexoside bezeichnet. Befindet sich im Oligosaccharidteil eines Glykolipids ein oder mehrere Moleküle N-Acetylneuraminsäure (auch Sialinsäure genannt), dann spricht man von einem **Gangliosid**. Da die N-Acetylneuraminsäure bei pH 7 negativ geladen ist, sind Ganglioside keine neutralen Glykosphingolipide.

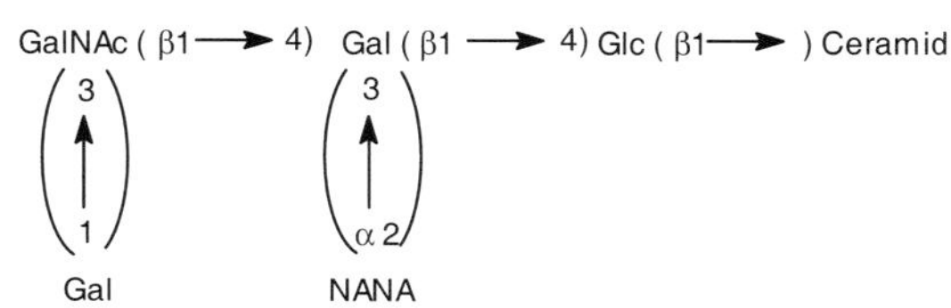

Abb. 6.37: Struktur eines Gangliosids (NANA = N-Acetylneuraminsäure, GalNAC = N-Acetylgalactosamin, Glc = Glucose, Gal = Galactose).

Ganglioside sind betont häufig in der grauen Substanz des Gehirns anzutreffen. Man findet sie aber auch auf den Zelloberflächen anderer Organe, wo sie für die Gewebsspezifität (Antigene!) verantwortlich sind. Sie können ebenfalls Bestandteil von Rezeptorstrukturen sein, z. B. ist das Gangliosid G_{M1} der Darmepithelzelle der Rezeptor für das **Choleratoxin**. Ohne diesen Rezeptor ist das Gift nicht in der Lage, in die Darmzelle einzudringen.

6.6 Cholesterol

6.6.1 Bedeutung

Würde man eine Hitliste der bekanntesten und bedeutendsten Biomoleküle aufstellen, das Cholesterol hätte wohl Aussicht auf einen der vorderen Plätze. Dies ist durch zweierlei begründet. Einmal durch die erhebliche Bedeutung des Cholesterols im Stoffwechsel sowie durch die Negativschlagzeilen, die dieses Molekül in den letzten Jahren im Zusammenhang mit den Herz-Kreislauferkrankungen geerntet hat.

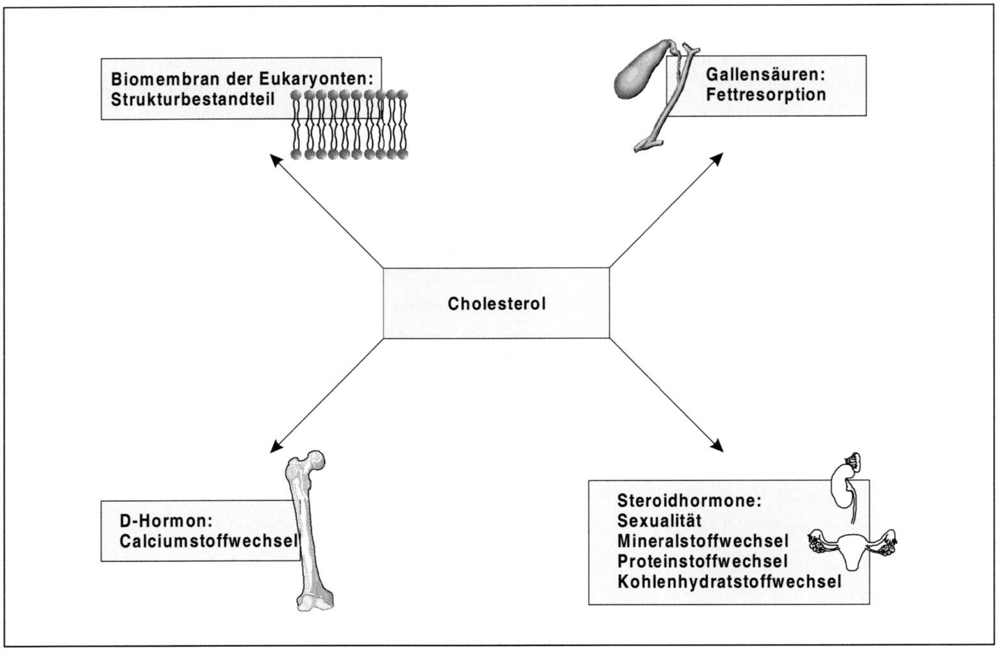

Abb. 6.38: Stellung und Bedeutung des Cholesterols im Stoffwechselgeschehen.

Tabelle 6.3: Abkömmlinge des Cholesterols und ihre Bedeutung.

C-Atome	Beispiele	Vorkommen	Funktion/Bedeutung
		Sterole	
C_{27} - C_{30}	Cholesterol	Ubiquitär	Zellmembran, Intermediat
	7-Dehydrocholesterol	Haut	Provitamin D, Intermediat
	Lanosterol	Schafswollfett	Intermediat
		Gallensäuren	
C_{24}	Cholsäure	Galle, Darm	Fettemulgator/Fettresorption
		Hormone	
C_{27}	Calcitriol	Darm, Knochen, Niere	Calciumresorption, -einbau
C_{21}	Progesteron	Gelbkörper, Placenta	Erhalt der Schwangerschaft
	Aldosteron	Nebennierenrinde	Mineralstoffwechsel
	Cortisol	Nebennierenrinde	Kohlenhydratstoffwechsel
			Proteinstoffwechsel
C_{19}	Testosteron	Hoden, Nebennierenrinde	Geschlechtshormon
C_{18}	Estradiol	Ovarien, Follikel, Placenta	Geschlechtshormon
	Estriol	Placenta, Harn	
	Estron	Ovarien, Placenta	
		Herzglykoside	
C_{23}	Digoxin	Digitalis purpurea, Blätter	Herztherapeutikum
(Genine)	Digitoxin		

Was aber macht das Cholesterol so bedeutend? Dazu muß zunächst einmal erwähnt werden, daß Cholesterol insbesondere bei Eukaryonten (Lebewesen mit Zellkern, also keine

Bakterien) ein **Bestandteil der Biomembranen** ist. Es ist Vorläufer aller **Steroidhormone** (der Begriff Steroid wird später erklärt), welche im Tierreich eine herausragende Rolle bei der Regulation der **Sexualität** spielen. Steroidhormone regulieren den Mineralstoffwechsel und nehmen Einfluß auf den Kohlenhydrat- und Proteinstoffwechsel. Aus Cholesterol wird das **D-Hormon Calcitriol** (auch Vitamin D oder 1,25-Dihydroxycholecalciferol genannt) synthetisiert, welches den Calcium- und Knochenstoffwechsel neben anderen Hormonen reguliert. **Gallensäuren** sind Cholesterolderivate, die bei der Verdauung von Fetten und fettlöslichen Vitaminen (z. B. A und K) unabdingbar sind. Schließlich sei noch erwähnt, daß die **Herzglykoside** pflanzliche Derivate des Cholesterols sind. Herzglykoside, auch Digitalis genannt, können aus dem roten (*Digitalis purpurea*) und dem wolligen Fingerhut (*Digitalis lanata*) gewonnen werden. Digitalispräparate wie Digoxin oder Digitoxin sind heute in der Therapie der Herzinsuffizienz (Unfähigkeit des Herzens, ein für die Versorgung des Organismus ausreichendes Herzzeitvolumen in die Körperperipherie zu pumpen) unentbehrlich. Sie steigern die Pumpleistung des kranken Herzens, ohne daß dessen Sauerstoffbedarf in gleichem Maße steigt. Man spricht von Ökonomisierung der Herzleistung unter Digitalispräparaten. Abb. 6.38 und Tabelle 6.3. fassen das im Text Gesagte zusammen.

6.6.2 Struktur, Isomerie und Nomenklatur des Cholesterols

Cholesterol und die Steroide leiten sich formal von einem zyklischen Kohlenwasserstoff mit vier benachbarten (kondensierten) Ringen ab, dem **Steran** oder **Gonan**:

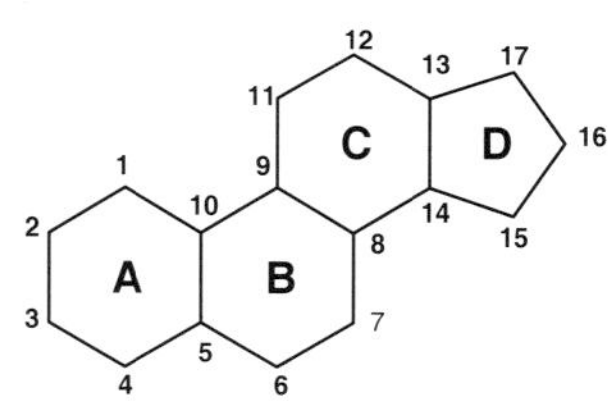

Abb. 6.39: Steran bzw. Gonan. Die Moleküleckeh entsprechen den Kohlenstoffatomen, Wasserstoffatome werden der Übersichtlichkeit wegen nicht eingezeichnet

Wir wollen uns im weiteren an dem Begriff Steran orientieren. Abb. 6.39 zeigt uns, daß das Steran aus drei Ringen mit je sechs und einem Ring mit fünf C-Atomen besteht. Sie werden mit den Großbuchstaben A, B, C und D benannt. Auch die für Steran gültige Numerierung ist bereits in Abb. 6.39 verzeichnet. Sie besitzt ebenfalls Geltung für alle Derivate des Sterans, die **Steroide** (oides gr. ähnlich). Die Molekülstruktur in Abb. 6.39 erweckt den Eindruck, als ob die ringbildenden Kohlenstoffatome alle in einer Ebene (hier wäre dies die Papierebene) lägen. Ein kurzer Rückblick in das vorherige Kapitel, in dem wir ja anhand der Kohlenhydrate auch schon Ringstrukturen ohne Doppelbindungen kennengelernt haben, erinnert uns daran, daß an die besonderen Eigenheiten des Kohlenstoffatoms gedacht werden muß. Jedes C-Atom hat dort seine Bindungsarme in die Ecken eines (gedachten) Tetraeders geschickt, so daß der Ring nicht die Form einer flachen Scheibe, sondern eines Sessels annimmt. Die Ringe A, B und C des Sterans haben nun ebenfalls Sesselstruktur, während der Ring D mit seinen fünf C-Atomen eher an einen Briefumschlag (sog. envelope-Form) erinnert. Steran ist also eine räumliche Struktur, die aus drei Sesseln und einem Briefumschlag besteht:

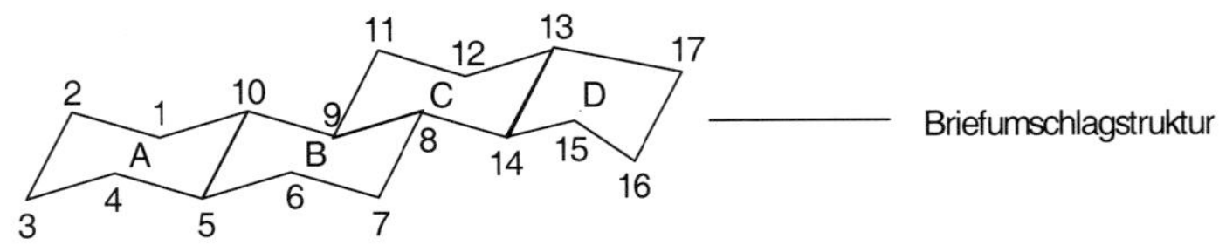

Abb. 6.40: Räumliche Struktur des Sterans. Wasserstoffatome sind der Übersichtlichkeit wegen nicht aufgeführt.

Wir wollen uns nun die gemeinsame Verknüpfungsachse der Ringe A und B genauer ansehen, Abb 6.14. Die beiden Sesselstrukturen lassen sich auf zweierlei Art und Weise verbinden. Je nach Orientierung der Sessel zueinander liegen die beiden eingezeichneten Wasserstoffatome ober- oder unterhalb einer (gedachten) Ebene durch die Achse zwischen den zwei angulären C-Atomen (das sind die C-Atome an den Enden der gemeinsamen Bindungsachse). Bei der trans-Verknüpfung liegt jeweils ein H-Atom oberhalb und eins unterhalb der C-C-Bindungsebene. Bei der cis-Verknüpfung finden wir beide H-Atome gemeinsam auf einer Seite der gedachten Ebene. Die hier angesprochenen Überlegungen lassen sich auch auf die Verknüpfung der Ringe B und C sowie C und D übertragen. Die meisten natürlichen Steroide besitzen eine **trans-trans-trans-Verknüpfung**. Dies gilt auch für das Cholesterol. Gallensäuren weichen davon mit einer cis-trans-trans-Anordnung ab, während Herzglykoside cis-trans-cis verknüpft sind.

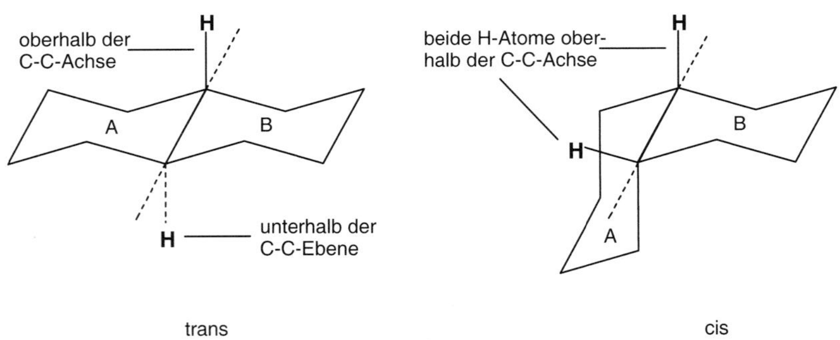

Abb. 6.41: Trans- und cis-Verknüpfung im Steran.

Wenden wir uns nun der Cholesterolstruktur zu. Sie umfaßt 27 C-Atome und verfügt über eine Hydroxylgruppe -OH an C-3. Funktionell gesehen ist Cholesterol ein Alkohol, gehört also in die Steroidklasse der **Sterole**. Wir wollen uns bei der folgenden Darstellung des Cholesterols wieder der einfachen Schreibweise aus Abb. 6.39 bedienen, ohne jedoch zu vergessen, daß real Sessel- und Briefumschlagstrukturen existieren! Das Cholesterol besitzt neben der OH-Gruppe auch noch eine Doppelbindung, die man sich merken muß.

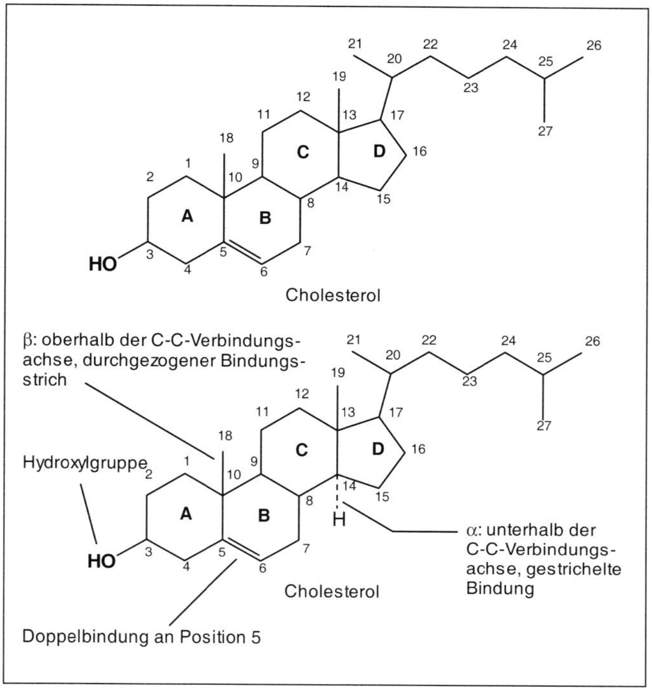

Abb. 6.42: Cholesterol (Verknüpfung trans-trans-trans). Unten vereinfachte Darstellung. Die Methylgruppe an Position 10 ist der Bezugspunkt für die α/β-Nomenklatur der anderen Substituenten wie z. B. für das eingezeichnete H-Atom

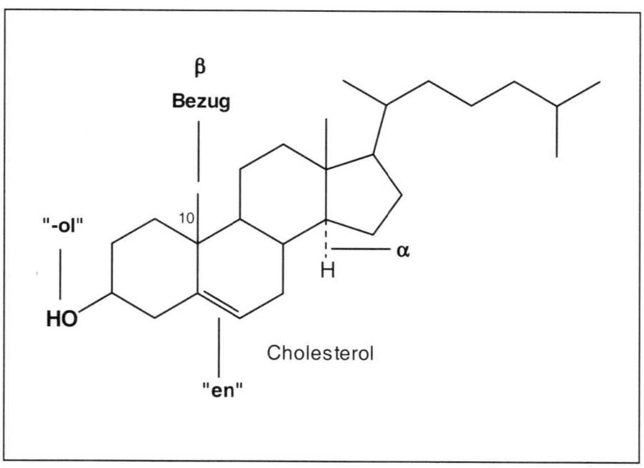

Abb. 6.43: Cholesterol und die Lage seiner angulären (angulus lat. Winkel) Substituenten. Der systematische Name des Cholesterols wäre 5-Cholest-en-3-β-ol.

Abb. 6.42 weist auf einen weiteren wichtigen Sachverhalt hin. Die Lage der Substituenten an den verknüpfenden C-Atomen soll in der Strukturformel erkennbar gemacht werden. Diese kann ja entsprechend der cis- oder trans-Anordnung ober- oder unterhalb des Ringsystems zu finden sein. Man wählt für die Benennung einen Bezugspunkt, nämlich die Methylgruppe -CH_3 an C-10. Diese anguläre Methylgruppe liegt oberhalb des Ringsystems und wird als β-ständig bezeichnet (vergleiche mit der trans-Anordnung in Abb. 6.41!). Substituenten auf derselben Seite wie diese Methylgruppe an C-10 sind β-, die anderen α-ständig. Wir haben nun das notwendige Instrumentarium zusammen, um Steroidformeln richtig interpretieren zu können. Als Fazit sollte man sich merken: Die Steroide leiten sich von einem polyzyklischen Kohlenwasserstoff ab, dem Steran oder Gonan. Die Derivate des Sterans heißen Steroide. Die Ringe im Steroidmolekül besitzen Sessel- oder Briefumschlagform und sind entweder trans- oder cis-verknüpft, in der Regel aber trans-trans-trans. Durch verschiedene Ringverknüpfungen ergeben sich unterschiedliche Positionen für die Substituenten. Um ihre Lage zu definieren, wurde die Methylgruppe am C-Atom 10 des Sterangerüstes als Bezug gewählt. Substituenten auf der gleichen Seite wie diese Bezugsgruppe sind β-, die anderen α-ständig.

6.6.3 Die Synthese des Cholesterols

Das Cholesterol besitzt nicht nur eine bemerkenswerte Struktur, auch der Weg zu ihr ist spektakulär. Seit 1940 wird intensiv an der Synthese des Cholesterols geforscht, sie ist bis heute nicht in den letzten Einzelheiten geklärt. 13 Nobelpreise verbinden sich mehr oder minder eng mit der Aufklärung der Cholesterolbiosynthese. Bereits 1940 machte KONRAD BLOCH eine aufsehenerregende Entdeckung. Er verfütterte ^{14}C-markiertes Acetat (Salz der Essigsäure) an Ratten und isolierte anschließend Cholesterol aus ihren Lebern. Er fand, daß alle 27 C-Atome des Cholesterols aus dem Acetat stammten, welches lediglich aus zwei C-Atomen besteht! Es verwundert daher nicht, daß die Synthese des Cholesterols mehr als 25 Schritte umfaßt. Bevor wir uns einen Überblick über diese Biosynthese verschaffen, soll die zelluläre Lokalisation der Cholesterolsynthese dargestellt werden. 90 % des Cholesterols werden in der **Leber** und den **Epithelzellen der Darmmucosa** aufgebaut. Der Rest entfällt auf Drüsen, die Steroidhormone produzieren: Hoden, Ovarien und die Nebennierenrinde. Innerhalb der Zelle erfolgt die Synthese im **Cytoplasma** und im **Endoplasmatischen Retikulum**. Die Cholesterolsynthese läßt sich grob in drei Abschnitte gliedern. Als roter Faden sollen diese in Abb. 6.44 übersichtlich notiert werden.

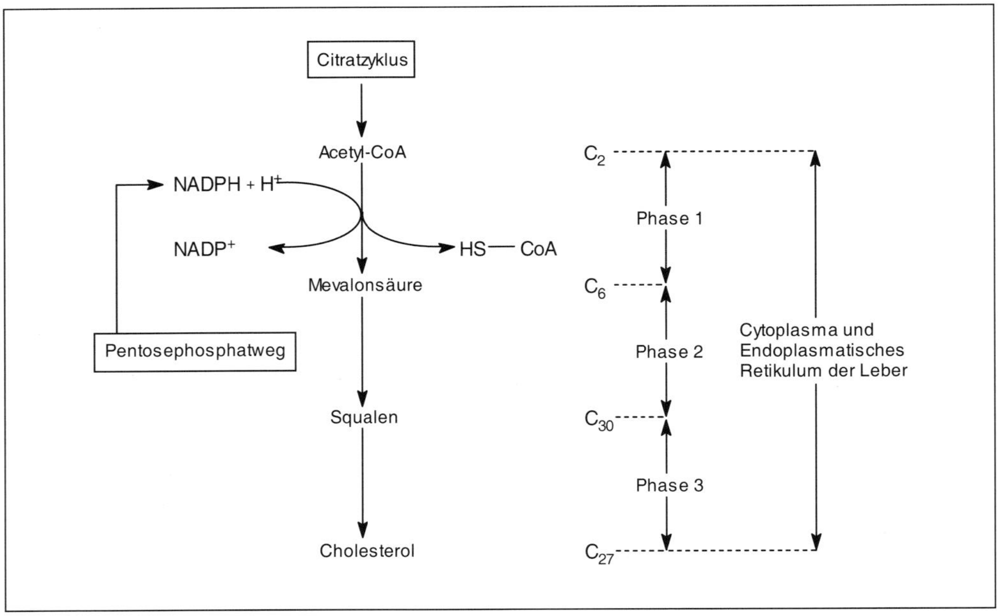

Abb. 6.44: Die drei Phasen der Cholesterolsynthese mit den zugehörigen Coenzymen.

Tabelle 6.4: Die drei Phasen der Cholesterolsynthese.

Synthese des Cholesterols		
Phase 1	**Phase 2**	**Phase 3**
Bildung von Mevalonsäure mit 6 C-Atomen aus C_2-Bausteinen (Acetyl-CoA).	Umwandlung von sechs Molekülen Mevalonsäure in ein Molekül Squalen mit 30 C-Atomen.	Zyklisierung des Squalens und endgültige Bildung von Cholesterol.

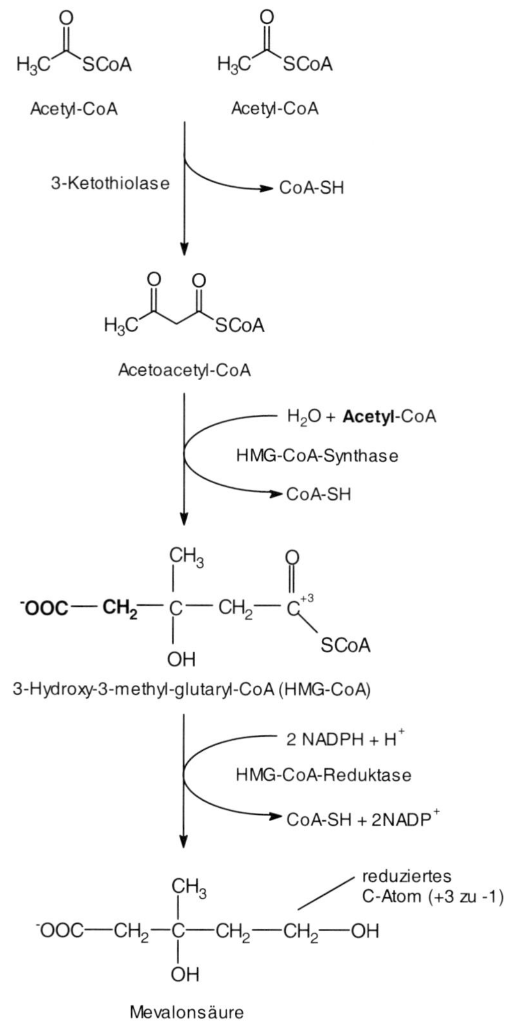

Abb. 6.45: Die erste Phase der Cholesterolsynthese.

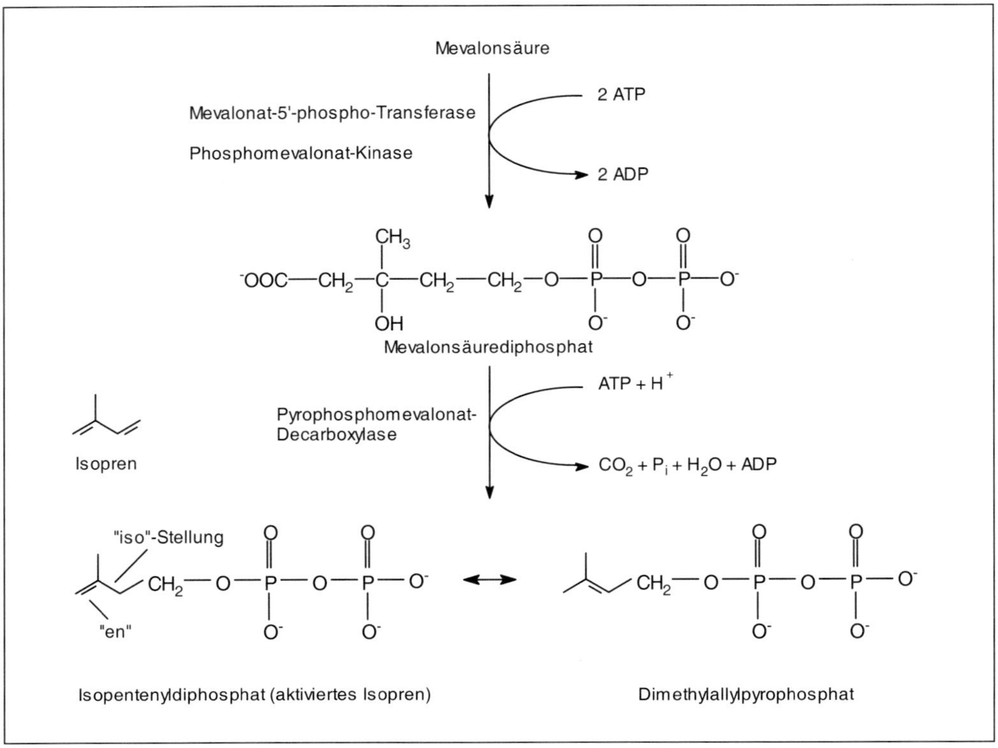

Abb. 6.46: Phase zwei der Cholesterolsynthese: Die Bildung des aktivierten Isoprens.

In der ersten Phase reagieren zunächst drei Moleküle Acetyl-CoA zum **3-Hydroxy-3-methyl-glutaryl-CoA**, welches dann mit NADPH + H^+ (Reduktionsäquivalente!) zu **Mevalonsäure** reduziert wird. Dabei wird CoA-SH abgespalten.

In der zweiten Phase der Cholesterolsynthese wird die Mevalonsäure unter Verlust von CO_2 mit ATP zu einer C5-Verbindung aktiviert, die wegen ihrer Ähnlichkeit mit **Isopren** aktiviertes Isopren oder **Isopentenyldiphosphat** (penta gr. fünf) genannt wird.

Aktiviert bedeutet aber nichts anderes als besonders reaktionsfreudig. Nach einer Verschiebung der Doppelbindung (Umlagerung) reagiert das Isopentenyldiphosphat (aktiviertes Isopren) in einer Kettenreaktion mit seinesgleichen zu einem langkettigen Molekül, dem **Farnesyldiphosphat**. Zwei Moleküle Farnesyldiphosphat (jeweils 15 C-Atome) setzen sich dann in einer Kopf-zu-Kopf-Verknüpfung zu einem Molekül Squalen um.

In der dritten Phase erfolgt in einer komplizierten Reaktionsabfolge die Ringbildung des Squalens zum Cholesterol. Zwischenstationen sind Squalen-2,3-epoxid, **Lanosterol** (das Schafswollfett) und 7-Dehydrocholesterol, welches gleichzeitig Ausgangsprodukt für die Synthese von D-Hormon ist (auch Vitamin D genannt).

6.6.4 Die Regulation der Cholesterolsynthese

Das Schlüsselenzym der Cholesterolsynthese ist die **3-Hydroxy-3-methyl-glutaryl-CoA-Reduktase**. Das mit der Nahrung aufgenommene Cholesterol unterdrückt die endogene Synthese.

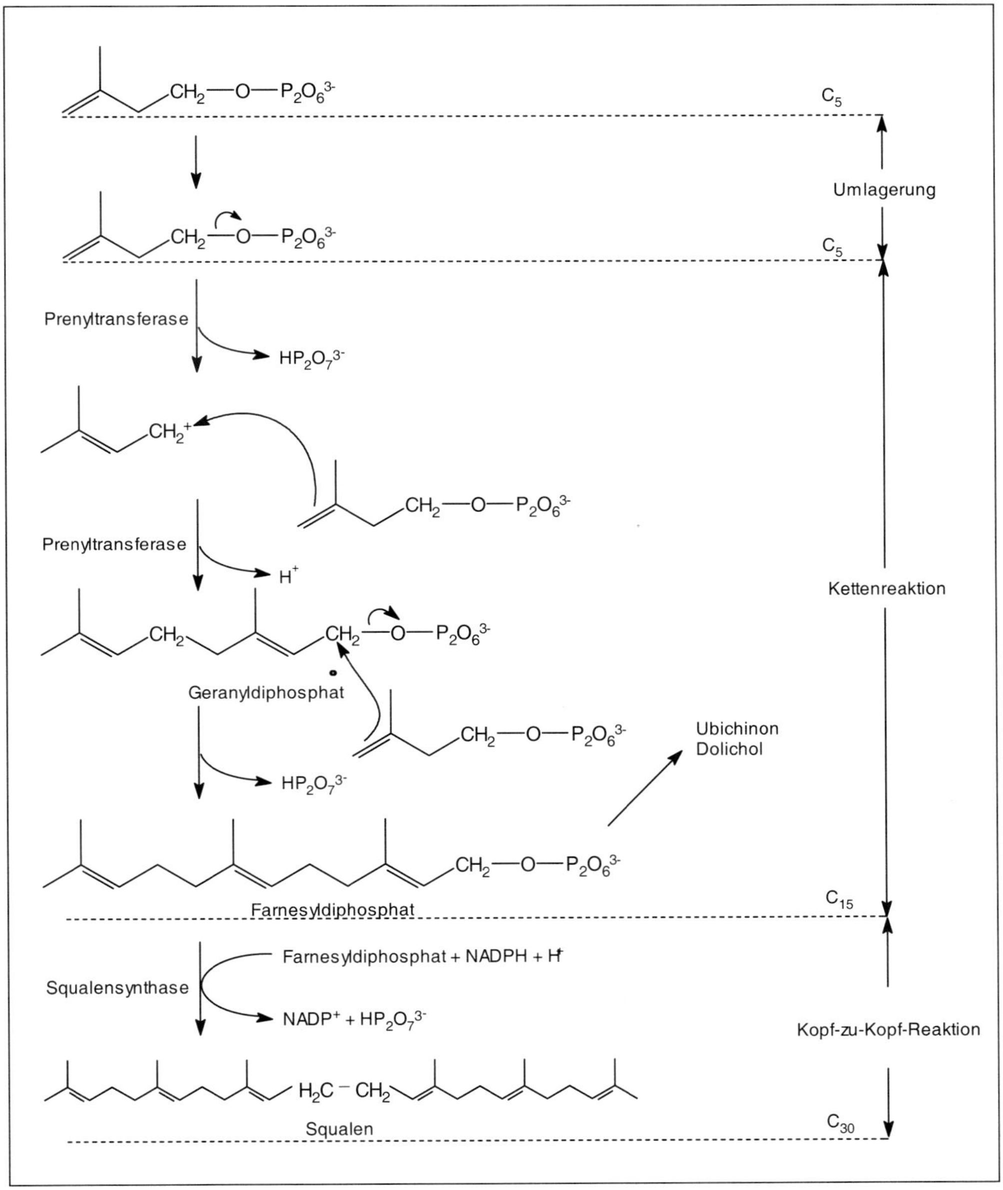

Abb. 6.47: Phase zwei der Cholesterolsynthese: Die Bildung des Squalens. Die C_{10}-Verbindung heißt Geranyldiphosphat.

Zwei Mechanismen sind dafür verantwortlich. Erstens wird die Synthese des Schlüsselenzyms vermutlich auf der Ebene der Transkription (das ist die Übermittlung der Erbinformation von der Desoxyribonukleinsäure DNA auf die Ribonukleinsäure RNA) reprimiert (reprimere lat. unterdrücken). Zweitens kann die Aktivität des Enzyms durch Interkonversion reguliert werden. Phosphorylierung führt hierbei zur Inaktivierung des Enzyms. In der Darmmucosa wird die Synthese des Cholesterols durch die Gallensäuren beeinflußt, die die wichtigsten Abbauprodukte des Cholesterols repräsentieren. Gallensäuren erhöhen die Cholesterolresorption und führen über einen erhöhten intrazellulären Cholesterolspiegel zur Unterdrückung der Synthese.

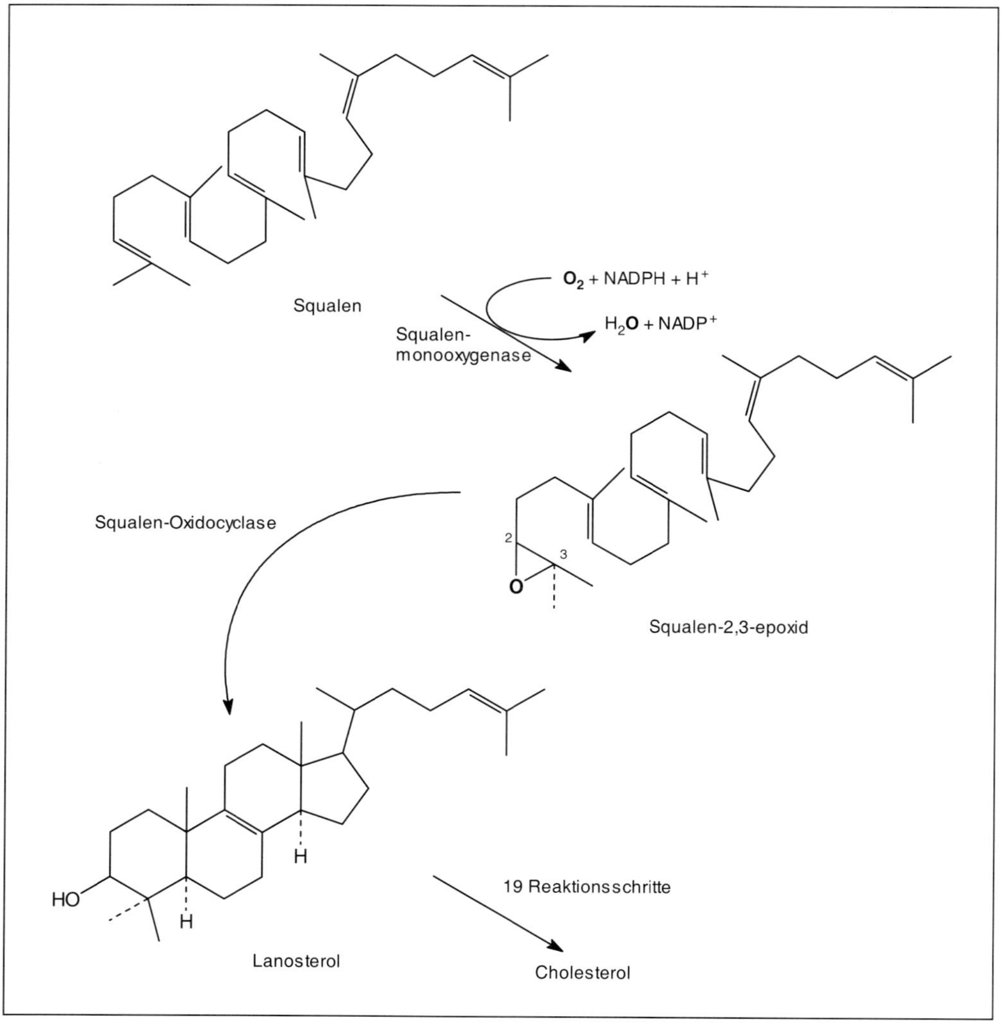

Abb. 6.48: Phase drei der Cholesterolsynthese. Man beachte die oxidativ entstehende Epoxidstruktur!

6.7 Vitamin A

Der menschliche Organismus ist in der Lage, aus dem β-Carotin (karoton gr. Möhre) der Nahrung Vitamin A zu synthetisieren. Die Carotine (α-, β- und γ-Carotin) kommen besonders in Früchten, Laubblättern und Karotten vor, wo sie in den Chloroplasten der Pflanzenzellen konzentriert auftreten. Sie können von höheren Pflanzen, Algen und photosynthetischen Bakterien synthetisiert werden, nicht jedoch von Tieren. Da die Carotine für den

Menschen eine Vorstufe des Vitamins A darstellen, werden sie auch als **Provitamin A** bezeichnet.

Während Vitamin-A-Ester (aus tierischer Leber, Lebertran oder Fischprodukten) im Lumen des Duodenums vor ihrer Resorption durch Pankreasesterasen enzymatisch gespalten werden, wird β-Carotin über Fettmicellen mit Hilfe der Galle im Duodenum und oberen Jejunum resorbiert. In der Dünndarmepithelzelle erfolgt dann auch die oxidative Spaltung des Provitamins in zwei Moleküle **Retinal** (Vitamin-A-Aldehyd), das anschließend zur **Retinol** reduziert wird. Retinol wird überwiegend mit Palmitinsäure zu **Retinolpalmitat** verestert, das nachfolgend mit Lipoproteinen über die Lymphbahn zur Leber gelangt.

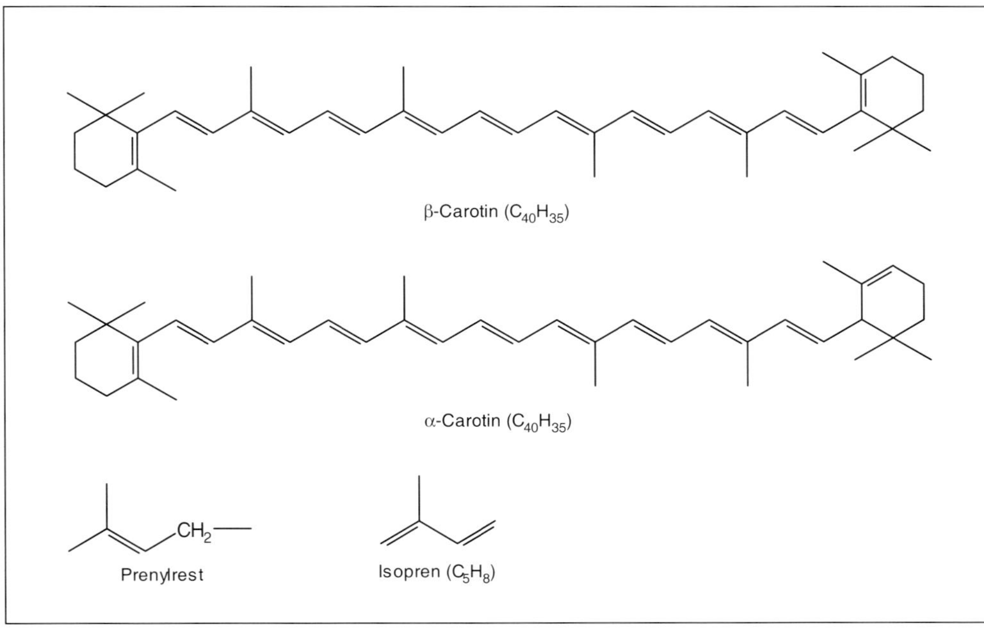

Abb. 6.49: Oben die Formel des β-Carotins, darunter die des α-Carotins. Der Unterschied liegt in der Lokalisation der Ring-Doppelbindung. Zum Vergleich sind auch noch einmal das Grundmolekül Isopren bzw. der Prenylrest angeführt.

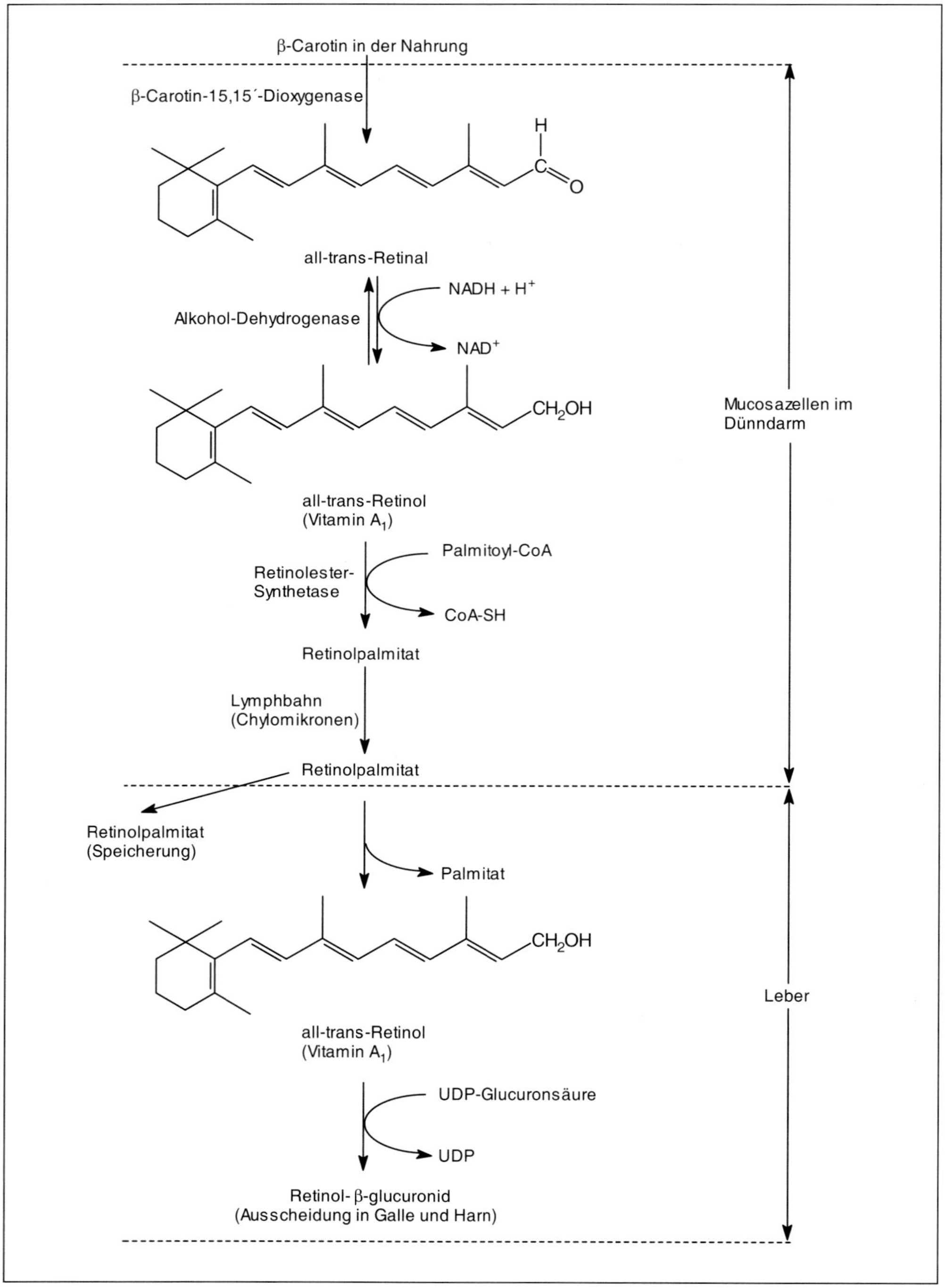

Abb. 6.50: Stoffwechsel des Vitamins A. Angeführt ist nur Vitamin A_1, das seltenere Vitamin A_2 (3-Dehydroretinol, der Ring enthält hier eine zusätzliche Doppelbindung) bleibt unerwähnt.

Tabelle 6.5: Vitamin A_1 im tabellarischen Überblick. In der Rubrik Vorkommen sind Nahrungsmittel mit einem Vitamingehalt von ≥ 1 mg/100 g eßbarem Anteil fett unterlegt. Man beachte, daß verschiedene Derivate für die Wirkung des Gesamtvitamins A verantwortlich sind.

	Retinol (Vitamin A_1)
Vorkommen (> 200 µg/100 g)	Aprikosen, Broccoli, Endivien, **Karotten (Möhren)**, Fenchel, Grünkohl, Kresse, **Löwenzahnblätter**, Mangold, **Petersilie**, Feldsalat, Porree, **Sellerie**, Spinat, Camembert, Chester, Gouda, **Hühnereigelb**, **Lebertran** (25,5 mg/100 g!), Butter und Butterschmalz, Margarine, **Palmöl**, Aal, Kaviar, Thunfisch, **Leber**, **Leberwurst**, **Kleieflocken**.
Bedarf (pro Tag)	Säuglinge 0,6 mg, Kinder 0,6 bis 1,1 mg, Erwachsene 0,8 bis 1,1 mg. Bei Lactation wird eine zusätzliche Einnahme von 1,0 mg -, bei Schwangerschaft von 0,3 mg empfohlen.
Bedeutung	Retinol (Alkohol): Erhalt der Reproduktionsfähigkeit. Retinal (Aldehyd): Reaktion mit Opsin, Sehvorgang. Retinsäure (organische Säure): Synthese von Mucopolysacchariden, Wachstum.
Vitaminmangel	**Nachtblindheit**, **Xerophthalmie**, Keratosen der Haut, Hyperkeratose der Haarfollikel.

Die Leber ist das Speicherorgan für Vitamin-A-Ester. In ihr befinden sich ca. 90 % des Körpervitamins A. Ihr Vitamin-A-Vorrat reicht aus, um den Bedarf für etwa 1 Jahr zu dekken. Vitamin A wird in Form von Retinsäure oder als Retinol-β-glucuronid in Harn und Faeces ausgeschieden.

Ein Isomer des Retinals, das **11-cis-Retinal** ist Bestandteil des Sehpurpurs Rhodopsin. Es besteht aus dem Protein **Opsin**, an dem 11-cis-Retinal über eine endständige Aminogruppe eines Lysinrestes gebunden ist. Das 11-cis-Retinal im **Rhodopsin** kann als prosthetische Gruppe des Opsins aufgefaßt werden. Es fängt die einfallenden Lichtquanten auf und isomerisiert dabei zum **all-trans-Retinal**. Dieses fällt vom Opsin ab, begleitet von einer Konformationsänderung des Proteins. Diese Konformationsänderung provoziert nun über eine zwischengeschaltete Enzymreaktion letztlich die Nervenerregung im N. opticus. Das freigesetzte all-trans-Retinal kann nun in einer Dunkelreaktion wieder zu 11-cis-Retinal isomerisiert werden, welches erneut mit Opsin Rhodopsin bilden kann:

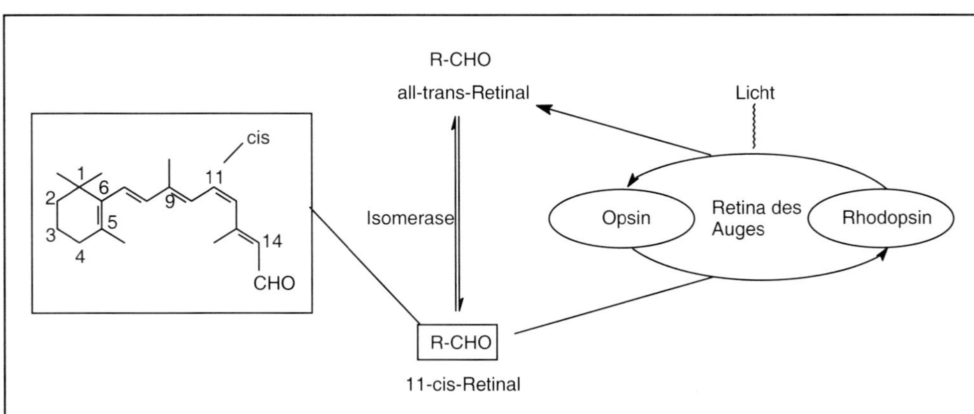

Abb. 6.51: Stark vereinfachtes Schema zum Sehvorgang in den Stäbchen.

Vitamin A gilt auch als Wachstumsvitamin, wobei speziell diese Funktion im Gegensatz zum Sehvorgang auch von der Retinsäure übernommen werden kann. Mangelerscheinungen sind in der Regel durch **Resorptionsstörungen im Dünndarm** bedingt. Auffällig ist dabei eine verschlechterte Dunkeladaptation der Augen, die letztlich in eine **Nachtblindheit** einmünden kann. Aufgrund seiner Funktion als Wachstumsvitamin geht Vitamin-A-Mangel auch mit Veränderungen an Haut und Schleimhäuten einher. Die Differenzierung und Erneuerung der Epithelzellen ist gestört, das Epithel trocknet aus, wird brüchig und infektionsanfällig. Man spricht von Keratosen an Haut und Schleimhäuten. Langfristiger Vitamin-A-Mangel führt zu einer Eintrübung der hyperkeratotischen Cornea mit anschließender Erblindung. Der Augenarzt nennt diese Erscheinung **Xerophthalmie**. Bei Jugendlichen ist auch eine gestörte Knochenbildung als Symptom eines Vitamin-A-Mangels beobachtet worden. Vitamin-A-Derivate (z. B. 11-cis-Retinsäure) werden bei der Behandlung hyperkeratotischer Hauterkrankungen wie Psoriasis und Lichen ruber mucosae eingesetzt. Retinol wird auch gegen juvenile Akne erfolgreich verordnet. Bei Überdosierung von Vitamin A kann es zu einer **Hypervitaminose** kommen (Genuß von Eisbärleber bei Polarforschern). Die Folgen sind Haarausfall, Anämie, Knochenveränderungen und Kopfschmerzen.

6.8 Die Plasmamembran

6.8.1 Allgemeine Eigenschaften der Plasmamembran

Alle Plasmamembranen bestehen aus Lipiden und Proteinen, wobei deren relativer Anteil stark schwanken kann. Für die Lipidzusammensetzung gilt im einzelnen:

Tabelle 6.6: Lipidzusammensetzung ausgewählter Biomembranen.

Lipid	Plasmamembran des Erythrocyten (%)	Menschliches Myelin (%)	Mitochondrium im Rinderherz (%)	Plasmamembran, *E. coli* (%)
Phosphatidsäure	1,5	0,5	-	-
Phosphatidylcholin	19,0	10,0	39,0	-
Phosphatidylethanolamin	18,0	20,0	27,0	65,0
Phosphatidylglycerol	-	-	-	18,0
Phosphatidylinositol	1,0	1,0	7,0	-
Phosphatidylserin	8,0	8,0	0,5	-
Sphingomyelin	17,5	8,50	-	-
Glykolipide	10,0	26,0	-	-
Cholesterol	25,0	26,0	3,0	-
Sonstige	-	-	23,5	17,0

Membranen stellen zunächst nur Abgrenzungen dar, die eine Unterteilung (**Kompartimentierung**) des Zellvolumens im Inneren und eine Abgrenzung gegen das umliegende Gewebe erlauben. Lipide als **Grundelement (Matrix) aller Membranen** sind wegen ihrer hydrophoben Eigenschaften hervorragend für eine Phasengrenze zwischen wäßrigen Kompartimenten geeignet. Sie bilden gleichzeitig einen guten elektrischen Isolator, der vor allem bei Nerven- und Muskelzellen von Bedeutung ist.

Die Membranproteine erbringen insbesondere membrangebundene katalytische Leistungen. Hier sind in erster Linie der **Stofftransport** (beispielsweise Resorption von Glucose und Aminosäuren in Darm und Nieren) sowie **Redoxreaktionen** (z. B. Atmungskette und Photosynthese) zu nennen. Aber auch Synthesen werden durch Membranproteine geleistet (z. B. ATP-Synthase der inneren Mitochondrienmembran). Andere Membranproteine dienen wiederum als Rezeptormoleküle (z. B. Adrenalinrezeptor) der **Signalübertragung** durch die Membran. Die Kohlenhydrate schließlich befinden sich als Glykolipide oder Glykoproteine kovalent gebunden an der Außenseite der Membran. Dies ist durch ihre Hydrophilie begründet, die ihnen eine Lokalisation innerhalb der Membran nicht erlaubt. Sie verleihen der Zellmembran Individualität und dienen als **Signal-** und **Erkennungssubstanzen** an der Zelloberfläche. Dies macht sie auch zu bevorzugten Zielen von Antikörpern, sie vermitteln Antigenität. Ein gutes Beispiel dafür sind die Blutgruppenantigene. Membranen sind grundsätzlich asymmetrisch aufgebaut, was sich zwingend aus ihrer Funktion ergibt. An der äußeren Oberfläche sind von der Zelle andere Aufgaben zu erfüllen (z. B. Rezeptoren) als an der Innenseite.

6.8.2 Die Lipide der Membranen

Dieses Kapitel baut auf dem unter 6.2.1 Gesagten auf. Dort wird ausgeführt, daß sich amphiphile Moleküle wegen des **hydrophoben Effekts** bevorzugt in ganz bestimmten Strukturen anordnen. Den Prototyp eines membranumschlossenen Körpers stellen Vesikel dar. Sie bilden eine Lipiddoppelschicht (Bilayer), die einen wäßrigen Innenraum umschließt. Vesikel, die auch **Liposomen** genannt werden, bilden somit ein einfaches Modell für die Plasmamembran. Wie Abb. 6.52 nahelegt, sind die Phospholipide in der Plasmamembran die Hauptkomponenten der Lipiddoppelschicht. Entsprechend der allgemeinen Membranasymmetrie sind sie in beiden Schichten ungleich verteilt. Wir finden beispielsweise in der Außenschicht der Erythrocytenmembran mehr Phosphatidylcholin und Sphingomyelin, während in der inneren Schicht Phosphatidylethanolamin und -serin überwiegen.

Ein Seitenwechsel der Lipidmoleküle von innen nach außen (sogenannter Flip-Flop) ist aus energetischen Gründen sehr selten. Die seitliche (laterale) Beweglichkeit der Lipidmoleküle innerhalb einer Schicht ist dagegen die Regel. Sie bewegen sich dann in der einzelnen Lipidschicht wie in einer Flüssigkeit. Die beiden Einzelschichten können auch aufeinander gleiten. Man spricht in diesem Zusammenhang von der Fluidität der Membran, die mit steigendem Anteil ungesättigter Fettsäuren wächst. Auch das Cholesterol kann in bestimmten Temperaturbereichen diese Membranfluidität erhöhen.

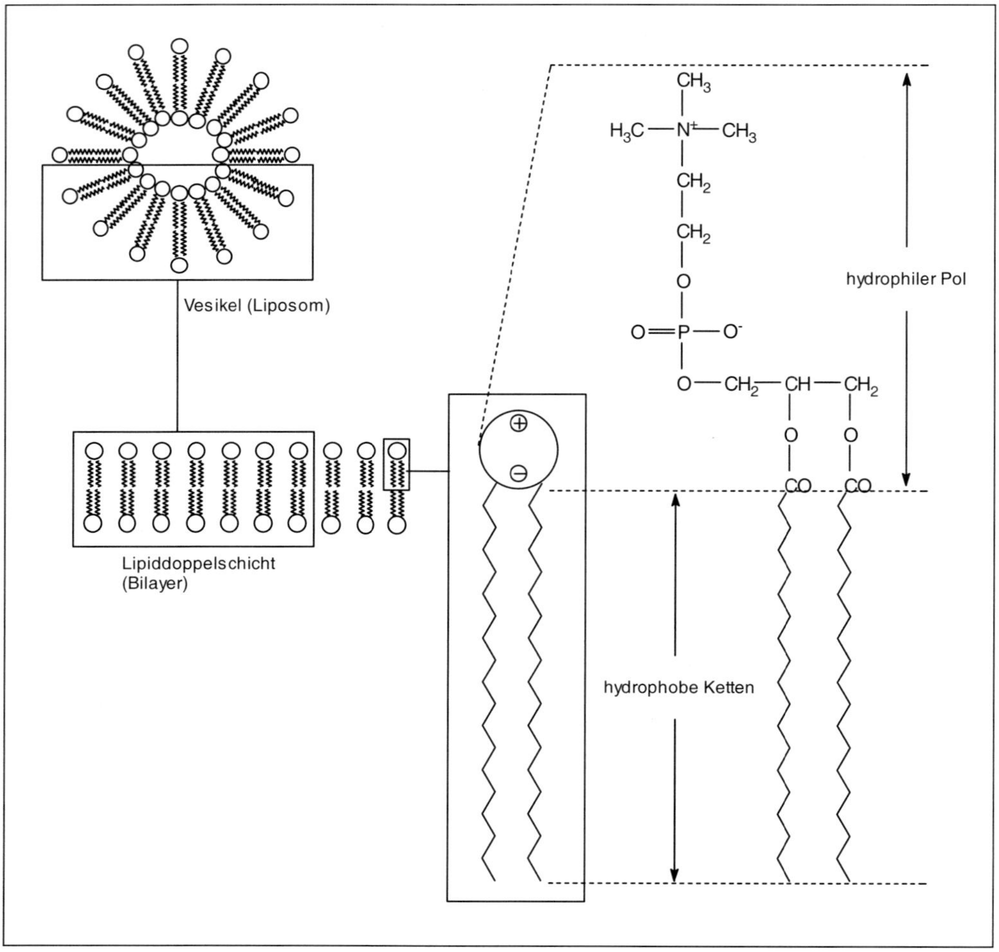

Abb. 6.52: Phospholipide als Hauptbestandteile der Lipiddoppelschicht.

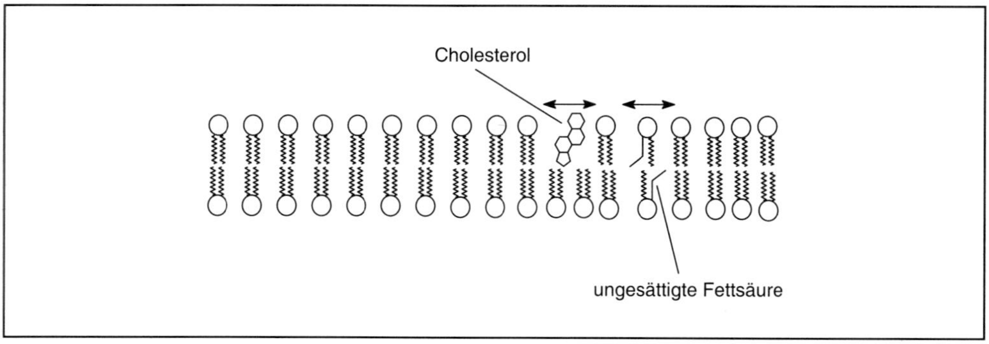

Abb. 6.53: Einlagerung von ungesättigten Fettsäuren und Cholesterol erhöht die Abstände zwischen den Fettsäureketten: Zunahme der Fluidität.

6.8.3 Die Membranproteine

Bei den Membranproteinen müssen wir zwischen integralen und peripheren Vertretern unterscheiden. Integrale Membranproteine durchziehen dabei die Membran ein- oder mehrmals vollständig. Sie bilden dabei innerhalb der Membran bevorzugt α-Helices, deren hydrophobe Aminosäurenseitenketten (Phe, Ile, Leu, Val) den Kontakt zu Fettsäuremolekülen gewährleisten. Die hydrophilen Bereiche von Membranproteinen liegen außerhalb der Doppelschicht. Bei Membranproteinen, die die Membran mehrmals durchqueren, bilden sie in Form von Schleifen (hydrophilic loops) die Bindeglieder zwischen den Membranabschnitten des Proteins.

Auch die Proteine sind nicht ortsfest in der Membran verankert. Sie können lateral innerhalb der Schicht diffundieren oder auch um ihre eigene Achse rotieren.

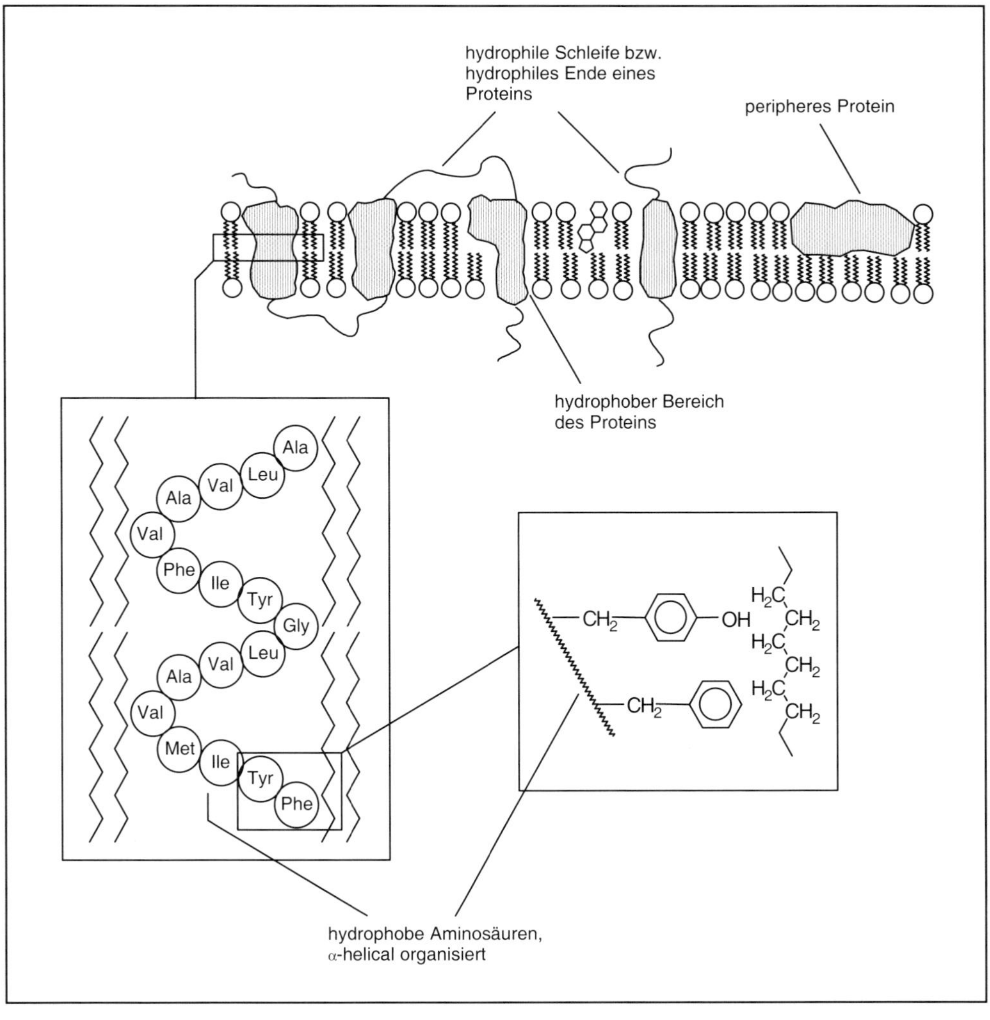

Abb. 6.54: Lage und Struktur von Membranproteinen.

Natürlich wird auch ihre Beweglichkeit von der Lipidzusammensetzung der Membran beeinflußt. Membranproteine sind in der Regel wasserunlöslich und können nur durch Detergenzien wie Triton X-100® (Abb. 6.11) in Lösung gebracht werden. Diese bilden Micellen, in denen die hydrophoben Proteine von der wäßrigen Umgebung abgeschirmt werden. Periphere Membranproteine lassen sich einfacher von der Membran trennen. Hier reichen meist schon konzentriertere Salzlösungen oder Ultraschall.

6.8.4 Die Kohlenhydrate der Membran

Die Asymmetrie der Membran wird besonders eindrucksvoll durch die Kohlenhydrate unterstrichen. Wir finden sie an der Außenseite der Membran, wo sie als hydrophile Antennen von Glykolipiden oder -proteinen in die wäßrige Umgebung ragen. Ihre Hydrophilie ist durch die vielen Hydroxylgruppen und die negative Ladung der N-Acetylneuraminsäure bedingt. Häufig findet man Ganglioside an der Membranoberfläche, die sich dann wegen der Sialinsäuren (N-Acetylneuraminsäuren) durch negative Ladungen auszeichnen. Die spezifischen Kohlenhydratstrukturen verleihen der Zelle sozusagen ihr eigenes Gesicht, also ihre Individualität. Viele Erscheinungen der Zell-Zell-Erkennung verlaufen daher über Kohlenhydratstrukturen.

Lectine sind Proteine, die mindestens zwei Bindungsstellen für bestimmte Kohlenhydratgruppen besitzen. Sie sind nicht mit Antikörpern zu verwechseln und besitzen auch keine enzymatische Aktivität gegenüber denjenigen Zuckerresten, an die sie binden. Lectine wurden zunächst aus Pflanzen isoliert und konnten Erythrocyten verklumpen (Agglutination). Daher werden sie auch als **Phytohämagglutinine** bezeichnet. Inzwischen sind auch Lectine aus tierischen Geweben isoliert worden. **Concanavalin A** stammt beispielsweise aus der Jack-Bohne. Es ist ein tetrameres Protein mit vier Zuckerbindungsstellen. Es erkennt D-Mannosyl- und D-Glucosyl-Reste an nichtreduzierenden Enden. Lectine werden besonders bei der Trennung von Glykoproteinen, deren Zuckerketten sie erkennen, in der Affinitätschromatographie eingesetzt.

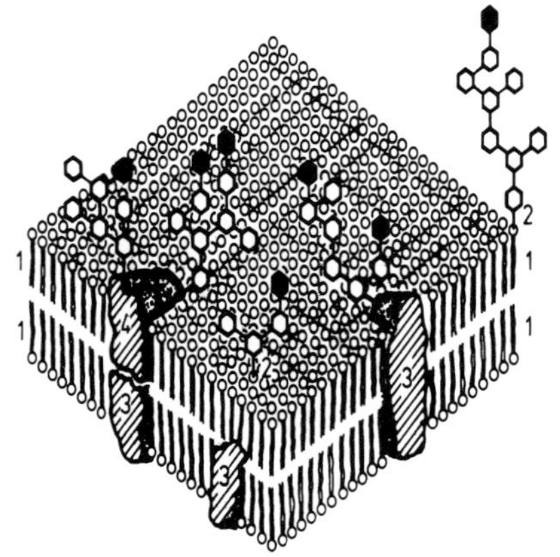

Abb. 6.55: Flüssig-Mosaikmodell der Plasmamembran. Man beachte die Kohlenhydratketten an der Außenseite der Membran. 1: Lipide, 2: Glykolipide, 3 und 4 Glykoproteine.

Abschließend wollen wir uns noch ein Modell (Abb. 6.55) für die Plasmamembran ansehen, in dem alle Komponenten verzeichnet sind. Aufgrund der Fluidität der Membran bezeichnet man es auch als **Flüssig-Mosaik-Modell** der Plasmamembran.

6.9 Transportvorgänge durch Membranen

6.9.1 Begriffsdefinitionen

Ionen und hydrophile Stoffe können die lipophile Biomembran praktisch nicht durchwandern. Wasser vermag die Membran dagegen aufgrund der Fluktuation in der Lipiddoppelschicht (Fluidität) in Form von Wasserpaketen bzw. -aggregaten durch immer wieder auftretende hohlraumartige Störstellen zu passieren. Aggregate von Molekülen werden häufig auch als **Cluster** tituliert. Wassercluster, die Membranen durchqueren, sind in ihrer Ausdehnung kleiner als hydratisierte Ionen, beispielsweise Kaliumionen. Membranen, die zwar kleine hydrophile Moleküle wie Wasser passieren lassen, jedoch größere Teilchen wie Proteine oder Zucker nicht, nennen wir **semipermeable Membranen**.

Man unterscheidet grundsätzlich zwei Formen von Membrantransport, den passiven und den aktiven Transport. Der **passive Transport** erfolgt entlang eines Konzentrationsgefälles. Teilchen wandern also von Orten höherer zu Orten geringerer Konzentration. Passive Transportvorgänge verlaufen energetisch gesehen **bergab** und damit spontan. Eine Zufuhr von Energie, beispielsweise als ATP, ist nicht notwendig. Der spontane Verlauf eines passiven Transportprozesses endet immer mit dem Konzentrationsausgleich, d. h. mit demjenigen Zustand, bei dem die Konzentrationsdifferenz Δc eines Stoffes über die Membran gleich 0 ist. In diesem Fall ist der Gleichgewichtszustand des Systems erreicht, bei dem sich der gegenseitige Stoffaustausch zu 0 nivelliert. Der **aktive Transport** ist dadurch gekennzeichnet, daß er gegen ein Konzentrationsgefälle, also **bergauf** abläuft. Der Konzentrationsunterschied des transportierten Stoffes wird während eines aktiven Transports immer größer. Da bei aktiven Prozessen Arbeit gegen ein Gefälle (bergauf) verrichtet werden muß, sind sie mit der **energieliefernden Hydrolyse von ATP** zu ADP und Phosphat gekoppelt.

6.9.2 Passiver Transport

Die **Diffusion** ist das Musterbeispiel eines passiven Transportvorganges, der immer von Orten höherer zu solchen niedrigerer Konzentrationen verläuft. Dieser Bergabtransport endet mit der Nivellierung des Konzentrationsgefälles, also im Gleichgewichtszustand. Definieren wir den Diffusionsfluß J (auch Flux oder Nettotransportrate genannt) als diejenige Stoffmenge Δn, die in einer bestimmten Zeit t durch eine definierte Austauschfläche A (z. B. Flächensegment der Biomembran) hindurchtritt, so können wir mit der formulierten Definition

$$J = \frac{\Delta n}{A \cdot t} \tag{6.4}$$

folgende Beziehung aufstellen, wenn d die Breite (Dicke) und V das betrachtete Volumensegment aus $A \cdot d$ der Membran ist:

$$V = A \cdot d \tag{6.5}$$

$$A = \frac{V}{d} \tag{6.6}$$

Einsetzen in 6.4 liefert mit

$$\Delta c = \frac{\Delta n}{V} \tag{6.7}$$

folgenden Ausdruck für den Diffusionsfluß J:

$$J = \frac{\Delta c \cdot d}{t} \tag{6.8}$$

$$J = P \cdot \Delta c \tag{6.9}$$

P ist der **Permeabilitätskoeffizient** mit der Einheit m/s oder cm/s. Die Gleichung besagt, daß der Diffusionsfluß J umso größer wird, je höher die Konzentrationsdifferenz eines Stoffes über die Membran ist. Erwartungsgemäß ist der Permeabilitätskoeffizient des Wassers mit $5 \cdot 10^{-3}$ cm/s viel größer als derjenige von K^+ mit $2{,}4 \cdot 10^{-10}$ cm/s. Diese Werte beziehen sich auf die Membran des menschlichen Erythrocyten. Gase diffundieren leicht durch Lipidmembranen. So beruht der Gasaustausch von Sauerstoff und Kohlendioxid zwischen Alveole und Kapillare allein auf Diffusion. Dies wird durch die große Oberfläche der Alveolen, die mit den Kapillaren Kontakt hat (Austauschfläche A) und die geringe Diffusionsstrecke zwischen Alveole und Kapillare möglich. Für den Transport über größere Distanzen ist die Diffusion jedoch nicht geeignet. So müssen Vielzeller im Gegensatz zu Einzellern zusätzliche Strukturen für ihre Atmung (Kreislauf, Hämoglobin) entwickeln.

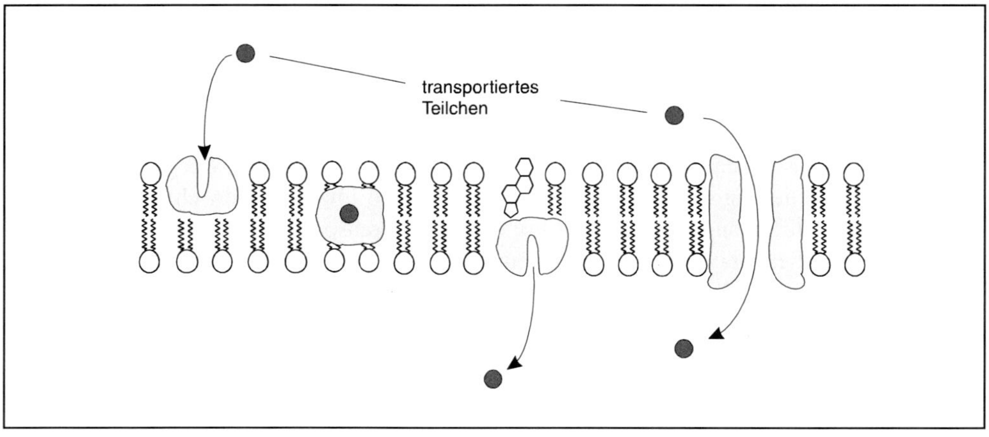

Abb. 6.56: Erleichterte Diffusion. Links der mobile Carrier, rechts die Proteinpore. Als Beispiel für den mobilen Carrier dient Valinomycin, für die Proteinpore der Cl^-/HCO_3^--Ionenkanal des Erythrozyten.

Unter **erleicherter Diffusion** versteht man einen durch integrale Membranproteine vermittelten passiven Transport. Es gibt zwei Spielarten solcher Membrantransportproteine, die man übrigens auch **Translokatoren** nennt. Die eine Form ist die **fixe Pore**, die andere der mobile Carrier. Die fixe Pore ist ortsständig in der Membran verankert, während der **mobile Carrier** nach Aufnahme des zu transportierenden Stoffes durch die Lipiddoppelschicht hindurchwandert, bevor er seine Fracht auf der Gegenseite wieder freigibt.

Für die Pore und den mobilen Carrier gibt es von Bakterien synthetisierte Modellsubstanzen, mit deren Hilfe in Versuchen das Wesen der erleichterten Diffusion erhellt werden konnte. Man nennt diese Substanzen Ionophore, also Ionenträger. Ein Modell für die Pore ist das **Gramicidin A**, ein lineares Polypeptid aus 15 meist hydrophoben Aminosäuren. Es bildet eine die Membran durchmessende Helix, deren zentrale Pore selektiv Alkaliionen passieren können. **Valinomycin** ist die Modellsubstanz für den mobilen Carrier. Dieses Ionophor ist ein zyklisches Molekül aus Hydroxy- und Aminosäuren, die über Ester- und Peptidbindungen miteinander ringförmig verbunden sind. Unpolare Reste dieser Säuren weisen nach außen. Das Valinomycin bildet praktisch einen Käfig, in dem besonders Kaliumionen abgeschirmt von der unpolaren Außenwelt durch die Membran transportiert werden können. Das Ion befindet sich dabei in der zentralen Höhlung des Valinomycins und wird über die Sauerstoffatome der umgebenden Säuren gebunden.

Translokatoren sind **spezifisch** für eine bestimmte Stoffklasse mit ähnlichen Struktureigenschaften. Sie sind durch den Transportmetaboliten **sättigbar**. Moleküle mit verwandter Struktur konkurrieren um die Bindungsstelle am Translokator, d. h. diese weist Kompetitivität auf. Die genannten Eigenschaften erinnern uns an Enzyme. In der Tat läßt sich für Translokatoren analog den Enzymen eine MICHAELIS-MENTEN-Kinetik aufstellen. Dabei wird die Reaktionsgeschwindigkeit v durch die Diffusionsrate J ersetzt, an die Stelle der Substratkonzentration tritt die Konzentrationsdifferenz über die Membran. Es gibt auch eine maximale Transportrate J_{max}.

Translokatoren sind meist Dimere, wobei jedes Monomer an der Substratbindung beteiligt ist. Werden wie beim Transport von Chlorid und Hydrogencarbonat (Hamburger-Shift) Ionen gegenläufig von einem Translokator durch die Erythrocytenmembran transportiert (hier ist es ein Porenprotein), so spricht man von **Antiport**.

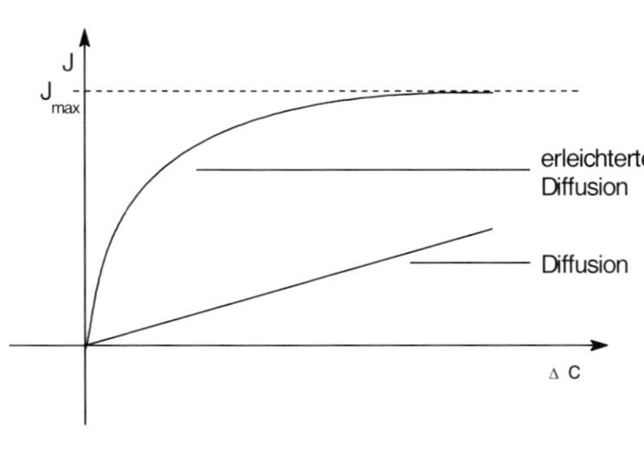

Abb. 6.57: MICHAELIS-MENTEN-Auftragung für die erleichterte Diffusion. Zum Vergleich ist auch die reine Diffusion aufgeführt.

6.9.3 Aktiver Transport

Der aktive Transport wird durch integrale Membranproteine bewerkstelligt, die dafür Energie in Form von ATP benötigen. Für diese Transportproteine gelten die gleichen Kriterien wie für Translokatoren: Spezifität, Sättigungsverhalten und Kompetitivität. Darüber hinaus kann man aktive Transportsysteme durch eine gestörte Energieversorgung hemmen. Ein gutes Beispiel für den primär aktiven Transport mit direkter Kopplung von ATP-Spaltung und Membrantransport ist die Na^+-K^+-ATPase, welche im Antiport Kaliumionen in der Zelle anreichert und im Gegenzug Natriumionen aus der Zelle ausschleust. Dieses Enzym ist ein Dimer und findet sich in wechselnden Konzentrationen in praktisch allen Plasmamembranen des Organismus. Pro hydrolysiertem ATP-Molekül werden 3 Na^+ nach außen und 2 K^+ in die Zelle hinein transportiert. Beim Natriumtransport ist das Enzym phosphoryliert, beim Kaliumtransport dephosphoryliert.

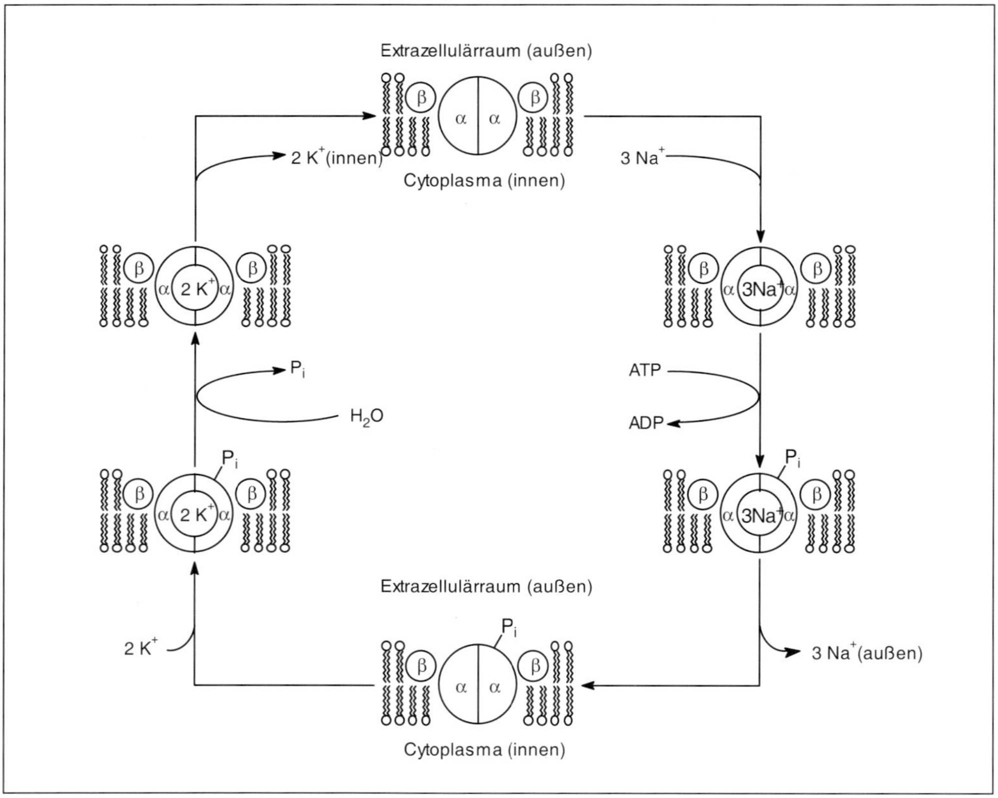

Abb. 6.58: Na^+-K^+-ATPase als Beispiel für den aktiven Transport. Die Na^+-K^+-ATPase ist ein Tetramer der Stöchiometrie $\alpha_2\beta_2$, wobei die β-Untereinheiten Glykoproteine sind. Die Phosphorylierung erfolgt wie gezeigt an einem Aspartylrest der α-Untereinheit. Gehemmt wird die Na^+-K^+-ATPase durch Herzglykoside, für die auf der Außenseite der α-Untereinheiten eine Bindungsstelle existiert.

Ein weiteres Beispiel für den aktiven Transport ist die monomere **Ca^{2+}-ATPase**, die den ATP-abhängigen Rücktransport der Calciumionen aus dem Cytoplasma in das Sarkoplasmatische Retikulum ermöglicht. Weil hier nur Calciumionen in das Sarkoplasmatische Reticulum hineintransportiert werden, spricht man in diesem Fall von einem **Uniport**.

Beim sekundär aktiven Transport existiert keine strenge Kopplung von ATP-Hydrolyse und Transportvorgang. Vielmehr wird der durch die Na^+-K^+-ATPase primär aufgebaute Konzentrationsunterschied sekundär für einen Bergauf-Transport genutzt. Der Konzentrationsausgleich der Natriumionen liefert die Energie für den parallelen Cotransport von Glucose gegen ein Konzentrationsgefälle. Das energieliefernde Natriumionenkonzentrationsgefälle wurde zuvor von der Na^+-K^+-ATPase aufgebaut. Der sekundär aktive Na^+-Glucose-Cotransport ist in Darm- und Nierenepithelzelle realisiert, wo er die Resorption der Glucose in die Tubulus- bzw. Darmepithelzelle ermöglicht.

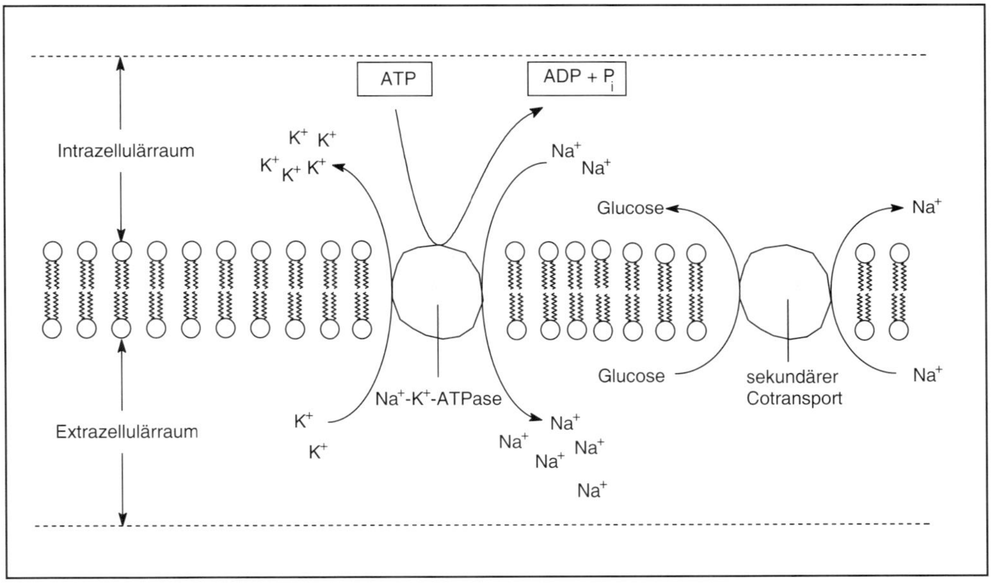

Abb. 6.59: Sekundärer Cotransport von Na^+ und Glucose in Darm und Niere.

6.10 Literatur

(1) Ishwarlal, J., Devaraj, S.: Low-densitiy lipoprotein oxidation, antioxidants, and artherosclerosis: a clinical biochemistry perspective. Clin. Chem 42, S. 498 – 506 (1996).

(2) Kent, C. et al.: Regulation of eukaryotic phospholipid metabolism. FASEB Journal 5, S. 2258 – 2266 (1991).

(3) Lands, W: Biochemistry and physiology of n-3 fatty acids. FASEB Journal 6, S. 2530 – 2535 (1992).

(4) Mutschler, E.: Arzneimittelwirkungen. Wiss. Verlagsgesellschaft, Stuttgart. S. 623 – 624. 7. Auflage (1996).

(5) Singer, S. J., Nicholson, G. L.: The fluid mosaic model of the structure of membranes. Science 156, S. 720 – 731 (1972).

7 Kohlenhydrate II

7.1 Verdauung und Resorption von Kohlenhydraten

Die Verdauung der Kohlenhydrate beginnt bereits im Mund. Der Speichel enthält das Enzym α-Amylase (auch Ptyalin, von ptyalon gr. Speichel oder Diastase genannt), das beim Speichel-pH-Wert von 7 bis 8 α(1→4)-glykosidische Bindungen von Polysacchariden hydrolysiert (also durch Einführen eines Moleküls Wasser aufbricht). Dabei entstehen Oligo- und Disaccharide wie Maltose, Isomaltose und Maltotriose. Die Spaltung der α(1→4)-Bindungen erfolgt zufällig, 1→6-Bindungen werden durch dieses Enzym nicht gelöst. Hauptsubstrate der α-Amylase sind Amylose und Amylopektin, die Bestandteile der Stärke. Cellulose aus pflanzlichen Nahrungsbestandteilen kann vom humanen Verdauungssystem übrigens nicht aufgeschlossen werden, da dem Menschen die Enzymausstattung für eine Hydrolyse von β(1→4)-Bindungen fehlt. Im Dickdarm allerdings kann Cellulose durch Darmbakterien zumindest teilweise aufgespalten werden. Da in geringem Umfang bei der Verdauung durch α-Amylase auch Glucose frei wird, bekommt man bei längerem Kauen von stärkehaltigen Nahrungsbestandteilen (z. B. Brot) einen leicht süßen Geschmack im Mund. Durch den Abfall des pH-Wertes im Magen auf Werte von 1 bis 3 wird die Aktivität der Speichelamylase gehemmt, so daß im Magen kaum eine nennenswerte Kohlenhydratverdauung stattfindet. Erst im Duodenum treffen die Produkte der „Speichelverdauung des Mundes“ erneut auf α-Amylase, die jetzt dem Pankreas (Bauchspeicheldrüse) entstammt und über den Ductus pancreaticus in den Zwölffingerdarm gelangt. Dort herrscht nun wieder ein annähernd neutraler pH-Wert, so daß die Pankreasamylase die begonnene Arbeit des entsprechenden Speichelenzyms zu Ende führen kann.

Kohlenhydrate werden nur als Monosaccharide in Duodenum, Jejunum und Ileum resorbiert. Daraus ergibt sich, daß die Produkte der Amylaseverdauung einem erneuten Aufschluß zugeführt werden müssen, bevor sie resorbiert werden können. Aber auch mit der Nahrung zugeführte Disaccharide wie Saccharose (Speisezucker) und Lactose (Milchzukker) müssen erst in Monosaccharide gespalten werden, um vom Darmepithel aufgenommen werden zu können. Die dazu notwendigen Enzyme befinden sich in der Glykocalyx (eine Glykoproteinschicht) des Bürstensaums (Mikrovilli) der resorbierenden Dünndarmepithelien. Isomaltase (auch 1→6-Glucosidase genannt) spaltet die 1→6-Bindung der aus der Amylaseverdauung gebildeten Isomaltose, Maltase verdaut Maltose, Lactose sowie Saccharose werden von Lactase bzw. Saccharase in die Monosaccharide Glucose und Galactose bzw. Glucose und Fructose zerlegt:

Tabelle 7.1: Enzyme der Kohlenhydratverdauung.

Verdauungsenzym	Synonym	Gespaltene Bindung	Ort der Synthese
α-Amylase	Ptyalin	α(1→4)	Parotis/Pankreas
α-Glucosidase	Maltase	α(1→4)	Mikrovilli der Dünndarmmucosa
β-Galactosidase	Lactase	β(1→4)	Mikrovilli der Dünndarmmucosa
β-Fructofuranosidase	Saccharase	α(1→2)β	Mikrovilli der Dünndarmmucosa
Oligo-1,6-Glucosidase	Isomaltase	α(1→6)	Mikrovilli der Dünndarmmucosa

Glucose und Galactose werden „bergauf" gegen ein Konzentrationsgefälle mittels sekundär-aktiven Cotransports mit Natriumionen aufgenommen und nachfolgend „bergab" durch erleichterte Diffusion an das Pfortaderblut weitergereicht. Fructose wird passiv von den Epithelzellen resorbiert und gelangt ebenfalls durch die Vena portae zur Leber. Abb. 7.1 vermittelt einen Überblick über die Kohlenhydratverdauung.

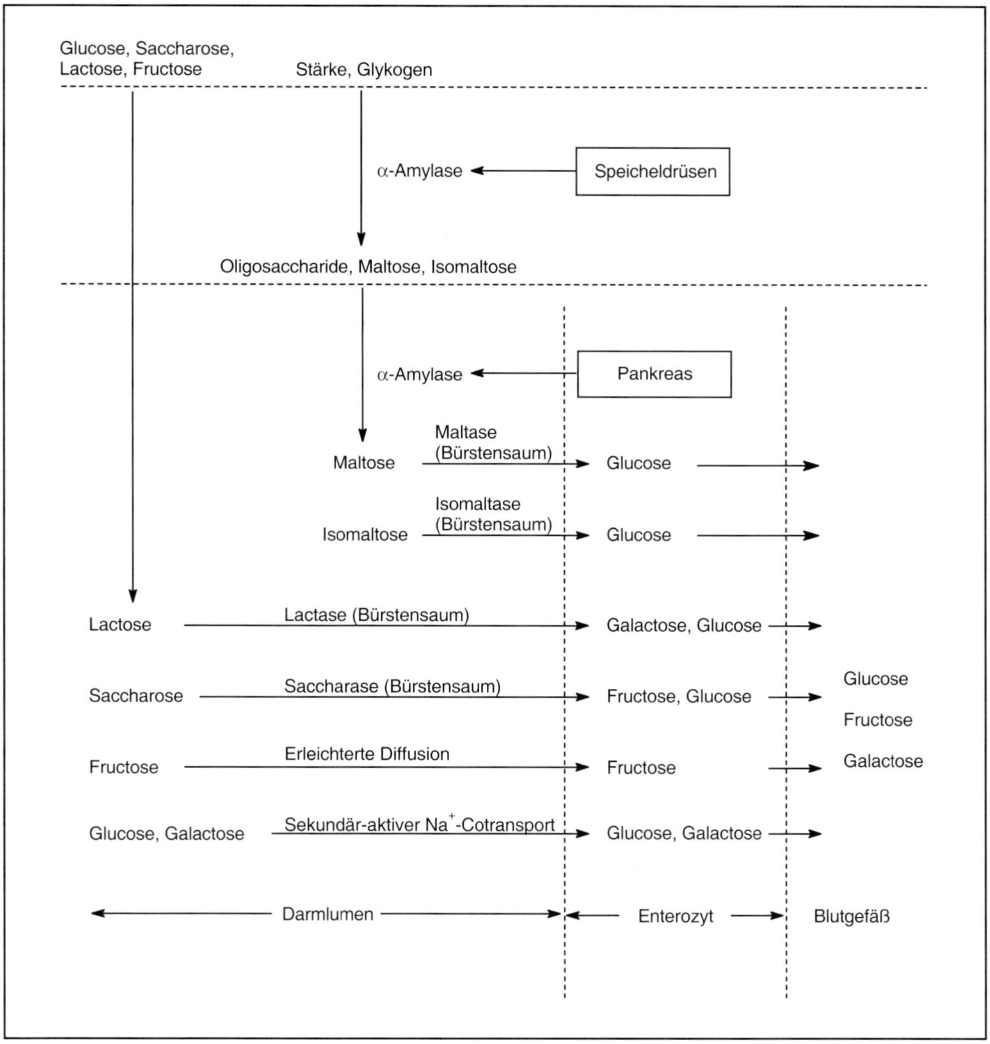

Abb. 7.1: Kohlenhydratverdauung in Mundhöhle und Dünndarm.

7.2 Glykolyse

7.2.1 Definiton und Bedeutung der Glykolyse

„Glykys" ist ein griechisches Wort und bedeutet „süß". „Lysis" ist ebenfalls griechisch und steht für „(Auf)lösung". In der Tat werden bei der Glykolyse Zucker „aufgelöst", es handelt sich folglich um einen katabolen (katabole gr. Niederlegen) Stoffwechselweg, bei dem die relativ großen Zuckermoleküle in kleinere Abbauprodukte umgesetzt werden. Als wichtigster Zucker im menschlichen Organismus findet hauptsächlich Glucose Eingang in die Glykolyse. Aber auch Galactose und Fructose werden in die Glykolyse eingeschleust, wenn auch in etwas abgeänderter Form, Abschnitt 7.2.7. Wir können zunächst einmal die Glucose als Input für die Glykolyse betrachten. Doch was bildet den Output, was kommt an Produkten aus diesem Stoffwechselweg heraus? Darauf gibt es zwei Antworten. Bei der sogenannten anaeroben (anaerobios gr. Leben ohne Luft) Glykolyse ist Milchsäure bzw. ihr Salz(anion), das Lactat, der Output, bei der aeroben (aèros gr. Luft) ist es die Brenztraubensäure respektive ihr Salz, das Pyruvat.

Anaerobe Glykolyse bedeutet, daß Glucose bzw. andere Zucker ohne Sauerstoff O_2 abgebaut werden. Anaerob ist also ein Synonym für „Sauerstoffausschluß" oder die Abwesenheit von Sauerstoff. Es ist nun naheliegend, daß es auch eine **aerobe Glykolyse** geben muß, bei der Sauerstoff eine Rolle spielt. Ihr Endprodukt ist das Pyruvat, das Salz der Brenztraubensäure, das sozusagen „hinter" der Glykolyse weiter abgebaut wird und erst bei diesem nachfolgenden Pyruvatabbau kommt Sauerstoff als Reaktionspartner hinzu. Bei der aeroben Glykolyse selbst tritt Sauerstoff nicht unmittelbar in Erscheinung. Wir sind nun in der Lage, eine erste einfache Übersicht für die beiden Arten der Glykolyse zu erstellen:

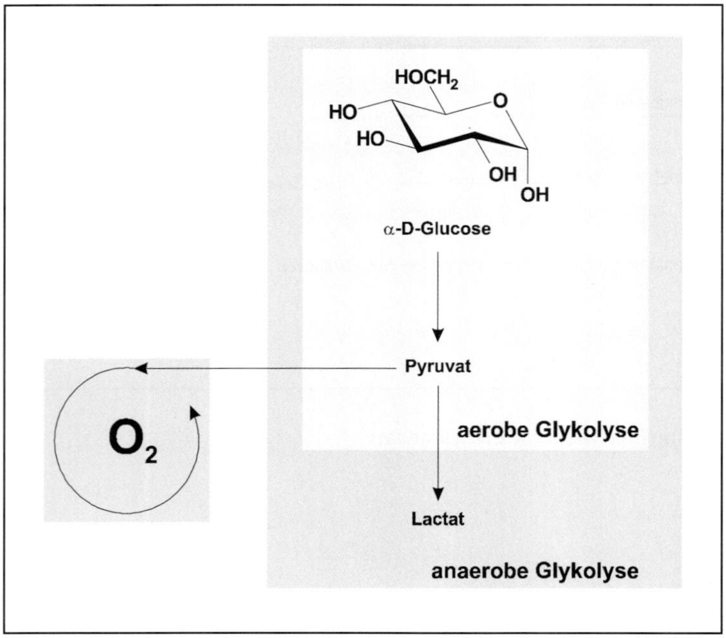

Abb. 7.2: Einfache Übersicht für die Glykolyse. Verläuft diese lediglich bis zum Pyruvat, um dieses dann in weiteren O_2-abhängigen Stoffwechselprozessen (links) abzubauen, so sprechen wir von aerober Glykolyse. Ist das Endprodukt dagegen Lactat, so handelt es sich um eine anaerobe, also O_2-unabhängige Glykolyse.

Zusammenfassend kann festgestellt werden: Die Glykolyse stellt das „Tor“ zum Kohlenhydratstoffwechsel dar, in der der wichtigste Zucker des menschlichen Stoffwechsels, die Glucose, zu Pyruvat oder Lactat abgebaut wird. Aber auch Galactose, Mannose und die Fructose erhalten über die Glykolyse Anschluß zum Stoffwechsel. Aufgrund seiner Bedeutung findet man den **EMBDEN-MEYERHOF-Weg**, wie die Glykolyse auch genannt wird, in allen Zellen des menschlichen Organismus wieder. Die Erythrocyten sind sogar bei der Energiegewinnung aus Glucose gänzlich auf die Glykolyse angewiesen, da sie über keine weiteren effektiven Abbaumöglichkeiten verfügen. Abschließend muß noch erwähnt werden, daß die Glykolyse im **Cytoplasma** lokalisiert ist. Im Anschluß an die aerobe Glykolyse findet der weitere Abbau des Pyruvats aber im Mitochondrium statt.

7.2.2 Übersicht und Einteilung der Glykolyse

Für das Schema der Abb. 7.2 lassen sich zwei einfache Bilanzgleichungen aufstellen:

$$C_6H_{12}O_6 \rightarrow 2\ C_3H_6O_3 \qquad (7.1)$$

$$C_6H_{12}O_6 \rightarrow 2\ C_3H_4O_3 + 4\,[H] \qquad (7.2)$$

Wie man sieht, unterscheiden sich Brenztraubensäure (bzw. Pyruvat) und Milchsäure (bzw. Lactat) nur durch zwei Wasserstoffatome (2 H). Ein uns bereits bekanntes Enzym, die Lactat-Dehydrogenase LDH im Cytoplasma, katalysiert die Reaktion zwischen den beiden Säuren. Das Cosubstrat ist NAD^+:

$$C_3H_4O_3 + NADH + H^+ \rightarrow C_3H_6O_3 + NAD^+ \qquad (7.3)$$

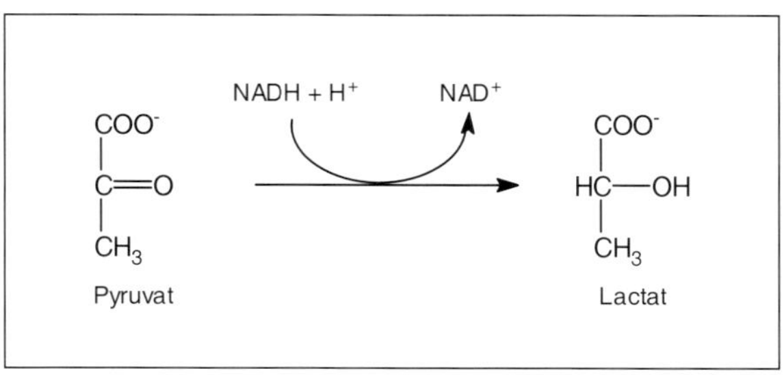

Abb. 7.3: Die Lactat-Dehydrogenase-Reaktion, bei der Pyruvat zu Lactat reduziert wird.

Es läßt sich nun mit Abb. 7.4 ein gemeinsames Schema für aerobe und anaerobe Glykolyse aufstellen, in dem (7.3) die Verbindung herstellt.

In energetischer Hinsicht ist die Glykolyse ein energieliefernder Prozeß. Brutto werden bei ihr vier „Energiekonserven ATP“ frei. Jedoch ist es notwendig, die Glucose zuvor in eine „abbaufreundliche“ Form umzuwandeln, sie muß aktiviert werden. Für diese Aktivierung werden von der Zelle zwei ATP im Rahmen der Glykolyse investiert, so daß netto lediglich zwei ATP als Gewinn pro abgebautem Glucosemolekül übrig bleiben. Die Glykolyse läßt sich also in zwei Abschnitte unterteilen: Energieinvestition und Energiegewinn. Die Grenze zwischen diesen Abschnitten wird durch zwei Zwischenproduke der Glykolyse markiert. Sie heißen Glycerolaldehyd-3-phosphat (GAP) und Dihydroxyacetonphosphat (DAP), die beide infolge der Hexosespaltung aus dem Abschnitt der Energieinvestition entstehen. Nur Glycerolaldehyd-3-phosphat wird in der Phase des Energiegewinns direkt weiter zu Pyruvat bzw. Lactat abgebaut. Über eine vom Enzym Triosephosphatisomerase katalysierte Gleichgewichtsreaktion bildet Dihydroxyacetonphosphat DAP sozusagen das „Nachschublager" für das weiterreagierende Glycerolaldehyd-3-phosphat GAP. Mit diesen neuen Erkenntnissen läßt sich ein abermals verbessertes Glykolyseschema aufstellen. In Abb. 7.5 wird auch deutlich, daß in der Phase des Energiegewinns NADH + H^+ entsteht, d. h. es findet offensichtlich die Oxidation eines Substrats statt. Während bei der anaeroben Glykolyse dieses NADH + H^+ bei der LDH-Reaktion für die Reduktion des Pyruvats wieder „verbraucht" wird, fallen beim aeroben Verlauf netto zwei Moleküle NADH sowie 2 H^+ pro Molekül Glucose an. Das weitere Schicksal des NADH + H^+ werden wir in Kapitel „Citratzyklus und Atmungskette" genauer beleuchten.

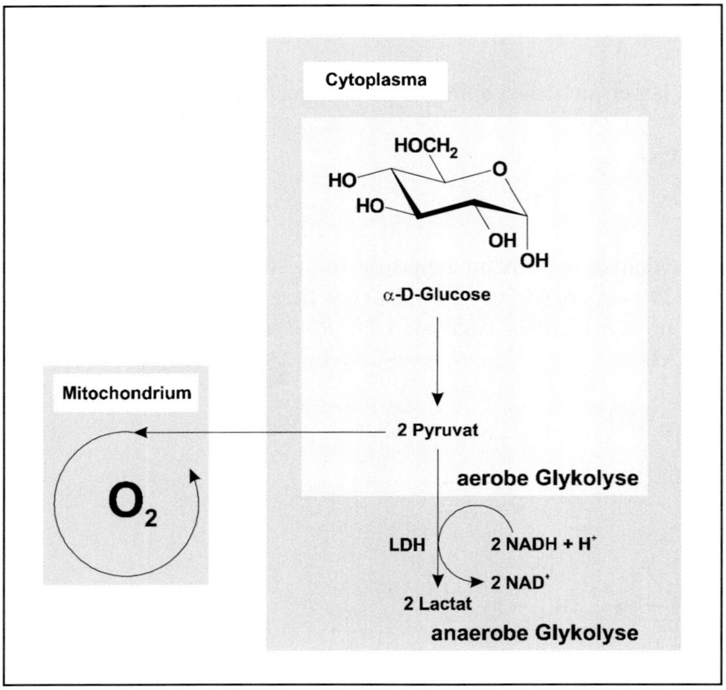

Abb. 7.4: Einfaches Schema der Glykolyse unter Berücksichtigung der Lactat-Dehydrogenase (LDH)-Reaktion. Aus einem Glucosemolekül mit 6 C-Atomen entstehen zwei Pyruvatmoleküle mit jeweils 3 C-Atomen.

7.2.3 Die Bilanz der Glykolyse

Wir sind nun in der Lage, allein mittels Abb. 7.5 die Bruttobilanz für die anaerobe Glykolyse aufstellen zu können:

$$C_6H_{12}O_6 + 2\ ATP + 2P_i + 4\ ADP + 2\ NAD^+ + 2\ (NADH + H^+) \rightarrow \\ 2\ C_3H_6O_3 + 2\ ADP + 4\ ATP + 2\ NAD^+ + 2\ (NADH + H^+) + 2\ H_2O \quad (7.4)$$

Und als Nettogleichung folgt dann:

$$C_6H_{12}O_6 + 2\ ADP + 2\ P_i \rightarrow 2\ C_3H_6O_3 + 2\ ATP + 2\ H_2O \quad (7.5)$$

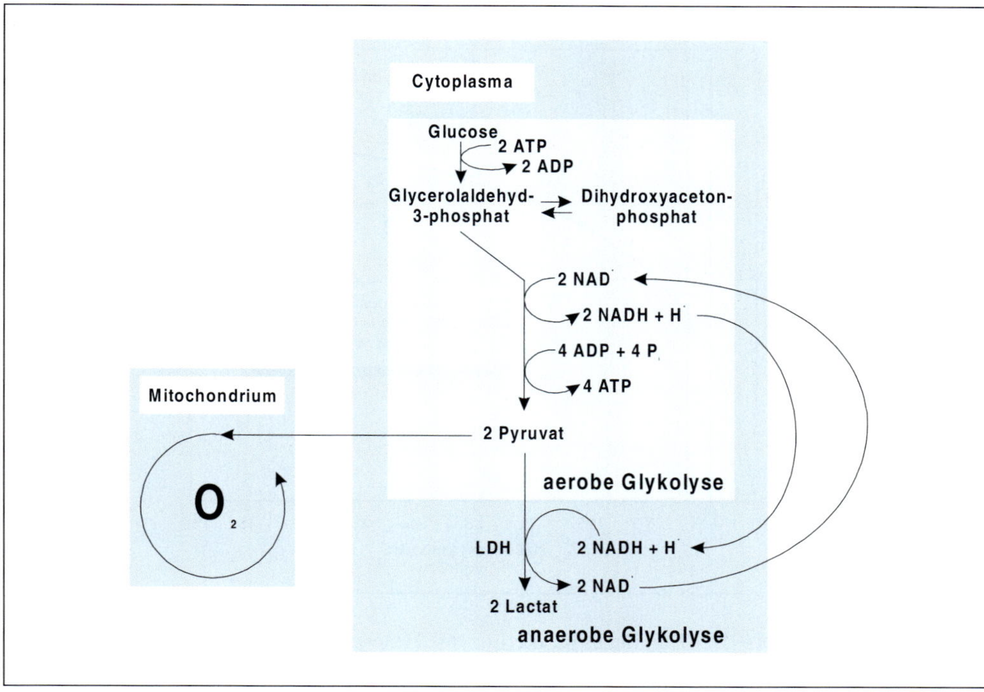

Abb. 7.5: Verbesserte Übersicht für aerobe und anaerobe Glykolyse.

Das Wasser auf der Produktseite der Gleichung ergibt sich bei der Synthese von ATP aus ADP und Phosphat. Bei der aeroben Glykolyse entsteht Brenztraubensäure ($C_3H_4O_3$) bzw. Pyruvat an Stelle der Milchsäure ($C_3H_6O_3$) bzw. des Lactats:

$$\begin{aligned} &C_6H_{12}O_6 + 2\ ADP + 2\ P_i + 2\ NAD^+ \\ &\rightarrow 2\ C_3H_4O_3 + 2\ ATP + 2\ H_2O + 2\ (NADH + H^+) \end{aligned} \quad (7.6)$$

Die Glykolyse liefert also einen Energiegewinn von zwei Molekülen ATP pro Glucosemolekül oder 61 kJ/mol Glucose, wenn wir das NADH + H^+ des aeroben Glucoseabbaus unberücksichtigt lassen.

7.2.4 Die Schritte der Glykolyse

Hexokinase-Reaktion: Gleich zu Anfang der Glykolyse wird Energie in Form von ATP investiert. Die Glucose wird in Position 6 phosphoryliert, wobei Mg^{2+} erforderlich ist, da dieses mit den Phosphatgruppen des ATPs einen Komplex bildet. Die Hexokinase ist nicht besonders spezifisch für ihr Substrat. Wie ihr Name schon andeutet, phosphoryliert sie auch andere Hexosen in Position 6, so z. B. Mannose und Fructose (nicht aber Galactose). Ihre MICHAELIS-Konstante ist

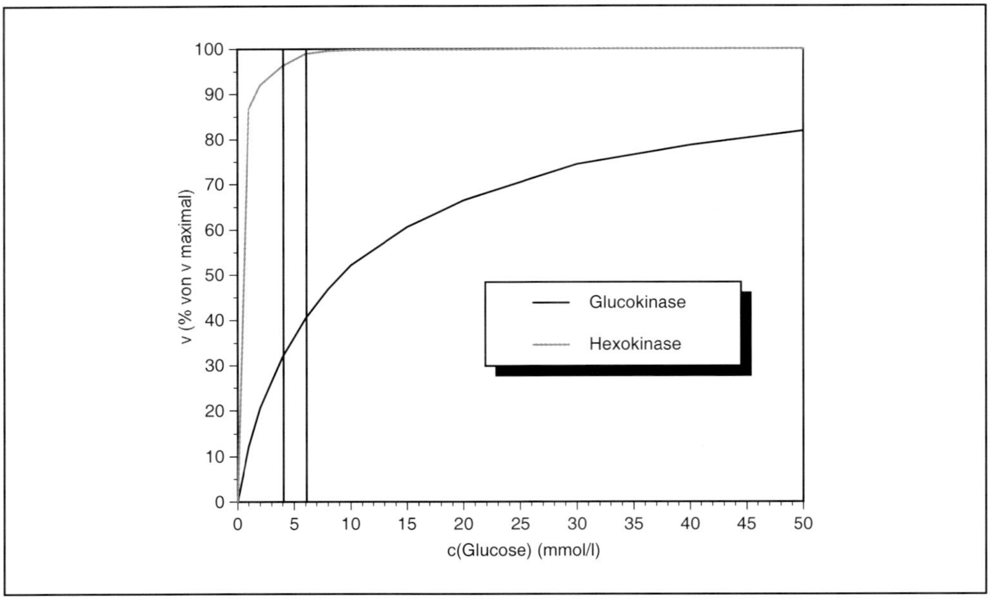

Abb. 7.6: MICHAELIS-MENTEN-Diagramm für die Enzyme Hexo- und Glucokinase. Man beachte, daß die Hexokinase bei normalen Blutglucosekonzentrationen bereits ca. 95 % von v_{max} erreicht hat und somit auf Blutglucoseerhöhung kaum noch mit einer Aktivitätssteigerung reagieren kann. In der Leberzelle kann diese Aufgabe von der Glucokinase übernommen werden, deren Reaktionsgeschwindigkeit bei einer Blutglucosekonzentration von 5 mmol/L um 45 % beträgt. Das Enzym verfügt also über genügend „Reserven", um einem erhöhten Glucoseaufkommen durch Phosphorylierung gerecht zu werden und die Einschleusung des Substrats in die Glykolyse zu gewährleisten.

mit K_M = 0,1 mmol/L recht klein. Da die intrazelluläre Konzentration an Glucose in der Regel größer als K_M der Hexokinase ist, arbeitet das Enzym oft bei Substratsättigung.

In der Leberzelle von Wirbeltieren existiert ein zweites Enzym, das die Phosphorylierung der Glucose in Position 6 katalysiert. Dieses Enzym heißt **Glucokinase** und ist im Gegensatz zur Hexokinase spezifisch für Glucose. Mit K_M = 10 mmol/L besitzt die Glucokinase eine wesentlich höhere MICHAELIS-Konstante als die Hexokinase und ist in der Leberzelle bestens geeignet, bei Glucosekonzentrationen weit oberhalb der MICHAELIS-Konstanten für Hexokinase Glucose in Glucose-6-phosphat zu überführen. Somit ist die Leberzelle mit Hilfe ihrer Enzymausstattung in der Lage, flexibel auf Schwankungen der Blutglucosekonzentration nach Nahrungsaufnahme zu reagieren. Die Hexokinase-Reaktion verläuft mit $\Delta G^{\circ\prime}$ = - 16,7 kJ/mol exergon.

Phosphoglucoisomerase-Reaktion: Bei dieser Isomerisierungsreaktion wird die Aldose Glucose-6-phosphat in ihr Strukturisomer Fructose-6-phosphat überführt, eine Aldose wird also zur Ketose. Die Reaktion verläuft über ein **Endiolintermediat** und ähnelt damit der Triosephosphatisomerase-Reaktion im Kapitel: Enzyme und Coenzyme. Auch dort wurde ein Aldehyd über eine Endiolzwischenstufe in ein Keton umgewandelt (Glycerolaldehyd-3-phosphat in Dihydroxyacetonphosphat). Unsere Reaktion kann vereinfacht folgendermaßen formuliert werden:

$$\text{Glucose-6-phosphat} \rightarrow [\text{Endiol}] \rightarrow \text{Fructose-6-phosphat} \qquad (7.7)$$

Die Reaktion ist reversibel, sie kann auch in umgekehrter Richtung verlaufen. Obwohl sie mit $\Delta G^{\circ\prime} = + 1{,}7$ kJ/mol endergon ist, verläuft sie aufgrund des stark exergonen Charakters der Folgereaktion (Fließgleichgewichte!) in Richtung Fructose-6-phosphat.

Phosphofructokinase-Reaktion: Bei der Bildung von Fructose-1,6-bisphosphat aus Fructose-6-phosphat werden 14,2 kJ/mol frei, sie ist exergon. Die Zelle investiert hier noch einmal ATP in das Substrat. Die Regulation der Glykolyse erfolgt im wesentlichen bei diesem Schritt, wie im nächsten Abschnitt erläutert wird.

Aldolase-Reaktion: Die tetramere Aldolase spaltet die Hexose Fructose-1,6-bisphosphat in zwei phosphorylierte Triosen. Diese stehen über die Triosephosphatisomerase-Reaktion im Gleichgewicht, in dem 96 % als Dihydroxyacetonphosphat und nur 4 % Glycerolaldehyd-3-phosphat vorliegen. Da Letzteres aber durch die Folgereaktion ständig in Richtung Pyruvat weiterreagiert (Fließgleichgewicht!), muß Dihydroxyacetonphosphat in gleichem Maße isomerisiert werden, damit das Gleichgewicht erhalten bleibt. Die **Triosephosphatisomerase-Reaktion** markiert das Ende der „Energieinvestitionsphase". Der Reaktionsmechanismus der Aldolase-Reaktion ist interessant, repräsentiert er doch ein in der Biochemie häufiger anzutreffendes Reaktionsprinzip. Gemeint ist die Bildung einer **SCHIFF-Base**. Was ist eine SCHIFF-Base? Sie entsteht unter Wasserabspaltung durch die Reaktion einer Carbonyl- mit einer Aminogruppe. Die Carbonylgruppe liefert bei der Aldolase-Reaktion das Fructose-1,6-bisphosphat, den Reaktionspartner stellt die **ε-Aminogruppe** eines **Lysylrestes** aus der Aldolase (Abb. 7.7). Nach der initialen Bildung der SCHIFF-Base wird die Hexose zwischen den Atomen C-3 und C-4 gespalten (man denke an den Begriff Glyko**lyse**!), am C-3 entsteht eine Aldehydgruppe und das erste Produkt Glycerolaldehyd-3-phosphat wird frei. Der am Enzym verbleibende C_3-Rest wird durch Umlagerung der Doppelbindung und Bindung des zuvor abgezogenen Protons (Funktion der basischen Gruppe am Enzym) neu formiert und dann durch Hydrolyse, also Spaltung mittels Wassermolekül, als Dihydroxyacetonphosphat freigesetzt. An dem ehemaligen C-4 des Fructose-1,6-bisphosphats ist eine Hydroxyl- bzw. Alkoholgruppe entstanden (jetzt C-3 des Dihydroxyacetonphosphats). Eine solche Reaktion, als deren Produkte ein **Ald**ehyd (C-1 des Glycerolaldehyd-3-phosphats) und ein Alkoh**ol** (C-3 des Dihydroxyacetonphoshats) auftreten, nennen wir **Aldolspaltung**.

Glycerolaldehyd-3-phosphat-Dehydrogenase-Reaktion: Sie ist energetisch gesehen die wichtigste Reaktion der Glykolyse. In diesem Schritt finden eine Phosphorylierung mit anorganischem Phosphat sowie eine Oxidation des Substrats durch NAD^+ statt. Während der Oxidation ist das Glycerolaldehyd-3-phosphat über ein Cystein-Schwefelatom des Enzyms in Form eines **energiereichen Thioesters** fest mit diesem verbunden. Danach erfolgt die Abspaltung vom Enzym durch eintretendes anorganisches Phosphat, welches dann das 1,3-Bisphosphoglycerat bildet. Eine solche Abspaltung analog zur Hydrolyse wird auch **Phosphorolyse** genannt. Durch diese Reaktion wird ein Aldehyd erst zur Säure oxidiert (3-Phosphoglycerat) und dann mit Phosphat zum Säureanhydrid 1,3-Bisphosphoglycerat verknüpft. Abb. 7.8 zeigt diese Reaktionskette im Detail. **Säureanhydride** entstehen aus zwei Säuremolekülen, die unter Abgabe von einem Wassermolekül eine gemeinsame Sauerstoffbrücke ausbilden. In unserem Fall sind das 3-Phosphoglycerol- und anorganische Phosphorsäure. Sie sind Moleküle mit hohem Gruppenübertragungspotential (in ihnen „steckt viel Energie"). Mit + 6,3 kJ/mol ist diese Reaktion endergon und kann nur deshalb ablaufen, weil die Folgereaktion stark exergon ist.

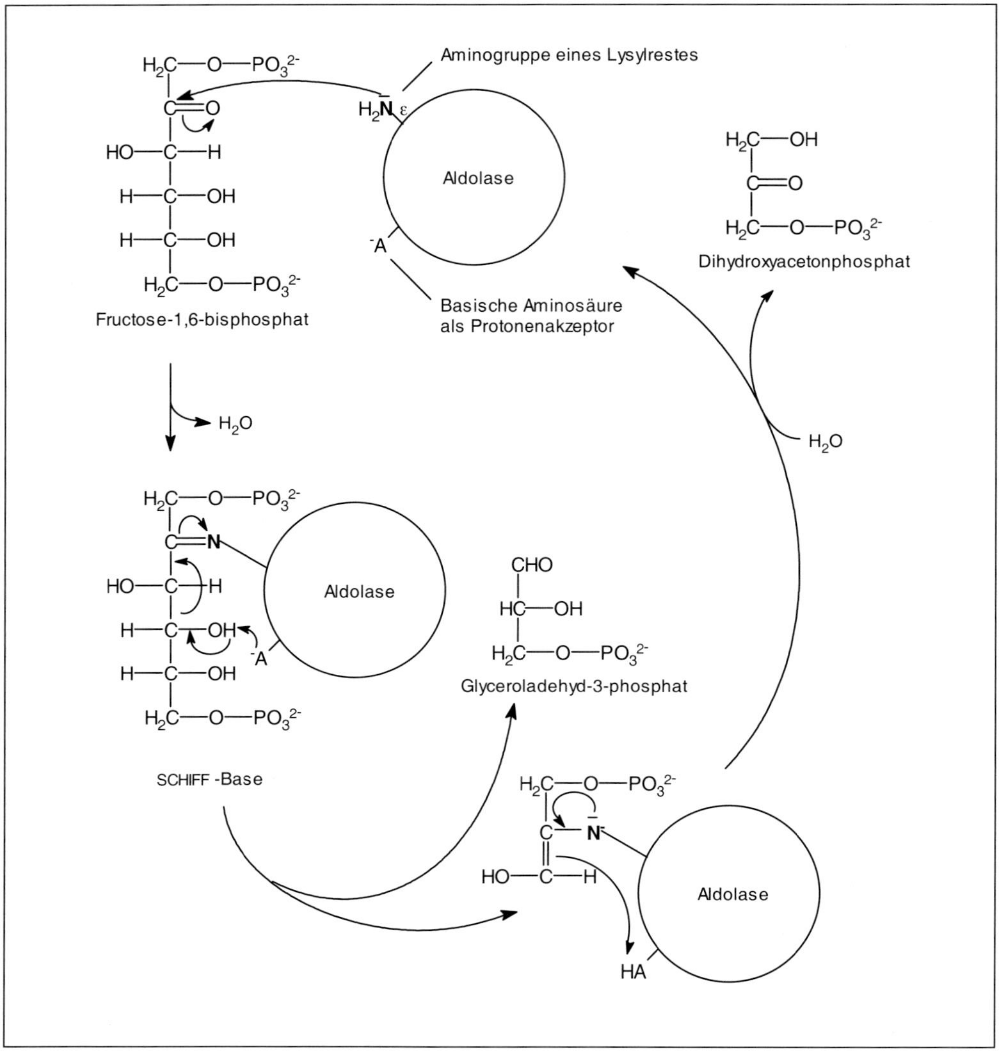

Abb. 7.7: Der Mechanismus der Aldolase-Reaktion. Die eine SCHIFF-Base kennzeichnende Gruppe ist fett unterlegt. Eine basische Gruppe des Enzyms A^- übernimmt zeitweise ein Proton aus dem Substrat. Es entsteht ein Produkt mit Aldehyd-, ein anderes mit Alkoholgruppe. Diesen Reaktionstyp nennt man Aldolspaltung.

Die Glycerolaldehyd-3-phosphat-Dehydrogenase-Reaktion kann durch **Iodacetat**

$$R - SH + I - CH_2COO^- \rightarrow RS - COO^- + HI \quad (7.8)$$

und Schwermetallionen wie **Hg^{2+}** inhibiert werden, da diese mit SH-Gruppen im aktiven Zentrum des Enzyms kovalente Bindungen eingehen.

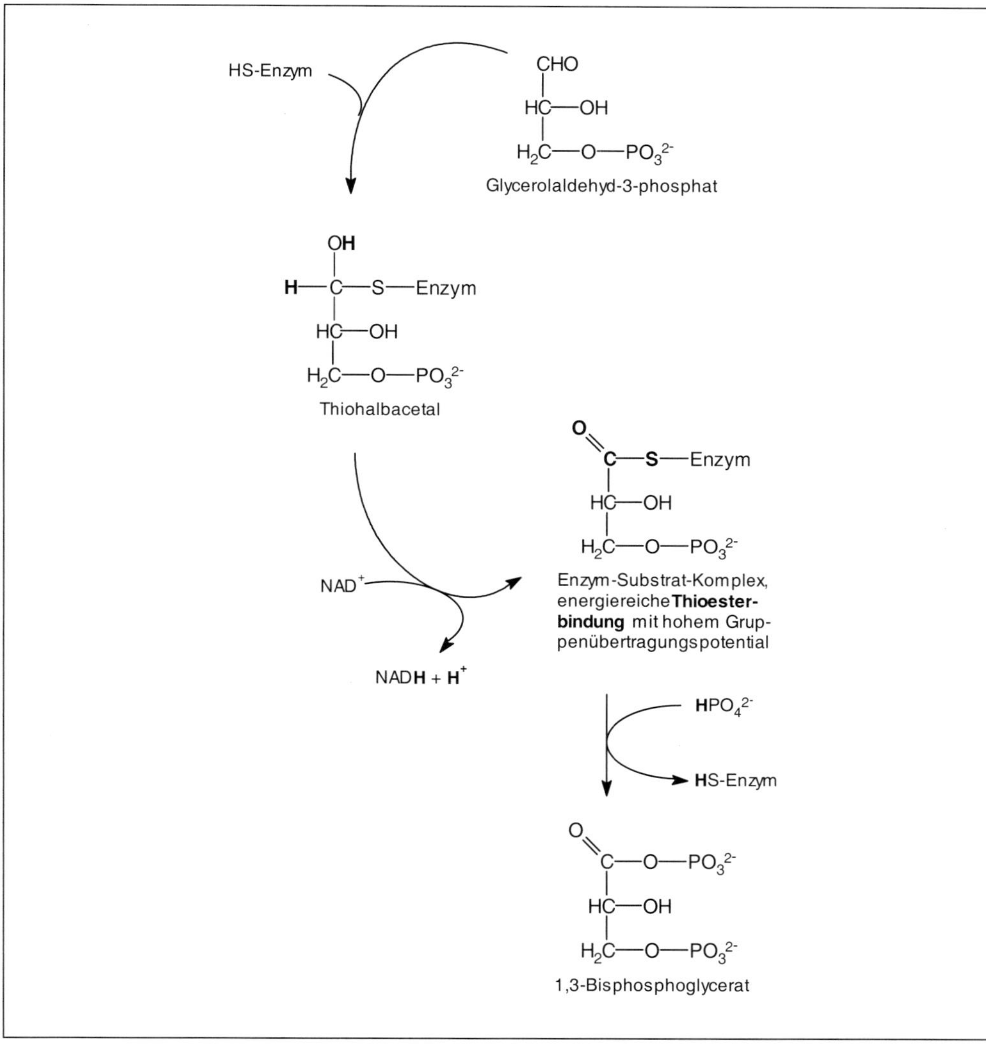

Abb. 7.8: Reaktion der Glycerolaldehyd-3-phosphat-Dehydrogenase. Zunächst wird durch Oxidation ein Thioester mit hohem Gruppenübertragungspotential gebildet, der durch Phosphorylierung zum 1,3-Bisphosphoglycerat weiterreagiert.

Phosphoglycerat-Kinase-Reaktion: 1,3-Bisphosphoglycerat besitzt ein hohes Gruppenübertragungspotential, so daß es die an Position 1 gebundene Phosphatgruppe „am liebsten los werden will". In dieser steckt viel Energie, welche die Zelle gern in konservierter und jederzeit verfügbarer Form fixieren möchte. Als universelle „Energiekonserve" der Zelle bietet sich ATP an, so daß das 1,3-Bisphosphoglycerat im ADP einen idealen Partner für die Übertragung seiner energiereichen Phosphatgruppe findet:

$$\text{1,3-Bisphosphoglycerat} + \text{ADP} + H_2O \rightarrow \text{3-Phosphoglycerat} + \text{ATP} \qquad (7.9)$$

Bei der in Gleichung (7.9) hervorgehobenen Gruppenübertragung wird ein Säureanhydrid in zwei Säuren gespalten (3-Phosphoglycerolsäure und Phosphorsäure im ATP). Aus einer energiereichen Verbindung ist eine andere entstanden, die für die Zelle als universelle „Energiewährung" fungiert, nämlich ATP. Es fällt bei einer genauen Überlegung auf, daß das ATP in Gleichung (7.9) weder bei Anwesenheit von Licht (wie bei der Photosynthese der Pflanzen) noch in Anwesenheit von Sauerstoff (wie bei der Atmungskette der Pflanzen und Tiere) synthetisiert worden ist. Man nennt diesen dritten Weg der ATP-Bildung **Substratkettenphosphorylierung**. Das ATP wird hierbei, wie oben besprochen, aus energiereichen Substraten gebildet. Es sei noch einmal daran erinnert, daß bei diesem Schritt zwei Moleküle ATP pro Molekül Glucose entstehen, da ja auch zwei Moleküle 1,3-Bisphosphoglycerat anfallen. Die Reaktion ist mit - 18,8 kJ/mol stark exergon und erlaubt damit den Ablauf der beiden vorherigen endergonen Schritte (+ 7,6 kJ/mol und + 6,3 kJ/mol) der Glykolyse. In der Bilanz aller drei Umsetzungen kommen wir zu einer exergonen Reaktionskette: (7,6 + 6,3) kJ/mol - 18,8 kJ/mol ergibt als Nettowert - 4,9 kJ/mol!

Phosphoglyceratmutase-Reaktion: Bei dieser Isomerisierung wird 3-Phosphoglycerat in sein Konstitutionsisomer 2-Phosphoglycerat überführt. Cosubstrat dieser Reaktion ist das als Hämoglobineffektor bekannte **2,3-Bisphosphoglycerat**. Dieses fungiert als enzymgebundener Phosphatdonor (donare lat. schenken), der nun das 3-Phosphoglycerat in einer „Bäumchen-wechsel-Dich-Reaktion" zu 2,3 Bisphosphoglycerat phosphoryliert und dabei selbst als 2-Phosphoglycerat in die Folgereaktion eingeht. Das 2,3-Bisphosphoglycerat am Enzym kann als Cosubstrat an einer neuen Phosphoglyceratmutase-Reaktion teilhaben.

Enolase-Reaktion: Bei dieser Reaktion entsteht erneut ein Stoff mit hohem Gruppenübertragungspotential, das Phosphoenolpyruvat. Ein **Enol** ist ein Alkohol mit einer benachbarten Doppelbindung im Molekül („En-"). Beim Phosphoenolpyruvat ist die OH-Gruppe unter Wasserabspaltung eine Bindung mit der Phosphorsäure eingegangen, so daß eine sogenannte Esterbindung entsteht. Ester (hier das Phospho-en-ol-pyruvat) sind Verbindungen aus einem Alkohol und einer Säure. Sie sind wie Säureanhydride energiereiche Moleküle mit hohem Gruppenübertragungspotential. Die Enolase-Reaktion ist mit + 1,7 kJ/mol endergon und wird durch **Fluoridionen** gehemmt. Diesen Umstand macht man sich in der klinischen Chemie zunutze, indem man durch Fluoridzugabe (z. B als NaF) die Glykolyse der Erythrocyten in Blutproben unterbindet.

Pyruvatkinase-Reaktion: Analog zur Phosphoglycerat-Kinase-Reaktion handelt es sich hier um eine **Substratkettenphosphorylierung**. Das Phosphoenolpyruvat überträgt dabei seine Phosphatgruppe auf ADP, wobei ATP und Pyruvat als Produkte hervorgehen. Wie erwartet ist diese Reaktion mit - 31,4 kJ/mol stark exergon und ermöglicht die beiden vorherigen endergonen Reaktionen (+ 4,4 kJ/mol und + 1,7 kJ/mol). Die Pyruvatkinase, ein tetrameres Enzym, ist der Angriffspunkt mehrerer Regulationsmechanismen und damit ein Schlüsselenzym bei der Glykolyseregulation.

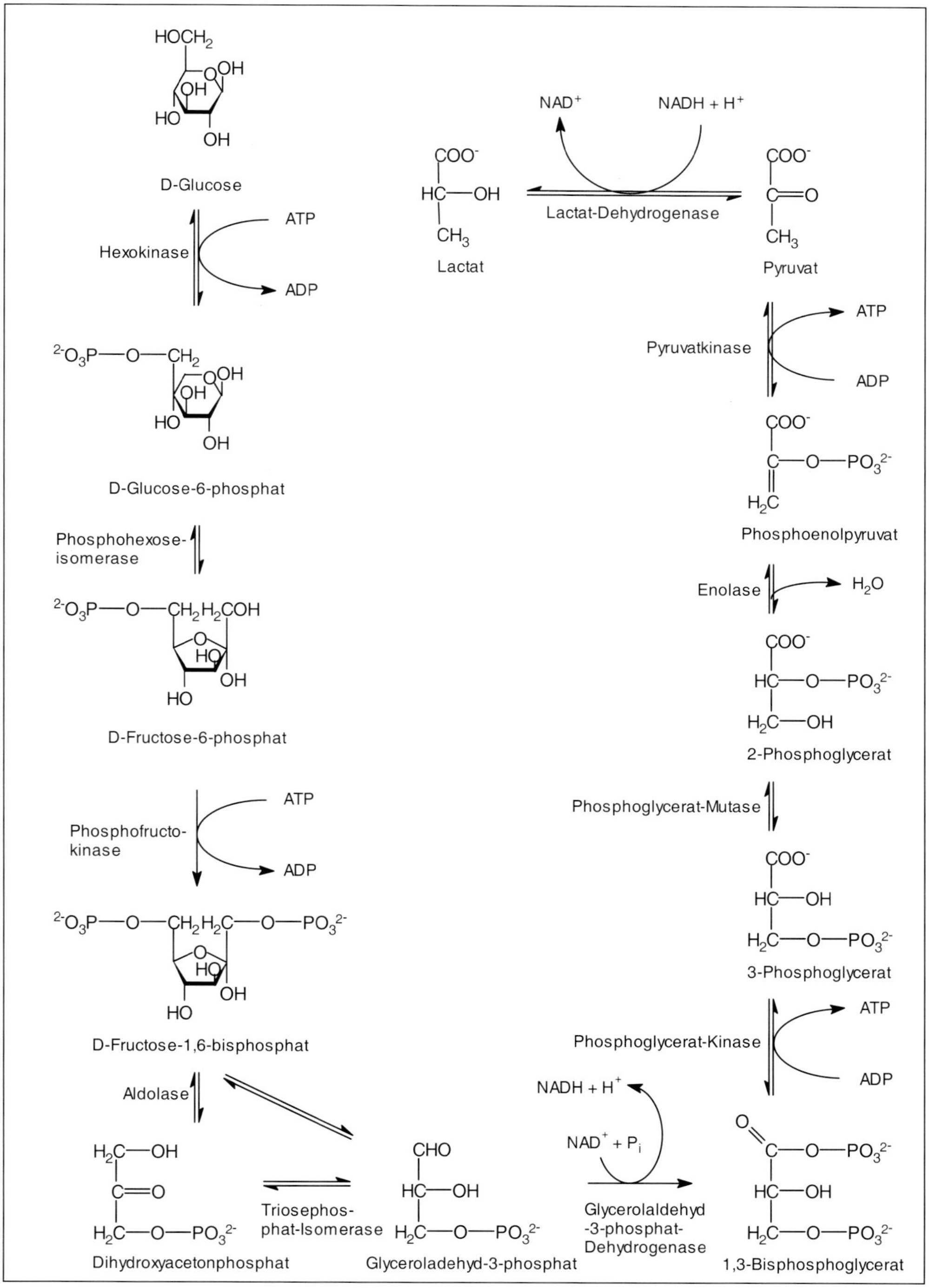

Abb. 7.9: Übersichtsschema der Glykolyse. Ihr aerober Teil endet beim Pyruvat, bei anaerober Glykolyse ist das Endprodukt Lactat, das Anion der Milchsäure.

7.2.5 Die Regulation der Glykolyse

Die Glykolyse ist gleichsam das „Tor zum Kohlenhydratstoffwechsel". In ihr münden letztlich alle mit der Nahrung aufgenommenen Kohlenhydrate ein. Auf der anderen Seite ist die Glykolyse eng mit anderen Stoffwechselwegen verknüpft (z. B. Citratzyklus). Daraus ergibt sich für die Zelle die Notwendigkeit, die Glykolyse nicht unkontrolliert ablaufen zu lassen, denn „Angebot und Nachfrage" an Substraten müssen bei ökonomischer Arbeitsweise miteinander in Einklang gebracht werden.

Die Regulation der Glykolyse setzt im wesentlichen an zwei Enzymen an: **Phosphofructokinase** und **Pyruvatkinase**. Die gut untersuchte Phosphofructokinase des Muskels ist ein tetrameres Enzym mit einer relativen Molekülmasse von 360.000. Dieses Homotetramer (also mit vier gleichen Untereinheiten) kann reversibel in zwei Dimere dissoziieren. Diese Dissoziation unterliegt dem Einfluß allosterischer Aktivatoren und Inhibitoren. Aktivatoren der Phosphofructokinase sind AMP, ADP und Fructose-1,6-bisphosphat (ein Beispiel für positive Rückkopplung). Allosterische Inhibitoren sind ATP und Citrat. Durch diese Anordnung von Regulatoren wird gewährleistet, daß die Glykolyse den Energiebedürfnissen der Zelle Rechnung trägt. Ist sie mit Energie reichlich versorgt (ATP und Citrat in hohen Konzentrationen), dann wird der Stoffwechsel des Hauptenergielieferanten Glucose gebremst. Besitzt die Zelle dagegen viele „leere Energiekonserven" wie AMP und ADP, so wird via Glykolyse ATP nachgeliefert.

In der Leber ist **Fructose-2,6-bisphosphat** der wichtigste Aktivator der Glykolyse:

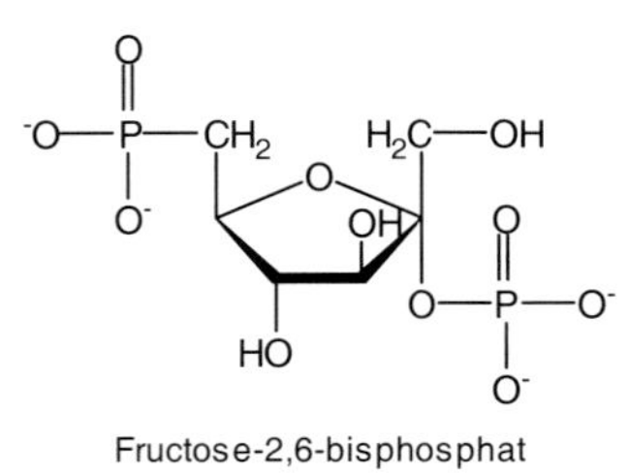

Abb. 7.10: Der Aktivator Fructose-2,6-bisphosphat.

Fructose-2,6-bisphosphat wird aus Fructose-6-phosphat durch **Phosphofructo-2-Kinase** (PFK-2) gebildet. Dieses Enzym ist jedoch nicht identisch mit der Phosphofructo-1-Kinase (PFK-1) der Glykolyse! PFK-2 ist aktiv, wenn viel Glucose anfällt. Somit wird auch viel Fructose-2,6-bisphosphat synthetisiert, welches dann PFK-1 aktiviert und damit die Glykolyse „anschaltet". Das Hormon Glucagon induziert eine Phosphorylierung der PFK-2, was deren Inaktivierung zur Folge hat. Dadurch wird die Glykolyse gehemmt und im Gegenzug die Gluconeogenese aktiviert. Über die Regulation der Gluconeogenese werden wir mehr im Abschnitt 7.3.5 erfahren.

Die Pyruvatkinase wird von ATP und Acetyl-CoA inhibiert. Acetyl-CoA fällt beim Abbau der Fettsäuren an. Bekommt eine Zelle über diesen Weg genug Energie (als ATP), so schaltet sie mittels Acetyl-CoA die Zufuhr weiterer Energieträger über die Glykolyse ab. ATP signalisiert für sich die Existenz von „Energiekonserven". Auch Fettsäuren selbst inhibieren die Pyruvatkinase. Ein Aktivator der Pyruvatkinase ist Fructose-1,6-bisphosphat.

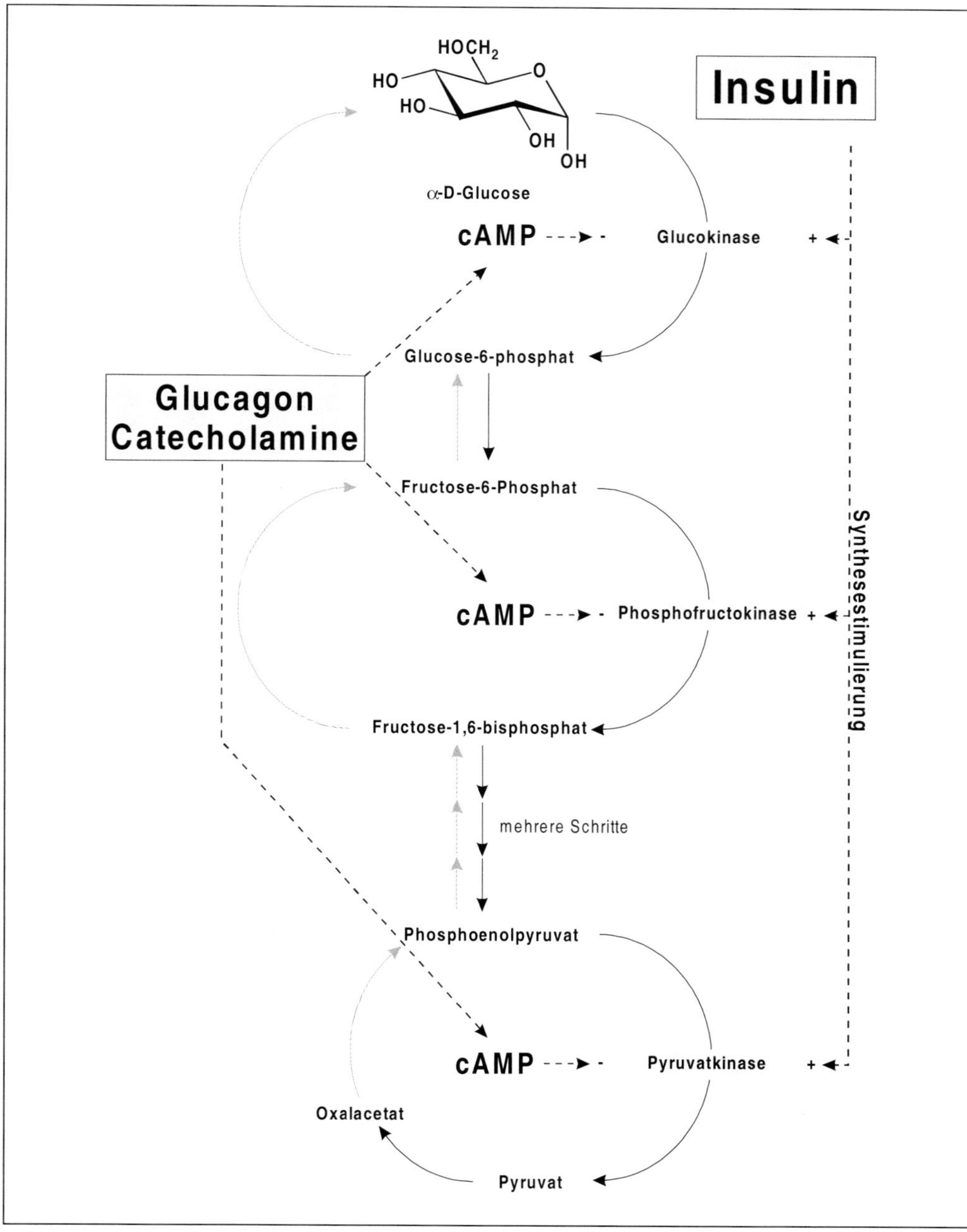

Abb. 7.11: Durch Beschleunigung der Synthese von Glykolyse-Schlüsselenzymen nimmt Insulin fördernden Einfluß auf die Glykolyse. Sieht man von der Glucokinase ab, ist dazu auch die Anwesenheit der Glucose notwendig. Als Gegenspieler mit reprimierender Wirkung auf die Enzymsynthese treten Glucagon und die Catecholamine Adrenalin und Noradrenalin über cyclo-AMP vermittelt auf. Gluconeogeneseschritte sind lediglich schattiert angedeutet (Abschnitt 7.3).

Ist die erste Kontrollstelle der Glykolyse (PFK-1) überwunden, garantiert dieser Effektor über die Aktivierung der zweiten (Pyruvatkinase) den reibungslosen weiteren Abbau bis zum Pyruvat. Zwischenprodukte können sich so nicht anhäufen. Abschließend wollen wir uns mit Abb. 7.12 einen Überblick über die Regulation der Glykolyse und ihre Einbindung in den größeren Stoffwechselkontext verschaffen.

Unter den Hormonen nimmt insbesondere **Insulin** Einfluß auf die Glykolyse. Dies geschieht durch Stimulierung (Induktion) oder Hemmung (Repression) der Synthese von Schlüsselenzymen. Unabhängig von der momentanen Glucosekonzentration induziert das Hormon die **Glucokinase-Synthese** in der Leber. Anwesend muß Glucose dagegen bei der Induktion folgender Enzyme durch Insulin sein:

- Aldolase
- Phosphofructokinase-2
- Phosphofructokinase
- Pyruvatkinase

Glucagon und die Catecholamine treten der Insulinwirkung über cyclo-AMP entgegen, indem sie reprimierend auf die Synthese der angesprochenen Schlüsselenzyme wirken.

Erythrocyten betreiben lediglich anaerobe Glykolyse, da sie nicht über Mitochondrien verfügen und somit keine Atmung erfolgen kann. Manche Zellen können ihren Energiebedarf entweder durch anaerobe Glykolyse (unter Sauerstoffausschluß) oder durch Atmung (bei Anwesenheit von Sauerstoff) decken. Zu diesen Zellen gehören Muskelzellen, Hefezellen oder auch bestimmte Bakterien. Hier beobachtet man, daß bei aeroben Verhältnissen die anaerobe Glykolyse stark unterdrückt wird. Dieser Effekt wird nach seinem Entdecker **PASTEUR[1]-Effekt** genannt. Ökonomisch besehen ist der PASTEUR-Effekt für die Zelle sinnvoll, denn durch Atmung kann sie neunzehnmal so viel ATP pro Molekül Glucose gewinnen wie durch die anaerobe Glykolyse. Entscheidend beim PASTEUR-Effekt ist die Inhibition der Phosphofructo-1-Kinase.

[1]**PASTEUR, LOUIS**: * 1822, † 1895: Französischer Chemiker und Mikrobiologe. Entdeckte als Ursache der alkoholischen Gärung und dann auch mehrerer Krankheiten die Infektion mit Mikroorganismen. PASTEUR entwickelte die aktive Schutzimpfung, namentlich Tollwut- und Milzbrandimpfung. Das schonende Erhitzen von Nahrungsmitteln mit Temperaturen von 60 bis 80 °C, das Pasteurisieren, bei dem allerdings keine Sporen abgetötet werden, ist nach ihm benannt worden. LOUIS PASTEUR bewies darüber hinaus die Unhaltbarkeit der Lehre von der Urzeugung. Im Pariser Institut Pasteur wurde 1982 durch die Arbeitsgruppe um LUC MONTAGNIER das AIDS-Virus identifiziert.

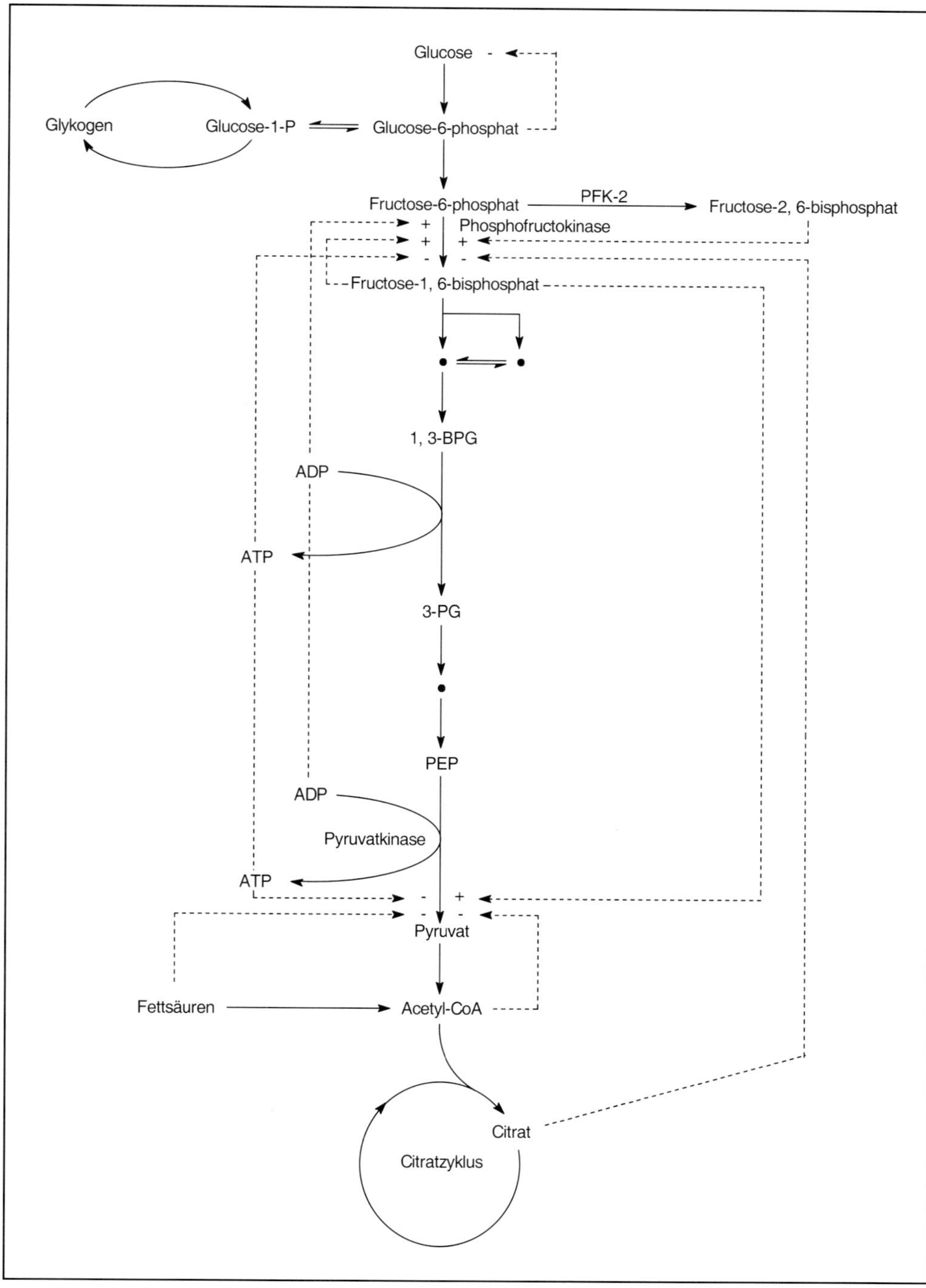

Abb. 7.12: Die Regulation der Glykolyse und ihre Einbindung in das Stoffwechselgeschehen (Glc: Glucose, Frc: Fructose, BPG: Bisphosphoglycerat, PG: Phosphoglycerat, PEP: Phosphoenolpyruvat).

7.2.6 Die alkoholische Gärung

Hefezellen, z. B. die der Bierhefe, sind in der Lage, Glucose über das Glykolyseprodukt Pyruvat hinaus zu Ethanol zu vergären. Was muß man sich unter einer **Gärung** vorstellen? Gärungen sind Energiestoffwechsel, in denen Substrate ohne Beteiligung von molekularem Sauerstoff oxidiert werden. Dies geschieht in der Regel über NADH + H^+, das bei Gärungen in einem späteren Schritt seine Elektronen bzw. H-Teilchen wieder auf einen Gärungsmetaboliten rücküberträgt und diesen reduziert. Der aufmerksame Leser wird bemerken, daß die anaerobe Glykolyse genau diese Kriterien erfüllt. Das NADH + H^+ der Glycerolaldehyd-3-phosphat-Dehydrogenase-Reaktion reduziert im terminalen Schritt durch Rückübertragung seiner Elektronen bzw. H-Atomen Pyruvat, das Produkt dieser Redoxreaktion ist bekanntlich Lactat bzw. Milchsäure. Man kann die anaerobe Glykolyse daher auch als **Milchsäuregärung** bezeichnen. Die Glykolyse verläuft bei Hefezellen in den bereits beschriebenen Bahnen, lediglich die Lactat-Dehydrogenase-Reaktion ist bei der **alkoholischen Gärung** durch zwei andere Reaktionsschritte ersetzt. Im ersten wird das Edukt Pyruvat durch **Pyruvat-Decarboxylase** zu Acetaldehyd und CO_2 decarboxyliert:

$$\text{Pyruvat} \rightarrow \text{Acetaldehyd} + CO_2 \tag{7.10}$$

Die Pyruvat-Decarboxylase, welche tierischen Organismen fehlt, benötigt Thiamindiphosphat, ein Cosubstrat, dessen Funktion in Abschnitt 7.4.2 erklärt wird. Das Enzym **Alkohol-Dehydrogenase** reduziert im letzten Schritt der alkoholischen Gärung das entstandene Acetaldehyd zu Ethanol, wobei das angesprochene NADH + H^+ aus der Oxdidation des Glycerolaldehyd-3-phosphats als reduzierendes Cosubstrat fungiert:

$$\text{Acetaldehyd} + \text{NADH} + H^+ \rightarrow \text{Ethanol} + \text{NAD}^+ \tag{7.11}$$

Mit den Endprodukten CO_2 und Ethanol läßt sich abschließend die Bilanzgleichung der alkoholischen Gärung aufstellen:

$$\text{Glucose} + 2\ \text{ADP} + 2\ P_i \rightarrow 2\ \text{Ethanol} + 2\ \text{ATP} + 2\ CO_2 + 2\ H_2O \tag{7.12}$$

7.2.7 Stoffwechsel von Galactose, Fructose und Mannose

Wie finden nun die anderen mit der Nahrung zugeführten Monosaccharide Zugang zur Glykolyse? Abb. 7.13 zeigt in einer Übersicht, daß der Katabolismus der wichtigen Monosaccharide letztlich in die Glykolyse einmündet.

Fructose findet man als Nahrungsbestandteil in Früchten, Honig und Speisezucker. Außerdem wird die im Sekret der Samenbläschen (50 bis 80 % des Ejakulats) frei auftretende Fructose als Energielieferant für die Spermatozoen verwendet. Sie wird ebenso wie Glucose generell über die Glykolyse abgebaut. In vielen Geweben wird Fructose durch Hexokinase zu Fructose-6-phosphat phosphoryliert, welches bereits ein Zwischenprodukt der Glykolyse ist. Speziell in der Leber phosphoryliert die **Ketohexokinase** (oder Fructose-1-Kinase) die Fructose in Position 1. Das entstandene Fructose-1-phosphat wird von der Aldolase B, einem Leberisoenzym der bekannten Aldolase, in Dihydroxyacetonphosphat und Glycerolaldehyd gespalten.

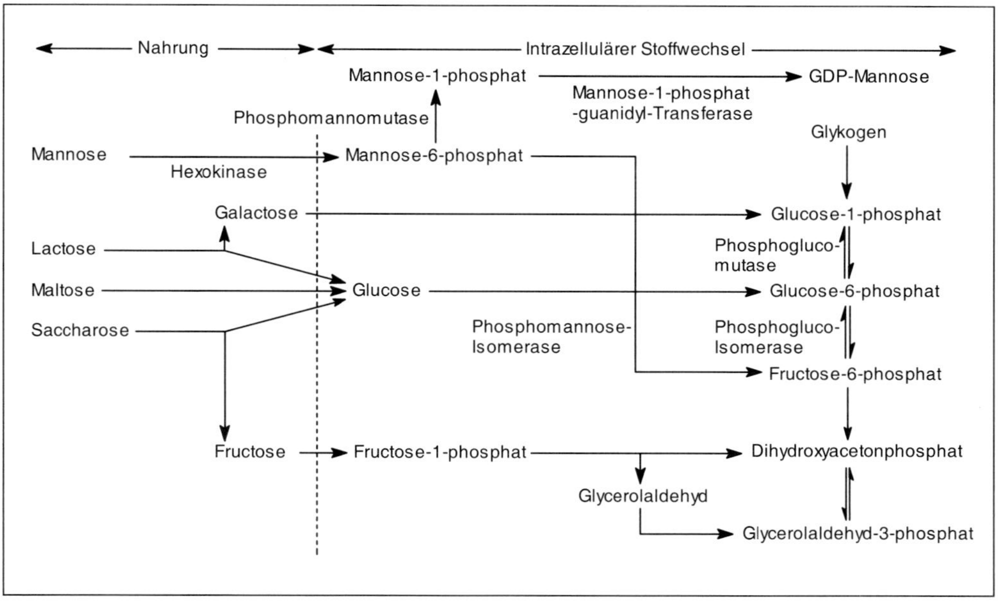

Abb. 7.13: Stoffwechsel wichtiger Monosaccharide mit besonderer Berücksichtigung der Mannose.

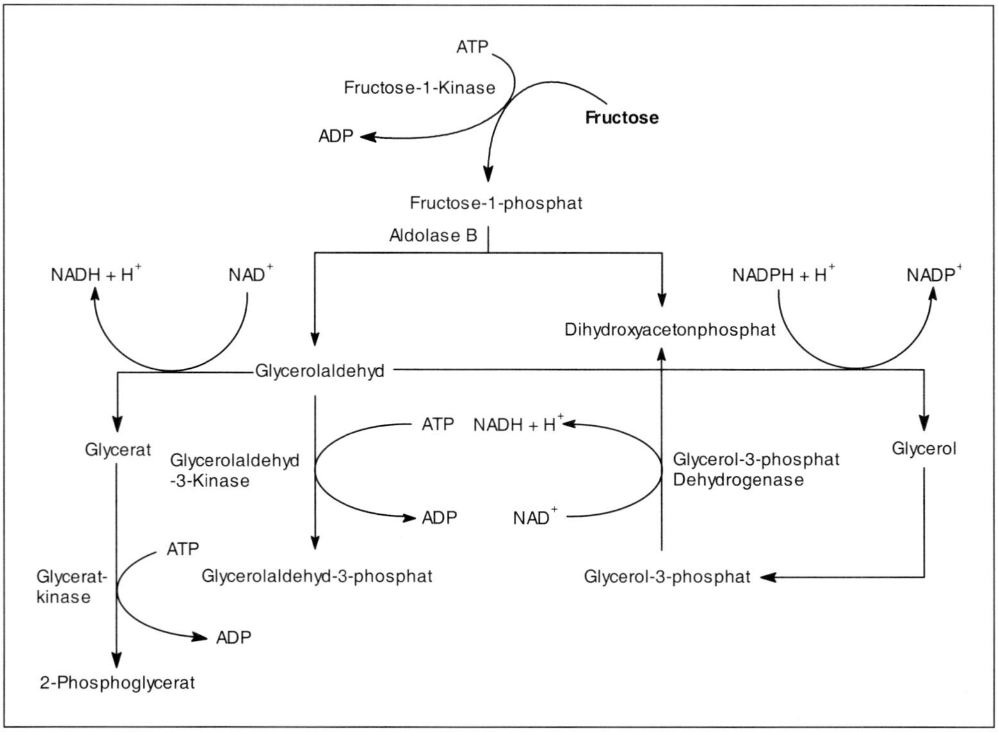

Abb. 7.14: Fructosestoffwechsel. Glycerolaldehyd-3-phosphat und Dihydroxyacetonphosphat sind die Bindeglieder zur Glykolyse.

Dihydroxyacetonphosphat ist ein Zwischenprodukt der Glykolyse. Glycerolaldehyd wird in Position 3 phosphoryliert und findet als Glycerolaldehyd-3-phosphat ebenfalls Anschluß an die Glykolyse. Nebenwege im Fructoseabbau sind die Oxidation zu Glycerat bzw. die Reduktion zum Glycerol. Glycerat wird nach Phosphorylierung zum 2-Phosphoglycerat in die Glykolyse eingeschleust, während das Reduktionsprodukt Glycerol nach Phosphorylierung an Position 3 wieder oxidiert wird. Das Produkt dieser Reaktion, Dihydroxyacetonphosphat, ist ein Intermediärmetabolit der Glykolyse.

Galactose wird mit der Lactose der Milch bzw. der Muttermilch zugeführt. Nach Spaltung in die Monosaccharide Glucose und Galactose wird Galactose intrazellulär von der Galactokinase zu α-D-Galactose-1-phosphat phosphoryliert. Mittels UDP-Glucose erfolgt nun die Bildung von UDP-Galactose. Gleichzeitig fällt Glucose-1-phosphat an, welches wieder zum Aufbau von UDP-Glucose genutzt werden kann. Dieser Schritt wird von der **UDP-Glucose-α-D-Galactose-1-phosphat-Uridyltransferase** katalysiert.

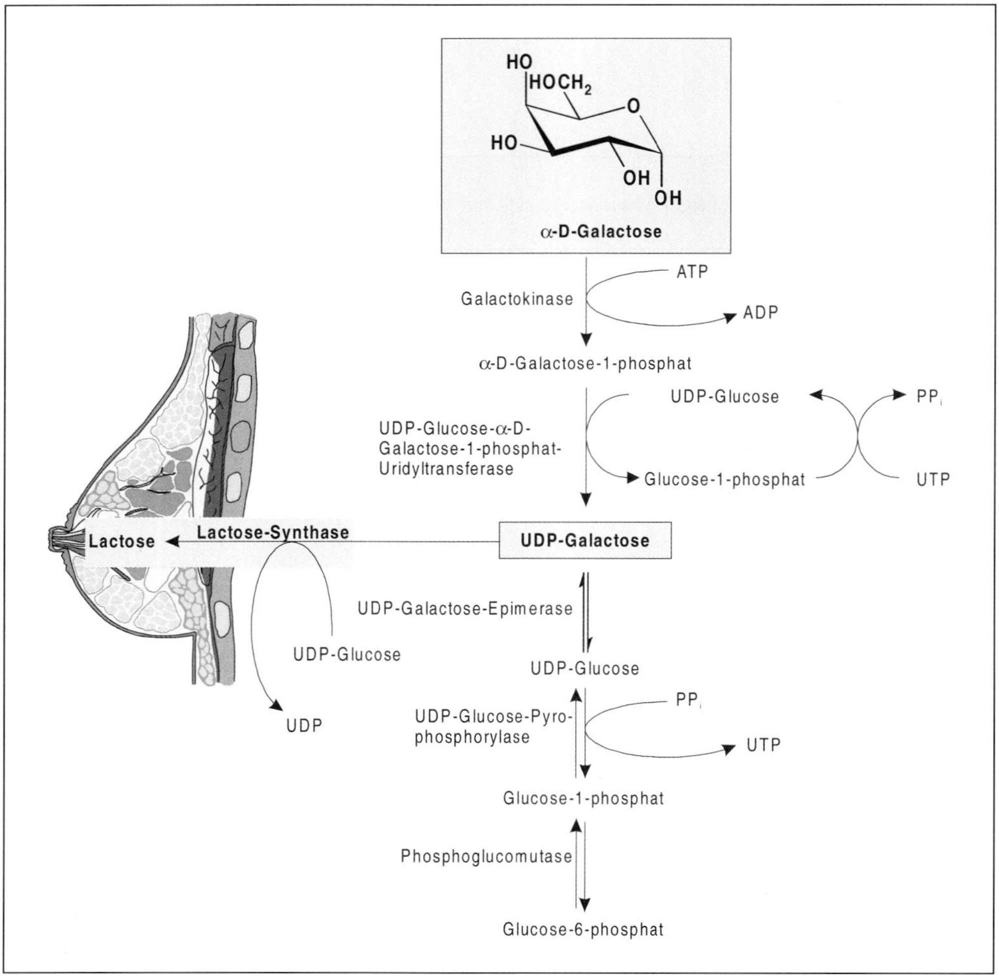

Abb. 7.15: Galactosestoffwechsel. Links die Synthese von Lactose in der Brustdrüse der Frau. Sie nimmt nicht von der Nahrungsgalactose, sondern von der UDP-Galactose ihren Ausgang.

Diese UDP-Galactose wird durch die **UDP-Galactose-Epimerase** in Position 4 epimerisiert. Aus dem Produkt UDP-Glucose wird UTP mit Hilfe von Diphosphat abgespalten und damit Glucose-1-phosphat gebildet. Die Phosphoglucomutase formt das Glucose-1-phosphat zum Isomer Glucose-6-phosphat um, womit der Anschluß an die Glykolyse erreicht wäre. Abb. 7.15 zeigt den Galactosestoffwechsel im Überblick. Für die Glucose aus den Disacchariden Lactose und Saccharose erfolgt der Abbau wie besprochen.

Mannose ist Bestandteil vieler Glykoproteine und Polysaccharide der Nahrung. Durch Hexokinase wird sie zu Mannose-6-phosphat phosphoryliert und anschließend in Fructose-6-phosphat isomerisiert. Der weitere Abbau erfolgt über die Glykolyse.

7.3 Gluconeogenese

7.3.1 Definition und Bedeutung der Gluconeogenese

Das Wort Gluco-neo-genese bedeutet Glucose-neu-bildung. Darunter wird im engeren Sinne der Neuaufbau aus Pyruvat verstanden. Glucose kann natürlich auch auf anderen Wegen, z. B. aus dem Glycerol des Fettstoffwechsels, aufgebaut werden. Vorstufen für die Bildung von Glucose aus Pyruvat sind **Aminosäuren** und **Oxalacetat**. Unter den Aminosäuren stehen besonders Alanin und in der Niere auch Glutamin im Vordergrund, die in diesem Organ auch im Zuge der Gluconeogenese zur Ammoniakbildung beitragen. Oxalacetat kann hingegen über den Citratzyklus aus Propionyl-CoA, einem Abbauprodukt des Fettsäurestoffwechsels, synthetisiert werden. Auch aus Lactat, das besonders im Skelettmuskel anfällt, ist eine Resynthese von Glucose möglich. Die Gluconeogenese ist eine spezifische Leistung von **Leber** und **Niere**. Allein diese Organe verfügen über alle der Gluconeogenese eigenen Enzyme. Sie ist somit im Gegensatz zur Glykolyse kein ubiquitär auftretender Stoffwechselweg.

Dient die Gluconeogenese der Leber in erster Linie der Aufrechterhaltung der Blutglucosekonzentration, so ist der Beitrag der Niere hier vernachlässigbar. Bevor wir auf die Bedeutung der renalen Gluconeogenese zu sprechen kommen, soll noch auf die Lokalisation dieses Stoffwechselweges in der Niere eingegangen werden. Während die Enzyme der Glykolyse insbesondere im aufsteigenden Teil der HENLEschen Schleife, im distalen Tubulus und den Sammelrohren gefunden werden, herrscht im **proximalen Tubulus** des Nephrons, der Pars convoluta, die Gluconeogenese vor. In der Niere sind somit Glucoseauf- und -abbau anatomisch getrennt und verschiedenen Nephronabschnitten zugeordnet. Eine der Hauptaufgaben der Niere ist die Beteiligung an der Säure-Base-Regulation. Ein Beitrag (neben anderen) dazu ist die Bildung der Base Ammoniak in den Tubuluszellen, welche anschließend in das Tubuluslumen diffundiert und dort unter Aufnahme eines Protons H^+ zum Ammoniumion reagiert. Dieser Mechnismus ist vor allen Dingen bei der Kompensation nichtrespiratorischer Azidosen von Bedeutung, in deren Folge die Niere die Protonensekretion in die Tubuli steigert, um den Blut-pH-Wert wieder anzuheben. Im Harn werden die H^+-Ionen dann zu einem erheblichen Teil in Form von NH_4^+ ausgeschieden. Der Harn erfährt dadurch eine Abpufferung, sein pH-Wert steigt. Die Synthese des Ammoniaks erfolgt aus der Aminosäure **Glutamin**, die durch die intramitochondrialen Enzyme **Glutaminase I** und **Glutamat-Dehydrogenase** (GLDH) in 2-Ketoglutarat (das Anion der 2-Ketoglutarsäure) und zwei Moleküle Ammoniak gespalten wird (die im Bürstensaum lokalisierte Glutaminase II spielt in diesem Zusammenhang keine Rolle). Die beiden abdissoziierten H^+-

Teilchen der 2-Ketoglutarsäure reagieren mit den entstandenen Ammoniakmolekülen zum Ammoniumion NH_4^+, welches dann nicht mehr im Tubuluslumen als Base NH_3 zur Abpufferung von Protonen zur Verfügung steht. Dieses Problem wird dadurch umgangen, daß 2-Ketoglutarat in den Tubulusepithelien über die Gluconeogenese zu den neutralen Molekülen Glucose und Kohlendioxid CO_2 weiterreagiert. Auf diese Weise gehen die anfänglich gebildeten zwei Protonen in die Glucosesynthese ein, wodurch die beiden Ammoniakmoleküle im Tubulusepithel wieder zur Harnpufferung herangezogen werden können. Die für die Säure-Base-Regulation der Niere wichtige Ammoniakbildung ist also mit der Gluconeogenese im Parenchym des Organs gekoppelt, so daß parallel zur gesteigerten Ammoniaksynthese auch die Gluconeogenese im proximalen Tubulus intensiviert wird. Unterstrichen wird dies durch die Tatsache, daß bei Acidosen, im Hungerzustand oder bei vermehrtem Anfall von Aminosäuren die renale Gluconeogenese erhöht ist.

Folgende Organe bzw. Zellen sind in hohem Maße von Glucose als Energieträger abhängig: **Zentrales Nervensystem** (fast ausschließlich), **Erythrocyten** (ausschließlich), **Niere**, Muskel und Hoden. Das Gehirn ist besonders anfällig gegenüber einem Abfall der Glucosekonzentration im Blut. Sie beträgt normalerweise ca. 5 mmol/L. Aus der Notwendigkeit einer möglichst konstanten Blutglucosekonzentration ergibt sich mit der Gluconeogenese ein Weg, der diese Konstanz garantiert.

7.3.2 Überblick über die Gluconeogenese

Für die Zelle liegt es nahe, bei der Gluconeogenese den Stoffwechselweg der Glykolyse gleichsam rückwärts zu beschreiten. Dies wäre ökonomisch, weil dann die Enzymausstattung nicht völlig „neu entworfen" werden müßte, sondern auf bereits vorhandene Enzyme zurückgegriffen werden kann. Auch für die parallele Regulation beider Stoffwechselwege ist dieser Ansatz vorteilhaft, denn an gemeinsamen zentralen Schaltstellen kann der eine Stoffwechselweg an- und der andere ausgeschaltet werden.

Schaut man sich noch einmal Abb. 7.16 an, so werden unsere Überlegungen weitgehend bestätigt. Zu einem ganz erheblichen Teil ist die Gluconeogenese eine „reverse Glykolyse". An drei Punkten jedoch, bei den Reaktionen von Hexokinase, Phosphofructokinase und Pyruvatkinase, weicht die Gluconeogenese von der Glykolyse ab.

Diese drei Reaktionen sind jene Glykolyseschritte, die stark exergon sind und somit für die jeweiligen Rückreaktionen ein energetisch unüberwindliches Hindernis darstellen. Hier hat die Zelle also neue Enzyme entwerfen müssen.

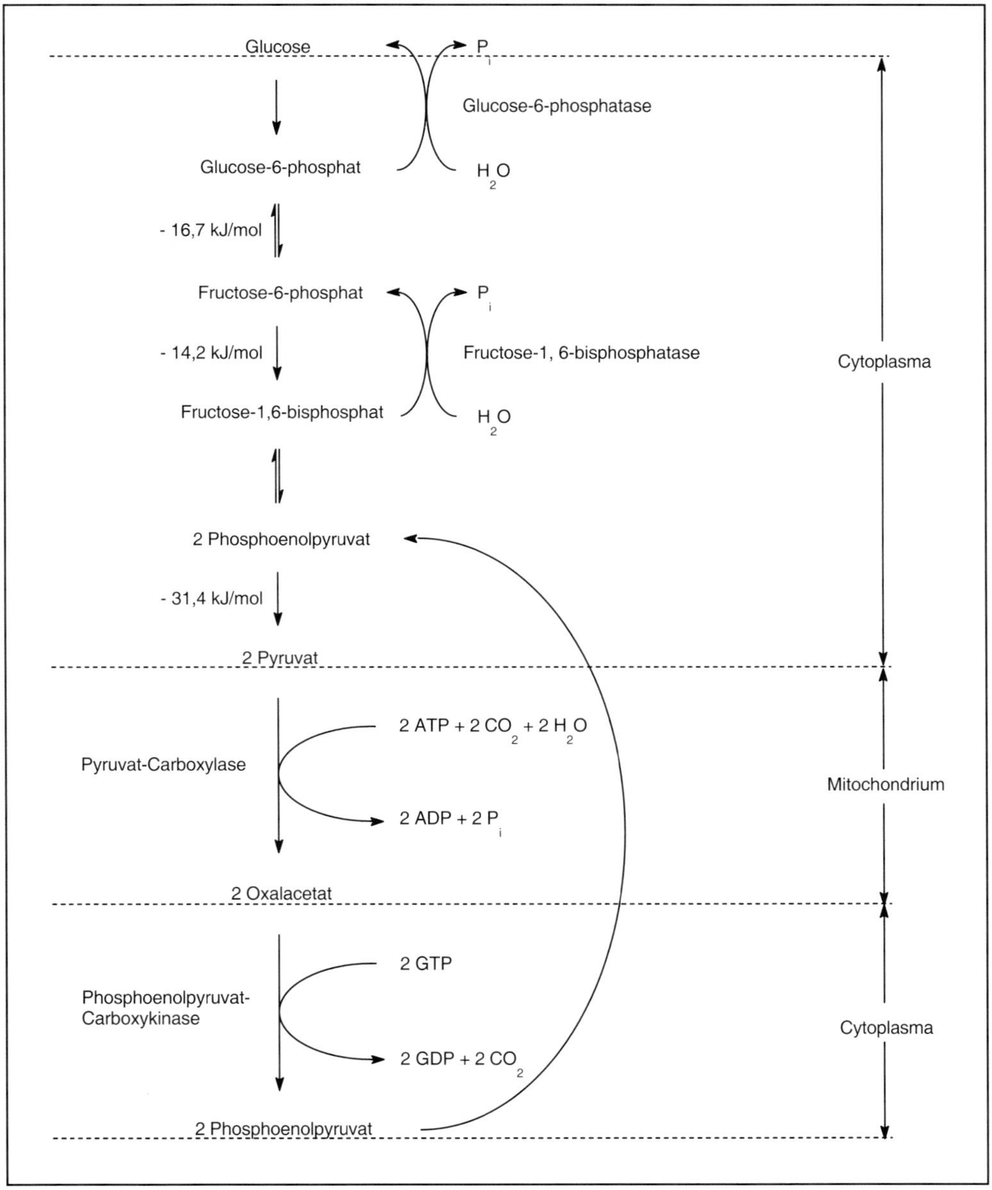

Abb. 7.16: Die drei unterschiedlichen Reaktionen von Glykolyse und Gluconeogenese.

7.3.3 Wichtige Schritte der Gluconeogenese im einzelnen

Pyruvat-Carboxylase- und **Phosphoenolpyruvat-Carboxykinase-Reaktion**: Die Rückreaktion vom Pyruvat zum Phosphoenolpyruvat erfolgt in zwei Schritten.

Im ersten Teilschritt wird CO_2 in das Pyruvat eingeführt, wobei Oxalacetat entsteht. Eine solche Reaktion nennt man **Carboxylierung**. Sie erfordert **Biotin** als prosthetische Gruppe. Dieses bleibt während der Reaktion kovalent über eine ε-Aminogruppe eines Lysylrestes an die Pyruvat-Carboxylase gebunden und ist der eigentliche Kohlendioxidüberträger. Freies Biotin, auch **Vitamin H** genannt, wird in großen Mengen durch die bakterielle Darmflora synthetisiert. In rohem Eiweiß vorhandenes **Avidin** bindet Biotin mit hoher Affinität, ebenso das von Bakterien produzierte **Streptavidin**.

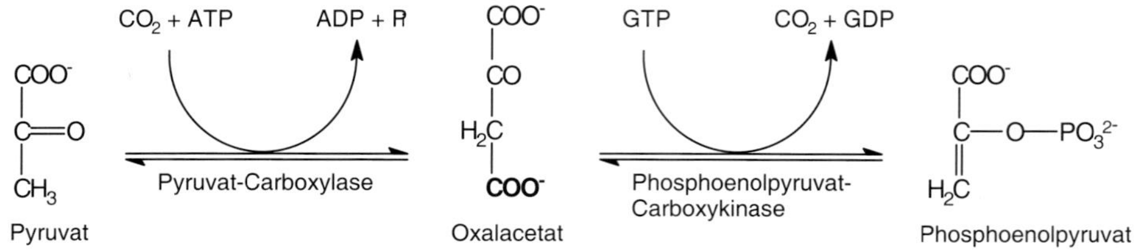

Abb. 7.17: Die Bildung von Phosphoenolpyruvat aus Pyruvat.

Tabelle 7.2: Wichtige Daten zum Biotin, dem Vitamin H.

	Biotin (Vitamin H)
Vorkommen	**Hefe**, **Leber**, Nieren, Schweinefleisch, Eigelb, Sojabohnen, Spinat, Erdnüsse, Bananen, Melonen, Pampelmusen, Pfirsiche
Bedarf (pro Tag)	Erwachsene ca. 0,25 mg
Bedeutung	Prosthetische Gruppe bei Carboxylierungen Acetyl-CoA-Carboxylase-Reaktion (Fettsäuresynthese) Pyruvat-Carboxylase (Gluconeogenese) Propionyl-CoA-Carboxylase (Abbau ungeradzahliger Fettsäuren)
Vitaminmangel	Er äußert sich in nervösen Störungen, Lethargie, Anorexie, Muskelschmerzen, Dermatitis und Übelkeit.

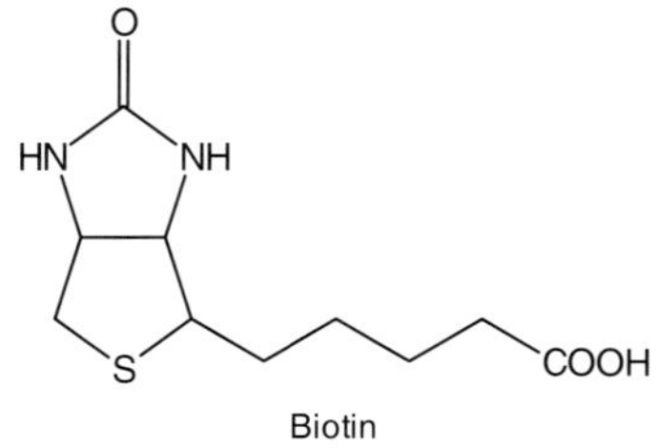

Abb. 7.18: Biotin (M_r = 244). Die Carboxylgruppe kann mit ε-Lysylresten eines Proteins eine Säureamidbindung eingehen. Biotin geht mit zwei Proteinen, Avidin und Streptavidin feste Bindungen ein. Avidin wird im Hühnereiweiß gefunden, während Streptavidin (M_r = 66.000) bakteriellen Ursprungs ist und aus vier identischen Untereinheiten besteht, die jeweils eine hochaffine Bindungsstelle für Biotin beinhaltet. Die Dissoziationskonstante einer Streptavidin-Biotin-Bindung beträgt 10^{-15} mol/L. Diese Bindung ist also fast irreversibel. Technisch bindet man Biotin an Proteine, z. B. Antikörper (Biotinylierung). An dieses kann wiederum Streptavidin, welches an ein Enzym gekoppelt ist, andocken. Das Enzym setzt dann Substrat für eine Farbreaktion um (Prinzip des Enzymimmuoassays) und der Farbstoff wird anschließend photometrisch bestimmt.

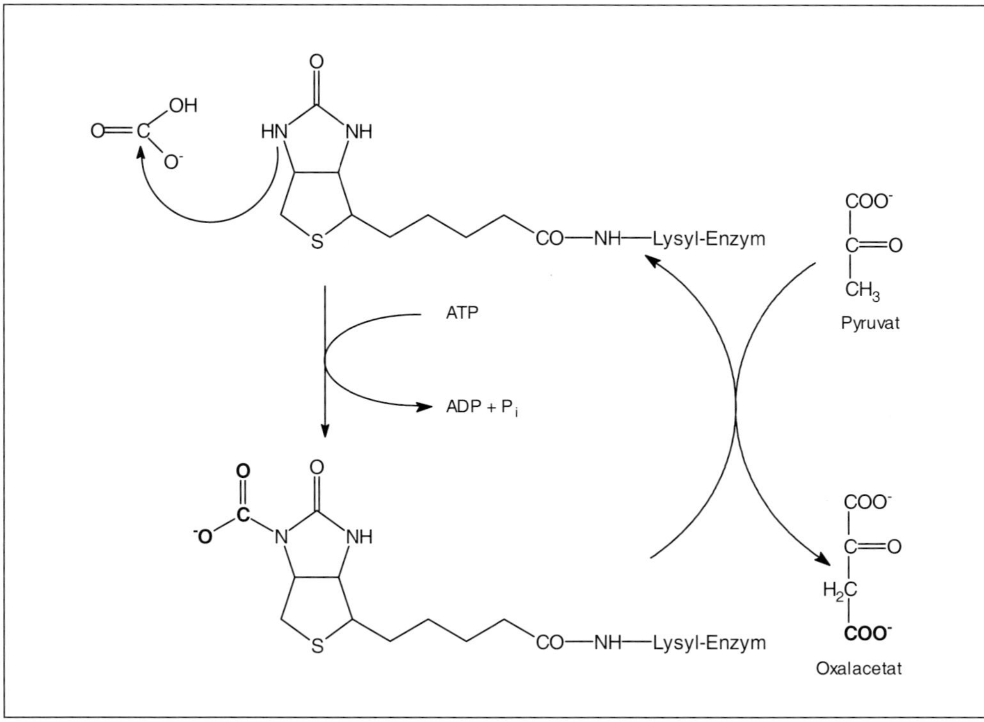

Abb. 7.19: Die Rolle von Biotin bei der Carboxylierung von Pyruvat. Über eine Säureamidgruppe ist Biotin an die ε-Aminogruppe eines Lysylrestes gekoppelt. Man nennt ein solches fest gebundenes Coenzym auch prosthetische Gruppe.

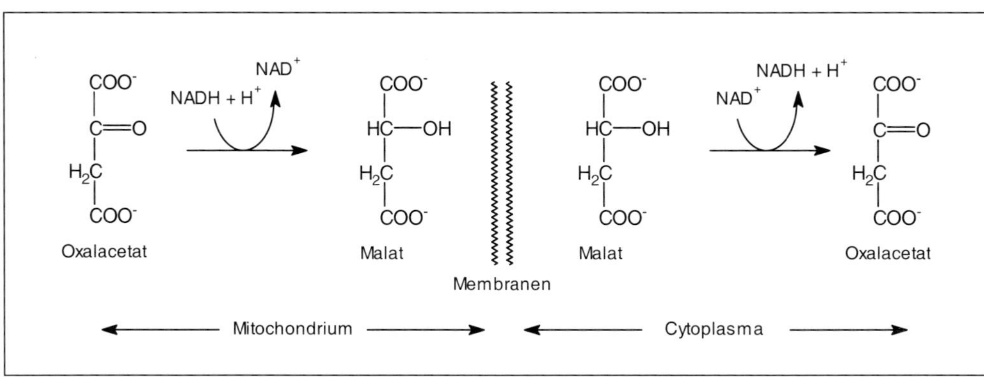

Abb. 7.20: Transport von Oxalacetat durch die Mitochondrienmembranen.

Diese Reaktion erfolgt nicht im Cytoplasma, sondern im **Mitochondrium**. Die Folgereaktion ist aber wieder im Cytoplasma angesiedelt, so daß Oxalacetat durch die Mitochondrienmembran transportiert werden muß. Hierbei wird es zuerst zu Malat, dem Salz der Äpfelsäure, reduziert. In der folgenden durch Phosphoenolpyruvat-Carboxykinase katalysierten Decarboxylierung wird CO_2 unter GTP-Spaltung wieder frei. Das energiereiche Coenzym ist hier nicht ATP, sondern das verwandte Guanosintriphosphat GTP. Wie der Name bereits andeutet, ist gegenüber dem ATP im GTP das Adenin durch Guanin ersetzt.

Die **Fructose-1,6-bisphosphatase-** und die **Glucose-6-phosphatase-Reaktion** sind Hydrolysen, bei denen anorganisches Phosphat abgespalten wird. Diese beiden Umsetzungen sind mit - 16,3 kJ/mol bzw. - 12,1 kJ/mol exergon. In Gehirn und Skelettmuskel, aber auch in anderen Geweben fehlt **Glucose-6-phosphatase**, so daß hier keine vollständige Gluconeogenese möglich ist. Das Enzym ist in der Membran des **Endoplasmatischen Retikulums** lokalisiert. Für Phosphat, Glucose-6-phosphat und Glucose bestehen separate, transmembranöse Transportsysteme, die den Austausch der beteiligten Metaboliten ermöglichen.

7.3.4 Die Bilanz der Gluconeogenese

Um die Bilanz der Gluconeogenese aufstellen zu können, notieren wir einfach die Reaktionsgleichung der aeroben Glykolyse in inverser Richtung und addieren die in Abb. 7.16 verzeichneten spezifischen Reaktanden der Gluconeogenese:

$$\begin{aligned}&2\ C_3H_4O_3\ +\ 2\ ATP\ +\ 2\ H_2O\ +\ 2\ NADH\ +\ 2\ H^+\ +\ 2\ H_2O\ +\ 2\ ATP\\&+\ 2\ GTP\ +\ 2\ H_2O\ \rightarrow\ C_6H_{12}O_6\ +\ 2\ ADP\ +\ 2\ P_i\ +\ 2\ NAD^+\\&+\ 2\ ADP\ +\ 2\ P_i\ +\ 2\ GDP\ +\ 2\ P_i\end{aligned} \tag{7.13}$$

Als Summengleichung für die Gluconeogenese folgt:

$$\begin{aligned}&2\ C_3H_4O_3\ +\ 4\ ATP\ +\ 6\ H_2O\ +\ 2\ NADH\ +\ 2\ H^+\ +\ 2\ GTP\\&\rightarrow\ C_6H_{12}O_6\ +\ 4\ ADP\ +\ 6\ P_i\ +\ 2\ NAD^+\ +\ 2\ GDP\end{aligned} \tag{7.14}$$

Um ein Molekül Glucose zu synthetisieren, müssen also 6 „Energiekonserven" investiert werden (4 ATP + 2 GTP). Zudem werden noch zwei Molekül NADH + H^+ verbraucht, die in der Atmungskette Energie liefern könnten. Die Zelle läßt es sich also einiges kosten, um die Blutglucosekonzentration konstant zu halten!

7.3.5 Die Regulation der Gluconeogenese

Es wurde schon angesprochen, daß Glykolyse und Gluconeogenese ganz überwiegend im Cytoplasma lokalisiert sind und zudem eine Reihe von Enzymen gemeinsam nutzen. Um so wichtiger ist es für die Zelle, beide Stoffwechselwege zu koordinieren und zu regulieren. Es ist einsichtig, daß diese Regulation gegenläufig erfolgen muß, da es nicht sinnvoll wäre, auf der einen Seite Glucose ab- und auf der anderen gleichzeitig mit Nettoenergieverlust dieselbe wieder aufzubauen. Die **Pyruvat-Carboxylase** wird allosterisch durch Acetyl-CoA aktiviert. Zugleich ist es ein Inhibitor der Pyruvatkinase aus der Glykolyse. Hohe Acetyl-CoA-Konzentrationen begünstigen also eine Resynthese von Glucose. Die Synthese von Glucose kommt somit immer dann in Gang, wenn im Mitochondrium mehr Acetyl-CoA vorliegt, als (im Citratzyklus) verbraucht wird. Die **Phosphoenolpyruvat-Carboxykinase** ist ein induzierbares Enzym, d. h. seine Synthese kann unter bestimmten Bedingungen gesteigert werden. Als Induktor dieses Enzyms wirkt **Cortisol**, ein Nebennierenrindenhormon, welches besonders die Gluconeogenese aus Aminosäuren bewirkt.

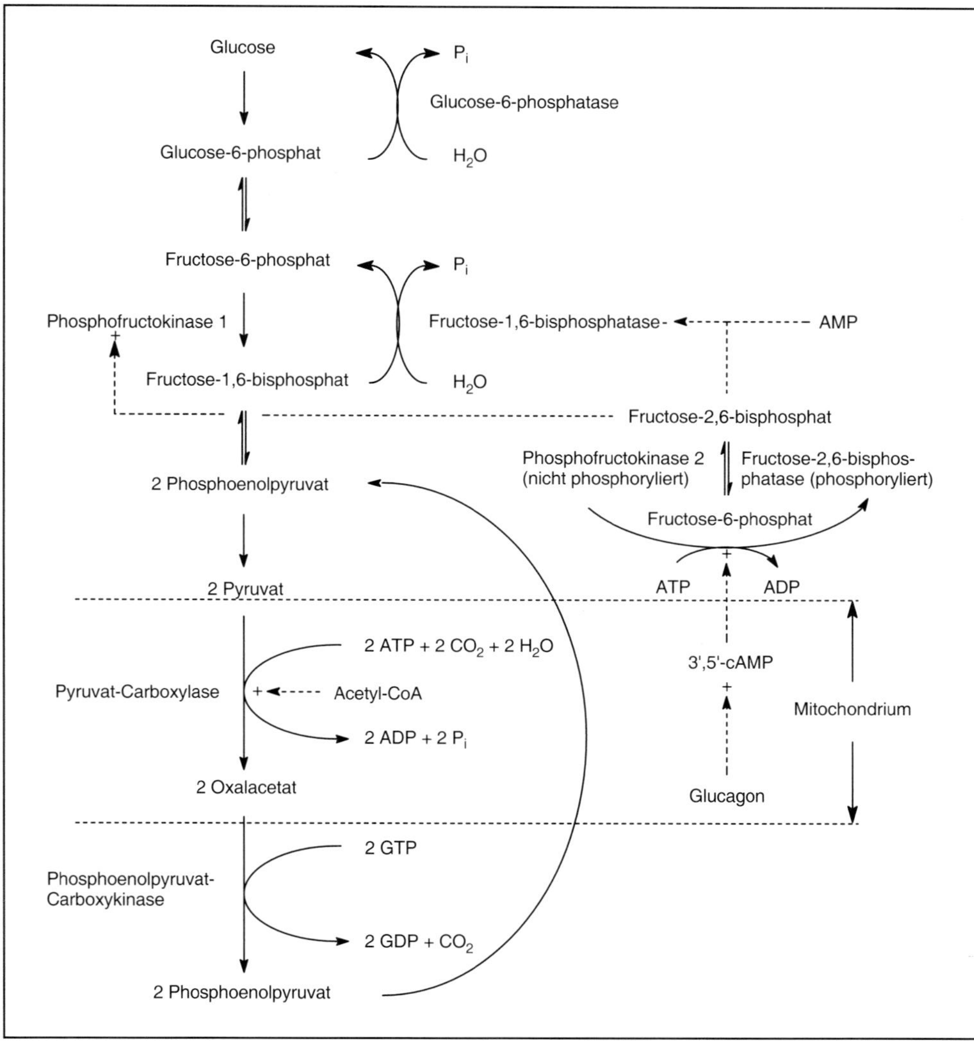

Abb. 7.21: Die Regulation der Gluconeogenese.

Wir erinnern uns, daß **Fructose-2,6-bisphosphat** ein wichtiger Aktivator der Phosphofructokinase in der Leber ist. Gleichzeitig ist es ein Inhibitor der Fructose-1,6-bisphosphatase, es hemmt also den entsprechenden Gluconeogeneseschritt. Das Pankreashormon **Glucagon** aktiviert ein bestimmtes Enzym, die Fructose-2,6-bisphosphatase, welches den Abbau von Fructose-2,6-bisphosphat zu Fructose-6-phosphat katalysiert. Dies bedeutet aber, daß der Inhibitor Fructose-2,6-bisphosphat unter dem Einfluß des Glucagons abgebaut und somit die Gluconeogenese angeschaltet wird. Das Glucagon hat darüber hinaus noch eine weitere wichtige Rolle. Durch eine glucagoninduzierte chemische Modifizierung (eine Phosphorylierung) wird die **Pyruvatkinase** gehemmt und somit verhindert, daß das gebildete Phosphoenolpyruvat im Rahmen der Glykolyse gleich wieder abgebaut wird.

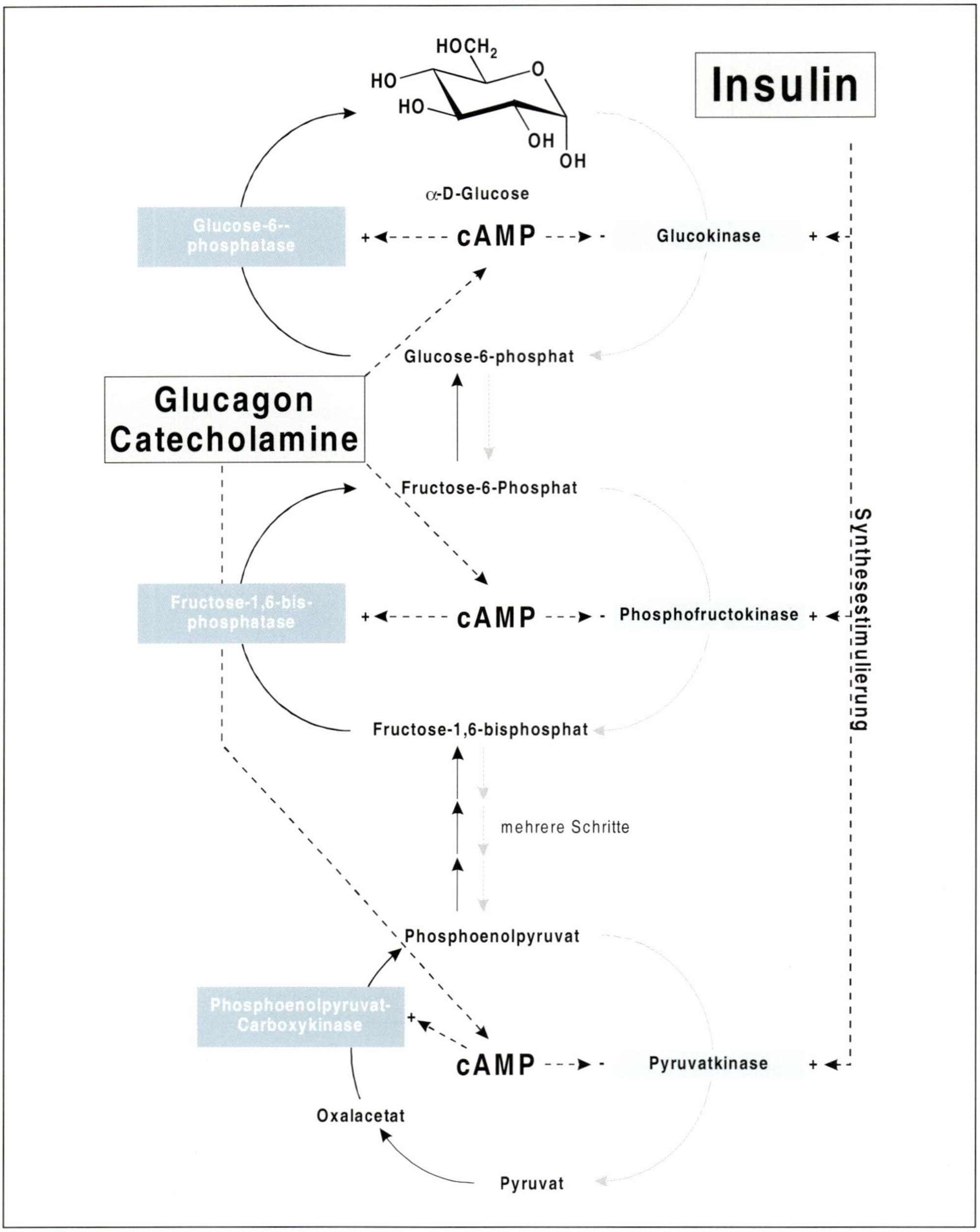

Abb. 7.22: Hormonelle Regulation der Gluconeogenese, dargestellt im Zusammenhang mit der zuvor besprochenen Glykolyse, deren Reaktionen heller bzw. dunkler gerastert sind. Glucagon und die Catecholamine steuern über cAMP die Gluconeogenese im fördernden Sinne.

Wir wollen uns an dieser Stelle merken, daß Glucagon die Synthese von Glucose fördert. Abschließend soll noch einmal betont werden, daß diejenigen Schritte, in denen sich Glykolyse und Gluconeogenese unterscheiden, auch die sind, an denen die Regulation beider Stoffwechselwege angreift. Besitzt die Zelle genug ATP, Citrat, NADH und Acetyl-CoA, so wird die Gluconeogenese an- und die Glykolyse abgeschaltet. Hat die Zelle dagegen „Energiehunger", wird umgekehrt die Glykolyse gefördert und die Gluconeogenese gehemmt. Abb. 7.21 faßt die Regulation der Gluconeogenese zusammen.

7.3.6 CORI- und Alaninzyklus

Der Skelettmuskel ist nicht in der Lage, Gluconeogenese zu betreiben, da ihm dazu die Glucose-6-phosphatase des Endoplasmatischen Reticulums fehlt. Im Muskel anfallendes Lactat wird daher über die Blutbahn in die Leber transportiert, welche via Gluconeogenese daraus Glucose aufbaut. Während der Arbeitsphasen bezieht der Muskel seine Glucose für die Glykolyse aus dem Muskelglykogen, der Speicherform für Glucose. Gleichzeitig wird aus dem anfallenden Lactat in der Leber Glucose resynthetisiert, welche sie als Glykogen in ihren Zellen deponiert. In der Erholungsphase des Skelettmuskels wird dieses Leberglykogen wieder mobilisiert und über den Kreislauf dem Muskel in Form von Glucose angeboten. Dieser füllt mit dieser „Leberglucose" seine Glykogenspeicher wieder auf. Dieses Wechselspiel von Muskel- und Leberglykogen wird nach seinen Entdeckern GERTY und CARL CORI[2] **CORI-Zyklus** genannt.

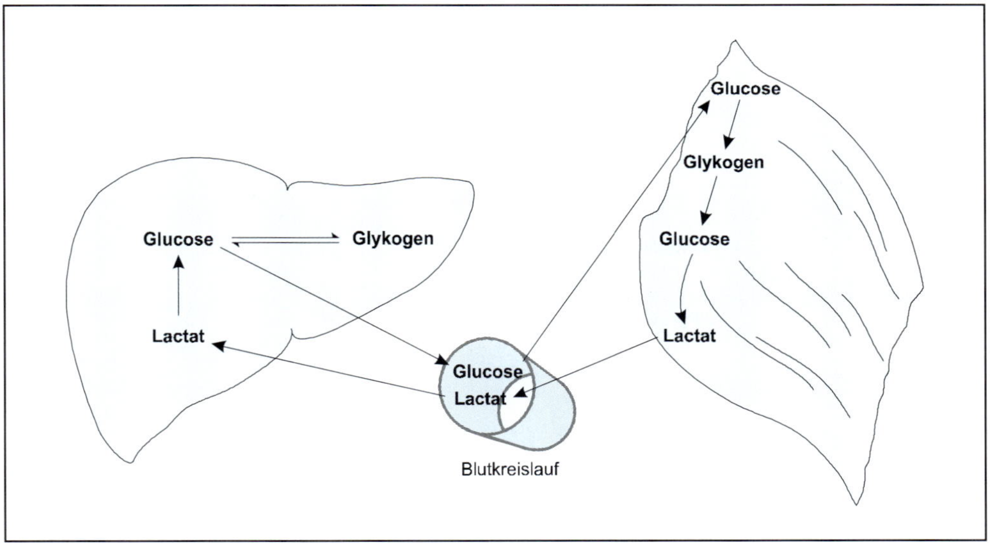

Abb. 7.23: Der CORI-Zyklus zwischen Skelettmuskel und Leber.

Im Muskelstoffwechsel fällt weiterhin viel Alanin an. Es wird mit dem Blutstrom zur Leber transportiert und dort über Pyruvat zum Aufbau von Glucose genutzt. Diese Glucose wird dann mit dem Blut wieder dem Muskel zur Verfügung gestellt. Der sich auf diese Weise schließende Kreis heißt **Alaninzyklus**.

---

[2]**CORI, CARL FERDINAND** und **GERTY THERESA**: beide * 1896. Pharmakologen, erhielten aufgrund ihrer Untersuchungen zum Glykogenstoffwechsel 1947 den Nobelpreis für Medizin.

7.4 Die oxidative Decarboxylierung und ihre Coenzyme

7.4.1 Definition der oxidativen Decarboxylierung

Die oxidative Decarboxylierung ist das Bindeglied zwischen aerober Glykolyse und Citratzyklus. Der Output der Glykolyse, das Pyruvat, wird durch die oxidative Decarboxylierung zum Input für den Citratzyklus umgeformt. Dieser Input ist Acetyl-Coenzym A, kurz Acetyl-CoA, auf das später noch eingegangen wird. Der Name dieses Stoffwechselschrittes beinhaltet bereits einige Informationen: CO_2 wird abgespalten, da es sich um eine Decarboxylierung handelt. Weiterhin findet eine Oxidation statt, und wir dürfen annehmen, daß dem Substrat Pyruvat Wasserstoffatome entzogen werden. Weiterhin können wir vermuten, daß bei dieser Oxidation (oder Dehydrierung) NAD^+ beteiligt ist. Wir wollen nun unsere Feststellungen in einer Übersicht zusammenfassen:

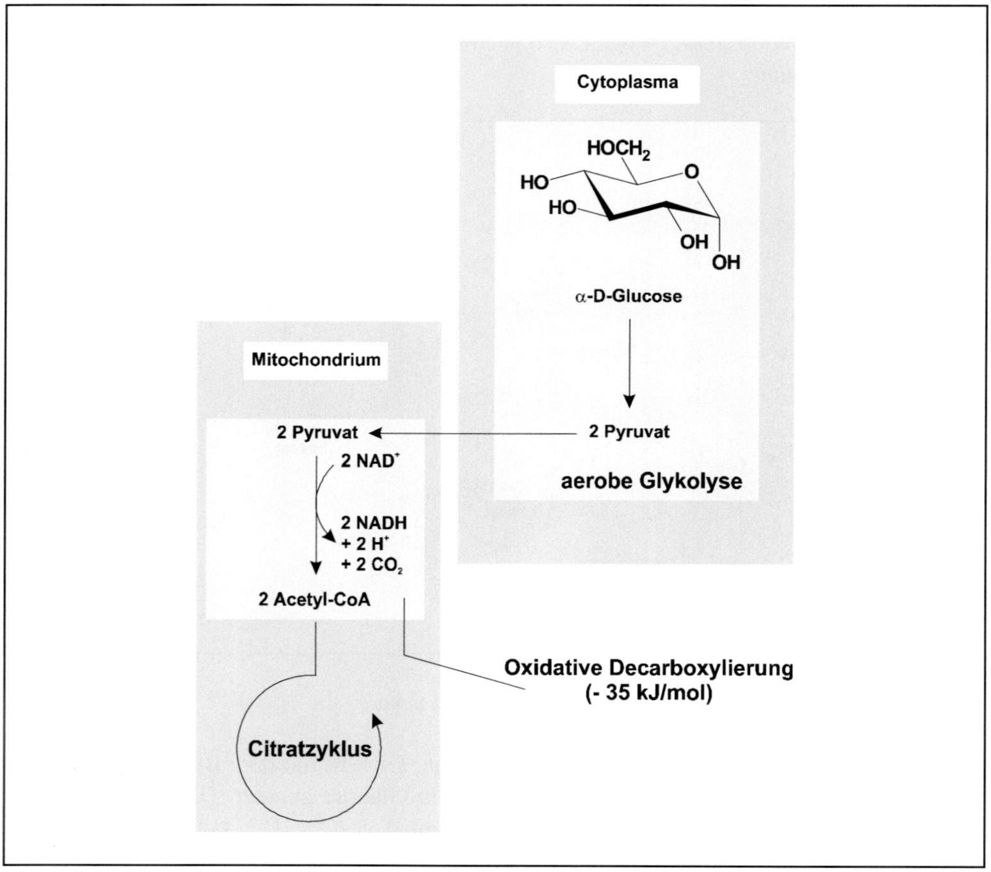

Abb. 7.24: Überblick über die oxidative Decarboxylierung.

In Abb. 7.24 wird auch deutlich, daß die oxidative Decarboxylierung ebenso wie der Citratzyklus im **Mitochondrium** lokalisiert ist. Sie besteht lediglich aus einem Reaktionsschritt, ganz im Gegensatz zu Glykolyse und Citratzyklus, die ja eine Vielzahl von Reaktionen umfassen. Es stellt sich die Frage, warum man einem einzigen Reaktionsschritt so viel Aufmerksamkeit schenkt. Die Antwort liegt in der Komplexität dieses Schrittes begründet. So sind an dieser einzelnen Reaktion fünf Coenzyme und drei Enzyme beteiligt! Bevor wir uns den Reaktionen der Enzyme zuwenden, müssen wir uns erst mit den Coenzymen auseinandersetzen.

7.4.2 Coenzyme der oxidativen Decarboxylierung und ihre zugehörigen Vitamine

Die Flavin-Coenzyme, Flavinmononukleotid **FMN** und Flavinadenindinukleotid **FAD**, leiten sich vom Riboflavin, einem Vitamin der B_2-Gruppe ab.

Tabelle 7.3: Das Vitamin Riboflavin.

	Riboflavin (Vitamin-B_2-Komplex)
Vorkommen	**Hefe**, **Leber**, Nieren, Milch, Molkepulver, Hühnereiklar
Bedarf (pro Tag)	Erwachsene 0,3 mg pro 4187 kJ Energiezufuhr mit der Nahrung, Säuglinge 0,4 bis 0,5 mg
Bedeutung	Als $FADH_2$ Wasserstoffüberträger, prosthetische Gruppe vieler Dehydrogenasen (Citratzyklus, Fettsäureoxidation) und Oxidasen (D-Aminosäureoxidase, Xanthinoxidase)
Vitaminmangel	Entzündungen der Zunge (Glossitis) und der Lippen (Cheilitis), Mundwinkelrhagaden, Juckreiz in der Anogenitalregion, Dermatitis.

Wie Abb. 7.25 zeigt, liegt auch bei den Flavin-Coenzymen eine Nukleotidstruktur vor. An die Stelle der Ribose ist im FMN jedoch der entsprechende Zuckeralkohol **Ribitol** getreten. FAD und FMN sind Coenzyme der Oxidoreduktasen, wir finden sie somit als Begleiter von Redoxreaktionen. Die Übertragung von H-Atomen (bzw. Elektronen) erfolgt an der dreigliedrigen Ringstruktur, dem sogenannten **Isoalloxazin-Ring**.

Enzyme, die FMN oder FAD als Coenzyme nutzen, heißen **Flavoproteine**. In wenigen Fällen sind dabei FMN bzw. FAD kovalent an das Enzym gebunden, z. B. über die Methylgruppen $-CH_3$ des Isoalloxazin-Ringes mit Stickstoffatomen der Aminosäuren im jeweiligen Enzym (-C-N-Bindung). Meistens jedoch sind FMN bzw. FAD nicht kovalent (und dennoch recht fest) an das Enzym gebunden. Wir erinnern uns, daß enzymgebundene Coenzyme auch prosthetische Gruppen genannt werden. FMN und FAD sind Musterbeispiele für die prosthetische Gruppe.

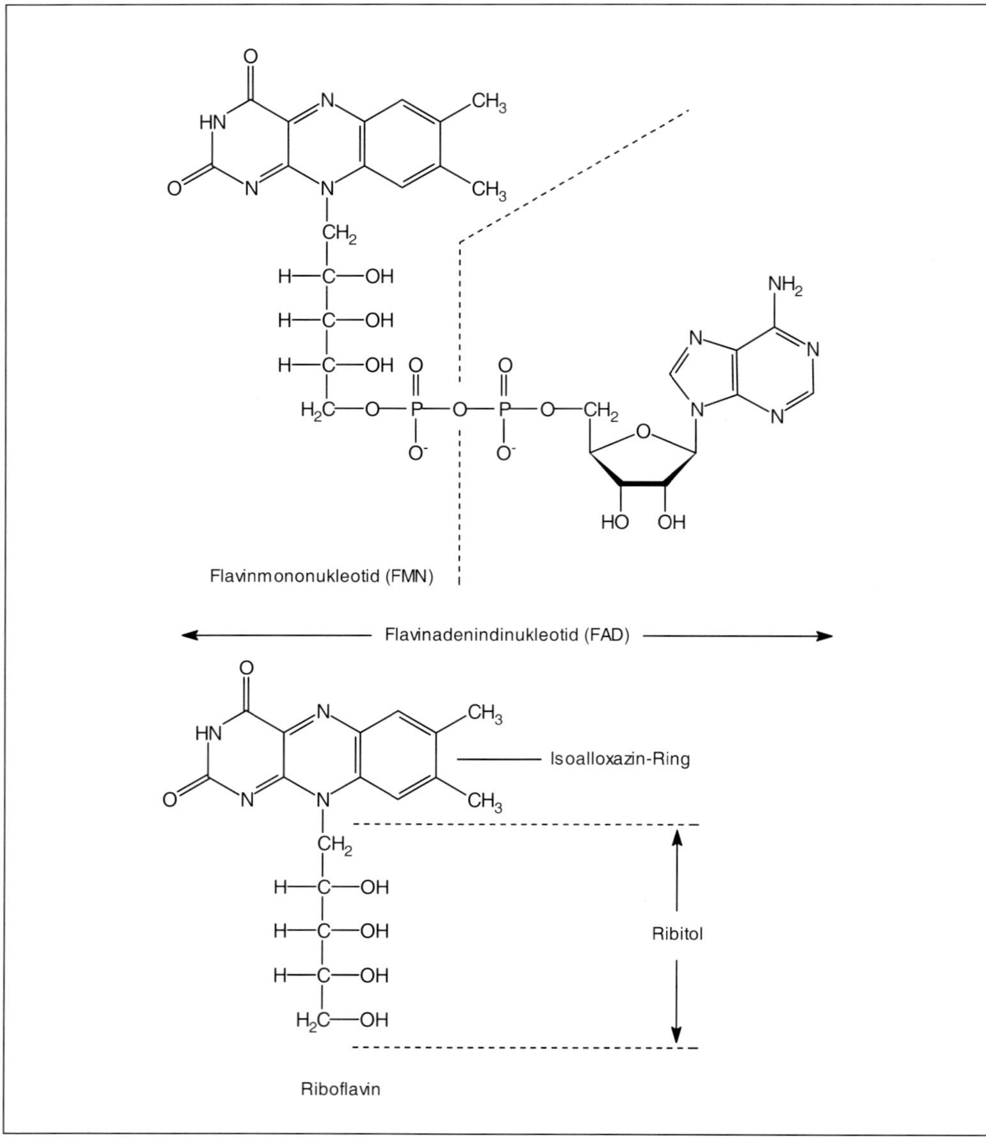

Abb. 7.25: Die Flavin-Coenzyme Flavinmononukleotid FMN und Flavinadenindinukleotid FAD. Darunter das Riboflavin, auch Vitamin B_2 genannt. Ribitol ist der von der Ribose abgeleitete Zuckeralkohol.

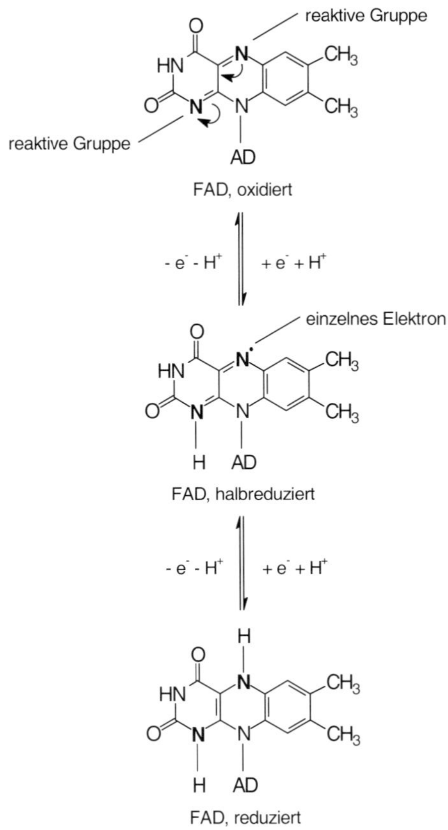

Abb. 7.26: Die Redoxreaktion der Flavin-Coenzyme.

Ein weiteres an der oxidativen Decarboxylierung beteiligtes Coenzym ist das **Thiamindiphosphat** TPP. Es entsteht aus dem Vitamin Thiamin (Vitamin B_1) durch Diphosphorylierung. Die reaktive Gruppe des Thiamindiphosphats ist in Abb. 7.28 eingezeichnet. Sie zeigt einen recht komplizierten Mechanismus, der hier der Vollständigkeit halber erwähnt wird und Interessierten ein tieferes Verständnis ermöglichen soll. Wichtig als Ergebnis ist für uns, daß Thiamindiphosphat den Input Pyruvat so verändert, daß es das Substrat in der Form eines **aktivierten Acetaldehyds** an das nächste Enzym weiterreichen kann. Außerdem merken wir uns, daß bei der Umformung vom Pyruvat zum aktivierten Acetaldehyd die Decarboxylierung am Thiamindiphosphat erfolgt, also vom TPP-gebundenen Pyruvat Kohlendioxid abgespalten wird.

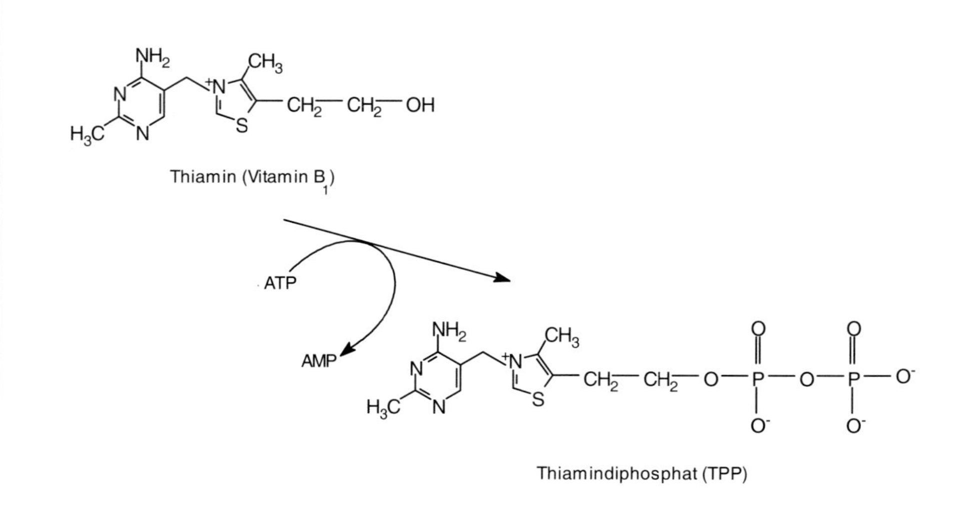

Abb. 7.27: Die Bildung des Thiamindiphosphats aus Thiamin (Vitamin B_1).

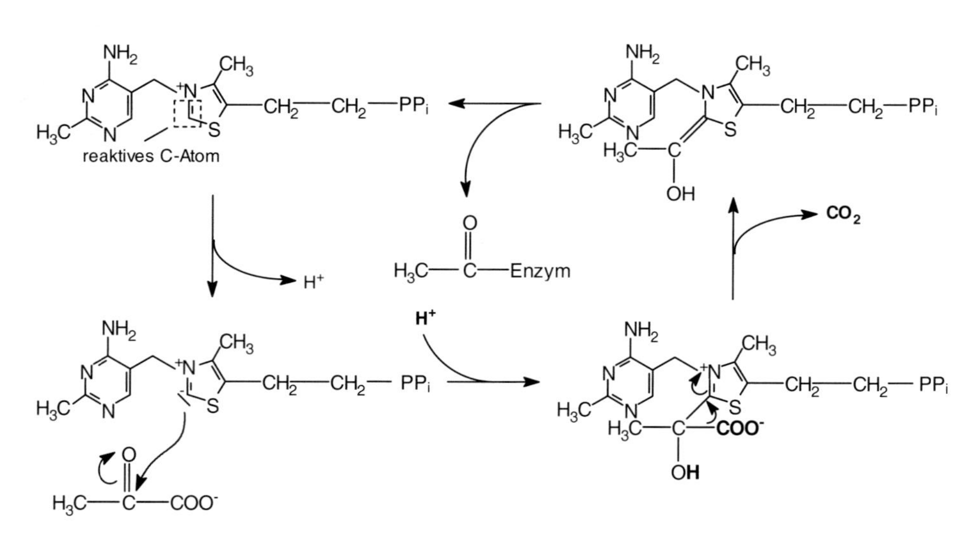

Abb. 7.28: Das Thiamindiphosphat als reaktives Molekül bei Decarboxylierungen.

Ebenfalls an der oxidativen Decarboxylierung beteiligt ist das Coenzym **Liponsäure**. Es ist wie Biotin über eine Lysin-Aminogruppe kovalent mit dem Enzym verbunden, so daß man auch bei der Liponsäure von einer prosthetischen Gruppe sprechen kann. Die Liponsäure ermöglicht Redoxreaktionen, bei denen ihre beiden Schwefelatome zwischen dem oxidierten Zustand als internes Disulfid -S-S- und der reduzierten Form mit zwei HS-Gruppen wechseln.

Tabelle 7.4: Thiamin, das Vitamin B_1.

	Thiamin (Vitamin B_1)
Vorkommen	**Hefe**, **Leber**, Nieren, Schweinefleisch, Vollkornprodukte; beim Kochen wird das Vitamin teilweise zerstört, beim Tiefgefrieren bleibt der Vitamingehalt unbeeinflußt.
Bedarf (pro Tag)	Erwachsene 0,3 mg pro 4187 kJ Energiezufuhr mit der Nahrung
Bedeutung	Als prosthetische Gruppe bei folgenden Reaktionen erforderlich: Oxidative Decarboxylierung von Pyruvat (Pyruvat-Dehydrogenase-Komplex) Oxidative Decarboxylierung von 2-Ketoglutarat (2-Ketoglutarat-Dehydrogenase) Transketolasereaktion im Pentosephosphatweg Thiamindiphosphat ist für den Erregungsablauf an peripheren Nerven nötig.
Vitaminmangel	**Beriberi**: Anfängliche Symptome sind Übelkeit, Erbrechen, Müdigkeit, allg. Schwäche, Schwäche der Extremitätenmuskulatur, Parästhesien, sensorische Überempfindlichkeit, Koordinations- und Gedächtnisstörungen. Die exsudative Form von Beriberi ist durch Ödeme, rechtsseitige Herzinsuffizienz und eine Herzvergrößerung gekennzeichnet. Der Tod kann bei dieser Form jäh eintreten. Bei der „trockenen" Form dieser Vitaminmangelerkrankung stehen periphere Nervenstörungen, Polyneuritiden und Atrophie der Extremitätenmuskulatur im Vordergrund. Seltener tritt die cerebrale Form der Beriberi auf, die sich mitunter in Europa bei chronischen Alkoholikern beobachten läßt. Mit dieser Verlaufsform ist die **WERNICKE-Encephalopathie** verbunden: Nystagmus, Gedächtnisverlust, Halluzinationen, Augenlähmungen, Übererregbarkeit und Schlaflosigkeit.

Das letzte Coenzym, auf das wir hier eingehen wollen, ist **Coenzym A**. Bei der oxidativen Decarboxlierung ist Coenzym A nicht enzymgebunden (wie z. B. das FAD), sondern spielt die Rolle eines echten Cosubstrates. Es überträgt Acylgruppen in aktivierter Form auf geeignete Akzeptormoleküle.

Tabelle 7.5: Daten zur Pantothensäure.

	Pantothensäure
Vorkommen	**Hefe**, **Leber**, **Nieren**, Herz, getrocknete Datteln, getrocknete Feigen, Gemüse, Sojabohnen, Champignons, Steinpilze, Erdnüsse, Weizenkeim, Eidotter, Futter der Bienenköniginnen (Gelée royale)
Bedarf (pro Tag)	Vermutlich 10 mg
Bedeutung	Pyruvat-Dehydrogenase-Komplex-Reaktion Cholesterolsynthese (Steroidhormonsynthese) Phospholipidsynthese Fettsäuresynthese Synthese der Ketonkörper Acetylierung von Aminen, Glucosamin und Cholin
Vitaminmangel	Praktisch unbekannt; bei experimentellem Mangel beobachtet man Ermüdbarkeit, Kopfschmerzen, Schlafstörungen, Störungen des Sensoriums, Muskelkrämpfe und Koordinationsstörungen.

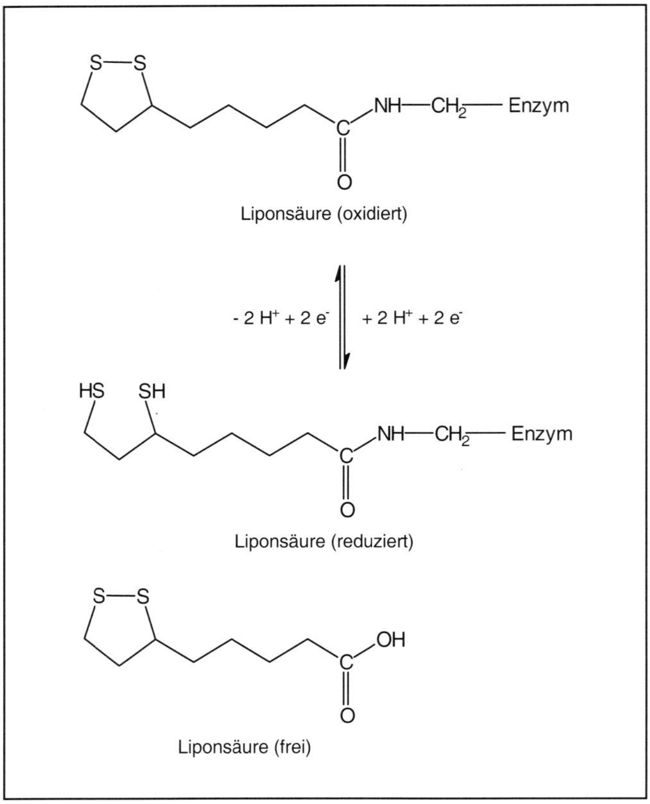

Abb. 7.29: Das Redoxsystem Liponsäure. Die Liponsäure ist als prosthetische Gruppe aufzufassen, die über eine ε-Aminogruppe eines Lysyl-Restes des Enzyms mittels Säureamidbindung kovalent an das Protein gebunden ist.

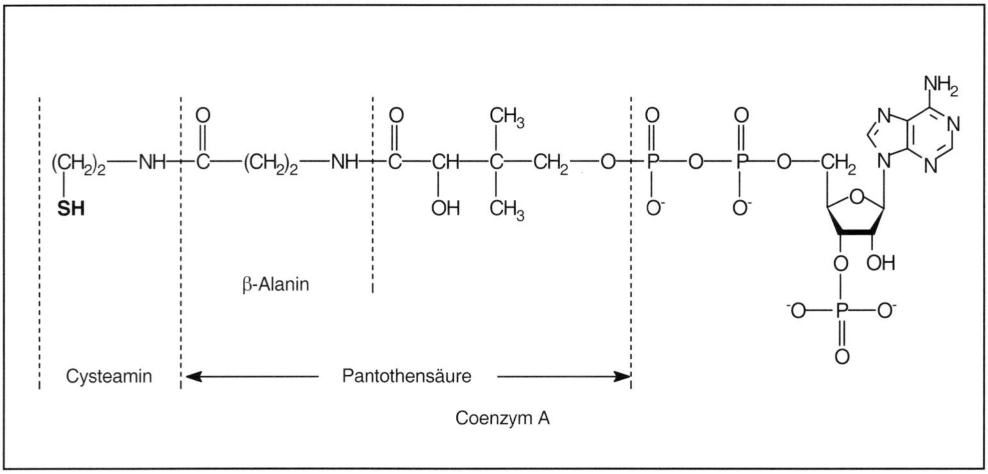

Abb. 7.30: Das Coenzym A mit seiner reaktiven Thiolgruppe -SH. Diese reagiert mit Säuren unter Ausbildung einer Thioesterbindung zum aktivierten Acyl-CoA, z. B. zur aktivierten Essigäure, auch (Acetyl-CoA). Das zugehörige Vitamin **Pantothensäure** wird von Bakterien aus 2-Ketoisovaleriansäure synthetisiert. Während das Vitamin lediglich von Mikroorganismen gebildet werden kann, sind auch Tiere in der Lage, Pantothensäure als Vorläufer der Coenzym A-Synthese zu nutzen. Für diesen Coenzymaufbau ist Cystein notwendig, das als Cysteamin Bestandteil des Molekül ist.

7.4.3 Die Enzyme der oxidativen Decarboxylierung

Die oxidative CO_2-Abspaltung aus Pyruvat wird von einem **Multi-Enzym-Komplex** aus der Familie der **2-Oxosäure-Dehydrogenase-Komplexe** katalysiert. Die Familie besteht aus der Pyruvat-Dehydrogenase, der 2-Ketoglutarat-Dehydrogenase (Citratzyklus) und der Verzweigtketten-2-Oxo-Säure-Dehydrogenase (Stoffwechsel des Valins, Leucins und Isoleucins).

Tabelle 7.6: Die Enzyme des Pyruvat-Dehydrogenase-Komplexes und ihre in den nachfolgenden Abbildungen benutzten Bezeichnungen. Die Funktion des Proteins X liegt in der Bindung der E-3-Untereinheit an den Kernbereich des Enzymkomplexes.

Enzym	Coenzym	Bezeichnung/M_r	Funktion
Pyruvat-Decarboxylase	Thiamindiphosphat	E 1	Decarboxylierung
Dihydrolipoyl-Transacetylase	Liponsäure/CoA	E 2 (74.000)	Acetylierung/Oxidation
Protein X	Liponsäure	X (55.000)	Oxidation/Reduktion
Dihydrolipoyl-Dehydrogenase	FAD/NAD^+	E 3	Oxidation/Reduktion

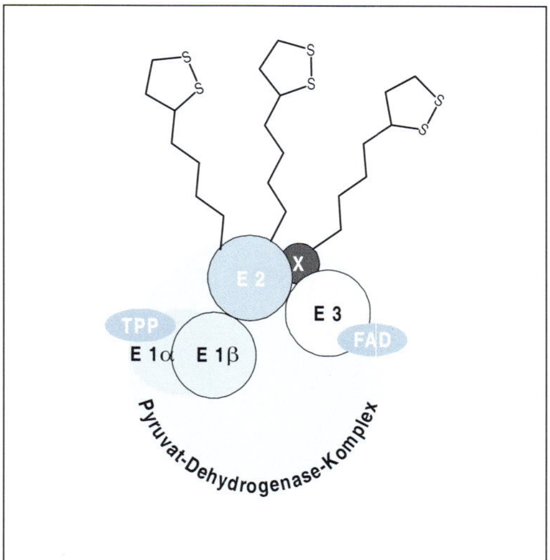

Abb. 7.31: Der Pyruvat-Dehydrogenase-Komplex mit seinen Untereinheiten. Die E 1-Untereinheit ist ein Dimer mit den Bestandteilen α und β. Das Pyruvat wird zunächst unter Abspaltung von CO_2 (Decarboxylierung) an das Thiamindiphosphat (TPP) gebunden, dann auf den ersten Lipoylarm der E-2-Untereinheit übertragen, welche den Acetylrest wiederum auf den zweiten Arm transferiert. Dieser gibt den Rest nun an CoA-SH weiter, wobei Acetyl-CoA entsteht. Der reduzierte Dihydrolipoylrest wird dann von demjenigen des Proteins X oxidiert, welcher wiederum das FAD der E 3-Untereinheit zu $FADH_2$ reduziert. $FADH_2$ vermag nun NAD^+ zu reduzieren, womit der Komplex in seinen links gezeigten Ursprungszustand zurückfindet. Gegen die Pyruvat-Dehydrogenase entwickeln Patienten mit der Krankheit „Primär biliäre Cirrhose“ Autoantikörper, die **Antimitochondriale Antikörper** (AMA). Diese sind gegen das intrahepatische Gallengangsepithel gerichtet. Die Krankheit betrifft vornehmlich Frauen und endet mit einer Lebercirrhose.

Alle vier Untereinheiten arbeiten eng zusammen! Abb. 7.33 zeigt das Zusammenspiel aller beteiligten Enzyme und Coenzyme. Der Multienzymkomplex E 1-E 2-X-E 3 wird auch **Pyruvat-Dehydrogenase-Komplex** genannt. Interessant an diesem Enzymsystem ist die Existenz zweier Liponsäurearme am Kernenzym E 2.

Erst ihr Zusammenwirken ermöglicht das „räumliche Überstreichen“ aller Untereinheiten. Den beiden „Armen“ kommt eine zentrale Rolle zu, da sie gleichzeitig Dehydrogenase- als auch Transferaseaktivität zeigen. Sie sind die Vermittler zwischen vier Enzymkomplexuntereinheiten und vier der fünf beteiligten Coenzyme.

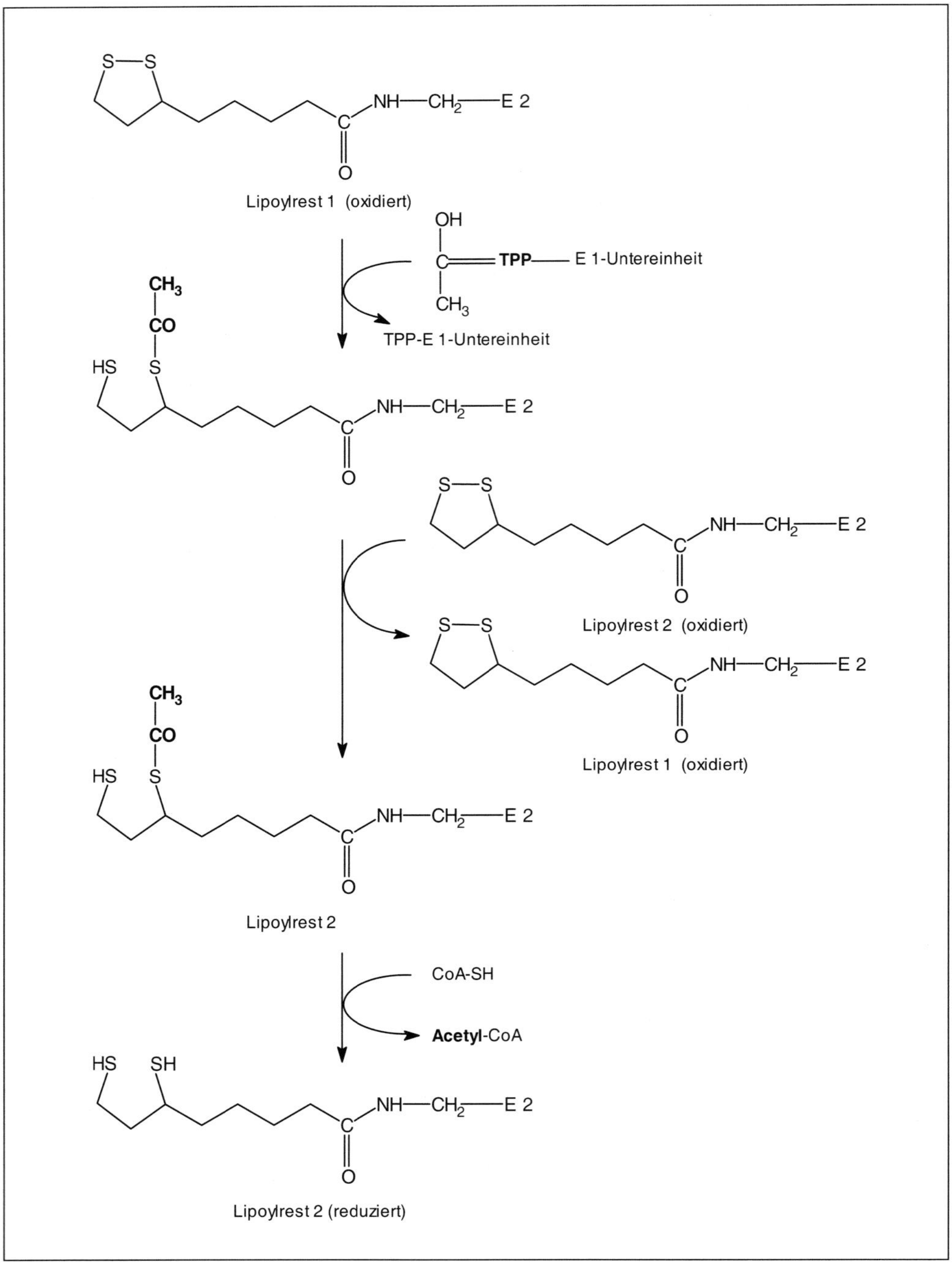

Abb. 7.32: Reaktionen an der E 2-Untereinheit der Pyruvat-Dehydrogenase. Das Produkt der Decarboxylation von Pyruvat, über Thiamindiphosphat an die E-1-Untereinheit gebunden, wird vom ersten Lipoylrest der E 2-Untereinheit übernommen. Dabei wird das Kohlenstoffatom des transferierten Restes (Oxidationsstufe „+1“) oxidiert und in Form einer Thioesterbindung gebunden. Der Kohlenstoff besitzt nun die Oxidationsstufe „ +3“, die Schwefelatome liegen in reduzierter Form (Oxidationsstufe

„-2") vor. Im nächsten Schritt wird der Acetylrest auf den zweiten Lipoylrest übertragen und der erste regeneriert. Anschließend wird aus Coenzym A Acetyl-CoA synthetisiert, wobei der zweite Lipoylrest nunmehr reduziert aus der Reaktion hervorgeht. Im nicht mehr gezeigten Folgeschritt wird er vom Lipoylsäurerest der X-Untereinheit oxidiert und damit in die Ausgangssituation zurückgebracht.

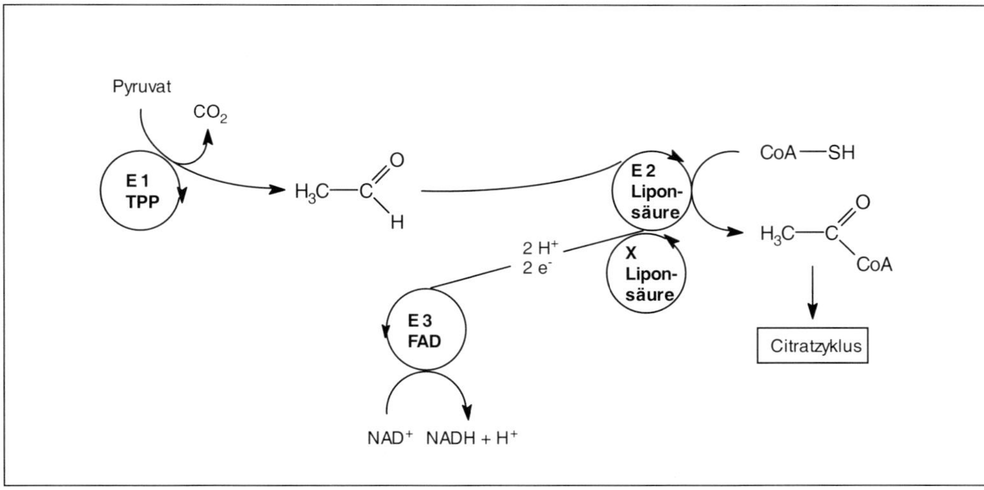

Abb. 7.33: Zusammenspiel der drei Pyruvat-Dehydrogenase-Untereinheiten.

7.4.4 Die Regulation der oxidativen Decarboxylierung

Die oxidative Decarboxylierung ist eine wichtige Kontrollstelle im Stoffwechselgeschehen. Sie ist das „Tor" zum Citratzyklus und zur Fettsäuresynthese.

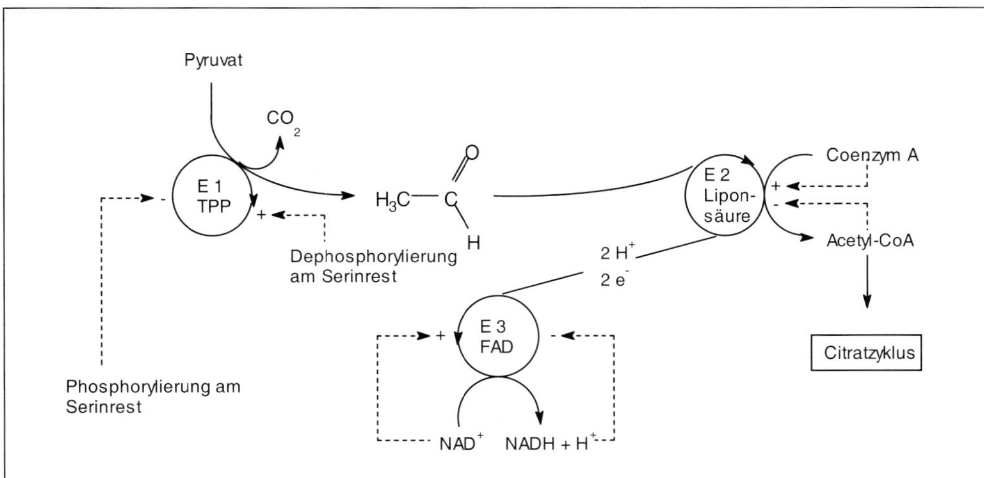

Abb. 7.34: Die Regulation des Pyruvat-Dehydrogenase-Komplexes. Die Kinase, die E 1 phosphoryliert, ist integraler Bestandteil des Enzymkomplexes, während ihr Gegenspieler, die Phosphatase, eine separates Enzym darstellt.

Die Pyruvat-Decarboxylase ist ein interkonvertierbares Enzym. Werden Serinreste an ihren OH-Gruppen durch eine regulatorische Kinase phosphoryliert, so wird dieses Enzym inaktiviert. Bei Dephosphorylierung durch eine regulatorische Phosphatase werden die Serinreste wieder freigegeben und das Enzym damit reaktiviert. Allosterisch inhibiert wird der Pyruvat-Dehydrogenase-Komplex durch Acetyl-CoA (E 2), NADH (E 3) und ATP, aktiviert dagegen von CoA-SH (E 2), NAD^+ und AMP (Abb. 7.34.)

7.5 Der Pentosephosphatweg

7.5.1 Definition und Bedeutung des Pentosephosphatweges

Wir wollen unter dem Pentosephosphatweg zunächst einmal einen Stoffwechselweg verstehen, in dem aus Hexosen Pentosen gebildet werden. Als Input für den Pentosephosphatweg können wir Glucose-6-phosphat und/oder Fructose-6-phosphat ansehen. Diese beiden Hexosen sind alte Bekannte, aus der Glykolyse. Wie diese ist der Pentosephosphatweg im Cytoplasma lokalisiert. Es ergibt sich somit über die angesprochenen beiden Hexosen eine Verknüpfung beider Stoffwechselwege. Als Output des Pentosephosphatweges können wir ganz bestimmte Pentosen ansehen. Einer von ihnen, dem Ribose-5-phosphat, kommt besondere Bedeutung zu. Es ist ein Grundbaustein aller Nukleotide und somit auch der Nukleinsäuren DNA und RNA. Es bleibt also festzuhalten: Der Pentosephosphatweg liefert mit **Ribose-5-phosphat** Bausteine für die **Nukleotid-** bzw. **Nukleinsäuresynthese**.

Man kann den Pentosephosphatweg in zwei Bereiche einteilen, in den **oxidativen** und den **nichtoxidativen Bereich**. Im erstgenannten liefert der Pentosephosphatweg NADPH + H^+ als Output, welches wiederum Coenzym bei der Fettsäure- und Cholesterolsynthese ist. Dort wird es für Reduktionen benötigt und daher auch als Reduktionsäquivalent bezeichnet. Deshalb wird in den Geweben mit hoher Fettsäure- und Steroidsynthese ebenfalls eine gesteigerte Aktivität des Pentosephosphatweges vorgefunden. Zu ihnen gehören das Fettgewebe, die Nebennierenrinde, die laktierende Mamma (lac lat. Milch) und die Leber. Behalten wir also die zweite Hauptfunktion des Pentosephosphatweges in Erinnerung: Bereitstellung von **NADPH + H^+** als **Reduktionsäquivalent** für **Fettsäure-** und **Cholesterolsynthese**.

7.5.2 Der Pentosephosphatweg im Überblick

Oxidativer und nichtoxidativer Teil dieses Stoffwechselweges bilden zusammen einen Zyklus. Da der nichtoxidative Teil voll reversibel ist, besteht für die Zelle die Möglichkeit, aus Hexosen Pentosen zu bilden und umgekehrt. Die Hexosen Fructose-6-P (C6, Frc-6-P) und Glucose-6-P (C6, Glc-6-P) wurden bereits angesprochen. Das Glycerolaldehyd-3-phosphat (C3, Gly-3-P) kennen wir ebenfalls von der Glykolyse. Alle beteiligten Zucker liegen in der D-Form vor. Zwei Enzyme sind für den nichtoxidativen Bereich „verantwortlich". Die **Transketolase** überträgt C_2-Fragmente, die **Transaldolase** C_3-Fragmente. Sie sollen mit Tk und Ta abgekürzt werden. Die Transketolase besitzt als prosthetische Gruppe **Thiamindiphosphat** TPP, welches die C_2-Fragmente wie unter 7.4.2 besprochen überträgt.

Tabelle 7.7: Die Kohlenhydrate des Pentosephosphatweges und ihre Abkürzungen.

Kohlenhydrat	C_n	Abkürzung	Lokalisation
Glycerolaldehyd-3-phosphat	Triose, 3	Gly-3-P, C3	nicht oxidativ
Erythrose-4-phosphat	Tetrose, 4	Ery-4-P, C4	nicht oxidativ
Ribose-5-phosphat	Pentose, 5	Rib-5-P, C5	nicht oxidativ
Ribulose-5-phosphat	Pentose, 5	Rul-5-P, C5	nicht oxidativ
Xylulose-5-phosphat	Pentose, 5	Xul-5-P, C5	nicht oxidativ
Fructose-6-phosphat	Hexose, 6	Frc-6-P, C6	nicht oxidativ/oxidativ
Glucose-6-phosphat	Hexose, 6	Glc-6-P, C6	nicht oxidativ/oxidativ
Sedoheptulose-7-phosphat	Heptose, 7	Sul-7-P, C7	nicht oxidativ

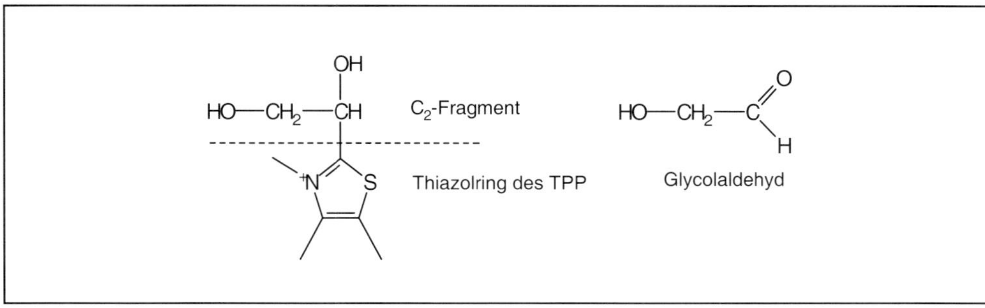

Abb. 7.35: Die Reaktion der Transketolase. Die prosthetische Gruppe TPP überträgt einen aktivierten Glykolaldehyd (C_2-Fragment). Rechts ist zur Orientierung die Strukturformel des Glykolaldehyds angeführt. Man vergleiche diese Umsetzung mit derjenigen des Pyruvat-Dehydrogenase-Komplexes, bei dem ebenfalls Thiamindiphosphat (TPP) als prosthetische Gruppe fungiert.

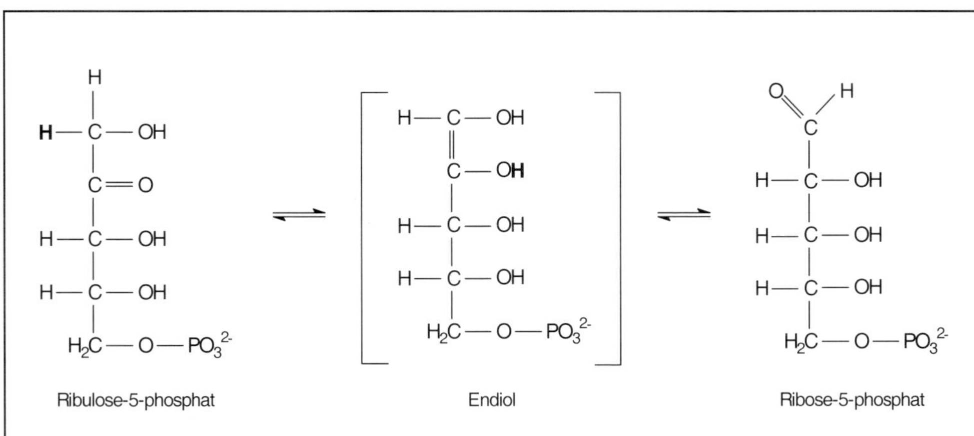

Abb. 7.36: Die Reaktion der Phosphopentoseisomerase.

Daneben finden wir noch zwei Enzyme, die Isomerisierungen katalysieren. Einerseits die **Phosphopentoseisomerase**, die ähnlich der Triosephosphatisomerase-Reaktion (siehe 7.2.4) über ein **Endiolintermediat** Ribose-5-phosphat und die Ketose Ribulose-5-phosphat wechselseitig isomerisiert, die **Phosphopentoseepimerase** andererseits überführt Ribulose-

5-phosphat bzw. Xylulose-5-phosphat in das jeweils andere Epimer (Abb. 7.36 und Abb. 7.37).

Anhand dieser Informationen wollen wir nun unter Verwendung der oben angeführten Abkürzungen das Stoffwechselschema des Pentosephosphatwegs aufstellen. Auf der rechten Seite der Abb. 7.38 sieht man, wie im oxidativen Teil des Zyklus' zwei NADPH + H^+ entstehen. Das 6-Phosphogluconat (Salz der 6-Phosphogluconsäure) wird decarboxyliert. Mit sechs Umläufen könnte man also ein Molekül Glucose oxidativ zu 6 CO_2 und 12 NADPH + 12 H^+ abbauen. Tatsächlich dient der Pentosephosphatweg jedoch eher der Bereitstellung von Nukleotidvorstufen und Reduktionsäquivalenten. Für den Glucoseabbau bevorzugt die Zelle die Glykolyse.

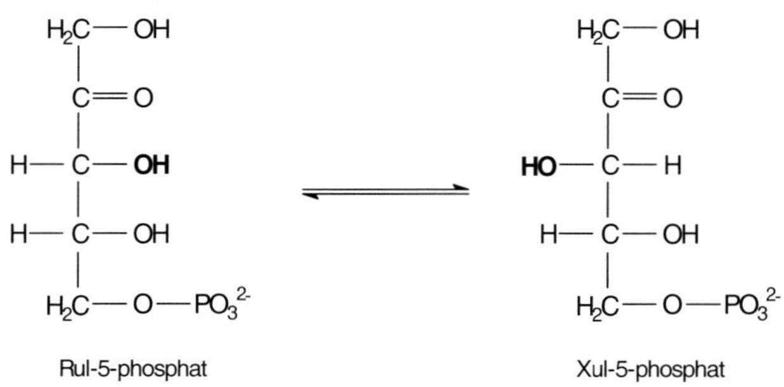

Abb. 7.37: Die Phosphopentoseepimerase-Reaktion.

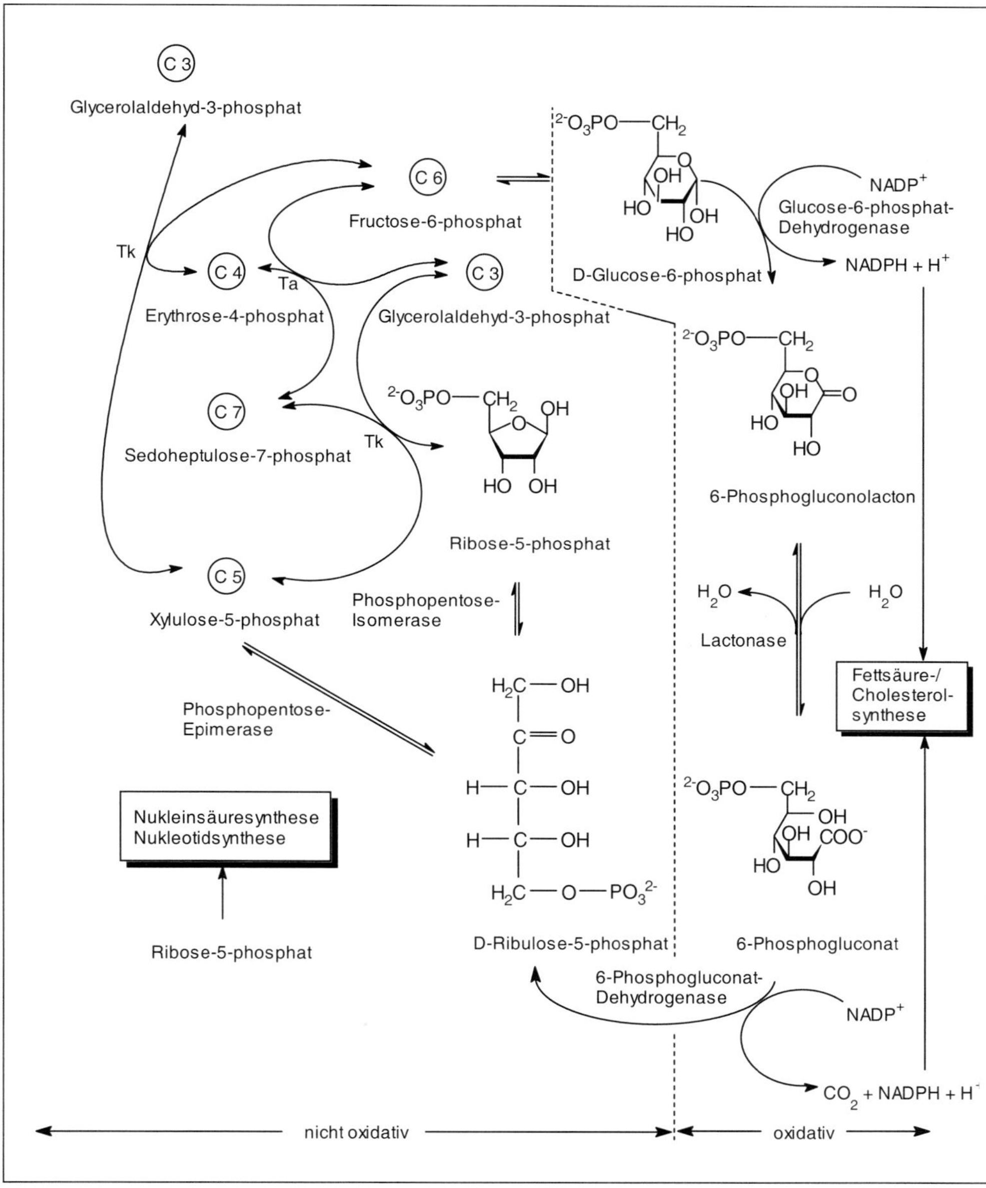

Abb. 7.38: Der Pentosephosphatweg.

7.6 Glykogenstoffwechsel

7.6.1 Bedeutung des Glykogens

Glykogen ist, wie wir bereits wissen, ein verzweigtes Polysaccharid mit $\alpha(1\rightarrow4)$- und $\alpha(1\rightarrow6)$-Bindungen. Durch seinen hohen Verzweigungsgrad bildet es ein fächerförmiges Makromolekül mit sehr vielen Enden. Diese Struktureigenschaft ist vorteilhaft, da so an verschiedenen Stellen gleichzeitig ein enzymatischer Abbau möglich ist und Glykogen damit schnell mobilisierbar ist.

Glykogen finden wir in Form von **Granula** in der **Leber** sowie im **Skelettmuskel**. Es stellt dort die Speicherform der Glucose dar. Der Glykogenabbau dient ebenso wie die Gluconeogenese der Gewährleistung einer konstanten Blutglucosekonzentration, welche besonders für die Funktion des ZNS von Bedeutung ist. Es sei daran erinnert, daß nur die Leber in der Lage ist, Glykogen gänzlich zu Glucose abzubauen. Der Skelettmuskelzelle fehlt die Glucose-6-phosphatase, so daß hier nur ein Abbau bis zum Glucose-6-phosphat möglich ist, welches dann im katabolen Muskelstoffwechsel Verwendung findet. Da der Muskel Glykogen für seinen eigenen Stoffwechsel nutzt, ist folglich die Leber das eigentliche Speicherorgan für Glykogen. Glykogen muß als **Energiekurzzeitspeicher** aufgefaßt werden, denn die Glykogenreserven der Leber sind nach 12 bis 24 h Fasten aufgebraucht. Daher verfügt der Organismus auch noch über einen langfristig nutzbaren Energiespeicher, das Reservefett. Dieses hat den Vorteil, daß es im Gegensatz zu Glykogen nicht hydrophil ist und daher kein Wasser an sich bindet. Fettspeicher nehmen weniger Volumen ein, d. h. ihre Energie ist höher verdichtet.

7.6.2 Der Aufbau des Glykogens

Die Glucose für den Aufbau des Glykogens wird dem Blut entnommen und in den Leberzellen durch die Hexo- oder Glucokinase zu Glucose-6-phosphat phosphoryliert. Dieses muß zunächst in **Glucose-1-phosphat** isomerisiert werden, denn das ist die Voraussetzung für die Aktivierung der Glucose mit Uridintriphosphat UTP. Die Isomerisierung wird von der **Phosphoglucomutase** katalysiert, die Kopplung des gebildeten Glucose-1-phosphats an UTP von der **UDP-Glucose-Pyrophosphorylase.** Man beachte in Abb. 7.39, daß die Synthese von UDP-Glucose durch die schnelle Spaltung des Pyrophosphats PP_i in zwei Orthophosphatmoleküle energetisch begünstigt wird ($\Delta G^{\circ'}$ = - 33,0 kJ/mol!). UDP-Glucose ist nun der Lieferant derjenigen neuen Glucosereste, die in $\alpha(1\rightarrow4)$-Bindung an das freie, nichtreduzierende Ende einer Starter-Glykogenkette gebunden werden. Diese Starterkette muß aus mindestens vier Glucoseresten bestehen, die $\alpha(1\rightarrow4)$ verknüpft sind. Sie wird von einer Glykogen-Initiator-Synthase synthetisiert.

Die eigentliche sukzessive Verlängerung der $\alpha(1\rightarrow4)$-Glykogenketten wird jedoch von der **Glykogen-Synthase** erbracht. Sie ist ein tetrameres Enzym mit einer relativen Molekülmasse M_r von 360.000 und fest an intrazelluläre Glykogengranula gebunden (Abb. 7.40). Die $\alpha(1\rightarrow6)$-Verzweigungen des Glykogens werden anschließend vom sogenannten Verzweigungsenzym, der **Amylo-(1,4)-(1,6)-Transglykosylase,** hergestellt. Dieses Enzym wird auch Verzweigungsenzym oder englisch „branching enzyme" genannt. Es löst von einem endständigen, nichtreduzierenden Ende ein 6 - 7 Monosaccharidreste umfassendes Fragment ab und überträgt es auf die 6´-OH-Gruppe eines weiter innerhalb des Polymers liegenden Glucoserestes, wie Abb. 7.41 verdeutlicht.

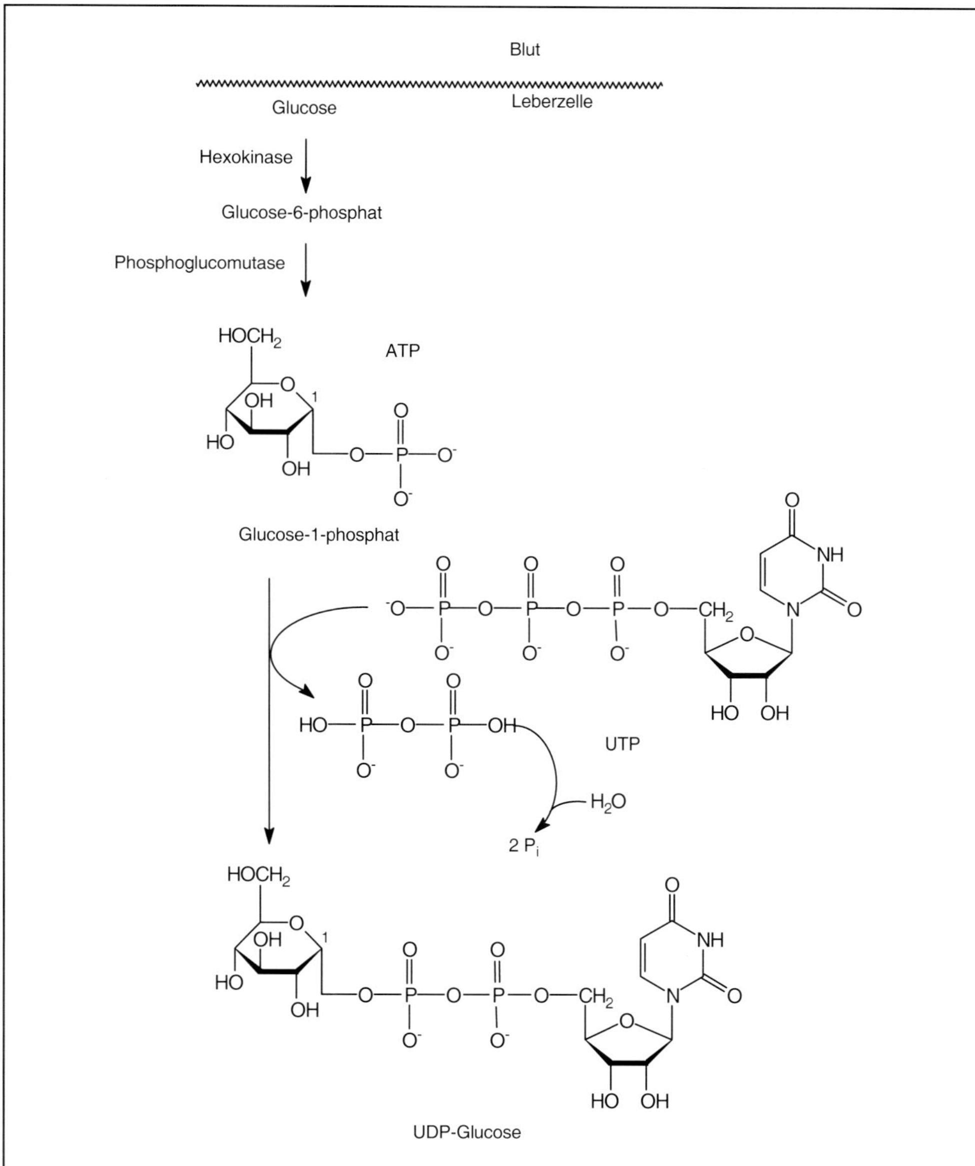

Abb. 7.39: Die Bildung von UDP-Glucose, der aktivierten Form der Glucose, aus Glucose-1-phosphat durch die Leberenzyme Phosphoglucomutase und UDP-Glucose-Pyrophosphorylase.

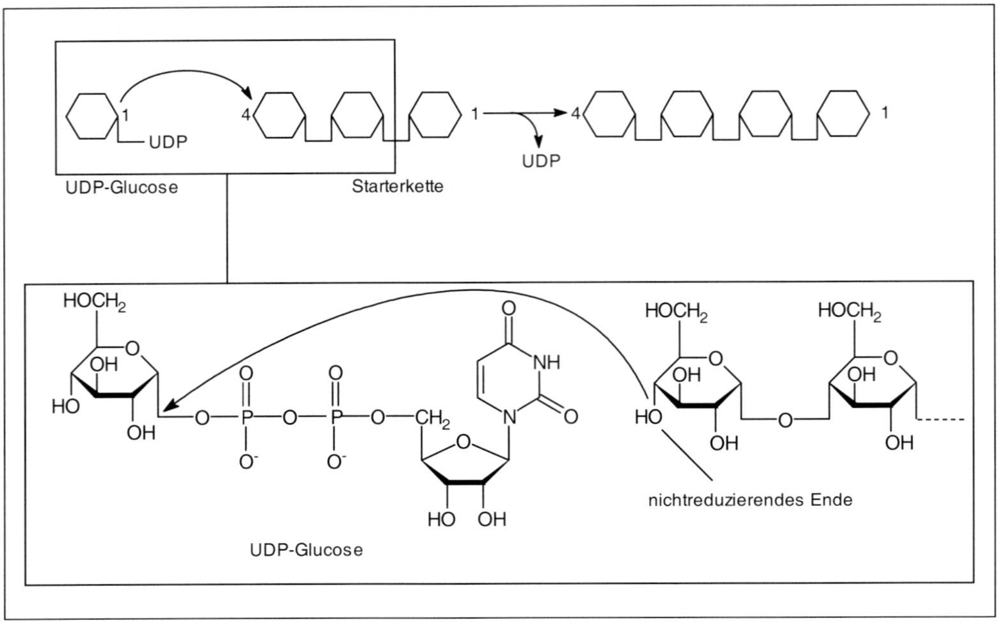

Abb. 7.40: Die Glykogen-Synthase-Reaktion. Voraussetzung ist die Starterkette. Die freie Reaktionsenthalpie $\Delta G^{\circ\prime}$ der Reaktion beträgt ca. - 13,4 kJ/mol, sie ist also exergon und damit begünstigt.

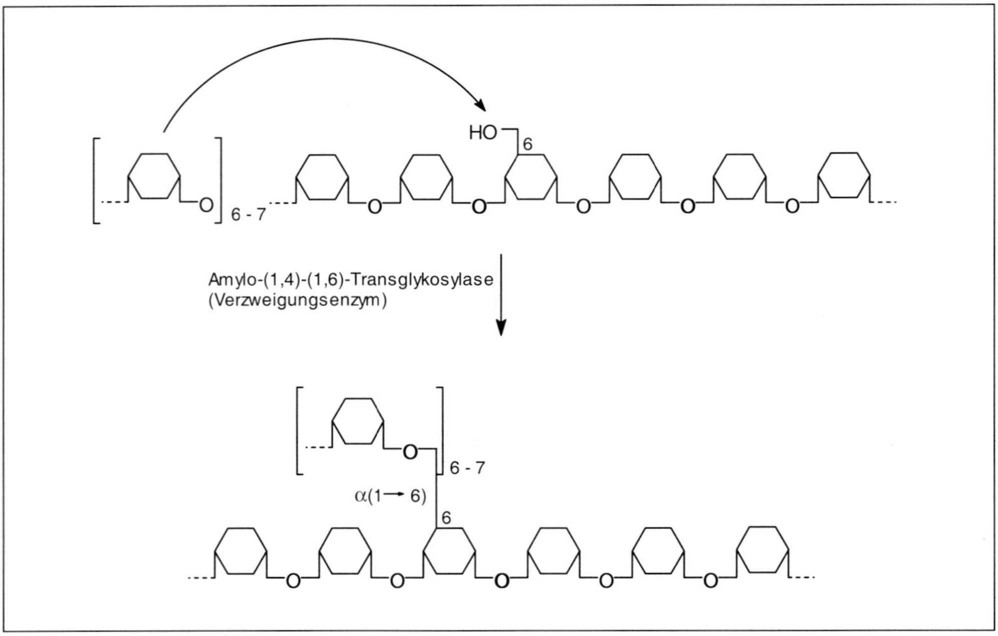

Abb. 7.41: Die Reaktion des Verzweigungsenzyms, der Amylo-(1,4)-(1,6)-Transglykosylase.

7.6.3 Der Abbau des Glykogens

Am Abbau des Glykogens sind drei Enzyme beteiligt. Sie sind intrazellulär an Glykogen gebunden und bilden einen Multi-Enzym-Komplex. Der Glykogenabbau wird durch hormonelle Aktivierung der **Phosphorylase** eingeleitet. Die Phosphorylase ist gleichsam der Gegenspieler der Glykogen-Synthase. Sie spaltet phosphorolytisch sukzessive Glucosereste von den nichtreduzierenden Enden ab. Dabei entsteht neben dem verkürzten Glykogen **Glucose-1-phosphat**, das durch die uns bereits bekannte Phosphoglucomutase-Reaktion zu Glucose-6-phosphat isomerisiert wird. Dieses kann nun in der Leber zu Glucose dephosphoryliert werden und nachfolgend in das Blut übergehen bzw. durch Glykolyse abgebaut werden.

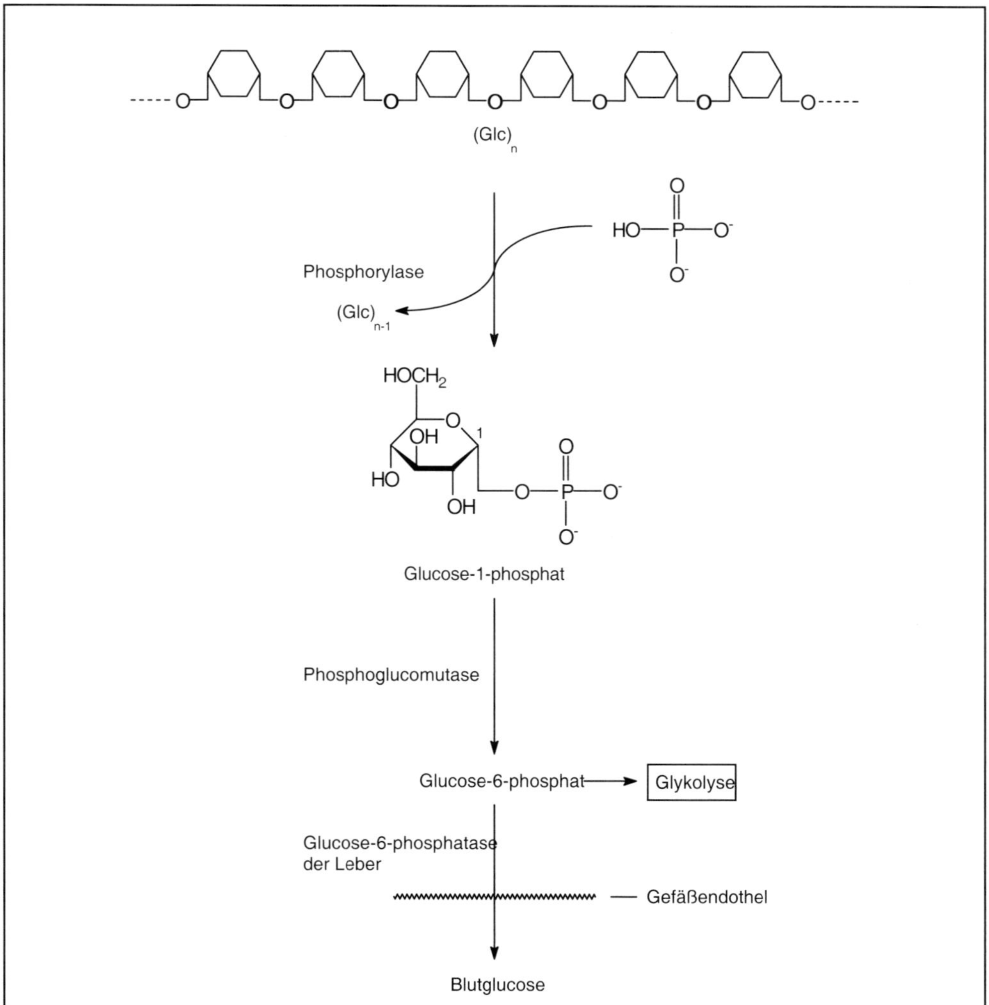

Abb. 7.42: Die Reaktion der Phosphorylase mit Folgeumsetzungen.

Die Phosphorylase ist nicht in der Lage, α(1→6)-Bindungen zu spalten. Ihre Aktivität stoppt daher vier Glucosereste vor einem solchen Verzweigungspunkt. An ihre Stelle tritt nun eine **Oligo-(α1,4-α1,6)-Transglykosylase**, die ein Fragment mit drei Glucoseresten abspaltet und dieses Trisaccharid unverändert wieder an ein anderes nichtreduzierendes Ende anknüpft. Das noch verbleibende α(1→6)-gebundene Glucosemolekül wird von einem dritten Enzym, der **Amylo-(1,6)-Glucosidase**, hydrolytisch abgespalten, so daß freie, nicht phosphorylierte Glucose entsteht. Nach dem Abbau einer Verzweigung fährt die Phosphorylase wie besprochen fort, α(1→4)-Bindungen von den nichtreduzierenden Enden her phosphorolytisch zu spalten.

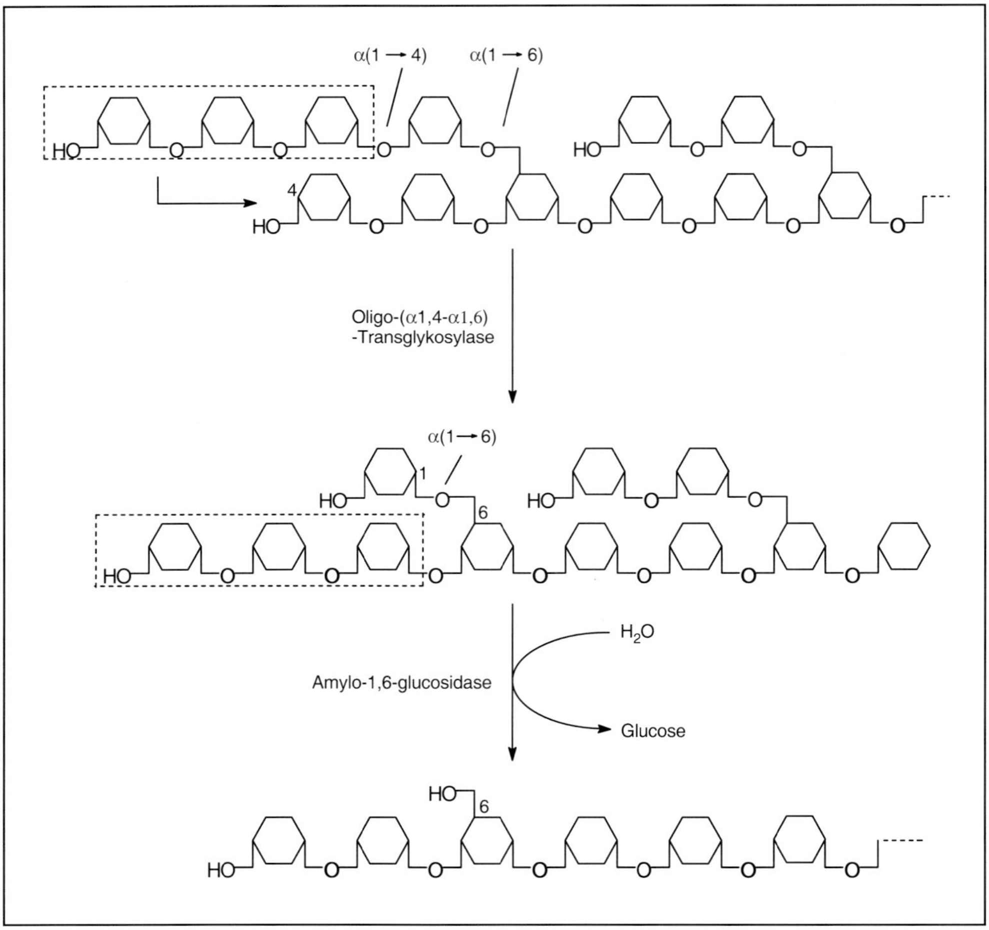

Abb. 7.43: Die Reaktionen von Oligo-(α1,4-α1,6)-Transglykosylase und Amylo-(1,6)-Glucosidase beim Glykogenabbau.

7.6.4 Die Regulation des Glykogenstoffwechsels

Wir wissen inzwischen, daß der Glykogenstoffwechsel der Bereitstellung von schnell verfügbarer Energie und damit auch der Konstanz der Blutglucosekonzentration dient. Dies macht eine fein abgestimmte Regulation des Glykogenab- und -aufbaus erforderlich. Diese Steuerung erfolgt über die Enzyme **Glykogen-Synthase** und **Phosphorylase**. Beide Enzyme werden mittels Interkonversion an- und abgeschaltet.

Wir stellen beim Betrachten der Abb. 7.44 sofort fest, daß es zwar nur eine regulatorische Phosphatase für beide Stoffwechselenzyme gibt, die Zelle aber bei der Kinase getrennte Wege eingeschlagen hat. Die Regulation des Glykogenstoffwechsels ist **kaskadenförmig** organisiert, d. h. die regulatorischen Enzyme, auch **Kontrollenzyme** genannt, unterliegen ihrerseits auch der Interkonversion und werden wiederum von anderen Kontrollenzymen reguliert, die in der Hierachie der regulatorischen Enzyme noch weiter oben angesiedelt sind („Chefenzyme"). Der Vorteil einer solchen Befehlskaskade ist (ähnlich der Blutgerinnung) der **Verstärkereffekt**. Wie bei einem Schneeballsystem wird die Anzahl der Befehlsempfänger (Kontrollenzyme) immer größer, die Wirkung immer breiter.

Den hormonellen Einfluß der Hormone **Adrenalin**, **Glucagon** und **Insulin** sowie die Bedeutung des 3',5'-cyclo-AMPs werden wir im Rahmen des Hormonkapitels besprechen. Der Vollständigkeit halber sind sie in Abb. 7.45 ebenfalls aufgeführt. Der Abbildung ist zu entnehmen, daß die übergeordneten Kontrollenzyme **Proteinkinase** und **Phosphoprotein-Phosphatase** heißen. Sie besitzen Gegenspielerfunktion und unterliegen dem Einfluß von Hormonen. **Insulin** stimuliert die Phosphoprotein-Phosphatase und arbeitet somit den Effekten von Adrenalin und Glucagon entgegen. Während diese den Abbau des Glykogens bewirken, hat der Insulineffekt einen Glykogenaufbau zur Folge.

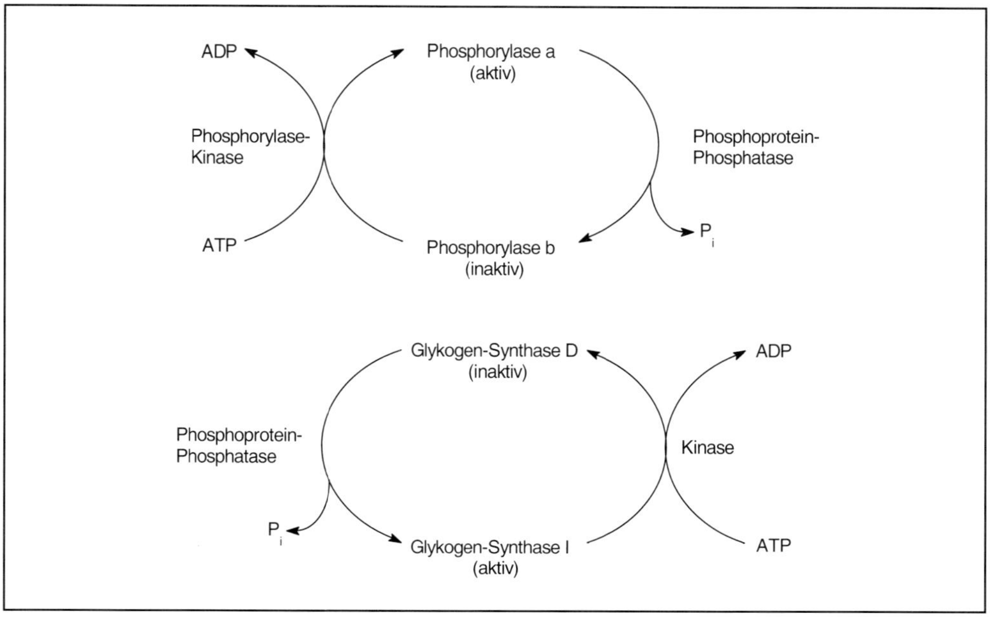

Abb. 7.44: Regulation des Glykogenstoffwechsels, 1. Übersicht.

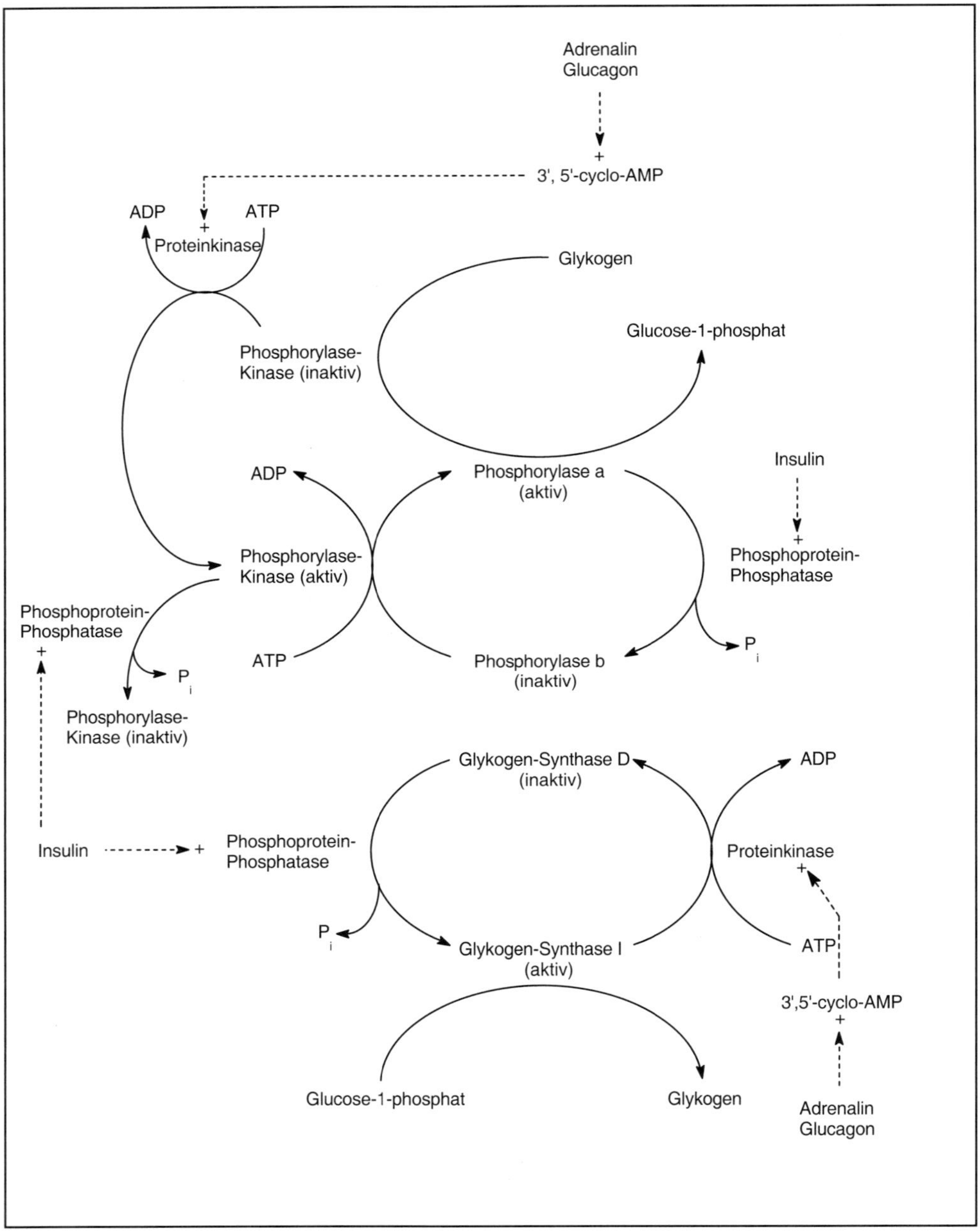

Abb. 7.45: Regulation des Glykogenstoffwechsels, 2. Übersicht.

7.7 Die Synthese der Aminozucker

Aminozucker sind Bestandteile von Glykoproteinen, Proteoglykanen und Glykolipiden. Dort liegen sie in der Regel acetyliert vor, also in Form von N-Acetyl-Glucosamin oder N-Acetyl-Galactosamin. Vorläufersubstanz für die Synthese der Aminozucker ist das Fructosederivat Fructose-6-phosphat. Dieses reagiert mit Glutamin zum **Glucosamin-6-phosphat**, wobei das katalysierende Enzym, die Glutamin-Fructose-6-phosphat-Amidotransferase, nicht nur die Aminogruppe überträgt, sondern gleichzeitig eine interne Oxidoreduktion des Zuckers ermöglicht.

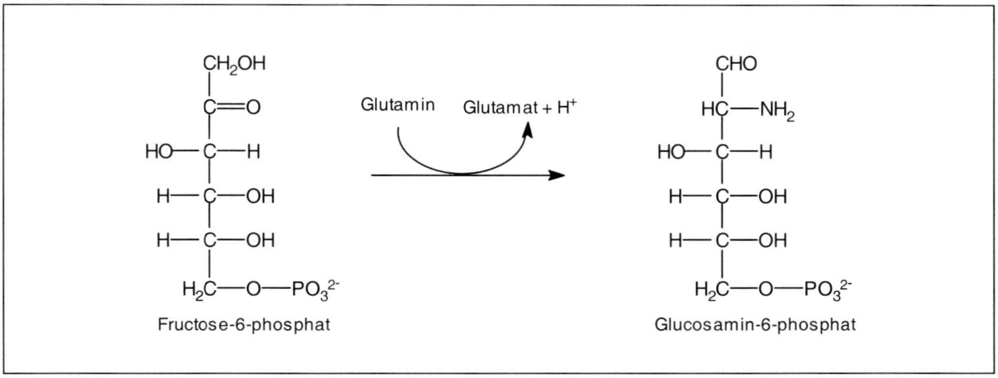

Abb. 7.46: Die Synthese des Glucosamin-6-phosphats aus Fructose-6-phosphat und Glutamin.

Im nächsten Schritt wird Glucosamin-6-phosphat durch Acetyl-CoA am Aminostickstoff acetyliert. Um aber in die Kohlenhydratketten von Glykokonjugaten (also z. B. Glykoproteinen oder Proteoglykanen) eingebaut werden zu können, muß das entstandene N-Acetyl-Glucosamin-6-phosphat erst zum UDP-Derivat aktiviert werden. Diese Aktivierung nimmt bekanntlich von den Hexose-1-phosphaten ihren Ausgang, so daß N-Acetyl-Glucosamin-6-phosphat zunächst durch eine Mutase in N-Acetyl-Glucosamin-1-phosphat umgebaut wird. Dieses kann nun mit UTP aktiviert werden und durch die aus dem Galactosestoffwechsel bekannte Epimerasereaktion in UDP-N-Acetyl-Galactosamin umgewandelt werden.

Aus Abb. 7.47 geht auch hervor, daß die Synthese von **N-Acetylneuraminsäure** vom N-Acetyl-Glucosamin-6-phosphat abzweigt. In einer ebenfalls an den Galactosestoffwechsel erinnernden Reaktion wird dieses über N-Acetyl-Glucosamin-6-phosphat zum N-Acetyl-Mannosamin-6-phosphat epimerisiert. Die Kettenverlängerung zur Nonose (N-Acetylneuraminsäure besitzt neun C-Atome!) erfolgt durch Reaktion mit dem aus der Glykolyse vertrauten Phosphoenolpyruvat. Dieses stellt im Reaktionsprodukt N-Acetylneuraminsäure-9-phosphat die ersten drei C-Atome. Durch Abspaltung von Phosphat kommen wir schließlich zur N-Acetylneuraminsäure, welche dann aktiviert als CMP-N-Acetylneuraminsäure an der Synthese der Kohlenhydratseitenketten von Glykoproteinen und Glykolipiden teilnehmen kann. Bemerkenswerterweise wird CMP-N-Acetylneuraminsäure im **Zellkern** synthetisiert, während der Aufbau der anderen Aminozucker im Cytosol lokalisiert ist.

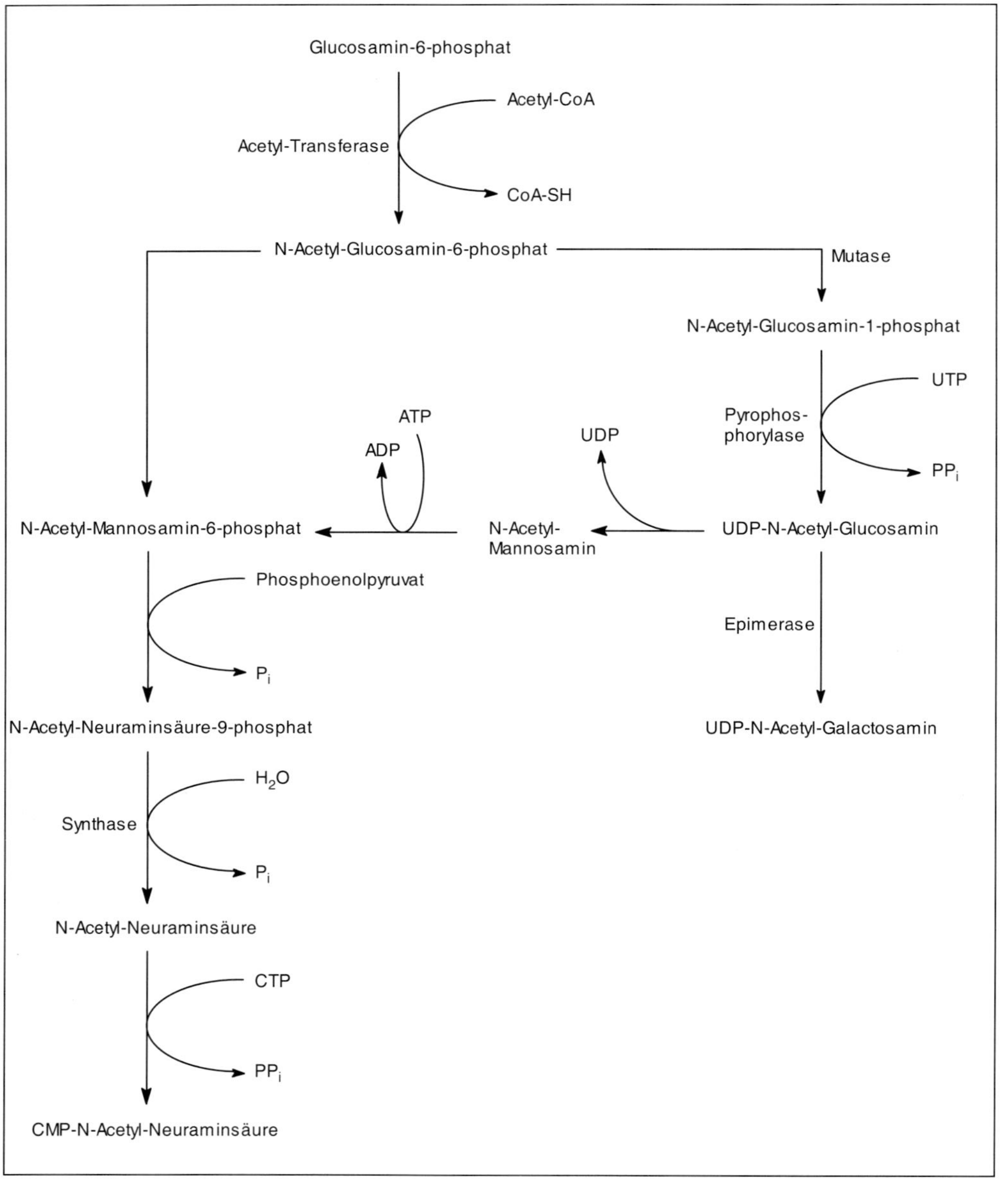

Abb. 7.47: Synthese der Aminozucker.

7.8 Klinischer Bezug

Die **Lactoseintoleranz** tritt in ihrer primären, angeborenen Form bereits im Säuglingsalter beim Stillen auf, da Lactose in beträchtlicher Menge in der Muttermilch anzutreffen ist. Als Folgeerscheinung von Dünndarmerkrankungen wie Sprue beobachtet man einen sekundäre Lactose-Intoleranz. Ihr liegt Lactasemangel im Dünndarmepithel zugrunde. Die Diagnose wird durch Bestimmung des Enzyms nach Entnahme einer Biopsie in Höhe der Flexura duodenojejunalis gestellt. Da die nicht resorbierte Lactose osmotisch aktiv ist (Sie bindet Wasser.), muß Wasser im Darmlumen zurückbleiben und kann nicht resorbiert werden. Dadurch kommt es zu wäßrigen, dünnen Durchfällen, der sogenannten **osmotischen Diarrhoe**. Besonders im Dickdarm wird die nicht resorbierte Lactose durch Darmbakterien vergoren. Der Stuhl wird sauer, es entstehen die Gase CO_2 und H_2 im Darm. Es kommt zu Blähungen, Darmkrämpfen und den o. a. Durchfällen. Der Kliniker spricht von einer **Gärungsdyspepsie**. Man begegnet dieser Erkrankung mit einer an Milchprodukten freien Diät.

Galactosämien sind erbliche Störungen des Galactosestoffwechsels. Ursache können zwei verschiedene Enzymdefekte sein. Der häufigere Defekt ist ein Mangel an **UDP-Glucose-Galactose-1-phosphat-Uridyltransferase** (Abschnitt 7.2.7), seltener fehlt die Galactokinase. Aus den genannten Defekten kann eine Anhäufung von Galactose, Galactose-1-phosphat und Galactitol (Zuckeralkohol der Galactose) in **Leber**, Niere, **Augenlinse**, **Gehirn**, Nebennieren und Erythrocyten resultieren. Bei Mangel an Galactokinase ist Galactose-1-phosphat natürlich nicht erhöht (siehe Abschnitt 7.2.7), sondern nur die beiden anderen genannten Metaboliten. Die Symptomatik ist beim Transferasemangel ausgeprägter als beim Fehlen der Galactokinase und tritt bereits im Säuglingsalter deutlich hervor. Dies ist besonders während der Stillphase der Fall, weil der Lactosegehalt der Muttermilch recht hoch ist. Die Kinder erbrechen, haben Durchfälle und sind apathisch. Im Vordergrund der Klinik steht eine ausgeprägt **Lebercirrhose**, die bei fehlender Behandlung in ein Leberzerfallskoma münden kann. Ablagerungen von Galactose-1-phosphat führen im proximalen Nierentubulus zu Störungen der Protonensekretion, es tritt eine renale **Azidose** auf. Häufige Symptome sind Trübungen der Augenlinsen, die durch Einlagerung von Galactitol hervorgerufen werden. Galactitol ist osmotisch aktiv und verursacht daher eine Wassereinlagerung mit Trübung in der Linse. Man nennt dieses Symptom auch **Katarakt**. Beim **Galactokinasemangel** fehlt die Lebersymptomatik, während Katarakte ebenfalls auftreten. Die Therapie besteht bei beiden Mangelerkrankungen in einer Lactose- bzw. Galactosediät, die möglichst früh ansetzen sollte.

Das im Pentosephosphatzyklus des Erythrocyten gebildete NADPH wird insbesondere dazu genutzt, Glutathion in der reduzierten Form zu halten. Durch die **Glutathion-Reduktase** kann mit Hilfe des NADPH die Disulfidbrücke des Glutathions zu zwei HS-Gruppen reduziert werden. Diesem reduzierten Glutathion kommt im Erythrocyten eine wichtige Funktion zu. Es schützt nämlich Thiolgruppen von Enzymen im Erythrocyten vor Oxidation und ist gleichfalls in der Lage, das Fe^{3+} in anfallendem **Methämoglobin** nichtenzymatisch wieder in das Fe^{2+} des Hämoglobins umzuwandeln. Fallen in der Zelle die überaus reaktiven und damit toxischen (organischen) Peroxide an, so erwehrt sich die Zelle dieser ebenfalls mit Hilfe des reduzierten Glutathions, indem es die aggressiven Moleküle zu Alkoholen und Wasser reduziert. Bei alleinigem Defekt der Glucose-6-phosphat-Dehydrogenase (Abschnitt 7.5.2) treten in der Regel keine oder nur geringfüge Symptome auf. Werden jedoch zusätzlich **Sulfonamide**, **Antimalariamittel** wie Primaquin oder 8-Aminochinolin-Derivate eingenommen, so wird durch Verminderung des reduzierten Glutathions eine Hämolyse provoziert. Es kommt zu einer hämolytischen Anämie, für die ausgefallenes Hämoglobin in den Erythrocyten charakteristisch ist. Dieses ist mikroskopisch sichtbar und wird als **HEINZ-Körper** bezeichnet. Da die Symptomatik des Glucose-6-phosphat-Dehydrogenase-Mangels auch beim Genuß der Fava-Bohne auftritt, spricht man bei dieser hämolytischen Anämie auch von **Favismus.**

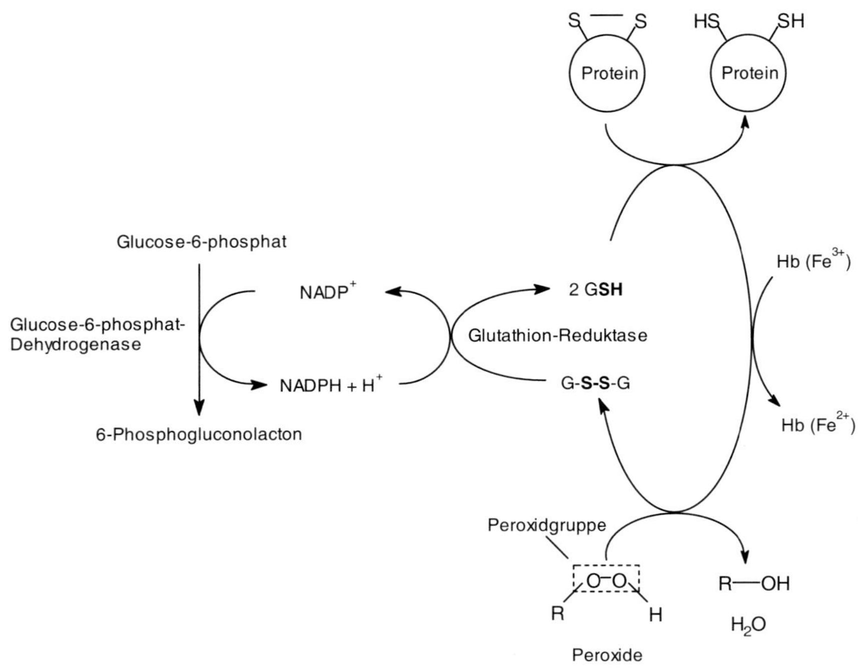

Abb. 7.48: Glucose-6-phosphat-Dehydrogenase-Mangel als Ursache des Favismus.

Der erblich bedingte Mangel an Glucose-6-phosphatase ist die häufigste Störung des Glykogenstoffwechsels und wird auch als **Glykogenose Typ I** oder **VON-GIERKE-Krankheit** bezeichnet. Infolge des Enzymmangels staut sich Glucose-6-phosphat an, welches die Glykogen-Synthase aktiviert. Das nicht mehr spaltbare Glucose-6-phosphat wird vermehrt über die Glykolyse abgebaut, so daß Lactat und Pyruvat im Blut in erhöhten Konzentrationen auftreten. Es kann daher zu einer metabolischen Azidose kommen. Darüber hinaus hemmt Lactat die renale Harnsäuresekretion, wodurch sich eine **Hyperuricämie** ausbildet. Durch den Enzymdefekt wird freie Glucose vermindert in das Blut entlassen (letzter Schritt der Gluconeogenese bzw. Glykogenolyse), es tritt eine Hypoglykämie auf. Diese induziert eine verminderte Ausschüttung von Insulin, so daß die Lipolyse gesteigert ist. Im Blut finden sich daher vermehrt Fettsäuren, Triglyceride, Cholesterol und Ketonkörper, welche zur Genese der **metabolischen Azidose** beitragen. Das große Angebot an Fettsäuren und Triglyceriden manifestiert sich in einer Hepatosplenomegalie mit **Fettleber**. Der Enzymmangel betrifft vor allen Dingen die folgenden Organe und Zellen: Leber, Niere, Dünndarmmucosa und Thrombocyten. Das klinische Bild der renalen Insuffizienz und der Gerinnungsstörungen läßt sich auf diese Organverteilung zurückführen. Zudem kann es zu Osteoporosen und Reifungsstörungen des Skeletts kommen. Die Krankheit äußert sich bereits im Kindesalter mit unspezifischen Symptomen wie Erbrechen, Wachstumsstörungen und Appetitlosigkeit. Neben dieser wichtigsten Glykogenstoffwechselstörung existieren noch weitere, jedoch seltenere Enzymdefekte. Wie die Glykogenose von VON GIERKE folgen sie mit Ausnahme des X-chromosomal vererbten Typs VIII alle einem autosomal rezessivem Erbgang. Tabelle 7.8

faßt die Glykogenosen übersichtlich zusammen. Der interessierte Leser findet darüber hinaus Informationen in den gängigen Lehrbüchern der Pathobiochemie.

Tabelle 7.8: Die Glykogenosen und ihre Symptomatik.

Typ/Name	Defektes Enzym	betroffenes Organ	Symptomatik
I/von Gierke	Glucose-6-phosphatase	Leber, Niere, Darm	Starke Vergrößerung der Leber, Hypoglykämie, Hyperlipidämie, Hyperuricämie
II/Pompe	Lysosomale Amylo-1,4-glucosidase	Muskel und Leber	Muskelschwäche, vergrößertes Herz, Hepatomegalie, Tod zwischen dem 1. und 4. Lebensjahr
III/Cori	Amylo-1,6-glucosidase	Muskel und Leber	Ähnlich dem Typ I
IV/Andersen	Amylo-(1,4)-(1 6)-transglycosylase	Leber	Lebercirrhose, Ascites, Tod in den ersten Lebensjahren
V/Mc Ardle	Phosphorylase	Muskel	Muskelschwäche, rasche Ermüdbarkeit, ansonsten normal
VI/Hers	Phosphorylase	Leber	Wie bei Typ I
VII/Tarni	Phosphofructokinase	Muskel	Wie bei Typ V
VIII/Haujing	Phosphorylase-Kinase	Leber	Wie bei Typ I

7.9 Literatur

(1) Bassendine, M. F. et al.: Biochemistry and autoimmune response to the 2-Oxoacid dehydrogenase complexes in primary biliary cirrhosis. Seminars in liver disease, Vol. 17. S. 49 – 57 (1997).

(2) Johnson, L.: Glycogen phosphorylase: control by phosphorylation and allosteric effectors. FASEB Journal Vol. 6, S. 2274 – 2282 (1992).

(3) Knowels, J.: The mechanism of biotin-dependent enzymes. Ann. Rev. Biochem., S. 195 – 221 (1989).

(4) Pilkis, S. J. et al.: Hormonal regulation of hepatic gluconeogenesis and glycolysis. Ann. Rev. Biochem., S. 755 – 784 (1988).

(5) Stanley, W., Connett, R.: Regulation of muscle carbohydrate metabolism during exercise. FASEB Journal Vol. 5, S. 2155 – 2159 (1991).

8 Citratzyklus und Atmungskette

8.1 Der Citratzyklus

8.1.1 Bedeutung und Lokalisation des Citratzyklus

Der Citratzyklus stellt eine zentrale Drehscheibe des Stoffwechsels dar. Hier treffen sich die Stoffwechselwege der Kohlenhydrate, Fette und Aminosäuren wie in einem Kreisverkehr, von dem dann viele Straßen des Stoffwechsels abzweigen. Seinen Namen erhielt der Zyklus, weil eines der teilnehmenden Moleküle, das Citrat, das Tor zu diesem biochemischen Kreisverkehr darstellt.

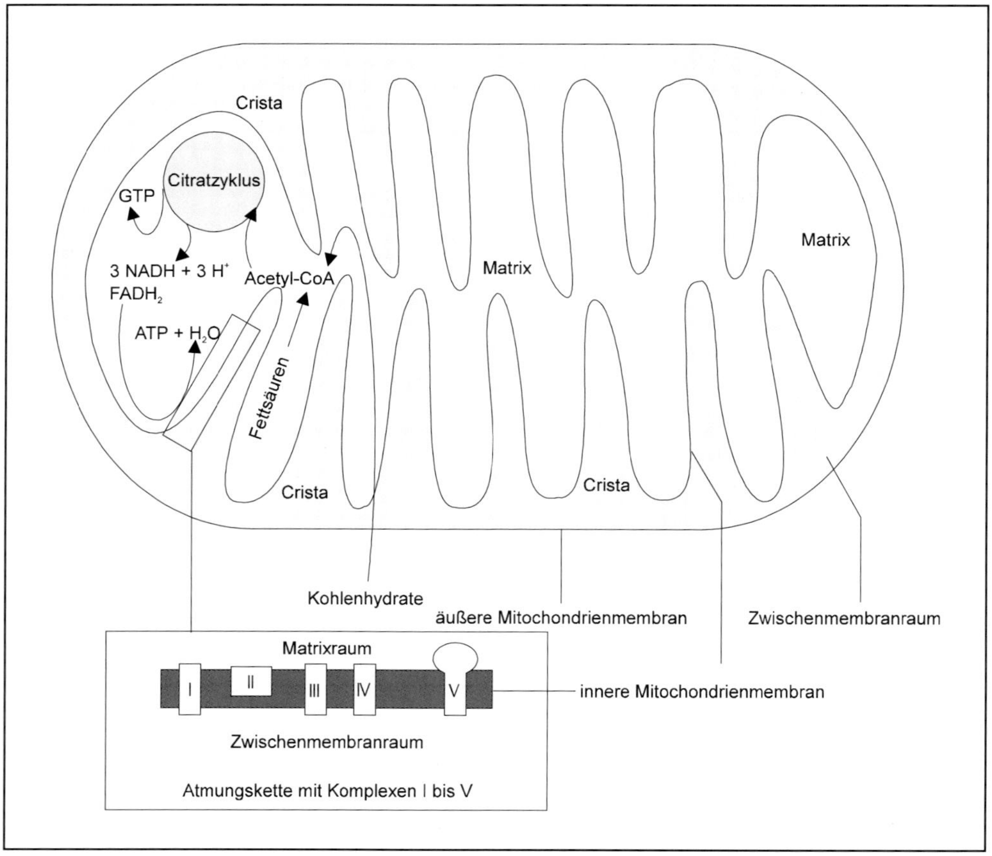

Abb. 8.1: Die Lokalisation von Citratzyklus und Atmungskette in der Mitochondrienmatrix.

Nach dem Biochemiker HANS KREBS[1], der wesentliche Erkenntnisse zur Aufklärung des Citratzyklus leistete, wird er auch **KREBS-Zyklus** genannt. Eine andere Bezeichnung ist **Tricarbonsäurezyklus**, denn einige Verbindungen des Citratzyklus sind Tricarbonsäuren. Der Citratzyklus ist in der **Matrix der Mitochondrien** lokalisiert. Hier wird in einer zyklischen Reaktionsfolge Acetyl-CoA zu CO_2 und Wasserstoff abgebaut, der in Form von NADH + H^+ und $FADH_2$ anfällt. Diese dienen als Substrat für die Atmungskette, in der aus Wasserstoff und Sauerstoff Wasser gebildet und gleichzeitig ATP synthetisiert wird. Die **Atmungskette** befindet sich in der **inneren Mitochondrienmembran**. Die gesamte Reaktionsfolge dient also der Umsetzung von Acetyläquivalenten zu CO_2 sowie H_2O und stellt somit eine vollständige Verbrennung im Sinne der organischen Chemie dar. Diese Umsetzung von Wasserstoff und Sauerstoff erinnert an die bekannte Knallgasreaktion, die jedoch in der Zelle in viele kleine Schritte zerlegt ist und somit dosiert abläuft.

8.1.2 Die Reaktionen des Citratzyklus im Überblick

Ausgangsverbindungen für den Citratzyklus sind **Acetyl-CoA** und Oxalacetat.

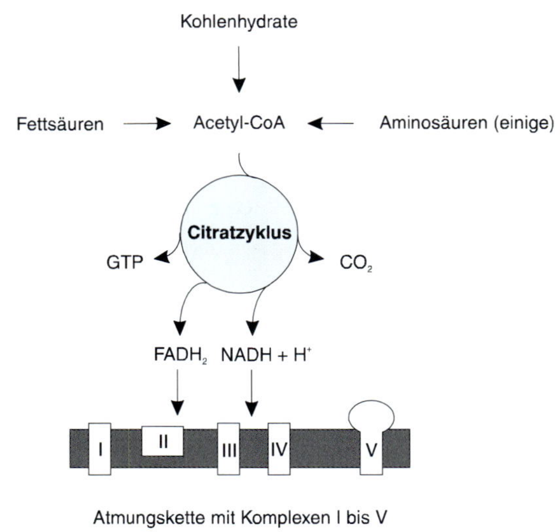

Abb. 8.2: Der Citratzyklus im Stoffwechselzusammenhang. Die Abbildung soll auch die zentrale Bedeutung des Acetyl-CoA unterstreichen. Der Input, also Acetyl-CoA aus den drei angeführten Stoffwechselwegen, wird in CO_2 und H-Atome zerlegt, die in Form von NADH + H^+ und $FADH_2$ Eingang in die Atmungskette finden.

[1] **KREBS, HANS-ADOLF**: * 1900, † 1981. Deutscher Biochemiker. Er nahm bereits 1937 an, daß organische Moleküle in einem zyklischen Stoffwechselweg (Citratzyklus) oxidiert werden. Er gewann seine Erkenntnisse durch das Studium des Sauerstoffverbrauchs in kleingehacktem Hühnerbrustmuskel, einem Gewebe mit hohem respiratorischen Umsatz. 1953 erhielt KREBS zusammen mit FRITZ LIPMANN, der das Coenzym A endeckte, den Nobelpreis für Medizin.

Tabelle 8.1: Die einzelnen Reaktionen des Citratzyklus'. Beim Abbau des Kohlenstoffskeletts entsteht Kohlendioxid (C-Abspaltung), bei Oxidationen fallen NADH + H^+, sowie $FADH_2$ an. Beide Coenzyme werden als Wasserstoff- und Elektronenüberträger an die Atmungskette weitergereicht. Pro Glucosemolekül wird der Citratzyklus zweimal durchlaufen.

Reaktion	**Sonstige Edukte**	**C-Abspaltung**	**Oxidationen**
Oxalacetat → Citrat	Acetyl-CoA, H_2O		
Citrat → Isocitrat			
Isocitrat → 2-Ketoglutarat	NAD^+	CO_2	NADH + H^+
2-Ketoglutarat → Succinyl-CoA	CoA-SH, NAD^+	CO_2	NADH + H^+
Succinyl-CoA → Succinat	GDP, P_i		
Succinat → Fumarat	FAD		$FADH_2$
Fumarat → Malat	H_2O		
Malat → Oxalacetat	NAD^+		NADH + H^+

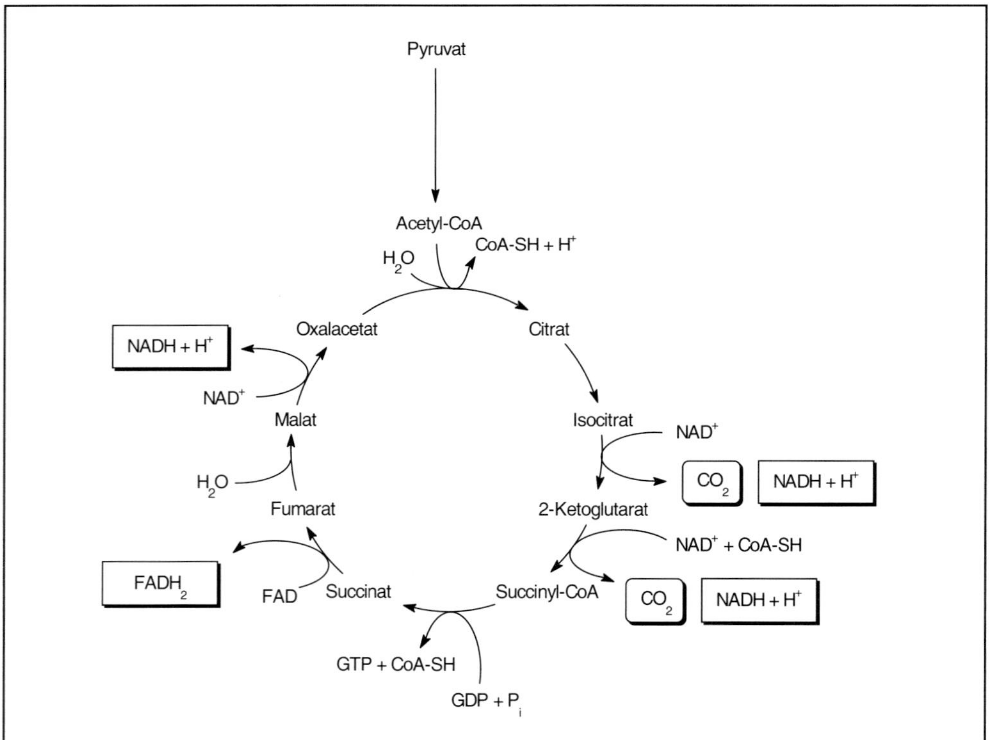

Abb. 8.3: Der Citratzyklus als Drehscheibe des Stoffwechsels. Die beiden wesentlichen Funktionen des Zyklus, die Decarboxylierung und die Bereitstellung von NADH + H^+ bzw. $FADH_2$ für die Atmungskette werden durch Hervorhebung der entsprechenden Metaboliten unterstrichen. Pro Umlauf entsteht auch ein Molekül GTP, das enzymatisch überwiegend in ATP umgewandelt wird.

Acetyl-CoA wird unter anderem bei der aeroben Glykolyse aus Pyruvat gebildet, man erinnere sich hier an die Reaktionen des Pyruvat-Dehydrogenase-Komplexes. Außerdem ist Acetyl-CoA Endprodukt beim Abbau der Fett- (Kapitel: Lipide II) und einiger Aminosäuren

(Kapitel: Aminosäurestoffwechsel). Abb. 8.2 bietet nur eine relativ einfache Formulierung des Citratzyklus', daher soll uns Abb. 8.3 in Kombination mit Tabelle 8.1 einen präziseren Eindruck dieser zentralen Stoffwechseldrehscheibe ermöglichen. Für uns soll der Citratzyklus vorerst nur als Folgereaktionen der aeroben Glykolyse im Vordergrund stehen.

8.1.3 Die Schritte des Citratzyklus im einzelnen

Erster Schritt: Einführen von Acetyl-CoA in den Zyklus:

$$\text{Acetyl-CoA} + \text{Oxalacetat} + H_2O \rightarrow \text{Citrat} + \text{CoA-SH} + H^+ \quad (8.1)$$

$\Delta G^{\circ\prime} = -32{,}2$ kJ/mol

Hierbei handelt es sich um die Umsetzung von Acetyl-CoA mit Oxalacetat zu Citrat durch das Enzym **Citrat-Synthase**. Aus einer Verbindung mit vier Kohlenstoffatomen (C_4) entsteht durch Verknüpfung mit Acetyl-CoA ein Produkt mit sechs Kohlenstoffatomen (C_6), das Citrat. Anhand dieser Reaktion soll noch einmal deutlich gemacht werden, daß sich biochemische Moleküle in ihrem Reaktionsverhalten an den Regeln der organischen Chemie orientieren. Abb. 8.4 zeigt, daß eine basische Aminosäure der Citrat-Synthase dem Acetyl-CoA ein Proton entreißt, wobei ein negativ geladenes C-Ion, ein sogenanntes **Carbanion** entsteht. Dieses Anion greift nun am positiv polarisierten Carbonyl-C-Atom des Oxalacetats an. Das Zwischenprodukt dieser Reaktion, das **Citroyl-CoA**, verfügt über eine Hydroxylgruppe, dessen H vom Enzym (E-BH^+) beigesteuert worden ist. Citroyl-CoA ist instabil und wird von einem Molekül Wasser in Citrat und CoA-SH gespalten.

Zweiter Schritt: Isomerisierung des Citrats zum Isocitrat:

$$\text{Citrat} \rightleftharpoons [\text{cis-Aconitat}] + H_2O \quad (8.2)$$

$$[\text{cis-Aconitat}] + H_2O \rightleftharpoons \text{Isocitrat} \quad (8.3)$$

$\Delta G^{\circ\prime} = +6{,}3$ kJ/mol

Die nachfolgende Isomerisierung führt zum Isocitrat, einer Tricarbonsäure, die sich nur in der Stellung ihrer Hydroxylgruppe vom Citrat unterscheidet. Diese Reaktion, bei der die OH-Gruppe praktisch von C-3 nach C-2 wandert, bereitet die anschließende oxidative Decarboxylierung vor. Dazu wird zunächst die Hydroxylgruppe von C-3 nach C-2 verschoben, d. h., aus einem chemisch schwer zu oxidierenden tertiären Alkohol entsteht ein sekundärer (bei einem primären Alkohol ist das Kohlenstoffatom, an dem die Hydroxylgruppe gebunden ist, nur mit einem C-Atom wie beim Ethanol verknüpft, beim sekundären mit zwei Kohlenstoffatomen, bei tertiären Alkoholen umgeben drei C-Atome dasjenige mit der funktionellen OH-Gruppe), der einer Oxidation leichter zugänglich ist. Dabei erfolgt zunächst eine Dehydratation (Abspaltung von Wasser), anschließend eine Hydratation (Anlagerung von Wasser). Da die Reaktion über das sogenannte cis-Aconitat verläuft, nennt man das zugehörige Enzym **Aconitase**.

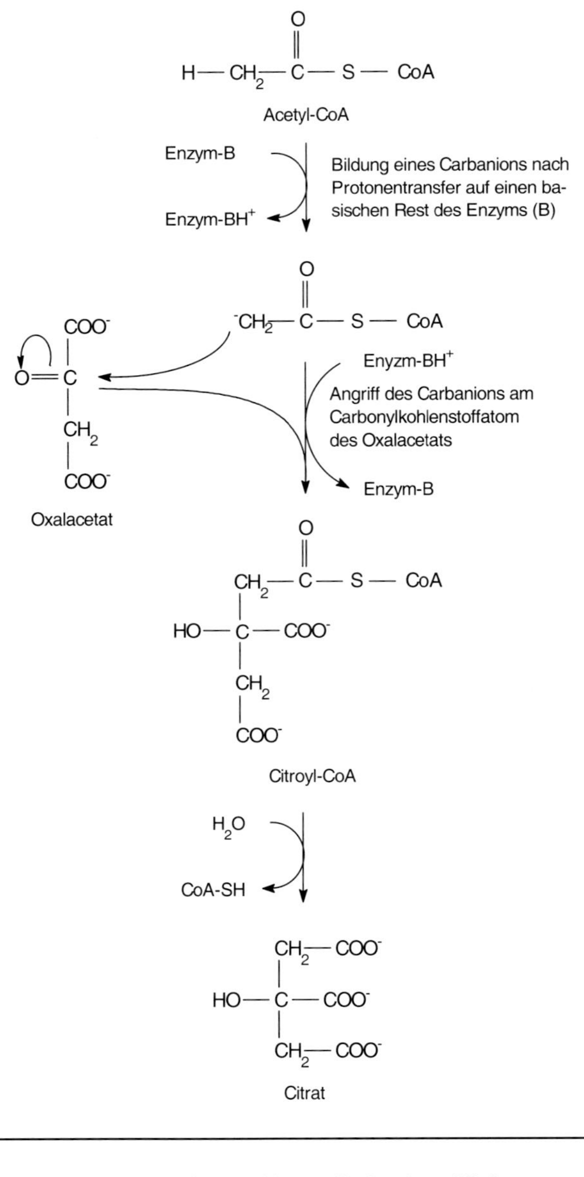

Abb. 8.4: Der erste Reaktionsschritt des Citratzyklus stellt den Angriff eines enzymerzeugten Carbanions (eines negativ geladenen Kohlenstoffatoms) auf ein positiv polarisiertes Carbonyl-C-Atom dar.

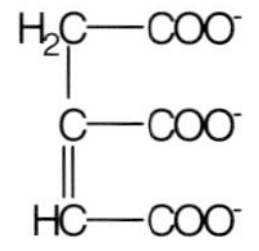

Cis-Aconitat

Abb. 8.5: Das cis-Aconitat.

Das Gleichgewicht dieser Reaktion liegt auf der Seite des Citrats (ca. 90 % sind Citrat). Das Enzym enthält über Schwefelbrücken gebundenes Eisen, sogenannte **Eisen-Schwefel-Cluster** (cluster engl. Haufen, Gruppe). Die Aconitasereaktion läßt sich gezielt durch **Fluoracetat**, das als Rattengift Verwendung gefunden hat, unterbinden. Zunächst wird diese Verbindung von der Citrat-Synthase mit CoA-SH zu Fluoracetyl-CoA umgesetzt, welches dann mit Oxalacetat zum **Fluorcitrat** weiterreagiert. Dieses Fluorderivat des Citrats kann jedoch von der Aconitase nicht mehr umgesetzt werden, so daß der Citratzyklus an dieser Stelle zum Erliegen kommt.

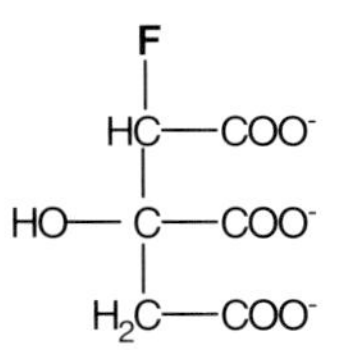

Fluorcitrat

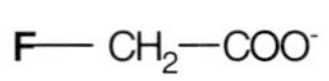

Fluoracetat

Abb. 8.6: Fluoracetat, ein Stoff, der in der Zelle zu Fluorcitrat umgesetzt wird. Dieser falsche Metabolit wird von der Aconitase als Substrat nicht akzeptiert, der Citratzyklus wird gehemmt.

Dritter Schritt: Die erste oxidative Decarboxylierung:

$$\text{Isocitrat} + \text{NAD}^+ \rightarrow [\text{Oxalosuccinat}] + \text{NADH} + \text{H}^+ \quad (8.4)$$

$$[\text{Oxalosuccinat}] \rightarrow \text{2-Ketoglutarat} + \text{CO}_2 \quad (8.5)$$

$\Delta G^{\circ\prime} = -\ 20{,}9$ kJ/mol

Im dritten Schritt wird die OH-Gruppe am C-2 des Isocitrats zu einer Carbonylgruppe oxidiert, CO_2 abgespalten und dabei ein NADH + H^+ gebildet. Das CO_2 stellt die höchst mögliche Oxidationsstufe (+IV) für den Kohlenstoff dar und scheidet somit aus der weiteren Oxidation aus. Das heißt, eines der beiden als Acetyl-CoA in den Citratzyklus eingebrachten Kohlenstoffatome ist vollständig oxidiert worden. Diese Reaktion von Isocitrat zu 2-Ketoglutarat wird durch die **Isocitrat-Dehydrogenase** katalysiert, ein Enzym, das übrigens auch im Cytoplasma existiert und dort in einer von Mn^{2+} abhängigen Reaktion Reduktionsäquivalente in Form von NADPH + H^+ liefert. **Oxalosuccinat**, eine instabile 2-Ketosäure, tritt nur als **enzymgebundenes Intermediat**, also nicht frei in Erscheinung. Noch am Enzym decarboxyliert das labile Intermediat und wird als 2-Ketoglutarat von der Isocitrat-Synthase freigesetzt. Die hier stattfindende Decarboxylierung ist reversibel.

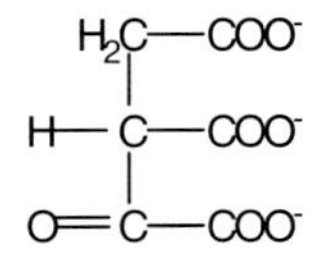

Abb. 8.7: Das Oxalosuccinat, ein instabiles, enzymgebundenes Zwischenprodukt der ersten oxidativen Decarboxylierung.

Vierter Schritt: Oxidative Decarboxylierung des 2-Ketoglutarats nach dem Muster der Pyruvat-Dehydrogenase-Reaktion:

$$\text{2-Ketoglutarat} + NAD^+ + \text{CoA-SH} \rightarrow \text{Succinyl-CoA} + CO_2 + NADH + H^+ \quad (8.6)$$

$\Delta G°' = - 33{,}5$ kJ/mol

Das bei der oxidativen Decarboxylierung des 2-Ketoglutarats entstehende Succinat wird gleichzeitig auf das Coenzym A übertragen, so daß das Succinyl-CoA gebildet wird. Diese Decarboxylierung ist im Gegensatz zur vorherigen irreversibel. Sie wird vom 2-Ketoglutarat-Dehydrogenase-Komplex katalysiert, der aus drei Enzymen besteht und lediglich bei Anwesenheit der Coenzyme **Thiamindiphosphat TPP**, **Liponsäure**, **NAD**$^+$ und **Coenzym A** aktiv ist. Die Ähnlichkeiten zum Pyruvat-Dehydrogenase-Komplex sind offensichtlich, wie dort wird eine Ketosäure einer oxidativen Decarboxylierung unterworfen und gleichzeitig eine Acyl-CoA-Verbindung gebildet.

Fünfter Schritt: Substratkettenphosphorylierung und die Bildung von GTP:

$$\text{Succinyl-CoA} + P_i + GDP \rightleftharpoons \text{Succinat} + GTP + \text{CoA-SH} \quad (8.7)$$

$\Delta G°' = - 2{,}9$ kJ/mol

Das Enzym Nucleosid-Diphosphokinase überführt GTP anschließend in ATP:

$$GTP + ADP \rightleftharpoons GDP + ATP \quad (8.8)$$

$\Delta G°' = 0{,}0$ kJ/mol

Die Thioesterbindung des Succinyl-CoA wird im fünften Schritt mit Hilfe des Enzyms **Succinyl-CoA-Synthetase** gespalten und das hohe Gruppenübertragungspotential (energiereiche Thioesterbindung!) dazu genutzt, eine Energiekonserve GTP zu bilden. Diese Reaktion erinnert an die **Substratkettenphosphorylierungen** der Glykolyse, bei denen ebenfalls ein energiereiches Nukleotid (ATP) synthetisiert wurde. Das Gros des GTPs wird über (8.8) in ATP umgewandelt, jedoch besitzt GTP selbst auch Bedeutung bei der Proteinsynthese und der Übermittlung von hormonellen Signalen (Kapitel: Hormone). Bei Pflanzen und Bakterien entsteht übrigens unmittelbar ATP, so daß Reaktion (8.8) in diesem Zusammenhang lediglich bei Tieren und dem Menschen Gültigkeit besitzt. Vom Succinyl-CoA zweigt auch die **Hämsynthese** ab, ein Teil dieser energiereichen Verbindung verläßt also den Kreisverkehr Citratzyklus.

Sechster Schritt: Die FAD-abhängige Dehydrierung des Succinats zum Fumarat:

$$\text{Succinat} + \text{Enzym-FAD} \rightarrow \text{Fumarat} + \text{Enzym-FADH}_2 \quad (8.9)$$

$\Delta G^{\circ\prime} = 0{,}0$ kJ/mol

(8.9) deutet bereits an, daß die prosthetische Gruppe FAD fest an der Succinat-Dehydrogenase gebunden ist, wobei ein **Histidinrest** des Enzyms die Brückenfunktion übernimmt. Wie wir später genauer sehen werden, ist die Succinat-Dehydrogenase an die innere Mitochondrienmembran gebunden, gehört also zur Gruppe der Membranproteine. Das gebildete $FADH_2$ kann seine aufgenommenen Protonen direkt an die Atmungskette (Abschnitt 8.2) abgeben. Die Succinat-Dehydrogenase ist weiterhin der Prototyp eines kompetitiv hemmbaren Enzyms, wobei **Malonat** und Oxalacetat als Inhibitoren auftreten). Die Tatsache, daß nur Fumarat und nicht das cis-Isomere Maleinat entsteht, weist die Succinat-Dehydrogenase zudem als stereospezifisches Enzym aus.

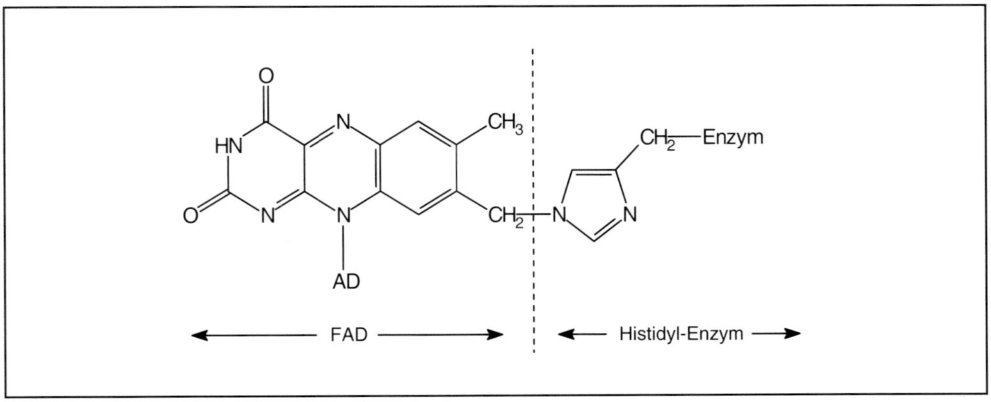

Abb. 8.8: FAD als prosthetische Gruppe der Succinat-Dehydrogenase. AD steht für Adenindinukleotid, E für Enzym. Prosthetische Gruppe und Enzym sind kovalent miteinander verknüpft.

Siebter Schritt: Hydratation der Doppelbindung im Fumarat:

$$\text{Fumarat} + H_2O \rightleftharpoons \text{L-Malat} \quad (8.10)$$

$\Delta G^{\circ\prime} = -3{,}8$ kJ/mol

Im siebenten Schritt wird Fumarat durch Anlagerung von Wasser (Additionsreaktion) stereospezifisch zu L-Malat umgesetzt. Das zugehörige Enzym ist die **Fumarat-Hydratase** oder kurz **Fumarase**.

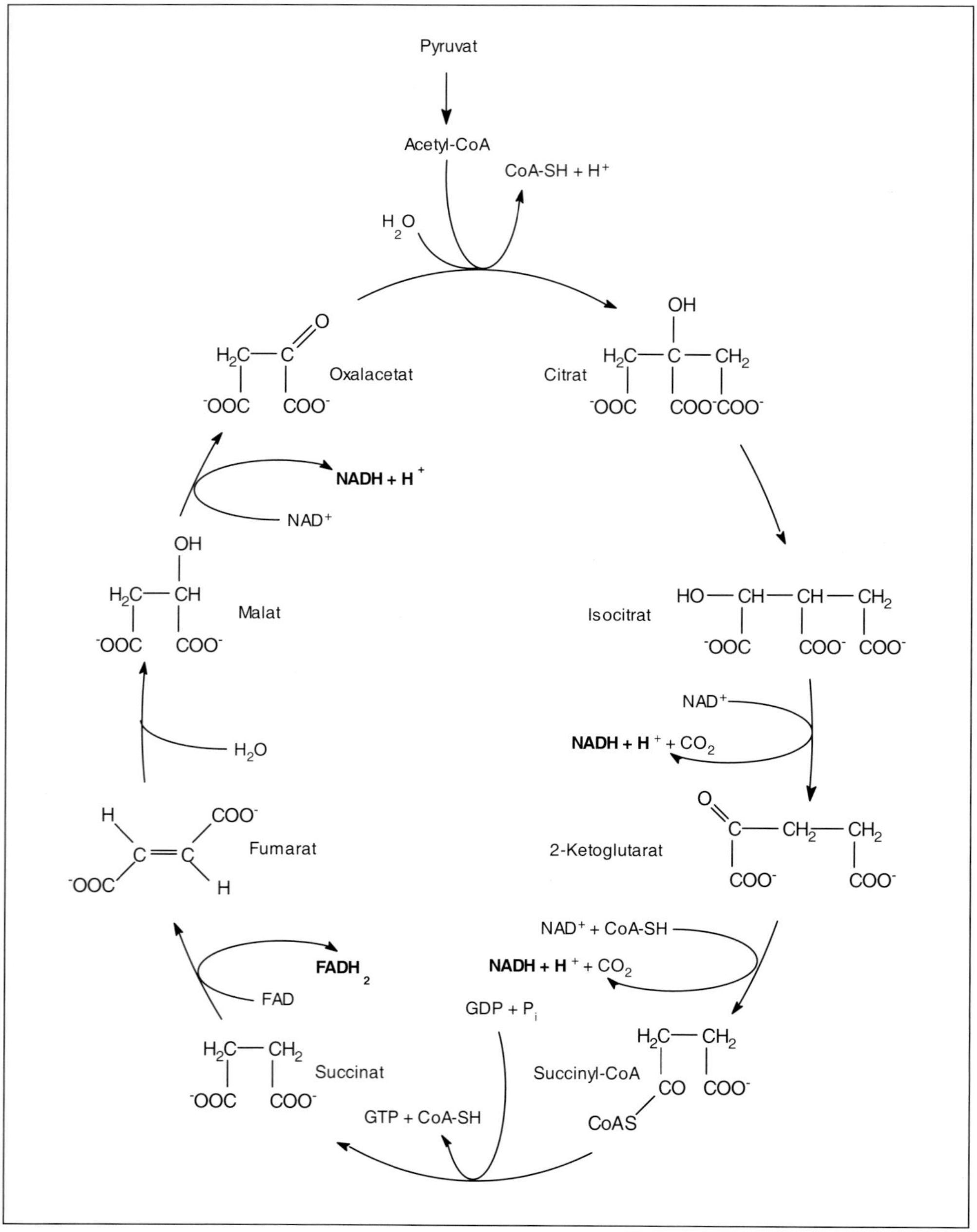

Abb. 8.9: Der Citratzyklus in der Übersicht.

Achter Schritt: Oxidation des L-Malats zu Oxalacetat:

$$\text{L-Malat} + NAD^+ \rightleftharpoons \text{Oxalacetat} + NADH + H^+ \tag{8.11}$$

$\Delta G^{\circ\prime} = +\ 29{,}7$ kJ/mol

Abschließend wird die Alkoholgruppe des Malats oxidiert und Oxalacetat regeneriert. Bei dieser Reaktion, die durch die **Malat-Dehydrogenase** katalysiert wird, entsteht erneut ein NADH + H^+. Die stark endergone Reaktion (8.11) kann nur deshalb nach rechts verlaufen, weil die nachfolgende Citratsynthase in einer hochexergonen Umsetzung Oxalacetat rasch in Citrat überführt (Fließgleichgewicht!), so daß die intramitrochondriale Oxalacetatkonzentration gering bleibt.

8.1.4 Die Bilanz des Citratzyklus

Im Citratzyklus wird ein Molekül aktivierte Essigsäure zu zwei Molekülen CO_2 abgebaut:

$$H_3C\text{–CO–SCoA} + 3\ H_2O \rightarrow 2\ CO_2 + \text{CoA–SH} + 8\,[H] \tag{8.12}$$

Tabelle 8.2: Die Energiebilanz weist das Durchlaufen des Citratzyklus als exergonen, also Energie liefernden Prozeß aus. Es entstehen lediglich 2 GTP pro Molekül Glucose (2 Acetyl-CoA durchlaufen den Zyklus je einmal). Der Hauptgewinn dieser Stoffwechseldrehscheibe ist in der Synthese von 3 NADH + H^+ und 1 $FADH_2$ zu suchen, deren energetische Auswertung in der Atmungskette erfolgt.

Reaktionsschritt	**Enzym**	**ΔG°' (kJ/mol)**
1	Citrat-Synthase	– 32,2
2	Aconitase	+ 6,3
3	Isocitrat-Dehydrogenase	– 20,9
4	2-Ketoglutarat-Dehydrogenase-Komplex	– 33,5
5	Succinyl-CoA-Synthase	– 2,9
6	Succinat-Dehydrogenase	0,0
7	Fumarase	– 3,8
8	Malat-Dehydrogenase	+ 29,7
		– 57,3 (Summe)

Die 8 [H] fallen in Form von 3 (NADH + H^+) bzw. 1 $FADH_2$ an. Daher läßt sich Gleichung (8.12) auch wie folgt schreiben:

$$\begin{gathered} H_3C\text{–CO–SCoA} + \text{FAD} + 3\ \text{NAD}^+ + 3\ H_2O \\ \rightarrow 2\ CO_2 + \text{CoA-SH} + \text{FADH}_2 + 3\ \text{NADH} + 3\ H^+ \end{gathered} \tag{8.13}$$

Berücksichtigen wir noch die Bildung von GTP + H_2O aus GDP und P_i, so kommen wir mit

$$\text{GDP}^{3-} + \text{HPO}_4^{2-} + H^+ \rightarrow \text{GTP}^{4-} + H_2O \tag{8.14}$$

bzw. abgekürzt

$$\text{GDP} + P_i \rightarrow \text{GTP} + H_2O \tag{8.15}$$

zur vollständigen Bilanzgleichung des KREBS-Zyklus:

$$\begin{aligned}&H_3C\text{-}CO\text{-}SCoA + FAD + 3NAD^+ + 2H_2O + GDP + P_i\\&\rightarrow 2CO_2 + CoA\text{-}SH + FADH_2 + 3NADH + 3H^+ + GTP\end{aligned} \tag{8.16}$$

Beachte, daß die 3 H_2O auf der Eduktseite der Gleichung (8.13) zu 2 H_2O in (8.16) gekürzt wurden, weil ja bei der GTP-Bildung nach (8.15) auch ein Wassermolekül auf der Produktseite entsteht, welches nach den Regeln der Stöchiometrie mit denen der Eduktseite verrechnet (gekürzt) wird.

8.1.5 Die Regulation des Citratzyklus

Zwei Kontrollinstanzen beeinflussen im wesentlichen die Aktivität des Citratzyklus': Einerseits eine Reihe **allosterischer Effektoren**, andererseits spielen die Substratkonzentrationen selbst eine nicht unerhebliche Rolle bei der Steuerung des Kreisverkehrs.

Zunächst jedoch wird der Zustrom an Acetyl-CoA bereits über die oxidative Decarboxylierung durch den Pyruvat-Dehydrogenase-Komplex beeinflußt. Durch Interkonversion hemmen bekanntlich Acetyl-CoA selbst und NADH + H^+ die Decarboxylase-Untereinheit des Multienzymkomplexes, d. h. die Untereinheit wird durch Phosphorylierung inaktiviert. Fallen die Konzentrationen von NADH und Acetyl-CoA ab, so reaktiviert eine Pyruvat Decarboxylase-Phosphatase das Enzym.

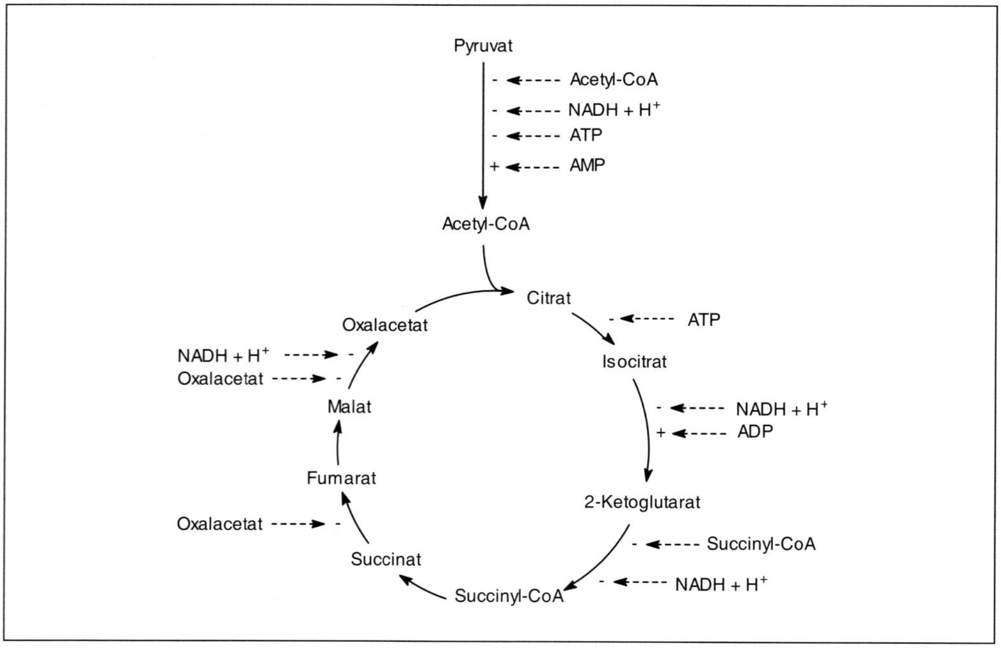

Abb. 8.10: Die Regulation des Citratzyklus im Überblick. Die vorgeschaltete oxidative Decarboxylierung ist als Tor zum Tricarbonsäurezyklus ebenfalls aufgeführt. Auffällig ist der erhebliche Kontrolleinfluß des NADH + H^+. Im Citratzyklus selbst handelt es sich um allosterische Regulationen.

Beide Effektoren vermögen den Enzymkomplex auch allosterisch zu hemmen, nämlich an der Transacetylase- (Acetyl-CoA) und der Dihydrolipoyl-Dehydrogenase-Komponente (NADH). Ein Blick auf Abb. 8.10 zeigt, daß NADH + H^+ überhaupt eine tragende Rolle bei der Regulation von oxidativer Decarboxylierung und Tricarbonsäurezyklus spielt. Unterstrichen wird dies durch die Bedeutung des intramitochondrialen Konzentrationsquotienten

$$Q = \frac{c(NAD^+)}{c(NADH + H^+)} \tag{8.17}$$

Q, dessen Absinken sich sowohl durch Mangel des Reaktanden NAD^+ (fehlt dann bei drei Reaktionen des Krebs-Zyklus und bei der oxidativen Decarboxylierung) als auch durch Zunahme des allosterischen Inhibitors NADH + H^+ bemerkbar macht.

Niedrige Citrat- oder Oxalacetatkonzentrationen wirken limitierend auf den Substratumsatz der Citrat-Synthase im Zyklus. Hauptangriffspunkte der allosterischen Kontrolle sind die Isocitrat- und die 2-Ketoglutarat-Dehydrogenase. NADH + H^+ inhibiert beide Enzyme, Succinyl-CoA lediglich letzteres. Als Aktivator der Isocitrat-Dehydrogenase fungiert ADP.

Die Regulation an dieser zentralen Stelle des Stoffwechsels spiegelt eines wider: Ist die Zelle gut mit Energie versorgt, sind also die Konzentrationen von ATP, NADH + H^+ und Acetyl-CoA hoch (dies sind quasi die Indikatoren einer satten Zelle), so wird der Fluß durch den Zyklus gedrosselt. Besteht umgekehrt Energiehunger, sorgen die dann vorherrschenden „Hungerindikatoren“ AMP und ADP sowie NAD^+ für einen ungehinderten Substratfluß und Energiegewinn.

8.1.6 Stellung des Citratzyklus im Stoffwechsel

Der Citratzyklus hat nicht nur die Aufgabe, Acetyl-CoA in CO_2 und Wasserstoffatome, die auf NAD^+ bzw. FAD übertragen werden, zu zerlegen. Darüber hinaus besitzt er sowohl katabole (abbauende; katabole gr. Niederlegen) wie anabole (aufbauende; anabole gr. Aufwurf) Funktionen. Wir wollen uns hier zunächst die sogenannten **anaplerotischen Reaktionen** anschauen. Ihr Sinn ist, die einzelnen Substrate des Citratzyklus' immer in richtigen Mengen vorrätig zu halten, z. B. nachdem einzelne Verbindungen des Zyklus' zu biosynthetischen Zwecken verwandt worden sind. Ansonsten würde der Citratzyklus und damit die Energiegewinnung langsam aber sicher zum Erliegen kommen. Die wichtigste dieser anaplerotischen Reaktionen, besonders in Leber und Niere, ist uns schon begegnet, es handelt sich um die **Pyruvat-Carboxylase-Reaktion**. Aus Pyruvat läßt sich also Oxalacetat gewinnen, falls dieses im Citratzyklus in zu geringer Menge vorliegt. Namentlich Pflanzen beschreiten den Weg der **Phosphoenolpyruvat-Carboxylase-Reaktion**, um den Citratzyklus mit Oxalacetat aufzufüllen. Auch aus Aminosäuren wie Glutamat und Aspartat lassen sich über die **Transaminierung** Intermediate des Citratzyklus erzeugen. Wir werden diesen Reaktionstyp im Kapitel Aminosäurestoffwechsel genauer betrachten. Der Citratzyklus stellt für eine Reihe von Biosynthesen Ausgangsverbindungen zur Verfügung. Ausgehend von Succinyl-CoA wird der Syntheseweg zum Porphyrin beschritten, welches wir als prosthetische Gruppe im Hämoglobin oder Cytochrom c vorfinden. 2-Ketoglutarat und Oxalacetat sind Startpunkte für die Synthese diverser Aminosäuren, die im Falle des Glutamins und Aspartats wiederum Bestandteile des Purin- bzw. Pyrimidinanabolismus sind (Purine und Pyrimidine sind als stickstoffhaltige Basen Bestandteile der Nukleinsäuren DNA

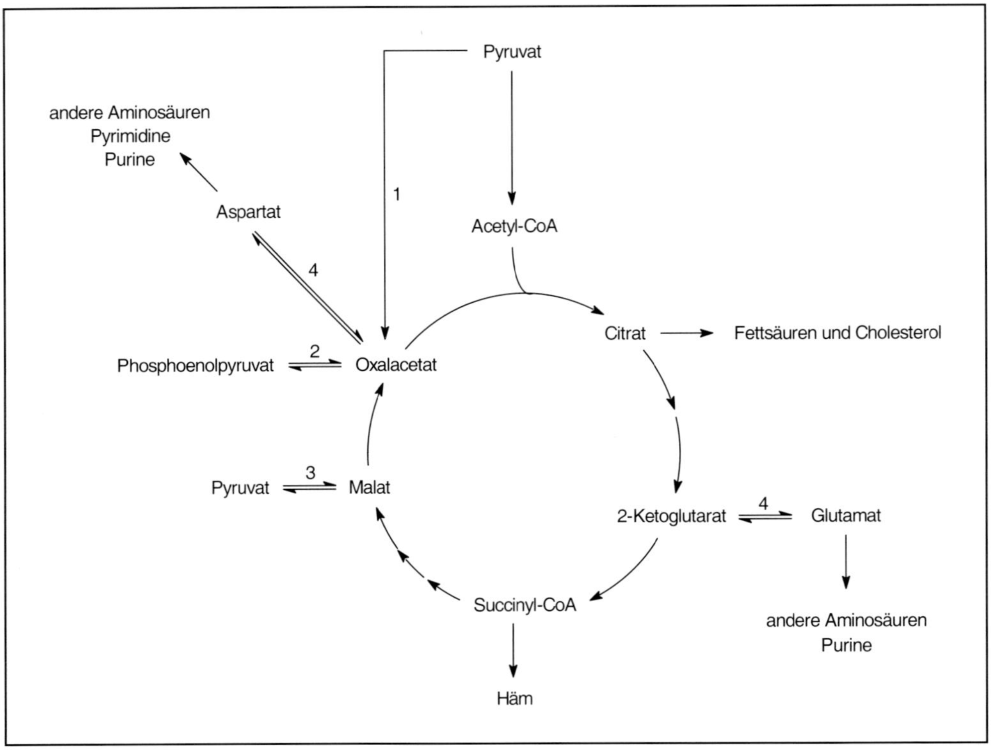

Abb. 8.11: Anaplerotische Reaktionen und Synthesewege, die vom Citratzyklus abzweigen. Die auffüllenden Stoffwechselwege sind numeriert: 1 steht für die Pyruvat-Carboxylase-, 2 für die Phosphoenolpyruvat-Carboxylase-Reaktion. Das Malatenzym katalysiert die Umsetzung 3, Transaminierungen sind mit 4 bezeichnet.

und RNA). Man erinnere sich auch an die Gluconeogenesereaktion der Phosphoenolpyruvat-Carboxykinase, bei der aus Oxalacetat Phosphoenolpyruvat gebildet wird.

8.2 Die Atmungskette als Folge von Redoxreaktionen

8.2.1 ATP als universeller Energielieferant

Die Hydrolyse des Adenosintriphosphats

$$ATP^{4-} + H_2O \rightarrow ADP^{3-} + HPO_4^{2-} + H^+ \qquad (8.18)$$

$$\Delta G^{\circ\prime} = -31{,}0 \text{ kJ/mol}$$

ist die Reaktion, die im Zentrum der Energiebereitstellung innerhalb der Zelle steht. Daher wird das Nukleotid ATP auch gerne als Energiewährung oder -münze des Stoffwechsels bezeichnet. Was aber trägt in (8.18) dazu bei, daß bei der Hydrolyse dieser Energiewährung soviel Energie frei wird? Oder anders formuliert: Welche Faktoren begünstigen eine Spaltung des Triphosphats in ADP und P_i? Das ATP ist mit seinen vier gleichnamigen Ladungen ein Molekül, daß unter erheblichen **elektrischen Abstoßungskräften** steht. Bei seiner Spaltung entstehen aus einem Metaboliten (nämlich ATP) derer zwei (ADP und Hydrogenphosphat), d. h. mit der Anzahl der Teilchen wächst die Unordnung. Die ATP-Hydrolyse geht also mit einer **Entropiezunahme** einher, parallel dazu entsteht das stark **mesomeriestabilisierte Hydrogenphosphation**, dessen Anzahl an mesomeren Grenzstrukturen größer als im ATP ist. Je höher aber die Anzahl möglicher Grenzstrukturen in einem Molekül oder Ion ist (die Ladung verteilt sich besser über das ganze Molekül), desto stabiler ist es (Abb. 8.12). Welche biologischen Vorgänge bedürfen aber nun in hohem Maße des ATPs?

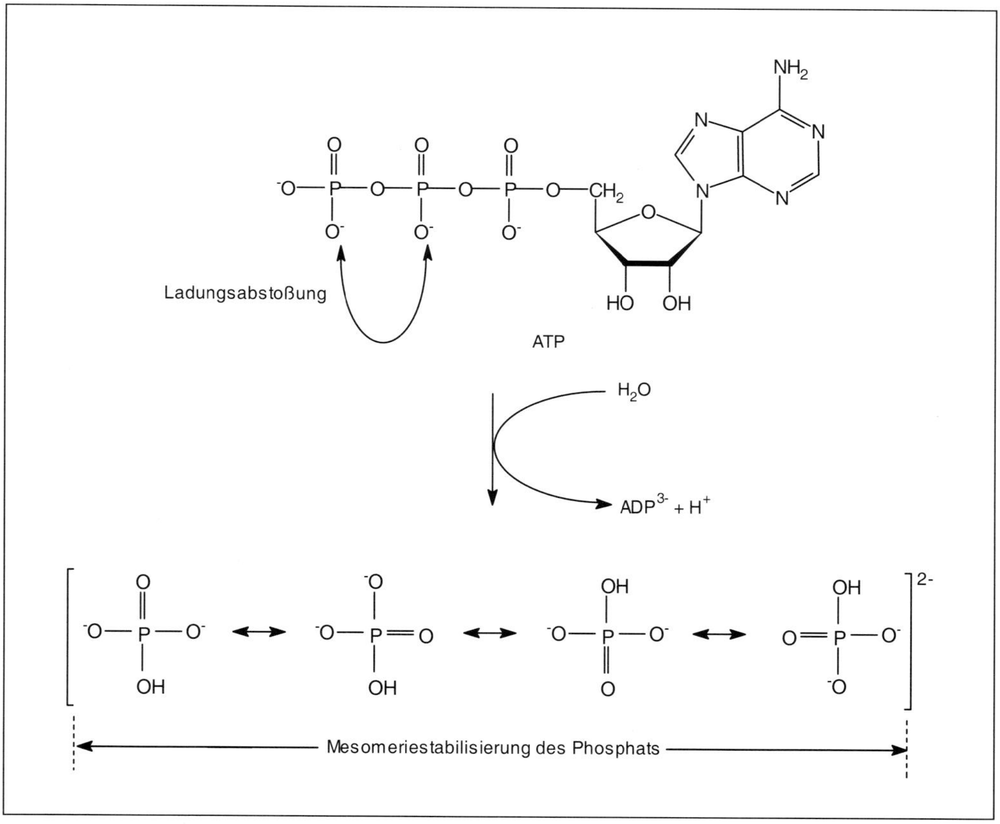

Abb. 8.12: Faktoren, welche die ATP-Hydrolyse begünstigen: Ladungsabstoßung, Entropiezunahme und die Mesomeriestabilisierung des entstandenen HPO_4^{2-}.

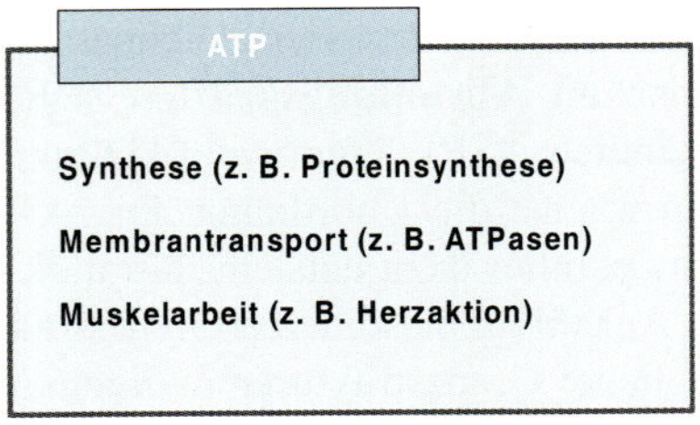

Abb. 8.13: ATP im Zentrum der drei wichtigsten energiezehrenden Prozesse.

In erster Linie sind dies **Membrantransportvorgänge**, z. B. in Nerven- und Nierengewebe (Ionentransport, Metabolitentransfer), **mechanische Arbeit** im Skelett-, Herz- und glatten Muskel sowie die **Biosynthesen** in der Zelle. Abb. 8.13 macht auf diese energieintensiven Vorgänge aufmerksam. Es ist offensichtlich, daß die Zelle für die schnelle und effektive Bereitstellung von ATP über einen effizienten Mechanismus verfügen muß. Dieser Mechanismus, das Instrument mit dem die Energiekonserve ATP gefertigt wird, ist die **Atmungskette**.

8.2.2 Die kontrollierte Knallgasreaktion als Grundprinzip der Atmungskette

Wir haben gesehen, daß eine ausreichende Versorgung des Organismus mit der Energiekonserve ATP für dessen Funktionieren unabdingbar ist. Wie aber wird dies von der Zelle bewerkstelligt, wie baut sie das lebenswichtige Nukleotid auf?

Die Energie, die im ATP konserviert ist, muß irgendwann einmal auch in dieses hineingesteckt worden sein, denn nach dem ersten Hauptsatz der Thermodynamik kann Energie weder neu erzeugt noch unwiederbringlich vernichtet werden. Sinnvoll wäre es für die Zelle, für die ATP-Synthese eine energiespendende Reaktion einzuspannen, deren Rohstoffe (Edukte) reichlich vorhanden und gut erschließbar sind. Außerdem sollte diese Reaktion weder giftiger Ausgangsstoffe bedürfen, noch solche produzieren. **Sauerstoff**, ein Gas, das zu 21 % (Volumenprozent) in der Atmosphäre vorhanden ist, erfüllt weitgehend diese Voraussetzungen. **Wasserstoff**, ebenfalls ein Gas, würde auf energetisch ergiebige Weise mit Sauerstoff nach

$$H_2 + O_2 \rightarrow 2\,H_2O \tag{8.19}$$

zu Wasser reagieren. Jedoch stellen sich für die Zelle sogleich zwei Probleme: Einerseits ist diese Oxidation schwer zu zügeln, wie wir aus dem Schulunterricht wissen. Dort wurde sie als **Knallgasreaktion** vorgestellt und macht des explosionsartigen Verlaufs wegen ihrem Namen alle Ehre. Ein derartiger Ablauf mit ineffektivem Verpuffen wertvoller chemischer Energie als Wärme ist natürlich für die Zelle absolut inakzeptabel. Es muß folglich ein Weg gefunden werden, die freiwerdende Energie gleichsam portionsweise kontrolliert abzuschöpfen und sogleich in chemischer Form als ATP zu speichern, ohne daß größere Mengen nicht nutzbarer Wärme entstehen. Das andere Problem ist die schwierige Erschließbarkeit des Wasserstoffs. Als Gas in der Atmosphäre kaum vorhanden, liegt das Element nur im Wasser reichlich vor. Diese Quelle entfällt jedoch, würde sie doch der energieliefernden Reaktion (8.19) mit

$$2\ H_2O \rightarrow 2\ H_2 + O_2 \qquad (8.20)$$

völlig zuwider laufen. Eine Alternative zum Wasser bilden organische Moleküle wie Kohlenhydrate oder Fette, die ebenfalls viel Wasserstoff enthalten. Dies ist dann auch der Weg, den die Zelle im Mitochondrium beschreitet. Organischen Molekülen wird der Wasserstoff entzogen (chemisch: sie werden oxidiert), dieser auf geeignete Überträger (wie bekannt: $NADH + H^+$ bzw. $FADH_2$) transferiert und anschließend an die Atmungskette weitergereicht. Wasserstoff findet also in Form von $NADH + H^+$ und $FADH_2$ Eingang in die Atmungskette, so daß in dieser letztlich folgender Prozeß ablaufen kann:

$$NADH + H^+ + \tfrac{1}{2}\ O_2 \rightarrow NAD^+ + H_2O \qquad (8.21)$$

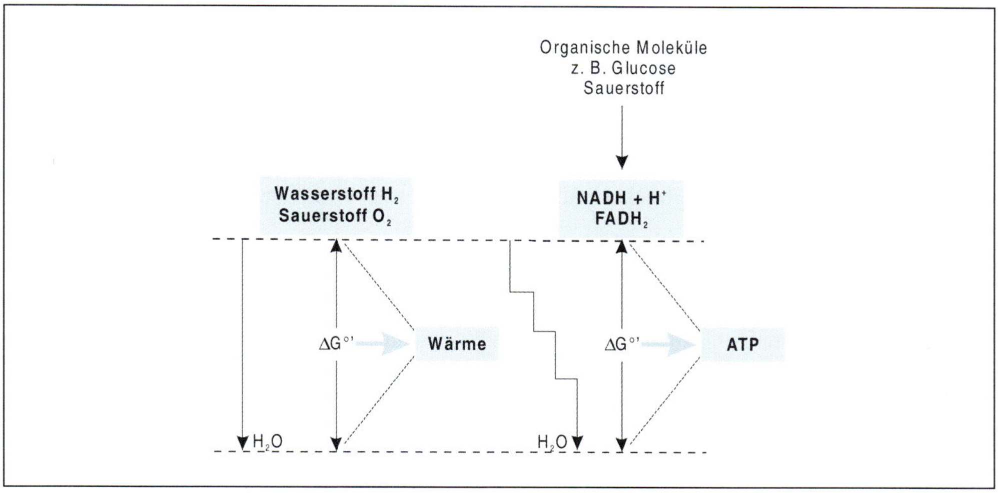

Abb. 8.14: Chemische (links) und biologische (rechts) Wasserstoffoxidation zu Wasser. Die Zelle unterteilt diese stark exergone Reaktion kaskadenförmig in kleine Schritte, um ATP zu gewinnen, während die chemische Reaktion explosionsartig (unkontrolliert) abläuft.

Aber über einen Punkt darf man sich nicht hinwegtäuschen. Die als Wasserstofflieferanten angesprochenen Kohlenhydrate bzw. Fette stammen letztlich aus grünen Pflanzen und Cyanobakterien, die mit Hilfe der Energie des Sonnenlichts, also mittels **Photosynthese**, Kohlenhydrate aufzubauen vermögen:

$$6\ CO_2 + 12\ H_2O + \text{Lichtenergie} \rightarrow C_6H_{12}O_6 + 6\ O_2 \qquad (8.22)$$

Durch Zufuhr von Lichtenergie wird dadurch die energieaufwendige Spaltung des Wassers möglich, wegen der Lichtabhängigkeit auch **Photolyse des Wassers** (phos gr. Licht) genannt:

$$2\ H_2O + \text{Lichtenergie} \rightarrow 2\ H_2 + O_2 \qquad (8.23)$$

Dabei entsteht, quasi als Abfallprodukt, der für die Atmungskette so notwendige Sauerstoff. Wir sehen, daß die Atmungskette im Mitochondrium die Erfindung der Photosynthese im Chloroplasten der pflanzlichen Zelle voraussetzt. **Alles Leben ist - energetisch gesehen - vom Sonnenlicht abhängig!**

Abb. 8.14 zeigt einen Vergleich zwischen der Knallgasreaktion (in vitro) und der biologischen Oxidation (in vivo) der Atmungskette.

8.2.3 Der Begriff der Redoxreaktion

Die hier nur kurz erläuterten Sachverhalte werden gründlicher in Kapitel 1 abgehandelt, so daß sich dort eine Rekapitulation der chemischen Grundbegriffe empfiehlt! Redoxreaktionen sind immer ein Wechselspiel von Reduktion und Oxidation, d. h., der eine empfängt, was der andere gibt. Dies ist nicht anders als bei den schon bekannten Säure/Base-Reaktionen, mit dem Unterschied, daß es dort Protonen sind, die übertragen werden, bei Redoxumsetzungen hingegen sind es **Elektronen** $\mathbf{e^-}$, die ausgetauscht werden. Im einzelnen bedeutet dabei **Oxidation Elektronenentzug**, **Reduktion Elektronenaufnahme**. Derjenige Stoff, der einen anderen oxidiert und dabei selbst reduziert wird, heißt Oxidationsmittel, sein Gegenpart, das Reduktionsmittel, überträgt Elektronen und wird dabei selbst oxidiert. Eine Redoxreaktion kann folglich nur stattfinden, wenn Geber und Empfänger, also Reduktions- und Oxidationsmittel, gleichermaßen vorhanden sind und Hand in Hand arbeiten:

$$\text{Reduktionsmittel (Red)} \rightarrow \text{Oxidationsmittel (Ox)} + z\,e^- \quad (8.24)$$

$$\text{Oxidationsmittel (Ox)} + z\,e^- \rightarrow \text{Reduktionsmittel (Red)} \quad (8.25)$$

Oder anders formuliert, wenn z wie in (8.24) und (8.25) die Zahl der übertragenenen Elektronen ist:

$$Ox_1 + ze^- \rightarrow Red_1 \quad (8.26)$$

$$Red_2 \rightarrow Ox_2 + ze^- \quad (8.27)$$

Die Addition der sich bedingenden Gleichungen (8.26) und (8.27) liefert die Quintessenz des bereits verbal formulierten Sachverhalts:

$$Ox_1 + Red_2 \rightarrow Ox_2 + Red_1 \quad (8.28)$$

Als analoges Beispiel für (8.28) möge die aus dem Schulunterricht bekannte Redoxreaktion zwischen Kupferionen und elementarem Zink dienen:

$$Cu^{2+} + Zn \rightarrow Cu + Zn^{2+} \quad (8.29)$$

Um vernünftig über den Ablauf von Redoxreaktionen sprechen zu können, benötigen wir den Begriff des **Redoxpotentials**, der uns eine Aussage darüber erlaubt, in welche Richtung eine Redoxreaktion abläuft, also welcher Stoff die Rolle des Oxidations- und welcher den Part des Reduktionsmittels übernimmt. Für eine weitergehende Erklärung dieses wichtigen Begriffs schlage man in Kapitel 1 nach. Hier sei nur soviel gesagt: Das Redoxpotential **E°'** bei **pH 7** und **25 °C** mit der Einheit mV oder V (Volt) ist ein Maß für die relative Stärke eines Oxidations- bzw. Reduktionsmittels. Durch negative Werte weisen sich Reduktions-, durch positive typische Oxidationsmittel aus:

$$NAD^+ + 2\ e^- + 2\ H^+ \rightarrow NADH + H^+ \quad (8.30)$$

$$\text{Ubichinon} + 2\ e^- + 2\ H^+ \rightarrow \text{Hydroubichinon} \quad (8.31)$$

$\Delta E°' = -\ 0{,}04\ V$

$$\tfrac{1}{2}\ O_2 + 2\ H^+ + 2\ e^- \rightarrow H_2O \quad (8.32)$$

$\Delta E°' = +\ 0{,}820\ V$

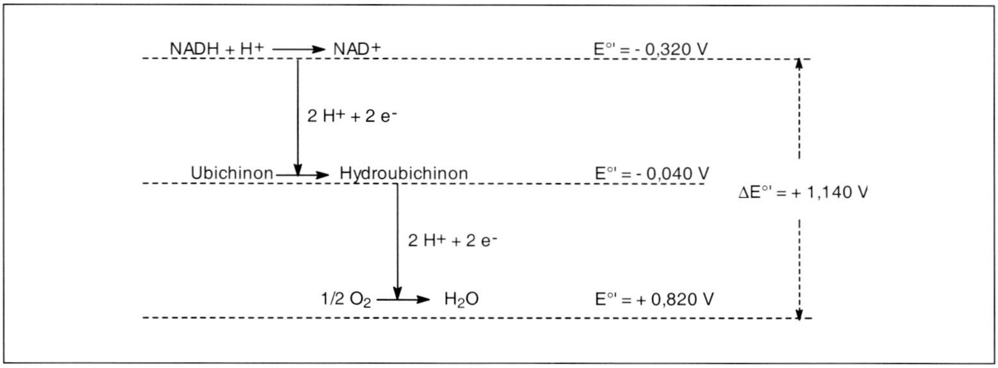

Abb. 8.15: Anordnung der Redoxsysteme NADH + H^+/NAD^+, Ubichinon/Hydroubichinon und O_2 + 2 H^+/H_2O entsprechend ihrer Potentiale. Die Potentialdifferenz (der Höhenunterschied zwischen Bergsee und Meer) beträgt $\Delta E°' = +\ 0{,}82\ V - (-\ 0{,}32\ V) = 1{,}14\ V$.

Anhand der Gleichungen (8.30) bis (8.32) und der zugehörigen $E^{0'}$-Werte läßt sich eine Entwicklung ablesen: Die Oxidationskraft nimmt zu, d. h. O_2 ist das stärkste, NAD^+ das schwächste Oxidationsmittel. Spiegelbildlich ist natürlich NADH + H^+ das kräftigste Reduktionsmittel. Es erscheint nun logisch, daß ein Elektronenfluß am ehesten von NADH + H^+ (stärkstes Reduktionsmittel) zum O_2 (stärkstes Oxidationsmittel) erfolgen wird, ähnlich dem Fluß des Wassers (Elektronenfluß) von einem hochgelegenen Bergsee (NADH, Reduktionsmittel) ins tiefer liegende Meer (Sauerstoff, Oxidationsmittel). Nachfolgend ist das vertraute $\Delta G°'$ häufiger durch $\Delta E°'$ ersetzt, da sich diese Größen mit

$$\Delta G^{0'} = -z \cdot F \cdot \Delta E^{0'} \quad (8.33)$$

bei Kenntnis der **FARADAY-Konstanten F** = 96487 C x mol^{-1} und der Anzahl z der bei einer Redoxreaktion übertragenen Elektronen ineinander überführen lassen.

Wir halten also fest: Elektronen werden von Redoxsystemen negativeren Potentials (Reduktionsmitteln) an solche mit positiverem weitergereicht (Oxidationsmittel). Mit dieser Kenntnis können wir uns nun der biologischen Redoxkette, der Atmungskette, zuwenden.

8.2.4 Die Atmungskette in der Übersicht

Ort der Atmungskette ist die **innere Mitochondrienmembran**, in oder an der alle Kettenglieder zu finden sind. In der Zelle existiert kein freier, gasförmiger Wasserstoff, sondern NADH + H^+ und $FADH_2$ übernehmen die Funktion der Wasserstofflieferanten.

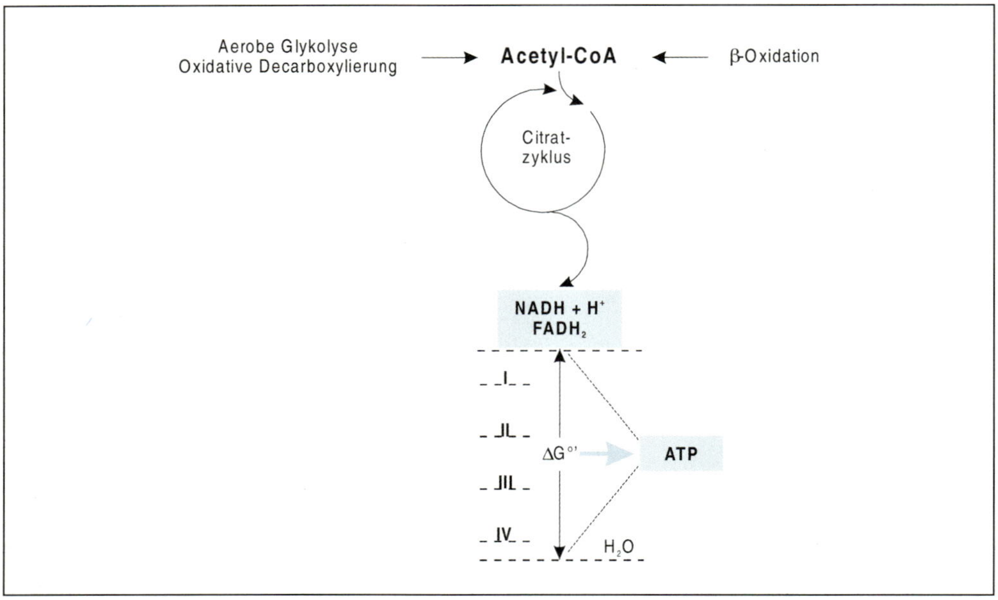

Abb. 8.16: NADH + H^+ und $FADH_2$ als H_2-Überträger zwischen Stoffwechsel und Atmungskette.

Sie stammen aus dem Citratzyklus, der Pyruvat-Dehydrogenase-Reaktion, der β-Oxidation der Fettsäuren oder aus der Glycerolaldehyd-3-phosphat-Dehydrogenase-Reaktion der Glykolyse.

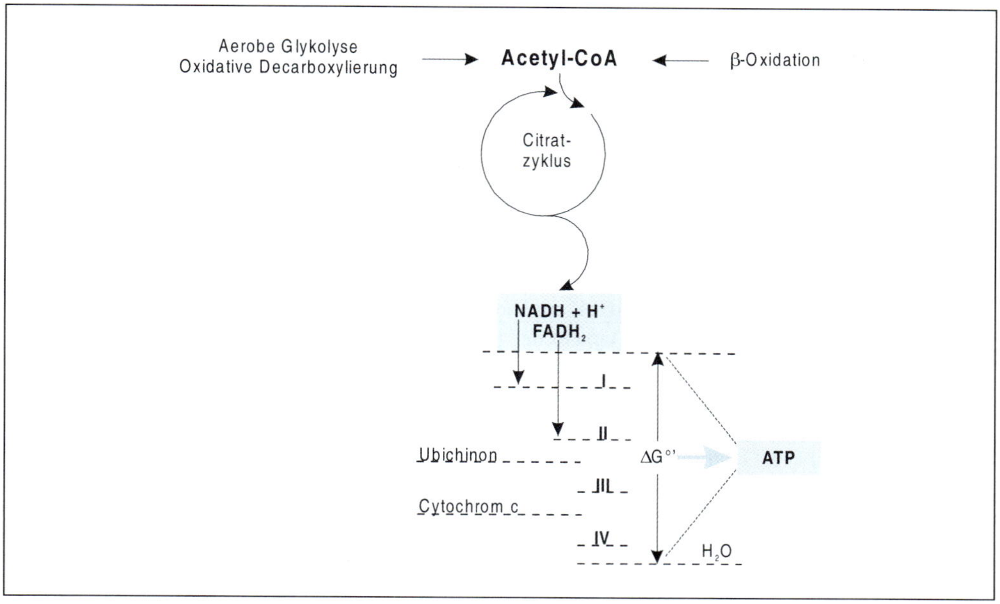

Abb. 8.17: Die Atmungskette mit ihren Kettengliedern, den Membranproteinkomplexen I bis IV, Ubichinon und Cytochrom c. Man beachte, daß der Wasserstoff des $FADH_2$ aus der Succinat-Dehydrogenase-Reaktion über den Komplex II und damit bei einem anderen Redoxpotential Zugang zur Atmungskette findet. Das liegt darin begründet, daß die Succinat-Dehydrogenase des Citratzyklus Bestandteil des Komplexes II ist (Abb. 8.8).

Insgesamt besteht die Atmungskette aus **vier Membranproteinkomplexen I** bis **IV**, zu denen sich **Cytochrom c** und **Ubichinon** als weitere Bestandteile gesellen. Sie werden als Cofaktoren der Membranproteinkomplexe aufgefaßt und daher von diesen abgegrenzt. Ubichinon ist als einzige Komponente kein Protein, sondern ein Isoprenabkömmling, dessen Formel weiter unten gezeigt wird.

Die Abfolge der Redoxsysteme in Abb. 8.17 ist nicht zufällig, sondern erfolgt gemäß den Redoxpotentialen. Die Redoxkomplexe der Atmungskette sind also eine Reihe von Redoxsystemen, die einen **gerichteten Elektronenfluß** vom NADH + H^+ zum Sauerstoff ermöglichen (der Fluß des Wassers verläuft vom höchstgelegenen Bergsee über mehrere tieferliegende Seen hinab ins Meer). Der Begriff Komplexe ist berechtigt, da es sich tatsächlich jeweils um Gruppen mehrerer Proteine meist α-helicalen Aufbaus handelt (beim Komplex I z. B. 25 Proteine), die aber funktionell zusammengehören. Die Komplexe sind nicht in der Membran fixiert, sondern können um ihre Längsachse (vertikal zur Membran) rotieren und seitlich in der Lipidmatrix diffundieren.

Tabelle 8.3 macht deutlich, daß bestimmte prosthetische Gruppen wie FMN, Häm oder FAD innerhalb der Komplexe das Weiterreichen der Elektronen garantieren. Bevor also Elektronen von einem Kettenglied zum nächsten wechseln, haben sie sich schon innerhalb dieser von einem Redoxzentrum zum nächsten (z. B. im Komplex I vom FMN zu Fe_xS_x-Zentren) gehangelt. Natürlich haben auch diese Zentren bestimmte Redoxpotentiale, so daß auch zwischen ihnen die Elektronen gerichtet fließen. Wir wollen uns nun die genaue, an ihren Redoxpotentialen orientierte Abfolge der Komplexe vor Augen führen:

Tabelle 8.3: Die Proteinkomplexe I bis IV der Atmungskette. Man beachte, daß es sich bei den Komplexen I, III und IV um Transmembranproteine handelt, lediglich die Succinat-Ubichinon-Oxidoreduktase ist eine peripheres Membranprotein an der Matrixseite der Membran. Am Elektronentransport sind nicht Aminosäurereste der Proteine beteiligt, sondern prosthetische Gruppen wie FAD, FMN oder Häm. Häufig übernimmt auch ein an Cystein gebundenes Eisenion (hier als FeS oder Fe_xS_x abgekürzt, wenn mehrere Eisenionen über Schwefelatome an Cysteylreste des Proteins gebunden sind) den Elektronentransport, wobei es dann zwischen den Ladungszuständen Fe^{2+} und Fe^{3+} wechselt. Der Komplex IV enthält Kupferionen, die in ihren Redoxreaktionen als Cu^{2+} und Cu^+ in Erscheinung treten.

Die Proteinkomplexe der Atmungskette

Komplex	Name	Anzahl der Proteine	M_r	Redoxzentren	Hemmer
I	NADH-Ubichinon-Oxidoreduktase	25	800.000	1 FMN 5 Fe_xS_x	Rotenon Amytal
II	Succinat-Ubichinon-Oxidoreduktase	4	140.000	1 FAD 3 Fe_xS_x 1 Häm b	Malonat
III	Ubichinon-Cytochrom c-Oxidoreduktase	10	250.000	2 Häm b 1 Häm c 1 FeS	Antimycin Myxothiazol
IV	Cytochrom-c-Sauerstoff-Oxidoreduktase Cytochrom-c-Oxidase	13	170.000	1 Häm a 1 Häm a_3 2 Cu^{2+}	CN^-, S^{2-}, CO, N_3^-

8.2.5 Die einzelnen Komponenten der Atmungskette

Komplex I oder NADH-Ubichinon-Oxidoreduktase: Der gesamte NADH-Dehydrogenase-Komplex besteht aus sage und schreibe 25 separaten Proteinen. Im ersten Schritt der Atmungskette wird NADH + H^+ Komplex I im Matrixraum des Mitochondriums gebunden und oxidiert (Abb. 8.19):

$$NADH + H^+ + E\text{-}FMN \rightarrow NAD^+ + E\text{-}FMNH_2 \qquad (8.34)$$

Die Elektronen werden dabei ebenso wie der Wasserstoff auf das fest am Enzym E gebundene Flavinmononukleotid FMN übertragen. Neben FMN besitzt dieser Komplex auch Redoxzentren, die aus Eisen und Schwefel bestehen und daher **Eisen/Schwefel-Cluster** (cluster engl. Haufen, Gruppe) genannt werden. Bei den Eisenionen handelt es sich um Nicht-Hämeisen, d. h. das Eisen ist nicht wie bei den Cytochromen und dem Blutfarbstoff in das Häm eingebunden, sondern über den Schwefel von Cysteylresten des Komplexes mit den Proteinketten verknüpft. In komplizierter aufgebauten Eisen/Schwefel-Zentren existieren darüber hinaus anorganische Schwefelatome, die nicht Bestandteil eines Cystein-Moleküls sind.

Beim Transport der Elektronen wechselt das Eisen seine Oxidationsstufe zwischen +II und +III. Neben den elektronentransportierenden Eigenschaften besitzt dieser Komplex die Fähigkeit, Protonen über die innere Mitochondrienmembran zu befördern, d. h. er fungiert als **Protonenpumpe**, der die Wasserstoffionen gegen ein Konzentrationsgefälle aus dem Matrix- in den Intermembranraum des Mitochondriums transportiert.

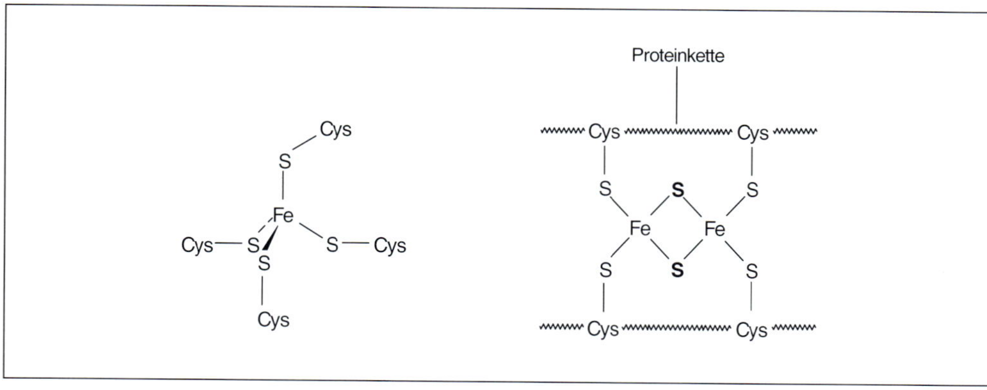

Abb. 8.18: Typische Eisen/Schwefel-Zentren. Anorganischer Schwefel, also Schwefelatome, die nicht von Cysteylresten des Proteins stammen, sind fett unterlegt. Links der sogenannte FeS-, rechts der Fe_2S_2-Typ eines Clusters. Nicht eingezeichnet ist die Fe_4S_4-Variante, die eine käfigartige Struktur aus Fe-S-Teilchen bildet. Komplex I beinhaltet Eisen-Schwefel-Zentren vom Fe_2S_2- und Fe_4S_4-Typ.

Dieser Sachverhalt ist im Zusammenhang mit der ATP-Synthese wichtig und wird im nachfolgenden Abschnitt erläutert. Ob diese Protonen aus dem NADH + H^+ stammen, ist noch nicht geklärt.

Das **Ubichinon**, welches im englischsprachigen Raum auch als **Coenzym Q** bezeichnet wird, ist kein Protein und erinnert mit seiner Struktur eher an Isoprenabkömmlinge. Seinen Namen erhielt es, weil es einerseits **ubi**quitär (ubique lat. überall) in lebenden Zellen vorzufinden ist, andererseits die Strukturmerkmale eines **Chinons** beinhaltet. Aufgrund seines lipophilen Charakters ist das Ubichinon in der Lage, leicht durch die Mitochondrienmembran zu diffundieren. Man vergleiche den Aufbau der aus Isopreneinheiten bestehenden Seitenkette des Ubichinons mit der Struktur der langkettigen Fettsäuren der Lipide! Die Anzahl der Isopreneinheiten schwankt speziesabhängig, bei den meisten Säugetieren sind es 10, bei Bakterien 6.

Ein Blick auf Abb. 8.19 offenbart die herausgehobene Stellung dieses Redoxsystems. Es fungiert nämlich als Knotenpunkt bzw. **Sammelbecken** für Wasserstoffatome (und damit Elektronen), die über die Komplexe I und II sowie aus der β-Oxidation der Fettsäuren (auch hier ist FAD der Wasserstoffüberträger, s. a. Abschnitt 9.3) in die Atmungskette eintreten. Im Ubichinon finden diese Zugänge ihre Bündelung und hier scheiden sich auch die Wege von Wasserstoffionen und ihren Elektronen (beide zusammen machten ja bisher die übertragenen Wasserstoffatome aus). Das Ubichinon überträgt die aufgenommenen Elektronen nunmehr einzeln auf den Komplex III, die ehemals zugehörigen H^+-Ionen werden (vermutlich) nach außen, also in den Intermembranraum abgegeben. Man beachte, daß Ubichinon wie der Komplex II im Gegensatz zu den Komplexen I, III und IV keine Protonenpumpenfunktion übernimmt!

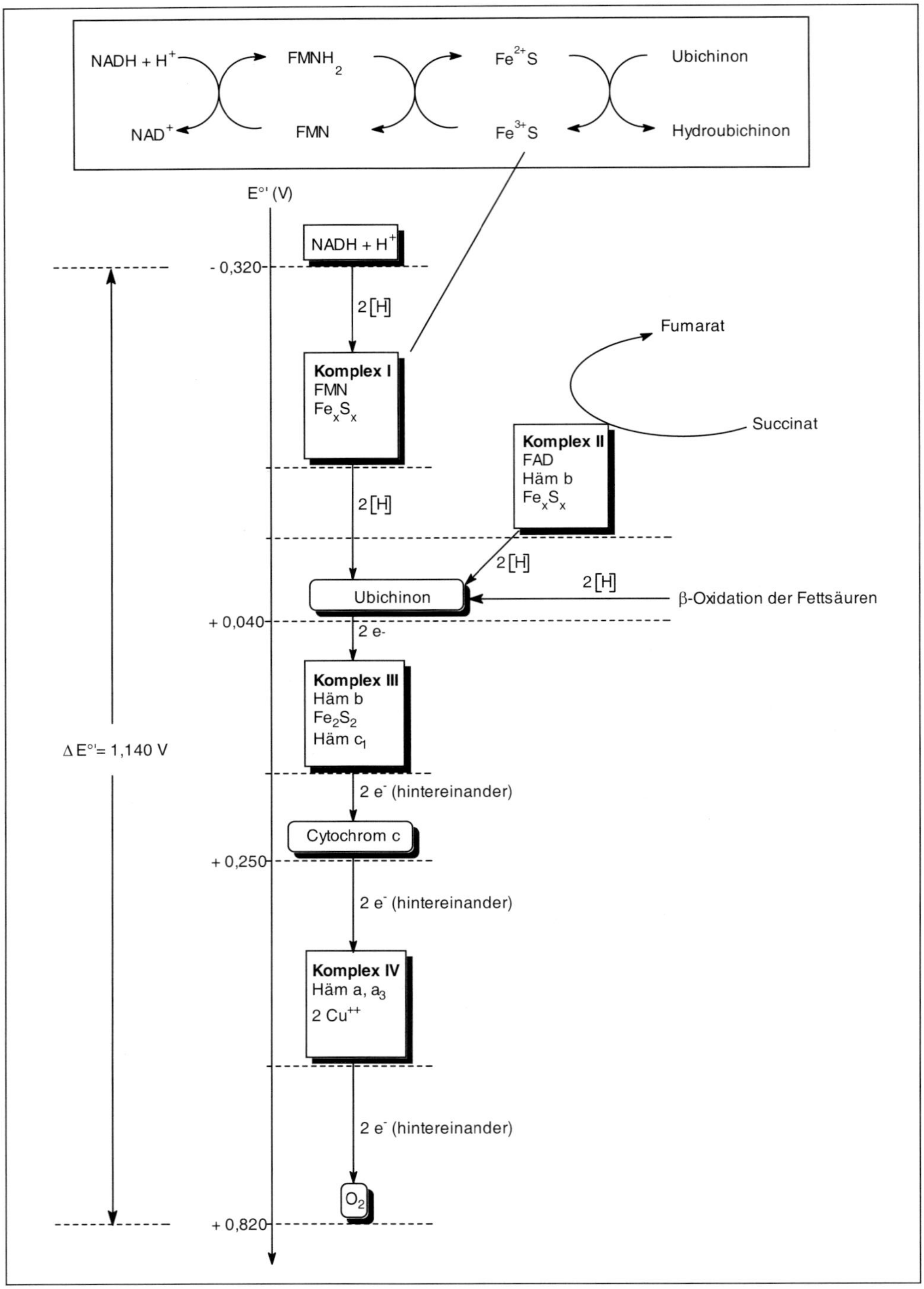

Abb. 8.19: Darstellung des Elektronenflusses durch die Atmungskette. Die eingezeichnetet E°'-Achse ist nicht maßstabsgetreu. Man beachte, daß bis zum Komplex III zwei Elektronen parallel transportiert werden, danach werden sie hintereinander transferiert. Zu jedem Komplex sind die jeweiligen

Redoxzentren angegeben, für den Komplex I wurde die Kette der Redoxreaktionen oben genauer aufgeschlüsselt. Für die Komplexe selbst können keine genauen Redoxpotentiale angegeben werden, da ihre verschiedenen Redoxzentren auch differierende Potentiale aufweisen und somit Potentialbereiche abdecken. Der Komplex II beinhaltet auch die aus dem Citratzyklus bekannte Succinat-Dehydrogenase. Ihre prosthetische Gruppe FAD überträgt den Wasserstoff des Succinats über $FADH_2$, Häm b und Fe_xS_x auf Ubichinon.

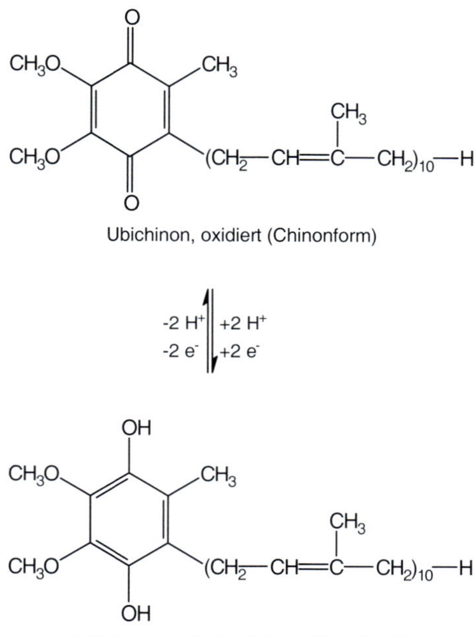

Abb. 8.20: Das Ubichinon, hier als Redoxsystem Chinon/Hydrochinon vorgestellt. Bei einem Chinon sind zwei Sauerstoffatome an einen Ring gebunden, deren Doppelbindung in konjugierter Anordnung zu denen des Ringes stehen. Man beachte den langen lipophilen Pol des Ubichinon-Moleküls, der dem Molekül eine gute Löslichkeit und Beweglichkeit in der hydrophoben inneren Mitochondrienmembran ermöglicht.

Bestandteil des **Komplexes II**, der **Succinat-Ubichinon-Reduktase**, ist die Succinat-Dehydrogenase des Citratzyklus, die - wir erinnern uns - Succinat zu Fumarat umsetzt. Der gesamte Komplex besteht aus 4 Proteinen mit relativen Molekülmassen von 70.000, 27.000, 15.500 und 13.500, wobei sich die Succinat-Dehydrogenase aus den beiden größten rekrutiert. Die Bindungsstelle für ihr Substrat liegt wie beim Komplex I auf der Innenseite der Membran, also dem Matrixraum zugewandt. Die Succinat-Ubichinon-Reduktase überträgt den Wasserstoff und die Elektronen des $FADH_2$ auf Ubichinon, wobei die sinnvolle Colokalisation von einem Schritt des Citratzyklus und der Atmungskette in Erinnerung zu rufen ist. Den Elektronentransport übernehmen in diesem Komplex neben FAD Eisen/Schwefel-Cluster und Cytochrom b. Im Gegensatz zu Komplex I transportiert Komplex II keine Protonen über die innere Mitochondrienmembran.

Dem Komplex II schließen sich nun die **Cytochrome** an, eine Gruppe rot- bis braunfarbener Proteine, die über Häme als prosthetische Gruppen verfügen. Sie werden nach ihren Absorptionsspektren im Bereich des sichtbaren Lichts in **Häm a**, **b und c** unterteilt. Sie weisen daneben auch strukturelle Unterschiede auf, wie Abb. 8.21 zeigt.

Mit Ausnahme des Cytochroms a sind die fünfte und sechste Koordinationsstelle des zentralen Eisenions bei fast allen Cytochromen mit den Seitengruppen spezifischer Aminosäurereste wie Histidin oder Methionin besetzt, so daß Liganden wie Sauerstoff, Kohlenmonoxid oder Cyanid nicht gebunden werden können. Wir wollen die Betrachtung der Cytochrome mit einer Tabelle beginnen:

Tabelle 8.4: Die Cytochrome unterscheiden sich durch ihre 3 Absorptionsmaxima α, β und γ im sichtbaren Bereich des Lichts.

Cytochrom	Absorptionsmaxima der reduzierten Form (nm)			Beispiel
a	$\alpha = 600$	$\gamma = 439$		Komplex IV
a_3	$\alpha = 603{,}5$	$\gamma = 443$		Komplex IV
b	$\alpha = 563$	$\beta = 532$	$\gamma = 429$	Komplexe III und II
c	$\alpha = 550$	$\beta = 521$	$\gamma = 415$	Komplex III
c_1	$\alpha = 554$	$\beta = 524$	$\gamma = 418$	Komplex III

Komplex III: Die **Ubichinon-Cytochrom-c-Oxidoreduktase**, auch bc_1-Komplex genannt, besteht aus 10 Proteinen, von denen lediglich drei Redoxzentren tragen. Vom Komplex III an werden über die Kette nur noch Elektronen und kein Wasserstoff mehr transportiert, wobei auch dieser Komplex in seiner Eigenschaft als Protonenpumpe am Aufbau eines Protonengradienten über die Mitochondrienmembran beteiligt ist. Prosthetische Gruppen sind zwei Cytochrome b, Eisen-Schwefel-Cluster vom Fe_2S_2-Typ und Cytochrom c_1. Die Elektronen werden anschließend auf Cytochrom c übertragen.

Während alle übrigen Komponenten der Elektronentransportkette integrale Membranbestandteile sind, ist das **Cytochrom c** das einzige elektronentransportierende Protein, welches vorwiegend durch elektrostatische Kräfte auf der Außenseite der inneren Mitochondrienmembran gebunden ist. Es ist ein relativ kleines (M_r = 13.000), 104 Aminosäuren umfassendes Cytochrom, das sich gut in Wasser löst. Die fünfte Koordinationsstelle am Häm c ist mit einem Histidyl-, die sechste mit einem **Methionylrest** besetzt, so daß das Protein weder Sauerstoff noch CO oder Cyanid zu binden vermag. Das Häm c selbst ist über **Thioetherbrücken** kovalent mit der Proteinkette verknüpft (Abb. 8.21). Das Cytochrom c übernimmt den Transport der Elektronen von Ubichinon-Cytochrom-c-Reduktase auf die Cytochromoxidase (Komplex IV). Fast alle eukaryontischen Organismen zeigen große Übereinstimmungen hinsichtlich der Primärstruktur dieses Cytochroms (z. B. Hefe und Mensch mit fast 50 % Identität bezogen auf bestimmte Aminosäurereste!), was als weiterer Beweis für die Abstammungslehre nach CH. R. DARWIN[2] gewertet werden kann. Es gibt also ein Stammcytochrom c, aus dem sich durch Mutation alle anderen Cytochrome c ableiten lassen. Je näher sich dabei zwei Arten evolutiv stehen, um so ähnlicher verhält sich auch ihr Cytochrom c.

---

[2]**DARWIN, CHARLES ROBERT**: * 1809, † 1882. Britischer Naturforscher. Unternahm auf dem Schiff Beagle umfangreiche Fahrten nach Tahiti, Neuseeland, Australien und den Galapagos-Inseln. Dabei studierte er die jeweilige ortsständige Fauna und stellte Vergleiche zwischen räumlich weit getrennten Arten auf. Eine Synopsis seiner Beobachtungen ist das berühmte Buch „On the origin of species by means of natural selection", in dem auf der Grundlage seiner penibel gesammelten Beobachtungen der Entwuf einer Evolution aller Arten aufgezeichnet wird. Die Beispiele, die DARWIN dabei anführt, sind so reichhaltig, vollständig und überzeugend, daß sein Evolutionsmodell allen Anfeindungen zum Trotz bis heute nichts an Aktualität eingebüßt hat.

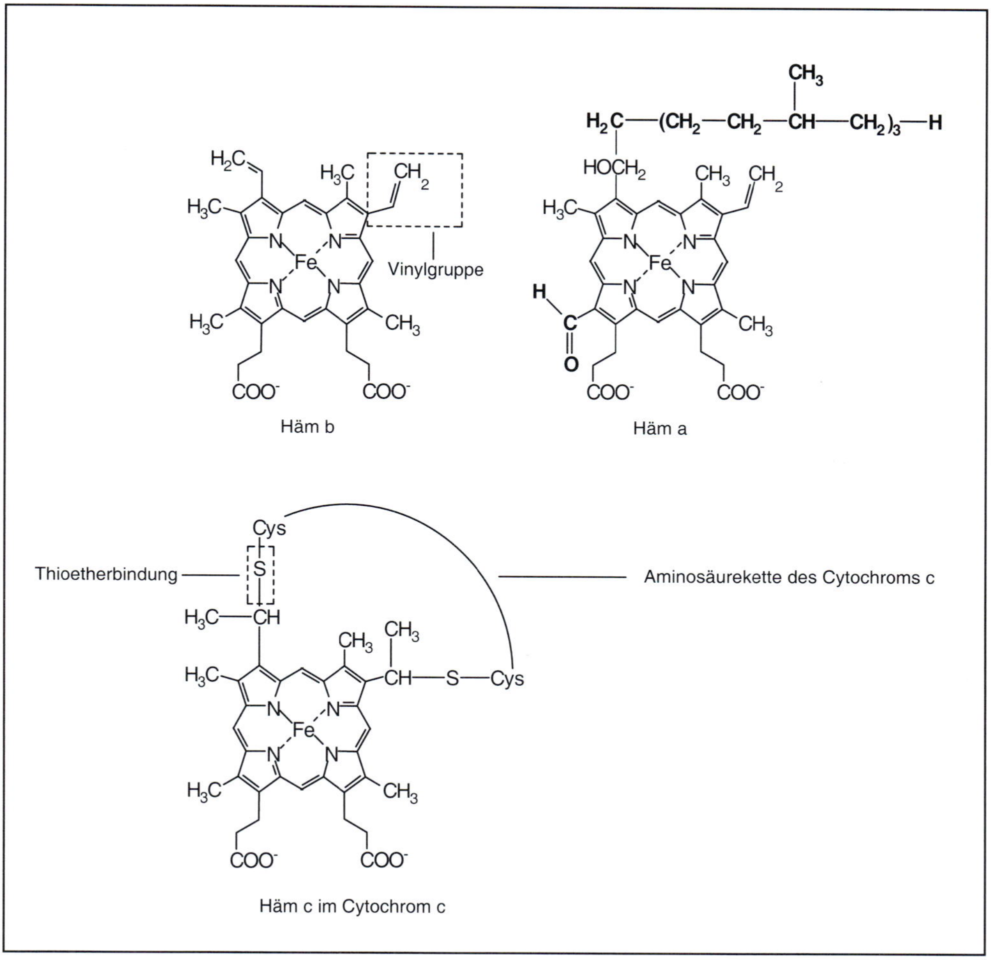

Abb. 8.21: Die verschiedenen Hämtypen. Häm b ist bereits vom Myo- und Hämoglobin bekannt. Strukturelle Änderungen erfolgen bevorzugt an den Vinylgruppen (H_2C=CH-) des Moleküls. So finden wir beim Häm c des Cytochroms c an ihrer Stelle zwei Thioetherbindung (-S-), über die das Häm mit Cysteylresten der Proteinkette kovalent verbunden ist. Im Häm a ist eine Vinylgruppe durch eine C_{17}-Kette (**fett**) ersetzt, an die Stelle eines Methylrestes ist ein Formylrest (**-CHO, fett**) getreten.

Komplex IV: Die **Cytochrom-c-Sauerstoff-Oxidoreduktase**, auch Cytochrom-c-Oxidase genannt, besteht aus 13 Untereinheiten, wobei die drei größten vom Mitochondriengenom, die anderen von der Kern-DNA codiert werden. Die Cytochrom-c-Oxidase übernimmt im letzten Schritt der Elektronentransportkette die Aufgabe, Elektronen auf den Sauerstoff zu übertragen.

Sie wurde daher von WARBURG[3] auch als Atmungsferment bezeichnet und beinhaltet neben den zwei Cytochromen a und a_3 auch drei Kupferionen, von denen lediglich zwei beim Elektronentransport zwischen Cu^+ und Cu^{2+} wechseln. Darüber hinaus zählt der Komplex IV zu den drei Atmungskettenkomplexen, die Protonen über die Mitochondrienmembran transportieren. Die Funktion der Protonenpumpe füllen dabei die Untereinheiten 1 bis 3 alleine aus.

Nach Durchlaufen der Elektronentransportkette sind also Elektronen von NADH + H^+ und $FADH_2$ auf Sauerstoff übertragen worden, der mit H^+ zu Wasser reagiert. Außerdem sind Protonen aus der Matrix über die innere Mitochondrienmembran in den Intermembranraum transportiert und dadurch ein Protonengradient etabliert worden. Diese über die Membran beförderten Protonen sind nicht zwingend identisch mit den von NADH + H^+ bzw. $FADH_2$ angelieferten! Die Abb. 8.26 faßt die Elektronentransportkette in einem Modell zusammen. Die Elektronen durchlaufen dabei eine Potentialdifferenz von insgesamt 1,14 V. NADH + H^+/NAD^+ hat ein Redoxpotential von - 0,32 V, O_2/O^{2-} eines von + 0,82 V. Daraus ergibt sich für $\Delta G°'$ mit Gleichung (8.35) ein Wert von 220 kJ/mol.

$$\Delta G^{0'} = -zF\Delta E^{0'} = -2 \cdot 96487\,\text{C} \cdot \text{mol}^{-1} \cdot 1{,}140\,\text{V} = -220\,\text{kJ} \cdot \text{mol}^{-1} \qquad (8.35)$$

8.3 Chemiosmotische Kopplung: ATP-Synthese

Als Erklärungsmodell für die Kopplung von Elektronenfluß in der Atmungskette und ATP-Synthese hat sich heute weitgehend die chemiosmotische Theorie des britischen Biochemikers PETER MITCHELL[4] durchgesetzt. Nach dieser Theorie wird die chemische Energie der exergonen Redoxreaktionen aus der Atmungskette in den Aufbau eines Protonengradienten investiert. Die drei Protonenpumpen Komplex I, III und IV beziehen also die notwendige Energie für diese Pumparbeit aus den chemischen Prozessen im Zuge des Elektronenflusses. Oder kurz formuliert: Die Atmungskette pumpt in einem aktiven Prozeß H^+-Ionen aus der Matrix des Mitochondriums in den Zwischenmembranraum des Organells. Infolgedessen entsteht ein elektrochemischer pH-Gradient über die innere Mitochondrienmembran, wobei außen ein um etwa 1,4 pH-Einheiten niedrigerer Wert zu messen ist. Die Außenseite der Innenmembran ist wegen der größeren Konzentration der Wasserstoffkationen elektrisch positiv gegenüber dem Matrixraum geladen, zwischen beiden Seiten besteht also auch eine elektrische Spannung.

---

[3]**WARBURG, OTTO HEINRICH**: * 1883, † 1970. Sehr bedeutender deutscher Biochemiker. Ein Schwerpunkt seiner Forschungsarbeit waren die eisenhaltigen Atmungs- und die Flavinenzyme. Er wies die Eisenporphyrinnatur und die Hemmung des Komplexes IV durch CO und Cyanid nach. Zusammen mit VON EULER isolierte er Pyrimidinnukleotide (NAD^+ und $NADP^+$) und studierte deren Struktur und Wirkung. Auch der optische Test der Dehydrogenasen geht auf WARBURG zurück. WARBURG entwickelte darüber hinaus eine manometrische Meßapparatur, mit der kleinste Gasmengen und Säuren bestimmt werden konnten. Vielseitig, wie dieser Wissenschaftler war, beschäftigte er sich auch mit der Photosynthese und der Glykolyse, deren erhöhtes Ausmaß er in Tumorzellen nachwies. 1931 wurde OTTO WARBURG der Nobelpreis für Medizin und Physiologie zuerkannt.

[4]**MITCHELL, PETER**: *1920. Britscher Biochemiker, stellte 1961 die chemiosmotische Theorie der energetischen Kopplung auf. Anfänglich sehr umstritten, löste dieses Modell die Annahme einer rein chemischen Kopplung ähnlich der Substratkettenphosphorylierung ab. 1978 ging der Nobelpreis für Chemie an PETER MITCHELL.

Neben dem chemischen Konzentrations- existiert also auch ein elektrischer Ladungsgradient, so daß die Pumparbeit nun in einem elektrochemischen Gradienten mit elektrochemischem Membranpotential konserviert ist. Elektrische wie osmotische Kräfte drängen die Protonen zum Konzentrations- und Ladungsausgleich, der die potentielle Arbeitsfähigkeit des Konzentrations- und Ladungsungleichgewichts freisetzt und für die ATP-Synthese dienstbar macht. Die im Protonengradienten gespeicherte Energie kann also durch Ausgleich und Einstellung eines Ladungs- und Konzentrationsgleichgewichts über die für H^+-Ionen undurchlässige innere Mitochondrienmembran zur Synthese von ATP genutzt werden. Die Schnittstelle zwischen elektrochemischem Gradienten und endergoner ATP-Synthese füllt der Komplex V aus.

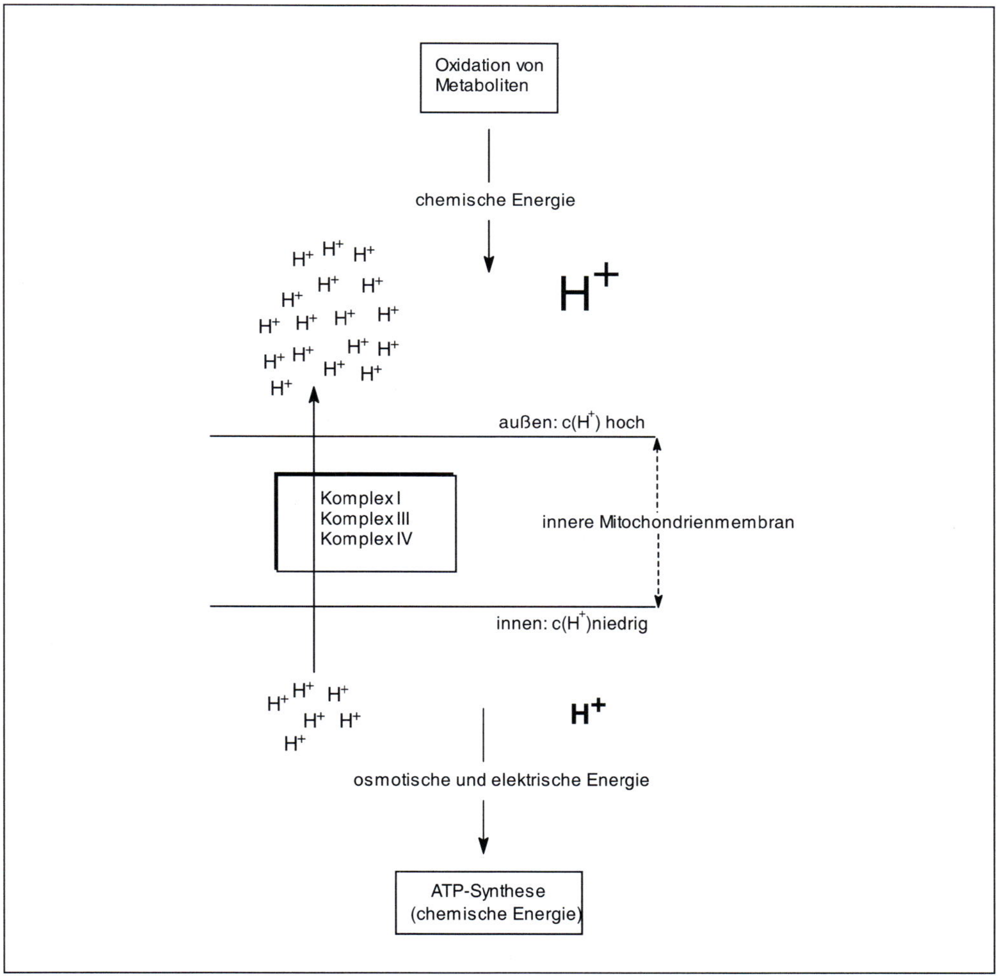

Abb. 8.22: Chemische Energie, die in den Substraten (z. B. Glucose, Fettsäuren) gespeichert ist, wird in der Atmungskette in einen Protonengradienten investiert (osmotische und elektrische Energie), um dann beim Ausgleich des Gradienten wieder als chemische Energie in Form von ATP konserviert zu werden. Voraussetzung ist die für H^+-Ionen undurchlässige innere Mitochondrienmembran.

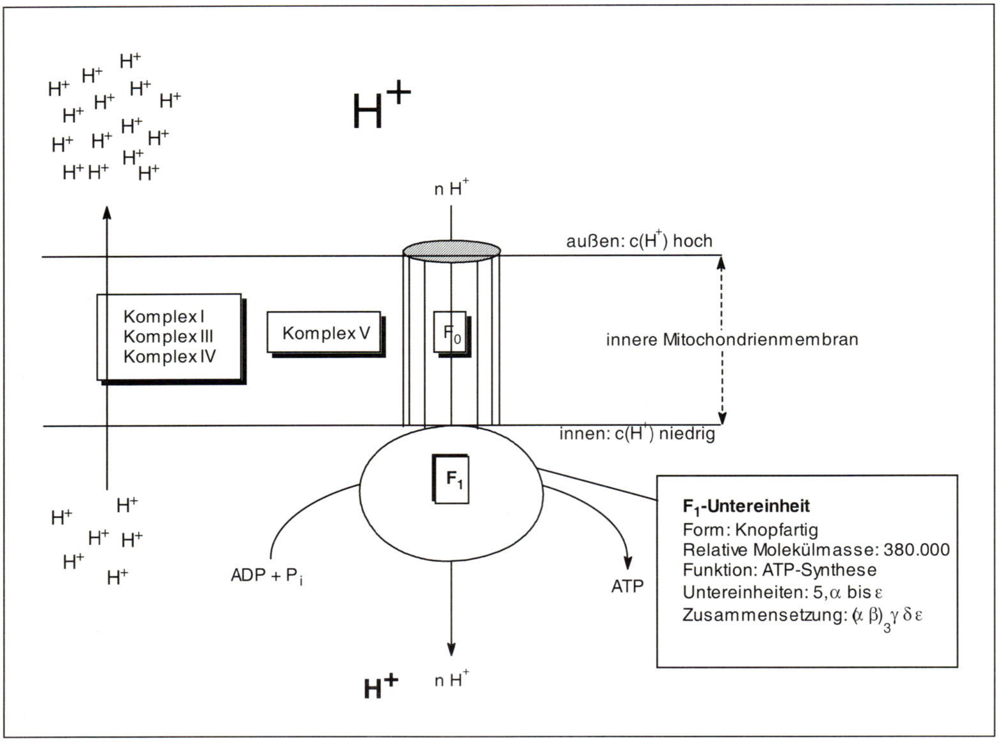

Abb. 8.23: Der Komplex V, auch F_0F_1-ATP-Synthase genannt.

Beim Zurückfluten der Protonen durch ein porenartiges Membranprotein, welches **F_0F_1-ATP-Synthase** oder **Komplex V** genannt wird, erfolgt parallel an der knopfförmgen F_1-Untereinheit die enzymatische Synthese von ATP aus ADP und Phosphat. So gewährleistet die F_0F_1-ATP-Synthase einen gerichteten Protonentransport über die innere Mitochondrienmembran bei gleichzeitiger ATP-Synthese. Diese Art des ATP-Aufbaus nennt man **Atmungskettenphosphorylierung** oder **oxidative Phosphorylierung**.

Man kann bei genauer Analyse der Atmungskette und der oxidativen Phosphorylierung feststellen, daß pro eingespeistem NADH + H^+ drei, pro $FADH_2$ zwei Moleküle ATP gebildet werden. An dieser Stelle führen wir den Begriff des **P/O-Quotienten** ein, der das Verhältnis von gewonnenem ATP zum verbrauchten Sauerstoff wiedergibt. Er beträgt daher bei NADH + H^+ **3**, bei $FADH_2$ **2**.

Voraussetzung für das Funktionieren von Atmungskette und oxidativer Phosphorylierung ist die Undurchlässigkeit der inneren Mitochondrienmembran für nahezu alle Moleküle, denn nur so kann der Protonengradient aufgebaut und erhalten werden. Stoffe, die den Protonenrückfluß an der F_0F_1-ATPase vorbei ermöglichen, werden als **Entkoppler** bezeichnet. Beispiele sind **Trifluorcarbonylcyanidphenylhydrazon**, **Dinitrophenol (DNP)**, **Dicumarol**, **Arsenat** oder **Valinomycin**.

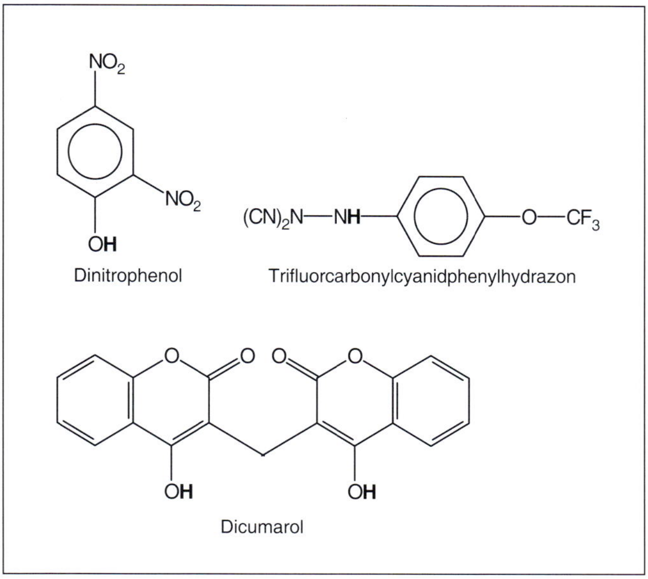

Abb. 8.24: Die Entkoppler 2,4-Dinitrophenol, Dicumarol und Trifluorcarbonylcyanidphenylhydrazon (FCCP). Die leicht dissoziierenden H^+-Ionen sind fett unterlegt. Dicumarol spielt auch eine Rolle als Vitamin K-Antagonist.

Abb. 8.25 zeigt den Wirkungsmechanismus von 2,4-Dinitrophenol, das in seiner ungeladenen und damit **lipophileren Form** die innere Mitochondrienmembran durchwandert und im Matrixraum, in dem ja aufgrund der Arbeit der Komplexe I, III und IV ein hoher pH-Wert existiert, sein Proton abgibt.

Bei der Entkopplung wird die im Protonengradienten gespeicherte Energie nicht in die ATP-Synthese investiert, sondern wird als Wärme frei. Aber diese Wärmeentwicklung durch Entkopplung der oxidativen Phosphorylierung ist in Einzelfällen auch von Nutzen. So kann im braunen Fettgewebe Neugeborener (das Gewebe hat diese Farbe wegen des hohen Cytochromanteils seiner Mitochondrien) Wärme produziert werden, um die Körpertemperatur bei Kälte aufrechtzuerhalten, gleiches gilt für die Winterschläfer mit ihren auf Wärmeproduktion spezialisierten Mitochondrien. Verantwortlich für diesen Effekt ist ein als Entkoppler wirkendes Membranprotein, das als Thermogenin oder **Entkopplungsprotein** bezeichnet wird. Anders als die Entkoppler bindet **Oligomycin** direkt an ein Protein des F_0-Komplexes und blockiert den Protonenfluß durch dieses Tunnelprotein unmittelbar. Dadurch wird die ATP-Synthese unterbunden, c(ATP) im Matrixraum sinkt. Dies hat zudem sekundär eine Verringerung des Elektronenflusses über die Komplexe I bis IV zur Folge. Stoffe, die nur den Elektronentransport in der Atmungskette stören, werden im Gegensatz zu den Entkopplern als **Inhibitor** bezeichnet. **Rotenon** und **Amytal** inhibieren den Elektronenfluß von NADH + H^+ zu Ubichinon, **Antimycin** wirkt am Komplex II, wo es den Transport der Elektronen von Cytochrom b zu Cytochrom c_1 unterbindet. Als Cytochromoxidase-Inhibitor gelten **Kohlenmonoxid** (CO), Blausäure bzw. deren Salz **Cyanid** (CN^-), **Schwefelwasserstoff** (H_2S) oder **Azide** (N_3^-). Während bei Einwirkung von Entkopplern der P/O-Quotient sinkt, bleibt er bei den Inhibitoren unverändert, weil Transport und Phosphorylierung gleichermaßen gestört werden.

Der Ablauf der Atmungskette ist direkt an die Konzentrationen von ATP und ADP gekoppelt. Viel ADP bewirkt eine Zunahme der Atmungskettenaktivität, ATP hingegen wirkt inhibierend. Dieser Effekt kann Ausmaße annehmen, die die Atmungskette in umgekehrter

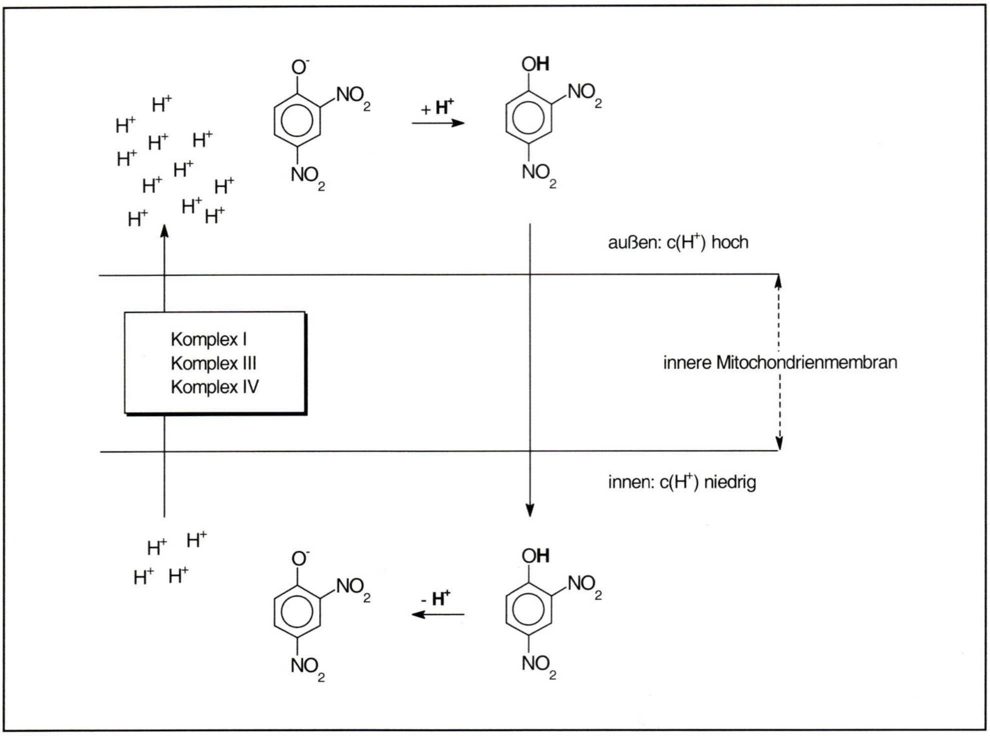

Abb. 8.25: Die Wirkungsweise des Entkopplers 2,4-Dinitrophenol. Man beachte, daß der von den Atmungskettenkomplexen aufgebaute c(H^+)-Gradient dazu führt, daß der Entkoppler an der Außenseite der Membran in die undissoziierte Form übergeht und so in den Matrixraum (innen) gelangen kann. Dort, wo der pH-Wert hoch ist, dissoziiert das Proton wieder ab.

Reihenfolge ablaufen lassen. Alle Komponenten der Atmungskette sollen abschließend in einer übersichtlichen Zeichnung (Abb. 8.26) dargestellt werden.

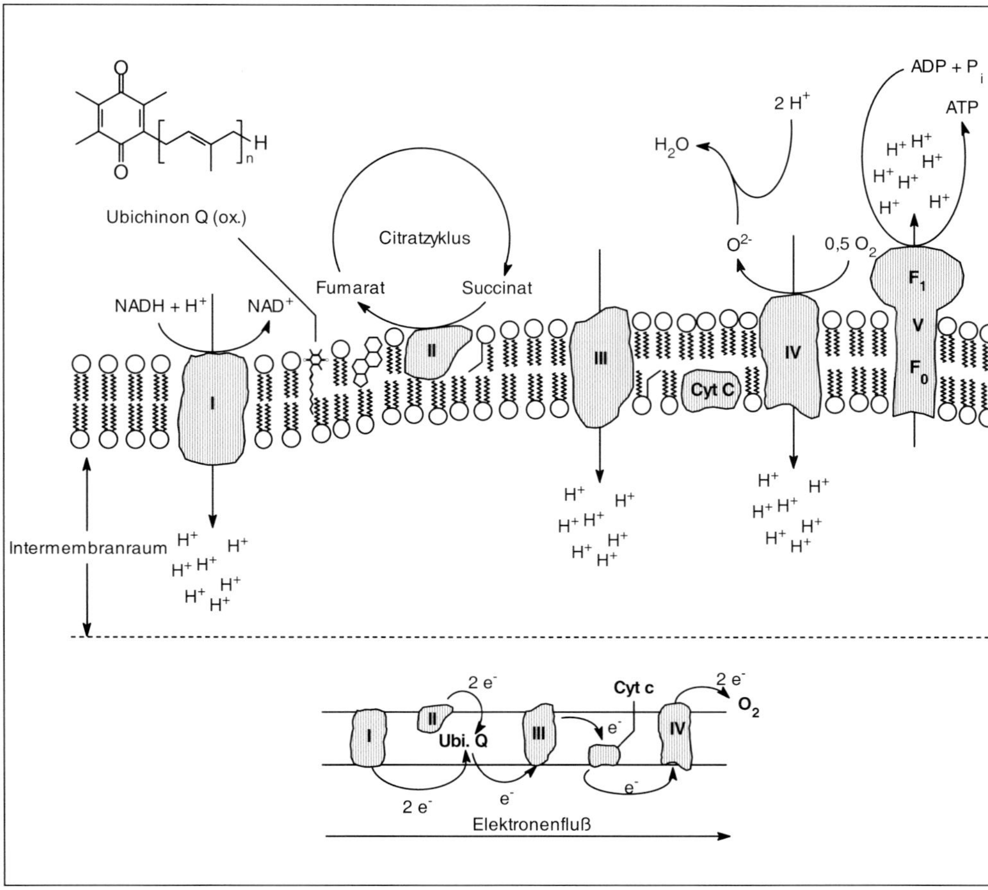

Abb. 8.26: Die Atmungskettenkomplexe und die F_0F_1-ATP-Synthase der inneren Mitochondrienmembran.

8.4 Transporter der Mitochondrienmembran

Die innere Mitochondrienmembran ist praktisch undurchlässig, was sofort die Frage aufwirft, wie z. B. NADH + H^+ in die Mitochondrien hinein- bzw. ATP aus der Matrix herausgelangt. Dies wird durch verschiedene im Antiportmodus arbeitende **Membrantransportproteine** gewährleistet. NADH + H^+ passiert entweder über den **Glycerol-3-phosphat-** oder den **Aspartat-Malat-Shuttle** die Membran (Abb. 8.27). Im ersten Fall erkennen wir, daß enzymgebundenes FAD als Elektronenakzeptor dient. Die Umsetzung von Glycerol-3-phosphat wird an der äußeren Oberfläche der inneren Mitochondrienmembran vollzogen. Im Zusammenhang mit der oxidativen Phosphorylierung sei besonders auf die **Adeninnukleotid-Translocase** hingewiesen, die den Austausch der hochgeladenen Teilchen ATP und ADP ermöglicht. Sie wird von Atractylosid, einem pflanzlichen Glykosid, gehemmt. Für Phosphat besteht einerseits ein Symport mit Protonen, andererseits ein Antiport mit Hydroxidionen. Nicht eingezeichnet ist das Transportsystem durch das Ca^{2+}-Ionen aktiv in die Matrix geschleust werden können. Die dafür notwendige Energie entstammt den exergonen

Redoxreaktionen der Atmungskette. Wird viel Calcium im Inneren des Mitochondriums angehäuft, so kann kein ATP mehr am Komplex V gebildet werden, da die Calciumpumpe für ihren aktiven Transport zu viel Energie aus der Atmungskette bezieht. Calciumionen verlassen im Austausch mit H^+-Teilchen des Zwischenmembranraums die Mitochondrienmatrix.

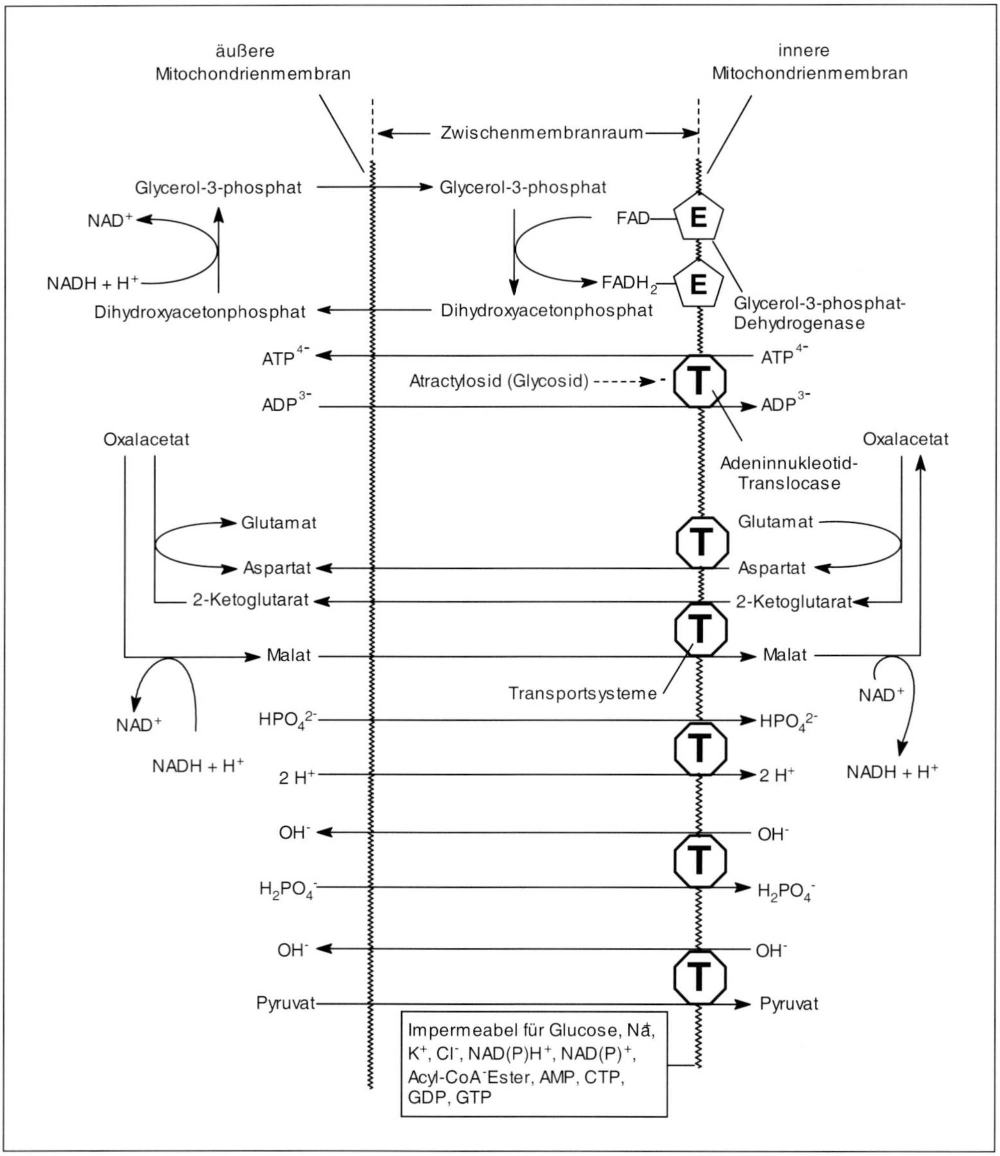

Abb. 8.27: Die verschiedenen Transportsysteme an der inneren Mitochondrienmembran.

8.5 Sauerstoffaktivierende Enzyme

Wir wollen uns in diesem Abschnitt einige Enzyme anschauen, die wie die Cytochromoxidase in der Lage sind, eine Reaktion zwischen molekularem Sauerstoff und Substratwasserstoff zu katalysieren.

8.5.1 Oxidasen

Oxidasen vermögen zwei oder vier Elektronen auf Sauerstoff zu übertragen.

$$O_2 + 2\,e^- + 2\,H^+ \rightarrow H_2O_2 \tag{8.36}$$

$$O_2 + 4\,e^- + 4H^+ \rightarrow 2H_2O \tag{8.37}$$

Beispiele dafür sind die Xanthin- und die soeben betrachtete Cytochrom-c-Oxidase.

8.5.2 Dioxygenasen

In den Reaktionen dieser Enzymklasse werden beide Sauerstoffatome in das Substrat S eingeführt:

$$S + O_2 \rightarrow SO_2 \tag{8.38}$$

Beispiele hierfür sind die **Homogentisat**- bzw. die **Tryptophan-Dioxygenase**.

8.5.3 Monooxygenasen

Bei dieser Enzymklasse wird lediglich eins der beiden Sauerstoffatome auf das Substrat S übertragen, das andere finden wir in einem Molekül Wasser wieder, so daß ein Wasserstoffdonor wie z. B. NADPH + H^+ benötigt wird:

$$SH + O_2 + NADPH + H^+ \rightarrow SOH + NADP^+ + H_2O \tag{8.39}$$

Das **Cytochrom P 450**, welches wir bei der Besprechung der Biotransformation kennengelernt haben, gehört in diese Enzymklasse. Bei der Biosynthese der Steroidhormone begegnen uns ebenfalls Monooxygenasen.

8.5.4 Katalase und Peroxidase

Die Zelle besitzt zwei Enzymsysteme zur Vernichtung des Stoffwechselgiftes Wasserstoffperoxid H_2O_2. Es ist uns in den obigen Reaktionsgleichungen schon begegnet. Die **Katalasereaktion** beinhaltet Oxidation und Reduktion je eines H_2O_2-Moleküls:

$$2\,H_2O_2 \rightarrow 2\,H_2O + O_2 \tag{8.40}$$

Prosthetische Gruppe der Katalase ist ein Porphyrinringsystem. Bei der **Peroxidase** benötigen wir einen Wasserstoffdonor D:

$$H_2O_2 + DH_2 \rightarrow 2\ H_2O + D \tag{8.41}$$

Sowohl die Peroxidase- als auch die Katalasereaktion finden in den **Peroxisomen** statt, die ein eigenes Zellkompartiment für die angeführten Umsetzungen darstellen.

8.6 Literatur

(1) Babcock, T. G., Wikström, M.: Oxygen activation and the conversation of energy in cell respiration. Nature 356, S. 301 – 309 (1992).
(2) Harris, E.: Regulation of antioxidant enzymes. FASEB Journal 6, S. 2675 – 2682 (1992).
(3) Hatefi, Y.: The mitochondrial electron transport and oxidative phosphorylation system. Ann. Rev. Biochem. 54, S. 1015 – 1069 (1985).
(4) Hollenberg, P.: Mechanism of cytochrome P_{450} and peroxidase-catalysed xenobiotic metabolism. FASEB Journal 6, S. 686 – 694 (1992).
(5) Trumpower, B. L., Gennis, R. B.: Energy transduction by cytochrome complexes in mitochondrial and bacterial respiration: The enzymology of coupling electron transfer reactions to transmembrane proton translocation. Ann. Rev. Biochem 63, S 675 – 716 (1994).

9 Lipide II

9.1 Lipidverdauung

9.1.1 Die Emulgierung des Nahrungsfettes

Wer kennt sie nicht, die Fettaugen auf der Suppe; für viele sind sie gar ein Anzeichen für îhren „Gehalt". Dieses Phänomen der Augenbildung stellt für den Körper ein Problem dar, weil sich die wasserunlöslichen Lipide dem Zugriff ihrer Verdauungsenzyme, der **Lipasen**, entziehen. Wichtiges Ziel der Fettverdauung ist es daher zunächst, Lipide durch Bildung einer **Emulsion** (emulgere lat. ausschöpfen, ausmelken) den Enzymen zugänglich zu machen und damit für die Resorption vorzubereiten. Unter einer Emulsion verstehen wir eine Mischung kleinster Fetttröpfchen in Wasser, die makroskopisch betrachtet nicht mehr sichtbar sind. Milch, beispielsweise, ist eine Emulsion von Fett in Wasser.

Die Verdauung der Lipide beginnt mit der Ausschüttung der **Zungengrundlipase**, die ihr pH-Optimum im sauren Bereich hat und damit im Magen bei pH-Werten von 1 bis 2 ihre volle Aktivität entfalten kann. Durch die Magenmotorik (movere lat. bewegen) werden Fett und wäßrige Phase mechanisch vermengt (fettreiche Speisen „liegen schwer im Magen!"), so daß eine Emulsion mit feinverteilten Tröpfchen entsteht. Gerade im feinverteilten Zustand ist die Zahl der einzelnen Fetttröpfchen sehr hoch und ihre Gesamtoberfläche groß, was den Angriff von Verdauungsenzymen erleichtert.

9.1.2 Die Gallensäuren und die Cholelithiasis

Als weitere Emulgatoren gesellen sich die Salze der Gallensäuren im Duodenum dem Nahrungsbrei hinzu. Sie werden am Endoplasmatischen Reticulum der Leberzelle synthetisiert, in die Gallenkanälchen freigesetzt und finden über Gallengang und -blase ihren Weg zum Zwölffingerdarm, in den sie durch die Papilla Vateri übertreten. Alle Gallensäuren sind Abkömmlinge des **Cholesterols** (chole gr. Galle), an dessen C-Atom 7 zu Beginn der Gallensäuresynthese eine Hydroxylgruppe OH eingeführt wird. Katalysiert wird diese Reaktion von einer Monooxygenase des **Endoplasmatischen Retikulums**, dem Cytochrom P 450.

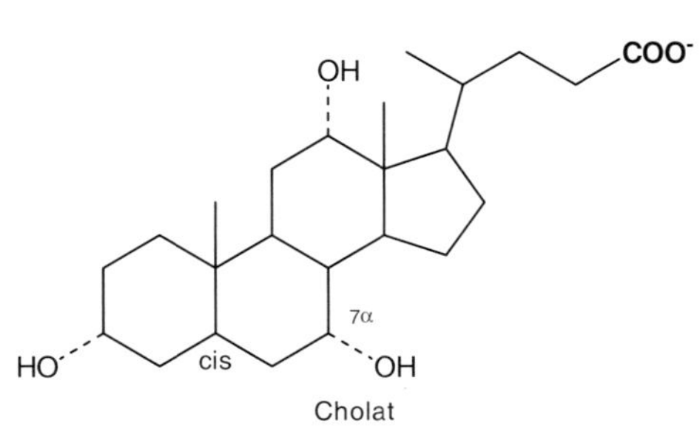

Abb. 9.1: Die Cholsäure, eine typische Gallensäure: Hydroxylgruppe in 7α-Stellung, cis-Verknüpfung von A- und B-Ring, sowie eine Säuregruppe in der Seitenkette. Diese ist hier **fett** unterlegt.

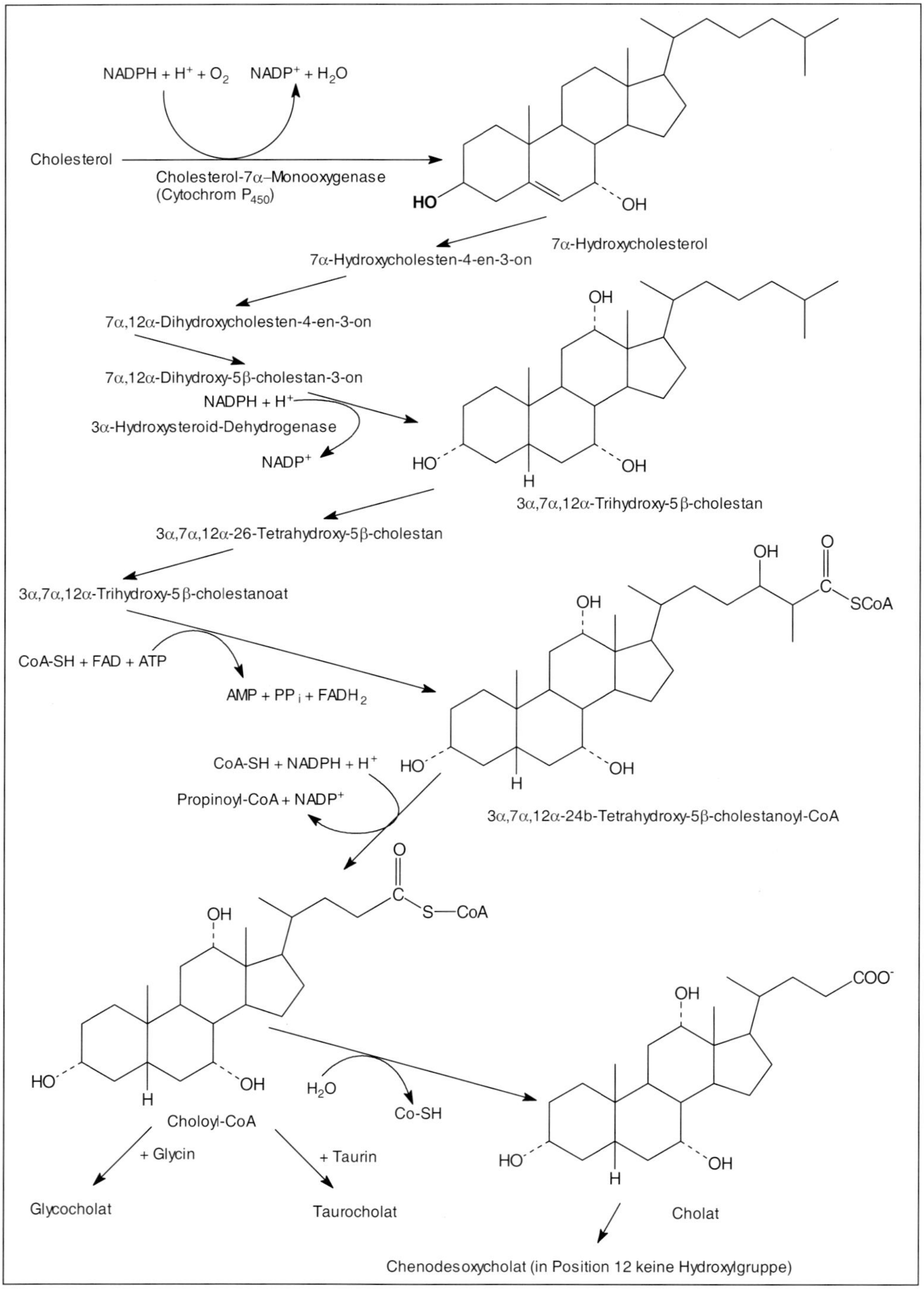

Abb. 9.2: Synthese der Gallensäuren. Taurin und Glycin binden mit ihren Aminogruppen and die CoA-aktivierte Carboxylgruppe, um dann unter Abspaltung von CoA-SH mit der Cholsäure ein Säureamid zu bilden. Chenodesoxycholat findet auch therapeutische Anwendung.

Wie alle Cytochrome enthält auch das Cytochrom P 450 ein Häm als prosthetische Gruppe, dessen zentrales Eisenion die Spaltung des an der Hydroxylierung beteiligten molekularen Sauerstoffs O_2 ermöglicht. Gemäß der allgemeinen Reaktion der Monooxygenase findet man ein Sauerstoffatom im Substratmolekül (hier in 7-OH-Cholesterol), das andere im gleichzeitig gebildeten Wassermolekül wieder. Die **Hydroxylgruppe** in **Position 7α** ist für die Gallensäuren ebenso charakteristisch wie die **cis-Verknüpfung** der **Ringe A mit B**.

Im weiteren Verlauf der Synthese wird zunächst die Ringstruktur des Steranskeletts derart verändert, daß als Endprodukt dieser Reaktionen ein dreiwertiger Alkohol, also ein Alkohol mit drei OH-Gruppen, das 5β-Cholestan-3α,7α,12α-**triol** in Erscheinung tritt. Im Anschluß wird die Seitenkette des Triols verkürzt, wobei das Ende dieses unter ATP-Spaltung verlaufenden Abbaus vom Cholyl-CoA markiert wird. Cholyl-CoA wird nun mit den Aminosäuren Taurin und Glycin zu Tauro- bzw. Glykocholat konjugiert (coniugere lat. zu einem Paar verbinden), was ihren amphiphilen Charakter und ihre Wasserlöslichkeit erhöht.

Gallensäuren unterliegen einem **enterohepatischen** (enteron gr. Eingeweide, hier Darm und hepar gr. Leber) **Kreislauf**, d. h., sie werden im **Ileum** nach Abspaltung der konjugierten Aminosäuren zu über 90 % resorbiert und gelangen über die Pfortader erneut zur Leber, wo sie wiederum in Konjugate überführt und mit der Galle ausgeschieden werden. Die gesamten Gallensäuren durchlaufen diesen Kreislauf sechs bis zehn mal pro Tag. Auf diesem Wege gelangen auch die sogenannten sekundären Gallensäuren, z. B.. die 7-Desoxycholsäure bzw. ihr Salz, in die Leberzelle. **Sekundäre Gallensäuren** entstehen unter dem Einfluß von Darmbakterien aus den körpereigenen, den primären Gallensäuren.

Tabelle 9.1: Die Komponenten der Gallenflüssigkeit.

Komponenten	Lebergalle (% des Gesamtgewichts)	Blasengalle (% des Gesamtgewichts)
Wasser	ca. 96,50	ca. 86,70
Gallensäuren	ca. 1,90	ca. 9,10
Cholesterol	ca. 0,06	ca. 3,00
Gallenfarbstoffe und Mucine (Schleime)	ca. 0,50	ca. 0,30
Fettsäuren	ca. 0,10	ca. 0,30
Elektrolyte	ca. 0,80	ca. 0,60

Neben der schon angesprochenen Funktion bei der Fettverdauung vollziehen die Gallensäuren noch weitere Aufgaben. Sie wirken, wie wir schon wissen, hemmend auf die Cholesterolbiosynthese ein. Außerdem dienen sie in der Gallenflüssigkeit in Zusammenarbeit mit Lecithin als Lösungsvermittler für Cholesterol. Dies ist von entscheidender Bedeutung. Da Cholesterol selbst praktisch wasserunlöslich ist, ist die Ausscheidung über die Galle mit Hilfe von Lösungsvermittlern die einzige Möglichkeit, Cholesterol auszuscheiden. Dessen Gehalt in der Galle kann der Tabelle 9.1 entnommen werden. Die in der Leber produzierte Gallenflüssigkeit (Lebergalle) wird nachfolgend in der Gallenblase aufkonzentriert (Blasengalle). Ursache dieser Eindickung ist ein aktiver Transport von Na^+ und Cl^- aus der Gallenblase heraus, dem passiv Wasser folgt.

Welch‘ wichtige Funktion als Lösungsvermittler den Gallensäuren bei der Ausscheidung von Cholesterol zukommt, erkennt man allein schon daran, daß 50 % aller **Gallensteine aus reinem Cholesterol** bestehen und immerhin ca. 80 % cholesterolreich sind.

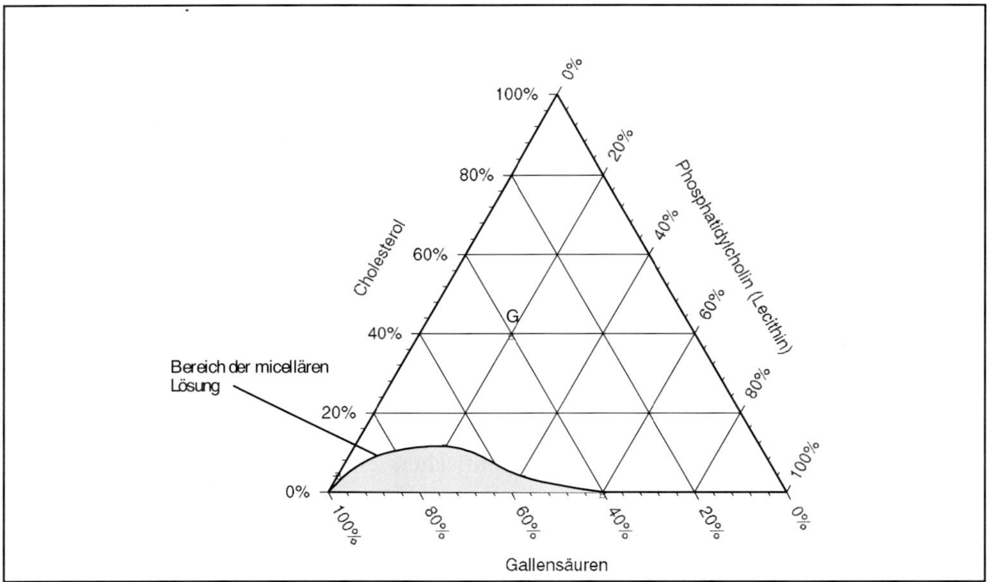

Abb. 9.3: Ternärdiagramm für die drei in der Gallenflüssigkeit enthaltenen Komponenten Cholesterol, Gallensäuren und Phosphatidylcholin (Lecithin). Im grauen (Norm)bereich liegt Cholesterol micellär gelöst vor. Außerhalb dieses Bereichs, z. B.. am eingezeichneten Punkt G mit 40 % Cholesterol, 40 % Gallensäuren und 20 % Phosphatidylcholin, ist eine Micellenbildung nicht mehr möglich, es kommt zur Ausbildung von Cholesterolgallensteinen. Etwa 80 % aller Gallensteine enthalten Cholesterol, das somit bei der Steinbildung ganz im Vordergrund steht.

Der kleinere Anteil mit ungefähr 20 % wird durch Bilirubinsteine gestellt, die ebenso wie die Cholesterolsteine im Röntgenbild keine Schattenbildung erkennen lassen. Gallensteine, auch **Cholelithiasis** genannt (chole gr. Galle und lithos gr. Stein), sind eine Erkrankung des höheren Alters, wobei eine Prädisposition für das weibliche Geschlecht besteht. Auf die Steingenese (genesis gr. Entstehung) wirken sich Schwangerschaften, Adipositas, cholesterolreiche Diät (diaita gr. Lebensweise), Diabetes mellitus und die Einnahme von Estrogenen fördernd aus. Das klassische Symptom des Gallensteinleidens ist die Kolik, ein anfallsweise auftretender krampfartiger, äußerst heftiger Schmerz, der mit Übelkeit und Erbrechen einhergehen kann und durch die Steinpassage im Ductus cysticus verursacht wird. In der Regel im rechten und mittleren Oberbauch lokalisiert, kann eine Kolik mehrere Stunden andauern. Eine Komplikation der Gallensteinerkrankung ist die Entzündung der Gallenblase bzw. des Gallenganges. Neben die operative Entfernung ist speziell bei wenigen und kleinen Steinen die Zertrümmerung durch Stoßwellen (Stoßwellenlithotripsie) als Therapie getreten. Ist die Gallenblase nicht mehr als zur Hälfte mit Steinen gefüllt und liegt ein komplikationsloses Steinleiden mit kleinen, nicht verkalkten Cholesterolsteinen bei durchgängigem Gallengang vor, so kann auch ihre Auflösung (Litholyse) durch medikamentöse Gabe von Gallesäurederivaten wie Chenodesoxycholsäure versucht werden. Diese Präparate hemmen die HMG-CoA-Reduktase und begünstigen die Micellenbildung in der Gallenflüssigkeit (Abb. 9.3). Ein Nachteil dieser über zwei Jahre verlaufenden Therapie ist jedoch die hohe Rückfallquote von etwa 50 % innerhalb von 5 Jahren nach der Behandlung.

9.1.3 Die Pankreaslipasen

Der wichtigste Teil der Fettverdauung erfolgt im Dünndarm, wo Nahrungsbrei, Galle und Pankreasexkrete aufeinandertreffen. Hier arbeiten die Pankreasenzyme, die das Gros der enzymatischen Fettdigestion (digere lat. trennen, teilen) tragen. Dabei stehen der Pankreaslipase (Tabelle 9.2) eine ganze Palette fettverdauender Enzyme zur Seite. 80 % der Triglyceride werden im **Duodenum** und **oberen Jejunum** durch die Pankreaslipase in freie Fettsäuren und ein 2-Monoglycerid gespalten, für ihre lipolytische Aktivität sind Ca^{2+}-Ionen und eine Colipase notwendig. Letztere wird unter Trypsineinwirkung aus einer Procolipase freigesetzt. Ins Duodenum eintretenden Gallensalze aktivieren zudem die Pankreaslipase.

Tabelle 9.2: Wichtige Esterasen des Pankreas und anderer Organe.

Fettsäureesterasen und Phospholipasen				
Enzym	**Vorkommen**	**pH-Optimum**	**Spezifität**	**Bemerkungen**
Lipase	Pankreas Magensaft Speichel	7,0 - 9,0	Spaltet Esterbindungen in Triacylglycerolen, besonders an C-1 und -3	Gallensalze aktivieren das Enzym, das an der Ester/Wasser-Grenzschicht katalysiert.
Cholinesterase	Pankreas, Serum, Plazenta, Leber, Ovar, Darmmucosa, Gehirn	ca. 7,0	Spaltet hydrolytisch Acylcholin in Cholin und Säure	
Cholesterol-Esterase	Pankreas Serum	ca. 8,0	Hydrolysiert Cholesterolester zu Cholesterol und Fettsäure	Das Enzym benötigt für seine Aktivität freie Cholsäure.
Phospholipase A	Pankreas Muskel Niere Leber Nebenniere	ca. 7,0	Siehe Abb. 9.5	Wird durch **Ca^{2+}** und Albumin aktiviert, spaltet nur eine Fettsäure ab, wobei Lysolipide entstehen, die eine **Hämolyse** verursachen (Bestandteil der Schlangen-, Wespen- und Skorpiongifte). Das Enzym ist sehr hitzestabil.
Phospholipase B	Pankreas Leber	4,0 - 6,0		Reagiert nur mit Lysolipiden. Diese verlieren ihre hämolytischen Eigenschaften nach Katalyse dieses Enzyms. Ist weniger thermostabil als das o. a. A-Enzym.
Phospholipase C	Gehirn Gifte der Clostridien	6,0 - 7,6	Siehe Abb. 9.5	Wird durch Ca^{2+}-Ionen aktiviert und katalysiert streng spezifisch die in Abb. 9.5 gezeigte Hydrolyse.
Phospholipase D	Pflanzen	5,1 - 5,9	Siehe Abb. 9.5	Thermostabil

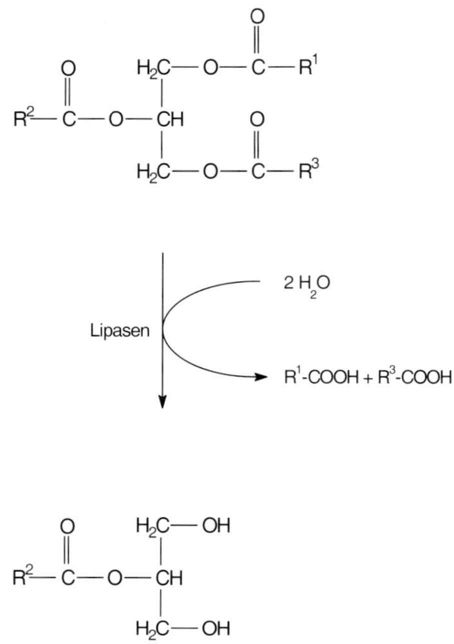

Abb. 9.4: Die Fettspaltung durch die Pankreaslipase.

Aus den Abbauprodukten bilden sich mit ihrer Hilfe Micellen, die eine Größe von nur etwa 4 nm besitzen. Man kann nun aus dem bisher Gesagten schon die wichtigsten Ursachen einer Störung der Fettverdauung benennen. Ein Abfall der Gallensäurekonzentration im Darm führt zwangsläufig zu einer Beeinflussung der Fettemulgierung. Der Grund für einen solchen Konzentrationsabfall mag in einem Verschluß des Gallenganges als Folge von Gallensteinbildung liegen, seltener tritt ein Mangel an Lipase oder Colipase ein. Ursache hierfür wäre eine Pankreasinsuffizienz.

Die **Phospholipide** der Nahrung werden durch Phospholipasen verdaut. Ein Beispiel ist die Phospholipase A_2 des Pankreas, die von Trypsin durch proteolytische Spaltung aus einem Vorläufer, der Pro-Phospholipase A_2, freigesetzt wird. Diese Phospholipase entfernt die Fettsäure an Position 2 des Glycerols, so daß beispielsweise aus Lecithin (Phosphatidylcholin) das Lysolecithin entsteht. Andere Phospholipasen tragen die Zusätze A_1, C und D. Abb. 9.5 zeigt ihre Spezifität.

Während die kurzkettigen Fettsäuren aufgrund ihrer Wasserlöslichkeit direkt von den Epithelzellen des Darmes in freier Form an das Blut weitergegeben werden können, müssen mittelkettige Fettsäuren in eine Transportform überführt werden. Aus diesen und den Monoacylglyceriden werden in der Darmmucosa wieder Triglyceride zusammengesetzt und in Gestalt sogenannter **Chylomikronen** (chylos gr. Saft und mikros gr. klein) in die Darmlymphe abgegeben. Von dort gelangen sie über den Ductus thoracicus in die Blutbahn und ge ben dem Serum eine Trübung.

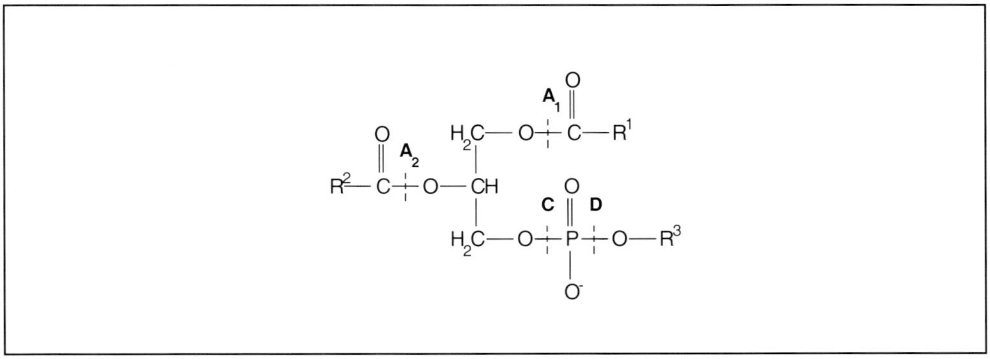

Abb. 9.5: Die Angriffspunkte der Phospholipasen A_1, A_2, C und D des Pankreas bei der Fettspaltung.

Nach Mahlzeiten bezeichnet man dieses auch als lipämisches Serum. Was soll man sich aber unter Chylomikronen v orstellen? Bevor wir dies klären, fassen wir in Abb. 9.6 die Verdauung der Fette zusammen.

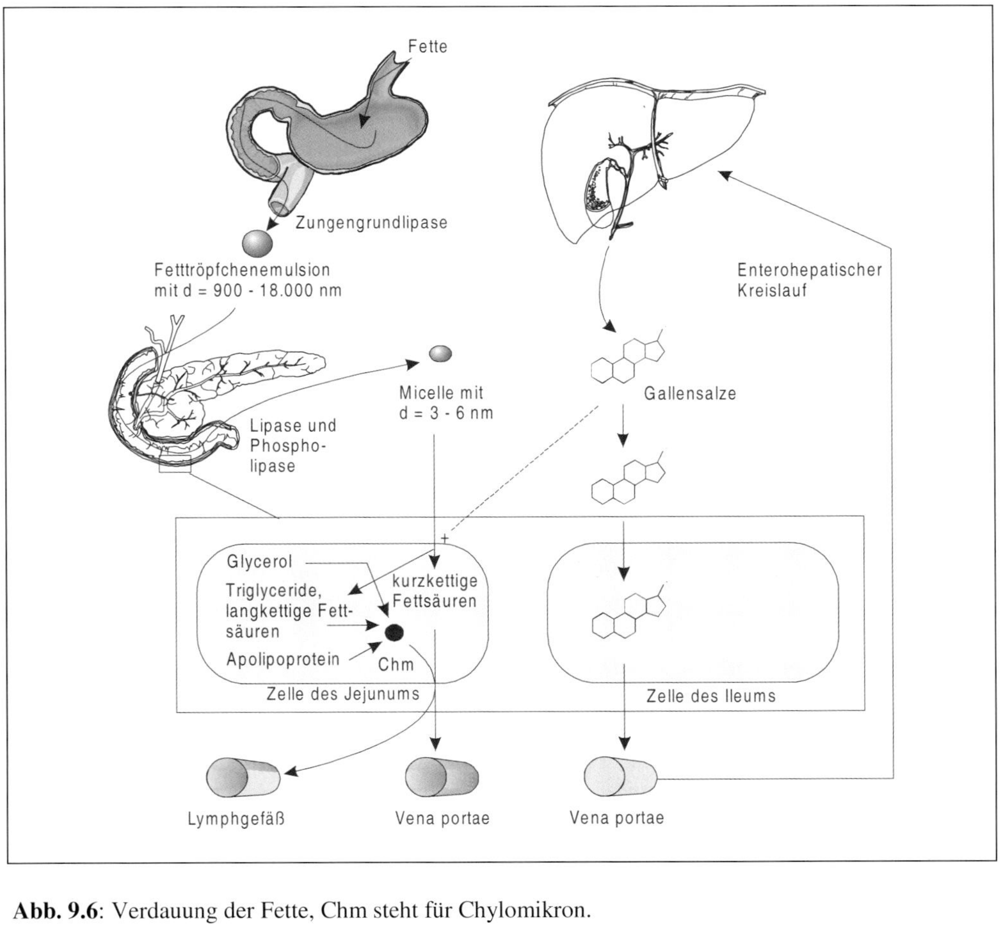

Abb. 9.6: Verdauung der Fette, Chm steht für Chylomikron.

9.2 Transport von Lipiden: Lipoproteine

Wie wir schon gehört haben, sind die Triglyceride unpolare Moleküle, d. h., sie sind nahezu wasserunlöslich. Dies trifft gleichermaßen auch auf die Cholesterolester zu, die im Enterocyten des Dünndarms nach vorheriger Spaltung im Darmlumen (durch unspezifische Pankreaslipase) wieder resynthetisert werden und ebenfalls über die Lymphe in den Kreislauf gelangen. Der Transport beider Stoffklassen im Blut beansprucht daher die Hilfe weiterer Substanzen. Dazu gehören Proteine, die wir als **Apolipoproteine** bezeichnen, aber auch Lipide, die eine hydrophile Gruppe tragen, so z. B.. **Phospholipide** und **Cholesterol**.

Transportform der Lipide im Blut sind die **Lipoproteine (Chylomikronen, VLDL, LDL** und **HDL)**, die sich aus Triglyceriden, Cholesterol, Cholesterolestern, Phospholipiden und den Apolipoproteinen zusammensetzen. Die verschiedenen Apolipoproteine werden mit A-I, A-II, B_{48}, B_{100}, C-I, C-II, C-III, D und E bezeichnet. Je nach prozentualem Gehalt der einzelnen Komponenten differieren die Lipoproteine in Größe und Dichte, wie Tabelle 9.3 deutlich macht:

Tabelle 9.3: Prozentuale Zusammensetzung der Lipoproteine.

Bestandteil	Chylomikronen	VLDL	LDL	HDL
Triglyceride	86 %	53 %	6 %	4 %
Cholesterol	2 %	7 %	8 %	4 %
Cholesterolester	3 %	12%	42 %	15 %
Phospholipide	7 %	18 %	22 %	30 %
Proteine	2 %	8 %	22 %	47 %
Durchmesser (nm)	500 - 80	50	20	10
Dichte (g/mL)	0,920 - 0,960	0,950 - 1,006	1,019 - 1,063	1,063 - 1,210
Apolipoprotein	AI, AII, B_{48}, CI - CIII, E	CI - CIII, B_{100}, E	B_{100}	AI, AII, CI - CIII, E
mittlere Lebenszeit	5 min	30 min	Tage	Tage

Man beachte, daß die Dichte um so geringer je höher der Triglyceridanteil ist. Umgekehrt steigt sie mit wachsendem Proteinanteil. Die unterschiedliche Dichte der einzelnen Lipoproteine macht man sich auch für die Trennung mittels Ultrazentrifugation zunutze, wobei Lipoproteine durch **Flotation** an die Oberfläche steigen, wenn ihre Dichte geringer als diejenige des Plasmas ist. Eine andere Möglichkeit der Lipoproteintrennung stellt die **Elektrophorese** dar. Für die unterschiedliche Beweglichkeit der Lipoproteine im elektrischen Feld ist ihr jeweiliger Proteinanteil verantwortlich. So zeigen Chylomikronen keine Wanderung, die LDL bewegen sich in der β-, die HDL in der α-Globulinfraktion, während die VLDL der β-Globulinfraktion vorauswandern. Entsprechend nennt man die HDL auch **α-**, die LDL **β-Lipoproteine**, zusätzlich haben die VLDL den Namen **prä-β-Lipoproteine** erhalten.

Den Aufbau der Lipoproteine müssen wir uns wie folgt vorstellen: Auf der Außenseite ragen die hydrophilen Gruppen der Phospholipide und des Cholesterols in die wäßrige Umgebung und vermitteln den Kontakt zu ihr. Im Inneren befinden sich die unpolaren Triglyceride und Cholesterolester. Die Proteinkomponente gibt dem Lipoprotein strukturelle Stabilität und trägt mit hydrophilen Gruppen zur Wasserlöslichkeit bei. Zudem ist sie verantwortlich für die Wechselwirkung der Lipoproteine mit Zelloberflächen mittels entsprechender Rezeptoren.

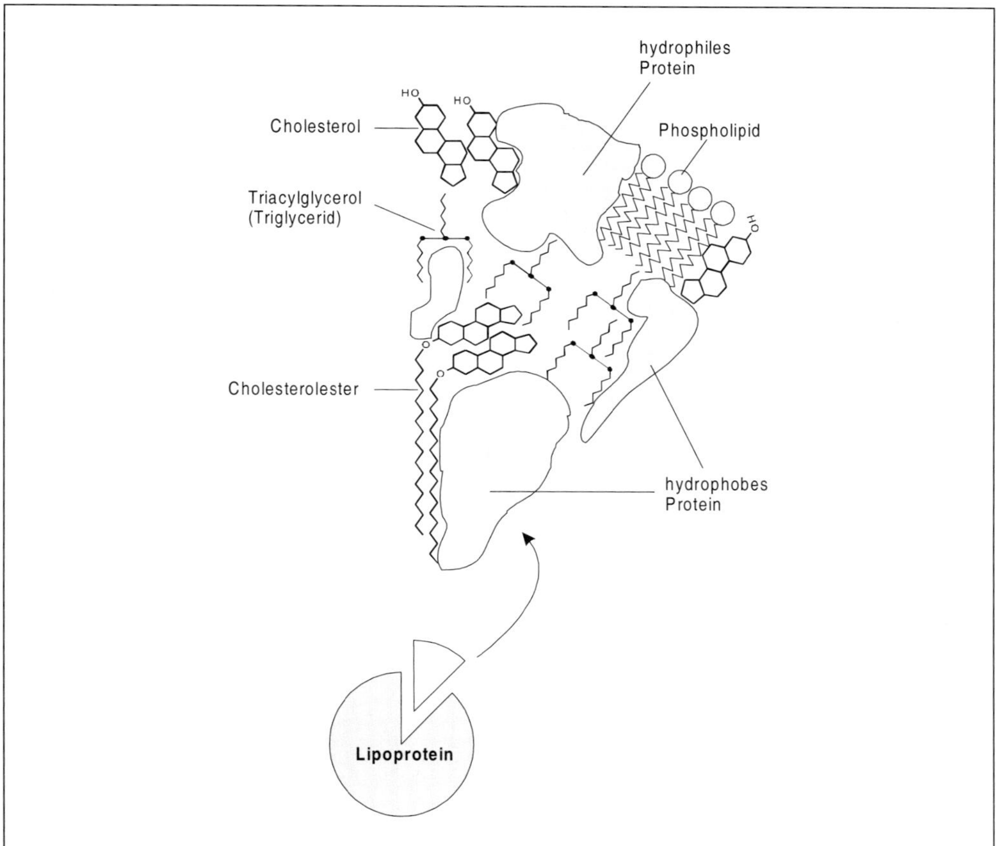

Abb. 9.7: Lipoprotein im Querschnitt. Die Komponenten des Lipoproteins sind nicht maßstabsgetreu gezeichnet.

Die einzelnen Lipoproteine werden an verschiedenen Orten im Körper gebildet und vollziehen unterschiedliche Funktionen. So werden VLDL, LDL und HDL in der **Leber** synthetisiert, die Chylomikronen, wie oben schon angedeutet, in der **Darmmucosa**. Wir gehen nun die einzelnen Lipoproteine der Reihe nach durch. Der Leser vermag mit Abb. 9.8 das Schicksal jedes Komplexes zu verfolgen.

Chylomikronen: Sie werden in der Darmmucosa aus Triglyceriden, Cholesterol, Phosphoglyceriden und den Apolipoproteinen AI, AII und B_{48} gebildet und dienen dem Transport der mit der Nahrung aufgenommenen Triglyceride. Neben reinem Cholesterol findet man in den Chylomikronen auch Cholesterolester, die durch Veresterung von Cholesterol und Acyl-CoA mittels der **Acyl-CoA-Cholesterol-Acyl-Transferase**, kurz **ACAT**, gebildet werden. Die so entstandenen Chylomikronen werden von der Mukosazelle in die intestinalen Lymphgefäße abgegeben. Über den Ductus thoracicus gelangen sie schließlich in den Blutkreislauf. Die Menge an gebildeten Chylomikronen kann so beträchtlich sein, daß ihre große Anzahl nach einer fettreichen Mahlzeit zur Trübung des Plasmas führt (**lipämisches Serum**).

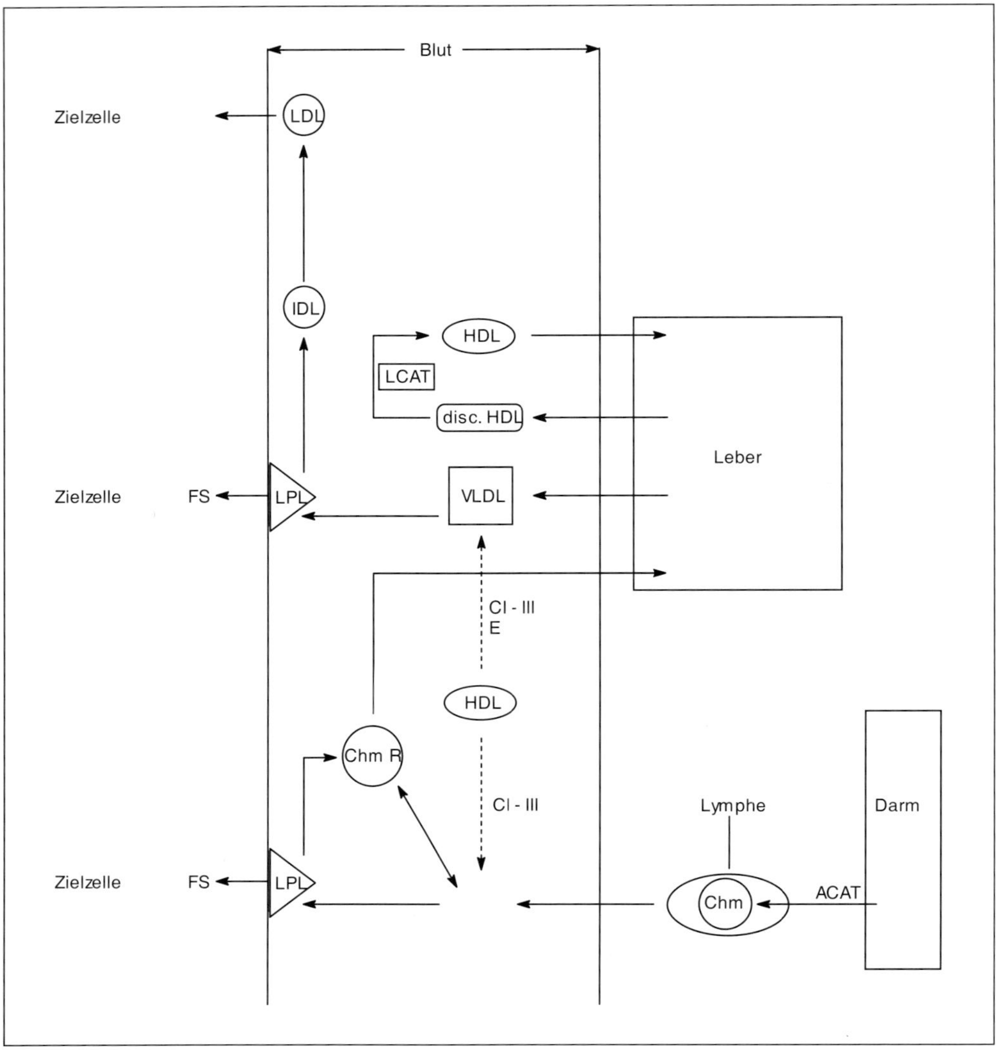

Abb. 9.8: Entstehung und Schicksal der Lipoproteine. Die folgenden Abkürzungen bedeuten: FS: Fettsäuren; Ch: Cholesterol; Chm: Chylomikron; ChmR: Chylomikronenremnant; VLDL: very low density lipoprotein; IDL: intermediate density lipoprotein; LDL: low density lipoprotein, HDL: high density lipoprotein; LPL: Lipoprotein-Lipase.

Im Blut eingetroffen, kommt es zu Wechselwirkungen zwischen Chylomikronen und HDL. Dabei treten die Lipoproteine CI-CIII von den HDL auf die Chylomikronen über, im Gegenzug gibt das Chylomikron AI und AII an Vorstufen der HDL ab.

Für das weitere Schicksal der Chylomikronen besitzt die Aufnahme von **Apolipoprotein CII** besondere Bedeutung. An den Zielgeweben werden nämlich unter Mithilfe der Apo-CII aktivierten **Lipoprotein-Lipase**, die über eine Polysaccharidkette fest am Kapillarendothel verankert ist, aus den Triglyceriden Fettsäuren freigesetzt.

Diese können vom Zielorgan aufgenommen und dort weiter verarbeitet werden und der Speicherung (Fettgewebe) oder dem Energiestoffwechsel zur Verfügung stehen (Muskel,

Herzmuskel). Darüber hinaus werden die entstehenden freien Fettsäuren an das hydrophile (und damit in Blut lösliche) Serumprotein Albumin gebunden und gelangen mit diesem Transporter im Kreislauf an ihre jeweiligen Bestimmungsorte. Die zurückbleibenden Chylomikronenreste nennt man **Chylomikronenremnants** oder -restkörperchen. Sie besitzen eine etwas höhere Dichte als ihre Vorgänger. Nach dem Transfer in die Leberzellen werden sie dort abgebaut.

VLDL: In der Leber synthetisiert dienen sie dem Transport endogener, d. h. von der Leber aufgebauter Triglyceride. Während also die Chylomikronen den Transport der Nahrungstriglyceride im Blut ermöglichen, übernehmen für diejenigen der Leber VLDL diese Rolle. In der Leberzelle erfolgt die Bildung dieser Lipoproteine unter Verwendung der Apolipoproteine CI bis CIII, B_{100} und E. Nach der Ausschüttung in die Blutbahn erfolgt ähnlich wie bei den Chylomikronen eine Wechselwirkung zwischen VLDL und HDL, welche eine Anreicherung der Apolipoproteine CI - CIII und E zur Folge hat. Wichtig ist dies wiederum für die Lipoprotein-Lipaseaktivierung, mittels derer VLDL am Zielorgan bearbeitet werden. Durch die Abgabe von Triglyceriden entstehen **IDL** (intermediate density lipoprotein), die weiter zu LDL umgesetzt werden.

LDL: Sie entstehen durch intravasalen Abbau aus den VLDL und besitzen unter den Lipoproteinen den höchsten Cholesterolanteil. Anhand der Entstehungsgeschichte der LDL erkennt man, daß deren Cholesterol aus der Leber stammt. Der Apolipoproteinanteil besteht fast ausschließlich aus B_{100}. Hauptaufgabe der LDL ist der Transport des Cholesterols zu seinen Zielorganen, wo es intrazellulär aus den LDL durch lysosomale Hydrolyse freigesetzt wird. Dort dient Cholesterol der Synthese von Steroidhormonen, Gallensäuren (9.1.2), des Vitamins D oder dem Einbau in Membranen.

Schauen wir uns an dieser Stelle an, wie LDL in die Zielzelle gelangen. Der Proteinanteil der LDL besteht aus den Apolipoproteinen B_{100} und - in geringem Maße - aus E. Auf den Zielzellen existieren Membranproteine, die diese Strukturen erkennen, insbesondere das Apolipoprotein B_{100}. Nach Bindung des LDL an diesen **LDL-Rezeptor** kommt es dort zur Einstülpung der Membran, wodurch ein **coated pit** (coat engl. umhüllen, umkleiden und pit engl. Grube) entsteht. Auf der zellulären Seite dieser Einstülpung befindet sich das Protein **Clathrin**, das bei der nachfolgenden Abschnürung und Ausbildung von Vesikeln durch seine skelettartige Struktur eine stabilisierende Funktion inne hat. Das Clathrin wird von diesen **Stachelsaumvesikeln** entfernt und zur Membran zurückgeführt, wo es für einen erneuten Endocytosezyklus zur Verfügung steht. Das abgelegte Clathrin hinterläßt ein sogenanntes **Endosom**. Durch Änderung des pH-Wertes im Endosom wird die Wechselwirkung zwischen LDL und seinem Rezeptor gelöst, der Rezeptor regeneriert und im Rahmen eines „Recyclings“ erneut in die Plasmamembran integriert. Der Endosomeninhalt wird durch Fusion mit einem Lysosom der intrazellulären Verdauung zugeführt. Das freigesetzte Cholesterol kann dann entsprechend den anstehenden Aufgaben verwandt werden. Auch die Aufnahme von Eisen in die Zelle erfolgt durch rezeptorvermittelte Endocytose, in diesem Falle über den **Transferrinrezeptor**.

HDL: Syntheseort der HDL ist im wesentlichen die Leber. Sie werden in Form von scheibchenförmigen Vorstufen, den discoidalen HDL, ans Blut abgegeben. Auch durch den Abbau von Chylomikronen in der Peripherie sollen diese Vorstufen entstehen. Mit Hilfe des Apolipoproteins AI sind sie in der Lage, das Enzym **Lecithin-Cholesterol-Acyltransferase (LCAT)** zu binden.

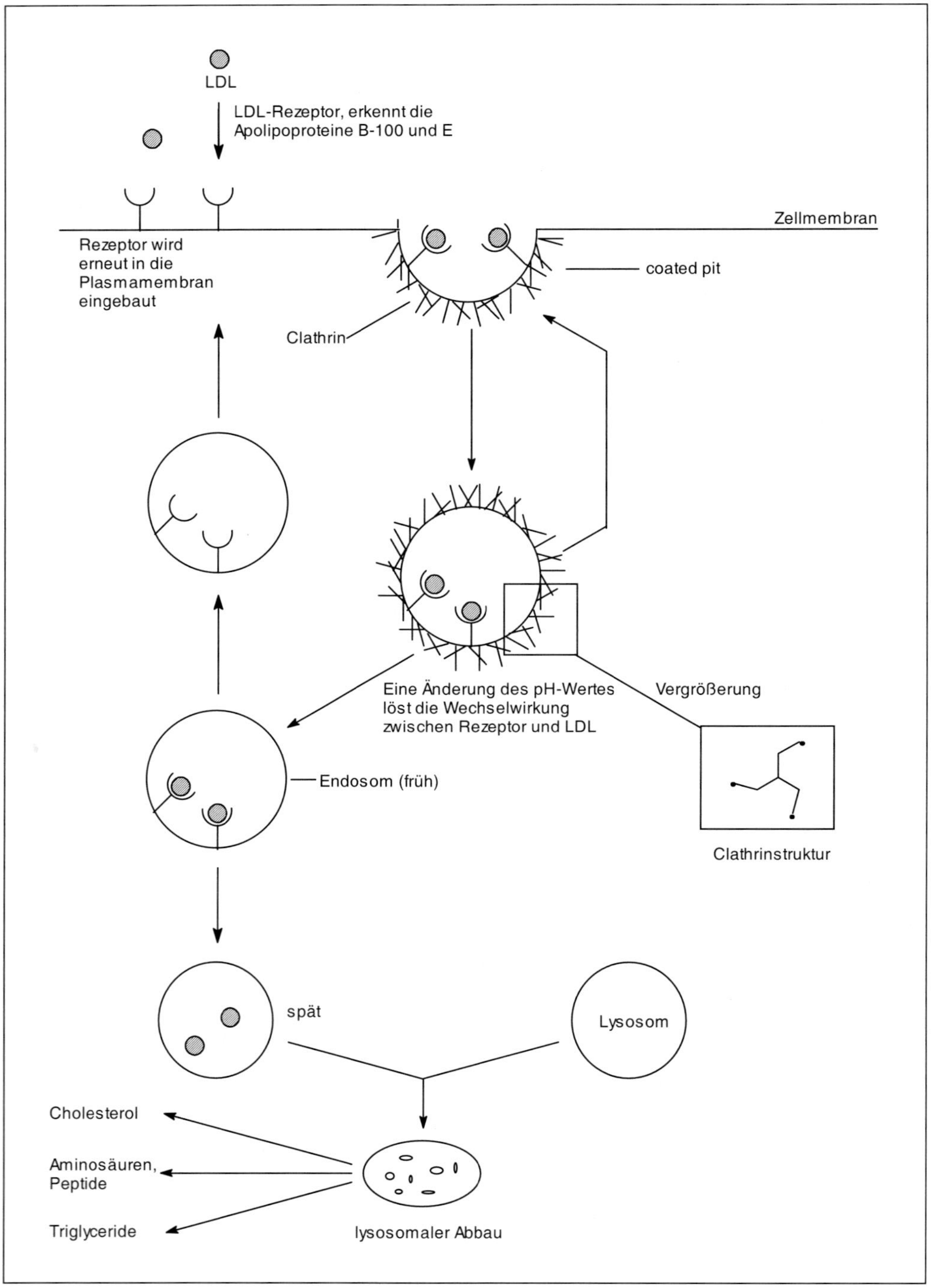

Abb. 9.9: Rezeptorvermittelte Endocytose.

Es verestert Cholesterol über seine Hydroxylgruppe an Position 3 unter Verwendung der langkettigen Fettsäuren des Lecithins, einem Phospholipid der Prä-HDL. Das dabei entstehende Lysolecithin verläßt das Prä-HDL, der Phospholipidanteil sinkt also. Die synthetisierten Cholesterolester wandern entsprechend ihrer Lipophilie in den Kern der sich bildenden HDL und „blähen" diese zu ihrer kugelförmigen Gestalt auf. An der dadurch wachsenden Oberfläche können HDL in der Peripherie Cholesterol aufnehmen und dieses als Cholesterolester zur Leber zurückführen.

9.3 Die Beta-Oxidation

Hauptenergieträger der Triglyceride sind die Fettsäuren. Sie können nach Aufnahme in die Zelle und intrazellulärem Transport in die Mitochondrienmatrix oxidiert und ihre Energie über $FADH_2$ bzw. NADH + H^+ in der Atmungskette als ATP gewonnen werden. Neben den freien Fettsäuren, die direkt nach einer Mahlzeit von der Zelle aufgenommen und „verbrannt" werden, sind diejenigen aus den Speichertriglyceriden des Fettgewebes von großer Bedeutung. Wir wollen uns daher zunächst der Mobilisierung von Speichertriglyceriden zuwenden. Die Freisetzung der Fettsäuren aus den Lipocyten des Fettgewebes durch Lipasen wird **Lipolyse** genannt. Diese Lipasen stehen unter hormoneller Kontrolle. **Adrenalin**, **Noradrenalin**, **Glucagon** und **adrenocorticotropes Hormon** wirken aktivierend auf die Lipolyse, **Insulin** hingegen inhibierend. Durch die Lipaseaktivität entstehen freie Fettsäuren, die im Plasma an Albumin gebunden werden (s. o.), und Glycerol, welches zu Dihydroxyacetonphosphat und Glycerolaldehyd-3-phosphat umgewandelt wird und somit Anschluß an die Glykolyse findet. Nach ihrer Aufnahme in die Zellen der Zielgewebe besteht für die Fettsäuren das Problem, beide Mitochondrienmembranen zu überwinden. Dazu werden die Fettsäuren in einer ATP-abhängigen Reaktion durch Bindung an Coenzym A aktiviert. Diese Reaktion wird durch die **Acyl-CoA-Synthetase** in zwei Schritten katalysiert und ist in Abb. 9.10 dargestellt.

Von großer Bedeutung für den Ablauf dieses Aktivierungsprozesses ist die hydrolytische Spaltung des entstandenen Diphosphats durch die intrazelluläre **Pyrophosphatase**:

$$PP_i + H_2O \rightarrow 2P_i \qquad (9.1)$$

$$\Delta G^{\circ\prime} = -28{,}8 \text{ kJ/mol}$$

Die stark exergone Reaktion (9.1) ermöglicht thermodynamisch erst die Fettsäureaktivierung und treibt sie nach „rechts", also auf die Seite der Produkte (Acyl-CoA und AMP). Für die gesamte in Abb. 9.10 gezeigte Aktivierungskette ergibt sich dadurch ein $\Delta G^{\circ\prime}$-Wert von - 29,7 kJ/mol. Die aktivierte Fettsäure wird nach Bindung an Carnithin, einem Abkömmling der Aminosäure Lysin, mit Hilfe eines Transportproteins in die Matrix geschleust.

Die Reaktion mit Carnithin katalysiert das Enzym **Carnithin-Acyltransferase I**, ihre Umkehrung die **Carnithin-Acyltransferase II**. Für den Transfer in die Matrix des Mitochondriums ergibt sich zusammenfassend Abb. 9.11.

In die Mitochondrienmatrix gelangte Fettsäuren unterliegen der β-Oxidation. Wir betrachten zunächst den Katabolismus gesättigter Fettsäuren. Schon 1904 zeigte FRANZ KNOOP, daß der Fettsäureabbau in „Zweierschritten" verläuft, d. h., die Kohlenstoffkette der Fettsäuren wird schrittweise um zwei Kohlenstoffatome verkürzt. Wie wir heute wissen, entsteht dabei jeweils ein Acetyl-CoA, folglich beim Abbau von Fettsäuren mit gerader Kohlenstoffanzahl ausschließlich Acetyl-CoA. Fettsäuren mit einer ungeraden Anzahl an Kohlenstoffatomen liefern daneben beim terminalen Abbauschritt Propionyl-CoA mit drei C-Atomen. Bei jeder Verkürzung der Kohlenstoffkette entstehen ein Molekül $FADH_2$, ein Molekül NADH + H^+ sowie ein Acetyl-CoA. Die Reaktionsfolge verläuft über folgende Schritte.

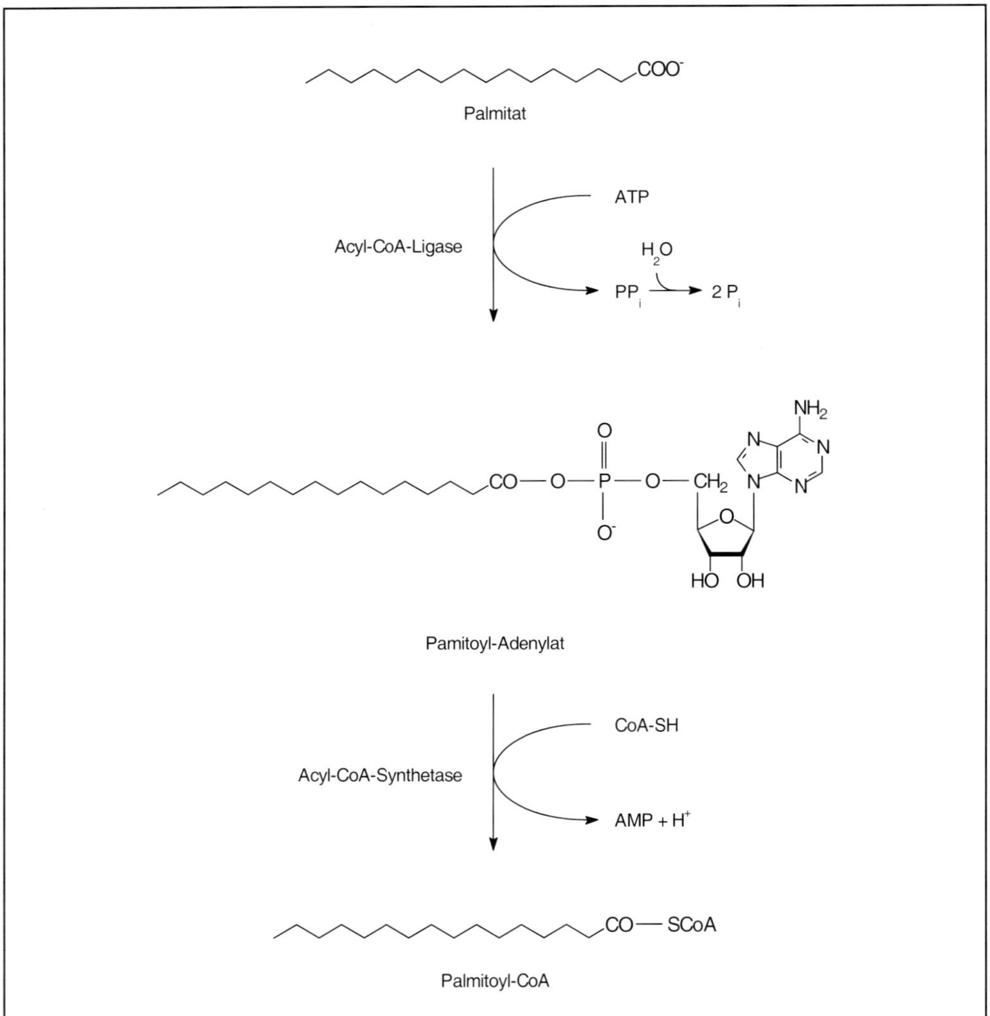

Abb. 9.10: Die Aktivierung der Fettsäuren durch die Acyl-CoA-Synthetase.

Oxidation: Die Acyl-CoA-Verbindung wird unter Reduktion eines FAD zu $FADH_2$ oxidiert. Als Reaktionsprodukt entsteht eine trans-Δ^2-Enoyl-CoA-Verbindung. Das Enzym, welches diese Reaktion katalysiert, ist eine **Acyl-CoA-Dehydrogenase**.

Hydratation: Nach Anlagerung eines Wassermoleküls durch **Enoyl-CoA-Hydratase** entsteht eine L-3-Hydroxyacyl-CoA Verbindung.

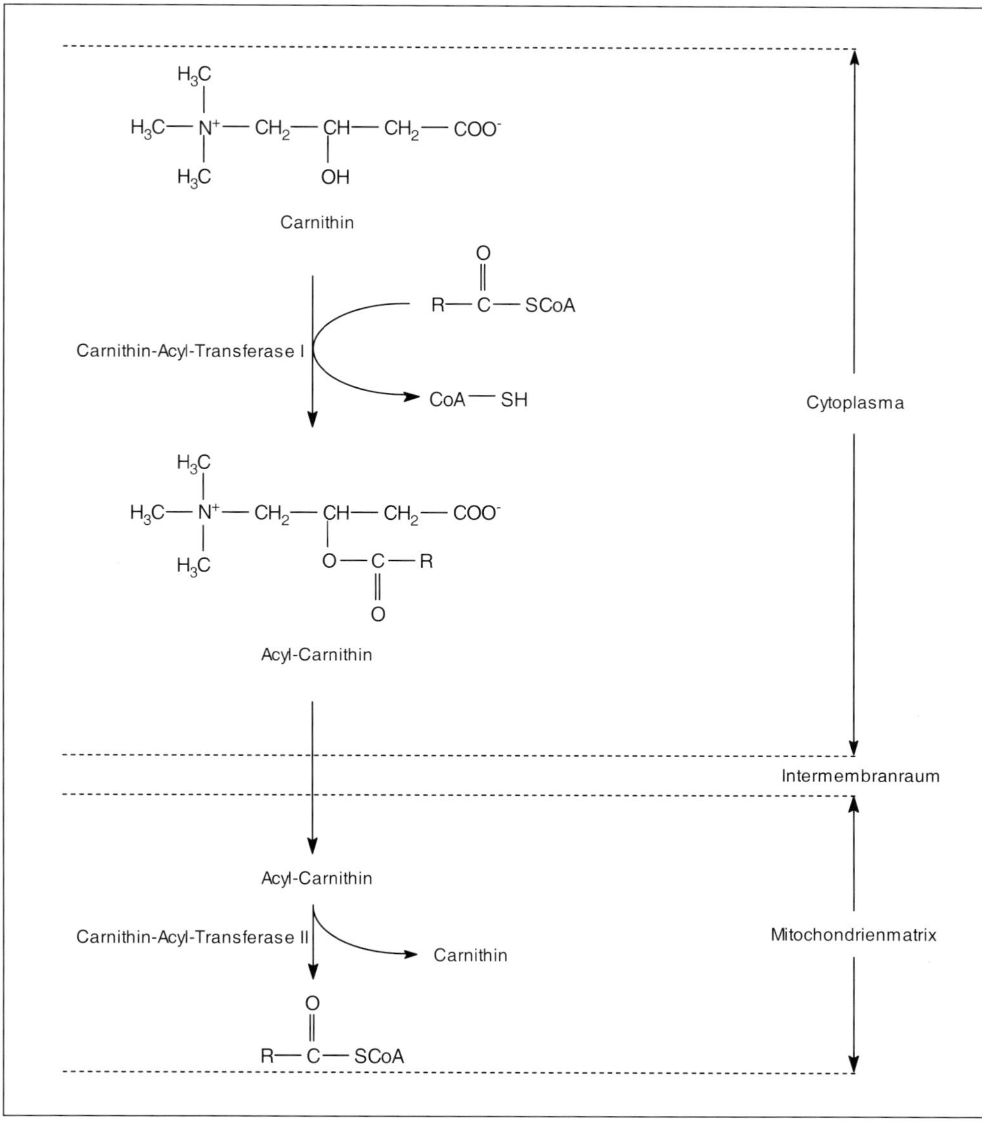

Abb. 9.11: Kopplung der aktivierten Fettsäure an Carnithin.

Wichtig ist an dieser Stelle, daß es sich um das L-Isomer handelt. Die entsprechende D-Verbindung läßt sich nicht ohne vorherige Umwandlung in die L-Form umsetzen.
Oxidation: Es folgt ein zweiter Oxidationsschritt unter Bildung eines NADH + H^+. Auf diese Weise entsteht eine 3-Ketoacyl-CoA-Verbindung. Die diese Reaktion katalysierende **L-3-Hydroxyacyl-CoA-Dehydrogenase** läßt sich durch NADH + H^+ hemmen.

Thiolyse: Durch Angriff eines Coenzym A wird ein Acetyl-CoA freigesetzt. Da die Spaltung des 3-Ketoacyl-CoA durch den Angriff eines freien Elektronenpaares des Schwefels (thio gr. Schwefel) eingeleitet wird, nennt man diesen Reaktionschritt Thiolyse. Acetyl-

CoA hemmt die **Thiolase**. Anhand der Abb. 9.12 lassen sich die Schritte dieses Stoffwechselweges im einzelnen verfolgen.

Wir erinnern uns daran , daß jedes NADH + H^+ und $FADH_2$ in der Atmungskette 3 bzw. 2 ATP liefert, ein Acetyl-CoA also 12 ATP, so können wir jetzt eine Energiebilanz des Palmitinsäureabbaus erstellen. Man beachte, daß durch Aktivierung und Transport in die Mitochondrien ebenfalls ATP verbraucht wird. Für die Aktivierung von Palmitinsäure gilt:

$$C_{15}H_{31}COOH + ATP + CoA\text{ - }SH \rightarrow C_{15}H_{31}COSCoA + AMP + PP_i \quad (9.2)$$

$$PP_i + H_2O \rightarrow 2P_i \quad (9.1)$$

Bei den Umsetzungen (9.1) und (9.2) werden zwei Säureanhydridbindungen des ursprünglichen ATPs gespalten (einmal zu AMP und Diphosphat, anschließend erfolgt die Hydrolyse des Diphosphats in zwei Orthophosphatmoleküle). In die Aktivierung einer Fettsäure müssen also (formal) zwei ATP-Moleküle investiert werden, bei deren Hydrolyse in ADP und Phosphat ja ebenfalls zwei Säureanhydridbindungen gelöst würden. Für die eigentliche β-Oxidation ergibt sich folgende Bilanz:

$$\begin{aligned} &C_{15}H_{31}CO\text{-}SCoA + 7CoA\text{-}SH + 7FAD + 7NAD^+ + 7H_2O \rightarrow \\ &8H_3C\text{-}CO\text{-}SCoA + 7FADH_2 + 7NADH + 7H^+ \end{aligned} \quad (9.3)$$

Die Summe von (9.2) und (9.3) liefert:

$$\begin{aligned} &C_{15}H_{31}CO\text{-}SCoA + 8CoA\text{-}SH + 7FAD + 7NAD^+ + 7H_2O + ATP \rightarrow \\ &8\ H_3C\text{-}CO\text{-}SCoA + 7FADH_2 + 7NADH + 7H^+ + AMP + PP_i \end{aligned} \quad (9.4)$$

Tabelle 9.4: Die ATP-Bilanz der β-Oxidation von Palmitinsäure.

Coenzym	Anzahl der in der Atmungskette synthetisierten ATP
7 NADH + H^+	+ 21
7 $FADH_2$	+ 14
8 Acetyl-CoA	+ 96
Aktivierung	- 2
Total	+ 129

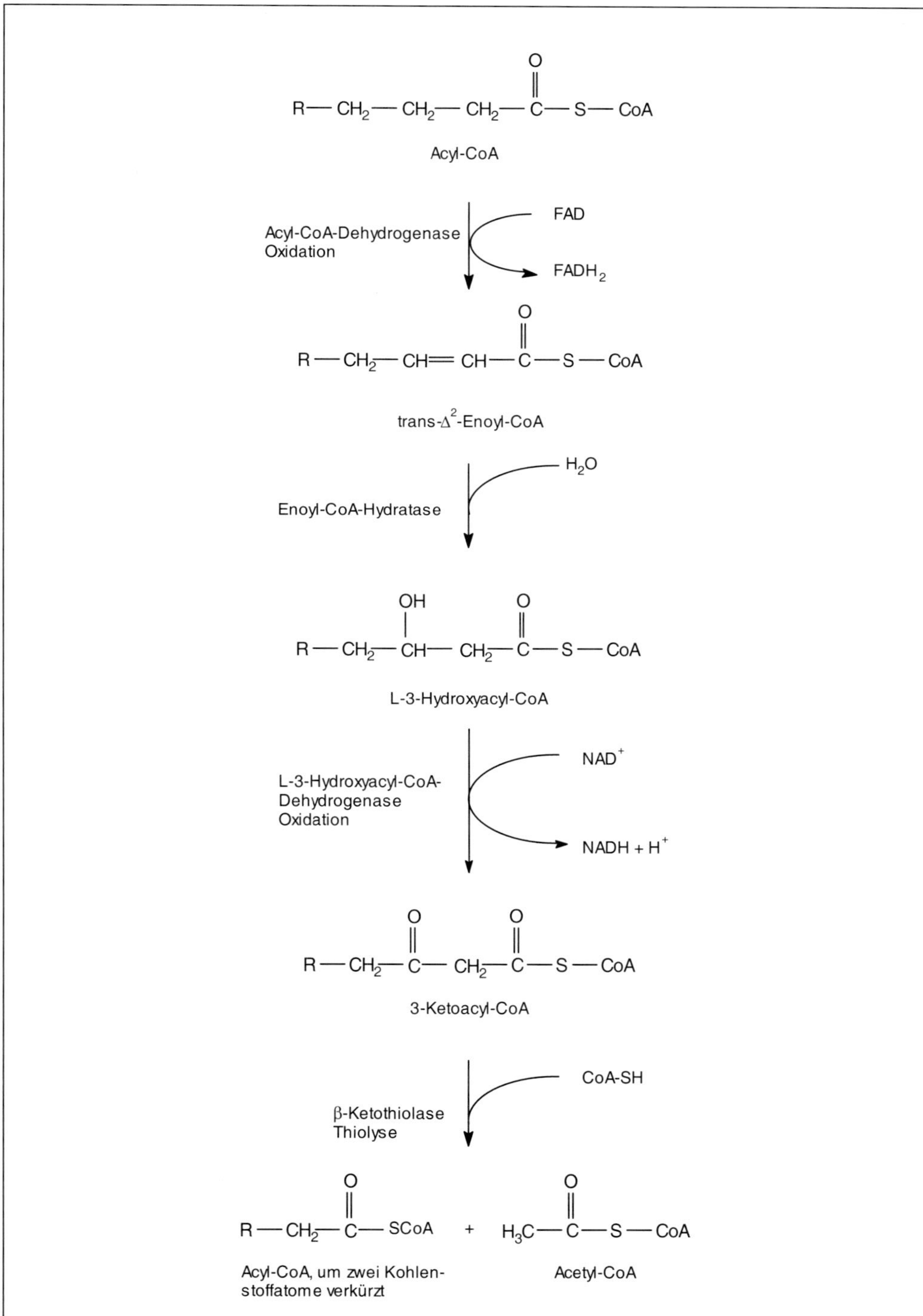

Abb. 9.12: Ein Zyklus der β-Oxidation.

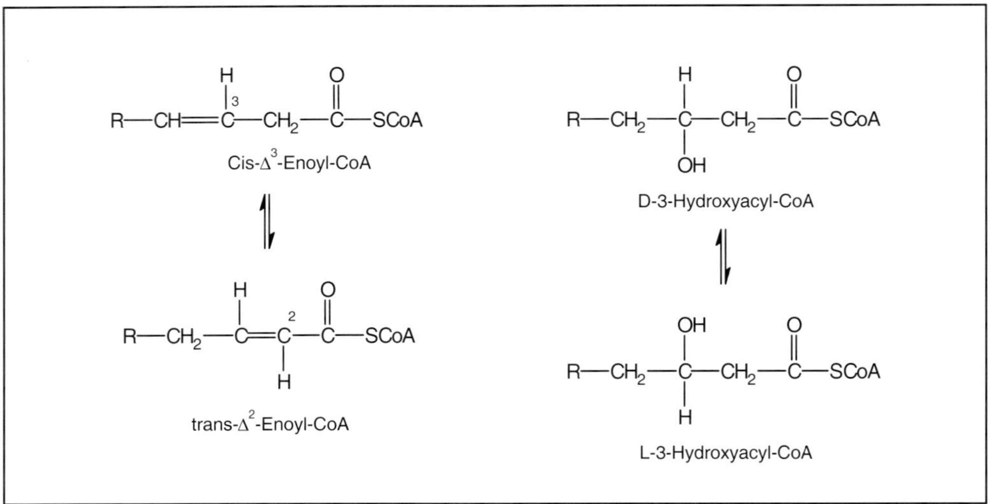

Abb. 9.13: Reaktionen der Isomerase und Epimerase.

Für die β-Oxidation ungesättigter Fettsäuren sind zwei zusätzliche Enzyme notwendig. Eine Isomerase ist in der Lage, cis-Δ^3-Enoyl-CoA in trans Δ^2-Enoyl-CoA umzusetzen, während eine Epimerase die Konfiguration an C-3 von D nach L isomerisiert.

Neben dem Abbau in den Mitochondrien kennt man auch eine Verkürzung der Fettsäuren in den Peroxisomen der Leber. Mit einigen wenigen Abstrichen verläuft diese Sonderform der Fettsäureoxidation wie die β-Oxidation. Den ersten Unterschied erkennt man bei Betrachtung der Fettsäureaufnahme: Der Import der Fettsäuren in die Peroxisomen verläuft **Carnithin-unabhängig**. Gleich in der ersten Umsetzung der sich anschließenden Reaktionsfolge wird ein weiterer Unterschied sichtbar. Die peroxisomale Acyl-CoA-Dehydrogenase setzt die Acyl-CoA-Verbindung unter Verwendung molekularen Sauerstoffs zu trans-Δ^2-Enoyl-CoA und H_2O_2 um, letzteres wird durch Katalase und die Peroxidase abgebaut.

Aufgabe dieser peroxisomalen Fettsäureoxidation, die jeweils lediglich über wenige Zyklen verläuft, scheint die Verkürzung vorhandener Fettsäuren zu sein. Neben dieser Sonderform kennt man noch zwei weitere Möglichkeiten des Fettsäureabbaus.

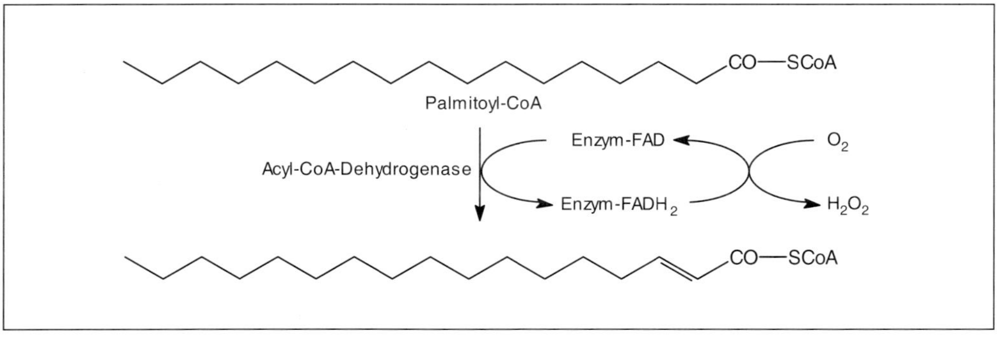

Abb. 9.14: Die Reaktion der peroxisomalen Acyl-CoA-Dehydrogenase.

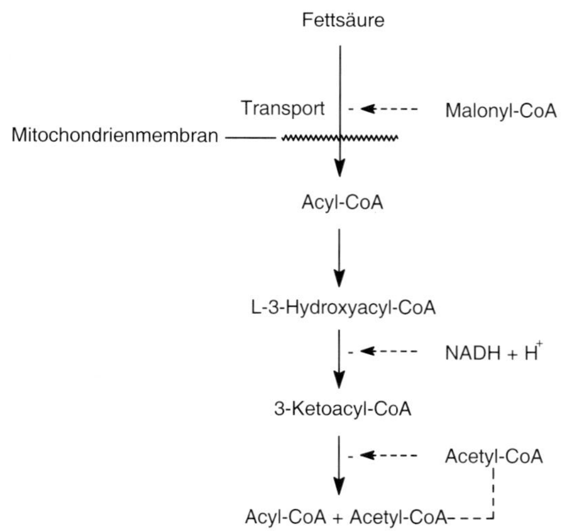

Abb. 9.15: Die Regulation der β-Oxidation.

Findet bei der einen von ihnen jeweils eine Verkürzung der Kohlenstoffkette um ein Kohlenstoffatom statt (sogenannte **α-Oxidation**), erfolgt bei der zweiten der Abbau vom ω-Ende (**ω-Oxidation**). Beide Formen sind für uns jedoch von geringer Bedeutung.

Wie sieht nun die Regulation der β-Oxidation aus? Von großer Bedeutung ist schon allein die Verfügbarkeit von Substrat. Diese ist direkt durch Hormone steuerbar, aber auch der Transport von Fettsäuren ins Mitochondrium ist ein potentieller Ansatzpunkt. So wird die Carnithin-Acyltransferase I durch **Malonyl-CoA** gehemmt, einem Stoff, der bei der Fettsäuresynthese anfällt. Außerdem werden die 3-Hydroxy-CoA-Dehydrogenase durch NADH und die Thiolase durch Acetyl-CoA gehemmt, so daß auch eine negative Rückkopplung existiert.

Abschließend müssen wir uns noch der weiteren Verwendung des **Propionyl-CoA** zuwenden, welches beim Abbau der ungeradzahligen Fettsäuren „übrigbleibt". Nach Umwandlung in Succinyl-CoA kann es im Citratzyklus verstoffwechselt werden. Zunächst wird Propionyl-CoA in einer biotinabhängigen Reaktion carboxyliert, wobei D-Methylmalonyl-CoA entsteht. Man erinnere sich an die Funktion des Biotins bei der Reaktion der Pyruvat-Carboxylase! Entsprechend heißt das Enzym, das die obige ATP-abhängige Reaktion beschleunigt, **Propionyl-CoA-Carboxylase**. Nach Umwandlung in die entsprechende L-Verbindung erfolgt durch die **Methylmalonyl-CoA-Mutase** die Umsetzung zu Succinyl-CoA. Diese Reaktion ist vom Cobalamin abhängig, besser bekannt unter seinem Namen **Vitamin B_{12}**. Bevor wir auf Struktur, Vorkommen und Wirkung dieser Verbindung eingehen, faßt Abb. 9.16 das Gesagte zusammen.

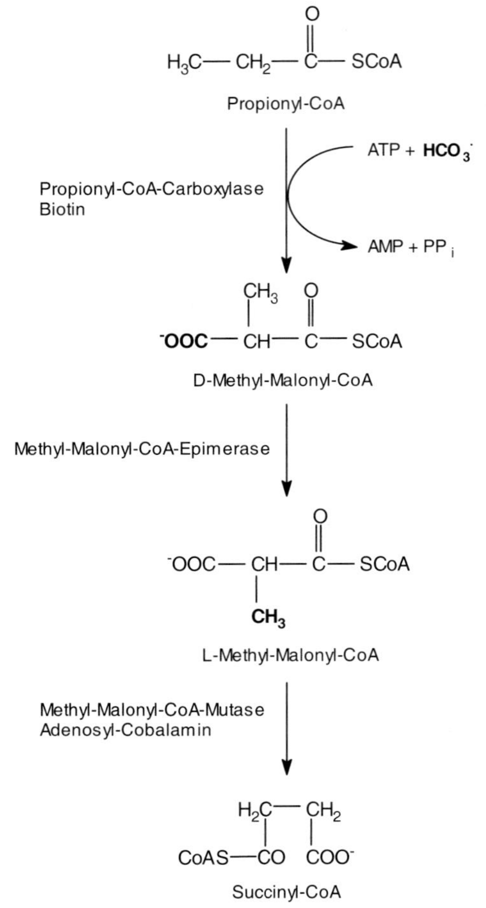

Abb. 9.16: Die Umwandlung von Propionyl-CoA zu Succinyl-CoA.

9.3.1 Die Cobalamine (Vitamin-B_{12}-Gruppe): perniziöse Anämie

Das Vitamin B_{12}, Abb. 9.17 wird ausschließlich von Mikroorganismen gebildet, z. B.. von Propionibakterien oder *Aerobacter aerogenes*. Hauptlieferant für den Menschen sind tierische Produkte wie Milch, Eier und Fleisch. Bei Betrachtung der Cobalaminstruktur fällt auf, daß vier reduzierte Pyrrolringe, die ein sogenanntes Corrinringsystem bilden, ein zentrales Cobaltion umgeben. Beim Vitamin B_{12} handelt es sich eigentlich um eine Gruppe ähnlich strukturierter Moleküle, die sich durch ihre Liganden (ligare lat. binden) an der sechsten Koordinationsstelle des Cobalts unterscheiden (Abb. 9.18).

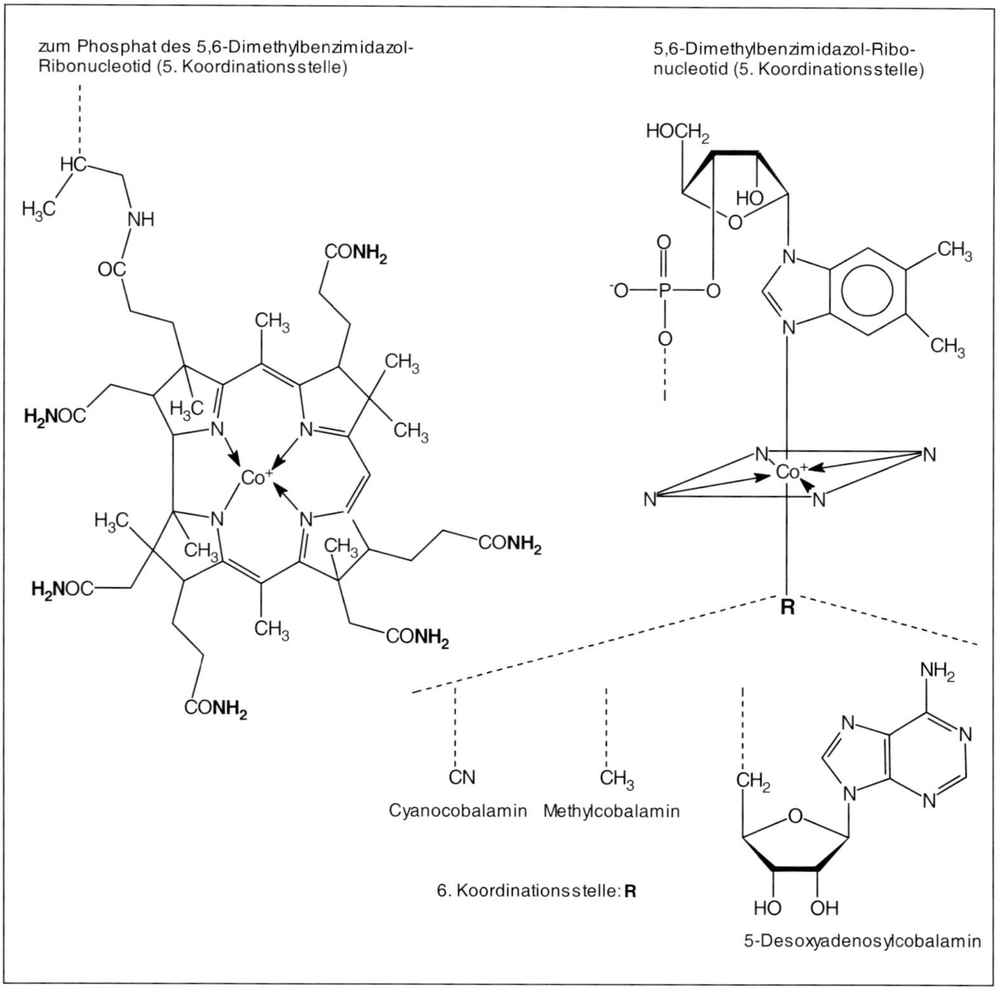

Abb. 9.17: Die Struktur des 5'-Desoxyadenosylcobalamins (Vitamin B_{12}) wurde vollständig mittels Röntgenstrukturanalyse von DOROTHY HODGKIN[1] aufgeklärt. Der Corrinring, der ein zentrales Co^+-Ion einschließt, erinnert an das Porphyrin des Häms, ist aber nicht mit diesem identisch! Der nicht korrekte Name Cobal-**amin** rührt von sechs Säureamidgruppen her, die am Ende mehrerer Seitenketten des Corrinringes zu finden sind (die -**NH_2**-Reste sind **fett** unterlegt). Es müßte also eher vom Cobal-**amid** die Rede sein, wenn man auf eine exakte Nomenklatur wert legt.

[1] **CROWFOOT-HODGKIN, DOROTHY**: * 1910 in Kairo, † 1994. Der britischen Chemikerin gelang es 1964 als dritter Frau nach MARIE CURIE und IRENE JOLIOT-CURIE den Chemie-Nobelpreis zu erlangen. Sie lehrte in Oxford und Cambridge, als erste Frau erhielt sie 1960 den WOLFSON-Lehrstuhl für Forschung der Royal Society. Das Nobelkomitee ehrte DOROTHY HODGKIN 1964 aufgrund ihrer Arbeiten auf dem Gebiet der Röntgenstrukturanalyse biologisch wichtiger Moleküle, mit deren Hilfe auch die vollständige Strukturaufklärung des Vitamins B_{12} gelang. Übrigens unterrichtete sie auch MARGARET THATCHER, die sich aber später offenbar eher für Politik als für Analytik begeistern konnte.

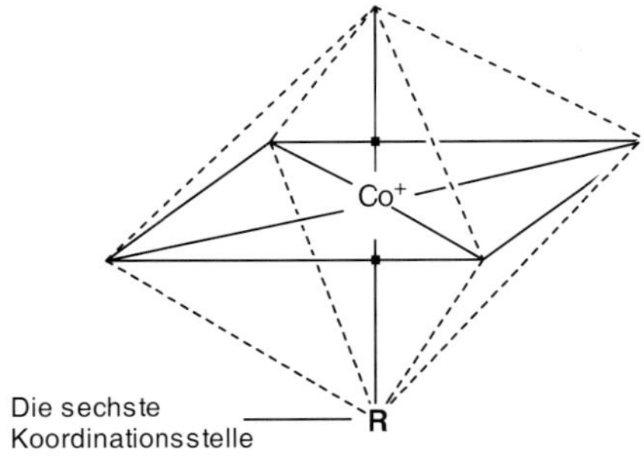

Abb. 9.18: Der Ligand R an der sechsten Koordinationsstelle des Cobaltions entscheidet darüber, welches Cobalamin der B_{12}-Gruppe vorliegt.

Dementsprechend unterscheidet man zwischen den in Tabelle 9.5 angeführten Verbindungen, wobei als eigentliche **Coenzyme** beim Menschen lediglich **5'-Desoxyadenosyl-** und **Methylcobalamin** in Erscheinung treten:

Tabelle 9.5: Die Mitglieder der Vitamin-B_{12}-Familie, ihr Vorkommen und ihre Bedeutung.

Vitamin B_{12}-Gruppe		
Ligand R	**Name**	**Vorkommen und Bedeutung**
-CN	Cyanocobalamin	Die ursprünglich entdeckte Form, wird nach chemischer Isolierung vorgefunden.
-OH	Hydroxocobalamin	Intrazelluläre Depotform beim Menschen (Leber)
$-H_2O$	Aquocobalamin	Intrazelluläre Depotform beim Menschen (Leber)
-5'-Desoxy-adenosyl	5'-Desoxyadeno-sylcobalamin	Coenzym folgender Enzyme bei Mensch, Tier und Bakterien: **Methylmalonyl-CoA-Mutase** bei der Isomerisierung von Methylmalonyl-CoA zu Succinyl-CoA und **Ribonukleotidreduktase** bei der DNA-Synthese
$-CH_3$	Methylcobalamin	Coenzym der **Homocystein-Methyltransferase** bei der Methioninbildung aus Homocystein in Bakterien, Tieren und beim Menschen

Tabelle 9.6: Wichtige Daten zum Cobalamin.

Cobalamin (Vitamin B_{12})	
Vorkommen	Leber, Nieren, Fleisch, Eier und Milch; beim Kochen bleiben 70 % des aktiven Vitamins erhalten.
Bedarf (pro Tag)	2 - 3 µg , Plasmakonzentration 100 bis 900 ng/L
Bedeutung	Coenzym, wichtig besonders im Nukleinsäurestoffwechsel
Vitaminmangel	**Perniziöse Anämie, funikuläre Myelose**. Bei der funikulären (funiculus lat. Strang, Seil) Myelose kommt es zum Markscheidenschwund der Pyramidenbahn und der Hinterstränge im Rückenmark, der sich besonders durch Gangunsicherheit und Störungen des Vibrationsempfindens bemerkbar macht.

Um Vitamin B_{12} aufnehmen zu können, muß der Körper den **intrinsic factor** produzieren, bei dem es sich um ein Glykoprotein handelt, das von den Belegzellen des Magens synthetisiert wird. Es bildet einen wasserlöslichen Komplex mit Vitamin B_{12}, der im **unteren Ileum** resorbiert wird. Von Darmbakterien im menschlichen Colon synthetisiertes Cobalamin (**extrinsic factor**) kann vom Organismus nicht resorbiert werden, weil dazu der aus dem Magen stammende intrinsic factor fehlt. Das Cobalamin wird im Blut zunächst von dem β-Globulin **Transcobalamin II** gebunden, dann jedoch größtenteils an ein Serumglykoprotein mit längerer Halbwertszeit (einige Tage statt 1 h), dem **Transcobalamin I,** weitergereicht. Auf diesem Wege gelangt das Vitamin in die Leber, die Nieren und ins Knochenmark. **Hauptspeicherorgan** ist die **Leber**. Nieren und Magen-Darm-Trakt fungieren erst in zweiter Linie als Speicherorgane. Cobalamine werden besonders von Zellen mit hoher Teilungsrate (großer DNA- und RNA-Umsatz) benötigt, was auch die zuerst auftretenden Ausfallerscheinungen im Blut (Blutzellen mit ihrem Bildungsort Knochenmark) und im Magen-Darm-Trakt erklärt. Die Ausscheidung erfolgt überwiegend über die Galle, in geringerem Maß auch über den Harn.

Zu einer **perniziösen Anämie** bei Vitamin-B_{12}-Mangel kommt es fast nie durch Mangelernährung. In der Regel wird 1 mg Vitamin-B_{12} in der Leber gespeichert, weitere 2 mg finden sich außerhalb der Leber. Selbst bei völlig unterbrochener Vitaminzufuhr würde dieser Vorrat für drei Jahre reichen!

Hauptursachen für die perniziöse Anämie, die auch makrocytäre oder megaloblastische (megalos gr. riesig) Anämie genannt wird (unter dem Mikroskop findet man riesige, pathologisch veränderte rote Blutkörperchen), sind ein **Mangel an intrinsic factor** oder **Resorptionsstörungen im Ileum**. Seltener kann auch einmal eine Fischbandwurm-Infektion die Ursache sein.

Vitamin-B_{12}-Mangel führt zu einer Behinderung des Folsäurestoffwechsels und in Folge zu einem Stoffwechseldefekt der Nukleinsäuresynthese. Da Erythrocyten in relativ kurzer Zeit viele Zellteilungen durchlaufen, wirkt sich eine Störung der DNA-Synthese bei diesem Zelltyp besonders stark aus. Wie oben schon erwähnt, fallen im Blutbild eines an perniziöser Anämie Erkrankten besonders die vergrößerten Erythrocyten (Megalocyten) auf. Die Zahl der Leuko- und Thrombocyten ist vermindert, weil auch sie von der Störung der Nukleinsäuresynthese betroffen sind. Die Patienten leiden an allgemeinen Anämiesymptomen wie Müdigkeit, Blässe und Leistungsabfall. Häufig klagen sie über eine Entzündung der Zunge, die eine auffällig rote Farbe aufweist und brennt. Von der Folsäuremangelanämie läßt sich die perniziöse Anämie durch das Auftreten **neurologischer Symptome** unterscheiden. Bei Erkrankten mit perniziöser Anämie kommt es zum Schwund der Markscheiden von Rückenmarksnerven. Infolgedessen beklagen die Patienten folgende Erscheinungen: Störungen des Vibrationsempfindens, Lähmungen, Gangunsicherheit.

Um bei der megaloblastären Anämie zwischen einem Mangel an intrinsic factor und Darmerkrankungen mit Resorptionsstörungen differenzieren zu können, bedient sich der Nuklearmediziner des **SCHILLING-Tests**. Für diesem Test nimmt der Patient nach Entleerung seiner Harnblase eine bestimmte mit ^{57}Co (Co ist das Elementsymbol für Cobalt) radioaktiv markierte Menge an Vitamin B_{12} peroral (per lat. durch und os lat. Mund) zu sich. Etwa zwei Stunden später wird nichtradioaktives Vitamin B_{12} intramuskulär gespritzt, welches das zuvor verabreichte radioaktive Vitamin B_{12} aus Bindungen mit Plasmaproteinen verdrängen soll. Diese Zweitverabreichung ist notwendig, da proteingebundenes Cobalamin nicht über die Nieren ausgeschieden werden kann. Nun wird der Urin der Testperson gesammelt und die ausgeschiedene Radioaktivität gemessen. In einem zweiten, folgenden Ansatz wird das Verfahren wie oben beschrieben wiederholt. Doch erhält der Patient jetzt zusätzlich intrinsic factor. Ist die Resorption des Vitamins B_{12} gestört, so tauchen weniger als 2 % der markierten Testdosis im Harn auf (normal sind > 10 % der markierten Testdosis). Ist der Grund der vorliegenden Resorptionsstörung ein Mangel an „intrinsic factor", so wird sich das Testergebnis im zweiten Anlauf normalisieren. Bleibt das Resultat des SCHILLING-Tests unverändert pathologisch, so muß die Diagnose „Resorptionsstörung des Ileums" lauten.

9.4 Synthese von Fettsäuren

Wenden wir uns nach dem Fettsäureabbau nun ihrer Synthese zu, die nicht im Mitochondrium, sondern im **Cytoplasma** lokalisiert ist. Erstaunlich am Synthesemechanismus ist die Tatsache, daß alle enzymatischen Funktionen beim Menschen durch einen einzigen Proteinkomplex repräsentiert werden, den **Fettsäuresynthase-Komplex**.

Ausgangsstoffe der Fettsäuresynthese sind CO_2, das im Cytoplasma als Hydrogencarbonat HCO_3^- vorliegt, und Acetyl-CoA. Letzteres entstammt im wesentlichen der Pyruvat-Dehydrogenase-Reaktion. Diese beiden Edukte reagieren in einer von **Acetyl-CoA-Carboxylase** katalysierten Umsetzung zu Malonyl-CoA, dem CoA-Thioester der Malonsäure.

Coenzym dieser Reaktion ist, wie bei allen Carboxylierungsreaktionen, das **Biotin**. Das Enzym wird allosterisch durch **Citrat** aktiviert und durch **Palmitoyl-CoA**, das Endprodukt der Fettsäuresynthese, gehemmt. Wie wir wissen, ist die Konzentration von Citrat immer dann hoch, wenn die Zelle genügend „Energieäquivalente" zur Verfügung hat. Zudem übernimmt das Citrat hier noch eine Aufgabe, denn neben der Funktion als Ausgangssubstrat dient es auch als Transporter für Acetyl-CoA aus dem Mitochondrium (Ort der Pyruvat-Dehydrogenase-Reaktion) ins Cytosol. Abb. 9.20 zeigt uns das zugehörige Transportsystem, den **Citrat-Malat-Shuttle** (shuttle engl. pendeln).

Bei genauer Betrachtung der Abbildung fällt auf, daß es für das Malat noch einen zweiten Reaktionsweg als Alternative zum sofortigen Rückstrom ins Mitochondrium gibt. Durch die Reaktion der Malat-Dehydrogenase wird es zu Pyruvat umgesetzt. Das anfallende NADPH + H^+ findet bei der im folgenden besprochenen Fettsäuresynthese Verwendung. Nach Übertritt ins Mitochondrium erfolgt durch die Pyruvat-Carboxylase unter Mithilfe von Biotin die Umsetzung zu Oxalacetat.

Von Acetyl-CoA und Malonyl-CoA ausgehend kommt es zur Bildung der Fettsäurekohlenstoffkette, wobei diese um je zwei Kohlenstoffatome verlängert wird. Charakteristisch an dieser Reaktion ist, daß die aktivierten Carbonsäuren zuvor auf ein Protein, das **acyl carrier protein (ACP),** übertragen werden. Dieser Transfer wird durch die Enzyme Acetyl- und Malonyl-Transacylase katalysiert.

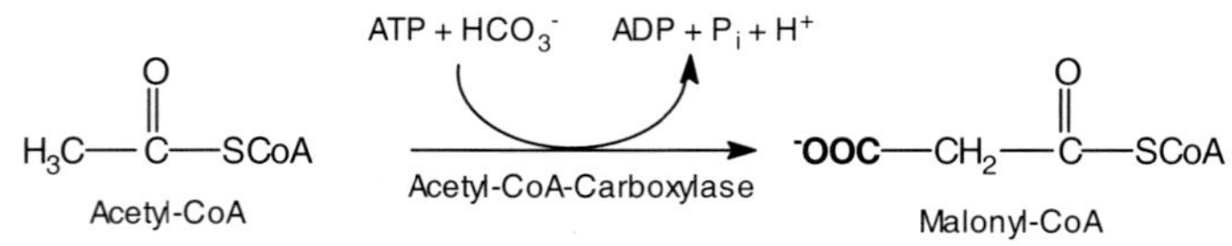

Abb. 9.19: Die Acetyl-CoA-Carboxylase-Reaktion.

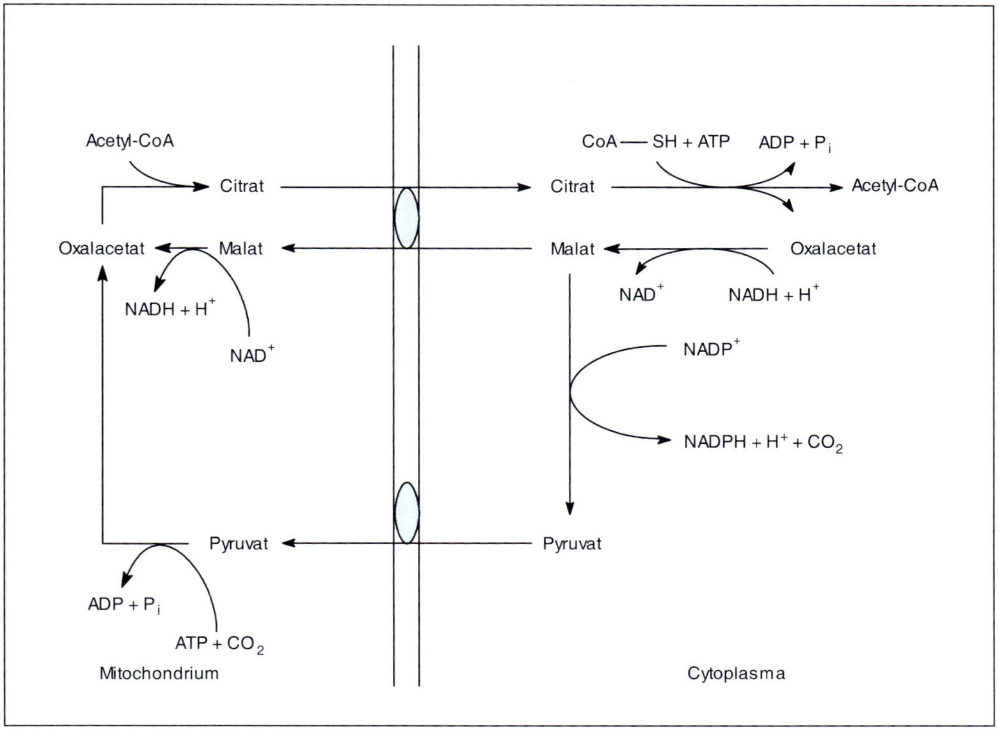

Abb. 9.20: Transport von Acetyl-CoA mit Hilfe des Citrat-Malat-Shuttles vom Mitochondrium in das Cytoplasma.

Als Akzeptoren dienen zwei SH-Gruppen im Multi-Enzym-Komplex, die als zentrale und periphere SH-Gruppe (nachfolgend mit 1 und 2 markiert) bezeichnet werden. Sie entstammen einem enzymgebundenen **Panthetein** (zentrale Gruppe) und der Seitenkette eines Cysteinrestes (periphere Gruppe). Durch die Kopplung des Acetyl-CoA mit dem Malonyl-CoA wird bei gleichzeitiger Abspaltung von CO_2 aus letzterem die Kohlenstoffkette um zwei Kohlenstoffatome verlängert und das ursprünglich investierte CO_2 in dieser Reaktion regeneriert. Dabei entsteht zunächst Acetoacetyl-ACP. Das gebildete Acetoacetyl-ACP reagiert nach folgendem Muster, das Bestandteil eines Kreisprozesses am ACP ist, weiter:

Reduktion des Acetoacetyl-ACP: Als Coenzym dient NADPH + H^+. Man erinnere sich daran, daß NADPH + H^+ ein Produkt des Pentosephosphatweges ist. Außerdem fällt es beim Transport des Acetyl-CoA mit Hilfe des Citrat-Malat-Shuttles an.

Dehydratation: Dem 3-Hydroxybutyryl-ACP wird Wasser entzogen (Dehydratation), das Produkt dieser Reaktion heißt Crotonyl-ACP. Die eingeführte Doppelbindung ist transständig orientiert.

Erneute Reduktion: Mit NADPH + H^+ als Wasserstoffdonator gelangt man zum Butyryl-ACP.

Die weitere Synthese erfolgt in einem **Kreisprozeß**, bei dem die um C_2-Einheiten wachsende Kohlenwasserstoffkette pro Zyklus jeweils die angesprochene SH-Gruppe wechselt, wenn ein weiteres Acetyl-CoA in den Synthesevorgang eintritt. Dieser Anabolismus im Kreisverkehr stoppt bei einer Länge von 16 oder 18 C-Atomen.

Durch Hydrolyse wird die fertige Fettsäure vom ACP freigesetzt. Für die Synthese ungeradzahliger Fettsäuren dient Propionyl-CoA an Stelle des Acetyl-CoA als Startermolekül.

Die Acetyl-CoA-Carboxylase wird als **Schrittmacherenzym** der Fettsäuresynthese über eine Reihe von Verbindungen reguliert. So hemmen Acyl-CoA-Verbindungen als Endprodukt der Synthese das Enzym, Citrat, ATP und NADPH + H^+ wirken aktivierend. Durch die Acyl-CoA-Verbindungen wird übrigens die Synthese im Hungerzustand unterbunden, da freie Fettsäuren durch die Lipolyse vermehrt gebildet werden.

Die Synthese **ungesättigter Fettsäuren** findet in der Leber statt, wo der **Acyl-CoA-Desaturase** gesättigte Fettsäuren als Substrat dienen. Als Cosubstrat fungiert NADPH + H^+, außerdem wird molekularer Sauerstoff benötigt. Danach wird Oleyl-CoA wie folgt gebildet:

$$\text{Stearoyl-CoA} + \text{NADPH} + H^+ + O_2 \rightarrow \text{Oleyl-CoA} + \text{NADP}^+ + 2H_2O \quad (9.5)$$

Neben der Acyl-CoA-Desaturase wird ein weiteres Enzym, die Cytochrom-b_5-Reduktase und das Cytochrom b_5 selbst gebraucht. Das gesamte System zur Einführung der Doppelbindung ist in den Membranen des **Endoplasmatischen Retikulums** lokalisiert. Man beachte, daß Säugetiere nicht in der Lage sind, hinter Δ^9 eine Doppelbindung in Fettsäuren einzuführen und somit **Linol-** (Δ^9, Δ^{12}) und **Linolensäure** (Δ^9, Δ^{12}, Δ^{15}) zu **essentiellen Fettsäuren** werden.

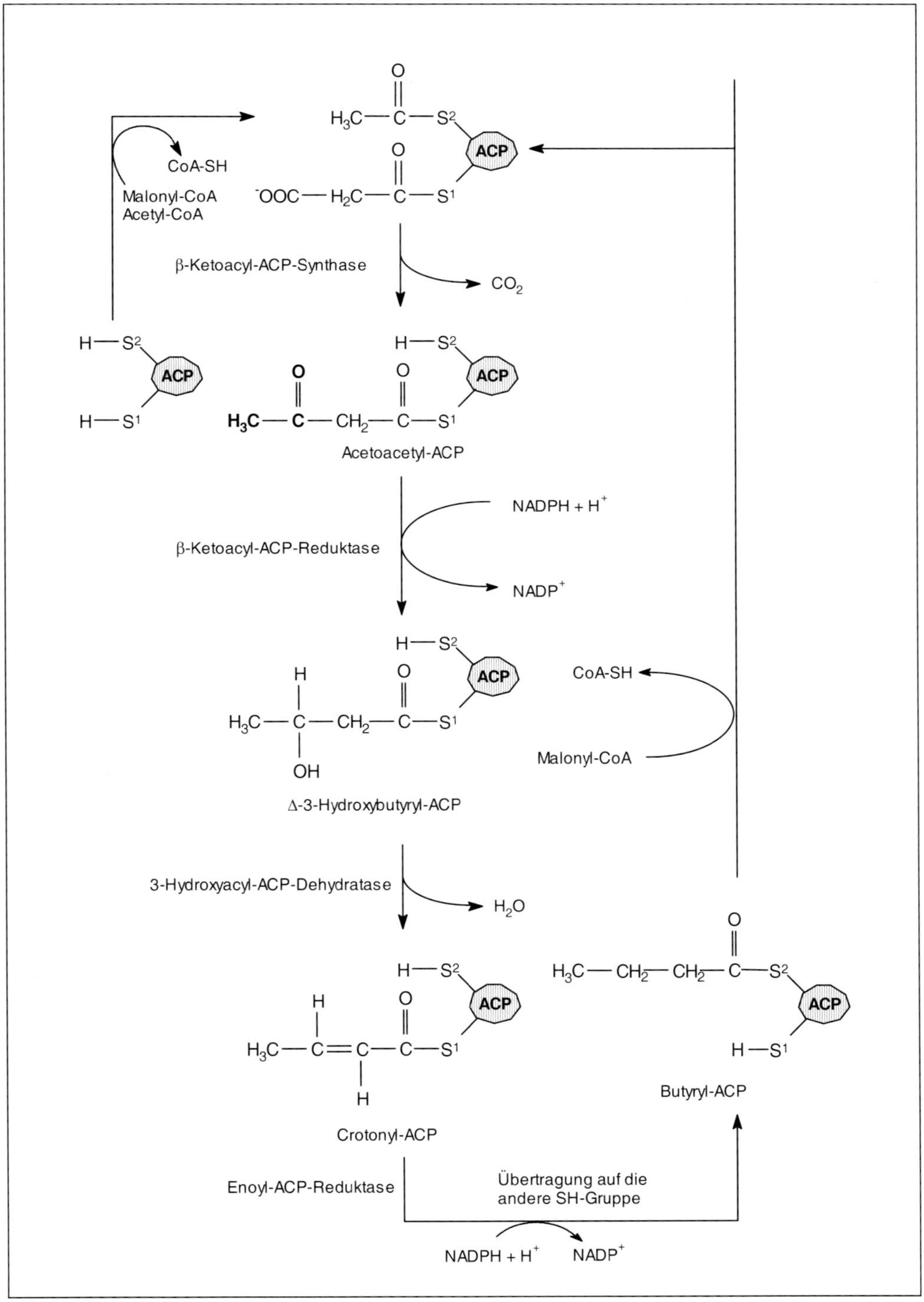

Abb. 9.21: Erste Runde der Fettsäuresynthese am Fettsäuresynthasekomplex. Man beachte, daß in diesem Komplex zwei -SH-Gruppen vorkommen, über welche die wachsende Fettsäurekette mit dem

Komplex verknüpft ist. Der Butyrylrest wird anschließend wieder auf S^2 übertragen und an S^1 erneut Malonyl-CoA gebunden. Der gesamte Vorgang verläuft dann analog erneut.

9.5 Die Ketogenese

Acetyl-CoA entsteht sowohl bei der β-Oxidation als auch beim Abbau der Zucker. Als Ausgangssubstanz anaboler Stoffwechselwege spielt es bei der Cholesterol- und Fettsäuresynthese eine Rolle. Darüber hinaus existiert in der Leberzelle ein weiterer Stoffwechselweg, dessen Ausgangsprodukt Acetyl-CoA ist. Da zu seinen Endprodukten auch Ketone zählen, heißt er **Ketogenese**, auch **LYNEN-Zyklus** genannt.

Anstoß für die Ketogenese ist eine Anhäufung von Acetyl-CoA, bedingt durch Insulinmangel bei **Diabetes mellitus** oder längeres Hungern. Mit dem Mangel an Insulin entfällt die antilipolytische Wirkung dieses Hormons, was vom Fettgewebe mit vermehrter Freisetzung von Fettsäuren aus Triglyceriden beantwortet wird, die dann in der Leber zu Acetyl-CoA metabolisiert werden. Im Hungerzustand, der ebenfalls mit einer verminderten Insulinausschüttung einhergeht, liegt eine vermehrte Verwertung von Fettsäuren vor. Erfolgt die β-Oxidation schneller als die Weiterverarbeitung im Citratzyklus, führt dies zur Akkumulation (accumulare lat. anhäufen) von Acetyl-CoA. Nach längerem Fasten kann insbesondere das **Gehirn** seine Energieversorgung auf die Nutzung der Ketone umschalten. Darüber hinaus sind u.a. **Herz-** und **Skelettmuskel** sowie **Nierencortex** in der Lage, sie für die Energiegewinnung zu nutzen. Zu den Ketonen zählen wir das **Acetoacetat**, das Aceton und das **β-Hydroxybutyrat** (Hydroxybutyrat ist eigentlich kein Keton, sondern eine Hydroxycarbonsäure! Sie wird trotzdem zu den Ketonen gezählt.). Ihre Synthese findet in der Leber statt. Auf zellulärer Ebene ist die Ketogenese in der Mitochondrienmatrix lokalisiert, also dort, wo das Acetyl-CoA anfällt. Ohne weitere Transportmechanismen gelangen sie in freier Form über das Cytosol ins Blut, wo sie unter Normalbedingungen in Konzentrationen von 15 bis 20 mg/L vorliegen. Kommt es infolge der vermehrten Ketonbildung zu einem Anstieg ihrer Blutkonzentration, droht eine **Ketoacidose**. Wie wir an den Strukturformeln sehen, handelt es sich bei Acetoacetat und β-Hydroxybutyrat um die konjugierten Basen von Acetessigsäure und β-Hydroxybuttersäure. Ihre Dissoziation bei physiologischem pH-Wert ist Ursache für ein Überangebot an Protonen mit konsekutiver (consecution lat. Folge) Azidose. Eine unbehandelte Ketoacidose kann im Falle des Diabetes zum Koma diabeticum führen.

Die Ketogenese beginnt mit der Kondensation (condensere lat. dicht zusammendrängen) zweier Molekül Acetyl-CoA zu Acetoacetyl-CoA. Dieses Molekül reagiert nun mit einem weiteren Molekül Acetyl-CoA zu **β-Hydroxy-β-methyl-glutaryl-CoA**; das zugehörige Enzym ist die HMG-CoA-Synthetase, die bereits aus dem Stoffwechsel des Cholesterol bekannt ist. Die HMG-CoA-Lyase spaltet Acetyl-CoA ab, es entsteht Acetoacetat, welches spontan zu Aceton decarboxylieren kann. β-Hydroxybutyrat ist das Produkt der Acetoacetat-Reduktion und gehört als Hydroxysäure chemisch nicht zu den Ketonen. Die β-Hydroxybutyrat-Dehydrogenase benötigt als Cosubstrat NADH + H^+. Bei der Verwertung der Ketone wird β-Hydroxybutyrat zunächst in einer von NAD^+ abhängigen Reaktion zu Acetoacetat oxidiert. Dieses kann nach Aktivierung zu Acetoacetyl-CoA thiolytisch in zwei Moleküle Acetyl-CoA gespalten werden. Das Coenzym A entstammt dem Succinyl-CoA des Citratzyklus oder wird direkt in einer ATP-abhängigen Reaktion mittels Acetoacetyl-Synthetase zur Verfügung gestellt. Das gebildete Acetyl-CoA wird nach den bekannten Mechanismen verstoffwechselt (Citratzyklus).

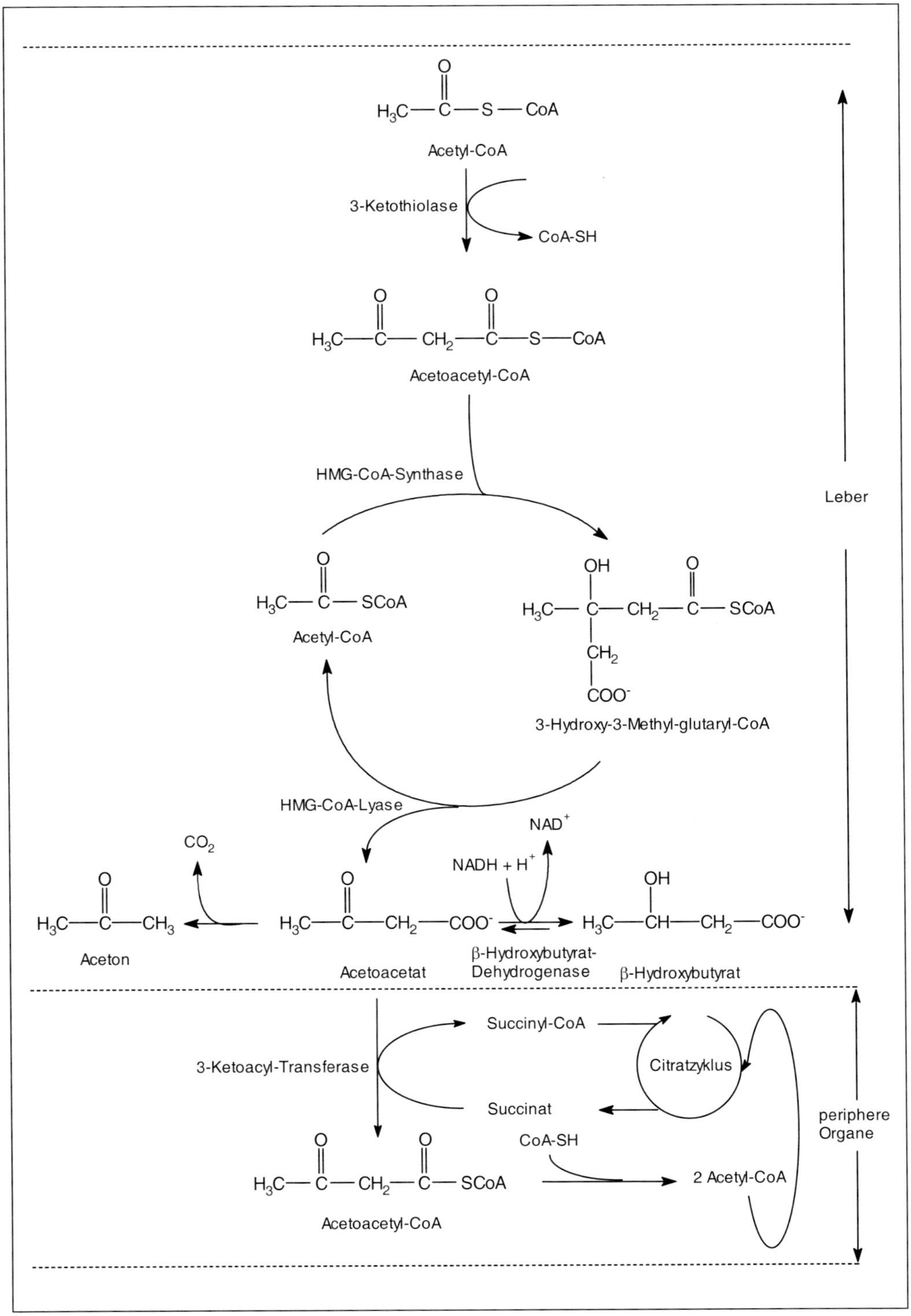

Abb. 9.22: Die Ketogenese im Überblick.

9.6 Arachidonsäurestoffwechsel und Prostaglandine

Arachidonsäure ist eine ungesättigte Fettsäure mit vier Doppelbindungen:

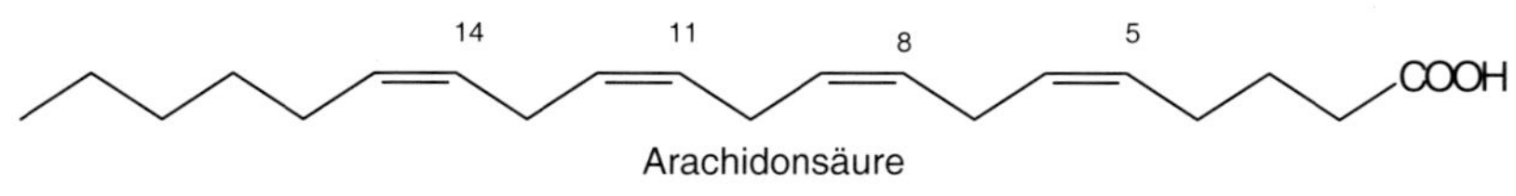

Abb. 9.23: Die Arachidonsäure $C_{20:4}$ (5c, 8c, 11c, 14c).

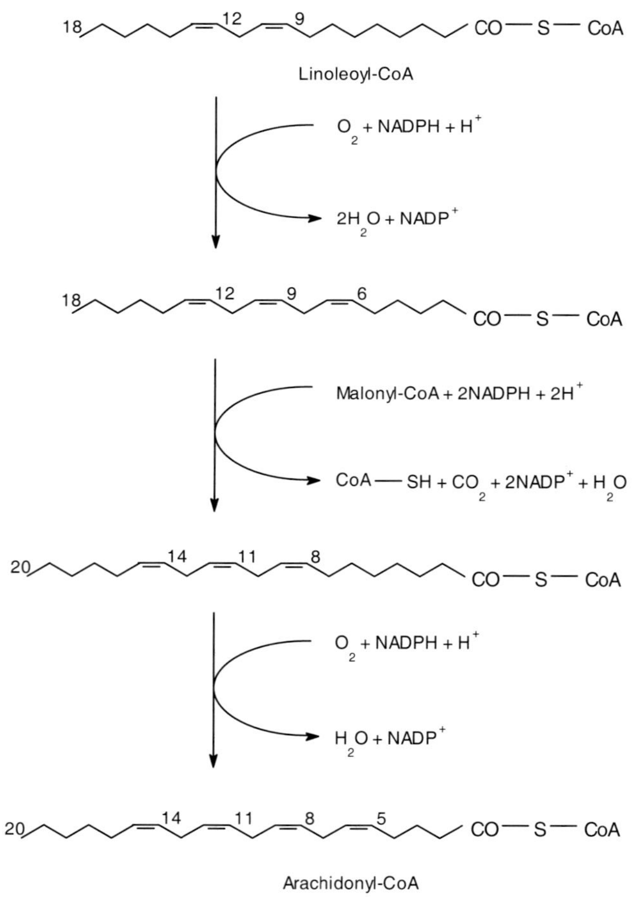

Abb. 9.24: Die Synthese der Arachidonsäure aus Lineoyl-CoA.

Ihre Synthese geht aus von der essentiellen Linolsäure, die mit der Nahrung zugeführt werden muß. In Linoleoyl-CoA wird zunächst eine weitere Doppelbindung eingeführt und die Fettsäure durch Kettenverlängerung am **Endoplasmatischen Retikulum** sowie erneute Dehydrierung (Entfernung von H-Atomen) in Arachidonyl-CoA überführt. Bedeutung besitzt die Arachidonsäure als Ausgangssubstanz für die Synthese der **Prostaglandine** (sie wurden zuerst in größeren Mengen in der Prostata gefunden), **Leukotriene** (leukos gr. weiß, triene steht für drei konjugierte Doppelbindungen) und **Thromboxane** (werden von Thrombocyten gebildet), die Funktionen als Gewebsmediatoren wahrnehmen. Diese spielen eine gewichtige Rolle im Entzündungsprozeß. Arachidonsäure selbst ist Bestandteil der Membranphospholipide und kann durch die Phospholipase A_2 aus der Membran freigesetzt werden.

Vom Arachidonat aus werden nun verschiedene Wege beschritten. Durch die **Cyclooxygenase** gelangen wir zum Prostaglandin H_2, das als Vorläufer für die Prostaglandine I_2, E_2, und F_2 und das Thromboxan A_2 fungiert. Der Index 2 der soeben aufgeführten Prostaglandine und des Thromboxans weist darauf hin, daß jedes dieser Moleküle über zwei Doppelbindungen verfügt. Allen Prostaglandinen sind die folgenden Merkmale gemein: Sie bestehen aus zwanzig Kohlenstoffatomen, weisen einen Cyclopentanring auf, besitzen zwischen C-13 und C-14 eine Doppelbindung und verfügen in Position 15 über eine Hydroxylgruppe. Zudem sind sie Carbonsäurederivate.

Alternativ überführt die **5-Lipoxygenase** Arachidonat zu 5-**H**ydro**p**eroxyeikosa-**t**etra**e**noat (ikosa gr. zwanzig, tetraen steht für vier Doppelbindungen, Peroxy steht für die Gruppierung O-O), kurz 5-HPETE. Das Leukotrien A_4 leitet sich vom 5-HPETE ab. Es dient zur weiteren Synthese der Leukotriene C_4, D_4 und E_4, indem es mit **Glutathion** reagiert. Auch das Leukotrien B_4 ist ein Derivat des Leukotriens A_4. Hier seien noch bekannte Hemmstoffe (Inhibitoren) von Cyclo- und Lipoxygenase genannt. **Acetylsalicylsäure** hemmt die Cyclooxygenase irreversibel. Verantwortlich dafür ist die Übertragung einer Acetylgruppe auf die OH-Gruppe eines Serinrestes im aktiven Zentrum des Enzyms. Dem Vitamin E wird eine Rolle in der Lipoxygenasehemmung zugeschrieben.

Um Entzündungsprozesse zu lindern, werden oft **Glucocorticoide** verabreicht. Sie inhibieren durch induzierte Synthese des Lipmodulins (Lipocortin) die Phospholipase A_2 und verhindern somit die Freisetzung von Arachidonsäure aus der Membran, so daß auch keine Entzündungsmediatoren gebildet werden können.

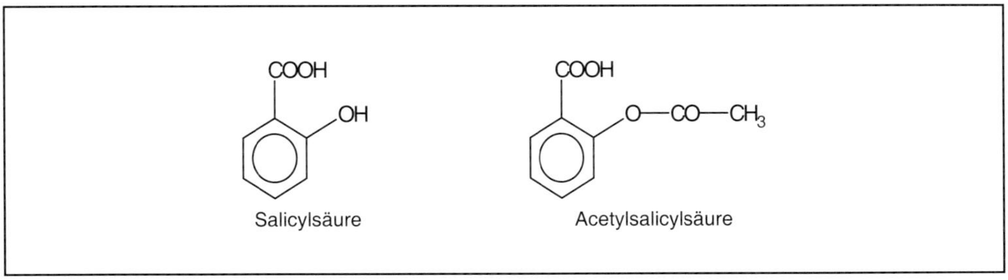

Abb. 9.25: Salicylsäure (links) und ihr Derivat Acetylsalicylsäure (Aspirin®) (rechts), ein Inhibitor der Cyclooxygenase.

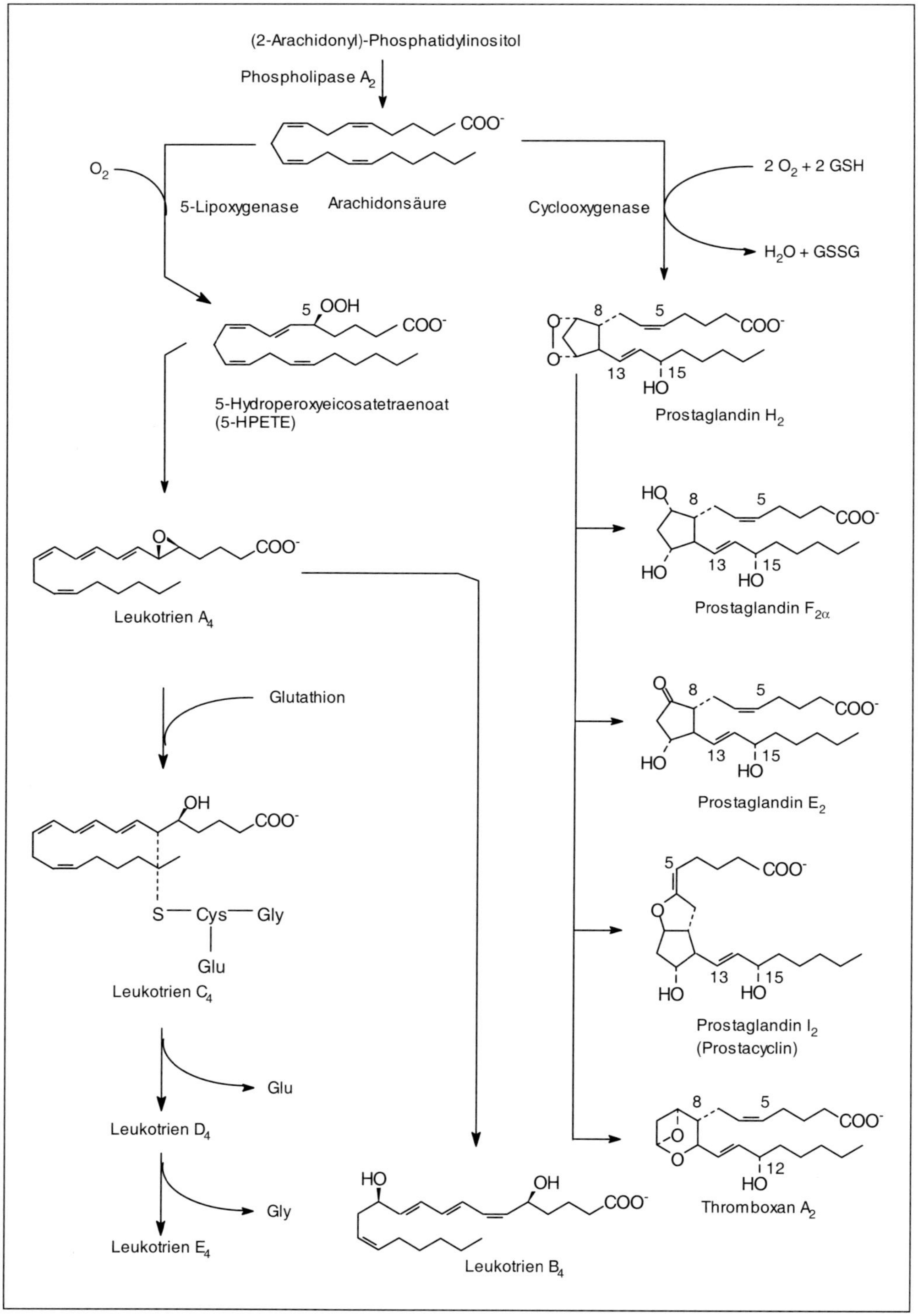

Abb. 9.26: Synthese von Prostaglandinen, Thromboxanen und Leukotrienen.

9.7 Hyperlipoproteinämien

Da sowohl Cholesterol als auch Triglyceride im Blut durch Lipoproteine transportiert werden, geht jede Erhöhung der beiden Fettparameter auch mit einer Vermehrung der Lipoproteine im Blut einher. Es ist daher richtig, für Fettstoffwechselstörungen den Begriff der **Hyperlipoproteinämie** (lipos gr. Fett und haima gr. Blut) zu benutzen. Sie werden nach FREDRICKSON in fünf Klassen eingeteilt. Für den Kliniker sind die Typen II und IV die wichtigsten. Am häufigsten tritt mit etwa 60 % der Fälle der Typ IV auf, gefolgt vom Typ IIa mit 30 % und Typ IIb mit 10 %. Die anderen Typen sind selten und haben klinisch kaum Bedeutung.

Tabelle 9.7: Einteilung der Hyperlipoproteinämien nach FREDRICKSON.

	Hyperlipoproteinämien
Typ	**Auswirkung auf die Lipoproteine**
I	Erhöhung der Chylomikronen
IIa	Erhöhung der LDL
IIb	Erhöhung von LDL und VLDL
III	Erhöhung von IDL
IV	Erhöhung von VLDL
V	Erhöhung von VLDL und Chylomikronen

Man unterscheidet primäre und sekundäre Hyperlipoproteinämien. Primäre Formen, die oft auch als familiäre Hyperlipoproteinämien bezeichnet werden, sind Erbkrankheiten mit meist autosomalem Erbgang. Die sekundären Formen treten reaktiv auf, d. h. in Folge einer Krankheit. So finden wir den Typ IV besonders bei starkem **Alkoholkonsum**, **Diabetes mellitus**, **akuter Pankreatitis** und **Adipositas** (Fettleibigkeit). Typ II ist ein Begleiter der **Hypothyreose** (Schilddrüsenunterfunktion) und beim nephrotischen Syndrom. Bei der familiären Hypercholesterolämie vom Typ IIa, einer primären Hyperlipoproteinämie, ist die Anzahl der funktionsfähigen LDL-Rezeptoren auf der Oberfläche der Zielzelle stark vermindert. Dadurch wird die Aufnahme von LDL in die Zelle beeinträchtigt. Dies gilt besonders für die Leberzellen, die insgesamt etwa 70 % aller LDL-Rezeptoren tragen. Bei homozygoten Trägern ist dieser Effekt besonders stark ausgeprägt. Eine Regulation der Cholesterolbiosynthese über die Inhibition der HMG-CoA-Reduktase findet praktisch nicht statt, so daß die Synthese in einem Übermaß abläuft, welches nicht an die Gegebenheiten des Gesamtstoffwechsels angepaßt ist.

Prognostisch am ungünstigsten ist die Hyperlipoproteinämie vom Typ II. Dies ist dadurch begründet, daß das Herzinfarktrisiko oberhalb von 5 mmol/L bzw. 200 mg/dL Gesamtcholesterol linear ansteigt und bereits bei 6,7 mmol/L oder 260 mg/dL eine Verdopplung aufweist, bei 7,8 mmol/L bzw. 300 mg/dL gar eine Verdreifachung. Es wäre allerdings falsch, das Risiko des Myocardinfarkts allein nach dem Serumcholesterolwert zu beurteilen. Ein Patient kann nämlich auch bei normalen Gesamt-Cholesterolkonzentrationen im Blut einem erhöhten Herzinfarktrisiko ausgesetzt sein, wenn dieser ein ungünstiges Verhältnis von LDL-Cholesterol zu HDL-Cholesterol aufweist. So gehört ein Patient auch dann zur Risikogruppe, wenn er bei unauffälligem Gesamtcholesterolwert ein HDL-Cholesterol kleiner 1 mmol/L (40 mg/dL) und ein LDL-Cholesterol größer 3,9 mmol/L (150 mg/dL) aufweist. Dem HDL-Cholesterol wird eine Schutzwirkung gegen arteriosklerotische Gefäßerkrankungen zugeschrieben. Dies wird durch die Tatsache unterstrichen, daß etwa 67 % aller Infarktpatienten einen HDL-Cholesterolwert kleiner 0,9 mmol/L (35 mg/dL) haben!

Bei den häufigen sekundären Hyperlipoproteinämien geht man therapeutisch in erster Linie gegen die ursächliche Krankheit (z. B.. Diabetes mellitus) vor. Dem Patienten wird eine fett- und cholesterolarme Diät empfohlen. Wichtig ist insbesondere eine Einschränkung des Alkoholkonsums. Zeigen diese Maßnahmen keine ausreichende Wirkung, so gibt man HMG-CoA-Reduktasehemmer wie das Lovastatin, Ionenaustauscherharze (binden im Dünndarm Gallensäuren und entziehen diese dem enterohepatischen Kreislauf) oder Clofibrinsäurederivate.

9.8 Literatur

(1) Bloch, K.: The biological synthesis of cholesterol. Science, Vol. 150, S. 19 – 28 (1965).

(2) Brown, M., Goldstein, J.: A receptor mediated pathway of cholesterol homeostasis. Science, Vol. 232, S. 34 – 47 (1986).

(3) Halpern, J.: Mechanism of coenzyme B_{12}-dependent rearrangements. Science, Vol. 227, S. 869 –875 (1985).

(4) Wakil, S. et al.: Fatty acid synthesis and its regulation. Ann. Rev. Biochem, S. 537 – 579 (1983).

10 Aminosäurestoffwechsel

10.1 Verdauung von Proteinen

Die Proteinverdauung wird durch eine Reihe von Proteinasen bzw. Peptidasen gewährleistet. Unter **Proteinasen** und Peptidasen versteht man Enzyme, die Peptidbindungen unter Freisetzung kleinerer Peptide oder Aminosäuren hydrolytisch spalten können. Dabei werden **Endopeptidasen**, die eine Peptidbindung innerhalb einer Peptidkette spalten, von **Exopeptidasen**, die sie endständig angreifen, unterschieden.

Tabelle 10.1: Verschiedene Proteinasen, auch Proteasen genannt.

		Proteinasen		
Enzym	**Vorkommen**	**pH-Optimum**	**Typ/Spezifität**	**Inhibitor**
Pepsin A	Magensaft	1,8 - 4,4	Aspartat-Proteinase	Pepstatin, Cu^{2+}
Gastricin (Pepsin C)	Magensaft	ca. 3,0	Aspartat-Proteinase	Pepstatin, Cu^{2+}
Trypsin	Pankreassekret	7,0 - 8,0	Serin-Proteinase	PMSF, Diisopropylfluorophosphat, Leupeptin, Trypsin-Inhibitor
Chymotrypsin A	Pankreassekret	ca. 8,0	Serin-Proteinase	wie Trypsin
Rennin	Kälbermagen	ca. 5,0	Aspartat-Proteinase, bewirkt Milchgerinnung durch Spaltung von α-Casein	Pepstatin, Cu^{2+}
Carboxypeptidase A	Pankreassekret	7,5 - 8,5	Metallproteinase	EDTA, Citrat, (Enzym enthält Zn^{2+})
Carboxypeptidase B	Pankreassekret	ca. 8,0	Metallproteinase	EDTA, Citrat, (Enzym enthält Zn^{2+})
Leucin-Aminopeptidase	Dünndarm	ca. 8.0	Metallproteinase	EDTA, Citrat
Aminopeptidase	Dünndarm	7,5 -8,5		Cd^{2+}
Cathepsin A/B	Lysosomen in Leber, Milz, Niere	ca. 4,0 (A) 5,0 - 6,0 (B)	Cystein-Proteinase	p-Chloromercuribenzoat, Iodacetat
Cathepsin D	Lysosomen in der Milz	3,0 - 4,0	Aspartat-Proteinase	
Thrombin	Blutserum	ca. 7,0	Serin-Proteinase	wie Trypsin
Plasmin	Blutserum	ca. 7,0	Serin-Proteinase	wie Trypsin
Papain	Papaya-Frucht	3,0 - 7,0	Cystein-Proteinase	p-Chloromercuribenzoat, Iod acetat
Thermolysin	Bakterien	7,0 - 10,0	Metallproteinase	EDTA, Citrat, Oxalat

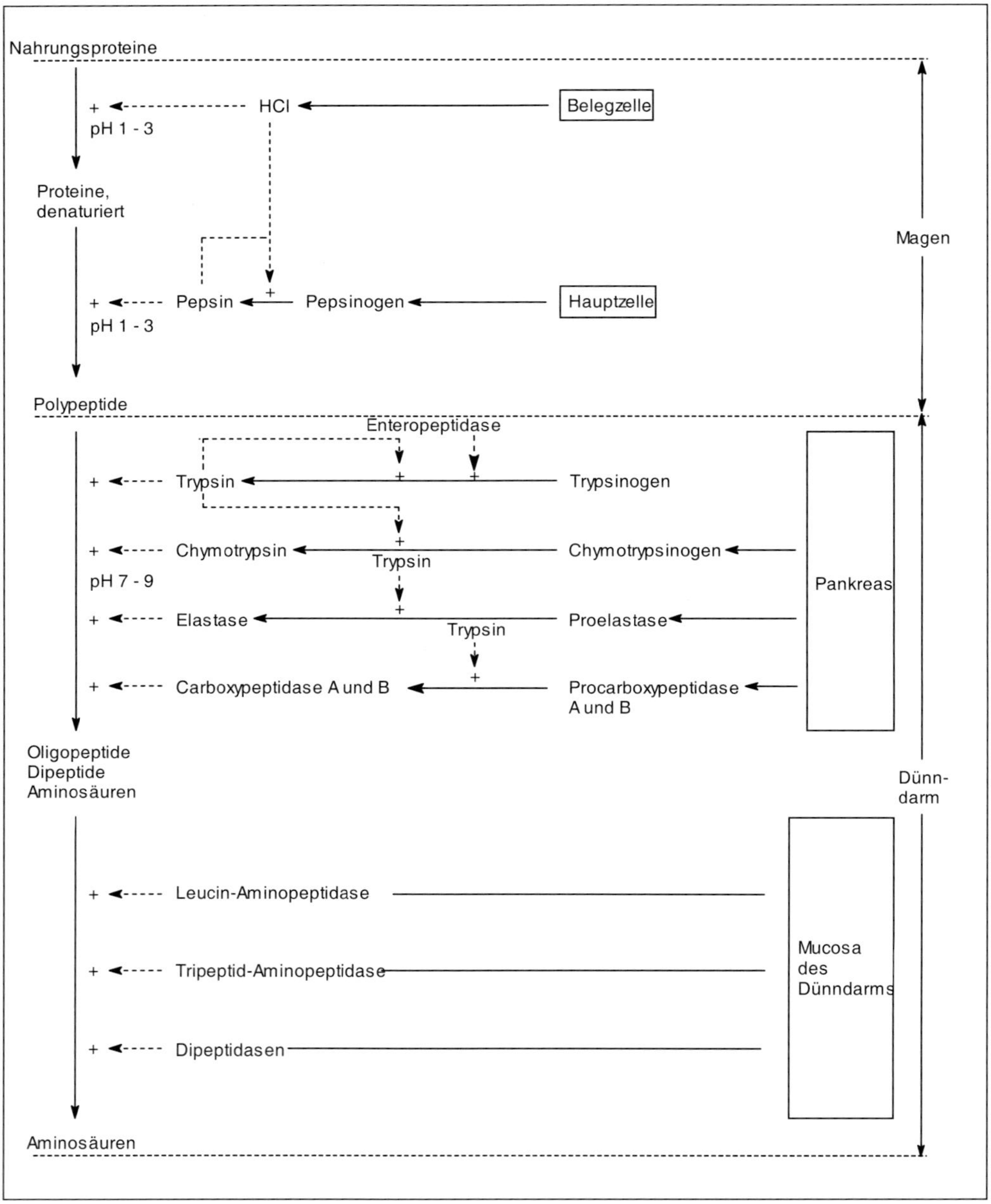

Abb. 10.1: Die Verdauung der Proteine.

Beispiele für Endopeptidasen sind **Pepsin**, **Chymotrypsin** und **Trypsin**, für Exopeptidasen die am Carboxylende angreifenden Carboxypeptidasen A und B. Sie werden hauptsächlich in Magen und Pankreas gebildet und durch regulierte Proteolyse aus Vorgängerproteinen, den **Zymogenen**, freigesetzt.

Einige Proteinasen werden auch von den Mucosazellen des Dünndarmes synthetisiert, in denen sie allerdings ihre Wirkung intrazellulär entfalten. Auch die aus der Blutgerinnung bekannten Enzyme **Thrombin** und **Plasmin** sollen an dieser Stelle noch einmal als Proteinasen angeführt werden.

Proteinasen werden nach den reaktiven Gruppen in ihren aktiven Zentren unterteilt. Die häufigste Proteinaseklasse wird von den **Serin-Proteinasen** gestellt, zu denen Chymotrypsin, Trypsin, Thrombin und Plasmin gehören. An der katalytischen Reaktion ist hier, wie der Name schon nahelegt, ein Serinrest des aktiven Zentrums beteiligt. Serinproteinasen werden durch die Enzyminhibitoren **Phenylmethylsulfonylfluorid** (**PMSF**) und **Diisopropylfluorophosphat** irreversibel gehemmt (s. a. Abschnitt 4.8.5). Pepsin ist ein Beispiel für eine **Aspartat-Proteinase**, die durch Kupfer-(II)-ionen oder den Proteinaseinhibitor **Pepstatin** gehemmt werden kann. Die intrazellulären Cathepsine gehören in die Klasse der **Cystein-Proteinasen**, zu denen auch das **Papain** gezählt wird. Entsprechende Inhibitoren wie Iodacetat, p-Chloromercuribenzoat oder **Schwermetalle** greifen bevorzugt die Thiolgruppe -SH des Cysteins aus dem aktiven Zentrum an.

Proteinasen bzw. Peptidasen zeichnen sich durch eine mehr oder minder ausgeprägte Substratspezifität aus. So spaltet die Endopeptidase Trypsin beispielsweise lediglich nach den basischen Aminosäuren Arginin oder Lysin, Chymotrypsin nach den hydrophoben Aminosäuren Tyrosin, Tryptophan, Phenylalanin und Leucin. Die Magenproteinase Pepsin wiederum hat seine Angriffspunkte beiderseits von Tyrosin- bzw. Phenylalaninresten, die Carboxypeptidase A des Pankreas nur vor Phenylalanin oder Tyrosin. Je nach Wirkungsort unterscheiden sich die proteolytischen Enzyme auch in ihrem pH-Wert-Optimum. So liegt dieses für die im Dünndarm aktiv werdenden Enzyme Trypsin und Chymotrypsin bei pH 7 bis 9, während dasjenige des Pepsins entsprechend dem sauren Milieu des Magens bei pH 2 bis 3 zu finden ist.

Vor der enzymatischen Verdauung der Nahrungsproteine erfolgt zunächst ihre Denaturierung, d. h. die Auflösung der Tertiär- und Sekundärstrukturen durch die Magensalzsäure, die von den **Belegzellen**, auch **Parietalzellen** genannt, gebildet wird. Denaturierte Proteine lassen sich enzymatisch leichter abbauen als native. Durch den niedrigen pH-Wert des Magens ($pH < 3$) wird die durch die Hauptzellen synthetisierte Pepsinvorstufe **Pepsinogen** in ihrer Konformation verändert und aktiviert sich anschließend autokatalytisch (autos gr. selbst). Die Spaltprodukte der Pepsindigestion (digerere lat. trennen, teilen) werden nachfolgend im Duodenum durch Pankreasproteinasen verdaut. **Carboxypeptidasen** des Pankreas und **Aminopeptidasen** der Darmmucosa setzen die proteolytische Abspaltung von Aminosäuren vom Amino- bzw. Carboxyende fort. Ihnen zur Seite stehen die **Dipeptidasen** des intestinalen Bürstensaums, welche lediglich Dipeptide zerlegen und somit die Proteinverdauung auf der Stufe der einzelnen Aminosäuren beenden. Nach diesem Abbauprozeß werden die Aminosäuren von den Mucosazellen des Dünndarms sekundär aktiv aufgenommen und an das Blut abgegeben. Sie gelangen von den Mucosazellen über die Pfortader zur Leber, wo sie je nach Bedarf zur Neusynthese von körpereigenen Proteinen verwendet oder alternativ weiter verstoffwechselt und zur Energiegewinnung herangezogen werden.

10.2 Übersicht über den Stickstoff-Stoffwechsel

Höhere Organismen sind nicht in der Lage, Stickstoff in molekularer Form aufzunehmen. Bei ihnen tritt er als NH_4^+ in den Stoffwechselkreislauf ein. Die Umwandlung von N_2 in eine reduzierte Form wie NH_4^+ wird Stickstoffixierung genannt. Zu diesem Vorgang sind jedoch nur Bakterien oder Blaualgen fähig. Zur Umwandlung des Stickstoffs benötigen diese

Prokaryonten ein sehr starkes Reduktionsmittel und ATP. Die Stickstoffreduktion wird mit Hilfe des **Nitrogenase-Komplexes** erreicht:

$$N_2 + 6\,e^- + 12\,ATP^{4-} + 12\,H_2O \rightarrow$$
$$2\,NH_4^+ + 12\,ADP^{3-} + 12\,HPO_4^{2-} + 4\,H^+ \qquad (10.1)$$

Einen entsprechenden Vorgang kennen wir auch aus der anorganischen Chemie, wo er unter dem Namen **HABER-BOSCH-Verfahren**[1] bekannt ist. Die Umsetzung von elementarem Stickstoff und Wasserstoff wird in der Industrie unter ungefähr $2 \cdot 10^7$ Pascal Druck und bei einer Temperatur von 500 °C an einem Eisenkatalysator durchgeführt. Das durch die Nitrogenasereaktion gewonnene Ammoniak wird in Pflanzen und Bakterien in Glutamat sowie 2-Ketoglutarat eingebaut und gelangt so in den Stickstoffkreislauf.

10.3 Der Aminosäureabbau

Große Mengen der α-Aminogruppen aus Aminosäuren werden nach Eliminierung in Form von Harnstoff ausgeschieden, während das Kohlenstoffgerüst zu Intermediaten des Citratzyklus umgewandelt wird. Diese Aminosäuren nennen wir glucogen. Einige wenige Aminosäuren, die ketogenen, werden zu Ketosäuren umgesetzt. Wir betrachten zunächst die Abbaumechanismen für die α-Aminogruppen.

10.3.1 Transaminierung

Die Transaminierung erlaubt es, Aminogruppen fast aller Aminosäuren auf einige wenige 2-Ketocarbonsäuren zu übertragen, hauptsächlich 2-Ketoglutarat, Oxalacetat und Pyruvat. Aus ihnen entstehen durch Transaminierung die zugehörigen Aminosäuren Glutamat, Aspartat und Alanin; die ursprünglichen Aminosäuren wiederum, welche als NH_2-Donoren fungieren, werden in die entsprechenden 2-Ketocarbonsäuren überführt. Die zugehörigen Enzyme, die Transaminasen, sind auf **Pyridoxalphosphat** als Coenzym angewiesen. Pyridoxalphosphat, abgekürzt PLP, ist ein Abkömmling des **Pyridoxins**, das wegen seiner Unverzichtbarkeit im Aminosäurestoffwechsel als **Vitamin B_6** angesehen wird. Generell kann die Umsetzung der Transaminasen als Ping-Pong-Reaktion bezeichnet werden, d. h. in der ersten Reaktionshälfte reagiert Pyridoxalphosphat mit einer Aminosäure zum Pyridoxaminphosphat und einer 2-Ketocarbonsäure, in der zweiten Hälfte wird Pyridoxaminphosphat mit einer anderen 2-Ketocarbonsäure zu Pyridoxalphosphat und der entsprechenden Aminosäure umgesetzt. Pyridoxalphosphat fungiert also als **Aminogruppenüberträger**. Es liegt im Enzym kovalent gebunden an der ε-Aminogruppe eines Lysylrestes vor.

---

[1] **HABER, FRITZ**: *9.12.1868, Breslau, † 29.1.1934 in Basel. Chemiker und Direktor des Kaiser-Wilhelm-Institutes für physikalische Chemie und Elektrochemie in Berlin-Dahlem. Emigrierte 1933 nach England. Für seine Arbeiten zur Darstellung von Ammoniak aus Stickstoff und Wasserstoff unter hohen Druck erhielt **HABER** 1918 den Nobelpreis für Chemie.
BOSCH, CARL: * in Köln am 27.8.1874, † 26.4.1940 in Heidelberg. Chemiker. Seit 1935 Vorsitzender des Aufsichtsrates der I.G. Farben AG. Erhielt 1931 für die Entdeckung und Entwicklung chemischer Hochdruckverfahren zusammen mit **F. BERGIUS** den Nobelpreis für Chemie.

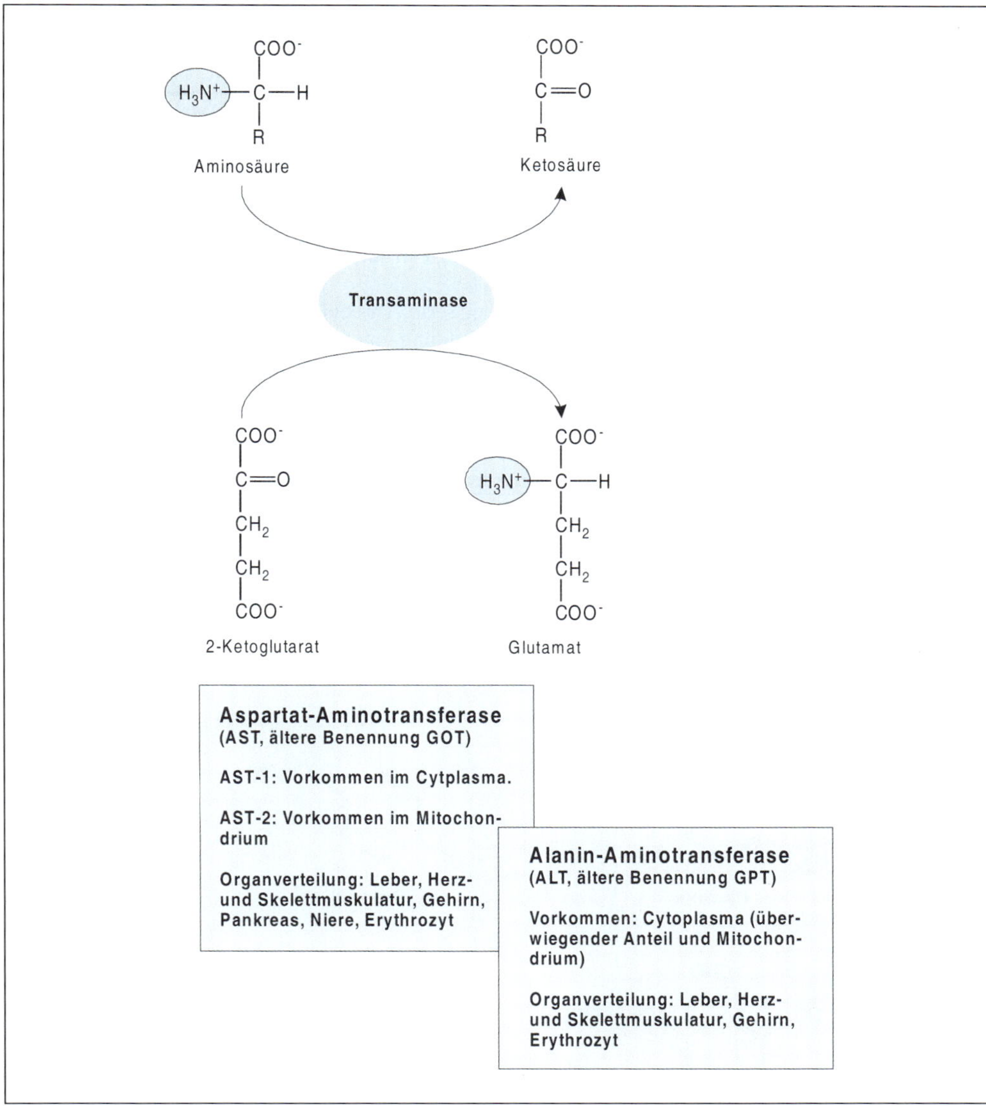

Abb. 10.2: Der grundlegende Ablauf der Transaminierung. AST-1 und AST-2 sind Isoenzyme der Aspartat-Aminotransferase. Beispielhaft sind zwei wichtige Transminasen angeführt, die auch in der klinischen Diagnostik Bedeutung erlangt haben. Beide Transaminasen sind bei Entzündungen der Leber (Hepatitis, insbesondere bei Virushepatitis) im Plasma der Patienten erhöht nachweisbar. Die Aspartat-Aminotransferase zeigt darüber hinaus auch beim Untergang von Muskelgewebe erhöhte Plasmaaktivität. Dies gilt auch für den Herzinfarkt, bei dem dieses Enzym in jedem Fall vermehrt im Blut nachweisbar wird.

Tabelle 10.2: Pyridoxin im tabellarischen Überblick.

	Pyridoxin (Vitamin B_6)
Vorkommen	Hefe, Leber, Getreideprodukte, Fisch, besonders Lachs und Makrele, Obst und Gemüse, Fleischprodukte
Bedarf (pro Tag)	Erwachsene 1,6 bis 2,0 mg, Säuglinge ca. 0,5 mg, Jugendliche ca. 2,0 mg
Bedeutung	Transaminierungen Decarboxylasen, z. B.. bei Histidin zu Histamin, Dopa zu Dopamin (Bildung der biogenen Amine) Eliminierende Desaminierung bei Serin, Threonin, Cystein Serinhydroxymethyltransferase: Bildung von 5,10-Methylentetrahydrofolsäure Diaminoxidasereaktionen, Oxidation von Histamin durch Histaminase 5-Aminolävulinsäure-Synthase (Hämsynthese) Phosphorylase: Glykogenabbau Threoninaldolase: Spaltung von Threonin in Glycin und Acetaldehyd Desulfhydrasen: Desulfhydrierung von Cystein und Homocystein
Vitaminmangel	Als isolierter Mangel selten. Typisch sind die Hautveränderungen in Form einer **Dermatitis** (entzündliche Reaktion der Haut), **Krampferscheinungen** und Schreckhaftigkeit beim Säugling, Depression, Reizbarkeit und Wahrnehmungsstörungen beim Erwachsenen. Es kann auch zu einer microcytären, **hypochromen Anämie** infolge der gestörten Hämsynthese kommen.

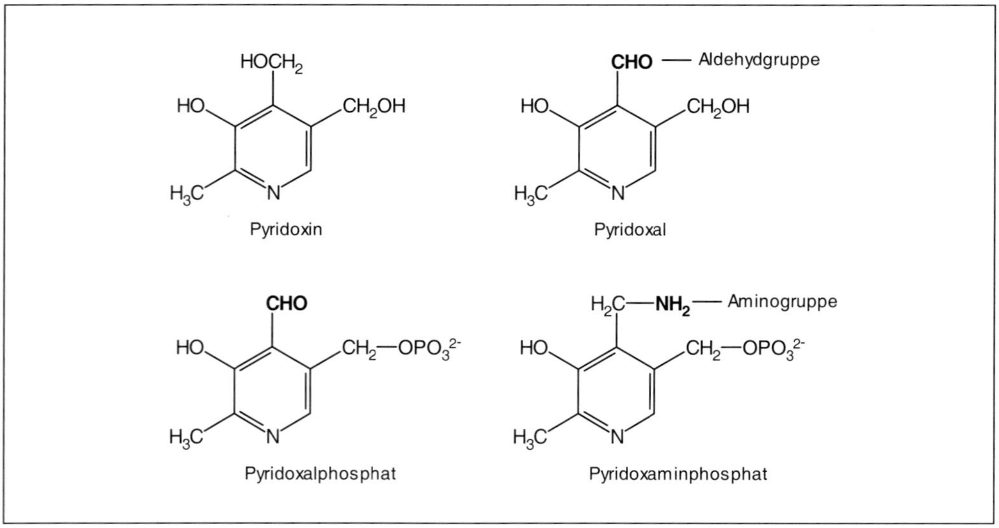

Abb. 10.3: Pyridoxin, das Vitamin B_6 und seine biologisch wichtigen Derivate. Das Pyridoxalphosphat ist das wichtigste Coenzym des Aminosäurestoffwechsels.

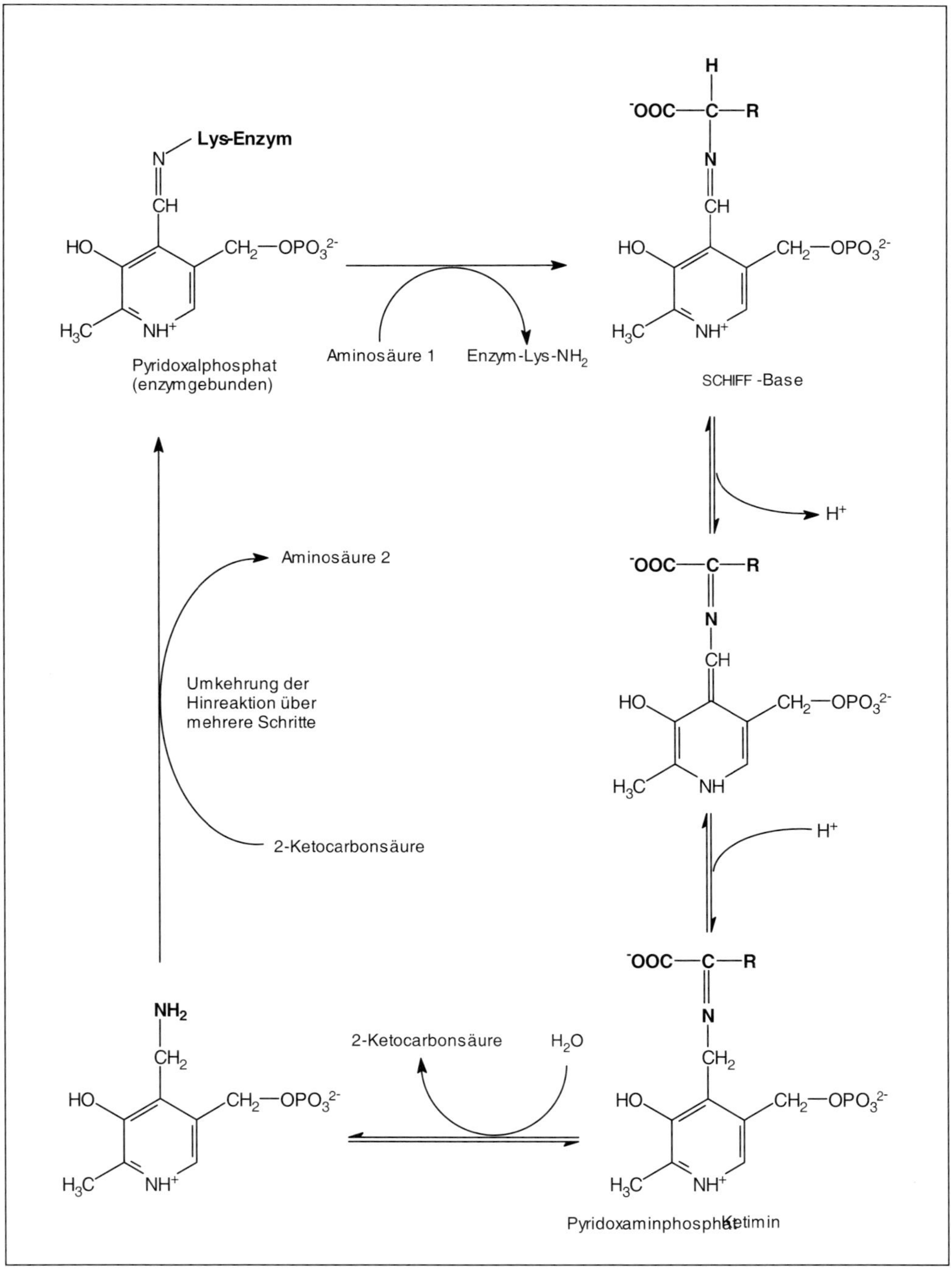

Abb. 10.4: Die Transaminierung im Detail. Umsetzung einer Aminosäure mit Pyridoxalphosphat (PLP) unter Bildung einer sogenannten **SCHIFF-Base** (eine Verbindung von Aldehyd und Aminogruppe), auch Aldimin genannt. Der positiv geladene Stickstoff im Pyridoxalphosphat bewirkt einen Elektronenzug, so daß das H-Atom am α-C-Atom leichter abgespalten werden kann. Es kommt zur Ausbildung einer Ketiminstruktur, welche durch Hydrolyse unter Bildung von Pyridoxaminphosphat

und einer 2-Ketocarbonsäure gespalten wird. In Umkehrung der Reaktionsfolge kann Pyridoxaminphosphat die aufgenommene Aminogruppe wieder auf eine 2-Ketocarbonsäure übertragen. Nach einem vollständigen Reaktionszyklus liegt also wieder Pyridoxalphosphat vor. Die zugehörigen Enzyme, die Transaminasen, kommen sowohl im Cytoplasma als auch im Mitochondrium vor. Ein anderer verwendeter Name für diese Enzyme ist Aminotransferase.

10.3.2 Oxidative und eliminierende Desaminierung

Auch bei der oxidativen Desaminierung entsteht aus einer α-Aminosäure eine 2-Ketocarbonsäure; der bei dieser Dehydrierung anfallende Wasserstoff wird von NAD^+ oder $NADP^+$ aufgenommen. Im ersten Schritt wird aus der Aminosäure eine **Iminosäure** (ein Imin zeichnet sich durch die Gruppe =NH aus) gebildet, die durch anschließende Hydrolyse in eine 2-Ketocarbonsäure und NH_3 umgesetzt wird. Wichtigste Desaminierung für den Stoffwechsel ist die Reaktion von Glutamat zu 2-Ketoglutarat, welche durch die **Glutamat-Dehydrogenase** GLDH, katalysiert wird: Sie findet vor allem in der **Leber** statt, wo die Glutamat-Dehydrogenase in der inneren Mitochondrienmembran lokalisiert ist. Das in dieser Reaktion gebildete Ammoniak wird in den Harnstoffzyklus eingeführt (Abb. 10.2). Da die Reaktion in der Mitochondrienmatrix stattfindet, kann gleichzeitig Energie gewonnen werden, wenn NADH + H^+ in die Atmungskette eingespeist wird.

Neben der oxidativen kennt man auch die **eliminierende Desaminierung** (bei einer Eliminierung wird eine Doppelbindung in ein Molekül eingeführt), die wir in den Abbauwegen von Serin, Glycin, Cystein, Methionin und Threonin finden. Der Reaktionsmechanismus der Desaminasen erinnert insofern an denjenigen der Transaminasen, als auch hier unter Mitwirkung von Pyridoxalphosphat eine SCHIFF-Base gebildet wird. Unter Ausbildung einer Doppelbindung wird Wasser eliminiert, anschließend entsteht eine **Iminosäure**. Diese geht schließlich unter Ammoniakabspaltung in eine Ketosäure über. Als Beispiel für diesen Reaktionsablauf möge die Desaminierung von Serin in Abb. 10.6 dienen.

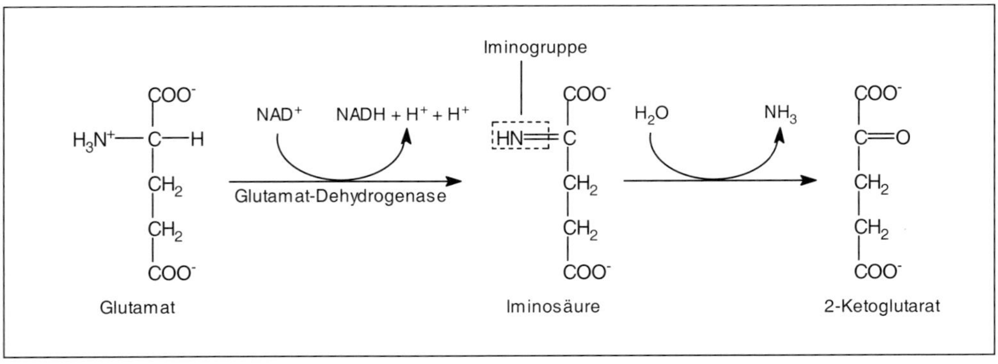

Abb. 10.5: Die oxidative Desaminierung des Glutamats. Man beachte die Bildung einer Iminosäure.

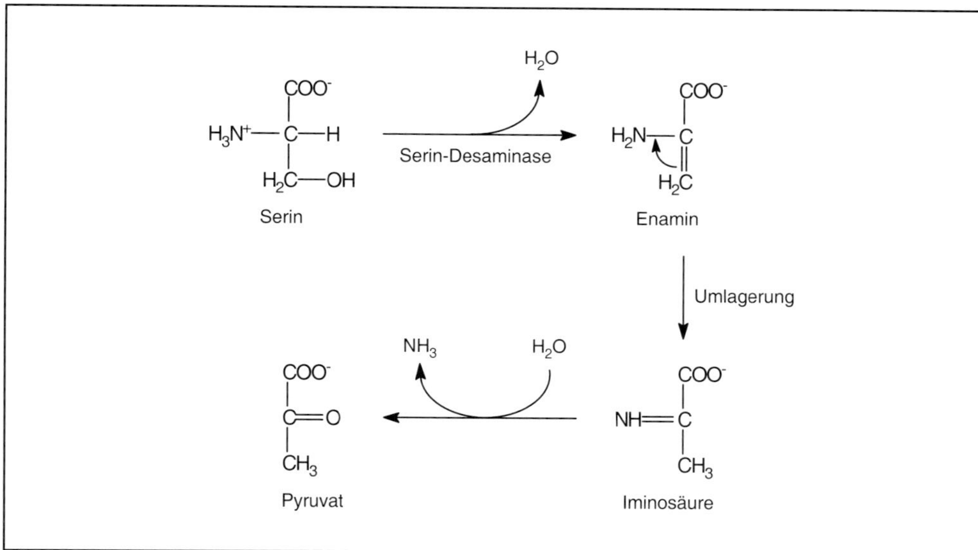

Abb. 10.6: Die eliminierende Desaminierung am Beispiel des Serins.

10.3.3 Decarboxylierung

Bei der Decarboxylierung verbleibt im Gegensatz zu den bisher besprochenen Reaktionen die Aminogruppe im Ausgangssubstrat. Stattdessen wird die Carboxylgruppe abgespalten und als Kohlendioxid CO_2 freigesetzt. Die zurückbleibende Verbindung ist ein **biogenes Amin**, auch bei diesem Reaktionstypus ist Pyridoxalphosphat das Coenzym. Die für L-Aminosäuren spezifischen Enzyme heißen L-Aminosäure-Decarboxylasen.

Die biogenen Amine (Tabelle 10.3) besitzen Bedeutung als Neurotransmitter, Gewebshormone oder Bestandteile von Coenzymen. Bei Neurotransmittern handelt es sich um Stoffe, die die Weiterleitung von Nervenimpulsen von einem Neuron zum nächsten ermöglichen. Bevor wir uns nun im nächsten Abschnitt mit dem weiteren Schicksal des Ammoniaks auseinandersetzen, soll dessen zentrale Stellung im Aminosäurestoffwechsel mit Hilfe der Abb. 10.8 demonstriert werden.

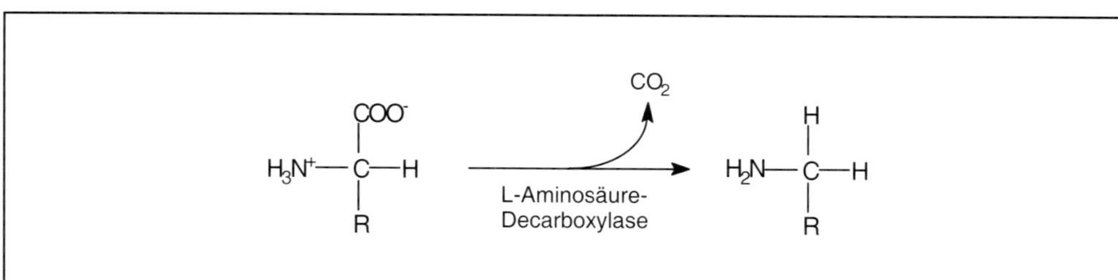

Abb. 10.7: Bildung eines biogenen Amins nach Decarboxylierung einer Aminosäure.

Tabelle 10.3: Einige Aminosäuren und die daraus durch Decarboxylierung abgeleiteten Amine. Man beachte, daß das Coenzym A aus den biogenen Aminen Cysteamin und β-Alanin lediglich von Bakterien und Pflanzen aufgebaut werden kann, nicht aber vom Menschen! Dies gilt auch für das Propanolamin hinsichtlich des Vitamins B_{12}.

Aminosäure	Zugehöriges biogenes Amin	Bedeutung
Serin	Ethanolamin	Bestandteil vieler Phosphatide
Histidin	Histamin	Vasoaktives Amin im Rahmen der Allergie
Threonin	Propanolamin	Bestandteil des Vitamins B_{12}
Cystein	Cysteamin	Baustein des Coenzyms A
Asparaginsäure	β-Alanin	Bestandteil des Coenzyms A, Abbauprodukt der Pyrimidine
Tyrosin	Dopamin (aus DOPA)	Neurotransmitter
Glutaminsäure	γ-Aminobuttersäure	Neurotransmitter
Lysin	Cadaverin	Bakterielles Abbauprodukt

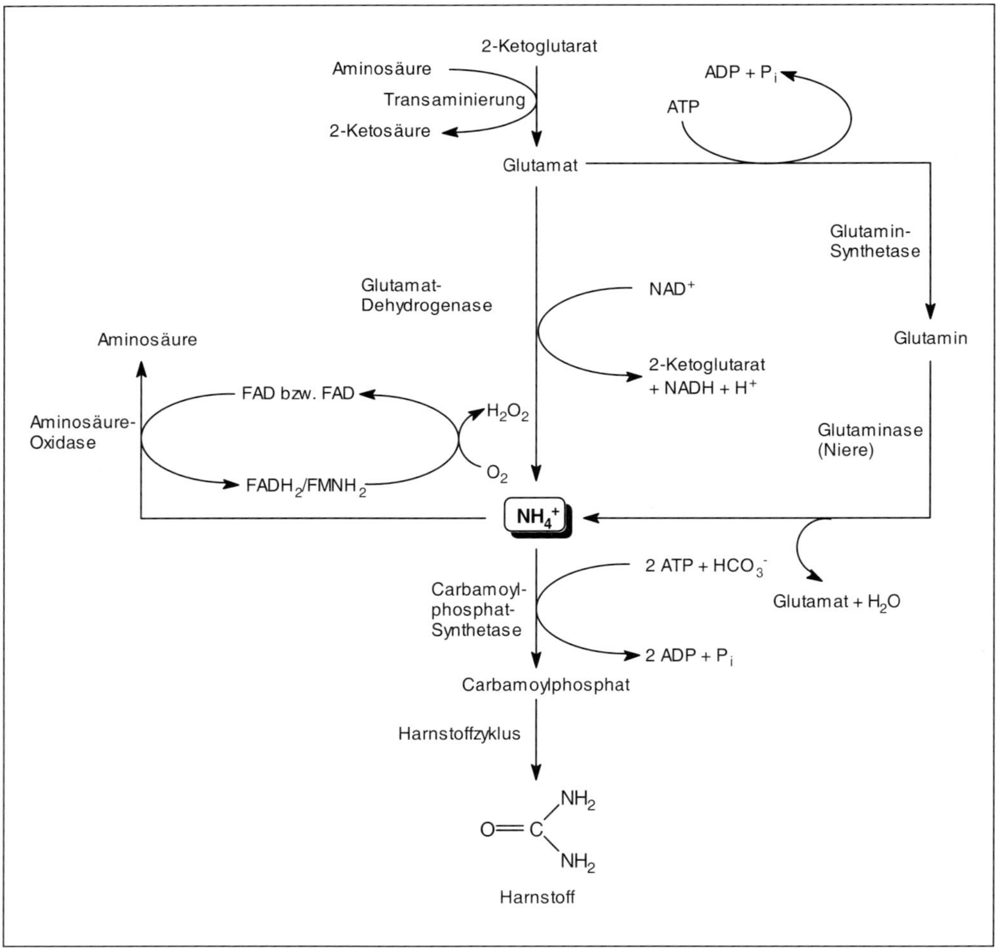

Abb. 10.8: Die Stellung des Ammoniaks innerhalb des Aminosäurestoffwechsels.

10.4 Der Harnstoffzyklus

An dieser Stelle soll der Frage nachgegangen werden, was mit dem Ammoniak geschieht, das in der Glutamat-Dehydrogenase-Reaktion anfällt. Unter physiologischen Bedingungen liegt Ammoniak je nach pH-Wert als NH_3 oder protoniert in Form des Ammoniumions NH_4^+ vor. Nun ist Ammoniak in Größenordnungen von 10^3 mol/L für Säugetierzellen giftig. Anzeichen der Ammoniakvergiftung sind Tremor in den Händen und Sehstörungen, in schweren Fällen kommt es zu Koma und Tod. Der Körper scheidet daher Ammoniak in Form des wasserlöslichen Harnstoffs aus. Chemisch gesehen ist Harnstoff das **Diamid der Kohlensäure**. Harnstoff reagiert neutral, kann die Biomembran durchqueren und wirkt für den Körper nicht giftig. Aufgrund seiner Wasserlöslichkeit kann es im Harn ausgeschieden werden.

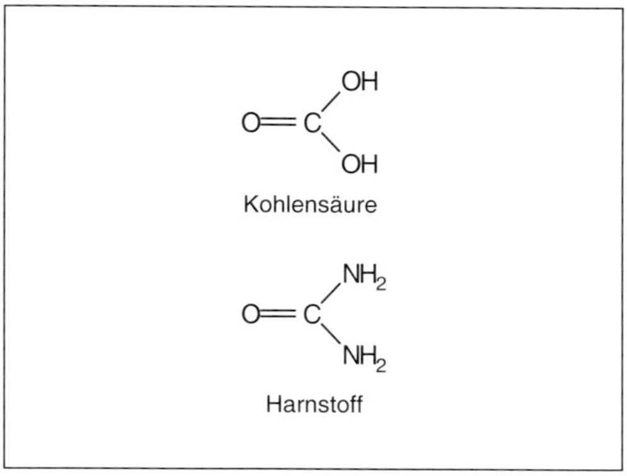

Abb. 10.9: Der Harnstoff als Derivat der Kohlensäure.

Wir wollen uns nun den Harnstoffzyklus, in dem aus einem Molekül Ammoniak, einem Molekül Hydrogencarbonat HCO_3^- und der α-Aminogruppe der Aminosäure Aspartat ein Harnstoffmolekül gebildet wird, etwas genauer ansehen. Hauptbildungsort des Harnstoffs ist die **Leber**, in deren Hepatocyten wir Enzyme des Harnstoffzyklus sowohl im **Mitochondrium** als auch im **Cytoplasma** finden. Der erste Schritt, bei dem aus Ammoniak und Hydrogencarbonat unter Verbrauch von zwei Molekülen ATP **Carbamoylphosphat** aufgebaut wird, vollzieht sich in der Mitochondrienmatrix. Das zugehörige Enzym ist die **Carbamoylphosphat-Synthetase I**. Carbamoylphosphat wird wiederum durch das Enzym Ornithin-Transcarbamoylase auf die nicht proteinogene Aminosäure **Ornithin** übertragen, wodurch **Citrullin** entsteht. Auch dieser zweite Schritt findet im Mitochondrium statt, während die übrigen Zyklusreaktionen nach Übertritt von Citrullin aus dem Mitochondrium im Cytoplasma ablaufen. Unter Katalyse der **Argininosuccinat-Synthetase** reagiert Citrullin mit Aspartat zu **Argininosuccinat**, wobei ebenfalls ATP benötigt wird. Nachfolgend wird das Kohlenstoffgerüst des Aspartats durch die **Argininosuccinase** wieder entfernt, das entstehende Arginin kann durch Hydrolyse in Ornithin überführt werden, wobei ein Molekül Harnstoff freigesetzt wird. Für die Reaktion ist das Enzym **Arginase** verantwortlich. Den Zyklus im Überblick zeigt Abb. 10.12. Wie schaut nun die Bilanz des Harnstoffzykluses aus? Zur Beantwortung dieser Frage betrachten wir die Gleichung (10.2):

$$\begin{aligned} &HCO_3^- + NH_4^+ + 3\ ATP + Aspartat + 2\ H_2O \rightarrow \\ &OC(NH_2)_2 + Fumarat + 2\ ADP + AMP + 2\ P_i + PP_i \end{aligned} \qquad (10.2)$$

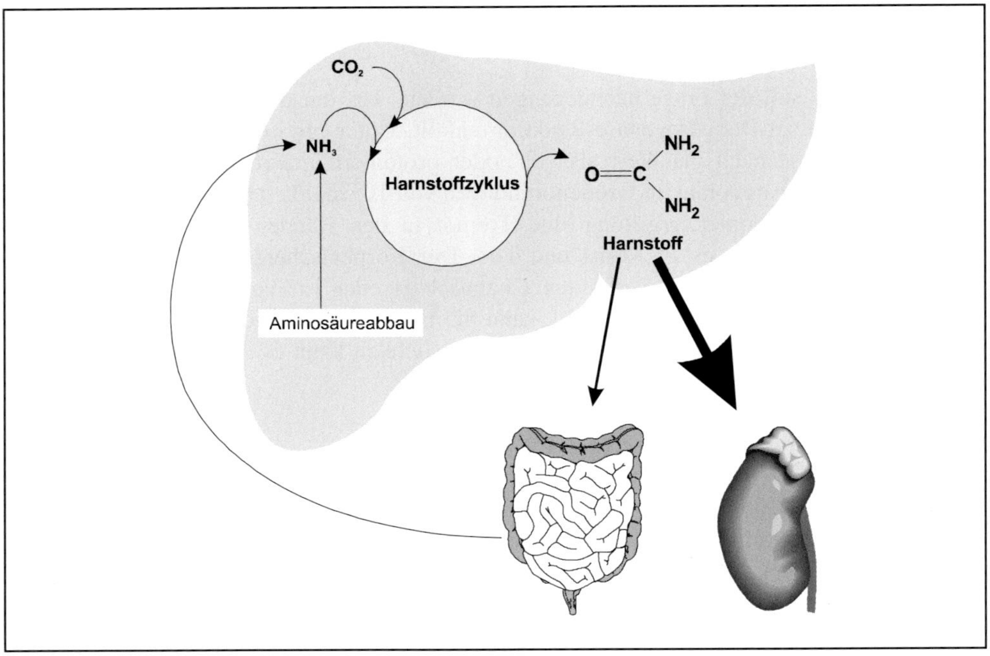

Abb. 10.10: Harnstoff wird aus dem Aminosäureabbauprodukt Ammoniak und Kohlendioxid gebildet. Somit ist die Harnstoffsynthese abhängig vom Proteinkatabolismus. Das Gros des synthetisierten Harnstoffs verläßt den Organismus über die Nieren, ein kleinerer Teil gelangt in den Darm und wird dort bakteriell zu Ammoniak umgesetzt. Dieses gelangt erneut zur Leber, wo es wiederum Eingang in den Harnstoffzyklus findet.

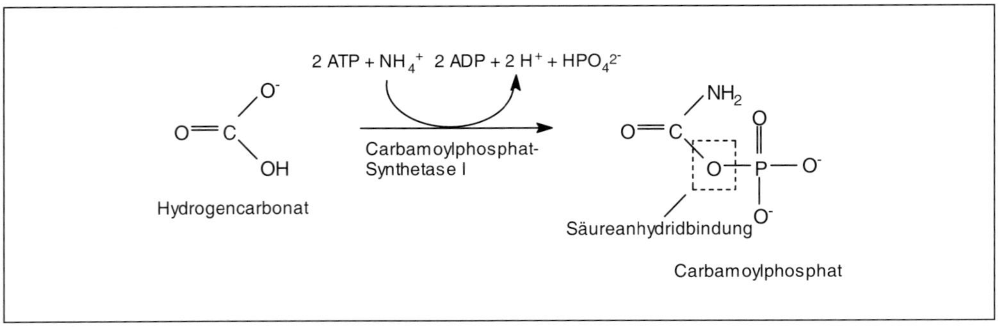

Abb. 10.11: Der erste Schritt des Harnstoffzyklus, die energieintensive Bildung des Carbamoylphosphats.

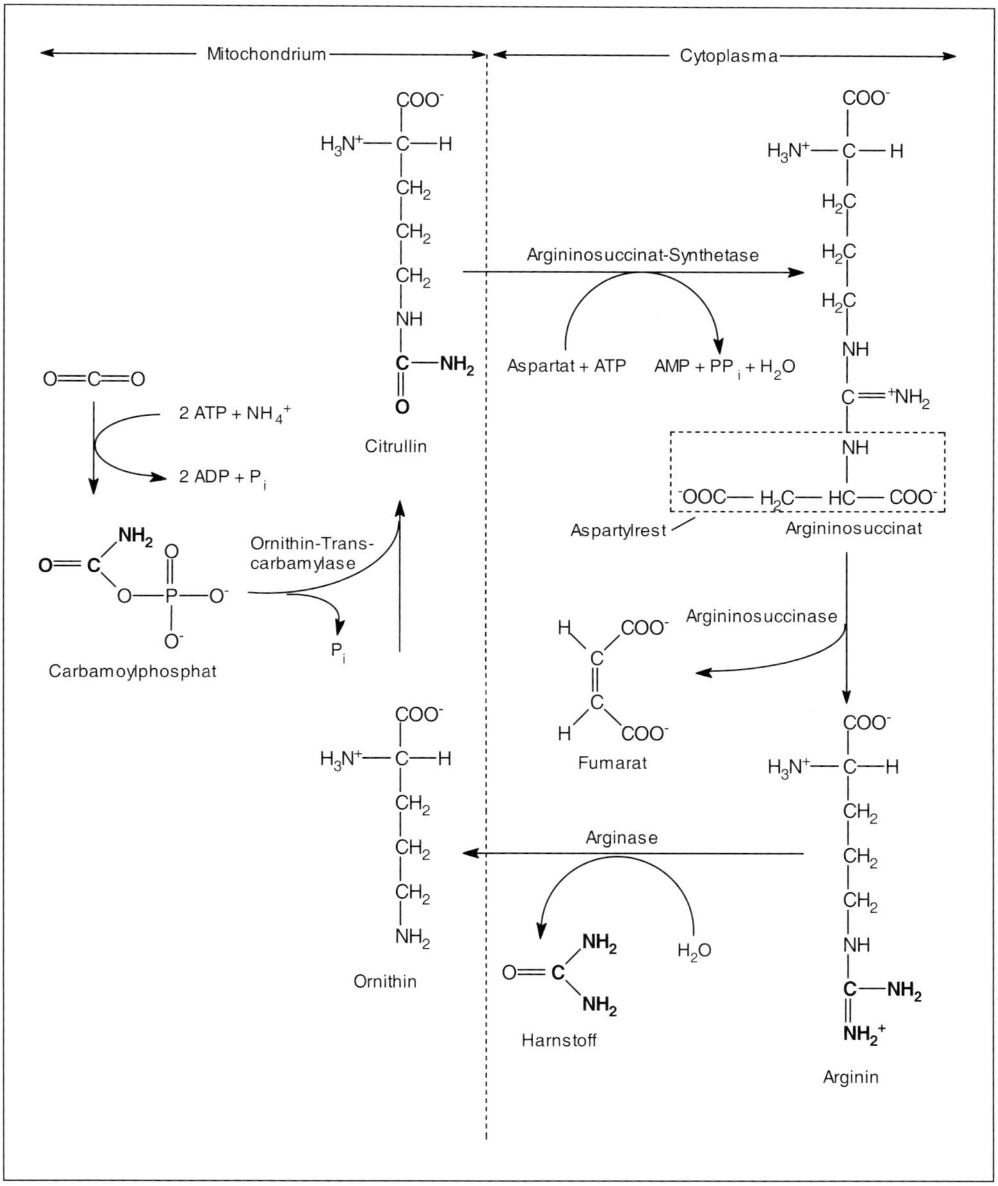

Abb. 10.12: Der Harnstoffzyklus im Überblick.

Der in der Leber gebildete Harnstoff gelangt via Blut zur Niere und wird von dieser ausgeschieden. Auch extrahepatische Gewebe wie die Niere sind zur Harnstoffsynthese fähig. Ihnen müssen allerdings geeignete Vorstufen wie Citrullin bereitgestellt werden. Der im **Gehirnstoffwechsel** anfallende Ammoniak, wird nicht als Harnstoff renal eliminiert, sondern in **Glutamin** überführt.

10.5 Abbau des Kohlenstoffgerüstes der Aminosäuren

Die beim Abbau der Aminosäuren entstehenden Verbindungen sind zum großen Teil Moleküle, die auch als Intermediate des Citratzykluses auftreten oder in solche umgewandelt werden können. Da man aus diesen über die Gluconeogenese Glucose herstellen kann, nennen wir sie **glucogen** (genesis gr. Entstehung, Ursache) oder glucoplastisch (glykys gr. süß und plassein gr. bilden). Einige Aminosäuren liefern beim Abbau Acetyl-CoA oder Acetoacetat, aus denen keine Glucose, sondern nur Ketone aufgebaut werden können. Solche Aminosäuren nennen wir **ketogen** oder ketoplastisch. Aus der Abb. 10.13 entnehmen wir, zu welchen Verbindungen die einzelnen gluco- und ketogenen Aminosäuren verstoffwechselt werden.

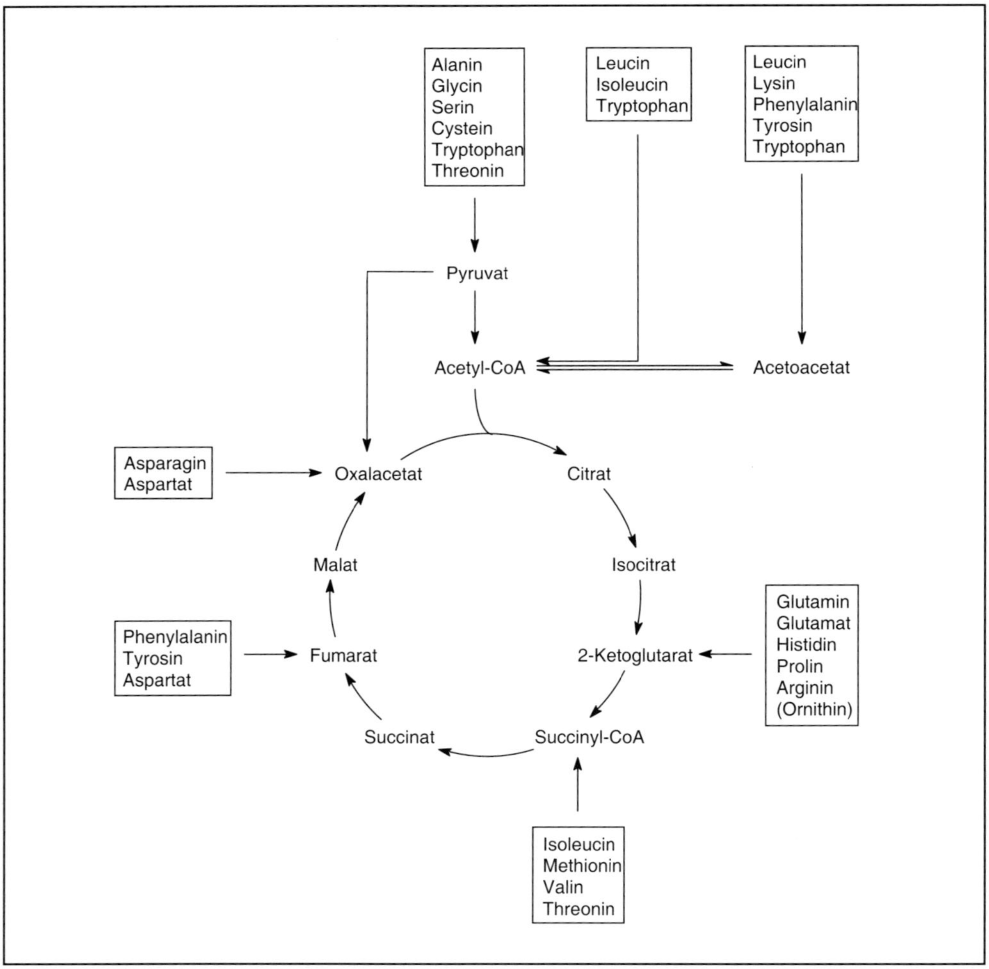

Abb. 10.13: Abbauwege der Aminosäuren und ihr Zugang zum Citratzyklus.

Tabelle 10.4: Übersicht für keto- und glucogene Aminosäuren.

Glucogene Aminosäuren	Ketogene Aminosäuren	Gluco- und ketogene Aminosäuren
Ala, Gly, Ser, Thr, Cys, Pro, Glu, Gln, Asp, Asn, His, Arg, Met, Val,	Leu, Lys	Ile, Phe, Tyr, Trp

10.5.1 Alanin, Serin, Threonin und Cystein: Abbau zu Pyruvat

Die Abbaureaktionen von Alanin und Serin haben wir schon in ihren Grundzügen besprochen. Alanin kann durch **Transaminierung** nach Abb. 10.14 in Pyruvat überführt werden. Das entstehende Glutamat wird durch die Reaktion der Glutamat-Dehydrogenase wieder zu 2-Ketoglutarat umgesetzt, so daß die Gesamtreaktion lautet:

$$\text{Alanin} + NAD^+ + H_2O \rightarrow \text{Pyruvat} + NH_3 + NADH + H^+ \qquad (10.3)$$

Auch Serin wird nach Abb. 10.6 in Pyruvat überführt. Threonin geht unter Abspaltung von Acetaldehyd in Glycin über. Während der Acetaldehyd zu Acetyl-CoA oxidiert wird (ketogener Charakter von Threonin), kann das entstandene Glycin über Serin weiter zur Pyruvat reagieren. Das Produkt Pyruvat weist Threonin somit auch als glucogene Aminosäure aus.

Die dritte Aminosäure mit drei Kohlenstoffatomen, Cystein, endet ebenfalls als Pyruvat. Hierbei beschreitet die schwefelhaltige Aminosäure eine Reihe von Wegen, bei denen der Schwefel in Form von H_2S oder Sulfat freigesetzt wird. Aus Cystein kann außerdem nach Decarboxylierung über das Zwischenprodukt **Cysteamin,** das **Taurin,** abgeleitet werden, ein biogenes Amin, welches in der Galle als Taurocholsäure ausgeschieden wird. Dazu wird es über die Aminogruppe des Taurins an die Carboxylgruppe der Gallensäure geknüpft.

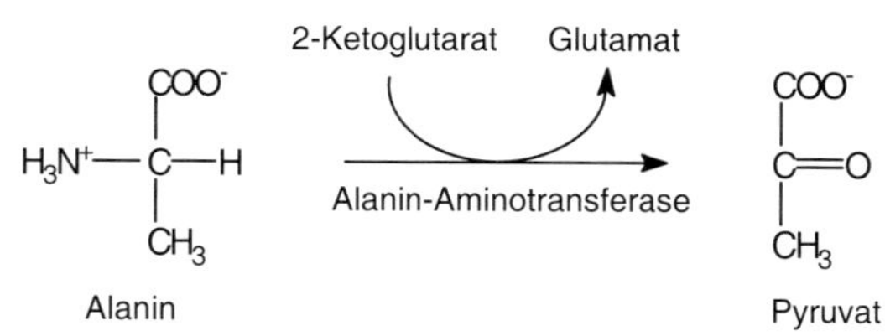

Abb. 10.14: Die Transaminierung des Alanins.

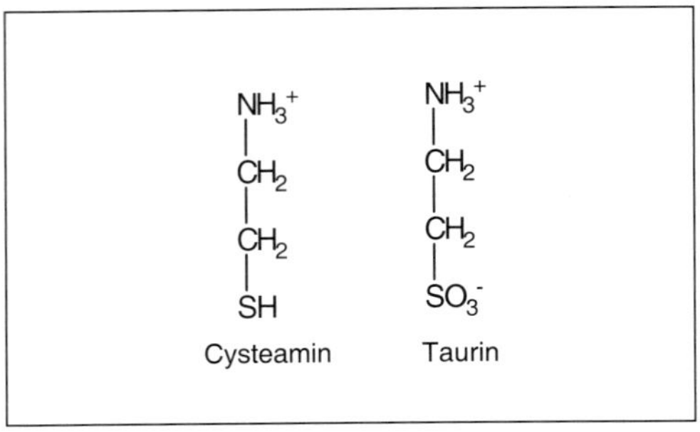

Abb. 10.15: Cysteamin und Taurin, zwei Produkte des Cysteinstoffwechsels.

10.5.2 Aspartat und Asparagin: Abbau zu Oxalacetat

Asparagin kann durch die Asparaginase zu Aspartat umgesetzt werden, dieses wiederum wird zu Oxalacetat transaminiert. Für das aus der Transaminierung entstehende Glutamat gilt das unter 10.5.1 Gesagte. Eine zweite Möglichkeit für den Aspartatabbau besteht in der Einspeisung in den Harnstoffzyklus. Das Kohlenstoffgerüst taucht dann als Fumarat wieder auf, welches ein Intermediat des Citratzyklus ist.

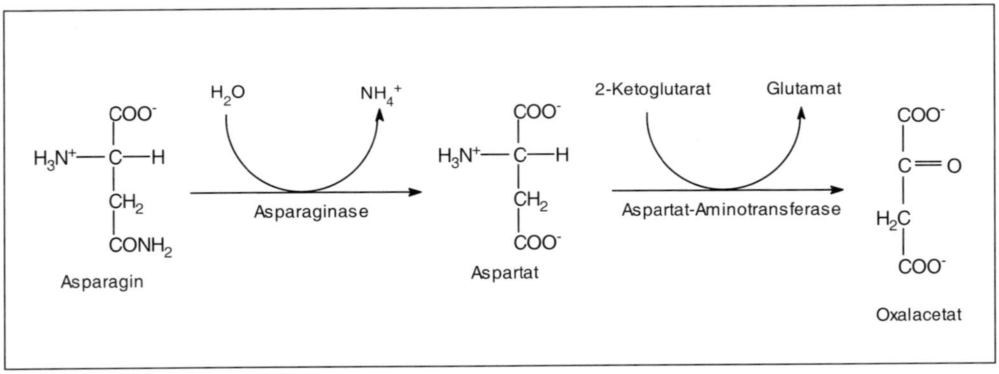

Abb. 10.16: Die Transaminierung von Asparagin und Aspartat.

10.5.3 Glutamin und Glutamat, Histidin, Prolin und Arginin

Ähnlich wie Asparagin wird Glutamin hydrolytisch gespalten, wodurch Glutamat und Ammoniak entstehen. Das zugehörige Enzym ist die **Glutaminase**, ein in der Niere häufig anzutreffendes Enzym. Vom Glutamat gelangt man über die Glutamat-Dehydrogenase-Reaktion wieder zu 2-Ketoglutarat. Auch die Aminosäuren Prolin, Histidin und Arginin können in Glutamat und damit zu 2-Ketoglutarat abgebaut werden, wobei der Mechanismus hier im einzelnen nicht besprochen werden soll. Trotzdem sei noch einmal auf die Bedeutung von Hydroxyprolin für den Aufbau des Kollagens und auf das Histamin als biogenes Amin des Histidins verwiesen.

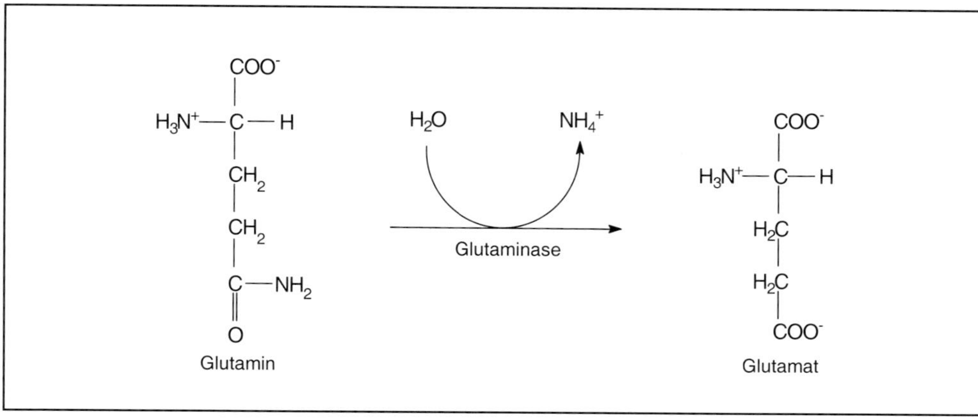

Abb. 10.17: Die Glutaminase-Reaktion.

10.5.4 Abbau verzweigtkettiger Aminosäuren: Leucin, Isoleucin und Valin

Wir wollen uns an dieser Stelle mit dem Abbau der verzweigten Aminosäuren Isoleucin, Leucin und Valin beschäftigen. Dabei folgen die ersten Schritte einem ähnlichen Schema.

Mittels **Transaminierung** wird zunächst die korrespondierende Ketocarbonsäure geschaffen, die durch **oxidative Decarboxylierung** um ein Kohlenstoffatom verkürzt und an Coenzym A gekoppelt wird. Anschließend wird Isoleucin über Propionyl-CoA und Methylmalonyl-CoA zu Succinyl-CoA umgewandelt. Diese Reaktion ist vom **5'-Desoxyadenosylcobalamin**, dem Vitamin B_{12}, abhängig. Valin wird über Methylmalonyl-CoA zu Succinyl-CoA und Acetyl-CoA abgebaut. Die dritte verzweigtkettige Aminosäure, das Leucin, wird weiter über **β-Hydroxy-β-methyl-glutaryl-CoA** zu Acetyl-CoA und Acetoacetat verstoffwechselt. Man erinnere sich hierbei an die Synthese der Ketone und des Cholesterols, die ebenfalls über β-Hydroxy-β-methyl-glutaryl-CoA aufgebaut werden.

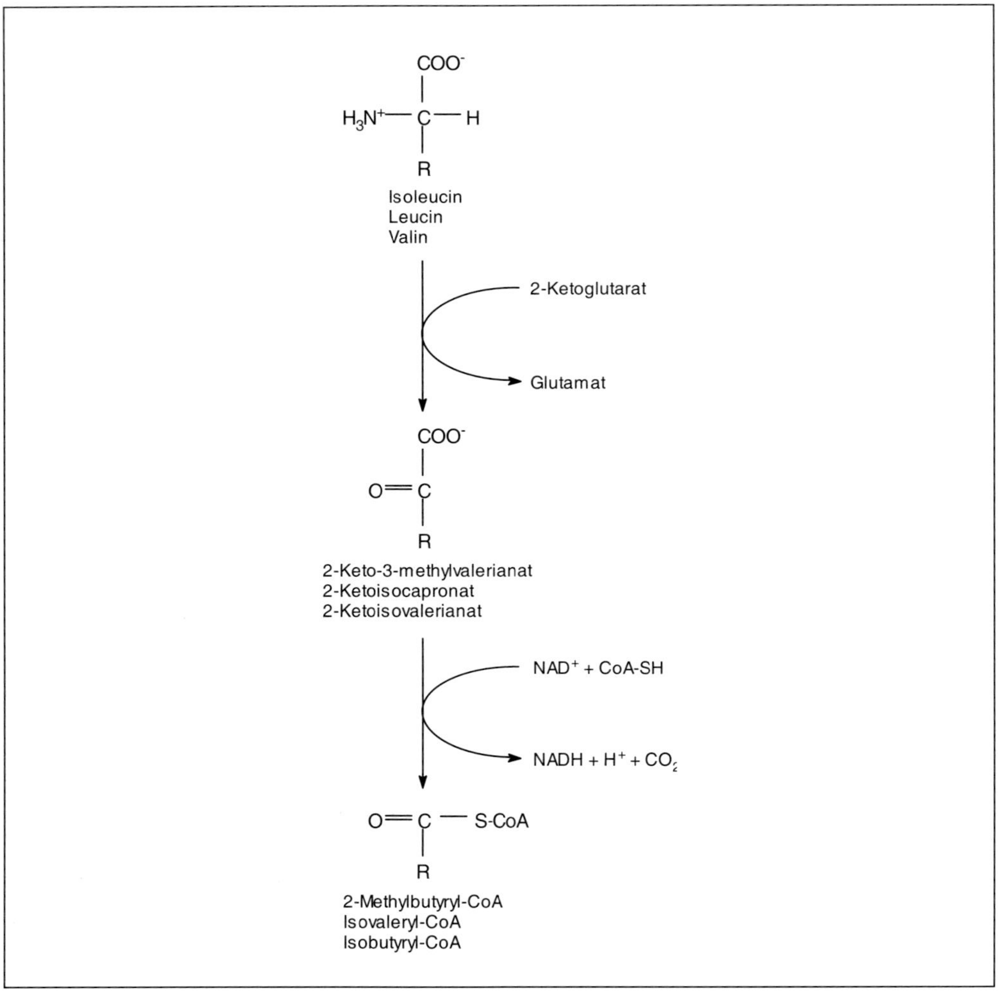

Abb. 10.18: Die ersten Schritte im Abbau verzweigtkettiger Aminosäuren. Ihr Abbau beginnt mit einer Transaminierung, der eine oxidative Decarboxylierung folgt.

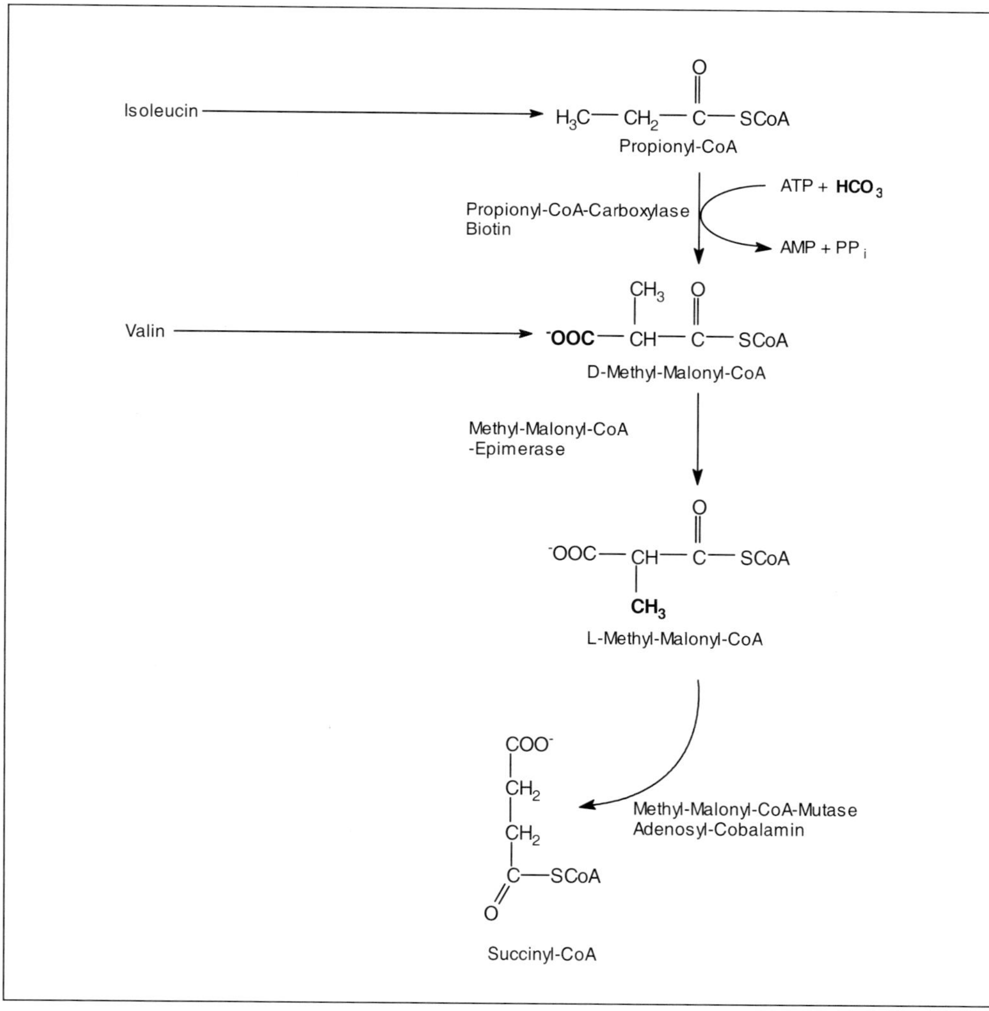

Abb. 10.19: Abbau von Valin und Isoleucin zu Succinyl-CoA.

10.5.5 Phenylalanin und Tyrosin

Phenylalanin wird im ersten Abbauschritt durch die Phenylalanin-Hydroxylase (Phenylalanin-Monooxygenase) zu Tyrosin umgesetzt. Coenzym dieser Hydroxylierung ist **Tetrahydrobiopterin**. Da es sich zudem um eine Monooxygenase-Reaktion handelt, ist für diese Umsetzung molekularer Sauerstoff erforderlich. Tyrosin kann entweder in der Leber zu Acetoacetat und Fumarat abgebaut werden oder als Ausgangsstoff für Biosynthesen dienen. Zunächst wird die NH_2-Gruppe des Tyrosins durch **Transaminierung** auf 2-Ketoglutarat übertragen, das entstehende p-Hydroxyphenylpyruvat wird zu Homogentisinsäure oxidiert. Die p-Hydroxyphenylpyruvat-Dioxygenase ist sauerstoffabhängig, **Vitamin C** und $\mathbf{Fe^{2+}}$ müssen für die volle Funktionsfähigkeit anwesend sein. Durch die Homogentisat-Dioxygenase wird der aromatische Ring unter Bildung von Maleylacetacetat gespalten.

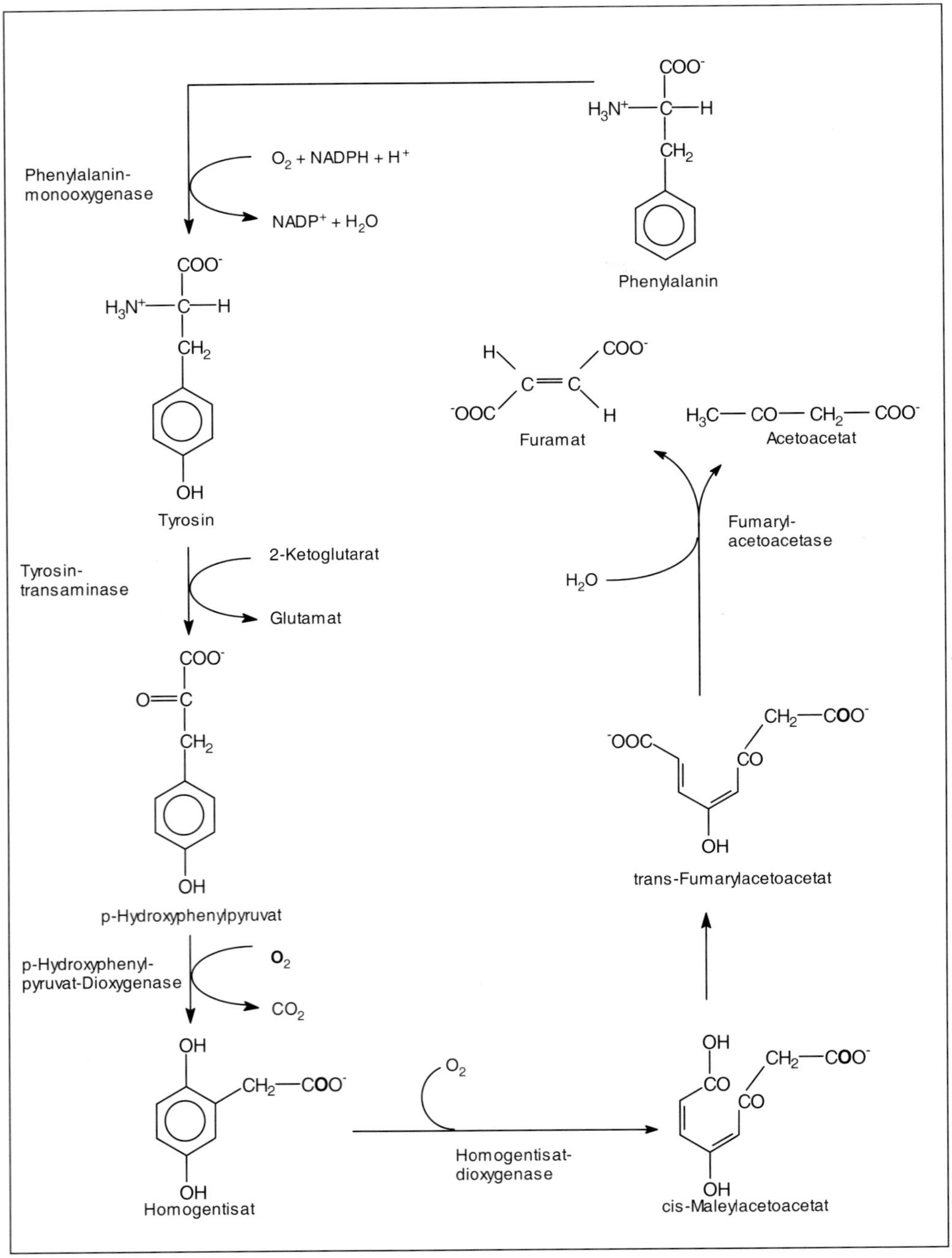

Abb. 10.20: Der Abbau des Phenylalanins zu Fumarat und Acetoacetat.

Über weitere Reaktionen entstehen Fumarat und Acetoacetat, womit der Anschluß an den Citratzyklus hergestellt wäre. Diese Reaktionsfolge ist in Abb. 10.20 wiedergegeben.

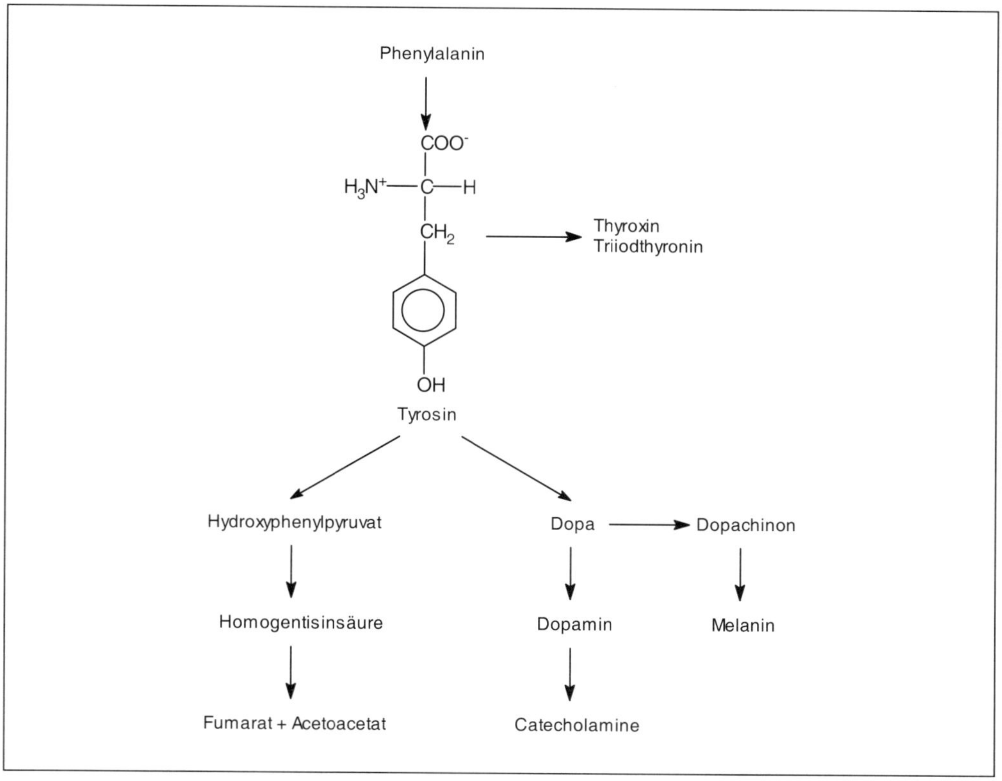

Abb. 10.21: Stoffwechselüberblick für Phenylalanin und Tyrosin.

Tyrosin stellt für eine Reihe von Verbindungen die Synthesevorstufe dar. Durch Hydroxylierung gelangt man zum **DOPA**, welches Ausgangsverbindung für die **Catecholamine** ist. Dopa ist auch Ausgangspunkt der **Melaninsynthese**. Den Tyrosinring finden wir darüber hinaus in den **Schilddrüsenhormonen** Triiodthyronin und Thyroxin wieder. Die Abb. 10.21 vermittelt uns einen Gesamtüberblick vom Phenylalanin- und Tyrosinstoffwechsel.

10.5.6 Tryptophan

Der Abbau des Tryptophans ist recht komplex. Wir wollen uns daher an dieser Stelle nur klar machen, welche Bedeutung er hat.

Das biogene Amin Serotonin entsteht durch Hydroxylierung an 5'-Position des Tryptophans mit anschließender Decarboxylierung. Ein Teil des Tryptophanabbaus mündet direkt via Acetoacetyl-CoA in die Synthese von Ketonen ein. Leber und Erythrocyt des Menschen sind in der Lage, **Nicotinamid NAD$^+$** in begrenztem Umfange aus Tryptophan zu synthetisieren. Darmbakterien vermögen Tryptophan in Indolderivate umzubauen, die resorbiert werden können und in der Leber der Biotransformation anheimfallen. So kann aus Indoxyl Indoxylsulfat entstehen, das dann im Harn ausgeschieden wird (Harnindican).

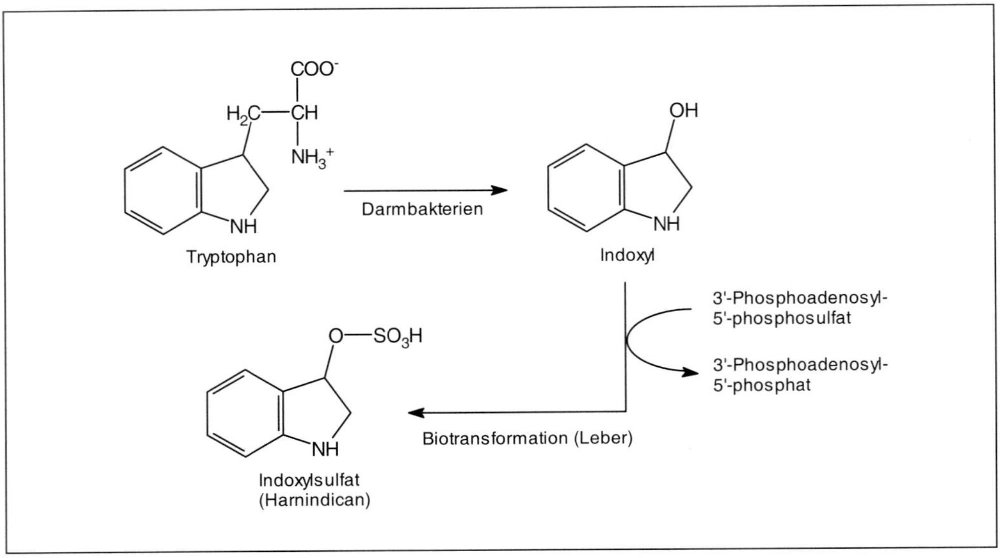

Abb. 10.22: Abbau von Tryptophan durch Darmbakterien und Biotransformation in der Leber.

10.6 Klinischer Bezug

10.6.1 Störungen im Harnstoffzyklus, Leberzerfallkoma

Grundsätzlich können sämtliche Enzyme des Harnstoffzyklus defekt sein. Bei allen Enzymausfällen kommt es zu einem **Anstieg der Ammoniakkonzentration** im Blut, der sich in Übelkeit, Erbrechen, Krampfanfällen und Bewußtlosigkeit äußert. Generell besteht eine Eiweißunverträglichkeit (Hauptlieferant des Ammoniaks). Dabei kann es sich um Eiweiß handeln, welches mit der Nahrung aufgenommen wurde, aber auch um einen erhöhten Eiweißabbau in Streßsituationen. Bei der Hyperammonämie I ist die Carbamoylphosphat-Synthase-, bei der Hyperammonämie II die Ornithin-Carbamoyltransferase defekt. Leidet ein Patient unter Citrullinämie bzw. Argininosuccinatämie, so sind die Argininosuccinat-Synthetase respektive die Argininosuccinat-Dehydrogenase nicht funktionsfähig. All diese Enzymdefekte können durch einen Leberschaden entstehen oder als Gendefekt rezessiv vererbt werden. Als therapeutischer Ansatz wird eine proteinarme Diät verordnet.

Warum höhere Konzentrationen an Ammoniak (Hyperammonämie) eine toxische Wirkung für den Körper haben, ist noch nicht genau geklärt. Wahrscheinlich führt eine vermehrte Bildung von Glutamin aus Glutamat im Gehirn zu Störungen des Energiestoffwechsels. Da Glutamat nur schlecht im Gehirn angeboten werden kann (Blut-Hirn-Schranke), wird vermutlich 2-Ketoglutarat als Ersatz genutzt. Bei einem sogenannten **Leberzerfallskoma** treten neben der Hyperammonämie noch Effekte zu Tage, die durch die fehlenden Entgiftungsfunktionen der Leber verursacht sind. Ursache eines solchen endogenen Leberkomas können Virusinfektionen (Hepatitis), Vergiftungen (Knollenblätterpilz) oder auch Drogenkonsum (Alkohol, Heroin) sein. Infolge der Leberinsuffizienz findet man einen erhöhten Glutaminspiegel im Liquor. Zudem lassen sich bestimmte Phenole im Gehirn nachweisen, die unter normalen Umständen der Biotransformation unterliegen. In klinisch-chemischen Untersuchungen fällt neben einem Anstieg der Ammoniakkonzentration auch eine erhöhte GLDH-Aktivität auf. Ein Abfall der AST und ALT-Werte ist nach zunächst erhöhten Serumaktivitäten gegen Ende des Komas zu verzeichnen.

10.6.2 Phenylketonurie

Ursache der Phenylketonurie ist ein Fehlen der Phenylalanin-Hydroxylase-Aktivität in der Leber. Dadurch wird Phenylalanin nicht in Tyrosin umgesetzt und staut sich sowohl intra- als auch extrazellulär an. Tyrosin wird durch diesen Defekt zur essentiellen Aminosäure. Das Phenylalanin muß über andere Stoffwechselwege abgebaut werden. So entstehen Phenylpyruvat, Phenylacetat und Phenylacetyl-CoA. Letztere Verbindung kann nach Konjugation an Glutamin als Phenylacetylglutamin im Harn nachgewiesen werden. Desweiteren beobachtet man eine Interferenz des gestörten Phenylalaninabbaus mit dem Tryptophanstoffwechsel. Symptome der Phenylketonurie sind **geistige Retardierung**, Krämpfe und ein Harn, der nach Mäusen riecht. Dies äußert sich bei Neugeborenen relativ frühzeitig. Durch eine phenylalaninfreie Nahrung kann die Ausbildung der Symptome, insbesondere des Schwachsinns, rechtzeitig verhindert werden. Aus diesem Grund ist eine Diagnose der Erkrankung zu einem möglichst **frühen** Zeitpunkt nötig. Dazu werden im wesentlichen zwei Verfahren angewandt.

Der **GUTHRIE-Test** bestimmt die Konzentration von Phenylalanin im Blut. Man verwendet für diese Methode ein Bakterium, welches in Abwesenheit von Phenylalanin kultiviert wird. Gleichzeitig wird als Phenylalaninanalogon (Antimetabolit) β-Thienylalanin zugesetzt. Das Bakterium ist in dieser Situation nicht zum Wachstum fähig. Nun bringt man durch Zugabe von phenylalaninhaltigem Patientenblut die Bakterien zum Wachsen. Aus der Größe der Bakterienkolonie läßt sich auf die Konzentration des Phenylalanins im Blut rückschließen. Dieser Test ist nach der Entbindung anzuwenden, da die Konzentration an Phenylalanin erst nach der Trennung des kindlichen Stoffwechsels vom maternalen (mater lat. Mutter) steigt und der Enzymdefekt durch proteinhaltige Nahrung manifest werden kann. Dies ist etwa vier bis sechs Tage nach der Entbindung der Fall. Bei der Phenylketonurie handelt es sich um eine Erbkrankheit mit autosomal-rezessiven Erbgang. In den alten Bundesländern werden jährlich etwa 80 Kinder geboren, die an ihr erkranken. Mit dem Fortschritt der genetischen Analytik lassen sich Defekte der Struktur im Phenylalanin-Hydroxylasegen recht schnell feststellen. Dies ermöglicht es, eine **pränatale Diagnostik** durchzuführen, indem man das Erbmaterial des Foeten untersucht. Auch durch Analyse der Eltern kann eine Wahrscheinlichkeit für die Erkrankung des Neugeborenen angegeben werden. Inwieweit sich diese Methode durchsetzt, wird von der allgemeinen Akzeptanz gentechnischer Methoden in der Bevölkerung abhängen.

10.6.3 Alkaptonurie

Beim Schwarzharn ist die Reaktion von Homogentisinsäure zu Fumarat und Acetacetat durch Mangel an Homogentisinsäure-Dioxygenase gehemmt. Die Homogentisinsäure wird stattdessen im Harn ausgeschieden, der sich an der Luft durch Oxidation schwarz färbt. Desweiteren wird vermehrt Phenylalanin zu Melanin umgesetzt, wodurch es zur Verfärbung von Haut und Nägeln, sowie zur Ablagerung von Melanin in Knorpeln und Sehnen kommt. Darunter leidet die Knorpelelastizität.

10.6.4 Albinismus

Beim Albinismus ist die Melaninsynthese gehemmt. Ursache ist ein Mangel an Tyrosinase in den Melanocyten. Dieses Enzym setzt Tyrosin zu DOPA um, erfüllt also dieselbe Funktion wie die Tyrosinhydroxylase im Syntheseweg der Catecholamine. Durch den Melaninmangel kommt es zur Störung der Pigmentation in Haut, Haaren und Augen. Gleichzeitig beobachtet man eine Lichtscheu.

10.6.5 Ahornsirupkrankheit

Beim Abbau der Aminosäuren Valin, Leucin und Isoleucin folgt der Transaminierung eine oxidative Decarboxylierung. Bei der Verzweigtkettenkrankheit (Ahornsirupkrankheit) liegt ein Defekt der oxidativen Decarboxylierung aller drei Ketocarbonsäuren vor. Urin und Schweiß des Neugeborenen riechen nach dem Maple-Sugar-Baum, einer amerikanischen Ahornart. Im Urin lassen sich die Ausgangsverbindungen Valin, Leucin und Isoleucin und die zugehörenden 2-Keto- und 2-Hydroxycarbonsäuren nachweisen. Folgen dieser Erkrankung sind Schädigungen des ZNS, Atemnot und eine Acidose, die rapide zum Tode führen. Das Erkennen der Krankheit und eine entsprechende Diät mit wenig Valin, Leucin und Isoleucin sind also lebenswichtig.

10.6.6 Homocystinurie

Bei dieser Erbkrankheit handelt es sich um die Störung der Synthese von Cystein aus Homocystein und Serin. Da wir auf diese Synthese noch nicht eingegangen sind, wollen wir diese hier kurz anführen. Ausgehend von der essentiellen Aminosäure Methionin kann der menschliche Körper Cystein synthetisieren. Durch Reaktion mit ATP entsteht S-Adenosylmethionin, ein wichtiger Methylgruppenüberträger. Durch Abspalten der Methylgruppe und des Adenosins gelangt man zu Homocystein. Dieses kondensiert mit Serin zu Cystathion, das anschließend zu Cystein und Homoserin gespalten werden kann. Andererseits ist Homocystein wieder Ausgangspunkt der Methioninsynthese. Bei der Homocystinurie ist die Bildung von Cystathion gehemmt. Das sich anstauende Homocystein wird zu Methionin umgesetzt, welches sich in deutlich erhöhten Konzentrationen im Urin nachweisen läßt. Auch das aus zwei Molekülen Homocystein gebildete Disulfid Homocystin wird im Harn gefunden. Die Konzentration an Homocystein hingegen ist normal. Folge dieses Defektes ist eine Schädigung des Endothels bis hin zu Gefäßverschlüssen. Eine methioninarme und cysteinreiche Nahrung wird als Therapie empfohlen. Außerdem wird Folsäure zugesetzt, da die Rückbildung von Methionin aus Homocystein mit einem erhöhten Folsäureverbrauch einhergeht.

10.7 Literatur

(1) Burtis, C. A., Ashwood, E. R.: Tietz Textbook of Clinical Chemistry. 2nd Ed. S. 636 – 670. W. B. Saunders (1994).

(2) Neu, J. et. al.: Glutamine nutrition and metabolism: Where do we go form here? FASEB J. 10, S. 829 – 837 (1996).

11 Purin- und Pyrimidinstoffwechsel

11.1 Definition der Purine und Pyrimidine

In vorangegangenen Kapiteln war des öfteren von Verbindungen die Rede, mit deren Struktur und Stoffwechsel wir uns nicht näher auseinandergesetzt haben. Gemeint sind Moleküle wie ATP, NAD^+, FADH oder auch S-Adenosylmethionin. Als gemeinsamer Bestandteil dieser Stoffe fällt ein stickstoffhaltiges Ringmolekül ins Auge. Es handelt sich dabei um **Adenin**, das als Strukturderivat des **Purins** zu den Purinbasen gezählt wird. Purin selbst kommt in der Natur nicht in freier Form vor, während Adenin u. a. aus Teeblättern und Zuckerrübensaft isoliert werden kann. An die Seite des Adenins muß man noch das Guanin stellen, will man die biochemisch wichtigsten Purine aufzählen. **Guanin**, dessen Name sich auf seine Existenz in Vogelexkrementen (Guano) gründet, ist uns bereits bei der Besprechung des Citratzyklus' in Form seines Nukleotids GTP begegnet. Bei Betrachtung der Nukleotide UTP oder CTP stößt man auf eine weitere Gruppe aromatischer Moleküle, zu deren Ringatomen neben Kohlenstoff ebenfalls der Stickstoff zählt. Im Gegensatz zu den Purinen, deren molekulare Architektur im Grunde durch einen Sechs- und einen Fünfring bestimmt wird, weisen sie lediglich einen heterozyklischen Sechsring auf. Der Begriff **Heterozyklus** (heteros gr. verschieden) hebt die Existenz von Nicht-Kohlenstoffatomen in aromatischen Ringsystemen hervor, wobei es sich hier ebenso wie bei den Purinen um Stickstoffatome handelt. Die monozyklischen Stickstoffringe, die z. B. Bestandteil des UTPs und CTPs sind, werden als **Pyrimidine** bezeichnet. Zu ihnen zählen die Basen Uracil, Cytosin und Thymin, die sich unschwer von der Muttersubstanz Pyrimidin ableiten lassen.

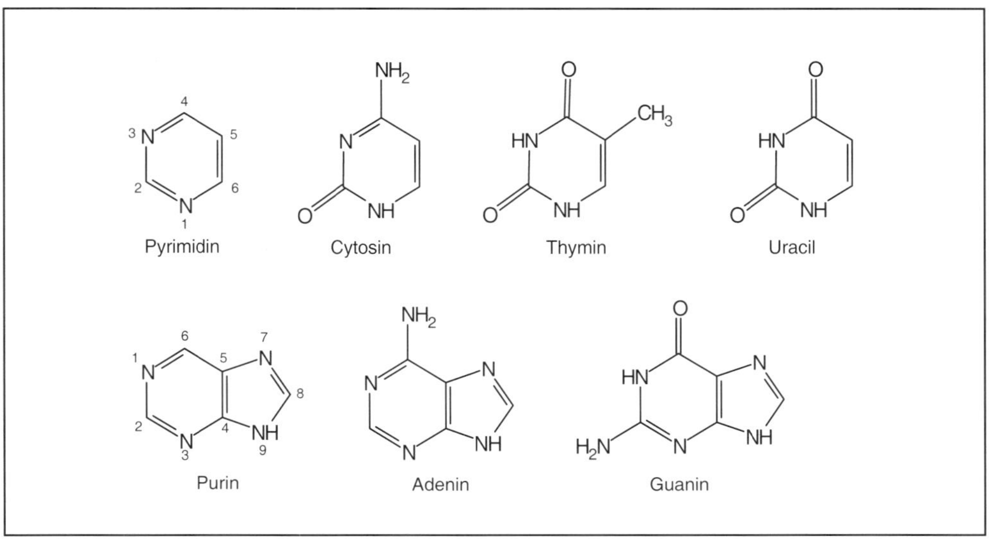

Abb. 11.1: Die Heterozyklen Purin und Pyrimidin mit der vereinbarten Numerierung der Ringatome und die biochemisch relevanten Basen Adenin, Guanin, Thymin, Cytosin und Uracil.

Meistens treffen wir Purine und Pyrimidine in Verbindung mit einer Pentose an. Dabei handelt es sich in der Regel um zwei verschiedene β-D-Ribofuranosen, um **Ribose** und ihr Reduktionsprodukt **Desoxyribose**. Abb. 11.2 zeigt die beiden Zucker. Um bei Molekülen, die sich aus einem Zucker und einer Base zusammensetzen, eine eindeutige Art der Bezifferung zu gewährleisten, werden die Zahlen der Kohlenhydrate mit einem hochgestellten Strich gekennzeichnet.

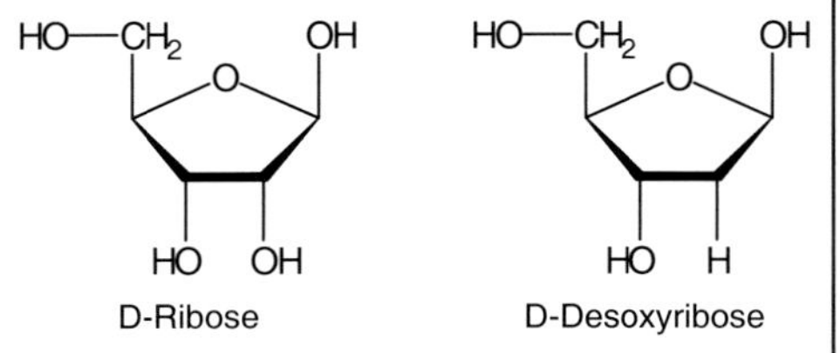

Abb. 11.2: Formeldarstellungen von Ribose und Desoxyribose. Man beachte die unterschiedlichen Substituenten an C-2'.

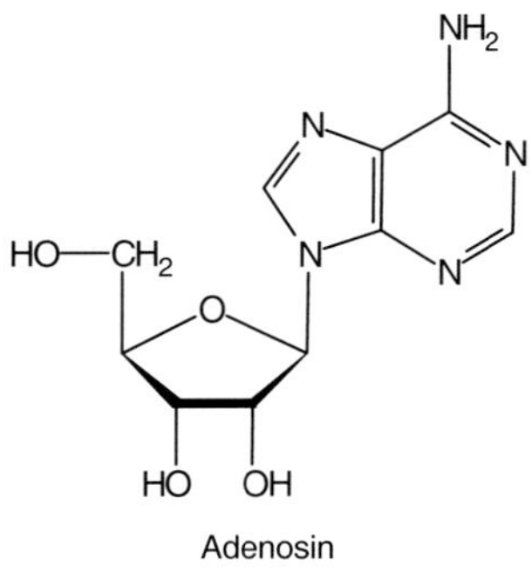

Abb. 11.3: Die Formeldarstellung des Adenosins als Beispiel für ein Nukleosid. Entsprechend sind die Nukloside Guanosin, Cytidin, Thymidin und Uridin aus den jeweiligen Purinen bzw. Pyrimidinen und Ribose zusammengesetzt.

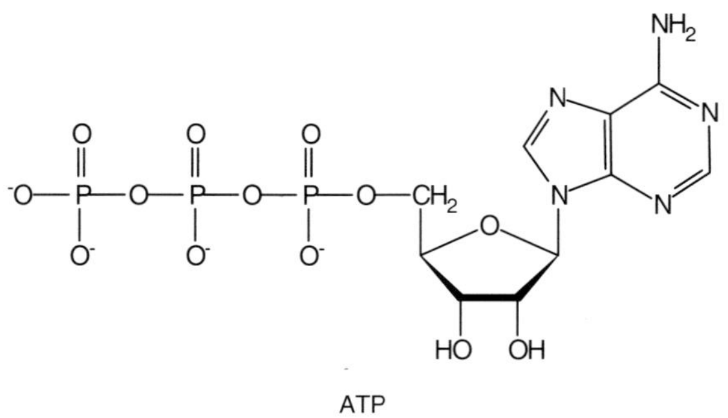

Abb. 11.4: Das Adenosintriphosphat ATP.

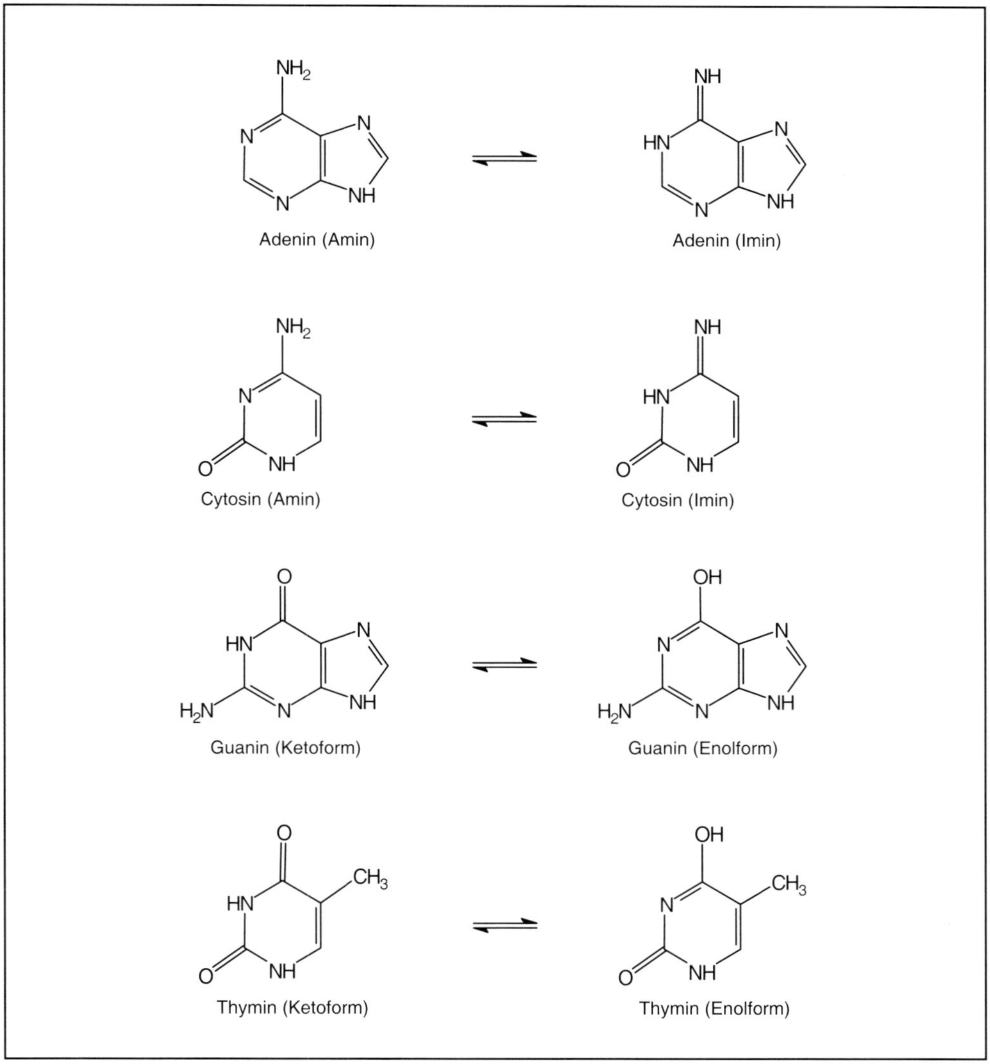

Abb. 11.5: Tautomere Gleichgewichtsformen der angesprochenen Basen. Oben Beispiele für die Amin/Imin-Tautomerie, unten für die Keto-Enol-Tautomerie.

Aus Purinen bzw. Pyrimidinen einerseits und Ribofuranosen andererseits entstehen durch N-glykosidische Verknüpfung die **Nukleoside**. Die Bindung zwischen der jeweiligen Purin- oder Pyrimidinbase und der Halbacetalgruppierung des Kohlenhydrates vollzieht sich am Stickstoffatom N-9 bei den Purinen und N-1 bei den Pyrimidinen. Vergleicht man das Nukleosid der Abb. 11.3 mit der Formel des Triphosphats ATP in Abb. 11.4, so wird leicht ersichtlich, daß man chemisch über eine Veresterung von den Nukleosiden zu ihren Mono-, Di- oder Triphosphaten, den **Nukleotiden,** gelangt. Die Esterbindung zwischen Phosphatrest und der Alkoholgruppe am C-5' des Nukleosidzuckers resultiert im Monophosphat, das über Säureanhydridbindungen mit anorganischem Phosphat zum Di- oder Triphosphat erweitert werden kann.

Hier soll noch eine Eigenheit der Purin- und Pyrimidinbasen Erwähnung finden. Die Formeln der Abb. 11.1 geben nur einen Teilaspekt wieder, da von den angesprochenen Basen jeweils auch sogenannte **tautomere Verbindungen** existieren. **Tautomere** sind isomere Stoffe, die über eine Gleichgewichtsreaktion dadurch ineinander übergehen, daß eine kovalente Einfachbindung im Molekül „wandert". Neben der **Keto-Enol-Tautomerie** existiert bei Cytosin und Adenin auch eine Tautomerie zwischen den Amino- und Iminoformen (Abb. 11.5).

11.2 Synthese der Pyrimidine

Wir wollen die einzelnen Biosynthese- und Abbaureaktionen der Purine und Pyrimidine mit der Besprechung der Pyrimidinsynthese einleiten. Sie nimmt von zwei Verbindungen ihren Ausgang, die uns schon vertraut sind. Es handelt sich um **Aspartat** und **Carbamoylphosphat**, dem bekanntlich bei der Harnstoffsynthese eine wichtige Rolle zukommt.

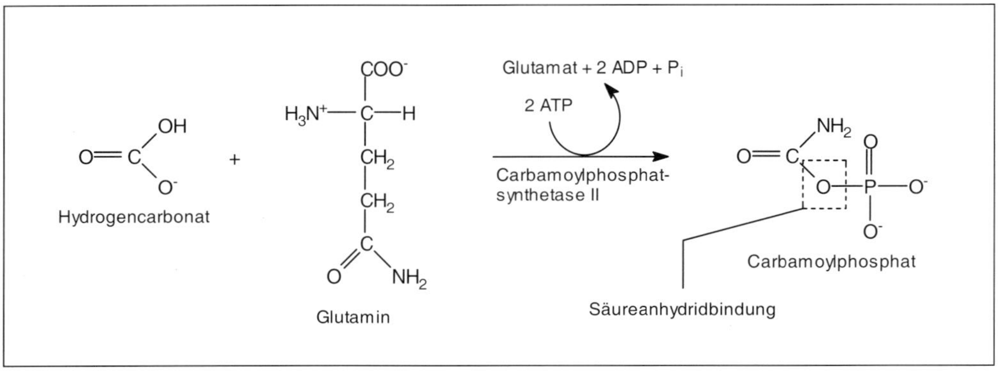

Abb. 11.6: Die cytoplasmatische Carbamoylphosphat-Synthese im Rahmen der Pyrimidinbiosynthese.

Während es dort durch die Carbamoylphosphat-Synthetase I aus CO_2, NH_4^+ und ATP im Mitochondrium gebildet wird, übernimmt im Rahmen der Pyrimidinsynthese die im Cytoplasma anzutreffende **Carbamoylphosphat-Synthetase II** diese Funktion. Nicht nur durch die Lokalisation unterscheiden sich diese beiden Enzyme, sondern auch in ihren Substraten. Die Carbamoylphosphat-Synthetase II verwendet im Gegensatz zu ihrem mitochondrialen Pendant Glutamin als Stickstofflieferanten. Die nachfolgende Umsetzung zwischen Carbamoylphosphat und Aspartat ist die Schlüsselreaktion für den gesamten Synthesepfad. Carbamoylaspartat als Produkt dieses Schrittes reagiert unter Ringschluß zum Dihydroorotat weiter, das nach Oxidation zum Orotat schließlich N-glykosidisch an Ribose geknüpft wird, wobei Orotodylat entsteht. Als Riboselieferant fungiert das für den gesamten Nukleotidstoffwechsel wichtige **5'-Phospho-α-D-ribosyl-diphosphat** (PRPP), welches wiederum aus der Umsetzung von Ribose-5-phosphat und ATP hervorgeht. Orotodylat geht durch Decarboxylierung in das Uridinmonophosphat UMP über, das erste Nukleosidmonophosphat dieser Reaktionsfolge.

UTP entsteht unter ATP-Verbrauch durch zweifache Phosphorylierung aus UMP. Die CTP-Synthetase ermöglicht im nächsten Schritt die Einführung einer Aminogruppe in das Uracil, wodurch das UTP als CTP aus dieser Aminierung hervorgeht.

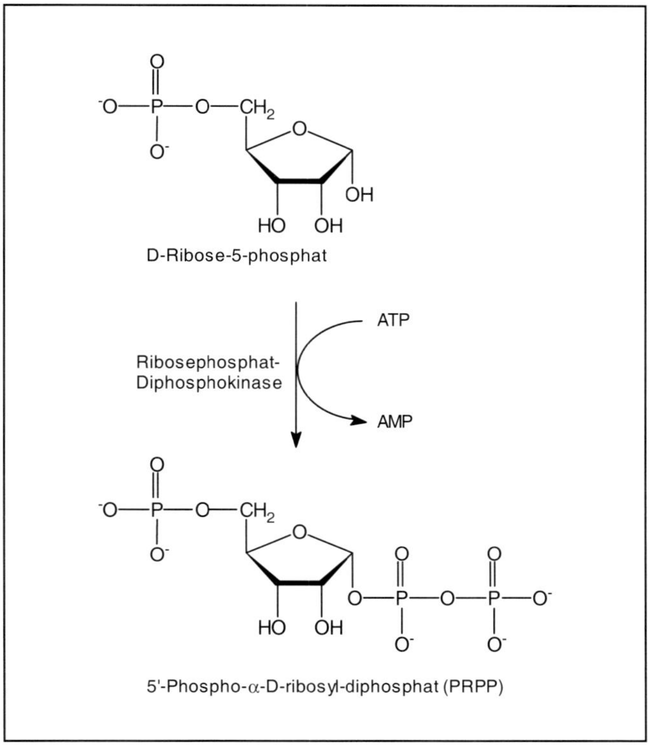

Abb. 11.7: Synthese von 5'-Phospho-α-D-ribosyl-diphosphat aus Ribose-5-phosphat und ATP. Das PRPP spielt im Nukleotidstoffwechsel eine bedeutende Rolle.

Die NH_2-Gruppe stammt hierbei vom Glutamin, das übrigens bei der Purinsynthese eine ähnliche Rolle übernimmt.

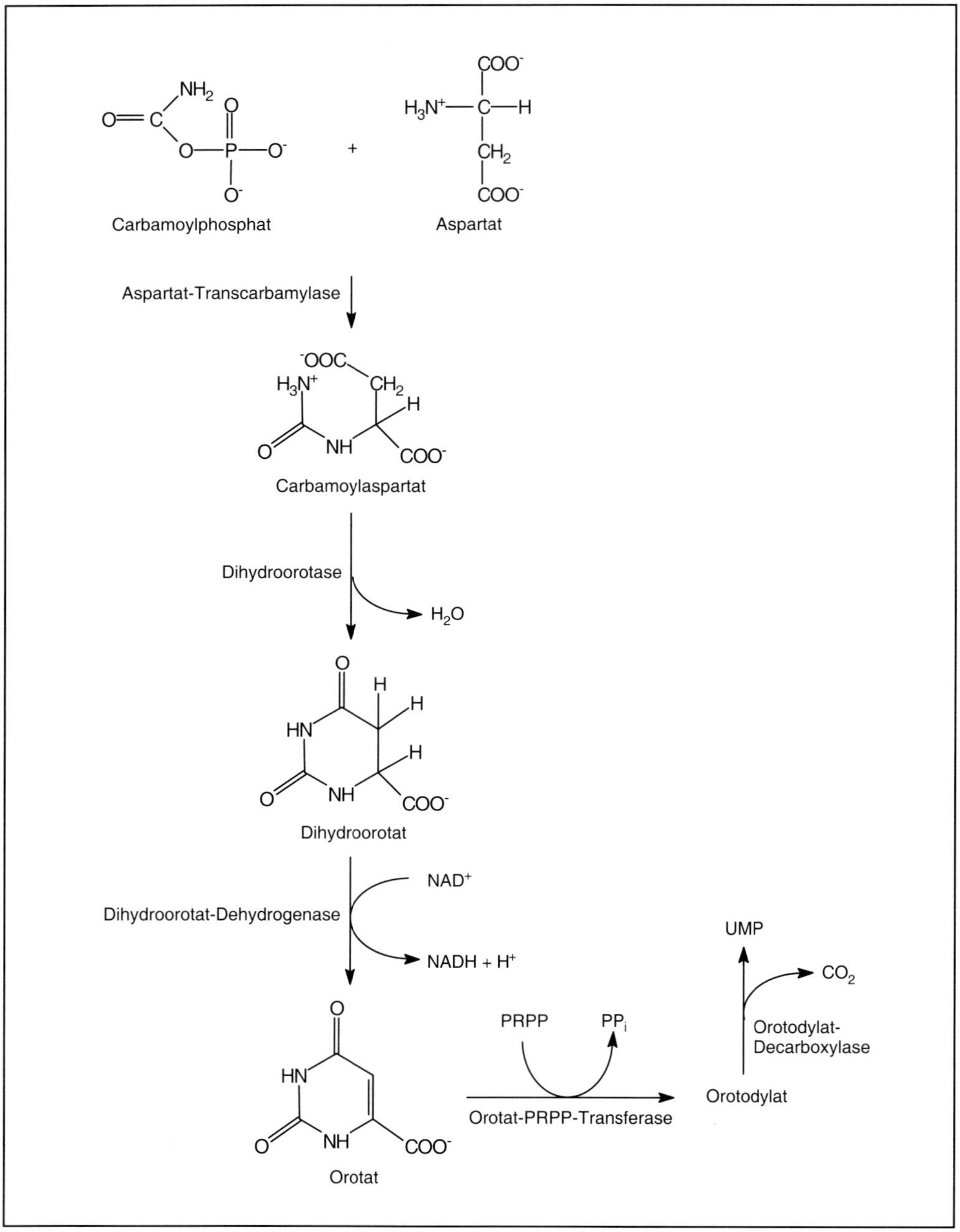

Abb. 11.8: Die Pyrimidinbiosynthese bis zum UMP, dem ersten auftretenden Nukleotid.

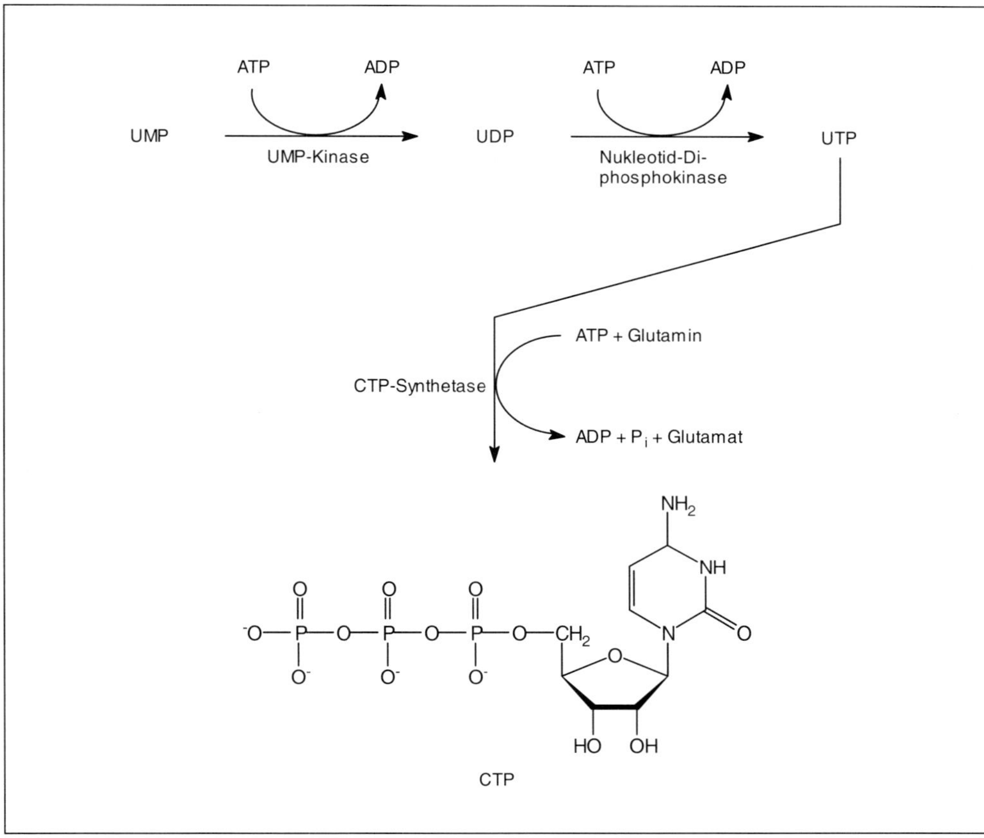

Abb. 11.9: Die Synthese des Cytidintriphosphates aus UMP.

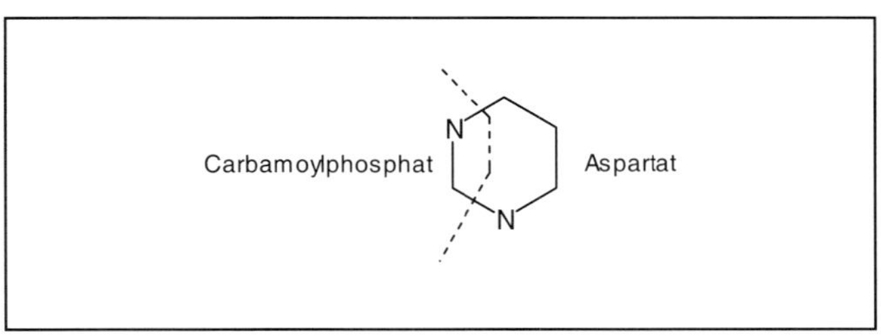

Abb. 11.10: Das Gerüst der Pyrimidine und die Herkunft der beteiligten Ringatome.

Betrachten wir an dieser Stelle noch einmal die Pyrimidinstruktur in Abb. 11.10. Lediglich zwei Edukte bilden die Grundlage ihres Gerüstes, die Aminosäure Aspartat und Carbamoylphosphat.

Abschließend soll hier auf die Regulation der Pyrimidinsynthese eingegangen werden, deren Schlüsselenzym im bakteriellen Metabolismus die **Aspartat-Carbamoyltransferase** ist. Die bisher am besten untersuchte Aspartat-Carbamoyltransferase ist diejenige des Bakteriums *E. coli*. Dieses allosterisch regulierte Enzym verfügt über zwei katalytische und drei regulatorische Untereinheiten. Während CTP via regulatorische Untereinheiten einen hemmenden Einfluß auf die katalytischen Zentren ausübt, wirkt ATP im Gegenzug aktivierend. Anders ausgedrückt: CTP führt zu einer Erhöhung, ATP zu einer Erniedrigung des apparenten K_M-Wertes. Basis dieses Zusammenspiels von verschiedenen Untereinheiten sind ähnlich wie beim Hämoglobin Konformationsänderungen.

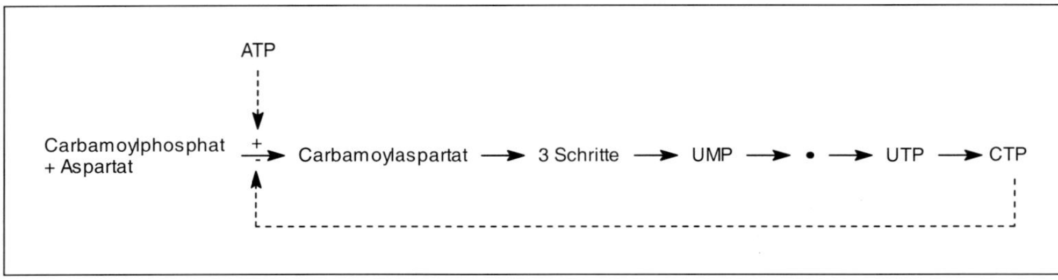

Abb. 11.11: Die Regulation der Pyrimidinsynthese.

Welchen Sinn mag nun die aktivierende Wirkung des ATPs haben? CTP wirkt sicherlich nur im Rahmen einer negativen Rückkopplung. Der positive Einfluß von ATP scheint jedoch sicher zu stellen, daß die Balance zwischen Purin- und Pyrimidinbasen in der Zelle gewahrt bleibt. Die Kontrolle des Pyrimidinaufbaus ist bei Säugetieren anders organisiert als bei Bakterien. Hier greifen die Regulationsmechanismen an der **Carbamoylphosphatase II** an. Die Bindung des ATPs an dieses Enzym wird durch die Nukleotide UDP, dUDP, UTP und CTP inhibiert, zudem fungiert Glycin als kompetitiver Inhibitor für das Glutamin.

11.3 Die Ribonukleotidreduktase

Der größte Teil der in der Zelle synthetisierten Nukleotide wird für den Aufbau von RNA benötigt, die somit mengenmäßig die DNA weit übertrifft. Dennoch ist der in Relation dazu geringe Anteil derjenigen Nukleotide, die zur Synthese von DNA herangezogen werden, von eminenter Bedeutung.

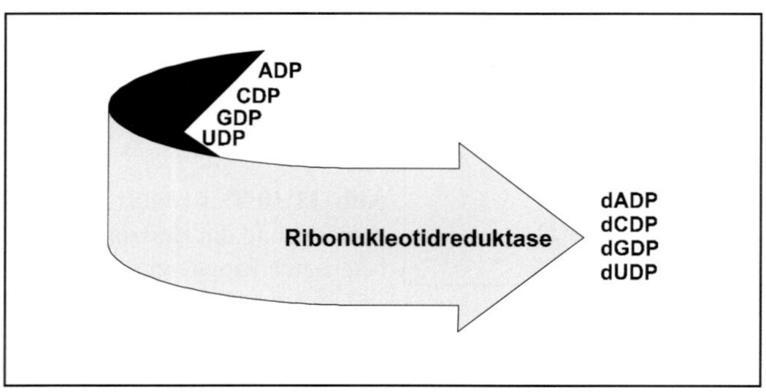

Abb. 11.12: Schema zur Ribonukleotidreduktase-Reaktion.

Die DNA zeichnet sich ja im Gegensatz zur RNA durch Nukleotide aus, die Desoxyribose an Stelle der Ribose beinhalten. Darüber hinaus ist die Base Thymin eine Spezialität der DNA (in wenigen Fällen auch der tRNA), so daß auf dem Wege von den Ribonukleotiden zur DNA zwei Prozesse im Vordergrund einer genaueren Betrachtung stehen müssen: einerseits die Reduktion der Ribose zur Desoxyribose, andererseits die Synthese von Thymin- aus Cytosin- bzw. Uracilnukleotiden. Zunächst soll unser Interesse der Ribonukleotidreduktase und damit der Desoxyribosesynthese gelten.

Das Enzym stellt ein Tetramer der Zusammensetzung $\alpha_2\beta_2$ dar. Die beiden α-Untereinheiten werden zusammenfassend als M1-Protein bezeichnet. Neben Thiolgruppen -SH, die an der Reduktion der Ribose beteiligt sind, enthalten die α-Untereinheiten auch Bindungsstellen für Effektoren. Es handelt sich also in diesem Fall um ein allosterisch reguliertes Enzym. Das aktive Zentrum wird in seiner Gänze aber nicht von den α-Untereinheiten allein definiert. Auch die beiden β-Untereinheiten, die als M2-Protein bezeichnet werden, sind an dessen Ausgestaltung beteiligt.

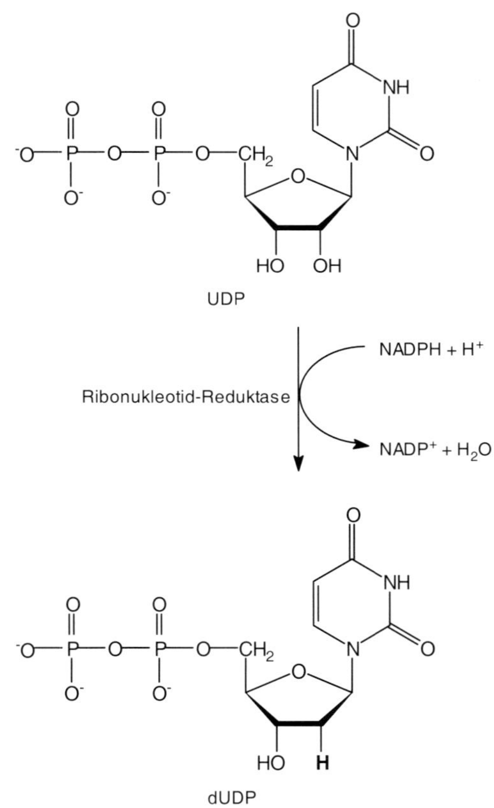

Abb. 11.13: Die Cobalamin-abhängige Reaktion der Ribonukleotidreduktase am Beispiel des UDPs.

Der Reaktionsmechanismus dieser Reaktion ist sehr komplex und verläuft über freie Radikale als Intermediate. Er soll hier nicht näher betrachtet werden. Elektronendonor für die Reduktion ist NADPH + H^+. Die Übernahme der Elektronen durch die Ribonukleotidreduktase von NADPH + H^+ erfolgt jedoch nicht direkt. Vielmehr ist an diesem Schritt ein weiteres Enzym beteiligt, die **Thioredoxin-Reduktase**. Sie verwendet als Elektronentransporter FAD und reicht Elektronen zunächst an **Thioredoxin** weiter, ein relativ kleines Protein mit M_r = 12.000. Dieses enthält selber zwei -SH-Gruppen und kann im Gegenzug Disulfidbrücken der Ribonukleotidreduktase auflösen und in zwei freie -SH-Gruppen überführen. Der Elektronentransfer der Gesamtreaktion im Rahmen einer Redoxkette ist in Abb. 11.14 festgehalten.

Eine dem Thioredoxin ähnliche Funktion kann Glutaredoxin übernehmen, das - wie der Name schon erahnen läßt - durch Glutathion reduziert wird. Glutathion selbst kann danach durch die Glutathion-Reduktase wieder in den Ausgangszustand überführt werden.

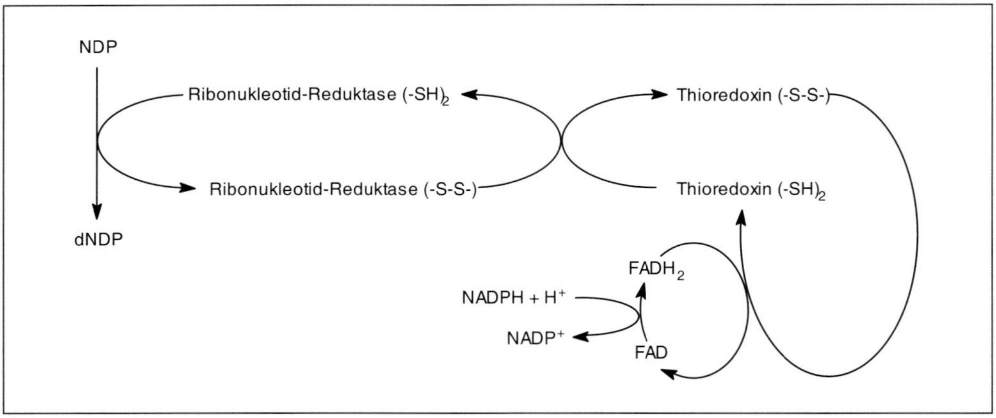

Abb. 11.14: Der Elektronentransfer bei der Ribonukleotidreduktase-Reaktion.

11.4 Thymidylat-Synthase-Reaktion: Die Bedeutung von Tetrahydrofolat

Voraussetzung für die Synthese von Thymidinnukleotiden ist die Existenz der beiden anderen Desoxypyrimidinnukleotide dUMP oder dCMP. Das dCMP entledigt sich jedoch durch die dCMP-Desaminase seiner Aminogruppe, so daß schließlich dUMP als Ausgangsstufe der dTMP-Bildung im engeren Sinne gelten muß. Die nachfolgende Umsetzung von dUMP zu dTMP wird durch die **Thymidylat-Synthase** ermöglicht. Sie verwendet als Cosubstrat das Folsäurederivat **Tetrahydrofolat**. Folsäure selbst zählt zu den wasserlöslichen Vitaminen und wurde ursprünglich aus Leber, Hefe und Spinat isoliert. Davon zeugt auch der Name, der sich vom lateinischen Wort folium, das Blatt, ableitet. Über Ursachen und Folgen eines Folsäuremangels informiert Abb. 11.15, die wichtigsten Informationen über die Folsäure selbst präsentiert die anschließende Tabelle 11.1.

Folsäure ist aus je einem Molekül Glutamat, p-Aminobenzoesäure und 6-Methyl-pteridin aufgebaut. Neben dem Monoglutamat der Pteroinsäure existieren in unterschiedlichen Nahrungsquellen auch Polyglutamate der Tetrahydrofolsäure. Diese werden im Darmlumen jedoch zunächst durch enzymatische Hydrolyse in das Monoglutamat überführt, das dann mit Hilfe eines Carriers resorbiert wird.

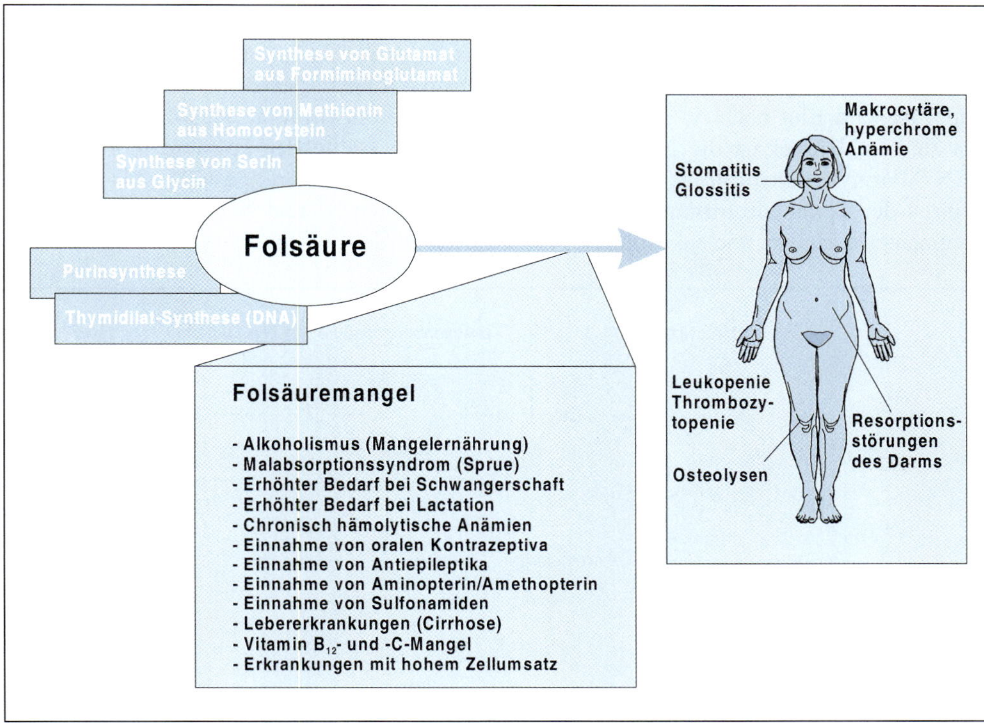

Abb. 11.15: Die Symptome des Folsäuremangels, von denen sich einige durch die Funktion der Folsäure in den links oben gezeigten Synthesen ableiten lassen. Unter Glossitis wird eine Entzündung der Zunge-, unter Stomatitis die der Mundschleimhaut (stoma gr. Mund) verstanden. Leuko- und Thrombocytopenie bezeichnen den Mangel der jeweiligen Blutzellen. Besonders während der Schwangerschaft ist auf eine ausreichende Folsäureversorgung zu achten. Eine wichtige Erkrankung bei diesem Vitamindefizit ist die **megaloblastische Anämie** (megalo gr. groß und blastos gr. Keim).

Tabelle 11.1: Die Folsäure im Überblick.

	Folsäure
Vorkommen (> 50 mg/100 g)	Rinderleber, Hühnerei, Getreidekörner, Salat, Spinat, Broccoli, Weißkohl, Rosenkohl, Spargel, Tomaten, Bohnen
Bedarf (pro Tag)	Säuglinge 80 mg, Kinder 120 - 300 mg, Erwachsene 300 mg, Schwangere 600 mg, Stillende 450 mg; jeweils auf Gesamtfolat bezogen
Bedeutung	Überträger von C-1 Fragmenten in Form der Tetrahydrofolsäure bei: Synthese der Purinbasen Synthese von Serin aus Glycin Synthese von Methionin aus Homocystein Synthese von Cholin Synthese von Thymin
Vitaminmangel	Mangelerscheinungen treten bei einseitiger Ernährung und bei **Alkoholikern** auf. Auch ein erhöhter Bedarf infolge einer Schwangerschaft kann als Ursache gelten. Die **Megaloblastische Anämie** tritt mit Allgemeinsymptomen wie Müdigkeit und Blässe in Erscheinung. Neben hämatologischen Befunden treten Störungen des Nervensystems und des Magen-Darm-Trakts zu Tage.

Durch sukzessive Reduktion des Pteridinringes wird in der Mucosazelle über 7,8-Dihydrofolat das **5,6,7,8-Tetrahydrofolat** synthetisiert, wobei in beiden Schritten die **Dihydrofolat-Reduktase** NADPH + H^+ als Reduktionsmittel nutzt. Neben dem Tetrahydrofolat findet man im Blut noch N^{10}-Formyl- und N^5-Methyltetrahydrofolat. Hauptspeicherort für Folsäure im Körper ist die Leber; hier wird rund die Hälfte der Folsäure in Form von N^5,N^{10}-Formyltetrahydrofolat und N^5-Methyltetrahydrofolat bereitgestellt. Als reaktive Zentren der Tetrahydrofolsäure gelten die Stickstoffatome N^5 und N^{10}. Sie vermögen C_1-Fragmente zu binden, wie aus Abb. 11.17 ersichtlich wird.

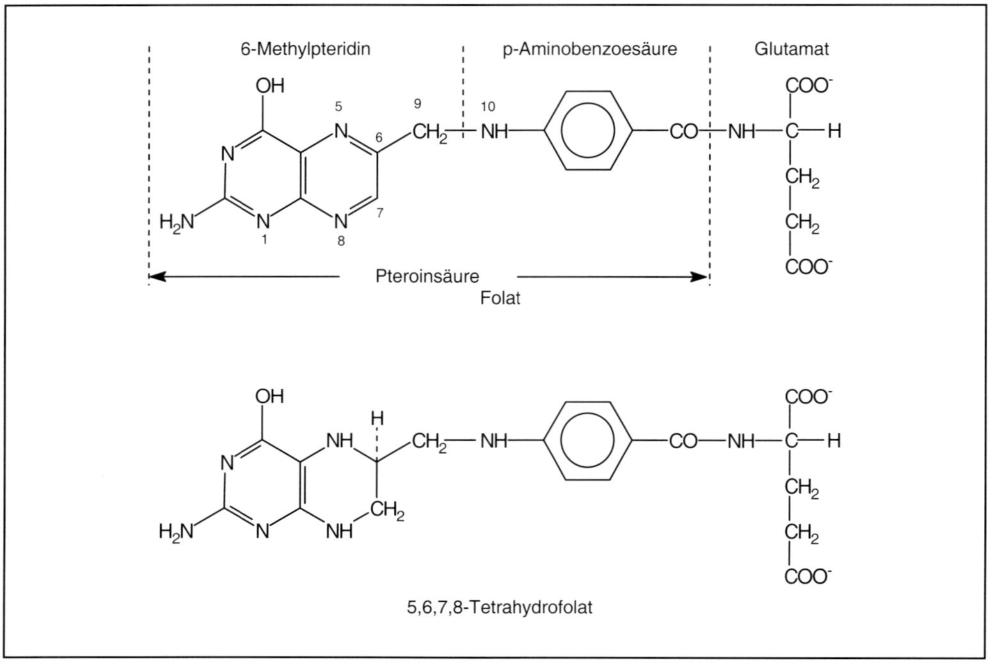

Abb. 11.16: Der Aufbau von Folsäure und des Derivates 5,6,7,8-Tetrahydrofolat. Beachte die einzelnen Bestandteile des Vitamins.

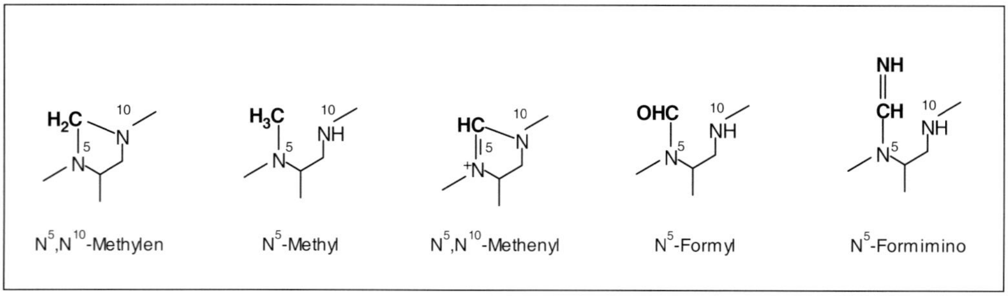

Abb. 11.17: Die verschiedenen Derivate der Tetrahydrofolsäure.

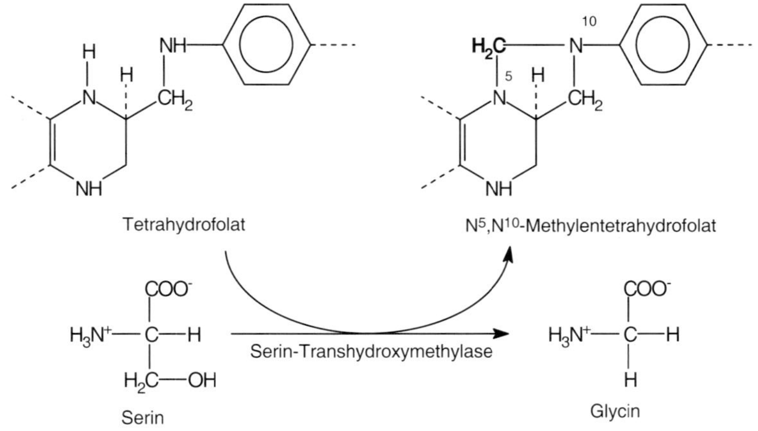

Abb. 11.18: Die Pyridoxalphosphat-abhängige Reaktion der Serin-Transhydroxymethylase.

Für die nachfolgend betrachtete Reaktion der Thymidylat-Synthase findet N^5-N^{10}-Methylentetrahydrofolat Verwendung. Es kann in einer von Pyridoxalphosphat-abhängigen Reaktion aus Tetrahydrofolsäure und Serin hergestellt werden. Neben N^5-N^{10}-Methylentetrahydrofolat entsteht Glycin als Produkt.

Kehren wir an dieser Stelle zur Synthese der Thymidinnukleotide und damit auch zur Thymidylat-Synthase zurück. Substrate dieses Enzymes sind dUMP und N^5-N^{10}-Methylentetrahydrofolat. Als Produkte fallen dTMP und Dihydrofolat an, d. h. dUMP hat das C_1-Fragment des N^5-N^{10}-Methylentetrahydrofolats in Position 5 übernommen, so daß dTMP nun relativ einfach in dTTP überführt werden kann. Abb. 11.20 faßt die Synthese des dTTP zusammen. Parallel dazu sind in der Abbildung Informationen über die Ansatzpunkte verschiedener Chemotherapeutika aufgeführt.

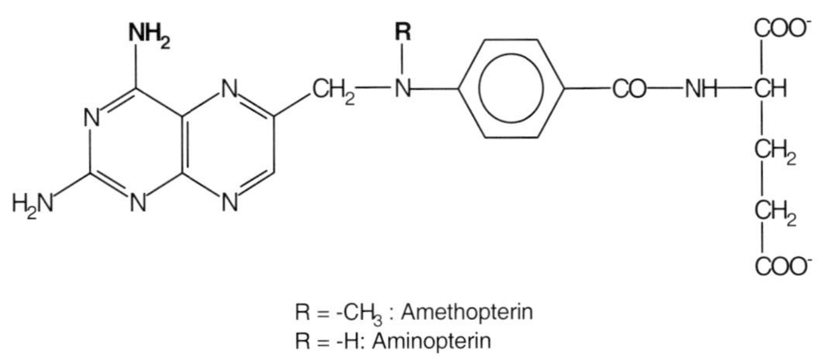

Abb. 11.19: Die Formeln von Aminopterin und Amethopterin. Beim Folat findet man anstatt der **fett** unterlegten Amino- eine Hydroxylgruppe.

Chemotherapeutika werden zur Behandlung von Krebstumoren eingesetzt. Eine Eigenheit tumoröser Gewebe ist ihr expansives, unreguliertes Wachstum, das mit einer hohen DNA-Syntheserate und damit einhergehendem hohen Nukleotidbedarf verbunden ist. Pharmaka, die in der Tumorbehandlung Verwendung finden, greifen daher bevorzugt in die Synthese der DNA-Bausteine ein. Ein solcher Ansatzpunkt ist das Recycling von Tetrahydrofolat aus Dihydrofolat. Durch Verdrängung des Edukts aus dem aktiven Zentrum der Dihydrofolat-Reduktase mittels Substratanaloga (Folsäureantagonisten) wie **Aminopterin** und **Amethopterin** (Abb. 11.19) wird eine Unterbindung der N^5-N^{10}-Methylentetrahydrofolat-Synthese erzielt. Vergleiche die Strukturformeln von Aminopterin und Amethopterin mit der des Dihydrofolats!

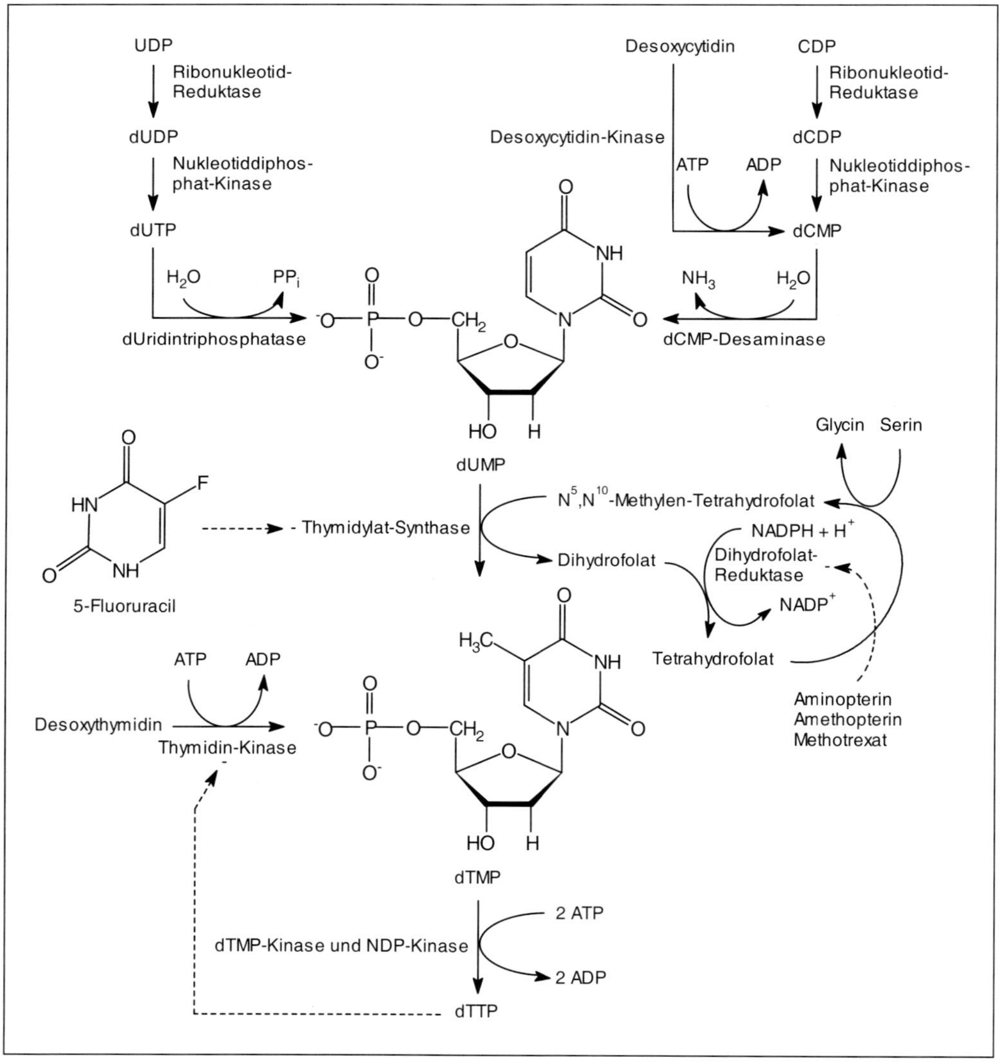

Abb. 11.20: Die Synthese der Thymidinnukleotide und ihre Hemmung durch Chemotherapeutika wie Aminopterin oder 5-Fluoruracil.

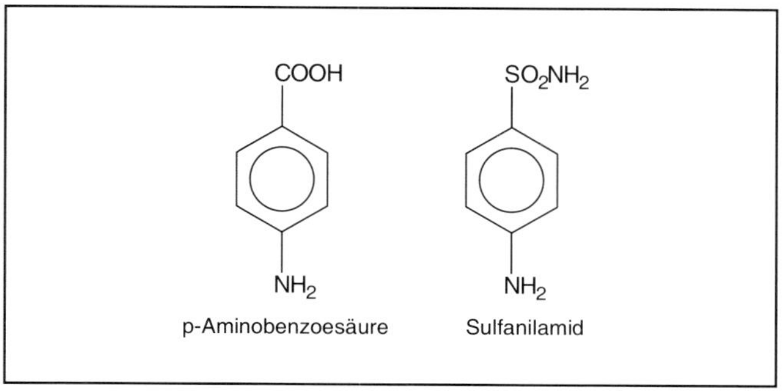

Abb. 11.21: Sulfanilamid und p-Aminobenzoesäure.

Während der Mensch auf die Aufnahme von Folsäure mit der Nahrung angewiesen ist (Vitamincharakter der Folsäure!), sind Bakterien in der Lage, Folsäure herzustellen. Als Ausgangssubstrat für die Synthese wird u. a. p-Aminobenzoesäure verwendet. Aufgrund der strukturellen Ähnlichkeiten bewirkt eine Gabe von Sulfanilamid eine kompetitive Verdrängung der p-Aminobenzoesäure an den bakteriellen Syntheseenzymen, womit der Folsäureanabolismus zum Erliegen kommt. Ausgehend von der Sulfanilsäure wurden eine Reihe von Verbindungen entwickelt, die unter dem Begriff **Sulfonamide** zusammengefaßt werden. Sie wirken bakteriostatisch.

5-Fluordesoxyuridinmonophosphat (5-FdUMP) entsteht innerhalb der Zelle aus 5-Fluoruracil. Es ähnelt in seiner molekularen Architektur dem dUMP und bindet wie dieses am aktiven Zentrum der Thymidylat-Synthase, die auf diese Weise in ihrer Aktivität irreversibel gehemmt wird.

Die Zelle ist aber nicht auf die ständige Neusynthese von dTTP allein angewiesen. Vielmehr kann sie auch freigewordenes Desoxythymidin (ein Nukleosid!) im Rahmen einer Wiederverwertungsreaktion zur Resynthese von dTMP verwenden. Die **Thymidinkinase** eröffnet diesen Reaktionsweg und ist insbesondere in teilungsaktiven Geweben mit hoher Aktivität vertreten.

11.5 Abbaureaktionen der Pyrimidine

Ort des Pyrimidinkatabolismus ist das Cytoplasma. Nach Desaminierung von Cytosin zu Uracil verläuft der Abbau dieser beiden Basen in gemeinsamen Bahnen, der des Thymins verläuft praktisch analog demjenigen des Uracils, von dem sich Thymin ja strukturell nur durch eine Methylgruppe $-CH_3$ unterscheidet. Nach Hydrierung der Kohlenstoff-Doppelbindung im Ring erfolgt die Ringspaltung, deren Produkt jeweils eine **Ureidosäure** (ureido lat. Harnstoff) ist. Das Präfix „Ureido" erinnert an den Harnstoff, der den beiden Säuren sozusagen in β-Stellung anhaftet.

Durch Abspaltung von CO_2 und NH_3 gehen diese beiden Verbindungen in **β-Alanin** und **β-Aminoisobuttersäure** über, die die Endstufen des Pyrimidinabbaus repräsentieren. β-Alanin findet als Ausgangsstoff in der Coenzym A-Synthese von Pflanzen und Bakterien Verwendung.

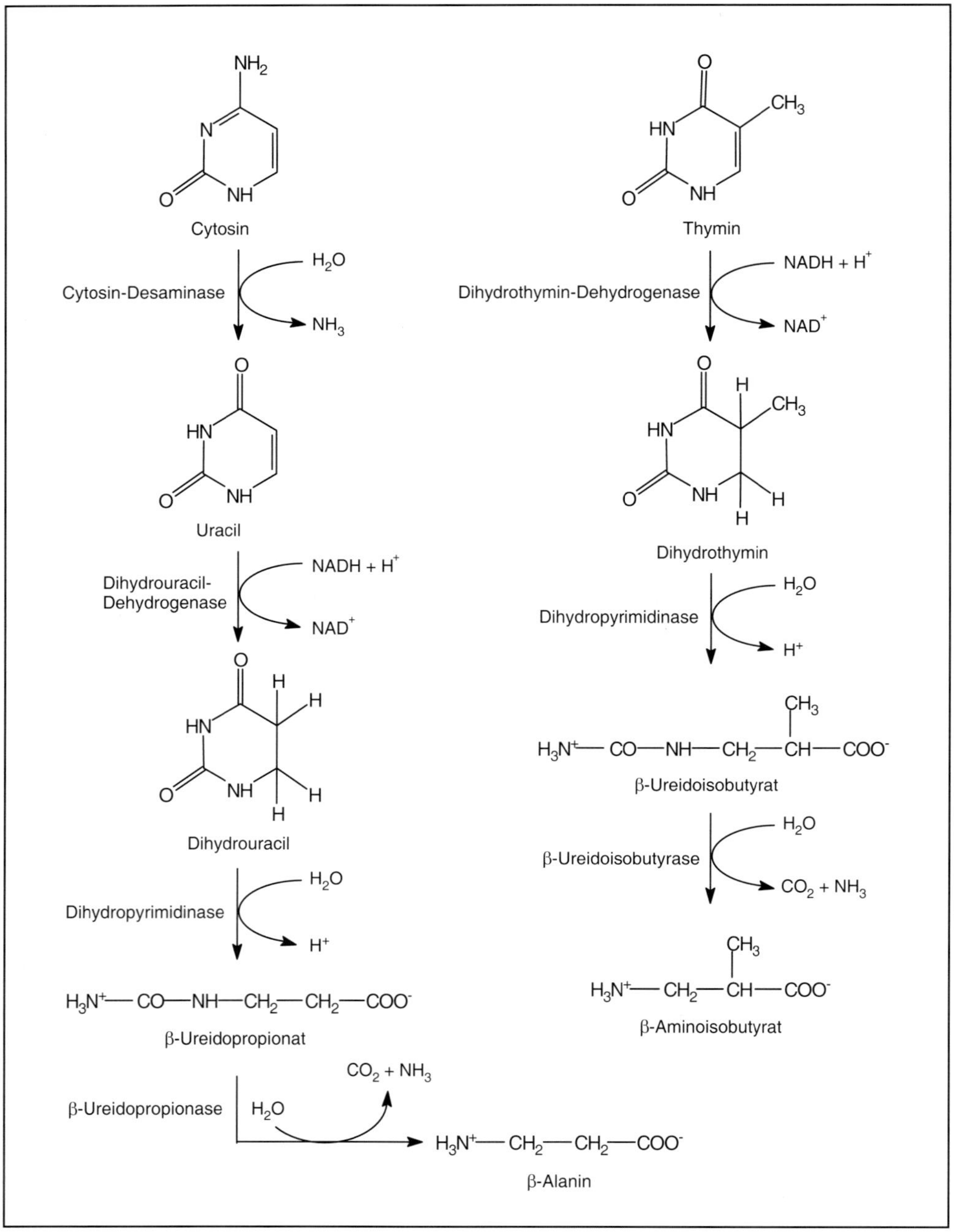

Abb. 11.22: Der Abbau der Pyrimidinbasen. Zunächst werden die Nukleotide CTP und TTP durch schrittweise Dephosphorylierung über CDP/TDP und CMP/TMP in die freien Basen überführt, ehe der Abbau den in der Abbildung aufgezeichneten Wegen folgt.

11.6 Purinbiosynthese

Im Vergleich zu den Pyrimidinen erweist sich die Purinbiosynthese als sehr viel komplexer, denn hier steuern eine ganze Reihe verschiedener Ausgangsverbindungen Anteile zum Ringsystem bei. Hierbei sind die Aminosäuren Aspartat, Glutamin und Glycin zu nennen, an deren Seite als weitere Edukte N^{10}-Formyltetrahydrofolat und CO_2 treten.

Ausgangspunkt und Kernmolekül des Purinanabolismus ist **5-Phosphoribosyl-1-diphosphat**, das PRPP.

Glutamin überträgt eine Aminogruppe auf das C-1‘ Atom des Kohlenhydrates, welches anschließend mit Glycin weiterreagiert. Nach Formylierung durch N^{10}-Formyltetrahydrofolat dient abermals Glutamin als Aminogruppendonor. Mittels Ringschluß entsteht der Fünfring des Purinsystems, an dem nun durch Carboxylierung (Anlagerung von CO_2) die Bildung des Sechsrings in die Wege geleitet wird. Additon von Aspartat gefolgt von einer Fumaratabspaltung führt letztlich zur Einführung einer weiteren Aminogruppe. Das letzte noch fehlende Kohlenstoffatom wird erneut von N^{10}-Formyltetrahydrofolat geliefert. Durch Ringschluß entsteht **Inosin-5'-monophosphat**, IMP. Die Base des entstandenen Nukleotids bezeichnet man als Hypoxanthin. In Abb. 11.24 sind die einzelnen Schritte der Synthese zusammengefaßt.

Ausgehend von IMP in Abb. 11.26 gelangt man jeweils über zwei Reaktionsschritte zu den Nukleotiden Adenosin-5'-monophosphat AMP und Guanosin-5'-monophosphat, GMP. Die Überführung des Hypoxanthins in Guanin macht dabei zunächst eine Oxidationsreaktion erforderlich, gefolgt von einer Substitution der in Position 2 entstandenen Carbonyl- durch die Aminogruppe eines Glutamins. Dieser zweite Reaktionschritt ist ATP-abhängig. Die Einführung einer Aminogruppe in Positon 6 durch Addition von Aspartat mit nachfolgender Abspaltung von Fumarat liefert Adenin als Base des Nukleotids. Dieser Prozeß verbraucht abweichend von der GMP-Synthese ein Molekül GTP.

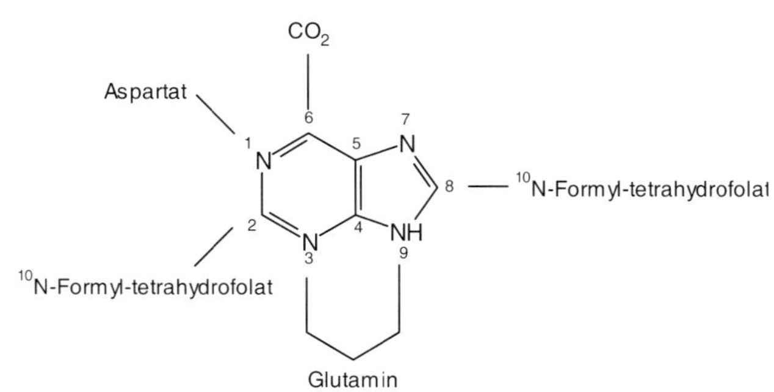

Abb. 11.23: Die Herkunft der einzelnen Ringatome im Purinringsystem. Die Ringatome 4, 5 und 7 haben im Glycin ihren Ursprung. Man beachte, daß auch eine energetisch so stabile Verbindung wie das CO_2 zur Synthese (C-6) der Purine herangezogen wird.

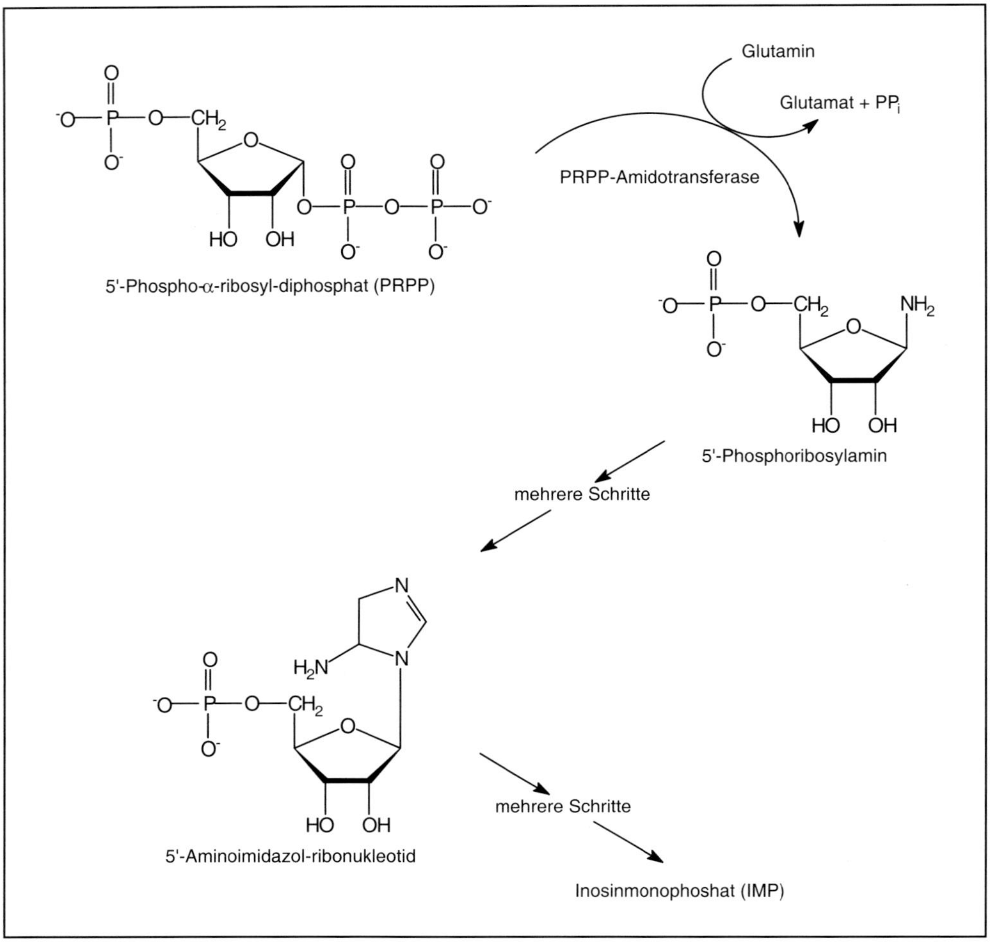

Abb. 11.24: Die Synthese des Purinringsystems in stark geraffter Form. Kernmolekül ist das PRPP.

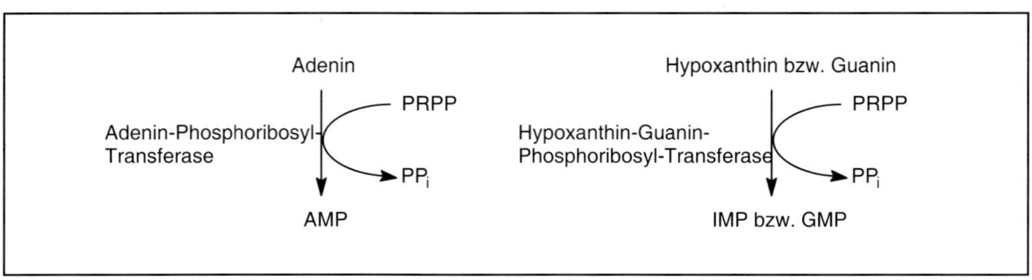

Abb. 11.25: Die Reaktionen der Hypoxanthin-Guanin-Phosphoribosyl- (HGPRT) und der Adenin-Phosphoribosyltransferase (APRT).

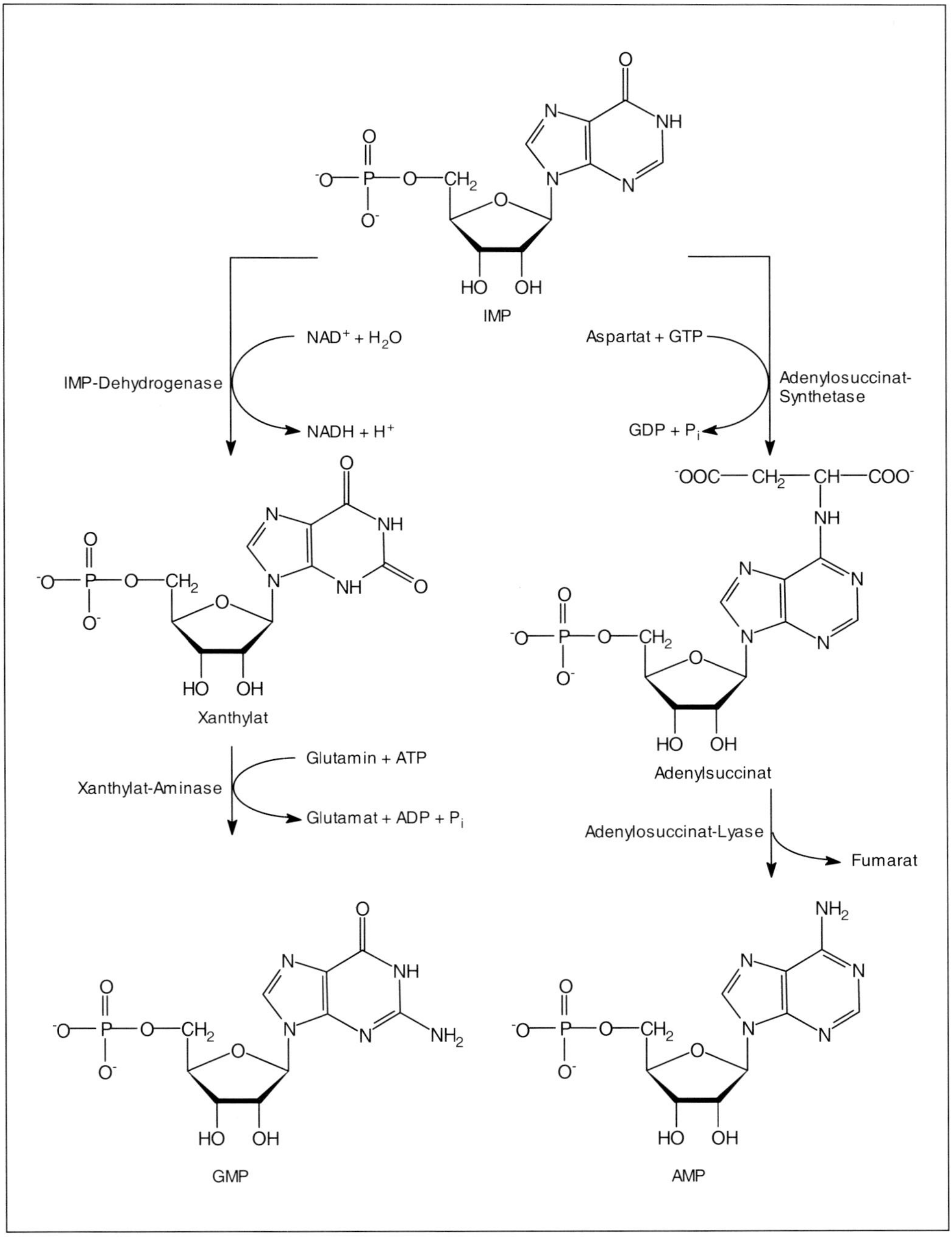

Abb. 11.26: Die Überführung von IMP in GMP bzw. AMP.

Man erkennt, daß die Neusynthese von Purinnukleotiden für den Organismus ein aufwendiges Geschäft ist. Daher bedient er sich der Möglichkeit, freie Purinbasen, die durch Nukleinsäureabbau entstehen, erneut für Synthesen heranzuziehen. Bei diesem alternativen Reaktionsweg werden freigewordene Purinbasen direkt mit PRPP-Molekülen zu neuen Purinnukleotiden verknüpft. Man nennt diesen Stoffwechselweg **salvage pathway** (engl. Bergungspfad), welchem zwei Enzyme zugrundeliegen. Die **Hypoxanthin-Guanin-Phosphoribosyltransferase** (HGPRT) eröffnet den Weg vom Hypoxanthin bzw. vom Guanin zu IMP und GMP, die **Adenin-Phosphoribosyltransferase** (APRT) hingegen ermöglicht die Bildung von AMP aus Adenin und PRPP.

11.7 Abbau der Purine

Ausgangspunkt des Purinabbaus sind die korrespondierenden Nukleoside. Betrachten wir zunächst den Katabolismus des Adenosins.

Nach Desaminierung wird das entstehende Inosin durch Phosphorolyse von seinem Kohlenhydratanteil befreit, wodurch das entstandene Ribose-1-phosphat über Ribose-5-phosphat erneut in PRPP überführt werden kann. Das angefallene Hypoxanthin wird durch die **Xanthin-Oxidase** in Xanthin umgesetzt, das auch Zwischenprodukt des Guanosinabbaus ist. Hier sind die Verhältnisse jedoch genau umgekehrt: Zunächst wird die Ribose phosphorolytisch entfernt, anschließend erfolgt die Desaminierung.

Die Xanthin-Oxidase setzt außerdem das entstandene Xanthin zu Harnsäure um. Das Enzym nimmt insofern eine Sonderstellung ein, als es neben Eisen das relativ selten vorkommende Metall **Molybdän** enthält. Die Harnsäure wird über die Nieren mit dem Urin ausgeschieden. Die Uricase bleibt als Enzym einigen Säugetieren vorbehalten, die aufgrund dieser Enzymaktivität nicht Harnsäure, sondern **Allantoin** mit dem Harn ausscheiden.

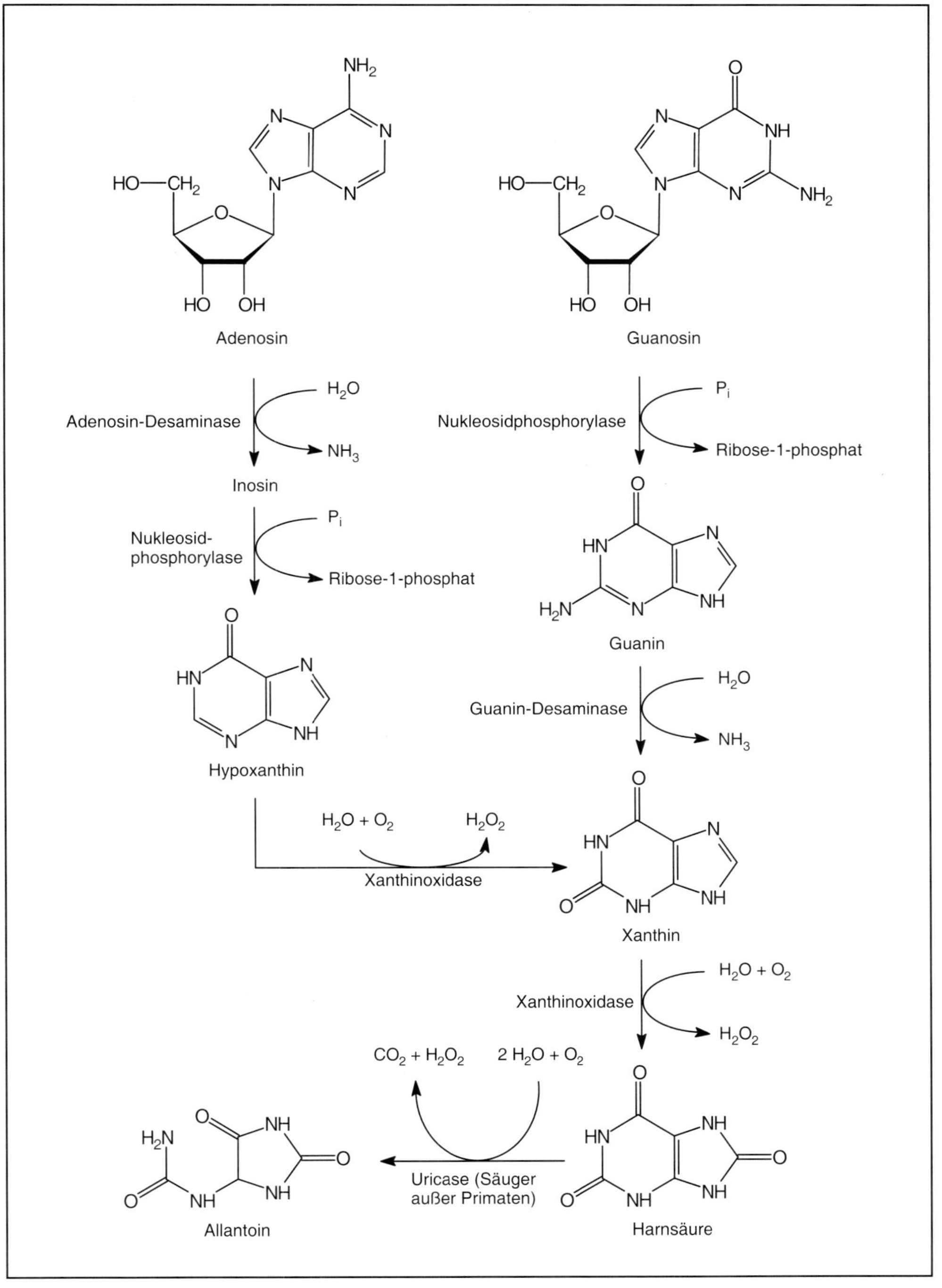

Abb. 11.27: Abbau der Purinbasen.

11.8 ATP als Ausgangssubstanz für FAD und NAD$^+$

Adenin ist nicht nur Bestandteil des ATPs, sondern auch in so wichtigen Coenzymen wie FAD und NAD$^+$ zu finden. Ausgehend vom Riboflavin wird im Zuge der FAD-Synthese dieses zunächst unter ATP-Verbrauch phosphoryliert; im anschließenden Reaktionsschritt wird unter erneuter Spaltung von ATP ein Transfer von Ribose und Adenin vorgenommen.

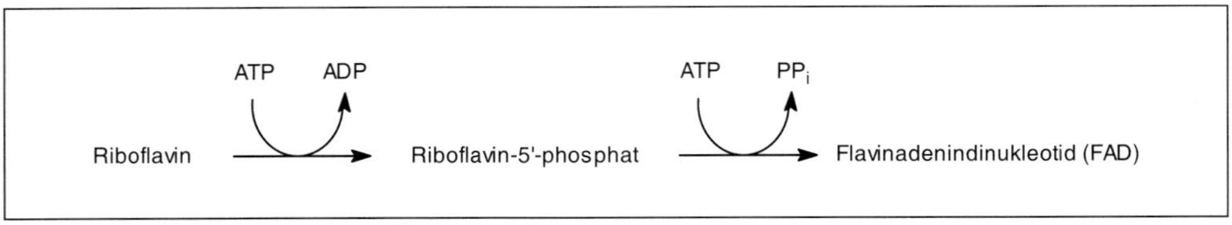

Abb. 11.28: Die Synthese von FAD.

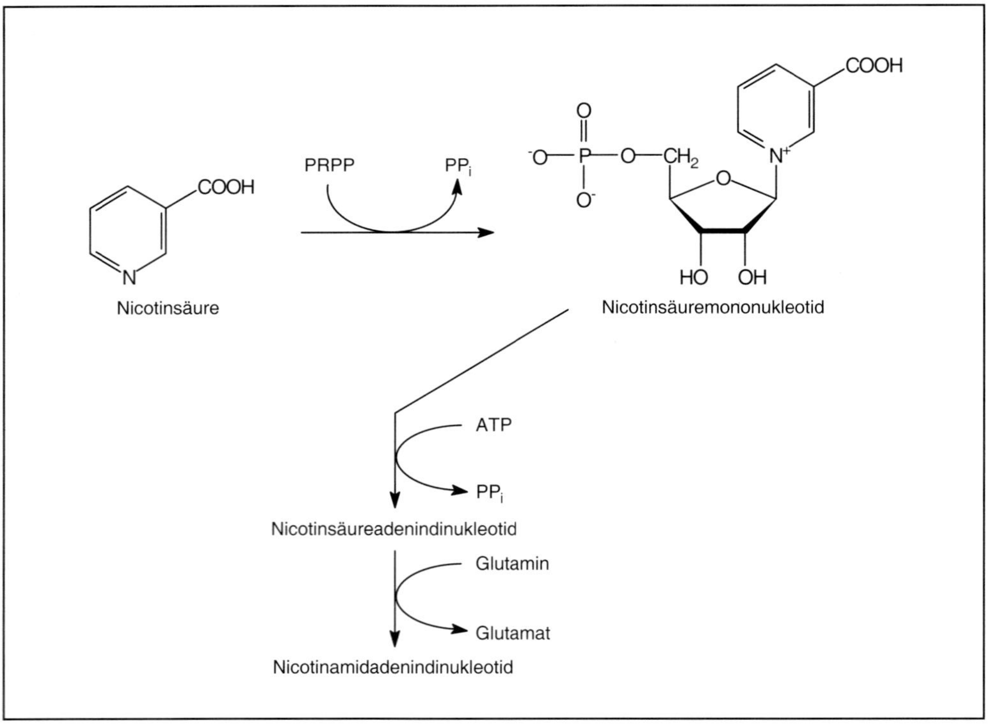

Abb. 11.29: Die Synthese von NAD$^+$..

Die Synthese von NAD$^+$ nimmt beim Niacin (Nicotinsäure) ihren Ausgang. Niacin fällt beim Abbau der Aminosäure Tryptophan an. Ist diese in der Nahrung nicht in ausreichendem Maße enthalten, erlangt Niacin Vitamincharakter. Durch Bindung des PRPP wird der Grundstein des NAD$^+$ geschaffen. Ähnlich der Synthese des FAD liefert ein ATP das zweite Nukleotid des Nicotinamidadenindinukleotids, die jetzt noch fehlende Aminogruppe steuert ein Molekül Glutamin bei. Abschließend soll hier noch angemerkt werden, daß wir die Base Adenin auch in der wichtigen Verbindung Coenzym A antreffen.

11.9 Klinischer Bezug

11.9.1 Gicht

Gicht ist eine Krankheit des Purinstoffwechsels, bei der sich eine erhöhte Harnsäurekonzentration im Blut der Patienten nachweisen läßt. Diesen Laborbefund nennt der Kliniker **Hyperuricämie,** von der bei Werten oberhalb 0,41 mmol/L (7,1 mg/dL) bei Männern oder 0,38 mmol/L (6,5 mg/dL) bei Frauen gesprochen werden kann. Obgleich nicht bei allen Personen mit Hyperuricämie eine Gichtsymptomatik auftreten muß, so ist sie doch Voraussetzung für die Ablagerung von Uratkristallen (Urate sind die Salze der Harnsäure) in den Gelenken, die dann charakteristische Gichtbeschwerden zeigen. Männer sind zwanzigmal häufiger als Frauen betroffen, bei denen die Krankheit in der Regel erst nach der Menopause (mens lat. Monat, die Menopause ist die letzte Menstruationsblutung einer Frau) auftritt. Pyknische Männer (pyknos gr. dick, pyknische Menschen sind von stämmigem Bau) unterliegen im mittleren bis höheren Alter einem größeren Risiko an Gicht zu erkranken. Wie beim Diabetes mellitus fördert Überernährung mit Adipositas die Manifestation der Gicht, so daß ein paralleles Auftreten von beiden Stoffwechselkrankheiten nicht selten ist.

Bei der Gicht unterscheidet man eine primäre von einer sekundären Form. Als Ursachen der **primären Gicht** kommen eine Überproduktion von Harnsäure sowie eine Störung ihrer tubulären Sekretion in Betracht. In mehr als 90 % aller Krankheitsfälle ist letzteres Grund für das Auftreten einer Gichtsymptomatik. Harnsäure wird zunächst glomerulär filtriert, dann fast vollständig im proximalen Tubulus rückresorbiert und gleichzeitig sezerniert. Die ausgeschiedene Harnsäure im Urin entstammt diesem tubulären Sekretionsmechanismus, der übrigens auch von anderen Säuren bzw. Pharmaka (Acetylsalicylsäure, Saluretika) genutzt wird. In den wenigen Fällen, bei denen eine Überproduktion an Harnsäure vorliegt, ist der verursachende Enzymdefekt meist nicht bekannt. Eine Ausnahme bildet das LESCH-NYHAN-Syndrom, bei dem ein Mangel an Hypoxanthin-Guanin-Phosphoribosyltransferase vorliegt. Die **sekundäre Gicht** ist eine Folgeerscheinung anderer Krankheiten, durch die entweder die Harnsäureausscheidung beeinträchtigt wird oder aber vermehrt Harnsäure anfällt. Bei der **Glykogenose vom Typ I**, dem **Diabetes mellitus**, Lactazidosen, **Einnahme von Diuretika** (Pharmaka, die den Harnfluß fördern, ouron gr. Harn) oder während längerer Hungerperioden treten im Serum vermehrt Säuren bzw. ihre Salze (Lactat, Acetoacetat, β-Hydroxybutyrat) auf, die mit der Harnsäure und ihrem Salz, dem Urat, um die Transportstellen des tubulären Sekretionsmechanismus konkurrieren. Zudem kann auch eine Nierenerkrankung mit Störungen der Sekretion einhergehen, so daß insbesondere bei chronischer Niereninsuffizienz mit Hyperuricämie und Gicht gerechnet werden muß. Krankheiten mit hoher Zellmauserung sind durch den erhöhten Nukleinsäureumsatz und der damit einhergehenden Harnsäureproduktion ebenfalls Ausgangspunkt einer sekundären Gicht. Zu ihnen gehören **Leukämien**, **hämolytische Anämien**, die **Polycytämie** und Tumore unter **cytostatischer, radiologischer** oder **nuklearmedizinischer Therapie**.

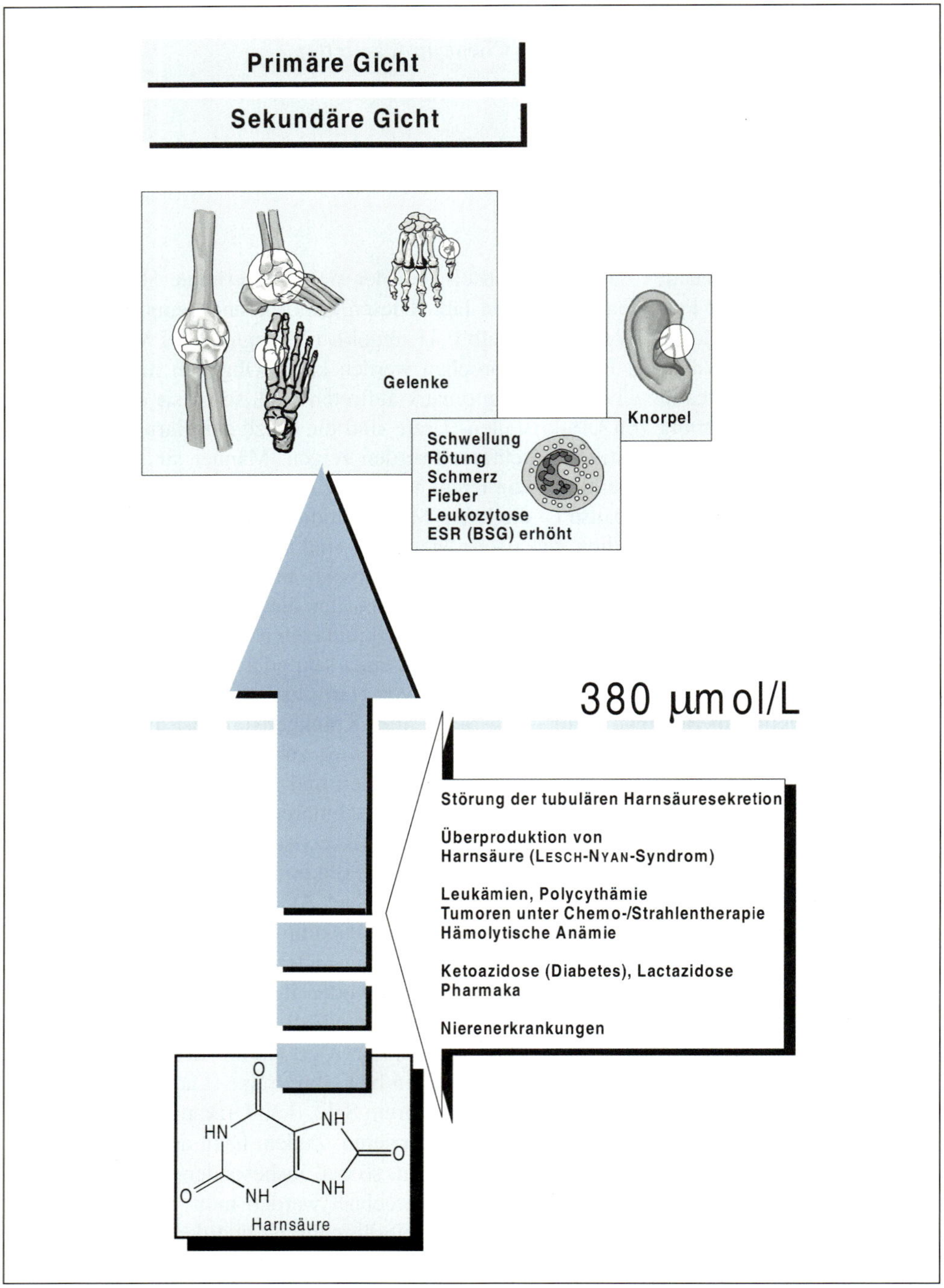

Abb. 11.30: Synopsis der Hyperurikämie.

Die Löslichkeitsgrenze der Harnsäure, welche beim pH-Wert des Blutes ganz überwiegend als Natriumurat (ihrem Natriumsalz) vorliegt, wird bei 0,38 mmol/L (6,4 mg/dL) erreicht. Bei Harnsäurekonzentrationen > 0,50 mmol/L (8,5 mg/dL) fällt Harnsäure bzw. Natriumurat in kristalliner Form aus. Dies geschieht ganz überwiegend in der Gelenkflüssigkeit, so daß es an Gelenken oder in ihrer Umgebung zu typischen Schwellungen, den sogenannten **Gichttophi** (Gichtknoten, tophos gr. Tuffstein), kommt. Meist ist zuerst das **Großzehengrundgelenk** betroffen. Die Uratkristalle wirken als starker Entzündungsreiz, was einen Einstrom von polymorphkernigen Leukocyten und Makrophagen zur Folge hat. Diese phagocytieren die Kristalle und weisen dabei eine erhöhte anaerobe Glykolyse mit verstärktem intrazellulären Milchsäureanfall auf. Weiterhin werden von diesen Entzündungszellen proteolytische Enzyme und Kinine freigesetzt, die Schmerzen und eine erhöhte Gefäßpermeabilität bedingen. Absterbende Phagocyten entlassen Milchsäure in den extrazellulären Raum, dessen pH-Wert dadurch abfällt. Dieser niedrige pH-Wert wiederum verschiebt das Säure/Base-Gleichgewicht der Harnsäure auf die Seite der undissoziierten Form, deren Löslichkeit deutlich niedriger als diejenige ihres Natriumsalzes ist. Somit fallen erneut Kristalle aus, welche wieder Phagocyten anlocken. Es kommt zu einem Circulus vitiosus, bei dem es immer wieder zu Gichtanfällen kommt. Klinisch äußern diese sich in Form einer plötzlich auftretenden **Monarthritis** (athron gr. Gelenk, also Entzündung eines einzelnen Gelenks) mit Rötung (erhöhte Gefäßpermeabilität), Schmerzen (Kininfreisetzung) und Schwellung (Ödem durch erhöhte Gefäßpermeabilität und Phagocyteneinwanderung). Eventuell treten Fieber, Leukocytose und eine Erhöhung der Blutkörperchensenkungsgeschwindigkeit als Symptome hinzu. In späteren Stadien der Gicht können Tophi auch in der Haut und an anderen Gelenken auftreten. Bei chronischem Verlauf kommt es zu irreversiblen Läsionen der Gelenke, die zu Funktionseinschränkungen führen. Dies wird besonders im Röntgenbild deutlich. Von besonderer klinischer Bedeutung ist die **Gichtniere**. Hierbei kommt es zu Uratablagerungen im Nierengewebe, wobei die Papillenbereiche wegen der dort vorherrschenden niedrigen pH-Werte bevorzugt befallen werden. Ähnlich wie bei der Gelenkmanifestation mündet die Urat- bzw. Harnsäurekristallisation im Nierengewebe in eine Entzündung des Organs, die Nephritis, ein. Fallen Kristalle im Harn aus, so sind **Nierensteine** mit möglichen Nierenkoliken die Konsequenz. Die Uratsteine bilden ein Abflußhindernis, was wiederum das Auftreten von Harnwegsinfekten bzw. einer **Pyelonephritis** (Nierenbeckenentzündung) begünstigt. Unbehandelt kann das Endstadium der Gichtniere eine **Niereninsuffizienz** sein. An dieser Stelle sei noch angemerkt, daß Uratsteine im Röntgenbild keinen Steinschatten ergeben!

Therapeutisch wird eine Diät empfohlen, bei der Innereien, Wild, Sardellen, Sardinen und Fleischextrakte vermieden werden sollten. Eine übermäßige Zufuhr an Proteinen kann eine vermehrte Purinsynthese nach sich ziehen, für die mehrere Aminosäuren erforderlich sind. Auf Alkohol sollte der Gichtpatient aus zwei Gründen verzichten. Erstens führt Alkoholgenuß zu einer verstärkten Diurese, die eine erhöhte Natriumuratkonzentration im Blut verursacht. Damit steigt die Gefahr der Auskristallisation. Zum zweiten kommt es über die Alkohol-Dehydrogenase-Reaktion und dem dabei gebildeten NADH + H^+ zu einem vermehrten Anfall von Lactat, welches bekanntlich das gleiche Transportsystem wie Harnsäure bzw. Urat im proximalen Tubulus nutzt. Dies hat dann einen Anstieg der Harnsäure- und Uratkonzentration im Blut zur Folge, aus dem ein Gichtanfall resultieren kann. Abb. 11.31 verdeutlicht die Ausbildung einer Lactazidose bei ausgeprägtem Alkoholgenuß.

Im akuten Gichtanfall gibt man **Colchicin**, das die Phagocytose durch Leukocyten unterbindet (Aufbau von Mikrotubuli in den Leukocyten wird gehemmt). Als Dauerbehandlung verabreicht man **Allopurinol**, das als kompetitiver Xanthin-Oxidasehemmer die Harnsäuresynthese einschränkt.

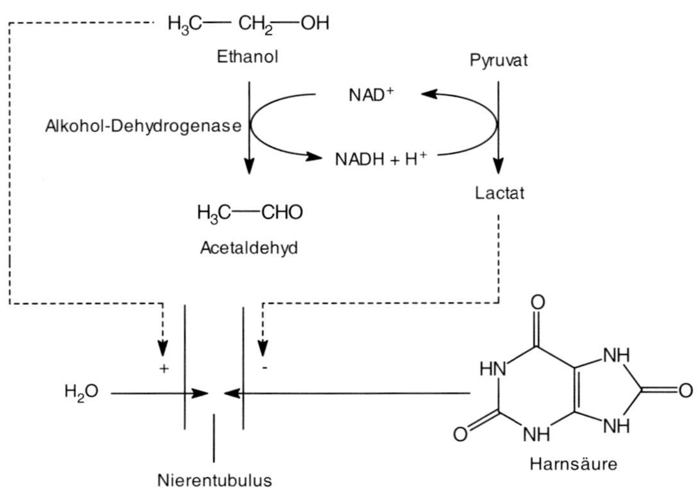

Abb. 11.31: Auswirkung des Alkoholkonsums auf die Harnsäuresekretion.

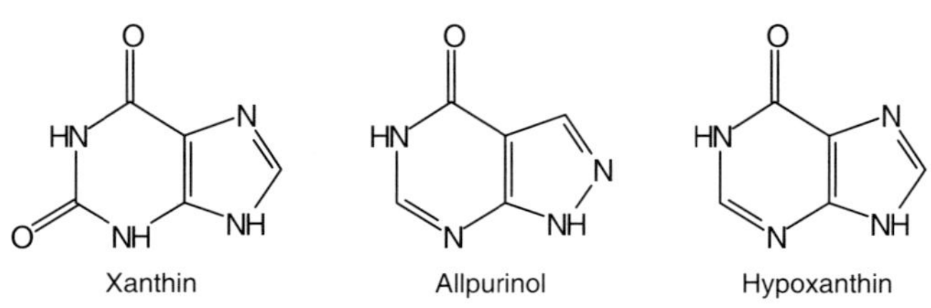

Abb. 11.32: Vergleich der Strukturen von Xanthin, Allopurinol und Hypoxanthin.

Stattdessen werden Hypoxanthin und Xanthin ausgeschieden, die wesentlich besser als Harnsäure löslich sind. Abb. 11.32 verdeutlicht die Strukturanalogie zwischen Hypoxanthin und Allopurinol. Alternativ kann man Urikosurika wie Benzbromaron oder Sulfinpyrazon verabreichen, die die tubuläre Rückresorption der Harnsäure aus dem Harn reprimieren.

11.9.2 LESCH-NYHAN-Syndrom

Eine besonders schwere Erkrankung, das LESCH-NYHAN-Syndrom, geht aus einer Störung des Nukleotidstoffwechsels hervor. Diese Erkrankung unterstreicht die Bedeutung des „salvage pathway" im Rahmen der Purinsynthese. Der Defekt im HGPRT-Gen auf dem X-Chromosom führt zum Totalausfall des Enzyms. Entsprechend der Genlokalisation wird diese Erkrankung geschlechtsgebunden vererbt. Eintretende Hirnschädigungen führen zu einer geistigen Retardierung im Kindesalter. Ein zwanghaft aggressives Verhalten ist auch gegen sich selbst gerichtet (**Autoaggression**). Eine Überproduktion von Urat führt zur Hyperuricämie mit den eben besprochenen Symptomen der Gicht bis hin zur Niereninsuffizienz. Die meisten Patienten versterben bis zum zwanzigsten Lebensjahr.

11.9.3 Adenosin-Desaminase-Mangel

Ein interessanter Zusammenhang zwischen dem Nukleotidstoffwechsel und einer schweren Immunschwächekrankheit offenbart sich im Mangel des Enzyms Adenosin-Desaminase. Dieses Enzym katalysiert nicht nur den Abbau von Adenosin zu Inosin, sondern akzeptiert auch Desoxyadenosin als Substrat. Letzteres entsteht beim Abbau von DNA. Wird Desoxyadenosin jedoch nicht katabol verstoffwechselt, kann es durch verschiedene Nukleosid-Kinasen zu dATP umgesetzt werden. Insbesondere Leukocyten scheinen mit solchen Enzymen reich bestückt zu sein. dATP ist ein starker Inhibitor der DNA-Synthese und damit auch der nachfolgenden Zellteilung. Gerade eine Zellproliferation der B- und T-Zellen ist jedoch ein entscheidender Schritt in der Immunantwort. Die daraus resultierende Schwäche des Immunsystems wird als **SCID** (engl. severe combined immunodeficiency syndrom) bezeichnet.

11.10 Literatur

(1) Reichard, P., Ehrenberg, A.: Ribonucleotide reductase - a radical enzyme. Science, Vol. 221, 514 - 519 (1983).

(2) Harrison, T. R.: Principles of internal medicine. S. 2079 – 2088. 13. Auflage (1994).

12 Nukleinsäuren und molekulare Genetik

12.1 Der Begriff der biologischen Information

Bei Betrachtung einer Zelle fällt deren Komplexität auf. Eine Unzahl von Proteinen sorgt in Form von Enzymen für einen geregelten Ablauf der Stoffwechselvorgänge. Proteine des Cytoskeletts verleihen der Zelle Form und Stabilität, andere übernehmen den Stoffaustausch mit der Umgebung oder versetzen sie in die Lage, auf äußere Reize zu reagieren. Allen Proteinen ist der Aufbau aus den zwanzig proteinogen Aminosäuren gemeinsam. Ein hypothetisches Protein aus 100 Aminosäuren kann also schon auf $20^{100} = 10^{130}$ Möglichkeiten zusammengesetzt sein. Von dieser schier unendlich großen Anzahl verschiedener Molekülstrukturen wird für ein ganz bestimmtes Protein aber nur eine einzige benötigt, so wie bei einem Puzzle nur eine mögliche Kombination der Fragmente als Lösung in Frage kommt. Wie wird diese Selektion von der Zelle bewerkstelligt?

Zellen benötigen einen Bauplan, quasi die Information für das jeweilige „Design" eines Proteins. Der „Text" dieses Bauplans ist in einer Sprache geschrieben, die lediglich 4 Buchstaben benötigt. Wir haben sie in den vorherigen Abschnitten des Kapitels bereits kennengelernt: Adenin, Cytosin, Guanin und Thymin. Kurz: A, C, G und T. Niedergelegt ist diese Information in der DNA, einem Polymer aus den vorgenannten Basen. Eine lineare Aneinanderreihung dieser Basenbuchstaben ergibt auf den ersten Blick keinen „Sinn", zumal Regelmäßigkeiten bzw. ein System zunächst nicht zu erkennen sind. Die Proteinsynthesemaschinerie vermag diesen Code jedoch zu dechiffrieren und in eine Abfolge von Aminosäuren zu übersetzen. Einschränkend muß jedoch hervorgehoben werden, daß auch auf zellulärer Ebene gleichsam eine „Basensyntax" beachtet werden muß, denn nicht jede Basenabfolge ergibt ein „Wort mit einer Bedeutung". Unsinnigen Buchstabenfolgen, wie beispielsweise „hdsgrtdkf", entsprechen einer solchen nicht deutbaren Basenfolge.

Basensequenzen, die sich in ein Protein übersetzen lassen, die also Designinformation beinhalten, bezeichnet man als **Gen**, genauer ausgedrückt als **Strukturgen**. Die Zelle verfügt daneben nämlich noch über regulatorische DNA-Abschnitte, die dementsprechend als **Regulatorgene** bezeichnet werden. Die Summe aller Gene und damit die Information für den „Gesamtentwurf Zelle bzw. Organismus" heißt **Genom**. Die Umsetzung der Information von der DNA zum Protein verläuft aber nicht unmittelbar, vielmehr erfolgt zunächst ein Kopiervorgang von der DNA auf die **m**RNA (der **m**essenger- oder Boten-RNA), bei dem die Basensprache beibehalten wird. Diesen Schritt nennen wir **Transkription**. Gleichsam als Bote zwischen Zellkern und Ribosom fungiert die mRNA und ist somit eine mobile der DNA-Kopie, die am Ribosom als Matrize (matrix lat. Mutterstamm) für die anschliessende Übersetzung oder **Translation** dient, bei der die Basen- in eine Aminosäurensprache (die Primärstruktur eines Proteins) übersetzt wird. Ribosomen als Orte der Translation sind einerseits aus einer Reihe verschiedener Proteine, andererseits aus RNA-Molekülen aufgebaut. Aufgrund der Lokalisation dieser RNA im Ribosom wird sie **r**ibosomale RNA oder kurz **r**RNA genannt. Auf den genauen Aufbau des Ribosoms kommen wir im Abschnitt 12.3.7 zu sprechen. Der Vollständigkeit halber soll erwähnt werden, daß eine dritte Form der RNA, die **t**RNA, in das Geschehen am Ribosom involviert ist. Das Präfix „t" für „**t**ransfer" verdeutlicht ihre Funktion, den Transport einzelner Aminosäuren zum Einbau in die wachsende Polypeptidkette.

Ein entscheidender Unterschied zwischen den Informationsträgern RNA und DNA besteht im Kohlenhydratbestandteil. Finden wir in der DNA Desoxyribose, so tritt in der RNA Ribose an ihre Stelle, was bekanntlich im Namen der beiden Säuren seine Entsprechung findet. DNA steht für den englischen Ausdruck „desoxyribonucleic acid", RNA hingegen für „ribonucleic acid". Tabelle 12.1 zeigt in einer Übersicht die verschiedenen angesprochenen RNA-Typen, Abb. 12.1 den Informationsfluß.

Der abgebildete Zusammenhang ist auch unter dem Schlagwort „**Zentrales Dogma der Molekularbiologie**" bekannt geworden. Zusätzlich zu den schon bekannten Prozessen ist in Abb. 12.1 auch die Replikation eingezeichnet, unter der wir die Anfertigung einer identischen Kopie des Informationsspeichers DNA verstehen. Notwendig wird dieser Vorgang vor jeder Zellteilung, damit beide entstehenden Tochterzellen einen identischen Satz an DNA auf den Weg bekommen. Wir beschäftigen uns damit im Abschnitt 12.4.
Abschließend soll hier noch angeführt werden, daß nicht in allen Organismen die DNA den primären Informationsspeicher stellt. Einige Viren verwenden an ihrer Stelle RNA. In diesem Zusammenhang muß aber unterstrichen werden, daß Viren nicht zu den Organismen im engeren Sinne gezählt werden, da sie unfähig sind, außerhalb von (eu- und prokaryontischen) Zellen zu existieren. Vielmehr partizipieren sie an Stoffwechsel und Enzymausstattung ihrer Wirtszellen. Dies erklärt auch, warum es Viren waren, die das zentrale Dogma der Molekularbiologie, das lange Zeit als unumstößlich galt, zum Wanken brachten.

Tabelle 12.1: Die verschiedenen RNA-Arten.

RNA-Typ	Ungefähre Größe	Funktion
mRNA	Von wenigen hundert bis zu zehntausend Nukleotiden	Matrize für die Proteinbiosynthese am Ribosom; stellt eine Abschrift eines bestimmten DNA-Abschnitts dar
rRNA	Bei Eukaryonten, also auch dem Menschen, vier verschiedene Moleküle mit ca. 120, 150, 1700 und 3500 Nukleotiden Entsprechend ihrer Größe bezeichnet man sie als 5 S-, 5,8 S-, 18 S- und 28 S-rRNA.	Beteiligt am Aufbau des Ribosoms, der Proteinbiosynthesemaschinerie der Zelle; notwendig für die Struktur des Ribosoms, hat aber auch funktionelle Aufgaben
tRNA	Zwischen 80 und 90 Nukleotiden	Überbringen die Aminosäuren in aktivierter Form zum Ribosom, um dort den Einbau in die wachsende Proteinkette zu ermöglichen

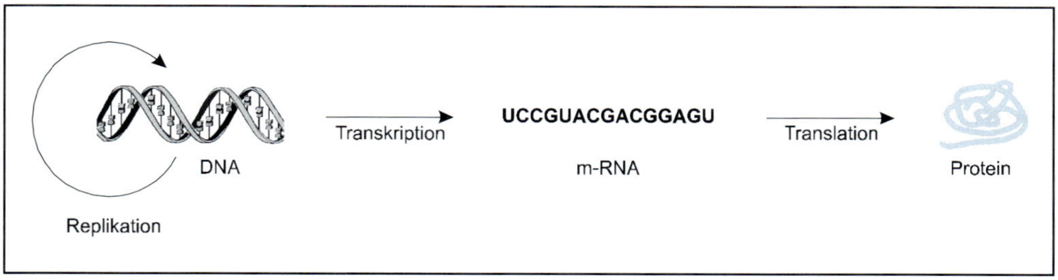

Abb. 12.1: Der Informationsfluß in der Zelle.

An einer Stelle des Informationsflusses kommt es sozusagen zu einer „Richtungsumkehr“, indem genetische Information von einer RNA auf DNA umgeschrieben wird. Viren, die dieses Phänomen zeigen, werden **Retroviren** genannt. Zu ihren prominentesten Vertretern zählt das humane Immundefizienz Virus HIV, der AIDS-Erreger.

12.2 Der Aufbau des Informationsträgers DNA

Einfach gesprochen handelt es sich bei der DNA um ein großes Nukleotidpolymer. Abb. 12.2 verdeutlicht in Form eines Ausschnittbildes die Verknüpfung zweier Nukleotide innerhalb eines wachsenden DNA-Moleküls. Die nötige Energie für die Ausbildung der entsprechenden Bindungen wird von dem reagierenden Triphosphat (in der Abbildung ist das dATP) gleichzeitig eingebracht; ist sie doch in den Säureanhydridbindungen der Phosphate enthalten. Auf gleiche Art und Weise kann dieses Dinukleotid über Oligo- bis hin zu Polynukleotiden verlängert werden. Desoxyribosen bilden dabei über ihren gemeinsamen Phosphatrest das Rückgrat der Nukleinsäure (Abb. 12.3). Die Abfolge der an die Zucker gebundenen Basen wird ähnlich wie bei den Proteinen als Primärstruktur oder Sequenz der DNA angesehen.

Die dreidimensionale Struktur der DNA warf lange Zeit große Rätsel auf. Mehrere Fakten trugen letztlich zur ihrer Aufklärung durch WATSON und CRICK[1] im Jahre 1953 bei, deren grundlegende Arbeiten 1962 mit dem Nobelpreis für Medizin geehrt wurden. Eine Basis bildete die von CHARGAFF gefundene Regel, daß in allen bisher untersuchten DNA-Molekülen der Gehalt von Guanin und Cytosin bzw. Adenin und Thymin stets im Verhältnis 1:1 in Erscheinung trat. Darüber hinaus ging aus Röntgenstrukturuntersuchungen von ROSALIND FRANKLIN und MAURICE WILKENS hervor, daß in einem DNA-Molekül immer zwei Polynukleotidketten in Form eines Doppelstranges enthalten sind.

Das fertige Modell weist schließlich folgende Eigenschaften auf: Die DNA ist aus zwei umeinander gewundenen DNA-Strängen aufgebaut, wobei das Zucker-Phosphat-Rückgrat nach außen und die Basen in das Innere der „Doppelwendel“ zeigen. Beide Stränge weisen unterschiedliche Polarität auf, so läuft der eine von 5'- in 3'-Richtung, während der andere umgekehrt eine 3'-5'-Ausrichtung besitzt. Die nach innen orientierten Basen der DNA-Helix bilden untereinander Wasserstoffbrückenbindungen aus und halten somit die Doppelhelix zusammen. Es zeigt sich, daß immer ein Guanin mit einem Cytosin bzw. ein Thymin mit einem Adenin „paart“, womit auch die molekulare Erklärung der CHARGAFF'schen Beobachtung gefunden worden war. Die Paarung zwischen Guanin und Cytosin beruht stets auf drei

---

[1]**WATSON, JAMES D.**, * 1928 und **CRICK, FRANCIS H. C**, * 1916: Dem amerikanischen Biochemiker WATSON und seinem britischen Kollegen CRICK gelang im Jahre 1953 eine der bahnbrechendsten Entdeckungen dieses Jahrhunderts: Die Aufklärung der DNA-Struktur. Dieses Jahr kann wohl ohne Übertreibung als das Geburtsjahr der modernen molekularen Genetik angesehen werden. Das Bemerkenswerte an der Enträtselung der Nukleinsäurestruktur war dabei das Vorgehen der beiden Wissenschaftler, welches über weite Strecken intuitiven und spielerischen Charakter besaß. Es wird in diesem Zusammenhang jedoch oft übersehen, daß zu dieser wissenschaftlichen Leistung eine Reihe anderer Wissenschaftler in und außerhalb von Cambridge einen bedeutenden Beitrag geleistet haben. Allen voran sind hier **ROSALIND FRANKLIN** (* 1921, † 1958) und **MAURICE H. F. WILKINS** (* 1916) zu nennen, deren Röntgenstrukturdaten ein Ausgangspunkt für die Arbeit von WATSON und CRICK waren. 1962 erhielten WATSON, CRICK und WILKINS, nicht jedoch ROSALIND FRANKLIN, den Nobelpreis für Medizin. Einen guten Einblick in die spannende Entdeckungsgeschichte der DNA gibt das Buch „Die Doppelhelix“ von WATSON (rororo).

ausgebildeten Wasserstoffbrückenbindungen, im Falle der Adenin-Thymin-Wechselwirkung lassen sich zwei nachweisen.

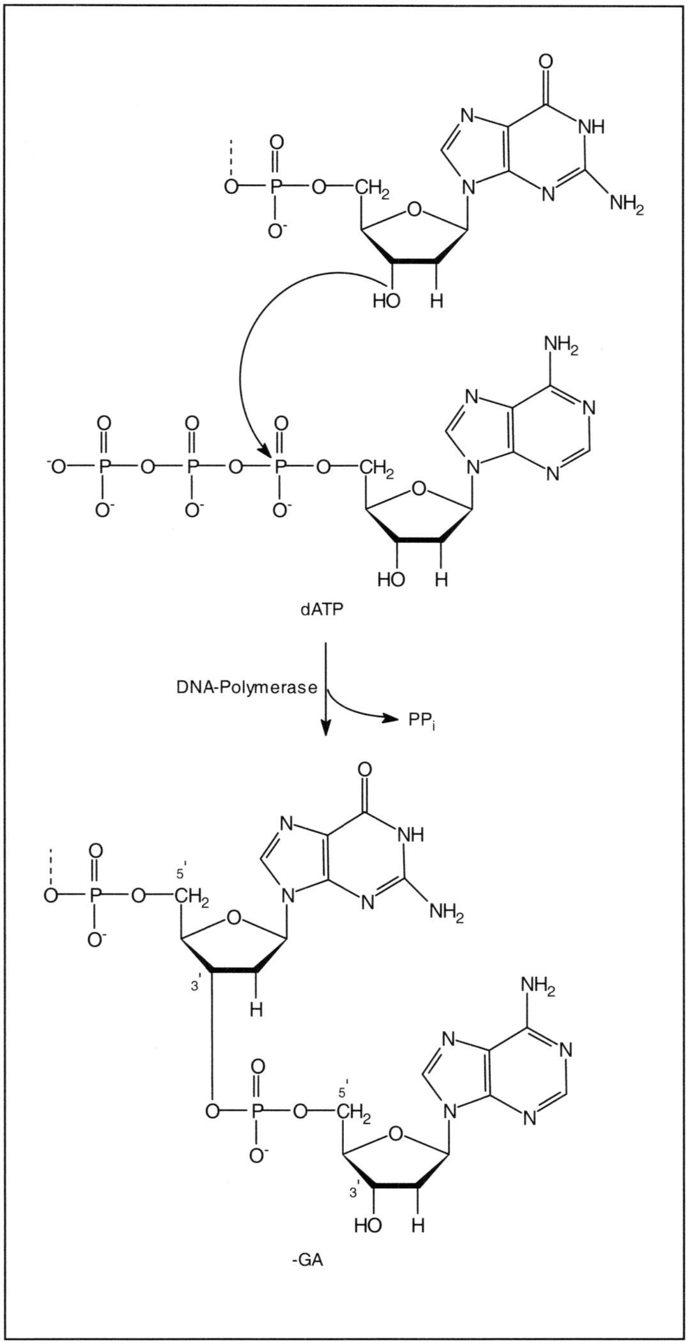

Abb. 12.2: Die Reaktion zweier Desoxynukleotide, hier dGMP aus einem DNA-Abschnitt mit dem freien Trinukleotid dATP. Man beachte die **5'-3'-Verknüpfung** im wachsenden Polymerstrang!

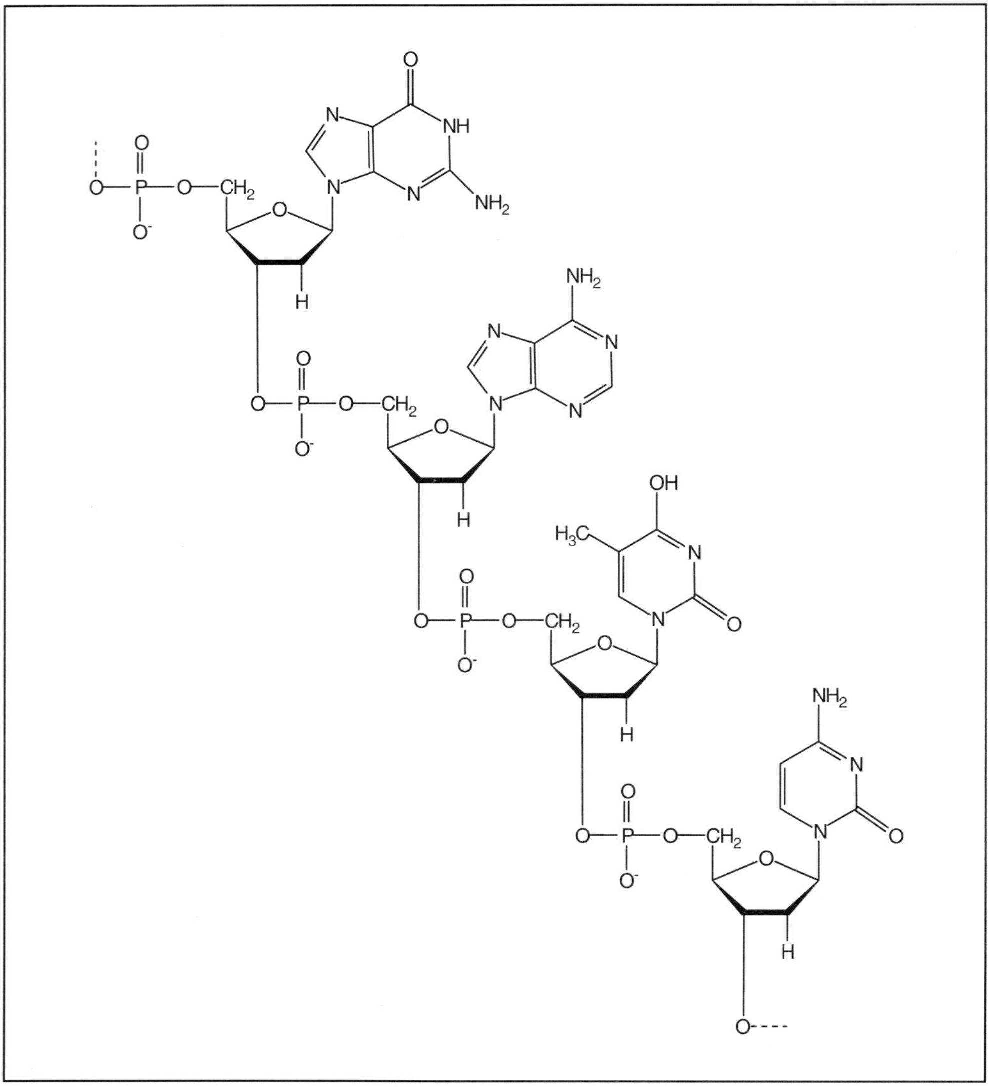

Abb. 12.3: Das Rückgrat der DNA, hier am Beispiel der Sequenz -GATC-.

Mit dieser Paarung der Basen ist aber auch ihre Abfolge im Strang festgelegt, wenn sie nur im Partnerstrang vorgegeben ist. Man sagt auch, die beiden Stränge seien **komplementär** zueinander. Neben Wasserstoffbrückenbindungen tragen noch weitere Basenwechselwirkungen zur Stabilität der Helix bei. Beispielsweise treten die übereinander gestapelten Basen durch ihre delokalisierten π-Elektronensysteme (quasi vertikal) in Kontakt.

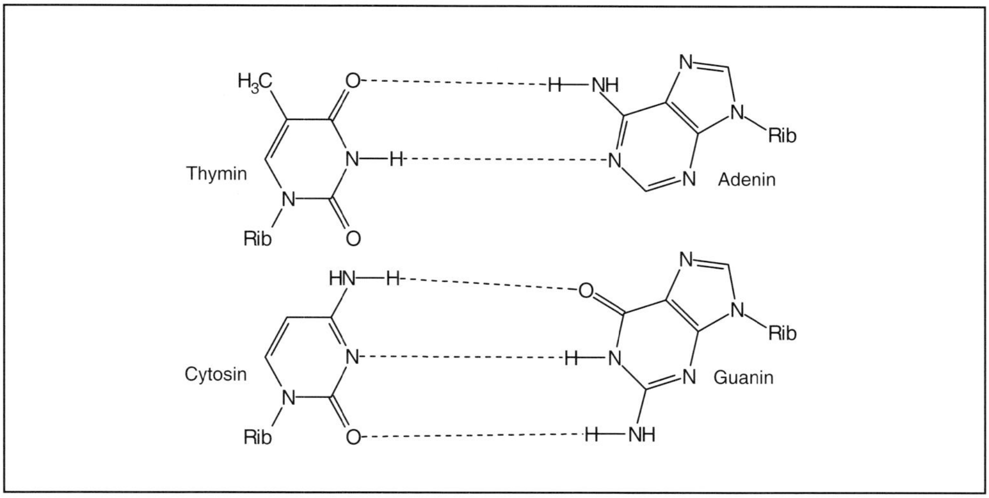

Abb. 12.4: Die an der Basenpaarung beteiligten Wasserstoffbrückenbindungen.

Die daraus resultierenden Anziehungskräfte werden als **stacking forces** bezeichnet. Nach dem Modell von WATSON und CRICK ergibt sich folgendes Bild der DNA-Helix, Abb. 12.6: Pro Helixwindung werden zehn Basenpaarungen ausgebildet, ihr Durchmesser beträgt 2 nm mit einer Ganghöhe von 3,4 nm. An der Oberfläche der Helix lassen sich zwei verschiedene Vertiefungen erkennen, die als große und kleine Furche bezeichnet werden.

Löst man die Wasserstoffbrückenbindungen zwischen den Basen, so lassen sich die beiden DNA-Stränge trennen. Dies läßt sich zum Beispiel durch Wärmeeinwirkung erreichen. Ähnlich wie bei Proteinen spricht man auch hier von **Denaturieren**. Den Vorgang des Denaturierens kann man photometrisch bei 260 nm verfolgen, wo die Basen aufgrund ihres aromatischen Ringsystems ein Absorptionsmaximum zeigen. Die Höhe der Extinktion hängt jedoch von der genauen Molekülgestalt ab, wobei sie umso geringer ist, je geordneter die DNA-Struktur ist.

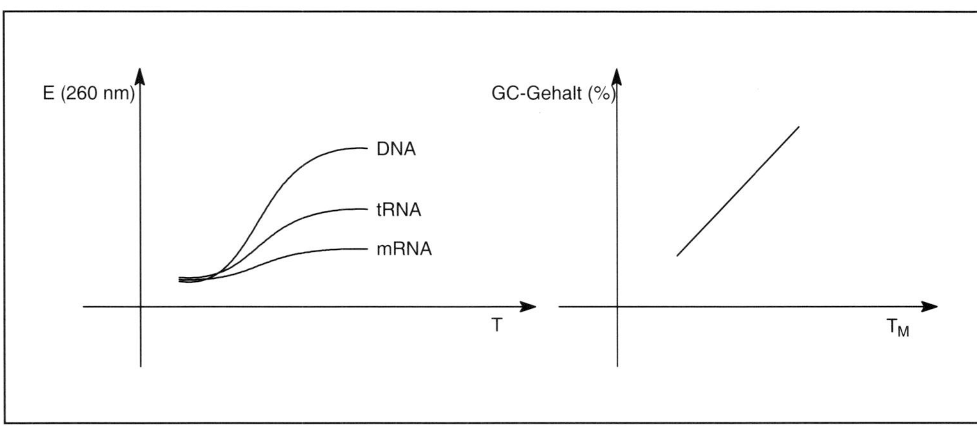

Abb. 12.5: Links sieht man das Verhalten von DNA und verschiedener RNA-Arten beim Denaturieren. Die rechte Abbildung zeigt den Zusammenhang von T_M und prozentualem GC-Gehalt.

Hervorgerufen wird dieser **hypochrome Effekt** (hypo gr. unter und chroma gr. Farbe) durch Wechselwirkung der in der Helix planar übereinander angeordneten Basen. Denaturieren äußert sich also in einer Zunahme der Extinktion, **dem hyperchromen Effekt** (hyper gr. übermäßig). Die graphische Darstellung der Extinktion in Abhängigkeit von der Temperatur nennen wir **Schmelzkurve**, die zur Bestimmung der **Schmelztemperatur T_M** herangezogen werden kann. Sie ist als diejenige Temperatur definiert, bei der ein DNA-Strang bereits zur Hälfte als Einzelstrang vorliegt. Sie hängt vom prozentualen GC-Gehalt (Guanosin-Cytosin-Gehalt) der DNA ab.

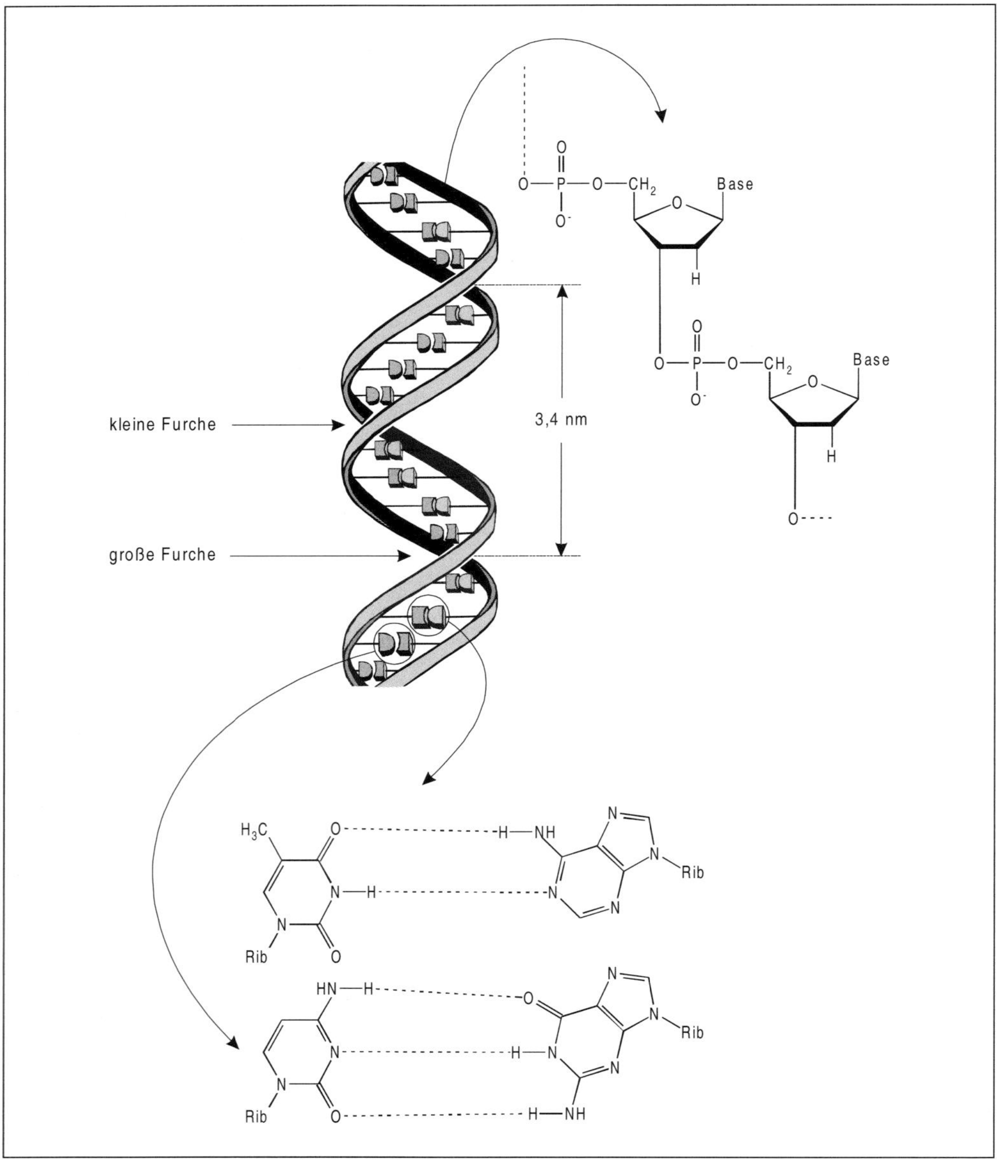

Abb. 12.6: Die Helixstruktur der DNA nach WATSON und CRICK.

Auch RNA zeigt beim Denaturieren einen hyperchromen Effekt. Da es sich bei ihr aber um Einzelstrangmoleküle handelt (siehe unten), die nur partiell als Doppelstrang auftreten können, fällt der Effekt bedeutend schwächer aus. Somit sind uns nun bereits drei Einzelheiten der RNA-Struktur bekannt. RNA ist ein Nukleotidpolymer mit Ribose als Kohlenhydratbestandteil, deren Basenkette Einzelstrangcharakter aufweist. Das vierte Merkmal der RNA liegt in den verwendeten Basen. Neben Adenin, Guanin und Cytosin besitzt RNA als vierte Base **Uracil**.

In Eukaryonten (eu gr. gut und karyon gr. Kern), bei denen die Erbsubstanz DNA in einem definierten Zellkern lokalisiert ist, liegt die Nukleinsäure aber nicht als langer, isolierter DNA-Doppelhelixstrang vor. Vielmehr ist sie in kompakteren Strukturen verpackt, in denen sie zunächst um eine Gruppe von Proteinen gewunden ist, die man als **Histone** bezeichnet. Fünf dieser basischen Proteine treten mit der DNA in Wechselwirkung, indem je zwei der Histone H2A, H2B, H3 und H4 ein **Histonoktamer** konstituieren, um welches die DNA aufgedreht vorliegt. Aus Strukturuntersuchungen weiß man, daß die DNA dabei nicht ganz zwei Umwindungen vollzieht. Der Komplex aus Histonoktamer und DNA heißt **Nukleosom**, deren Abfolge unter dem Elektronenmikroskop wie eine Perlenkette aussieht. Eine weitere Verdichtung wird unter Mithilfe des Histons H1 ermöglicht. Der „Faden“ zeigt nun schon eine Dicke von 10 nm und wird **Chromatin** genannt. Ein weiteres Verdichten führt letztlich zu Chromosomen, die aber lediglich während der Zellteilung in so kompakter Form in Erscheinung treten.

Anders sieht die Lage bei Prokaryonten (pro lat. vor, für) aus, die an Stelle eines Zellkerns über ein im Cytoplasma lokalisiertes **Nucleoid** verfügen. In diesem „Kernersatz“ ist die DNA lokalisiert. DNA ist zwar auch in Prokaryonten an basische Proteine gebunden, weist aber bei weitem nicht einen so hohen Kompaktierungsgrad auf.

12.3 Der Informationsfluß vom Gen zum Protein: RNA

12.3.1 Die Transkription bei Prokaryonten

Wie schon in Abschnitt 12.1 angedeutet, wird zur Umsetzung der in der DNA gespeicherten Information ein Übermittler hergestellt, den man als mRNA bezeichnet. Dazu wird einer der beiden DNA-Stränge der Doppelhelix, der sogenannte codogene Strang, in einen komplementären RNA-Strang übersetzt.

Warum ist dieser RNA-Strang komplementär zum benutzten DNA-Abschnitt? Die Antwort liegt in der Arbeitsweise der DNA-abhängigen-RNA-Polymerase, desjenigen Enzyms, welches die notwendigen Reaktionsschritte katalysiert. Sie verwendet Ribonukleotide als Ausgangssubstanzen der RNA-Synthese. Dabei wandert sie auf einem einzelnen DNA-Strang in 3'-5'-Richtung entlang und fügt die Ribonukleotide entsprechend den Basenpaarungsregeln zu einer Kette zusammen. Einem Guaninrest in der DNA wird ein Cytosin in der RNA gegenübergestellt, wohingegen der Partner des Adenins nun nicht etwa Thymin (in der mRNA nicht vorhanden), sondern Uracil ist. Aus den Paarungsregeln ergibt sich auch, daß die wachsende RNA-Kette in 5'-3'-Richtung entsteht.

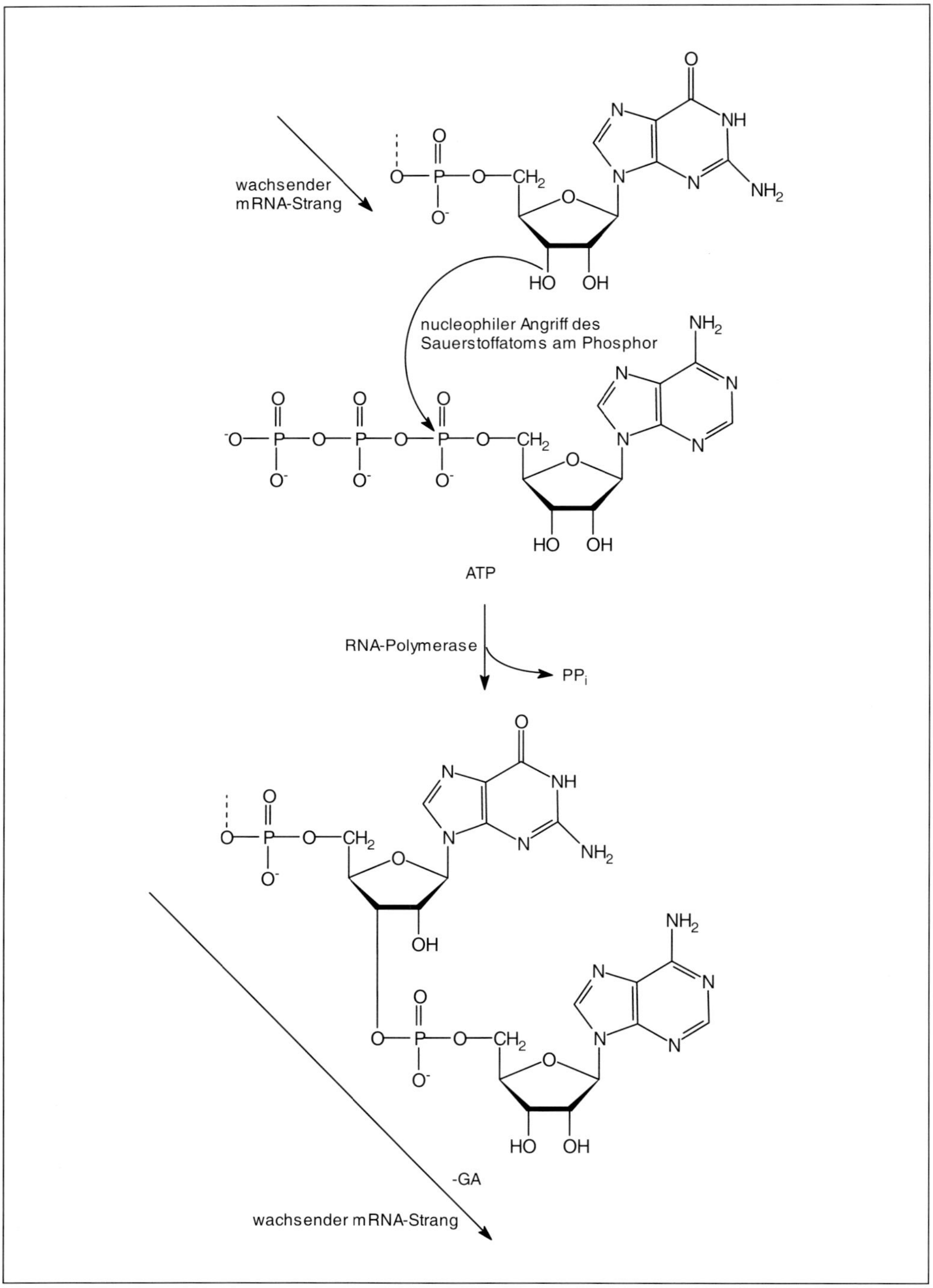

Abb. 12.7: Die Synthese der mRNA am Matrizen-DNA-Strang ähnelt der der DNA bei der Replikation. Jedoch werden hier Ribonukleotide zur Synthese eingesetzt, ein Primer ist nicht notwendig. Der Beginn der wachsenden mRNA besteht zunächst aus einem Triphosphat (PPP-Base-P-Base-).

Wir wollen anhand der bakteriellen **RNA-Polymerase** die Vorgänge der Transkription etwas genauer analysieren. Das Enzym besteht insgesamt aus fünf Untereinheiten der Zusammensetzung $\alpha_2\beta\beta'\sigma$ mit einer relativen Molekülmasse von ca. 540.000. Der Bestandteil $\alpha_2\beta\beta'$ allein ist zur RNA-Synthese in der Lage, dennoch ist die σ-Untereinheit zum Auffinden der korrekten Transskriptionsstartstelle unverzichtbar. Zu Beginn ihrer Arbeit muß die RNA-Polymerase denjenigen DNA-Abschnitt identifizieren, der in ein RNA-Molekül übersetzt werden soll. Es leuchtet ein, daß nicht alle DNA-Bereiche transkribiert werden sollen, sondern nur solche, die nach der Translation in Proteine eine sinnvolle Abfolge von Aminosäuren ergeben. Zu diesem Zweck wird der Transkriptionsstartpunkt durch eine bestimmte DNA-Sequenz festgelegt. Diese Erkennungssequenz für die RNA-Polymerase nennt man auch Promotorbereich. In *E. coli* wird dieser Bereich durch folgende Merkmale beschrieben:

Zehn Basen vor dem eigentlichen Transkriptionsstartpunkt (man sagt auch upstream, engl. stromaufwärts) liegt das Hexanukleotid TATAAT, welches man auch als **PRIBNOW-Box** bezeichnet. Weitere 25 Basen zuvor findet man die Basenfolge TTGACA, die in der Literatur häufig auch als **-35-Region** bezeichnet wird. Je besser eine Promotorstruktur die hier skizzierten Merkmale erfüllt, um so effizienter verläuft die Initiation einer RNA-Synthese. Man nennt einen solchen „Musterpromotor" auch einen starken Promotor.

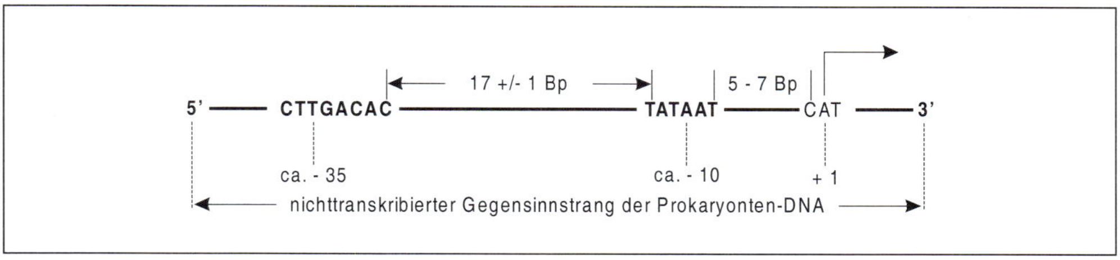

Abb. 12.8: Struktur eines idealen Prokaryontenpromotors. Etwa 10 Basenpaare (bp) vor dem Transkriptionsstart (gekennzeichnet als Base +1) liegt die Sequenzfolge TATAAT, 35 Basen vor dem Transkriptionsstart die Abfolge TTGACA.

Nach Erkennung der Promotorstelle entwindet die RNA-Polymerase partiell den DNA-Strang und legt damit den codogenen DNA-Strang frei. Es hat sich ein sogenannter offener Promotorkomplex ausgebildet. Den Basenpaarungsregeln entsprechend wird nun ein RNA-Strang vom 5'-Ende aus in Richtung des 3'-Endes an den codogenen Strang synthetisiert. Es entsteht ein DNA-RNA-Doppelstrang, auch **DNA-RNA-Hybrid** genannt. Das Enzym gleitet nun den DNA-Strang entlang und entwindet immer neue Bereiche der Helix. An das freie 3'-OH-Ende der RNA werden die Ribonukleotide unter Abspaltung von Pyrophosphat addiert. Diese Phosphatabspaltung liefert auch die nötige Energie für die Synthese. Nach einigen Basen verläßt die wachsende RNA-Kette den ternären Komplex (ein Komplex mit drei Bestandteilen), so daß sich hinter der RNA-Polymerase die DNA-Doppelhelix reorganisieren kann. Erreicht die Polymerase bestimmte Terminationssignale, so wird die fertige RNA freigesetzt und das Enzym fällt von der DNA ab. Den Start der RNA-Synthese bezeichnet man als **Initiation**. Die darauf folgende **Elongation**, also die Verlängerung der mRNA-Kette, verläuft so lange, bis die RNA-Polymerase auf eine Terminationsstelle trifft. Die sich anschließende Ablösung von der Matrize nennen wir **Termination**.

Die Hemmung der RNA-Polymerase-Tätigkeit ist auch die Wirkungsgrundlage einiger Antibiotika. So bindet **Rifampicin** an die β-Untereinheit der bakteriellen RNA-Polymerase und verhindert somit den Beginn der RNA-Synthese. **Actinomycin D** schiebt sich zwischen die beiden DNA-Stränge der DNA-Helix und verhindert durch diese Interkalation (intercalare lat. einschalten) das Entwinden der DNA.

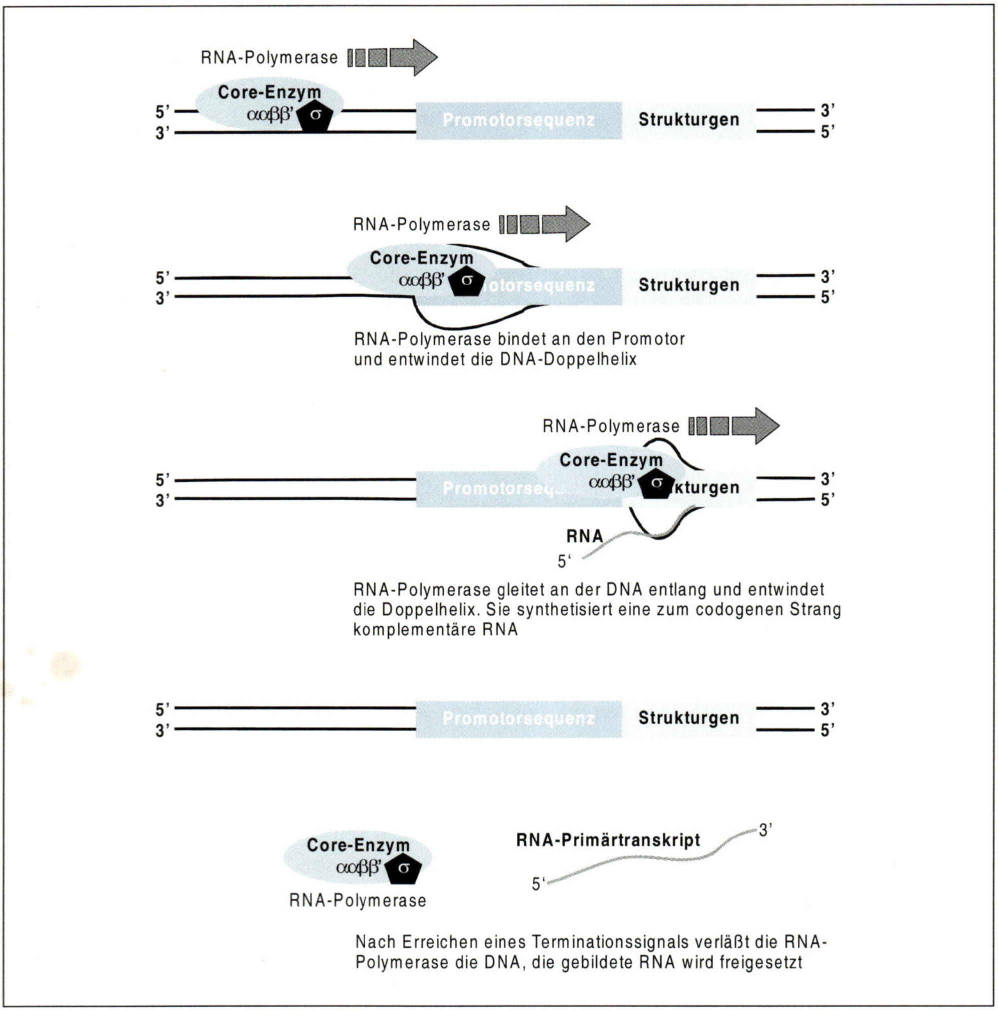

Abb. 12.9: Die einzelnen Schritte der Transkription bei Prokaryonten. Man beachte, daß der σ-Faktor lediglich für die Initiation, nicht jedoch für Elongation und Termination der Transkription notwendig ist.

12.3.2 Die Regulation der Transkription: Das Operonmodell

Wie erkennt jedoch die Zelle, wann sie welches Gen exprimieren, d. h. in mRNA transkribieren und in ein Protein translatieren soll? Ein gutes und allgemein anerkanntes Modell ist das von JACOB und MONOD entwickelte **Operonmodell**, das allerdings nur für Prokaryonten gültig ist. Es geht davon aus, daß vor dem zu transkribierenden Strukturgen zwei Kontrollstellen liegen. Diese sind zum einen der **Promotor**, den wir schon als Bindungsstelle für die RNA-Polymerase kennengelernt haben, zum anderen der **Operator**, der zwischen Promotor und Strukturgen liegt. Die gesamte DNA-Region, bestehend aus Strukturgen, Promotor und Operator, wird als **Operon** bezeichnet. Der Operator stellt die Bindungsstelle auf dem DNA-Strang für ein bestimmtes Protein dar. Da dieses durch Bindung an die DNA die Transkription verhindert, wird es **Repressor** genannt. Der Repressor liegt wie ein Hindernis auf dem Weg der RNA-Polymerase vom Promotor zum Strukturgen. Das Repressorprotein wird von einem Regulatorgen codiert, das vor dem Operon liegt. Abb. 12.10 zeigt das am besten untersuchte Operonmodell, das **lac-Operon** aus *E. coli*. Es besitzt das Regulatorgen i, welches den Repressor codiert, einen Promotor und einen Operator. Anschließend folgen die drei Strukturgene des Operons. Im Gegensatz zu Eukaryonten können in Prokaryonten mehrere Strukturgene, die unter der Kontrolle eines Operons stehen, direkt aufeinanderfolgen.

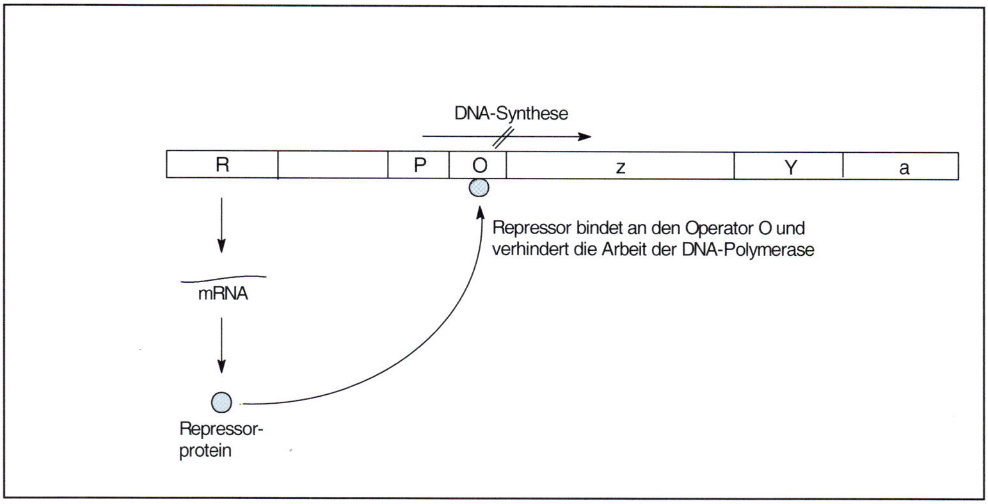

Abb. 12.10: Darstellung des lac-Operons: Der Repressor bindet an den Operator O. Die DNA-Polymerase bindet an den Promotor P, kann aber nicht über den Repressor hinweg in den Bereich der Strukturgene vordringen. Erst nach allosterischer Konformationsänderung verläßt der Repressor die DNA und gibt die Strukturgene frei.

Die Strukturgene z, y und a beinhalten die genetische Information für die Enzyme β-Galactosidase, welche Lactose in Galactose und Glucose spaltet, Permease, die für die Aufnahme der Lactose in die Zelle verantwortlich zeichnet, und Transacetylase, deren physiologische Bedeutung noch nicht geklärt ist.

Ein solcher Schalter ist aber nur sinnvoll, wenn er zwei Stellungen aufweist. Bis jetzt haben wir uns nur der „Aus-Stellung" zugewandt. Die Überführung in die „An-Stellung" sollte an die Stoffwechselgeschehnisse der Zelle angepaßt sein. Bietet man ihr Lactose als Nährstoff an, wirkt Allolactose, ein Stoffwechselprodukt der Lactose, als allosterischer Effektor. Nach Bindung an den Repressor durchläuft dieser eine Konformationsänderung und fällt anschließend von der DNA ab. Nach Aufhebung der durch den Repressor hervorgerufenen Blockade kann die RNA-Polymerase die Strukturgene in mRNA transkribieren.

12.3.3 Die Transkription bei Eukaryonten

Wir wollen nun den Ablauf der Transkription bei Eukaryonten betrachten. Ist der eigentlich Vorgang auch hier in drei Phasen, Initiation, Elongation und Termination, zu unterteilen, sind die Verhältnisse im Detail jedoch viel komplexer. Für den Beginn der Transkription sind zusätzliche Proteine notwendig. Sie treten sowohl mit der DNA selbst, als auch mit der RNA-Polymerase in Wechselwirkung. Erst die konzertierte Aktion einer ganzen Reihe solcher Proteine erlaubt den Beginn der RNA-Synthese. Zudem gibt es drei verschiedene DNA-abhängige-RNA-Polymerasen mit jeweils unterschiedlichen Aufgaben. Neben der unterschiedlichen Funktion lassen sie sich auch aufgrund ihrer Empfindlichkeit gegenüber dem Gift des Knollenblätterpilzes, α-Amanitin, auseinanderhalten. Wir werden uns im folgenden auf die Wirkung und Funktion der RNA-Polymerase II konzentrieren.

Tabelle 12.2: Die verschiedenen eukaryontischen RNA-Polymerasen.

Typ	Funktion	Sensitivität gegen α-Amanitin
RNA-Polymerase I	Synthese der rRNA-Typen 5,8 S, 18 S und 28 S	Keine Empfindlichkeit.
RNA-Polymerase II	Synthese von mRNA, snRNA außer der U6-snRNA	Niedrige Konzentrationen an α-Amanitin reichen zur Inhibierung.
RNA-Polymerase III	Synthese von 5 S-rRNA, U6-snRNA und tRNA	Hohe Konzentrationen an α-Amanitin sind zur Inhibierung notwendig.

Wie bei Prokaryonten wird die Startstelle der Transkription durch einen bestimmten Abschnitt der DNA definiert, den Promotor. Die Promotoren proteincodierender Gene, also solcher Gene, welche durch die RNA-Polymerase II abgelesen werden, zeichnen sich durch einige charakteristische Merkmale aus. Im Bereich von -26 bis –34 (Basenpaare, die vor der Startstelle des Gens liegen, werden mit einem (-)Minuszeichen versehen.) liegt bei vielen Genen die Basenfolge TATA A/T A A/T, die sogenannte **TATA-Box**. Die Abkürzung A/T bedeutet, daß an dieser Stelle entweder ein A oder ein T stehen kann. Der aufmerksame Leser erkennt sofort gewisse Ähnlichkeiten zu der PRIBNOW-Box der prokaryontischen Promotoren. Viele Gene, die ständig von allen Zellen abgelesen werden, besitzen dieses Element nicht. Solche Gene, die zum Beispiel für Stoffwechselenzyme kodieren, werden auch Haushaltsgene genannt. Andere Sequenzelemente, die in vielen Promotoren gefunden werden, sind die Basenabfolge CCAAT (**CCAAT-Box**) und GC-reiche Motive, wie z. B. die Abfolge GGGCGGG (**GC-Boxen**). Auf die Bedeutung dieser Elemente werden wir noch gesondert zu sprechen kommen. Neben diesen basalen Elementen nehmen auch Basenabschnitte Einfluß auf die Transkription, die zum Teil 1000 Basen und mehr vom Transkriptionsstart entfernt liegen. Interessanterweise kann dies sowohl vor als auch hinter dem eigentlichen Kernpromotor sein; man spricht von sogenannten **Enhancern** (to enhance engl. verstärken). Über solche spezifischen DNA-Sequenzmotive wird u. a. die gewebespezifische Expression von Genen reguliert, aber auch ihre spezifische räumliche und zeitliche Expression während der Embryonalentwicklung. Die wesentlichen Merkmale eines eukaryontischen Promotors sind in Abb. 12.11 zusammengefaßt.

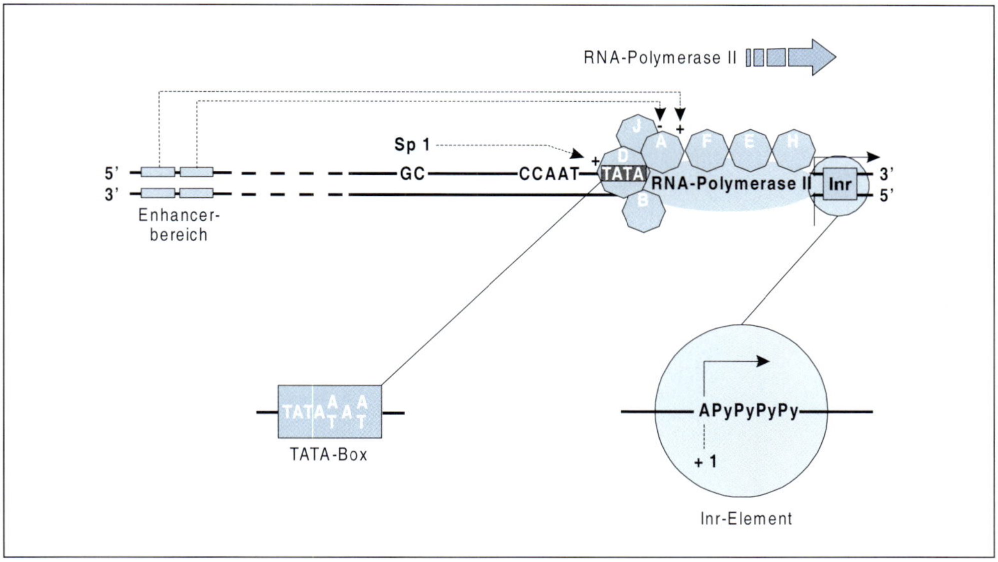

Abb. 12.11: Aufbau des Eukaryontenpromotors: Der obere Teil der Abbildung zeigt die Promotorstruktur im größeren Überblick. Die RNA-Polymerase II (Pol II abgekürzt) besetzt unter Mithilfe der Transkriptionsfaktoren TFII-A, -B, -D, -E, -F –H und -J (siehe Text) die TATA-Box und den Bereich um den Transkriptionsstart. Dieser Bereich ist im unteren Teil der Abbildung noch einmal vergrößert dargestellt. Bei vielen Promotoren sind die Basen um den Transkriptionsstart konserviert und bilden das Inr-Element. Py steht in diesem Fall für einen Pyrimidinrest. Viele Promotoren besitzen in unmittelbarer Nähe der TATA-Box auch eine CCAAT-Box und/oder eine GC-Box. Auch mehrere solcher Elemente können einen Promotor kennzeichnen. Die GC-Box wird vom Transkriptionsfaktor Sp-1 erkannt (siehe Text), der unmittelbar mit TF II-D interagieren kann und einen positiven Einfluß auf die Transkription nimmt. Zum Teil sehr weit entfernt liegen Bindungsstellen für Proteine, welche entweder aktivierend oder inhibierend auf die Transkription einwirken. Man nennt diese Region auch Enhancerbereich.

Welche Bedeutung haben nun solche genau definierten Sequenzelemente im Rahmen der Transkription. Sie stellen Bindungsstellen für Proteine dar, welche wir Transkriptionsfaktoren nennen (Abb. 12.12). So bindet der Transkriptionsfaktor **TFII-D** (**TF** steht für Transkriptionsfaktor, **II** für seine Funktion in der RNA-Polymerase-**II**-abhängigen Transkription) an die TATA-Box: Diese Bindung ist der erste Schritt, um die RNA-Polymerase II an die richtige Stelle auf der DNA zu binden, und zugleich der erste Schritt, um den sogenannten **Initiationskomplex** zu bilden. Aufgrund seiner Funktion, an die TATA-Box zu binden, wird eine Untereinheit von TFII-D auch **TBP** genannt, TATA-Box-bindendes-Protein. Weitere Untereinheiten sind die sogenannten TBP-assozierten Faktoren, kurz **TAF** genannt. Die Bindung von TFII-D an die TATA-Box wird durch die Faktoren TFII-A und -B stabilisiert, ehe die RNA-Polymerase II unter Mithilfe von TFII-F dem Komplex beitritt. Erst dann kompletieren die Faktoren TFII-E und -H den Initiationskomplex. Nun kann der DNA-Doppelstrang aufgelöst werden und die Transkription beginnen. Im Rahmen dieser Initiationsvorgänge wird die RNA-Polymerase an ihrem C-Terminus durch eine Proteinkinase-Domäne des TFII-H phosphoryliert und verläßt dann zusammen mit TFII-F den Initiationskomplex.

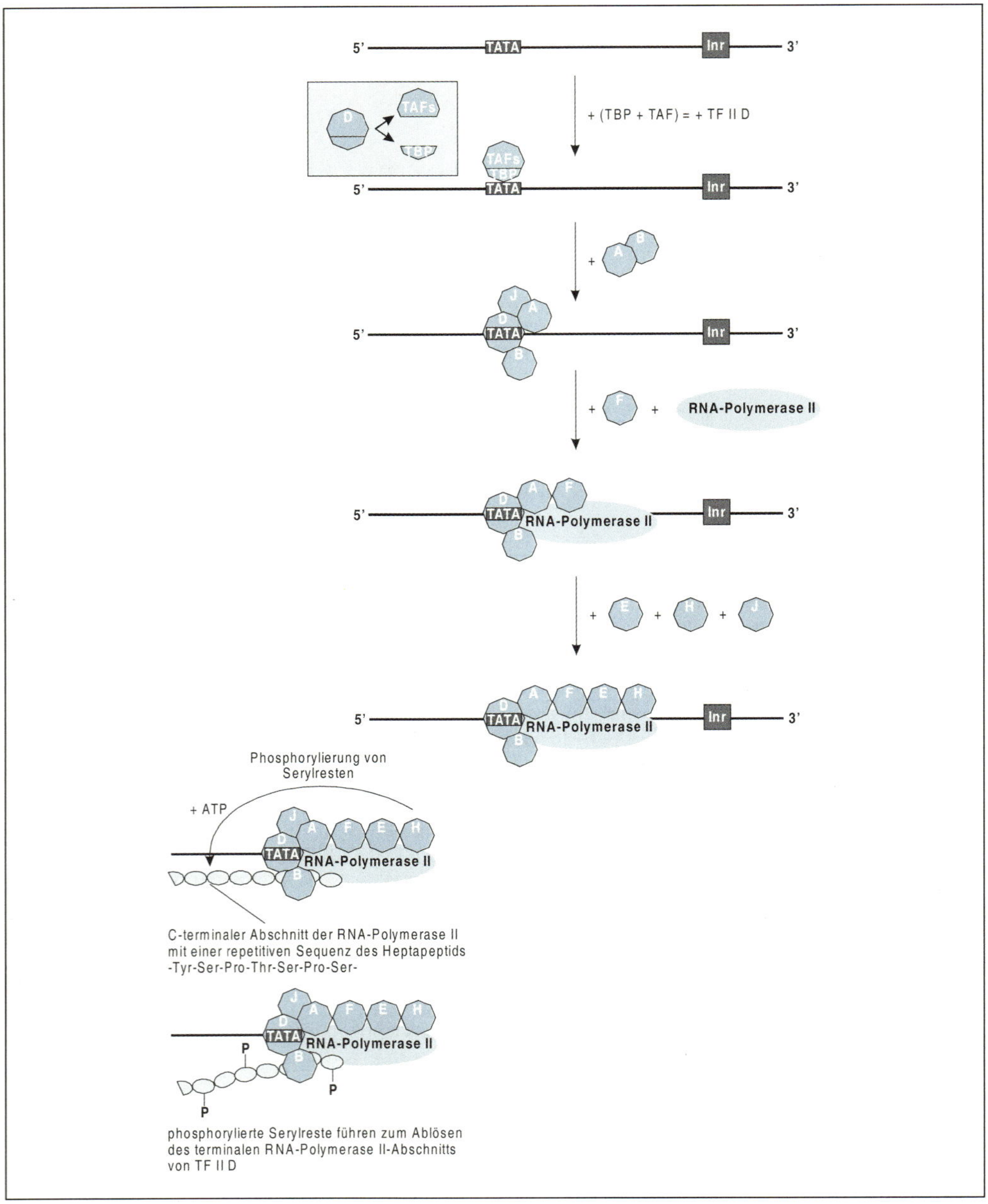

Abb. 12.12: Der Aufbau des geschlossenen Präinitiationskomplexes bei Eukaryonten. Die Einleitung der Transkription erfolgt bei Eukaryonten zunächst durch die Ausbildung des Präinitiationskomplexes. Die TATA-Box wird zunächst von TFII-D, bestehend aus TBP und TAFs, erkannt. Die Bindung an die TATA-Box wird durch TFII-A und -B stabilisiert. Erst dann tritt die RNA-Pol II, begleitet durch TFII-F, dem Komplex bei. TFII-E, TFII-J und TFII-H vervollständigen den geschlossenen Präinitiationskomplex. Die Größe der dargestellten Proteine ist nicht maßstabsgetreu. Die DNA wird dann unter Energieverbrauch entwunden, wodurch der offene Präinitiationskomplex entsteht.

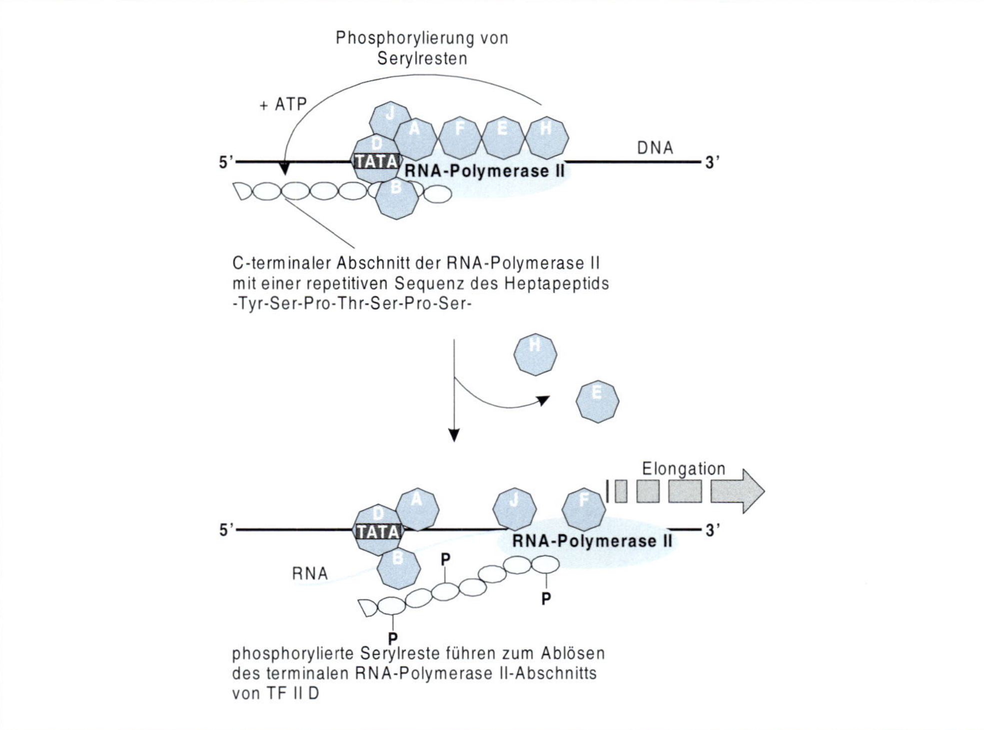

Abb. 12.13: Nach der Phosphorylierung von Serylresten des C-Terminus der RNA-Pol II verläßt diese mit TF II-F und TF II-J den Komplex. RNA-Pol II, TF II-F und TF II-J bilden zusammen den Elongationskomplex. Der Rest des Präinitiationskomplexes zerfällt, bis auf TFII-D, -B und (vielleicht) -A), die am Promotor verbleiben.

Die Faktoren TFII-E und -H verlassen ebenfalls den Initiationskomplex, während TFII-D, -A und -B am Promotor verbleiben. Die besprochenen Vorgänge sind nochmals in Abb. 12.13 zusammengefaßt.

Wir wollen nun exemplarisch am Beispiel des GC-Box-bindenden Proteins die Funktion weiterer Transkriptionsfaktoren erläutern, die selbst nicht Teil des soeben besprochenen Initiationskomplexes sind, sondern über verschiedene Wege Einfluß auf diesen nehmen. Erkannt wird die GC-Box von einem Protein, welches **Sp-1** genannt wird. In diesem Namen verbirgt sich auch die Funktion des Proteins. Sp-1 ist die Abkürzung für „stimulating protein 1“. Wir vermuten also zunächst einmal, daß dieses Protein neben seiner DNA-Bindungsdomäne auch Bereiche enthalten muß, die positiv auf den Zusammenbau oder die Funktion des Initiationskomplexes wirken. Abb. 12.14 verdeutlicht uns den Aufbau von Sp-1. Im N-terminalen Bereich liegt die **Aktivierungsdomäne**, die sich durch einen hohen Gehalt an Serin-, Threonin- und Glutaminresten auszeichnet.

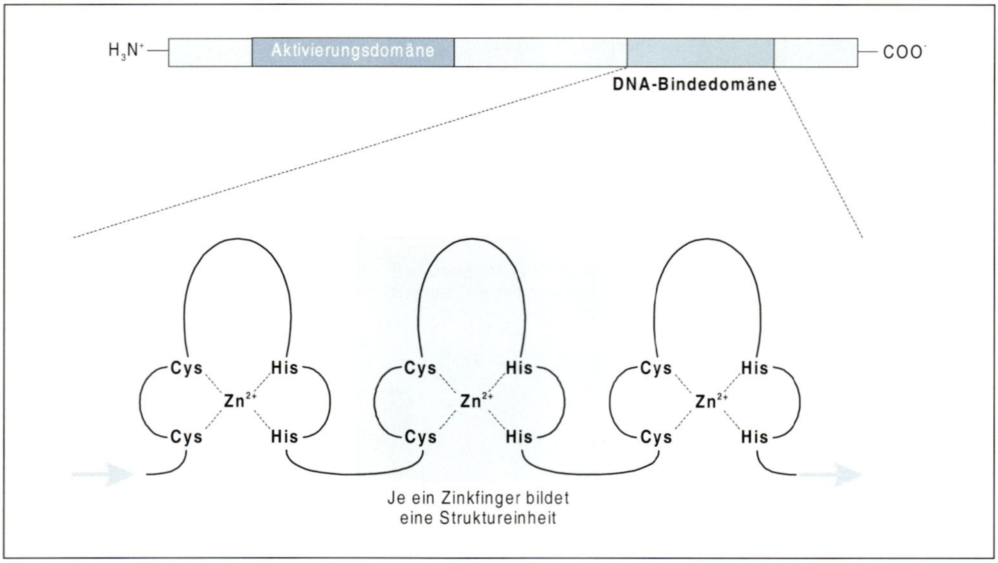

Abb. 12.14: Der Aufbau des Zinkfingertranskriptionsfaktors Sp-1. Der obere Teil der Abbildung faßt die Struktur des Transkriptionsfaktors zusammen. Im N-terminalen Bereich liegt die Aktivierungsdomäne, mittels derer der Transkriptionsfaktor mit einem TAF des Präinitiationskomplexes interagieren kann. Dieser Bereich enthält viele Serin-, Threonin- und Glutaminreste. Im C-terminalen Bereich befindet sich der DNA-Bindungsbereich. Mit Hilfe dreier Zinkfinger nimmt der Transkriptionsfaktor Kontakt zu seiner Zielsequenz auf. Je ein Zinkfinger ist in der Lage, mit zwei Cystein- und zwei Histidinresten ein Zinkion zu komplexieren.

Mit dieser Domäne kann Sp-1 über ein TAF Kontakt zum Initiationskomplex aufnehmen. Die DNA-Bindedomäne wird durch ihre Fähigkeit zur Komplexierung von Zinkionen charakterisiert. Man spricht von einem **Zinkfinger**. Sp-1 besitzt drei solcher Zinkfinger, bei denen jeweils ein Zinkion durch je zwei Cystein- und zwei Histidinreste komplexiert wird. Auch viele andere Transkriptionsfaktoren weisen dieses DNA-Bindemotiv auf, die Anzahl solcher Finger schwankt jedoch sehr stark. Der Faktor Xfin weist z. B. 37 solcher Finger auf.

Auch die intrazellulären Rezeptoren der Steroidhormone, des D-Hormons (Vitamins D), der Retinolsäure und des Triiodthyronins zeichnen sich durch DNA-Bindedomänen aus, die Zinkionen komplexieren können. Diese Zinkfinger binden jedoch das Zinkion durch Komplexierung mit **vier Cysteinresten**. Auch strukturell unterscheiden sich die C_2H_2-Finger von den C_2C_2-Fingern. Läßt sich jeder C_2H_2-Finger als eine Strukturdomäne auffassen, bilden die beiden C_2C_2-Finger der nukleären Hormonrezeptoren gemeinsam eine Struktureinheit. Den Aufbau dieser Rezeptoren zeigt uns Abb. 12.15.

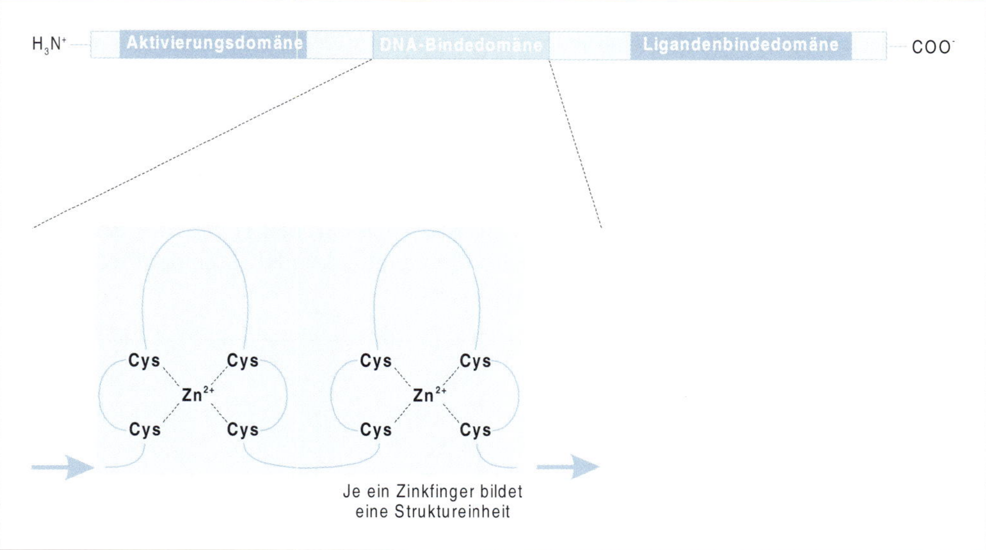

Abb. 12.15: Die Struktur intranukleärer Hormonrezeptoren. Diese Klasse der Transkriptionsfaktoren zeigt im wesentlichen drei Domänen auf. Im N-terminalen Bereich liegt die Aktivierungsdomäne, während in der C-terminalen Hälfte die DNA-Bindedomäne und die Ligandenbindungsstelle zu finden sind. Die Göße und genaue Anordnung der einzelnen Bereiche schwankt zwischen den einzelnen Faktoren. Der DNA-Bindebereich wird durch zwei Zinkfinger charakterisiert, die jedoch ihr Zinkion jeweils durch vier Cysteinreste komplexieren.

Neben dem Zinkfingermotiv lassen sich viele weitere Transkriptionsfaktoren aufgrund ihres strukturellen Aufbaus in verschiedene Familien zusammenfassen. Die Proteine der **bHLH-Familie** weisen zum Beispiel einen basischen Abschnitt auf, der von zwei α-Helices gefolgt wird, die ihrerseits durch einen kurzen Aminosäureabschnitt, den Loop, voneinander getrennt sind. Die Flexibilität diese Loops erlaubt es, daß beide α-Helices sich nahezu linear hintereinander anordnen können. Das Helix-Loop-Helix-Motiv darf nicht mit dem Helix-Turn-Helix-Motiv der sogenannten Homeobox-Transkriptionsfaktoren verwechselt werden (siehe unten). Die starre Struktur eines Turns führt hier zu einer anderen dreidimensionalen Anordnung der Helices. Der Kontakt zur DNA wird bei den bHLH-Proteinen durch den basischen Abschnitt aufgenommen, während der HLH-Anteil zur Dimerisierung zweier Faktoren benötigt wird. Viele Transkriptionsfaktoren, welche eine Zelle als Muskelzelle ausweisen, die **myogenen Faktoren**, gehören in diese Klasse der Transkriptionsfaktoren.

Eine weitere Klasse von Transkriptionsfaktoren wird durch den Leucinzipper geprägt. Man spricht von der **Leucinzipper-Familie**. Auch hier wird eine Abfolge basischer Aminosäuren zur DNA-Bindung verwendet, während der sogenannte **Leucinzipper** zur Dimerisierung dient. Dabei folgen hier mehrere Leucinreste jeweils im Abstand von 7 Aminosäureresten innerhalb einer α-Helix. Aufgrund der Periodizität der α-Helix (3,6 Aminosäuren pro Windung) bedeutet dies, daß alle hydrophoben Leucinreste auf einer Seite dieser Helix liegen. Oft findet man auf der anderen Seite der Helix geladene, also hydrophile Aminosäuren. Eine solche Helix, bei der eine Seite hydrophobe, die andere Seite jedoch hydrophile Aminosäuren trägt, bezeichnet man als **amphipathische Helix**. Ursprünglich hat man angenommen, daß die Leucinreste zweier α-Helices sich wie bei einem Reißverschluß miteinander verzahnen, daher auch die Bezeichnung Leucinzippper (zipper engl. Reißverschluß). Strukturuntersuchungen haben dann jedoch ergeben, daß sich die beiden Helices umeinander verwinden und eine Struktur ausbilden, die man als **Coiled coil** bezeichnet. Dabei weisen die hydrophoben Leucinreste aufeinander zu, also nach innen, die hydrophilen und elektrisch geladenen Aminosäuren (z. B. Glu oder Arg) hingegen nach außen. Ein Beispiel für die Dimerisierung von Leucinzipper-Proteinen ist die Interaktion von **Jun** und **Fos**, die zusammen den Transkriptionsfaktor AP-1 bilden (AP steht für activating protein). Eine weitere Klasse von Transkripionsfaktoren hat zusätzlich zur bHLH Struktur noch einen Leuzinzipper. Diese Faktoren bilden dann also die Familie der bHLH-Zipper Proteine. Ein Beispiel stellt der Transkriptionsfactor c-myc dar.

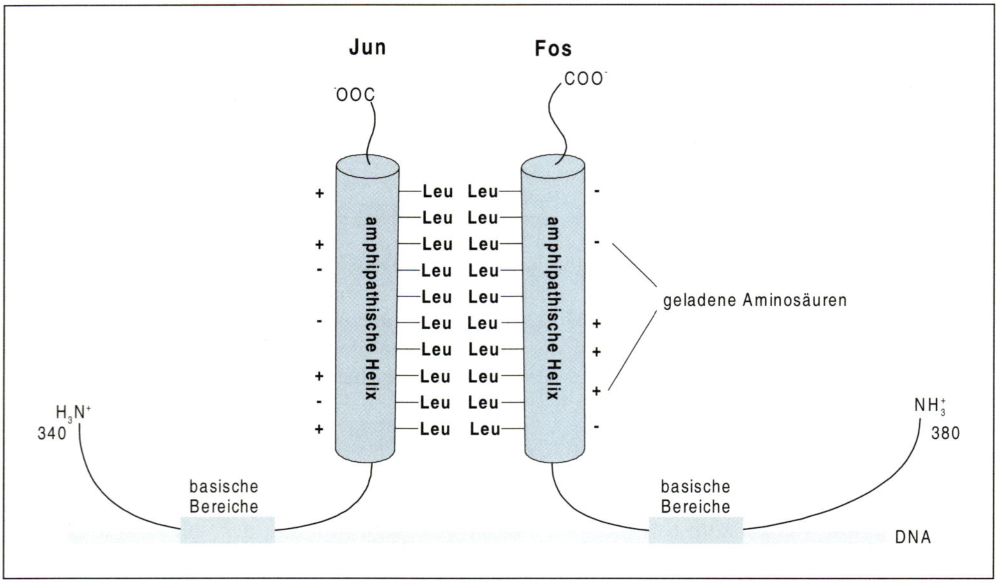

Abb. 12.16: Der Aufbau des Transkriptionsfaktors AP-1. Die beiden Untereinheiten jun und fos besitzen je einen basischen Bereich, mit dem sie mit der DNA in Wechselwirkung treten können. Im C-terminalen Bereich liegen die amphipatischen α-Helices, die den Leucinzipper bilden. Die beiden Helices wären bei einer dreidimensionalen Darstellung umeinander verwunden. Beide Untereinheiten besitzen darüber hinaus im N-terminalen Bereich je eine Aktivierungsdomäne.

Ein weiteres DNA-bindendes Proteinmotiv ist die **Homeobox**. Sie besteht aus etwa 60 Aminosäuren, die sich in drei α-helicalen Bereichen organisieren. Zwischen der Helix zwei und drei liegt ein Turn, so daß diese Struktur auch **Helix-Turn-Helix-Motiv** genannt wird. Den Unterschied zwischen Helix-Loop-Helix-und Helix-Turn-Helix-Motiv haben wir schon oben angesprochen. Wir wollen dies hier nochmals durch Abb. 12.17 verdeutlichen. Die dritte Helix der Homeobox, die Erkennungshelix, nimmt mit der DNA sequenzspezifisch Kontakt auf. Diese Struktur findet sich ähnlich auch bei regulatorischen Genen von Bakterien. Dies wird als Hinweis gewertet, daß die Prinzipien der Genregulation zwischen Bakterien und Eukaryonten konserviert sind. Ihren Namen hat die Homeobox erhalten, da viele Transkriptionsfaktoren, welche für die Embryonalentwicklung der Fliege (aber auch der Vertebraten) wichtig sind, dieses Motiv enthalten.

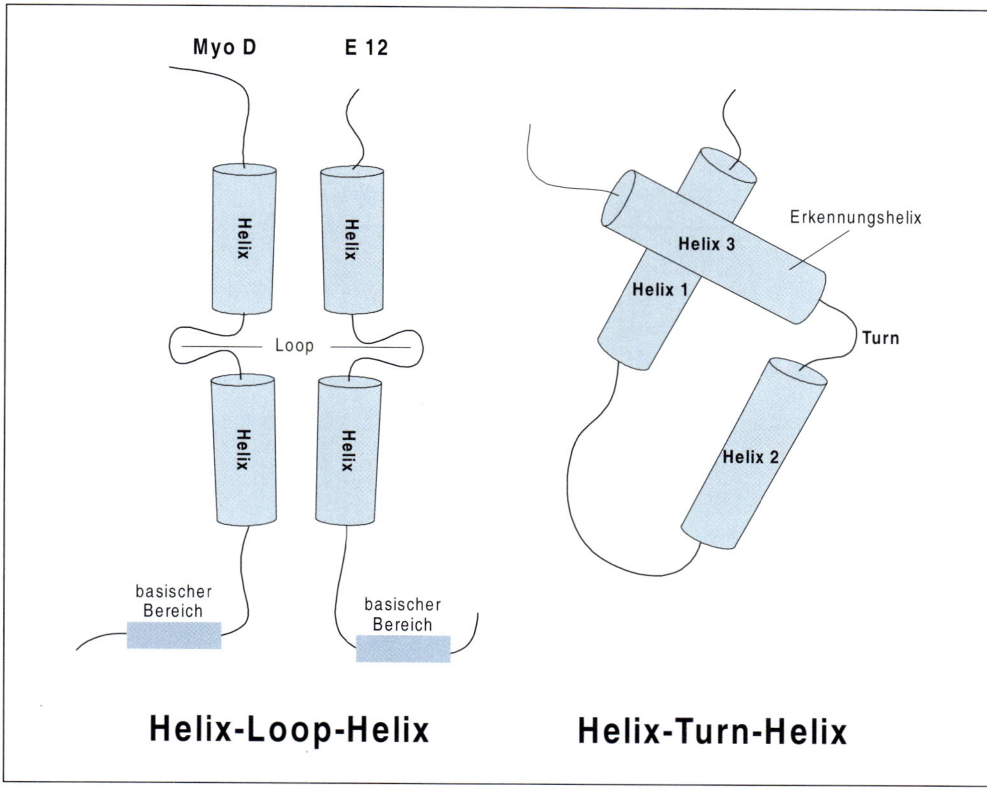

Abb. 12.17: Der Unterschied zwischen Helix-Loop-Helix- und Helix-Turn-Helix-Proteinen. Links in der Abbildung ist ein Helix-Loop-Helix-Protein dargestellt. Der strukturell variable Loop erlaubt es, daß beide Helices in Reihe angeordnet sind. Über diese Helices erfolgt die Wechselwirkung mit anderen Transkriptionsfaktoren. Hier ist die Dimerisierung des myogenen Transkriptionsfaktors MyoD mit dem Faktor E12 gezeigt. Im rechten Teil der Abbildung ist das Helix-Turn-Helix-Motiv dargestellt. Der kurze Turn zwischen den Helices führt zu einer völlig anderen dreidimensionalen Anordnung der Helices.

Bei Veränderungen dieser Transkriptionsfaktoren (beispielsweise durch Mutationen des zugehörigen Genes) kommt es zu einer falschen Ausbildung einzelner Körpersegmente der Fliege. Solche Mutationen nennt der Biologe homeotisch.

12.3.4 Das Prozessieren des Primärtranskripts bei Eukaryonten: Polyadenylierung, Capping und Spleißen

Neben unterschiedlichen Proteinen, die an der Transkription beteiligt sind, bestehen zwischen Eu- und Prokaryonten weitere Unterschiede. Sie liegen in der Existenz des Kerns und der komplexeren Genstruktur bei Eukaryonten begründet. Bei Prokaryonten ist die DNA im Cytoplasma lokalisiert. Transkription und die nachfolgende Translation können gleichzeitig ablaufen, d. h. schon während der Transkription nehmen Ribosomen auf der posttranskriptionell unveränderten mRNA Platz und beginnen mit der Synthese des zugehörigen Proteins.

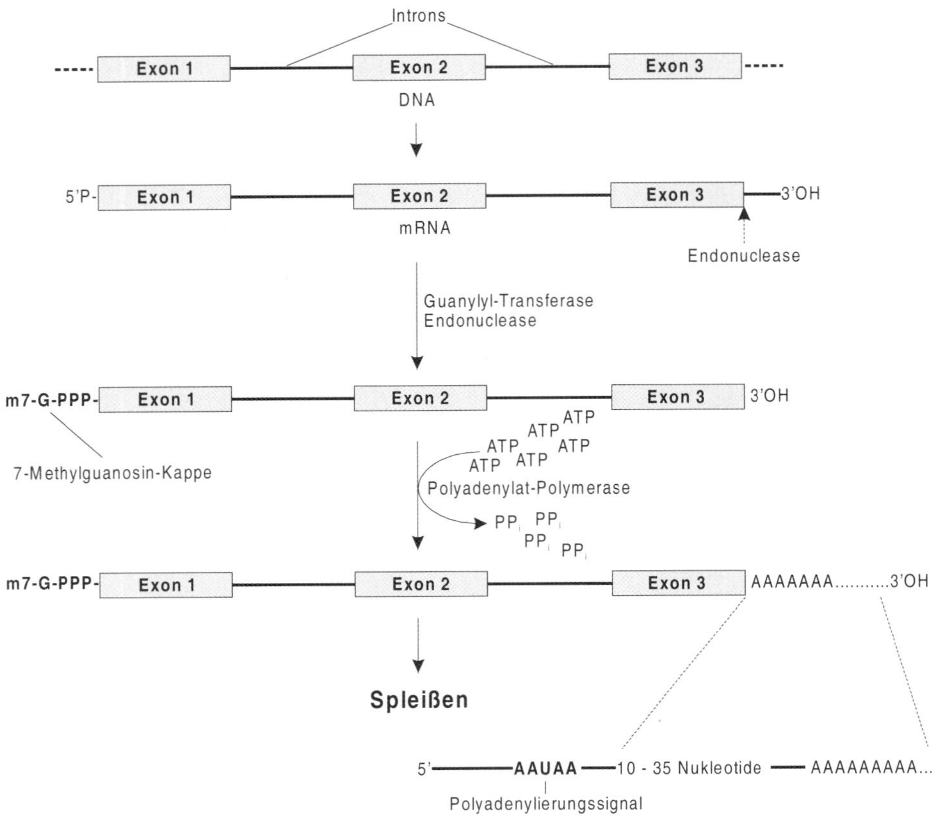

Abb. 12.18: Nach der Transkription wird die entstandene mRNA mehrfach modifiziert (prozessiert). Zunächst wird durch eine Endonuclease am 3'-Ende eine untranslatierte Region abgespalten. Am anderen Ende der mRNA wird mit Hilfe einer Transferase 7-Methylguanosin über eine 5'-5'-Triphosphat Brücke invertiert an den RNA-Strang gebunden. Zudem werden in wechselndem Ausmaß die 2'-OH-Gruppen an der Ribose der ersten beiden Nukleotide methyliert. Im nächsten Schritt wird etwa 10 bis 35 Basen unterhalb eines AAUAAA-Polyadenylierungssignals ein Poly-A-Schwanz angefügt, welcher 150 bis 200 Nukleotide umfassen kann.

Bei Eukaryonten hingegen ist die Transkription im Kern räumlich und zeitlich von der Translation im Cytoplasma getrennt. Zudem enthält das Primärtranskript neben informationstragenden Abschnitten, den **Exons**, noch solche, die keine Information beinhalten und entfernt werden müssen. Man nennt diese Bereiche **Introns**. Wegen dieses Aufbaus bezeichnet man eukaryontische Gene zuweilen als **Mosaikgene**.

Bevor die für die Translation „reife" mRNA den Zellkern in Richtung Ribosom verläßt, erfährt sie eine Reihe von Modifikationen, die man unter den Begriff der „Prozessierung" (engl. RNA-processing) subsummiert (Abb. 12.18). Neben dem Entfernen nichttranslatierter mRNA-Abschnitte durch eine Endonuclease zählt das Anfügen eines **Polyadenyl(Poly-(A)-)schwanzes** an das 3'-OH-Ende der mRNA zu diesen Modifikationen.

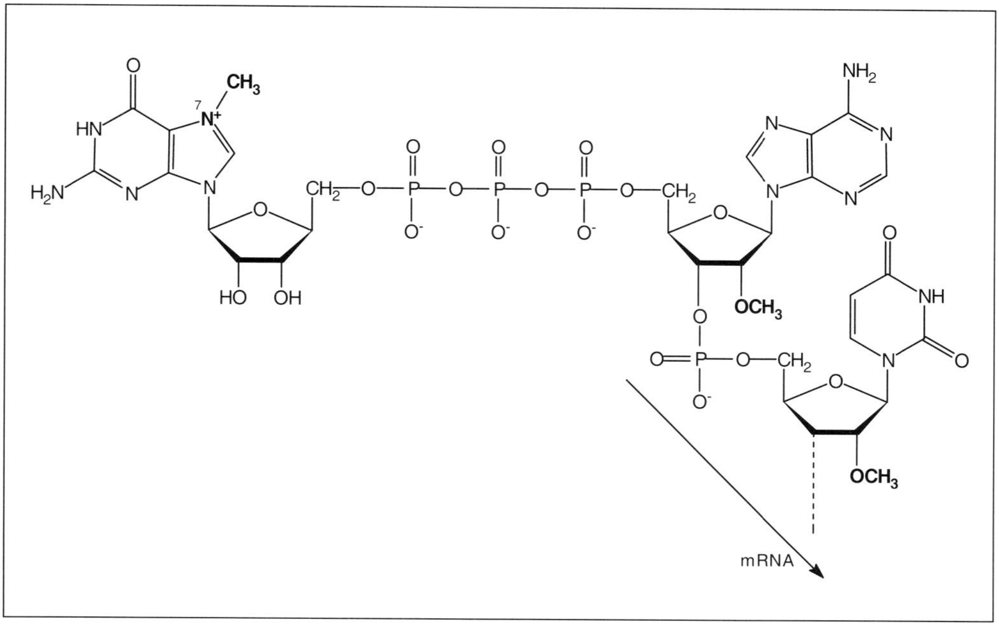

Abb. 12.19: Die „Kappe" aus 7-Methylguanosin am 5'-Ende der transkribierten mRNA. Das 7-Methylguanosin ist invertiert gebunden, d. h. statt einer 3'-5'-Phosphatbrücke finden wir eine 5'-5'-Verknüpfung vor. Man beachte, daß auch die ersten beiden Nukleotide der mRNA an den 2'-Positionen der Ribosen methyliert sind. Als Methylgruppendonator fungiert S-Adenosylmethionin. Die Kappe schützt die mRNA vor dem Nucleaseabbau, stellt gleichzeitig ein Signal für den Transport der Ribonukleinsäure durch die Kernporen in das Cytoplasma dar und wird darüberhinaus für die Anheftung der mRNA an das Ribosom benötigt. Weiterhin ist die 7-Methylguanosingruppe für den ordnungsgemäßen Start der Translation am Ribosom notwendig.

Markiert der aus durchschnittlich 150 - 200 Adenylresten bestehende **Poly-(A)-Schwanz** das 3'-Ende der mRNA, so wird das 5'-Ende durch eine modifizierte Base charakterisiert. Dort wird **7-Methylguanosin** als cap (cap engl. Kappe) über eine 5'-5'-Triphosphatbrücke angefügt.

Den ersten Prozessierungsschritten folgt dann der ungleich kompliziertere Vorgang des Zusammenfügens von Exonen, die ja nach wie vor durch nichtcodierende Intronregionen getrennt in der mRNA vorliegen. Der Vorgang des Herauschneidens von Introns und das anschließende Zusammenfügen von Exons bezeichnet man als **Spleißen** (oder englisch splicing). Ausführliche Untersuchungen der Spleißvorgänge haben ergeben, daß die Sequenzen an den Exon/Intron-Übergängen hoch konserviert sind. So beginnt jedes Intron mit den Basen GU und endet auf den Basen AG. Der Vorgang des Spleißens selbst läßt sich in zwei Phasen einteilen. Zunächst einmal wird die 5'-Exon/Intron-Grenze gespalten. Die 5'-Phosphatgruppe wird dabei von der 2'-OH Gruppe eines Adenosinrests, der etwa 30 - 50 Nukleotide vor der 3' Intron/Exon-Grenze liegt (Abb. 12.20), nucleophil angegriffen. Dabei entsteht eine Struktur, die einem Lasso ähnelt und daher Lariatstruktur genannt wird (lariat engl. Lasso). Gleichzeitig verbleibt am ersten Exon eine 3'-OH-Gruppe, die nun ebenfalls durch einen nucleophilen Angriff die 3'-Intron/Exon-Grenze spaltet. Die beiden Exons sind also verknüpft und die Lariatstruktur ist freigesetzt worden.

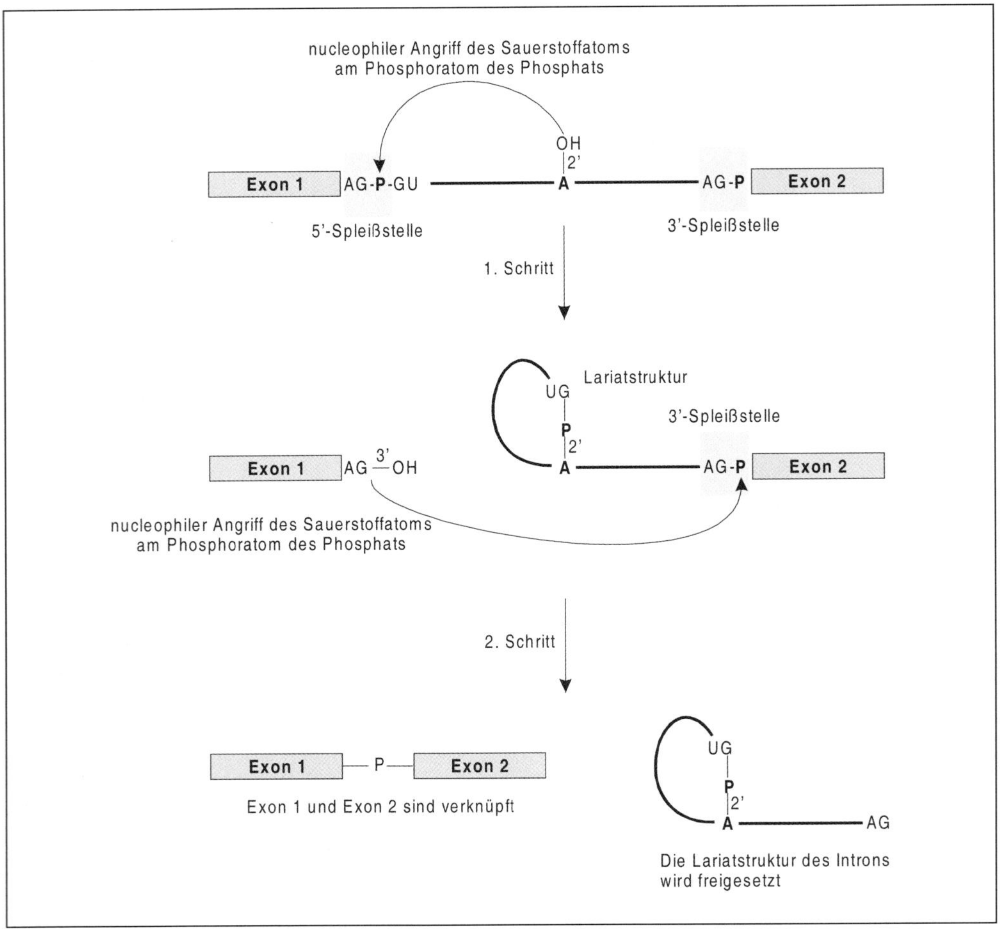

Abb. 12.20: Die Vorgänge des Spleißens lassen sich in zwei Phasen einteilen. Man beachte zunächst die konservierten Exon-Intron-Übergänge. Ebenfalls eingezeichnet sind die beiden Phosphatreste, die das Intron jeweils mit den beiden Exons verbinden. Im ersten Schritt wird die 5'-Exon/Intron-Grenze gespalten. Dies geschieht durch nucleophilen Angriff der 2'-OH-Gruppe eines Adenosinrestes, der sich innerhalb des Introns befindet. Dadurch entsteht die lassoähnliche Lariatstruktur. Durch den Spaltungsvorgang entsteht am 3'-Ende des ersten Exons eine freie OH-Gruppe, die nun die zweite Exon/Intron-Grenze spaltet und dabei die beiden Exons miteinander verbindet. Das Intron, immer noch in der Lariatstruktur, wird freigesetzt.

Die Vorgänge des Spleißens werden durch kleine RNA/Protein-Komplexe vermittelt, den small-nuclear-ribonucleoprotein-Partikeln, oder kurz **snRNP** (ausgesprochen: engl. snurp). Mehrere solcher snRNP vereinigen sich während des Spleißens zum sogenannten **Spleißosom**. Die vier für das Spleißen wichtigen snRNP bestehen aus Proteinen und kleinen RNA-Molekülen, die etwa 100 – 200 Nukleotide beinhalten, eine ausgeprägte Sekundärstruktur aufweisen und über ungewöhlich viel Uracil-Bausteine verfügen. Diese Tatsache hat ihnen den Namen **Un-snRNA** eingetragen, wobei n für eine Zahl steht. Für unserer Betrachtungen stehen U1-, U2-, U4-, U5- und U6-snRNA im Vordergrund.

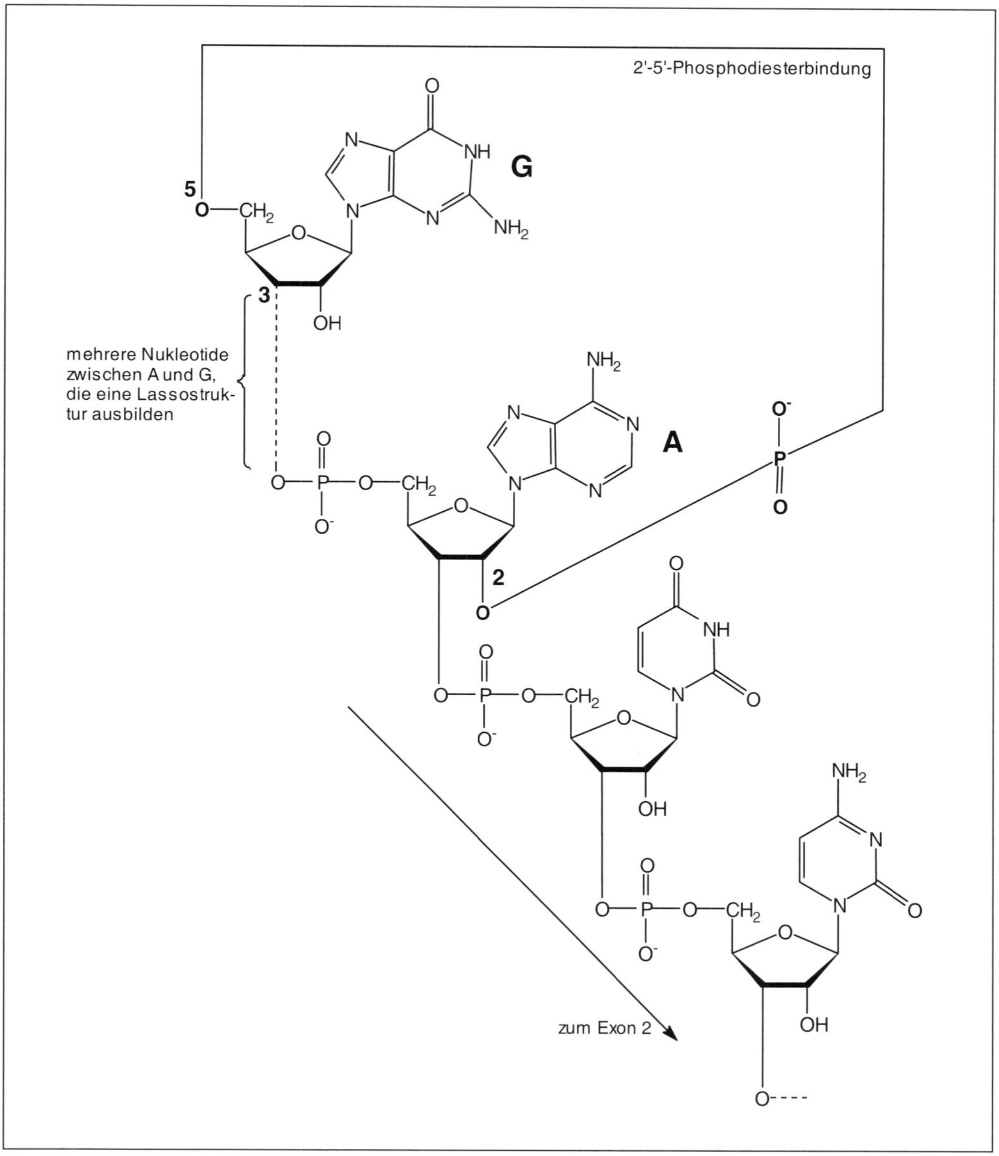

Abb. 12.21: Ein nucleophiler Angriff des 2'-O-Atoms des Adeninnukleotids am 5'-Phosphoratom eines 30 – 50 Basen entfernten Guaninnukleotids (gestrichelte Linie zwischen A und G) führt zur Ausbildung einer Lassostruktur. Man beachte, daß das Lasso nicht durch die überlang gezeichnete Phosphodiesterbindung repäsentiert wird, sondern durch die gestrichelte Linie zwischen 5'-Ende von A und 3'-Ende von G.

Alle snRNP enthalten lediglich eine Un-snRNA, wobei U4/U6-snRNP die Ausnahme bildet: Dieses RNP ist mit U4- und U6-snRNA verbunden. Die kleinen Un-snRNA geben den snRNP die Möglichkeit, mittels komplementärer Basenpaarungen an der zu spleißenden mRNA zu binden. Die Proteine B', B, D E, F und G, die sogenannten **Core-** oder **Sm-**

Proteine, finden wir bei allen snRNP wieder, während andere wie A, C oder das 70 k-Protein charakteristisch für U1-snRNP sind. A‘ und B‘‘ werden dagegen nur beim U2-snRNP angetroffen.

Während bei einfachen Eukaryonten ein proteinfreies Spleißen möglich ist, wobei hier die RNA als **Ribozym** selbst katalytisch aktiv wird (sozusagen ein „Autospleißen“), ist bei höheren Eukaryonten Spleißen nur durch das Zusammenspiel der oben angeführten snRNP und einer Reihe weiterer Hilfsproteine, auf die hier nicht eingegangen wird, gewährleistet.

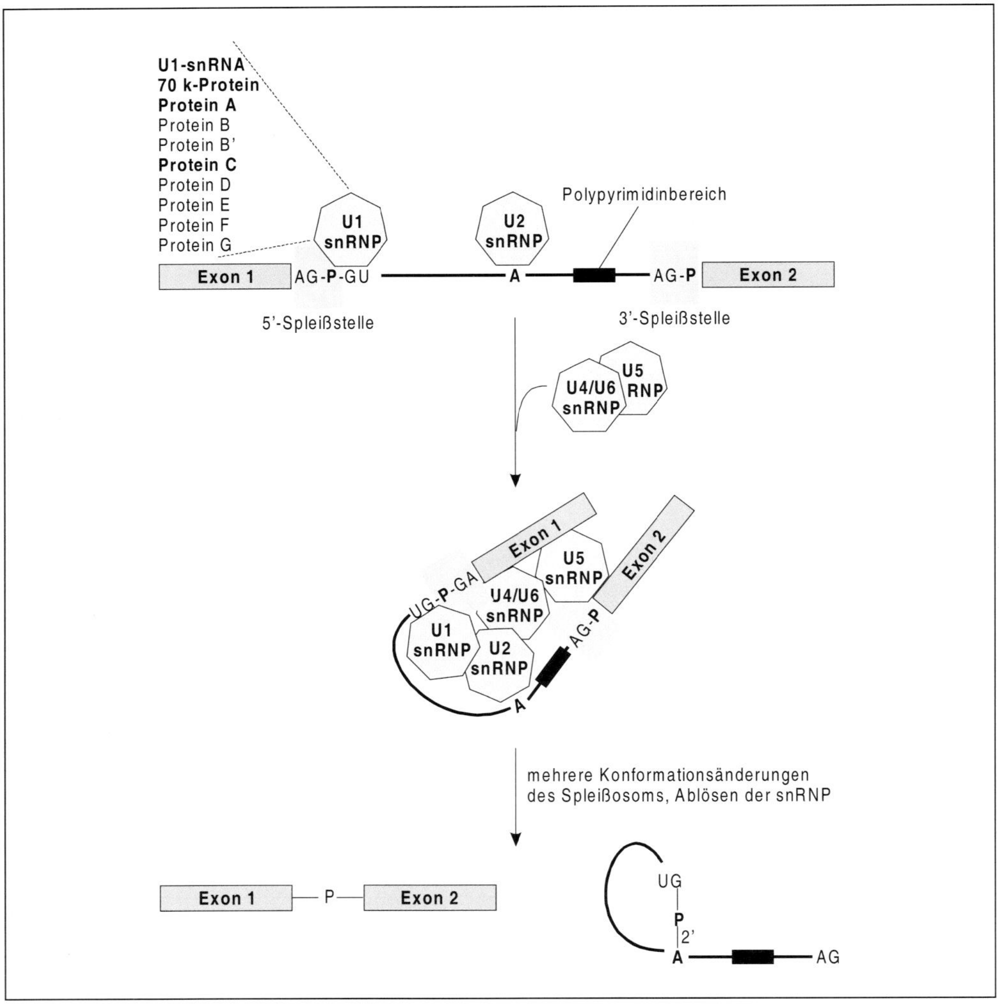

Abb. 12.22: Für das Zusammenspiel der snRNP im Spleißosom sind mehrere Elemente notwendig: Die beiden Spleißstellen, das an der 2‘-5‘-Verknüpfung beteiligte Adeninnukleotid im Intron sowie ein ebenfalls im 3‘-Bereich des Introns lokalisierte Polypyrimidinsequenz (also z. B. poly-U). Im oberen Teil der Abbildung sind am Beispiel des U1-snRNP alle Strukturkomponenten aufgelistet, wobei die für dieses snRNP typischen Bestandteile **fett** unterlegt sind (70 k steht für die relative Molekülmasse von 70.000). Die Abbildung gibt die Verhältnisse schematisch und vereinfachend wieder, d. h. Hilfsproteine und verschieden Stadien der Spleißosomaktivität sind nicht einzeln aufgeführt.

Bei Patienten mit der Autoimmunerkrankung **Systemischer Lupus erythematodes** (abgekürzt SLE) wurde bereits 1966 **Autoantikörper gegen Sm** (also gegen die Core-Proteine) nachgewiesen. Diese Antikörper sind sehr spezifisch für diese Krankheit und gehen häufig mit einer Beteiligung von Herz, Lunge, Niere und zentralem Nervensystem einher, d. h. sie zeigen eine eher schlechte Prognose an. Auch **Antikörper gegen U1-snRNP** werden bei Lupus-Patienten gefunden, obwohl diese auch bei anderen Autoimmunerkrankungen wie den Mischkollagenosen, nachgewiesen werden können.

12.3.5 Die Transkription von rRNA-Genen im Nucleolus

DNA kodiert nicht nur Proteine, sondern auch t- und rRNA-Moleküle. Mengenmäßig fallen die ribosomalen Ribonukleinsäuren am meisten ins Gewicht, so daß hier eine leistungsfähige Transkription den Nachschub an ribosomaler RNA gewährleisten muß. Diese ist ja auch Strukturbestandteil der Ribosomen (Abschnitt 12.3.7), die wiederum im Rahmen der Translation Synthesestätten der Proteine darstellen.

Ort der Transkription von rRNA-Genen ist der **Nucleolus**, der somit ein eigenes Kompartiment für die rRNA-Synthese darstellt. Ort der intensiven Transkription ist sein fibrilläres Zentrum, in dem man DNA, RNA-Polymerase-Moleküle in großer Anzahl und Primärtranskripte findet. Darüber befindet sich die fibrilläre Zone, in der die Prozessierung der 45-S-rRNA abläuft und erste Schritte der Ribosomensynthese stattfinden. Ribosomenvorläufer in dichter Packung schließlich bilden die äußere granuläre Zone, aus der diese Vorläufer durch die Kernporen in das Cytoplasma gelangen, wo sie ihre endgültige Form finden.

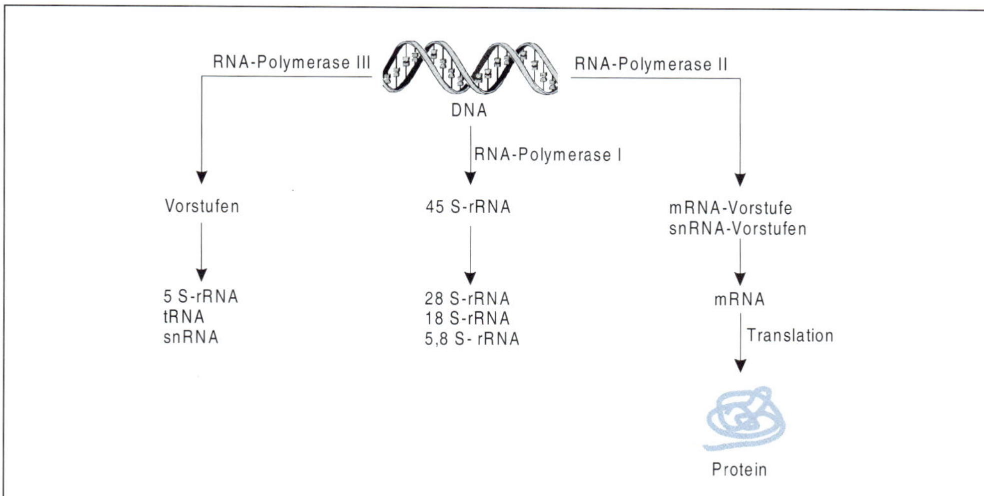

Abb. 12.23: Im Zuge der Transkription wird nicht nur mRNA gebildet, die letztlich der Proteinsynthese vorausgeht, sondern auch RNA-Moleküle, aus denen tRNA, rRNA und snRNA hervorgehen. Für alle Transkriptionsprodukte gibt es Vorstufen, die im Zuge einer Reifung in die Endprodukte umgebaut werden.

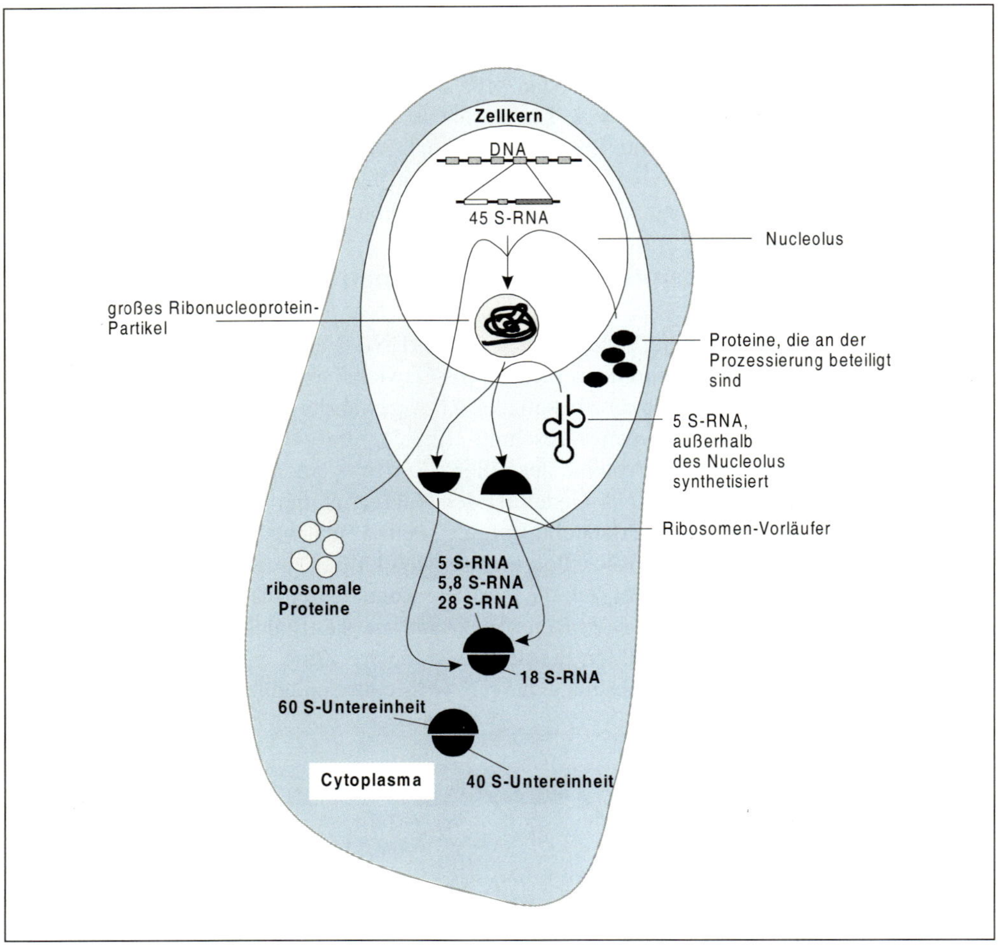

Abb. 12.24: Der Nucleolus als Hauptort der Ribosomenproduktion. Bildung und Prozessierung der 45 S-Vorläufer-RNA sowie die Ausbildung von Ribosomenvorstufen sind hier beheimatet. Allerdings ist dazu der Import von 5 S-rRNA und ribosomalen Proteinen notwendig. Während die 5 S-rRNA andernorts im Zellkern entsteht, stammen die ribosomalen Proteine aus dem Cytoplasma.

Um dem hohen Bedarf an rRNA gerecht zu werden, besitzen Säugetiere nicht ein, sondern 100 bis 200 rRNA-Gene, die in Gruppen aufeinanderfolgen. Dazwischen befindet sich trennende DNA, die sogenannten Spacer. In diesen Bereichen sind keine Strukturgene angeordnet, dagegen aber Promotoren, Terminatoren und Enhancer.

Das Primärtranskript eines rRNA-Gens, die 45 S-rRNA, wird im Rahmen der Prozessierung modifiziert, wobei Methylierungen und endonucleolytische Spaltungen im Vordergrund stehen. Man beachte, daß hierbei die 18 S-, die 5,8 S- und die 28 S-rRNA freigesetzt werden, nicht jedoch die 5 S-rRNA, ebenso wie die tRNA und die U6-snRNA ein Produkt der RNA-Polymerase III-Aktivität, das außerhalb des Nucleolus synthetisiert wird. Die folgende Abb. 12.25 zeigt die Prozessierung der 45 S-rRNA in schematischer Form.

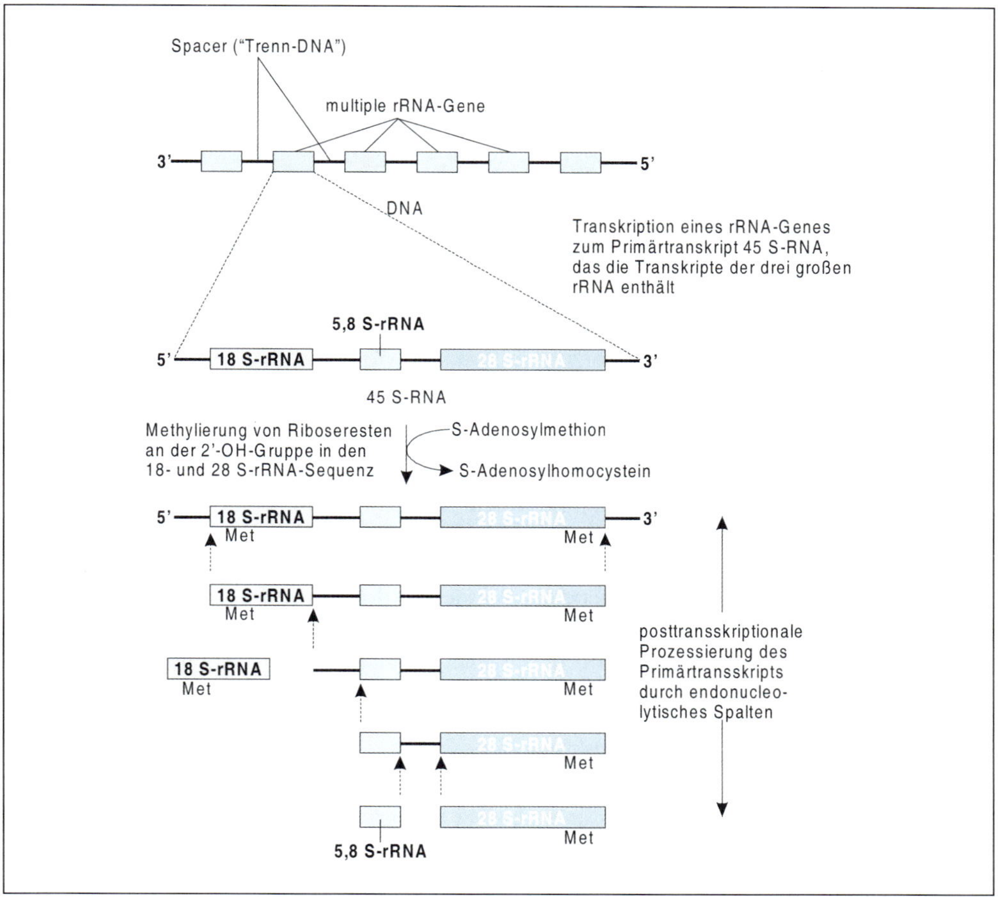

Abb. 12.25: Transkription und nachfolgende Prozessierung (Reifung) des Primärtranskripts 45-S-rRNA. Es ist ein Gen herausgegriffen worden, an dem die Prozessierung beispielhaft dargestellt ist. Natürlich werden in der Realität viele rRNA-Gene gleichzeitig transkribiert.

12.3.6 Prozessierung von tRNA-Transkripten

Die verschiedenen tRNA-Moleküle entstehen ähnlich den rRNA aus einem längeren Primärtranskript. Die RNAse P, ein Ribozym (sie enthält katalytisch aktive RNA), entfernt dabei überzählige RNA am 5'-Ende, RNAse D verfährt entsprechend am 3'-Ende. Spleißvorgänge werden von einer Endonuclease unterhalten. Zuletzt wird das für tRNA typische CCA-Ende mit Hilfe einer tRNA-Nukleotidyltransferase 3' angehängt.

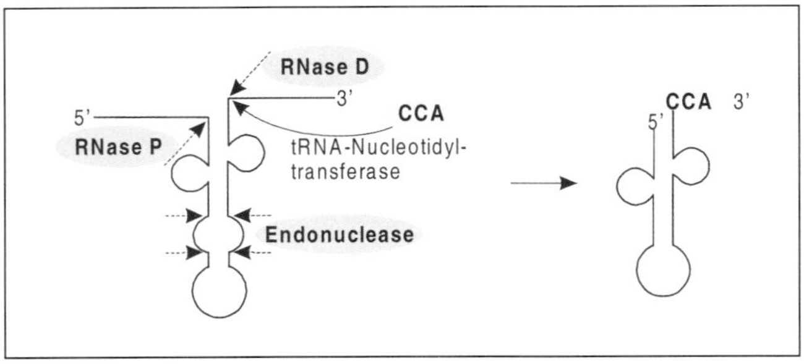

Abb. 12.26: Die Pozessierung von tRNA.

12.3.7 Das Ribosom

Die Translation (translatio lat. Übertragung, Übersetzung) ist die letzte Stufe auf dem Wege der genetischen Information von der DNA zum fertigen Protein. Sie ist der Prozeß, bei dem die Übersetzung eines Basencodes in eine Schrift aus Aminosäuren vollzogen wird. Die Buchstaben dieser Schrift, also die Aminosäuren, werden im Rahmen der Translation zu einem neuen Text, der Sequenz eines Proteins, zusammengesetzt. Hier macht sich bereits der erste Unterschied der Translation zu den vorausgehenden Schritten des Informationsflusses, Replikation und Transkription, bemerkbar. Wurde bei diesen die Information in der gleichen Sprache, nämlich der des Basencodes, übermittelt, so erfolgt durch die Translation eine regelrechte Übersetzung in eine andere Sprache, nämlich in die der Aminosäuren.

Doch die Translation weist noch eine Besonderheit auf. Während Replikation und Transkription im Zellkern lokalisiert sind, befindet sich der Ort der Translation im Cytoplasma an den Ribosomen. Die Messenger-RNA (mRNA) fungiert wie ein Bote, der die genetische Information vom Zellkern zum Ribosom überbringt.

Betrachtet man ein Ribosom, lassen sich zwei abgegrenzte Bereiche ausmachen, wobei der eine den anderen von seinen Ausmaßen deutlich übertrifft. Beide Ribosomenregionen lassen sich voneinander trennen, so daß das Ribosom in seine beiden „Einzelteile" zerfällt. Folglich ist auch von der großen und der kleinen Untereinheit des Ribosoms die Rede, von denen beide alleine nicht die Funktion des Ribosoms erfüllen können. Die **kleine Untereinheit** ist flach, besitzt eine zentrale Einkerbung oder Ritze und erinnert etwas an eine „ausgestreckte Zunge". Ihr großes Gegenstück ist dagegen mützenförmig aufgewölbt, wobei die Mütze an ihrer Basis drei fingerförmige Fortsätze aufweist. Beim vollwertigen Ribosom, also nach dem Zusammentreten beider Untereinheiten, sitzt die „Mütze" auf der relativ flachen kleinen Untereinheit. Wir wollen die in Wahrheit komplizierte Struktur des Ribosoms in diesem Buch vereinfacht wiedergeben:

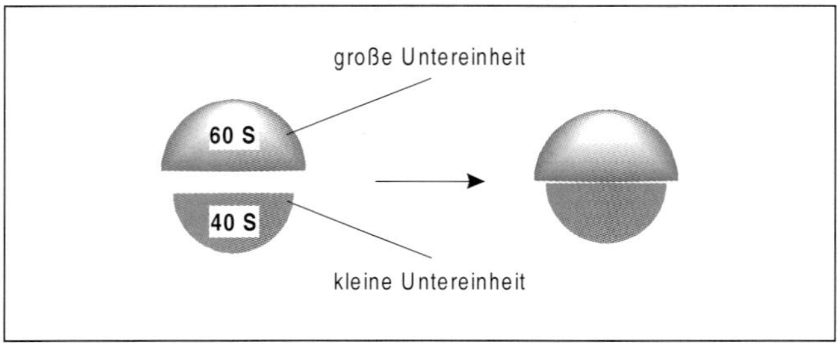

Abb. 12.27: Die beiden Untereinheiten des Ribosoms und die Form des zusammengesetzten Ribosoms in vereinfachter Darstellung.

Wir haben einen Vorgeschmack davon gewonnen, wie schwierig es wäre, Ribosomen allein anhand ihrer Morphologie (morphe gr. Gestalt) zu beschreiben, ganz abgesehen davon, daß sie einem mit ihrem Durchmesser von 10 bis 20 nm nicht gerade „ins Auge springen"! Nur mit einem Elektronenmikroskop bewaffnet läßt sich die Morphologie des Ribosoms studieren. Man hat daher nach einem anderen, mehr indirekten Kriterium gesucht, um Ribosomen im allgemeinen und ihre Untereinheiten im speziellen zu differenzieren. Dieses Kriterium ist das **Sedimentationsverhalten** (sedere lat. setzen) der Ribosomen und ihrer Untereinheiten im Schwerefeld. Allerdings bedarf es dazu eines sehr starken Schwerefeldes, dessen Kräfte die Erdanziehung bei weitem übertreffen. Solche Kräfte lassen sich in Ultrazentrifugen erzeugen, die ihre Rotoren mit über 25.000 Umdrehungen pro Minute bewegen. Je nach Rotor können daher Zentrifugalkräfte (centrum lat. Mittelpunkt, fugere lat. flüchten, fliehen) erzeugt werden, die die Gravitationskräfte (gravis lat. schwer) um das 100.000 fache übertreffen. Unter dem Einfluß solche Kräfte sedimentiert die große Untereinheit des Ribosoms schneller als die kleine, beide Einheiten lassen sich somit trennen. Die Sedimentationsgeschwindigkeit von Zellstrukturen und Molekülen wird in der Biochemie in sogenannten **SVEDBERG-Einheiten** S gemessen, wobei schnell sedimentierende Strukturen große SVEDBERG-Einheiten besitzen, langsamere kleine. Die große Untereinheit des Bakterienribosoms besitzt den konstanten Wert 50 S, die kleine 30 S. Weil diese Werte immer wieder gefunden werden, spricht man auch von den **SVEDBERG-Konstanten** der beiden Untereinheiten. Das vollständige Bakterienribosom zeigt eine Svedberg-Konstante von **70 S**, was auf eine Eigenart der SVEDBERG-Einheiten hinweist: Sie lassen sich nicht einfach addieren! Dies wird auch bei den Ribosomen der Eukaryonten, zu denen ja auch der Mensch zählt, deutlich. Sie heben sich mit ihren **80 S** von denjenigen der Prokaryonten mit 70 S ab, wobei auch bei den Eukaryonten die Summe von großer und kleiner Untereinheit mit 60 S bzw. 40 S nicht die SVEDBERG-Konstante des ganzen Ribosoms ergäbe!

Aus welchen Molekülen setzen sich jedoch Ribosomen zusammen? Ihre molekularen Bausteine sind Proteine und Ribonukleinsäuren, die deshalb auch als ribosomale Ribonukleinsäuren rRNA bezeichnet werden. In der großen Untereinheit des am besten untersuchten Ribosoms von *E. coli* finden sich 32 Proteine, deren Funktion zum großen Teil noch unklar ist. Sie werden mit einem L (large engl. groß) versehen und durchnumeriert, ebenso wie die 21 S-Proteine (small engl. klein) der kleinen Untereinheiten. Während die große Untereinheit des Bakterienribosoms über **23 S-** und **5 S-rRNA** verfügt, läßt sich in der kleinen lediglich eine **16 S-rRNA** nachweisen. Beim Menschen liegen wie bei allen Eukaryonten die Verhältnisse etwas anders: In der großen Untereinheit findet man 5 S-, 5,8 S- und 28 S-rRNA, in der kleinen 18 S-rRNA. Wie wir sehen, leistet die Ultrazentrifugation auch bei der Trennung und Charakterisierung von RNA-Molekülen gute Dienste. Tabelle 12.3 faßt die verschiedenen molekularen Komponenten des eukaryontischen Ribosoms noch einmal zusammen.

Tabelle 12.3: Die Bestandteile des eukaryontischen 80 S-Ribosoms.

Untereinheit	Sedimentationseigenschaft	Bestandteile
große Untereinheit	60 S	5 S, 5,8 S, 28 S- rRNA 49 L-Proteine
kleine Untereinheit	40 S	18 S-rRNA 33 S-Proteine

12.3.8 Der genetische Code

Bevor wir uns dem Mechanismus der Translation widmen, müssen wir uns einen wichtigen Begriff klarmachen, den des **genetischen Codes**. Der Organismus kennt 20 proteinbildende Aminosäuren, aus denen alle Proteine aufgebaut sind. Zu ihrer Codierung stehen in der DNA jedoch nur vier unterschiedliche Basen zur Verfügung, mit denen sich bei einer 1/1-Übersetzung lediglich vier Aminosäurebuchstaben übersetzen ließen. Angesichts der zwanzig Buchstaben des „Aminosäurealphabets“ ein völlig unzureichender Code! Stünden dagegen zwei Basen für eine Aminosäure als Primärinformation zur Verfügung, könnten $4^2 = 16$ Aminosäuren definiert werden, womit das Ziel wiederum verfehlt wäre.

Erst bei drei Basen, dem sogenannten Triplett, können mit $4^3 = 64$ Möglichkeiten alle 20 existierenden Aminosäuren codiert werden. Mehr noch, der Basencode weist jetzt sogar eine „Codierungsreserve“ von 44 Aminosäuren auf. Jedoch werden alle 64 Tripletts für die Translation genutzt, wobei für dieselbe Aminosäure offensichtlich mehrere Tripletts in Frage kommen. Da der genetische Code nicht eindeutig einer Aminosäure nur ein Basentriplett zuordnet, bezeichnet man ihn auch als degeneriert. Ein Basentriplett auf der mRNA als Überbringer der Information heißt wegen seiner codierenden Eigenschaft auch **Codon**, wobei die Zelle 61 Codons zur Darstellung von Aminosäuren nutzt. Ein Codon wird als Start- (AUG), drei Codons (UAA, UGA, UAG) werden als Stopcodons benutzt, so daß damit allen 64 Tripletts eine Bedeutung zukommt. Dem Startcodon ist dabei die Aminosäure Methionin zugeordnet, die Stopcodons codieren lediglich das Signal „Stop“. Start- und Stopcodons auf der mRNA geben während der Translation am Ribosom an, wo mit der Übersetzung begonnen bzw. wo sie abgebrochen werden soll. Der genetische Code ist nicht auf einen speziellen Organismus beschränkt, sondern - mit einigen wenigen Ausnahmen - für alle Organismen gleichermaßen gültig, er ist also **universell**. Seine Bedeutung ist somit vom Bakterium bis zum Menschen gleich, die Moleküle aller Arten sprechen hier die gleiche Sprache!

Tabelle 12.4: Der genetische Code. Das Startcodon und die drei Stopcodons sind fett unterlegt.

Erstes Nukleotid	U als Nukleotid 2	C als Nukleotid 2	A als Nukleotid 2	G als Nukleotid 2	Drittes Nukleotid
U	Phe	Ser	Tyr	Cys	U
	Phe	Ser	Tyr	Cys	C
	Leu	Ser	**Stop**	**Stop**	A
	Leu	Ser	**Stop**	Trp	G
C	Leu	Pro	His	Arg	U
	Leu	Pro	His	Arg	C
	Leu	Pro	Gln	Arg	A
	Leu	Pro	Gln	Arg	G
A	Ile	Thr	Asn	Ser	U
	Ile	Thr	Asn	Ser	C
	Ile	Thr	Lys	Arg	A
	Met	Thr	Lys	Arg	G
G	Val	Ala	Asp	Gly	U
	Val	Ala	Asp	Gly	C
	Val	Ala	Glu	Gly	A
	Val	Ala	Glu	Gly	G

12.3.9 tRNA

Wie genetische Information zum Ribosom gelangt, haben wir bereits besprochen, sie wird bekanntlich von der Boten-Ribonukleinsäure mRNA überbracht. Wie aber werden die Buchstaben der Aminosäuresprache, also die einzelnen Aminosäuren, zum Ribosomen transportiert?

Diese Aufgabe wird von einer speziellen Klasse von Ribonukleinsäuren, den **Transfer-Ribonukleinsäuren** wahrgenommen, deren Abkürzung **tRNA** lautet. Mengenmäßig rangieren die tRNAs hinter den ribosomalen Ribonukleinsäuren und stellen somit das zweithäufigste RNA-Kontingent. So entfallen in Bakterien 10 bis 20 % der Gesamtmasse an RNA auf die tRNA-Fraktion, 5 bis 10 % sind mRNA, der Rest von 75 bis 80 % wird von den rRNAs gestellt. Alle drei RNA-Klassen werden im gut untersuchten Bakterium *E. coli* ungefähr mit der gleichen Syntheserate aufgebaut, so daß sich ihre unterschiedliche Häufigkeit nur mit differierenden Abbauraten erklären läßt. In der Tat besitzt mRNA in *E. coli* eine Halbwertszeit von 0,5 bis 2 min, tRNA dagegen ist erst nach 100 Stunden zur Hälfte abgebaut.

Transfer-RNAs zählen mit ihrer Gesamtsequenz von ca. 80 (74 bis 94) Basen zu den eher kleinen RNA-Molekülen. Ihre relative Molekülmasse beträgt etwa 25.000, was einer SVEDBERG-Konstanten von **4,5 S** entspricht.

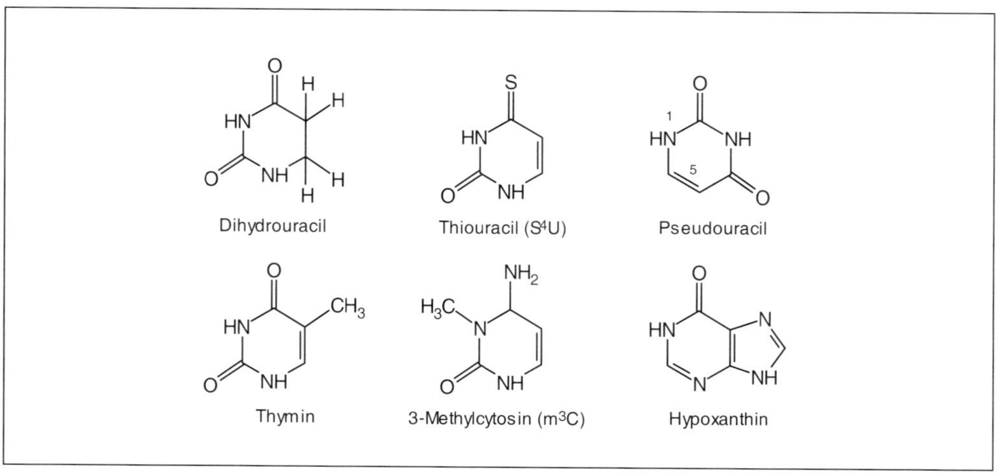

Abb. 12.28: Beispiele für modifizierte Basen. Man beachte, daß Thymin in tRNA-Molekülen auftreten kann.

Ist man von mRNA und rRNA ein recht einheitliches strukturelles Schema gewohnt, welches sich im Rahmen der vier Basen A, C, G und U bewegt, so schlagen tRNAs diesbezüglich völlig aus der Art. Bei etwa 10 % ihrer Nukleotide treten ungewöhnliche Basen auf. Ungewöhnlich insofern, als sie gegenüber den „regelrechten“ Basen A, C, G und U modifiziert erscheinen. Über die Funktion der modifizierten Basen ist bisher wenig bekannt. Möglicherweise schützen sie die tRNA vor abbauenden Enzymen und tragen somit zu ihrer Stabilität bei.

Schaut man sich nun die Strukturen von tRNA-Molekülen verschiedener Arten (z. B. Hefe und Mensch) an, so fällt auf, daß bestimmte Abschnitte dieser Nukleinsäuren große

Ähnlichkeiten zeigen oder gar identisch sind. Offenbar kommt diesen Bereichen eine funktionelle Bedeutung beim Translationsprozeß zu, so daß an ihrer bewährten Nukleotidsequenz während der Evolution wenig gerüttelt worden ist. Sequenzen eines Moleküls, hier der tRNA, die im Sequenzvergleich zwischen verschiedenen Arten große Ähnlichkeiten oder gar Identität aufweisen, nennt man konserviert (conservare lat. bewahren). Diese Tatsache macht es auch möglich, ein allgemein gültiges Modell für die **Sekundärstruktur der tRNA** zu entwerfen. Unter der Sekundärstruktur der tRNA vestehen wir das Muster der Basenpaarung im Nukleinsäuremolekül. Wegen seiner augenscheinlichen Ähnlichkeit mit einem Kleeblatt wird dieses Modell auch als **Kleeblattmodell der tRNA** bezeichnet: Allgemein verbindliche Kennzeichen der tRNA sind die vier Arme sowie drei der vier Schleifen. Die variable Schleife kann fehlen. In tRNAs sind lediglich etwa 44 % der Basen mit ihren komplementären Partner gepaart, der Rest bleibt ungepaart und bildet Schleifenstrukturen. Doppelstrangbereiche liegen als antiparallele Doppelhelix vor, so wie wir es von der DNA her kennen.

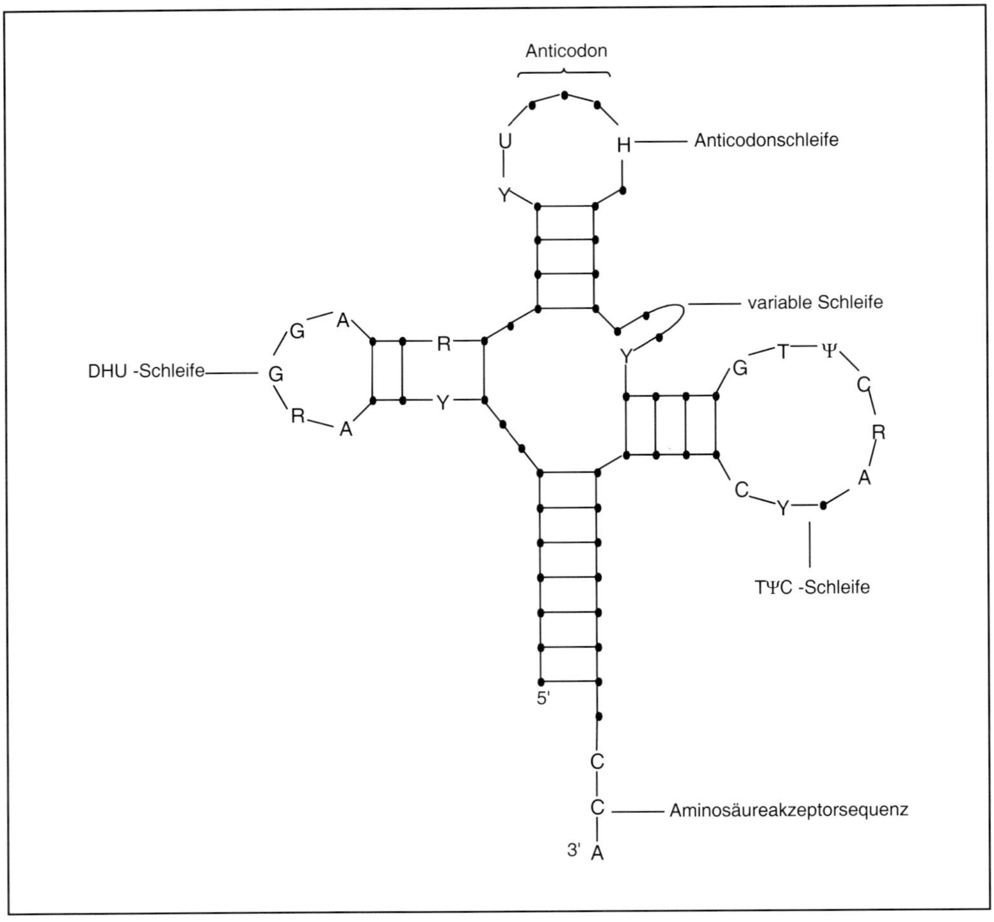

Abb. 12.29: Das Kleeblattmodell als Schema für die Sekundärstruktur der tRNA. Positionen mit stets gleichen Basenbesetzungen sind durch Buchstaben hervorgehoben: R Purinbase, Y Pyrimidinbase, H hypermodifiziertes Purin, T Thymin, Ψ Pseudouridin und DHU Dihydrouridin.

Bevor wir uns mit der räumlichen Architektur der tRNA beschäftigen, soll auf die funktionelle Bedeutung der Schleifen im tRNA-Molekül eingegangen werden. Am sogenannten **Akzeptorarm** sticht das **CCA-Ende** ins Auge, über das jede tRNA verfügt. Das Adenin am 3'-Ende des Ribonukleinsäuremoleküls stellt die Verbindung zur Aminosäure her, die das tRNA-Molekül zum Ribosom transportiert. Der besondere Mechanismus dieser Verknüpfung ist Thema des nächsten Abschnitts.

Gleichsam als Gegenpol zum 3'-CCA-Ende fungiert die **Anticodonschleife** (Abb. 12.29). Ist jenes der Bindungspartner der zu transferierenden Aminosäure, so vermittelt diese die Bindung an die mRNA, welche ja die genetische Botschaft aus dem Zellkern überbringt. Auch über diese Interaktion wird in einem der folgenden Abschnitte berichtet werden, wenn es um den eigentlichen Translationsprozeß am Ribosom geht. Festzuhalten bleibt jedoch schon jetzt: Die tRNA repräsentiert den strukturellen Mittler zwischen genetischer Botschaft (durch die mRNA überbracht) und den Aminosäuren, den Buchstaben der Proteinsequenz.

Die **TΨC-Schleife** vermittelt die Bindung an eine 5'-GAUC-3'-Sequenz der 5 S-rRNA bei Bakterien bzw. der 5,8 S-rRNA bei Eukaryonten. Diese Wechselbeziehung trägt dazu bei, die tRNA an das Ribosom zu binden und sie in eine für die Translation günstige Position zu bringen.

Das Kleeblattmodell gibt nur die Molekülstruktur wieder, die sich aus den Basenpaarungen im tRNA-Molekül ergeben. Es wurde aber bereits angesprochen, daß sich gerade in den verschiedenen Doppelstrangbereichen Helixstrukturen, also räumliche Gebilde, formieren. Somit weist auch jede tRNA eine dreidimensionale Struktur (**Tertiärstruktur**) auf. Wie Abb. 12.30 zeigt, läßt das Raummodell einer tRNA den Vergleich mit einem „L“ zu.

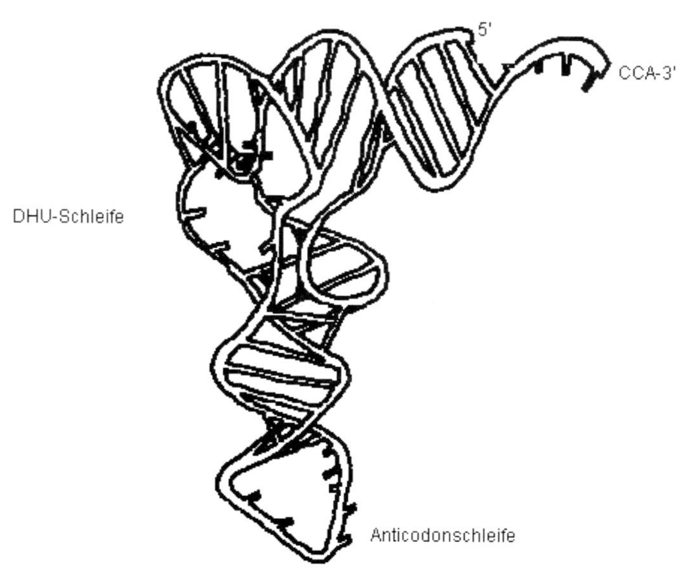

Abb. 12.30: Die dreidimensionale Struktur der tRNA nach A. RICH (aus P. KARLSON).

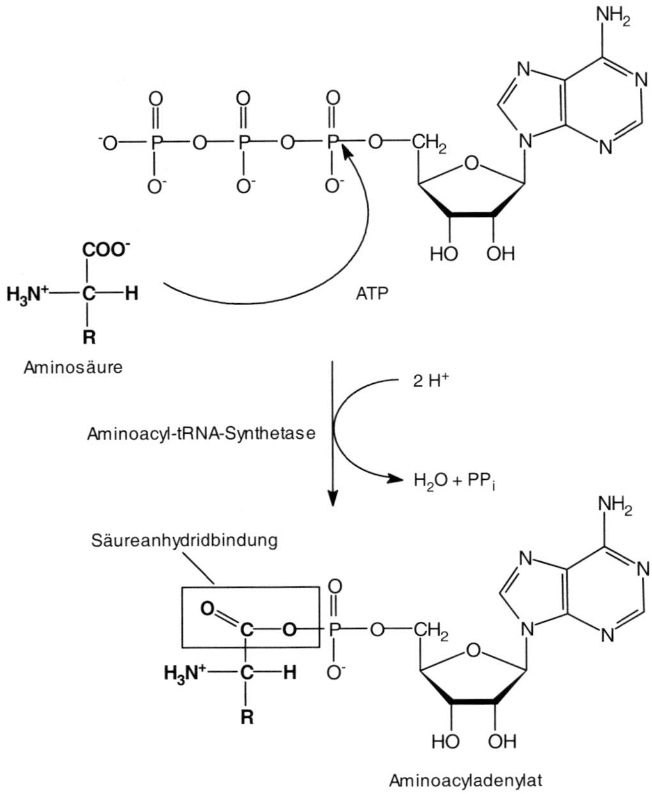

Abb. 12.31: Die erste Stufe der Aminoacyl-tRNA-Synthese. Produkt dieser Reaktion ist das Säureanhydrid Aminoacyladenylat, eine Verbindung mit hohem Gruppenübertragungspotential. Man beachte die Analogie zum Acyladenylat, der aktivierten Vorstufe des Fettsäureabbaus.

Die im Translationsprozeß gleichermaßen involvierten Bereiche, Anticodon und CCA-Akzeptorarm, bilden dabei die gegenüberliegenden Endpunkte des L. Die an der Translation beteiligten Enzyme erkennen „ihre" tRNA am innenliegenden Knick des L, also im Umfeld des Akzeptor- und **DHU-Arms**.

Die Hauptaufgabe der tRNA liegt also darin, Aminosäuren zum Ribosom zu transportieren, an dem sie dann zur Aminosäuresequenz eines neuen Proteins verknüpft werden. Die Art der Bindung zwischen Nuklein- und Aminosäure soll nun genauer beleuchtet werden.

Der erste Schritt auf dem Wege zur Aminoacyl-tRNA, dem Produkt der Reaktion von tRNA und Aminosäure, erinnert an die Aktivierung der Fettsäuren im Rahmen ihres Abbaus mittels β-Oxidation. In beiden Fällen reagiert eine organische Säure mit dem Phosphatrest eines ATP-Moleküls zu einem **Säureanhydrid**. Wie in Kapitel Kohlenhydrate II bereits erläutert, entstehen Säureanhydride bei der Reaktion zweier Säuren, hier der Phosphorsäure aus dem ATP und der Aminosäure, indem ein Molekül Wasser freigesetzt wird. Das spezielle Säureanhydrid aus ATP und einer Aminosäure heißt **Aminoacyladenylat** und ist wie alle Säureanhydride aufgrund ihrer energiereichen Verknüpfung eine Verbindung mit hohem Gruppenübertragungspotential. Aminoacyladenylat eignet sich folglich vorzüglich dazu, den Aminoacylrest auf das Akzeptormolekül tRNA zu übertragen. Doch betrachten wir zunächst den ersten Schritt dieser zweistufigen Reaktion, die Aktivierung der Aminosäure zum Säureanhydrid.

Die Aminosäure befindet sich nun in einem aktivierten Zustand und kann in einem Folgeschritt mit der 2'- oder 3'-OH-Gruppe des endständigen Adeninnukleotids im -CCA-3'-Arm der tRNA unter Bildung einer Esterbindung weiterreagieren.

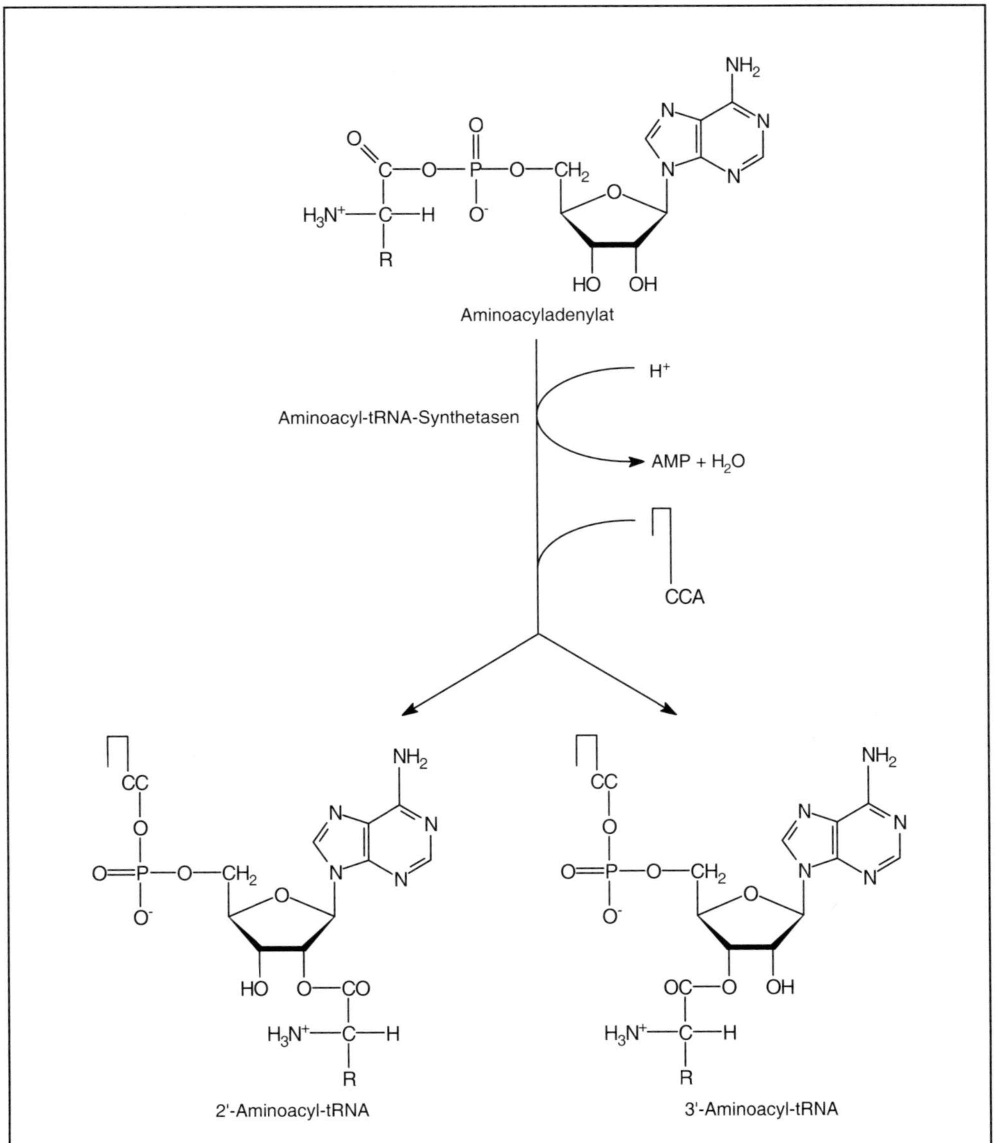

Abb. 12.32: Die zweite Stufe der Aminoacyl-tRNA-Synthese. Die Aminosäure wird auf die 2'- oder 3'-OH-Gruppe des Ribosemoleküls im terminalen Adeninnukleotid der tRNA übertragen.

Beide Stufen dieser Kopplungsreaktion werden von der **Aminoacyl-tRNA-Synthetase** katalysiert. Das Bakterium *E. coli* verfügt über zwanzig dieser Enzyme, wobei jedes für eine bestimmte Aminosäure zuständig ist. So existiert eine Leucyl-tRNA-Synthetase, eine Alanyl-tRNA-Synthetase usw. Die Aminoacyl-tRNA-Synthetasen sind die entscheidenden Kontrollstellen für den korrekten Einbau der Aminosäuren in die entstehende Aminosäuresequenz am Ribosom. Jenseits des von ihnen katalysierten Schrittes gibt es keine Kontrollinstanz mehr, d. h. eine falsch gekoppelte Aminosäure wird ohne Korrektur von ihrer tRNA zum Ribosom überführt und dort (inkorrekt) in das neu synthetisierte Protein eingefügt. Eine Aminoacyl-tRNA-Synthetase ist für zwei Entscheidungsprozesse verantwortlich.

Abgesehen von dieser Wahrscheinlichkeitsbetrachtung verfügen Aminoacyl-tRNA-Synthetasen über eine **Esteraseaktivität**, die bevorzugt inkorrekt verknüpfte Aminoacyl-tRNAs wieder in ihre Edukte tRNA und Aminosäure spaltet. Von Bedeutung für die Fehlervermeidung ist die optimale räumliche Anlagerung der tRNA an die Synthetase. Wie bereits erwähnt, tritt sowohl der DHU- als auch der Akzeptorarm der tRNA mit der Aminoacyl-tRNA-Synthetase in Wechselwirkung, wobei die Art dieser Interaktion natürlich von tRNA zu tRNA bzw. von Synthetase zu Synthetase differiert. Fest steht jedoch, daß mitunter lediglich ein einzelnes Basenpaar etwa im Akzeptorarm die entscheidende Rolle im Erkennungsmechanismus zwischen tRNA und Enzym spielt.

Aber auch die exakte Ausrichtung der entsprechenden Aminosäure zur Synthetase trägt zum Gelingen der fehlerfreien Veresterung von Ribose-OH-Gruppe und Aminosäure bei. So besitzen beispielsweise Tyrosyl- und Phenylalanyl-tRNA hydrophobe „Taschen", in die sich nur der jeweilige aromatische Ring der beiden Aminosäuren optimal einfügt. Abschließend kann festgestellt werden, daß am „Kontrollpunkt Aminoacyl-tRNA-Synthetase" mehrere Mechanismen darüber wachen, daß es nur in den seltensten Fällen zu einem Fehleinbau von Aminosäuren bei der Translation kommt.

12.3.10 Die Proteinbiosynthese

Mit diesem Wissen über den Aufbau der mRNA, den „beladenen" tRNAs und des Ribosoms können wir uns dem eigentlichen Vorgang der Translation (translatio lat. Übertragung) zuwenden. Wie schon kurz angedeutet, wird dabei die lineare Basenabfolge der mRNA in eine Folge von Aminosäuren übersetzt, die mittels Peptidbindungen miteinander verknüpft werden.

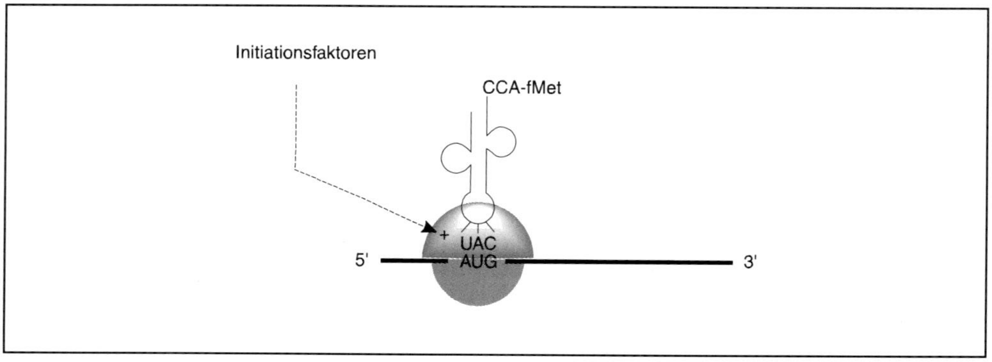

Abb. 12.33: Die Bildung des Initiationskomplexes bei der prokaryontischen Proteinbiosynthese.

Wir betrachten also an dieser Stelle, wie es zur Ausbildung der Primärstruktur eines Polypeptids oder Proteins kommt. Dies stellt aber nichts anderes als den „Geburtsvorgang“ eines neuen Proteins dar. Man spricht in diesem Zusammenhang auch von der Proteinbiosynthese. Ähnlich wie bei der Transkription sind bei diesem Prozeß drei Phasen zu unterscheiden: Initiation, Elongation der Polypeptidkette und die abschließende Termination.

Ihren Beginn nimmt die Proteinbiosynthese mit der Ausbildung eines sogenannten **Initiationskomplexes**. Er besteht aus der mRNA, der kleinen ribosomalen Untereinheit und einer Initiations-tRNA, die das Startcodon erkennt. Zunächst bindet die 30 bzw. 40 S-Untereinheit des Ribosoms an das 5'-Ende der mRNA und wandert an ihr in 3'-Richtung entlang, bis sie ein Startcodon erreicht. Der erste Kontakt zwischen Ribosom und mRNA wird durch komplementäre Basenabfolgen auf der mRNA und einem Abschnitt des rRNA-Moleküls in der kleinen Untereinheit bewerkstelligt. Nach Bindung der ersten Aminoacyl-tRNA folgt der Zusammenschluß der kleinen mit der großen Untereinheit zum vollständigen Ribosom. Bei diesen Vorgängen spielen außerdem bestimmte Proteine, sogenannte Initiationsfaktoren, eine wichtige Rolle, die hier jedoch nicht genauer betrachtet werden soll. Zudem wird ein Molekül GTP gespalten. Damit ist die Phase der Initiation abgeschlossen.

Durch die Ausbildung des vollständigen Ribosoms werden zugleich zwei Bindungsorte für tRNA-Moleküle auf dem Ribosom ausgebildet. An beiden können gebundene tRNAs mit der mRNA in Wechselwirkung treten und ihr Codon erkennen. Man unterscheidet dabei den **P-Ort**und den **A-Ort**. Während an ersterem später die wachsende Peptidkette gebunden vorliegt (daher P-Ort, P steht für Peptidyl-), findet an der anderen Stelle die Erkennung der nächsten Aminoacyl-tRNA statt (A steht demnach für Aminoacyl-). Im Englischen spricht man auch von der P- und der A-site des Ribosoms. Machen wir uns dies deutlicher, indem wir die Ausbildung der ersten Peptidbindung betrachten.

Die erste gebundene Aminoacyl-tRNA sitzt am P-Ort. Das dem Startcodon folgende Codon der mRNA, welches jetzt genau am A-Ort zu liegen kommt, bestimmt, welche Aminoacyl-tRNA dort gebunden wird. Durch Bindung der entsprechenden Aminoacyl-tRNA an die A-site beginnt die zweite Phase der Translation, die **Elongation**. Für den Transport von Aminoacyl-tRNA-Molekülen zur A-site des Ribosoms sind die **Elongationsfaktoren** EF-Tu und EF-Ts in Prokaryonten bzw. EF1α und EF1$\beta\gamma$ in Eukaryonten verantwortlich. Bei ihnen handelt es sich um GTP-bindende Proteine, sogenannte G-Proteine. Erst nach Spaltung eines Moleküls GTP sind diese Faktoren in der Lage, das Ribosom zu verlassen. Die Zeit, die für die Hydrolyse von GTP benötigt wird, wird zum Überprüfen der Basenpaarung zwischen mRNA und tRNA verwandt. Nachdem beide Bindungsstellen des Ribosoms besetzt sind, katalysiert die Peptidyltransferase die Bildung einer Peptidbindung zwischen den beiden Aminosäureresten. Die enzymatische Aktivität der Peptidyltransferase wird durch mehrere Proteine aus der großen ribosomalen Untereinheit und vermutlich auch von rRNA vermittelt. Die Folge dieser Reaktion ist, daß sich in der P-site eine unbeladene tRNA, in der A-site hingegen eine Peptidyl-tRNA, also ein tRNA-Molekül mit einem Peptidrest, befindet. Nachfolgend wird die freie tRNA vom Ribosom abgespalten, die Peptidyl-tRNA bewegt sich von der A- zur P-site des Ribosoms. Zudem wandert das Ribosom um die Länge eines Basentripletts auf der mRNA in 3'-Richtung weiter, womit ein neues Codon in der A-Site für die Bindung einer Aminoacyl-tRNA zugänglich wird. Diesen Teilvorgang der Elongation, der unter Beteiligung eines weiteren Elongationsfaktors, EF-G in Prokaryonten bzw. EF2 in Eukaryonten, erfolgt, bezeichnet man als **Translokation** (trans lat. über, hinüber und locare lat. stellen, legen). Zudem wird für die Fortbewegung des Ribosoms ein weiteres Molekül GTP gespalten. Zusammen mit der Aktivierung der Aminosäure am CCA-Ende der tRNA zur Aminoacyl-tRNA werden pro Zyklus der Elongation also drei energiereiche Nukleotidtriphosphate gespalten.

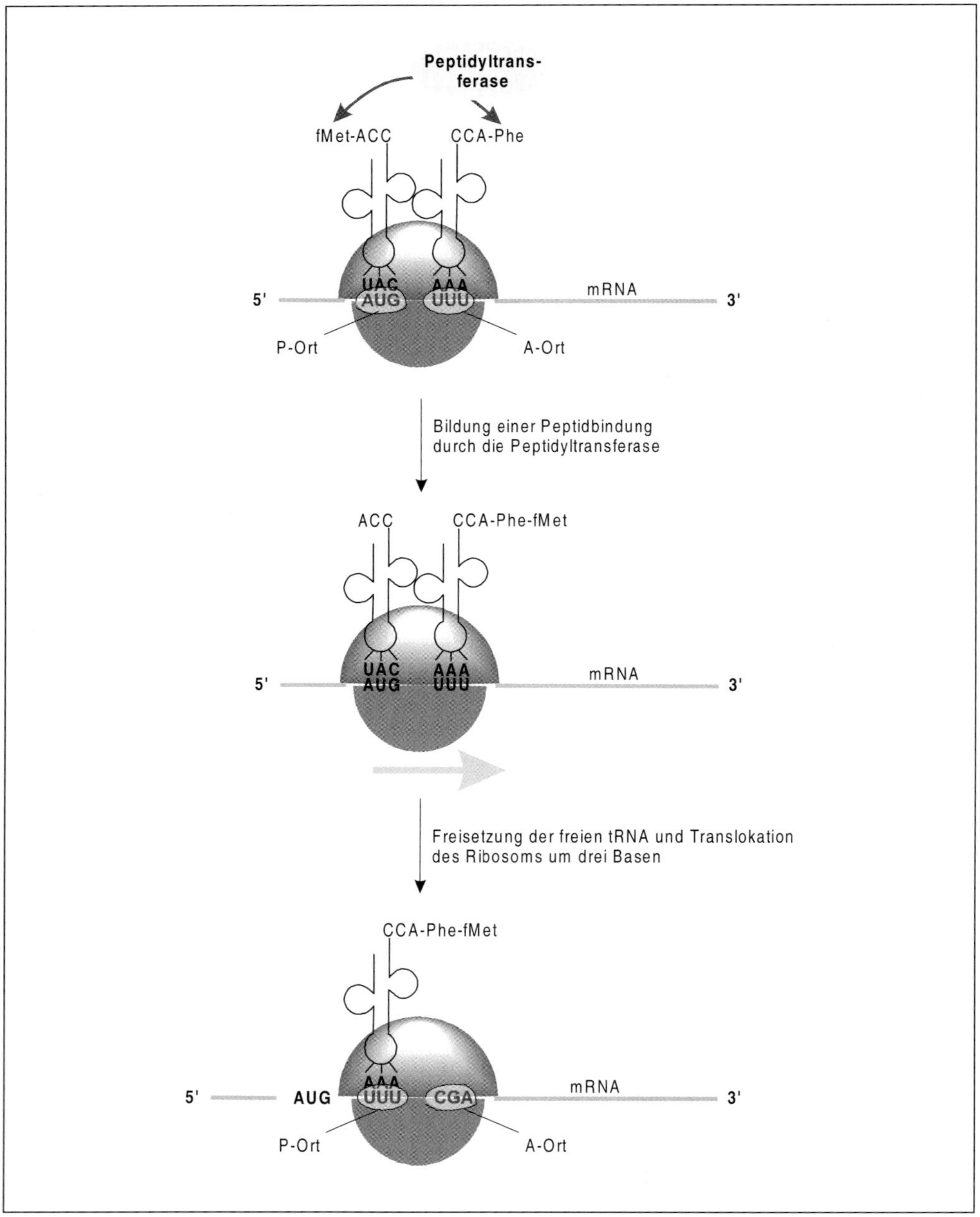

Abb. 12.34: Der Vorgang der Elongation am Ribosom. Die Abstände der Tripletts auf der RNA sind hier der Übersichtlichkeit wegen zu groß. In der Realität befinden sich die Tripletts natürlich unmittelbar nebeneinander.

Der Elongations-Zyklus von der Anlieferung von Aminoacyl-tRNA über Bildung der Peptidbindung bis zur anschließenden Translokation wiederholt sich solange, bis das Ribosom zu einem Stopcodon gelangt. Die Phase der **Termination** wird eingeläutet. Da die Zelle für diese keine tRNA-Moleküle besitzt, kommt die Proteinsynthese zum Stillstand. In Gegenwart von Terminationsfaktoren wird die nun fertige Proteinkette durch die Peptidyltransferase von der tRNA abgetrennt. Auch bei diesem Schritt wird ein Molekül GTP hydrolytisch gespalten. Das Ribosom zerfällt in seine Untereinheiten und verläßt somit die mRNA. Die Proteinbiosynthese ist abgeschlossen. Abschließend soll uns eine **Energiebilanz** der Proteinbiosynthese Aufschluß über den Verbrauch energiereicher Verbindungen wie GTP und ATP geben. Für die Synthese einer Proteinkette aus n Aminosäuren werden benötigt:

n Moleküle ATP zur Bildung der Aminoacyl-tRNA
1 Molekül GTP zur Initiation der Proteinbiosynthese
n-1 Moleküle GTP zur Bindung der Aminoacyl-tRNA am A-Ort des Ribosoms
n-1 Moleküle GTP zur Translokation des Ribosoms auf der mRNA
1 Molekül GTP in der Terminationsphase

In der Summe ergibt dies einen Verbrauch von 3 n Molekülen ATP bzw. GTP für die Herstellung der betrachteten Proteinkette.

Auf der Ebene der Translation greifen wichtige Antibiotika an, von denen einige in Tabelle 12.5 angeführt sind.

Substanzen, die spezifisch die eukaryontische Proteinsynthese inhibieren, sind ebenfalls bekannt. Das **Diphterietoxin** ist ein Protein, welches vom *Corynebacterium diphteriae* (Diphteriebakterien) gebildet wird. Nach der Spaltung des Proteins in ein A- und ein B-Fragment (M_r = 21.200 bzw. 39.600) bindet letzteres an die Plasmamembran der Zielzelle und vermittelt das Eindringen des A-Fragments. Dieses inaktiviert den Elongationsfaktor EF2 der eukaryontischen Translation. Der Mechanismus dieses Prozesses läßt sich wie folgt beschreiben. Der Elongationsfaktor EF2 besitzt einen modifizierten Histidinrest in seiner Proteinkette, welchen man als **Diphtamid** bezeichnet. Mittels Übertragung eines ADP-Riboserestes von NAD^+ auf diesen seltenen Aminosäurerest verliert der Faktor EF2 seine Aktivität. Diesen Vorgang der ADP-Ribosylierung findet man bei Prokaryonten wie *E.coli* nicht, da bei ihnen Diphtamid nicht vorkommt. Das Toxin wirkt katalytisch und ist daher in geringsten Mengen wirksam.

Tabelle 12.5: Antibiotika, die auf der Stufe der bakteriellen Translation ansetzen.

Antibiotikum	Wirkungsweise
Tetrazykline	Setzen an der 30 S-Untereinheit des prokaryontischen Ribosoms an und hemmen die Bindung der Aminoacyl-tRNA an die A-site (Elongationshemmer).
Streptomycin	Aminoglykosid-Antibiotikum, hemmt die Initiation der Proteinbiosynthese.
Gentamycin	Aminoglykosid-Antibiotikum, bindet an beide ribosomalen Untereinheiten und verhindert die Translokation.
Chloramphenicol	Hemmt durch Bindung an die 50 S-Untereinheit die Peptidyltransferasetätigkeit.
Puromycin	Ähnelt dem Aminoacylende einer Aminoacyl-tRNA. Bindet daher an die A-site des Ribosoms und führt zum vorzeitigen Abbruch der Proteinbiosynthese.

12.3.11 Synthese der Glykoproteine: Endoplasmatisches Retikulum

Die Zelle produziert unablässig Proteine, denen ganz unterschiedliche Funktionen zukommen. Zu den wichtigsten Proteingruppen zählen:

- **zelleigene Proteine**, z. B. Enzyme
- **Membranproteine**, z. B. Ionenkanäle
- **sekretorische Proteine („Exportproteine")**, z. B. Hormone wie das Insulin

Während die zelleigenen Proteine an freien, nicht an Zellstrukturen gebundenen Ribosomen synthetisiert werden, gilt dies von der Frühphase ihrer Biosynthese abgesehen nicht für Membran- und Exportproteine. Ihre Fabrikationsstätte ist das rauhe Endoplasmatische Retikulum, das im Gegensatz zum glatten Endoplasmatischen Retikulum mit Ribosomen besetzt ist. Das **Endoplasmatische Retikulum** ist ein röhren- und schlauchförmiges, in sich geschlossenes Membransystem, das auch die äußere Kernmembran einbezieht. Der glatte Anteil ist in der Regel weniger ausgeprägt und ist Ort der Lipidsynthese. Hier werden Phospholipide synthetisiert, Teile der Cholesterolsynthese finden sich hier und in entsprechenden endokrinen Zellen (Nebennierenrinde, LEYDIG-Zwischenzellen, Theca- und Granulosa-Zellen des Ovars) werden auch teilweise Steroidhormone an dieser Struktur aufgebaut. In diesen Zellen ist das glatte Endoplasmatische Retikulum dann auch stärker repräsentiert. Die Biotransformation von Xenobiotika mittels Cytochrom-P-450-Enzymen ist ebenfalls eine Leistung des glatten Endoplasmatischen Retikulums. Schließlich dient es auch noch als Calciumionenspeicher, wobei es in Muskelzellen als Sarkoplasmatisches Retikulum eine besondere Spezialisierung erfährt.

Export- und Membranproteine hingegen werden von der eukaryontischen Zelle zunächst in das **rauhe Endoplasmatisches Retikulum** synthetisiert, von wo aus sie durch Primärvesikel zum Golgi-Apparat und anschließend durch Sekretionsvesikel zur Zellmembran transportiert werden. Diese fusionieren mit der Membran und geben ihren Inhalt im Falle der sekretorischen Proteine (z. B. Hormone) in den Extrazellulärraum ab. Für die Oberflächenexpression von Membranproteinen wird das Transportvesikel in die Zellmembran integriert, so daß das Membranprotein dort „von selbst" verankert wird.

Der **Golgi-Apparat** ist ein System von geschlossenen Membranstapeln, in dessen Lumen verschiedene Modifikationen der aus dem Endoplasmatischen Retikulum mittels Transportvesikel eingeschleusten Proteine erfolgen. Diese Vesikel werden aus dem Endoplasmatischen Retikulum abgeschnürt und fusionieren dann mit den Membranen des Golgi-Apparates. Dieser zeigt eine Polarität und wird in cis- (dem Kern zugewandt), medialer und trans-Golgi-Apparat unterteilt. Den Golgi-Apparat verlassen die veränderten Proteine in entsprechenden Vesikeln, zu denen auch die Lysosomen zählen.

Eine wichtige Frage betrifft das sogenannte **Proteintargeting** (target engl. Ziel). Wie wird bestimmt, an welchen Zielort in der Zelle (z. B. ins Endoplasmatische Retikulum, zur Zellmembran, in den Zellkern) ein bestimmtes Protein gebracht werden soll? Mit anderen Worten ausgedrückt: Wie gewährleistet die Zelle die Adressierung der für ganz bestimmte Zwecke synthetisierten Proteine?

Die Zelle erkennt Exportproteine an einer Signalsequenz: Nach der Synthese eines Peptids von ca. 30 Aminosäureresten, dem **Signalpeptid**, kommt die weitere Translation zunächst durch die Bindung eines sogenannten **SRP** (signal recognition particle) zum Stillstand.

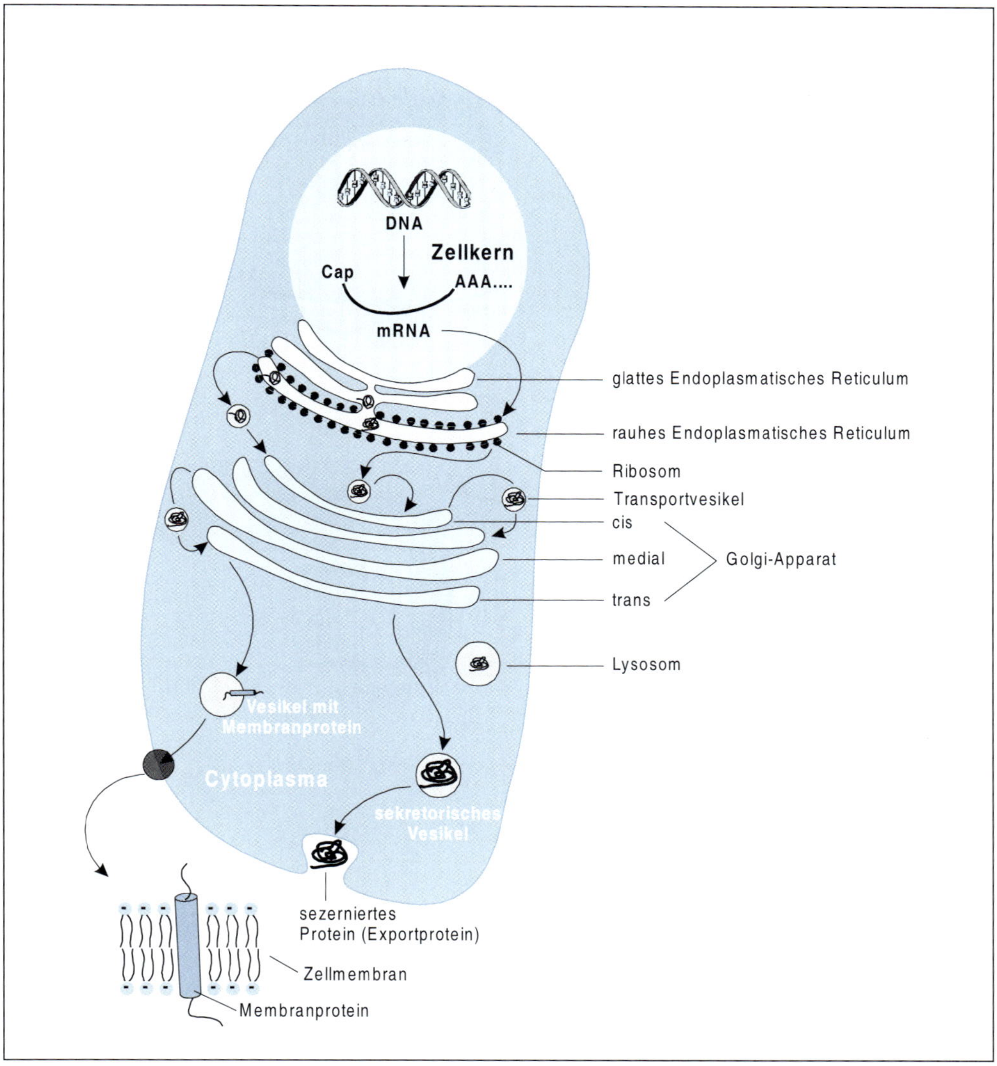

Abb. 12.35: Prozessierte mRNA findet ihren Weg durch Kernporen zum rauhen Endoplasmatischen Retikulum, an dem Membran- und sekretorische Proteine synthetisiert werden. Hier wird das Signalpeptid abgetrennt, Disulfidbrücken geknüpft, Acetylierungen des N-Terminus vorgenommen und mit Hilfe von Chaperonen eine korrekte räumliche Faltung des Proteins erreicht. Transglykosidasen gewährleisten die N-Glycosylierung von Glykoproteinen an Asparaginresten des Proteins, Gycosidasen modifizieren die Kohlenhydratseitenkette durch Abspaltung von Glucose- und Mannoseresten. Die nächste Station der posttranslationalen Proteinmodifikation, der Golgi-Apparat, wartet mit weiteren Veränderungen auf: Phosphorylierungen (z. B. von Tyrosinresten) im cis-Bereich, sowie weitere Abspaltungen und Anheftungen an den Kohlenhydratseitenketten. In den sekretorischen Vesikeln können Proteine proteolytisch gespalten werden (z. B. Proinsulin in Insulin und C-Peptid). Lysosomen und ihre Proteine entstehen aus dem Golgi-Apparat durch Abschnürung, wobei das Lysosom seine Glykoproteine mittels Rezeptor an endständiger, phosphorylierter Mannose, dem Mannose-6-Phosphat erkennt.

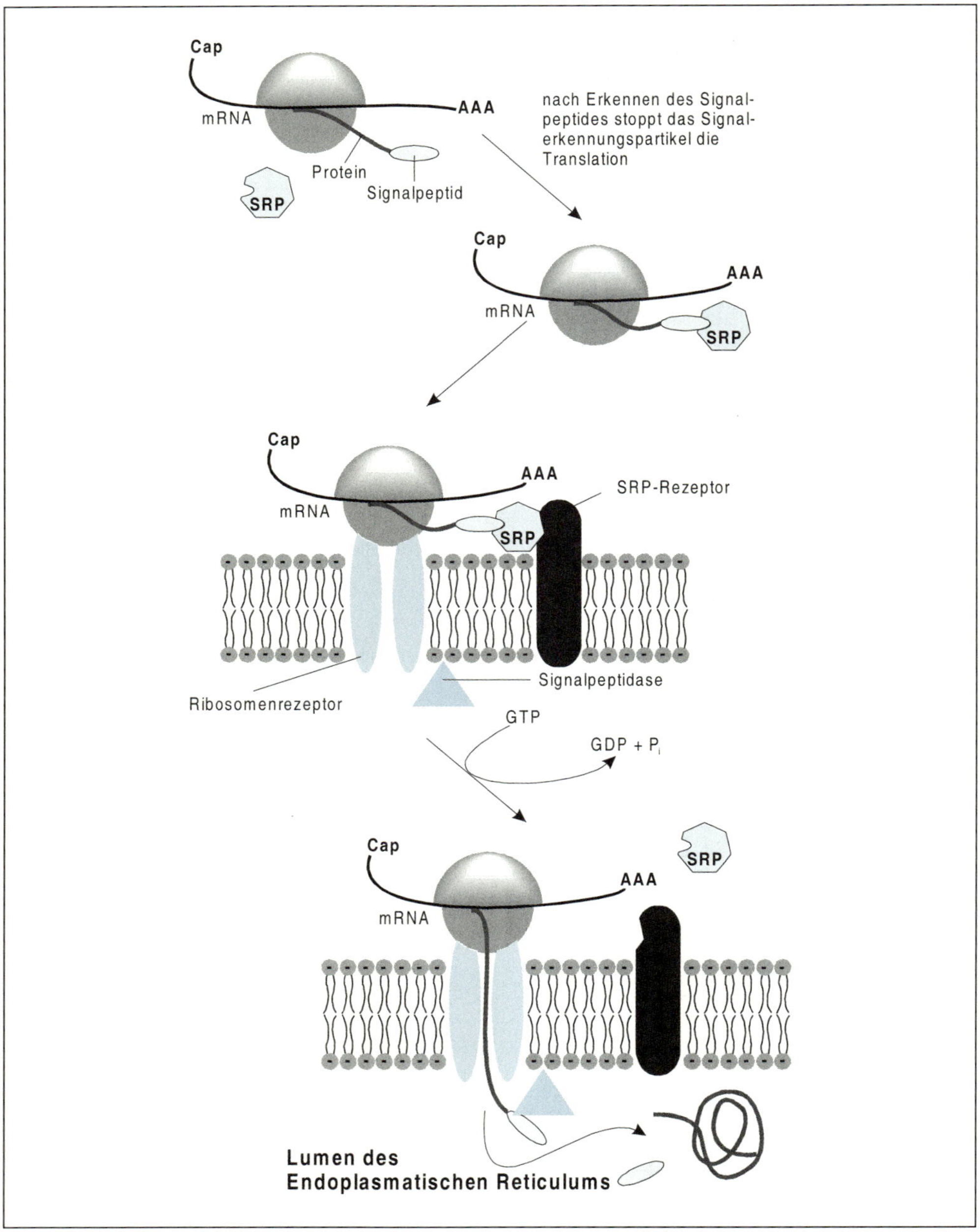

Abb. 12.36: Als Adresse für das Endoplasmatische Retikulum in einem zunächst am cytoplasmatischen Ribosom synthetisierten Protein fungiert seine N-terminale Signalsequenz, das Signalpeptid. Dieses besteht aus 10 bis 15 hydrophoben Resten, gefolgt von einer kürzeren Sequenz polarer Aminosäuren, die die spätere Spaltstelle markiert. Sobald das Signalpeptid fertig ist, bindet ein Signal-Erkennungs-Partikel (**s**ignal **r**ecognition **p**article, SRP) an dasselbe. Dadurch wird die Translation zunächst unterbrochen. Vermittels SRP und dessen Rezeptor vermag das Ribosom samt gebundener mRNA an die Membran des Endoplasmatischen Retikulums anzudocken, wobei hier auch ein Ribosomenrezeptor die Bindung ermöglicht. Dieser fungiert als Transmembrankanal. Ist der ganze Kom-

plex erst einmal gebunden, wird durch GTP-Hydrolyse begünstigt das SRP abdissoziiert und die Fortführung der Translation freigegeben. Das Protein wird nun durch den Ribosomenrezeptor in das Lumen des Endoplasmatischen Retikulums „hineinsynthetisiert", wobei eine dort ansässige Signalpeptid-Peptidase die polare Aminosäuresequenz erkennt und die Spaltung von Signalpeptid und eigentlichen Protein vollzieht.

Das SRP besteht aus einer RNA-Kette von etwa 300 Nukleotiden und sechs assoziierten Proteinen. Hat die Synthese zunächst noch an freien Ribosomen stattgefunden, so bewegt sich der Komplex aus Ribosomen, mRNA, Signalpeptid und SRP nun zum Endoplasmatischen Retikulum. Dort erkennt das SRP ein Rezeptorprotein in dessen Membran. Nachfolgend wird das Ribosom selbst von einem Rezeptorprotein gebunden, während das SRP nach Spaltung von GTP den Komplex verläßt. Nachdem das Signalpeptid durch den kanalartigen Ribosomenrezeptor der Membran „eingefädelt" und dadurch in das Innere des Endoplasmatischen Retikulums eingeschleust wurde, wird die Proteinsynthese wieder aufgenommen.

Da das Signalpeptid in der Regel nicht selbst Bestandteil des reifen Proteins ist, nennt man die Proteinkette in diesem Stadium ihrer Synthese Präpeptid oder **Präprotein**. Das Signalpeptid wird später durch eine membranständige **Signalpeptid-Peptidase** abgespalten, wodurch sich das Protein im weiteren Verlauf der Synthese in seine native und damit aktive Konformation falten kann. Da es in der Regel eine große Anzahl möglicher Faltungen und damit Konformationen für ein Protein gibt, kann die Zelle es nicht dem Zufall überlassen, daß die richtige Konformation gefunden wird. Um diesen Prozeß der korrekten und gezielten Faltung zu beschleunigen, binden „helfende Proteine", die sogenannten **Chaperone** (chaperon engl. Anstandsdame), an das noch ungefaltete Protein. Dabei zeigen diese eine Affinität für hydrophobe Bereiche des zu faltenden Proteins und verhindern somit, daß diese darüber „unerwünschten Kontakt" mit anderen Proteinen aufnehmen (Anstandsdame!), was einer ungestörten Faltung zuwiderliefe. Die Tätigkeit der Chaperone erfordert Energie, so daß ATP und ADP und Phosphat umgesetzt wird. Die Chaperone gehören zu einer bestimmten Gruppe von Proteinen, die von der Zelle z. B. bei hohen, unphysiologischen Temperaturen (Hitzeschock) synthetisiert werden. Sie erhielten daher den Namen **Hitzeschockproteine** (abgekürzt **Hsp**), obgleich sie nicht nur bei thermischen, sondern auch bei anderen Zellschädigungen vermehrt produziert werden. Ihr Vorkommen unter physiologischen Bedingungen ist u. a. auf ihre Funktion als Chaperone (Hsp 90, Hsp 60) zurückzuführen. Daneben stimulieren sie aber auch den Transport von Proteinen in das Endoplasmatische Retikulum, das Mitochondrium und den Zellkern (Hsp 70) oder binden Hormonrezeptoren (Hsp 90).

Wichtig für die Tertiärstruktur eines Proteins sind seine Disulfidbrücken. Dabei müssen die jeweils richtigen Thiolgruppen reagieren. Ein Enzym des Endoplasmatischen Retikulums, die **Proteindisulfid-Isomerase**, reduziert mit einer eigenen SH-Gruppe falsche Disulfidbrücken am synthetisierten Protein. Dies erfolgt solange, bis sich die thermodynamisch stabilste Form des Proteins ausgebildet hat. Diese beinhaltet dann auch die entsprechend richtigen Disulfidbrücken.

Häufig wird anschließend das fertige Protein, beispielsweise durch Glykosylierung, modifiziert. Exportproteine sind meistens Glykoproteine; hierunter versteht man Proteine, an die über glykosidische Bindungen Kohlenhydratketten geknüpft sind, wobei die Proteine die spezifischen Zuckerreste bei ihrer Passage durch das Endoplasmatische Retikulum und den Golgi-Apparat erhalten.

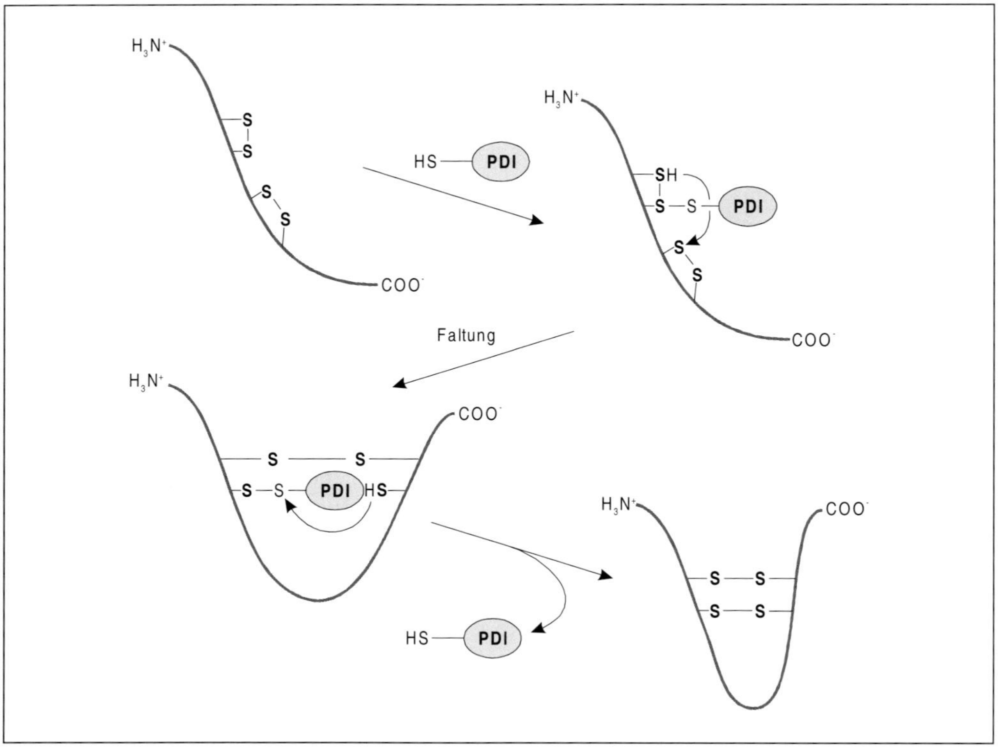

Abb. 12.37: Die Proteindisulfid-Isomerase (hier als PDI bezeichnet) vermag mit ihrer eigenen Thiolgruppe eine „falsche" Disulfidbrücke zu spalten, wobei sie selbst eine kovalente Bindung mit dem Protein eingeht. Die dabei frei werdende Thiolgruppe des Proteins kann nun ihrerseits andere Disulfidbrücken reduzieren und damit brechen. Diese „Disulfid-Thiol-Ping-Pong" wird so lange fortgesetzt, bis das Protein die thermodynamisch stabilste Form (Tertiärstruktur) mit entsprechend „richtigen" Disulfidbrücken eingenommen hat.

Die Synthese der N-glykosidischen Oligosaccharidketten beginnt auf der cytoplasmatischen Seite des Endoplasmatischen Retikulums mit der Bindung eines aktivierten Moleküls N-Acetylglucosamin (UDP-N-Acetylglucosamin, UDP-GlcNAc) an **Dolicholphosphat**, einem membranständigen Transportlipid für Kohlenhydratmoleküle. Bei dieser Reaktion eines aktivierten Kohlenhydratmoleküls wird die energiereiche Bindung zwischen phosphorylierten Zucker und UMP gespalten. Dolichole gehören zu den Polyprenolen, langkettigen **Isoprenderivaten** mit einer endständigen Hydroxylgruppe. Diese erste Reaktion der Glykoproteinsynthese wird von **Tunicamycin**, einem Antibiotikum aus *Streptomyces lysosuperificus*, inhibiert. Verfolgen wir die weiteren Syntheseschritte: Ein zweites Molekül UDP-GlcNAc wird an das erste GlcNAc-Molekül gebunden, danach fünf Moleküle aktivierte Mannose, nämlich GDP-Mannose (GDP-Man). Die entstandene Verbindung aus Dolichol und Kohlenhydratkette wird auf die dem Cytoplasma abgewandte Seite des Endoplasmatischen Retikulums transportiert. Der Transportmechanismus dieses Vorgangs ist noch nicht geklärt.

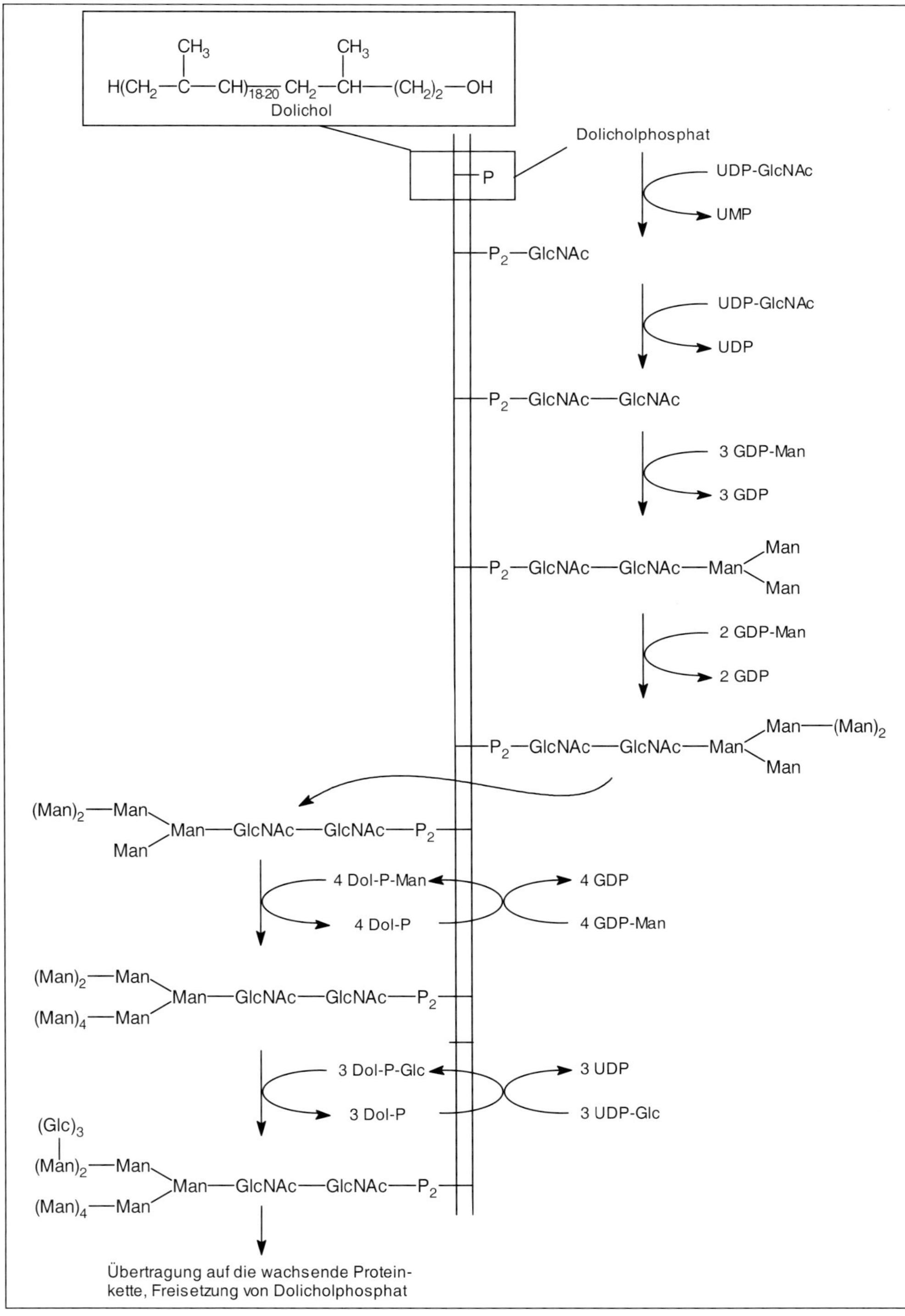

Abb. 12.38: Die Synthese der Glykoproteine, P steht hier für Phosphat.

Interessant ist in diesem Zusammenhang jedoch der Hinweis, daß dabei eine hydrophile Zuckerkette durch die hydrophobe Lipiddoppelschicht der Membran gebracht werden muß. Im Inneren des Endoplasmatischen Retikulums wird die schon bestehende Kohlenhydratstruktur durch das Anknüpfen weiterer Zuckerreste verlängert, wobei Dolicholphosphat-Kohlenhydrate als Lieferanten für Zuckerreste fungieren. Diese repräsentieren aktivierte Zucker und werden ebenfalls im Cytoplasma synthetisiert.

Zunächst werden vier Moleküle Dolicholphosphat-Mannose (Dol-P-Man) und drei Dolicholphosphat-Glucose (Dol-P-Glc) an die Mannosereste geknüpft, womit die Kohlenhydratstruktur fertig ist. Nachfolgend wird das mannosereiche Oligosaccharid auf eine wachsende Proteinkette übertragen und Dolicholphosphat, das dann für neue Synthesen zur Verfügung steht, freigesetzt (**Polyprenolzyklus**).

Meist wird das entstandene **Core-Glykoprotein** (core engl. Kern) bei der Passage durch den Golgi-Apparat weiter verändert, z. B. durch Abspaltung von Zuckerresten mittels **Glucosidasen**, Anknüpfung derselben mit Hilfe von Transferasen oder Phosphorylierung von Aminosäurresten (z. B. Serin oder Tyrosin). Glykoproteine werden in Vesikeln des Golgi-Apparates konzentriert und durch Exocytose aus der Zelle freigesetzt. Die Mannosephosphorylierung dient zudem als Marker für die spätere Zellokalisation des Proteins. Speziell bei Glykoproteinen, die aus dem Golgi-Apparat zu den Lysosomen transportiert werden, wird die terminale Mannose zu **Mannose-6-phosphat** phosphoryliert. Diese Reaktion katalysiert eine Phosphotransferase, der UDP-GlcNAc als Energielieferant dient. Der Golgi-Apparat verfügt in seiner Membran über **Mannose-6-phosphat-Rezeptoren**, die Mannose-6-phosphat zu erkennen und entsprechend markierte Proteine zu binden vermögen. Nach der Rezeptorbindung schnüren sich vom Golgi-Apparat Vesikel ab, die den Glykoprotein-Rezeptor-Komplex enthalten. Diese fusionieren mit Vesikeln, in denen der niedrige pH-Wert des Inhalts Ursache dafür ist, daß die Bindung zwischen Glykoprotein und Rezeptor zerfällt. Daneben enthalten diese Vesikel eine Phosphatase, die die Phosphatgruppe des Mannose-6-phosphats entfernt. Danach schnürt sich von diesen Vesikeln eine Zweitgeneration ab, die abschließend mit den Lysosomen verschmelzen und ihren Inhalt, also lysosomale Proteine, an diese übergeben.

12.4 Die Weitergabe von Information: DNA-Replikation

Wie schon in Abb. 12.1 dargestellt, besitzt die Zelle die Möglichkeit, von ihrer DNA eine identische Kopie herzustellen. Von Bedeutung ist dieser Vorgang der **Replikation** (replicare lat. zurückfalten) im Rahmen der Zellteilung. Um zu gewährleisten, daß jede der zwei entstehenden Tochterzellen mit derselben Erbinformation ausgestattet ist, muß diese vorher verdoppelt werden. Auf welche Art und Weise dies geschieht, haben WATSON und CRICK schon in ihrer berühmt gewordenen Publikation (Nature) angedeutet, in der sie die Helixstruktur der DNA beschrieben haben. Durch die Komplementarität der beiden DNA-Stränge wird sichergestellt, daß beide letztlich dieselbe Information tragen.

Durch ein sehr gut geplantes Experiment konnten MESELSON und STAHL 1957 zeigen, daß jede der beiden hergestellten DNA-Tochterhelices einen neusynthetisierten DNA-Strang besitzt. Der zweite, komplementäre entstammt dem Ausgangsmolekül. Dieses Ergebnis läßt sich nur dadurch deuten, daß im Rahmen der Replikation die beiden Desoxynukleotidketten voneinander getrennt werden und die Helices dadurch wieder komplettiert werden, daß der zweite Strang entsprechend den Basenpaarungsregeln synthetisiert wird.

Diese Art der Replikation wird daher auch **semikonservativ** (semi lat. halb, conservare lat. bewahren) genannt.

In der Zelle werden diese Vorgänge enzymatisch bewerkstelligt. Mit Hilfe sogenannter Helicasen werden die beiden DNA-Stränge entwunden. Um zu verhindern, daß die voneinander getrennten Stränge wieder zusammenfinden, werden sie von einzelstrangbindenden Proteinen, den **SSB-Proteinen** (engl. single strand binding proteins), maskiert. An den freigelegten Strängen beginnt die DNA-Neusynthese durch die DNA-Polymerasen. Sie fügen Desoxynukleotide an das freie 3'-OH-Ende eines Oligonukleotids.

Das bedeutet, die DNA-Polymerasen arbeiten entsprechend den Basenpaarungsregeln in 5'-3'-Richtung und tasten sich dazu in 3'-5'-Richtung auf ihrer Matrize (matrix lat. Mutterstamm) entlang. Diese Arbeitsweise ist, wie Abb. 12.39 verdeutlicht, bei einem der beiden Mutterstränge auch problemlos möglich. Man nennt diesen DNA-Strang daher auch **leading strand** (engl. Leitstrang). Auf dem anderen, dem Folgestrang (engl. **lagging strand**), verläuft die Neusynthese hingegen scheinbar in umgekehrter Richtung. Die Lösung dieses Rätsel erbrachte der Japaner OKAZAKI. Wie auch am Leitstrang arbeitet die DNA-Polymerase in 5'-3'-Richtung und entfernt sich damit zusehends von dem Punkt, an dem die Mutterhelix entwunden wird. Nur durch die Synthese in kleinen Stücken ist dieses Problem zu umgehen. Man nennt diese neu hergestellten Stückchen nach ihrem Entdecker **OKAZAKI-Fragmente**.

Dem aufmerksamen Leser stellen sich an dieser Stelle sofort zwei Fragen. An welches 3'-OH-Ende hängt die DNA-Polymerase in den ersten Schritten der Synthese eigentlich die Desoxynukleotide? Zu Beginn ihrer Arbeit existiert von dem Tochterstrang ja noch nichts. Und wie werden die einzelnen OKAZAKI-Fragmente zu einem kompletten, lückenlosen Strang zusammengeführt?

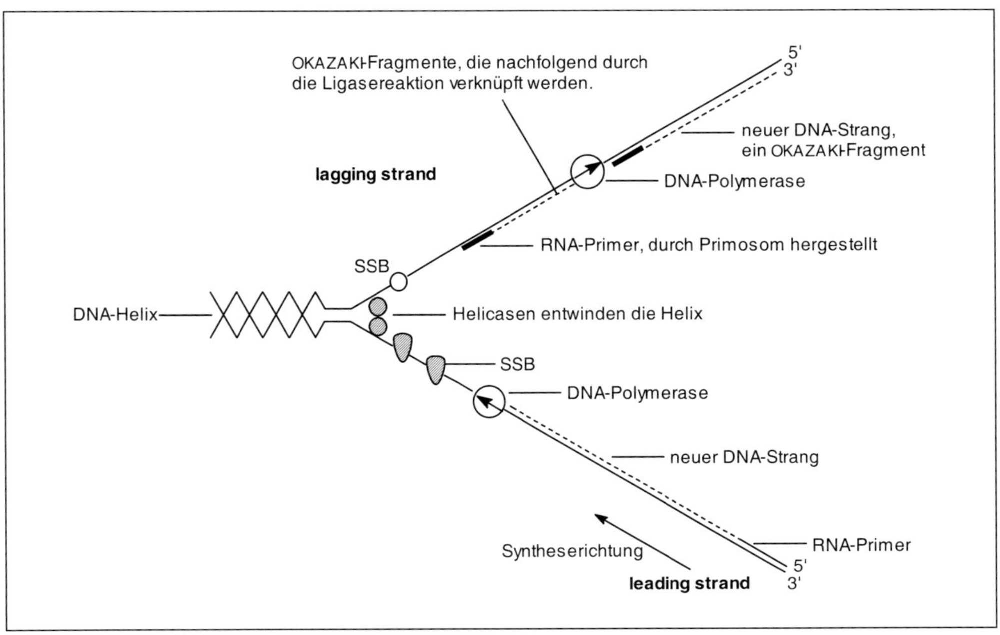

Abb. 12.39: Die Replikationsgabel bei *E.coli*.

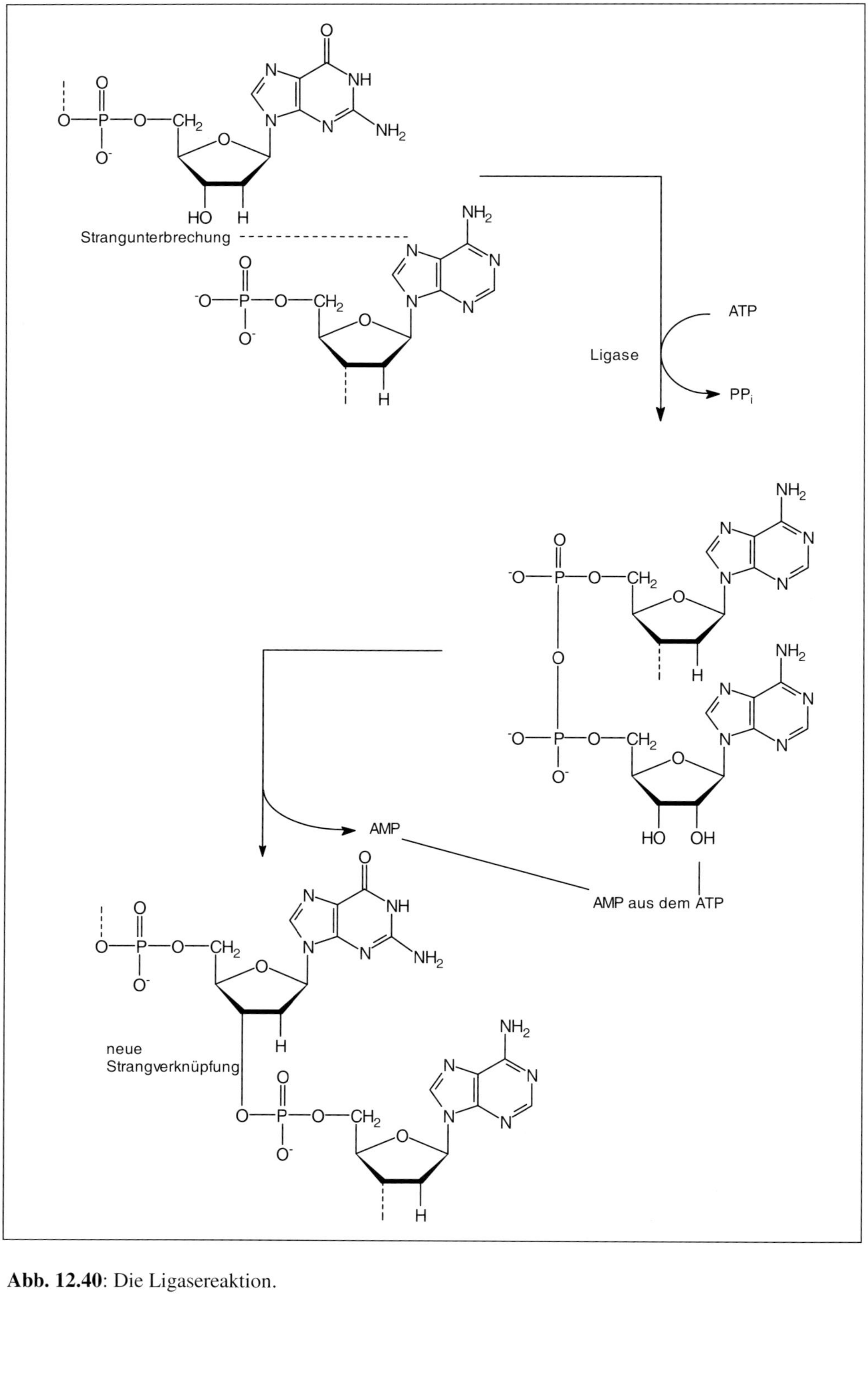

Abb. 12.40: Die Ligasereaktion.

Als Starter oder **Primer** der DNA-Synthese durch die DNA-Polymerase dient ein kleines Stück RNA. Hergestellt wird es von einer RNA-Polymerase, auch **Primase** genannt, die im Gegensatz zur DNA-Polymerase in der Lage ist, Nukleotide „de novo" zu einem Oligonukleotid zusammenzufügen. Diese Primer werden später wieder entfernt und durch entsprechende DNA-Abschnitte ersetzt. Die einzelnen OKAZAKI-Fragmente werden durch das spezielle Enzym **Ligase** miteinander verknüpft. Abb. 12.40 zeigt die Arbeitsweise dieses Enzyms.

Die gesamte Maschinerie der verschiedenen Enzyme, die an der Replikation beteiligt sind, faßt Abb. 12.39 in übersichtlicher Form zusammen. Aus ihr geht auch hervor, warum die bei der Replikation entstehende Struktur als **Replikationsgabel** bezeichnet wird. Der Vollständigkeit halber soll erwähnt werden, daß es mehrere bakterielle DNA-Polymerasen gibt. Zwei von ihnen sind in Abb. 12.39 vermerkt. Die erste von KORNBERG charakterisierte **DNA-Polymerase** wird heute als **DNA-Polymerase I** bezeichnet. Neben der Polymerasefähigkeit verfügt das Enzym über weitere katalytische Möglichkeiten. Neben einer **3'-5'-Exonuklease** existiert auch eine **5'-3'-Exonuklease**. Dies bedeutet, daß diese Polymerase sowohl am 3'- als auch am 5'-Ende eines DNA-Moleküls Nukleotide entfernen kann.

Von Bedeutung sind diese Fähigkeiten bei der Replikation der DNA. Falsch gepaarte Basen können von der 3'-5'-Exonuklease wieder entfernt werden, d. h. die Polymerase kontrolliert ihre eigene Arbeit. Man nennt diesen Vorgang des Kontrollesens **„proof reading"**. Die 5'-3'-Exonuklease wird zum Entfernen der RNA-Primer benötigt. Die **DNA-Polymerase III** besitzt neben ihrer Polymerase- ebenfalls eine 3'-5'-Exonukleaseaktivität. Auch in Eukaryonten sind mehrere Polymerasen bekannt.

Die Enzyme der Replikationsgabel setzen nicht wahllos an der DNA an. Vielmehr existieren bestimmte DNA-Abschnitte, an denen die Replikation initiiert wird. Sie werden Replikationsursprünge oder englisch **„origins of replication"**, kurz **ori**, genannt. Von dort aus schreitet die Replikation bidirektional, also in beide Richtungen, fort. Ist bei *E.coli* nur ein „ori" bekannt, so findet man bei Eukaryonten eine Vielzahl über die DNA verteilt.

Eine letzte Klasse von Enzymen, welche für die Replikation essentiell sind, soll nun hier abschließend besprochen werden. Die Entwindung der DNA im Rahmen der Replikation durch Helicasen führt zu einer Verdrillung der DNA „auf der anderen Seite" des Enzyms. Ursache hierfür ist die Tatsache, daß wir bei sehr langen DNA-Molekülen (wie z. B. der chromosomalen Anordnung beim Menschen) oder bei zirkulären Molekülen (wie z. B. der Plasmid-DNA vieler Bakterien) die Enden der DNA als nicht frei drehbar ansehen müssen. Jede Entwindung der DNA führt dann an einer anderen Stelle zu einer zusätzlichen Verdrillung. Alle Zelle besitzen daher Enzyme, welche zu einer Entspannung der DNA in der Lage sind, die **Topoisomerasen**. Diese ermöglichen durch zwischenzeitliche Öffnung einer Phosphodiesterbrücke, daß die DNA relaxieren kann. Wird nur einer der beiden DNA-Stränge gespalten, sprechen wir von Topoisomerasen vom **Typ I**, werden jedoch beide DNA-Stränge gespalten, liegt eine **Typ-II**-DNA-Topoisomerase vor. Die Typ-II-Topoisomerasen benötigen für ihre Funktion zusätzlich ATP. Ein Beispiel hierfür ist die bakterielle Gyrase, die auch Ansatzpunkt verschiedener Antiobiotika ist. Namentlich seien Derivate der 4-Chinolon-3-carbonsäure wie **Nalidixinsäure**, **Ofloxacin**, **Ciprofloxacin** und **Enoxacin** genannt. Diese Verbindungen werden als **Gyrasehemmer** bezeichnet. Ohne eine Verminderung der Torsionsspannung kommt durch die Wirkung der Gyrasehemmer die Replikation zum Erliegen. Weil Nalidixinsäure nur im Harn die nötige Wirkkonzentration erreicht, dient sie ausschließlich als Antibiotikum bei Harnwegsinfektionen.

12.5 Veränderungen der Information: Mutationen

12.5.1 Die Polymerase ist fehlbar

Vor der Zellteilung wird, wie schon bekannt, das genetische Material verdoppelt. Während dieses Vorgangs treten jedoch immer wieder Fehler auf. Ursache dafür ist die Ungenauigkeit der an der Replikation beteiligten DNA-Polymerasen. Zwar besitzen diese mit ihrer 3'-5'-Exonukleasetätigkeit die Möglichkeit, falsch gepaarte Basen wieder zu entfernen, doch trotz alledem entgehen diesem Korrekturvorgang (engl. proof reading) immer mal wieder einige Fehler. Generell wird jede Veränderung des genetischen Materials als Mutation bezeichnet. Tritt sie darüber hinaus in den Keimzellen auf, wird sie auch an die nachfolgenden Generationen vererbt. Wir wollen zunächst auf die intragenischen Mutationen eingehen, also solche, die innerhalb eines Gens auftreten.

Es ist bekannt, daß eine Abfolge von drei Basen, das Triplett, für den Einbau einer bestimmten Aminosäure in die wachsende Polypeptidkette während der Translation sorgt. Der Austausch einer einzelnen Base, eine **Punktmutation**, führt zu einem veränderten Triplett und daher unter Umständen zu einer neuen Information. Daß dies nicht immer der Fall ist, liegt am Aufbau des genetischen Codes. Wie schon erläutert, ist dieser degeneriert, d. h. für eine Aminosäure existieren zuweilen mehrere Codierungsmöglichkeiten. Von Bedeutung sind im wesentlichen solche Punktmutationen, die in codierenden oder regulatorischen Bereichen der DNA auftreten und dort zu einer neuen Information der DNA führen können. Bringt eine Basensubstitution eine veränderte Aminosäure mit sich, so spricht man von einer **Missense-Mutation**. Es ist aber auch der Fall denkbar, daß ein Mutation zu einem neuen Stop-Codon führt. Sie wird dann **Nonsense-Mutation** genannt. Ein viel zitiertes Beispiel für eine Punktmutation mit schweren Folgen ist der Austausch eines Glutaminsäurerestes (codiert durch CTC) in einen Valinrest (codiert durch CAC) im β-Globingen. Die **Sichelzellanämie** wird durch diese Mutation hervorgerufen.

Je nach aufgetretenem Basenaustausch werden die Punktmutationen unterschiedlich benannt. Wird eine Pyrimidin- gegen eine andere Pyrimidinbase oder eine Purin- gegen eine andere Purinbase ausgetauscht, heißt der Vorgang **Transition**. Wird hingegen ein Purin- gegen einen Pyrimidinrest ausgewechselt, kommt der Begriff **Transversion** zur Anwendung.

Neben den Punktmutationen existiert noch eine weitere Kategorie intragenischer Mutationen. Der Verlust von Basen, die sogenannte **Deletion**, oder das Einfügen zusätzlicher Basen, die **Insertion**, führt in den meisten Fällen zur Verschiebung des Leserahmens. Eine solche Verschiebung der Triplettabfolge auf der DNA wird als **Leserahmenmutation** bezeichnet. Nur wenn zufällig der Verlust oder der „Zugewinn" an Basen durch drei teilbar ist, besteht noch die Möglichkeit, ein funktionelles Protein zu erhalten. In den anderen Fällen hat das Proteinprodukt, wie leicht ersichtlich, nicht mehr viel mit dem ursprünglichen Protein gemeinsam.

12.5.2 Mutagene

Fehler, die den DNA-Polymerasen während ihrer Tätigkeit unterlaufen, sind für das einzelne Individuum meist unerwünscht, für die gesamte Population jedoch unersätzlich. Sind es doch gerade diese Mutationen, die zu Veränderungen in Proteinstrukturen führen und damit eine Vielzahl von Möglichkeiten durchspielen, um die Frage zu beantworten: Welche Struktur erfüllt die an sie gestellten Aufgaben am besten? Anders ausgedrückt: Mutationen sind die Voraussetzung der Evolution. Neben der angesprochenen Ursache treten aber noch eine Reihe anderer Mutationsauslöser auf. Bei ihnen handelt es sich um chemische oder physikalische Einflüsse von außen. Zusammengefaßt werden sie unter dem Begriff Mutagene.

Hier sind insbesondere Chemikalien, wie salpetrige Säure, Nitroso-Verbindungen oder die polyzyklischen Kohlenwasserstoffe zu nennen. Letztere findet man besonders hochkonzentriert im Tabakrauch. Aber auch die aus dem Alltag oder dem Urlaub im Gebirge bzw. am Meer bekannte UV-Strahlung ist als Mutagen anzuführen. Wohl jeder kennt mittlerweile die Warnungen vor zu intensiver Sonnenbestrahlung. Nicht der Sonnenbrand (also eine Entzündung), der meist in wenigen Tagen wieder abgeklungen ist, stellt die Hauptgefahr des Sonnenbadens dar. Durch Mutationen nach wiederholtem „UV-Abusus" (Sonnenstudios, „Grillen in Rimini") kommt es zu den Spätfolgen der UV-Bestrahlung, im schlimmsten Fall zum Hautkrebs, wobei sich das maligne Melanom als besonders bösartig erweist. Eine häufig auftretende, durch UV-Strahlung bedingte DNA-Veränderung sind die sogenannten **Thymindimere**. Auch radioaktive Strahlung ist ein klassisches Mutagen. Sie induziert durch ihren hohen Energiegehalt die Synthese von Radikalen aus Zellwasser, wobei die auftretenden OH-Radikale die DNA-Struktur auf vielfältige Art und Weise angreifen und verändern. Es kommt zu Einzel- und Doppelstrangbrüchen oder zur Quervernetzung einzelner Basen.

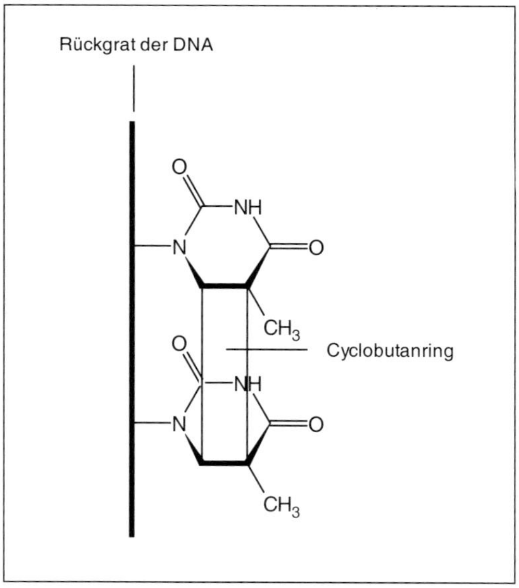

Abb. 12.41: Die Struktur der Thymindimere. Sie bilden sich zwischen benachbarten Thyminresten innerhalb eines DNA-Stranges. Man beachte, daß sich zwischen den Basen ein **Cyclobutanring** bildet.

12.5.3 Reparaturmechanismen

Die Zelle besitzt aber auch Möglichkeiten, eingetretene Schäden zu beheben. Hier sollen die Reparaturmechanismen besprochen werden, die nach einer UV-Schädigung zum Tragen kommen. Bakterienzellen besitzen das Enzym **Photolyase**, welches bei Bestrahlung mit Licht von 340 bis 400 nm den Cyclobutanring der Thymindimere wieder spalten kann. Dieser Vorgang der Photoreaktivierung ist bei höheren Eukaryonten noch nicht sicher identifiziert worden.

Bei der **Exzisionsreparatur** werden Thymindimere großzügig, daß heißt mit den sie umgebenden Sequenzen, entfernt. Dazu werden von einer Endonuklease zwei Einzelstrangbrüche in die DNA eingeführt und der so markierte einzelsträngige DNA-Bereich aus der Doppelhelix herausgenommen. So entsteht ein Einzelstrangbereich, der jedoch durch die DNA-Polymerase I und die Ligase wieder zu einem intakten Doppelstrang komplettiert wird. Bei höheren Lebewesen wie dem Menschen ist dieser Reparaturmechanismus ebenfalls bekannt. Menschen, die zu dieser Korrekturmöglichkeit aufgrund eines Mangels an Endonuklease nicht in der Lage sind, leiden oft an der Krankheit **Xeroderma pigmentosum** (xeroderma gr. trockene Haut). Die Patienten klagen über trockene Haut, Keratosen und Hautgeschwüre. Eine damit einhergehende extreme Empfindlichkeit gegen Sonnenlicht ist somit nicht verwunderlich. Das Fehlen des Reparaturweges äußert sich leider zudem darin, daß viele Träger dieses Defektes an Hautkrebs (Späteffekt) erkranken und daran schließlich versterben. Auch nach der Replikation können Thymindimere noch beseitigt werden. Dieser Vorgang der postreplikativen Reparatur soll aufgrund seiner Komplexität hier jedoch nicht genauer aufgeschlüsselt werden.

12.5.4 Mutationen im Großen

Wie auf der Ebene des einzelnen Gens, kann es auf chromosomaler Ebene zu Veränderungen kommen. Hiervon ist meist eine Vielzahl von Genen betroffen. Tabelle 12.6 gibt zunächst eine Übersicht über die Chromosomen-Mutationen.

Wir wollen hier kurz auf die **Translokation** eingehen, oft Grundlage bösartiger Erkrankungen. Durch die veränderte genetische Umgebung kann es bei einem solchen Vorgang dazu kommen, daß Gene einem neuen Kontrollgen untergeordnet werden. Handelt es sich dabei um Gene, die für den korrekten Ablauf von Zellwachstum und -teilung von Nöten sind, kann eine Zelle sich dieser Wachstumsregulation entziehen. Krebs ist die Folge.

Als Beispiel für eine reziproke („kreuzweise“) Chromosomen-Translokationen sei das **Philadelphia-Chromosom** angeführt, welches man bei etwa 90 % der Patienten mit chronisch myeloischer Leukämie findet. Ein Teil des langen Arms von Chromosom 9 wird dabei auf denjenigen des Chromosomen 22 verlagert, das im Gegenzug gut die Hälfte seines langen Arms an das Chromosom 9 abgibt. Das entstandene Philadelphia-Chromosom besteht aus dem kurzen Arm und dem proximalen Drittel des langen Arms von Chromosom 22 sowie dem kleinen distalen Abschnitt aus dem Chromosom 9. Durch diese Fusion geraten zwei Gene, das zelluläre Onkogen c-abl von Chromosom 9 und das bcr-Gen von Chromosom 22 in Nachbarschaft. Ihr Genprodukt (besser Fusionsgenprodukt von **bcr-abl**) ist eine Tyrosinkinase (also die Proteinchimäre aus dem Fusionsgen) mit der relativen Molekülmasse 210.000, die die Zelle zur erhöhten Teilungsaktivität anregt und damit zur Tumorbildung beiträgt

Tabelle 12.6: Mögliche Chromosomen-Mutationen. Man beachte, daß ähnlich wie bei intragenischen Mutationen auch hier ganze DNA-Abschnitte eingeschoben werden oder verlustig gehen können.

Chromosomen-Mutation	Beschreibung, Bemerkung
Deletion	Ein ganzer Abschnitt eines Chromosoms ist verloren gegangen
Insertion	Ein DNA-Abschnitt ist in ein Chromsom eingeschoben worden. Oft handelt es sich dabei um Duplikationen
Inversion	Ein Abschnitt eines Chromosoms liegt um 180° verdreht vor
Translokation	Zwischen zwei Chromosomen sind Abschnitte ausgetauscht worden

Zuweilen kann eine Mutation aber auch ein ganzes Chromosom betreffen. So können Chromosomen verloren gegangen sein oder in überschüssigen Exemplaren vorliegen. Über diesen Sachverhalt soll Tabelle 12.7 Auskunft geben. Sie zeigt uns am Beispiel der **Trisomien** ausgewählte Genom-Mutationen. Die größte klinische Rolle spielt die Trisomie 21, das DOWN-Syndrom.

Tabelle 12.7: Trisomien als Beispiel für Genom-Mutationen.

Betroffenes Chromosom	Syndrom	Beschreibung
Trisomie 13	PÄTAU-Syndrom	Mikrocephalie Mißbildungen an Herz und Niere Häufigkeit 1:8000 Tod nach vier Monaten
Trisomie 18	EDWARDS-Syndrom	Mißbildungen an Schädel und Herzen Häufigkeit 1:6000 Tod im ersten Lebensjahr
Trisomie 21	DOWN-Syndrom	**Mongolismus** Mißbildungen am Herzen Häufigkeit 1:600 Tod bis zum Erwachsenenalter

Die Folgen der oben geschilderten Mutationsvorgänge können für den Einzelnen vielschichtig sein. Besonders schwer sind die Auswirkungen, wenn sie, wie am Beispiel der Translokation schon angeführt, zu Krebs oder zu Erberkrankungen führen. Auf Krebserkrankungen gehen wir in Abschnitt 12.7 noch gesondert ein. Störungen bestimmter Stoffwechselwege, die sich aus fehlenden oder strukturell stark veränderten und damit nicht mehr funktionsfähigen Enzymen ergeben, wurden schon in den vorherigen Abschnitten häufiger erwähnt. Die folgende Tabelle faßt einige bedeutende, vererbbare Krankheiten zusammen.

Tabelle 12.8: Humane Erbkrankheiten und die Häufigkeit ihres Auftretens. Angegeben ist auch der Erbgang.

Erkrankung	Erbgang	Häufigkeit	Beschreibung
Phenylketonurie	autosomal-rezessiv	1:10.000	siehe 10.6.2.1
Alkaptonurie	autosomal-rezessiv		siehe 10.6.2.2
Albinismus	autosomal-rezessiv	1:1.000.000	siehe 10.6.2.3
Mukoviszidose	autosomal-rezessiv	1:2000	zäher Schleim im Respirationstrakt
Corea HUNTINGTON	autosomal-dominant	1:2000	Veitstanz
Akute intermittierende Porphyrie	autosomal-dominant		siehe 16.5.3.1
Muskeldystrophie DUCHENNE	X-chromosomal-rezessiv	3:10.000	siehe 13.7
Hämophilie A und B	X-chromosomal-rezessiv	1:10.000	siehe 16.5.2
LESCH-NYHAN-Syndrom	X-chromosomal-rezessiv	selten	siehe 11.9.2
Favismus	X-chromosomal-rezessiv	unterschiedlich	siehe 7.8

12.6 Der Einfluß fremder Information: Viren

12.6.1 Aufbau und Vermehrung von Viren

Wir wollen unser Augenmerk auf einen „Organismus" lenken, der von seiner gesamten Aufmachung her relativ einfach strukturiert ist, **das Virus**. Eigentlich hat es das Prädikat „Organismus" gar nicht verdient. Nur aus einer Proteinhülle und einer Nukleinsäure im Innern bestehend sind Viren außerhalb einer Wirtszelle zu einem eigenständigen Leben gar nicht in der Lage. Manche unter ihnen besitzen zwei Hüllen, eine innere, die als **Core** bezeichnet wird, und ein äußeres **Capsid**. Auf dem Informationsträger befindet sich lediglich die Information für die Herstellung der Hüllproteine und zum Teil für einen Replikationsapparat. Alles andere, was das Virus benötigt, findet es in einer Zelle vor, die es gleich einem Parasiten befällt und ausnutzt. So werden für die Transkription und die Translation die Enzyme der Wirtszelle verwendet. Nach der Bildung ausreichender Mengen Hüllproteine und Virusnukleinsäure verlassen eine Unzahl neuer Viruspartikel die Zelle, die dabei in den meisten Fällen zerstört wird. Man spricht daher vom **lytischen Weg** der Virusvermehrung. Abb. 12.42 verdeutlicht Aufbau und Vermehrung eines Virus.

Welche Zelle ein Virus befällt, hängt vom Hüllprotein ab. Dieses muß von der Zielzelle erkannt und gebunden werden. Man sagt, die Zelle habe für dieses Virus einen bestimmten Rezeptor. Es soll an dieser Stelle darauf hingewiesen werden, daß es natürlich nicht die eigentliche Funktion dieses Rezeptors ist, einem „Feind" Eintritt in die Zelle zu gewähren, vielmehr ahmt das Virus ein anderes, für die Zelle nützliches oder gar notwendiges Protein nach. Erbmaterial eines Virus kann sowohl DNA als auch RNA sein, wobei wir sowohl Einzel- als auch Doppelstrangmoleküle vorfinden. Tabelle 12.9 zeigt einige Beispiele für Viren und die Folgen, welche sie hervorzurufen imstande sind. Wie aus der Tabelle ersichtlich, hat ein Virusbefall für den Menschen zum Teil verheerende Wirkungen. Der Körper antwortet mit dem Repertoir seiner Immunabwehr.

Tabelle 12.9: Eigenschaften einiger ausgewählter Viren.

Virus	Erbmaterial	Anordnung, Anmerkung
Poliovirus	RNA	Einzelstrang, linear, Erreger der Poliomyelitis, gehört zur Familie der Picornaviren
Influenzavirus	RNA	Einzelstrang, linear, Erreger der Influenza (Grippe), gehört zur Familie der Orthomyxoviren
Reovirus	RNA	Doppelstrang, linear
HTLV I und II	RNA	Einzelstrang, Erreger der humanen T-Zell Leukämie
HIV	RNA	Einzelstrang, Auslöser von AIDS
Hepatitis A-Virus	RNA	Einzelstrang, Erreger der nichtchronischen Hepatitis, gehört zur Klasse der Picornaviren
Hepatits B-Virus	DNA	(partieller) Doppelstrang, Erreger der Hepatitis B
Parvovirus	DNA	Einzelstrang, linear
Polyomavirus	DNA	Doppelstrang, zirkulär, gehört zur Klasse der Papovaviren
Adenovirus	DNA	Doppelstrang, linear
Herpesvirus	DNA	Doppelstrang, linear
EPSTEIN-BARR-Virus	DNA	Doppelstrang, gehört zu den Herpesviren, Ursache des BURKITT-Lymphoms und des Nasopharyngealkarzinoms

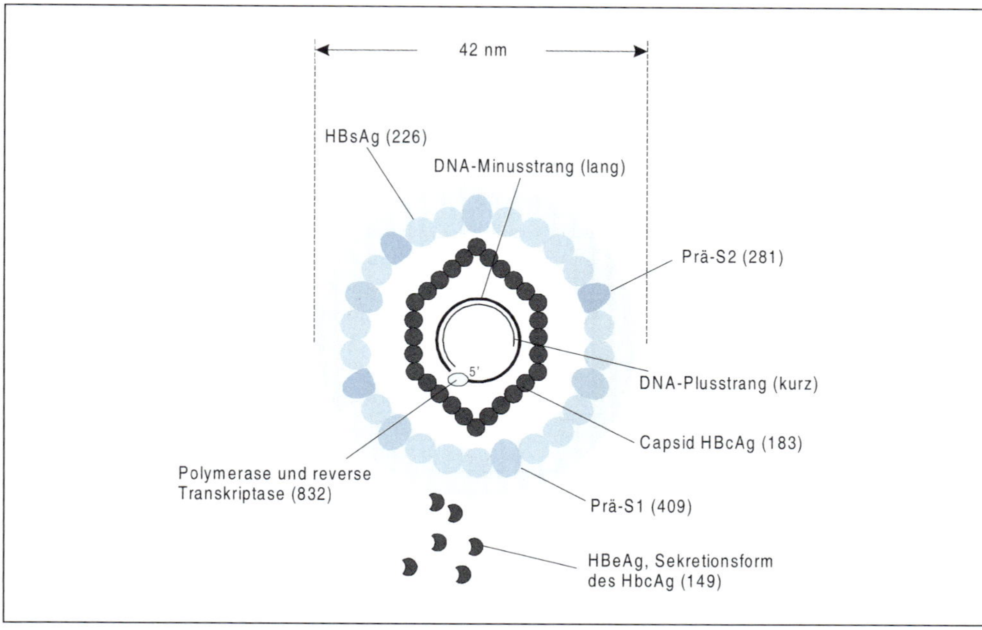

Abb. 12.42: Aufbau eines DNA-Virus am Beispiel des Hepatitis B-Virus, dessen 42 nm großes Virion auch **Dane-Partikel** genannt wird. Das Capsid mit Ikosaederstruktur (eikosi gr. zwanzig, ein Zwanzigflächner), bestehend aus dem HBc-Antigen (HBcAg), beinhaltet eine partiell doppelsträngige DNA mit zirkulärer Struktur, die 3200 Basen umfaßt. Das Genom mit nur 4 Genen, die über weite Strecken überlappen, ist sehr kompakt und wird durch verschobene Leseraster mehrfach abgelesen, so daß beträchtliche DNA-Abschnitte die Information für zwei Proteine gleichzeitig tragen. Die HBV-DNA codiert sieben Proteine; Gene, Benennung und Funktion (Tabelle 12.10). Die Hülle aus einer Doppellipidschicht („envelope"), die sich aus Bestandteilen der befallenen Wirtszelle rekrutiert (insbesondere deren Lipide), weist ein Hüllprotein, Hepatitis B **s**urface-Antigen (Hb**s**Ag) welches wiederum in drei verschiedenen Längen (mit 409, 281 und 226 Aminosäuren) vorkommt. Prä-S1 und Prä-S2, das große und das mittlere Hüllprotein, vermitteln die Wechselwirkung mit der Zellmembran der Zielzelle. Vom HBc-Antigen besteht eine Sekretionsform, HBe-Antigen mit 29 Aminosäuren, das durch das Prä-C-Gen codiert wird und von der Leberzelle modifiziert an das Blut abgegeben wird. Seine Funktion ist unbekannt. Das P-Gen trägt die Information für gleich drei Enzyme: Eine DNA-Polymerase, reverse Transkriptase, da das HBV ungewöhnlicher Weise die DNA zunächst in eine RNA umschreibt, um diese wiederum in ein DNA zu transkribieren (reverse Transkription) und eine RNAse H. Diese baut die RNA-Vorlage nach der reversen Transkription wieder ab. Das X-Gen schließlich codiert für zwei Proteine, die die Replikation des Virus unterstützen.

Auf zwei spezielle Punkte soll hier noch eingegangen werden. Neben dem oben schon ausgeführten lytischen Zyklus, vermag ein Virus in den meisten Fällen aber auch einen anderen Weg einzuschlagen. Nach Integration seines Genoms kann es in der DNA seiner Wirtszelle über lange Zeit verharren. Erst nach bestimmten, von außen wirkenden Stimuli wird begonnen, Hüllproteine herzustellen und Virus-DNA bereitzustellen. Diesen Weg findet man in der Literatur unter der Bezeichnung **lysogener Zyklus**. Folge einer solchen Integration kann eine tumoröse Entartung sein, daher werden solche Viren Tumorviren genannt. Auf den grundlegenden Mechanismus der virusinduzierten Tumorbildung gehen wir im Abschnitt 12.7 ein.

Tabelle 12.10: Die sieben Hepatitis B-Virus-codierten Proteine und ihre Funktion.

Gen	mRNA-Tanskript	Protein	Aminosäuren	Funktion
S	2,4 kB-Transkript	Prä-S1	409 (large)	Hüllprotein
		Prä-S2	281 (middle)	Bindung und Internalisierung
		S	226 (small)	Vakzinierungsprotein
	2,1 kB-Transkript	Prä-S2	281 (middle)	Hüllprotein
				Bindung und Internalisierung
		S	226 (small)	Vakzinierungsprotein
PräC/	3,5 kB-Transkript	C	183	Capsidprotein
C		Prä-C	29	HBe-Antigen
P		P	832	DNA-Polymerase, reverse Transkriptase, RNAse H
X	0,7 kB-Transkript	X	154	Transkriptionsaktivatoren für virale und zelluläre Promotoren

12.6.2 Der Aufbau eines Retrovirus

Für Viren, deren Erbmaterial RNA ist, gestaltet sich der Vermehrungszyklus komplizierter. Von herausragender Bedeutung sind hier die Retroviren mit drei Subfamilien: **Oncorna-**, **Spuma-** und **Lentiviren**. Diesen Namen erhielten sie wegen ihrer Fähigkeit, aus Einzelstrang-RNA wieder doppelsträngige DNA zu bilden. Das dazu benötigte Enzym, die **Reverse Transkriptase**, haben diese Viren bei der Infektion einer Wirtszelle bereits im Gepäck. Die Virus-RNA dient dann als Matrize für die DNA-Synthese, wobei als Zwischenprodukt ein RNA-DNA-Hybrid gebildet wird. Retroviren sind also in der Lage, das zentrale Dogma der Molekularbiologie zumindest in einem Punkt umzukehren. Nach der DNA-Synthese besitzt das Virus die Option, diese in das Genom der Zelle zu integrieren, wo sie als Matrize für die Herstellung der Virusmoleküle dient. Die Freisetzung der Retroviren geht in der Regel nicht mit der Zerstörung der Wirtszelle einher, vielmehr werden sie durch **Knospung** (engl. **budding**) förmlich „ausgeschwitzt".

Bei der Synthese viraler DNA aus der RNA eines Retrovirus wie dem HIV I entstehen an deren beiden Enden identische Sequenzen, die als **„long terminal repeats"**, **LTR**, bezeichnet werden. Ihre Aufgabe liegt in der Integration der Virus-DNA in die Wirts-DNA. Neben den LTR findet man auf der 9749 Nukleotide umfassenden Virus-DNA des HIV-I-Virus neun sich teilweise überlappende Gene, wovon wiederum die drei größten im Vordergrund stehen: **gag** (gruppenspezifische Antigen), **env** (envelope) und **pol** (polymerase). Durch Translation entstehen aus diesen Genen zunächst Vorläuferproteine (z. B. gp 160, p 150, p 53 und daraus p 55), die durch die virale Proteinase p 10 (gag und pol) bzw. durch ein entsprechendes Enzym der Wirtszelle (env) in Zwischen- (z. B. p 66) und Endprodukte gespalten werden. Das gag-Gen codiert gruppenspezifische Antigene wie das Core-Protein p 24, sowie das äußere Capsid p 17, das env-Gen für Glykoproteine der äußeren Virushülle und schließlich sorgt pol für die Bildung der Reversen Transkriptase sowie der Integrase. Die Gene sind auf der DNA folgendermaßen angeordnet: 5'-LTR-gag-pol-env-3'-LTR. Dazwischen findet man eine Reihe kleinerer Gene (TAT, REV, NEF, VPR u. a.), denen Regulatorfunktion zukommt.

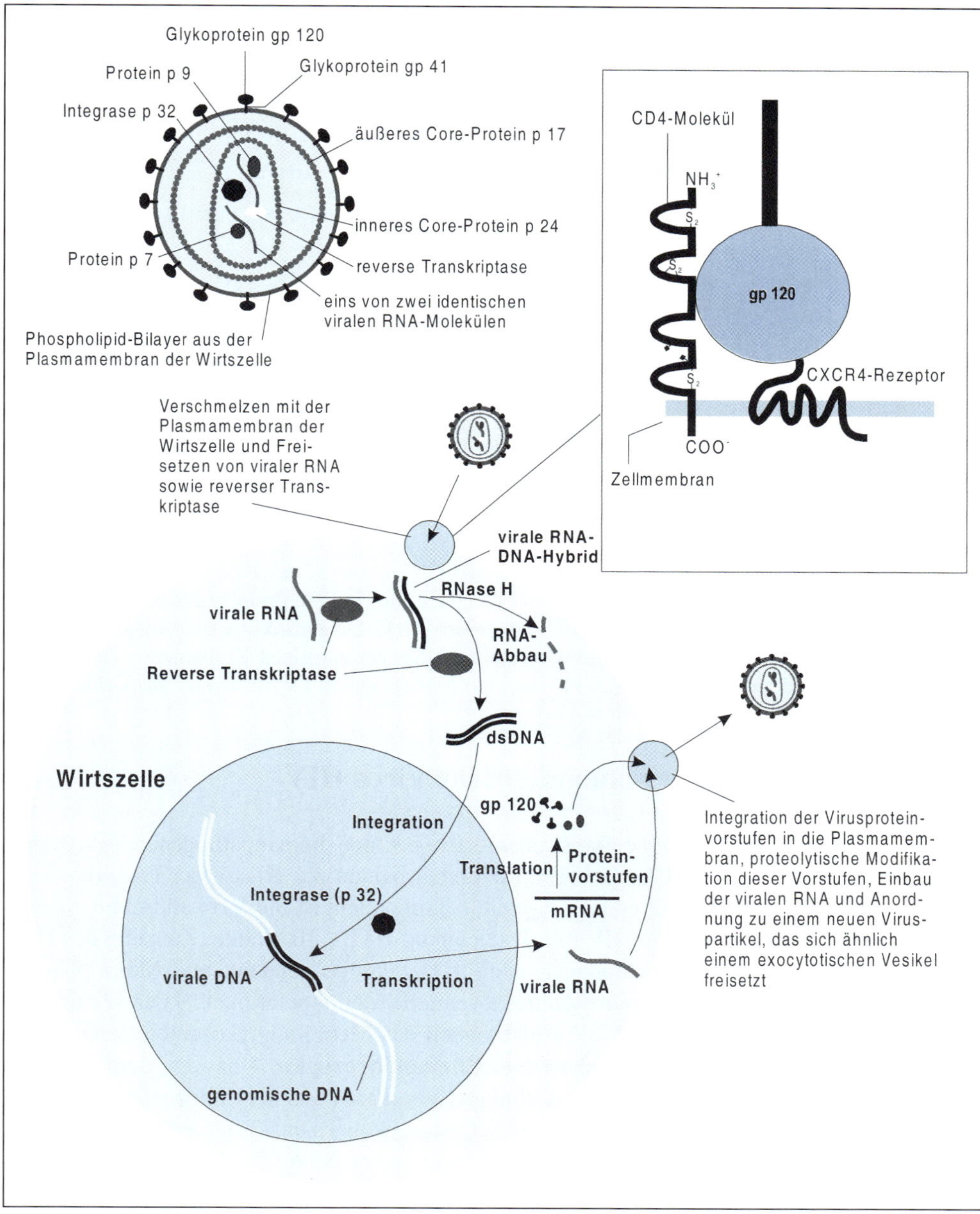

Abb. 12.43: Die Struktur des AIDS-Erregers Humanes Immundefizienz-Virus HIV I, ein Retrovirus aus dem Genus der Lentiviren, ist oben links zu sehen, sein Vermehrungszyklus darunter. Über das Hüllprotein gp 160, bestehend aus dem Transmembranprotein gp 41 und dem daran nichtkovalent gebundenen gp 120, nimmt das Virus mit dem CD4-Molekül und einem Chemokinrezeptor (hier CXCR4) seiner Zielzelle (Wirtszelle), dem Helfer-T-Lymphocyten (aber auch Monocyten können befallen werden), Kontakt auf. Die Proteine p 17 und 24 konstituieren das Capsid des Virus‘. Innerhalb des Capsid befinden sich zwei Moleküle Reverse Transkriptase, verschieden Regulatorproteine und die Integrase (p 32), die die Integration des viralen Genoms in die Wirtszell-DNA ermöglicht. Das Protein p 7 dient der Freisetzung des Virus.

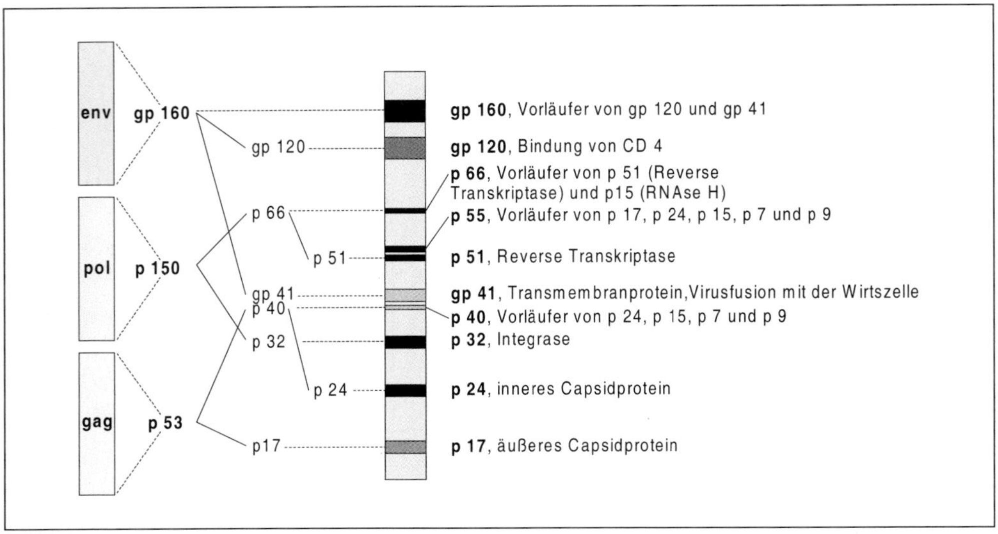

Abb. 12.44: Die wichtigsten (nicht alle!) Proteine und Glykoproteine des HIV-I-Virus und ihre Zuordnung zu den Genen gag, pol und env. Auf der rechten Seite sind die Proteine als Banden des Western-Blot aufgeführt, ein Verfahren, wie es auch in der AIDS-Diagnostik als Bestätigungstest Verwendung findet. Neben dem Blot-Streifen wird die Funktion der einzelnen Komponente kurz umrissen. Das p 55 entsteht aus p 53 durch Acylierung mit Myristinsäure. Es wurde hier aus Gründen der Übersichtlichkeit nicht weiter aufgeführt.

12.6.3 Das humane Immundefizienz Virus HIV

Für Retroviren spezifische Gene findet man auch bei den humanpathogenen Retroviren HTLV I und II sowie dem HIV. Gehören die ersten beiden zur Klasse der Oncornaviren, wird letzteres hingegen zu den Lentiviren gezählt. Trotz allem ist die Verwandschaft so eng, daß man anfänglich anstelle von HIV die Bezeichnung HTLV III wählte. Zielzelle des HIV sind im wesentlichen der T_4-Lymphocyt, auch T-Helferzelle genannt, und Makrophagen, beides für die Funktion des Immunsystems essentielle Zellpopulationen. Hier sei nur erwähnt, daß diese Zellen sich durch die Anwesenheit des Membranglykoproteins CD 4 auszeichnen. Eben dieses CD 4 wird neben dem **Chemokinrezeptor** 4 bzw. 5, dem **CXCR4** oder **CCR5**, vom Glykoprotein der Virushülle **gp120** erkannt und als Eintrittstor in die Helferzelle genutzt. Dies vollzieht sich in zwei Schritten, wobei zunächst die Bindung an die zweite Domäne des CD 4 erfolgt und die dadurch verursachte CD 4-Konformationsänderung im zweiten Schritt das Andocken an den Chemokinrezeptor ermöglicht. Dieser fungiert als Corezeptor. HI-Viren, die bevorzugt Makrophagen und Langerhans-Zellen der Epidermis befallen, benötigen CCR 5 als Corezeptor, solche, deren Ziel T-Helferzellen sind, CXCR4. Nach Virusintegration in die Wirts-DNA führt die Aktivierung der Virusgene nach einer oft jahrelangen, symptomlosen Latenzzeit zum Ausbruch der Krankheit, die heutzutage unter dem Kürzel **AIDS** (**a**cquiered **i**mmune **d**eficiency **s**yndrome) traurige Berühmtheit erlangt hat. Hier soll der Verlauf der Erkrankung in den grundlegenden Zügen charakterisiert werden. Nach der Definition des Centers for Disease Control (CDC) in Atlanta/USA, wird AIDS in vier Stadien eingeteilt.

Die Infektion mit dem Virus wird von den meisten Betroffenen gar nicht bemerkt. Nur ungefähr 20 % bilden relativ unspezifische Symptome aus (**Stadium I**). Zwei bis vier Wochen nach der Infektion treten u. U. Fieber, Appetitlosigkeit, Unwohlsein, Müdigkeit, Halsschmerzen und andere, unspezifische Befunde auf. Sie ähneln damit den Symptomen einer Grippe oder einer mononukleoseähnlichen Erkrankung. Diese Symptomatik klingt nach einigen Tagen oder Wochen wieder ab. Das **Stadium II** wird durch einen symptomlosen Zustand gekennzeichnet. Es kann Monate bis Jahre andauern.

Lymphknotenschwellungen signalisieren den Beginn des **Stadiums III**. Da solche aber auch zuweilen bei gesunden Patienten auftreten, müssen noch andere Kriterien für die Existenz des Stadiums III erfüllt sein. Die Schwellungen sollen in mindestens zwei Körperabschnitten außerhalb der Leistengegend auftreten, größer als 1 cm sein und länger als drei Wochen existieren. Man bezeichnet diese Symptomatik als persistierende, generalisierte Lymphadenopathie (LAS). Dauer des Stadiums III: Mehrere Jahre.

Im **Stadium IV** zeigen sich eine Reihe anderer Symptome. Folgende Merkmale charakterisieren den **AIDS related complex**, ARC: Fieberschübe oder über drei Monate andauerndes Fieber > 38°C, Diarrhoen, unfreiwilliger Gewichtsverlust von mehr als 10 % des Körpergewichtes, Nachtschweiß und die schon bekannten Lymphknotenschwellungen. Diesen Allgemeinsymptomen treten folgende Laborbefunde zur Seite: Die Anzahl der Lymphocyten nimmt ab (Lymphopenie), insbesondere die Zahl der T-Helferzellen. Das Verhältnis von T4- zu T8-Zellen beginnt sich umzukehren (T4/T8 < 0,7 statt 1,7 +/- 0,5). Im Blut werden vermehrt Immunkomplexe gefunden. Mit dem Ausbruch opportunistischer Infektionserkrankungen, die auf eine Schwäche des Immunsystems schließen lassen, zeigt sich nun das klinische AIDS-Bild. Diese Infektionen sind eine der Haupttodesursachen für AIDS-Patienten (Tabelle 12.11). Übertragen wird das Virus durch direkten Austausch von Blut über offene Wunden. Da für diesen Infektionsweg auch Mikroverletzungen ausreichen, gehört der „ungeschützte" Geschlechtsverkehr zu den wichtigen Übertragungswegen. Das mehrfache Benutzen gebrauchter Kanülen birgt insbesondere für Drogenkranke hohe Infektionsgefahren. In Blutkonserven sollte das Virus heute nicht mehr gefunden werden.

Tabelle 12.11: Opportunistische Infektionen beim Vollbild von AIDS. Zudem finden wir maligne Erkrankungen, wie Lymphome (Burkitt und Non-Hodgkin) oder das Kaposi-Sarkom (sprich „Kaposchi") vor. Viele Patienten zehren förmlich aus (Kachexie).

Erreger	Ausgelöste Erkrankung
	Pilze
Candida albicans Kryptokokken	Mykosen in Mund, Magen-Darm-Trakt Befall von Zentralnervensystem und Lunge
	Bakterien
Mycobakterium tuberculosis Staphylo-, Streptokokken	Tuberkulose
	Viren
Cytomegalie-Virus Epstein-Barr-Virus Herpes simplex	**Kaposi-Sarkom** Schleimhautinfektionen in Mund, Hals, Darm oder Lunge
	Parasiten
Protozoen und Helminthen	Darmparasiten führen zu länger anhaltendem Durchfall **Pneumocystis Carinii Pneumonie PcP** Infektionen des Gehirns (Toxoplasmose)

Gewißheit über eine erfolgte Infektion bietet nur ein AIDS-Test. Nachgewiesen werden dabei Antikörper, die der infizierte Organismus gegen Proteinbestandteile des Virus ausbildet, so gegen die Proteine **gp41** und **p24**. Die Antikörper sind zum ersten Mal etwa drei Monate nach der Infektion nachzuweisen. Wie werden diese Antikörper nun detektiert? In einer ersten Analyse bedient man sich des „enzyme linked immunoabsorbent assay", kurz **ELISA**. Dazu werden in einem kleinen Plastiknapf die Virusproteine gp41 oder p24, die gut auf Plastikoberflächen haften, vorgelegt. Fügt man anschließend Probandenserum hinzu, reagiert der Antikörper gegen die genannten Proteine, falls er nach einer Infektion vorhanden ist. Durch sorgfältiges Waschen lassen sich alle anderen Serumbestandteile entfernen. Aufgrund des strukturellen, immer gleichen Aufbaus der Antikörper lassen diese sich mit einem weiteren, gegen sie gerichteten Sekundärantikörper erfassen. An diesen wurde zuvor jedoch ein Enzym gekoppelt (enzyme linked), welches mit einem entsprechenden Substrat eine Farbreaktion eingehen kann. Positive Proben zeigen dann folglich eine Färbung. Da der ELISA oft falsch positive Ergebnisse liefert, werden ELISA-Befunde in der Regel mit dem Western-Blot-Verfahren überprüft.

Welche Therapie gibt es für diese bis heute unheilbare Erkrankung? Eine Impfung ist zur Zeit noch nicht möglich, weil gp 120 eine hohe strukturelle Variabilität zeigt. Damit soll zum Ausdruck gebracht werden, daß es häufig mittels Mutationen zur Änderung der Aminosäuresequenz kommt. Dadurch verändern sich aber auch immer die möglichen Erkennungsstellen für das Abwehrsystem des Körpers. Als Ansatz einer Therapie wählt man die virale DNA-Synthese durch die Reverse Transkriptase. Eine Hemmung dieses Enzyms unterbindet die DNA-Synthese und damit den charakteristischen Schritt des viralen Lebenszyklus'. Zum Einsatz kommt hier die Verbindung 3'-Azido-3'-desoxythymidin (**AZT**); sie zeigt allerdings schwere Nebenwirkungen. Einen ähnlichen Wirkmechanismus zeigt **Didesoxyinosin** (**ddI**).

12.7 Fehlgeleitete Informationen: Krebs

Die Kontrolle des Zellwachstums ist eine wichtige Voraussetzung für das Funktionieren und Überleben eines Organismus. Einige Zelltypen, wie beispielsweise Zellen der Darmschleimhaut, haben eine hohe, andere, wie z. B. Nerven- oder Muskelzellen, nur eine sehr niedrige oder gar keine Teilungsrate. Dies bedeutet, daß Darmepithelzellen nach einer Lebenszeit von einigen Tagen abgeschilfert und durch neue ersetzt werden, wohingegen Nervenzellen bei ihrem Zelltod endgültig verloren gehen.

Manchmal versagt diese Wachstumskontrolle, und eine Zelle beginnt, sich hemmungslos zu teilen, obwohl der Organismus gar keinen Bedarf an neuen Zellen dieses Typs besitzt. Am Ende dieser ungebremsten Zellvermehrung steht ein **Tumor** (tumor lat. Geschwulst), also eine Anhäufung identischer Tumorzellen in einer Umgebung aus normalen Zellen. Die Umwandlung einer Zelle vom Normal- in den Tumorzustand bezeichnet man als **Transformation** (transformare lat. umwandeln). Dieser Begriff wird auch in der Gentechnik benutzt, hier bedeutet er jedoch die Aufnahme von DNA in Bakterienzellen. Transformierte Zellen (Tumorzellen) unterscheiden sich von normalen Zellen durch ihre autonome (gr. selbständig) Zellvermehrung, d. h. sie unterliegen keiner Proliferationskontrolle (proles lat. Nachkommen und ferre lat. bringen) und teilen sich stetig. Außerdem sind sie durch den Verlust der **Kontakthemmung** gekennzeichnet. Dies bedeutet, daß in einer Zellkultur Tumorzellen ungehemmt in kugeligen Haufen wachsen, normale Zellen dagegen ihr Wachstum einstellen, wenn sie sich gegenseitig berühren. Tumorzellen unterscheiden sich weiterhin von normalen Zellen dadurch, daß sie einen veränderten Zellstoffwechsel (z. B. hohe aerobe Glykolyserate) und andere Zellmembraneigenschaften, wie veränderte Oberflächenantigene oder eine erhöhte Anzahl von Lectinrezeptoren, aufweisen.

Man bezeichnet einen Tumor als **benigne** (benignus lat. freundlich), wenn er auf ein bestimmtes Gewebe beschränkt bleibt und keine Metastasen ausbildet. Eine derartige Geschwulst wächst nicht infiltrierend (also in die Gewebsspalten und Lymphgefäße hinein), sondern bleibt vom umgebenden gesunden Gewebe durch eine Bindegewebskapsel getrennt. Selbstverständlich wachsen auch gutartige Tumore unablässig weiter, sie zeigen dabei ein **expansives Wachstum**, was Verdrängungserscheinungen im Nachbargewebe nach sich zieht. Aufgrund der oben genannten Eigenschaften ist die chirurgische Entfernung eines gutartigen Tumors, wie beispielsweise des Uterusmyoms, zumeist relativ einfach.

Maligne (malignus lat. boshaft) Krebszellen unterscheiden sich von benignen einerseits durch invasives (invadere lat. eindringen) bzw. infiltrierendes (infiltrare lat. durchtränken) Wachstum, d. h. sie können ihr ursprüngliches Gewebe oder Organ verlassen und in normales Gewebe eindringen, andererseits vermag der Primärtumor durch **Metastasierung** (metastasis gr. Wanderung) Tochterzellen in entfernt gelegene Gewebe bzw. Organe zu streuen. Dies ist die Ursache der Fernmetastasen, die ihr Ziel über die Blutbahn (hämatogen) bzw. die Lymphgefäße (lymphogen) erreichen. Metastasierende Tumorzellen können sich ihren Weg durch Barrieren wie die Basallamina des Bindegewebes bahnen, indem sie Enzyme sezernieren, die Kollagen und Glykoproteine der Basallamina abbauen. Eine herausragende Eigenschaft solcher Zellen ist ihre Überlebens- und Teilungsfähigkeit in neuer Umgebung, so daß dort die Entstehung einer Tochtergeschwulst möglich ist. Neben den oben erwähnten benignen und malignen Geschwülsten existieren auch semimaligne Neoplasmen (semi lat. halb, neo- gr. neu und plasma gr. Gebilde), wie das **Basaliom** oder auch **Basalzellenkarzinom** der Haut, das invasiv in das umgebende Gewebe eindringt, jedoch nicht wie maligne Tumoren Fernmetastasen setzt.

Man unterteilt maligne Tumoren in **Karzinome** und **Sarkome**. Karzinome entwickeln sich aus Zellen endo- oder ektodermalen Ursprungs, Sarkome leiten sich histogenetisch vom Mesenchym ab (Endo-, Ekto- und Mesoderm sind die drei embryonalen Gewebe, aus denen sich die verschiedenen Organe und Gewebe differenzieren). Eine Untergruppe der Sarkome, die Leukämien (leukos gr. weiß und haima gr. Blut), rekrutieren sich aus freibeweglichen Blutzellen, wohingegen die meisten Karzinome und Sarkome in festen Zellhaufen wachsen und als solide Tumore bezeichnet werden.

Weshalb jedoch geht eine normale Zelle in den transformierten Zustand über? Man kann die Ursache häufig in der Aktivierung eines oder mehrerer sogenannter **Onkogene** (onkos gr. Masse) finden. Diese Gene entstehen aus Proto-Onkogenen (protos gr. der erste), zellulären Genen, die für die Kontrolle des Zellwachstums verantwortlich sind und durch verschiedene äußere Einwirkungen, wie z. B. Viren, bestimmte Chemikalien, radioaktive und UV-Strahlung, in Onkogene überführt werden können. Die Proteine, die von diesen Genen codiert werden, greifen verheerend in die zelluläre Wachstumskontrolle ein. Die Mehrheit dieser von Onkogenen exprimierten Proteine sind Proteinkinasen, also Proteine, die andere Proteine phosphorylieren, oder GTP-bindende und -spaltende **G-Proteine**. Diese Proteinklassen wirken meist als regulatorische Schalter für intrazelluläre Prozesse. Daneben können Onkogene auch für Proteine codieren, die als Wachstums- oder Transkriptionsfaktoren auftreten. Ihre Wirkung üben Onkogene also vor allem dadurch aus, daß sie die Prozesse des Zellwachstums in permanent aktiviertem Zustand halten.

Die Hauptursache für die Umwandlung eines Proto-Onkogens zum Onkogen ist in einer Mutation des Proto-Onkogens zu suchen. Diese Mutation wird meist durch Einwirkung von Karzinogenen, also bestimmten Chemikalien und ultravioletter (UV-) oder radioaktiver Strahlung, hervorgerufen. Man unterscheidet bei den chemischen Karzinogenen direkt- und indirekt wirkende. Direkt wirkende Karzinogene, wie **Dimethylsulfat** oder **Stickstoff-Lost** sind stark elektrophile Substanzen, die begierig mit negativ geladenen Molekülen reagieren. Weitaus häufiger sind indirekt wirkende Karzinogene wie **Benzpyren** oder **Aflatoxin**, die zunächst nicht reaktiv sind, im Organismus (vor allem in der Leber) jedoch von den Enzymen des körpereigenen „Entgiftungssystems" zu aggressiven elektrophilen Verbindungen oxidiert werden. Die entstehenden Substanzen reagieren mit der DNA und verursachen die für die Entstehung des Onkogens aus dem Proto-Onkogen verantwortliche Mutation.

Man bestimmt heutzutage die karzinogene Wirkung von Chemikalien mit dem **AMES-Test**: Die Zellkultur eines mutierten Salmonella-Stammes, der kein Histidin synthetisieren kann, wird auf einen Histidin-freien Nährboden gegeben. Die Salmonellen können also nicht auf diesem Nährboden gedeihen. Diesen Zellen fügt man auf einem Filterpapier die auf ihre Kanzerogenität zu prüfende Chemikalie mit einem Extrakt aus Leberzellen hinzu, der die Enzyme des körpereigenen Entgiftungssystems enthält. Verursacht die verdächtige Substanz in den Salmonella-Zellen Mutationen, so erfolgen auch Rückmutationen zum Wildtyp, der auf einem Histidin-freien Nährboden zu überleben vermag. In einem solchen Fall wird man also Zellkolonien in der Petrischale beobachten. Aus der Anzahl der durch Rückmutation entstandenen sichtbaren Zellkolonien kann man auf die mutagene Wirkung der chemischen Verbindung schließen.

Wie schon erwähnt wurde, können auch ultraviolette und ionisierende Strahlen Mutationen hervorrufen, die letztlich zur Aktivierung von Proto-Onkogenen führen. UV-Strahlen werden von den Basen der DNA absorbiert, was vor allem die Ausbildung von Pyrimidindimeren zwischen benachbarten Basen zur Folge hat. Ionisierende Strahlung, wie beispielsweise Gammastrahlung, provoziert Strangbrüche in der DNA. Die hervorgerufenen Schäden behindern Transkriptions- und Translationsprozesse, falls sie nicht rechtzeitig vom zelleigenen DNA-Reparatursystem behoben werden können.

Neben chemischen und physikalischen Einflüssen können auch einige DNA-Viren und eine Gruppe von RNA-Viren, die Retroviren (retro- lat. zurück), eine Transformation normaler Zellen in Tumorzellen auslösen, weshalb sie auch als **Tumorviren** bezeichnet werden. Nach erfolgter Infektion mit einem derartigen Virus wird die virale DNA in die der Wirtszelle integriert. Falls diese Integration in der Nähe eines Proto-Onkogens erfolgt, so besteht die Gefahr, daß eine Aktivierung zum Onkogen induziert wird. Eine andere, häufig durch Retroviren verusachte Möglichkeit der Transformation besteht darin, daß das virale Genom selbst Onkogene besitzt, die nach Integration in das Wirtsgenom aktiv werden.

Eines der wichtigsten DNA-Tumorviren ist das **EPSTEIN-BARR-Virus**, ein Vertreter der Herpesviren, das in unseren Breiten als Erreger der Mononukleose (PFEIFFER-Drüsenfieber) bekannt ist. Es steht darüber hinaus im Verdacht, für das Auftreten des BURKITT-Lymphoms und des Nasopharyngealkarzinoms, z. B. in Afrika, verantwortlich zu sein.

12.8 Methoden der Molekulargenetik

Dieser letzte Abschnitt des Kapitels soll in die Techniken der molekularen Genetik einführen. Wohl kaum ein Methodenrepertoir hat sich in den letzten zwanzig Jahren so rasant entwickelt wie das der Gentechniker. So ist die Gentechnik mittlerweile aus den Laboratorien der Biochemie und Medizin kaum mehr wegzudenken.

Um einigen weitverbreiteten Mißverständnissen entgegenzuwirken, soll an dieser Stelle eine genaue Definition des Begriffs „Gentechnik“ erfolgen. Wie sich gezeigt hat, besteht aufgrund der strukturellen Übereinstimmung fast aller DNA-Moleküle die Möglichkeit, sie in mannigfachen Kombinationen zusammenzufügen. Dieser Vorgang des Aneinanderfügens verschiedener DNA-Moleküle zu einem neuen wird als **Rekombination** bezeichnet. Das methodische Repertoire zur Neukombination genetischen Materials sowie seine Überführung und Vermehrung in lebenden Zellen nennt man Gentechnik. Grundlegende Voraussetzung all dieser Verfahren ist die bestehende Möglichkeit, DNA-Moleküle enzymatisch und sequenzspezifisch zu durchtrennen. Als **Klonierung** hingegen wird lediglich der Vorgang der identischen Vermehrung einzelner DNA-Abschnitte, aber auch ganzer Zellen und Organismen bezeichnet. Ein Klon stellt eine Ansammlung vollständiger Kopien eines Lebewesens dar.

12.8.1 Das Zerschneiden von DNA: Restriktionsendonukleasen

Usprung dieser Entwicklung war eine Entdeckung, die sich im Jahre 1970 an der JOHN-HOPKINS-Universität in den USA zutrug. HAMILTON SMITH fand im Bakterienstamm *Haemophilus influenzae* Rd ein Enzym, welches DNA an einer bestimmten Sequenz zertrennt.

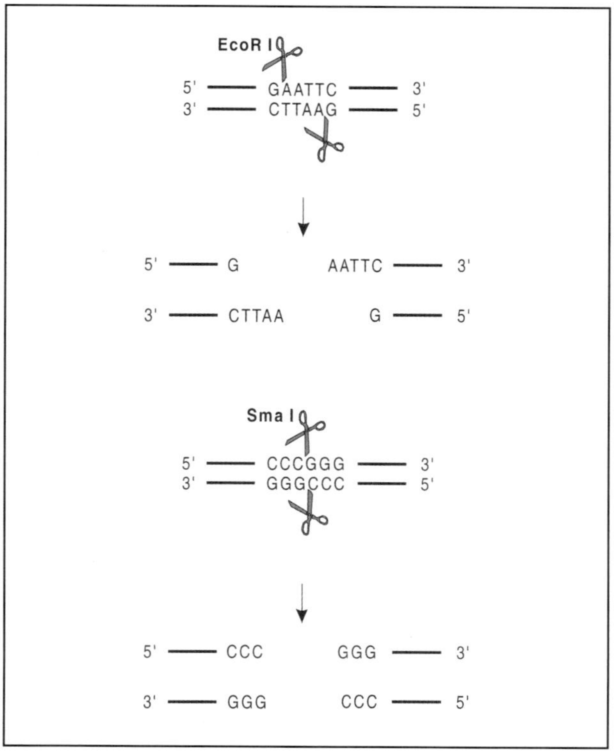

Abb. 12.45: Erkennungsstellen der Restriktionsenzyme EcoR I und Sma I. EcoR I liefert überhängende, Sma I glatte Enden.

Er hatte damit einen Vertreter der seit langer Zeit gesuchten Restriktionsendonukleasen gefunden. Im Laborjargon bezeichnet man diesen Vorgang des Zertrennens eines DNA-Fadens als „Schneiden" oder anders ausgedrückt: Bei den Restriktionsendonukleasen kann man von den Scheren der Molekularbiologen sprechen. Mittlerweile konnten mehrere hundert solcher Enzyme isoliert werden, jedes für sich mit einer eigenen Erkennungs- und Schnittsequenz. So kann man eine beliebige DNA mit Hilfe dieser Enzyme in kleinere Bruchstücke zerlegen. Diese lassen sich anschließend mit Hilfe einer Elektrophorese im Agarosegel der Größe nach auftrennen. Wird eine DNA in einer Reihe von Experimenten mit einem oder mehreren Enzymen gleichzeitig „verdaut", so läßt sich durch Kombination der Ergebnisse eine Restriktionskarte erstellen. Aus ihr wird die relative Lage der verschiedenen Erkennungssequenzen zueinander ersichtlich.

Wie läßt sich nun die Arbeitsweise eines solchen Enzyms verstehen? Um DNA zu zerschneiden, ist es nötig, in beiden DNA-Strängen Bindungen des Zucker-Phosphat-Rückgrats zu lösen. Dabei sind je nach Enzym drei verschiedene Endergebnisse möglich. Der Schnitt kann an gegenüberliegenden oder aber versetzten Stellen erfolgen. Im ersten Fall entstehen sogenannte glatte Enden (engl. **blunt ends**), im letzteren überstehende oder auch klebrige Enden (engl. **sticky ends**).

Bei Betrachtung der angegebenen Erkennungssequenzen fällt eine Besonderheit auf. Die Sequenz beider Stränge ist, jeweils von 5‘ nach 3‘ gelesen, identisch. Man bezeichnet eine Buchstabenfolge, die von beiden Seiten gelesen denselben Sinn ergibt, als **Palindrom**. Beispiele in der deutschen Sprache sind die Worte Otto oder Radar.

Tabelle 12.12: Ausgewählte Restriktionsendonukleasen, die in der molekularen Biologie eine herausragende Bedeutung haben. Man beachte, daß Enzyme wie Eco RI oder Hind III klebrige Enden mit einem 5'-Überhang produzieren, Pst I hingegen mit einem 3'-Überhang. Sma I gehört zu den Enzymen, die nach einem Schnitt glatte Enden in der DNA erzeugen.

Restriktionsenzym	Herkunftsorganismus	Erkennungssequenz und Schnittstelle, mit einem ' gekennzeichnet
Eco RI	*E. coli* RY 13	5'-G'AATTC-3' 3'-CTTAA'G-5'
Hind III	*Haemophilus influenza* Rd	5'-A'AGCTT-3' 3'-TTCGA'T-5'
Bam HI	*Bacillus amyloliquefaciens* H	5'-G'GATCC-3' 3'-CCTAG'G-5'
Pst I	*Providencia stuartii* 164	5'-CTGCA'G-3' 3'-G'ACGTC-5'
Sma I	*Serratia marcescens* SB	5'-CCC'GGG-3' 3'-GGG'CCC-5'

Der Name „klebrige Enden" ergibt sich aus der Fähigkeit dieser einzelsträngigen DNA-Abschnitte, mit einem anderen einzelsträngigen Abschnitt entsprechend den Basenpaarungsregeln eine Verbindung einzugehen. Solche kompatiblen Abschnitte oder DNA-Enden ergeben sich, wenn z. B. eine andere DNA mit demselben Enzym behandelt wurde. Entscheidend für den Erfolg des Aneinanderhaftens ist nicht die Herkunft der verschiedenen DNA-Fragmente, sondern lediglich die Basenabfolge der überhängenden Enden. Mit Hilfe der uns schon bekannten Ligasereaktion lassen sich solche überhängenden Enden kovalent verknüpfen. Auch zwei glatte Enden können verbunden werden. Hier verläuft die Reaktion aber bedeutend langsamer. Ursache hierfür ist die Diffusion der Reaktanden in der Lösung.

Werden DNA-Moleküle mit klebrigen Enden durch die zwischen ihnen wirkenden Anziehungskräfte festgehalten bis die Reaktion der Ligase abgeschlossen ist, so ist das bei glatten Enden natürlich nicht der Fall.

Letztlich bietet das Verbinden von glatten Enden aber auch die Möglichkeit, die verschiedensten DNA-Fragmente zu verknüpfen. So lassen sich mittels enzymatischer Modifizierung überhängende Enden in glatte überführen. Das Auffüllen von 5'-Überhängen (engl. fill in) erfolgt durch das **KLENOW-Enzym**. Dabei handelt es sich um einen Teil der DNA-Polymerase I aus E.coli, der in Gegenwart der benötigten Desoxynukleotide noch die Fähigkeit zur Polymerisation besitzt. Verloren gegangen ist die Möglichkeit zur Entfernung von Nukleotiden in 5'-3'-Richtung. Die Auffüllreaktion führt also zu einem definierten glatten Ende. Bei 3'-überhängenden Ende ist dies hingegen nicht möglich. Hier muß mittels einer Nuklease der 3'-Überhang förmlich „abgeknabbert" werden. Zur Durchführung dieser Reaktion wird neben dem KLENOW-Enzym auch die T4-DNA-Polymerase verwendet.

12.8.2 Das Vermehren von DNA-Fragmenten in vivo

Neben dieser Möglichkeit der freien Rekombination von DNA-Fragmenten ist jedoch eine weitere Tatsache von herausragender Bedeutung in der molekularen Biologie. So läßt sich ein isoliertes DNA-Fragment in Bakterien vermehren und in beliebig großen Mengen vervielfältigen. Dazu muß es in geeigneter Form in ein Bakterium eingeführt werden, das dann das Fragment während seiner Replikationsphase wie seine eigene DNA verdoppelt und an die Tochterzellen weitergibt. Dazu reicht es aber nicht, ein DNA-Fragment einfach in das Cytosol des Bakteriums einzubringen.

Vielmehr benötigt man einen **Vektor** als Transporter oder Vehikel. Dabei handelt es sich um ein sogenanntes **Plasmid**. Neben der Bezeichnung Plasmid findet auch der Name Episom Verwendung. Solche DNA-Moleküle sind ringförmig angeordnet und besitzen durch den Replikationsursprung (ori) die Fähigkeit zur autonomen DNA-Replikation. Für den Vorgang der Replikation ist es also nicht notwendig, die Plasmid-DNA in die Bakterien-DNA zu integrieren. Außerdem sind auf Plasmiden sehr oft auch sogenannte **Resistenzgene** zu finden. Mit ihnen erlangen Bakterien sozusagen „Immunität" gegen bestimmte Antibiotika, aber auch gegen Schwermetallionen. Anstelle der in „freier Wildbahn" existierenden Plasmide verwendet der Genetiker eigens konstruierte Plasmide für seine Experimente. Diese beinhalten ein oder zwei Antibiotikaresistenzgene und singuläre Schnittstellen für die gebräuchlichsten Restriktionsendonukleasen. Beispielsweise findet man im Plasmid pBR 322, einem gängigen Vektor, neben einer Ampicillinresistenz auch eine für das Antibiotikum Tetrazyklin. Die Ansammlung nutzbarer Schnittstellen für Restriktionsenzyme wird **„multiple cloning site"** genannt.

Nach dem Aufschneiden des Plasmids und dem Einbringen eines DNA-Fragmentes läßt sich der mittels Ligase rezirkularisierte Vektor leicht in die Bakterienzelle einbringen. Man spricht in einem solchen Fall von der **Transformation** der Bakterienzelle. Dazu wird die Bakterienzellwand mittels Chemikalien (Calciumchlorid) oder durch elektrischen Strom (Elektroporation) für das Plasmid permeabel gemacht. Selektioniert man anschließend gegen ein Antibiotikum, so lassen sich leicht diejenigen Bakterien, die das Plasmid und damit die Fremd-DNA aufgenommen haben, selektionieren. Auf diese Weise lassen sich ohne Schwierigkeiten DNA-Fragmente beliebiger Lebewesen in Bakterienzellen vermehren.

Mittlerweile sind auch Plasmide entwickelt worden, die nicht nur eine Vermehrung der DNA in Bakterienzellen ermöglichen, sondern auch die Expression des Proteins, für welches sie in ihrem Ursprungsorganismus codieren. Solche Plasmide bringen zusätzlich Sequenzelemente in das entstehende Konstrukt ein, die für eine effiziente Transkription und Translation im Bakterium notwendig sind. Darüber hinaus ist darauf zu achten, daß der Leserahmen der codierenden Sequenz erhalten bleibt.

Werden eukaryontische Gene in Bakterienzellen exprimiert, sind außerdem deren Besonderheiten zu berücksichtigen.

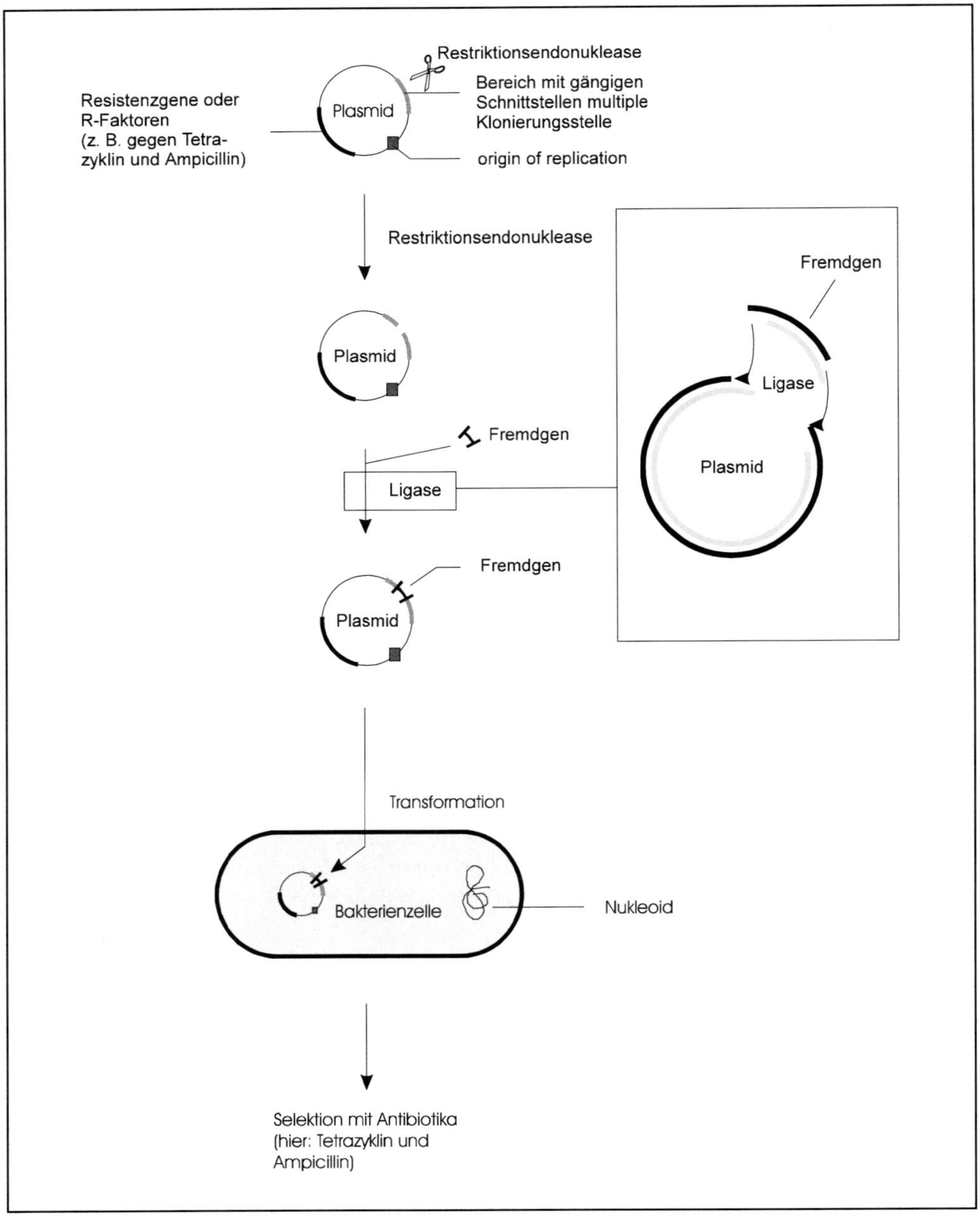

Abb. 12.46: Das Plasmid als Vektorsystem.

Wie schon angesprochen, handelt es sich bei ihnen um Mosaikgene, d. h. neben codierenden Sequenzen finden sich im Gen auch immer wieder Abschnitte ohne Informationsgehalt. Für die Expression sind aber nur die in richtiger Reihenfolge zusammengefügten Exonbereiche von Bedeutung. Wie kommt man nun an Genabschnitte, die nur informationstragend sind?

Dabei bedient sich der Wissenschaftler eines Enzyms, welches wir schon bei der Besprechung der Retroviren kennengelernt haben. Nach Isolierung der mRNA aus Zellen wird mittels reverser Transkriptase eine **copy-DNA**, cDNA, hergestellt, die nur noch Exoninformationen trägt. Die Summe aller möglichen cDNA-Moleküle, eingebracht in ein Vektorsystem, wird als **cDNA-Bank** oder -Bibliothek bezeichnet. Kann man aus dem Sammelsurium der cDNA-Moleküle dasjenige identifizieren, an dem man interessiert ist, gelingt später auch die Vermehrung der DNA und die Expression des Proteins.

Neben den angesprochenen Problemen darf auch nicht vergessen werden, daß Proteine von in Prokaryonten exprimierten Eukaryontengenen oft nicht funktionell sind, da diese mit Zuckerresten versehen werden oder für die richtige Struktur eine Insertion in die Membran notwendig ist. Mittlerweile ist aber auch die Expression in eukaryontischen Zellen möglich. Das Einbringen eines eukaryontischen Expressionsvektors in die Zelle (hier **Transfektion** genannt) gestaltet sich aber sehr viel schwieriger, da Zellkulturzellen gegen solche Eingriffe oft sehr sensibel reagieren. Neben der Calciumphosphatmethode und der Elektroporation findet auch die Mikroinjektion von DNA Verwendung.

12.8.3 Northern- und Southern-Blot

Ist ein zu untersuchendes Gen isoliert und seine Sequenz bestimmt, können sich weitere Analysen anschließen.

Auf die Möglichkeiten der Proteinlokalisation soll hier nur kurz eingegangen werden. Durch die Expression des Proteins in einem prokaryontischen Expressionssystem läßt es sich in ausreichenden Mengen herstellen, um damit durch Immunisieren eines Tieres (in der Regel Maus oder Kaninchen) Antikörper gegen das Protein zu erhalten. Mit Hilfe des noch zu beschreibenden Western-Blot-Verfahrens kann das Protein im Serum oder in Proteinextrakten aus Zellen nachgewiesen werden. Der Antikörper erkennt es aber ebenso auf Gewebeschnitten, so das die Lokalisation auch auf zellulärer Ebene bestimmt werden kann (Immunhistologie).

Hier wollen wir uns mit der Detektion von Nukleinsäuren beschäftigen. Es wurde schon deutlich, daß sich ebenso wie Proteine auch Nukleinsäuren mittels Elektrophorese auftrennen lassen. Als Trägermaterial findet Polyacrylamid Verwendung, bei größeren Fragmenten (> 300 Basen) Agarose. Mit **Ethidiumbromid** oder Acridinorange stehen Chemikalien zu Verfügung, die Nukleinsäuren färben und unter UV-Bestrahlung sichtbar machen. Zur Identifizierung spezifischer mRNA-Moleküle oder DNA-Fragmente lassen sich diese nach Ablauf der Elektrophorese aus dem Gel auf Nitrocellulose- oder Nylonfolie überführen. Dieser Transfer erfolgt entweder durch elektrischen Strom (Elektro-Blotting) oder mittels Kapillarkräfte (Kapillar-Blotting).

Auf der Membran fixiert, können die Fragmente mit radioaktiv markierten Sonden leicht detektiert werden. Einzige Voraussetzung: Die eingesetzten Sonden müssen komplementär zu der zu identifizierenden Nukleinsäure sein. Handelt es sich bei der auf Nitrocellulose transferierten Probe um RNA, nennt man das gesamte Verfahren Northern-Blot, im Falle von DNA Southern-Blot.

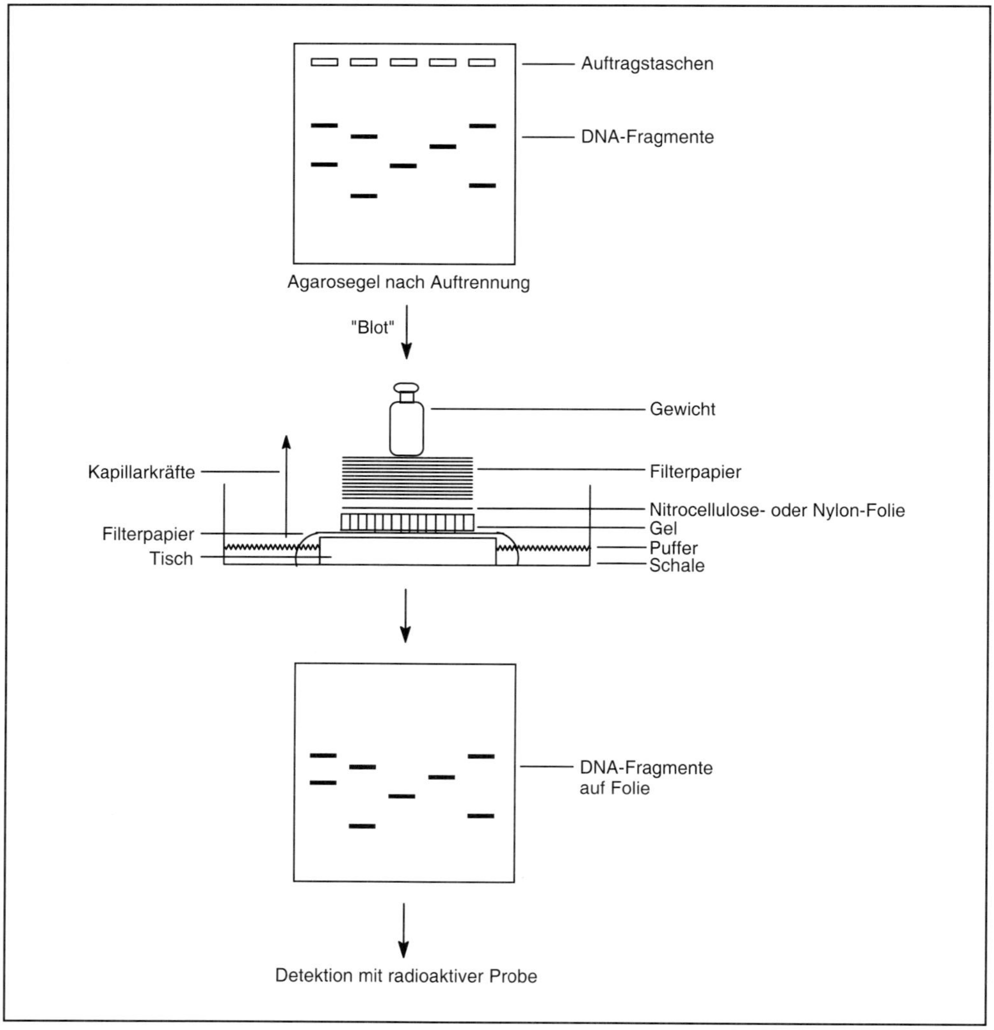

Abb. 12.47: Der Southern-Blot.

Der Southern-Blot bietet neben der direkten Sequenzanalyse eines Gens auch die Möglichkeit, Mutationen aufzufinden. Trifft eine Punktmutation direkt die Erkennungssequenz einer Restriktionsendonuklease, so ist sie nicht mehr in der Lage, dort einen Schnitt auszuführen. Das Auffinden einer Mutation verliefe dann wie folgt: Nach enzymatischem Verdau des zu untersuchenden DNA-Materials erfolgt ein Southern-Blot. Das Fehlen oder die Existenz einer neuen Schnittstelle macht sich durch ein anderes Restriktionsmuster bemerkbar. Die Länge einzelner Fragmente ist verändert. Da eine Mutation aber nicht in allen Lebewesen einer Population vorhanden ist, beobachtet man einen Längenpolymorphismus nach erfolgtem Restriktionsverdau, vorausgesetzt man verfährt mit anderen DNA-Proben ähnlich. Man spricht vom **Restriktionsfragment-Längenpolymorphismus**, RFLP. Neben Punktmutationen können auch Insertionen oder Deletionen für einen RFLP verantwortlich sein.

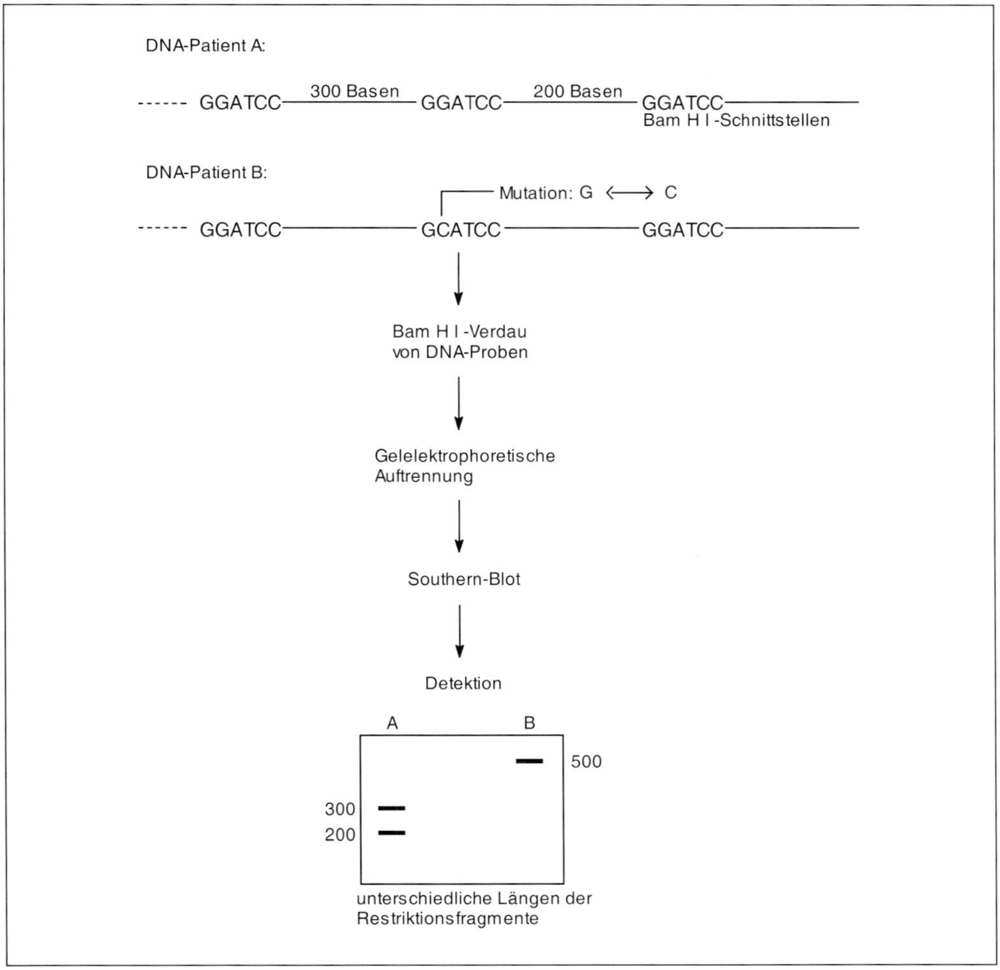

Abb. 12.48: Restriktionsfragment-Längenpolymorphismus bei verschiedenen DNA-Proben.

Die Existenz solcher RFLP hat schon mehrfach zur Identifizierung von Genen geführt, die für eine Erbkrankheit verantwortlich sind. Dazu werden DNA-Proben naher Verwandter wie Eltern, Großeltern oder Geschwister untersucht. Die RFLP verhalten sich dabei oft wie Mendelsche Einheiten. Ist die Vererbung der RFLP in gleicher Weise erfolgt wie eine eventuelle Erbkrankheit, läßt dies daraus schließen, daß der RFLP mit sehr großer Wahrscheinlichkeit in irgendeiner Verbindung mit dem gesuchten Gen steht. Mit Hilfe der RFLP lassen sich aber auch Aussagen darüber treffen, ob jemand unter einer Erbkrankheit leiden wird, wenn diese noch gar nicht zum Ausbruch gekommen ist. Dazu ist noch nicht einmal die Kenntnis über das zugehörige Gen notwendig, der RFLP reicht!

12.8.4 In-vitro-Amplifizierung von DNA

Die unter 12.8.1 und 12.8.2 beschriebenen Techniken zur Vervielfältigung von DNA setzen voraus, daß die zu amplifizierende (amplificare lat. erweitern, steigern) DNA in ausreichender Menge vorhanden ist, um mit ihr hantieren zu können. Zuweilen ist dies ein Ausgangsproblem bei der Rekombination und Klonierung von DNA-Fragmenten. Manchmal ist es aber auch die Nachweisgrenze im Southern-Blot-Verfahren, die einen Experimentator veranlassen, eine relativ neue Technik anzuwenden, die es erlaubt, DNA in vitro (im Reagenzglas) zu amplifizieren.

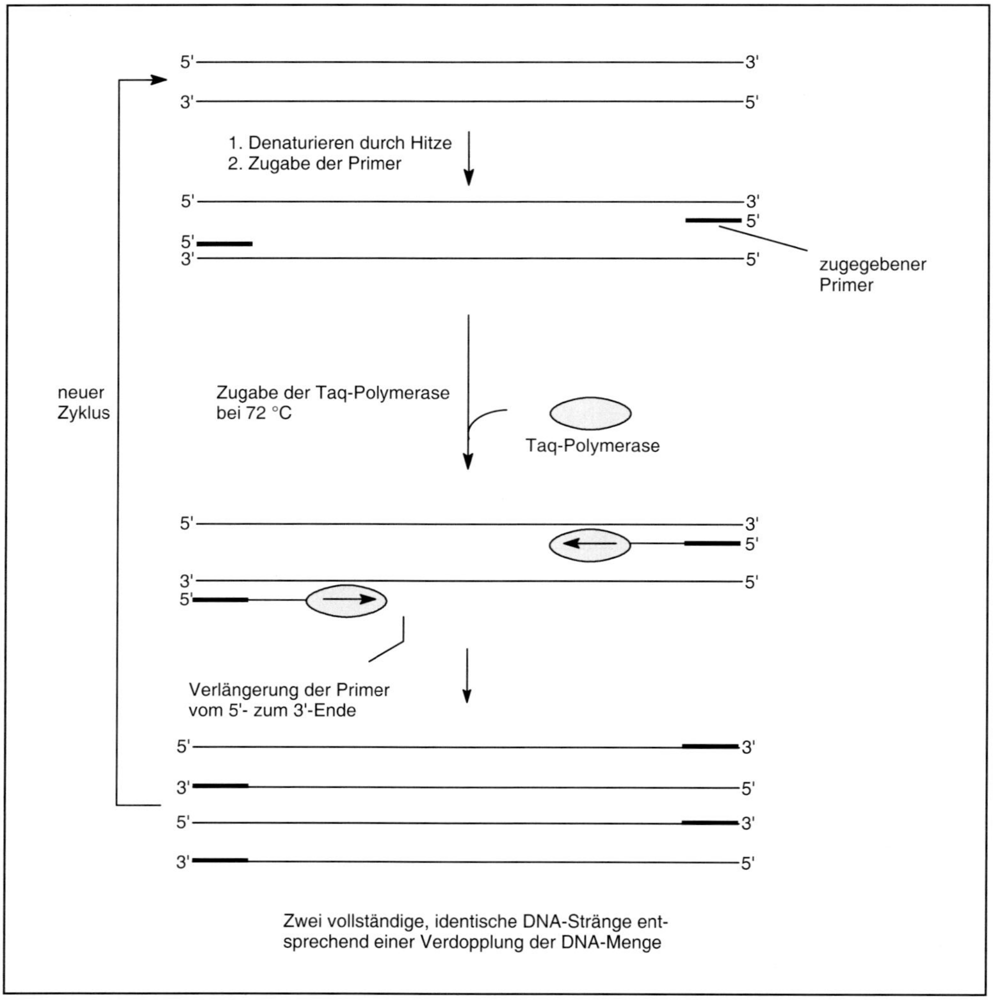

Abb. 12.49: Die Polymerase-Ketten-Reaktion.

Dabei reichen geringste Mengen, theoretisch ein einzelnes DNA-Molekül, aus, größere Ausbeuten an DNA zu erhalten. Es ist hier von der **Polymerase-Ketten-Reaktion** (engl. polymerase chain reaction, **PCR**) die Rede. Anwendung findet die PCR z. B. beim Nachweis von Virus-DNA aus Blutproben oder in der Kriminalistik. Aus geringsten Blutspuren, Spermaresten oder am Tatort gefundenen Haaren läßt sich unter Umständen der Täter ermitteln. Lediglich geringe Kenntnisse über die DNA sind für die Anwendung dieser Methode von Nöten. Um sie mit großer Sicherheit einzusetzen, ist es jedoch nützlich, die Sequenz zu kennen. Von dieser ausgehend stellt man zwei Oligonukleotide her, die zu den beiden 3'-Enden des DNA-Doppelstranges komplementär sind. Nach deren thermischer Denaturierung können diese mit dem jeweils komplementären Oligonukleotid bei geringerer Temperatur (ca. 37 °C bis 65 °C) hybridisieren (hybrida gr. Mischung). Der Vorgang wird **Annealing** genannt. Die thermostabile DNA-Polymerase aus Thermus aquaticus (**Taq-Polymerase**) vollendet dann bei 72 °C die DNA-Stränge wieder.

Aus einem Doppelstrang sind deren zwei entstanden. Da die Taq-Polymerase leicht die Denaturierungstemperatur von 94 °C übersteht, kann in einer Reaktion durch zyklisches Verändern der Temperatur eine exponentielle Zunahme der DNA erreicht werden. Erst nach Verbrauch der Nukleotide oder der Primer wird eine Plateauphase erreicht. Die Spezifität dieses Verfahrens wird durch die Primer bedingt. Abb. 12.49 verdeutlicht diese Methode. Ein Nachteil dieser empfindlichen Methode liegt in der Taq-Polymerase. Da sie anfälliger gegen den Einbau falscher Basen ist, finden sich in der amplifizierten DNA zuweilen Fehler. Darüber hinaus ist die Möglichkeit falscher diagnostischer Ergebnisse durch Gefahr der Probenkontamination recht groß.

12.8.5 Ansätze zur Gentherapie

Nach zwanzig Jahren intensiver Forschung auf dem Gebiet der molekularen Genetik ist die Wissenschaft in Regionen vorgedrungen, die heftige Diskussionen herausfordern. Darf der Mensch in sein eigenes Erbgut eingreifen und es verändern? Soll eine Therapie an der DNA ansetzen, eine Krankheit also an der Wurzel des Übels behandelt werden? Kann eine solche Therapie nur an Körperzellen vorgenommen werden, also einzig für den Patienten von Vorteil sein, oder darf in die Keimzellen eingegriffen werden und somit der Fluch einer Erkrankung von nachfolgenden Generationen genommen werden? Handelt es sich in solchen Fällen um eine Art von Eugenik? Hier kann nur ein kurzer Überblick über die Materie gegeben werden. Ziel einer Gentherapie ist das Einbringen einer fehlenden oder durch Mutation verloren gegangenen Information in eine entsprechende Zellpopulation. Ein großes Problem ist dabei die Steuerung dieses Prozesses. Auf welche Weise kann gewährleistet werden, daß das Gen seinen Weg in das richtige Gewebe findet? Und wie wird sicher gestellt, daß die DNA nach Aufnahme auch aktiv und funktionell ist?

Wie schon in Abschnitt 12.6 erläutert, besitzen Viren aufgrund ihrer Hüllproteine eine große Zellspezifität. Sie dringen nur in solche Zellen ein, an die sie andocken können. Diese Fähigkeit macht man sich zunutze. Nach Entfernen bestimmter Virusgene und Zufügen der zu transportierenden DNA erhält man einen retroviralen Vektor. Die Integration der in die Zelle aufgenommen DNA kann zur Zeit noch nicht gesteuert werden, doch sind dazu intensive Bemühungen im Gange. An zwei Fällen soll hier das Vorgehen verdeutlicht und zugleich gezeigt werden, was zur Zeit in der Erprobung ist.

Die derzeit laufenden Experimente werden hauptsächlich an Zellen durchgeführt, die zuvor dem Körper entnommen worden sind. Nur diejenigen Zellen, bei denen das Einbringen der DNA erfolgreich war, sollen dann zurückgegeben werden. 1990 wurden die ersten Versuche zur somatischen Gentherapie der durch **Adenosin-Desaminase-Mangel** (ADA) ausgelösten **SCID** begonnen. Auf der ganzen Welt gibt es etwa fünfzig Patienten, die an dieser Krankheit leiden. Mit der Knochenmarktransplantation existiert eine herkömmliche Heilmethode. In jüngster Zeit wird den Patienten auch chemisch modifiziertes Rinder-ADA ein- bis zweimal die Woche injiziert. Beide Verfahren sind aber aufwendig und für die Patienten recht unangenehm. Am National Cancer Institute in den USA hat die Arbeitsgruppe um MICHAEL BLAESE das Gen für ADA in T-Lymphocyten eingeführt. Im September 1990 wurde mit der Infusion der veränderten T-Lymphocyten bei einem vier Jahre alten-, im Januar 1991 darüber hinaus bei einem neun Jahre alten Mädchen, begonnen. Bei beiden wurde während der über Monate hinweg immer wieder vorgenommenen Infusionen ein Anstieg des ADA-Konzentration festgestellt. Betrug sie zu Beginn nur etwa 1 % des Normalniveaus, waren es nach 10,5 Monaten immerhin 25 %. Dieser Spiegel wurde auch gehalten, als die Injektionen ausgesetzt wurden. Die Beobachtung erstreckte sich dabei über weitere 6,5 Monate. Auch in Italien wurden im März 1992 an der Universität Mailand Experimente zur gentherapeutischen Behandlung von SCID aufgenommen. In einer anderen Versuchsreihe wurde damit begonnen, bestimmte Lymphocyten mit einem Resistenzgen zu markieren. Es handelt sich dabei um Tumor-infiltrierende Lymphocyten, TIL, die sich aus Tumorgewebe isolieren lassen. Sie sind dort in den Abwehrkampf des Körpers gegen das außer Kontrolle geratene Gewebe involviert. Werden diese Lymphocyten in Zellkultur vermehrt und Patienten eine hohe Zahl dieser Zellen zusammen mit Interleukin II verabreicht, so sprechen viele Patienten auf die Therapie an. Um den Weg der TIL im Körper zu verfolgen, wurden sie mit einem Neomycin-Resistenzgen versehen. Bei allen Patienten werden diese Zellen später im Tumorgewebe vorgefunden. Im Blut waren sie bis zu 9 Wochen nachweisbar. Mittlerweile wurde den TIL neben der Neomycin-Resistenz auch noch das Gen für den Tumornekrose-Faktor (TNF) eingebaut. Diesem Protein wird eine Rolle beim Abtöten von Tumorzellen nachgesagt. Eine direkte Infusion dieses Proteins ist aufgrund vieler Nebenwirkungen (toxisch ab 8 mg/kg Körpergewicht) und der Schwierigkeiten der Dosierung nur schlecht möglich. Durch den Transporter TIL gelingt es, im Tumor lokal hohe Dosen von TNF freizusetzen.

Während eine somatische Gentherapie auf die behandelte Person beschränkt bleibt, erlangt ein gentechnischer Eingriff in die Keimbahn für alle nachfolgenden Generationen Geltung. Bei dieser Methode setzt man bei den Keimzellen, bei der befruchteten Eizelle oder in der frühen Embryonalentwicklung an, zu einem Zeitpunkt also, zu dem noch alle Zellen die gleichen Entwicklungsmöglichkeiten haben. Solche Versuche wurden bereits an Mäusen durchgeführt. Dabei wird der Eingriff zunächst an embryonalen Karzinomzellen vorgenommen, die sich permanent in Gewebekultur halten lassen. Mit dem Fremdgen wird wiederum das Neomycin-Resistenzgen als Marker übertragen. Die positiven Zellen werden dann in sehr frühe Entwicklungstadien injiziert. Es entsteht eine **transgene Maus**.

Da mit der technischen Beherrschung einer Keimbahntherapie die Möglichkeit eröffnet wird, eine dauerhafte, genetische Veränderung des Menschen vorzunehmen, ist der Eingriff in der Bundesrepublik verboten. Bei einer solchen Therapie auftretende Pannen würden dann auch an alle Nachfahren weitergegeben werden. An dieser Stelle treffen zwei Fachgebiete aufeinander, die in der Öffentlichkeit oft in einen Topf geworfen werden: die Reproduktionsmedizin und die Gentechnik. Erstere beschäftigt sich hauptsächlich mit den Möglichkeiten der künstlichen, extrakorporalen Befruchtung und dem Embryonentransfer. Das Verfahren der künstlichen Befruchtung führte 1978 zur Geburt des ersten Retortenbabys und wird heute zur Überwindung ungewollter Kinderlosigkeit rund um den Erdball angewandt. Die Reproduktionsmedizin hat dabei zunächst nichts mit der Gentechnik zu tun, die sich ja mit der Neuordnung genetischen Materials befaßt. Da Ärzte bei ihrem Vorgehen jedoch Embryonen auf Vorrat produzieren können, kämen sie als Lieferanten biologischen „Rohstoffs" in Frage. Durch das Gentechnik- und das Embryonenschutzgesetz versucht der Gesetzgeber einem solchen Treiben einen Riegel vorzuschieben. Trotz allem ist mittlerweile eine Entwicklung eingetreten, die weitreichende gesellschaftliche Folgen haben wird. Wie erbkranke Personen ihre Krankheit ertragen können, hängt auch davon ab, welche Wertvorstellungen eine Gesellschaft entwickelt. Mit der Möglichkeit, pränatal oder gar vor der Implantation eines Embryos Erbkrankheiten festzustellen, kann zwischen „gesunden" und „kranken" Embryonen unterschieden werden. Mit fortschreitender Forschung werden immer mehr Krankheiten auch genetisch diagnostizierbar. Doch wer legt fest, was krank und was gesund ist? Mit der Entwicklung der somatischen Gentherapie muß auch ein Indikationskatalog erstellt werden. Dieser sollte an den Möglichkeiten von Wissenschaft und Technik orientiert zugleich aber so restriktiv sein, daß Mißbrauch ausgeschlossen und damit das Potential für eine humane Gesellschaft nicht verspielt wird.

12.9 Literatur

(1) Baker, T. A., Bell, S. P.: Polymerases and the replisome: Machines within machines. Cell Vol. 92, S. 295 – 306 (1998).

(2) Berget, S. M.: Exon recognition in vertebrate splicing. J. Biol. Chem. Vol. 270, S. 2411 – 2414 (1995).

(3) Coleman, J. E.: Zinc proteins: Enzymes, storage, proteins, transcription factors, and replication proteins. Annu. Rev. Biochem. Vol. 62, S. 897 – 946 (1992).

(4) Brandis, H. et al.: Lehrbuch der Medizinischen Mikrobiologie. Fischer Verlag, 7. Auflage, S. 882 – 892 (1994).

(5) French Anderson, W.: Human gene therapy. Science, Vol. 256, S. 808 – 813 (1992).

(6) Hahn, S.: The role of TAFs in RNA polymerase II transcription. Cell Vol. 95, S. 579 – 582 (1998).

(7) Kahn, J. O., Walker, B. D.: Acute human Immunodeficiency Virus Type 1 infection. New England Journal of Medicine, Vol. 339, S. 33 – 39 (1998)

(8) Klein, J. et al.: Immunology. S. 662 – 667. 2nd Ed. Blackwell Science (1997).

(9) Lee, W. M.: Hepatitis B infection. New England Journal of Medicine, Vol. 337, S. 1733 – 1735 (1997).

(10) Mattaj, I. W. et al.: Small nuclear RNAs in messenger RNA and ribosomal RNA processing. FASEB J. Vol. 7, S. 47 – 53 (1993).

(11) McEvan, I. J. et al.: Mechanism of gene expression by the glucocorticoid receptor: role of protein-protein interactions. BioEssays Vol. 19, S. 153 – 160 (1997).

(12) Reece, R. J., Platt, A.: Signaling activation and repression of RNA polymerase II transcription in yeast. BioEssays Vol. 19, S. 1001 – 1010 (1997).

(13) Sharon, N.: Glycoproteins. TIBS, Vol. 9, S. 199 – 201 (1984).

(14) Sharp, P. A.: Split genes and RNA splicing. Cell Vol. 77, S. 805 – 815 (1994).

(15) Staley, J. P., Guthrie, C.: Mechanical devices of the spliceosome: motors, clocks, springs, and things. Cell Vol. 92, S. 315 – 326 (1998).

(16) Steger, D. J., Workman, J. L.: Remodeling chromatin structure for transcription: What happens to the histones? BioEssays Vol. 18, S. 875 – 884 (1996).

(17) Tan, E. M., von Mühlen, C.: Autoantibodies in the diagnosis of systemic rheumatic diseases. Seminars in arthritis and rheumatism 24, S. 330, 331 (1995).

(18) Thomas, M. J. et al.: Transcriptional fidelity and proofreading by RNA polymerase II. Cell Vol. 93, S. 627 – 638 (1998).

(19) Watson, J. D., Crick, F. H. C.: Molecular structure of nucleic acid. A structure for deoxyribonucleic acid. Nature, Vol. 171, S. 737 – 738 (1953).

13 Prinzipien der Signaltransduktion

13.1 Das Prinzip von Rezeptor und Ligand

Alle Zellen multizellulärer Lebewesen tauschen während der embryonalen Entwicklung, aber auch innerhalb des adulten Organismus ständig Informationen aus. Durch diesen „Datenaustausch" können Zellen das Verhalten andere Zellen beeinflußen und auf diese Weise den gesamten Organismus den physiologischen Rahmenbedingung anpassen. Welche Moleküle übernehmen diesen Informationsaustausch? Hier sind im wesentlichen drei Familien von Molekülen zu nennen:

- die **Hormone**
- die **Neurotransmitter**
- die **Wachstumsfaktoren**

Während wir uns in späteren Kapiteln mit der Synthese und der physiologischen Wirkung von Hormonen und Neurotransmittern beschäftigen werden, ist das Thema dieses Kapitels die Signalweitergabe innerhalb der Zielzellen.

Obwohl wir mittlerweile eine sehr große Zahl verschiedener Hormone, Wachstumsfaktoren und Neurotransmitter kennen, fällt doch auf, daß innerhalb der Zielzelle immer wieder ähnliche oder gar identische Signalübertragungskaskaden aktiviert werden. Unabhängig von der Natur des Botenstoffes bindet dieser an seiner Zielzelle an ein Protein, welches wir **Rezeptor** nennen. Der Rezeptor erkennt das Signalmolekül und geht mit diesem eine hochspezifische, nichtkovalente Wechselwirkung ein. Wir sprechen in Zusammenhang mit dem Signalmolekül auch von dem zum entsprechenden Rezeptor gehörenden **Liganden**. Die meisten Signalmoleküle wirken schon in sehr geringen Konzentrationen. Die Bindung zwischen Ligand und Rezeptor zeichnen sich daher auch durch eine extrem große Affinität aus. Die Wechselwirkung von Ligand und Rezeptor löst in der Zelle eine ganze Kaskade molekularer Veränderung aus. Am Ende steht die spezifische Antwort der Zelle auf die erhaltene Information. Innerhalb der Zielzelle können Rezeptoren an unterschiedlicher Stelle lokalisiert sein. Dabei spiegeln sie die Eigenschaften des zugehörigen Liganden wider. So sind die meisten Rezeptoren innerhalb der Zellmembran lokalisiert. Sie können so mit ihrem extrazellulären Widerpart interagieren und deren Information in das Innere der Zelle weiterleiten. Man sollte sich an dieser Stelle ins Gedächtnis zurückrufen, daß die Zellmembran für die meisten Substanzen undurchlässig ist, so auch für Peptidhormone oder Wachstumsfaktoren. Einige wenige Signalmoleküle wie z. B. Steroidhormone können die Zellmembran jedoch aufgrund ihrer Lipophilie durchdringen und so in das Innere der Zelle gelangen. Sie finden ihre Rezeptoren im Cytoplasma oder gar im Kern. Wir werden auf diese Art der Signalübertragung noch gesondert eingehen und wollen uns nun zunächst auf die membranständigen Rezeptoren konzentrieren. Wie müssen wir uns den Aufbau eines solchen Moleküls vorstellen?

Der β_2-**Rezeptor des Adrenalins**, war Gegenstand intensiver Forschung. Seine Strukur ist inzwischen aufgeklärt und soll hier exemplarisch kurz besprochen werden. Es handelt sich um ein integrales Membranglykoprotein, welches die Zellmembran siebenmal durchquert. Die sieben Transmembranregionen sind α-helical aufgebaut und bestehen überwiegend aus hydrophoben Aminosäuren. Sowohl intra- als auch extrazellulär sind die sieben Transmembranabschnitte durch jeweils drei hydrophile Schleifen verbunden. Der extrazelluläre N-Terminus trägt an zwei Asparaginresten Kohlenhydratketten. Die Bindungsstelle für Adrenalin befindet sich ebenfalls am extrazellulären Teil des Rezeptors. Intrazellulär endet das Rezeptorprotein mit einer 84 Aminosäurereste umfassenden C-Terminus-Kette.

Die **zellmembranständigen Rezeptoren** lassen sich aufgrund der Art, wie sie die Information von außen nach innen in die Zelle übertragen, in vier Gruppen einteilen. Einige Rezeptoren beeinflußen direkt die Eigenschaften sogenannter Ionenkanäle. Diese Gruppe der Rezeptoren spielt insbesonders in Nervenzellen bei der synaptischen Reizweiterleitung eine Rolle. Eine weitere Gruppe bilden die **G-Protein-abhängigen Rezeptoren**. Diese benutzen eine Klasse von Proteinen, die wir aufgrund ihrer Eigenschaft, **G**uaninnukleotide zu binden, als **G**-Proteine bezeichnen, um innerhalb der Zelle die Aktivität einiger weniger Enzyme zu verändern. Diese Enzyme bilden dann intrazelluläre Mediatoren, welche das Signal weiter in die Zelle tragen. Alle G-Protein-gekoppelten Rezeptoren weisen die schon angesprochene Struktur mit sieben transmembranären Abschnitten auf. Die letzte Gruppe von Rezeptoren weist selbst enzymatische Fähigkeiten auf. So können einige Rezeptoren nach Bindung eines Liganden in der Zelle andere Zielmoleküle enzymatisch modifizieren. An erster Stelle ist hier die Phosphorylierung zu nennen. Je nach Modifizierung werden die Rezeptoren dieser Klasse weiter in **Tyrosinkinase-**, **Serin-/Threoninkinase-** oder aber **Tyrosin-Phosphatase-Rezeptoren** spezifiziert.

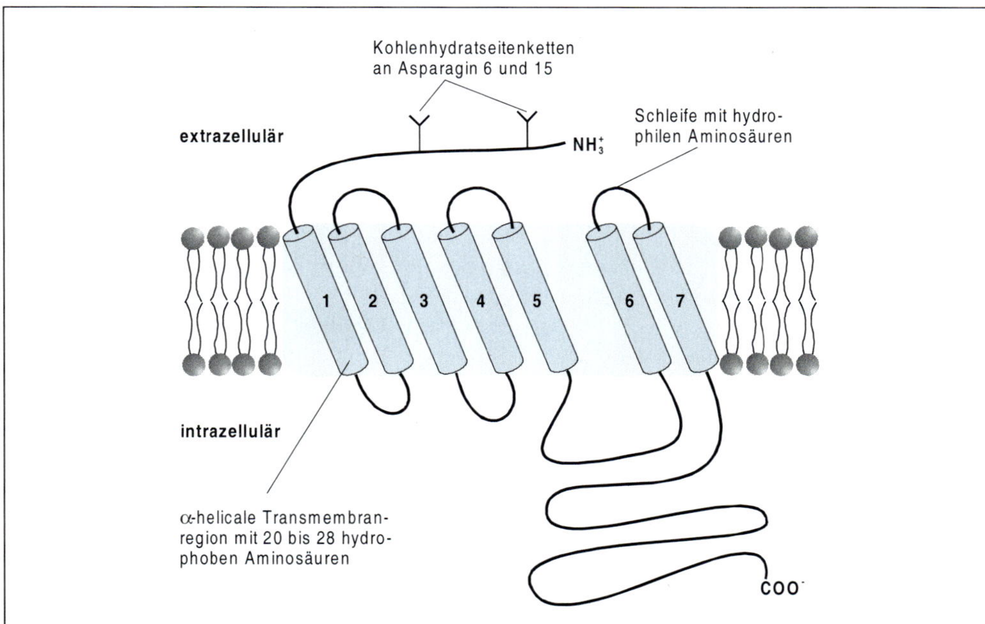

Abb. 13.1: Der β_2-Rezeptor als Beispiel für einen Hormonrezeptor.

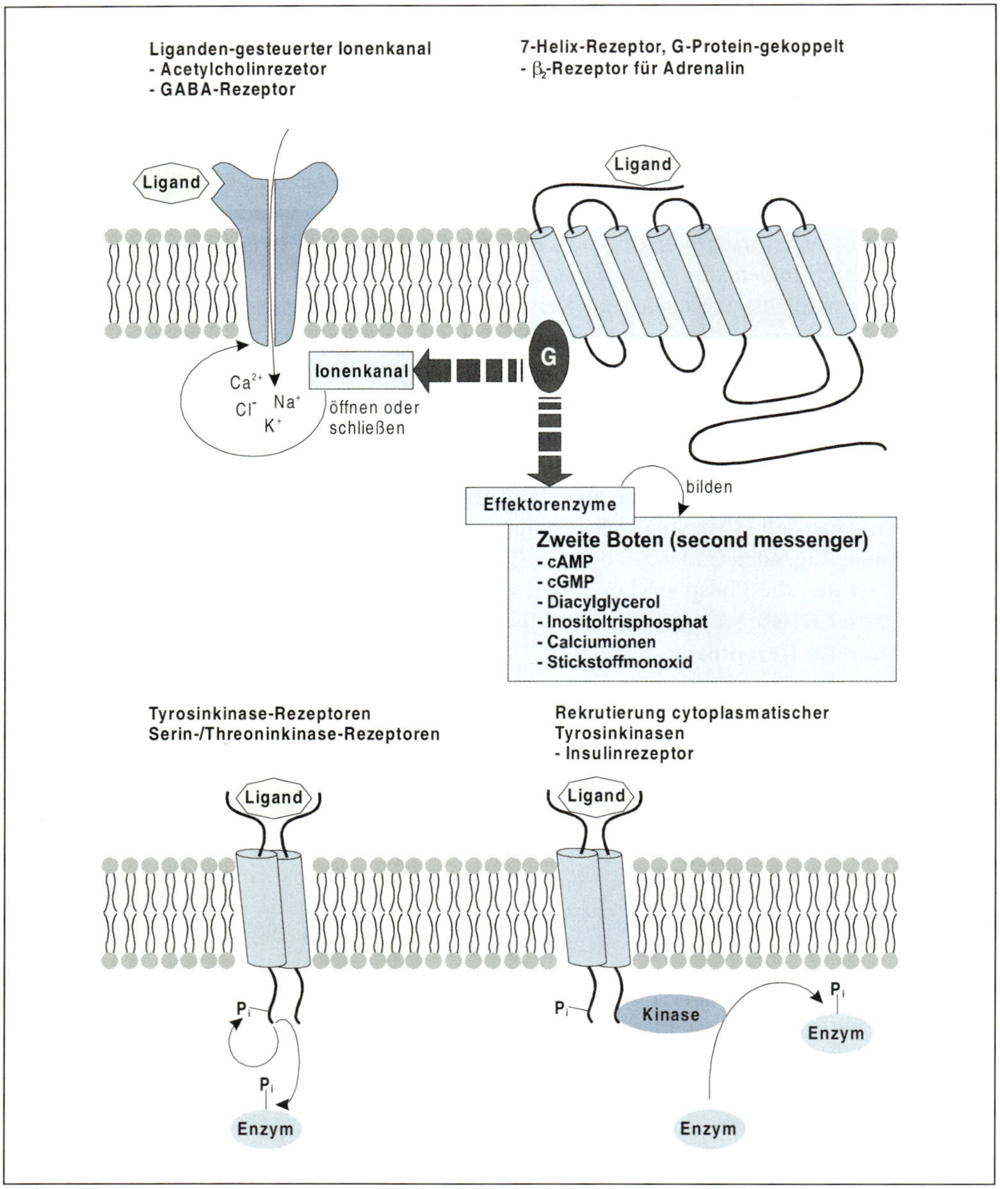

Abb. 13.2: Verschieden Typen von Rezeptoren und ihre Signalübermittlung. Beim ligandenabhängigen Ionenkanal induziert die Bindung des Liganden eine Konformationsänderung, die zur Öffnung des Ionenkanals führt. Der Acetylcholinrezeptor der motorischen Endplatte ist ein Beispiel für einen ligandengesteuerten Ionenkanal. Bei G-Proteinen (mit „G" gekennzeichnetes Oval) gekoppelten Rezeptoren führt die durch den Liganden ausgelöste Konformationsänderung zur Aktivierung eines G-Proteins, welches mittels eines zweiten Boten (second messenger) die Information in die Zelle vermittelt. Tyrosinkinaserezeptoren phosphorylieren nach ihrer Aktivierung sich selbst (Autophosphorylierung) oder intrazelluläre Substrate an Tyrosinresten, während Serin-/Threoninkinase-Rezeptoren dies an Serin- oder Threoninresten machen. Eine weitere Klasse von Rezeptoren rekrutieren ihrerseits cytoplasmatische Tyrosinkinasen.

Die vierte und letzte Klasse von Rezeptoren bilden solche, die selbst keine enzymatische Aktivität aufweisen, aber direkt mit Enzymen interagieren können und daher nicht die Hilfe der oben genannten G-Proteine benötigen. Meist sind diese assozierten Proteine Tyrosinkinasen und wir sprechen von **Tyrosinkinase-assozierten Rezeptoren**. Fassen wir die vier Klassen von membranständigen Rezeptoren und ihre Wirkprinzipien nochmals in Abb. 13.2 zusammen.

Innerhalb der Zelle wird durch die Wirkung eines Hormones meist eine Kaskade von Proteinmodifizierungen eingeleitet. Während diese Kaskade bei den Rezeptoren mit Kinaseeigenschaften (direkt oder assoziert) direkt angeschaltet wird, verwenden die G-Protein-gekoppelten Rezeptoren spezifische niedermolekularen Mediatoren. Wir sprechen bei ihnen vom sogenannten **zweiten Boten**. Da sich die englische Übersetzung weitgehend durchgesetzt hat, wird man auch häufig auf den Begriff **second messenger** für den zweiten Boten stoßen. Dieser Begriff soll verdeutlichen, daß es sich im Gesamtkontext der Signalweitergabe schon um den zweiten Botenstoff handelt. Den **ersten Boten** oder **first messenger** bildet der Ligand des Rezeptors, also das Hormon, der Neurotransmitter oder der Wachstumsfaktor. Der zweite Bote gibt die Nachricht des Hormons, intrazellulär weiter.

13.2 Der zweite Bote

Wie muß man sich nun einen „zweiten Boten" chemisch vorstellen? Drei Moleküle stehen dabei im Vordergrund. Zunächst das 3',5'-cyclo-AMP, kurz **cAMP**, daneben **1,2-Diacylglycerol DAG** und **Inositol-1,4,5-trisphosphat**, **IP_3**. IP_3 kann den Ausstrom von Calciumionen aus dem Endoplasmatischen Retikulums auslösen. Wie wir noch sehen werden isr das Ziel dieser zweiten Boten meist, aber nicht immer, eine Proteinkinase. Proteinkinasen wiederum schalten Stoffwechselvorgänge durch **Phosphorylierung** von Enzymen an oder aus. Damit wäre dann letztlich die „Botschaft" eines Hormons in die Tat umgesetzt. So aktiviert cAMP die cAMP-abhängige Proteinkinase, kurz die **Proteinkinase A.** Diese ist uns schon im Rahmen des Glykogenstoffwechsels begegnet . DAG aktiviert im Konzert mit Ca^{2+} die **Proteinkinase C**, während Ca^{2+}-Ionen neben anderen Enzymen auch die **Calmodulin-abhängige Proteinkinase** aktivieren können. Bevor wir uns diese Vorgänge im Detail anschauen, betrachten wir zunächst die Bildung und die Inaktivierung der zweiten Boten cAMP, DAG und IP_3.

Cyclo-AMP wird durch die membranständige **Adenylat-Cyclase** synthetisiert und durch **Phosphodiesterase** inaktiviert. Coffein und Theophyllin hemmen die Phosphodiesterase, so daß die cAMP-Wirkung unter ihrem Einfluß verlängert wird, Abb. 13.3. Das an der Innenseite der Zellmembran lokalisierte Enzym **Phospholipase C** spaltet Phosphatidylinositol-4,5-bisphosphat PIP_2 in die beiden zweiten Boten IP_3 und DAG. Inositoltrisphosphatase leitet die Inaktivierung von IP_3 durch Abspaltung der Phosphatgruppe an Position 5 ein. Dadurch entsteht Inositol-1,4-bisphosphat IP_2, welches nach weiterem Abbau zu Inositol wieder in PIP_2 eingebaut werden kann. Da innerhalb dieser zyklischen Reaktionsabfolge verschiedene Phosphatidylinositol-Derivate involviert sind, spricht man auch vom **PI-Zyklus**. Dieser ist in Abb. 13.4 zusammengefaßt.

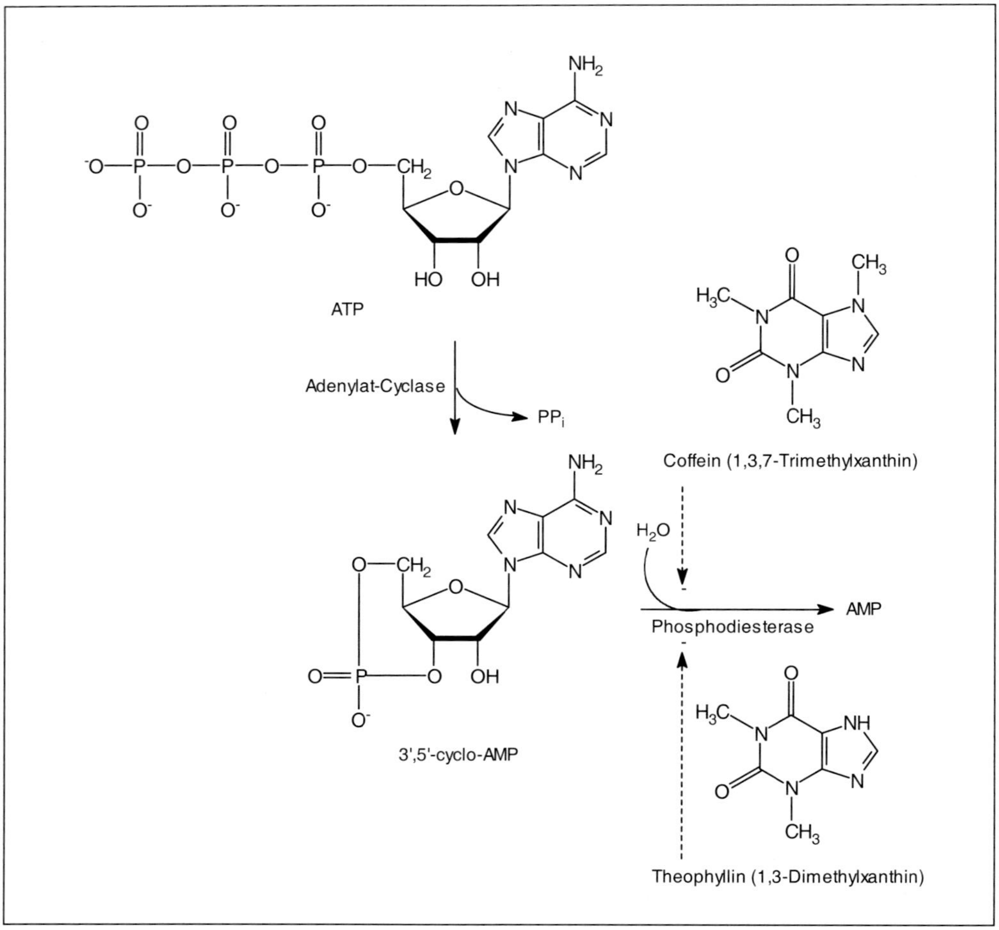

Abb. 13.3: Synthese und Abbau von cAMP. Man beachte die Hemmung von Phosphodiesterase durch Coffein und Theophyllin. Coffein ist der pharmakologisch wirksame Inhaltsstoff der Kaffeebohne und der Teeblätter. In letzterem findet man auch das Theophyllin, das als Therapeutikum zur Erweiterung der Bronchien bei Asthmatikern eingesetzt wird.

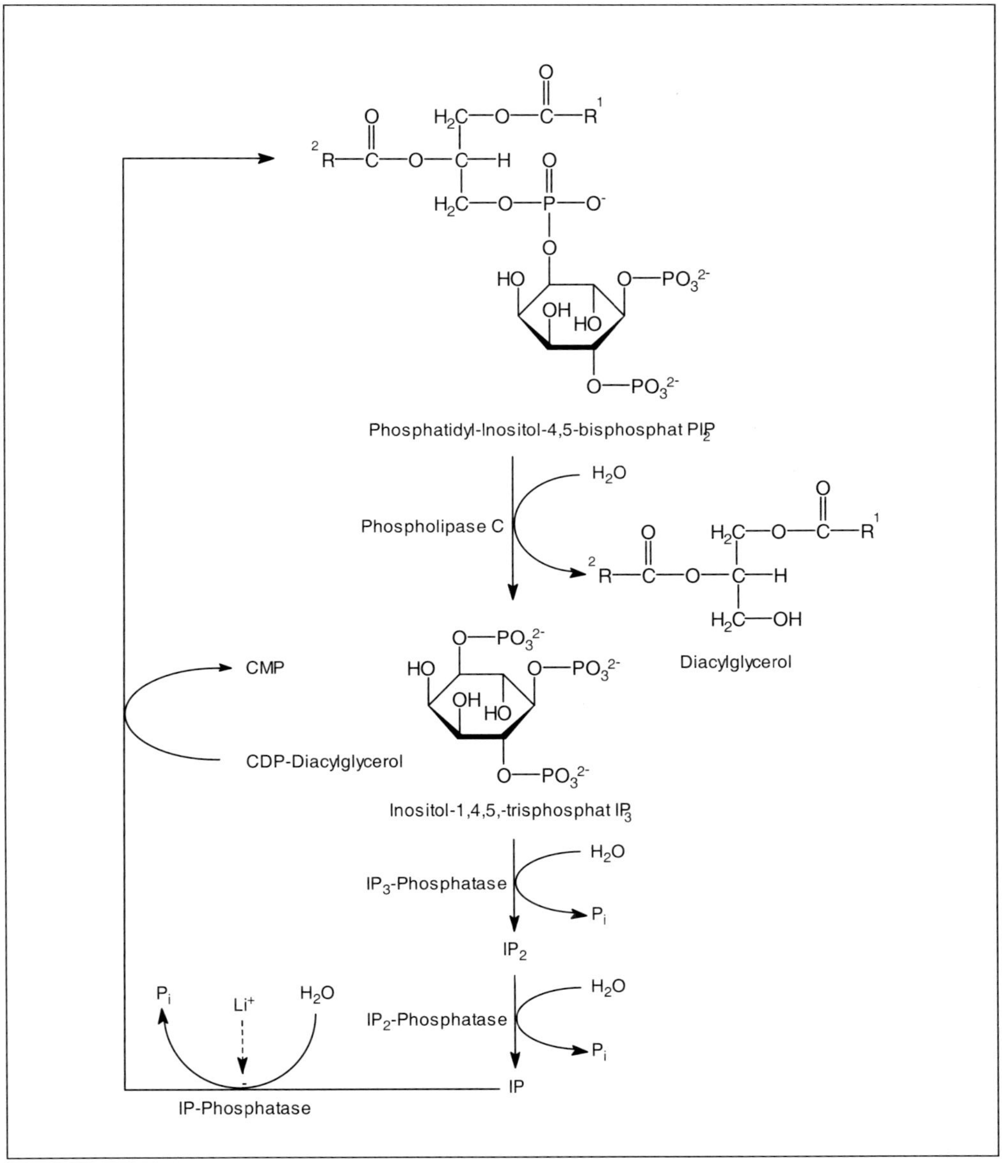

Abb. 13.4: Synthese von Diacylglycerol DAG und IP_3. Abbau des IP_3 und Resynthese von PIP_2. Lithiumionen hemmen spezifisch die Hydrolyse von IP zu Inositol.

13.3 G-Proteine

13.3.1 Aufbau und Funktion der G-Proteine

Betrachten wir nun, wie es zur Aktivierung der Adenylat-Cyclase bzw. der Phospholipase C kommt. Eine wichtige Funktion übernehmen dabei die schon erwähnten **G-Proteine**. Nach Bindung eines Hormonmoleküls erfährt der Rezeptor eine Konformationsänderung, welche auf ein benachbartes Membranprotein übertragen wird. Dieses Nachbarprotein ist an der cytoplasmatischen Seite der Zellmembran lokalisiert und weist eine Besonderheit auf: es hält GDP gebunden. Durch die Konformationsänderung des Hormon-Rezeptor-Komplexes wird dieses Membranprotein aktiviert und tauscht sein gebundenes GDP gegen ein Molekül GTP aus. Aufgrund dieser Eigenschaft Guaninnukleotide zu binden, werden diese peripheren Membranproteine G-Proteine genannt. G-Proteine sind aus den drei Untereinheiten α, β und γ zusammengesetzt. Die Guaninnukleotide werden von der α-Untereinheit gebunden. Nach Austausch von GDP durch GTP dissoziiert das G-Protein in eine α-GTP-Untereinheit und den β–γ-Komplex. Bei diesem Aufbau sprechen wir auch von **heterotrimeren G-Proteinen**, um sie von anderen kleinen GTPasen abzugrenzen.

Aus Abb. 13.5 kann man ersehen, daß der nunmehr aktivierte α-GTP-Komplex lateral (latus lat. Seite) durch die Zellmembran diffundiert und auf ein membrangebundenes Enzym stößt, das durch die aktivierte α-Untereinheit angeschaltet wird. Dieses membrangebundene Enzym kann die uns mittlerweile bekannte Adenylat-Cyclase oder auch die Phospholipase C sein. Die α-Untereinheit des G-Proteins verfügt zusätzlich über eine GTPase-Aktivität, die nach kurzer Zeit das an derselben Untereinheit gebundene GTP in GDP und Phosphat spaltet. Diese Reaktion ist notwendig, um die Weitergabe der Hormonbotschaft nach einer bestimmten Zeit zu beenden. Im Anschluß an die hydrolytische Ablösung des Phosphats liegt die α-Untereinheit wieder in der inaktiven α-GDP-Form vor, die nun erneut mit dem β-γ-Komplex zum vollständigen (ruhenden) G-Protein reassoziieren kann.

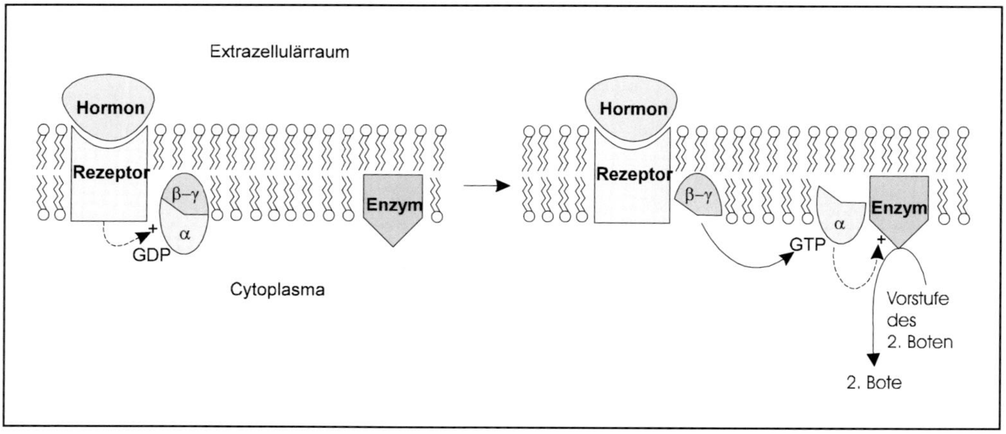

Abb. 13.5: G-Proteine als Mittler zwischen Hormonrezeptor und zweitem Boten.

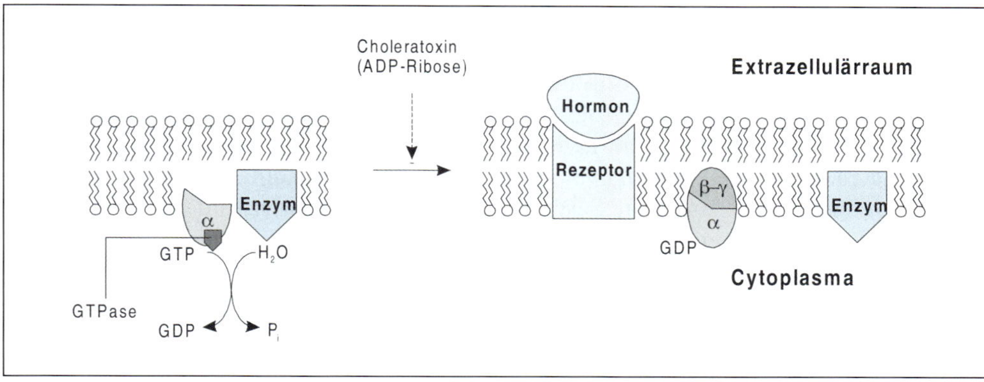

Abb. 13.6: Die Inaktivierung der α-GTP-Untereinheit.

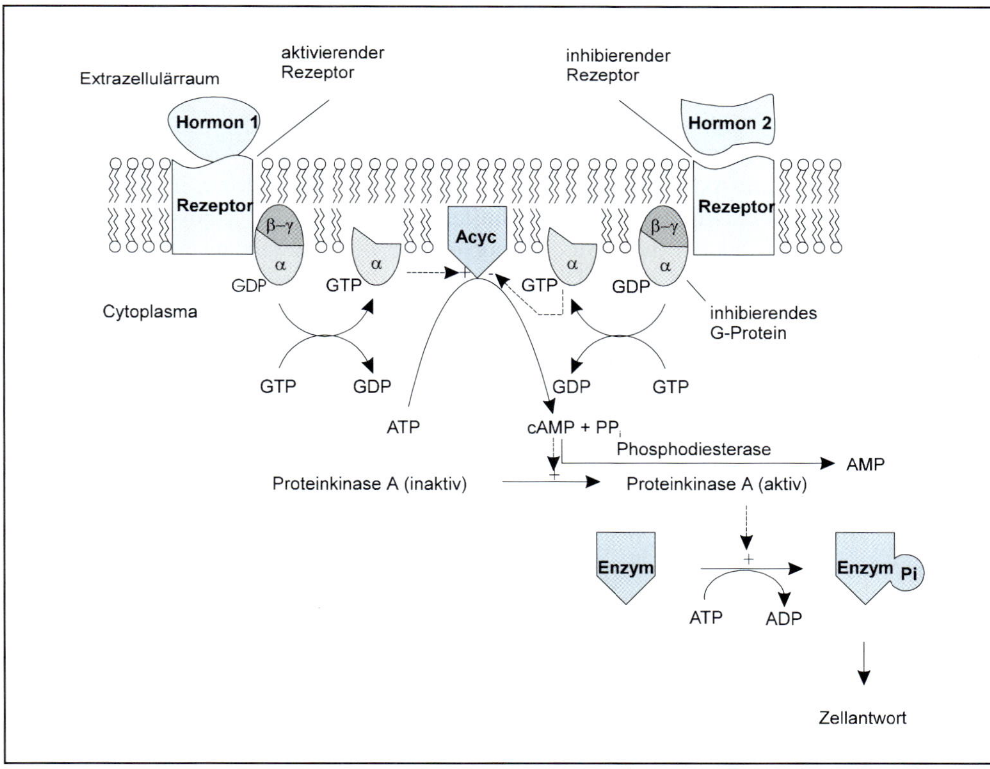

Abb. 13.7: Das cAMP als zweiter Bote. G-Proteine können gegenläufig agieren, so gibt es neben den aktivierenden auch inhibierende. Acyc ist die Abkürzung für Adenylat-Cyclase.

Wie wichtig die Inaktivierung der α-GTP-Untereinheit ist, wird durch die Wirkung des Cholera-Toxins deutlich. **Choleratoxin** (ein Exotoxin des Stäbchenbakteriums V*ibrio cholerae*) ist ein Protein, das aus einem A-Peptid und 5 B-Peptiden besteht. Die B-Peptide binden an ein membranständiges Gangliosid der Darmepithelzellen und ermöglichen damit das Eindringen der A-Untereinheit in das Zellinnere der Epithelzelle. Dort katalysiert es die

Spaltung von NAD^+ in ADP-Ribose und Nicotinamid. Die ADP-Ribose wird nun von dem A-Peptid auf die α-Untereinheit des G-Proteins übertragen, deren GTPase-Aktivität damit irreversibel gehemmt wird. Die Folge dieser Hemmung ist eine Dauersynthese des zweiten Boten, da ja die autokatalytische Ablösung des GTPs unterbunden wird. Der zweite Bote wird in dem hier vorliegenden Fall nach Einwirkung von Prostaglandinen oder eines Hormons mit dem Namen VIP (vasoaktives intestinales Polypeptid) auf der Darmzelle synthetisiert und veranlaßt eine dauerhafte Sekretion von Chlorid in das Darmlumen, dem Natriumionen und große Mengen Wasser folgen. Bei schwerem Verlauf kommt es zu 20 bis 30 „Reiswasserstühlen" pro Tag, eine **massive Exsiccose** (ex lat. aus, siccus lat. trocken) ist die Folge. Therapeutisch steht der Ersatz von Elektrolyten und Wasser im Vordergrund. Abb. 13.7 zeigt uns im Zusammenhang, wie über die G-Proteinvermittelte Aktivierung der Adenylat-Cyclase der zweite Bote cAMP gebildet wird. Darüber hinaus weist diese Abbildung eine für uns neue Information auf. Es gibt Rezeptoren, welche die Aktivität der Adenylat-Cyclase aktivieren bzw. inhibieren. Zur Übermittlung ihrer Nachricht verwenden sie stimulierende bzw. inhibierende G-Proteine $\mathbf{G_s}$ bzw. $\mathbf{G_i}$. Das inhibierende G-Protein G_i hemmt die von Adenylat-Cyclase katalysierte Reaktion und vermindert damit die intrazelluläre Konzentration an cAMP. Hormone, die über G_s durch Erhöhung der intrazellulären cAMP-Konzentration wirken, sind: Glucagon, Ocytocin, Adiuretin, Sekretin, VIP, Adrenalin, Histamin (Mediator), Lutropin, Follitropin, Adrenocorticotropes Hormon, Thyreotropin, Corticoliberin, Somatoliberin, sowie die Prostaglandine PGE_2 und PGI_2.

So wie die GTPase-Aktivität der α_s-Untereinheit durch Choleratoxin inhibiert werden kann, so kann das **Pertussistoxin** des Keuchhustenerregers die ADP-Ribosylierung der α_i-Untereinheit einleiten. Durch diese Modifizierung kann die Untereinheit nicht mit Rezeptoren interagieren, verbleibt also im GDP-Zustand. In der Folge kann der Rezeptor seine inhibierende Botschaft nicht auf die Adenylat-Cyclase weitergeben.

13.3.2 Aktivierung der Proteinkinase A durch cAMP

Die durch cAMP aktivierte Proteinkinase A besteht im inaktiven Zustand aus vier Untereinheiten, von denen je zwei regulatorische und katalytische Funktionen haben.

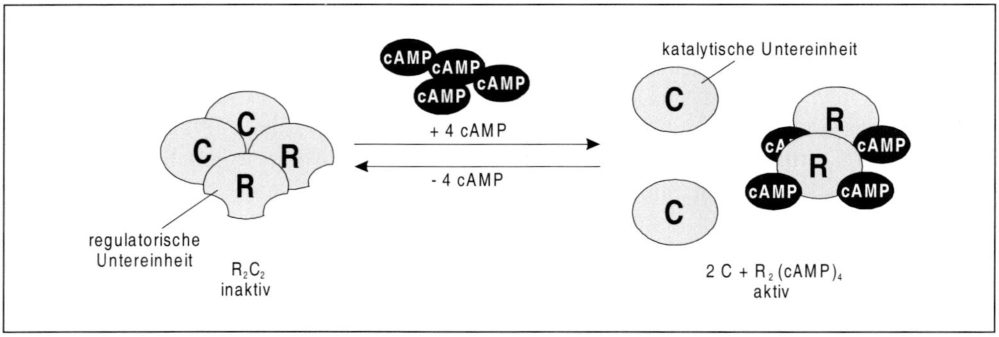

Abb. 13.8: Die Aktivierung der Proteinkinase A durch cAMP. Die nicht aktivierte Proteinkinase A besteht aus zwei katalytischen, aber inaktiven Untereinheiten sowie zwei regulatorischen Untereinheiten. Durch Bindung von cAMP an die regulatorischen Untereinheiten zerfällt das Enzym in zwei katalytische, monomere und jetzt aktive Untereinheiten, während die cAMP komplexierten regulatorischen Untereinheiten als Dimer verbleiben.

Die regulatorischen Untereinheiten können jeweils zwei Moleküle cAMP binden, wodurch der Komplex zerfällt: Die beiden katalytischen Untereinheiten können das Tetramer verlassen und erreichen dadurch den aktiven Zustand (Abb. 13.8).

In den Zellen von Säugetieren existieren zwei verschiedene Formen der Proteinkinase A. Während der Typ I cytoplasmatisch lokalisiert ist, kommt der Typ II membranständig vor. Die Verankerung an der Plasma- und Kernmembran erfolgt über die regulatorische Domäne und erst durch die Bindung des Aktivators cAMP wird hier die katalytische Untereinheit ins Cytoplasma abgegeben. Im Cytoplasma kann die Proteinkinase A dann verschiedenste Proteine phosphorylieren, so z. B. Enzyme, welche die Stoffwechselaktivität der Zellen regulieren. Prominente Beispiele hierfür sind die Phosphorylase-Kinase und die Glykogen-Synthase. Die katalytischen Untereinheiten können aber auch in den Zellkern gelangen und dort Proteine phosphorylieren, die die Aktivität von Genen regulieren können, die also Transkriptionsfaktoren sind. Beim Vergleich der verschiedenen durch cAMP aktivierten Gene konnte man feststellen, daß in ihren dem Gen 5' stromaufwärts gelegenen regulatorischen Abschnitten kurze konservierte Sequenzabschnitte zu finden sind. Diese **cyclic AMP response elements CRE** binden ein Protein, das als **CRE-Bindeprotein**, **CREB**, bezeichnet wird. Die Proteinkinase A phosphoryliert nun CREB an einem ausgewählten Serinrest und verleiht dem Protein dadurch die Eigenschaft, die Transkription positiv zu beeinflußen.

13.3.3 Aktivierung der PKC durch DAG und Ca^{2+}

Ein weiteres Ziel der GTP-assozierten α-Untereinheit heterotrimerer G-Proteine stellt die Phospholipase C dar. Wie wir schon besprochen haben, führt deren Aktivierung zur hydrolytischen Spaltung von Phosphatidylinositol-4,5-bisphosphat zu Inositol-1,4,5-trisphosphat (IP_3) und Diacylglycerol (DAG). Während DAG in der Zellmembran verbleibt, löst IP_3 am endoplasmatischen Retikulum die Freisetzung von Calciumionen aus. Beide weisen Funktionen eines second messengers auf. Diacylglycerol ist in der Lage, cytoplasmatische Proteinkinase C an der intrazellulären Seite der Plasmamembran zu fixieren und zu aktivieren. Dieser positive Einfluß wird durch Ca^{2+}-Ionen verstärkt, was sich im Namen der Proteinkinase C widerspiegelt. Die Proteinkinase C gehört wie die Proteinkinase A zur Gruppe der Serin-/Threonin-Kinasen.

Es hat sich herausgestellt, daß eine Reihe von **Tumorpromotoren** ihre Wirkung über eine Aktivierung der Proteinkinase C vermitteln. Diese lipophilen Substanzen, **Phorbolester** genannt, ähneln in ihrer dreidimensionalen Struktur dem DAG. Aufgrund ihrer Lipophilie lagern sie sich in die Zellmembran ein und transformieren durch die nachfolgende PKC-Aktivierung gutartige in maligne Zellen.

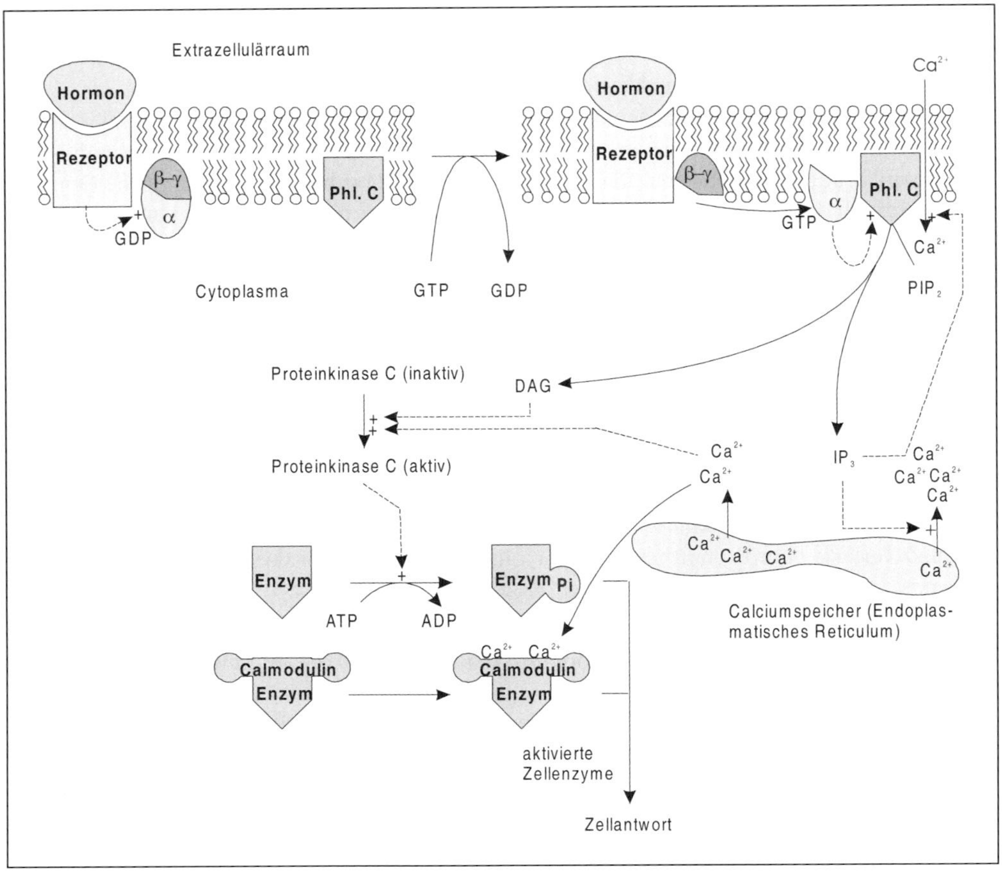

Abb. 13.9: Informationsübertragung mittels DAG und IP_3 als zweite Boten. Phl. C steht für Phospholipase C. Diese Phospholipase C wird u. a. durch Adrenalin (über α-Rezeptoren), Serotonin (S_1-Rezeptoren), Thyreoliberin, Gastrin, Histamin (H_1-Rezeptoren) und die Thromboxane (Prostaglandine) aktiviert.

13.3.4 Eine Reaktivierung der Calmodulin-abhängigen Kinase II

Betrachten wir nun eine Zellantwort, welche ausschließlich von Calciumionen eingeleitet werden kann. Die intrazellulären Calciumionen binden nämlich an ein bestimmtes Protein, das Calmodulin (Calcium modulating protein). **Calmodulin** ist ein Protein mit einer relativen Molekülmasse von 16.700 und besitzt Ähnlichkeit mit einer Hantel. An den „Hantelköpfen" vermag Calmodulin jeweils zwei Calciumionen zu binden, was zu einer Konformationsänderung des Proteins führt. Als Untereinheit mancher Enzyme gibt Calmodulin seine von Calcium abhängige Konformationsänderung an diese weiter und aktiviert sie damit. Daher wird Calcium auch häufiger als **third messenger** bezeichnet. Die Phosphorylase-β-Kinase des Glykogenstoffwechsels ist ein Beispiel für ein Enyzm, das über Calcium mittels Calmodulin beeinflußt wird.

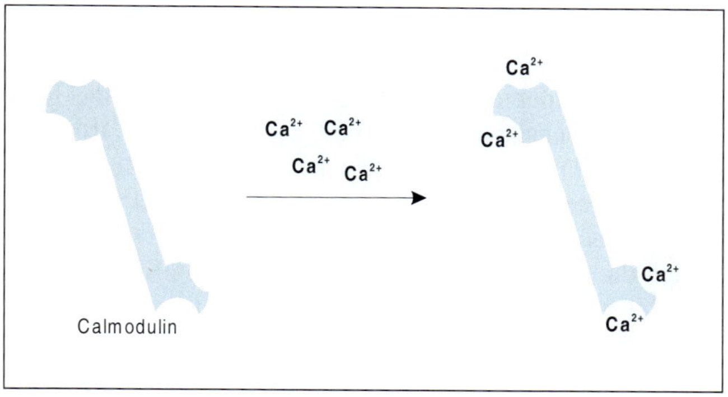

Abb. 13.10: Das 148 Aminosäuren umfassende monomere Calmodulin erinnert in seinem Aufbau an eine Hantel, wobei der „Schaft" aus einer α-helicalen Domäne besteht. Die beiden globulären Domänen binden jeweils zwei Calciumionen. Nach der Bindung von vier Ca^{2+} ändert Calmodulin seine Konformation und kann an Zielproteine binden.

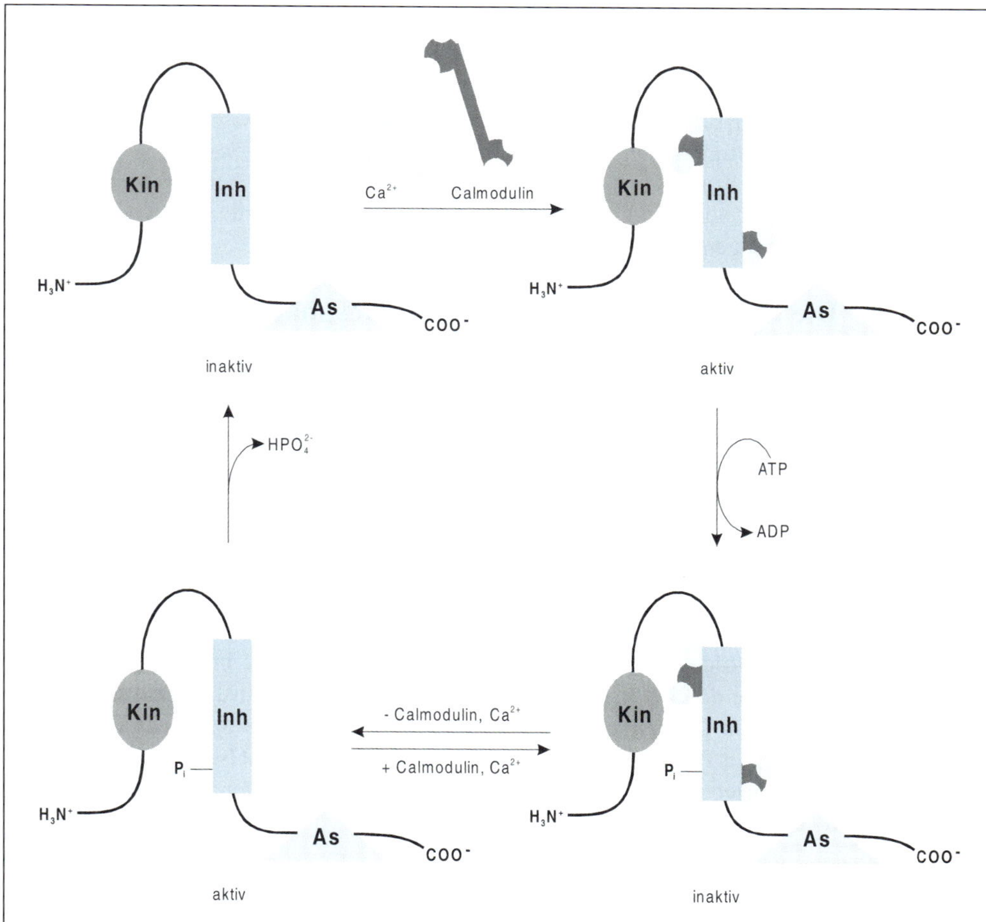

Abb. 13.11: CamKII ist ein Enzym mit drei Untereinheiten: Kinase (Kin), autoinhibitorische Untereinheit (Inh) und Assoziationseinheit (As). Im inaktiven Zustand blockiert die autoinhibitorische Domäne das aktive Zentrum der Kinase. Durch Bindung von Ca/Calmodulin wird die Kinase aktiviert. Durch Phosphorylierung wird die Kinase in einen Zustand überführt, in dem die Aktivität der Kinase Ca/Calmodulin-unabhängig ist.

Das weitaus wichtigste Protein aber, welches durch Calmodulin beeinflußt wird, ist die **Calmodulin-abhängige Kinase II**, die CamK II. Im Gegensatz zu anderen Calmodulin aktivierten Kinasen hat sie ein weitgestreutes Spektrum an Substraten, ähnlich wie die Proteinkinasen A oder C. Von der CamKII kennt man vier verschiedene, jedoch sehr ähnliche Untereinheiten. Je nach Expressionsort vereinigen sich diese zu Deca- bis Dodecameren (deca lat. zehn, dodeca lat. zwölf) verschiedenster Zusammensetzung. Diese Interaktion wird über die im C-Terminus des Proteins lokalisierte Assoziationsdomäne gewährleistet. Im N-Terminus hingegen befindet sich die eigentliche Kinasedomäne der CamKII. Wie die Proteinkinase A ist die CamKII eine Serin-/Threoninkinase. Beide Kinasen haben eine ähnliche Zielsequenz. So phosphoryliert die Proteinkinase A die Aminosäureabfolge R-R-X-S/T, die CamKII hingegen R-X-X-S/T, wobei X eine beliebige Aminosäure symbolisiert. Der zentrale Bereich der CamKII weist die regulatorischen Abschnitte des Proteins auf. In Abwesenheit von Ca/Calmodulin wirkt dieser Bereich als autoinhibitorische Domäne und inaktiviert die Kinase. Durch das Anlagern von calciumbeladenem Calmodulin wird dieser inhibitorische Effekt aufgehoben und die CamKII aktiviert. Durch Autophosphorylierung wird die Aktivierung dann vervollständigt. Diese erfolgt jedoch zwischen verschiedenen Untereinheiten des Multimers. Diese Phosphorylierung hat noch eine weitere wichtige Folge. Die phosphorylierte CamKII ist Ca/Calmodulin-unabhängig, d. h. auch wenn das Calcium schon längst wieder aus dem Cytoplasma entfernt worden ist, ist die CamKII noch aktiviert. Sie besitzt sozusagen ein „molekulares Gedächtnis".

13.3.5 Die Kehrseite der Medaille: Die Phosphatasen

Bisher haben wir uns ausschließlich mit Proteinkinasen beschäftigt und dabei festgestellt, daß die Phosphorylierung eines Proteins an Serin-, Threonin- oder aber Tyrosinresten die Aktivität dieses Proteins verändern kann. Schon bei der Vorstellung interkonvertierbarer Enzyme haben wir besprochen, daß eine solche chemische Modifikation reversibel ist, das heißt, auch wieder rückgängig gemacht werden kann. Enzyme, welche einen Phosphatrest von einem Protein entfernen können, nennen wir Phosphatasen. Entsprechend ihrer Spezifität gibt es **Serin-/Threonin-Phosphatasen** und **Tyrosin-Phosphatasen**. Die Serin-/Threonin-Phosphatasen werden historisch bedingt in Typ 1 und Typ 2 unterschieden, wobei die Typ 2 Phosphatasen weiter in A-, B- und C-Subtypen spezifiziert werden. Die Regulation dieser Phosphatasen erfolgt selbst wieder über Phosphorylierung, wie im Falle der Protein-Phosphatase 2A, welche durch Tyrosinphosphorylierung inaktiviert wird, oder beispielsweise über die Bindung von Ca/Calmodulin, wie im Fall der Protein-Phosphatase 2B, die dadurch aktiviert wird. Die Wirkung der immunsuppressiven Substanz **Cyclosporin** wird seiner Fähigkeit zugeschrieben, die Protein-Phosphatase 2B zu inhibieren und dadurch intrazelluläre Signalwege in T-Lymphocyten zu verhindern.

13.4 Membranständige Tyrosinkinasen

13.4.1 Proteine mit SH2-Domänen erkennen den aktivierten Tyrosinkinase-Rezeptor

Viele klassische Wachstumsfaktoren wie der **epidermale Wachstumsfaktor EGF** (epidermal growth factor), der **Fibroblasten-Wachstumsfaktor FGF** oder der **Blutplättchen-Wachstumsfaktor PDGF** (**p**latelet-**d**erived **g**rowth **f**actor) entfalten ihre Wirkung über Rezeptoren, welche intrazellulär eine Tyrosinkinase-Aktivität aufweisen.

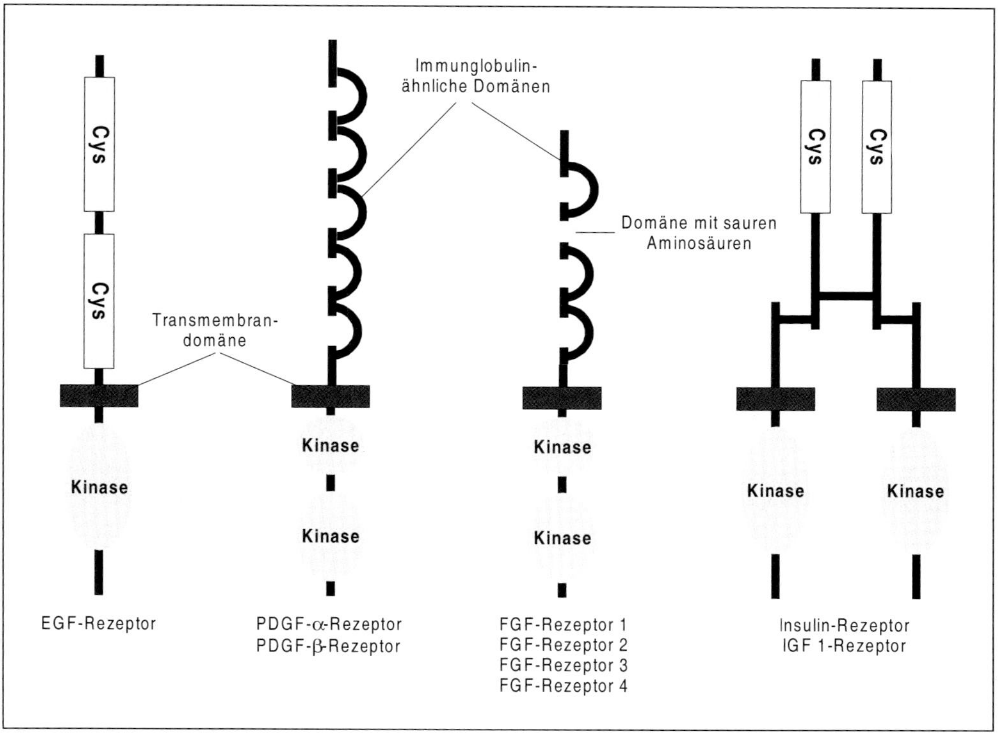

Abb. 13.12: Schematischer Aufbau der Tyrosinkinaserezeptoren. Die Abbildung zeigt verschiedene Unterfamilien dieser Rezeptoren. Die vertikalen Rechtecke symbolisieren an Cystein-reiche Domänen.

Diese Rezeptoren sind alle strukturell ähnlich aufgebaut und durchspannen die Zellmembran einmal. Dadurch können wir einen extrazellulären Bereich, der die Interaktion mit dem Liganden bewerkstelligt, und einen intrazellulären Bereich mit Kinaseaktivität unterscheiden. Obwohl strukturell von dieser Regel abweichend, gehört auch der Insulinrezeptor (siehe unten) in diese Klasse der Rezeptoren. Am Beispiel des PDGF-Rezeptors soll verfolgt werden, wie es nach Bindung des extrazellulären Liganden zur Signalübermittlung innerhalb der Zelle kommt. Durch die Bindung von PDGF kommt es zu einer Dimerisierung zweier Rezeptoren und zu einer Aktivierung der intrazellulär gelegenen Tyrosinkinase-

Domäne. Das wichtigste Substrat des aktivierten Rezeptors stellt dieser selbst dar, wobei die aktivierte Kinasedomäne jeweils Tyrosinreste der anderen Rezeptoruntereinheit phosphoryliert. Es kommt also zu einer Autophosphorylierung. Wozu dient aber nun diese Autophosphorylierung? Die bei dieser Phosphorylierung entstehenden Phosphotyrosinreste dienen als spezifische Bindungsstellen für Proteine, welche den aktivierten PDGF Rezeptor mit bestimmten Signalwegen koppeln. Die Spezifität dieser Proteininteraktion beruht natürlich nicht einzig auf dem Phosphotyrosinrest, sondern wird maßgeblich durch benachbarte Aminosäuren des Rezeptors bestimmt. Die meisten Proteine, die an solche Phosphotyrosinreste binden, weisen sich durch strukturelle Ähnlichkeiten aus, sie besitzen eine **SH-2-Domäne**. Dieser Proteinbereich, der etwa 100 Aminosäuren groß ist, wurde zunächst als Sequenzmotiv in der cytoplasmatischen **Tyrosinkinase src** beschrieben und ist in vielen der oben erwähnten Signalproteinen unterschiedlich gut konserviert zu finden. So können beispielsweise die Tyrosinkinase src oder die **Phospholipase Cγ** einzelne Phospotyrosinreste des PDGF-Rezeptors erkennen und unterschiedliche Signalwege aktivieren. So setzt die Phospholipase C Diacylglycerol und Inositoltrisphosphat frei und führt daher zur intrazellulären Ausschüttung von Calcium. Src wiederum phosphoryliert andere Proteine und beeinflußt dadurch beispielsweise das Wanderungsverhalten von Zellen.

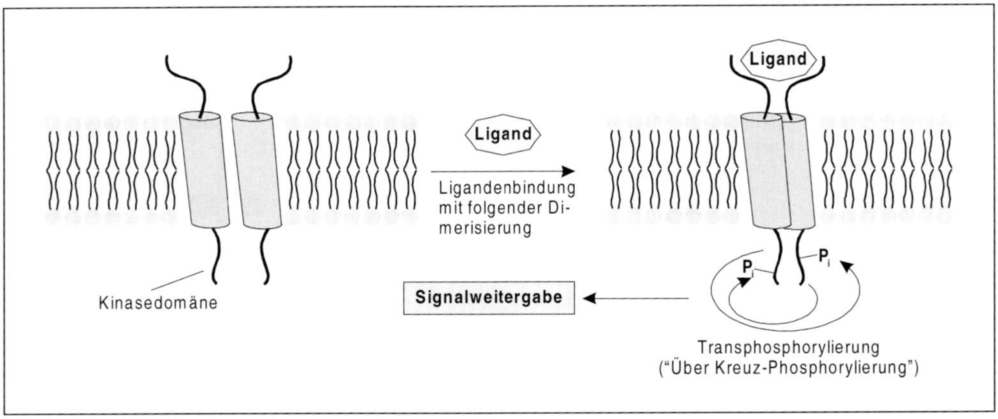

Abb. 13.13: Aufbau und Aktivierung der Tyrosinkinaserezeptoren. Strukturell lassen sich diese Rezeptoren in zwei Domänen aufteilen. Die extrazelluläre Domäne dient der Ligandenerkennung, wodurch es zu einer Dimerisierung zweier Rezeptormoleküle und zur Aktivierung der Kinasaktivität kommt. Ein wichtiger Schritt auf dem Weg zum aktiven Ligand/Rezeptorkomplex stellt die Autophosphorylierung dar.

13.4.2 Die GTPasen der Ras-Familie und der MAP-Kinase-Weg

Dieser wichtige Signalweg benötigt jedoch zunächst die Wirkung einiger Adaptorproteine. Der aktivierte PDGF-Rezeptor bindet ein Protein namens **Grb2**, das auf der anderen Seite an das Protein **sos** (das entsprechende Protein bei der Fruchtfliege Drosophila heißt **s**on **o**f **s**evenless, kurz sos) bindet, um dann die kleine GTPase **ras** zu aktivieren.

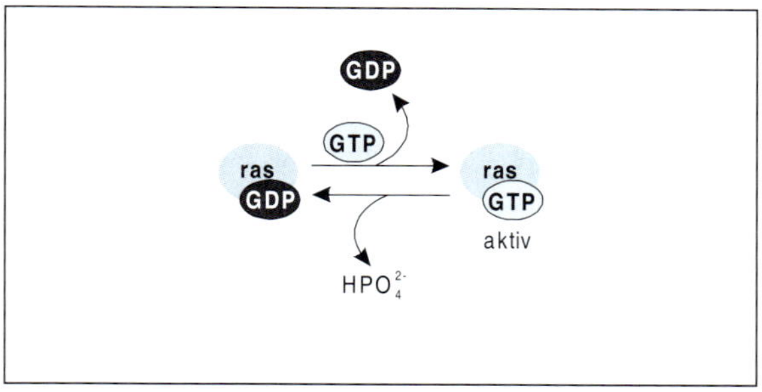

Abb. 13.14: Die kleinen GTPasen der ras-Superfamilie. Wie die heterotrimeren G-Proteine sind diese GTPasen in der Lage, zwischen zwei Aktivitätszuständen zu pendeln. Im GDP-gebundenen Zustand ist ras inaktiv. Durch Austausch des GDP gegen GTP ist ras in der Lage, die Aktivität anderer Proteine wie zum Beispiel der Raf-Kinase zu beeinflußen.

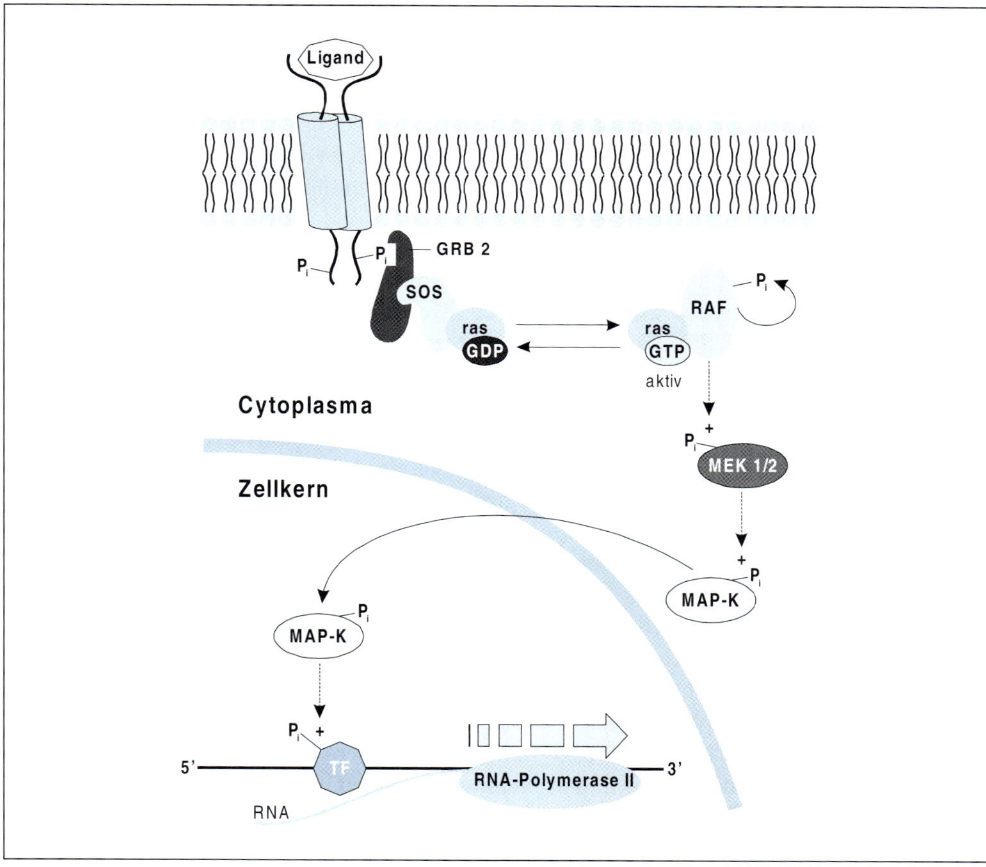

Abb. 13.15: Die Aktivierung der MAP-Kinase-Weges durch Tyrosinkinaserezeptoren. Nach Ligandenbindung und Autophosphorylierung wird durch Verwendung verschiedener Adapterproteine (Grb2, sos) die kleine GTPase ras aktiviert. Diese schaltet daraufhin eine Kaskade verschiedener Proteinkinasen an (RAF, MEK, MAPK), die letztlich im Zellkern die Aktivität einzelner Transkriptionsfaktoren wie Jun oder myc durch Phosphorylierung verändern und damit die Zellantwort auslösen.

Wie die heterotrimeren G-Proteine, die wir bereits besprochen haben, pendelt dieses Protein zwischen zwei Aktivitätszuständen, welche durch die Natur des gebundenen Guaninnukleotids charakterisiert werden. So ist das mit GDP beladene ras inaktiv, ist es hingegen mit GTP bestückt, ist es aktiv.

Sos verlagert das Gleichgewicht zwischen GPD-ras und GTP-ras auf die Seite des aktiven ras, es besitzt eine „guanine nucleotide exchange activity" und wird daher auch **G**uanine-nucleotide **e**xchange **f**actor GEF genannt. GTP-ras aktiviert dann eine ganze Kaskade verschiedener Proteinkinasen, deren Ziel letztlich im Kern der Zelle liegt und die Aktivität einzelner Transkriptionsfaktoren verändert. Dieser Signalweg wird gemeinhin **MAP-Kinase-Weg** (MAP-Kinase steht für **M**itogen **a**ktivierte **P**rotein**k**inase) genannt. Einen Überblick gibt Abb. 13.15.

13.4.3 Aufbau und Signalweitergabe des Insulinrezeptors

Ein weiterer in seiner Struktur inzwischen aufgeklärter Hormonrezeptor der Tyrosinkinaserezeptor-Familie ist der **Insulinrezeptor**, ein tetrameres Glykoprotein mit jeweils zwei α-Ketten mit 723 Aminosäuren und zwei β-Ketten mit 620 Aminosäuren, Abb 13.16. Nur die β-Ketten durchziehen die Membran je einmal. Ihr im Cytoplasma liegendes C-terminale Ende ist in der Lage, Tyrosinreste in Proteinen zu phosphorylieren. Diese Kinaseaktivität der β-Ketten wird durch Bindung von Insulin an die extrazellulären α-Ketten induziert („angeschaltet").

Schon durch seinen Aufbau weist der Insulinrezeptor darauf hin, daß er sich von den anderen Tyrosinkinaserezeptoren unterscheidet. Er dimerisiert nicht durch die Bindung des Liganden, sondern liegt schon als Tetramer in der Membran vor. Durch die Bindung von Insulin kommt es zu einer Strukturänderung des Rezeptors, wodurch die Kinaseaktivität im intrazellulären Bereich aktiviert wird. Ein weiterer Unterschied liegt in der Bedeutung der Autophosphorylierung.

Beim PDGF-Rezeptor, den wir als Beispiel für einen Tyrosinkinaserezeptor besprochen haben, dienten die entstehenden Phosphotyrosinreste als Andockstelle für kleine Adaptorproteine, die ihrerseits eine Vielzahl von Signalwegen aktivieren. Diese Bedeutung kommt den Phosphotyrosinresten des Insulinrezeptors bei weitem nicht zu, vielmehr bilden cytoplasmatische Proteine die Hauptsubstrate für die aktivierte Kinase. Zu nennen sind hier besonders die Insulinrezeptor-Substrate 1 und 2, kurz **IRS-1** und **IRS-2**, und die Adaptermoleküle gab-1 und shc. Diese Proteine werden phosphoryliert und bedürfen nun nicht mehr des Kontaktes zum Rezeptor, sondern aktivieren ihrerseits verschiedene Signalwege, die in ihrer Komplexität noch nicht verstanden sind. Shc aktiviert beispielsweise über grb-2 und sos die schon besprochen MAP-Kinase-Kaskade. Andere Proteinkinasen stellen die Phosphoinositol 3-Kinase (PI_3K) und die $p70^{s6}$-Kinase dar. Erstere wird u. a. mit der Regulation des zellulären Glucosetransportes in Verbindung gebracht, letztere mit der Regulation der Proteinbiosynthese, beides durch Insulin beeinflußte Prozesse.

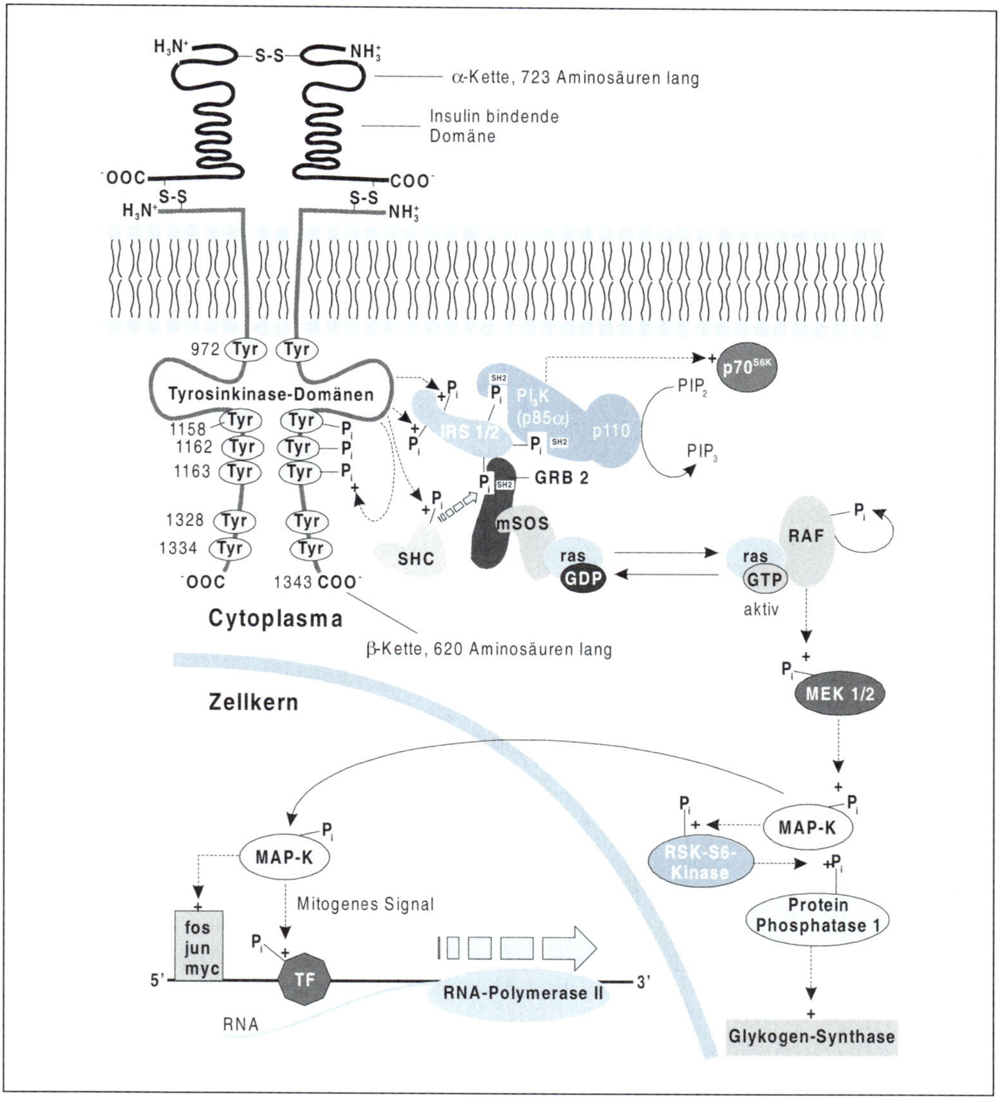

Abb. 13.16: Der Insulinrezeptor und seine Signalweitergabe. Der durch Bindung von Insulin aktivierte Rezeptor phosphoryliert cytoplasmatische Adapterproteine wie beispielsweise IRS-1 oder –2. Diese aktivieren intrazelluläre Signalwege. Der MAP-Kinase-Weg wurde schon weiter oben besprochen. Verschiedene Adaptorproteine (IRS-1. -2, shc, grb-2) oder Proteinkinasen (RAF, MEK, MAPK, PI_3K, $p70^{s6k}$) sind gezeigt. Die einzelnen Signalwege und deren Ziele sind im einzelnen noch nicht vollständig aufgeklärt.

13.4.4 Rezeptor-assoziierte Tyrosinkinasen

Eine letzte Klasse von Kinasen soll hier nur kurz der Vollständigkeit halber erwähnt werden. Eine Reihe von Rezeptoren wie beispielsweise der PDGF-Rezeptor binden und aktivieren über ihre Phosphotyrosinreste kleine cytoplasmatische Tyrosinkinasen. Einen Vertreter, die src-Kinase, haben wir als Namenspatron für die SH-2-Domäne schon kennengelernt. Heute kennt man sehr viele solcher Tyrosinkinasen und teilt sie aufgrund ihrer molekularen Organisation in acht Gruppen ein. Während beispielsweise die neun Mitglieder der src-Familie praktisch ubiquitär exprimiert werden, sind solche der JAK- und SYK-Familie in Zellen des Immunsystems zu finden. Ihre Funktionen sind sehr vielfältig und umfassen so unterschiedliche Aufgaben wie Regulation der Genexpression, Kontrolle von Zelladhäsion und -wanderung oder Organisation des Cytoskeletts. Mutationen in den Genen einzelner Vertretern dieser Kinaseklasse können Onkogenstatus erreichen.

13.5 Serin-/Threoninkinase-Rezeptoren

Wenden wir uns nun den Serin-/Threoninkinase-Rezeptoren zu. Diese werden von einer Reihe strukturell ähnlicher Proteine aktiviert, die wir als **TGF-β-Familie** bezeichnen. Zu dieser Familie gehört als Prototyp der „transforming growth factor β“, kurz TGF-β, aber auch Aktivine, Inhibine oder „bone morphogenetic proteins“, BMPs, gehören in diese Klasse der extrazellulären Wachstumsfaktoren. Die einzelnen Mitglieder dieser Familie rufen in den Zielzellen verschiedenste Antworten hervor und regulieren Zellwachstum und Zelldifferenzierung. So wirkt TGF-β mitogen, induziert also die Zellteilung, Aktivin sowie BMP-2 und-4 sind wichtige Signalmoleküle in der Embyronalentwicklung. BMPs sind aber auch, wie der Name schon andeutet, für die Knochen- und Knorpelbildung von herausragender Bedeutung. So weit wir bisher wissen, rufen diese Moleküle ihre intrazellulären Effekte durch die Bindung an heterodimere Komplexe von Serin-/Threoninkinase-Rezeptoren hervor.

Sowohl der **Typ I** als auch der **Typ II** weisen eine relative kleine Cystein-reiche extrazelluläre Domäne auf. Die Typ I-Rezeptoren weisen intrazellulär eine Glycin- und Serinreiche Domäne auf, welche wir als GS-Domäne bezeichnen. Durch die Bindung des Liganden an den Typ II-Rezeptor kommt es zur Ausbildung eines Komplexes aus Typ I und Typ II-Rezeptor. Der Typ II-Rezeptor weist intrazellulär eine Serin-/Threoninkinase-Domäne auf, welche konstitutiv aktiv ist. Aber erst durch die Ligandenbildung und die dadurch eingeleitete Rezeptordimerisierung findet er sein Substrat, die cytoplasmatische GS-Domäne des Typ I-Rezeptors. Erst durch diese Phosphorylierung der GS Domäne wird die Serin-/Threoninkinase-Aktivität des Typ I-Rezeptors aktiviert, so daß nun cytoplasmatische Effektoren des Signalweges phosphoryliert werden können. Diese Effektoren werden durch die Familie der **Smad-Proteine** repräsentiert, von denen man mittlerweile neun verschiedene Vertreter kennt. Den einzelnen Smads kommen dabei unterschiedliche Funktionen zu. Smad 1, 2, 3 und 5 werden von den Serin-/Threoninkinase-Rezeptoren phosphoryliert. Dabei werden Smad 2 und 3 durch TGF-β und Activin-Rezeptoren phosphoryliert, während Smad 1 und 5 durch BMP-Rezeptoren modifiziert werden. Durch diese Phosphorylierung können sie mit Smad 4 interagieren und im Zellkern die Transkription verschiedener Zielgene beeinflußen. Smad 6 und 7 wirken als Inhibitoren aller drei diskutierten Serin-/Threoninkinase-Rezeptoren, indem sie durch Bindung an den Typ I-Rezeptor die Phosphorylierung von Smad 1, 2, 3 oder 5 verhindern. Fassen wir die Signalwege, die durch Serin-/Threoninkinase-Rezeptoren aktiviert werden am Beispiel des TGF-βs zusammen.

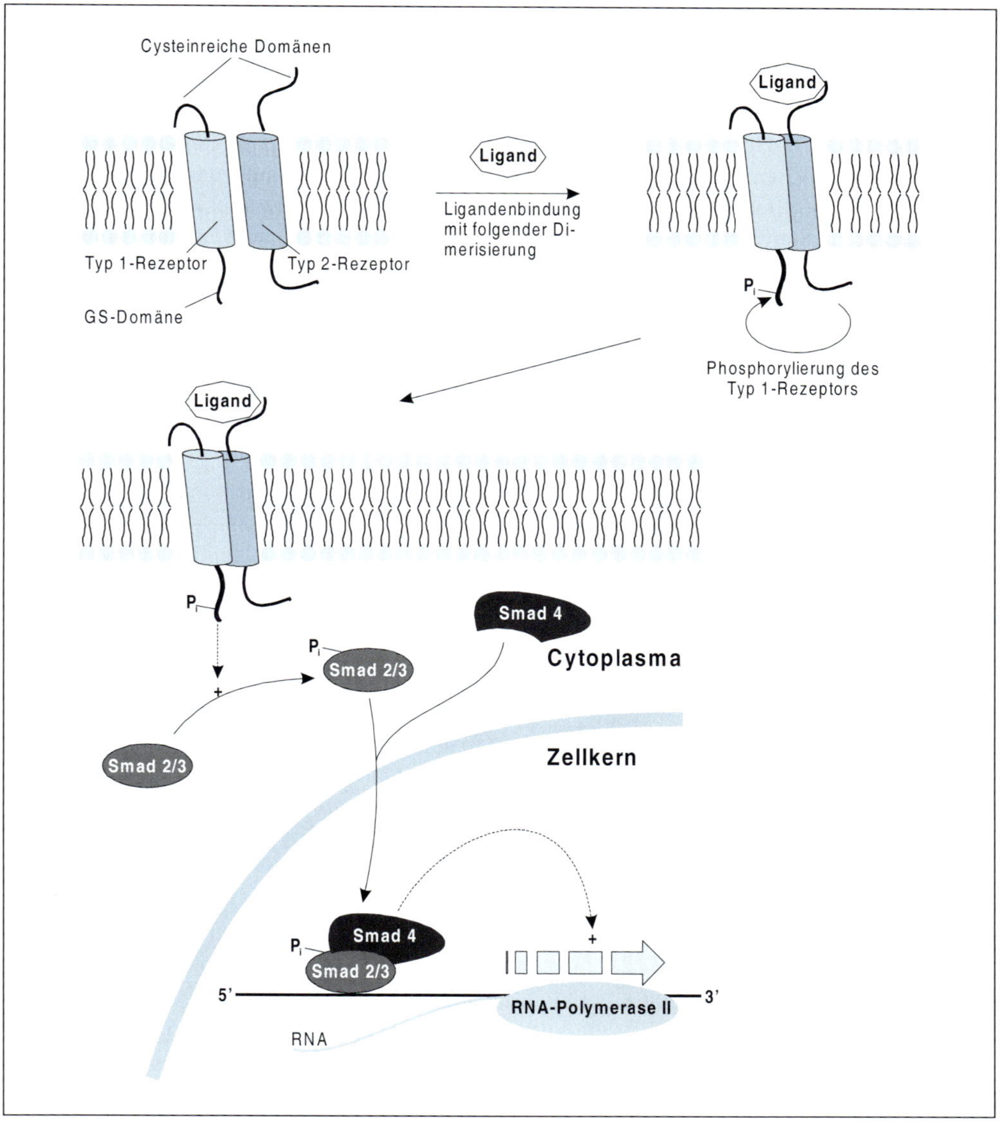

Abb. 13.17: Signalübertragung durch Serin-/Threoninrezeptor-Kinasen. Die Bindung eines Liganden, beipielsweise TGF-β, führt zur Dimerisierung von Typ I- und Typ II-Rezeptoren. Daraufhin phosphoryliert der Typ II-Rezeptor den Typ I-Rezeptor, welcher daraufhin selbst eine Kinaseaktivität erlangt. Dieser phosphoryliert daraufhin Mitglieder der Smad-Famile, hier Smad 2 oder Smad 3. Phosphoryliertes Smad 2 oder 3 interagiert dann mit Smad 4 und gelangt in den Zellkern, wo der Komplex eine spezifische Antwort auf Ebene der Genregulation auslöst.

13.6 Signalübertragung bei Steroid- und Schilddrüsenhormonen

Steroidhormone, D-Hormon (Calcitriol), Schilddrüsenhormone, Prostaglandine, aber auch Metaboliten des Vitamins A wie die 9-cis-Retinsäure durchqueren aufgrund ihrer Lipophilie problemlos die Zellmembran und treffen erst intrazellulär oder intranukleär auf ihre Hormonrezeptoren. Steroidhormon-Rezeptoren sind nur eine Familie in der Superfamilie der nuklearen Hormonrezeptoren. Sie heißen so, weil die Mitglieder dieser Superfamilie nicht wie bei Peptidhormonen üblich auf der Zelloberfläche, sondern im Zellinneren, oft sogar im Zellkern (nukleär!) zu finden sind.

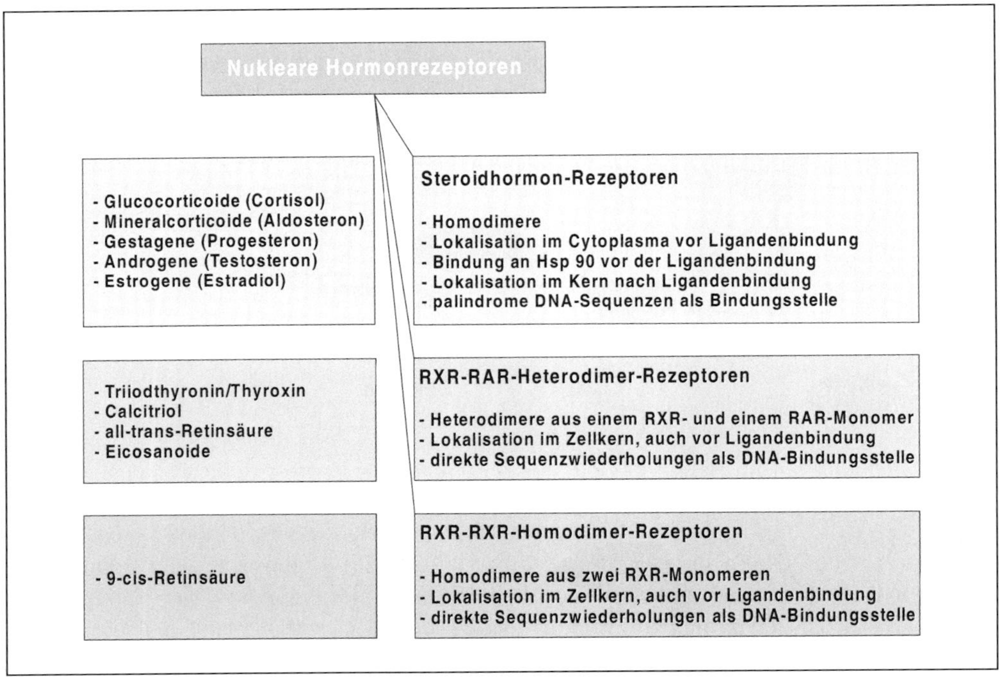

Abb. 13.18: Die Superfamilie der nuklearen Hormonrezeptoren mit drei ihrer Familien. RAR steht hier für „**r**etinoic **a**cid **r**eceptor“, RXR für „**r**etinoic **X** **r**eceptor“. Für jede Familie sind typische Eigenschaften genannt. Man beachte, daß einzelne Rezeptoren im Cytoplasma oder auch im Zellkern lokalisiert sind. Auf der linken Seite sind beispielhaft Mitglieder der angesprochenen Familien aufgeführt. Die Retinsäure hat bei der Namensgebung „RAR“ und „RXR“ Pate gestanden.

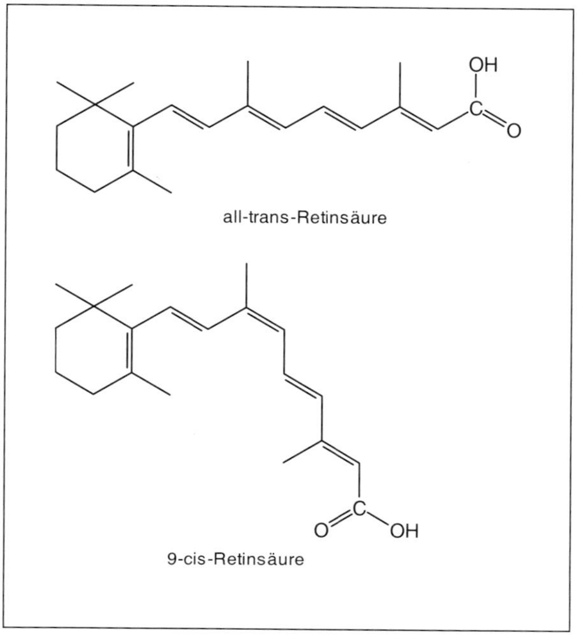

Abb. 13.19: Vom Retinol- (Vitamin A) abgeleitete Säuren besitzen bei Wachstum, Morpho- und Embryogenese, Fertilität und Zelldifferenzierung Bedeutung. Diese Derivate regulieren die Transkription spezifischer Gene, wobei sie sich zweier Rezeptoren aus der Superfamilie der nuklearen Hormonrezeptoren bedienen: Der RAR (retinoic acid receptor) für die all-trans- und der RXR für die 9-cis-Retinsäure. Beide Rezeptoren weisen jeweils 3 Isoformen α, β und γ auf und erkennen keine palindromische DNA-Sequenz, sondern folgendes Hexamer: 5'-A/G-GGTCA-3'. Dieses Motiv tritt dabei repetitiv auf, durch jeweils 1 bis 5 Basenpaare getrennt. Man beachte, daß auch andere Rezeptoren (z. B. für Calcitriol oder Thyroxin) ein Heterodimer mit RXR ausbilden, um ihre „response elements" zu erkennen.

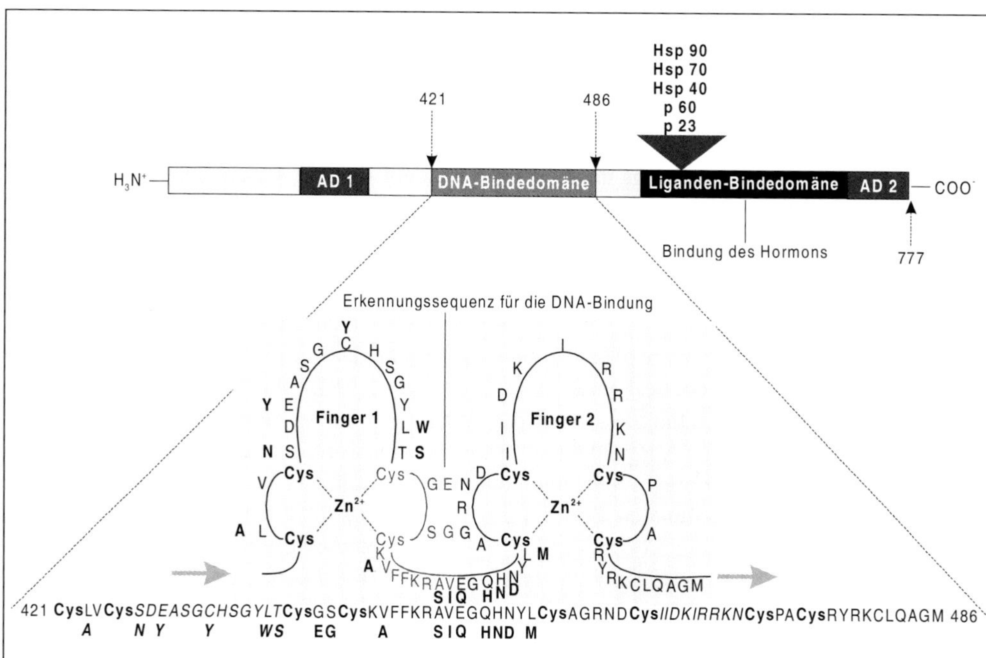

Abb. 13.20: Der 777 Aminosäuren umfassende Glucocorticoidrezeptor weist vier Domänen auf. Neben den genregulierenden Aktivierungsdomänen AD 1 und AD 2 sind dies die DNA- und die Liganden (Hormon)-Bindedomäne. Diese erstreckt sich zwischen den Aminosäuren 421 sowie 486 und besteht im Kern aus zwei Zinkfingern, deren Zinkionen tetraedisch von vier Cysteinresten umgeben sind. Die Cysteinreste sind sowohl in der Zeichnung als auch in der darunter aufgeführten Sequenz

im Dreibuchstabencode für Aminosäuren (also „Cys") aufgeführt, während alle anderen Aminosäuren im Einbuchstabencode wiedergegeben werden. Kursiv gedruckte Aminosäuren der Sequenz sind Bestandteil eines Zinkfingers. Aminosäuren, die die Bindung an die DNA vermitteln, sind hell unterlegt und liegen überwiegend im Bereich zwischen den Zinkfingern. Sie bilden eine α-Helix aus, die an die große Furche der DNA bindet. Die Aminosäuren zwischen dem ersten und dem zweiten Cysteinrest des zweiten Zinkfingers tragen dagegen zur Protein/Protein-Bindung zwischen den Rezeptoren bei, also zur Dimerisierung. Neben einzelnen Aminosäureresten des Glucocorticoidrezeptors findet man fett gedruckte Reste, die Abweichungen im Estrogen- gegenüber dem Glucocorticoidrezeptor markieren. Unterschiede zwischen den beiden Rezeptoren werden auch noch einmal in der unten aufgeführten Sequenz deutlich gemacht. Ein Austausch der Aminosäuren Glycin und Serin gegen Glutaminsäure und Glycin zwischen dem zweiten Cysteinpaar des ersten Zinkfingers läßt den Rezeptor nicht mehr Glucocoticoidgene aktivieren, sondern Estrogengene!

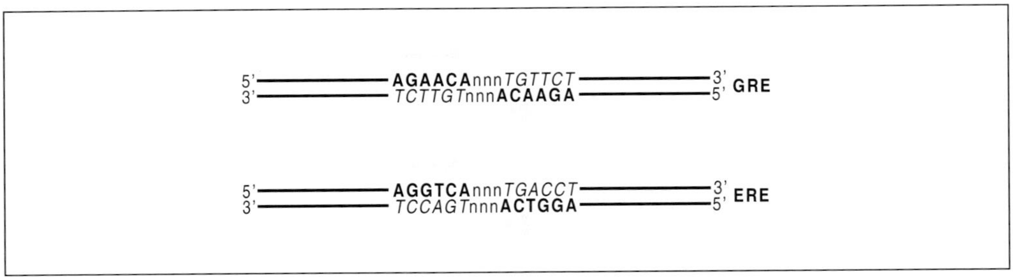

Abb. 13.21: Die DNA-Bindungsregion des Hormonrezeptors erkennt definierte Sequenzen auf der DNA, die palindromisch angeordnet sind. Die jeweils **fett** bzw. *kursiv* gedruckten sechs Basen sind identisch, wenn man sie in 5'-3'-Richtung (graue Pfeile) liest. Nun liegen sie quasi „über Kreuz gespiegelt" auf dem anderen DNA-Strang, so daß diese Anordnung eine Palindrom definiert. Der obere Teil der Abbildung zeigt die vom Glucocorticoidrezeptor erkannte Sequenz GRE (glucocorticoid response element), die untere diejenige des Estrogenrezeptors ERE (estrogen response element). Das „response element" für die Schilddrüsenhormone TRE (thyroid hormone response element) unterscheidet sich vom ERE nur durch den Wegfall der zentralen Basensequenz nnn, so daß hier die Halbpalindrome direkt benachbart liegen (also z. B. AGAACA*TGTTCT*).

Diese Rezeptorproteine sind im Cytoplasma in äußerst geringen Konzentrationen vertreten (etwa 10.000 Moleküle pro Zelle). Steroidhormon- und Schilddrüsenhormon-Rezeptoren weisen zwei verschiedene Bindungsregionen auf, eine **DNA-** und eine **Hormonbindungsstelle**. Die DNA-Bindungsregionen der unterschiedlichen Rezeptoren zeigen untereinander große strukturelle Ähnlichkeiten, während die Hormonbindungsregionen in den verschiedenen Rezeptorgruppen recht unterschiedlich ausfallen. Die Hormonbindungsstelle des Rezeptors ist im C-terminalen Bereich des Proteins lokalisiert. Die Bindung des Hormons an diese Region ist die Voraussetzung für eine Hormonwirkung, da das isolierte Steroid- oder Schilddrüsenhormon keine Zellantwort hervorruft. Darüber hinaus ist die Liganden-Binderegion auch der Ort, an dem **Hitzeschockproteine (Hsp)** (sie heißen so, weil sie zuerst bei *Drosophila*-Larven entdeckt wurden, die hohen Temperaturen ausgesetzt waren) wie das schon bekannte **Hsp 90** (die Zahlen geben die jeweiligen relativen Molekülmassen wieder) andocken können. Diese bilden wiederum mit weiteren Proteinen wie p 60 und p 23 einen Chaperon-Komplex, der die Hormonbindung durch Affinitätserhöhung des Rezeptors erleichtert. Dieser Hsp 90-p 60-Hsp 70-Hsp 40-p 23-Komplex dissoziiert nach der Bindung des Hormons ab. Die Assoziation dieses „Foldosom" genannten Proteinkomplexes mit dem Rezeptor ist also eine Voraussetzung für eine effiziente Ligandenbindung.

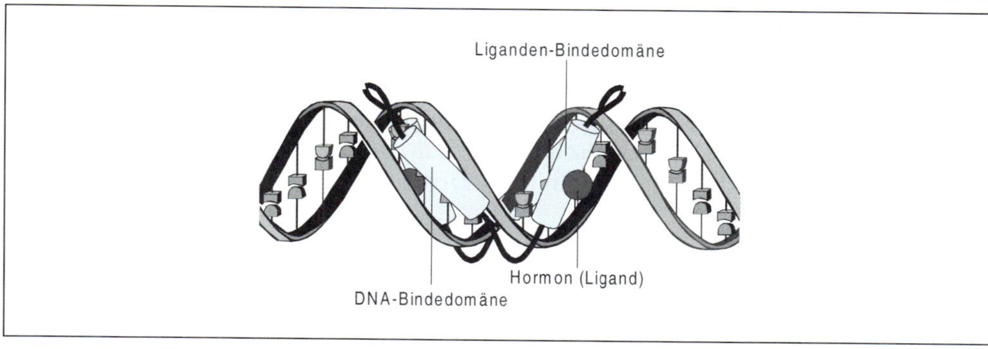

Abb. 13.22: Steroidhormone binden als Dimere an die DNA. Die Zeichnung ist schematisch, d. h. sie gibt nicht die exakte räumliche Anordnung des Rezeptordimers wieder.

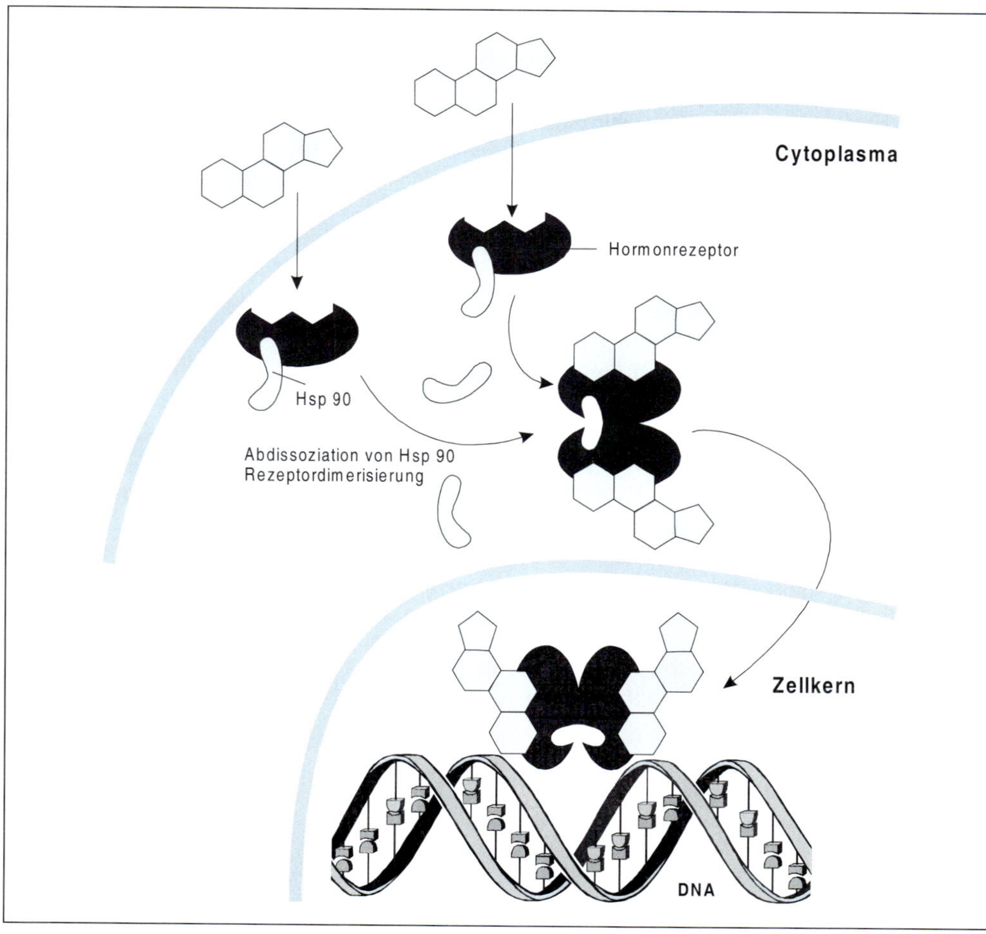

Abb. 13.23: Signalübertragung bei Steroid- und Schilddrüsenhormonen. Man beachte, daß Hsp 90 hier vereinfachend für den oben besprochenen Chaperon-Komplex aus Hsp 90, p 60, Hsp 70, Hsp 40 und p 23 steht.

Wie schon erwähnt, vermitteln die ersten 11 Aminosäuren nach dem dritten Cysteinrest des ersten Zinkfingers die Bindung an die DNA, wobei bereits der Austausch weniger Aminosäuren dazu führt, daß der Rezeptor andere „response elements" erkennt. So reicht die Substitution von Glycin und Serin zwischen dem zweiten Cysteinpaar des ersten Zinkfingers durch Glutaminsäure und Glycin aus, um den Rezeptor Estrogen- statt Glucocorticoidgene aktivieren zu lassen.

Der **Hormon-Rezeptor-Komplex** wandert in den Zellkern, wo sich die DNA als Träger der Erbinformation befindet. Die Hormon-Rezeptor-Struktur ist über ihre DNA-Bindungsregion in der Lage, an bestimmte Abschnitte der DNA, den **hormone response elements** (HRE) im Zellkern anzulagern, wodurch die mRNA-Synthese induziert wird. Nach ihrer Modifikation verläßt diese mRNA den Kern, um die ihr „anvertraute" Information zu den Ribosomen zu transferieren. An den Ribosomen findet dann die eigentliche Zellantwort statt, die hormoninduzierte Synthese eines neuen Proteins aus Aminosäuren.

13.7 NO - Stickstoffmonoxid

Mehrere Eigenschaften machen Stickstoffmonoxid (nachfolgend als NO bezeichnet) im Rahmen der Signaltransduktion zu einem außergewöhnlichen, wenn nicht gar spektakulären Signalüberträger:

- es ist kein Protein, sondern ein **anorganisches Molekül**
- es ist ein **Gas**
- es ist gemeinhin als **Gift** bekannt und
- es ist chemisch eine schwer zu synthetisierender Stoff (OSTWALD-Verfahren mit Platin-Rhodium-Katalysatoren bei Temperaturen von 700 – 1000 °C)

Im Jahr 1992 wurde NO von der Zeitschrift „Science" zum „Molekül des Jahres" gewählt. Mit ROBERT F. FURCHGOTT, FERID MURAD und LOUIS J. IGNARRO erhielten 1998 drei Wissenschaftler den Nobelpreis für Medizin, die sich seit den 70er Jahren um die Erforschung der Rolle des NO bei der Signaltransduktion verdient gemacht haben.

13.7.1 Chemie des NO

Stickstoffmonoxid ist ein farbloses, giftiges, in Wasser wenig lösliches und mäßig reaktionsfreudiges Gas, das bei sehr hohen Temperaturen, z. B. während eines Gewitters, aus den Elementen entsteht:

$$N_2 + O_2 \xrightarrow{\text{hohe Temperaturen}} 2\ NO \qquad (13.1)$$

Selbst bei 3000 °C beträgt die Ausbeute nur 4 %, d. h. die Rückreaktion (der Zerfall) ist chemisch begünstigt. Im NO-Molekül zählt man eine ungerade Zahl von Elektronen, ein Elektron muß folglich ungepaart sein, so daß das Gas Radikalcharakter besitzt. Die Molekülstruktur kann durch folgende mesomere Grenzformeln wiedergegeben werden:

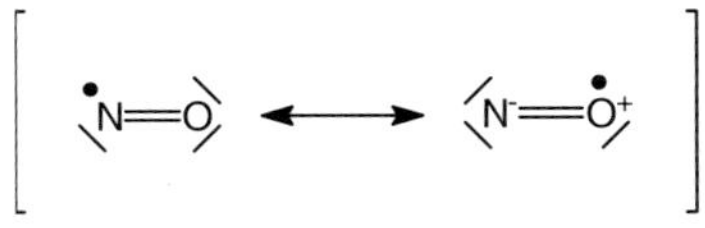

Abb. 13.24: Die mesomeren Grenzstrukturen des NO-Moleküls. Der Stickstoff besitzt die Oxidationszahl + II.

Trotz seines ungepaarten Elektrons besitzt NO kaum Tendenz, durch Dimerisierung zu N_2O_2 eine Elektronenpaarung zu erreichen. In Kontakt mit Sauerstoff reagiert Stickstoffmonoxid bei Raumtemperatur zum toxischen Stickstoffdioxid NO_2, einem braunen Gas:

$$2\ NO + O_2 \xrightarrow{\text{Raumtemperatur}} 2\ NO_2 \qquad (13.2)$$

Durch Abgabe eines Elektrons kann NO in ein „geradzahliges“ Teilchen übergehen, in das **Nitrosylkation NO^+**, das insbesondere mit Thiolgruppen (-SH) in Proteinen reagiert.

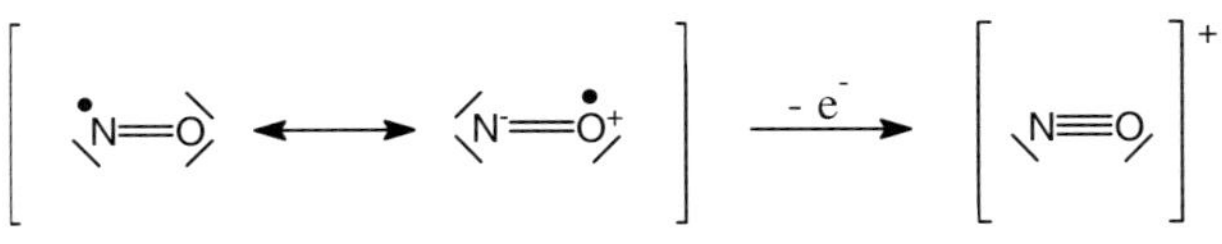

Abb. 13.25: Im Nitrosylkation liegt eine Dreifachbindung vor, der Radikalcharakter ist aufgehoben.

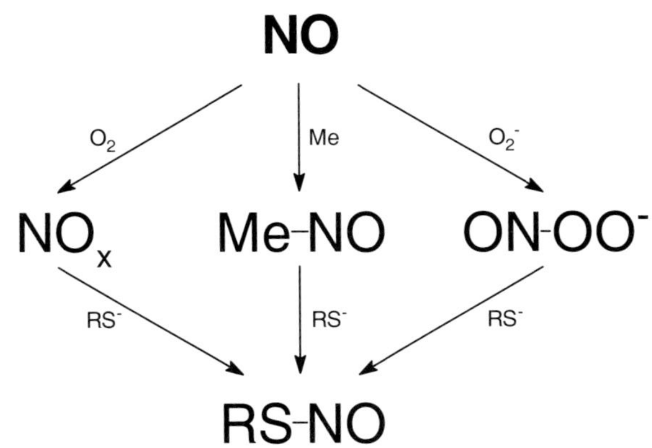

Abb. 13.26: In biologischen Systemen reagiert NO mit Sauerstoff (O_2), Superoxid (O_2^-) und Metallen (Me) wie z. B. Eisen zu Stickstoffoxiden NO_x, Peroxinitrit $ONOO^-$ und Metall-NO-Komplexverbindungen. Diese Reaktionsprodukte reagieren wiederum mit nukleophilen Zentren (also negativ polarisierten oder geladenen Atomen), wobei jetzt das Nitrosylkation NO^+ als reagierendes Teilchen fungiert. Zu diesen nucleophilen Reaktionspartnern zählen besonders Thiolgruppen, die häufig in den aktiven Zentren von Enzymen (z. B. Aldolase, Alkohol-Dehydrogenase) oder in Membranproteinen (z. B. Adenylat-Cyclase, NADPH-Oxidase, G-Proteine) gefunden werden. Ein direkter Angriff des NO findet man an Metalloproteinen, insbesondere wenn Eisen gebunden ist (Hämoglobin, Aconitase, Cytochrome P 450, Cyclooxygenase).

Typisch für NO ist auch die Bildung von vielfach farbigen **Nitrosylkomplexen** mit Metallionen, z. B. mit Fe^{2+} oder Cu^{2+}:

$$NO + [Fe(H_2O)_6]^{2+} \rightarrow [Fe(H_2O)_5NO]^{2+} + H_2O \qquad (13.3)$$

Aufgrund der verschiedenen Reaktionspartner, die sich dem NO in der Zelle oder extrazellulär (Hämoglobin!) anbieten, ist seine biologische Halbwertszeit mit 3 bis 5 Sekunden kurz. Seine kurze Wirkdauer einerseits und die Lipophilie des Moleküls andererseits, die das NO befähigt, Zellmembranen ungehindert zu permeieren, prädestinieren das Gas für eine Botenfunktion in biologischen Systemen.

13.7.2 Synthese des NO

Technisch wird NO bei hohen Temperaturen unter Verwendung von Platin-/Rhodium-Netzen als Katalysatoren aus Ammoniak im OSTWALD-Verfahren synthetisiert:

$$4\,NH_3 + 5\,O_2 \xrightarrow{Pt\,/\,Rh,\ 850\ ^\circ C} 4\,NO + 6\,H_2O \qquad (13.4)$$

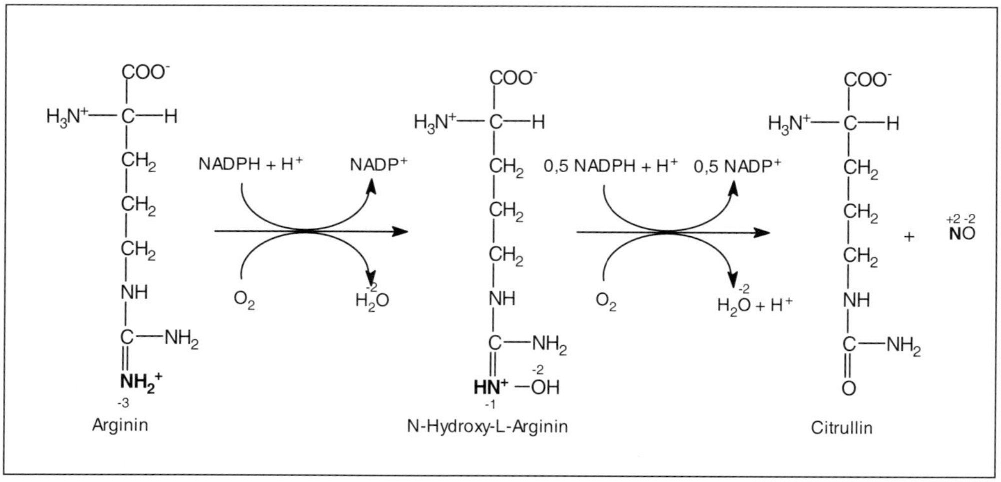

Abb. 13.27: Die von der Stickstoffmonoxid-Synthase katalysierte Synthese von NO aus Arginin verläuft über die Zwischenstufe N-Hydroxy-L-Arginin. Es handelt sich hier um eine Redoxreaktion, bei der fünf Elektronen übertragen werden. Hierbei wird das N-Atom der Amidingruppe (-$C(NH_2)_2$) im Arginin oxidiert, dessen Oxidationsstufe –3 beträgt. Im weiteren Verlauf und der Reduktion von Sauerstoffatomen, wird dieser Stickstoff bis zur Oxidationsstufe +2 im NO oxidiert. An dieser (komplizierten) Reaktion sind mehrere Coenzyme und prosthetische Gruppen beteiligt. Im Elektronentransport sind NADPH, Flavinmononukleotid (FMN), Flavinadenindinukleotid (FAD) und Häm involviert, Tetrahydrobiopterin garantiert dagegen die Stabilisierung des Enzyms in der Dimerform.

Ebenfalls katalytisch synthetisiert die Zelle NO, allerdings bei 37 °C! Als Edukt fungiert jedoch nicht Ammoniak, sondern die Aminosäure Arginin. Bei dieser Redoxreaktion, in deren Zuge 5 Elektronen übertragen werden, sind mehrere Coenzyme und prosthetische Gruppen beteiligt, nämlich Häm, FAD, FMN, NADPH + H^+ sowie Tetrahydrobiopterin. Dieser Aufwand spiegelt die Komplexität dieser Reaktion wider und zeigt, wie die Zelle mit Hilfe ausgefeilter Biokatalysatoren (vergleiche oben Platin und Rhodium als „chemische Katalysatoren") energetisch wenig begünstigte Umsetzungen unter physiologischen Bedingungen zu realisieren vermag.

13.7.3 Stickstoffmonoxid-Synthasen

Die Stickstoffmonoxid-Synthasen (sie bedürfen nicht des ATP und sind daher keine Synthetasen!) bilden eine Enzymfamilie, deren Mitglieder Produkte dreier unterschiedlicher Gene sind und zugleich untereinander große Ähnlichkeiten aufweisen. Generell können die NO-Synthasen, alle dimeren Enzyme, in zwei Kategorien unterteilt werden:

- konstitutive, Ca^{2+}/Calmodulin-abhängige NO-Synthasen, **cNOS** abgekürzt
- induzierbare, von Ca^{2+}/Calmodulin unabhängige NO-Synthasen, **iNOS** abgekürzt

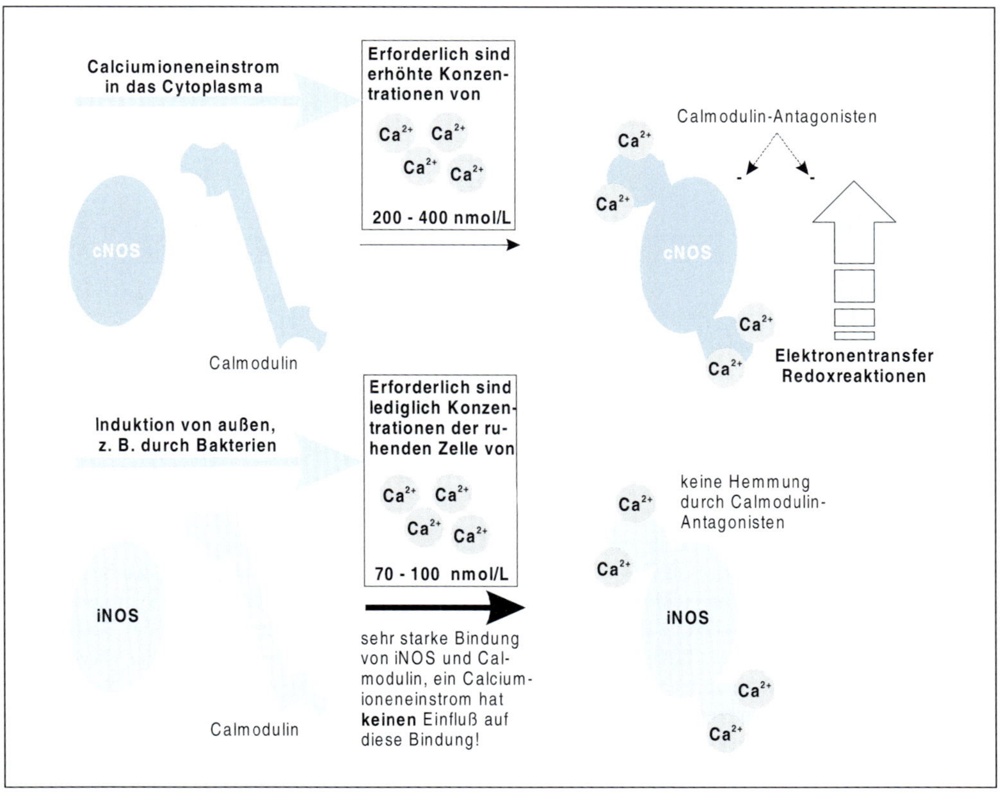

Abb. 13.28: Erst der Einstrom von Calciumionen in das Cytoplasma führt zur Calmodulinbindung der konstitutiven NO-Synthase. Die Assoziation mit Calmodulin setzt den Elektronentransport und damit die Redoxreaktion in Gang, erhöht aber nicht die Substratbindung von L-Arginin. Konstitutive NO-Synthasen reagieren über diesen Mechanismus schnell, nämlich innerhalb von Sekunden. Ihre Wirkungsdauer ist kurz, sie endet nach Minuten. Diese Enzymformen wurden daher zunächst in Nerven- und Endothelzellen gefunden, wo sie im Rahmen der Erregungsübertragung bzw. der Vasodila-

tation aktiv werden. Die induzierbare NO-Synthase, deren Synthese von einem Calciumioneneintrag in die Zelle unabhängig ist, wird erst durch äußere Reize produziert. Zuerst in Makrophagen nachgewiesen, reagieren diese Zellen auf einen Entzündungsreiz mit der Aufnahme der iNOS-Synthese, die dann nach 2 bis 4 Stunden vermehrt im Makrophagen auftritt. Dieses Enzym wird im Gegensatz zur cNOS nicht durch Calmodulin-Antagonisten gehemmt. Unabhängig von kurzfristigen Calciumionenkonzentrationserhöhungen kann ihre Wirkung lang, mitunter Tage andauern. Die Abbildung berücksichtigt nicht, daß die NO-Synthasen erst als Dimere aktiv werden!

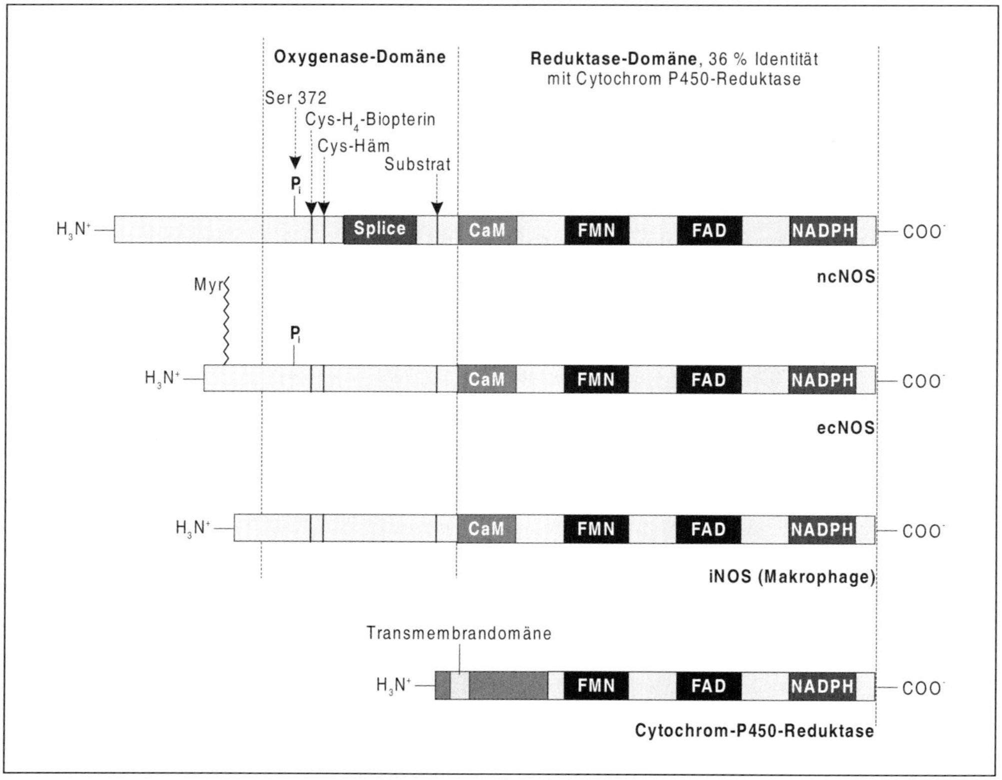

Abb. 13.29: Im C-terminalen Teil zeigen alle NO-Synthasen eine Homologie mit der NADPH-Cytochrom-P450-Reduktase, die im Rahmen der Biotransformation von Pharmaka eine wichtige Rolle spielt. Dennoch sind die Unterschiede im N-terminalen Bereich so groß, daß die NO-Synthasen nicht zur Familie der Cytochrom-P450-Reduktasen gezählt werden können. Die Aufgabe der Reduktase-Domäne besteht darin, mittels NADPH + H^+ Reduktionsäquivalente für den Hämrest der Oxygenase-Domäne zu liefern. Daher findet man in dieser Domäne auch die Bindungsstellen der an Redoxreaktionen beteiligten Coenzyme bzw. prosthetischen Gruppen NADPH, FMN und FAD, wobei NADPH zuerst FAD reduziert, dieses wiederum FMN. In der Oxygenase-Domäne ist die Substratbindungsstelle der am Häm-Eisenion gebundene Cysteinrest sowie der Tetrahydrobiopterin bindende Cysteinrest als Striche eingezeichnet. Der membranständigen ecNOS dient ein Myristoylrest (Myr) als Anker in der Plasmamembran. Eine Phosphorylierungsstelle zeichnet beide konstitutiven Enzyme aus, den Calmodulin-Bindungsbereich (CaM) findet man sowohl bei konstitutiven als auch bei induzierbaren NO-Synthetasen. Murine ncNOS weist auf 10 % seiner mRNA eine 415 Nukleotide umfassende Deletion auf, d. h. durch alternatives Spleißen können verschiedende Formen der ncNO-Synthase gebildet werden. Die Region, die in diesem Fall nicht translatiert wird (nicht in Protein „übersetzt wird“), ist mit „Splice“ gekennzeichnet.

Zunächst, was bedeutet „konstitutiv“ und was „induzierbar“? Konstitutiv meint, daß das Enzym in der Zelle immer präsent ist, während die induzierbare Form erst nach Stimulierung durch Erreger (z. B. Bakterien), Erregerbestandteile (z. B. Lipopolysaccharid LPS) und/oder Cytokine (z. B. Interferon γ) synthetisiert wird. Während nun die konstitutiven Enzyme nur dann aktiv werden, wenn wie bei einer Nervenzelle Ca^{2+} in die Zelle einströmt und die intrazelluläre Ca^{2+}-Konzentration anhebt, hat ein solcher Ca^{2+}-Influx überhaupt keinen Einfluß auf Synthese und Aktivität der induzierbaren NO-Synthase. Dies bedeutet aber wiederum nicht, daß die iNOS nun gänzlich unabhängig von Calciumionen ist! Beide Enzyme, cNOS und iNOS, binden Calmodulin, bevor sie aktiv werden können. Während das bei der induzierbaren Form jedoch schon durch die basale Ca^{2+}-Konzentration im Cytoplasma der ruhenden Zelle gegeben ist und zu einer sehr starken, praktisch irreversiblen Calmodulinbindung führt, ist bei den konstitutiven Enzymen der Calciumioneneinstrom unabdingbar für die Calmodulinbindung und damit auch für die Enzymaktivität (Abb. 13.28).

Die ersten konstitutiven Isoformen der NO-Synthasen wurden aus Kleinhirnzellen des Schweins und der Ratte gewonnen und daher als **neuronale NO-Synthasen nNOS** bezeichnet. Da sie gleichzeitig konstitutiv sind, werden sie auch mit **ncNOS** abgekürzt. Es sind cytosolisch lokalisierte Homodimere mit einer relativen Molekülmasse von 300.000 bis 320.000. Ebenso wie die endotheliale NO-Synthase verfügt ncNOS mit einem Serinrest über eine Phosphorylierungsstelle, mittels derer die Enzymaktivität z. B. durch cAMP-abhängige Kinasen reguliert werden kann. Phosphorylierung vermindert die ncNOS-Aktivität.

Eine endotheliale NO-Synthase wurde zuerst aus dem Endothel von Rindern isoliert und zeigt im C-terminalen Bereich große Übereinstimmung mit der neuronalen Isoform des Enzyms. Eine Besonderheit des Enzyms, die es nicht mit den anderen Formen teilt, ist die N-terminale Bindung von **Myristinsäure** (Tetradecansäuren). Diese Myristoylierung erfolgt noch während der Translation verschiedener Proteine (also nicht nur bei der ecNOS) an N-terminalen Glycinresten, nachdem das initiale Methionin entfernt wurde. Dieser lipophile Rest dient der Verankerung des Proteins in (lipophilen) Membranen, so auch bei der endothelialen NOS.

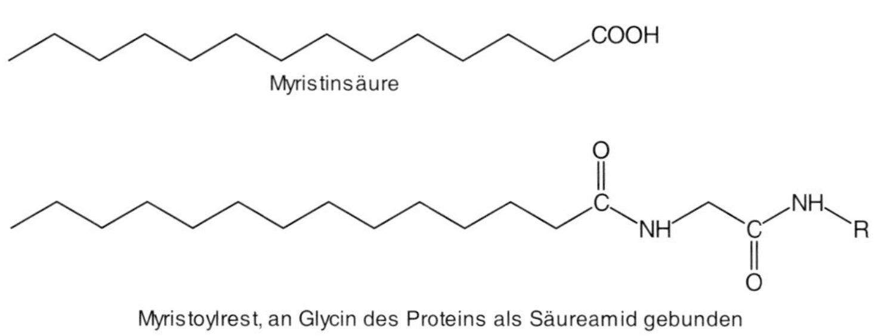

Abb. 13.30: Unter Myristoylation versteht man die kovalente Verknüpfung von Myristinsäure ($C_{14:0}$) mit einem N-terminalen Glycinrest eines Proteins. Als Acyldonor fungiert Myristoyl-CoA, die Bindung an das Protein mittels Säureamidbindung vermittelt die Myristoyl-CoA-N-Myristoyltransferase.

Die ebenfalls dimere ecNOS ist also ein membranständiges Enzym, das über einen Myristoylrest in der Zellmembran verankert ist, und nicht, wie so häufig bei Proteinen, über eine Transmembrandomäne.

Sowohl nc- als auch ecNOS, die nach ihrer (konstitutiven) Transkription und Translation als inaktive Monomere vorliegen, bilden erst Dimere aus, wenn die Bindung von Häm, Tetrahydrobiopterin und L-Arginin zu einer Konformationsänderung der Monomere führt, die erst dann eine Dimerisierung erlaubt. Freilich ermöglicht dies noch nicht den Elektronenfluß, denn dafür ist – wie wir inzwischen wissen – die Ca^{2+}-abhängige Calmodulinbindung notwendig.

Die zuerst aus murinen Makrophagen isolierte **induzierbare NO-Synthase** ist ein cytoplasmatisches, dimeres Enzym mit einer relativen Molekülmasse von 130.000. Auch sie zeigt Ähnlichkeit mit anderen Isoformen (50 bis 60 % identisch mit der oben erwähnten Kleinhirn-ncNOS). Induzierbare humane NO-Synthasen wurden in einer Vielzahl von Zellen wie Hepatocyten, Chondrocyten, Adenokarzinomzellen, Keratinocyten, Bronchialepithelien, glatten Muskelzellen, Endothelzellen und in Makrophagen gefunden. In ruhenden Makrophagen wird praktisch keine iNOS nachgewiesen, erst nach Stimulation wird die Synthese des Enzyms angekurbelt. Dies bedeutet, daß die Menge an codierender iNOS-mRNA in der betreffenden Zelle für Expression und damit Enzymaktivität bestimmend ist. Für die Dimerisierung des Enzyms reicht die Calmodulinbindung an die Monomere nicht aus. Erst die Bindung von Häm, Tetrahydrobiopterin und L-Arginin befähigen das Enzym das enzymatisch aktive Dimer auszubilden.

Tabelle 13.1: Die Nomenklatur der NO-Synthasen ist uneinheitlich. Sie erfolgt entweder deskriptiv (z. B. ncNOS) oder numerisch (z. B. Typ I). Rechts die Lokalisation auf den Human-Chromosomen.

Bezeichnung	Erstbeschreibung	Ca^{2+}/Calmodulin-Abhängigkeit	Chromosom
ncNOS **Typ I**	zuerst in Neuronen identifiziert	von erhöhter Ca^{2+}-Konzentration abhängig	12 29 Exons, 125 kb
ecNOS **Typ III**	zuerst in Endothelzellen identifiziert	von erhöhter Ca^{2+}-Konzentration abhängig	7 26 Exons, 22 kb
iNOS **Typ II**	zuerst in Makrophagen identifiziert	von erhöhter Ca^{2+}-Konzentration unabhängig	17 26 Exons, 37 kb

13.7.4 Stickstoffmonoxid und das Gefäßsystem: Guanylcyclase

1980 zeigte ROBERT FURCHGOTT, daß Acetylcholin nur dann eine Vasorelaxation an Kaninchenaorten verursacht, wenn Endothelzellen vorhanden sind. Er folgerte daraus, daß die Kontraktion der Gefäßmuskelzellen durch einen Botenstoff, den **endothelium-derived relaxing factor (EDRF)** reguliert wird. Sechs Jahre später kamen er und LOUIS IGNARRO unabhängig voneinander zu einer spektakulären Erkenntnis: EDRF ist ein Gas, nämlich Stickstoffmonoxid!

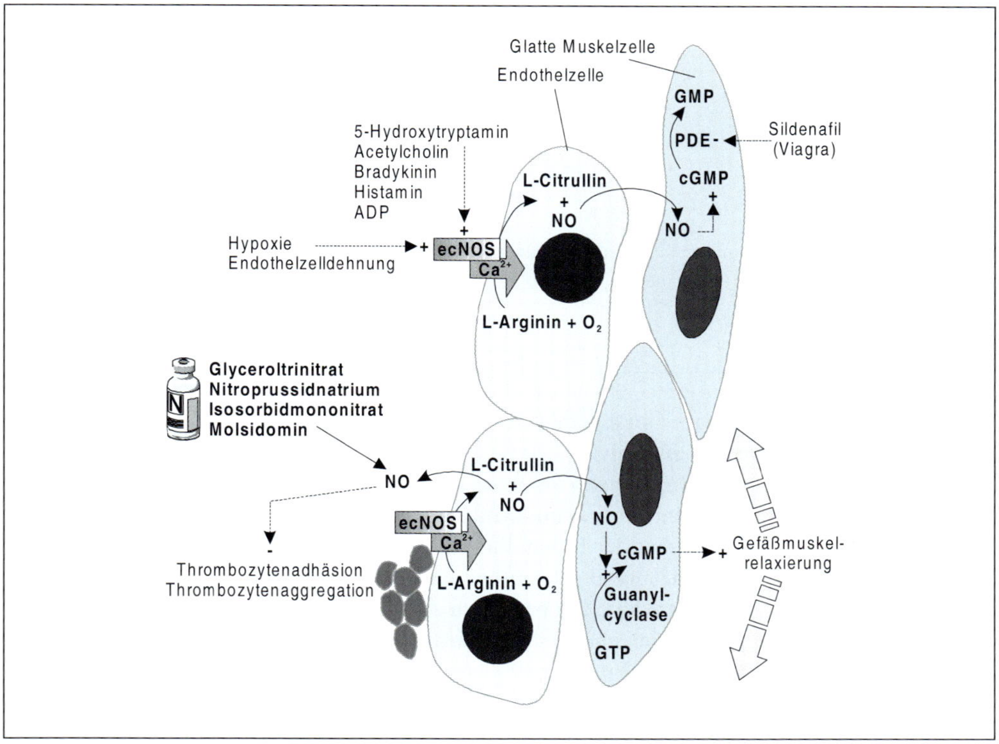

Abb. 13.31: Verschiedene Stoffe wie z. B. Acetylcholin, Histamin oder Bradykinin, aber auch Zustände wie die Hypoxie induzieren einen Ca^{2+}-Einstrom in die Endothelzelle, wo Calciumionen via Calmodulinbindung die membranständige endotheliale NO-Synthase aktivieren. Das daraufhin sythetisierte Stickstoffmonoxid diffundiert einerseits in die benachbarten glatten Gefäßmuskelzellen, andererseits in das Gefäßlumen, wo es einer Thrombocytenaktivierung und einer Granulocytenaggregation entgegenwirkt. In der Muskelzelle wird die cytoplasmatische Guanylcyclase aktiviert, deren Aufgabe die Synthese von cGMP ist. Dieses wiederum vermag die intrazelluläre Ca^{2+}-Konzentration zu senken, was in einer Entspannung (Relaxation) der Muskelzelle einmündet. Die genannten Effekte werden auch über therapeutisch zugeführte Nitrate wie Glyceroltrinitrat erzielt, die hier als „Prodrugs“ fungieren, d. h. sie werden im Organismus durch Cytochrom P450-Reduktasen u. a. in die eigentliche Wirksubstanz, das NO, überführt.

Abb. 13.31 zeigt, daß neben Acetylcholin eine ganze Reihe Substanzen, aber auch Hypoxie und Endothelzelldehnung, die endotheliale NO-Synthase mittels Ca^{2+}-Einstrom aktivieren. Das gebildete NO diffundiert in die glatten Muskelzellen, wo es eine cytoplasmatische, lösliche **Guanylcyclase** durch Bindung an deren Hämgruppe (es entsteht ein Eisen-Nitrosylkomplex) mittels Konformationsänderung aktiviert. Guanylcyclase, ein dimeres Protein, katalysiert die Umwandlung von GTP in 3‘,5‘-cyclo-GMP und Pyrophosphat (analog der cAMP-Bildung). Das cGMP hat Einfluß auf Ionenkanäle, die eine Abnahme der intrazellulären Ca^{2+}-Konzentration herbeiführen und damit eine Relaxation der glatten Muskelzelle erreichen. Einflüsse durch Rauchen, Hyperlipoproteinämie, Diabetes mellitus, Hypertonie oder Entzündung führen über Verminderung der NO-Aktivität zur sogenannten endothelialen Dysfunktion.

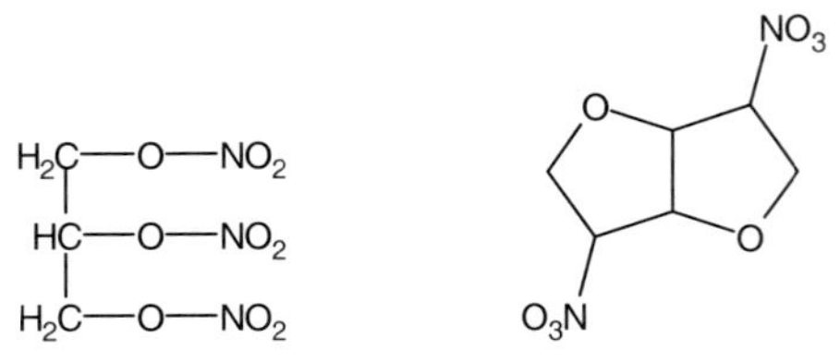

Abb. 13.32: Organische Nitroverbindungen wie Glyceroltrinitrat oder Isosorbiddinitrat spalten im Organismus nach ihrer Biotransformation NO ab. Sie induzieren eine Venenerweiterung, erniedrigen (kurzfristig) den peripheren Widerstand im arteriellen System und heben Spasmen der Koronararterien auf. Ihr Einsatzgebiet ist die Prophylaxe und Linderung von Angina pectoris-Anfällen.

Der Abbau von cGMP im Gefäßgebiet des Penis ist Aufgabe der **Phosphodiesterase 5**, die das cyclische Nukleotid hydrolytisch in GMP spaltet. Wird dieses Enzym z. B. durch den für das Corpus cavernosum relativ selektiven Inhibitor **Sildenafil** (Viagra®) gehemmt, wird die lokale cGMP-Konzentration erhöht. Infolgedessen zeigt das Gefäß eine dauerhafte Vasodilatation, was man sich bei der Behandlung der erektilen Dysfunktion zunutze macht. Eine sexuelle Stimulation setzt lokal im Corpus cavernosum NO frei, das wiederum eine Aktivierung der löslichen Guanylcyclase nach sich zieht. Der zweite Bote cGMP verursacht anschließend eine Relaxation der glatten Muskulatur im Penisschwellkörper, der anschließende Bluteinstrom veranlaßt die Erektion. Phosphodiesterase vom Typ 5 deaktiviert cGMP und steuert somit der Peniserektion entgegen.

Die Wirkungen des endothelialen NO gehen jedoch über die reine Vasodilatation hinaus, indem es endoluminal der Plättchenadhäsion und -aktivierung sowie der Plättchen- und Granulocytenaggregation entgegenwirkt. Ferner wird dem Gas eine antiproliferative Wirkung auf die glatte Gefäßmuskulatur zugeschrieben. Somit zeigt NO auch einen **antithrombotischen Effekt**.

13.7.5 Stickstoffmonoxid und das Nervensystem

Stickstoffmonoxid wird in Nervenzellen des zentralen und des peripher-autonomen Nervensystems durch die neuronale, cytoplasmatische NO-Synthase (ncNOS) synthetisiert. Im zentralen Nervensystem induziert Glutamat als Neurotransmitter ein Ca^{2+}-Einstrom in die postsynaptische Zelle, nachdem es auf **N-Methyl-D-Aspartat-Rezeptoren (NMDA-Rezeptor,** ein Rezeptor, dessen Liganden exzitatorische Aminosäuren wie Glutamat, Aspartat und N-Methyl-D-Aspartat sind) trifft. Calciumionen binden an Calmodulin und aktivieren auf beschriebene Weise die neuronale NO-Synthase. Postsynaptisch gebildetes Stickstoffmonoxid diffundiert in die umliegenden Zellen, also in Neurone und Gliazellen. Hier aktiviert es wiederum die Guanylcyclase, was einen cGMP-Anstieg in den betroffenen Zellen zur Folge hat. Dies kann positive (schützende) oder auch toxische Effekte nach sich ziehen.

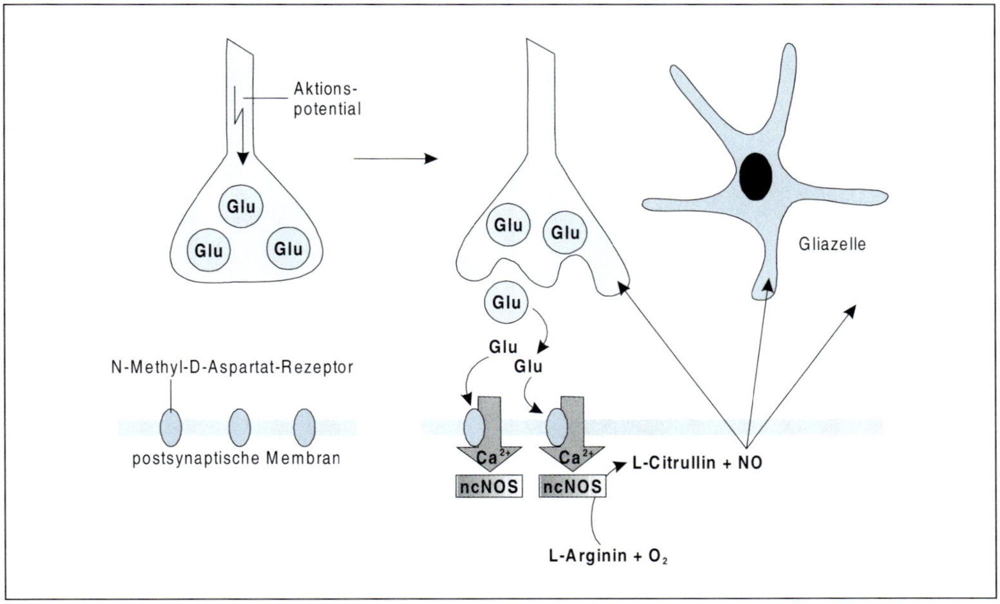

Abb. 13.33: Die Stimulation des N-Methyl-D-Aspartat-Rezeptors durch Glutamat verursacht einen Ca^{2+}-Einstrom in die postsynaptische Zelle. Calciumionen binden an Calmodulin und aktivieren die ncNOS. Gebildetes NO diffundiert in umliegendes Gewebe, wo es unterschiedlichste Wirkungen auf Neurone und Gliazellen zeigt. Man beachte, daß NO auch auf das Glutamat freisetzende, präsynaptische Neuron positiv (verstärkend) rückwirken kann!

Physiologische Eigenschaften scheint NO beim Langzeitgedächtnis und bei der Ausbildung von Synapsen zu besitzen. Ferner hat es Einfluß auf den cerebralen Blutfluß. Hierin begründet sind auch toxische Wirkungen des Gases bei Ischämien des Gehirns („Schlaganfall").

Im peripheren Nervensystem fungiert **NO als Neurotransmitter** der nichtadrenergen, nichtcholinergen Nervenfasern. Die Erregung dieser Neuronen durch NO hat eine Hyperpolarisation und damit Relaxation der Darmmuskulatur und verschiedener Sphinkter zur Folge. Patienten mit Achalasie oder kindlicher (infantiler) hypertropher Pylorusstenose mangelt es an ncNOS in den Neuronen nichtadrenerger, nicht cholinerger Nervenfasern.

Darüber hinaus nehmen diese Nervenfasern Einfluß auf die Peniserektion, da die Corpora cavernosa durch den Einfluß von NO vasodilatiert werden. Wird zu wenig NO gebildet, hat dies möglicherweise eine Impotentia coeundi zur Folge.

13.7.6 Stickstoffmonoxid und das Immunsystem

Durch Cytokine, Erreger oder Erregerbestandteile induzierte NO-Synthase des Makrophagen synthetisiert NO-Mengen, die diejenigen der beiden konstitutiven NO-Synthasen etwa um das Tausendfache übertreffen. Die Cytokinkonzentrationen, die dabei für eine iNOS-Stimulation benötigt werden, differieren von Art zu Art erheblich. Nicht die Calciumionenkonzentration, sondern die Enzymmenge und damit der Umfang der Transkription von iNOS-Genen sowie die Konzentrationen von verfügbaren Coenzymen und dem Substrat L-Arginin entscheiden über die Enzymaktivität.

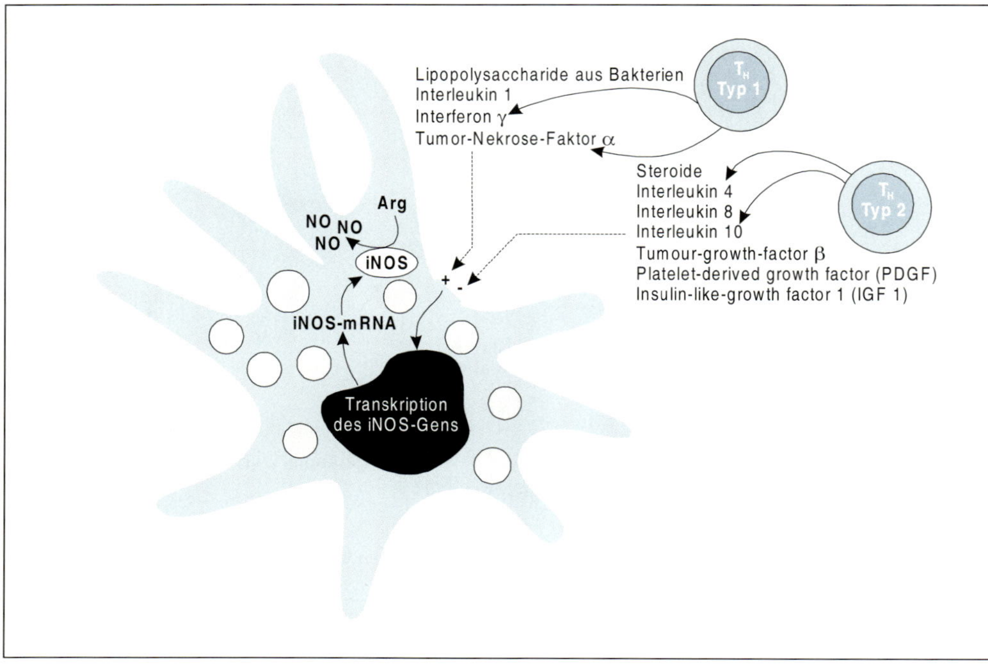

Abb. 13.34: Im Makrophagen wird die Synthese von iNOS via Transkription von mRNA durch Cytokine oder Erregerbestandteile wie Lipopolysaccharid angekurbelt. Die Aktivität des Enzyms wird also durch die Beeinflußung der Transkription seiner Gene gesteuert. Dabei nehmen Lymphocyten Einfluß auf diesen Prozeß. Typ 1-Helfer-T-Lymphocyten, charakterisiert durch ihre Fähigkeit, Tumor-Nekrose-Faktor-β, Interferon γ und Interleukin 2 zu exprimieren, fördern die iNOS-Synthese, Typ 2-Helfer-T-Lymphocyten, definiert über ihr Vermögen die Interleukine 4, 5, 6 und 10 zu synthetisieren, hemmen die iNOS-Bildung.

Auch Tetrahydrobiopterin und NADPH + H^+ werden vom aktivierten Makrophagen vermehrt gebildet, Arginin durch einen transmembranösen Arginintransporter verstärkt in die Zelle aufgenommen. Makrophagen vermögen das Produkt der iNOS-Reaktion, Citrullin, erneut in Arginin umzuwandeln (Recycling-Mechanismus).

In Makrophagen der Maus (und nach neueren Erkenntnissen auch beim Menschen) trägt NO und seine Reaktionsprodukte zur Vernichtung oder Hemmung einer ganzen Reihe von Erregern bei, darunter auch Viren und Mykobakterien (die Erreger von Tuberkulose und Lepra). Dabei scheinen ganz unterschiedliche Mechnismen, abhängig von Erreger und/oder umgebenden Milieu zur Abwehr beizutragen. Reines NO z. B. behindert das Wachstum von *E. coli* und *Listeria monocytogenes*. Bei Anwesenheit von Sauerstoff und Wasser können sich Nitrite (NO_2^-) bilden, die wiederum im sauren Milieu der Phagolysosomen insbesondere Mykobakterien angreifen, aber auch Pseudomonaden.

Deutlich effektiver in seiner virustatischen, bakteriziden und parasitiziden Wirkung als NO selbst sind **S-Nitrosothiole**, namentlich S-Nitrosoglutathion (GS-NO) und S-Nitrosocystein. Diese Verbindungen setzen als reaktives Agens das **Nitrosylkation NO^+** frei, das mittels trans-Nitrosierung Thiolgruppen von Proteinen oder Enzymen (R-SH) angreift:

$$GSNO + RSH \xrightarrow{NO^+} GSH + RSNO \tag{13.5}$$

Empfindlich gegenüber diesem Mechanismus sind Salmonellen, *Clostridium perfringens* und der Erreger der Malaria, *Plasmodium falciparum*.

Monocyten und aktivierte Makrophagen produzieren überaus aktive Sauerstoffderivate, z. B. das Superoxidanion O_2^-, Wasserstoffperoxid H_2O_2 oder Hydroxylradikale. Diese können in Synergie mit NO die antioxidativen Reserven des Erregers aufbrauchen und ihn dann für Oxidationen angreifbar machen. Andererseits können die Sauerstoffabkömmlinge mit NO reagieren und dabei aggressive Produkte bilden, so z. B. das **Peroxynitrit ONOO⁻**:

$$O_2^- + NO \longrightarrow ONOO^- \tag{13.6}$$

Aus Peroxynitrit können mit dem **Hydroxylradikal** und **Stickstoffdioxid** (ebenfalls ein Radikal) sehr potente Oxidationsmittel freigesetzt werden:

$$ONOO^- + H^+ \longrightarrow HO^\bullet + NO_2^\bullet \tag{13.7}$$

Diese Radikale verändern nun funktionell wichtige Thiol-, Amino-, Hydroxyl- oder Phenylgruppen in Strukturproteinen oder Enzymen (z. B. Aconitase oder Glutamin-Synthetase) und zerstören irreversibel deren Funktionsfähigkeit. Auch Lipide und DNA gelten als Ziele von Hydroxylradikalen und Stickstoffdioxid. Peroxynitrit-vermittelte Bakterizidie ist besonders effektiv gegenüber *E. coli* und *Salmonella typhimurium*.

Neben den schützenden Eigenschaften der iNO-Synthaseaktivität müssen auch nachteilige, ja mitunter tödliche Effekte dieses Enzyms genannt werden. Im Verlauf einer **Sepsis** kommt es durch Bestandteile der Sepsiserreger und Mediatoren der Entzündungsreaktion zu einer Aktivierung der iNOS in Endothel- und glatten Muskelzellen. Die Folge ist eine Gefäßdilatation, die zwar die Organperfusion mit Blut im Rahmen einer physiologischen Reaktion verbessert. Da die NO-Synthese aber exzessive und dauerhafte Dimensionen annimmt, wird die Gefäßdilatation unkontollierbar und mündet in einen Schock mit Kreislauf- und nachfolgendem Organversagen (Schockorgane sind Lunge, Niere, Darm, Leber) ein.

13.8 Literatur

(1) Beato, M., Herrlich, P., Schütz, G.: Steroid hormone receptors: Many actors in search of a plot. Cell Vol. 83, S. 851 – 857 (1995).

(2) Berg, J. M.: DNA binding specifity of steroid receptors. Cell Vol. 57, S. 1065 – 1068 (1989).

(3) Bredt, D. S., Snyder, S. H.: Nitric oxide: A physiologic messenger molecule. Annu. Rev. Biochem. S 175 – 195 (1994).

(4) Cohen, G.B., Ren, R., Baltimore, D.: Modular binding domains in signal transduction proteins, Cell Vol. 80, S. 237 - 248 (1996).

(5) Fantl, W. J. et al.: Signaling by receptor tyrosine kinases, Annu. Rev. Biochem. 62, S. 453 – 481 (1993).

(6) Heldin, C.-H.: Dimerization of cell surface receptors in signal transduction, Cell Vol. 80, S. 213 - 223 (1995).

(7) Hill, C.S., Treisman, R.: Transcriptional regulation by extracellular signals: mechanisms and specificity, Cell Vol. 80, 199 - 211 (1995).

(8) Hunter, T.: Protein kinases and phosphatases: The Yin and Yang of protein phosphorylation and signaling. Cell Vol. 80, S. 225 - 236 (1995).

(9) Laufs, U., Erdmann, E.: Stickstoffmonoxid als Signalmolekül im Herz-Kreislaufsystem. Dtsch. med. Wschr. 123, S. 1562 – 1565 (1998).
(10) MacMicking, J. et al: Nitric oxide and macrophage function. Annu. Rev. Immunol. S. 323 – 350 (1997).
(11) Mangelsdorf, D. J. et al.: The nuclear receptor superfamiliy: The second decade. Cell Vol. 83, S. 835 – 839 (1995).
(12) Marletta, M. A.: Nitric oxide synthase: Aspects concerning structure and catalysis. Cell Vol. 78, S. 927 – 930 (1994).
(13) Marshall, C. J.: Specificty of receptor tyrosin kinase signaling: transient versus sustained extracellular signal-regulated kinase activation. Cell Vol. 80, S. 179 - 185 (1995).
(14) Mortimer, C. E.: Chemie. S. 434 – 435. Thieme Verlag, 6. Auflage (1996).
(15) Nathan, C., Xie, Q.: Nitric oxide synthases: Rolls, tolls, and controls. Cell Vol. 78, S. 915 – 918 (1994).
(16) Neer, E.: Heterotrimeric G-Proteins: Organizers of transmembrane signals. Cell Vol. 80, 249 - 257 (1995).
(17) Pratt, W. B., Dittmar, K. D.: Studies with purified chaperons advance the understanding of the mechanism of glucocorticoid receptor-hsp 90 heterocomplex assembly. TEM Vol. 9, S. 244 – 252 (1998).
(18) Quon, M. J. et al.: Insulin signal transduction pathways. TEM Vol. 5, S. 369 – 376 (1994).
(19) Rolf, C., Nieschlag, E.: Sildenafil (Viagra®) bei erektiler Dysfunktion. Dtsch. med. Wschr. 123, S. 1356 – 1361 (1998).
(20) Schäffer et al.: Stickstoffmonoxid: Mediator der Gewebsreparation? Dtsch. med. Wschr. 122, S. 339 –345 (1997).
(21) Schmidt, H. W., Walter, U.: NO at work. Cell Vol. 78, S. 919 – 925 (1994).
(22) Stamler, J. S.: Redox signaling: Nitrosylation an related target interactions of nitric oxide. Cell Vol. 78, S. 931 – 936 (1994).
(23) Tonks, N.K., Nell, B. G.: From form to function: signaling by protein tyrosine phosphatases. Cell Vol. 87, S. 365 - 368 (1996).
(24) Yenush, L., White, M.: The IRS-signaling system during insulin and cytokine action. BioEssays Vol. 19, 491 - 500 (1997).

14 Hormone

14.1 Allgemeine Grundlagen der Endokrinologie

Komplexe Organismen wie die Säugetiere benötigen bestimmte Strukturen, welche die Übertragung von Informationen zwischen Organen und Geweben ermöglichen. Erst dadurch wird die Steuerung und Koordination einzelner Organsysteme und die Anpassung ihrer Leistungen an die Bedürfnisse des Individuums gewährleistet. Zwei Organsysteme sind im Tierreich vornehmlich mit diesen Aufgaben betraut, das Nervensystem und das endokrine System.

Das endokrine System ist die Gesamtheit der Organe, Gewebe und Zellen, welche chemische „Botenstoffe" als Informationsträger produzieren und zur Übermittlung der Botschaft auf den Weg schicken. Die **chemischen Botenstoffe** wollen wir zunächst ohne weitere Differenzierung **Hormone** nennen. Die Transmitter der neuronalen Synapsen sollen von dieser Definition ausgenommen werden. Der „Weg", den die Hormone zum Überbringen der Botschaft wählen, ist in der Regel die **Blutbahn**. Das Ziel eines Hormons, also der Empfänger der Nachricht, wird als Ziel- oder **Erfolgsorgan** bezeichnet.

Woher weiß der „Bote", wer unter den vielen möglichen Empfängern für seine Botschaft der richtige ist? Und umgekehrt, wie kann das Erfolgsorgan entscheiden, welcher der vielen Boten im Blut eine für das Organ relevante Nachricht mit sich führt? Nun, die Zielorgane besitzen ähnlich wie die Enzyme für deren Substrat eine spezifische Bindungsstelle für ihren Boten. Diese Bindungsstelle ist also eine chemische Struktur, in die sich ein Hormon einfügen kann wie ein Schlüssel in das passende Schloß. Sie ist synonym mit dem Begriff **Rezeptor** (recipere lat. aufnehmen), wie wir ihn im vorherigen Kapitel kennengelernt haben.

Welche Organe aber stellen Hormone her und entlassen sie in das Kreislaufsystem? Es sind die **endokrinen** (endon gr. innen und krinein gr. trennen) Drüsen und Gewebe bzw. Zellen, welche die Hormone produzieren und sie dann zur Informationsübertragung freigeben. Sie besitzen im Gegensatz zu den exokrinen Drüsen keinen Ausführungsgang, durch den sie ihr Produkt (Hormon) entlassen. So ist beispielsweise das Pankreas sowohl eine exokrine als auch eine endokrine Drüse. Während die Vorstufen der Verdauungsenzyme wie Trypsinogen über den Ductus pancreaticus (Pankreasgang) in den Darm gelangen, entlassen die LANGERHANSschen Inseln ihre Hormone Insulin und Glucagon direkt in die umgebenden Kapillaren.

Endokrine Drüsen sind hierarchisch strukturiert, d. h. sie bekommen durch Hormone übergeordneter Drüsen den „Befehl", ihrerseits Hormone an die Zielorgane abzuschicken. Man spricht von der **Hierarchie der Hormone** und ihrer jeweiligen Drüsen. Wir können uns bereits hier merken, daß die oberste Schaltstelle des endokrinen Systems der **Hypothalamus** ist. Dieser ist ein Teil des Zwischenhirns und empfängt wiederum nervale Impulse aus anderen Bereichen des Gehirns. Er ist somit nicht nur die oberste Instanz des endokrinen Systems, sondern gleichzeitig auch ein Integrationszentrum von Hormon- und Nervensystem. Dem Hypothalamus als Drüse nachgeordnet ist die **Hypophyse** oder **Hirnanhangdrüse**. Die Hypophyse steuert mit ihren sogenannten **glandotropen Hormonen** (glandula lat. Drüse) die meisten peripheren Drüsen. Diese setzen letztlich das Endhormon frei, welches dann das Erfolgsorgan beeinflußt. Abb. 14.1 macht deutlich, daß Nerven- und endokrines System keineswegs getrennt voneinander agieren, sondern daß beide Systeme Hand in Hand ihre Zielorgane beeinflussen. Weiterhin fällt auf, daß nicht alle Erfolgsorgane von den glandotropen Hormonen der Hypophyse gesteuert werden. Beispielsweise unterliegen die Nebenschilddrüsen und das Pankreas nicht ihrer Kontrolle. Welche Regelmechanismen bei diesen Organen zum Tragen kommen, werden wir in den kommenden Abschnitten besprechen.

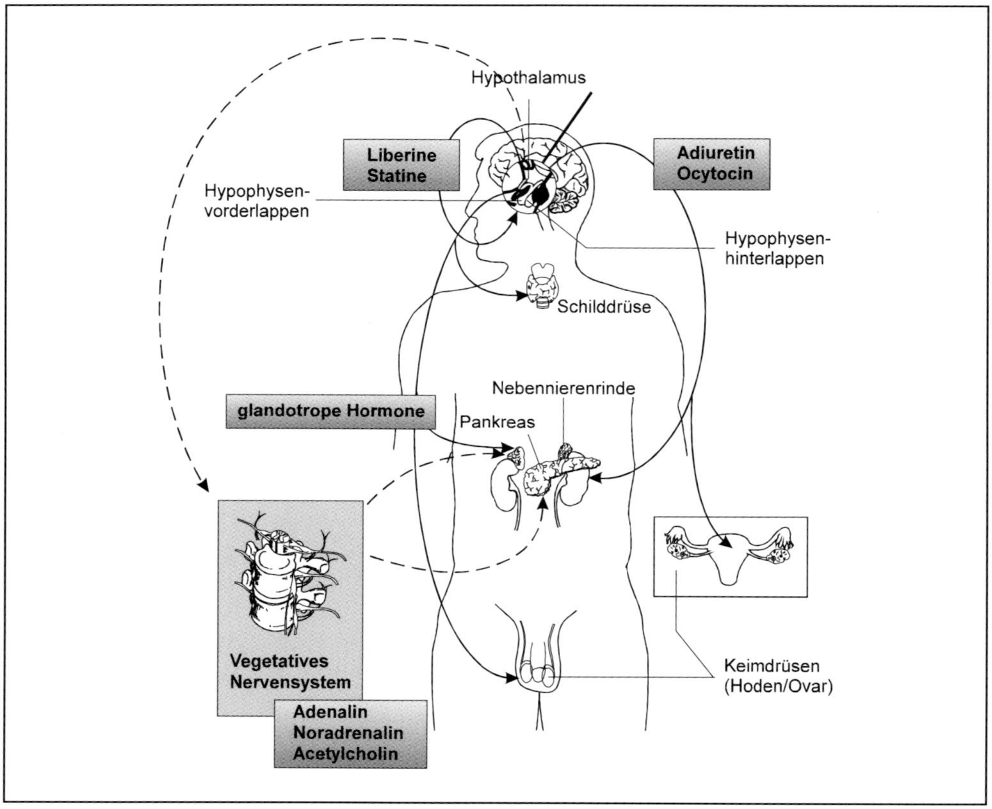

Abb. 14.1: Die Hierarchie des endokrinen Systems. Der Hypothalamus nimmt mit seinen Liberinen und Statinen Einfluß auf den Hypophysenvorderlappen. Zwei Hypothalamushormone, Adiuretin und Ocytocin, werden via Hypophysenhinterlappen in den Blutkreislauf sezerniert und wirken direkt auf ihre Endorgane (Niere und Uterus sind hier als Beispiele angeführt). Der Hypophysenvorderlappen setzt die sogenannten glandotropen Hormone frei, die wiederum die ihnen untergeordneten Drüsen regulieren. Zu ihnen gehören die Schilddrüse, die Nebennierenrinde und die Keimdrüsen (Hoden als Beispiel angegeben). Über den Hypothalamus besteht eine Verknüpfung zum vegetativen Nervensystem, welches wiederum mit seinen Neurotransmittern (Noradrenalin und Acetylcholin) auf Organe wie das Pankreas und das Nebennierenmark wirkt (gestrichelte Pfeile). Das Adrenalin wird vom Nebennierenmark in die Blutbahn sezerniert und zeigt damit die typischen Eigenschaften eines Hormons. Das Nebennierenmark kann jedoch als Teil des vegetativen Nervensystems angesehen werden und steht auch unter dessen direktem Einfluß, so daß das Adrenalin als „Hormon" des vegetativen Nervensystems aufgeführt ist. Endokrines System und vegetatives Nervensystem regulieren Kreislauf, Stoffwechsel, Wachstum, Wärme-, Salz- und Wasserhaushalt, sowie Ernährung und Sexualität.

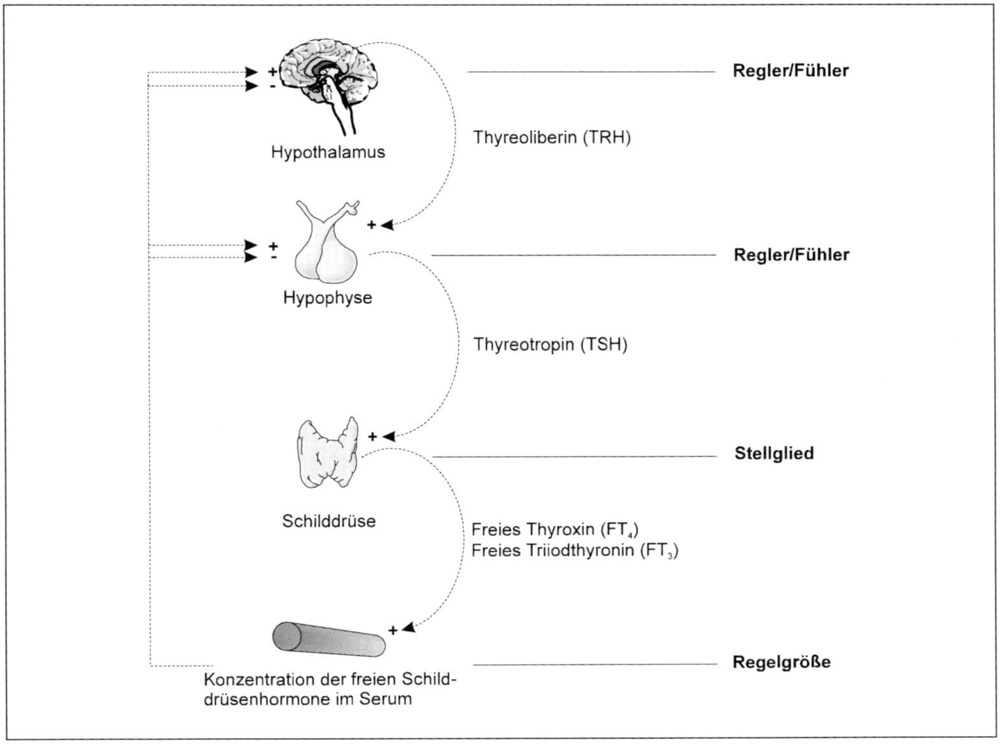

Abb. 14.2: Endokriner Regelkreis, hier am Beispiel der Schilddrüse. Als übergeordnete Drüsen fungieren Hypothalamus und Hypophyse. Die Regelgröße, also die „auszubalancierende" Größe, ist die Konzentration der freien Schilddrüsenhormone. Der größte Teil des Thyroxins und auch des Triiodthyronins sind an Serumproteine gebunden, jedoch wirkt nur der freie (ungebundene) Anteil auf die übergeordneten Drüsen zurück. Pfeile mit einem „+" symbolisieren fördernde, solche mit einem „-" hemmende Einflüsse. Man beachte, daß ein Absinken der Regelgröße die Stimulation (+) von Hypophyse und Hypothalamus nach sich zieht, während eine erhöhte Konzentration im Gegenzug hemmend (-) zurückwirkt. Über die Schilddrüsenhormone werden wir in Abschitt 14.4 mehr erfahren.

Die Hypophyse läßt sich anatomisch in Vorder- und Hinterlappen differenzieren. Abb. 14.1 nimmt schon vorweg, daß die Hormone des Hinterlappens Adiuretin und Ocytocin offenbar direkt auf die Erfolgsorgane einwirken. Sie werden daher auch nicht zu den glandotropen Hormonen des Vorderlappens gezählt.

Wir müssen nun auf einen wichtigen Begriff der Kybernetik (kybernetes gr. Steuermann) zu sprechen kommen, den Regelkreis. Ein **Regelkreis** ist ein Steuerungs- und Kontrollsystem, welches dem Zweck dient, den **Istwert** einer zu regelnden Größe, eben der **Regelgröße**, konstant zu halten. Als Beispiele für eine Regelgröße seien hier die Körpertemperatur und die Blutglucosekonzentration genannt. Weicht der **Istwert** vom Sollwert der Regelgröße ab, so wird dies von einem Fühler erfaßt und einem Regler gemeldet. Äußere Einflüsse, die eine solche Verschiebung des Istwertes vom Sollwert verursachen, nennen wir **Störgrößen**. Bei endokrinen Systemen ist die Regelgröße entweder eine bestimmte Hormonkonzentration oder die Konzentration eines regulierten Stoffes im Blut, z. B. Glucose oder Calcium. Häufig ist der Hypothalamus in der Rolle des Reglers, die aber auch eine periphere Drüse selbst übernehmen kann, so z. B. das Pankreas. Wir wollen uns diesen Sachverhalt anhand der Abb. 14.2 verdeutlichen. Liegt der Istwert höher als der Sollwert, so wird die Aktivität der übergeordneten Drüsen (in der Regel Hypothalamus und Hypophyse) über eine sogenannte **negative Rückkopplung** gebremst. Ist er zu niedrig, erfolgt dagegen eine konträre Reaktion, d. h. der Regler wird dazu angeregt, seinerseits Hormone verstärkt auszuschütten. Diese „weisen dann untergeordnete Drüsen an", mehr peripheres Hormon zu bilden (in Abb. 14.2 sind das die Schilddrüsenhormone). In einfachen Regelkreisen wirken die vom Regler freigesetzten Hormone direkt auf die Regelgröße ein (in Abb. 14.2 ist das die Schilddrüsenhormonkonzentration). Die in Abb. 14.2 aufgeführten Hormone werden im einzelnen später vorgestellt.

Zum Abschluß dieses Abschnitts soll eine **Einteilung der Hormone** vorgenommen werden. Bisher sind wir immer davon ausgegangen, daß es für alle Hormone klar abgrenzbare Drüsen gibt. Auch haben wir festgestellt, daß Hormone über den Kreislauf an ihre Erfolgsorgane gelangen. Diese Aussagen treffen indessen nicht für alle Hormone zu. So gibt es Hormone, die nicht von Drüsen, sondern von spezialisierten Einzelzellen synthetisiert werden. Diese Einzelzellen sind über ein bestimmtes Gewebe verteilt, so daß ihre „Boten" auch als **Gewebshormone** bezeichnet werden. Sie gelangen in der Regel über Diffusion durch das Interstitium zu ihren Zielorganen. Diese Art der Hormonfreisetzung und -verteilung wird **parakrin** (para gr. neben) genannt, um sie von der endokrinen Sekretion der Drüsenhormone abzugrenzen.

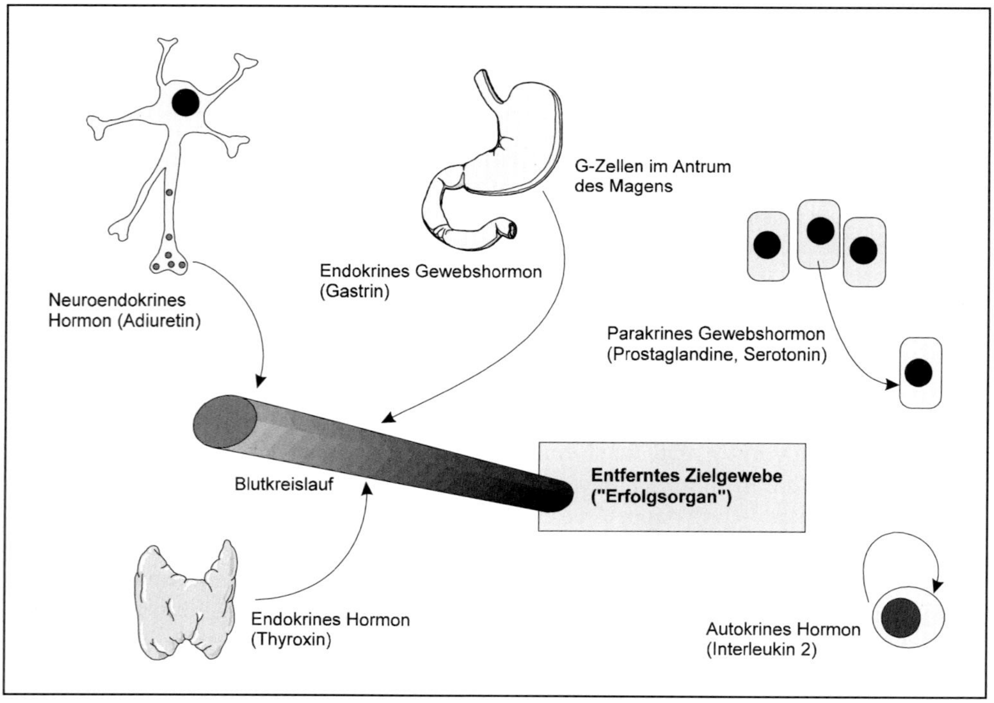

Abb. 14.3: Die verschiedenen Wege der Hormonfreisetzung mit entsprechenden Beispielen. Bei der autokrinen Sekretion wirkt das sezernierte Hormon auf seine Mutterzelle selbst zurück, d. h. die „Drüsenzelle" ist gleichzeitig Zielzelle. Autokrine Sekretion findet wir bei z. B. bei T-Helfer-Lymphocyten, die sich mit dem Interleukin 2 selbst aktivieren.

Hormone

Peptidhormone	Glykoproteine	Tyrosinderivate	Steroidhormone
Insulin	Follitropin	Thyroxin	Estradiol
Glucagon	Lutropin	Triiodthyronin	Testosteron
Parathyrin	Thyreotropin	Adrenalin	Cortisol
Calcitonin			Aldosteron
Thyreoliberin (TRH)			

Abb. 14.4: Strukturelle Klassifizierung der Hormone. Ausgewählte Vertreter der einzelnen Klassen sind aufgeführt. Thyroxin, Triiodthyronin sowie Adrenalin leiten sich von der Aminosäure Tyrosin ab.

Allerdings können auch Gewebshormone in die Blutbahn abgegeben werden wie z. B. Sekretin aus den S-Zellen des Duodenums. Daneben existieren hormonähnliche Stoffe, die weder von einer Drüse noch von Zellen eines einzelnen abgegrenzten Gewebes hergestellt werden. Man findet sie dagegen in verschiedenen Geweben, wo sie von Einzelzellen erzeugt werden. Sie wirken lokal auf benachbarte Zellen ein und werden schnell inaktiviert. Für diese Substanzen hat sich der Begriff **Mediatoren** eingebürgert. Klassische Mediatoren sind die Prostaglandine.

Hormone lassen sich aber auch strukturell klassifizieren. Es werden grundsätzlich vier Hormonklassen unterschieden, wie Abb. 14.4 zeigt.

14.2 Hormone der Hypophyse

Die Hypophyse läßt sich anatomisch und funktionell in zwei Teilbereiche gliedern, den **Hypophysenvorderlappen,** auch **Adenohypophyse** genannt, und den **Hypophysenhinterlappen**, auch als **Neurohypophyse** bezeichnet.

Die Steuerung der Adenohypophyse erfolgt durch Hormone des Hypothalamus. Je nach stimulierender oder hemmender Wirkung auf die **Adenohypophyse** werden die entsprechenden Hypothalamushormone **Liberine** oder **Statine** genannt. (Aus dem Englischen sind auch noch die Bezeichnungen „releasing factors“ bzw. „inhibiting factors“ in Gebrauch. Auch sie gelangen durch Neurosekretion über den axonalen Transport in die Hypophyse. Gebildet werden die Liberine und Statine in den neurosekretorischen Nervenzellen der Nuclei ventromedialis, dorsomedialis und infundibularis des Hypothalamus. Im Gegensatz zu den beiden Hormonen der Neurohypophyse werden jedoch Liberine und Statine nicht direkt in den Körperkreislauf entlassen, sondern gelangen über Portalvenen (Pfortadersystem) erst in das Gefäßnetz des Hypophysenvorderlappens. Dort veranlassen sie dann die Freisetzung der Adenohypophysenhormone, welche auch als **glandotrope Hormone** bezeichnet werden.

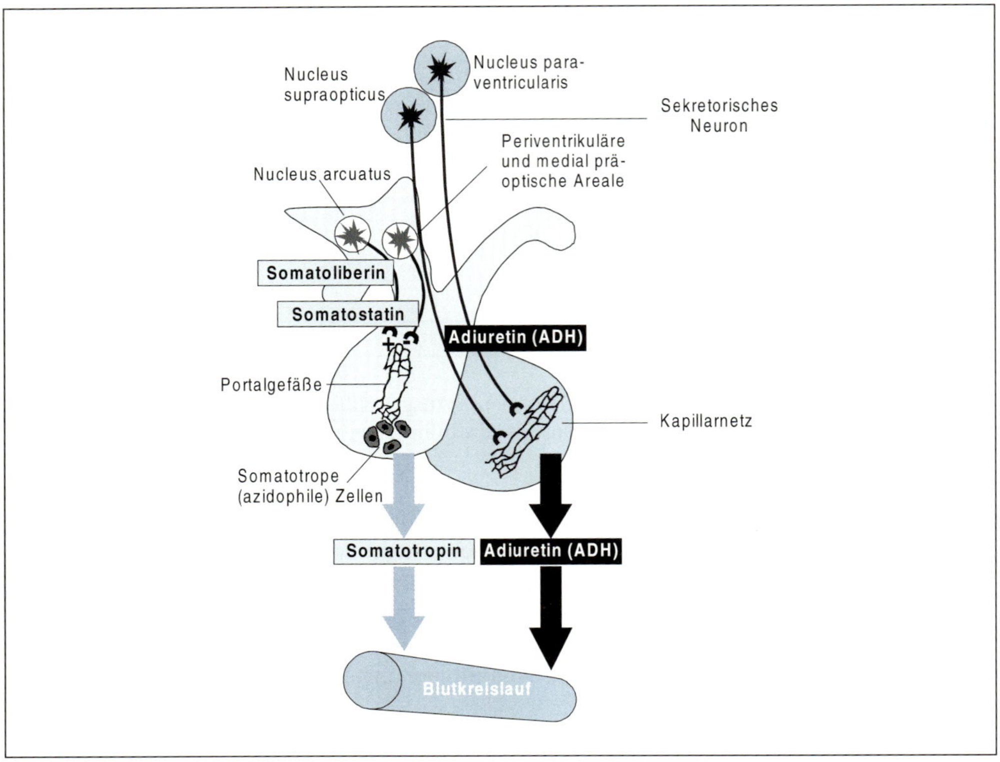

Abb. 14.5: Das Hypothalamus/Hypophysen-System am Beispiel der Hormone Somatotropin und Adiuretin. Links finden wir im helleren Farbton die Adenohypophyse, rechts die Neurohypophyse. Die Abgabe der Adenohypophysenhormons Somatotropin (auch Wachstumshormon genannt) steht unter der Kontrolle des Hypothalmus, der fördernd (Somatoliberin) bzw. hemmend (Somatostatin) auf die Sekretion der Hypophyse einwirkt. Die beiden Hypothalamushormone werden in Nervenzellen des Nucleus arcuatus (die Abbildung zeigt stellvertretend für alle Neurone des Kerns nur eine Nervenzelle) bzw. in periventrikulären Kerngebieten synthetisiert. Ihre Axone enden an Kapillaren der Emimentia mediana (oberes Kapillarbett), in die die Liberine und Statine sezerniert werden. Über die Portalgefäße zwischen dem Kapillarnetz der Eminentia mediana und der Adenohypophyse gelangen sie an die sekretorischen Zellen der Adenohypophyse, hier die somatotropen (azidophil anfärbbaren) Zellen. Adiuretin gelang direkt aus den Axonen der Neurone der Nuclei supraopticus und paraventricularis in das Kapillarbett der Neurohypophyse und findet so Anschluß an den Blutkreislauf.

Die Ausschüttung der Hypothalamushormone wird mittels Rückkopplung durch das Endhormon oder durch die glandotropen Hormone des Hypophysenvorderlappens geregelt. Wir werden die Hypothalamushormone im Zusammenhang mit ihren Hypophysenhormonen besprechen. Die Adenohypophyse bildet eine ganze Reihe von Hormonen, die sich in zwei Gruppen unterteilen lassen. Die erste Gruppe besteht aus **Proteinen** bzw. **Peptiden** und umfaßt folgende Hormone: Melanotropin (MSH), Corticotropin (ACTH, Adrenocorticotropes Hormon), Somatotropin (STH) und Prolactin. Die zweite Gruppe umfaßt **Glykoproteine** mit relativen Molekülmassen von 28.000 bis 34.000, die jeweils aus einer α- und einer β-Kette bestehen. In diese Gruppe gehören das Lutropin (LH), das Follitropin (FSH) und das Thyreotropin (TSH), sowie in geringem Umfang auch das humane Choriongonadotropin HCG.

Die Hormone der Neurohypophyse, **Adiuretin** und **Ocytocin**, müßten eigentlich als Hypothalamushormone angesprochen werden. Beide Hormone werden zwar von der Neurohypophyse, die als Stapel- und Abgabeorgan fungiert, in den Blutkreislauf sezerniert, aber in Perikaryien von Nervenzellen des Hypothalamus synthetisiert. Der Hypothalamus zeichnet sich durch eine recht eigenwillige Form der Hormonabgabe aus, die als **Neurosekretion** bekannt ist. Unter Neurosekretion versteht man Bildung, Transport und Freigabe von Hormonen durch Nervenzellen.

14.2.1 Ocytocin

Beide Hormone, Ocytocin und Adiuretin (Vasopressin) werden im Endoplasmatischen Reticulum von auf Neurosekretion spezialisierten Neuronen synthetisiert und über den Golgi-Apparat in membranumschlossene Granula verpackt. Anschließend wandern diese Hormongranula in den Axonen zu den Nervenendigungen, wo sie dann in das Blut einer benachbarten Kapillare übertreten. Diese Art des Hormontransports nennt man **axoplasmatischen Transport**. Adiuretin und Ocytocin entstammen Nervenzellen aus dem Nucleus supraopticus bzw. Nucleus paraventricularis des Hypothalamus. Sie werden in der Neurohypophyse aus den Nervenendigungen dieser Neuronen direkt in den Körperkreislauf freigesetzt. Beide Hormone sind **Nonapeptide** (nona gr. neun), die jeweils über eine Disulfidbrücke verfügen (Abb. 14.6)

Ocytocin wird an das Carrierprotein Neurophysin I gebunden, in der Nervenendigung gespeichert und auf bestimmte Reize hin freigesetzt. Als Stimuli dienen Uterusdehnungen, mechanische Mamillenreizung (Saugen des Säuglings) an der Mamma sowie emotionale Einflüsse. An Plasmaproteine gebunden gelangt es dann an seine Erfolgsorgane bzw. -gewebe, die Uterusmuskulatur, die myoepithelialen Zellen der Brustdrüse und die Gefäßmuskulatur. Die Halbwertszeit des Ocytocins beträgt nur etwa 3 Minuten, es wird in Leber, Niere und Mamma abgebaut. Estrogene sensibilisieren die Uterusmuskulatur für Ocytocin, Progesteron bewirkt das Gegenteil. Besonders während der Schwangerschaft und Lactation ist der Ocytocinspiegel im Blut erhöht. Ocytocin steigert sowohl die Wehenfrequenz als auch die Wehenamplitude der Gebärmutter. Dementsprechend besitzt es auch pharmakologisches Interesse. Per infusionem wird es der Schwangeren zur **Weheninduktion** bzw. –regulation verabreicht.

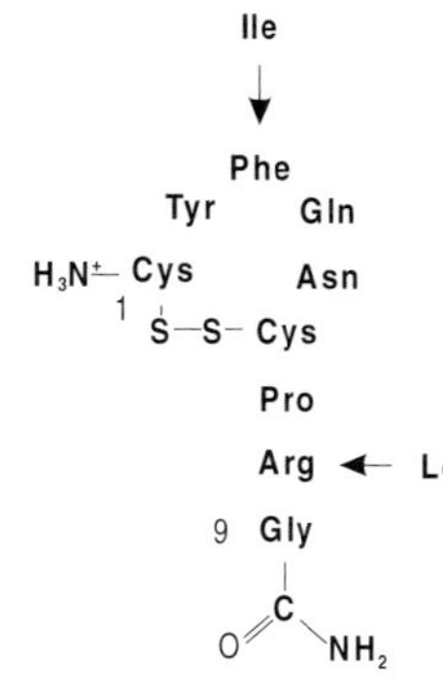

Abb. 14.6: Die Struktur der Hypophysenhinterlappenhormone (besser: Hypothalamushormone) Adiuretin und Ocytocin. Beide Peptide unterscheiden sich nur an zwei Stellen durch jeweils einen Aminosäureaustausch. Beim Ocytocin ersetzt Isoleucin Phenylalanin und Leucin Arginin.

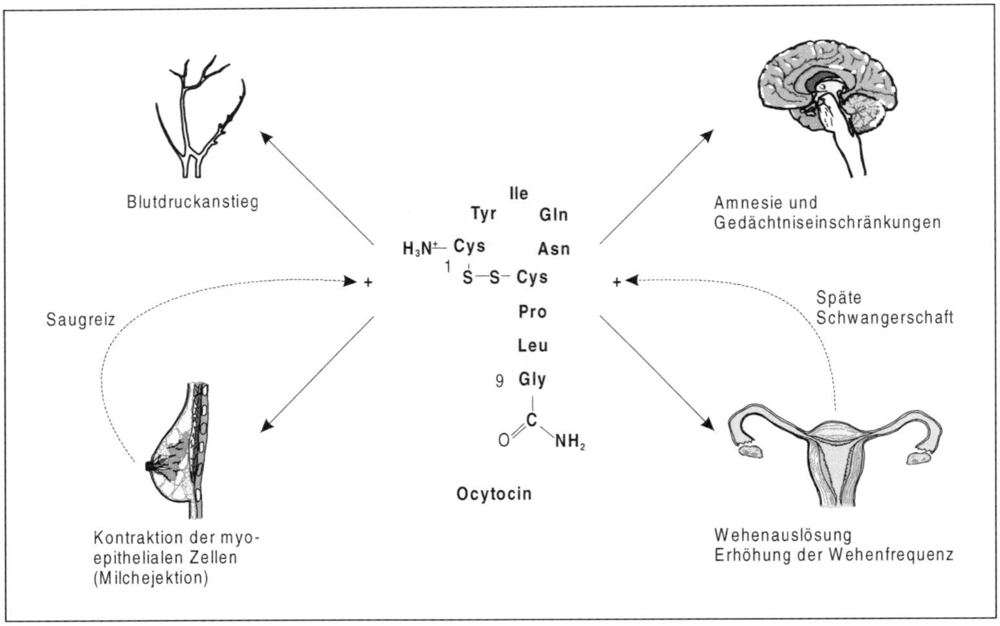

Abb. 14.7: Die Wirkungen des Ocytocins.

Eine orale Gabe des Hormons kommt nicht in Frage, da es als Peptid empfindlich gegenüber Peptidasen des Verdauungstraktes ist. An der laktierenden Mamma fördert Ocytocin durch Kontraktion der myoepithelialen Zellen in den Milchgänge die Milchejektion. Über seine Wirkung auf die Gefäßmuskulatur kann es den Blutdruck steigern.

14.2.2 Adiuretin (Vasopressin)

Die Struktur des Adiuretins ist bereits in Abb. 14.6 dargelegt worden. Das wichtigste Erfolgsorgan des **Adiuretins** ADH ist die Niere. Von den Neuronen des Hypothalamus genauso in die Blutbahn entlassen (Neurophysin II ist das entsprechende Protein, an das gebunden Adiuretin gespeichert werden kann) wie Ocytocin, entfaltet das Hormon seine Wirkung an den distalen Tubuli und den Sammelrohren der Niere.

Unter den drei Rezeptoren V_{1a}, V_{1b} und V_2, die die unterschiedlichen Effekte des Adiuretins (**V**asopressins, daher **V**-Rezeptor) weiterreichen, ist V_2 derjenige, der an der Sammelrohrzelle der Niere vertreten ist. Dieser Rezeptor weist sieben Transmembrandomänen auf, flankiert von drei extra- und vier intrazellulären Domänen. Lokalisiert ist er an der basolateralen Seite (an der Blutseite) der Epithelzelle. G-Protein-vermittelt tritt cAMP als zweiter Bote auf und aktiviert die Proteinkinase A, die eine Insertion von Wasserkanälen in der apikalen (luminalen) Membran der Zelle bewirkt. Die Wasserkanäle, **Aquaporine** genannt, bilden eine Familie, von denen fünf dieser Membranproteine beim Menschen (u. a. im Erythrocyten und in der Augenlinse) gefunden wurden. Lediglich ein Aquaporin ist sensitiv für Adiuretin, das **Aquaporin 2**. Im Epithel des Sammelrohrs findet man Aquaporin 2 in der apikalen Zellmembran und im Cytoplasma, wo es in bestimmten Vesikeln, den **Aggraphoren** gespeichert wird. Auf Adiuretineinfluß hin werden die Aggraphoren zur apikalen (luminalen) Zellmembran transloziert und dort unter Einbau des Aquaporins 2 integriert.

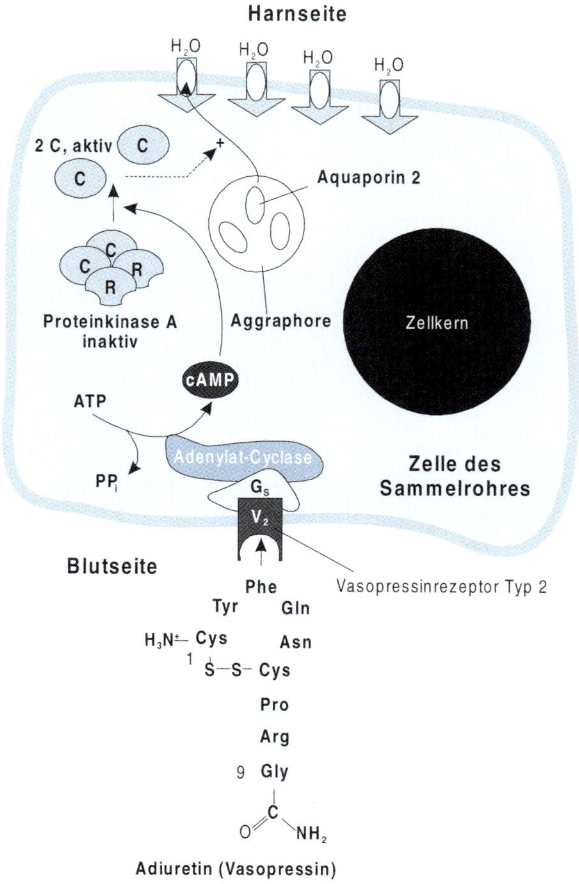

Abb. 14.8: Adiuretin induziert über den V_2-Rezeptor und den G-Protein-cAMP-Proteinkinase A-Signalweg die Synthese (vermutlich) und den Einbau von Aquaporin 2-Wasserkanälen in die apikale Membran der Sammelrohrzelle. Dadurch ist ein deutlich erhöhter Wassereinstrom in die Zelle möglich (Antidiurese). Aquaporin 2 wird in bestimmten Vesikeln, den Aggraphoren, gespeichert. Wie Wasser unabhängig von Adiuretin die Zelle auf der basolateralen (Blut)seite durch die Aquaporine 3 und 4 verläßt, ist noch unklar.

Möglicherweise fördert Adiuretin auch die de novo-Synthese von Aquaporin 2. Interessanterweise wird in Abwesenheit von Adiuretin bzw. bei Anwesenheit von Adiuretinantagonisten die Anzahl der V_2-Rezeptoren vermindert, d. h. sie werden herunterreguliert und infolgedessen der Wasserimport an der luminalen Seite vermindert. Eine verstärkte Diurese ist die Folge dieser Konstellation. Adiuretin fördert also die Wasserrückresorption und hemmt somit die Diurese (A-diure-tin). Die Ausschüttung des Adiuretins wird folglich über die Osmolalität des Blutes gesteuert, wobei Osmorezeptoren im vorderen Hypothalamus außerhalb der Blut/Hirn-Schranke als „Fühler" fungieren. Wasserüberschuß (niedrige Osmolalität) hemmt die Freisetzung des Hormons, ein Wassermangel (hohe Osmolalität) bewirkt das Gegenteil.

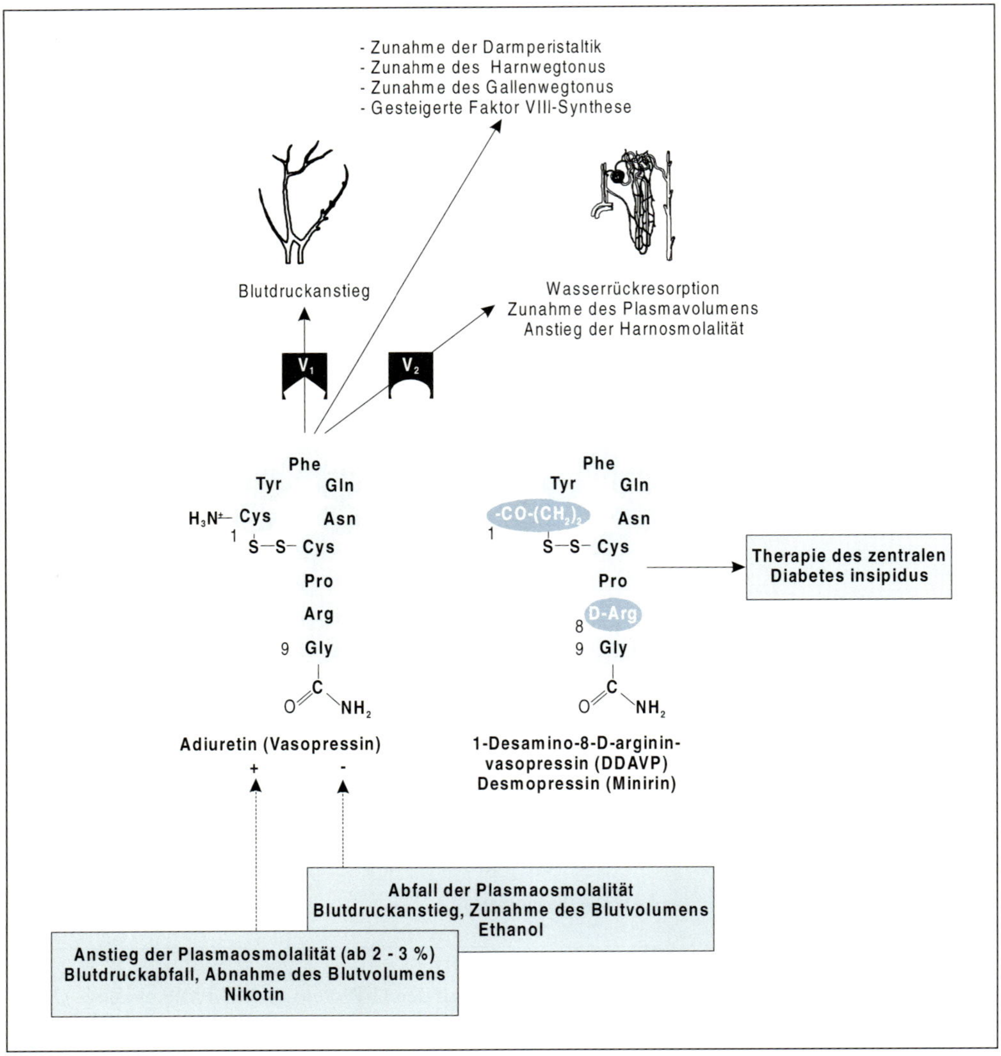

Abb. 14.9: Insbesondere die Osmolalität des Plasmas entscheidet neben dem Blutdruck und dem Kreislaufvolumen (Druck im Niederdrucksystem) über die Ausschüttung von Adiuretin durch den Hypothalamus. Die Blutdruck steigernde Wirkung des Hormons am Gefäßsystem wird über V1-Rezeptoren vermittelt. Man beachte, daß Adiuretin neben seinen Hauptzielorganen Niere und Gefäß eine Reihe weiterer Wirkungen an anderen Effektororganen zeigt (oben). Die gesteigerte Synthese von Gerinnungsfaktor VIII am Endothel macht man sich in der Therapie des VON WILLEBRAND-Syndroms zunutze, indem man Desmopressin, ein Adiuretinanalogon, verabreicht. Desmopressin wird durch Desaminierung des Cysteins an Position 1 und Austausch von L-Arginin gegen D-Arginin abgeleitet. Das gleiche Medikament wird beim zentralen Diabetes insipidus gegeben, wobei die Patienten es als Spray durch die Nase (nasal) zuführen.

Als hemmender Modulator zwischen Osmorezeptor und Adiuretin ist **Stickstoffmonoxid** nachgewiesen worden. Auch ein arterieller Blutdruckanstieg, detektiert durch Barorezeptoren am Carotissinus oder Aortenbogen, bewirkt ebenso wie eine Plasmavolumenzunahme, erkannt durch kardiale Volumenrezeptoren in beiden Vorhöfen und in der V. cava, eine Hemmung der Adiuretinsekretion.

14.2.3 Diabetes insipidus

Beim Diabetes insipidus (diabainein gr. hindurchgehen und insapere lat. nicht süß schmekken) werden **renale und zentrale Form** unterschieden. Im Gegensatz zum renalen Diabetes insipidus aufgrund von Nierenerkrankungen wird der zentrale Diabetes insipidus durch Ausfallserscheinungen der Neurohypophyse bzw. des Hypothalamus mit Wegfall der Adiuretinsekretion verursacht. Beide Formen warten mit den Kardinalsymptomen des Diabetes insipidus, **Polydipsie** (übermäßiger Durst, häufiges Trinken) und **Polyurie** (Ausscheidung unphysiologisch großer Harnmengen) auf. Extern zugeführte Adiuretinanaloga wie **Desmopressin** zeigen beim zentralen Diabetes insipidus Wirkung, bei der renalen Form tritt keine Besserung für den Patienten ein.

Über 50 % aller Fälle des zentralen Diabetes insipidus bleiben ohne ersichtliche Ursache, d. h. sie sind idiopathisch. Der Rest ist durch Tumoren (Metastasen beim Mammakarzinom, Kraniopharyngeom, Pinealom), Traumata (z. B. nach neurochirurgischen Eingriffen), Cysten, Histiocytose, Granulome bei Tuberkulose oder **Sarkoidose**, Aneurysmen, Meningitis, Encephalitis oder GUILLAIN-BARRÉ-Syndrom verursacht.

Beim renalen Diabetes insipidus unterscheidet man eine kongenitale Form vom erworbenen Diabetes insipidus renalis, wobei letztere häufiger ist. Beim X-chromosomal-gebundenen kongenitalen Diabetes insipidus renalis ist die Krankheit nur bei männlichen Kindern mit Fieber, Erbrechen, Hypernatriämie und hypoosmolarem Harn voll ausgeprägt, während die Krankheit bei Frauen eine unterschiedliche Penetranz zeigt und weniger ernst zum Tragen kommt. Zugrunde liegt dieser Form eine **Genmutation des Arginin-Vasopressin Typ 2-Rezeptor**. Bei der autosomal-rezessiven Form des kongenitalen Diabetes insipidus renalis liegt die **Mutation im Gen des Adiuretin-gesteuerten Wasserkanals.**

Beim erworbenen Diabetes insipidus renalis bleibt das täglich ausgeschiedene Harnvolumen unter 3 L, weil die Konzentrierungsfähigkeit der Niere für den Harn teilweise erhalten ist. Als Ursachen für diese Spielart der Krankheit kommen in Frage: Fortgeschrittene chronische Niereninsuffizienz unterschiedlichster Ursache, Sichelzellanämie, Hypokaliämie, Hypercalcämie (z. B. beim primären Hyperparathyreoidismus), Einnahme von Lithium, Amphotericin B und anderer Pharmaka.

Beim Diabetes insipidus ist die Rückresorption des Wassers aus dem distalen Tubulus und den Sammelrohren stark eingeschränkt, es kommt zu einer massiven Ausscheidung verdünnten, hellen Harns (bis zu 40 L pro Tag!), was mit dem Unvermögen einhergeht, die Osmolalität des Blutes zu regulieren. Diese beiden Krankheitsphänomene werden als **Polyurie** und **Asthenurie** (astheneia gr. Schwäche und ouron gr. Harn) bezeichnet. Die Osmolalität des Harns ist stark vermindert, die Niere ist unfähig zu konzentrieren. Die Polyurie zwingt den Patienten, auch nachts die Toilette zu besuchen (**Nocturie**). Die Folge für den Patienten ist ein zwanghafter, übermäßiger Durst, die oben bereits angeführte **Polydipsie**.

Die Diagnose der Krankheit wird mit dem **Durstversuch** gestellt. Hierbei muß der Patient ab Testbeginn auf Flüssigkeitszufuhr verzichten, lediglich trockene Speisen dürfen zugeführt werden. Beim Gesunden kommt es im Verlauf des etwa achtstündigen Versuchs, in dessen Verlauf alle zwei Stunden Natrium im Serum, Serum- und Harnosmolalität sowie das Gewicht bestimmt werden, zum Absinken des Harnvolumens (pro Zeitintervall) und zum Anstieg der Harnosmolalität. Dies ist beim Diabetes insipidus-Patienten nicht der Fall. Am Testende wird Desmopressin verabreicht, um zwischen zentraler und renaler Form der Krankheit zu differenzieren. Eine Diskrepanz von Harnausscheidung und Gewichtsabnahme zeigt an, daß der Patient (heimlich) getrunken hat.

Die Therapie des zentralen Diabetes insipidus besteht in einer Verabreichung von Adiuretin analogen Pharmaka, bei der congenitalen renalen Form muß durch Infusionen rehydriert werden.

14.2.4 Somatotropin (STH, Wachstumshormon) und IGF I/II

Das **Somatotropin**, ebenfalls als **Wachstumshormon** oder STH bekannt, ist ein einkettiges Protein mit 190 Aminosäuren. Seine Sequenz ist in hohem Maße **artspezifisch**, so daß Somatotropine aus den Hypophysen von Rindern oder Schweinen als Substitutionspräparate in der Therapie eines STH-Mangels beim Menschen keine Wirkung zeigen! Auffällig ist auch seine strukturelle Ähnlichkeit zum Prolactin und humanen Placentalactogen HPL, mit denen es ein gemeinsames Stammgen teilt. Die Trennung des gemeinsamen evolutiven Weges zwischen Somatotropin und Prolactin erfolgte vor 400 Millionen Jahren, die vom HPL vor 85 bis 100 Millionen Jahren.

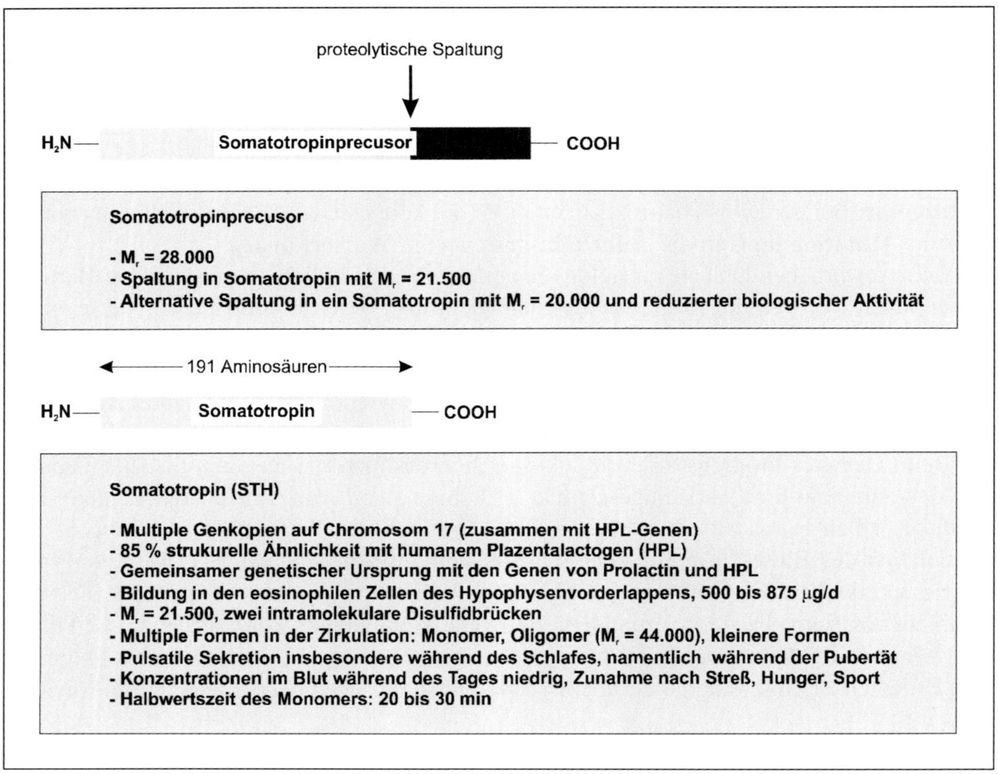

Abb. 14.10: Eigenschaften des Somatropins und seines Vorläuferproteins (Precusor).

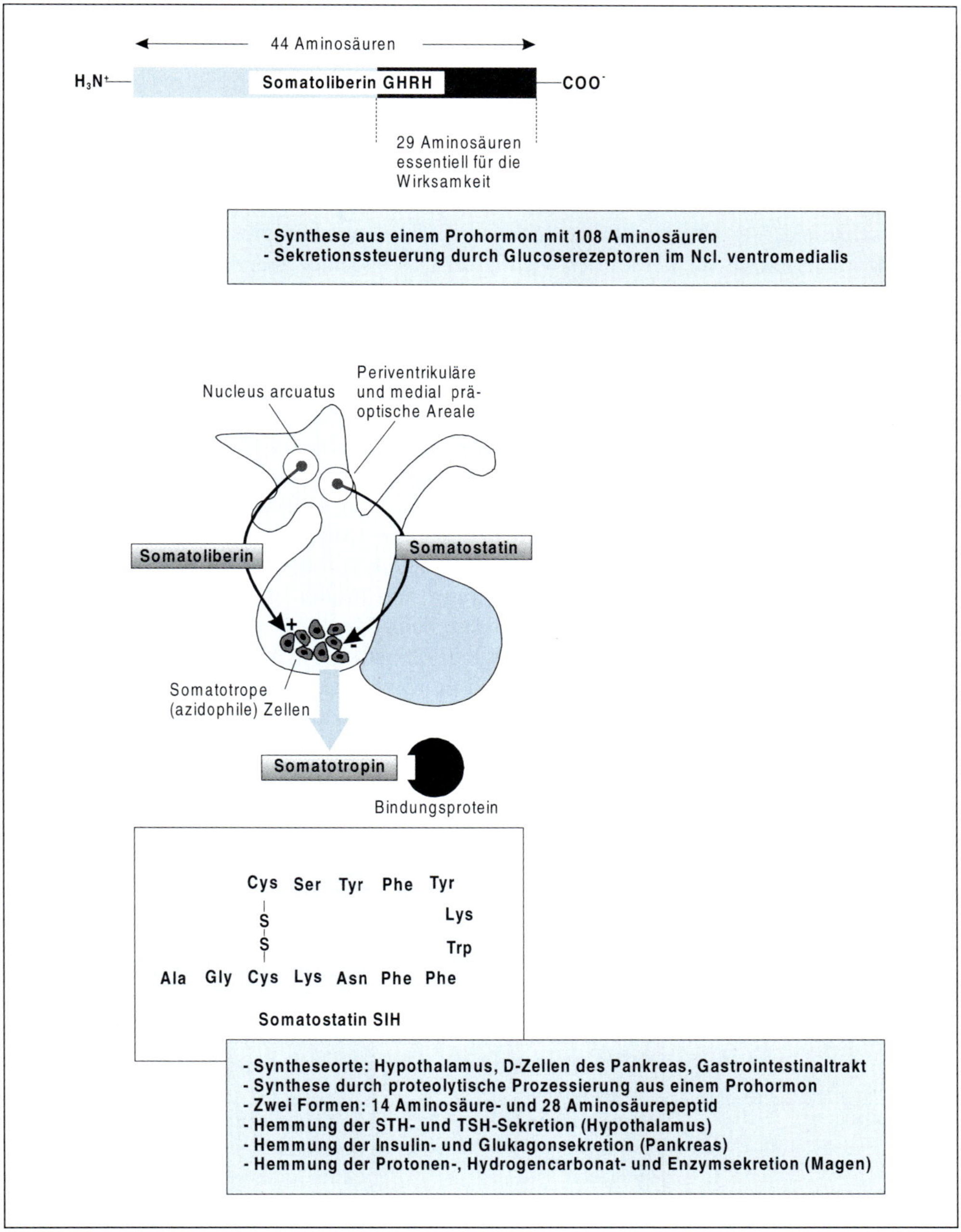

Abb. 14.11: Die Regulation der Somatotropinsekretion erfolgt durch Hypothalamushormone. Man beachte, daß Somatostatin auch im Pankreas und im Gastrointestinaltrakt synthetisiert wird.

Somatotropin wird in den azidophilen (eosinophilen) Zellen des Hypophysenvorderlappens gebildet, wobei es durch proteolytische Spaltung aus einem Vorläuferprotein entsteht (Abb. 14.10). Die Abbildung zeigt auch, daß sich zirkulierendes Wachstumshormon aus mehreren monomeren Isoformen (M_r: 22.000, 20.000, 5.000) und Oligomeren (M_r = 44.000) rekrutiert. Im Plasma ist Somatotropin an einen hochaffinen Rezeptor gebunden; die Halbwertszeit des Hormons beträgt 20 bis 30 min.

Die Bildung des Somatotropins in den azidophilen Zellen der Adenohypophyse wird durch die beiden Hypothalamushormone **Somatoliberin** (Somatotropin releasing factor SRF) und **Somatostatin** (Somatotropin release inhibiting hormone SIH) gesteuert. In den D-Zellen des Pankreas wird ebenfalls Somatostatin synthetisiert, es hemmt dort die Glucagonausschüttung. Verschiedene Reize veranlassen eine Somatotropinsekretion: Insulininduzierte **Hypoglykämie** ist hierbei der wichtigste. Das bedeutet aber, daß STH ein Gegenspieler des Insulins ist und somit zu den sogenannten **diabetogenen Hormonen** gezählt werden kann.

Die Sekretion von Somatotropin erfolgt pulsatil, also in Schüben, und erinnert damit an das Sekretionsmuster von GnRH. Durch die Proteinbindung wird beim Erwachsenen eine stabile Plasmakonzentration erreicht, das Bindungsprotein „federt" die Pulse gleichsam ab. Welche Einflußfaktoren die Sekretion modulieren zeigt Tabelle 14.1.

Das Wachstumshormon beeinflußt ganz im Gegensatz zu den meisten anderen glandotropen Hormonen nicht eine bestimmte, abgrenzbare und untergeordnete Drüse, sondern wirkt umfassend auf den allgemeinen Stoffwechsel ein. Jedoch werden ein Großteil dieser Effekte nicht durch das Hormon allein bewirkt, sondern von den **Somatomedinen** vermittelt. Aufgrund ihrer 50 %igen Strukturhomologie zum Insulin werden die Somatomedine auch **Insulin-like-Growth-Factors** IGF genannt, beim Menschen sind die beiden Faktoren **IGF I** und **IGF II** zu unterschieden. Für das IGF I existieren mehrere Synonyme: Somatomedin A, Somatomedin C. Fünf Domänen und drei intramolekulare Disulfidbrücken kennzeichnen den Aufbau der einkettigen Polypeptide, die Strukturhomologie von IGF I und II beträgt etwa 70 %.

Tabelle 14.1: Die Somatotropinsekretion unterliegt vielfältigen Einflüssen, so auch dem Schlaf-Wach-Rhythmus. Die STH-Produktion steigt bei Erwachsenen und Kindern ca. 90 min nach dem Einschlafen an und erreicht ein Maximum während der Tiefschlafphase. Arginin wird im Rahmen des „Arginintests" vom Kliniker zur Provokation der Wachstumshormonsekretion genutzt.

Effektor	Stimulation	Inhibition
Liberine und Statine	Somatoliberin (GHRH)	Somatostatin
Amine und Aminosäuren	Noradrenalin Propranolol DOPA, Bromocriptin L-Tryptophan	α-Rezeptorenblocker Dopaminantagonisten Serotoninantagonisten
Hormone	Somatomedin C ↓ Estrogene Glucagon Vasopressin	Somatomedin C ↑ Progesteron Glucocorticoide
Nahrungsmittel	Hypoglykämie Freie Fettsäuren ↓ **Arginin**	Hyperglykämie Freie Fettsäuren ↑
Andere Einflüsse	Körperliche Anstrengung Streß Schlaf Acetylcholin	

Tabelle 14.2: IGF I und II im Vergleich.

	IGF I (Somatomedin C)	IGF II
Genlokalisation	Chromosom 12	Chromosom 11
Relative Molekülmasse	7649	7471
Syntheseorte	Leber Niere Bindegewebe	Leber Embryonales Gewebe Tumoren
Regulation	Somatotropin Insulin Ernährung	Fetaler Wachstumsfaktor

IGF I besteht aus 70 Aminosäuren, seine Synthese erfolgt STH-abhängig in **Leber**, Chondrocyten, Niere, Muskel und Hypophyse. Das 67 Aminosäuren umfassende IGF II wird dagegen weitgehend unabhängig von Somatotropin in verschiedenen Geweben, u. a. auch in Tumoren gebildet.

IGF I zeigt niedrige Konzentrationen in der Kindheit und erreicht einen Gipfel in der Adoleszenz, nach dem 50. Lebensjahr kommt es zum Abfall der Plasmakonzentration. Im Plasma kommt es zur Bindung an Trägerproteine (IGF I-Bindungsproteine), was im Unterschied zu STH lange Halbwertszeit von 3 bis 18 h bedingt. Inzwischen sind 6 verschiedene IGF I-Bindungsproteine (IGFBP-1 bis 6) bekannt, wobei IGFBP-3 für den Erwachsenen die Hauptrolle spielt. IGFBP-3 wird in der Leber synthetisiert, wobei die Synthese unter STH-Einfluß steht.

Der IGF I-Rezeptor ist ein $\alpha_2\beta_2$-Tetramer, das Ähnlichkeit zum Insulinrezeptor aufweist. Die α-Untereinheit garantiert die IGF I-Bindung, die β-Untereinheit zeigt Tyrosinkinase-Aktivität.

Abb. 14.12 geht auf die Somatotropinwirkungen ein, wobei zwischen den IGF I-vermittelten und den direkten Somatotropinwirkungen differenziert werden kann. IGF I wirkt dabei inhibierend auf die STH-Sekretion zurück. Zu den direkten Effekten des Somatotropins zählen:

- IGF I-Synthese in der Leber
- IGF I-Synthese lokal im Knochengewebe
- Stimulation der Chondrocyten-Vorläuferzelle mit folgender klonaler Expansion in den Wachstumsfugen: Förderung des longitudinalen Knochenwachstums
- Lipolyse im Fettgewebe, eventuell abhängig von Glucocorticoiden
- Hemmung der Glucoseaufnahme im Muskelgewebe, Hemmung der Glucoseverwertung, dadurch diabetogener Effekt
- Aufnahme von Aminosäuren und Proteinsynthese in Muskel und Knochen

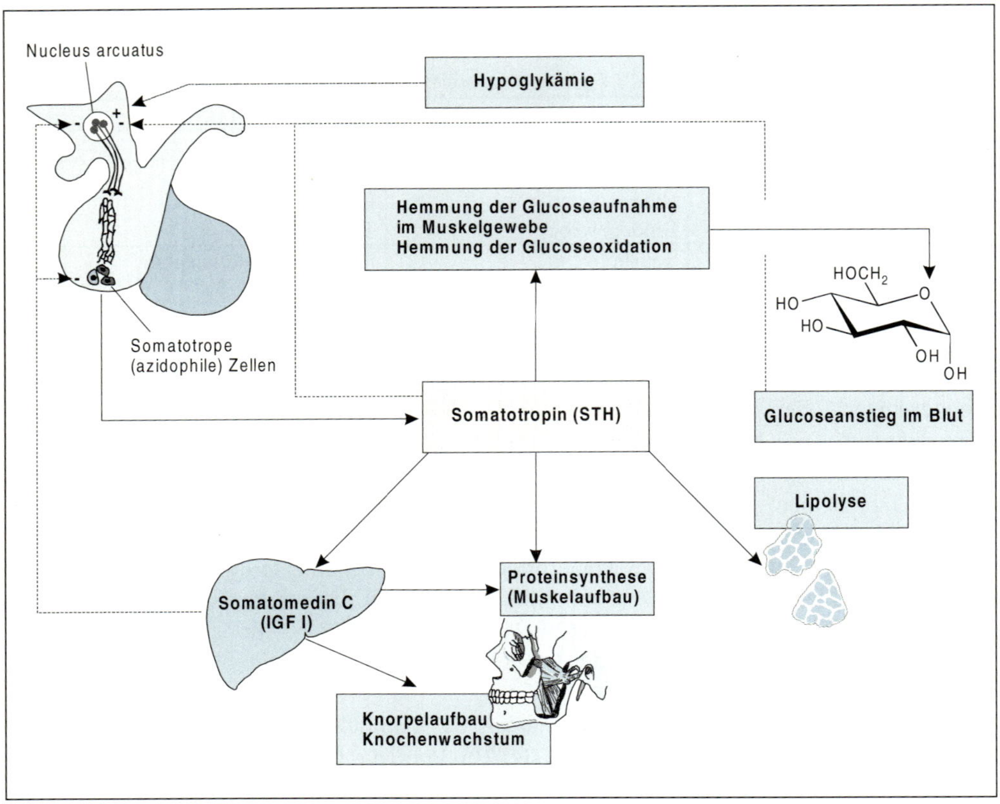

Abb. 14.12: Wirkungsspektrum des Somatotropins. Die „Wachstumswirkung“ wird besonders and den Knochen, Knorpel und der Muskulatur deutlich. Somatotropin gehört zu den diabetogenen Hormonen, d. h. es steigert die Glucosekonzentration im Blut.

IGF I vermittelt sind folgende Wirkungen:

- vermehrter Sulfateinbau in Knorpelgewebe, erhöhte Proteoglycansynthese
- Thymidineinbau in die DNA des Knorpels
- Förderung der klonalen Expansion von Chondrocyten nach Stimulation ihrer Vorläuferzellen durch STH

Die **Akromegalie** (akron, gr. äußerst, megas gr. groß) ist eine endokrinologische Erkrankung des Erwachsenen, die mit einer durch **Adenome** der eosinophilen (azidophilen) oder chromophoben Zellen des Hypophysenvorderlappens (diese Adenome machen zusammen mehr als 99 % aller Fälle aus, wobei das eosinophile Adenome weit im Vordergrund steht) verursachten **Somatotropinexzeß** einhergeht. Somatotropinüberschuß vor dem Epiphysenschluß der Knochen in der Pubertät führt zum **Gigantismus**, ein Mangel des Hormons zum **Zwergwuchs**.

Akromegalie kann auch im Rahmen einer vererbbaren „**Multiplen endokrinen Neoplasie**“ vom Typ 1 (**MEN 1**), also mehrere gleichzeitig existierende endokrin aktive Tumore, auftreten. Sie ist definiert durch:

- **Hyperparathyreoidismus** infolge Hyperplasie oder Adenom
- **Hyperplasie, Adenom** oder **Karzinom der Inselzellen im Pankreas**
- Hypophysenhyperplasie oder –adenom, häufig **Prolactinom** oder **Akromegalie**

Mit Ausnahme des MEN 1 ergeben sich keine Hinweise auf eine genetische Prädisposition bei der Akromegalie. Beide Geschlechter sind gleichermaßen betroffen, die Zahl der Neuerkrankungen pro Jahr und 100.000 Personen, also die Inzidenz, beträgt 0,3 bis 0,4. Die Akromegalie wird leider meist spät erkannt, so daß im Mittel 10 Jahre bis zur Diagnosestellung vergehen. Infolgedessen sind die Patienten in der Regel im 40. bis 45. Lebensjahr, wenn ihnen die Diagnose „Akromegalie" mitgeteilt wird.

Die Akromegalie ist mit 5 bis 7 Erkrankten pro 100.000 Personen (Prävalenz) eine **seltene** Erkrankung. Unter den durch hormonproduzierende Hypophysenadenome bedingten Krankheiten liegt sie jedoch nach dem Prolactinom an **zweiter Stelle**.

Eosinophile bzw. **chromophobe Adenome** (seltener) der Hypophyse werden von einer gesteigerten Somatotropin-Sekretion begleitet, was in der Wachstumsphase des Kindes zum hypophysären **Riesenwuchs** (Gigantismus) führt, im Erwachsenenalter die Symptome der **Akromegalie** hervorruft, eine Krankheit mit schleichender Entwicklung. Etwa 40 % der Somatotropin sezernierenden Adenome besitzen eine **Mutation der α-Untereinheit des stimulierenden G-Proteins** G_S. Daraus ergibt sich eine gehemmte GTPase-Aktivität der freien α-G_S-Untereinheit, so daß das an die α-Untereinheit gebundenes GTP nicht mehr gespalten wird. Dies hat wiederum eine fortdauernde, ungehemmte cAMP-Synthese („zweiter Bote") zur Folge, die in eine dauerhafte, überschießende Somatotropinsynthese einmündet.

Allgemeinsymptome wie Müdigkeit, Kopfschmerzen und Schwächegefühl, aber auch Gewichtszunahme sowie eine feuchte, teigige und dicke Haut plagen den Akromegalen. Besonders auffällig dagegen ist der große Kopf mit Veränderung der Gesichtszüge, die nun gröber wirken und eine faltige Gesichtshaut aufweisen. Die Supraorbitalwülste und das Kinn springen durch zusätzliches Knochenwachstum auffällig hervor (sogenanntes **appositionelles Knochenwachstum**, appositus lat. benachbart), die Zunge ist vergrößert (**Makroglossie**, makros gr. groß und glossa gr. Zunge) und die Zahnabstände erweitert. Kehlkopfhypertrophie und Vergrößerung der Sinus bedingen die kloßige Sprache des Kranken.

Aufgrund der ebenfalls vergrößerten Hände und Füße (akro-megal!) sowie eines im Umfang gewachsenen Schädels passen dem Patienten Schuhe, Handschuhe und Hüte nicht mehr. Auch die inneren Organe, so z. B. Herz und Leber, haben an Größe zugenommen, man spricht von **Splanchnomegalie** (splanchnon gr. Eingeweide und megalos gr. riesig, groß). Weiterhin können als Symptome auftreten: **Sehstörungen mit Gesichtsfelddefekten**, Amenorrhoe, exzessives Schwitzen durch gesteigerte Grundumsatz, Hypertonie, Linksherzhypertrophie sowie Struma und Hyperthyreose. Typisch ist auch ein Carpaltunnelsyndrom mit Parästhesien im Handbereich. Zu den Komplikationen zählen Polypen und Stielwarzen in Nase und Nasennebenhöhlen, sowie Polypen in Colon und Rectum mit der Gefahr maligner Entartung. Im Labor können folgende Werte pathologisch werden:

- cGlucose) ↑
- c(Calcium) ↑ im Serum (im Rahmen der MEN 1)
- c(Phosphat) ↑ bei 50 % der Fälle (erhöhte tubuläre Reabsorption infolge
- STH-Wirkung)
- c(Prolactin) ↑ bei bis zu 50 % der Fälle

Als therapeutische Optionen kommen die Operation (Transsphenoidale Adenomektomie) mit einer Erfolgsrate von 30 – 40 %, die Strahlentherapie und die Behandlung mit Somatostatinanaloga (Octreotide) in Frage. Letztere ist jedoch teuer und erfordert 1 bis 3 mal eine subcutane Applikation.

14.2.5 Melanotropin (MSH) und Corticotropin (ACTH)

Melanotropin, auch Melanocyten stimulierendes Hormon (melanocyte stimulating hormone, MSH) genannt, erhielt seinen Namen wegen der Wirkung dieses Peptidhormons auf die Hautpigmentierung. Bereits 1916 entdeckte man, daß sich nach Entfernen der Hypophyse von Fröschen deren Hautfarbe erhellt. Melanotropin ist ein Sammelbegriff für mehrere in der Pars intermedia der Hypophyse gebildeten Peptide, die die Melaninsynthese in den Melanocyten und die Melanocytenexpansion steuern. Unter Melanocytenexpansion versteht man die intrazelluläre Bewegung der Pigmentgranula an die Zellperipherie. Die Melanotropinsekretion wird durch ein Tripeptid des Hypothalamus, das **Melanostatin**, gehemmt, dessen Sequenz H_2N-Gly-Leu-Pro-COOH mit dem Aminoende des Ocytocins identisch ist. Melanotropin selbst läßt sich in α- und β-Melanotropin differenzieren. Besteht α-Melanotropin aus 13, so umfaßt die Sequenz des β-Melanotropins 22 Aminosäuren. Die Aminosäuresequenz des α-Melanotropins ist mit einem Teil der Corticotropinsequenz (39 Aminosäuren) homolog, was auf der Synthese beider Peptidhormone beruht. Diese geht nämlich für beide Melanotropine und dem Adrenocorticotropin vom gleichen Prohormon, dem „**Pro-opio-melano-cortin**", aus. Abb. 14.13 zeigt, daß das Proopiomelanocortin Vorläufer für weitere Hormone sowie Opiate ist. Dies erklärt auch den Namen dieses Multihormonvorläufers, der sich aus **Opi**at, **Melano**tropin und **Corti**cotropin zusammensetzt.

Interessanterweise erfolgen die unterschiedlichen Peptidspaltungen in verschiedenen Geweben an jeweils anderen Stellen, so daß sich sozusagen jede Zelle ihre Peptide „maßschneidert". Beispielsweise erfolgt die Spaltung in Corticotropin und β-Lipotropin im Hypophysenvorderlappen, während die Bildung von Endorphin und Enkephalin im zentralen Nervensystem lokalisiert ist. Damit besitzen Melanotropin und Corticotropin auch zentralnervöse Wirkungen. Es konnte gezeigt werden, daß erlernte Vermeidungsreaktionen (Flucht oder passives Verhalten), durch die sich Ratten schmerzhaften elektrischen Reizen entziehen konnten, nach Entnahme der Hypophyse herabgesetzt sind. Diese Störung kann durch Gabe von α-Melano- bzw. Corticotropin wieder aufgehoben werden.

Corticotropin (abgekürzt auch häufig als **ACTH** bezeichnet) ist ein Peptid mit 39 Aminosäuren, dessen biologische Aktivität fast vollständig auf die N-terminalen 24 Aminosäuren konzentriert ist. Es entsteht proteolytisch aus dem Proopiomelanocortin.

Die Stimulation der Corticotropinsekretion erfolgt über das einkettige, 41 Aminosäuren umfassende **Corticoliberin**, auch Corticotropin releasing hormone **CRH** genannt. Das Peptidhormon wird hauptsächlich von neurosekretorischen Zellen des Nucleus paraventricularis im Hypothalamus gebildet, findet sich aber auch in anderen Bereichen des Gehirns, so im Cortex und dem Limbischen System. Weitere Syntheseorte des CRH sind Pankreas, Plazenta, Nebennierenmark und der Darm. Zirkulierendes Corticoliberin, an Bindungsprotein gebunden, ist denn auch weitgehend nichthypothalamischen Ursprungs. Corticoliberin stimuliert die cAMP-Synthese und erhöht die Konzentration von Proopiomelanocortin-mRNA. Adiuretin (Vasopressin) verstärkt die durch Corticoliberin veranlaßte Corticotropinsekretion über einen cAMP-unabhängigen Mechanismus und nimmt somit Einfluß auf die ACTH-Ausschüttung.

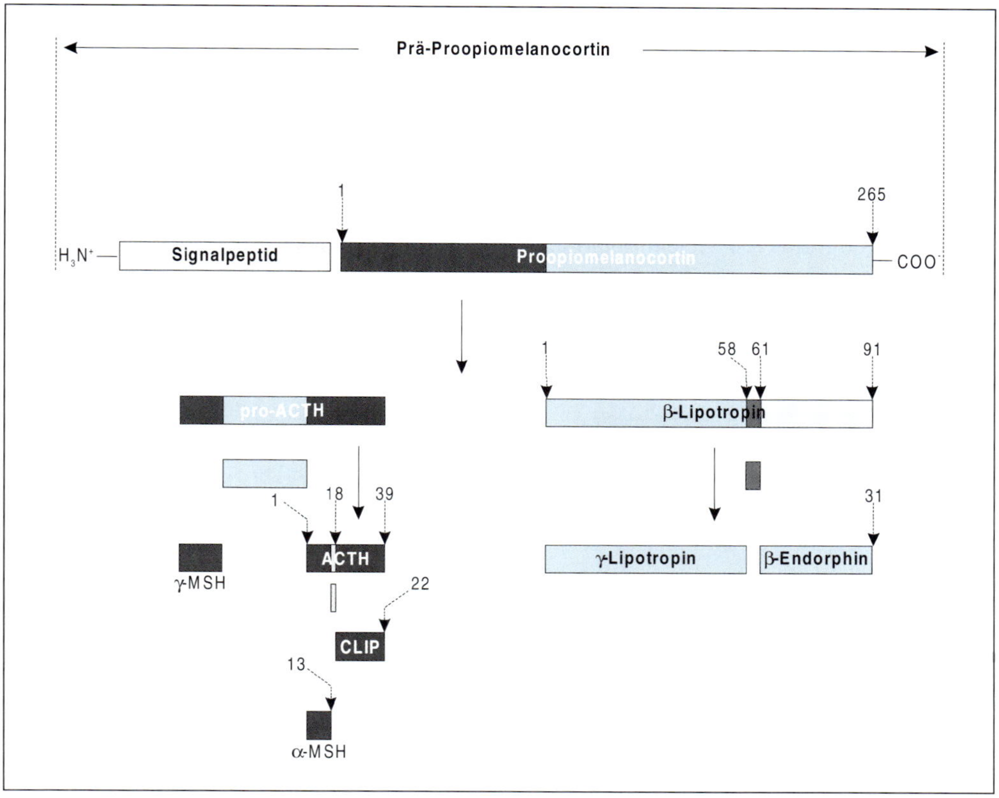

Abb. 14.13: Proopiomelanocortin wird nicht nur im Zentralnervensystem, sondern auch in den Keimdrüsen und Magen-Darm-Trakt gebildet. Vom Gen des Proopiomelanocortin wird eine hnRNA (ungespleißte, lange RNA) transkribiert, die im Anschluß durch Spleißen von Intronsequenzen befreit wird. Die resultierende mRNA trägt dann die Information für Signalpeptid und Prohormon, deren Translation und Prozessierung am rauhen Endoplasmatischen Reticulum und im Golgi-Apparat erfolgt. Die Entscheidung, welches Peptid(e) aus dem Vorläuferprotein synthetisiert wird (werden), fällt erst nach Synthese des Prä-Prohormons. Wichtigstes Spaltungsprodukt des Proopiomelanocortins in der Adenohypophyse ist Corticotropin, das ACTH. CLIP steht für corticotropin-like intermediate peptide.

Die Corticoliberinsekretion wird wiederum durch die Konzentration an kreisenden Nebennierenhormonen, den Endhormonen, im Sinne einer Rückkopplungsschleife beeinflußt. Dieser Regelkreis kann jedoch durch Faktoren wie Traumata, Operationen, schwere Infektionen, Kälte, Geburten oder starke psychische Einwirkungen gestört werden. Bei **Streß** wird innerhalb von Minuten vermehrt ACTH sezerniert, womit auch die Konzentration der entsprechenden Endhormone, der Glucocorticoide, im Blut steigt. Corticotropin und auch die Glucocorticoide können daher durchaus als Streßhormone bezeichnet werden. Bei ungestörtem Regelkreis richtet sich die ACTH-Sekretion nach einem **Tag-Nacht-Rhythmus**. Beim Menschen liegen die Maxima am Morgen, während die niedrigsten Werte am Abend gefunden werden. Corticotropin stimuliert in der Nebennierenrinde die Synthese der Glucocorticoide, deren Hauptvertreter das Cortisol ist (Abschnitt 14.8.4). Obwohl die Aldosteronsekretion im wesentlichen vom Renin-Angiotensin-System bestimmt wird, vermag auch

ACTH diese zu verstärken. Die Androgene der Nebennierenrinde, Androstendion, Dehydroepiandrosteron und sein Sulfat unterliegen der Synthesesteuerung des Corticotropins, nicht jedoch der Gonadotropine. ACTH steigert also deren Synthese, Lutropin bzw. Follitropin dagegen nicht.

In höheren Dosen zeigt Corticotropin am Fettgewebe auch eine lipolytische Wirkung. Bei der primären Nebennierenrindeninsuffizienz, dem Morbus ADDISON, fallen die Cortisolkonzentrationen im Plasma ab, während die ACTH-Konzentration gegenläufig deutlich erhöht ist. Aufgrund von Melanotropin-ähnlichen Wirkungen des Corticotropins werden die Melanocyten zu Pigmentbildung angeregt und zeigen demzufolge eine brauen Hautpigmentierung.

14.2.6 Prolactin

Prolactin ist ein Protein mit 198 Aminosäuren und entstammt den azidophilen Zellen des Hypophysenvorderlappens. Diese sogenannten „lactotrophen“ Zellen stellen 15 – 20 % der Hypophyse dar, während der Schwangerschaft sogar 70 %.

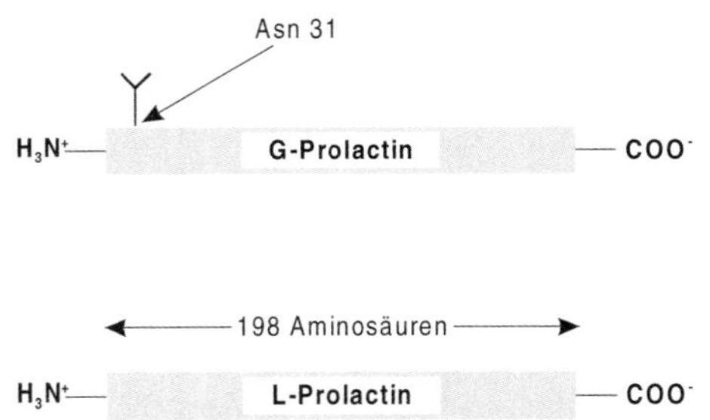

Prolactin (PRL)

- Phylogenetisch altes Hormon, bei allen Klassen von Wirbeltieren nachweisbar
- Einzelnes Gen auf Chromosom 6
- Strukturelle Ähnlichkeit mit Somatotropin (STH)
- Gemeinsamer genetischer Ursprung mit Somatotropin, Trennung der Gene vor 400 Mio. Jahren
- Bildung in den lactotrophen (azidophilen) Zellen des Hypophysenvorderlappens
- Bildung geringer Mengen in der Dezidua schwangerer und nichtschwangerer Frauen
- M_r = 23.500, drei intramolekulare Disulfidbrücken
- Multiple Formen in der Zirkulation: Little (L)-, Big (B)- und Big-big (BB)-Prolactin

Abb. 14.14: Das phylogenetisch alte Prolactin (Little-Prolactin) zeigt strukturelle Verwandtschaft mit dem Somatotropin. Man beachte die Existenz eines glykosylierten G-Prolactins mit M_r = 25.000 und 1/3 der biologischen Aktivität des L-Moleküls. Es trägt mit 24 % zum Gesamtprolactin bei Nicht-Schwangeren bzw. im 1. Trimester bei, zu 16 – und 15 % in den letzten beiden Trimestern. Das Little-Prolactin ist die vorherrschende Form des Hormons im Plasma, in dem es eine Halbwertszeit von 15 min aufweist. **Big-Prolactin** (M_r = 50.000) und **Big-big-Prolactin** (L-Prolactin mit gebundenen Immunglobulin), M_r > 100.000, besitzen deutlich verminderte biologische, jedoch volle immunologische Aktivität, d. h. sie werden durch Immunoassays voll erfaßt! **Big-big-Prolactin** kann bei der idiopathischen **Macroprolactinämie** bis zu 80 % des Gesamtprolactins umfassen.

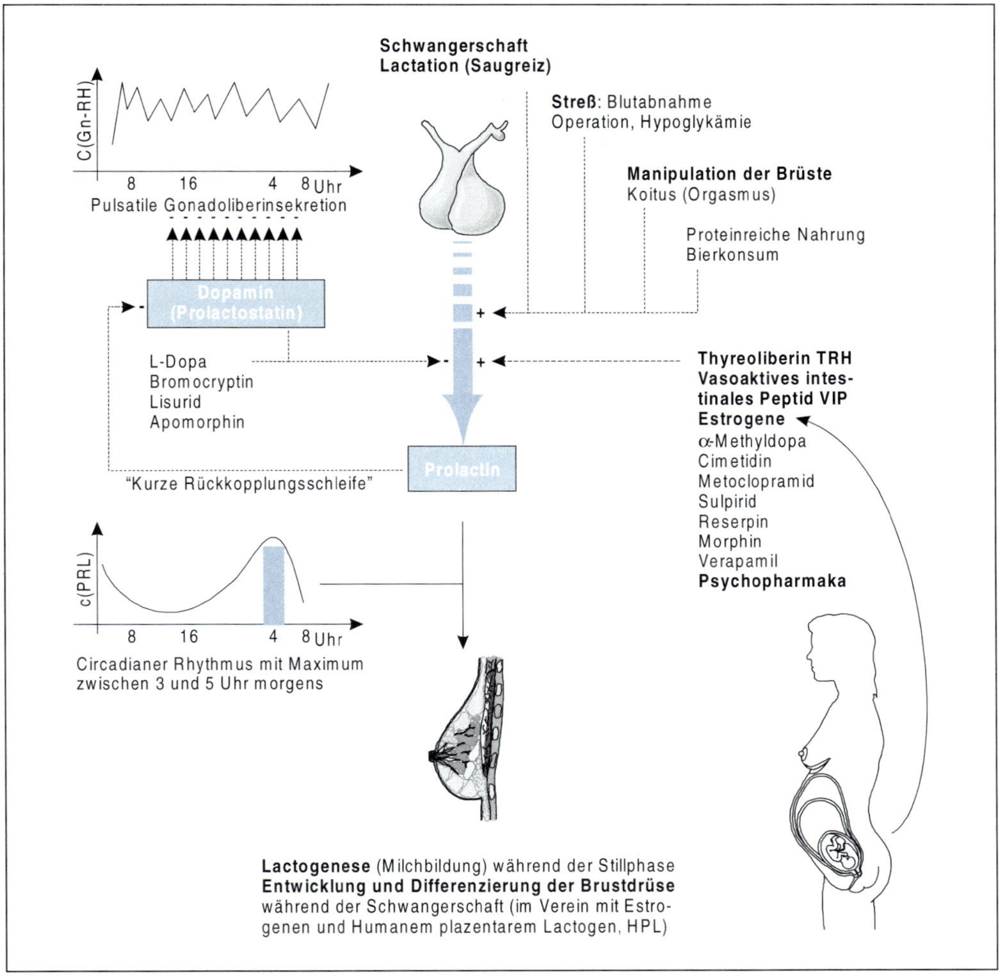

Abb. 14.15: Die Abbildung führt die Faktoren auf, die Einfluß auf die Sekretion des Prolactins nehmen. Diese unterliegt wiederum einem circadianen Rhythmus, wie dem Diagramm links zu entnehmen ist. Eine Vielzahl physiologischer Stimuli rufen eine Prolactinsekretion hervor. Während der Schwangerschaft induziert Estradiol die Prolactinsekretion, die um den Faktor 30 ansteigt! Bei der Blutentnahme zur Prolactinbestimmung muß an die Vielzahl der Einflüsse auf dessen Plasmakonzentration gedacht werden!

Das phylogenetisch alte Hormon wurde erst 1971 als gesichert beschrieben. Seine Charakterisierung erwies sich aufgrund seiner Strukturähnlichkeit mit dem Somatotropin als schwierig, zumal der Prolactingehalt der Hypophyse nur 1 % desjenigen des Somatotropins beträgt.

Im Unterschied zu den Gonadotropinen LH und FSH unterliegt das Prolactin einer direkten hypothalamischen Kontrolle, d. h. es wird nicht durch die Hormone der Erfolgsorgane reguliert. Dopaminhaltige Neurone des Hypothalamus wirken hemmend auf die Prolactinkonzentration, **Dopamin** ist der Prolactin inhibierende Faktor (PIF). Die Existenz eines Releasing Factors ist bisher nicht gesichert.

Beim Menschen unterliegt die Sekretion des Prolactins einem Tag-Nacht-Rhythmus, wobei das Maximum zwischen drei und fünf Uhr morgens liegt. Während der Lutealphase des Menstruationszyklus' findet man geringfügig erhöhte Prolactinwerte im Serum, während der Schwangerschaft steigen sie aufgrund der Stimulation durch Estrogene um den Faktor 30 gegenüber dem Ausgangswert an. Als Produktionsstätte tritt hier neben der Hypophyse auch die Decidua auf. Prohormonstufen des Prolactin sind bislang nicht bekannt. Die ektopische Sekretion des Hormons durch Tumoren ist ein äußerst seltenes Ereignis.

Die wichtigsten Wirkungen des Hormons sind:

- Verminderung der pulsatilen Gonadotropinsekretion mit folgender Anovulation
- Mammaentwicklung und -differenzierung während der Gravidität in Synergie mit humanem Plazentalactogen, Estradiol, Progesteron und Insulin
- Förderung der Lactation (Synthese von Casein und Lactalbumin)
- Somatotropin-ähnliche Effekte: Wachstum, Lipolyse
- Retention von Natrium, Kalium und Wasser an der Niere

Thyreoliberin aus dem Hypothalamus unterstützt, Dopamin hemmt die Freisetzung des Hormons. Prolactin ist während der Schwangerschaft im Kontext mit anderen Hormonen wie Progesteron (ein Steroidhormon, das die Schwangerschaft unterhält) für das Brustwachstum und die **Lactogenese** (Milchbildung) verantwortlich. Ein besonders starker Reiz für die Prolactinsekretion ist das Saugen des Säuglings an der Mamille. Streß und diverse Medikamente (Morphin, Reserpin) hemmen die Ausschüttung von Dopamin und steigern somit diejenige des Prolactins. Daher sollte die Blutentnahme für die Prolactinbestimmung vor der gynäkologischen Untersuchung erfolgen, zumal die Manipulation der Brüste ebenfalls einen stimulierenden Einfluß auf die Prolactinausschüttung besitzt.

Zur pathologischen Überproduktion von Prolactin, der **Hyperprolactinämie**, kommt es bei der überwiegenden Zahl der Fälle durch Adenome der Hypophyse (gutartige Drüsentumore, die Prolactin unkontrolliert im Überschuß produzieren), den **Prolactinomen**. Nach ihrer Größe unterscheidet man sie in Mikro- und Makroprolactinome. Mikroprolactinom zeigen einen Tumordurchmesser von weniger als 1 cm, Makroprolactinome weisen Durchmesser größer oder gleich 1 cm auf (Diagnose durch Kernspintomographie). Prolactinome sind die häufigsten Hypophysentumoren, das Geschlechtsverhältnis ihres Auftretens beträgt 6 : 1 zu Ungunsten der Frauen. Neben den Symptomen einer Hyperprolactinämie (Abb. 14.16) warten Prolactinome mit einer wichtigen Komplikationen auf. Durch die anatomische Nähe zum Chiasma opticum können die Tumoren auf dieses verdrängend einwirken, so daß es zu Sehstörungen und Gesichtsfeldeinschränkungen kommen kann. Während einer Schwangerschaft wachsen Prolactinome, im Vorfeld kann daher eine Operation erforderlich werden. In der Regel werden Prolactinome jedoch mit Dopaminagonisten behandelt, z. B. mit Lisurid oder Bromocriptin (Abb. 14.17).

Bei **Schilddrüsenunterfunktion** kann begleitend eine Hyperprolactinämie entstehen, da das dabei erhöhte Thyreoliberin stimulierend wirkt (Regelkreis! Die Endhormone sind erniedrigt, also ist das Hypothalamushormon Thyreoliberin reaktiv erhöht.).

Ein ganze Reihe von Medikamenten beeinflußen die Prolactinsekretion, insbesondere natürlich Dopaminabkömmlinge (Abb. 14.15). Daher sollte im Rahmen der Hyperprolactinämiediagnostik eine sorgfältige Medikamentenanamnese erfolgen.

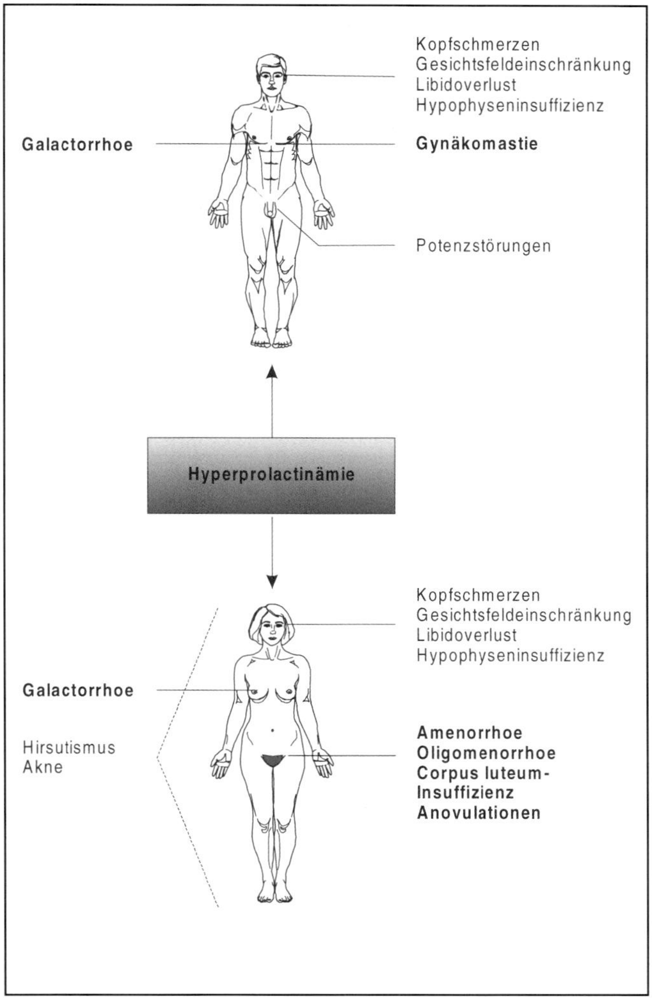

Abb. 14.16: Die Symptome der Hyperprolactinämie bei beiden Geschlechtern in der Übersicht. Leitsymptome sind fett unterlegt. Hirsutismus und Akne können an verschiedenen Stellen des weiblichen Körpers auftreten. Unter Hirsutismus versteht man die Verstärkung der Körperbehaarung an denjenigen Haarpartien, die androgenabhängig sind. Hierzu zählen die Oberlippen, das Kinn, Wangen, die Brust und Sternalregion, Schamregion, Unterbauch (Linea alba) und die Oberschenkel. Akne findet man bevorzugt im Gesicht, an den oberen Brust- und Rückenpartien sowie den Oberarmen.

Symptome bei Hyperprolactinämie sind ein schwangerschaftsunabhängiger Milchfluß, die **Galactorrhoe**, die **Amenorrhoe** (Ausbleiben der monatlichen Blutung) mit fehlendem Eisprung und somit eine **Unfruchtbarkeit**. Ursache für Amenorrhoe sowie Anovulation bei Hyperprolactinämie ist wahrscheinlich die Unterdrückung der pulsatilen LH-Ausschüttung durch die Hypophyse. Auch die Störung der Spermatogenese beim Mann durch zu hohe Prolactinkonzentrationen im Blut wird auf dieses Phänomen zurückgeführt.

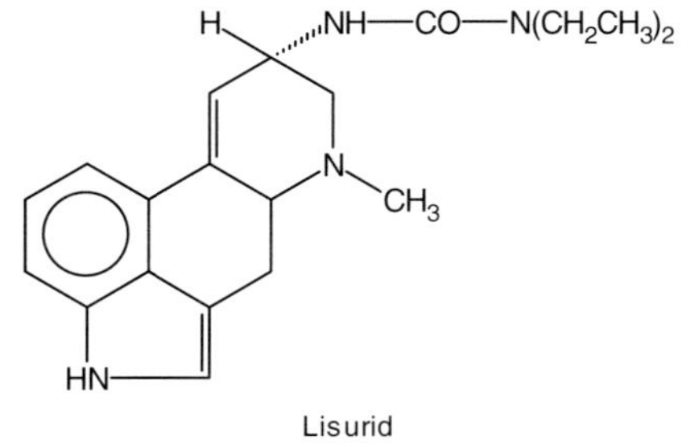

Abb. 14.17: Der Dopaminagonist Lisurid. Der Angriff von Lisurid oder Bromocriptin erfolgt direkt an der Hypophyse. Therapeutisch Anwendung finden sie bei der Behandlung der Hyperprolactinämie, des Prolactinoms und beim Abstillen. Bei Parkinson-Patienten liegt eine Dopaminmangel vor, so daß die beiden Pharmaka auch hier Anwendung finden. Absolute Gegenanzeigen für die Dopaminagonisten sind nicht bekannt, bei einer eingetretenen Schwangerschaft sollten sie aber wegen der unzureichenden Kenntnisse hinsichtlich ihrer Teratogenität (laut vorliegender Statistiken bisher kein erhöhtes Mißbildungsrisiko) abgesetzt werden.

14.2.7 Thyreotropin (TSH) und Thyreoliberin (TRH)

Während **Thyreotropin** ein Glykoprotein mit zwei Peptidketten darstellt, ist das Thyreoliberin ein Tripeptid mit einem Glutaminsäurerest, der wegen seiner intramolekularen Säureamidbindung als **Pyroglutamin** bezeichnet wird. Am C-terminalen Ende des Moleküls findet man eine Säureamid- anstelle der Carboxylgruppe, Prolin wird also durch sein Säureamid **Prolinamid** vertreten.

Thyreoliberin, ein Produkt der neurosekretorischen Zellen im hypothalamischen Nucleus paraventricularis, wird auch an anderen Orten synthetisiert: Hypophysenhinterlappen, Teile des Gehirns und des Rückenmarks, sowie der Gastrointestinaltrakt inklusive Pankreas.

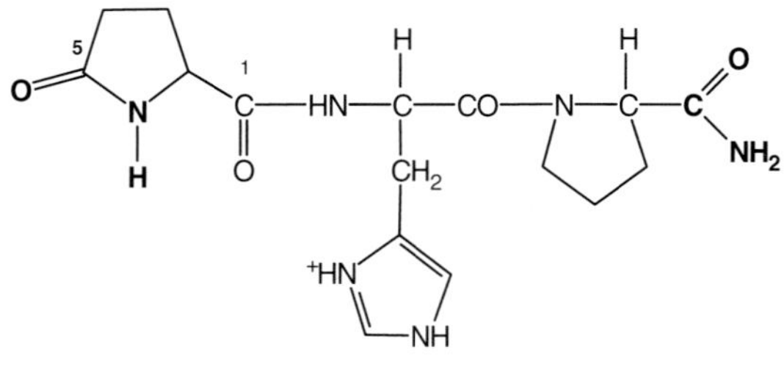

Abb. 14.18: Struktur des Thyreoliberins, im linken Molekülteil die Formel des Pyroglutamins. Am C-terminalen Ende ist das Tripeptid amidiert, so daß Prolinamid an die Stelle von Prolin tritt. Beide Modifikationen sind für die biologische Aktivität des Hormons unverzichtbar.

Die oben beschriebenen strukturellen Modifikationen erfolgen im Rahmen der posttranslationalen Prozessierung eines Prohormons mit 255 Aminosäuren. In diesem ist die Sequenz **Gln-His-Pro-Gly** fünfmal vertreten. Das dem Prolin benachbarte Glycin wird als Donor für die Amidierung des Prolins herangezogen; sich dieser Sequenz beidseits anschließende Lys-Arg-Reste dienen als Erkennungsstelle für die proteolytische „Heraustrennung" der fünf Thyreoliberin-Sequenzen.

An seiner Zielzellen, der basophilen Hypophysenzelle, bindet TRH an seinen Rezeptor und vermittelt über cAMP und den Phophatidylinositolweg die Sekretion von Thyreotropin (TSH). Daneben stimuliert TRH auch die Prolactin- und die Somatotropinsekretion. Als Gegenspieler fungiert **Somatostatin**, das die basale TSH-Sekretion vermindert und die Antwort auf den Thyreoliberin-Sekretionsreiz vermindert. Der nächtliche Thyreotropin-Konzentrationsgipfel wird zudem durch Somatostatin unterdrückt.

Im Vergleich zum Thyreoliberin ist Thyreotropin mit einer relativen Molekülmasse von 28.000 ein großes Molekül. Das Glykoprotein, sezerniert von den basophilen Vorderlappenzellen, ähnelt in seinem Aufbau dem Lutropin, dem Follitropin und dem humanen Choriongonadotropin, mit denen es eine gemeinsame Proteinkette, die α-Untereinheit, teilt. Diese besteht beim Menschen aus 92 Aminosäuren. Die biologische Spezifität trägt die β-Untereinheit, die sich mithin von denen der anderen drei Glykoproteinhormone strukturell unterscheidet. Sie weist beim humanen TSH 112 Aminosäuren auf.

Der Thyreotropinrezeptor auf den Schilddrüsenzellen ist wie die LH/HCG- bzw. FSH-Rezeptoren ein Mitglied der Superfamilie **G-Protein-gekoppelter Rezeptoren**. Auf der extrazellulären Seite besteht er aus einer glykosylierten Domäne und einem Gangliosid, denen sich sieben transzelluläre Domänen und eine kurzer intrazellulärer Anteil anschließen.

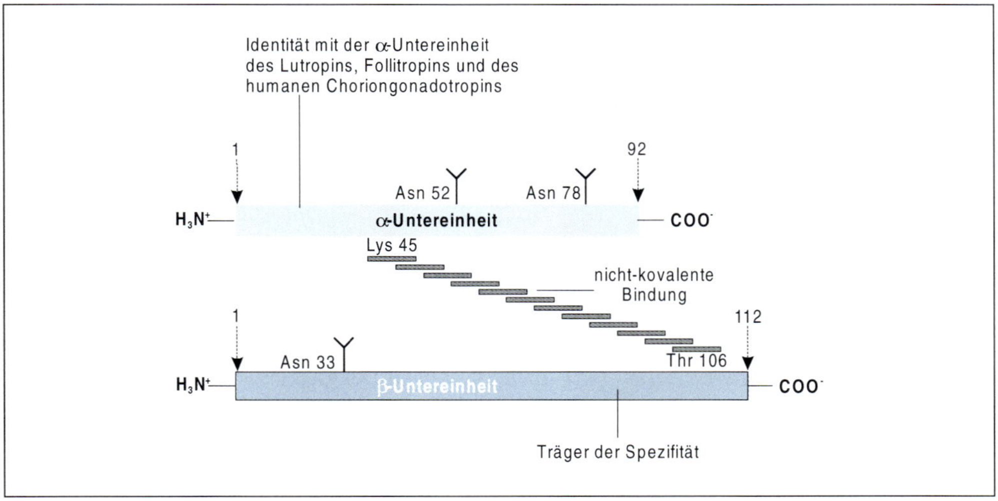

Abb. 14.19: Das Thyreotropin (TSH) ist ein zweikettiges Glykoprotein, dessen einzelne Ketten für sich keine biologische Aktivität besitzen. Die Spezifität des Hormons (z. B. gegenüber Lutropin oder Follitropin) trägt jedoch die β-Kette alleine. Beide Ketten tragen N-glykosidisch verknüpfte Kohlenhydratseitenkette. Beide Ketten weisen mehrere Disulfidbrücken auf, die jedoch nicht zur Bindung der beiden Ketten beitragen, sondern deren Tertiärstruktur stabilisieren. Diese sind durch eine nicht-kovalente Bindung assoziiert. Die Halbwertszeit des Hormons beträgt etwa 50 min.

Die Ligandenbindung ist Aufgabe der Extrazellulärdomäne, die mit der β-Untereinheit des Hormons interagiert. Thyreotropin entfaltet folgende Wirkungen an seiner Zielzelle:

- Wachstum der Schilddrüsenzellen in Anwesenheit von EGF und IGF I
- Aufnahme von Iodid, Thyreoglobulinsynthese,
- Synthese und Freisetzung von Schilddrüsenhormonen

Auch die Thyreotropinsekretion unterliegt Tagesschwankungen, die Maximalwerte werden während des Schlafs erreicht. Die höchsten Konzentrationen werden um Mitternacht, die niedrigsten am Nachmittag gemessen.

14.2.8 Gonadoliberin, Follitropin (FSH) und Lutropin (LH)

Die beiden Gonadotropine **Follitropin** (FSH) und **Lutropin** (LH) werden gemeinsam durch Einwirkung des Hypothalamushormons **Gonadoliberin** (auch als GnRH bezeichnet) ins Blut sezerniert. Das Dekapeptid Gonadoliberin wird im Hypothalamus von Neuronen des **Nucleus arcuatus** aus einem größeren Prä-Progonadoliberin synthestisiert und nach seiner posttranslationalen Modifikation über den Tractus tuberoinfundibularis in das Pfortadersystem der Eminentia mediana entlassen.

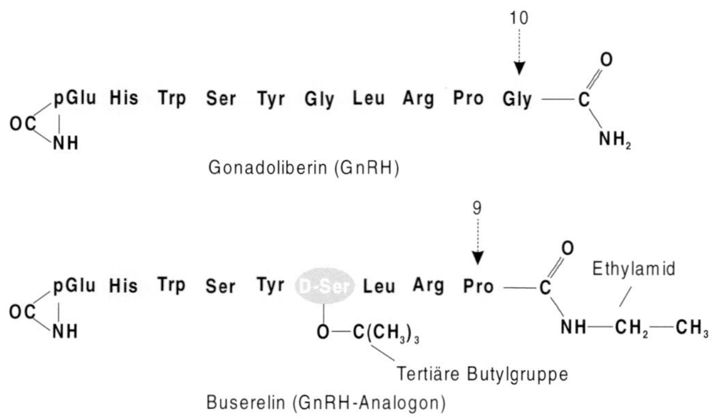

Abb. 14.20: Wie beim Thyreoliberin (TRH) findet man beim Dekapeptid Gonadoliberin N-terminal ein Pyroglutamin. C-terminal schließt das Molekül mit einem Glycinamid ab. Die biologische Aktivität des GnRH ist mit 4 bis 6 Minuten denkbar kurz. Das Molekül wird durch Spaltung der Peptidbindung zwischen Glycin-6 und Leucin-7 in inaktive Peptide abgebaut. Synthetische Gonadoliberin-Analoga wie das Buserelin® besitzen bei gleichartiger Wirkung wesentlich höhere Wirkstärken, was auf einen verzögerten Abbau durch die Modifikation an Position 6 (D-Serin mit einer tertiären Butylgruppe statt Glycin) und die Ethylgruppe am Glycinamid zurückgeführt wird. Durch kontinuierliche Zufuhr von Buserelin® kommt es innerhalb von wenigen Wochen zur Herabregulierung der GnRH-Rezeptoren an den Gondotropin sezernierenden Zellen in der Hypophyse, wodurch die Gonadotropin- und Sexualhormonsekretion sistiert. Indikationen für Gonadoliberinanaloga sind die palliative Therapie von Prostata- und Mammakarzinomen sowie die Endometriose.

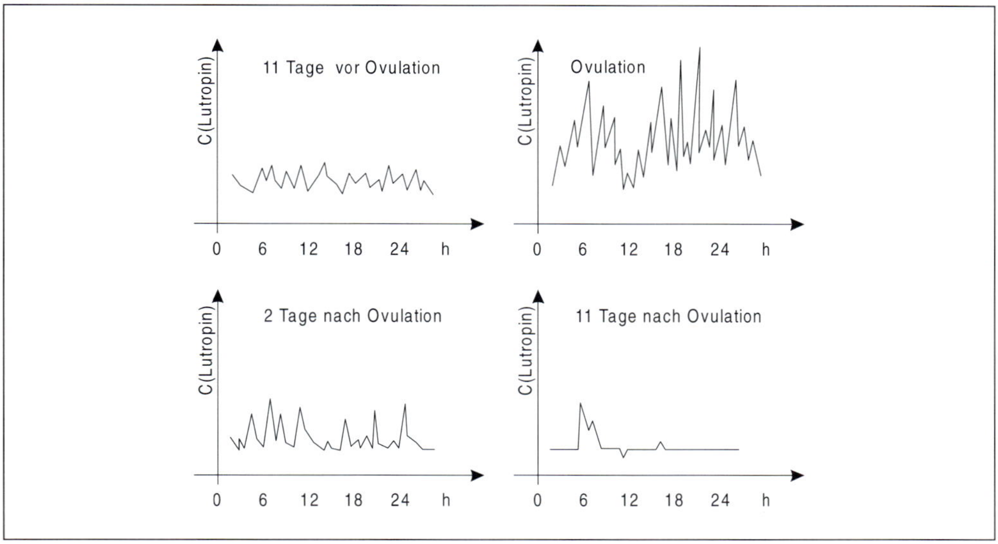

Abb. 14.21: Die GnRH-Pulsatilität zeigt präovulatorisch, also vor dem Eisprung, eine hohe Frequenz bei geringen Amplituden der Lutropinkonzentration im Blut. Am Ovulationstermin werden hohe Konzentrationsamplituden in Kombination mit hohen Pulsfrequenzen gefunden, die dann beide in der Sekretionsphase (Lutealphase), also postovulatorisch, unter Progesteroneinfluß absinken.

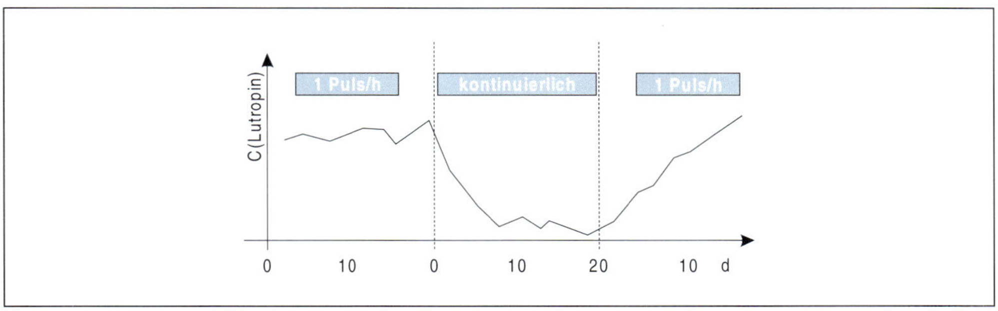

Abb. 14.22: Die chronische Stimulation gonadotropher Hypophysenzellen durch kontinuierliche Gabe von GnRH oder seiner Agonisten (z. B. Buserelin®) durchbricht das pulsatile Sekretionsmuster und führt zu GnRH-Rezeptor-Herabregulation und einer „Desensitivierung“ (Verminderung der Empfindlichkeit gegenüber GnRH) in den Zielzellen. Die Konzentrationen von Lutropin und Follitropin (hier nicht gezeigt) im Blut sinken infolgedessen ab, was wiederum ein Ausfall der Ovarfunktion nach sich zieht.

Gonadoliberin wird nicht gleichförmig, sondern pulsatil (episodisch) freigesetzt. Diese im Abstand von etwa 90 min (während der Follikelphase) bis 2 – 3 h (während der Lutealphase unter Progesteroneinfluß) erfolgende Neurosekretion des Hormons ist die Grundvoraussetzung für eine regelrechte Funktion der Ovarien bei der Frau. Die pulsatile GnRH-Sekretion spiegelt sich im Blut in gleichfalls pulsatilen Schwankungen der Gonadotropinkonzentrationen wider, wobei Frequenz und Amplitude im Verlauf des Menstruationszyklus variieren (Abb. 14.21). Das im Nucleus arcuatus lokalisierte, synchronisierte funktionelle Netzwerk, das die Pulsatilität gewährleistet, wird auch der **GnRH-Pulsgenerator** genannt.

Seine Aktivität in Form elektrischer Impulse verläuft synchron zur Gonadoliberinsekretion. Die Dauer des elektrischen Impulses wird durch Sexualsteroide beeinflußt. Unter Estradioleinfluß beträgt sie 1–3 min, in der Postmenopause bzw. nach Entfernung der Eierstöcke etwa 20 min. Der GnRH-Pulsgenerator unterliegt auch psychischen Einflüssen. Streß, Hunger, intensives Training beim Leistungssport stören das Pulsmuster. Erhöht oder vermindert man (im Experiment) Frequenz bzw. Amplitude des neuroendokrinen Sekretion, so hat dies Störungen der Ovarfunktion (Amenorrhoe) zur Folge. Insbesondere eine kontinuierliche Zufuhr von Gonadoliberin induziert zunächst eine gesteigerte Freisetzung von Gonadotropinen, nachfolgend kommt es dann aber zur Suppression der Gonadotropinsekretion. Diese ist nach Absetzen der Hormongabe oder durch Abänderung in ein pulsatiles Muster reversibel.

Dopamin und dopaminerge Stoffe wie **Bromocriptin** unterdrücken die Gonadoliberinfreisetzung, was nicht nur die LH- und FSH-Sekretion unterbindet, sondern auch die des Prolactins! Der Pulsgenerator wird ebenfalls durch endogene Opiate, namentlich durch **β-Endorphin**, gehemmt. Dieses entsteht unter Streßeinwirkung aus dem Proopiomelanocortin (Abb. 14.13), so daß eine streßinduzierte Zyklusstörung durch diesen Effekt erklärbar wird. **Progesteron** verlangsamt in der Lutealphase des Zyklus die GnRH-Pulsfrequenz auf einen Impuls pro drei Stunden.

Der GnRH-Rezeptor ist ein **7-Transmembrandomänenprotein**, dem das typische lange intrazelluläre C-terminale Ende fehlt. Der Rezeptor ist G-Protein-gekoppelt. Seine Anzahl wird zeit- und dosisabhängig durch Gonadoliberin reguliert. Moderate Konzentrationen bewirken eine initiale Abnahme der Rezeptordichte, gefolgt von einem langandauernden Anstieg. Wie besprochen, führt die chronische Zufuhr des Hormons zur Abnahme der Rezeptorzahl. Kurzzeitexposition mit Estradiol reduziert die Rezeptordichte, eine chronische Verabreichung steigert sie. Progesteron hat ausschließlich stimulatorische Effekte auf die Rezeptorzahl.

Als zweite Boten kommen in Betracht:

- Inositoltrisphosphat, es erhöht die intrazelluläre Ca^{2+}-Konzentration
- Diacylglycerol, es aktiviert die Proteinkinase C und die Gonadotropinsekretion
- Calciumionen aus dem Einstrom durch spannungsabhängige Ca^{2+}-Kanäle
- Arachidonsäure und ihre Leukotrienmetabolite aktivieren die Gonadotropinsekretion
- cAMP, es „sensibilisiert“ die Zelle für Gonadoliberin

Ebenso wie Thyreotropin (Abb. 14.19) sind **Follitropin** (M_r = 34.000) und **Lutropin** (M_r = 28.000) **Glykoproteine** mit zwei Peptidketten. Die α-Kette ist mit 92 Aminosäuren bei Gonadotropinen und Thyreotropin identisch, während die nichtkovalent gebundene β-Kette hormonspezifisch ist. Sie umfaßt beim Lutropin 115, beim Follitropin 118 Aminosäuren. Der Kohlenhydratanteil variiert in beiden Molekülen, was auch die Unterschiede bei den angegebenen relativen Molekülmassen in der Literatur erklärt. Er beträgt beim LH etwa 16 %, beim FSH ca. 18 %, wobei die Kohlenhydratseitenketten in beiden Molekülen N-Acetylneuraminsäure beinhalten. Die Plasmahalbwertszeiten sind mit etwa 20 Minuten für Lutropin und 100 Minuten für Follitropin kurz. Beide Hormone werden enzymatisch in der Leber gespalten bzw. als intakte Hormone renal ausgeschieden.

Die Gonadotropine entfalten ihre Wirkung bei der Frau am Ovar, wo sie die Follikelreifung und den Eisprung beeinflussen. Darüber hinaus unterliegt die Steroidsynthese im Ovar ebenfalls ihrer Kontrolle. Beim Mann ist das Zielorgan der beiden Gonadotropine der Hoden, wo Spermatogenese und Androgenproduktion (Androgene sind männnliche Steroidhormone, andros gr. Mann) durch FSH und LH kontrolliert werden. Wir werden die funktionelle Bedeutung der Gonadotropine im Zusammenhang mit den Sexualhormonen im Abschnitt 14.9 beleuchten.

14.2.9 Klinischer Bezug

Sind 80 bis 90 % des Hypophysengewebes zerstört, so tritt ein Ausfall der Hypophysenfunktion auf. Diese Hypophyseninsuffizienz nennt man **Panhypopituitarismus** (pan gr. ganz, vollständig, Glandula pituitaria lat. Hypophyse) oder **Morbus SIMMONDS**. Als Ursache kommt vor allem die postpartale (post lat. nach und partus lat. Geburt) Nekrose des Hypophysenvorderlappens in Betracht, dem pathogenetisch meist ein Schockzustand vorausgeht. Dieser kann beispielsweise durch massive Blutungen bei der Geburt verursacht werden. Seltener findet man einen Ausfall der Adenohypophyse bei anderen Schockformen wie dem Verbrennungsschock. Die postpartale Hypophyseninsuffizienz infolge Nekrose des Drüsengewebes ist auch unter dem Begriff **SHEEHAN-Syndrom** bekannt.

Seltene Ursachen des Panhypopituitarismus sind Unfälle (Schädeltraumen), Operationen (neurochirurgische Eingriffe) oder chromophobe Adenome der Hypophyse. Tumoren verursachen durch Verdrängung (expansives Wachstum) des umliegenden gesunden Gewebes eine Druckatrophie der Hypophyse, weil die ernährenden Gefäße abgedrückt werden. Bei langsamem, progredientem (voranschreitendem) Ausfall der Hypophyse treten die Symptome in der Reihenfolge der nunmehr fehlenden Hormone auf:

Tabelle 14.3: Symptome des Panhypopituitarismus'.

	Panhypopituitarismus (Ausfall der Hypophysenfunktion)
Hormon	**Ausfallerscheinungen**
Prolactin	Agalaktie (kein Milchfluß) im Wochenbett
Gonadotropin	Amenorrhoe, Atrophie der Mammae, Ausfall der Achsel- und Schambehaarung, Libido- und Potenzverlust
Thyreotropin	Apathie, Kälteintoleranz, Obstipation, Müdigkeit, Bradycardie (zu niedrige Herzfrequenz)
Corticotropin	Adynamie, Streßintoleranz, Kollapsneigung
Melanotropin	Alabasterfarbene Blässe

Man merke sich, daß der Morbus SIMMONDS die Krankheit der vielen „A“ ist : **A**menorrhoe, **A**galaktie, **A**pathie, **A**dynamie, **A**labasterblässe, **A**chselhaarausfall. Als Therapie wird eine Substitution der Endhormone versucht, indem man Glucocorticoide, Schilddrüsenhormone und Sexualhormone gibt.

14.3 Melatonin, ein Hormon der Zirbeldrüse (Epiphyse)

Das Epiphysenhormon (Glandula pinealis ist ein Synonym für die Epiphyse) Melatonin ist ein Abkömmling des Serotonins, aus dem es durch Acetylierung und Methylierung entsteht (Abb. 14.23). Das Hormon, welches auch in der Retina des Auges synthetisiert wird, unterliegt bei allen untersuchten Tierspezies und beim Menschen einem lichtgesteuerten Tag-Nacht-Rhythmus.

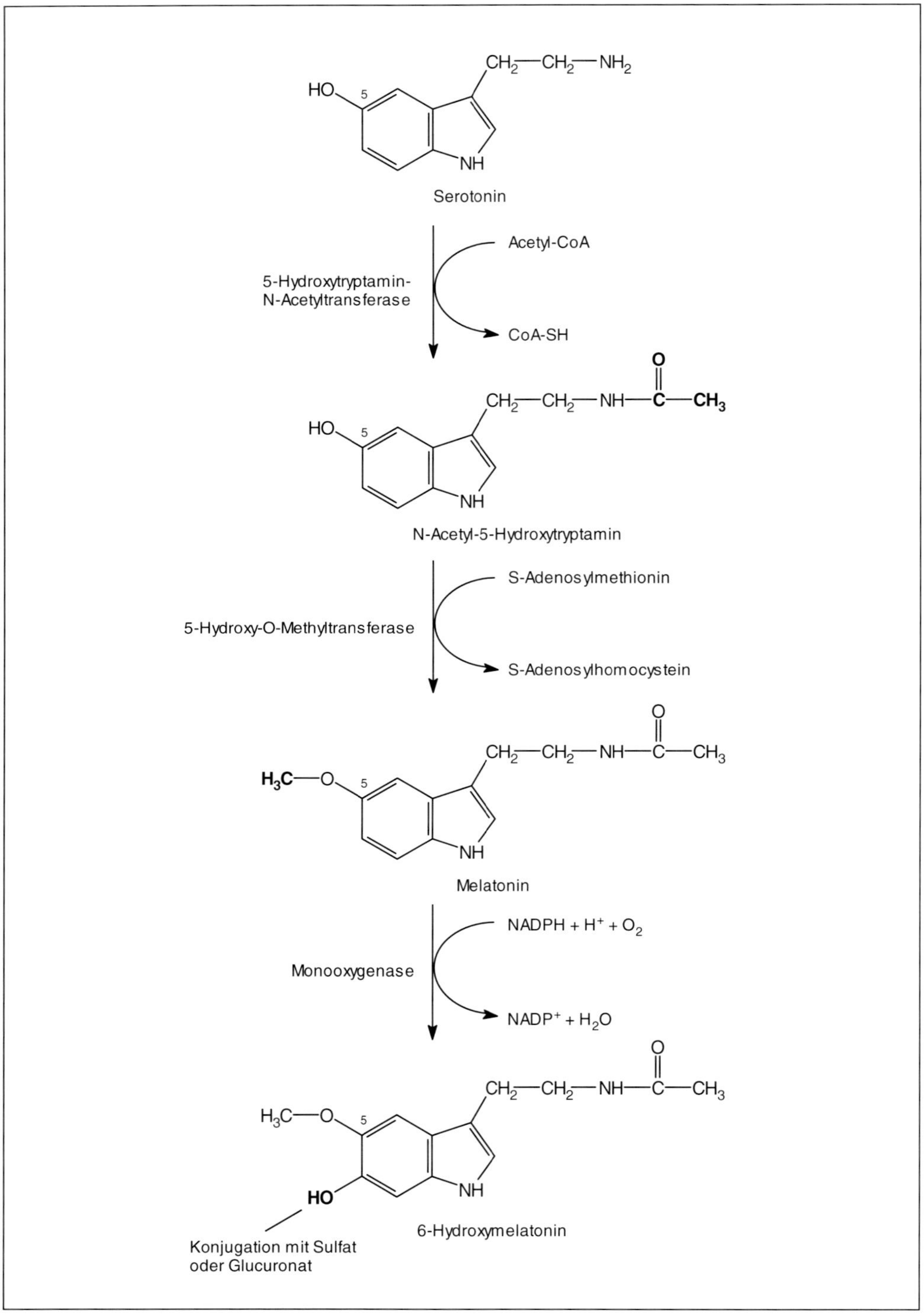

Abb. 14.23: Die Synthese des Melatonins erfolgt in Epiphyse und Retina. Nach Hydroxylierung in Positon 6 und Sulfatierung bzw. Glucuronierung wird das Konjugat im Harn ausgeschieden.

Liegen die Plasmakonzentrationen im Tagesverlauf niedrig, so steigen sie abends an und erreichen um Mitternacht ein Maximum. Bei saisonalen Brütern werden die reproduktiven Funktionen direkt durch Intensität und Länge des Lichteinfalls sowie dessen Einfluß auf die Melatoninsekretion reguliert. Die Gonadenfunktion des Menschens wird dagegen nicht unmittelbar durch Melatonin beeinflußt. Möglicherweise ist dies aber über hypothalamisch-hypophysäre Einflüsse der Fall. So besteht z. B. zwischen Prolactin- und Melatoninsekretion ein enger zeitlicher und offenbar auch funktioneller Zusammenhang. Beeinträchtigungen der Sexualfunktion bei Mann und Frau werden durch Störungen des Tag-Nacht-Rhythmus oder krankhafter Formen der Melatoninsekretion erklärbar. Auch die Tag-Nacht-Rhythmik der Lutropinsekretion, im speziellen die Häufung ovulatorischer LH-Gipfel in den Morgenstunden wird wahrscheinlich durch Melatonin beeinflußt.

Neben seiner Funktion als Hormon fungiert Melatonin aber auch als direktes und indirektes Antioxidans bzw. als Radikalfänger. Aufgrund seiner guten Wasser- und Fettlöslichkeit vermag es gut in Zellen einzudringen, wo es seine Wirkung gerade auch im Zellkern entfalten kann. Hier wird es als Radikalfänger gegenüber Hydroxylradikalen, Superoxidanionen, Stickstoffmonoxid und dem Peroxynitritanion ($OONO^-$) aktiv und schützt DNA vor oxidativem Angriff. Auf indirekte Weise zeigt Melatonin dieses Verhalten bei Tieren auch über eine Stimulierung der **Glutathionperoxidase**, ein wichtiges Enzym mit Entgiftungsfunktion, namentlich im Gehirn. Glutathionperoxidase reduziert Wasserstoffperoxid, ein Vorläufer des Hydroxylradikals, zu Wasser, wobei Glutathion (GSH) in seine oxidierte Form (GSSG) überführt wird:

$$H_2O_2 + 2\ GSH \xrightarrow{\text{Glutathionperoxidase}} H_2O + GSSG \qquad (14.1)$$

Als Antagonist der Lipidoxidation, bei der Fettsäureperoxide ausgebildet werden, die mitunter zur Arteriosklerose beitragen, wird dem Melatonin eine größere Wirksamkeit als dem Vitamin E zugeschrieben.

14.4 Hormone der Schilddrüse

14.4.1 Anatomie der Schilddrüse

Die Schilddrüse liegt als schmetterlingsförmiges Organ vor der Trachea, unmittelbar unter dem Kehlkopf. Ihre beiden Lappen werden durch einen kleinen Mittellappen, den Schilddrüsenisthmus, verbunden. Wiegt die Drüse beim Neugeborenen noch 2 g, so beträgt ihre Masse bei der erwachsenen Frau 18 und beim Mann 25 g. Jenseits des 30. bis 40. Lebensjahres zeigt das Organ regressive Veränderungen. Zysten, Knoten und Verkalkungen können dann das histologische Bild der Schilddrüse mitprägen.

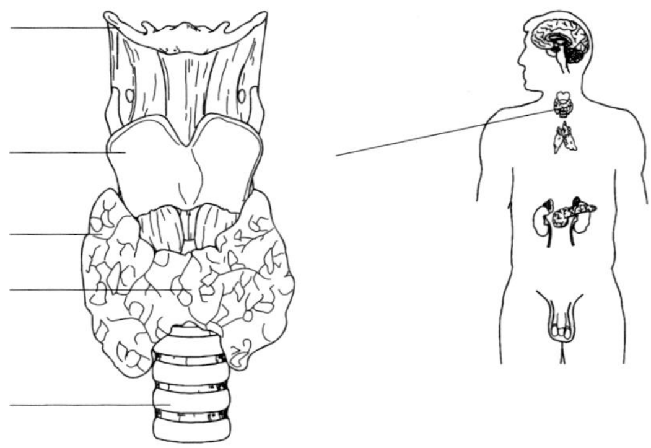

Abb. 14.24: Topographie und Anatomie der Schilddrüse.

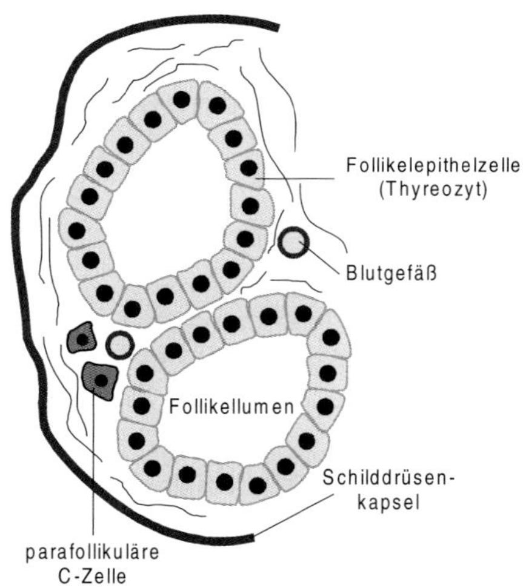

Abb. 14.25: Histologisch imponiert die Schilddrüse als „Stapeldrüse", d. h. im Follikellumen wird das Hormon in seiner an Thyreoglobulin gebundenen Vorstufe „gelagert". Je nach Füllungszustand zeigen die 50 bis 200 μm großen Follikel unterschiedliche Gestalt. Ist der Follikel mit Kolloid gefüllt, so nimmt das Follikelepithel, das die eigentliche Leistung des Organs erbringt, die Form eines platten Epithels an. Kubische bis hochprismatische Thyreozten findet man dagegen bei weniger gefüllten bzw. entleerten Follikeln. Die parafollikulären C-Zellen sind Syntheseorte des Calcitonins.

Die Schilddrüse weist histologisch Follikelstruktur auf. Die Follikel sind Ort der Hormonsynthese und -speicherung, sie besitzen ein einschichtiges, plattes bis hochprismatisches Epithel, in dessen Cytoplasma die meisten Hormonsyntheseschritte beheimatet sind. Die Epithelzellen umschließen einen mit Kolloid gefüllten Hohlraum, in dem die Schilddrüsenhormone an ein Glykoprotein gebunden gespeichert werden und auf „ihren Einsatz warten". In dem die Follikel umgebenden Bindegewebe fallen noch Gruppen hellerer Epithelzellen auf, die sogenannten parafollikulären **C-Zellen**. Sie erzeugen das Hormon Calcitonin, mit dem wir uns im Abschnitt 14.5.3 auseinandersetzen werden.

14.4.2 Die Synthese der Schilddrüsenhormone

Die Hormone der Schilddrüse sind das **Thyroxin** oder 3,5,3',5'-Tetraiodthyronin sowie das **3,5,3'-Triiodthyronin**, die sich beide von der Aminosäure Tyrosin ableiten lassen. Die deiodierte (also die iodfreie) Grundstruktur der Schilddrüsenhormone ist das **Thyronin**. An dieser Aminosäure fällt ebenso wie bei den beiden Hormonen die **Etherbindung** -O- zwischen den aromatischen Ringen auf.

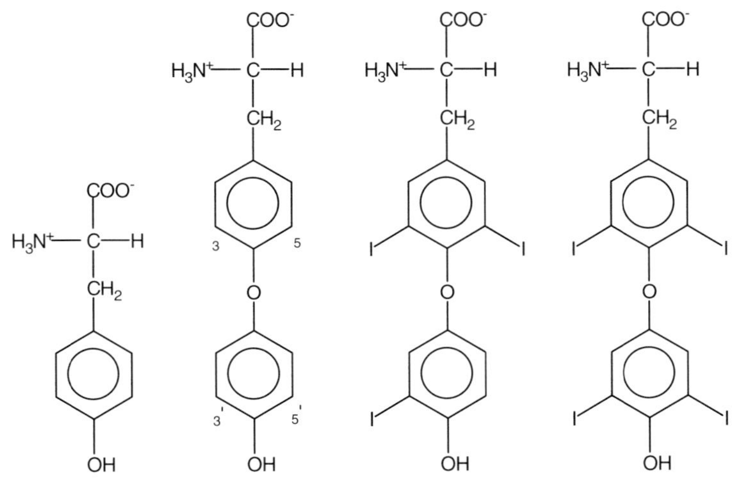

Abb. 14.26: Die Struktur der Schilddrüsenhormone.

Das für die Iodierung des Tyrosins notwendige Iod nimmt die Follikelzelle in Form von Iodid aktiv (also unter Verbrauch von ATP) zusammen mit Natriumionen gegen ein Konzentrationsgefälle aus dem Blut auf. Der tägliche Bedarf von ca. 150 µg wird normalerweise mit dem Trinkwasser zugeführt, in iodidarmen Gebieten (z. B. in der Alpenregion) wird dem Speisesalz oder dem Trinkwasser Iodid beigemischt. Der aktive Transport des Iodids in die Follikelzelle mit 250 facher Anreicherung wird durch **Perchlorat**, **Rhodanid (Thiocyanat)** und **Nitrit** kompetitiv gehemmt.

Bemerkenswert ist, daß eine hochdosiert zugeführte Iodgabe, in deren Folge ein bestimmter Konzentrationsschwellenwert überschritten wird, den Einbau von Iodid in das Thyreoglobulin akut inhibiert. Dieser Mechanismus, **WOLF-CHAIKOFF-Effekt** genannt, resultiert folglich in einem plötzlichen Hormonsynthesestillstand. Dieser Effekt wird therapeutisch zur schnellen Blockade der Schilddrüse eingesetzt. Durch Anpassung geht die Wirkung des WOLF-CHAIKOFF-Effekts jedoch binnen 14 Tagen verloren.

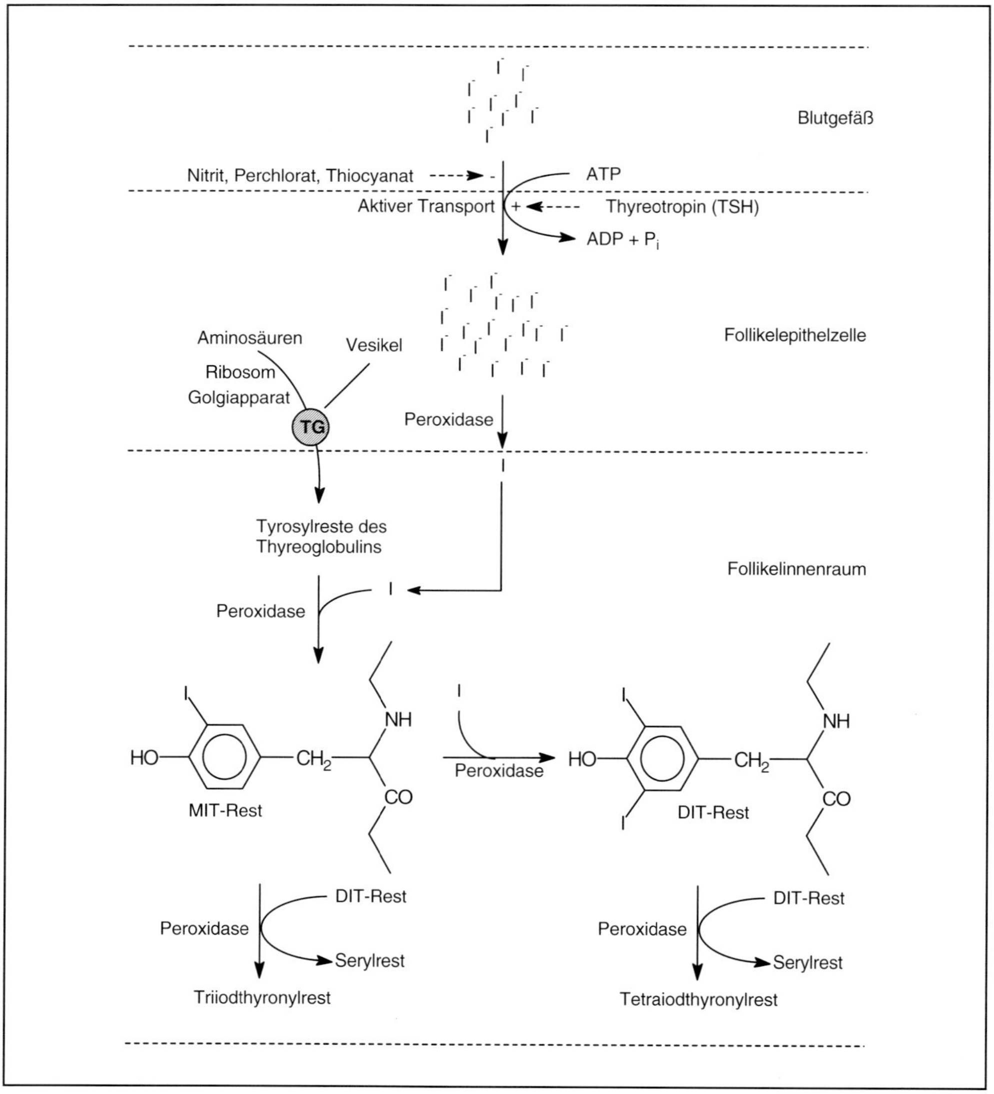

Abb. 14.27: Synthese der Tri- und Tetraiodthyronylreste.

Intrazellulär wird das aufgenommene Iodidion zur apikalen (lumenseitigen) Seite transportiert und dort von einer **Peroxidase** zu elementarem Iod I° bzw. I_3 oxidiert. Als Reaktionspartner tritt bei dieser Reaktion Wasserstoffperoxid, das zu Wasser reduziert wird, auf.

Die Peroxidase ist das zentrale Enzym im Iodstoffwechsel der Schilddrüsenzelle. Im Thyreocyten synthetisierte Peroxidase wird vom Endoplasmatischen Reticulum via exocytosolischer Vesikel zur apikalen Membran transportiert, in die das Enzym als membranständiges Protein (M_r = 103.000) integriert wird. Dort ist es gleichsam am „Berührungspunkt“ von Cytoplasma und Follikellumen lokalisiert. Das freigesetzte elementare Iod wird hier sofort auf Tyrosinreste eines Glykoproteins, des **Thyreoglobulins** (TG), übertragen.

Thyreoglobulin besitzt eine relative Molekülmasse von 660.000. Seine zwei Untereinheiten sind über Disulfidbrücken miteinander verbunden. Das Molekül weist zwei unterschiedliche, über Asparaginreste N-glykosidisch gebundene Kohlenhydratketten auf. Eine der beiden Ketten enthält endständig N-Acetylneuraminsäure, die andere ist frei von Sialinsäuren. Der Kohlenhydratanteil des Glykoproteins beträgt ca. 10 %. Von den 140 Tyrosinresten des Thyreoglobulins werden etwa 25 % iodiert. Dabei wird der jeweilige Phenolring des Restes entweder nur an Position 3 oder an den Positionen 3 und 5 mit Iod substituiert, so daß das Thyreoglobulin nach erfolgter Iodierung sowohl **Monoiodthyrosyl-** (MIT) als auch **Diiodthyrosylreste** (DIT) besitzt.

Diese Reaktion findet im Kolloid, vermutlich an der Außenseite der Epithelzellmembran, statt. Die Raumstruktur des Thyreoglobulins erlaubt nun eine Kopplung von MIT- und DIT-Resten, wobei unter Bildung einer Etherbrücke Triiodthyronyl- und Tetraiodthyronylreste entstehen. An denjenigen Stellen, an denen ein iodierter Phenolrest aus dem Tyrosin entfernt wurde, bleibt nun ein Serinrest zurück.

Alle obigen Reaktionen werden von einem Enzym katalysiert, der Peroxidase. Die in Abb. 14.27 gezeigten Peroxidase-abhängigen Schritte werden von Thyreotropin TSH gefördert, während Thyreostatika wie **Thiamazol** und **Carbimazol** das Enzym hemmen. Auch die aktive Aufnahme des Iodids in die Epithelzelle unterliegt der Stimulierung durch Thyreotropin. Die an Thyreoglobulin gebundenen Triiod- und Tetraiodthyronylreste stellen die Speicherform der Schilddrüsenhormone dar. Nach Einwirkung von Thyreotropin wird das Thyreoglobulin des Kolloids endocytotisch in Vesikeln von der Follikelzelle aufgenommen. Diese Vesikel verschmelzen mit Lysosomen zu Phagolysosomen, in denen das Thyreoglobulin proteolytisch abgebaut wird. Die dabei freigesetzten Hormone Triiodthyronin und Thyroxin können nun ins Blut übertreten. Gleichzeitig freiwerdendes MIT bzw. DIT wird von einer **Deiodase** durch Abspaltung von Iodid deiodiert. Das entstandene Iodid kann zur erneuten Synthese von Schilddrüsenhormonen herangezogen werden.

Die Sekretionsrate der Schilddrüse beträgt etwa 70 bis 120 µg pro Tag. Sie wird über den Regelkreis Hypothalamus-Hypophyse-Schilddrüse gesteuert, wobei Thyreotropin insbesondere die endocytotische Aufnahme des Thyreoglobulins in die Follikelzelle stimuliert. Die Botschaft des TSH wird über den cyclo-AMP-Mechanismus vermittelt.

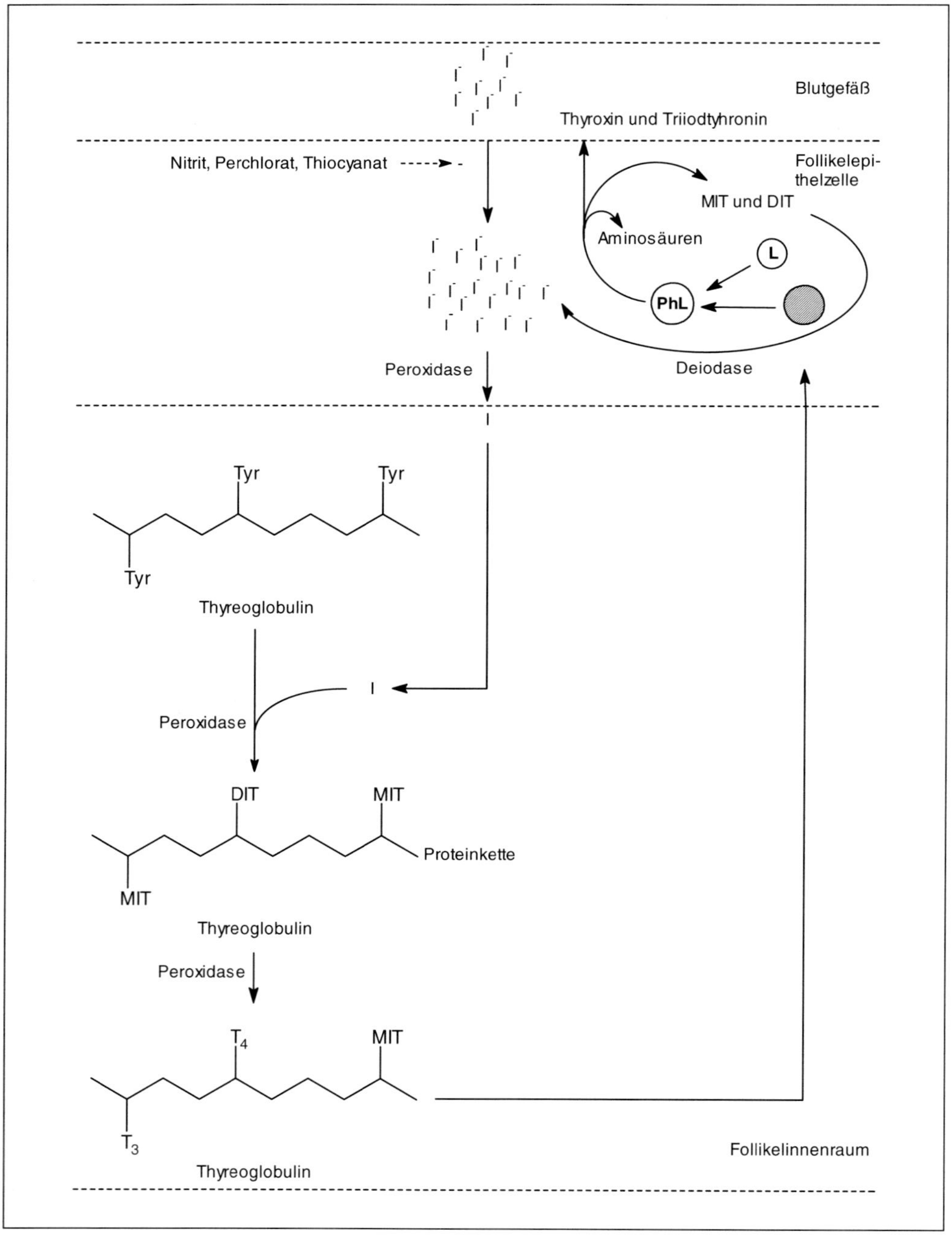

Abb. 14.28: Synthese und Ausschleusung von Schilddrüsenhormonen. L steht für Lysosom, TG ist die Abkürzung für Thyreoglobulin und PhL für Phagolysosom.

14.4.3 Der Transport der Schilddrüsenhormone im Blut

Im Blut werden die Schilddrüsenhormone nahezu vollständig (ca. 99 %) an Plasmaproteine gebunden transportiert. Dabei spielen drei Plasmaproteine eine Rolle. Das für die Schilddrüsenhormone spezifische **Thyroxin-bindende Globulin** TBG übernimmt dabei mit etwa 70 % den größten Anteil beim Transport von Thyroxin und Triiodthyronin. Die restlichen 30 % verteilen sich auf die beiden unspezifischen (d. h. sie binden auch noch andere Moleküle) Bindungsproteine, das Thyroxin-bindende Präalbumin und das Albumin. An diese Proteine gebundene Schilddrüsenhormone sind hormonell inaktiv. Bei der Beurteilung von Laborbefunden in der Schilddrüsendiagnostik sollte daran gedacht werden, daß die Konzentration an Thyroxin-bindendem Globulin in Abhängigkeit von Krankheiten und Stoffen wie Medikamenten oder Hormonen Schwankungen unterliegt. Die Blutkonzentrationen an TBG und Gesamtschilddrüsenhormonen im Blut ändern sich gleichsinnig, so daß alleinige TBG-Erhöhungen eine Schilddrüsenüberfunktion vortäuschen können, während die Verminderung von TBG zur Fehldiagnose Schilddrüsenunterfunktion verleiten kann. Um eine scheinbare Beeinflußung der Schilddrüsenfunktionslage durch externe Faktoren via TBG erkennen zu können, ist die Bestimmung der TBG-Konzentration im Blut ein probates Mittel. Welche externen Faktoren spielen in diesem Zusammenhang eine Rolle? TBG ist während der Schwangerschaft und unter Einnahme von **Kontrazeptiva** („Pille") erhöht, auch Heparin und Sulfonamide können im gleichen Sinne wirken. Eiweißverlustsyndrome wie das nephrotische Syndrom, schwere Verbrennungen und Proteinresorptionsstörungen im Darm führen zu einer TBG-Verminderung. Auch bei Lebercirrhose sollte man eine durch TBG-Abfall verursachte „Schilddrüsenunterfunktion" in Erwägung ziehen.

14.4.4 Die periphere Konversion

Zu etwa 80 % werden die Schilddrüsenhormone im peripheren Gewebe durch schrittweise **Deiodierung** abgebaut. Hierbei stehen drei Enzyme, die in ihrem aktiven Zentrum **Selenocystein** beinhalten (Selenoenzyme), im Vordergrund:

- **5'-Deiodase, Typ I**
- **5'-Deiodase, Typ II**
- **5-Deiodase, Typ III**

Die 5'-Deiodase (Typ I) katalysiert in Schilddrüse, Leber, Niere, Hypophyse und im Zentralnervensystem einerseits die Umwandlung von Thyroxin in 3,3',5'-Triiodthyronin (T_3), andererseits ist sie für den Abbau von reversem Triiodthyronin (3',5',3-Triiodthyronin, rT_3) zu 3,3'-Diiodthyronin verantwortlich. Sie ist somit Träger der peripheren Konversion (Umwandlung) von Thyroxin in L-3,3',5'-Triiodthyronin, dem sogenannten T_3. Die Aktivität der Typ I-Deiodase wird in der Schilddrüse durch TSH gesteigert. Ansonsten wird das Enzym von einem erhöhten Kohlenhydratangebot, Selen und durch die Schilddrüsenhormone selbst stimuliert. Schwere Allgemeinerkrankungen (z. B. Sepsis), chirurgische Eingriffe oder Traumen, Hungern, Mangelernährung, einige Cytokine, Propylthiouracil, Amiodarone, Propranolol, iodierte Röntgenkontrastmittel und Dexamethason hemmen die 5'-Deiodase-Aktivität. In solchen Fällen wird die 5-Deiodase-Reaktion quantitativ begünstigt, d. h. es entsteht vermehrt reverses Triiodthyronin:

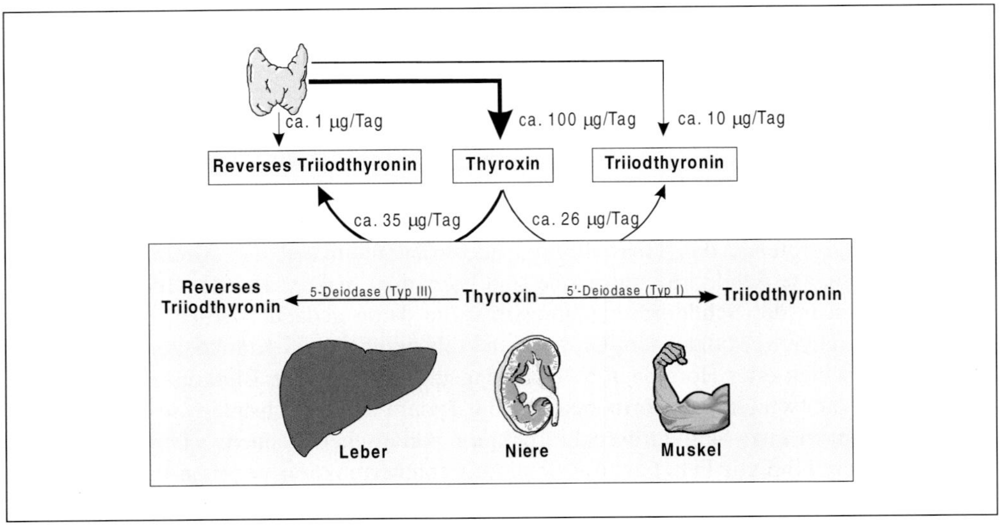

Abb. 14.29: Etwa 91 % der von der Schilddrüse sezernierten Hormone werden vom Thyroxin (T_4) gestellt. Jedoch werden davon in der Körperperipherie, z. B. im Muskel, der Leber oder in den Nieren etwa 60 % in 3',3,5-Triiodthyronin (T_3) und reverses 3',5'3-Triiodthyronin (rT_3) deiodiert. Triiodthyronin, das wirksame Endhormon, entstammt also zu ca. 72 % der peripheren Konversion und lediglich zu etwa 28 % der Schilddrüse selbst.

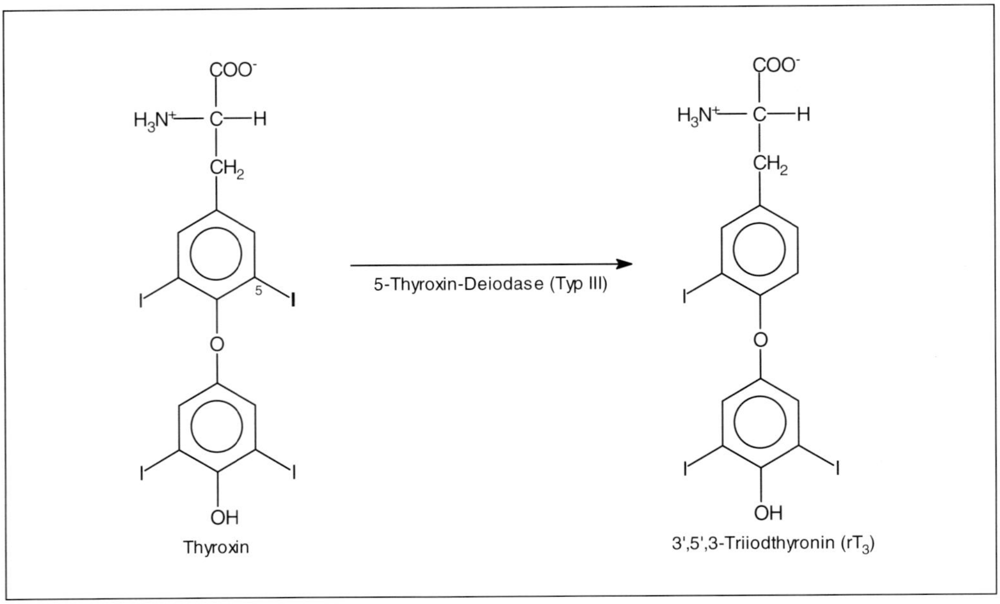

Abb. 14.30: Die Reaktion der ubiquitär vorkommenden 5-Thyroxin-Deiodase (kurz: 5-Deiodase). Produkt der Deiodierung ist das hormonell inaktive 3',5',3-Triiodthyronin (rT_3). Die Reaktion wird bei schweren Erkrankungen, operativen Eingriffen und bei Einnahme verschiedener Pharmaka gegenüber der Konversion von Thyroxin zu 3',3,5-Triiodthyronin (T_3) begünstigt. Peripher entsteht also weniger aktives Triiodthyronin, man spricht in so einem Fall vom „**Niedrig-T_3-Syndrom**".

Die Deiodierung von L-3,3',5'-Triiodthyronin zu 3,3'-Diiodthyronin wird ebenfalls von der Typ III-Deiodase unterhalten.

Die **5'-Deiodase (Typ II)** schließlich katalysiert ebenfalls die Umwandlung von Thyroxin in L-3,3',5'-Triiodthyronin, wobei das Enzym insbesondere im zentralen Nervensystem, der Hypophyse und der Plazenta lokalisiert ist.

Bedenkt man, daß Triiodthyronin bei kürzerer biologischer Halbwertszeit (etwa 1 Tag) auch hormonell deutlich wirksamer als Thyroxin (Halbwertszeit etwa 7 - 8 Tage) ist, so kann man zu folgendem Schluß kommen: Das eigentliche Endhormon „vor Ort" ist das Triiodthyronin, während das Thyroxin die Funktion eines Prohormons einnimmt.

14.4.5 Die Wirkung der Schilddrüsenhormone

Wir erinnern uns, daß Thyroxin und Triiodthyronin wie die Steroidhormone die Zell- und Kernmembran durchwandern und dort auf für sie spezifischen intranukleäre Rezeptoren treffen. Dabei werden zwischen dem **α- (TRα)** und dem **β-Rezeptor (TRβ)** unterschieden. In Form von Homodimeren αα-TR bzw. ββ-TR oder als Heterodimere mit dem Retinsäure-X-Rezeptor **RXR/TR** fungieren sie nach Ligandenbindung als Transkriptionsfaktoren (Kapitel: Signaltransduktion von Hormonen).

Die Wirkungen der Schilddrüsenhormone lassen sich nicht an einem Organ festmachen. Sie sind eher allgemeiner Natur und betreffen somit den gesamten Organismus. Schilddrüsenhormone steigern den Grundumsatz, den Sauerstoffverbrauch und somit auch die Wärmeproduktion. Im einzelnen gilt für den Kohlenhydratstoffwechsel:

- erhöhte intestinale Resorption
- Steigerung von Glykogenauf- und -abbau
- Steigerung von Glykolyse und Gluconeogenese

Der Lipidstoffwechsel wird wie folgt beeinflußt:

- Steigerung der Fettmobilisierung und des -abbaus
- Steigerung der Lipidsynthese, jedoch im geringeren Maße

In physiologischen Konzentrationen wirken Schilddrüsenhormone in Hinblick auf den Proteinstoffwechsel anabol, bei erhöhten Werten fördern sie jedoch den Proteinabbau. Die Empfindlichkeit gegenüber Adrenalin wächst in Anwesenheit der Schilddrüsenhormone, was sich an einer Erhöhung der Herzfrequenz ablesen läßt.

Unverzichtbar sind Schilddrüsenhormone beim Wachstum und der Reifung des Kindes. Hier sind Gehirn und Knochen besonders betroffen. Weist das Neugeborene bei der Geburt eine fehl- oder unterentwickelte Schilddrüse auf und bleibt dieser Befund unbehandelt, so treten folgende Symptome auf: Disproportionierter Zwergwuchs, geistige Retardierung bis zur Idiotie und Schwerhörigkeit. Dieser „Symptomkanon" wird auch als **Kretinismus** bezeichnet. Heute findet am 5. Lebenstag des Neugeborenen ein gesetzlich vorgeschriebener Test der Schilddrüsenfunktion statt. Aus Fersenblut wird die TSH-Konzentration bestimmt, die bei Erhöhung auf einen krankhaften Zustand schließen läßt (Regelkreis!).

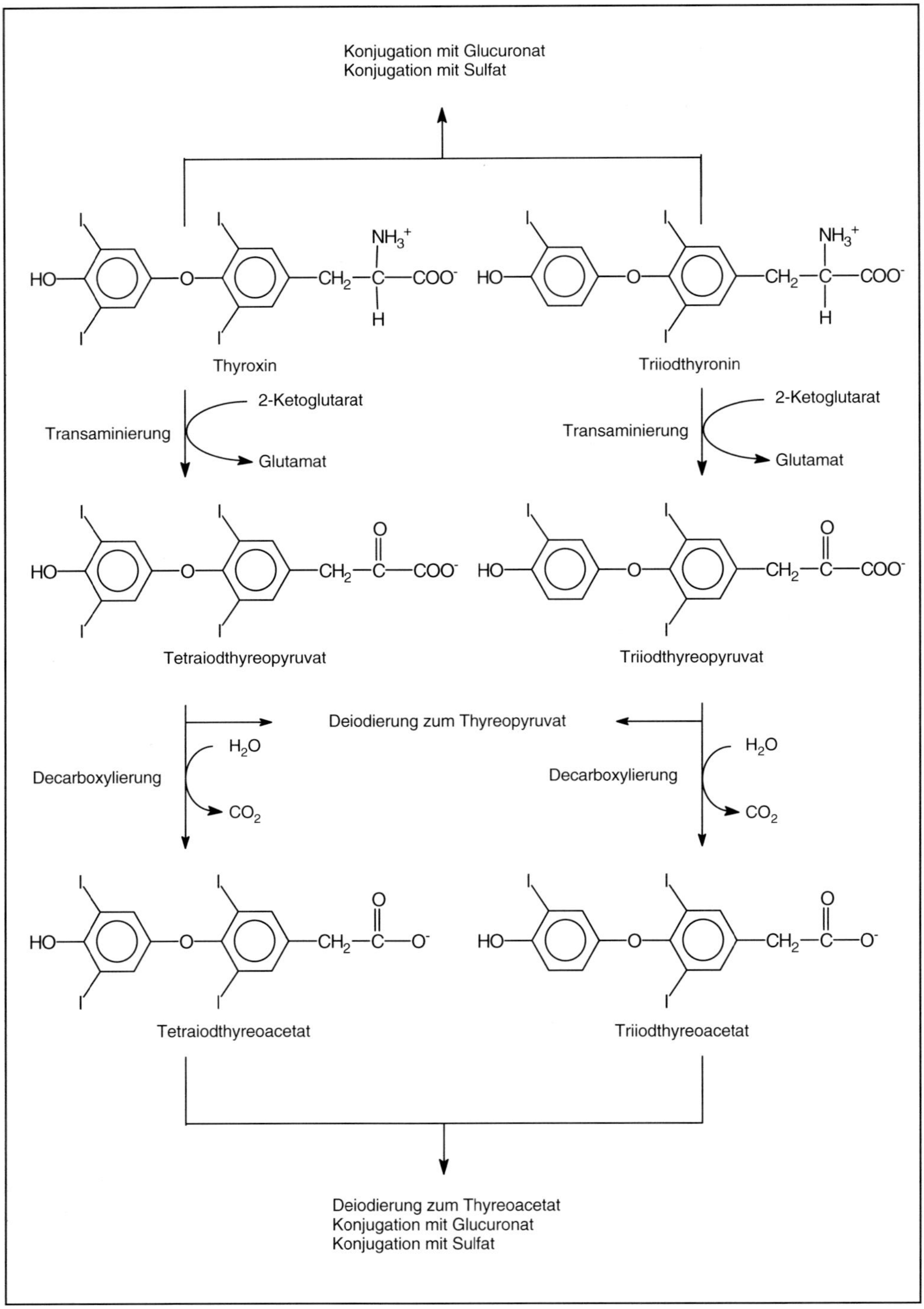

Abb. 14.31: Der Abbau von Thyroxin und Triiodthyronin.

14.4.6 Abbau der Schilddrüsenhormone

Beide Schilddrüsenhormone können in der Leber über ihre phenolischen Hydroxylgruppen (die OH-Gruppen an der äußeren Ringstruktur) an Glucuron- oder Schwefelsäure gekoppelt werden). Die dabei entstandenen Konjugate können dann über die Galle in den Darm ausgeschieden werden. Zum Teil werden sie vorher noch deiodiert. Der wichtigste Abbauweg verläuft über eine Deiodierung und Transaminierung zum Thyreopyruvat, das dann durch eine Decarboxylierung zum Thyreoacetat umgeformt werden kann. Beide Verbindungen werden über die Nieren mit dem Harn ausgeschieden.

14.4.7 Hyperthyrose: Morbus BASEDOW und autonome Adenome

Die häufigste Erkrankung der Schilddrüse ist die **Struma**. Als Struma bezeichnet man eine kompensatorische Vergrößerung der Schilddrüse. Strumen sind in iodarmen Gebieten wie Bayern häufiger anzutreffen. Durch den Iodmangel kommt es zu einem Abfall der Schilddrüsenhormone im Blut, was über den Regelkreis mit einer Erhöhung der Thyreotropinkonzentration beantwortet wird. Das erhöhte TSH bewirkt eine Zellvermehrung in der Schilddrüse (eine „**Hyperplasie**"), wodurch eine bessere Nutzung der geringen Iodidmengen erreicht werden kann. Infolgedessen normalisiert sich die Sekretion der Schilddrüsenhormone, die Funktionslage der Schilddrüse ist euthyreot (eu gr. gut). Daher wird die Struma auch häufig als **euthyreote Struma** bezeichnet. Probleme können Strumen über eine Verdrängung der Trachea bereiten. In solchen Fällen ist eine chirurgische Entfernung der Drüsenvergrößerung indiziert. Ansonsten lassen sich Strumen gut durch Gabe von Schilddrüsenhormonen behandeln.

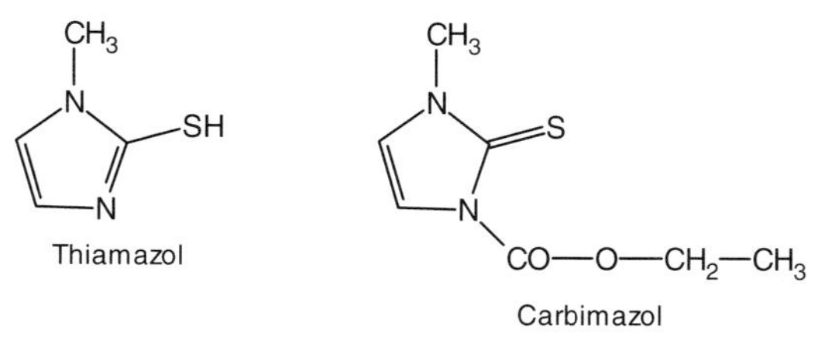

Abb. 14.32: Die Thyreostatika Thiamazol und Carbimazol. Beide Pharmaka hemmen die Peroxidase, wodurch die Oxidation des Iodids unterbunden wird.

Bei **Hyperthyreosen** kommen primär zwei Ursachen in Betracht: Autonome Adenome, die sich nicht mehr dem Regelkreis unterwerfen und daher „autonom" Hormone produzieren. Auf der anderen Seite finden wir den Morbus BASEDOW, der durch eine Störung des Immunsystems bedingt ist. Im Blut vieler BASEDOW-Patienten findet man ein Immunglobulin (das ist ein Glykoprotein, das von Lymphocyten zur Abwehr fremder Stoffe bzw. Organismen produziert wird), das auf die gleichen Rezeptoren wie Thyreotropin einwirkt und somit die Schilddrüse dauerhaft stimuliert. Dieses gegen eigenes Schilddrüsengewebe gerichtete Immunglobulin heißt TSH-Rezeptor-Autoantikörper oder TSI (Thyroid stimulating immunglobulin). Die Symptome der Hyperthyreose sind fast spiegelbildlich zur Hypothyreose: Schlaflosigkeit, erhöhte Herzfrequenz, starkes und häufiges Schwitzen, Durchfälle, Gewichtsverlust, Adynamie und Schwäche der Muskulatur sowie warme und feuchte Haut. Beim Morbus BASEDOW treten häufig Augensymptome wie Sehausfälle, Lidschwellungen, Konvergenzschwäche, Geschwüre der Hornhaut und Tränenfluß hinzu. Das Hervortreten der Augen aus ihren Höhlen, der Exophthalmus, ist eines der drei Kardinalsymptome des Morbus BASEDOW, die in der Merseburger Trias (BASEDOW wurde in Merseburg geboren) zusammengefaßt sind: Struma-Tachykardie-Exophthalmus. Beim Morbus BASEDOW ist die Struma (der Kropf) natürlich hyperthyreot und darf nicht mit der euthyreoten Struma des Iodmangels verwechselt werden.

Die Hyperthyreose verlangt eine differenzierte Therapie: Neben der Gabe von Thyreostatika wie Carbimazol und Thiamazol haben auch der chirurgische Eingriff und die Radioiodherapie Bedeutung. Thyreostatika besitzen als gemeinsames Merkmal ein Kohlenstoffatom, das mit zwei Stickstoff- und einem Schwefelatom verbunden ist. Denkt man sich den Schwefel durch ein Sauerstoffatom ersetzt, so erinnert diese Gruppierung an die Struktur des Harnstoffs $(NH_2)_2CO$. Dies ist der Grund, warum die Thyreostatika auch als Thioharnstoffderivate bezeichnet werden. Sie unterbinden als Peroxidasehemmer lediglich die Neusynthese von Schilddrüsenhormonen, während der bereits angelegte Vorrat unbehelligt von der Schilddrüse ins Blut sezerniert werden kann. Daher tritt die Wirkung dieser Pharmaka mit erheblicher Verzögerung ein. Problematisch sind auch die zum Teil gravierenden Nebenwirkungen der Thioharnstoffderivate, z. B. das mögliche Auftreten einer Agranulocytose (Verminderung der Granulocyten im Blut).

14.4.8 Hypothyreosen: Die Autoimmunthyreoiditis HASHIMOTO

Hypothyreosen, also Schilddrüsenunterfunktionen, sind bei Erwachsenen meist eine Folge von chronischen (chronos gr. Zeit) **Schilddrüsenentzündungen**. Sie können aber auch durch ärztliche Behandlung provoziert werden, beispielsweise bei der **Radioiodtherapie**, nach vorausgegangener **Strumaresektion** oder durch die Verabreichung von **Thyreostatika** bzw **Lithium**.

Hypothyreosen gehen mit einer Verminderung der Schilddrüsenhormone im Blut einher, reaktiv ist dann TSH erhöht. Typisch ist auch eine Hypercholesterolämie, also eine zu hohe Cholesterolkonzentration im Blut. Als Symptome treten auf: Antriebsarmut, **Müdigkeit**, Verstopfung, niedrige Herzfrequenz (sogenannte Bradycardie), **Kälteempfindlichkeit**, trockene und teigige Haut, Gewichtszunahme.

Die **chronisch-lymphocytäre Thyreoiditis HASHIMOTO** ist wie der Morbus BASEDOW eine Autoimmunerkrankung der Schilddrüse, bei der sich in der Schilddrüse histologisch lymphocytäre und plasmazelluläre Infiltrate nachweisen lassen. Assoziiert ist die familär gehäuft auftretende Krankheit mit bestimmten MHC- bzw. HLA-Markern (HLA-DR 3, HLA DR 5 und HLA-B 8. Patienten mit einem TURNER- oder DOWN-Syndrom sind öfter als Gesunde von der Krankheit betroffen. Eine Vergesellschaftung mit anderen Autoimmunerkrankungen wie dem Morbus ADDISON (Nebennierenrindeninsuffizienz) und der perniziösen Anämie ist häufiger zu beobachten. Meist beginnt die Krankheit in der 4. oder 5. Lebensdekade, wobei Frauen bevorzugt befallen werden. Initial asymptomatisch und euthyreot mündet die Krankheit in späteren Stadien in eine Hypothyreose ein. Aus diesem Grund werden Frühstadien der Autoimmunthyroiditis meist nicht erkannt, erst die Zeichen der Schilddrüsenunterfunktion führen den Patienten bzw. die Patientin zum Arzt. Im weiteren Verlauf wird die Schilddrüse atrophisch und dabei durch Narbengewebe ersetzt, so daß eine Substitution mit L-Thyroxin notwendig wird.

Diagnostisch lassen sich in etwa 90 % alle Fälle **Autoantikörper gegen Schilddrüsenperoxidase** (thyroidale Peroxidase, TPO) nachweisen. Sie besitzen die höchste Sensitivität zum Nachweis der HASHIMOTO-Thyreoiditis, werden aber auch bei anderen Autoimmunerkrankungen wie dem Morbus BASEDOW dem Morbus ADDISON, dem Diabetes mellitus Typ I oder beim systemischen Lupus erythematodes, gefunden. **Autoantikörper gegen Thyreoglobulin** werden noch bei 40 – 70 % der Patienten nachgewiesen, sie sind aber ebenfalls nicht spezifisch für die Krankheit. Die für den Morbus BASEDOW typischen TSH-Rezeptor-Autoantikörper stellen bei der HASHIMOTO-Thyreoiditis eine Seltenheit dar.

14.5 Parathyrin, Calcitonin, Calcitriol und der Calciumstoffwechsel

14.5.1 Calcium

Calcium (Ordnungszahl 20, relative Atommasse 40,1), nach Eisen und Aluminium das dritthäufigste Metall der Erde, gehört in die Gruppe der Erdalkalimetalle. Nach den Alkalimetallen sind sie die reaktivsten Metalle, so daß Calcium wie die anderen Elemente der zweiten Hauptgruppe des Periodensystems in der Natur nicht frei vorkommt. Da alle Erdalkalimetalle zwei Elektronen mehr als das im Periodensystem vorausgehende Edelgas besitzen, geben sie diese beiden Valenzelektronen in ihren Verbindungen ab, so daß Ionen der Form Me^{2+} entstehen. Im Vergleich zu den Ionen der Alkalimetalle sind diejenigen der Erdalkalimetalle kleiner und haben somit ein deutlich größeres Verhältnis von Ionenladung zu Ionenradius. Die Konsequenz ist, daß gelöste Calciumionen mit 450 pm Radius größere Hydrathüllen bilden als z. B. Natrium- (340 pm) und Kaliumionen (220 pm).

Wie das Magnesium zeichnet sich auch das Calcium durch die Tendenz aus, Komplexe zu bilden. Unter diesen ist besonders der Komplex mit **Ethylendiamintetraessigsäure** bzw. **E**thylen**d**iamin**t**etra**a**cetat **EDTA** von Bedeutung, das mit Ca^{2+} einen oktaedrischen Komplex eingeht.

Eine für Zahn und Knochengewebe wichtige anorganische Calciumverbindung ist der **Apatit**. Apatite besitzen die allgemeine Formel $Ca_5[(PO_4)_3X]$, wobei X entweder ein Hydrogencarbonat-, ein Hydroxid-, ein Chlorid- oder ein Fluoridion sein kann. Das Gros des Apatits in Knochen und Zähnen stellt der Hydroxylapatit $Ca_5[(PO_4)_3OH]$ dar. Apatite zeigen Ionenaustauschereigenschaften, was sich beispielsweise darin niederschlägt, daß die Stelle des Ions X^- von verschiedenen Anionen eingenommen werden kann. Daneben wird mitunter das Calciumion selbst gegen andere Metallionen ausgetauscht, so auch gegen den „Gruppennachbarn“ Strontium (Sr). Diese Eigenschaft des Apatits ist insofern problematisch, weil das radioaktive **Nuklid ^{90}Sr** mit einer Halbwertszeit von 28 Jahren aus dem Fallout der Kernwaffentests an die Stelle des Calciums tritt. Dadurch wird das Knochengewebe einer langfristigen β-Bestrahlung ausgesetzt, die für den Ausbruch von Krebserkrankungen des Knochens verantwortlich gemacht wird.

Wir nehmen Calcium vorrangig mit Getreide- und Milchprodukten (Käse, Quark), sowie Eiern, Obst und Gemüse zu uns. Auch in „hartem“ Trinkwasser ist Calcium reichlich vorhanden. Vom täglich aufgenommenen Calcium (800 bis 1200 mg, im Mittel etwa 25 mmol bzw. ungefähr 1 g) werden maximal 50 % im **Duodenum** (im geringeren Umfang auch im Jejunum) resorbiert. Der Rest wird über den Darm ausgeschieden. Während der Schwangerschaft und in der Stillperiode ist der Calciumbedarf erhöht. Bestimmte Stoffe wie **Oxalsäure** stören die Calciumresorption, da sie unlösliche Calciumkomplexe bilden.

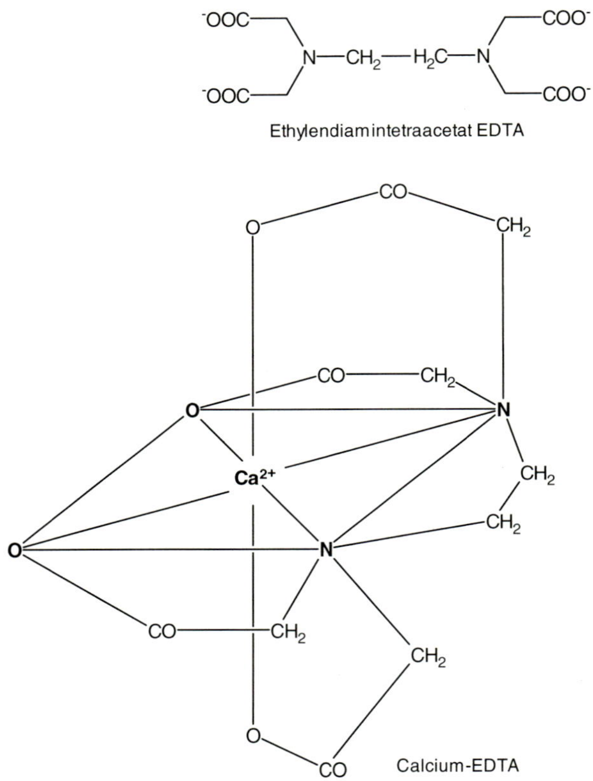

Abb. 14.33: Der Ca^{2+}-EDTA-Komplex und sein Anion EDTA. Folgende Ionen bilden ebenfalls derartige Komplexe mit EDTA: Mg^{2+}, Ba^{2+}, Sr^{2+}, Pb^{2+}, Mn^{2+}, Fe^{2+}, Co^{2+}, Zn^{2+}, sowie Al^{3+} und Fe^{3+}.

Calcium

Nerv und Muskel: Reizleitung

Zellaktivierung: Zweiter und dritter Bote bei der Hormonwirkung

Knochen und Zähne: Anorganischer Strukturbestandteil

Gerinnung: Komplexbindung der Faktoren II, VII, IX und X

Abb. 14.34: Die Bedeutung des Calciums.

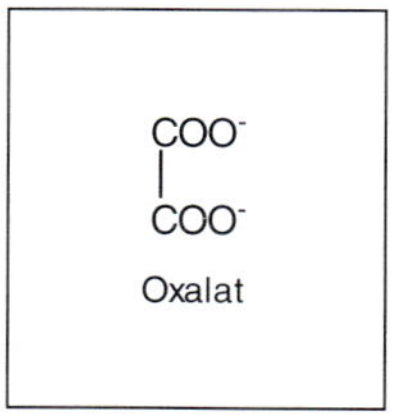

Abb. 14.35: Das Salz der Oxalsäure, Oxalat, bildet mit Calcium im Darm unlösliche Verbindungen, die nicht mehr resorbiert werden können.

In den Nieren wird der ultrafiltrierbare Teil, also ionisiertes und komplexiertes Calcium, (nicht das proteingebundene) glomerulär filtriert. Bei einem Primärharnvolumen von 180 L sind dies etwa 10 g/d bzw. 250 mmol/d, von denen aber im proximalen und distalen Tubulus der größte Teil rückresorbiert wird. Somit besteht der renale Verlust aus letztlich 150 mg/d bzw. 3,75 mmol pro Tag, ergänzt durch weitere 1,2 mmol/d (48,1 mg/d), die durch die Haut verloren gehen.

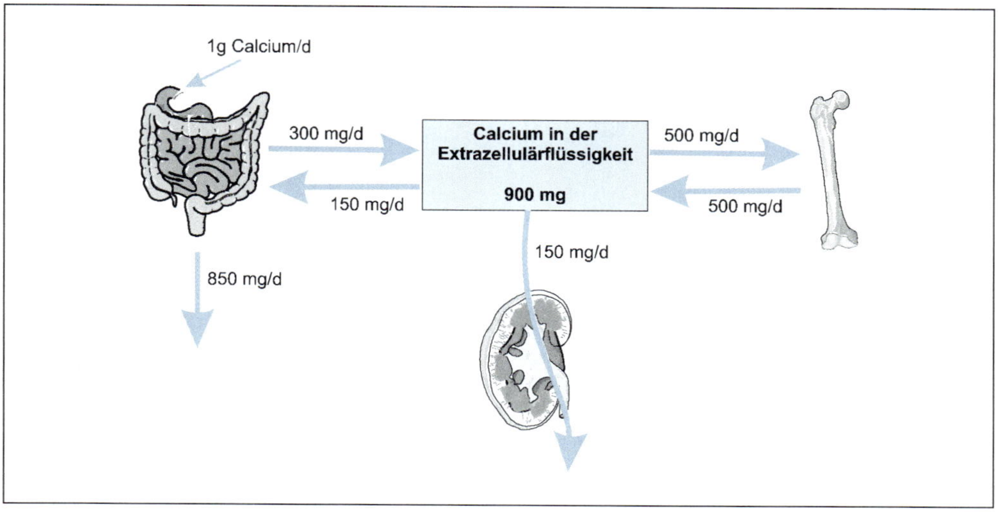

Abb. 14.36: Calciumhomöostase. Die Calciummenge im Extrazellulärraum bleibt konstant, der Knochen fungiert als Calciumspeicher, bei dem sich Resorption und Anbau die Waage halten.

Der Gesamtbestand an Calcium des menschlichen Körpers beträgt etwa 1 kg, wovon sich etwa 99 % im Knochen befinden. Dieser muß mithin als Calciumspeicherorgan angesehen werden, aus dem mobilisiertes Ca^{2+} ins Blut gelangt. Die reguläre Calciumkonzentration im Plasma beträgt **2,2 bis 2,6 mmol/L**. 38 % davon sind an Plasmaproteine gebunden (davon wiederum 80 % an Albumin), bis 14 % liegen als Komplex mit Citrat, Phosphat oder Hydrogencarbonat vor. Den Rest bilden diejenigen ca. 50 % des Serumcalciums, bei denen Calcium als freies Ion Ca^{2+} im Blut existiert. Dieser Anteil besitzt eine Konzentration von 1,25 mmol/L Blut (Referenzbereich 1,1 bis 1,4 mmol/L). Der größte Teil davon wird jedoch durch elektrostatische Kräfte anderer Elektrolyte im Plasma, namentlich Natrium und Chlorid, inaktiviert, so daß allein der verbleibende Rest von etwa 0,36 mmol/L (**15 %** des **Gesamtcalciums** im Blut) biologisch aktiv ist.

Der Anteil des ionisierten Calciums am Gesamtcalcium im Serum ist von zwei Größen abhängig: Von pH-Wert und Proteingehalt des Blutes.

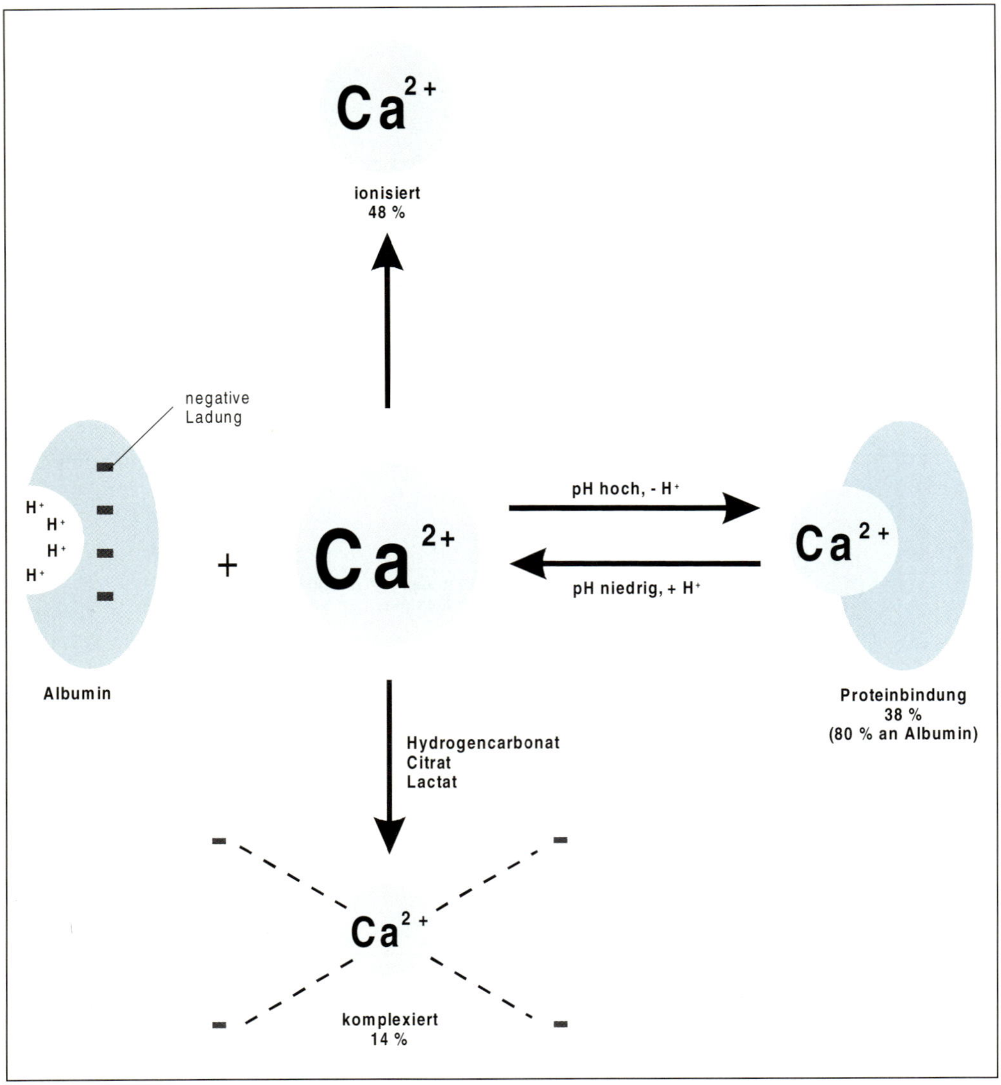

Abb. 14.37: Die Aufteilung des Calciums im Serum. Die Proteinbindung an das negativ geladene Albumin erfolgt im Austausch mit Protonen.

Ein erhöhter pH-Wert des Blutes, also eine Alkalose, führt im Austausch mit H^+ zu vermehrter Proteinbindung des freien Calciums, die Konzentration an Ca^{2+} fällt ab. Wegen seiner Bedeutung für den Erregungsablauf an Herz, Nerv und Skelettmuskel geht Ca^{2+} auch in den **SZENT-GYÖRGY-Quotienten** Q ein, der die Auswirkungen von Ionenverschiebungen im Blut auf die Erregbarkeit von Nerven- und Muskelgewebe reflektiert:

$$Q = \frac{c\,(Na^+) + c\,(K^+)}{c\,(Mg^{2+}) + c\,(Ca^{2+}) + c\,(H^+)} \tag{14.2}$$

Eine Zunahme dieses Quotienten bedeutet eine Erhöhung der Erregbarkeit, eine Verminderung das Gegenteil. Dies ist die Ursache der **Tetanie** (tetanos gr. Spannung, Muskelkrämpfe bei vollem Bewußtsein, ein typisches Symptom ist die **Pfötchenstellung** der Hände), wie sie zum Beipiel als Hyperventilationstetanie bei übermäßiger Atmung auftritt. Dabei kommt es durch vermehrtes Abatmen von Kohlendioxid zur respiratorischen Alkalose. Ist der Proteingehalt des Blutes hoch, so wird auch mehr Calcium an Protein gebunden vorliegen. Es sei an dieser Stelle betont, daß bei der alltäglichen Serumcalciumbestimmung in der medizinischen Diagnostik die Gesamtkonzentration des Calciums im Serum bestimmt wird und nicht diejenige des ionisierten Calciums!

Intrazellulär wird Calcium in den Mitochondrien und besonders im Endoplasmatischen Reticulum gespeichert, wo es an besondere Proteine wie das Calsequestrin gebunden ist. Calsequestrin besitzt eine hohe Bindungskapazität für Calciumionen, es vermag etwa 50 Calciumionen pro Molekül zu speichern. Über das **Calmodulin** als Calciumbindungsprotein haben wir schon im vorherigen Kapitel gesprochen.

Der Phosphathaushalt ist mit dem des Calciums eng verknüpft. Im Hauptcalciumspeicher, dem Knochen, finden wir Calcium in Form des **Apatits** $Ca_5[(PO_4)_3(OH)]$. Aufgrund der schlechten Wasserlöslichkeit von Calciumphosphaten fallen diese bevorzugt am Knochen aus. Die Bevorzugung des Knochens gründet sich dabei auf die Aktivität der **Alkalischen Phosphatase**, mittels derer die Osteoblasten am Knochen eine hohe Phosphatkonzentration erzeugen, so daß letztlich Phosphat als Calciumsalz ausfällt. Die Matrix, also sozusagen die Gerüststruktur, bildet im Knochen das **Kollagen**. Die Serumkonzentration des Phosphats beträgt 0,8 bis 1,4 mmol/L. Wie aber wird der Stoffwechsel dieser beiden Ionen reguliert? Daran sind drei Hormone beteiligt, die nun besprochen werden sollen.

14.5.2 Das Parathyrin oder Parathormon

Das Parathyrin (ältere Bezeichnung: Parathormon) ist ein 84 Aminosäuren umfassendes Hormon ($M_r = 9500$), das in den vier Nebenschilddrüsen (auch Epithelkörperchen genannt, Abb. 14.38) aus einem **Präprohormon** von **115 Aminosäuren**, dessen Gen auf Chromonsom 11 lokalisiert ist, synthetisiert wird. Im rauhen Endoplasmatischen Reticulum der Hauptzellen wird das Präprohormon durch Entfernung der ersten 25 N-terminalen Aminosäuren zum Prohormon. Infolge weiterer Abspaltung von sechs Aminosäuren entsteht im Golgi-Apparat aus dem **90 Aminosäuren** zählenden **Prohormon** proteolytisch das biologisch wirksame Parathyrin (Abb. 14.39). Das N-terminale Peptid mit den Aminosäuren 1 bis 34 ist der hormonell aktive Teil des Moleküls. Es kann ebenso wie das intakte Hormon die volle Wirkung am Zielorgan entfalten, während das C-terminale Peptid keine endokrine Aktivität aufweist. Im Gegensatz zur Schilddrüse sind die Epithelkörperchen keine Stapeldrüse, d. h. Parathyrin wird kontinuierlich synthetisiert und sezerniert. Der Umfang dieser Sekretion richtet sich dabei nach der aktuellen Konzentration des ionisierten Calciums im Blut, wobei ein plasmamebranständiger 7-Transmembrandomänen-Rezeptor, der **Calciumrezeptor** oder **-sensor**, kontinuierlich Auskunft über die Calciumkonzentration vermittelt. Dieser Rezeptor ist G-Protein-gekoppelt, seine Aktivierung vermindert einerseits die zelluläre cAMP-Konzentration und vermindert auf der anderen Seite die zelluläre Calcium- und Inositoltrisphosphatkonzentration. Resultat dieser Veränderungen ist die Reduktion der Parathyrinausschüttung.

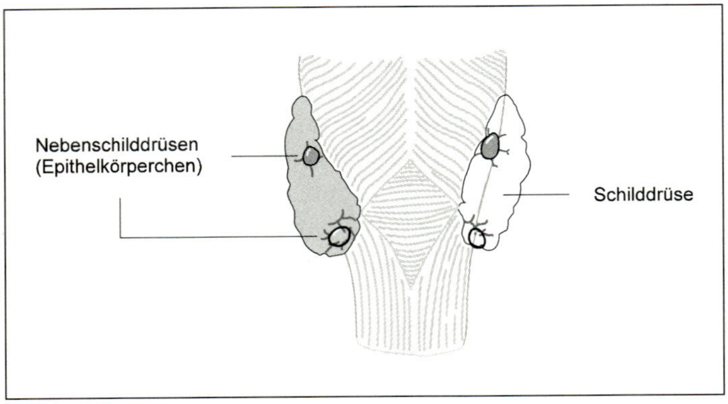

Abb. 14.38: Die Lage der vier Nebenschilddrüsen relativ zu Schilddrüse und Rachenmuskulatur.

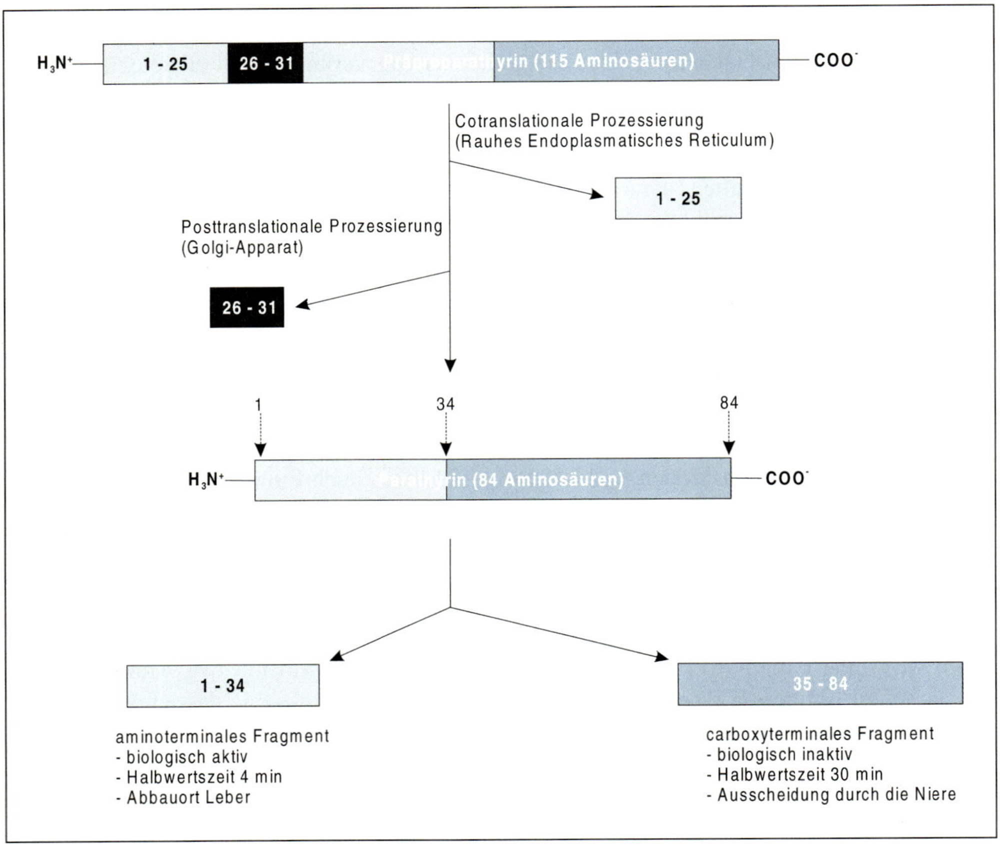

Abb. 14.39: Synthese und Abbau des Parathyrins. Die Sekretion des Hormons erfolgt ähnlich denen der Adenohypophyse pulsatil, wobei dieses Sekretionsmuster auch beim primären Hyperparathyreoidismus aufrecht erhalten wird.

Parathyrin selbst vermittelt seine Botschaft über cAMP als zweiten Boten. Sein Rezeptor gehört in die Gruppe der G-Protein-gekoppelten 7-Transmembrandomänen-Rezeptoren. Wie Abb. 14.40 zeigt, beeinflussen sich Parathyrin- und Calciumkonzentration im Blut ge-

gensinnig. Das bedeutendste Zielorgan des Parathyrins ist die **Niere**. Dort wird die sogenannte α-1-Hydroxylase stimuliert, die das Calcidiol in Calcitriol überführt (siehe Abschnitt 14.5.4) und somit das calciumresorbierende D-Hormon synthetisiert. Am distalen Tubulus werden Calcium und Magnesium vermehrt resorbiert, die Resorption von Phosphat wird sowohl im proximalen als auch im distalen Tubulus der Niere durch Parathyrin gehemmt. Die vermehrte Resorption von Calcium und Phosphat im **Dünndarm** ist ein indirekter Effekt des Parathyrins, der durch das in der Niere verstärkt gebildete D-Hormon vermittelt wird.

Am **Knochen** aktiviert Parathyrin indirekt die Osteoklasten, da diese keine eigenen Parathyrinrezeptoren besitzen. Der **Osteoklast** entsteht durch mononukleäre Vorläuferzellen, die ihren Ursprung in der hämatopoetischen Stammzelle des Knochenmarks haben. Der vielkernige Osteoklast ist morphologisch bipolar aufgebaut, sein apikaler Pol sitzt der Knochenoberfläche auf und dichtet das Resorptionsareal durch eine adsorptive Randzone ab. Auf dieser Seite besitzt die Zelle eine starke Cytoplasmafältelung, die ein Ausdruck der resorptiven Funktion ist (Oberflächenvergrößerung). Hier setzt der Osteoklast lysosomale Enzyme wie Cathepsin K oder saure Phosphatase frei, die durch parallel aktiv sezernierte H^+-Ionen aktiviert werden, da diese das notwendige saure Milieu in der Resorptionslakune gewährleisten. Die Protonen entstammen H_2O und CO_2, aus denen die Carboanhydratase II H_2CO_3 bzw. H^+ und HCO_3^- synthetisiert. Aus der Resorptionslakune, auch HOWSHIP-Lakune genannt, werden nun gelöste Calcium- und Phosphationen sowie organische Bestandteile resorbiert und anschließend über das Blut eliminiert oder zur osteoblastären Recalcifizierung wiederverwertet.

Der Osteoklast kann nur in enger Nachbarschaft zum **Osteoblasten** aktiv werden, einer Zelle, die sich aus einer multipotenten Gewebsstammzelle entwickelt. Die Aktivität des Osteoblasten wird hormonell (Parathyrin, Estrogene, D-Hormon, Thyroxin) und über Cytokine (Interleukin 1, 6 und 11, TNFα u. a.) gesteuert. Daneben hat das Parathyrin aber auch Einfluß auf die Stromazellen des (hämatopoetischen) Knochenmarks, über die es die Bildung von Osteoklasten fördert. Bildung und Reifung des Osteoklasten werden also vom Parathyrin via Knochenmark-Stromazellen und/oder Osteoblasten gefördert, da nur diese Zellen über entsprechende PTH-Rezeptoren verfügen. Die Entwicklung des Osteoklasten unterliegt aber nicht nur der hormonellen Kontrolle. Insbesondere Cytokine spielen hier ebenfalls eine gewichtige Rolle. So stimulieren z. B. Interleukin 1, 6, 11 und 17, Prostaglandin E_2, Tumor-Nekrose-Faktor α und Macrophage colony stimulating factor (M-CSF) Proliferation und Reifung des Osteoklasten. Es ist wahrscheinlich, daß auch die hormonellen Effekte lokal über diese Cytokine vermittelt werden.

Nach Parathyringabe verstreichen etwa 60 min, bis die Konzentration des Ca^{2+} im Blut ansteigt. Führt man das Hormon über mehrere Tage intermittierend zu, so verzeichnet man am Knochen einen anabolen Effekt mit gesteigerter Proteinsynthese und Knochenaufbau! Diese Wirkung wird über die Osteoblastenaktivität erzielt.

Zusammenfassend merken wir uns: **P**arathyrin verursacht ein **P**lus an Calcium im Blut, aber eine Verminderung des Phosphats durch seinen Einfluß auf die Niere. Chronische Zufuhr des Hormons läßt anabole Effekte am Knochen in den Vordergrund treten.

Die Halbwertszeit des Hormons beträgt etwa 10 min. Der Abbau beginnt bereits im Blut, wo eine Spaltung in kleinere Peptide erfolgt. In Leber und Niere wird dann die endgültige Metabolisierung vollzogen.

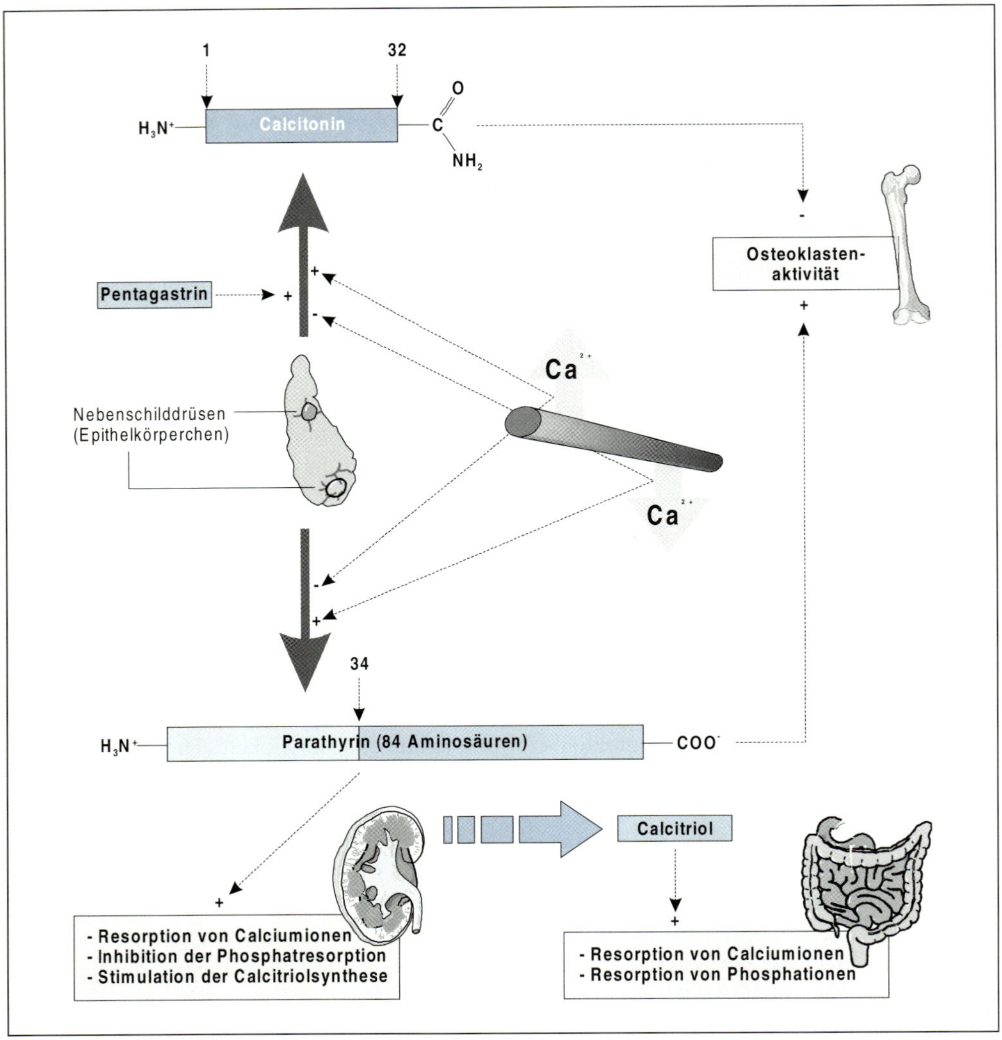

Abb. 14.40: Übersicht über die hormonelle Regulation der Calciumionenkonzentration im Blut. Calcitonin ist ein Sekretionsprodukt der parafollikulären C-Zellen in der Schilddrüse (nicht eingezeichnet). Die stark stimulierende Wirkung des Gastrins auf die Calcitoninsekretion macht man sich in Form des Pentagastrins zunutze: Patienten mit einem medullären Schilddrüsenkarzinom (auch C-Zell-Karzinom genannt) oder einer C-Zell-Hyperplasie zeigen nach Gabe von Pentagastrin einen deutlich höheren Calcitoninanstieg als Gesunde.

14.5.3 Das Calcitonin

Calcitonin wird in den **parafollikulären C-Zellen** der Schilddrüse aus einem 136 Aminosäuren umfassenden Vorläuferprotein durch Abspaltung N- und C-terminaler Peptide synthetisiert und zählt selbst mit seinen 32 Aminosäuren ($M_r = 3500$) zu den Peptidhormonen. Zwischen den Cysteinylresten 1 und 7 ist eine Disulfidbrücke ausgebildet, C-terminal findet man wie beim Thyreoliberin ein **Prolinamid** (Abb. 14.40). Das Calcitoningen, auf

Chromosom 11 lokalisiert, codiert für ein weiteres Peptid, das **Calcitonin gene-related peptide CGRP**. Die alternative Expression eines der beiden Genprodukte erfolgt gewebespezifisch. Während in der C-Zelle überwiegend Calcitonin synthetisiert wird, findet man im zentralen und peripheren Nervensystem praktisch nur CGRP.

Die Serumkonzentration des Calcitonins wird über die aktuelle Calciumkonzentration geregelt, wobei hier der gleiche membranständige **Calciumsensor** wie beim Parathyrin involviert ist. Gastrointestinale Peptidhormone, namentlich **Gastrin**, sind starke Stimulatoren der Calcitoninsekretion. Die Calcitoninausschüttung wird durch hohe Calciumkonzentrationen unterstützt, von niedrigen gehemmt. Folglich ist Calcitonin der hormonelle Gegenspieler des Parathyrins. Allerdings muß einschränkend gesagt werden, daß bei Patienten, denen die Schilddrüse entfernt wurde und die somit über keine meßbaren Calcitoninkonzentrationen mehr verfügen, keine Hypercalcämie beobachtet wird. Andererseits wird beim **medullären Schilddrüsenkarzinom**, bei dem Calcitonin sehr hohe Konzentrationen erreichen kann und daher diagnostisch als **Tumormarker** eingesetzt wird, keine Hypocalcämie nachgewiesen. Die physiologische Rolle des Hormons im Rahmen des Calciumhaushalts bleibt daher unklar.

Im Gegensatz zum Parathyrin ist für die biologische Wirksamkeit von Calcitonin die gesamte Peptidkette erforderlich. Analog zum Parathyrin fungieren zwei Subtypen eines 7-Transmembrandomänen-Proteins als Calcitoninrezeptor, der je nach Subtyp die „Information" G-Protein-vermittelt an cAMP weiterleitet oder über Phospholipase C die zelluläre Calcium- und Inositoltrisphosphatkonzentration erhöht. Calcitonineffekte zeigen sich innerhalb von Minuten nach Stimulation oder Applikation, besitzen aber auch nur vorübergehende Natur. Die Halbwertszeit des Hormons beträgt 4 bis 12 min.

Hauptzielzelle des Calcitonins ist der **Osteoklast**, der an seiner Oberfläche eine hohe Calcitoninrezeptordichte aufweist. Im Gegensatz zu den aktivitätssteigernden Hormonen (wie z. B. Parathyrin) wirkt Calcitonin **direkt**, d. h. nicht cytokinvermittelt, als starker in vivo- und in vitro-Inhibitor des Osteoklasten. Die Calcitonineinwirkung beantwortet dieser mit Bewegungsstillstand und einer Formveränderung, die vermutlich auf eine Spaltung ringförmiger, intracytoplasmatischer Actinfilamente zurückzuführen ist. An dieser Hemmung sind beide Signaltransduktionswege, cAMP- und Phospholipase C-Weg, beteiligt. Therapeutisch zugeführtes Calcitonin verliert schnell seine Wirkung, eine Beobachtung, die als **Escape-Phänomen** bekannt ist. Es wird dadurch erklärt, daß das Hormon den Abbau seiner eigenen Rezeptor-mRNA cAMP-vermittelt induziert, also die Calcitoninrezeptor-Expression des Osteoklasten herunterreguliert.

An der Niere verstärkt das Hormon die Ausscheidung von Calcium und Phosphat, d. h. auf die renale Phosphatresorption wirken Calcitonin und Parathyrin im synergistischen Sinne hemmend.

Der Abbau des Calcitonins erfolgt extravasal, bevorzugt in den Nieren.

14.5.4 Das Calcitriol oder D-Hormon

Calcitriol, das auch **1α,25-Dihydroxycalciferol** oder D-Hormon genannt wird, wurde früher als Vitamin D bezeichnet. Der Organismus ist jedoch in der Lage, über einen recht exotischen Syntheseweg (sozusagen „über mehrere Ecken") Calcitriol aus 7-Dehydrocholesterol zu synthetisieren. Nur unter bestimmten Bedingungen, auf die wir noch zu sprechen kommen werden, verliert er diese Fähigkeit. Somit ist aber eine bedeutende Voraussetzung des Vitaminbegriffs entfallen, nämlich die, daß der Organismus auf die Zufuhr eines bestimmten Stoffes (eben eines Vitamins) von außen unbedingt angewiesen ist. Nach der Lektüre dieses Abschnitts werden wir feststellen, daß der Begriff „D-Hormon" ein passenderes Synonym für das Calcitriol ist.

Da der Ursprung des Calcitriols im 7-Dehydrocholesterol liegt, dürfen wir annehmen, daß dieses Hormon eine Steroidstruktur aufweist oder zumindest Ähnlichkeiten mit der Muttersubstanz erkennen läßt. **7-Dehydrocholesterol** fällt bei der Synthese des Cholesterols in der Leber an, so daß auch die Calcitriolsynthese ihren Ausgang von diesem Organ nimmt. Für den nächsten Syntheseschritt muß 7-Dehydrocholesterol einen weiten Weg gehen, es muß nämlich in die **Haut** gelangen. In einer vom UV-Anteil des Sonnenlichts (290 – 315 nm) abhängigen photochemischen Reaktion wird der Ring B des 7-Dehydrocholesterols „gesprengt", und es entsteht Calciol (auch Cholecalciferol genannt). Ein Vergleich der beiden Namen „Calci-ol" und „Calci-tri-ol" läßt erahnen, daß dem Calciol offenbar noch zwei OH-Gruppen fehlen, um das Ziel der Synthese zu erreichen. Diese beiden Hydroxylierungen finden aber nicht in der Haut, sondern - und das ist die zweite Auffälligkeit dieser Synthese - in Leber und Niere mit Hilfe von Cytochrom P 450 enthaltenden Enzymen statt. Zuerst wird das aus der Haut eintreffende oder durch die Nahrung zugeführte Calciol im Mitochondrium oder Endoplasmatischen Reticulum der Leberepithelzelle an Position 25 zu Calcidiol (25-Hydroxycalciferol) hydroxyliert, um dann erneut an seinem Bindungsprotein gebunden auf die Reise zu gehen und schließlich im proximalen Nephron der **Niere** seine letzte Hydroxylierung an Position 1α zu erfahren. Außer in den genannten Organen kann D-Hormon auch in der **Plazenta** und den Zellen von **Granulomen**, beispielsweise bei einer **Sarkoidose** in der Lunge, synthetisiert werden.

Während die hepatische Hydroxylierung lediglich einer Endprodukthemmung unterliegt, steht der renale Schritt bekanntlich unter der Kontrolle des Parathyrins. Eine Hypocalcämie fördert via Parathyrinerhöhung die renale Hydroxylierung am C-Atom 1. Unabhängig davon haben niedrige Phosphatkonzentrationen denselben Effekt, während Hypercalcämien und hohe D-Hormonkonzentrationen die Enzymaktivität mindern.

Das Calcidiol stellt mit seiner relativ langen Halbwertszeit von 15 Tagen die Speicherform für das D-Hormon im Blut dar.

Die Effekte des D-Hormons werden intrazellulär durch den im Kern lokalisierten Vitamin-D-Rezeptor (VDR) weitergeleitet, ein Rezeptor, der zur Superfamilie der Steroidhormonrezeptoren zählt. Nach Bindung des D-Hormons bildet der Rezeptor Heterodimere mit dem Retinsäure-X-Rezeptor, so daß VDR/RXR-Dimere schließlich im Verein mit Transkriptionsfaktoren die Expression von Genen mit Vitamin D responsive elements (VDRE) in ihren Promotoren an der DNA regulieren. Speziell die Synthese des **Osteocalcins**, eines Vitamin K-abhängig synthetisierten Knochenmatrixproteins mit drei γ-Carboxyl-Glutamylresten, steht möglicherweise auch unter der Kontrolle eines VDR/VDR-Homodimers.

Wichtige Wirkungen des Calcitriols zielen auf die **Calciumhomöostase** ab. Die Hauptzielorgane sind dabei Darm und Knochen.

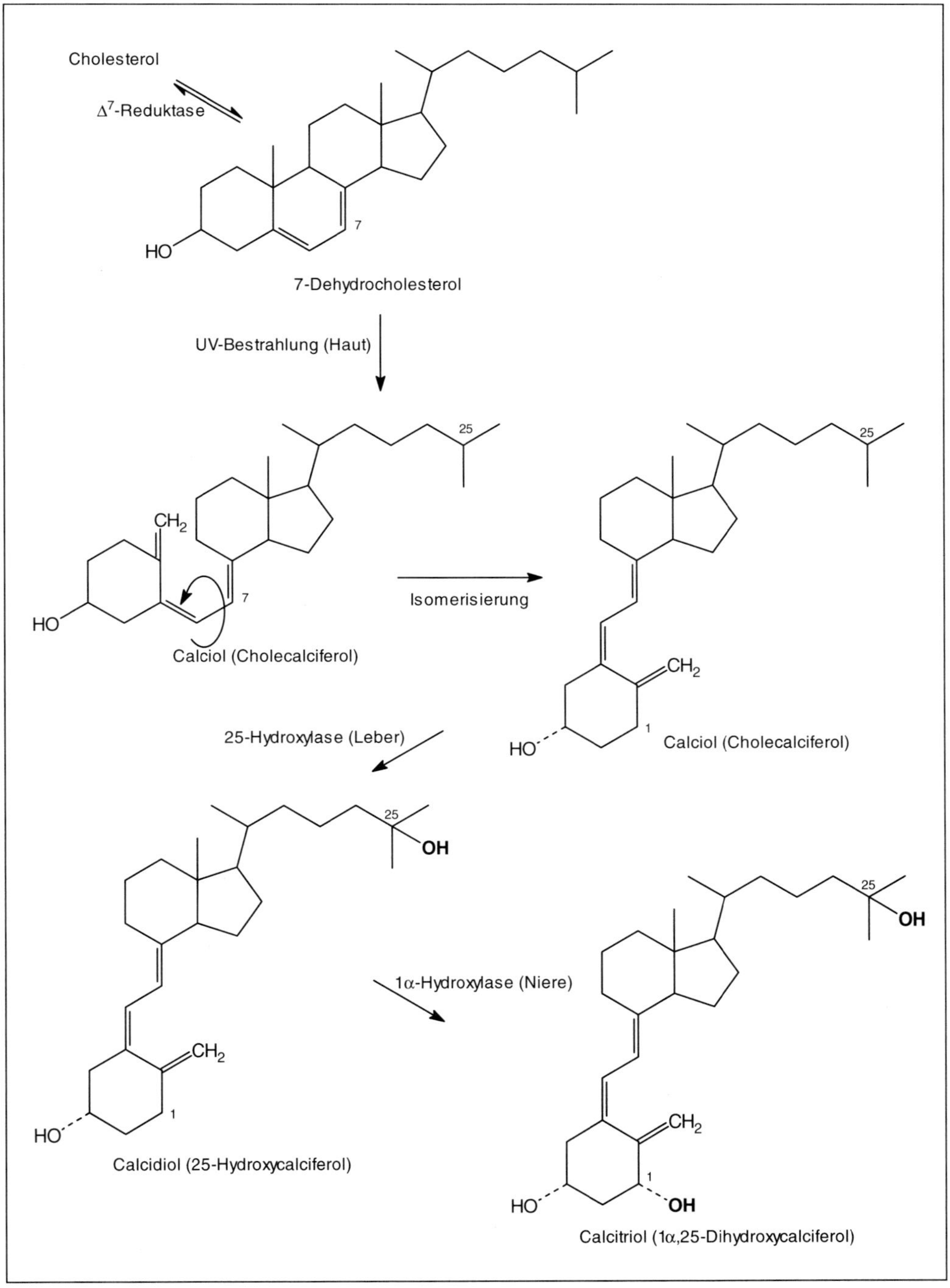

Abb. 14.41: Ultravioletteinstrahlung im Bereich von 290 – 350 nm (UV-B) wird von der konjugierten Doppelbindung an C_5 und C_7 des 7-Dehydrocholesterol absorbiert. Infolgedessen wird der B-Ring zwischen C_9 und C_{10} geöffnet. Unter Einfluß der Hauttemperatur isomerisiert das Molekül im Bereich seiner konjugierten Doppelbindungen, ein Prozeß der ca. 24 h in Anspruch nimmt. Calciol

wird über ein Bindungsprotein von der Haut via Kreislauf den nächsten Syntheseorten zugeführt. In der Niere erfolgt parallel zur 1α-Hydroxylierung eine solche am C-Atom 24, so daß auch 24α,25-Dihydroxycalciferol entsteht.

Am **Darm** induziert das Hormon über seinen nukleären Rezeptor die Synthese des Calbindins, eines calciumbindenden Proteins, das die Resorptions des Ions aus dem Darmlumen in die Darmepithelien ermöglicht. Auch die Phosphatresorption wird durch D-Hormon unterstützt.

Am **Knochen** zeigt Calcitriol weitgehend **synergistische Effekte zum Parathyrin**. Ebenso wie bei diesem besitzen Osteoklasten keine Rezeptoren für das D-Hormon. Reifung und Proliferation der Osteoklasten werden auch indirekt über Knochenmark-Stromazellen und/oder Osteoblasten erzielt. Durch die Osteoklastenaktivierung kommt es zur Calciummobilisation. Dem gegenüber steht der Knochenmatrix aufbauende Effekt, der aus der Osteoblastenaktivierung infolge D-Hormoneinfluß zu verzeichnen ist. Der Osteoblast synthetisiert nämlich eine Reihe von Proteinen, die Calciumionen binden und/oder Bestandteil der Knochenmatrix sind: Osteocalcin, Matrix-Gla-Protein, Osteopontin und Kollagen I.

An der Niere unterstützt Calcitriol die Parathyrinwirkungen, also Ca^{2+}-Resorption und Phosphatausscheidung.

Neben den über den nukleären Rezeptor vermittelten Wirkungen gibt es beim D-Hormon aber auch solche, die über **nichtnukleäre Rezeptoren** in der Plasmamembran und eine Modulation von Ca^{2+}-Kanälen erklärt werden. Auf diese einzugehen würde hier allerdings den Rahmen des Calciumstoffwechsels sprengen.

14.5.5 Das Parathyroid-related protein (PTH-rp)

Eine ganze Reihe maligner Tumoren, namentlich bei Metastasierung in den Knochen, gehen mit einer Hypercalcämie einher. Als prominenteste Vertreter unter den soliden Tumoren seien das Bronchial-, das Mamma-, das Plattenepithel- und das Prostatakarzinom genannt. Aus dem hämatologischen Formenkreis muß in diesem Zusammenhang das Multiple Myelom bzw. Plasmocytom genannt werden.

Lange Zeit nahm man an, daß die lokale Osteolyse der Metastasen bzw. paraneoplastisch gebildetes Parathyrin für die Hypercalcämie verantwortlich ist. 1987 gelang es dann aber drei Arbeitsgruppen, aus Bronchial-, Nieren- und Mammakarzinomextrakt ein Protein zu isolieren, das dem Parathyrin ähnliche Eigenschaften aufweist und tumorassoziierte Hypercalcämien verursacht. Es wurde **parathyreoid hormone-related protein** (PTH-rp) genannt.

Das humane PTH-rp-Gen ist komplizierter aufgebaut als dasjeniges des Parathyrins. Es beinhaltet über eine Distanz von 15.000 Basen neun Exons und drei Promotoren. Aufgrund unterschiedlichen Spleißens der transkribierten mRNA existieren **drei Isoformen** des Proteins, jeweils mit **139, 141 und 173 Aminosäuren**. Der Name „Parathyreoid hormone-related peptide" findet seine Berechtigung in zahlreichen Parallelen zum Parathyrin. Die ersten 9 von 13 Aminosäuren teilen sich beide Moleküle (70 % Homologie), jenseits der 30. Aminosäuren finden sich kaum Übereinstimmungen. Aufgrund der N-terminalen Ähnlichkeit bindet PTH-rp an den Parathyrinrezeptor, der besser PTH/PTH-rp-Rezeptor genant werden sollte. Daneben existiert möglicherweise ein separater, eigener PTH-rp-Rezeptor. Ebensowie wie andere Peptid- bzw. Proteinhormone wird PTH-rp posttranslationalen Modifikationen unterworfen. Hierzu gehört die endoproteolytische Spaltung in drei verschiedene im Blut zirkulierende Fragmente (aminoterminale Aminosäurereste 1 bis 36, mittregional mit einem beim Alanin 38 beginnenden Fragment ohne definiertes C-terminales Ende, ein C-terminales Fragment) und die N-terminale Glykosylierung in Keratinocyten.

Im Gegensatz zum Parathyrin wird PTH-rp in einer Vielzahl von normalen Geweben gefunden, was die physiologische Rolle des Hormons neben der als Tumorprodukt unterstreicht. Neben den PTH-analogen Effekten bei Tumoren (erhöhte renale Calciumresorption, verminderte renale Phosphatresorption, erhöhte Knochenresorption durch Osteoklasten, erhöhte Calcitriolsynthese in der Niere) zeigt PTH-rp eine Palette physiologischer Wirkungen. Es besitzt Bedeutung für Wachstum und Differenzierung von Haut, Mamma und den Inselzellen des Pankreas. Der transepitheliale Calciumtransport im distalen Tubulus der Niere, im Mammaepithel und der Plazenta gehen auch auf das PTH-rp zurück. Ein weiterer Effekt ist die Relaxation der glatten Muskulatur von Uterus, Harnblase, Arterien, Magen und Ileum. Ferner reguliert PTH-rp die Knorpeldifferenzierung und Knochenformation im Rahmen der enchondralen Ossifikation.

PTH-rp ist ein **Produkt der laktierenden Mammaepithelzellen**, von denen es in die Muttermilch entlassen wird. Dort erreicht es Konzentrationen, die die Plasmakonzentrationen von Tumorpatienten mit Hypercalcämie um den Faktor 10.000 bis 100.000 übertreffen! PTH-rp könnte somit im Rahmen der Milchbildung (enthält viel Calcium!) für die Calciummobilisierung aus dem mütterlichen Skelett während der Lactation verantwortlich sein.

14.5.6 Hypercalcämie

Bei Calciumkonzentrationen > 2,6 mmol/L Plasma sprechen wir von einer Hypercalcämie. Die Beziehung zwischen dem Grad der Hypercalcämie und der Ausprägung von dadurch bedingten Symptomen ist von Patient zu Patient sehr variabel. Symptome treten gewöhnlich bei Konzentrationen oberhalb von 2,9 mmol/L auf, obgleich einige Patienten auch dann noch asymptomatisch sind. Wenn Calcium den Wert von 3,2 mmol/L überschreitet, kann es zu Niereninsuffizienz und Verkalkung in Nieren, Haut, Gefäßen, Lunge, Herz und Magen kommen. Dies trifft besonders dann zu, wenn die Phosphatkonzentration normal oder sogar infolge der Niereninsuffizienz erhöht ist. Zum Notfall werden Calciumkonzentration ab 3,7 mmol/L, bei denen mit **Koma** und **Herzstillstand** zu rechnen ist.

Mit 90 % aller Fälle sind **Hyperparathyreoidismus** und **maligne Tumoren** die dominierenden Ursachen einer Hypercalcämie. Der Hyperparathyreoidismus, die häufigste Ätiologie, wird aufgrund der häufig **asymptomatischen Hypercalcämie** (etwa 50 % keine oder unspezifische Symptome) spät oder zufällig entdeckt. Bei den Tumoren dagegen führen Symptome der Grundkrankheit den Patienten zum Arzt, der dann auch die Hypercalcämie feststellt. Die folgende Auflistung führt die möglichen Ursachen einer Hypercalcämie auf, wobei eine Klassifizierung nach pathophysiologischen bzw. pathobiochemischen Gesichtspunkten vorgenommen wurde:

Ursachen mit Bezug zur **Nebenschilddrüse**:

- Primärer Hyperparathyreoidismus: solitäre Adenome und multiple endokrine Neoplasien (MEN 1 und MEN 2a)
- Lithiumtherapie
- Karzinome (selten, < 1 % aller Fälle)

Ursachen mit Bezug zu **malignen Neoplasien**:

- Solide Tumoren mit Metastasen: Mammakarzinom, Prostatakarzinom
- Solide Tumoren mit humoral vermittelter Hypercalcämie: Lunge- und Nierenkarzinom
- Hämatologische Neoplasien: Multiples Myelom, Lymphome, Leukämien

Ursachen mit Bezug zum **Calcitriol** (D-Hormon, D-Vitamin):

- Calcitriolvergiftung
- Erhöhte Calcitriolkonzentration bei granulomatösen Erkrankungen: Sarkoidose
- Idiopathischen Hypercalcämie des Kindes

Ursachen mit Bezug zu einem **hohen Knochenumsatz**:

- Hyperthyreose
- Immobilisation
- Medikation mit Thiaziddiuretika
- Vitamin A-Vergiftung

Ursachen mit Bezug zu einer **Niereninsuffizienz**:

- Schwerer, sekundärer Hyperparathyreoidismus
- Aluminiumvergiftung
- Milch-Alkali-Syndrom

In der obigen Übersicht werden drei Syndrome genannt, die einer Erklärung bedürfen. Die endokrinen Syndrome **MEN 1 (WERMER-Syndrom)** und **MEN 2a (SIPPLE-Syndrom)** haben den primären Hyperparathyreoidismus gemeinsam. Beim MEN 1 gesellen sich ein Hypophysenvorderlappen-Adenom (s. a. Abschnitt 14.2.4) und eine Inselzell-Neoplasie dazu, beim MEN 2a ein medulläres Schilddrüsenkarzinom sowie das Phäochromocytom. Das Milch-Alkali-Syndrom ist Folge einer inzwischen veralteten Therapie des Magengeschwürs mit Natriumhydrogencarbonat („Alkali") und Milch.

14.5.7 Primärer Hyperparathyreoidismus

Der primäre Hyperparathyreoidismus ist eine Krankheit, die vorwiegend Erwachsene betrifft, wobei der Häufigkeitsgipfel zwischen dem 30. und 50. Lebensjahr liegt. Jedoch kann er auch bei Kindern und alten Menschen auftreten. Die Inzidenz liegt bei etwa 25 Neuerkrankungen pro 100.000 Personen und Jahr. Die Prävalenz wird bei Berücksichtigung der nicht diagnostizierten asymptomatischen Patienten auf ca. 1 %, also auf **1000 Erkrankte in einem Kollektiv von 100.000 Personen** geschätzt! Wie schon erwähnt, verläuft die Krankheit weitgehend asymptomatisch und kann dies auch über die ganze Lebenszeit bleiben.

Beim **primären Hyperparathyreoidismus** liegt die Ursache der unphysiologisch hohen Parathyrinproduktion in den Epithelkörperchen selbst, d. h. der Syntheseort des Hormons ist pathologisch verändert. In den meisten Fällen (ca. 80 %) ist ein solitäres **Adenom** der Nebenschilddrüse Verursacher des primären Hyperparathyreoidismus, seltener findet man multiple Adenome (etwa 5 % alle Fälle). Mitunter besteht auch eine Überfunktion aller vier

Epithelkörperchen gleichzeitig. Diese Nebenschildrüsen-Hyperplasie (genauer Hyperplasie der Hauptzellen) trägt mit 15 % zur Ätiologie des primären Hyperparathyreoidismus bei.

Meistens sind Adenome in den unteren Epithelkörperchen lokalisiert, jedoch werden sie bei 6 bis 10 % der Patienten im Thymus, in der Schilddrüse, im Perikard oder hinter dem Ösophagus gefunden. Es sei daran erinnert, daß Adenome gutartige Tumoren eines Drüsengewebes sind. Ihr bösartiges Gegenstück, das **Adenokarzinom**, kann ebenfalls Ausgangspunkt eines primären Hyperparathyreoidismus sein, ist aber mit weniger als 1 % der Fälle eher eine seltene Ursache. Karzinome der Nebenschilddrüsen zeigen ein erstaunlich „benignen" Verlauf, so daß bei frühzeitiger chirurgischer Entfernung der betroffenen Nebenschilddrüse mit einer hohen Überlebenszeit ohne Rezidive gerechnet werden darf.

Ein familiäre, autosomal dominant vererbte Ursache für den primären Hyperparathyreoidismus stellen die **multiplen endokrinen Neoplasien** dar, die im Abschnitt 14.5.6 erklärt werden. Selbstredend klagen diese Patienten nicht nur über die Symptome der Hypercalcämie, sondern auch über diejenigen der assoziierten Tumoren (z. B Hypertonie beim Phäochromocytom im Rahmen des MEN 2a).

Die Symptomatik des primären Hyperparathyreoidismus entspringt seinen vier Manifestationsorganen bzw. -geweben („Stein-, Bein- und Magenpein"):

- Nieren
- Knochen
- Magen und Darm
- Nerven und Muskeln

„Stein" im obigen Merksatz steht dabei für die **Nierensteine** aus **Calciumoxalat oder -phosphat**, die bei dem vermehrt anfallenden Calcium in den ableitenden Harnwegen ausfallen. Diese Nephrolithiasis (lithos gr. Stein) steht beim primären Hyperparathyreoidismus im Vordergrund. In ihrem Gefolge kann es zu Obstruktionen (Verschlüssen) der harnableitenden Wege mit Harnwegsinfektionen und Niereninsuffizienz kommen. Letztere bedingt einen Anstieg der Phosphatkonzentration im Plasma. Typischerweise verlieren die Nieren die Fähigkeit zu konzentrieren, so daß **Polyurie** und **Polydipsie** (übermäßiger Durst) auftreten.

„Bein" ist stellvertretend für den **starken Knochenabbau** aufgeführt. Die Osteoklasten sind im Knochen vermehrt. Ihre Aktivität führt zu **Knochenzysten**, **Demineralisation** und **subperiostalen Resorptionslakunen**. Reaktiv wächst auch die Zahl der Osteoblasten, welche die Ursache für die häufig beobachtete Aktivitätserhöhung der Alkalischen Phosphatase darstellen. Die **diffuse Osteopenie** wird am Schädel deutlich, der radiologisch im „Mattglaseffekt" imponiert. Die Lamina dura der Zähne zeigt Erosionen.

Appetitlosigkeit, Obstipation, Übelkeit, Gewichtsabnahme und insbesondere **Ulcera** (ulcus lat. Geschwür) des **Magens** und des **Dünndarms** sind Anlaß zu „Magenpein". Im Falle des MEN 1 werden die Geschwüre des Duodenums durch die exzessive Gastrinsekretion der Pankreastumoren erklärbar (sogenanntes ZOLLINGER-ELLISON-Syndrom). Die beim primären Hyperparathyreoidismus seltener auftretende **Pankreatitis** ist in ihren Ursachen bis heute ungeklärt.

Zu den neuromuskulären Symptomen zählen **rasche Ermüdbarkeit** (hohe Ca^{2+}-Konzentrationen im Nenner des **SZENT-GYÖRGY-Quotienten** senken die Erregbarkeit von Muskel und Nerv!), **Muskelschwäche und -atrophie**. Ergänzt werden diese Symptome von **depressiven** Verstimmungen.

Die **hypercalcämische Krise** (in weniger als 5 % aller Fälle), oft ohne Vorwarnung (z. B. bei Behandlung mit Calcium, Calcitriol oder Thiaziddiuretika) auftretend, ist durch folgende Symptomatik charakterisiert: Polyurie, Polydipsie, Erbrechen, Exsikkose (Austrocknung), Adynamie, Somnolenz und Koma. Die sich entwickelnde Niereninsuffizienz führt zu rascher Erhöhung der Phosphatkonzentrationen im Plasma, so daß in verschiedenen Organen **Calcifizierungen** in Erscheinung treten können (Arterien, Cornea). **Herzrhythmusstörungen** können einen plötzlichen Tod herbeiführen.

Labordiagnostisch kennzeichnend für den primären Hyperparathyreoidismus ist die folgende Konstellation:

- Calcium im Serum/Plasma ↑
- Parathyrin im Serum/Plasma ↑
- Calcitriol im Serum/Pasma ↑

Aufgrund der Parathyrinwirkung erwartet man darüberhinaus eine erniedrigte Phosphatkonzentration, die jedoch durch die ebenfalls häufig begleitende Niereninsuffizienz kompensiert werden kann. Daher ergibt sich folgendes Bild:

- Phosphat im Serum/Plasma normal - ↓

Fakultativ auftretend und in ihrer Aussage unspezifisch sind:

- Alkalische Phosphatase im Serum/Plasma ↑
- cAMP im Harn ↑

Die Therapie des primären Hyperparathyreoidismus erfolgt in der Regel chirurgisch durch Entfernung der betroffenen Epithelkörperchen.

14.5.8 Sekundärer Hyperparathyreoidismus

Zum sekundären Hyperparathyreoidismus kommt es, wenn eine (primäre) Erkrankung oder Veränderung ein **dauerhaftes Absinken der Calciumkonzentration** im Plasma nach sich zieht, was sekundär via Regelkreis zu einer reaktiven Mehrsekretion von Parathyrin durch die Nebenschilddrüsen führt. Zweck dieser reaktiv erhöhten Hormonsynthese ist die Wiederherstellung einer normalen Calciumkonzentration im Blut. Dabei kommt es zur Hyperplasie (erhöhte Zellanzahl) der Epithelkörperchen. Ursachen für eine dauerhaft niedrige Calciumkonzentration im Plasma sind:

- Niereninsuffizienz
- Nichtrenale Ursachen

Zu den nichtrenalen Ursachen eines sekundären Hyperparathyreoidismus zählen:

- Malabsorptionssyndrome (M. CROHN, Sprue)
- Lebercirrhose mit gestörter 25-α-Hydroxylierung von Calciol
- Cholestase mit gestörter Calcitriolresorption
- Cutane Synthesestörung von Calcitriol bei mangelnder Sonnenlichtexposition

- Calcitriol- und Parathyrinrezeptor-Defekte
- Medikamenten-induzierter Calciummangel (Laxantien, Phenytoin, Cholestyramin)

Bei einer ausgeprägten **Niereninsuffizienz** kommt es durch verminderte Phosphatausscheidung zur **Hyperphophatämie**, die auf zwei Wegen die Konzentration des ionisierten Calciums im Plasma senkt. Einerseits hemmen hohe Phosphatkonzentrationen die Calcidiol-α1-Hydroxylase, so daß der konsekutive Calcitriolmangel über eine verminderte intestinale Calciumresorption einen Abfall des Calciums im Plasma nach sich zieht. Andererseits kann es durch Überschreiten des Löslichkeitsprodukts von Ca^{2+} und Phosphat zu extraossären Verkalkungen kommen, wodurch dem Blut ebenfalls Calciumionen entzogen werden. Mit voranschreitender Niereninsuffizienz ist das Organ nicht fähig, in ausreichendem Umfang Calcidiol-α1-Hydroxylase zu synthetisieren, so daß der oben erwähnte Calcitriolmangel verschärft wird. Das Krankheitsbild der **renalen Osteopathie**, welches Patienten mit sekundärem Hyperparathyreoidismus renaler Ätiologie entwickeln, ist eine Kombination von Osteomalazie infolge Calcitriolmangels und Osteoklasie nach exzessiver Parathyrinwirkung am Knochen. Neben den schon erwähnten **extraossären Verkalkungen** zählen **Knochenschmerzen**, **proximale Muskelschwäche**, **Kribbelparästhesien** und **Pruritus** zu den Symptomen des renal bedingten sekundären Hyperparathyreoidismus

Die Therapie des sekundären Hyperparathyreoidismus bei Niereninsuffizienten besteht zunächst in einer dietätischen und medikamentösen Phosphatreduktion, der man eine Substitution mit Calcitriol folgen läßt. Führt man beide Therapieansätze gleichzeitig durch, so drohen bei noch hohen Phosphatkonzentrationen extraossäre Verkalkungen, da die Calcitrioltherapie auch das Calcium im Plasma anhebt.

Bei **Erkrankungen des Dünndarms** (Morbus CROHN, Sprue) können Calcium sowie fettlösliche Vitamine nur unzureichend oder gar nicht resorbiert werden. Dies hat einerseits eine Calciumverminderung im Blut zur Folge und verhindert andererseits eine Zufuhr von Calcitriolvorstufen mit der Nahrung, wenn die körpereigene Synthese unzureichend ist (z. B. bei gleichzeitiger **Lebercirrhose** oder Niereninsuffizienz).

Während aber bei der primären Form gleichzeitig die Calciumkonzentration oberhalb des Normbereiches liegt, ist sie beim sekundären Typ normal oder gar erniedrigt! Das liegt daran, daß bei den sekundären Formen zunächst eine Hypocalcämie vorlag, die dann die exzessive Hormonausschüttung provozierte. Der „Erfolg" dieser Reaktion ist ein normaler oder fast normaler Calciumspiegel. Aus den Effekten des Parathyrins ergibt sich, daß die Phosphatkonzentration beim primären Hyperparathyreoidismus erniedrigt ist:

- Calcium im Serum/Plasma normal - ↓
- Parathyrin im Serum/Plasma ↑
- Calcitriol im Serum/Plasma ↓

Aufgrund der Parathyrinwirkung kommt es trotz eingeschränkter renaler Clearance zur erhöhten Phosphatausscheidung. Daher ergibt sich folgendes Bild:

- Phosphat im Serum/Plasma normal - ↑

Existiert eine sekundärer Hyperparathyreoidismus über Jahre, so kann es zum Übergang von einer reversiblen (polyklonalen) Hyperplasie der Epithelkörperchen zu irreversiblem, adenomatösen (monoklonalen) Gewebe kommen. Damit geht eine Verlust der Calcium-vermittelten Supprimierbarkeit der Parathyrinsekretion einher, so daß eine Laborwertkonstellation entsteht, die an den primären Hyperparathyreoidismus erinnert und **tertiärer Hyperparathyreoidismus** genannt wird:

- Calcium im Serum/Plasma normal - ↑
- Parathyrin im Serum/Plasma ↑
- Calcitriol im Serum/Pasma normal - ↓
- Phosphat im Serum/Plasma normal - ↓

14.5.9 Hypocalcämie

Von einer Hypocalcämie sprechen wir, wenn die Konzentration des Gesamtcalciums im Plasma den Wert von 2,20 mmol/L unterschreitet. Eine chronische Hypocalcämie ist seltener als ihr Gegenstück, die Hypercalcämie. Hypocalcämien vergrößern den **SZENT-GYÖRGY-Quotienten** Q, so daß eine erhöhte Erregbarkeit von Nerv und Muskel zu erwarten ist. Demzufolge sind Spasmen und Konvulsionen ein typisches Zeichen der Hypocalcämie. Am Herz können Arrhythmien und eine verlängerte QT-Zeit als Ausdruck einer verminderten Calciumkonzentration im Serum bzw. Plasma gelten. Zu den genannten Symptomen können sich Reizbarkeit, Depression und Psychosen gesellen. Larynxspasmus und Atemstillstand stellen lebensbedrohliche Komplikationen dar.

Die häufigste Ursache einer Hypocalcämie ist die **Hypoalbuminämie**, obgleich sich in diesen Fällen das ionisierte Calcium im Referenzbereich bewegt und das biologisch aktive Ca^{2+} nicht vermindert ist. Wesentliche Ursachen des Calciummangels sind:

- Hypoparathyreoidismus
- Pseudohypoparathyreoidismus: Endorganresistenz gegenüber Parathyrin
- Niereninsuffizienz: Phosphatretention, verminderte Calcitriolsynthese
- Calcitriolmangel: Mangelernährung, Malabsorption, Synthesestörungen
- Hyperphosphatämie: Hemmung der Calcidiol-1α-Hydroxylase
- Hypomagnesiämie: verminderte Parathyrinsekretion, Endorganresistenz gegenüber Parathyrin

14.5.10 Hypoparathyreoidismus

Bei Unterfunktion der Nebenschilddrüsen mit verminderten Parathyrinkonzentrationen im Blut spricht man vom Hypoparathyreoidismus. Zu seinen Ursachen zählen:

- Postoperativer Epithelkörperchenverlust, z. B. bei Strumektomie
- Autoimmune, hereditäre Zerstörung der Nebenschilddrüsen: polyglanduläre Insuffizienz von Ovarien und Nebennieren, Perniziöse Anämie, Vitiligo, Alopecie (SCHMIDT-Syndrom)
- Kongenitale Aplasie von Nebenschilddrüsen und Thymus: DI-GEORGE-Syndrom)
- Ausgeprägte Hypomagnesiämie: verminderte Parathyrinsekretion und Endorganresistenz

Zu den typischen und häufigsten Symptomen des Hypoparathyreoidismus zählt die hypocalcämische Tetanie, wobei es zu Krampfanfällen bei vollem Bewußtsein verbunden mit

Parästhesien kommt: **Pfötchenstellung der Hände**, **Stimmritzenkrampf**, positives **CHVOSTEK-Zeichen** (Beklopfen des N. facialis im Wangenbereich führt zum Zucken der Mundwinkel), **TROUSSEAU-Zeichen** (Anlegen einer Blutdruckmanschette mit arteriellem Mitteldruck für einige Minuten am Arm provoziert eine Pfötchenstellung). Wie schon erwähnt, kann es darüberhinaus zu QT-Verlängerungen im EKG, zu **Reizbarkeit** und **Depressionen** kommen. Weitere Symptome: Erhöhter Hirndruck, Kataraktbildung, Stammganglienverkalkungen sowie Haar- und Nagelwuchsstörungen. Die Laborwerte sind beim Hypoparathyreoidismus durch folgende Konstellation charakterisiert:

- Calcium im Serum/Plasma ↓
- Parathyrin im Serum/Plasma ↓
- Calcitriol im Serum/Pasma ↓
- Phosphat im Serum/Plasma ↑

Im Harn gilt dagegen:

- Calciumausscheidung ↓
- Phosphatausscheidung ↓

Nach Parathyrininfusion bei Hypoparathyreoidismus kommt es zur deutlich erhöhten Phosphat- und cAMP-Ausscheidung (ELSWORTH-HOWARD-Test).

Beim seltenen Pseudohypoparathyreoidismus findet im Gegensatz zum echten Hypoparathyreoidismus eine Laborwertkonstellation, die eher an einen Hyperparathyreoidismus erinnert:

- Calcium im Serum/Plasma ↓
- Parathyrin im Serum/Plasma ↑
- Calcitriol im Serum/Pasma normal - ↓
- Phosphat im Serum/Plasma ↑

Die Ursachen dieser Erbkrankheit liegen in der cAMP-vermittelten Signaltransduktion der Parathyrinwirkung. Beim Typ Ia liegt ein Defekt im Gen des stimulierenden G-Proteins G_S vor, beim Typ Ib ist bei normalem G_S-Protein der Rezeptor defekt. Der Typ Ic ist durch eine mangelnde Adenylat-Cyclase-Aktivität mit verminderter cAMP-Synthese charakterisiert. Beim Typ II schließlich liegt der Defekt distal der cAMP-Synthese, die renale Ausscheidung des cAMP ist normal.

Für einen Defekt der Calcitriolsynthese kommen im wesentlichen drei Ursachen in Frage: Eine Schädigung der Leber, z. B. Leberzirrhose, eine Störung der Nierenfunktion z. B. bei Niereninsuffizienz und mangelnde Sonnenbestrahlung (nicht Solarienbestrahlung!). Im Kindesalter führen diese Ursachen zur Rachitis, bei Erwachsenen zur Osteomalacie. Beim Kind ist meist mangelnde Sonnenbestrahlung der Grund einer Rachitis („Berliner Hinterhofkinder"). Bei der Rachitis stehen die Störungen des Skelettwachstums ganz im Vordergrund. Die Schädeldecke ist dünn, die Knochen sind allgemein zu weich und deformieren unter Belastung leicht. Durch Wucherungen der Knochenmatrix (also der organischen Bestandteile) kommt es zu Auftreibungen der Knochen. Bei Erwachsenen kommt es ebenfalls im Rahmen der Osteomalacie zu Deformierungen des Knochens.

14.6 Hormone des Pankreas

14.6.1 Insulin

Insulin wird in den B-Zellen der LANGERHANSschen Inseln des Pankreas synthetisiert, gespeichert und bei Bedarf sezerniert. Das Insulingen ist auf dem kurzen Arm des Chromosoms 11 lokalisiert. Es enthält zwei Introns, die durch Spleißen entfernt werden.

Die Synthese nimmt ihren Ausgang an den Ribosomen der B-Zelle, wo ein **Präproinsulin** hergestellt wird. Dieses wird bei der Einschleusung in die Hohlräume des Endoplasmatischen Reticulums von einer Peptidase zum **Proinsulin** mit 86 Aminosäuren verkürzt, das strukturelle Ähnlichkeiten zum Relaxin und zum Insulin like growth factor zeigt. Proinsulin und Zinkionen können zu Komplexen mit einer relativen Molekülmasse von 54.000 reagieren. Es handelt sich um Hexamere, die zwei Zinkionen beinhalten. Der weitere Weg des Proinsulins verläuft über den Golgi-Apparat, wo es in den β-Granula (Vesikeln) gespeichert wird. Innerhalb dieser Granula findet dann die endgültige Spaltung des Proinsulins in das 51 Aminosäuren umfassende Insulin und in das **C-Peptid** (connecting peptide) mit 31 Aminosäureresten statt. Während dieser Konversion gehen vier basische Aminosäuren (zwei Arginin- und ein Lysinmolekül) an den Spaltstellen zwischen C-Peptid und Insulin verloren, so daß die Summe die Aminosäuresequenz des Proinsulins (51 + 31 + 4) ergibt.

Beide Produkte, Insulin und C-Peptid, werden in äquimolaren Mengen (ca. 94 % des Vesikelinhalts) nach Sekretionsreiz neben Proinsulin, Zinkionen und Stoffwechselintermediaten (ca. 6 % des Vesikelinhalts) mittels Exocytose ins Blut abgegeben. Diesem Umstand verdankt man die Möglichkeit, via Konzentrationsbestimmung des C-Peptids im Serum Aufschluß über die Funktion der B-Zellen zu erhalten.

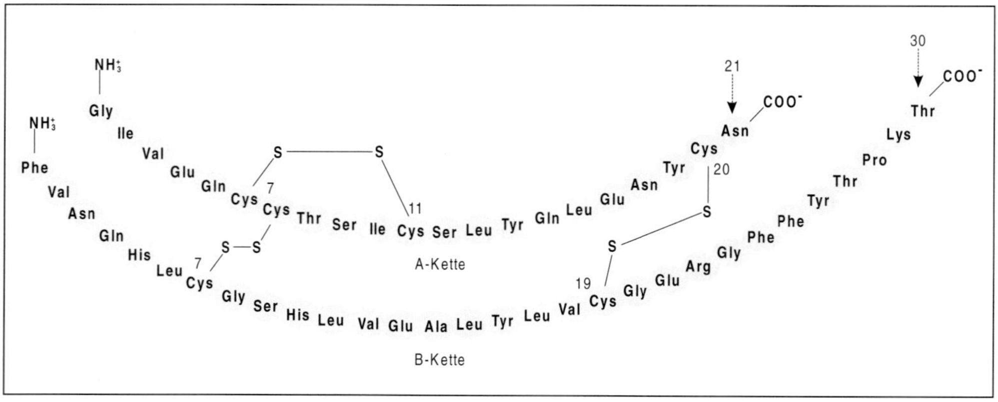

Abb. 14.42: Das 51 Aminosäuren zählende humane Insulin wird durch Abspaltung des C-Peptids und von vier Aminosäuren aus Proinsulin freigesetzt. Eine Reduktion der Disulfidbindungen zu Thiolgruppen (-SH) führt zur Hormoninaktivierung. Zahlen geben die Position der Disulfidbrücken bzw. die Gesamtzahl der Aminosäuren (Pfeile) für die beiden Ketten an.

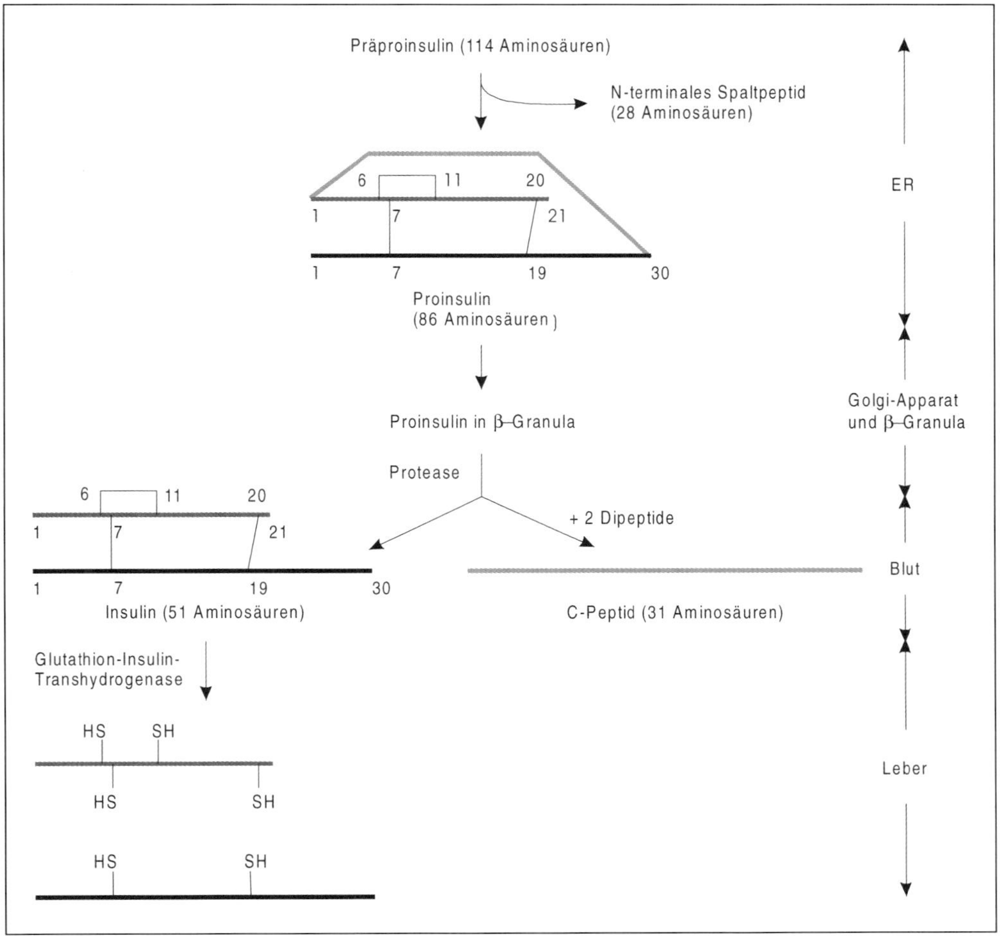

Abb. 14.43: Der Insulinstoffwechsel im Überblick. ER steht für Endoplasmatisches Reticulum. Die Position von Disulfidbrücken ist durch die Aminosäurezahl kenntlich gemacht, Anfang und Ende der beiden Insulinketten sind mit fetten Zahlen versehen. Die A-Kette ist dunkelgrau, die B-Kette schwarz eingezeichnet. Der Weg vom rauhen Endoplasmatischen Reticulum zum Golgi-Apparat beansprucht 10 bis 20 Min., innerhalb des Golgi-Feldes verbringt das Molekül etwa 20 Min., um dann in Vesikeln innerhalb von 30 bis 120 Min. die B-Zelle des Pankreas durch Exocytose zu verlassen.

Die Analyse des C-Peptids im Blut weist dabei gegenüber der Insulinbestimmung folgende Vorteile auf: Therapeutische Insulingaben (z. B. beim Diabetiker) beeinflussen die Messung nicht, C-Peptid besitzt eine längere Halbwertszeit und bleibt von kurzzeitigen Schwankungen der Hormonsynthese unberührt. Abb. 14.43 vermittelt uns einen Eindruck vom Stoffwechsel des Insulins.

Insulin ist aus zwei Peptidketten zusammengesetzt, der 21 Aminosäuren langen **A-Kette** und der 30 Aminosäuren umfassenden **B-Kette**. Beide Ketten werden durch Disulfidbindungen zusammengehalten, Kette A besitzt darüber hinaus noch eine weitere Disulfidbrükke zwischen den Cysteinresten 6 und 11. F. SANGER[1] klärte 1954 die Insulinstruktur vollständig auf. Insulin, dessen relative Molekülmasse 5734 beträgt, kann bei Anwesenheit von **Zinkionen** zu Oligomeren aggregieren, die dann aus zwei, sechs oder acht Molekülen bestehen können. Auch basische Proteine wie **Protamin** oder Histone vermögen Insulin zu komplexieren. Die Menge des Insulins wird in internationalen Einheiten angegeben: **1 Internationale Einheit I. E.** entspricht 41,67 µg oder 7 Nanomol eines international festgelegten Insulinstandards aus Schweine- und Rinderinsulin.

Die Insulinsekretion erfolgt durch einen Glucosereiz (auch erhöhte Mannose- und Fructosekonzentrationen vermögen eine Insulinsekretion zu induzieren, nicht jedoch Galactose oder Xylose), der bei einer Glucosekonzentration von ca. 5 mmol/L anfängt und dann bis zu einem Wert von etwa 30 mmol/L kontinuierlich ansteigt. Jede Glucoseerhöhung wird also bis zum Erreichen eines Grenzwertes durch eine adäquate Insulinsekretion beantwortet. Glucose strömt hierbei in die B-Zelle ein und steigert dort die Glucoseverwertung mit nachfolgendem Anstieg des ATP/ADP-Quotienten.

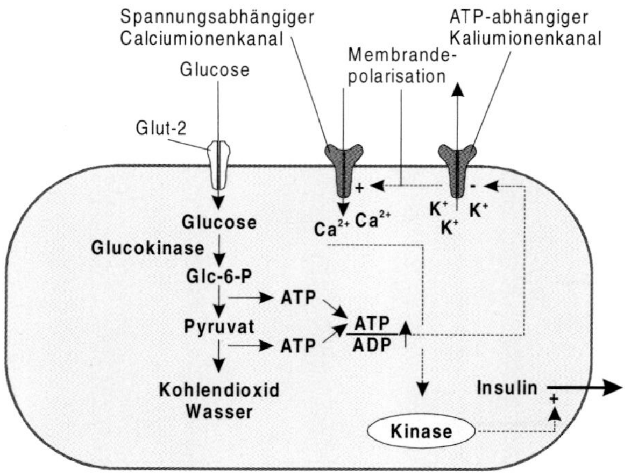

Abb. 14.44: Glucose-induzierte Insulinsekretion in der B-Zelle der LANGERHANSsche-Inseln. In Abhängigkeit von der Glucosekonzentration im Extrazellulärraum strömt Glucose durch den Glucosetransporter Glut-2 in die Zelle und wird dort überwiegend von der Glucokinase phosphoryliert, ohne daß Transporter und Kinase durch ihre erhebliche Kapazität limitierend wirken. Der Abbau der Glucose via Glykolyse und Atmungskette läßt den ATP/ADP-Quotienten ansteigen. Dies hat eine Hemmung des ATP-abhängigen Kaliumionenkanals zur Folge. Der K^+-Ausstrom versiegt und an der Membran kommt es zur Depolarisation durch die vermehrte intrazelluläre K^+-Konzentration. Infolgedessen wird der spannungsabhängie Ca^{2+}-Kanal geöffnet. Die Calciumionenkonzentration in der Zelle steigt und aktiviert eine Kinase, die die Exocytose von Insulin induziert.

[1]**SANGER, FREDERICK**: *1918, Englischer Biochemiker, klärte die Struktur des Insulins 1954 vollständig auf. 1958 erhielt der Wissenschaftler dafür den Nobelpreis für Chemie, 1980 denselben Preis für Arbeiten zur Sequenzierung von Nukleinsäuren. Entdeckt wurde das Hormon 1921 in einem Extrakt aus Hundepankreas von dem Chirugen F. G. BANTING und dem Studenten (!) C. H. BEST. Nicht BEST erhielt jedoch 1921 zusammen mit Banting der Nobelpreis für Medizin, sondern der Institutsleiter MACLEOD, der sich übrigens gegen die Versuche von BANTING und BEST ausgesprochen hatte!

Dies führt letztendlich zu einer Öffnung der Zellmembran für Calciumionen, die dann intrazellulär durch ihre Konzentrationserhöhung die Exocytose des Insulins einleiten. Zu Einzelheiten siehe Abb. 14.44.

Die eigentliche Sekretion zeigt einen biphasischen Verlauf. Nach einer kurzfristig starken Freisetzung des gespeicherten und verfügbaren Hormons (Maximum etwa 2 Minuten nach dem Reiz) folgt eine langanhaltende Ausschüttung von überwiegend neusynthetisiertem Insulin. Auch Aminosäuren wie **Leucin**, **Isoleucin**, **Arginin** und **Lysin** stimulieren die Insulinfreisetzung. Die Erhöhung der Insulinausschüttung durch **gastrointestinale Hormone** (Magen-Darm-Hormone) wie das GIP (gastric inhibitory peptide) ist die Erklärung dafür, daß ein orale Gabe von Glucose einen größeren Sekretionsreiz darstellt als die intravenöse. Die biologische Halbwertszeit des Insulins beträgt 5 bis 10 Minuten. Ort des Insulinabbaus ist die Leber wie Abb. 14.43 demonstriert. Die Botschaft des Insulins wird durch den **Insulinrezeptor** vermittelt, dessen Aufbau wir bereits diskutiert haben. Die Wirkungen dieses Pankreashormons sind außerordentlich vielgestaltig (Abb. 14.45). Es hat durchaus seine Berechtigung, Insulin als zentrales Stoffwechselhormon zu bezeichnen. Generell kann man sagen, daß Insulin in erster Linie ein **anaboles** Hormon ist. Seine Effekte auf den Protein-, Lipid und Glykogenstoffwechsel sind aufbauender Natur. Die Stimulierung der Glykolyse und die Hemmung der Gluconeogenese sind Maßnahmen, um den angestiegenen Blutglucosespiegel (Sekretionsreiz!) wieder einzuregulieren.

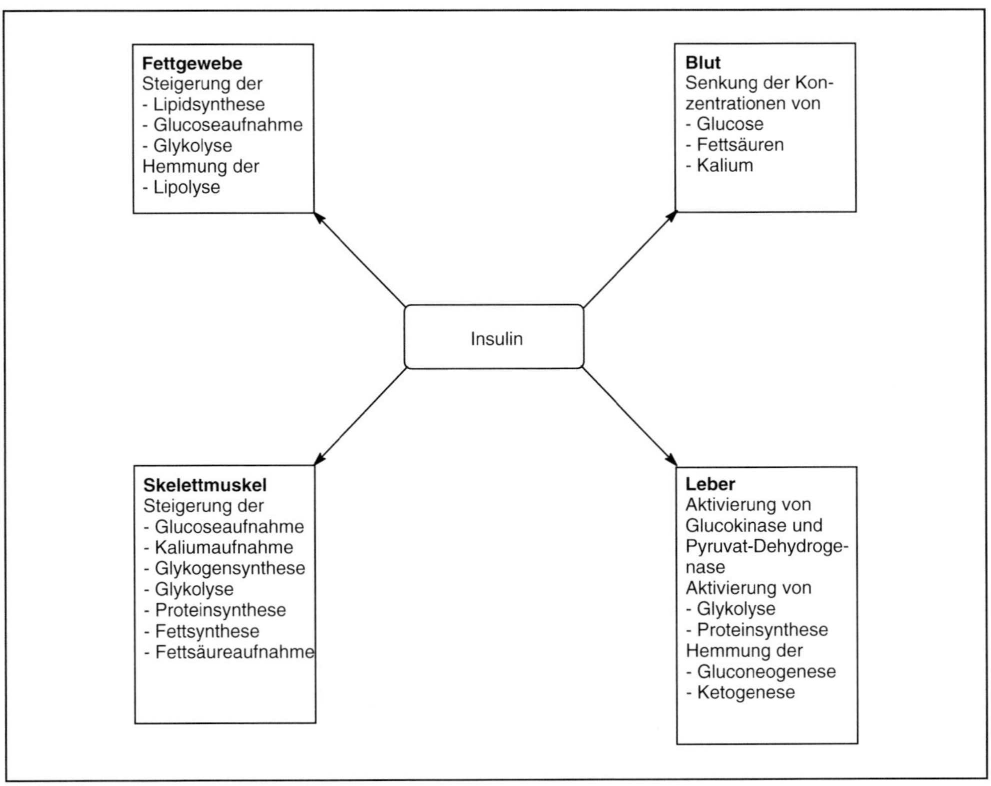

Abb. 14.45: Insulin als zentrales Stoffwechselhormon.

14.6.2 Glucagon

Glucagon ist ein Peptidhormon mit 29 Aminosäuren und einer relativen Molekülmasse von 3485. Ort seiner Synthese sind die **A-Zellen** der LANGERHANSschen Inseln. An den Ribosomen wird zunächst Präproglucagon synthetisiert, das durch Abspaltung eines langen N-terminalen Peptids am Endoplasmatischen Reticulum in das Proglucagon übergeht. Durch Abtrennung zweier Fragmente vor und hinter der endgültigen Glucagonsequenz geht es in das eigentliche Glucagon über. Glucagon wird wie das Insulin in Granula gespeichert und nach Sekretionsreiz wie dieses durch Exocytose ausgeschleust. Reize für die Glucagonfreisetzung sind: Hunger mit **Hypoglykämie**, Verminderung der Fettsäuren im Blut, ein Überangebot an Aminosäuren (besonders des Alanins) sowie die gastrointestinalen Hormone Gastrin und Pankreozymin. Eine Hyperglykämie hemmt die Glucagonsekretion. Die Inaktivierung des Glucagons wird in Leber und Niere durch proteolytische Abspaltung des N-terminalen Histidins vollzogen. Darauf folgt dann ein weiterer proteolytischer Abbau.

Es muß an dieser Stelle deutlich darauf hingewiesen werden, daß die Zielorgane des Glucagons die **Leber** und das **Fettgewebe** sind. Das Hormon wirkt cAMP-vermittelt über einen **7-Membrandomänen-Rezeptor**. Der Skelettmuskel bleibt vom Glucagon unbeeinflußt! Die wichtigsten Effekte sind die Proteolyse mit anschließender **Gluconeogenese aus Aminosäuren** in der Leber, sowie die Steigerung der **Lipolyse** im Fettgewebe. Daneben wird in der Leber auch die Glykogenolyse gefördert, die gegenläufige Synthese wird inhibiert. In der Summe seiner Effekte läßt sich das Glucagon als Gegenspieler des Insulins in Leber und im Fettgewebe auffassen. Glucagon ist ein überwiegend kataboles Hormon. Glucagon aktiviert cAMP-vermittelt die Phosphorylase des Glykogenabbaus und die Triacylglycerol-Lipase des Fettgewebes.

14.6.3 Diabetes mellitus

Der Diabetes mellitus ist eine Krankheit, an der heute kein praktizierender Arzt mehr vorbeikommt. Bei vielen Patienten ist diese Stoffwechselerkrankung der Grund ihres Arztbesuches. Insbesondere bei älteren Menschen wird aber nicht selten ein „Diabetes“ erst während eines Krankenhausaufenthaltes entdeckt und tritt dann komplizierend zum eigentlichen Grund der stationären Aufnahme hinzu. So muß der Chirurg dem zusätzlichen Risiko bei Operationen Rechnung tragen, sein Kollege aus der Anästhesie wird entsprechende (medikamentöse) Vorsichtsmaßnahmen treffen müssen. Der Internist muß Sorge dafür tragen, daß seine Diabetespatienten „optimal eingestellt sind“, er muß also den effizientesten und verträglichsten Weg in der konservativen (also nichtoperativen) Therapie finden. Aber auch in anderen Fachbereichen ist der Diabetes mellitus eine alltägliche Erscheinung: Ob in der Augenheilkunde, der Geburtshilfe oder in der Neurologie, überall tritt diese Krankheit mit jeweils „fachspezifischen“ Symptomen und Komplikationen in Erscheinung. Mit dem steigenden Wohlstand und den sich verändernden Ernährungsgewohnheiten einer saturierten Gesellschaft ist der Diabetes mellitus auch immer mehr in das Bewußtsein der Bevölkerung gerückt, er ist zu einer **Volkskrankheit** geworden. Kaum jemand, der nicht eine Person mit „Zuckerkrankheit“ in seiner Verwandt- oder Bekanntschaft zu benennen wüßte. Trotz dieser zunehmenden Bedeutung der Wohlstandskrankheit Diabetes ist die Unkenntnis über diese Erkrankung bei Laien oftmals groß, bei Ärzten das Wissen bisweilen nicht ausreichend.

Diabetes mellitus bedeutet übersetzt etwa „honigsüßer Durchfluß“. Die deutsche Übersetzung spielt auf ein Kardinalsymptom bei Diabetikern an, das Auftreten von Glucose

(„Zucker") im Urin. Normalerweise ist die Niere sehr sparsam mit der Ausscheidung von Glucose, mehr als 99 % werden aus dem Primärharn rückresorbiert. Bei Diabetikern allerdings ist die Konzentration an Glucose im Blut so hoch (10 mmol/L bzw. 180 mg/dL und mehr), daß die Niere sich außerstande sieht, die Glucose aus dem Harn in das Blut zurückzuholen. Das Transportsystem im proximalen Tubulus der Niere ist gesättigt, die **Nierenschwelle** (ab der Glucose im Urin erscheint) überschritten. Ist der Begriff „Diabetes mellitus" noch einigermaßen zutreffend, so ist der der Zuckerkrankheit unzureichend. Wie wir noch sehen werden, betreffen die Auswirkungen des Diabetes wegen der zentralen Stellung des Insulins alle Stoffwechsel, also auch diejenigen der Fette und der Proteine.

Der Diabetes mellitus wird heute ätiologisch, also nach seinen Ursachen, eingeteilt. Hierbei sind vier Hauptgruppen zu nennen:

- **Typ I-Diabetes**: B-Zellzerstörung bei absolutem Insulinmangel, Autoimmungenese oder idiopathisch (also ohne erkennbaren Grund)
- **Typ II-Diabetes**: Insulinresistenz bei relativem Insulinmangel bis Sekretionsdefekt mit Insulinresistenz
- **Andere Typen**: Genetische Defekte, Endokrinopathien, Krankheiten des exokrinen Pankreas, induziert durch Medikamente
- **Schwangerschaftsdiabetes**

Die kürzlich neu gefaßten **Diagnosekriterien**, von denen lediglich eines gelten muß, lauten:

- Symptome des Diabetes und Plasmaglucosekonzentration ≥ 11,1 mmol/L (200 mg/dL) zu einem beliebigen Zeitpunkt des Tages ohne Rücksicht auf den Zeitpunkt der letzten Nahrungszufuhr. Als klassische Symptome des Diabetes mellitus gelten: Polyurie, Polydipsie und nicht erklärbarer Gewichtsverlust
- Nüchtern-Plasmaglucosekonzentration ≥ 7 mmol/L (126 mg/dL). Nüchtern bedeutet: Keine Nahrungszufuhr für wenigstens 8 Stunden
- 2 h-Plasmaglucosekonzentration ≥ 11,1 mmol/L (200 mg/dL) während eines oralen Glucosetoleranztestes (Gabe von 75 g Glucose, in Wasser aufgelöst)

Bei **Typ I-Diabetikern** fallen folgende Eigenschaften auf: Die Krankheit tritt bei raschem Beginn bereits früh auf, manchmal schon im Schulalter, in der Regel aber zwischen dem 15. und dem 24. Lebensjahr. Dieser Diabetes wird in der Regel nicht erst später im Krankenhaus quasi nebenbei „entdeckt"! Die Patienten sind oft **asthenisch** (von hagerer Statur, schlank), ihre Stoffwechsellage ist labil und kann nur unter Insulingabe stabilisiert werden. Schaut man sich das Pankreas eines Typ I-Diabetikers im Mikroskop an, so wird man feststellen, daß die Zahl der insulinproduzierenden B-Zellen in den LANGERHANSschen Inseln deutlich vermindert ist (< 10 %). Eine Konzentrationsbestimmung des Insulins im Blut fördert in diesen Fällen eine deutliche Verminderung oder gar ein Fehlen des Hormons zu Tage. Bei diesem Diabetestyp liegt also ein **absoluter Insulinmangel** vor. Einiges spricht dafür, daß die Ursache für den insulinabhängigen Diabetes in einer Autoimmunerkrankung liegt, d. h. das körpereigene Immunsystem synthetisiert Antikörper (das sind von B-Lymphocyten produzierte Glykoproteine, die normalerweise der Abwehr von Bakterien, Giften und anderen „Eindringlingen" von außen dienen), welche sich nun fatalerweise gegen die B-Zellen in den LANGERHANSsche-Inseln richten. Solche **Inselzellantikörper** können bei ca. 95 % der Typ I-Diabetiker nachgewiesen werden! Darüberhinaus findet man auch **Antikörper gegen das Insulin** selbst und gegen das Enzym **Glutamat-Decarboxylase** (M_r = 65.000), das in den Inselzellen aus Glutamat γ-Aminobuttersäure bildet. Der Pathologe beobachtet mitunter eine Ansammlung von Lymphocyten in den LANGERHANSschen Inseln, was als weiteres Indiz für eine Autoimmungenese des juvenilen Diabetes gewertet wird wie der Typ I-Diabetes auch genannt wird.

Der **Typ II-Diabetiker** ist oft von pyknischer bzw. adipöser (also fettleibiger) Statur. „Sein Diabetes" tritt erst im höheren Lebensalter in Erscheinung, meist jenseits des 40. Lebensjahres. Die Krankheit zeigt einen schleichenden Beginn, und manchmal bemerkt der Betroffene gar nicht, daß er zum Diabetiker geworden ist. Wie oben schon erwähnt, erfährt ein solcher Patient des häufigeren erst in der Klinik von seiner Krankheit. Etwa 90 % aller Diabetiker sind Typ II-Diabetiker! Im Vergleich zu adipösen Nicht-Diabetikern weisen Typ II-Diabetiker eine Insulinverminderung auf, nicht jedoch gegenüber schlanken Gesunden, deren Insulinkonzentrationen im Blut sie sogar übertreffen können! Auch läßt sich bei ihnen eine relevante Verminderung der B-Zellen im Pankreas nicht nachweisen. Da man selbst bei erhöhter Insulinkonzentration des adipösen Diabetikers keine Hypoglykämie demonstrieren kann, muß man von einer verminderten Ansprechbarkeit der Zielorgane des Insulins ausgehen. In diesem Zusammenhang wird auch oft von einer **Insulinresistenz der Zielorgane** gesprochen. Wie kann es zu einer derartigen Resistenz kommen?

Das auslösende Moment der Insulinresistenz ist Überernährung mit Adipositas (Fettleibigkeit). Überernährung führt zur Hyperinsulinämie (hyper gr. über und haima gr. Blut). Hohe Insulinkonzentrationen vermindern jedoch die Insulinrezeptorzahl an den Zielorganen, insbesondere an den vergrößerten Fettzellen des Fettgewebes (sogenannte Downregulation). Dies hat jedoch zur Folge, daß die B-Zellen nun noch mehr Insulin produzieren müssen, um den Erfordernissen der Zielorgane gerecht werden zu können. Der Organismus begibt sich damit jedoch in eine Ursache-Wirkungs-Spirale, in den sogenannten Circulus vitiosus. Mehr Insulin bedeutet wiederum Rezeptorenverminderung in der Peripherie, welche erneut eine vermehrte Insulinfreisetzung der B-Zellen nach sich zieht. Es ist klar, daß diese Entwicklung in einer Erschöpfung der B-Zellen münden muß. War der Insulinmangel bisher im Gegensatz zum Typ I-Diabetes relativ, so wird er nun sekundär beim Überschreiten der B-Zell-Kapazität zu einem absoluten: Der Diabetes Typ II wird manifest.

Die Abhängigkeit des Typ II-Diabetes von der Adipositas wird eindrucksvoll von der Tatsache unterstrichen, daß die Krankheit bei konsequenter **Diät** mit nachfolgender Abmagerung vollständig rückbildungsfähig ist. Die wichtigste Therapie ist daher bei dieser Spielart des Diabetes mellitus die Diät und keinesfalls eine Insulintherapie! Daher wird der Diabetes mellitus vom Typ II auch als Nichtinsulinabhängiger Diabetes mellitus bezeichnet (Non insuline dependent Diabetes mellitus NIDDM).

Genetisch betrachtet ist für den Diabetes mellitus nicht die krankhafte Veränderung (Mutation) eines einzelnes Gens mit rezessivem oder dominantem Erbgang verantwortlich, sondern es liegt hier ein **multifaktorieller (polygener) Erbgang** vor. Dies bedeutet, daß mehrere Veränderungen der Erbinformationen in Kombination (also eben nicht einzeln, sondern „konzertiert") und in Verbindung mit exogenen Einflüssen, den sogenannte Manifestationsfaktoren, zum Ausbruch der klinisch faßbaren Krankheit führen. Solche **Manifestationsfaktoren** sind: Adipositas, Schwangerschaft, chronische Lebererkrankungen, Streßfaktoren (Infektionen, Verletzungen, Operationen, Herzinfarkt), schwere Pankreaserkrankungen, Medikamente wie Thiazide, Glucocorticoide und Kontrazeptiva („Pille"). Selbstverständlich zählen auch Krankheiten mit einer Überproduktion **diabetogener** bzw. kontrainsulärer **Hormone** zu den Manifestationsfaktoren: **Akromegalie** (Somatotropinüberproduktion), CUSHING-**Syndrom** (Glucocorticoidüberproduktion), **Phäochromocytom** (Überproduktion von Adrenalin durch einen Tumor des Nebennierenmarks), **Hyperthyreose** (Überproduktion von Schilddrüsenhormonen).

Wie äußert sich ein Diabetes? Viele Symptome lassen sich aus dem Wirkungsspektrum des Insulins ableiten. Beginnen wir mit dem Proteinstoffwechsel:

Verminderung der Proteinsynthese: **Muskelschwund** mit verminderter Leistungfähigkeit des Muskels und Abmagerung durch die vermehrte Proteolyse, **Bildung von Ketonen** durch den vermehrten Anfall von Aminosäuren aus der Proteolyse in Leber und Muskel, **erhöhte Gluconeogenese** aus den reichlich zur Verfügung stehenden Aminosäuren. Eine verminderte Proteinsynthese kann sich auch auf die Bildung von Antikörpern (Glykoproteine!) auswirken: **Erhöhte Infektanfälligkeit**, bakterielle und mykotische (mykes gr. Pilz) Infektionen, z. B. in Form von **Furunkeln** und Candidamykosen (*Candida albicans* ist ein Pilz).

Störungen des Kohlenhydratstoffwechsels: Verminderung des Glykogenaufbaus in Leber und Muskel, verminderte Glucoseaufnahme in Muskel und Fettgewebe, stark gesteigerte Gluconeogenese aus Aminosäuren, Glycerol sowie Glucose und eingeschränkte Glykolyse führen zu folgenden Symptomen: **Hyperglykämie** (zu hohe Blutglucosekonzentration) und dadurch bedingt **Glucosurie** (Auftreten abnormal hoher Glucosekonzentrationen im Harn).

Tabelle 14.4: Die Mikroangiopathie bei Diabetes mellitus und ihre Symptome.

	Mikroangiopathie
Organ	**Symptome und Folgeerkrankungen**
Niere	Glomerulo-, Arteriolo- und Arteriosklerose, Proteinurie, Pyelonephritiden
Retina	Aneurysmen (aneurysma gr. Erweiterung) der Netzhautgefäße mit Ruptur und Einblutungen, mitunter Erblindung
Extremitäten	Geschwüre im Fußbereich mit schlechter Heilungstendenz, Nekrosen im Zehenbereich
Nervensystem	Symmetrische Ausfallserscheinungen des sensiblen Empfindens besonders an Füßen und Unterschenkeln, vermindertes Vibrationsempfinden, fehlende Reflexe, Störungen der Motorik

Glucose ist osmotisch aktiv und bindet bei ihrer Ausscheidung viel Wasser: **Polyurie** (übermäßig große Harnvolumina werden ausgeschieden) mit nachfolgender **Polydipsie** (poly gr. viel und dipsa gr. Durst, ständiger Durst und damit viel zu häufiges Trinken) sind die sich daraus entwickelnden Symptome. Eine sehr wichtige Erscheinung beim chronischen Diabetes (also erst nach längerer Zeit) ist die **Mikroangiopathie** (mikros gr. klein und angeion gr. Gefäß, d. h. die pathologische Veränderung von kleinen Gefäßen und Kapillaren). Durch das große Angebot von Glucose werden Proteine der Gefäßbasalmembran glykosyliert (es werden vermehrt Kohlenhydrate gebunden), die zu krankhaften Veränderungen der Gefäße in ganz bestimmten Organen bzw. Geweben führen.

Gravierend sind vor allen Dingen die Störungen des Fettstoffwechsels: Verminderte Fettbildung und **verstärkte Lipolyse im Fettgewebe** erhöhen die Konzentration der Fettsäuren und des Glycerols im Blut. Das **vermehrte Angebot an Fettsäuren** bzw. Glycerol führt in der Leber zu folgenden Stoffwechselentgleisungen: Einerseits verstärkte Fettsynthese mit Ausbildung einer **Fettleber** bei nicht ausreichendem Abtransport der ebenfalls vermehrt gebildeten VLDL mit **Hyperlipoproteinämie vom Typ IV**. Andererseits intensivierter Abbau der angelieferten Fettsäuren mit massivem Auftreten von Acetyl-CoA. Diese hat für den Diabetiker folgende unangenehme Konsequenzen: Gesteigerter LYNEN-Zyklus mit

übermäßiger Ketonbildung, die wiederum ins Blut abgegeben eine **metabolische Azidose** hervorrufen. Die Patienten versuchen durch eine Abatmung von Kohlendioxid die Azidose respiratorisch zu kompensieren: Tiefe **KUßMAUL-Atmung** mit Acetongeruch. Das in großen Mengen anfallende Acetyl-CoA verstärkt ebenfalls die Cholesterolsynthese in der Leber, was eine **Hyperlipoproteinämie vom Typ II** nach sich zieht. Diese ist Hauptursache der diabetischen Makroangiopathie, also der Summe der arteriosklerotisch bedingten Krankheiten und Symptome.

Das Ausmaß der **Makroangiopathie** bestimmt heutzutage neben der Mikroangiopathie Lebensalter und Schicksal des Diabetikers. Eine Aufzählung der entsprechenden Krankheiten macht diesen Umstand sofort deutlich: **Hypertonie** (Bluthochdruck), **Angina pectoris** und Herzinfarkt, Schlaganfälle, Durchblutungsstörungen der Extremitäten, Infarkte aller Art. Abschließend sollen noch folgende Symptome und Komplikationen aufgezählt werden: Potenzstörungen, Amenorrhoe, vermehrte Anfälligkeit für Gallensteine, Gicht, Hautveränderungen.

Die **Therapie** des Diabetes läßt sich nicht schematisieren. Sie muß im Einzelfall für den betreffenden Patienten optimiert, ja man kann fast sagen „maßgeschneidert" werden. Wir wollen hier daher nur einige grobe Richtlinien anführen. Der juvenile Diabetiker muß mit einer Insulintherapie behandelt werden. Heute steht dabei das gentechnisch hergestellte Humaninsulin ganz im Vordergrund, da die Gefahr von allergischen Reaktionen bei diesem Insulin am geringsten ist. Gleichzeitig ist eine dem Diabetes gerecht werdende Diät von großer Bedeutung. Hier kann die Beratung durch Ernährungsfachleute hilfreich sein. Vorsicht ist immer bei Schwangerschaften und Operationen geboten!

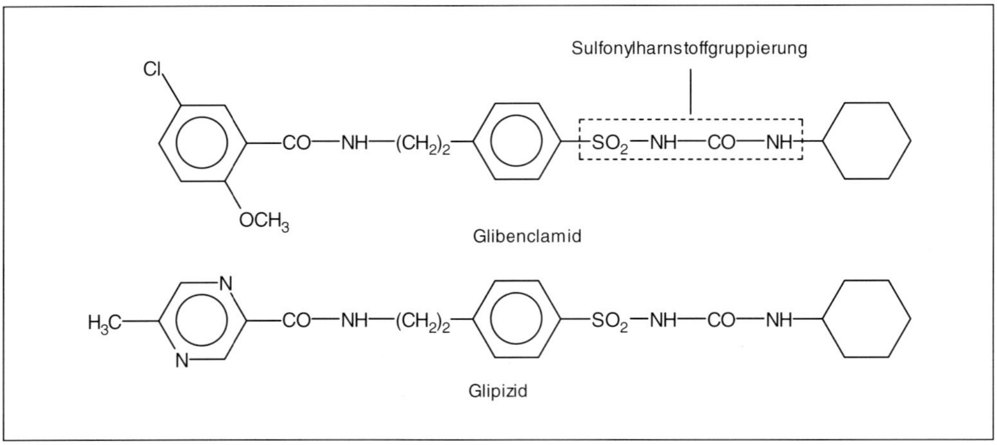

Abb. 14.46: Die Sulfonylharnstoffe Glibenclamid (Euglucon®) und Glipizid.

Der Typ-II-Diabetiker wird zunächst immer mit einer Diät behandelt. Die Gewichtsnormalisierung hat hier Vorrang! Oftmals wird bei erfolgreicher Diät eine medikamentöse Therapie überflüssig. Reicht eine Diätbehandlung alleine nicht aus, so wird man orale Antidiabetika verabreichen. Sie stimulieren die Insulinsekretion durch eine Erhöhung der B-Zellansprechbarkeit auf Glucose. Die Antidiabetika werden durch die **Sulfonylharnstoffe** repräsentiert, zu denen beispielsweise Glibenclamid, Glibornurid oder Glipizid gehören. Kommt es zur Erschöpfung der B-Zellen und ist die Eigenproduktion an Insulin nicht mehr ausreichend (absoluter Insulinmangel), so wird auch der Typ II-Diabetiker insulinpflichtig.

14.7 Adrenalin und Noradrenalin

Adrenalin, Noradrenalin sowie ihre Vorstufe Dopamin werden als Catecholamine bezeichnet. Dieser Name ist auf **Brenzcatechin** zurückzuführen, das im Englischen auch Catechol genannt wird. Brenzcatechin ist ein orthoständiges Dihydroxybenzol, dessen Formel die Verwandtschaft zu den Catecholaminen deutlich macht.

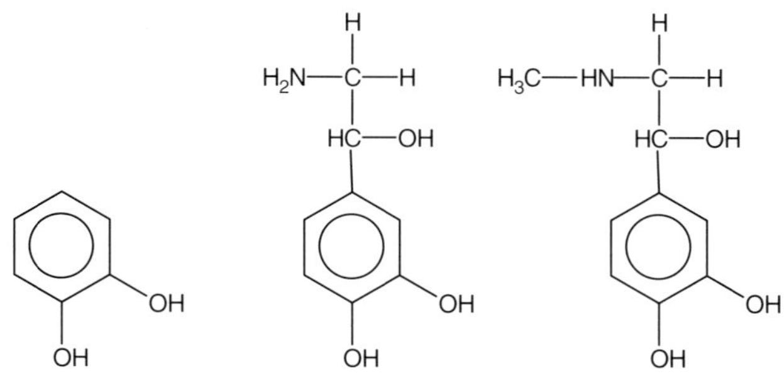

Abb. 14.47: Die Strukturen des Brenzcatechins und der Catecholamine.

Fungieren die Neurotransmitter Dopamin und Noradrenalin in erster Linie als Überträger neuronaler Impulse in Gehirn und sympathischem Nervensystem, so müssen Adrenalin und in geringem Umfang auch Noradrenalin als echte Hormone angesehen werden, die ins Blut abgegeben werden und auf diesem Weg ihre Zielgewebe erreichen.

Die Biosynthese der Catecholamine startet mit der Aminosäure **Tyrosin**. Je nach Gewebe bleibt die Synthese auf einer bestimmten Stufe stehen. So verläuft sie in den dopaminergen Neuronen der Substantia nigra und der Formatio reticularis lediglich bis zum Dopamin, in den Varikositäten der postganglionären sympathischen Nervenzellen jedoch bis zum Noradrenalin.

Die **chromaffinen Zellen des Nebennierenmarks** sind in der Lage, über das Noradrenalin hinaus auch Adrenalin durch Methylierung der Aminogruppe des Noradrenalins zu synthetisieren. Adrenalin und geringe Mengen an Noradrenalin werden etwa in einem Verhältnis von 4 : 1 getrennt in Vesikeln der Nebennierenmarkzellen gespeichert, die durch Anfärbung mit Kaliumdichromat eine braune Färbung annehmen. Daher rührt auch der Name **chromaffine Zellen** (chroma gr. Farbe) des Nebennierenmarks. Die chromaffinen Zellen des Nebennierenmarks entsprechen den zweiten sympathischen Neuronen im peripheren vegetativen Nervensystem, senden jedoch selber keine Nervenzellfortsätze aus.

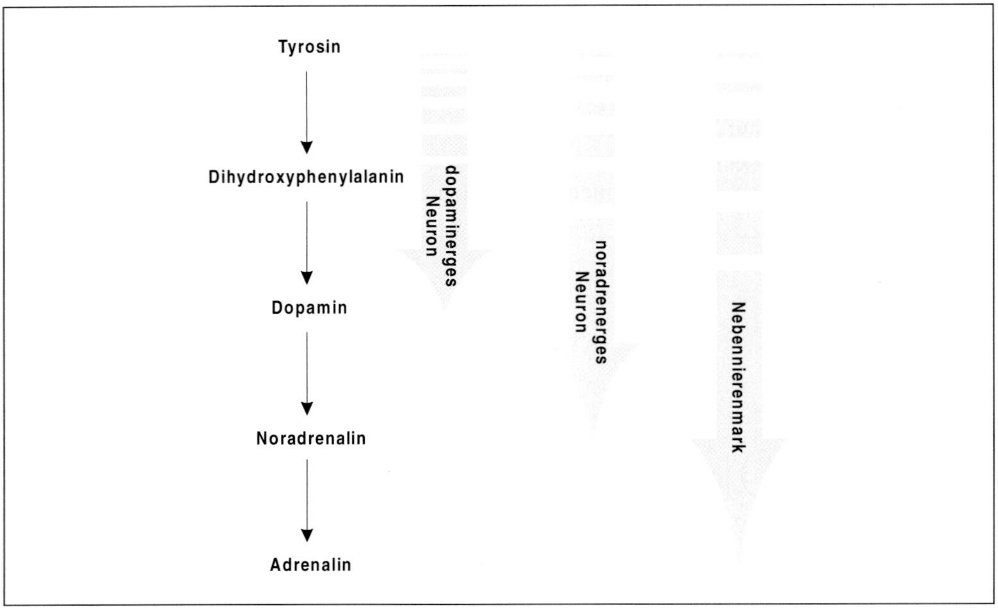

Abb. 14.48: In unterschiedlichen Geweben erreichen die Catecholamine verschiedene Endstufen.

Sie werden wie diese von präganglionären Sympathikusneuronen (den ersten sympathischen Neuronen) cholinerg (also durch Acetylcholin) innerviert. Aufgrund der Ähnlichkeiten mit den Ganglien des peripheren Sympathikus und der gemeinsamen Abstammung von Symphatikoblasten wird das Nebennierenmark auch als **sympathisches Paraganglion** bezeichnet.

Zur Synthese der Catecholamine wird Tyrosin aus der Blutbahn in das Cytoplasma der Nervenzelle aufgenommen, um dort zunächst von der Tyrosin-Monooxygenase (auch Tyrosin-Hydroxylase genannt) in Position 3 zu 3,4-Dihydroxyphenylalanin **DOPA** hydroxyliert zu werden. Die DOPA-Decarboxylase setzt DOPA unter Kohlendioxidabspaltung in das biogene Amin Dopamin um. Dopamin wird ebenso wie Noradrenalin über einen aktiven Transportmechanismus, der von Magnesiumionen und ATP abhängig ist, in die Vesikel eingeschleust. In dopaminergen Neuronen endet hier die Synthese, während in noradrenergen Nervenzellen die intravesikuläre Dopamin-β-Monooxygenase (auch Dopamin-β-Hydroxylase genannt) durch Seitenkettenhydroxylierung Noradrenalin synthetisiert. Im Nebennierenmark kann dann noch die Aminogruppe durch N-Methyltransferase zum Adrenalin methyliert werden.

Der überwiegende Teil des nach einem Nervenimpuls freigesetzten Noradrenalins wird wieder aktiv in die Varikositäten der sympathischen Nervenzelle aufgenommen. Nicht vesikulär gespeichertes Noradrenalin wird durch die Monoaminooxidase der Mitochondrien oxidiert und das Produkt in das Blut abgegeben. Innerhalb der Zielzelle im Erfolgsorgan wird Noradrenalin ebenfalls durch die mitochondriale **Monoamin-Oxidase** oxidiert, aber auch durch die cytosolische **Catechol-O-Methyltransferase** methyliert und damit inaktiviert. Im Blut zirkulierende Catecholamine werden durch die gleichen Enzyme in der Leber abgebaut und letztlich als **4-Hydroxy-3-methoxy-Mandelsäure** (Vanillinmandelsäure) im Harn ausgeschieden.

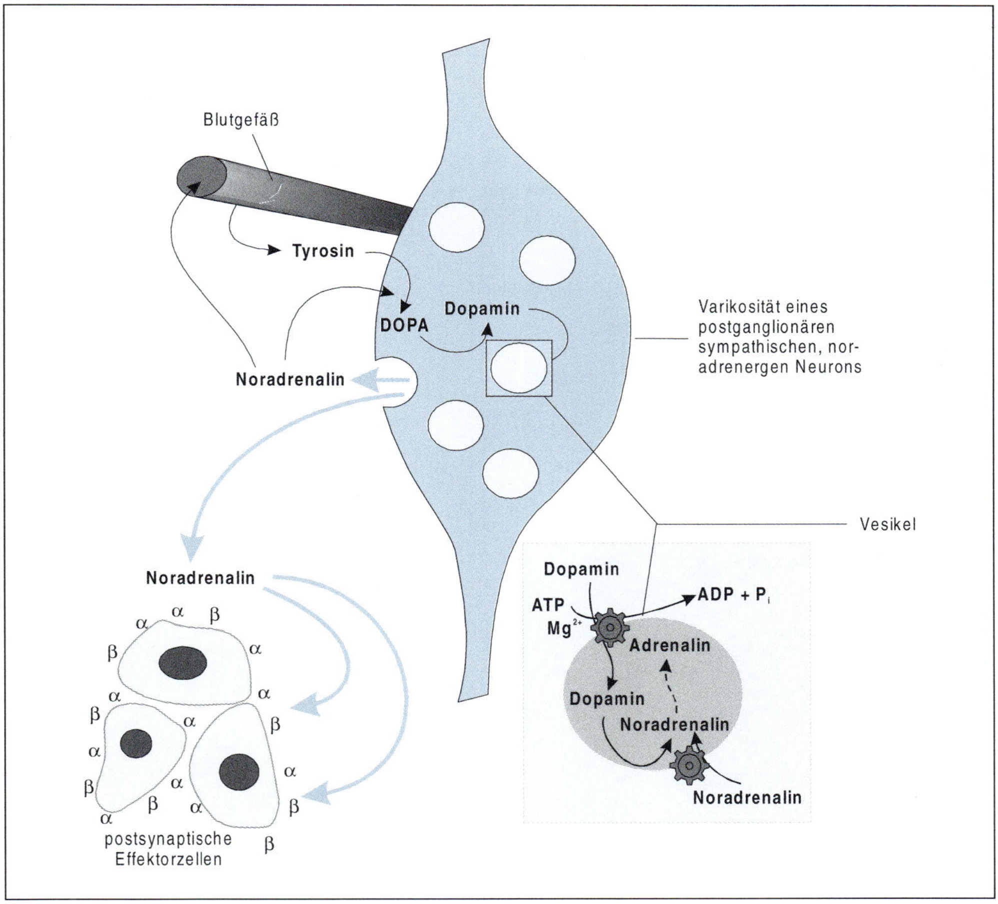

Abb. 14.49: Synthese und Speicherung in der Varikosität eines noradrenergen Neurons. Die Ausläufer der sympathischen Ganglienzellen zeigen viele Auftreibungen, die Varikositäten. Die Gesamtheit dieser Ausläufer bilden das „terminale Reticulum" der Ganglienzelle, welches die noradrenergen Zielgewebe durchsetzt. Echte Endigungen im Sinne von Synapsen gibt es nicht. An ihre Stelle treten die mit Vesikeln gefüllten Varikosiäten, letztlich sind dies Speicherstrukturen für das Noradrenalin. Postganglionäre sympathische Nervenimpulse setzen Noradrenlin aus den Vesikeln in den synaptischen Spalt frei, durch den der Transmitter seine mit Rezeptoren besetzten Effektorzellen erreicht. Ein Teil des Noradrenalin gelangt auch in den Blutkreislauf, wodurch das Catecholamin Hormoncharakter erhält. In den chromaffinen Zellen des Nebennierenmarks kann die Synthese über das Noradrenalin hinaus bis zum Adrenalin verlaufen (hier lediglich gestrichelt angedeutet), welches dann direkt in den Blutkreislauf abgegeben wird. Edukt für die Catecholaminsynthese ist Tyrosin, welches cytoplasmatisch zum Dopamin umgesetzt wird. Ein aktiver, von Magnesium abhängiger Prozeß befördert Dopamin in die Vesikel, in denen die beiden Catecholaminendstufen synthetisiert werden. Auch Noradrenalin kann in gewissem Umfang aus dem synaptischen Spalt aktiv in die Vesikel (wie beim Dopamin) zurückkehren.

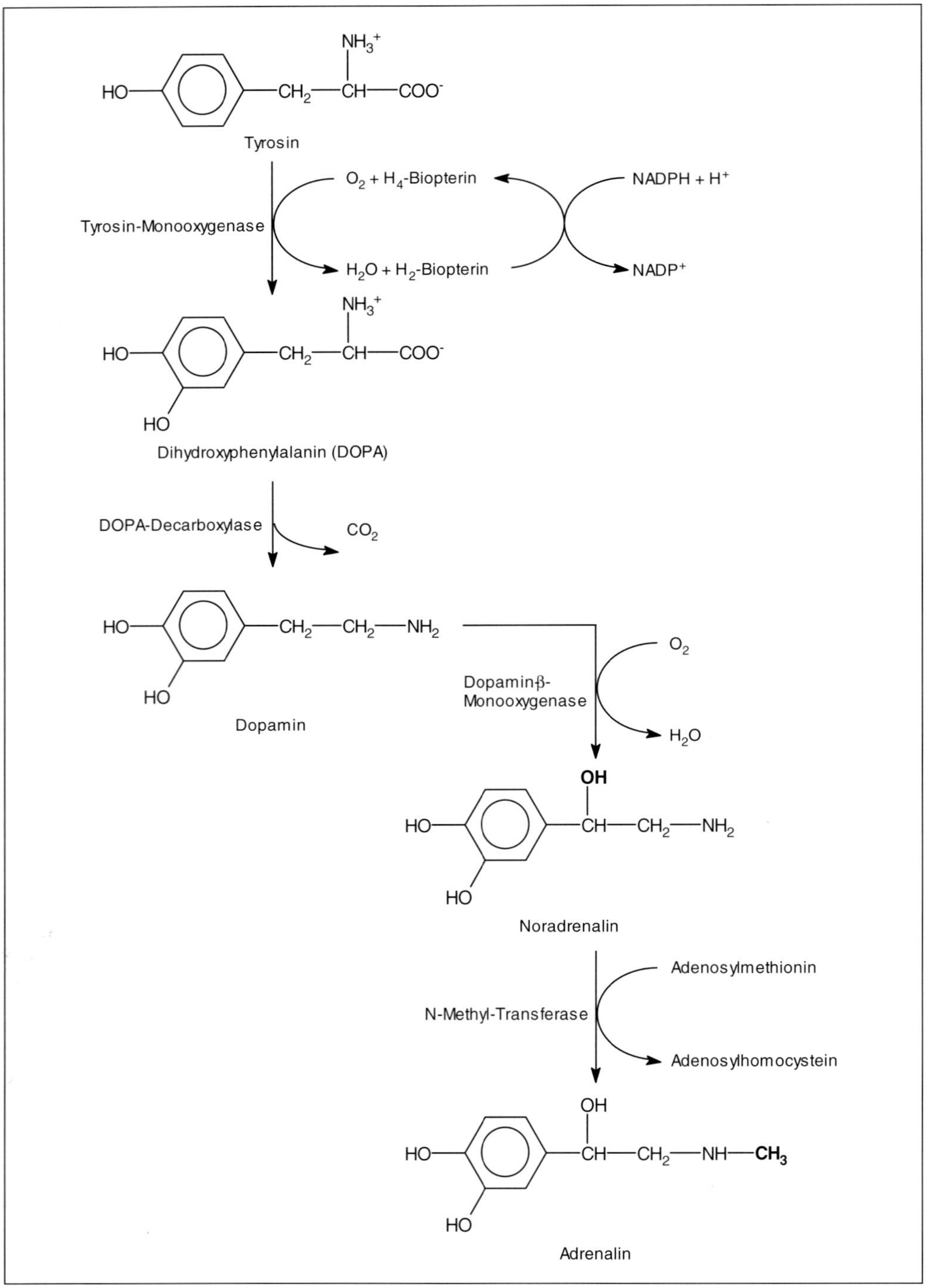

Abb. 14.50: Die Synthese der Catecholamine. Vom Dopamin an erfolgt die Synthese des Adrenalins im Nebennierenmark in Vesikeln, zuvor im Cytoplasma. Im noradrenergenen Neuron endet der Syntheseweg bei Noradrenalin, im dopaminergenen bei Dopamin.

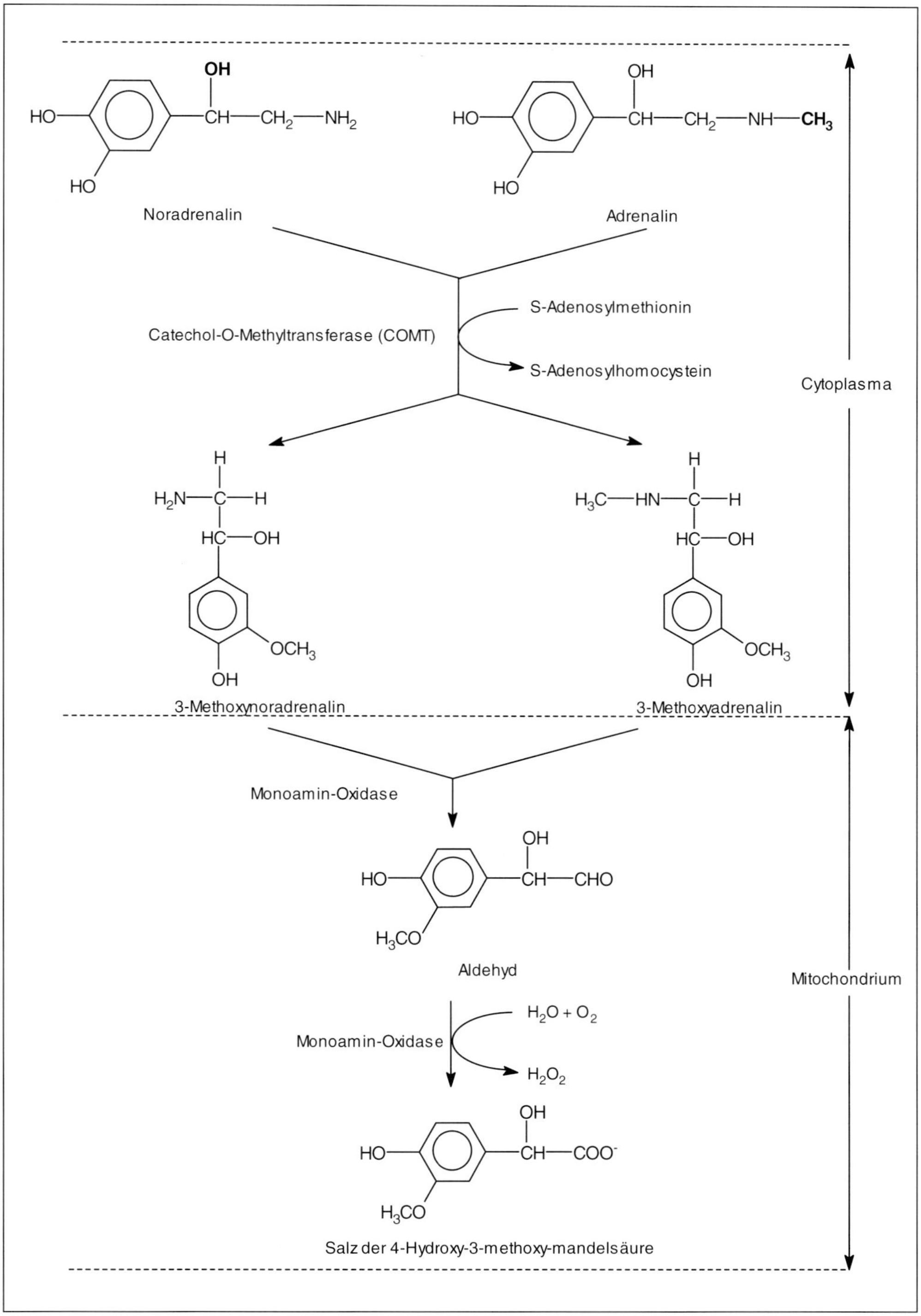

Abb. 14.51: Der Abbau der Catecholamine.

Die Wirkungen der Catecholamine werden über α- und β-adrenerge Rezeptoren vermittelt. Zweiter Bote ist im Falle des β-Rezeptors 3,5-cAMP, beim α-Rezeptor hingegen übernehmen diese Rolle Inositoltrisphosphat und Diacylglycerol. Das Wirkungsprofil der Catecholamine ist sehr vielschichtig und je nach Rezeptor auch gegenläufig. Hier sollen nur einige Effekte aufgeführt werden:

- Herz: Erhöhung von Frequenz, Kontraktionsstärke, schnellere Erregungsleitung
- Bronchien: Dilatation (β), Konstriktion (α)
- Magen/Darm: Muskelerschlaffung (β), Sphinkterkontraktion (α)
- Fettgewebe: Lipolyse
- Leber: Glykogenolyse, Gluconeogenese
- Skelettmuskel: Glykogenolyse
- Blutgefäße: Kontraktion (α, z. B. Haut), Dilatation (β)
- Auge: Pupillenerweiterung (α)

14.7.1 Phäochromocytom

Beim **Phäochromocytom** (phaios gr. grauschwärzlich, chroma gr. Farbe, kytos gr. Zelle) handelt es sich um einen meist gutartigen (nur etwa 10 % sind maligne) einseitigen Tumor, der entweder im **Nebennierenmark** lokalisiert ist (90 % der Fälle) oder aber den Nervenzellen des Sympathikus entspringt (extraadrenale Lokalisation).

Die Prävalenz des Phäochromocytoms in der Gesamtbevölkerung beträgt 5/100.000 Personen, unter Hypertonikern liegt der Wert bei 0,5 %. Am häufigsten sind Erwachsene im 4. und 5. Lebensjahrzehnt betroffen. In etwa 5 % aller Fälle werden Phäochromocytome autosomal dominant vererbt, wobei dies isoliert oder im Rahmen einer **multiplen endokrinen Neoplasie** (**MEN**) der Typen 2a und 2b der Fall sein kann. Bei diesen familiären Syndromen sind bilaterale Phäochromocytome häufiger anzutreffen.

Bei Erwachsenen findet man zu etwa 80 % unilaterale und solitäre, meist rechts lokalisierte Phäochromocytome, 10 % sind bilaterale und weitere 10 % extraadrenale Tumoren. Ein Viertel der Tumore beim Kind sind dagegen bilateral, ein weiteres Viertel findet man extraadrenal.

Der stark vaskularisierte Tumor besteht aus großen, pleomorphen, chromaffinen Zellen, die nicht innerviert sind und demzufolge auch nicht mit einer Catecholaminausschüttung auf neuronale Impulse reagieren. Das Gros der Phäochromocytome sezerniert Adrenalin und Noradrenalin, wobei der Anteil des Noradrenalins höher als bei gesundem Nebennierenmark ist. Der überwiegende Teil der extraadrenalen Tumoren schüttet ausschließlich Noradrenalin aus, wohingegen nur wenige Phäochromocytome – besonders in Assoziation mit einer MEN – exklusiv Adrenalin produzieren. Insbesondere bei **bösartigen Phäochromocytomen** kann auch vermehrt **Dopamin** und Vanillinmandelsäure nachgewiesen werden.

Das Leitsymptom des Phäochromocytoms ist eine dauerhafte (50 – 60 %) oder anfallsweise (40 – 50 %) auftretende **Hypertonie (> 90 %)**, die in regelrechte **Hochdruckkrisen** einmünden kann. Deren Frequenz ist wechselhaft von sporadisch bis häufig, wobei die Krisen im Laufe der Zeit jedoch an Häufigkeit, Dauer und Intensität zunehmen. Während dieser Krisen klagen die Patienten über Kopfschmerzen (70 – 90 %), Schwitzen (60 – 70 %), Tachykardie (50 – 70 %), Übelkeit (15 – 40 %) sowie Brust- und Bauchschmerzen. Weitere Symptome lassen sich aus den Hormon- bzw. Sympathikuseffekten ableiten:

- blasse Haut (30 – 60 %)
- Gewichtsverlust (30 – 60 %)
- starkes Schwitzen
- Tachykardie und Arrhythmien, Angina pectoris (20 – 50 %)
- orthostatische Hypotonie

Aus den metabolischen Effekten der Catecholamine leiten sich ab:

- Hyperglykämie
- Glucosurie
- Hyperlipidämie

Hinzutreten können weiterhin: Fieber (60 – 70 %), Leukocytose, erhöhter Hämatokrit und Hypercalcämie. Letztere resultiert aus einer ektopen Produktion von Parathormon related peptide (PTH-rp).

Bei klinischem Verdacht auf ein Phäochromocytom versucht man zunächst, diesen labordiagnostisch zu erhärten. Daran schließt sich die bildgebende Diagnostik an. Der Tumor wird sonographisch (Ultraschall) oder aber durch Computer- bzw. Kernspintomographie lokalisiert. Extraadrenale Phäochromocytome werden szintigraphisch mit ^{131}I-Metaiodbenzylguanidin erfaßt.

Catecholamine lassen sich zwar auch aus dem Plasma nachweisen, jedoch machen die Tageszeitabhängigkeit der Catecholaminkonzentration, ihre Abhängigkeit von Nahrungsaufnahme, Streß, Nikotin und Pharmakaeinnahme diese Bestimmung hinsichtlich praktischer Durchführung und Interpretation schwierig. Daher wird heute, von direkten Plasmaproben während einer akuten Hochdruckkrise abgesehen, die mehrfache (mindesten zweifache) Catecholaminbestimmung aus dem 24 h-Harn bevorzugt. Die Catecholamine werden entweder **frei** oder als **Sulfat-** oder **Glucuronat-Konjugate** im Urin ausgeschieden. Um die gesamten Catecholamine, also konjugierte und freie, zu bestimmen, muß der Harn mit 10 mL 10 %iger HCl angesäuert werden, damit die Konjugate hydrolytisch gespalten werden können. Beschränkt man sich auf die Bestimmung der freien Catecholamine, so kann dieser Schritt entfallen. Nach Aufreinigung durch Ionenaustauschchromatographie erfolgt die eigentliche Analyse mittels HPLC. Bestimmt werden im einzelnen: Adrenalin, Noradrenalin, Metanephrin und Normetanephrin.

Die Therapie besteht in einer vorsichtigen (Hochdruckkrisen, postoperativer Blutdruckabfall und Hypoglykämie!) operativen Entfernung der Geschwulst, bei Inoperabilität in einer medikamentösen Blockade der α-Rezeptoren.

14.8 Die Hormone der Nebennierenrinde

14.8.1 Definition und Einteilung der Hormone

Die Nebennierenrindenhormone wie auch die weiter unten behandelten Keimdrüsenhormone sind strukturell allesamt Derivate einer einzigen Verbindung, des Cholesterols. Da sich das Ringgerüst des Cholesterols wiederum vom **Steran** ableitet, zählen die Hormone der Nebennierenrinde zu den **Steroidhormonen**. Die Nebennierenrindenhormone, auch **Corticoide** genannt (cortex lat. Rinde), lassen sich nach ihrer Funktion unterteilen. Sie werden jeweils in anatomisch unterschiedlichen Rindenzonen gebildet. Der Zona glomerulosa entstammen die Mineralcorticoide, die Zona fasciculata ist Syntheseort der Glucocorticoide, in der Zona reticularis werden schließlich in geringem Umfang Sexualhormone gebildet.

Hauptvertreter der **Mineralcorticoide** ist das **Aldosteron**. Den Namen erhielten diese Corticoide aufgrund ihres ausgeprägten Einflusses auf den Elektrolythaushalt, wobei hier diejenigen des Natriums und des Kaliums im Vordergrund stehen.

Die **Glucocorticoide** nehmen - wie der Name schon sagt - Einfluß auf den Stoffwechsel der Glucose. Ihr Wirkungsspektrum geht allerdings weit über den Kohlenhydratstoffwechsel hinaus. Hier sollen die **proteolytische**, die **antientzündliche** und die **antiallergische** Wirkungskomponente hervorgehoben werden. Besonders die eindämmenden Effekte auf Entzündungen und allergische Reaktionen macht man sich in der Therapie zunutze.

Unter den von der Nebenniere produzierten Sexualhormonen sind besonders die **Androgene** (männliche Keimdrüsenhormone) zu nennen, die vor allem bei Enzymdefekten in den Biosynthesen der anderen Corticoide vermehrt corticalen Ursprungs sein können. Die Synthese von Estrogenen spielt in der Nebennierenrinde eine untergeordnete Rolle und fällt mengenmäßig kaum ins Gewicht. Alle Steroidhormone vermitteln ihre Botschaft über intrazelluläre Rezeptoren.

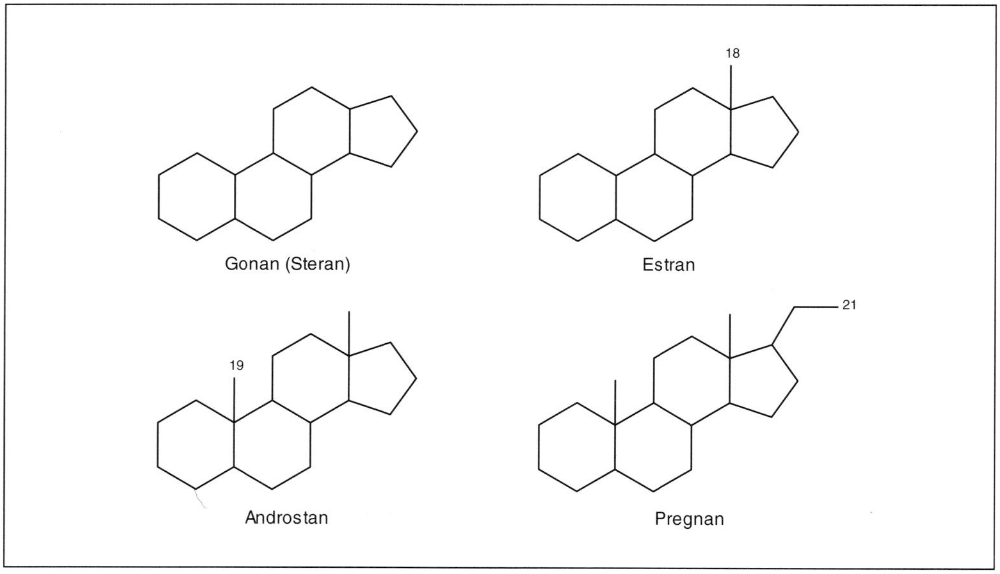

Abb. 14.52: Strukturen der den Steroidhormonen zugrundliegenden Kohlenwasserstoffmoleküle. Die Anzahl der C-Atome ist jeweils durch das letzte, gezählte Kohlenstoffatom angegeben.

14.8.2 Die Biosynthese der Steroidhormone

Wegen ihrer strukturellen Verwandtschaft und ihrer eng verknüpften Synthesewege soll der anabole Stoffwechsel sowohl der Nebennieren- als auch der Keimdrüsenhormone (Abb. 14.53) dargestellt werden. Ausgangspunkt aller Synthesewege ist das Cholesterol. Es wird nach den in Kapitel: Lipide I aufgezeigten Prinzipien in der Nebenniere synthetisiert, es kann aber ebenso über die LDL-Rezeptoren der Nebenniere aus den LDL des Blutes in die

Drüse gelangen. Cholesterol ist auch als Precursor (Ausgangssubstanz) der Sexualhormone in den Keimdrüsen vorhanden. In der Nebennierenrinde wird das Cholesterol in Form von Cholesterolestern gespeichert, die bei Bedarf durch Verseifung das für die Hormonsynthese notwendige Cholesterol nachliefern können. Diese durch die Cholesterolesterase katalysierte Reaktion wird durch Corticotropin (ACTH) gefördert. Dabei wird cAMP-vermittelt eine Proteinkinase aktiviert, die durch Phosphorylierung die Cholesterolesterase anschaltet.

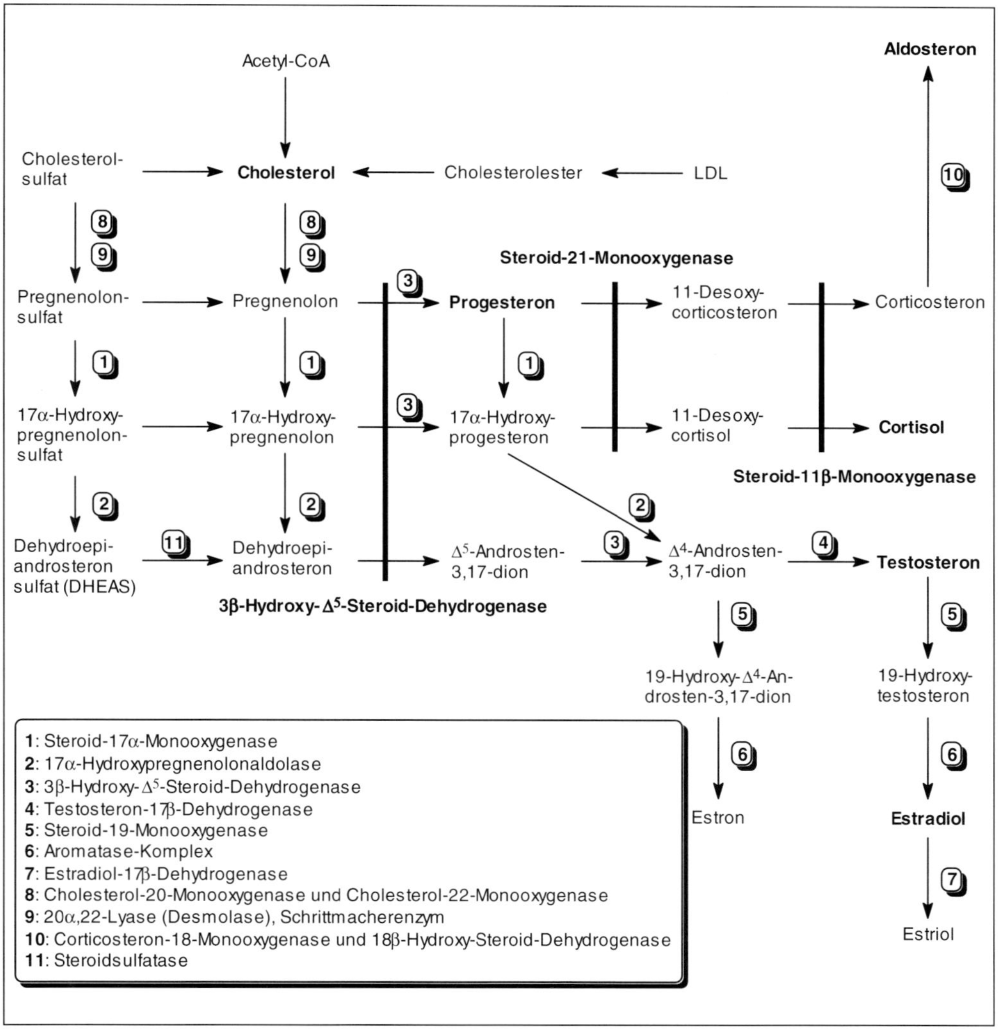

Abb. 14.53: Synthese der Steroidhormone. Das Cholesterol und wichtige Hormone sind **fett** unterlegt. Drei Enzymdefekte, durch dicke Balken und die entsprechenden Enzymnamen markiert, sind Ursache des Adrenogenitalen Syndroms. Bei einem Block der 3β-Hydroxy-Δ^5-Steroid-Dehydrogenase entsteht ein Adrenogenitales Syndrom ohne Hyperandrogenämie (siehe Abbildung).

Die Synthese beginnt mit zwei Hydroxylierungen an Position 20 und 22 der Cholesterolseitenkette. Die anschließende 20α,22-Lyasereaktion (Desmolasereaktion) mit Abspaltung eines Moleküls Isocapronaldehyd ist der geschwindigkeitsbestimmende Schritt der Synthese. Ihr Produkt ist das Pregnenolon, welches durch Isomerisierung und Oxidation in das erste (mögliche) Endhormon Progesteron übergeht. Für die meisten Synthesen ist das Progesteron aber nur eine Durchgangsstation, denn von diesem Molekül zweigen die einzelnen Synthesewege der verschiedenen Corticoide ab. Sie werden hauptsächlich von zwei Enzymklassen bestimmt, den **Monooxygenasen** bzw. Hydroxylasen einerseits und den **Dehydrogenasen** andererseits. Die Synthese des Pregnenolons und die Reaktionen der Steroid-11β- und der Corticosteron-18-Monooxygenase sind im Mitochondrium lokalisiert, während alle anderen Reaktionen im **Endoplasmatischen Reticulum** ablaufen.

14.8.3 Der Abbau der Nebennierenrindenhormone

Im Blut wird Cortisol aufgrund seiner Lipophilie an einem Transportprotein, dem **Transcortin**, transportiert. Dieses wird übrigens auch vom Progesteron als Transporter genutzt. Als weiteres Transportprotein, allerdings mit geringerer Bedeutung, kommt noch Albumin in Betracht.

Ort des Abbaus von Nebennierenhormonen ist die Leber. Er beginnt mit zwei Reduktionen, wobei zunächst die Doppelbindung an Position 4 reduziert wird, gefolgt von der Hydrierung der Ketogruppe an Position 3 im Ring A. Die Produkte dieser Reduktionen zeichnen sich durch einen aliphatischen (also ohne Doppelbindungen) A-Ring aus, der vier Wasserstoffatome gebunden hat. Diese Verbindungen werden daher als **Tetrahydroverbindungen** bezeichnet, z. B. Tetrahydrocortisol. An dieser Stelle kann der Abbau stoppen, und die Tetrahydroderivate können an **Glucuronsäure** gekoppelt mit dem Harn ausgeschieden werden. Ein Teil dieser Tetrahydroverbindungen wird jedoch durch Reduktion der 20-Ketogruppe erneut chemisch verändert, es entstehen die **Cortole**, die nun an der Seitenkette nur noch Hydroxylgruppen (-OH) aufweisen. Unter Abspaltung dieser Seitenkette bildet sich eine Ketogruppe an C-17 aus, weshalb diese Endprodukte des Corticoidstoffwechsels als **Ketosteroide** bezeichnet werden. Vom Cortisol werden beispielsweise 5 bis 10 % bis zu den 17-Ketosteroiden abgebaut, die als Glucuronsäurederivate im Harn erscheinen. 17-Ketosteroide können aus dem Sammelurin nach der **Methode von ZIMMERMANN** quantitativ erfaßt werden. Hierbei werden sie zunächst durch Hydrolyse mit HCl von der Glucuronsäure befreit, das freie Steroid extrahiert und dann mit p-Dinitrobenzol in Ethanol/KOH zu einem Farbkomplex umgesetzt, der sich quantitativ im Photometer messen läßt.

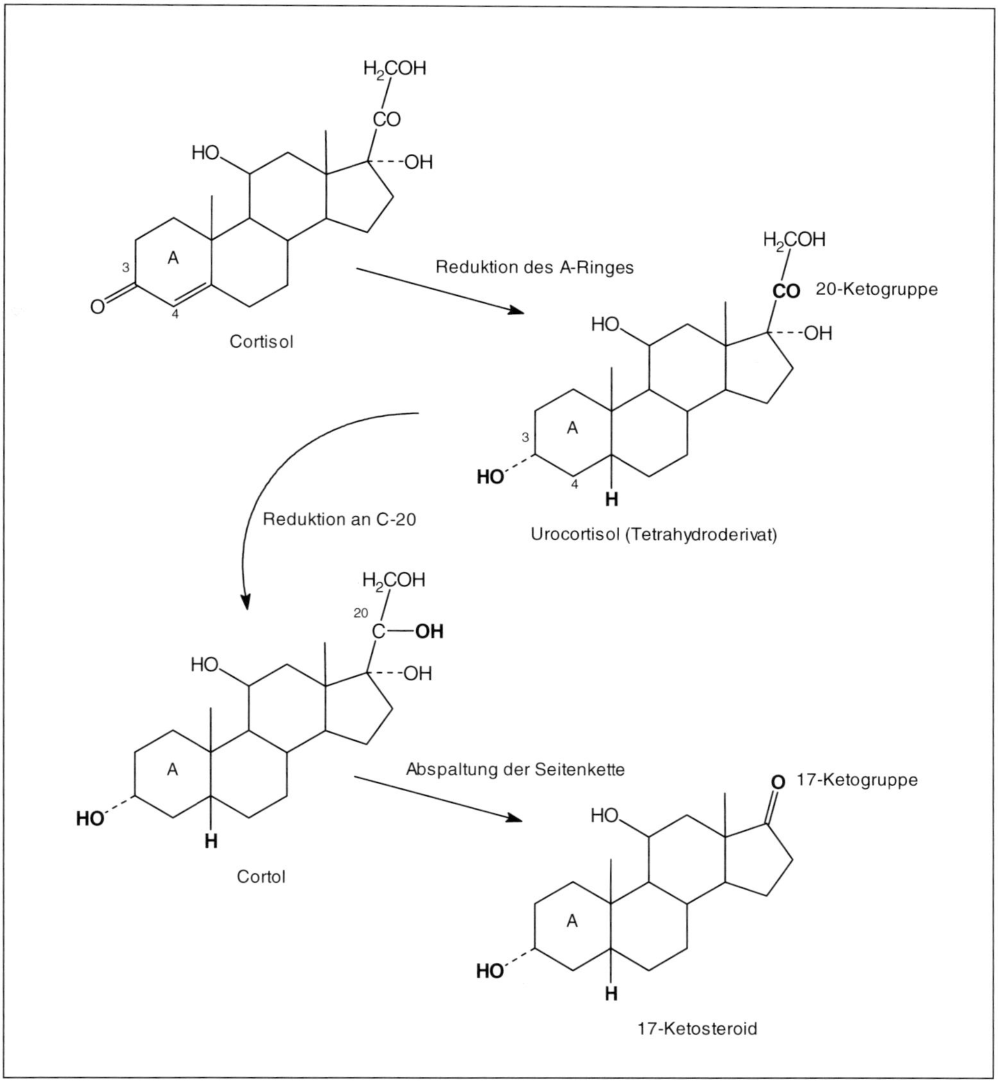

Abb. 14.54: Der Abbau der Nebennierenhormone am Beispiel des Cortisols. Sowohl Urocortisol als auch Cortol und das 17-Ketosteroid können mit Glucuronat Konjugate bilden, die mit dem Harn ausgeschieden werden.

14.8.4 Glucocorticoide

Der Hauptvertreter der natürlichen Glucocorticoide ist das **Cortisol**, während sich die in der Therapie eingesetzten Hormonpräparate meist vom Prednisolon ableiten:

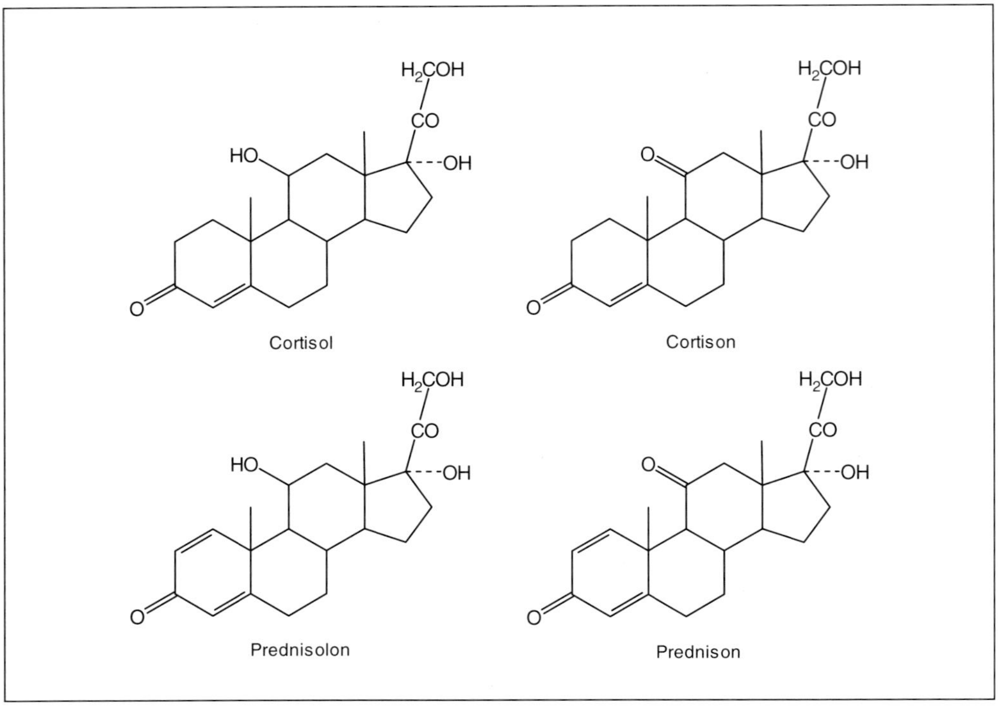

Abb. 14.55: Die Strukturen von Cortisol (Hydrocortison), Cortison und den therapeutisch genutzten Corticoiden Prednison und Prednisolon.

Die Ausschüttung des Cortisols steht unter der Kontrolle des pulsatil ausgeschütteten Corticotropins (ACTH, Abschnitt 14.2.5). Das Hypophysenhormon bildet zusammen mit Corticoliberin und Cortisol einen Regelkreis, in dem das Endhormon Cortisol durch negative Rückkopplung auf die übergeordneten Hormone Einfluß nimmt. Da Corticotropin in einem **Tag-Nacht-Rhythmus** sezerniert wird, trifft dies auch für Cortisol zu. Die Ausschüttung beider Hormone erfolgt in zwei- bis dreistündigen Episoden, das Maximum liegt morgens zwischen 6 und 8 Uhr. Im Blut wird Cortisol an das Plasmaprotein **Transcortin** gebunden an seine Zielorgane verteilt. Dort weisen die Glucocorticoide die anschließend aufgeführten Wirkungen auf. Glucocorticoide erzielen ihre Wirkung über den schon besprochenen cytosolischen, ubiquitär vorkommenden Glucocorticoidrezeptor. Dieses Protein (M_r = 94.000) gehört in die Superfamilie der nukleären Rezeptoren. Nach Translokation des Hormon-Rezeptor-Komplexes in den Zellkern kann er dort die Gentranskription auf zwei Arten modulieren, die als Typ 1 und Typ 2 der Glucocorticoidwirkung bezeichnet wird. Der klassische unter ihnen, der Typ 1-Wirkmechanismus, resultiert in einer Steigerung der Transkriptionsrate. Dieser Weg wird insbesondere für die Regulation kardiovaskulärer und metabolischer Gene beschritten, während der Typ 2-Mechanismus inhibitorischen Charakter besitzt und Gene mit immunologischer Relevanz reguliert. Ihre Aktivierung erfolgt durch den **Transkriptionsfaktor AP1** (**A**ctivating **p**rotein 1, ein Heterodimer aus den Transkriptionsfaktoren Jun und Fos). Der aktivierte Glucocorticoidrezeptor interagiert vermutlich direkt, also ohne an die DNA zu binden, mit AP1 und verhindert dessen Effekt auf die Transkription von Genen.

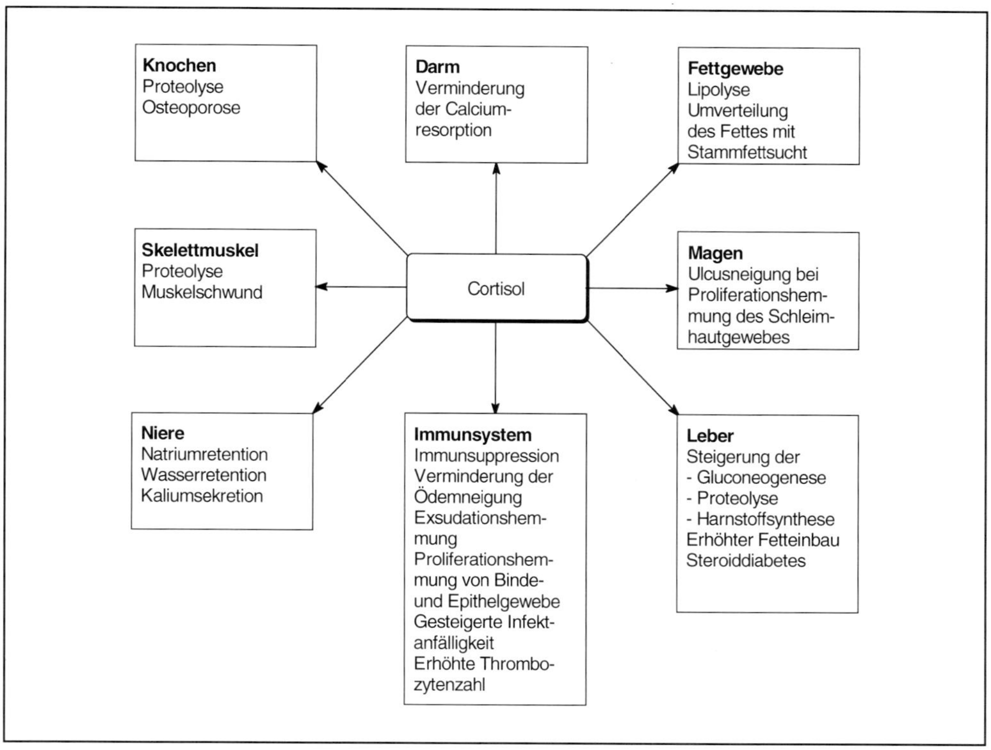

Abb. 14.56: Das Wirkungsspektrum des Cortisols.

Das Interleukin-2-Gen wird durch den **Transkriptionsfaktor NFκB** (**N**uclear **f**actor κ B) aktiviert, der ebenfalls durch den hormonaktiven Glucocorticoidrezeptor gehemmt wird.

Glucocorticoide zeigen eine proteolytische Wirkung in Skelettmuskel und Leber. In letzterer werden die dabei anfallenden Aminosäuren im Rahmen der **Gluconeogenese** zum Glucoseaufbau verwertet. Cortisol erhöht also die Blutglucosekonzentration, es ist ein **diabetogenes Hormon**. Unter Glucocorticoidtherapie kann ein Prädiabetes zum manifesten Diabetes werden! Aber auch ohne Veranlagung zum Diabetes kann es bei langfristiger Corticoidtherapie oder Überfunktion der Nebennierenrinde zum **Steroiddiabetes** kommen. Die starke Proteolyse kann sich in Form von **Muskelschwund** und **Osteoporose** äußern, im Harn findet man erhöhte Harnstoffkonzentrationen. Im Fettgewebe fördern Glucocorticoide die **Lipolyse**, wobei es letztlich zu einer Umverteilung des Depotfettes kommt. Dieses wird nämlich vermehrt am Körperstamm (**Stammfettsucht**) und in der Leber abgelagert.

Glucocorticoide hemmen die Calciumresorption im Dünndarm, was die bereits durch Proteolyse induzierte Osteoporose verstärkt. Aufgrund ihrer engen strukturellen Verwandtschaft mit den Mineralcorticoiden zeigen auch die Glucocorticoide eine schwache mineralcorticoide Wirkqualität. Sie steigern daher die Kaliumausscheidung und erhöhen im Gegenzug die Natriumretention (Zurückhalten von Natriumionen in der Niere).

Mit den Natriumkationen wird ebenfalls Wasser im Kreislauf zurückgehalten, so daß eine bestehende Hypertonie (Bluthochdruck) kompliziert werden kann. Therapeutisch am bedeutsamsten ist jedoch die **antientzündliche und antiallergische Wirkung** der Glucocorticoide. So werden generell sowohl Frühsymptome einer Entzündung wie Ödeme, Leukocyteneinwanderung, Fibrinablagerung und Kapillardilatation als auch Späterscheinungen wie Kapillar- und Fibroblastenproliferation (proles ferre lat. Kinder bringen, also wachsen, vermehren) und Kollageneinbau unterdrückt. Ein Teil der antientzündlichen Wirkung wird auf die **Hemmung der Phospholipase A_2** zurückgeführt. Die Phospholipase A_2 setzt aus der Plasmamembran Arachidonsäure frei, die wiederum eine Vorstufe für entzündungsfördernde Mediatoren wie Prostaglandine und Leukotriene ist. Unter Glucocorticoideinwirkung verlassen T-Lymphocyten (wichtige Abwehrzellen des Immunsystems) die Blutbahn und werden in ihre Speicherorgane Milz, Lymphknoten und Knochenmark umverteilt. Moderne, in der Therapie eingesetzte Glucocorticoide weisen bei fehlender mineralcorticoider Wirkung eine wesentlich höhere antientzündliche und antiallergische Potenz auf. So ist Prednisolon relativ zum Cortisol viermal, Dexamethason gar dreißigfach wirksamer.

14.8.5 Mineralcorticoide

Prominentester Vertreter der Mineralcorticoide ist das Aldosteron. Auch Corticosteron kann zu den Mineralcorticoiden gezählt werden, wobei dessen mineralcorticoide Wirksamkeit jedoch erheblich geringer ist.

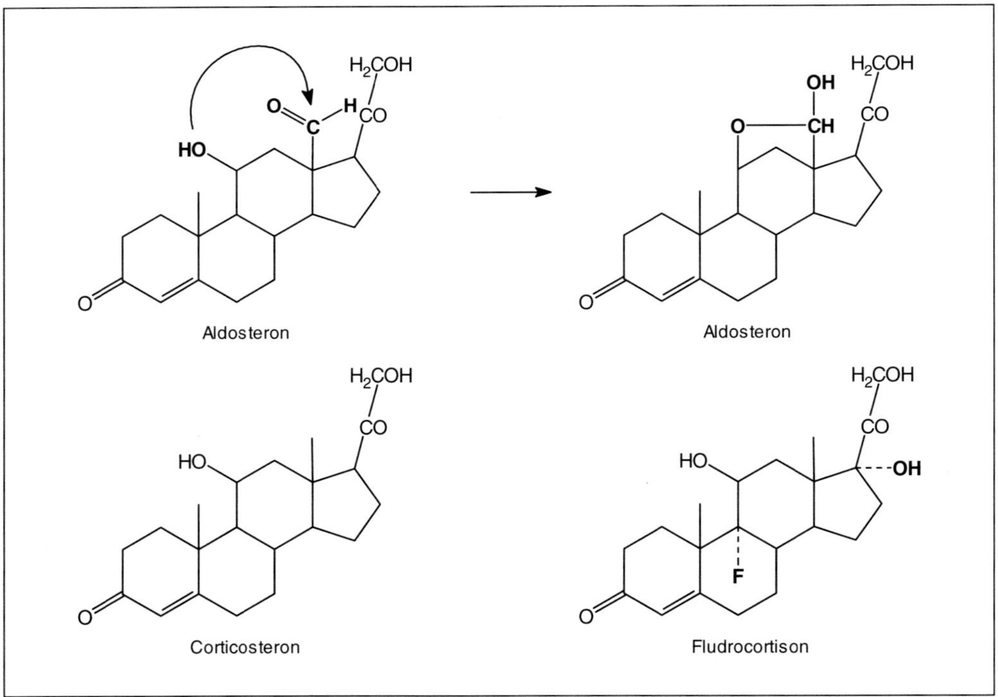

Abb. 14.57: Die Mineralcorticoide Aldosteron und Corticosteron. Man beachte die Aldehydgruppe an C-18, die mit der Hydroxylgruppe am C-11 eine Halbacetalgruppe bilden kann. Diese beiden Gruppen und die resultierende Halbacetalgruppe sind **fett** unterlegt. Corticosteron zeigt nur ca. 1/30 der mineralcorticoiden Wirkung des Aldosteron. Ein hochwirksames Mineralcorticoid ist das in Position 9α fluorierte Fludrocortison (Astonin®-H), das z. B. zur Substitution des Aldosterons bei M. ADDISON verabreicht wird.

Auffällig an der Struktur des Aldosterons ist die **Aldehydgruppe** an C-18, die mit der benachbarten Hydroxylgruppe an C-11 eine Ringstruktur ausbilden kann und als **Halbacetalgruppe** bezeichnet wird.

Die Regulation der Aldosteronproduktion in der Zona glomerulosa (der äußeren Schicht der Nebennierenrinde) erfolgt durch das **Renin-Angiotensin-System**, Corticotropin wirkt in wesentlich geringerem Maße auf die Aldosteronsynthese und -sekretion ein. Um die Regulation des Aldosterons zu verstehen, müssen wir uns zunächst mit dem Renin-Angiotensin-System auseinandersetzen. Die Protagonisten dieses Systems, Renin, Angiotensin und converting enzyme (Umwandlungsenzym) entstammen völlig unterschiedlichen Organen. Die Proteinase **Renin** wird in den granulierten Zellen des juxtaglomerulären Apparates der Niere synthetisiert, sein Substrat, das Glykoprotein **Angiotensinogen** entstammt der Leber, während das converting enzyme ein Produkt der Lunge ist. Das Umwandlungsenzym spaltet aus dem Dekapeptid Angiotensin I zwei Aminosäuren ab, so daß das Octapeptid Angiotensin II frei werden kann. **Angiotensin II** zeigt vielfältige Wirkungen:

- Zona glomerulosa-Zelle: Aldosteronsekretion, Na^+-Retention
- Zentrales Nervensystem: Durst und Salzappetit
- Blutgefäße: Konstriktion und Blutdruckerhöhung
- Niere: Erhöhung der glomerulären Filtrationsrate und des renalen Blutflusses

Angiotensin II, welches einer der stärksten Vasokonstriktoren des menschlichen Organismus ist, greift direkt über **AT_1-Rezeptoren** an den Arteriolen an und hebt den Blutdruck. Aber erst durch die zusätzliche Aldosteronausschüttung, ebenfalls über AT_1-Rezeptoren (Abb. 14.58) vermittelt, können Wasser- und Salzhaushalt wieder einreguliert werden. Aldosteron wirkt hemmend auf die Reninfreisetzung zurück, womit sich der Regelkreis schließt.

Angiotensinasen bauen Angiotensin II schnell ab, seine Halbwertszeit beträgt etwa 1 Minute, während die des Renins 10 bis 20 Minuten umfaßt. Neben dem angesprochenen Renin-Angiotensin-System existieren weitere, lokale Renin-Angiotensin-Systeme. Dies gilt für den Uterus, die Plazenta, das Gefäßsystem, das Herz, das Gehirn und die Nebennierenrinde. Die Funktion dieser lokalen System ist nicht genau bekannt, möglicherweise sind sie in Wachstumsprozesse involviert oder modulieren die Funktion von Gefäßmuskulatur und Nebennierenrinde.

Hauptangriffspunkt des Aldosterons sind der **distale Tubulus** und die **Sammelrohre der Niere**, wo es über nukleäre Rezeptoren aus der Familie der Steroidhormonrezeptoren Einfluß auf die Transkription von Genen nimmt. Unter Aldosteronwirkung werden so ein luminal lokalisierter Natriumkanal, die Na^+-K^+-ATPase und einige Enzyme des Citratzyklus‘ (Energiebereitstellung) vermehrt synthetisiert. Sammelrohr und distaler Tubulus reagieren mit einer Rückresorption von Natriumionen im Austausch mit Kalium- und Wasserstoffionen (Protonen), die mit dem Harn ausgeschieden werden. Mit der Natrium- geht eine Wasserresorption einher, so daß das Blutvolumen unter Aldosteronwirkung zunimmt.

In fetalem Gewebe wurden AT_2-Rezeptoren gefunden. Ihre Bedeutung im Organismus ist noch nicht klar, möglicherweise spielen sie ein Rolle bei der Wundheilung.

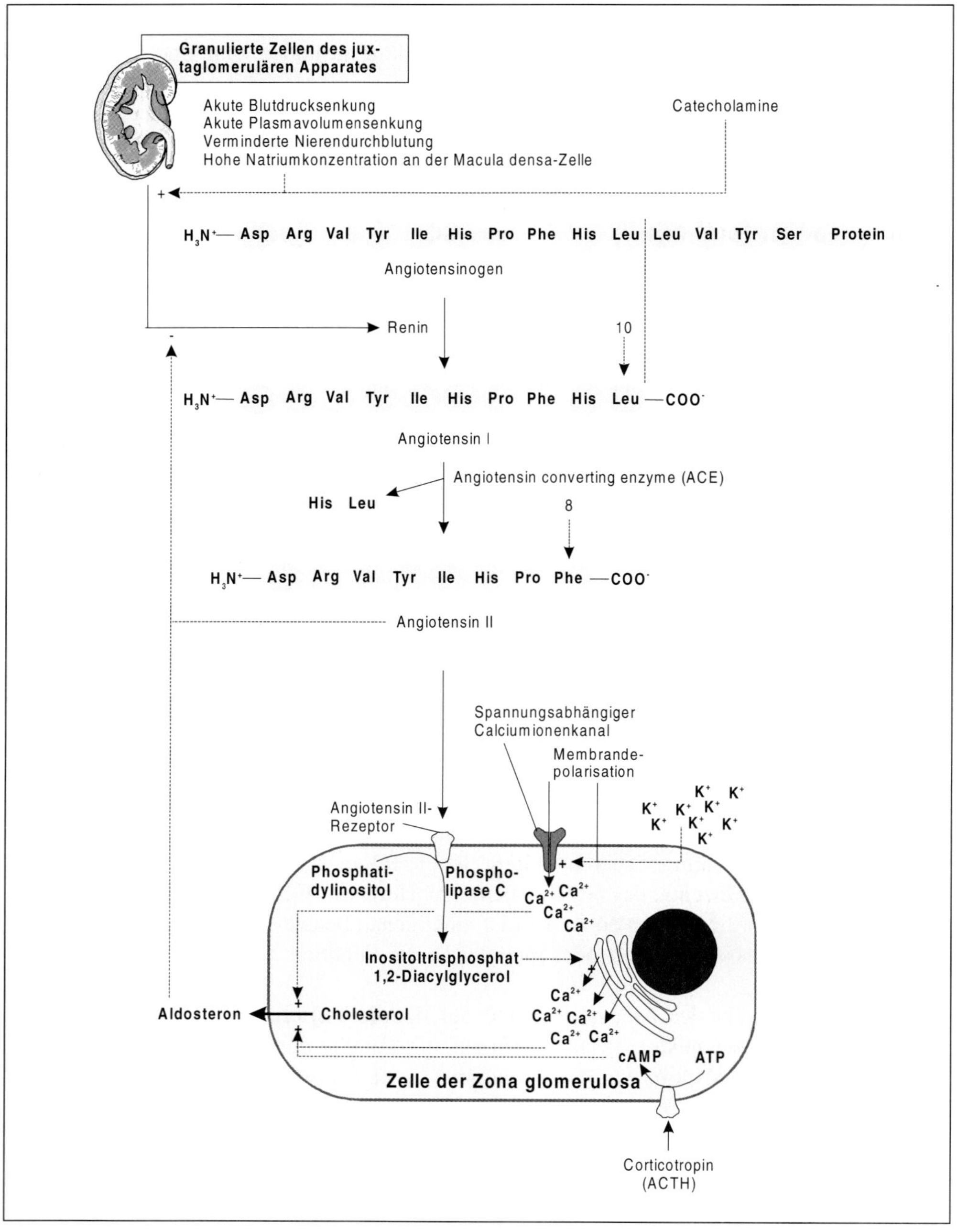

Abb. 14.58: Verschiedene Stimuli, zu denen auch der Sympathikus gehört, induzieren die Freisetzung der Proteinase Renin, die aus Angiotensinogen Angiotensin abspaltet. Das Angiotensin converting enzyme ist ein in den Membranen von Endothel- und Muskelzellen verankertes Enzym, welches Angiotensin II proteolytisch synthetisiert. Dieses trifft an der Zona glomerulosa auf seinen Rezeptor, den G-Protein-gekoppelten 7-Transmembrandomänen-AT_1-Rezeptor. Via Phospatidylinositolweg wird die intrazelluläre Ca^{2+}-Konzentration erhöht, ein Effekt, der auch durch hohe extrazelluläre Kaliumionenkonzentrationen erreicht wird. Sie wirken membrandepolarisierend und fördern den Calci-

umioneneinstrom durch spannungsabhängige Calciumkanäle. Die hohe intrazelluläre Ca^{2+}-Konzentration bewirkt eine verstärkte Aldosteronsynthese und -sekretion. Corticotropin induziert über cAMP ebenfalls die Aldosteronsynthese, wenn auch in geringerem Maße. Die Abbildung zeigt auch die Rückkopplungswege, so z. B. die Hemmung der Reninfreisetzung durch Aldosteron.

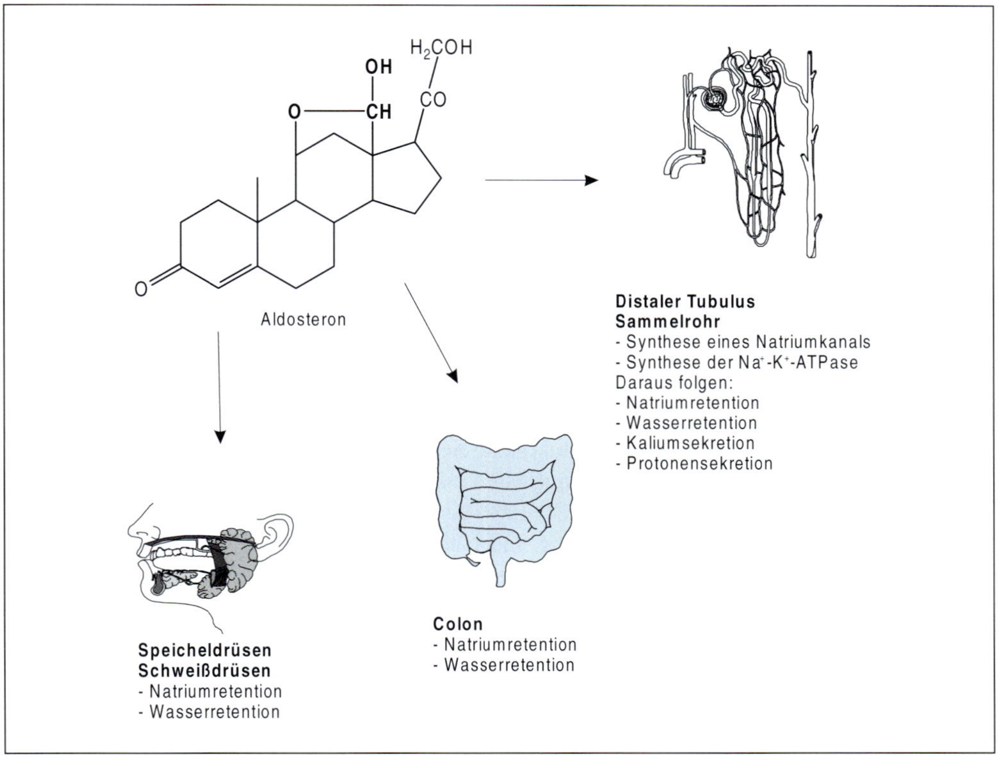

Abb. 14.59: Das Wirkungsspektrum des Aldosterons.

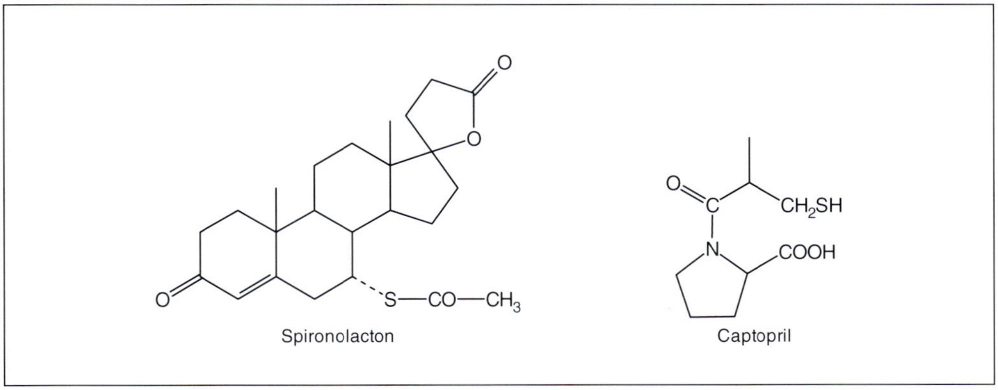

Abb. 14.60: Spironolacton, ein Aldosterongegenspieler. Lactone, hier am C-17, sind cyclische Ester. Daneben das Captopril, ein kompetitiver converting enzyme-Hemmer.

Ein therapeutisch eingesetzter kompetitiver Antagonist des Aldosterons ist **Spironolacton**, das beim CONN-Syndrom oder bei **Lebercirrhose mit Ascites** (verringerter Abbau des Aldosterons in der Leber) oft zur Anwendung gebracht wird. Gegen den essentiellen und den renalen Bluthochdruck werden mit Erfolg Inhibitoren des converting enzymes eingesetzt, von denen hier beispielhaft **Captopril** angeführt wird.

14.8.6 Hormonelle Erkrankungen der Nebennierenrinde

Wie häufig in der Endokrinologie lassen sich viele Symptome bei Über- oder Unterfunktion der Drüsen aus dem Wirkungsspektrum der betroffenen Hormone ableiten.

Die häufigste Ursache des **CUSHING-Syndroms** (Hypercortisolismus) ist eine Störung des Regelkreises. Dabei zeigt der Hypothalamus eine verminderte Ansprechbarkeit auf das Endhormon Cortisol, so daß die negative Rückkopplung nicht zum Tragen kommt. Dadurch ist die Corticotropinsekretion erhöht, die Nebennierenrinde bildet daraufhin eine Hyperplasie (Vermehrung der Zellzahl, siehe „Struma“ in Abschnitt 14.4.7) mit verstärkter Cortisolsynthese aus. Diese erhöhte Cortisolproduktion ist erforderlich, um die Corticotropinsekretion zu drosseln. Häufiger produzieren auch ektope (ekto gr. außen, topos gr. Ort) Tumoren Corticotropin oder Corticoliberin. Man nennt eine solche atypische Hormonproduktion durch Neubildungen **paraneoplastische Sekretion** (neoplasma gr. Neubildung, Tumor), wobei Bronchialkarzinome am häufigsten eine paraneoplastische Hormonproduktion aufweisen. Als weitere Ursachen eines CUSHING-Syndroms kommen die Überdosierung von Glucocorticoiden bei Langzeitbehandlung und Nebennierenrindenadenomen in Frage. Wie Tabelle 14.5 andeutet, lassen sich die Symptome des CUSHING-Syndroms meist aus den Hormonwirkungen ableiten.

Tabelle 14.5: Das CUSHING-Syndrom und seine Symptome.

CUSHING-Syndrom	
Stoffwechsel/Organ	**Symptome und Folgeerkrankungen**
Lipide	Umverteilung des Reservefetts, Vollmondgesicht, Stammfettsucht, Stiernacken
Proteine	Osteoporose und Muskelschwund
Kohlenhydrate	Steroiddiabetes
Mineralien	Hypertonie, Hypokaliämie
Immunsystem/Blut	Verminderte Lymphocytenzahl, erhöhte Infektanfälligkeit (z. B. Pilzinfektionen)
Haut	Tendenz zur Akne, Striae (Streifen) der Haut
Magen	Ulcera (Geschwüre)

Beim Hyperaldosteronismus unterscheidet man die primäre Form, auch **CONN-Syndrom** genannt, von einer sekundären. Bei der primären handelt es sich in der Regel um **Adenome der Nebennierenrinde**, selten um Karzinome. Ursachen für Sekundärformen können eine Nierenarterienstenose (Verengung der Arterie) oder ein reninproduzierender Tumor sein. Die Symptome ergeben sich wiederum aus den Effekten des Hormons: Hypertonie als Leitsymptom, Hypokaliämie (Kalium im Blut erniedrigt) mit Muskelschwäche und Obstipation, Polyurie und Polydipsie, Alkalose und selten Hypernatriämie.

Ursache des **Adrenogenitalen Syndroms** sind angeborene Enzymdefekte der Steroidsynthese in der Nebenniere (Abb. 14.53). Es kommt dabei zu einem Glucocorticoidmangel bei gleichzeitiger Überproduktion von männlichen Keimdrüsenhormonen, den Androgenen. Am häufigsten liegt dem Adrenogenitalen Syndrom ein 21-Hydroxylasedefekt zugrunde, seltener ein 11β-Hydroxylasedefekt. Die vermehrt anfallenden Androgene führen insbesondere beim Mädchen zu einer Vermännlichung (Virilisierung) mit Reifungsstörungen: Zu große Klitoris, Ausbleiben der Menstruation, männlicher Behaarungstyp, schwach ausgebildete Brüste. Der Junge gerät zu früh in die Pubertät, seine Hoden sind unterentwickelt. Da auch Aldosteron nur noch unzureichend gebildet wird, kommt es zum sogenannten **Salzverlustsyndrom** mit Elektrolytstörungen: Wasser- und Natriumverlust bei gleichzeitiger Hyperkaliämie. Die Therapie besteht in der Gabe von Gluco- und Mineralcorticoiden, bei Patientinnen werden zusätzlich Antiandrogene verabreicht.

Die primäre Form der Nebenniereninsuffizienz ist als **Morbus ADDISON** bekannt. Die früher häufigere Tuberkulose der Nebennieren verursacht oftmals einen Morbus ADDISON, heutzutage ist jedoch eine Autoimmunerkrankung der Nebennieren Hauptursache der primären Nebenniereninsuffizienz. Histopathologisch wird eine Zerstörung des Drüsengewebes beobachtet. Auffällig ist, daß der Morbus ADDISON mit Autoimmungenese (also mit Entstehung durch Autoimmunprozesse) oft mit anderen Autoimmunerkrankungen wie perniziöse Anämie oder der sogenannten HASHIOMOTO-Thyreoditis (einer Entzündung der Schilddrüse mit Autoantikörpern gegen Schilddrüsengewebe), vergesellschaftet ist. Ein Morbus ADDISON kann auch nach abruptem Absetzen einer langfristigen Corticoidtherapie auftreten! Eine solche Therapie sollte daher immer „ausschleichend" beendet werden. Als Kardinalsymptome des Morbus **ADDISON** gelten eine **braune Pigmentierung der Haut** und der Schleimhäute, rasche Ermüdbarkeit, Gewichtsabnahme und Hypotonie (zu niedriger Blutdruck).

Die Braunfärbung von Haut und Schleimhäuten ist auf eine verstärkte ACTH- bzw. Melanotropinproduktion zurückzuführen. Gewichtsabnahme, Hypotonie und rasche Ermüdbarkeit sind ebenso wie Salzhunger und Hyponatriämie (die Natriumkonzentration im Blut liegt hierbei unterhalb des Normbereiches) durch den Mangel an Aldosteron bedingt. Dies ist auch die Ursache der gleichfalls beobachteten **Hypokaliämie**. Natürlich ist beim Morbus ADDISON auch die Glucocorticoidproduktion eingeschränkt, was sich in **Spontanhypoglykämien** (hierbei ist die Glucosekonzentration im Blut zu niedrig) äußern kann. Da die Nebennierenrinde bei der Frau eine Quelle von Androgenen (männlichen Geschlechtshormonen) ist, können bei Patientinnen die Scham- und Achselhaare ausfallen. Im Serum sind Cortisol und Aldosteron ebenso wie die 17-Ketosteroide im 24-Stunden-Sammelurin vermindert nachweisbar. Therapeutisch substituiert man den Hormonausfall durch Gabe von Glucocorticoiden und Aldosteron. Sekundäre Nebenniereninsuffizienzen können sich bei Erkrankungen der Hypophyse und des Hypothalamus entwickeln. In diesem Zusammenhang sei an den bereits besprochenen Panhypopituitarismus erinnert.

14.9 Hormone der Keimdrüsen und der Plazenta

14.9.1 Die Androgene

Als Androgene (andros gr. Mann) werden die männlichen Keimdrüsenhormone, also die Hormone des Hodens, bezeichnet. Die Androgene, deren Hauptvertreter das Testosteron ist, werden in den **LEYDIG-Zwischenzellen** des Hodens produziert. Es darf aber nicht außer acht gelassen werden, daß beide, Mann und Frau, Androgene in der Zona reticularis der

Nebennierenrinde synthetisieren. Dem Gynäkologen sind zudem auch Eierstocktumoren bekannt, die Androgene produzieren. Als Beispiel seien die **Androblastome** genannt, seltene, meist einseitige Neoplasmen, die in 75 % der Fälle gutartig sind.

Zunächst soll uns Abb. 14.61 Aufschluß über die Strukturen der Androgene geben. Androgene sind im Gegensatz zu den C_{21}-Steroiden der Gluco- und Mineralcorticoide Moleküle mit **19 C-Atomen**. Das Suffix -on der Androgene (z. B. Testoster-**on**) nimmt Bezug auf die Ketogruppe an C-3, die auch dem Aldosteron und dem Cortisol zu eigen ist. Anders als bei diesen findet man aber keine Seitenkette an C-17, sondern lediglich eine Hydroxyl- oder Ketogruppe. Man unterscheidet die hormonell wenig wirksamen Δ^5- von den Δ^4-Androgenen (zur Erinnerung, Δ steht für Doppelbindung, hier für diejenige an Position 4 oder 5). Die Isomerisierung zu den aktiveren Δ^4-Steroiden katalysiert die Steroid-Δ-Isomerase. Nicht nur aktive Androgene wie Testosteron sind Δ^4-Steroide, sondern auch andere Steroidhormone wie das Progesteron, das Cortisol oder das Aldosteron, gehören in diese Gruppe.

Die Biosynthese der Androgene in der **Zona reticularis** der Nebennierenrinde und den LEYDIG-Zwischenzellen des Hodens geht wie bei allen Steroidhormonen vom zentralen Vorläufermolekül Cholesterol aus. Sie verläuft entweder über Progesteron und Androstendion (Δ^4-Weg) oder über Pregnenolon und Dehydroepiandrosteron (Δ^5-Weg). Der erste Schritt, die Synthese des Pregnenolons aus Cholesterol, findet im Mitochondrium statt. Alle weiteren Syntheseschritte sind im Endoplasmatischen Reticulum lokalisiert.

Unter Corticoptropin- und Prolactineinfluß (Personen mit einer chronischen Hyperprolactinämie leiden häufig auch unter einer Hyperandrogenämie) wird in der Nebennierenrinde überwiegend Dehyroepiandrosteron (DHEA) via Δ^5-Weg synthetisiert.

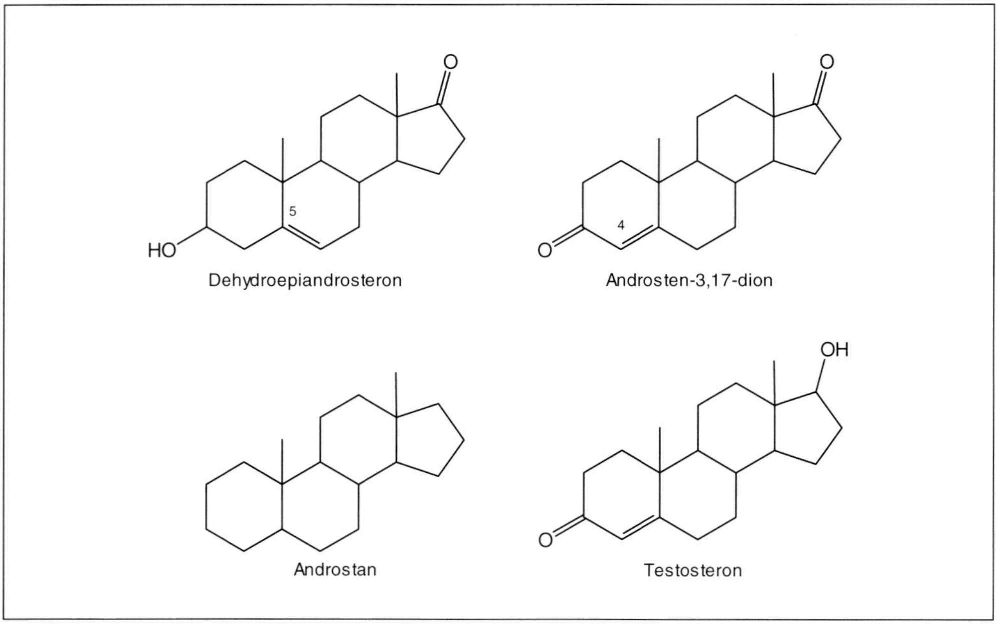

Abb. 14.61: Die Struktur wichtiger Androgene im Vergleich zur Muttersubstanz der Androgene, dem Kohlenwasserstoff Androstan. Dehydroepiandrosteron (und sein Sulfat) gehören zu den Δ^5-Androgenen, d. h. sie besitzen eine Doppelbindung am C-Atom 5, während Androstendion und Testosteron in die Reihe der Δ^4-Androgene gehören.

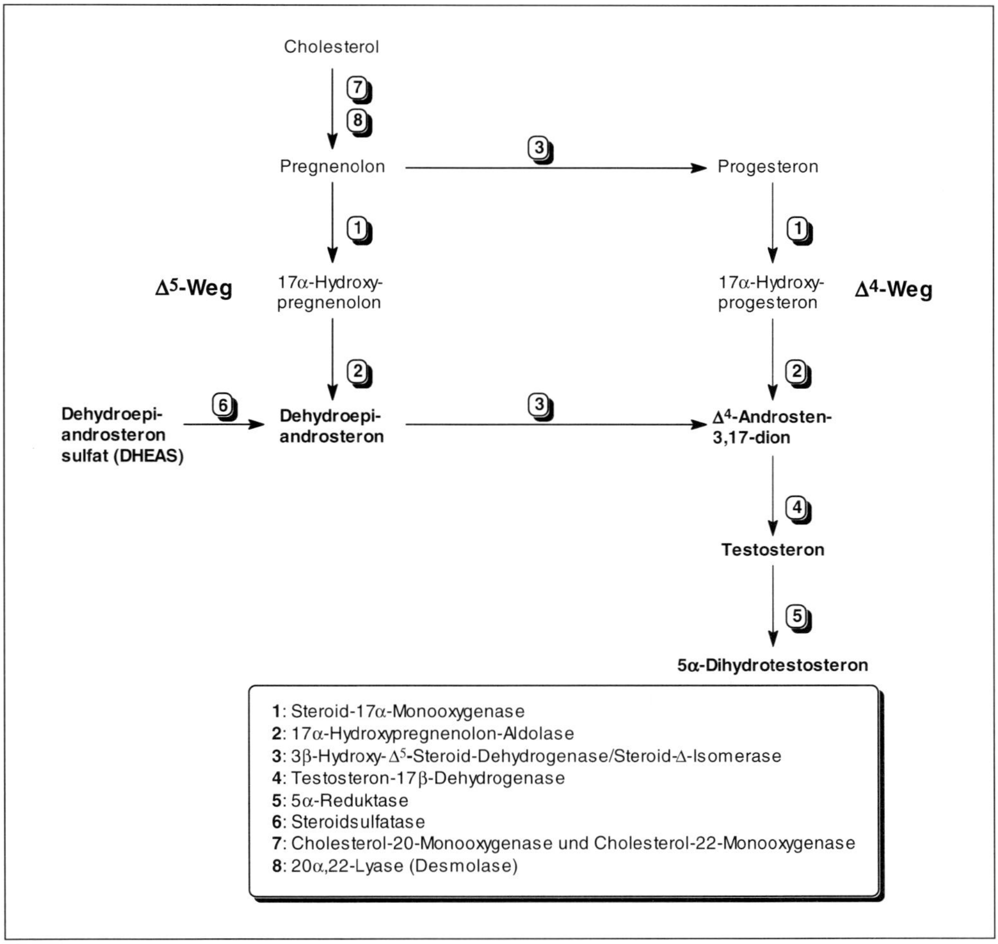

Abb. 14.62: Androgene können über Progesteron und Androstendion (Δ^4-Weg) oder über Pregnenolon und Dehydroepiandrosteron (Δ^5-Weg) synthetisiert werden. Steroide mit androgener Wirkung sind fett unterlegt. Die Reaktion der Testosteron-17β-Dehydrogenase ist reversibel, d. h. diese Reaktion erlaubt wahlweise die Synthese biologisch weniger wirksamer 17-Ketosteroide wie Androstendion oder die Bildung hochwirksamer Androgene wie Testosteron.

Durch den ACTH-Einfluß bedingt unterliegen die adrenalen Androgen ebenso einer circadianen Rhythmik wie das Cortisol, d. h. morgens sind ihre Konzentrationen am höchsten. **Dehydroepiandrosteron** und sein Sulfat stammen zu etwa 90 % aus der Nebennierenrinde und gelten daher auch als Marker der adrenalen Androgensekretion. Weiterhin werden bei der Frau etwa 50 % der im Blut zirkulierenden Androstendionmenge und etwa 20 % des Testosterons der Synthese in der Nebennierenrinde zugeschrieben. Somit entfallen rund 80 % des Testosteron und die Hälfte des Androstendions, das im Blut einer Frau gemessen werden kann, auf die **ovarielle Synthese**! Unter dem Einfluß von Lutropin (LH) werden hier die beiden Androgene im Stroma ovarii und in der Theca interna aus Cholesterol aufgebaut. Beide Gewebe verfügen praktisch über keine Aromataseaktivität, folglich sind sie nicht in der Lage, Estrogene in nennenswerten Umfang zu produzieren. Die **Aromatase** ist jedoch in großen Mengen in den unter Follitropineinfluß stehenden Granulosazellen vorhanden. Die Granulosazelle vermag also das aus der Nachbarschaft der Thekazellschicht stammende Androgenangebot zu nutzen, um ihrerseits daraus Estrogen zu synthetisieren. Unter Lutropindominanz werden in der Thekazellen des Ovars die Vorstufen für die Estrogensynthese bereitgestellt, welche wiederum unter Follitropindominanz mittels Aromatase in den Granulosazellen abläuft.

Lutropin (LH, früher auch interstitial cell stimulating hormone ICSH genannt, Abschnitt 14.2.8), das auch beim Mann pulsatil freigesetzt wird, induziert via Protein G-gekoppeltem **7-Membrandomänen-Rezeptor** und cAMP als zweiten Boten die von Proteinkinase A katalysierte Phosphorylierung von Enzymen, die daraufhin die Steroidsynthese ankurbeln. Dies ist beim Mann in den LEYDIG-Zwischenzellen der Fall, in denen insbesondere Testosteron aus Cholesterol synthetisiert wird. Lutropin reguliert die Schrittmacherreaktion, nämlich die Pregnenolonsynthese durch Cholesterol-20- und 22-Monooxygenase und 20α,22-Lyase im Mitochondrium.

Für die Bildung und Ausreifung von Spermien in den **Tubuli seminiferi contorti** des Hodens sind Follitropin aus der Hypophyse und Testosteron aus den LEYDIG-Zwischenzellen gleichermaßen notwendig. Die Zielzelle des Follitropins ist die auf der Basalmembran des Hodenkanälchens aufliegende SERTOLI-Zelle, an die das Hormon über einen Protein G-gekoppelten **7-Membrandomänen-Rezeptor** (678 Aminosäuren lang mit einer von der Glykosyierung abhängigen relativen Molekülmasse von etwa 80.000) andockt. Wie bei den LEYDIG-Zwischenzellen fungiert auch hier cAMP als zweiter Bote. Die SERTOLI-Zellen fungieren als „Ammenzellen" der Spermatogenese, indem sie sich entwickelnde Spermatozoen ernähren, beschädigte phagocytieren und die Tubulusflüssigkeit produzieren. SERTOLI-Zellen besitzen nicht die Fähigkeit, Steroidhormone de novo zu synthetisieren. Sie erhalten Testosteron aus den benachbarten LEYDIG-Zwischenzellen, aus denen es in Lymphgefäße herüberdiffundiert und so an die Basalmembran der Tubuli seminiferi contorti gelangt. Aus diesem vermögen sie Estrogene und 5α-Dihydrotestosteron aufzubauen. Testosteron ist für die Spermatogenese essentiell, während FSH für die Spermatidenreifung notwendig ist.

Die SERTOLI-Zelle ist darüberhinaus Syntheseort für **Inhibin** und **Aktivin**, zwei Glykoproteine die Bestandteil des hormonellen Regelkreises zwischen Hoden und Hypophyse sind. Während Aktivin die Follitropinsekretion fördert, inhibiert Inhibin diese, obgleich zwischen diesen „Gegenspielern" strukturelle Ähnlichkeiten bestehen (Abb. 14.63).

Zwischen 98 und 99 % des Testosteron im Plasma liegt proteingebunden vor, lediglich 2 % lassen sich als freies Testosteron nachweisen. Gebundenes Testosteron wird zum überwiegenden Teil von dem Glykoprotein **Sexualhormon-bindendes Globulin** (SHBG, auch Testosteron-Estrogen bindendes Protein genannt) im Blut transportiert, wobei Hormon und Glykoprotein im Verhältnis 1 : 1 vorliegen. In zweiter Linie erst bindet das Androgen an Albumin; Transcortin und saures α_1-Glykoprotein spielen in diesem Zusammenhang nur eine geringe Rolle (ca. 1 % des gesamten Testosterons werden von ihnen transportiert). SHBG wird in der Leber synthetisiert, wo die Synthese von Estrogenen gefördert und von Androgenen gehemmt wird. Während der Schwangerschaft und unter Einnnahme der „Pille" werden SHBG-Konzentrationen also im Plasma erhöht vorgefunden. Werden Dihydrotestosteron und Testosteron sowie Estradiol (in dieser Reihenfolge) mit ihrer Hydroxylgruppe in Position 17 gut durch SHBG gebunden, so gilt dies für Androgene mit einer Ketogruppe am C-Atom 17, also Androstendion und Dehydroepiandrosteron, nicht. Gestagene binden mit variabler Affinität an das Transportprotein.

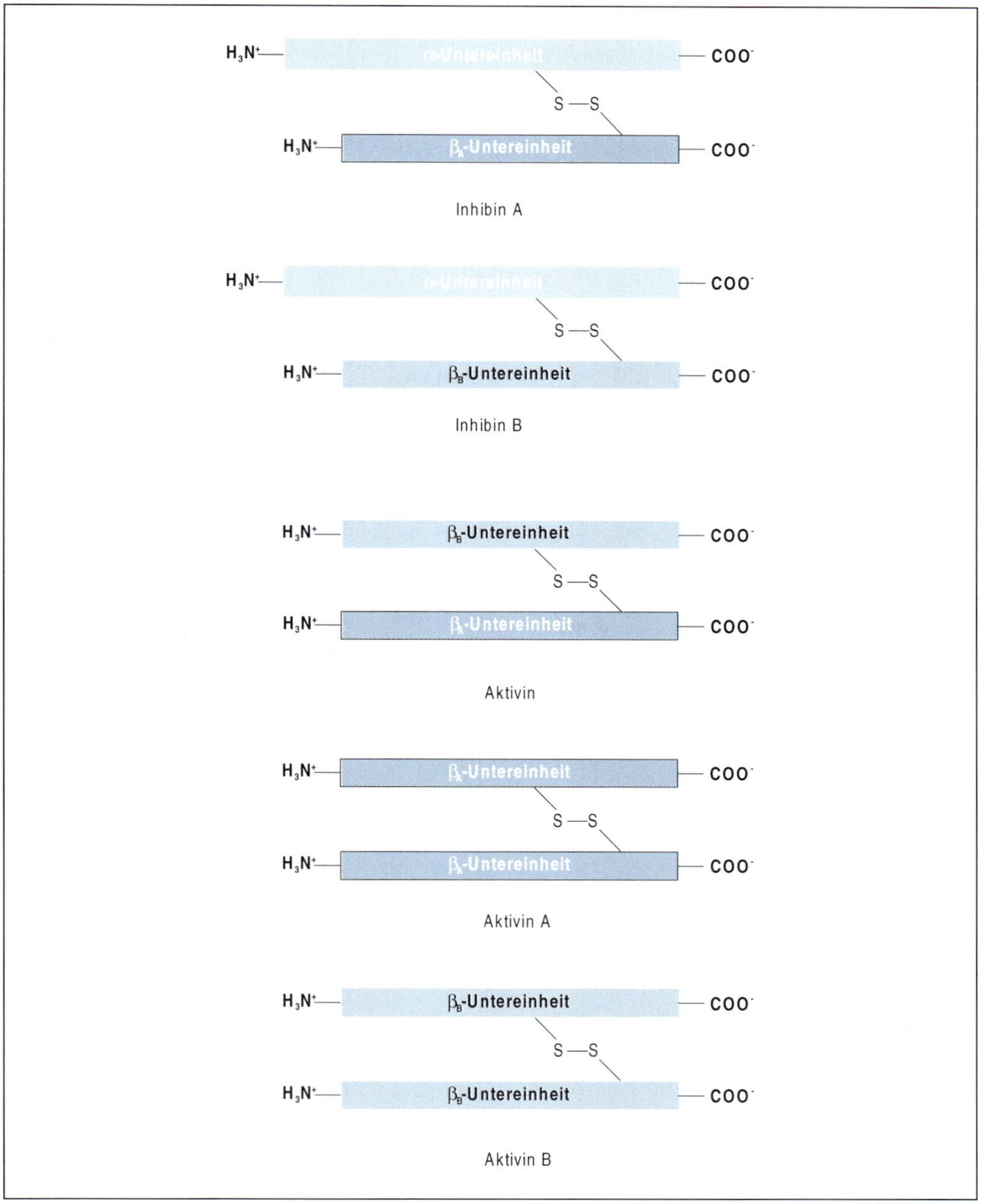

Abb. 14.63: Die Abbildung zeigt, wie aus Kombination der β-Untereinheiten der zwei Inhibinisoformen drei verschiedene Aktivine entstehen. Während aber die Aktivin-Glykoproteine die hypophysäre Follitropinsynthese und -sekretion selektiv stimulieren, verhalten sich die Inhibine genau umgekehrt: Sie inhibieren Follitropinsynthese und -sekretion. Inhibine werden in den Granulosazellen des Ovars und in der SERTOLI-Zelle gefunden. Inhibin hat eine relative Molekülmasse von etwa 32.000 und weist Homologie mit dem Wachstumsfaktor TGFβ auf.

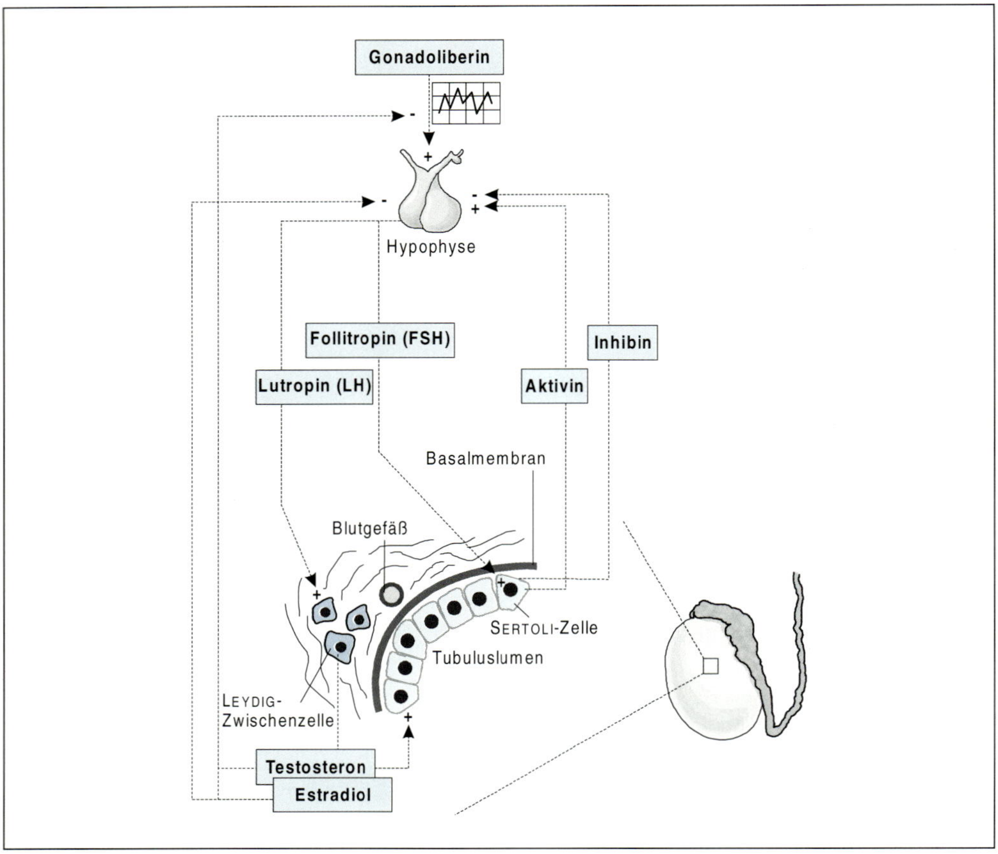

Abb. 14.64: Regelkreis zwischen Hypothalamus, Hypophyse und Hoden. Die SERTOLI-Zelle besitzt Androgenrezeptoren, durch die Testosteron aus den LEYDIG-Zwischenzellen seine Wirkung geltend machen kann. Testosteron ist für die Spermatogenese notwendig. Beachte, daß die LEYDIG-Zwischenzellen auch Estradiol synthetisieren, wie oben abgebildet.

An den Erfolgsorganen erfahren die Androgene unterschiedliche Metabolisierungen, wobei das Fettgewebe andere Wege beschreitet als Leber und männliche Geschlechtsorgane. Im Fettgewebe werden die Androgene irreversibel durch Aromatisierung in Estrogene überführt, in den anderen Organen erfolgt die Reduktion zum **5α-Dihydrotestosteron**.

Die **Aromatase des Fettgewebes** wird im Gegensatz zum ovariellen Enzym nicht durch Follitropin induziert, so daß die extraovarielle Estrogensynthese aus Androgenen kontinuierlich verläuft und nicht vom Menstruationszyklus abhängt. Umfang der Fettmasse und Menge des gebildeten Estrogens, vornehmlich Estron, stehen in einem linearen Zusammenhang. Die Aromatase des Fettgewebes ist überwiegend in den Stromazellen des Gewebes, weniger in den Adipocyten lokalisiert. Je mehr von beiden Zelltypen vorhanden sind, umso höher ist die Aromataseaktivität. Bei fertilen, übergewichtigen Frauen kann das gesteigerte Estrogenangebot extraovariellen Ursprungs zu Funktionsstörungen der Ovarien führen (z. B. Amenorrhoe), zudem wird es für die Entstehung eines **Polycystischen Ovarsyndroms** verantwortlich gemacht. Bei postmenopausalen Frauen ist das Fettgewebe die Hauptquelle der noch vorhandenen Estrogene.

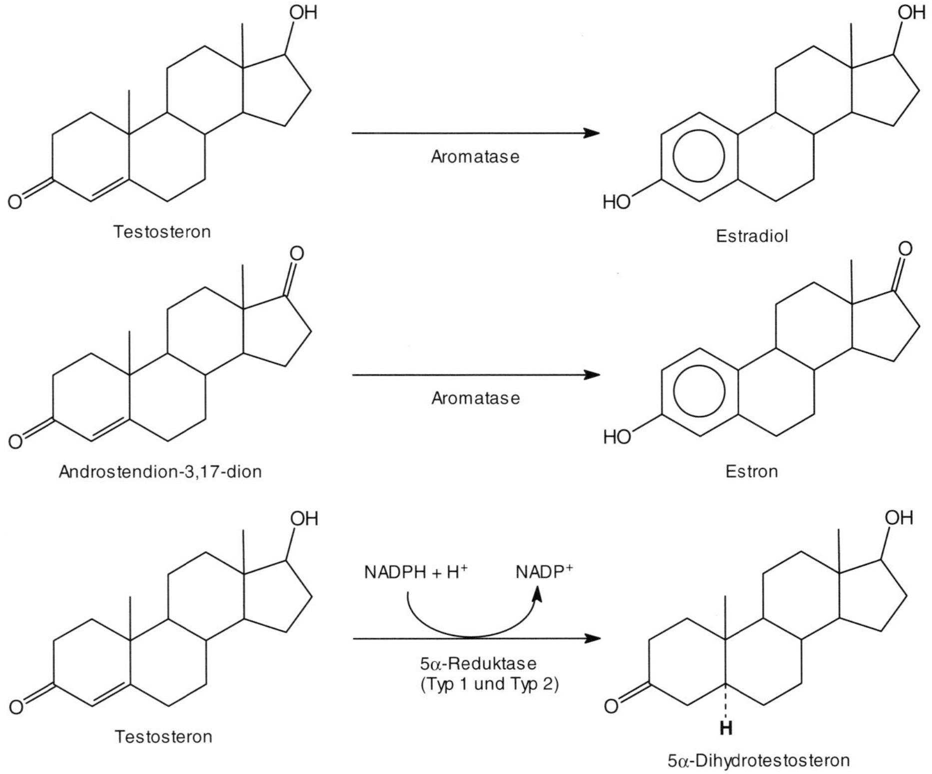

Abb. 14.65: Im Fettgewebe werden Testosteron und Androstendion in Estradiol, respektive Estron aromatisiert. Das 5α-Dihydrotestosteron entsteht durch Reduktion vom C-Atom 5, wobei die Δ^4-Doppelbindung zur Einfachbindung wird.

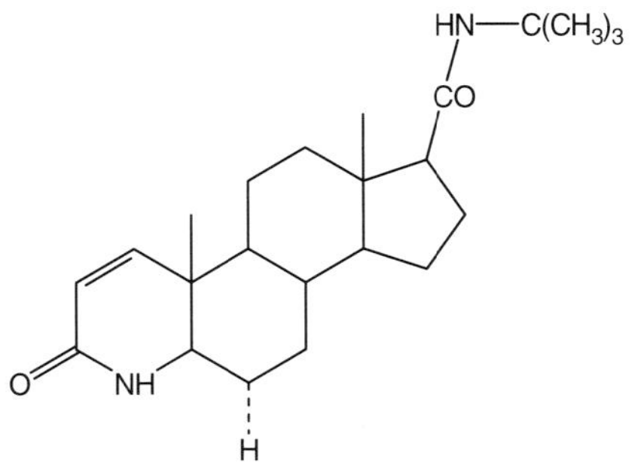

Abb. 14.66: **5α-Reduktasehemmer** wie das Finasterid werden zur Behandlung der benignen Prostatahyperplasie eingesetzt. Unter dieser Therapie bildet sich die Hyperplasie häufig partiell zurück. Zur Therapie des Prostatakarzinoms eignen sich 5α-Reduktasehemmer dagegen nicht, da infolge der Enzymhemmung der Testosterongehalt in der Prostata steigt und das diagnostisch wichtige Prostata-spezifische Antigen (PSA) auf etwa 50 % des Ausgangswertes reduziert wird.

Von der humanen **5α-Reduktase**, einem membrangebundenen, im Endoplasmatischen Reticulum lokalisierten Enzym, existieren zwei Isoformen. Typ 1 wird von einem 5-Exon-Gen auf dem distalen, kurzen Arm des Chromosoms 5 codiert, während das Gen des Typs 2 mit ebenfalls fünf Exons auf dem Chromosom 2 gefunden wird. Während das Isoenzym 1 in der Leber und der Haut außerhalb des Genitalbereiches gefunden wird, beschränkt sich das Typ 2-Enzym, wenn man einmal von der Leber absieht, topographisch auf den Genitalbereich: Prostata, Nebenhoden, Samenbläschen und Haut der Genitalregion.

Die Wirkung der Androgene ist an die Existenz des Androgenrezeptors, eines Mitglieds der Steroidhormonrezeptoren, gebunden. An diesen binden sowohl Testosteron als auch Dihydrotestosteron. Welches der beiden Hormone nun in einer Zelle den Ton angibt, ist vom jeweiligen Gewebe abhängig. Dihydrotestosteron dominiert, z. B. in der Prostata, den Samenbläschen oder an der Haut der Genitalregion, nicht dagegen im Muskel oder im Gehirn.

Als „männliches Hormon par excellence" ist Testosteron für die Ausprägung der Geschlechtsorgane, des **Körperbaus** und wohl auch der **Psyche** des Mannes verantwortlich. Bei genetisch männlichem Geschlecht ist Testosteron notwendig, um einen männlichen Phänotyp auszubilden. In Abwesenheit von Testosteron entwickelt sich der Fetus bezüglich seiner somatischen Geschlechtsdifferenzierung weiblich! Wachstum und Funktion von Genitalien, Prostata und Samenbläschen sind ebenso testosteronabhängig wie Spermato- und Spermiogenese.

Die sekundären Geschlechtsmerkmale werden durch Testosteronproduktion ausgeprägt: Männlicher Behaarungstyp, Kehlkopfgröße mit tieferer Stimme, männlicher Körperbau, Bartwuchs, Talgdrüsenaktivität und der charakteristische Beginn des Haarausfalls in den Schläfenwinkeln („Geheimratsecken").

Zahlreiche Hautanhangsgebilde sind Effektorgewebe der Androgene, so daß die **Haut** allgemein als Zielorgan dieser Hormone gelten kann. Sieht man von den Augenbrauen, Wimpern, den unteren Partien des Haupthaares sowie den Haaren des Unterarm und – schenkels ab, so steht der Haarwuchs unter Androgeneinfluß. Bereits niedrige Androgenkonzentrationen führen zur typischen Ausbildung der Axilla- und unteren Pubesbehaarung. Der Haarwuchs im Temporal- und Parietalbereich wird dagegen von geringen Androgenkonzentrationen gehemmt. Das sogenannte androgenabhängige Haar ist von hohen Konzentrationen abhängig und wird daher physiologisch beim Mann gefunden, bei der Frau kann es Ausdruck einer Hyperandrogenämie sein. Hierzu gehört der Bartwuchs, das Haarwachstum in Ohr- und Nasenöffnungen, die Behaarung über Brust und Sternum sowie im Bereich von oberer Pubes und der Linae alba. Im Temporal- und Parietalbereich bewirken hohe Androgenkonzentrationen die Umwandlung von Terminal- (grobe, dicke und pigmentierte Haare) in Lanugohaar (feine, wenig pigmentierte Haare). Dieses Phänomen ist als „Geheimratsecken" bekannt.

Die Talgdrüsen im Gesicht, im Bereich des Brust und der oberen Anteile des Rückens unterliegen ebenfalls der Androgenregulation. Die sekretorische Aktivität dieser Drüsen steigt mit wachsenden Androgenkonzentrationen. Im Zuge einer Talgüberproduktion mit ölig erscheinender Haut (**Seborrhoe**) kann es durch sekundäre Infektion mit Propionibakterien, die eine lokale Entzündung verursachen, insbesondere bei Frauen zur **Akne** kommen. Diese wird mit antiandrogen wirksamen Gestagenen wie Cyproteronacetat im Rahmen der hormonellen Empfängnisverhütung behandelt.

Eine **Hyperandrogenämie** kann **bei Frauen** mit Amenorrhoe, männlichem Behaarungstyp (Hirsutismus), Akne, Haarausfall, Übergewicht und bei sehr hohen Androgenkonzentrationen mit einer Virilisierung (Vermännlichung) einhergehen, bei der Bartwuchs, Klitoriswachstum und tiefe Stimme zu beobachten sind.

In psychischer Hinsicht ist Testosteron ein Aggressivität steigerndes Hormon, desweiteren unterhält es Libido, Potentia coeundi und Potentia generandi.

Androgene zeigen bezüglich des Proteinstoffwechsels eine deutlich **anabole Wirkung**, die insbesondere am Skelettmuskel ausgeprägt ist. Dies macht man sich im Leistungssport mittels sogenannter Anabolika zunutze. Calcium und Phosphat werden unter Androgeneinwirkung verstärkt in das Knochengewebe eingebaut, sie bewirken ebenfalls beim Knochenwachstum des Heranwachsenden den **Epiphysenschluß**. Wasser, Natrium- und Kaliumionen werden durch Androgene retiniert. Testosteron bewirkt eine Vergrößerung der Nieren (renotrope Wirkung) und erhöht über eine Ankurbelung der **Erythropoetinsynthese** die Erythropoese, so daß sich vermehrt Erythroblasten differenzieren.

Unter klinischen Gesichtspunkten ist noch erwähnenswert, daß das Wachstum des Prostatakarzinoms durch Androgene gefördert wird, während bei bestimmten Formen des Uterus- bzw. Mammakarzinoms männliche Keimdrüsenhormone wachstumshemmend wirken.

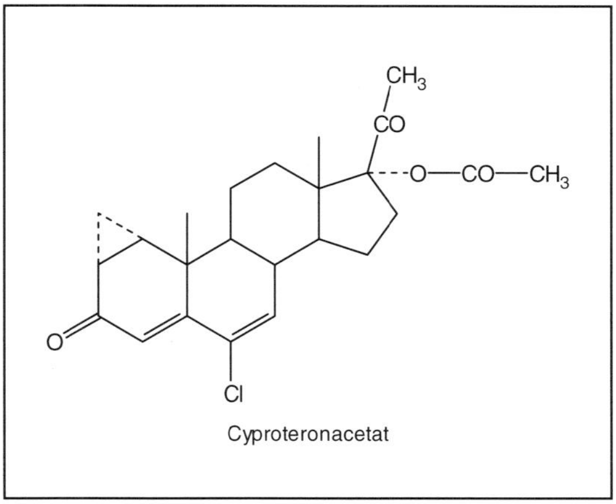

Abb. 14.67: Cyproteronacetat, ein Antiandrogen, das zur hormonellen Kastration sowie zur Behandlung von Hirsutismus (starke Körperbehaarung vom männlichen Behaarungstyp, z. B. an der Brust, Haarstraße bis zum Nabel) und Akne bei Frauen herangezogen wird.

Der Androgenabbau vollzieht sich in der Leber und in peripheren Organen. Er ähnelt demjenigen der Gluco- und Mineralcorticoide, beginnt also mit der Hydrierung der Doppelbindung im Ring A und einer Reduktion der 3-Ketogruppe. Ein wichtiges Abbauprodukt ist Androsteron. Androsteron und andere ebenfalls anfallende Metabolite des Androgenabbaus werden als Glucuron- oder Schwefelsäurekonjugat im Harn ausgeschieden.

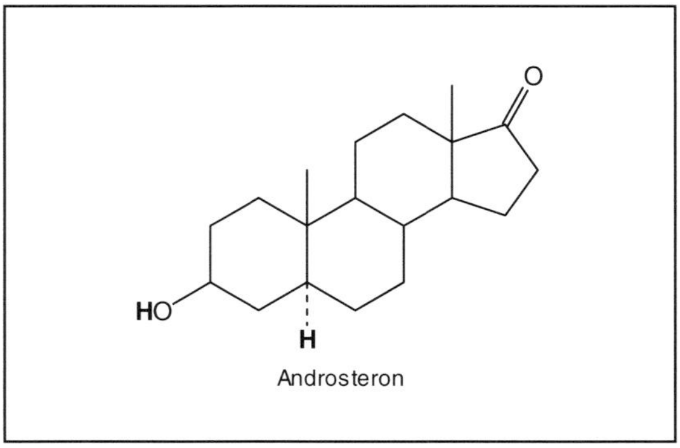

Abb. 14.68: Androsteron, ein Abbauprodukt des Testosterons. Die **fett** eingezeichneten H-Atome werden durch Reduktionen eingefügt.

14.9.2 Die Estrogene

Die Estrogene (auch Östrogene genannt, von oistros gr. Brunst) sind quasi das „weibliche Gegenstück" zu den Androgenen. Ein genaueres Betrachten der Strukturformeln von Estradiol und Testosteron in Abb. 14.69 führt zu einem verblüffenden Ergebnis. Strukturelle Unterschiede zwischen beiden Hormonen bestehen lediglich im Ring A des Steroidgerüstes. Dieser ist bei den Estrogenen abweichend von allen anderen Steroidhormonen **aromatisch**, wodurch das C-Atom 19 fehlt und die Estrogene folglich die Gruppe der **C_{18}-Steroide** bilden. Im Gegensatz zum Testosteron findet man an Position 3 des Estradiols statt der Ketogruppe eine Hydroxylgruppe, eine zweite (Estra-**di-ol**) befindet sich wie beim männlichen Hormon am C-Atom 17.

Die **Granulosazellen** des Follikels im Ovar sind die Hauptbildungsorte der Estrogene. Daneben finden wir sie aber auch in der Nebennierenrinde und im Hoden. Während der Schwangerschaft produziert auch die Plazenta Estrogene.

In den Geweben des heranreifenden Sekundär- und Tertiärfollikels entstehen Androgene und Estrogene, wobei erstere die Vorstufen der letzteren darstellen. Hierbei besteht eine Art „Arbeitsteilung" zwischen den Theca interna-Zellen und denen der Granulosa. Unter dem Einfluß von Lutropin (LH) werden Androstendion und Testosteron im Stroma ovarii und in der Theca interna aus Cholesterol aufgebaut. Beide Gewebe verfügen praktisch über keine Aromataseaktivität, folglich sind sie nicht in der Lage, Estrogene in nennenswertem Umfang zu produzieren. Die **Aromatase** ist jedoch in großen Mengen in den unter Follitropineinfluß stehenden Granulosazellen, in die die Androgene durch die Follikelbasalmembran diffundieren, vorhanden. Die Granulosazelle vermag das aus der Nachbarschaft der Thekazellschicht stammende Androgenangebot zu nutzen, um ihrerseits daraus Estrogene zu synthetisieren. Voraussetzung dafür ist jedoch ein ausreichender Follitropineinfluß, weil die Aromataseaktivität allein durch dieses Hypophysenhormon in den Granulosazellen induziert wird. Die dazu notwendigen FSH-Rezeptoren werden unter Estradiolwirkung ausgebildet, d. h. eine ausreichende Estradiolkonzentration ist Grundlage für die FSH-gesteuerte Estrogensynthese im Follikel. Sind die Follitropinkonzentrationen zu niedrig oder reicht der Besatz an Follitropinrezeptoren in der Granulosa nicht aus, geht die Balance zwischen den aus der Theca interna stammenden Androgenen und der Kapazität, diese zu aromatisieren, verloren. Die Waage neigt sich zugunsten der Androgene, sie überwiegen im Follikel. In diesem androgenen „Mikroklima" vermag der Follikel nicht zu reifen, so daß er degeneriert und zur Atresie neigt.

Unter Lutropindominanz werden in der Thekazellen des Ovars die Vorstufen für die Estrogensynthese bereitgestellt, welche wiederum unter Follitropindominanz mittels Aromatase in den Granulosazellen abläuft.

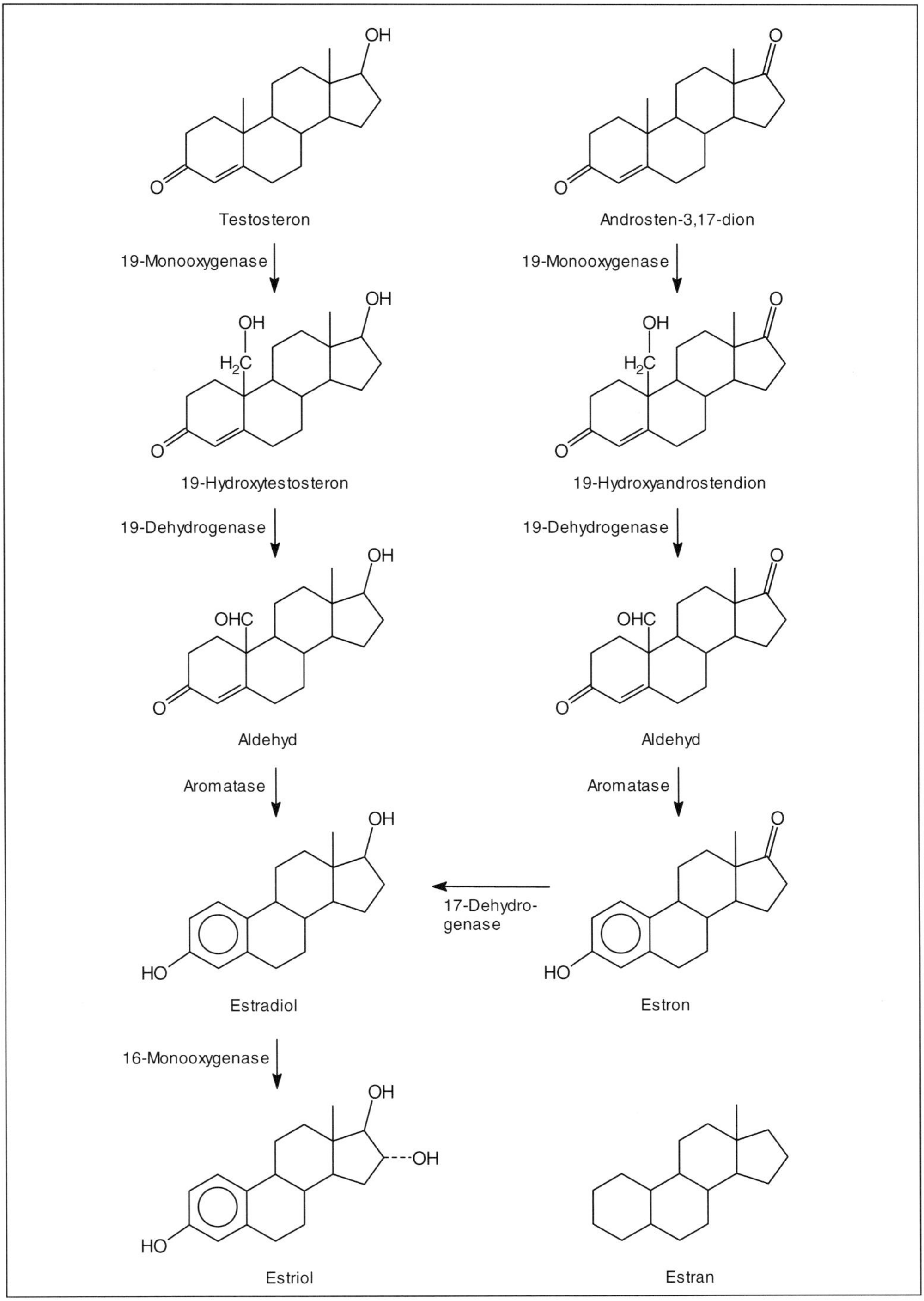

Abb. 14.69: Synthese und Struktur der Estrogene. Rechts unten das Estran, das Stammolekül der Estrogene.

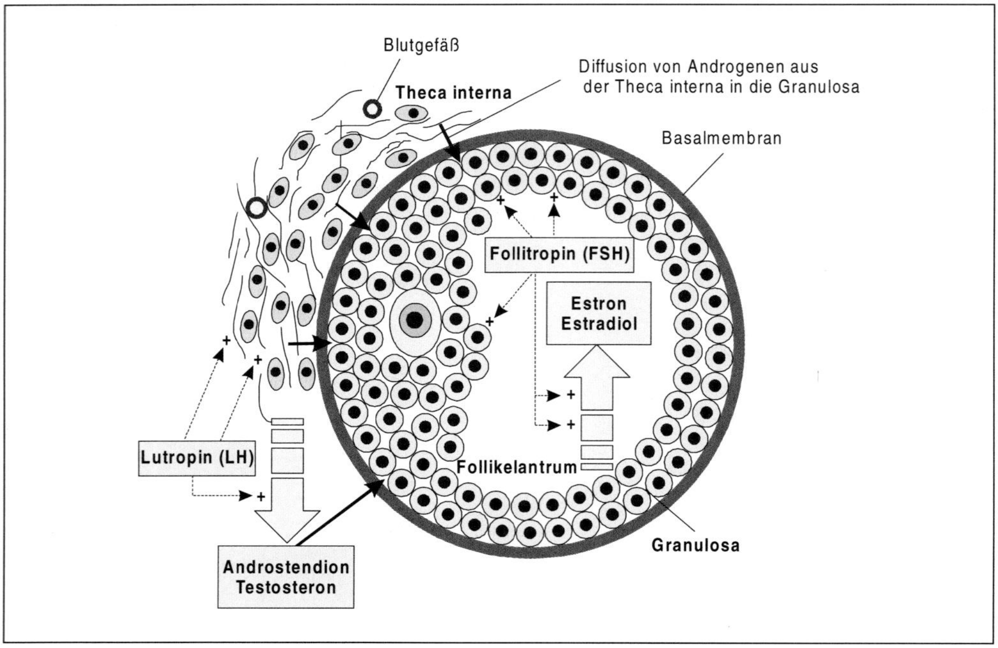

Abb. 14.70: „Arbeitsteilung" zwischen Granulosa- und Thecazellschicht eines Tertiärfollikels. Unter Lutropineinfluß synthetisieren die Thecazellen aus Cholesterol Androstendion und Testosteron, die durch die Basalmembran des Follikels in die Granulosazellen diffundieren. Dort werden sie unter der Voraussetzung, daß genügende Follitropinrezeptoren vorhanden sind, unter dem Regime des FSH in Estron und Estradiol umgebaut. Die Hormone werden auch in das Follikelantrum freigesetzt.

Die Regulation der Estrogenausschüttung des Follikels muß im Rahmen des Menstruationszyklus betrachtet werden (Abb. 14.72). Durch die pulsatile Freisetzung des Gonadoliberins im Hypothalamus werden von der Hypophyse ebenfalls pulsatil Follitropin und Lutropin ins Blut abgegeben. **Progesteron** verlangsamt die Frequenz dieser Freisetzung, Inhibin hemmt diejenige des Follitropins. Estradiol steigert auf hypophysärer Ebene die Lutropinsynthese und -sekretion. Noradrenerge Catecholamine stimulieren, dopaminerge hemmen die GnRH-Freisetzung. Dies gilt auch für endogene Opiate des zentralen Nervensystems wie das **β-Endorphin**, die aber neben der Gonadotropinhemmung eine Induktion der Prolactinsekretion fördern.

In den Granulosazellen von Primär- und Sekundärfollikel erfolgt nun die durch FSH hervorgerufene Aromatisierung von Androgenen zu Estradiol und Estron. Beide, Estradiol und Follitropin, induzieren die Ausbildung von FSH-Rezeptoren, so daß sich beide Hormone gegenseitig „hochschaukeln". Dies hat parallel zur Ausbildung eines lokalen Estrogenmilieus eine Proliferation der Granulosa- und Thecazellschicht zur Folge. Das Antrum des Follikels dehnt sich aus. Follitropin veranlaßt aber auch die Synthese von Lutropinrezeptoren, eine Voraussetzung für die späteren Lutropineffekte auf den Follikel.

Vom siebten Tag des Menstruationszyklus kommt es zur Selektion des zur Ovulation bestimmten Follikels. Zuvor hatten sich unter der Einwirkung des FSH mehrere Follikel „auf die Reise gemacht", sie wurden gleichsam rekrutiert. Ab dem siebten Tag steigt jedoch die Konzentration des Estradiols im Blut stark an, wobei dieser Anstieg im wesentlichen auf die Sekretionsleistung des **dominanten Follikels** zurückzuführen ist. Dieser hat am meisten FSH und Estradiol akkumuliert und infolgedessen eine starke Zunahme der Granulosazellzahl für sich verbuchen können. Diese sezernieren nicht nur Estradiol, sondern auch **Inhibin**, das in der späten Follikelphase des Zyklus' die Follitropinsekretion hemmt. Durch den Abfall des Plasma-FSH geraten alle anderen Tertiärfollikel in ein Follitropindefizit, während der dominante Follikel durch seinen Estradiol- und FSH-Vorsprung relativ autonom geworden ist und sich sein estrogenbetontes Mikroklima erhalten kann.

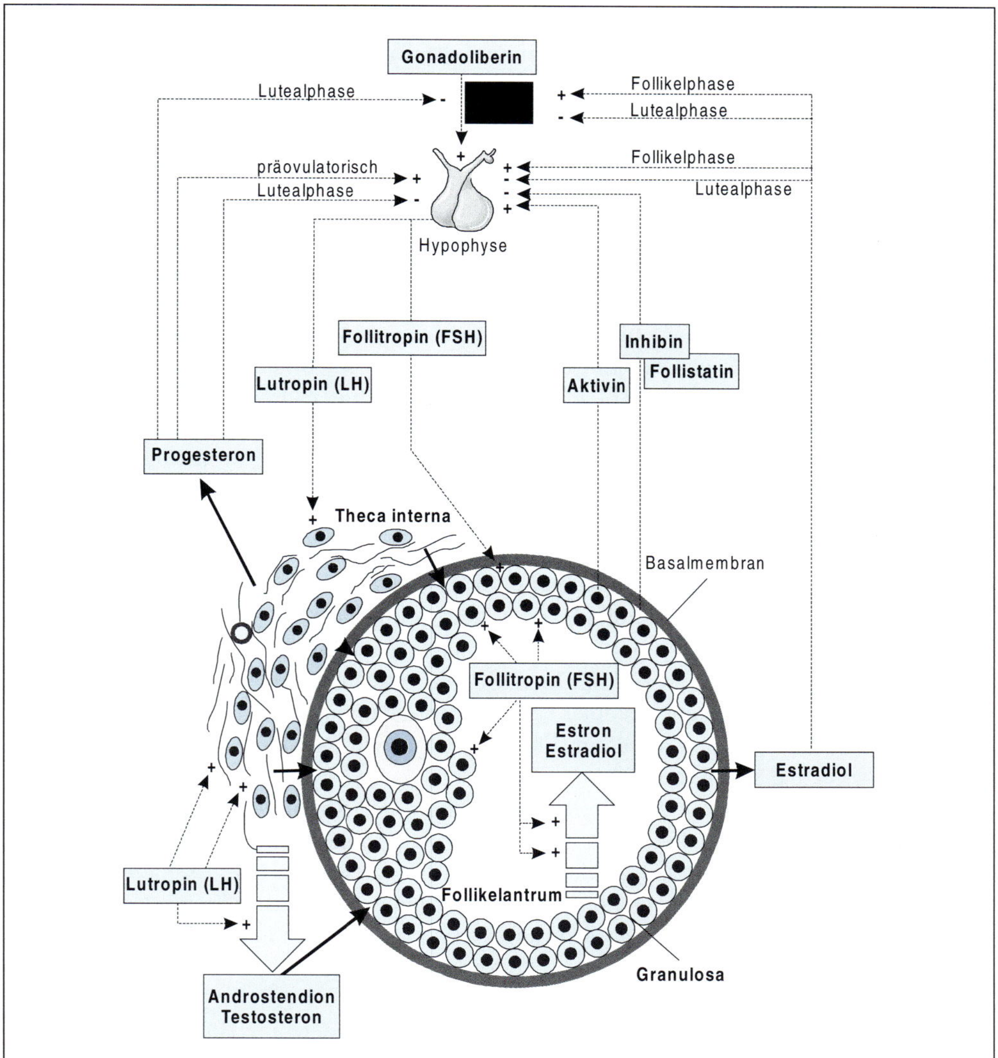

Abb. 14.71: Hormonelle Wechselwirkungen zwischen Hypothalamus, Hypophyse und Tertiärfollikel. Erläuterungen im Text. **Follistatin** ist ein monomeres Glykoprotein, das keine strukturelle Ähnlichkeit mit Aktivin und Inhibin besitzt. Es bindet Aktivin und trägt damit zur Follitropinsupression bei. Zu Aktivin und Inhibin siehe Abschnitt 14.9.1.

Das Follitropindefizit der anderen Tertiärfollikel hat zur Folge, daß unter der Wirkung des präovulatorischen Lutropingipfels vermehrt angebotene Androgene nicht mehr zu Estrogenen konvertiert werden können.

Das Mikroklima wird androgen, was wiederum die Synthese von FSH-Rezeptoren hemmt. Diese Follikel fallen der Atresie anheim, übrig bleibt allein der dominante Follikel. In dieser Phase unterliegt Follitropin also einem negativen Rückkopplungsmechanismus, während Estradiol eine positive Rückkopplung auf das hypophysär sezernierte Lutropin ausübt. Dessen Konzentration steigt folglich mit zunehmendem Estradioleinfluß in der späten Follikelphase an, was wiederum in der Theca interna die Androgensynthese forciert.

In der Endphase der Follikelreifung erreicht die Estradiolkonzentration im Blut durch das maximale Wachstum des dominanten Follikels einen Schwellenwert, der bei adäquater Zeitdauer (mindestens 36 h) in der Lage ist, eine massive hypophysäre Lutropinausschüttung zu initiieren (positiver Rückkopplung). Zeitgleich sind genügend LH-Rezeptoren durch FSH induziert, so daß unmittelbar vor der Ovulation die Luteinisierung des Follikels erfolgen kann. Die jetzt einsetzende, präovulatorische Progesteronsekretion in kleinen Mengen stimuliert synchron mit dem Lutropinanstieg die mittzyklische FSH-Ausschüttung. Das Follitropin wiederum schafft durch Ausbildung weiterer LH-Rezeptoren optimale Bedingungen für die Funktion des Corpus luteum.

Der starke Estradiolanstieg um den 13. Zyklustag provoziert also über eine positive Rückkopplung ein Ansteigen des Lutropins bis zu einem Maximum am 14. Tag, welches dann den Eisprung auslöst. Der Abfall der Estrogene nach der Ovulation ist der Produktionsverminderung des gesprungenen Follikels zuzuschreiben, der anschließende erneute Anstieg in der Sekretionsphase der wachsenden Estrogensynthese des Corpus luteum. Die hohen Estradiol- und Progesteronkonzentrationen in der zweiten Zyklusphase bremsen nun die Gonadotropinausschüttung der Hypophyse, FSH und LH fallen in der Gelbkörperphase ab. Dies ist einerseits auf die Frequenzverlangsamung des GnRH-Pulsgenerators durch Progesteron zurückzuführen, andererseits hemmt das Gelbkörperhormon die Bildung neuer Estradiolrezeptoren, so das die estradiolinduzierte Neubildung größerer Lutropinmengen unterbunden wird. Estradiol und Progesteron regen daneben auch die Bildung von β-Endorphinen an, die ebenfalls hemmend auf die Gondoliberinfreisetzung wirken.

Das Corpus luteum besteht aus einer heterogenen Zellpopulation, die sich aus den Theca interna- und Granulosazellen rekrutiert. Es sezerniert neben Estradiol und Progesteron auch Inhibin, Relaxin und andere Peptide.

Findet keine Befruchtung der Eizelle statt, so führt der Abfall der Gonadotropinsekretion zur Rückbildung des Gelbkörpers, was zwangsläufig eine Verminderung der Estradiol- und Progesteronproduktion zum Zyklusende nach sich zieht. Die Uterusschleimhaut kann ohne hormonellen Stimulus nicht aufrechterhalten werden, sie wird während der Menstruation abgestoßen. Tritt dagegen eine Schwangerschaft ein, übernimmt das humane Choriongonadotropin der Plazenta die Rolle des Lutropins, womit die Existenz des Gelbkörpers aufrecht erhalten werden kann.

Welche Wirkungen zeigen nun die Estrogene, insbesondere ihr Hauptvertreter Estradiol? Zunächst werden die Estrogene im Blut an dasselbe Protein gebunden, das auch das Testosteron transportiert. Dieses Sexualhormon-bindende Globulin (SHBG) ist für ca. 30 % des Estradiols Transportvehikel, ungefähr 60 % dagegen sind im Blut an Albumin gebunden. Die Estrogene vermitteln ihre Botschaft wie alle Steroidhormone über einen intrazellulären Steroidrezeptor. In der Proliferationsphase fördert Estradiol die Bildung der Uterusschleimhaut, ferner unterstützt es die Follikel- und Eireifung.

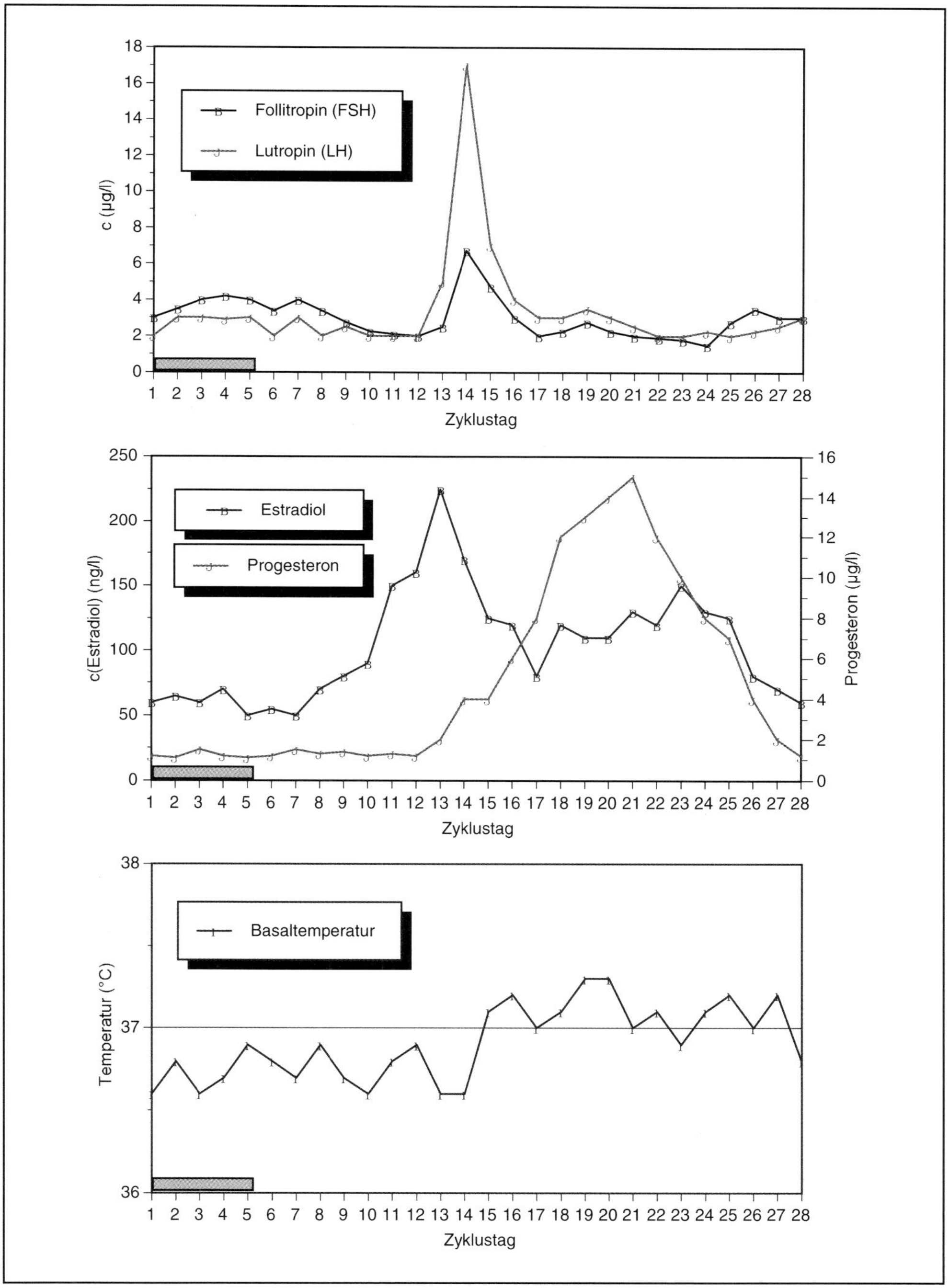

Abb. 14.72: Der Menstruationszyklus.

In der Vagina baut es das Epithel auf (Epithelproliferation), glykogenhaltige Epithelzellen werden vermehrt abgestoßen und gewährleisten eine erhöhte Milchsäureproduktion der DÖDERLEIN-Bakterien. Dadurch wird der pH-Wert der Scheide mit 3,5 bis 5,5 relativ gering gehalten und trägt zur Infektionsabwehr bei. Unter Estrogeneinfluß öffnet sich der Muttermund, das Cervixsekret nimmt an Menge zu und wird dünnflüssiger. Mit diesem Sekret lassen sich nun Fäden ziehen (Spinnbarkeit), es wird transparent und zeigt beim Eintrocknen auf dem Objektträger durch Ausbildung von Kochsalzkristallen, die mit einer Proteinschicht überzogen sind, sogenannte „Farnkrautmuster". Die Abnahme der Viskosität im Cervixsekret und die Öffnung des Muttermundes erleichtern die Spermienwanderung durch die Cervix uteri.

Außerhalb der primären Genitalorgane zeigt Estradiol eine umfangreiche Palette von Effekten. Erhöhung der Gerinnungsfähigkeit im Blut (**Thrombosegefahr** durch vermehrte Synthese der Faktoren II, VII, IX und X bei langfristiger Einnahme von Kontrazeptiva), sowohl an der Niere als auch lokal **Wasser-** und **Natriumretention** mit Ausbildung eines **Ödems** (wird zur Hautstraffung mittels estrogenhaltiger Salben genutzt). Am **Knochen** wird der Epiphysenschluß beschleunigt und damit das Längenwachstum gebremst. Die Osteoklastenaktivität wird durch Hemmung von Interleukin 6 vermindert. Die Förderung der Osteoblastentätigkeit wird therapeutisch zur Bekämpfung der Osteoporose von postmenopausalen Frauen verwendet. Estrogene vermehren die **Fetteinlagerung im Unterhautfettgewebe** und sind damit für das „runde" Körperprofil der Frau verantwortlich. Am Gefäßsystem erhöhen Estrogen die Arterienelastizität und die Endothelpermeabilität. Sie steigern die **Stickstoffmonoxid-Freisetzung** am Endothel und senken damit den peripheren Blutdruck. An Arterienwänden vermindern Estrogen die Lipidoxidation und die Plaquebildung.

Folgende Laborparameter sind unter Estrogeneinfluß erhöht: AST, ALT, alkalische Phosphatase, Leucin-Aminopeptidase, HDL und Triglyceride. Die Synthesen des Transcortins (Cortisol bindendes Globulin, CBG), des Thyroxins (TBG) und des Sexualhormonbindenden Globulins SHBG in der Leber werden durch Einwirkung von Estrogenen gesteigert. LDL werden dagegen unter Estrogeneinfluß vermindert synthetisiert.

Die Inaktivierung der Estrogene ist Aufgabe der Leber. Hauptabbauprodukt ist Estriol, das größtenteils aus Estron und Estradiol entsteht. Die Schwefelsäure- und Glucuronsäurekonjugate der Abbaumetabolite werden hauptsächlich mit dem Harn ausgeschieden, ein Teil gelangt auch über die Galle in den Darm.

14.9.3 Estrogene in der Therapie und bei der Kontrazeption

Unter den nichtsteroidalen Verbindungen, die eine deutliche Affinität zum Estrogenrezeptor zeigen, besitzen die Stilbenderivate pharmakologische und therapeutische Bedeutung. Stilben ist ein Synonym für Diphenylethylen. Diethylstilbestrol wurde besonders in den USA aufgrund seiner estrogenen Wirkungskomponente als Ersatz für steroidale Estrogene hochdosiert eingesetzt, um bei drohender Fehlgeburt die Schwangerschaft zu erhalten. Weiterhin griff man auf dieses Estrogenanalogon als postkoitales Kontrazeptivum zurück. Nahmen Mütter im ersten Drittel ihrer Schwangerschaft dieses Stilbenderivat, so traten bei ihren Töchtern nach ca. 15 bis 25 Jahren folgende Erkrankungen und Symptome auf:

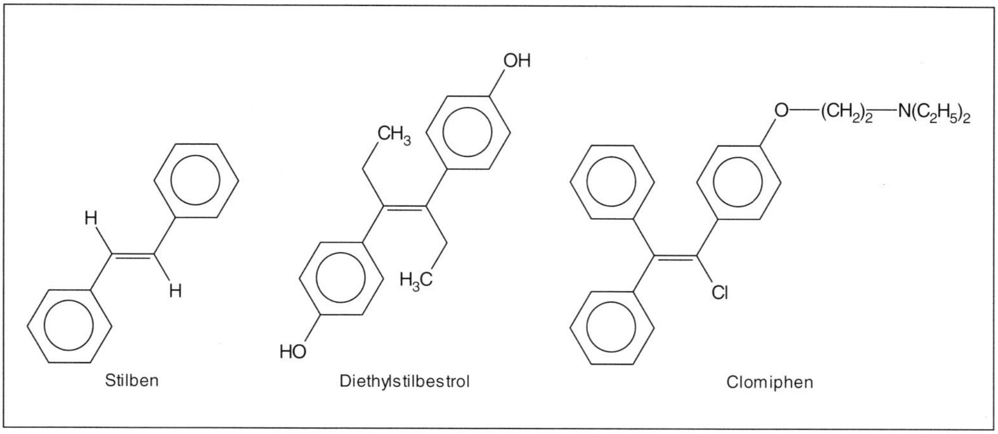

Abb. 14.73: Das Stilben und seine Derivate Diethylstilbestrol (DES) und Clomiphen.

Abnorme Vaginalschleimhaut, Anomalien des Cervixepithels sowie Adenokarzinome im Bereich von Vagina und Cervix. Bei Söhnen fand man Penishypoplasien (hypo gr. unter, plassein gr. bilden) und Keimdrüsenanomalien. Aus Tierversuchen weiß man zudem seit längerer Zeit um die karzinogene Wirkung von Diethylstilbestrol.

Clomiphen ist lediglich schwach estrogen wirksam. Da es aber eine starke Lutropinsekretion der Hypophyse induziert, ist es hervorragend zur **Auslösung von Ovulationen** geeignet, vorausgesetzt Hirnanhangdrüse und Ovar sind gesund und nicht (primär) insuffizient. Die Clomiphentherapie bietet sich folglich bei Frauen mit nicht erfülltem Kinderwunsch an, wenn die oben genannten Voraussetzungen gegeben sind. Unerwünschte Begleiteffekte dieser Therapie sind Mehrlingsschwangerschaften und das Auftreten von Ovarialzysten.

Zwar sind Estradiol, Estron und Estriol auch bei oraler Aufnahme wirksam, jedoch erst bei relativ hohen Dosen. Durch Einführung einer **Ethinylgruppe** am C-Atom 17 ist man zu deutlich wirksameren Derivaten gelangt, die heute allgemein als Estrogenkomponenten in oralen Kontrazeptiva Verwendung finden. Die Ethinylgruppe bewahrt das synthetische Estrogen vor einem ausgeprägten **first pass-Effekt**, dem das Estradiol ausgesetzt ist. Unter dem first pass-Effekt versteht der Pharmakologe die schnelle Metabolisierung von Molekülen (Pharmaka) in der Leber, nachdem sie im Anschluß an die Resorption aus dem Darm über die Vena portae in das Stoffwechselorgan gelangen. Es handelt sich bei den synthetischen Estrogenen um das **Ethinylestradiol** und seinen 3-Methylether, das **Mestranol**.

Auch nach einem Geschlechtsverkehr, der möglicherweise zur Befruchtung geführt hat, läßt sich durch hochdosierte Gabe von Ethinylestradiol spätestens 36 h post coitum ein Schwangerschaftsabbruch erzielen. Die „**Pille danach**" muß dabei über fünf Tage regelmäßig eingenommen werden.

Das Wachstum von **Prostatakarzinomen** ist von Testosteron abhängig und läßt sich daher durch gezielte Gabe von Estrogenen wie Ethinylestradiol bzw. ihrer Analoga, beispielsweise Diethylstilbestrol, günstig beeinflussen. Eine Heilung ist jedoch im Rahmen dieser Therapie nicht möglich.

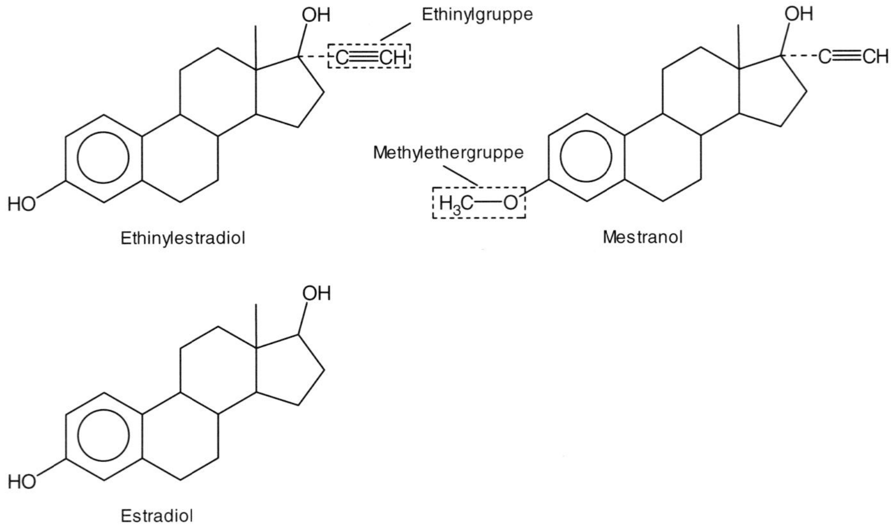

Abb. 14.74: Die in oralen Kontrazeptiva („Pille") gebräuchlichen Estrogene, Ethinylestradiol und Mestranol, im Vergleich mit dem natürlichen Estradiol.

14.9.4 Das Progesteron

Das Progesteron gehört in die Gruppe der C_{21}-Steroide. Orte der Progesteronsynthese sind der **Gelbkörper**, der **Follikel** und während der Gravidität die **Plazenta**. Auch die Nebennierenrinde und der Hoden sind in der Lage, Progesteron zu produzieren. Wie die anderen Keimdrüsenhormone wird auch Progesteron in der Leber inaktiviert. Dabei wird das Hormon am Ring A und an der Seitenkette reduziert.

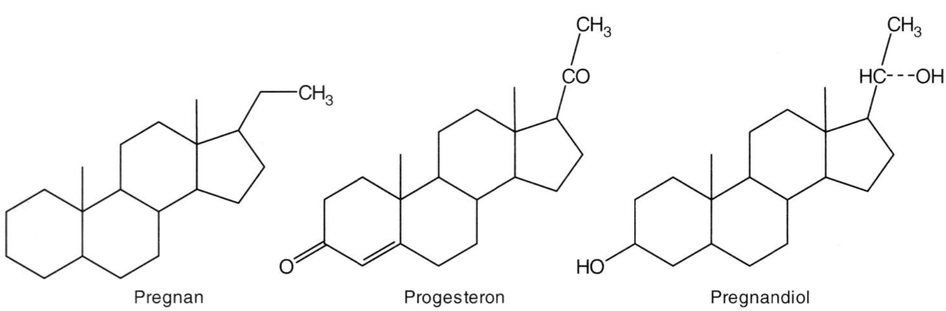

Abb. 14.75: Das Progesteron und sein Abbauprodukt 3α,20α-Pregnandiol. Zum Vergleich ist links das Grundmolekül der Gestagene Pregnan (ein reiner Kohlenwasserstoff) aufgeführt.

Produkte dieses Abbaus sind 5β-Pregnan-3α,20α-diol und 5α-Pregnan-3α,20α-diol, welche als Glucuronsäurekonjugate im Harn ausgeschieden werden. Die Summe beider Abbauprodukte wird als Pregnandiol bezeichnet, ihre Bestimmung im Urin ist ein Indikator für die Progesteronproduktion. In geringen Mengen findet man im Harn auch das Triol, bei dem an Position 17 eine zusätzliche Hydroxylgruppe gebunden ist.

Die Synthese des Progesterons ist außerhalb der Schwangerschaft von der Existenz eines Gelbkörpers abhängig. Damit ist die Progesteronproduktion indirekt eine Folge des Eisprungs und damit der Konzentrationsgipfel von Lutropin und Estradiol. Über die Rückwirkung des Progesterons auf die Gonadotropine während der Sekretionsphase wurde bereits im Zusammenhang mit Abb. 14.71 gesprochen.

Im Blut wird Progesteron wie Cortisol an das Transcortin (Cortisol bindendes Globulin) gebunden. Die Signaltransduktion wird über intrazelluläre Progesteronrezeptoren, von denen es zwei Formen mit 933 und 768 Aminosäuren gibt, vermittelt. Die Hauptaufgabe des Progesterons ist die Vorbereitung der Uterusschleimhaut auf die Reifung der Zygote im Endometrium und die Erhaltung der Schwangerschaft. Progesteron wird daher auch als **schwangerschaftserhaltendes Hormon** tituliert. Praktisch alle Progesteroneffekte sind von einem vorherigen und gleichzeitigen Einfluß des Estradiols abhängig, da Estrogen die intrazelluläre Rezeptordichte für Gestagen, wie Progesteron und seine Derivate auch genannt werden, erhöht. Ein Hauptziel der Progesteronwirkung ist die **Uterusschleimhaut** während der **Sekretionsphase**. Dort verursacht es den drüsigen Umbau des Endometriums und vergrößert dessen Glykogengehalt. Während der Schwangerschaft kommt es zu einer Ruhigstellung von Myometrium und Eileitern. Progesteron hemmt die Produktion und Sekretion von Prostaglandinen im Endometrium. An der Cervix verursacht Progesteron eine Engstellung des Muttermundes, der Cervixschleim wird zäh und für Spermien nahezu undurchdringbar. Darauf beruht übrigens die Wirkung der **„Mini-Pille“**, die lediglich Gestagene enthält. In den **Mammae** fördert Progesteron zusammen mit Prolactin die Entwicklung des Milchgangsystems. An der Niere wird die Ausscheidung von NaCl vermehrt.

Das Hormon zeigt eine Reihe von zentralnervösen Effekten. Wichtig ist der sogenannte **thermogene Effekt**, der die Grundlage der Empfängnisverhütung nach der **Temperaturmethode** ist. Progesteron erhöht die Basaltemperatur während der zweiten Zyklusphase um etwa 0,5 °C. Erst mit der Menstruation sinkt die Körpertemperatur wieder auf ihren Ursprungswert ab. Die Frequenzsenkung der pulsatilen GnRH-Sekretion wurde bereits erwähnt. Die depressive Stimmungslage vor der Menstruation wird auf den Progesteroneinfluß zurückgeführt.

Progesteron setzt die Immunreaktivität herab, was im Rahmen der Immuntoleranz gegenüber dem Fetus von Bedeutung ist.

14.9.5 Gestagene als hormonelle Kontrazeptiva

Durch hohe Konzentrationen an Gestagenen sowie Estrogenen während beider Zyklusphasen wird bei der hormonellen Empfängnisverhütung mit der **„Pille“** ein präovulatorischer Gonadotropinanstieg unterbunden. Somit wird kein Eisprung ausgelöst und eine Befruchtung bzw. Empfängnis ist nicht möglich. Gestagene führen darüber hinaus zu Änderungen des Cervixschleims und der Muttermundgröße, die das Aufsteigen von Spermien in die Uterushöhle stark behindern. Auch hier mußten Substanzen entwickelt werden, die eine größere orale Verfügbarkeit aufweisen als das Progesteron selbst (Abb. 14.76).

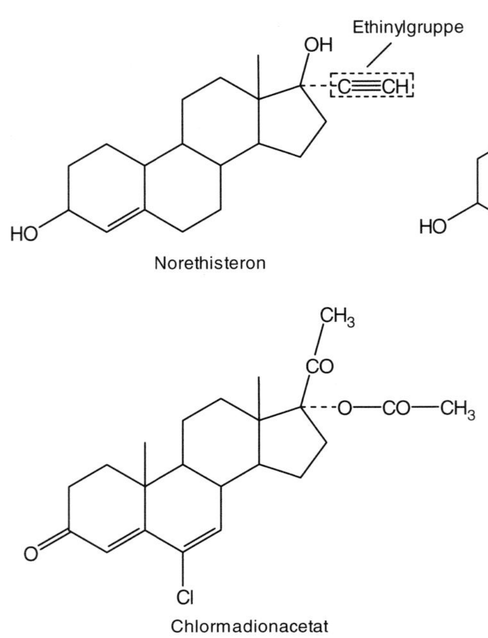

Abb. 14.76: Gestagenkomponenten in hormonellen Kontrazeptiva. Während das Chlormadionacetat ein Derivat des 17-Hydroxyprogesterons ist, leiten sich die beiden anderen Verbindungen vom Testosteron ab.

14.9.6 Hormone der Plazenta

Die Plazenta produziert während der Schwangerschaft Proteo- und Steroidhormone. Das **Humane Choriongonadotropin** (HCG) ist ein Glykoprotein, dessen Zuckeranteil ca. 30 % beträgt. Das Hormon besteht aus einer α-Untereinheit mit 92 Aminosäuren und einer relativen Molekülmasse von 10.205 sowie einer 139 Aminosäuren umfassenden β-Untereinheit mit M_r = 14.902, die beide über VAN-DER-WAALS-Kräfte aneinander gebunden sind. Die β-Kette ist endokrinologisch wirksam und ähnelt derjenigen des Lutropins. Unabhängig von der α-Untereinheit kann sie auch isoliert im Blutkreislauf nachgewiesen werden. Syntheseort des HCGs ist der **Syncytiotrophoblast der Plazenta**. Choriongonadotropin läßt sich in Serum und Urin der Schwangeren bereits 6 bis 10 Tage nach der Konzeption (Ovulation) nachweisen. Mit dem Instrumentarium moderner Analytik findet man darüber hinaus das Hormon in geringen Konzentrationen (< 5 U/L) sowohl bei gesunden Frauen wie auch Männern, wobei man von einer pulsatilen Freisetzung des HCGs durch die **Hypophyse** ausgeht. Nicht nur in Serum und Harn, sondern praktisch in allen Geweben stößt man mit sensitiven Methoden auf das Choriongonadotropin.

Aufgabe des HCGs ist es, die Bildung weiterer Gelbkörper im Ovar zu unterdrücken und die Funktion des bestehenden Corpus luteum mit der Synthese von Progesteron, Estradiol und Estriol während der ersten zwei bis drei Monate der Schwangerschaft zu gewährleisten. Ohne Einfluß des Choriongonadotropins versiegt die Progesteronausschüttung des Gelbkörpers, die Schwangerschaft kann nicht fortgesetzt werden. Im Anschluß an diese Gelbkörperphase übernimmt die Plazenta selbst die Bildung von Steroidhormonen.

Die Plazenta ist bei der Hormonsynthese auf die Bereitstellung von Vorstufen aus dem fetalen und maternen Organismus angewiesen. Ausgangsmaterial für die plazentare Estrogensynthese ist Dehydroepiandrosteronsulfat (DHEAS), das hauptsächlich (90 %) aus der fetalen Nebennierenrinde (feto-plazentar), und nur zum kleineren Teil (10 %) von der Mutter stammt (materno-plazentar). Die hormonelle Steuerung unterliegt dabei der jeweiligen Hypophyse. Die Plazenta ist infolge eines 16-Monooxygenase-Mangels nur in geringem Umfang fähig, Estriol aus DHEA oder Estron bzw. Estradiol zu bilden. Die 16-Hydroxylierung von DHEAS erfolgt in der fetalen Leber, die eine sehr aktive 16-Monooxygenase enthält. 16-Hydroxy-DHEAS wird durch plazentare Desulfatierung mikrosomal in Estriol umgebaut. Das Estriol wird von der Plazenta über die Niere des Feten an das Fruchtwasser oder aber direkt in das mütterliche Blut abgegeben. In der mütterlichen Leber wird Estriol zum Sulfat oder Glucuronat konjugiert, wobei nur ein geringer Anteil des Hormons (10 bis 15 %) unkonjugiert (frei) bleibt. Freies Estriol verfügt über eine biologische Halbwertszeit von ca. 20 Minuten gegenüber etwa 4 Stunden der konjugierten Form.

Die Estriolkonzentration unterliegt einem Tagesrhythmus mit Maximum am Morgen und erheblichen Schwankungen am Abend. Bestimmungen dieses Hormons sollten daher am Vormittag erfolgen.

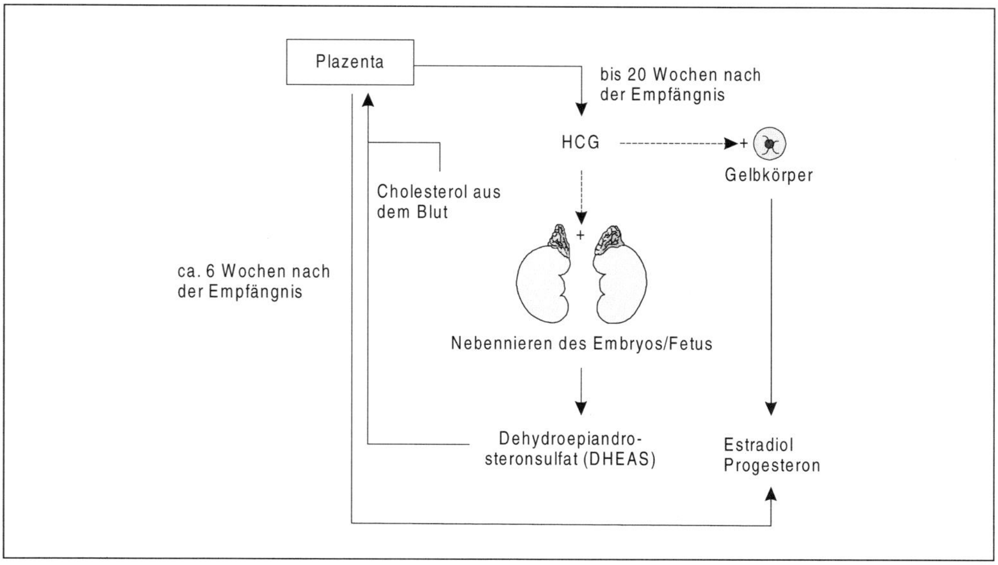

Abb. 14.77: In der ersten Phase der Schwangerschaft veranlaßt HCG die Produktion von Estradiol und Progesteron durch den Gelbkörper, daneben wird die Synthese von Dehydroepiandrosteron in den kindlichen Nebennieren angeregt. Ab der 6. Schwangerschaftswoche ist die Plazenta selbst in der Lage, ausreichend Steroidhormone zu synthetisieren. Voraussetzung dazu ist jedoch die Versorgung mit Vorstufen wie dem kindlichen Dehydroepiandrosteron und dem zirkulierenden Cholesterol im Blut. Auch die mütterliche Nebennierenrinde trägt mit ihrer Ausschüttung von Dehydroepiandrosteron zur plazentaren Steroidsynthese bei.

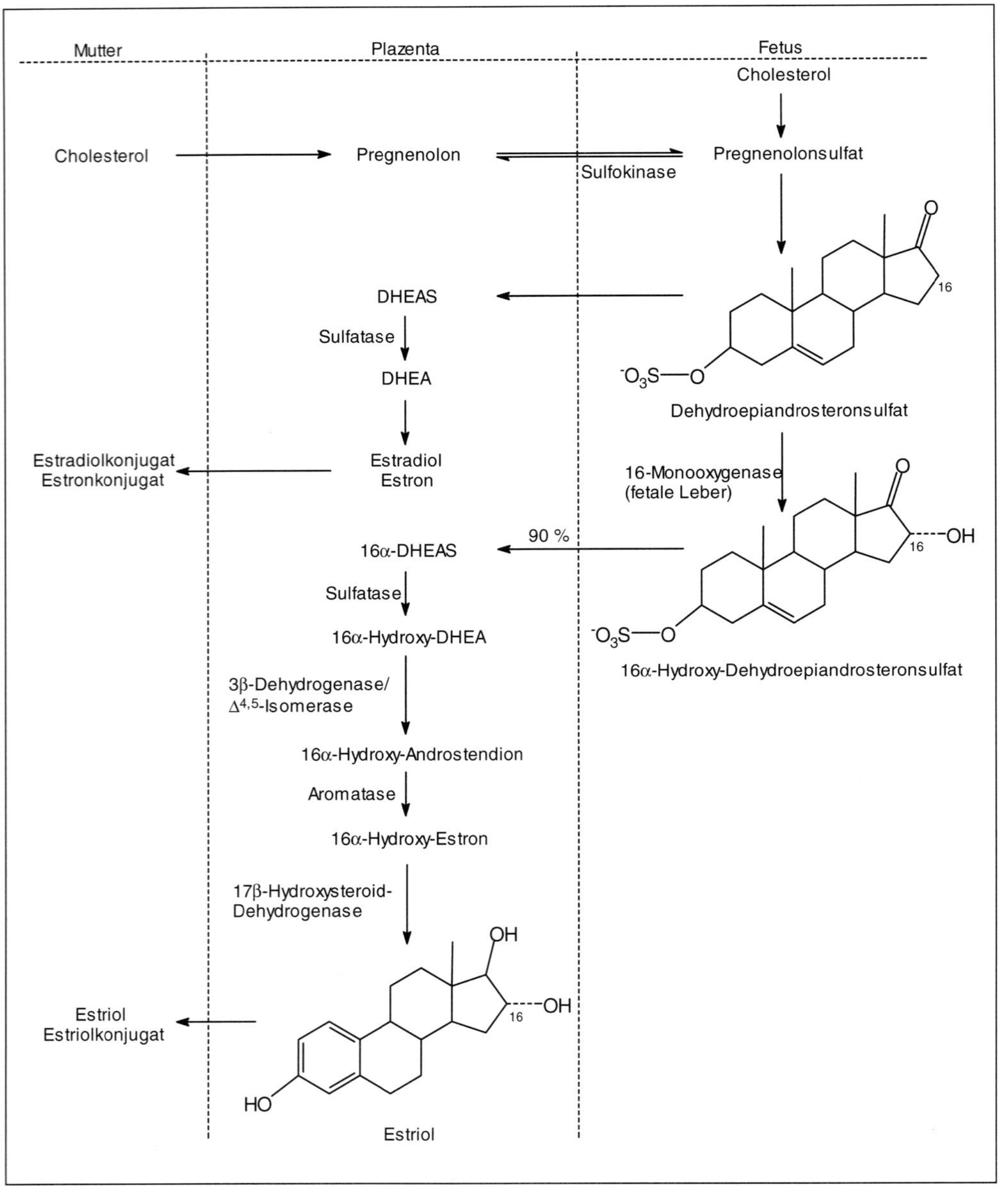

Abb. 14.78 Die Estriolsynthese durch die feto-plazentare Einheit.

Sind Anstieg und Verlauf der HCG-Konzentration in der Frühphase einer Schwangerschaft nicht regelrecht, so kann das als Hinweis auf eine Risikoschwangerschaft, z. B. eine Bauchhöhlenschwangerschaft, gelten. Fällt die HCG-Konzentration nach der Geburt nicht ab, so muß die Existenz eines Chorionkarzinoms oder atypischer Epithelwucherungen (eine sog. Blasenmole) der Plazenta in Betracht gezogen werden. In diesem Sinne kann HCG auch als **Tumormarker** Verwendung finden, so auch für Hodentumoren des Mannes und übrigens bisweilen auch bei Pankreaskarzinomen. In allen genannten Fällen darf sich die

Diagnose jedoch nicht auf einzelne Hormonbestimmungen stützen, sondern muß Verlaufsbeobachtungen mit Mehrfachkontrollen zur Grundlage haben.

Ein großer Teil des Choriongonadotropins wird über die Leber ausgeschieden. Diejenigen 10 %, die über die Niere aus dem Organismus entfernt werden, sind Grundlage für den immunologischen Schwangerschaftsnachweis.

14.9.7 Der Schwangerschaftstest

Heute läßt sich eine Schwangerschaft relativ schnell durch einen in der Apotheke käuflichen Test nachweisen. Dieser auf einer immunologischen Methode beruhende Schwangerschaftstest ist mit einer Nachweisgrenze von 25 U HCG/L Harn sehr empfindlich, wodurch eine Gravidität schon nach einer Woche erfaßt werden kann. Da aber auch andere Ursachen eine HCG-Erhöhung in Blut und Harn nach sich ziehen können, muß dieser erste Hinweis auf Mutterschaft immer durch eine gynäkologische Untersuchung erhärtet werden.

Das Verfahren bedient sich sogenannter monoklonaler Antikörper, die spezifisch die β-Kette des Hormons erkennen. Dadurch wird vermieden, daß es zu Kreuzreaktionen mit den α-Ketten des Lutropins, Follitropins oder Thyreotropins kommt, die identisch mit denen des Choriongonadotropins sind. Im Testsystem befinden sich Latexpartikel oder Hammelerythrocyten, auf deren Oberfläche sich β-HCG befindet, ergänzt durch ein bestimmtes Quantum Anti-β-HCG-Serum. Wir wollen nachfolgend die Methode unter Verwendung von Latexpartikeln betrachten, also den **Latexagglutinations-Hemmtest** (agglutinare lat. ankleben, anheften), der als Objektträgertest in etwa 5 Minuten ein Resultat zeigt. Bringt man den Harn einer Schwangeren mit dem Anti-β-HCG-Serum des Tests zusammen, so finden die Antikörper ihr Antigen β-HCG und binden daran. Die im Anschluß zugefügten β-HCG-Latexpartikel können nun mit den blockierten monoklonalen Antikörpern nicht reagieren, die Latexlösung bleibt milchig trüb: positiver Schwangerschaftstest. Enthält jedoch der Urin kein β-HCG, so können die Antikörper ungehindert mit den β-HCG-beschichteten Latexteilchen in Kontakt treten, die entstandene Agglutination läßt eine Körnung sichtbar werden: negatives Ergebnis, die Frau ist nicht schwanger. Sollte ein Schwangerschaftstest übrigens bei einem Mann positiv ausfallen, so ist dies ein Zeichen für einen möglicherweise vorliegenden Hodentumor.

14.10 Gewebshormone und Mediatoren

14.10.1 Gastrin

Gastrin ist ein Gewebshormon und gehört in die Gruppe der gastrointestinalen Peptidhormone. Es gibt von Gastrin zwei wichtige strukturelle Varianten. Das große (big) Gastrin besitzt 34 Aminosäuren und wird von den G-Zellen des Magenantrums und des proximalen Duodenums sezerniert. Daneben wird besonders im Antrum das 17 Aminosäuren zählende kleine (little) Gastrin gebildet. Der funktionell entscheidende Teil beider Gastrintypen ist das **C-terminale Tetrapeptid-Trp-Met-Asp-Phe-amid** (also -CO-NH_2), die übrigen Aminosäuren beeinflussen lediglich Wirkungsstärke und Abbau des Gewebshormons. Im Blutplasma entfallen 50 % der Gastrinaktivität auf das große Gastrin, seine Halbwertszeit beträgt 15 min, die des kleinen Gastrins 2,5 min. Der Abbau der Gastrine erfolgt überwiegend in Dünndarm und Niere. In der Funktionsdiagnostik wird zur Stimulation der Magensäureproduktion das synthetische **Pentagastrin** (Butyloxycarbonyl-β-Ala-Trp-Met-Asp-Phe-NH_2) benutzt.

Sekretionsauslösend auf die G-Zellen wirken: Kontakt der Antrumschleimhaut mit Speisebrei, dessen pH-Wert oberhalb von 5 liegt, Polypeptide, Röststoffe und Coffein (Kaffee), erhöhte Calciumionenkonzentration im Blut, mechanische Dehnung des Magenantrums sowie Nervenreize über den N. vagus. Die Ausschüttung des Gastrins wird durch stark sauren Magensaft inhibiert; tritt dieser in das Duodenum über, so werden die Hormone Sekretin, Glukagon, GIP (Gastric inhibitory peptide) und VIP (Vasoactive intestinal peptide) freigesetzt, welche ebenfalls die Gastrinsekretion dämpfen.

Hauptwirkung des Gastrins ist die Stimulierung der Protonensekretion durch die Belegzellen der oberen Magenanteile, die das Hormon über den Blutweg erreicht (also nichtparakrin!). Über den dadurch verursachten Abfall des pH-Wertes ergibt sich ein Regelkreis für die Gastrinsekretion. Als weitere Wirkungen des Gastrins seien aufgelistet: Geringe Steigerung der Pepsinsekretion, Motilitätssteigerung in Dünndarm und Gallenblase sowie eine **Insulinstimulierung**.

Die Gastrinome des **ZOLLINGER-ELLISON-Syndroms** sind zu etwa 80 % im Pankreas und zu ca. 20 % im Duodenum lokalisiert. Es handelt sich dabei meist um maligne, früh metastasierende Tumoren, die Gastrin und bisweilen auch andere Hormone bilden. Schwerwiegendste Folge des ZOLLINGER-ELLISON-Syndroms sind multiple, rezidivierende (recidere lat. zurückfallen) und therapieresistente **Ulcera des Magens**, des **Duodenums** und mitunter auch des Jejunums. Begleitend können Diarrhoen auftauchen. Wegen des **multiplen Auftretens** bietet sich eine operative Entfernung der Gastrinome nicht an. Stattdessen behandelt man mit Antihistaminika wie Cimetidin oder Ranitidin und durchtrennt unter Umständen den N. vagus.

14.10.2 Sekretin und Pankreozymin (Cholecystokinin)

Das 27 Aminosäuren umfassende **Sekretin** wird von den S-Zellen des Duodenums und Jejunums synthetisiert. Sekretionsauslöser ist der Kontakt der Duodenalschleimhaut mit saurem Mageninhalt und Fetten. Auch über den N. vagus ist eine Sekretinfreisetzung stimulierbar. Über das Blut gelangt Sekretin an sein Erfolgsorgan, das Pankreas. Dort wird cAMP-vermittelt die Sekretion von Hydrogencarbonat und Wasser in das Duodenum gesteigert. Der dadurch alkalisierte Duodenalinhalt wirkt hemmend auf die Sekretinfreisetzung zurück (Regelkreis). Sekretin inhibiert ferner die Gastrinsekretion und stimuliert diejenige des Insulins. Die Magenmotilität wird durch Sekretin gebremst. In der Leber wird Sekretin durch lysosomale Peptidasen abgebaut.

Pankreozymin, synonym auch **Cholecystokinin** genannt, ist ein Produkt der E-Zellen des Duodenums, des Jejunums und im geringen Maße auch des Ileums. Die C-terminale Sequenz von fünf Aminosäuren ist mit derjenigen des Gastrins identisch, jedoch ist hier das Tyrosin im Gegensatz zum Gastrin immer sulfatiert. Eine Abspaltung dieser Sulfatgruppe inaktiviert das Pankreozymin. Das C-terminale Octapeptid der 33 Aminosäuren langen Peptidkette ist für die Pankreozyminwirkung entscheidend. Gallensäuren, Fette, Polypeptide und Aminosäuren provozieren bei Kontakt mit der Duodenal- oder Jejunalschleimhaut die Pankreozyminfreigabe. Sie erfolgt in das Blut, aus dem Pankreozymin mit einer Halbwertszeit von 15 Minuten rasch eliminiert und in der Leber abgebaut wird. Hauptwirkungen des Pankreozymins sind die Stimulation der **Verdauungsenzym-Exkretion** (Lipasen, Amylasen, Peptidasen) im **Pankreas** und die Auslösung von **Gallenblasenkontraktionen** („Cholecystokinin"). Wegen seiner strukturellen Verwandschaft mit dem Gastrin ist Pankreozymin auch in der Lage, in geringem Maße die Säuresekretion des Magens zu steigern.

14.10.3 Histamin

Histamin ist das **biogene Amin des Histidins**, aus dem es durch Decarboxylierung hervorgeht. Diese erfolgt in den **Gewebsmastzellen** und den **basophilen Granulocyten**, in deren Granula Histamin durch ionale **Bindung an Heparin** und an basische Proteine gespeichert wird. Aus diesen wird Histamin in das Blut durch Histaminliberatoren freigesetzt, wobei die Konzentration im Plasma bis zum hundertfachen ansteigen kann. Die Synthese des Histamins und sein Abbau sind der Abb. 14.79 zu entnehmen. Als Abbauprodukte erscheinen Imidazol-, Methylimidazolessigsäure und das Imidazoylessigsäureribosid im Harn.

Histamin entfaltet seine Wirkung über zwei unterschiedliche Rezeptoren. Sie werden als **H_1- und H_2-Rezeptor** bezeichnet, wobei die H_2-Wirkungen cAMP-abhängig sind. Als H_1-Wirkungen gelten: Kontraktion der glatten Darm- und Bronchialmuskulatur, Permeabilitätserhöhung des Endothels mit Ödemneigung, Gefäßkontraktion bei Gefäßen mit einem Durchmesser > 80 µm, Adrenalinausschüttung mit Dilatation der Gefäße bei einem Durchmesser < 80 µm. H_2-Rezeptor-vermittelt sind Tachykardie und **Magensäuresekretion**. Offenbar ist Histamin der Mediator für die Gastrinwirkung, da die Histaminfreisetzung aus den H-Zellen der Magenwand nach Gastrineinwirkung steigt.

Histamin ist ein wichtiger Mediator im Entzündungsgeschehen. Die auslösenden Antigene reagieren mit an der Mastzelloberfläche fixierten IgE-Antikörpern und verursachen eine Degranulation der Mastzellen. Das in großen Mengen freigesetzte Histamin führt im Kontext mit anderen Entzündungsmediatoren die typischen Symptome allergischer Reaktionen vom Soforttyp herbei: Ödembildung, anaphylaktischer Schock, Luftnot infolge Bronchokonstriktion, allergische Urticaria (Quaddelbildung), Hautrötung.

Insbesondere zur Behandlung von Magen- und Duodenalgeschwüren wurden H_2-Antagonisten wie Cimetidin und Ranitidin eingesetzt (sogenannte **H_2-Blocker**). Sie werden jedoch heute durch den Einsatz von H^+/K^+-ATPase-Blockern (Protonenpumpenblockern) wie **Omeprazol** (Antra®) ersetzt. Für die Ulcuserkrankung wird primär das Bakterium *Helicobacter pylori* verantwortlich gemacht, so daß bei der Therapie von Magen- und Duodenumulcera eine Dreierkombination von Omeprazol mit den Antibiotika Clarithromycin und Amoxycillin als erfolgreichster Ansatz gilt.

H_1-Rezeptorenblocker wie **Clemastin** finden in der Bekämpfung der Allergie (z. B. Heuschnupfen) Anwendung. Ihre wichtigste Nebenwirkung ist ein dämpfender Effekt auf das Gehirn, der sich besonders in Müdigkeit äußert. Dies hat nachhaltige Wirkungen auf die Fahrtüchtigkeit, insbesondere bei einer Kombination mit Alkohol oder Psychopharmaka!

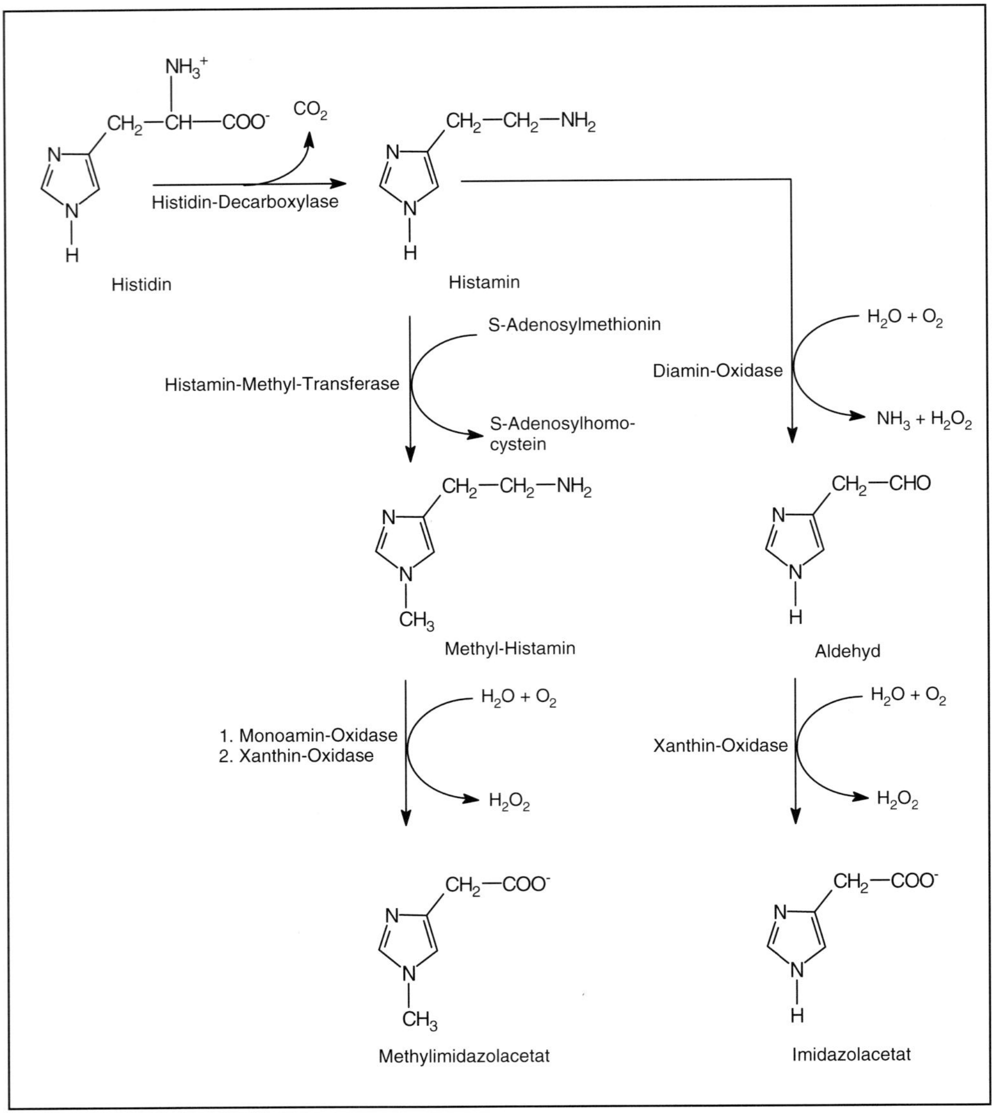

Abb. 14.79: Der Stoffwechsel des Histamins.

14.10.4 Serotonin

Serotonin, das biogene Amin des **5-Hydroxytryptophans**, wird in den gelben Zellen des Darms und der Bronchien gefunden. Durch aktiven Transport gelangt es aus dem Gastrointestinaltrakt in die Thrombocyten, in denen es zusammen mit ATP durch das Blut transportiert wird. Es wird aus diesen durch den Plättchenfaktor bei der Gerinnung freigesetzt. Serotonin ist Transmitter im ZNS und ist daher auch im Hypothalamus anzutreffen. Synthese und Abbau des Serotonins gibt Abb. 14.80 wieder. Der Abbau findet besonders in Leber und Niere statt. Im Harn taucht als Endprodukt **5-Hydroxyindolessigsäure** auf.

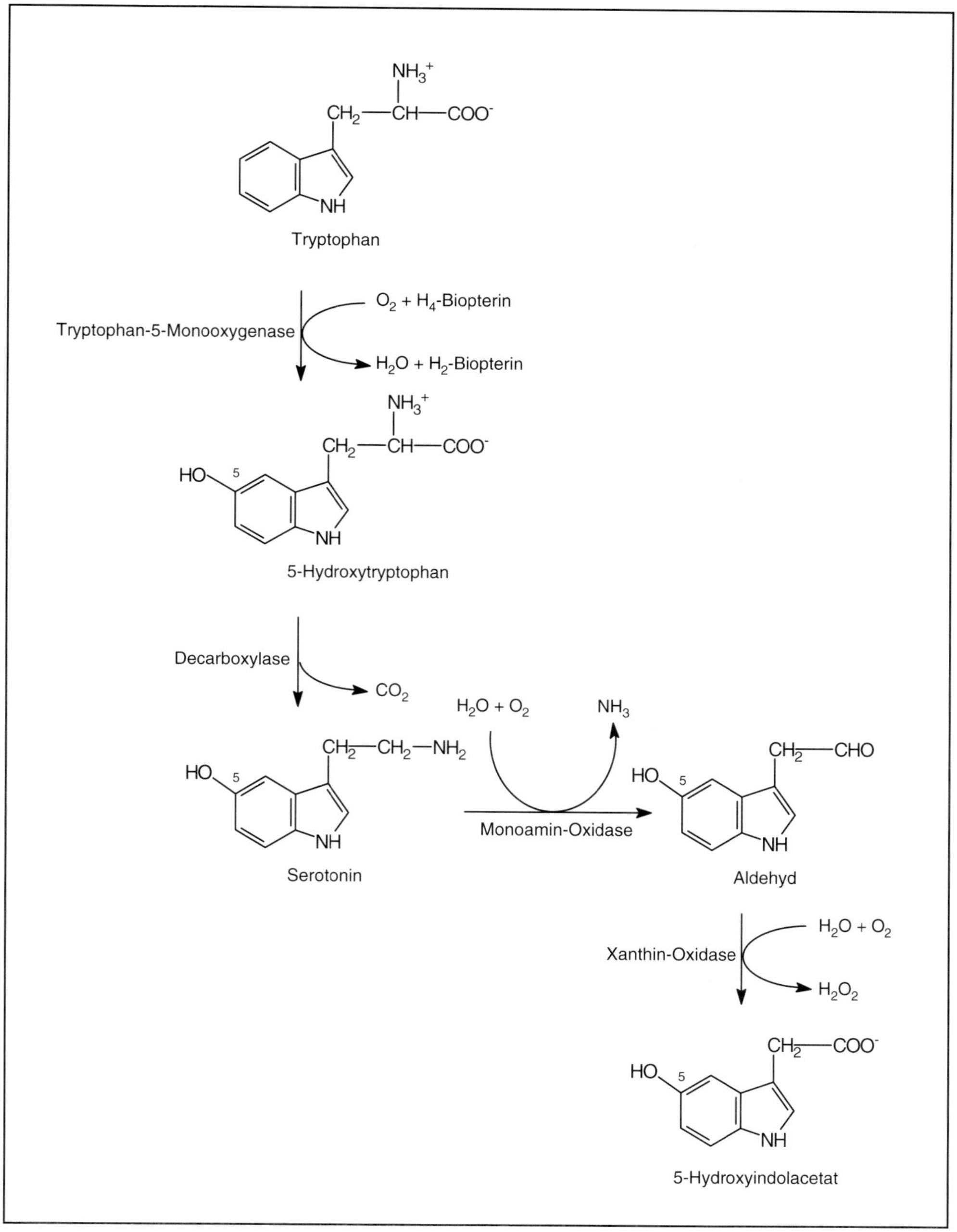

Abb. 14.80: Auf- und Abbau des Serotonins.

Als Wirkungen des Serotonins seien genannt: Konstriktion von Pulmonal- und Nierengefäßen, **Verengung der Bronchien**, Erhöhung der Darmmotilität, Senkung der Diurese durch gesteigerte Wasserresorption und eine erniedrigte glomeruläre Filtrationsrate, Erhöhung der Kapillarpermeabilität.

Tumoren der chromaffinen (gelben) Zellen, die sogenannten **Carcinoide**, produzieren im Übermaß Serotonin sowie Kallikrein (s.u.) und geben sich durch das Carcinoid-Syndrom zu erkennen: Anfallsweise auftretende **Hautrötung** („Flush", vermutlich durch Bradykinin bedingt, s. u.), Schwitzen, Hitzewallungen, kolikartige Leibschmerzen, **Asthma durch Bronchospasmus**, Oligurie (verminderte Harnausscheidung), Endocardfibrose und Herzklappenverdickung (Entstehung ungeklärt). Therapie: Entfernung des Tumors.

14.10.5 Kinine

Kinine sind Peptide, die im Blutplasma aus einem α_2-Globulin, dem Kininogen gebildet werden. Im Plasma und im Pankreas finden sich die Kallikrinogene, deren proteolytische Aktivierung durch Plasmin und den Gerinnungsfaktor XII a (HAGEMAN-Faktor) die Kallikreine liefert, welche wiederum im Blut aus Kininogen die Kinine mittels Proteolyse freisetzen. Die wichtigsten Kinine sind das Dekapeptid **Kallidin** und das aus diesem entstehende Nonapeptid **Bradykinin**. Die Inaktivierung der Kinine erfolgt innerhalb von Minuten. Verantwortlich für den Abbau sind Kininasen, die in Pankreas, Niere, Lunge, Blutzellen und Blutplasma zu finden sind. Auch das uns bereits vom Renin-Angiotensin-System bekannte Converting enzyme (CE) ist in der Lage, Bradykinin zu inaktivieren. Abb. 14.81 faßt Auf- und Abbau der Kinine zusammen.

Folgende Wirkungen werden Kininen zugeschrieben: Blutdrucksenkung, Schmerzauslösung, Bronchokonstriktion, erhöhte Gefäßpermeabilität mit Ödembildung. Für die Flushsymptomatik beim Carcinoid-Syndrom ist die Kallikreinfreisetzung aus dem Tumorgewebe verantwortlich. Der Schock bei schwerer Pankreatitis wird der Kallikreinfreigabe aus dem zerstörten Pankreasgewebe zugerechnet.

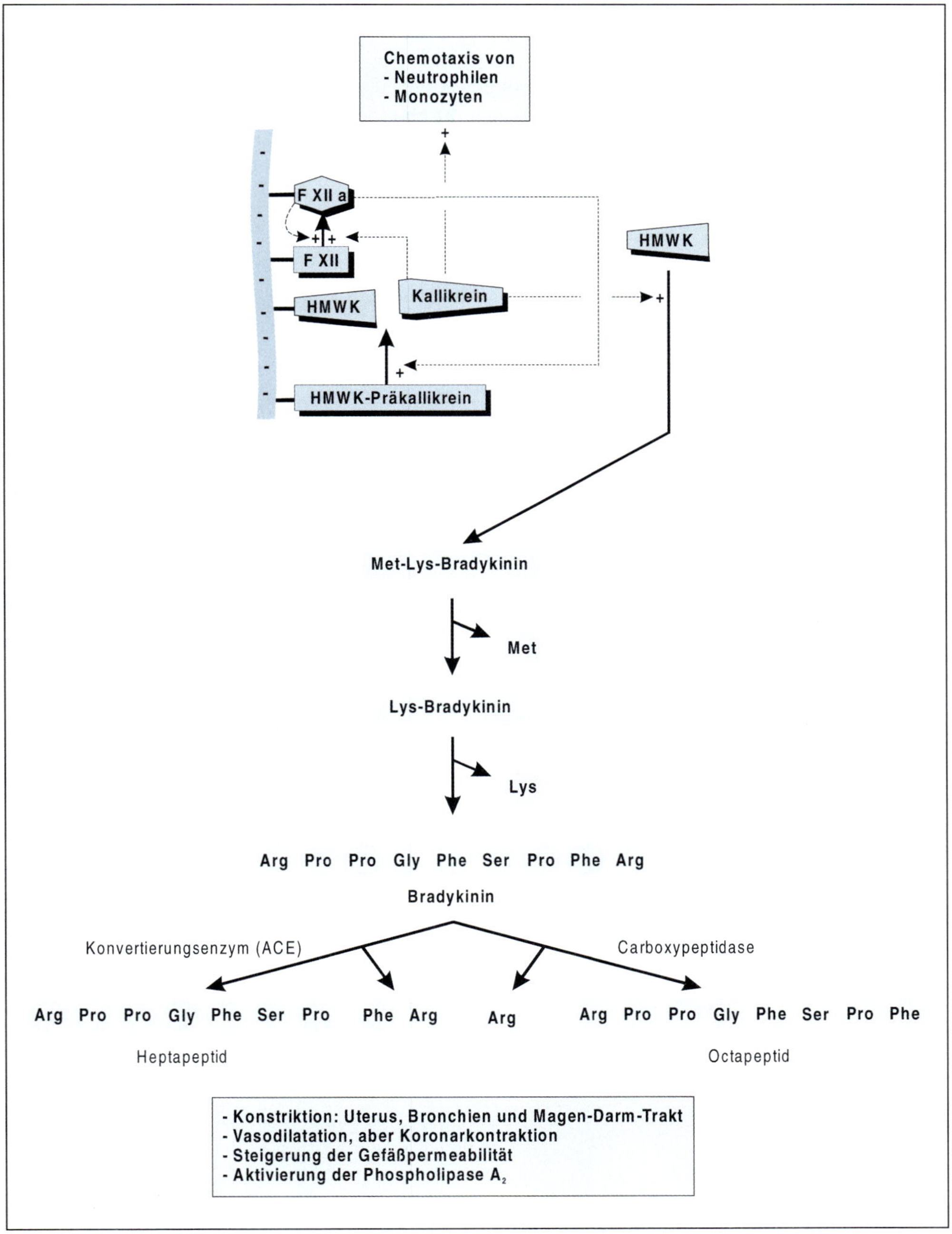

Abb. 14.81: Bradykinin und sein Stoffwechsel. Man beachte die Verknüpfung mit der Gerinnung durch Faktor XII a. Am unteren Ende der Abbildung sind einige Effekte des Bradykinins aufgeführt. HMWK steht für **H**igh **m**olecular **w**eight **k**ininogen, ein Kinin, dessen Bedeutung im Kapitel zur Gerinnung weiter ausgeführt werden wird.

14.10.6 Die Prostaglandine

Prostaglandine werden insbesondere in Lunge, Niere, den Samenblasen und Arteriengefäßwänden gebildet. Thrombocyten zeichnen sich durch einen hohen Gehalt an Thromboxanen aus, während Leukotriene in Leukocyten und Mastzellen gefunden werden. Prostacyclin ist in der Gefäßwand lokalisiert.

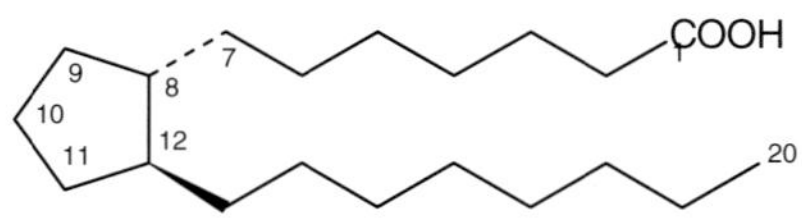

Prostansäure

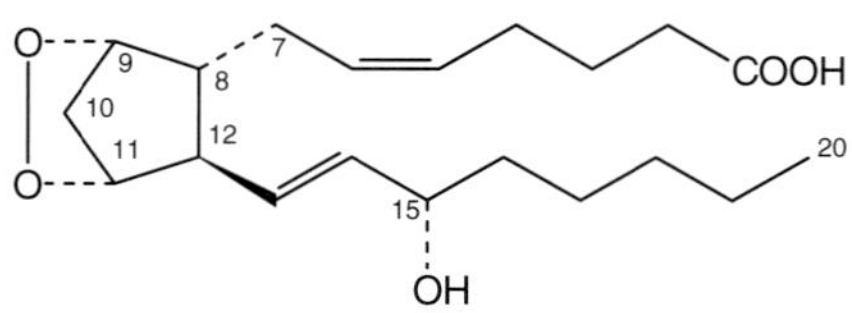

Prostaglandin H_2

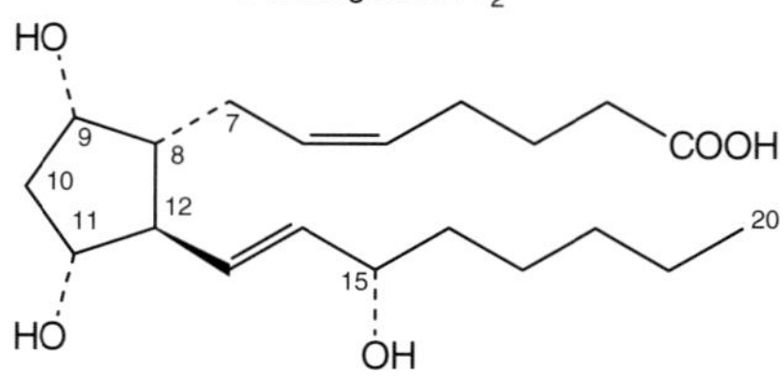

Prostaglandin $F_{2\alpha}$

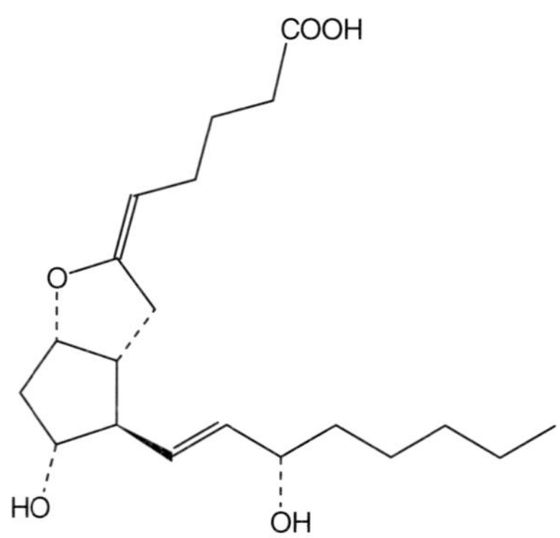

Prostacyclin (PGI_2)

Abb. 14.82: Einige typischer Vertreter der Prostaglandine und die Prostansäure, ihre Muttersubstanz.

Prostaglandine weisen einige gemeinsame Strukturmerkmale auf: 20 C-Atome, einen **Cyclopentanring**, eine **Doppelbindung an C-13**, die **endständige Carboxylgruppe** und eine **OH-Gruppe an C-15**. Die Formel des Prostaglandins $F_{2\alpha}$ in Abb. 14.82 möge dies exemplarisch veranschaulichen.

Die Zahlen in den Namen der Prostaglandine geben die Anzahl der Doppelbindungen in der Seitenkette an, α oder β weisen auf die Stellung der Hydroxylgruppe an C-9 unter (α) oder über (β) der Ringebene hin. Gestrichelte Bindungen deuten darauf hin, daß der Substituent unterhalb der Ebene des Cyclopentanrings lokalisiert ist. Das Wirkungsspektrum der Prostaglandine ist außerordentlich vielgestaltig. Es sei daher an dieser Stelle lediglich tabellarisch aufgeführt:

Tabelle 14.6: Das Wirkungsspektrum einiger Prostaglandine.

Effekte der Prostaglandine	
Thrombocytenaggregation	TXA_2 erhöht, PGI_2 erniedrigt
Symphatikotonus	$PGF_{2\alpha}$ erhöht, PGE_2 erniedrigt
Blutdruck	$PGF_{2\alpha}$ erhöht, PGE_2 erniedrigt
Uteruskontraktion	$PGF_{2\alpha}$ erhöht, PGE_2 erhöht
Magensaftsekretion	PGE_2 stimuliert
Reninfreisetzung	$PGF_{2\alpha}$ erniedrigt, PGE_2 erhöht
Chemotaxis	LTB_4 stimuliert
Bronchokonstriktion	LTC_4 erhöht

14.11 Literaturhinweise

(1) Bamberger, C. M., Schulte, H. M.: Glukokortikoide – Teil I. Wirkmechanismen und Nebenwirkungen. Der Internist 38, S. 366 – 370 (1997)

(2) Boon, W. C. et al.: Aldosteron secretion. A molecular perspective. TEM, Vol. 8, S. 346 – 354 (1997)

(3) Brue, T. et al.: Immunoradiometric analysis of circulating human glycosylated and nonglycosylated prolactin forms: Spontaneous and stimulated secretions. Journal of Clinical Endocrinology and Metabolism, S. 1338 – 1344 (1992)

(4) Dörr, H. G., Schulze, E.: Das Adrenogenitale Syndrom (AGS). Gynäkologe 31, S. 539 – 548 (1998)

(5) Guise, T. A., Mundy, G. R.: Cancer and bone. Endocrine Reviews 19, S. 18 – 54 (1998)

(6) Greiling, H., Gressner, A. M.: Lehrbuch der Klinischen Chemie und Pathobiochemie. S. 980 – 991. Schattauer Verlag. 3. Auflage (1995)

(7) Harrison, T. R.: Principles of internal medicine. S. 1897 – 1902. 13th Ed. (1994)

(8) Kiesel, L.: Molecular mechanisms of gonadotrophin releasing homone-stimulated gonadotrophin secretion. Human Reproduction, Vol. 8 Suppl 2, S. 23 – 28 (1993)

(9) Laycock, J. F., Hanoune, J.: From vasopressin receptor to water channel: intracellular traffic, constraint and by-pass. Journal of Endocrinology 159, S. 362 – 372 (1998)

(10) Leidenberger, F. A.: Klinische Endokrinologie für Frauenärzte. S. 221 – 239. 2. Auflage, Springer Verlag. (1997)

(11) Leite, V. et al.: Characterization of big, big prolactin in patients with hyperprolactinaemia. Clinical Endocrinology, 37, S. 365 – 372 (1992)

(12) Lotz, J., Prellwitz, W.: Biochemische Parameter des Knochenstoffwechsels. MTA 13, S. 539 – 544 (1998)

(13) Martin, T. J., Udagawa, N.: Hormonal regulation of osteoclast function. TEM Vol. 9, S. 6 – 12 (1998)

(14) Melmed, S. et al.: Pathophysiology of Acromegaly. Endocrine Reviews 4, S. 271 – 290 (1983)

(15) Newgard, C. B., McGarry, J. D.: Metabolic coupling factors in pancreatic β-cell signal transduction. Annu. Rev. Biochem. 64, S. 689 – 917 (1995)

(16) Ohlson, C. et al.: Growth hormone and bone. Endocrine Reviews 19, S. 55 – 79 (1998)

(17) Ortmann, O. et al.: Wirkungsmechanismen von Gonadotropin-Releasing-Hormon und seinen Analoga. Gynäkologe 31, S. 1051 – 1056 (1998)

(18) Pfannenstiel, P.: Schilddrüsenkrankheiten. Diagnose und Therapie. Berliner Medizinische Verlagsanstalt. 3. Auflage (1998)
(19) Pierce, J. G., Parsons, T. F.: Glycoprotein hormones: Structure and function. Ann. Rev. Biochem. 50, S. 465 – 495 (1981)
(20) Reiter, J. R. et al.: Melatonin. Its intracellular and genomic actions. TEM, Vol. 7, S. 22 – 27 (1996)
(21) Rossmanith, W. G.: Neuroendokrine Steuerung der menschlichen Reproduktion. Ullstein Mosby (1994)
(22) Russel, D. W., Wilson, J. D.: Steroid 5α-Reductase: Two genes/two enzymes. Ann. Rev. Biochem. 63, S. 25 – 61 (1994)
(23) Sumit, K., Berl, T.: Sodium. The Lancet, Vol. 352, S. 220 – 228 (1998)
(24) Wulf, K.-H., Schmidt-Matthiesen, H.: Endokrinologie und Reproduktionsmedizin I. 3. Auflage. Urban und Schwarzenberg (1995)
(25) Ziegler, R. et al./Deutsche Gesellschaft für Endokrinologie: Rationelle Diagnostik in der Endokrinologie. Thieme Verlag (1993)

15 Nerv und Muskel

15.1 Wichtige Begriffe der Neurochemie

15.1.1 Aufbau der Nervenzelle, Begriff des Neurotransmitters

Ein unmittelbar erkennbarer Unterschied zwischen Nervensystem und hormonellem System liegt in der unterschiedlichen Art der Informationsübermittlung. Während die Hormone von den zugehörigen endokrinen Drüsen in das Blut abgegeben werden, der Körper sich also des Kreislaufs als Nachrichtenüberträger bedient, werden die Informationen im Nervensystem in Form schneller, elektrischer Impulse weitergeleitet. Nur an Übergängen zwischen Nervenzellen werden chemische Botenstoffe, die sogenannten **Neurotransmitter**, für die Weitergabe einer Nachricht herangezogen. Dies macht zugleich deutlich, warum das Hormon- gegenüber dem Nervensystem relativ träge ist. Die extrem hohe Komplexität des Nervensystems ($2 \cdot 10^{10}$ menschliche Nervenzellen) steht bisher einem umfassenden Verständnis neuronaler Vorgänge und Schaltkreise entgegen. Wir wollen uns daher auf die einzelnen Bausteine des Ganzen und ihre Verknüpfungsstellen, **Nervenzellen** und **Synapsen**, beschränken.

Die Nervenzelle, das **Neuron** , weist einige typische Strukturmerkmale auf. Dem Zellkörper, auch Soma genannt (soma gr. Körper), entspringen zweierlei verschiedene Zellfortsätze. Die verzweigten **Dendriten** dienen als Empfangsorgan für Signale anderer Nervenzellen, weitergeleitet wird die elektrische Erregung vom jeweiligen Neuron über das **Axon**, das seinerseits endständig verzweigt sein kann. Über diese Kollateralen kann die Nervenzelle also ihre Information nicht nur an eine, sondern an mehrere Neuronen gleichzeitig weitergeben. Man schätzt, daß eine Nervenzelle mit 1000 anderen ihrer Art Kontakt aufrecht erhält, womit auch auf zellulärer Ebene die Komplexität des Maschenwerks Nervensystem unterstrichen wird. Das Axon kann zur besseren Weiterleitung eines elektrischen Impulses von **SCHWANNschen Zellen** umgeben sein, die durch Bildung einer Myelinscheide (Bestandteil Sphingomyelin) als Isolator wirken. Jede dieser SCHWANNschen Zellen bedeckt nur 12 μm des Axons, so daß zwischen den einzelnen Abschnitten der Myelinscheide das Axon unbedeckt ist. Diese 1 μm breiten **RANVIERschen Schnürringe** sind Grundlage der **saltatorischen Weiterleitung** des elektrischen Signals. Das Ende des Axons bzw. seiner Kollateralen wird durch eine Verdickung, die präsynaptische Endigung, markiert. Hier findet nach Eintreffen eines elektrischen Signals dessen Umsetzung in ein chemisches Signal statt. Eine in der Regel recht einfach gebaute Verbindung, der Neurotransmitter, wird in den engen Zwischenraum zweier Nervenzellen entlassen. Hat er diesen etwa 20-30 nm breiten synaptischen Spalt durch Diffusion hinter sich gebracht, löst er an der postsynaptischen Membran der benachbarten Zelle wieder die Bildung eines elektrischen Signales aus. Das gesamte Ensemble aus präsynaptischer Endigung, synaptischem Spalt und postsynaptischer Zielmembran wird **Synapse** genannt.

Der Neurotransmitter muß, nachdem er im Soma synthetisiert und in Vesikeln gespeichert wurde, unmittelbar nach Eintreffen eines elektrischen Signals ausgeschüttet werden.

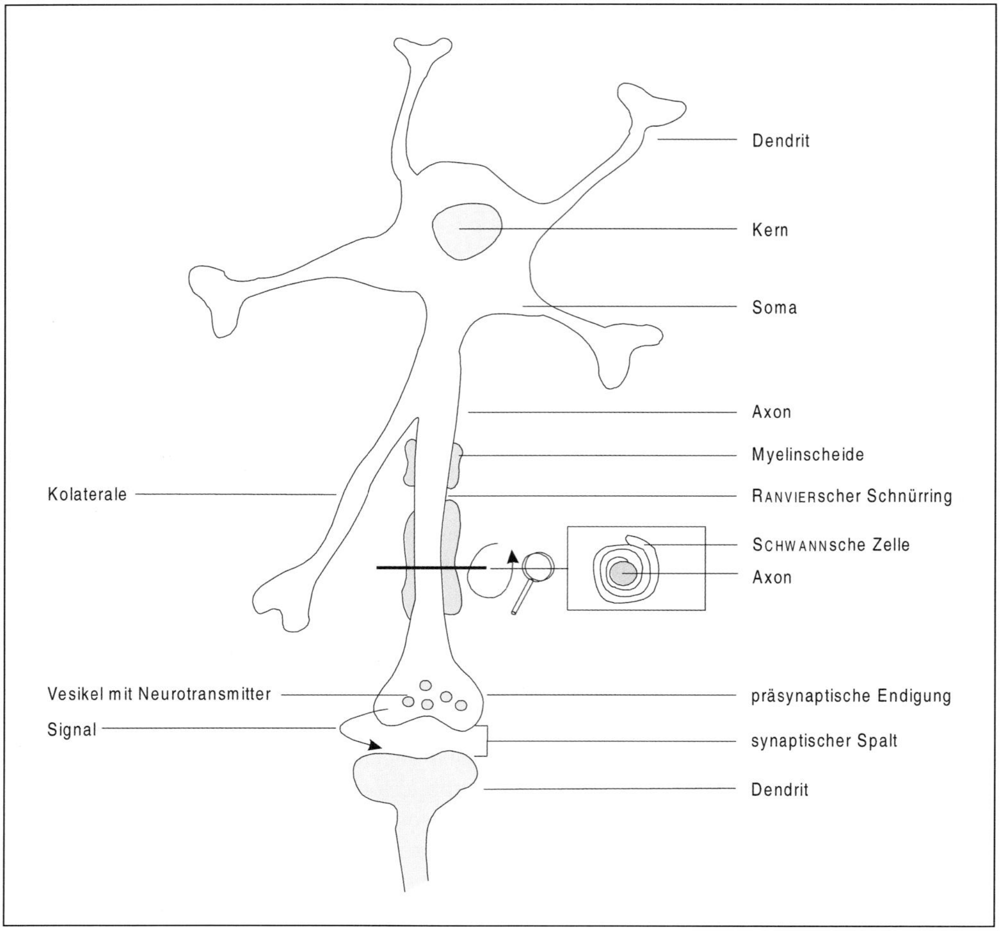

Abb. 15.1: Die Nervenzelle: Aufbau und Kommunikation mittels Neurotransmitter.

Rezeptoren an der postsynaptischen Membran ermöglichen der Überträgersubstanz Bindung und Reiz- bzw. Informationsweiterleitung an die Nachbarzelle. Schließlich ist eine effiziente Inaktivierung des Transmitters vonnöten, damit das Signal zeitlich begrenzt bleibt und es keine Dauerdepolarisation an der Synapse gibt, die für den Organismus unkontrollierbare Folgen hätte.

15.1.2 Das Aktionspotential

Grundlage eines Aktionspotentials ist zunächst einmal das an der äußeren Membran nicht erregter, also ruhender Neurone herrschende **Ruhepotential** von 60 bis 100 mV. Dabei ist das Innere der Zelle im Vergleich zur umgebenden, extrazellulären Flüssigkeit (Interstitium) negativ geladen. Am Aufbau dieses Ruhepotentials sind im wesentlichen drei verschiedene Ionen beteiligt: Na^+, K^+ und Cl^-. Seine Entstehung läßt sich in prägnanten Worten wie folgt charakterisieren: Die Na^+-K^+-ATPase pumpt fortwährend Na^+ aus der Zelle heraus, während K^+ im Gegenzug in die Zelle gelangt. Für beide Ionen entsteht folglich ein Konzentrationsgradient über die Membran hinweg, wobei diese unter den Ruhebedingungen relativ undurchlässig für Na^+ ist, so daß kein Ausgleich der asymmetrischen Na^+-Ionenverteilung erfolgen kann. Für K^+-Ionen hingegen ist das Durchwandern der Zellmembran vergleichsweise gut möglich. So verlassen K^+-Ionen in geringerem Umfang ständig das Zellinnere, wobei sich dieses durch den Leckstrom gegenüber dem Interstitium negativ auflädt. Das bei diesem Vorgang entstehende K^+-Diffusionspotential verhindert jedoch einen vollständigen Abbau des K^+-Konzentrationsgradienten. Von den zellulären Anionen ist nur Cl^- in nennswerten Umfang in der Lage, die Membran zu überqueren und dem K^+ zu folgen, wobei sich allerdings auch dem Chlorid nach einiger Zeit das eigene Diffusionspotential in den Weg stellt. Die aus den genannten Vorgängen resultierende Ionenverteilung führt zum Ruhemembranpotential der Nervenzelle.

Wird durch einen elektrischen Reiz das Ruhepotential gegen 0 mV verändert, so tritt nach Erreichen eines Schwellenwertes eine massive Veränderung der Ionenverteilung ein. Infolge der Depolarisation öffnen sich kurzfristig (etwa 1 ms) spannungsabhängige Na^+-Kanäle in der Außenmembran, wodurch die Depolarisation noch verstärkt wird. Infolgedessen öffnen sich weitere Na^+-Kanäle und in einer Art positiven Rückkopplung potenziert sich der Effekt. Einmal eingeleitet, ist er nicht mehr aufzuhalten und wird demzufolge auch als **Alles-oder-Nichts-Antwort** bezeichnet. Das Membranpotential bricht zusammen und kann sogar kurzfristig eine umgekehrte Polarität aufweisen (sog. overshoot). Aufgrund der Depolarisation öffnen sich jedoch zeitlich verzögert auch spannungsabhängige K^+-Kanäle, was mit einem K^+-Ausstrom einhergeht, das verkehrte Membranpotential wird durch diesen Prozeß wieder abgebaut. Das Entstehen eines Aktionspotentials führt nunmehr in benachbarten Bereichen des Axons zu einer Depolarisation umgebender Nervenzellen, die ihrerseits mit einem eigenen Aktionspotential reagieren.

Ähnlich können wir uns das Entstehen eines Aktionspotentials an der postsynaptischen Membran vorstellen. Hier werden die Ionenkanäle jedoch nicht spannungsabhängig reguliert, sondern durch Einwirkung chemischer Botenstoffe, der Neurotransmitter. Man spricht in solchen Fällen von **ligandenabhängigen Ionenkanälen**. Bei Neurotransmittern, die ein solches **exzitatorisches** (excitare lat. erregen) **postsynaptisches Potential (EPSP)** auslösen, wird ein Kanal geöffnet, der sowohl für Na^+ als auch für K^+ durchlässig ist, wobei der Na^+-Ausstrom jedoch überwiegt und die Membran depolarisiert. Man kennt dagegen auch Botenstoffe, die über ligandengesteuerte Cl^-- oder K^+-Kanäle hemmend auf ihre Nachbarzelle einwirken. Sie setzen durch eine **Hyperpolarisation** die Erregbarkeit herab, erschweren also die Auslösung eines Aktionspotentials (**inhibitorisches postsynaptisches Potential IPSP**; inhibere lat. hemmen, hindern). Darüber hinaus vermögen Neurotransmitter nach Aktivierung verschiedener intrazellulärer Signalwege (second messenger) Wirkungen auf differenzierende Art und Weise zu entfalten.

15.2 Dopamin, Noradrenalin und der M. Parkinson

Die Synthese der Catecholamine haben wir im vorherigen Kapitel diskutiert. Neben der hormonellen Wirkung, die Adrenalin und Noradrenalin entfalten können, besitzen **Noradrenalin** sowie **Dopamin** auch Qualitäten als Neurotransmitter. Entsprechend ihrer Enzymausstattung nennt man die zugehörigen Neuronen dopaminerg oder noradrenerg. Dopamin finden wir in Neuronen der **Substantia nigra** und der **Formatio reticularis**, Noradrenalin in Hypothalamus und postganglionären sympathischen Zellen.

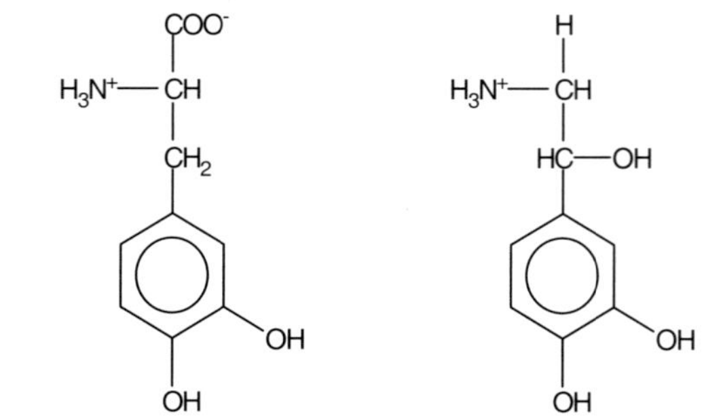

Abb. 15.2: DOPA und Noradrenalin.

Abb. 15.3: DOPA und Noradrenalin.

In Vesikeln gespeichert werden beide Neurotransmitter nach Eintreffen eines Aktionspotentials ausgeschüttet und gelangen an ihre Rezeptoren, wo sie ihre Information weiterreichen. Die adrenergen Rezeptoren, deren Mangel im zentralen Nervensystem als Ursache der endogenen Depression vermutet wird, wurden bereits am Beispiel des β_2-Rezeptors angesprochen.

Auch für Dopamin sind zwei Rezeptoren bekannt, von denen D_1 die Adenylat-Cyclase aktiviert und D_2 inhibiert. Patienten mit einem **Morbus PARKINSON** zeichnen sich durch einen Mangel an Dopamin in der Substantia nigra aus, da es bei dieser Krankheit zu einer herdförmigen Degeneration der melaninhaltigen Neurone der Pars compacta kommt. Dies hat zur Folge, daß Dopamin im Striatum (Putamen, Caudatum) fehlt, wo die dopaminergen Neurone einen hemmenden Einfluß auf erregende cholinerge Nervenzellen ausüben, deren Aktivität nun überwiegt. Darauf wird der **Rigor**, eine krankhafte Erscheinung aus der PARKINSON-Trias des Morbus PARKINSON, zurückgeführt. Die anderen beiden Hauptsymptome dieser neurologischen Erkrankung, an der vorwiegend Männer im Alter von 40 bis 60 Jahren erkranken, sind ein grobschlägiger **Tremor** und die **Hypokinese** (hypo gr. unter und kinesis gr. Bewegung). Typisch sind auch die **gebückte Haltung** der Patienten, ihr **kleinschrittiger,** teilweise schlürfender **Gang**, die mangelnde oder fehlende Mimik im Gesichtsausdruck (**Hypomimie**) und vegetative Störungen, die sich in Hypersalivation (saliva lat. Speichel, also eine Überproduktion von Speichel), erhöhte Talgproduktion (**Salbengesicht**), Obstipation (Verstopfungen), Harnverhalten und Störungen der Wärmeregulation niederschlagen. Therapiert werden kann diese Erkrankung durch Gegenspieler des Acetylcholins oder durch Substitution des fehlenden Dopamins. Da dies die Blut/Hirn-Schranke jedoch nicht überwinden kann, verabreicht man stattdessen die Vorstufe L-DOPA.

15.3 GABA, Glycin und Serotonin

Neben Noradrenalin und Dopa, die sich ja von der Aminosäure Tyrosin ableiten, besitzen auch die Aminosäurederivate **γ-Aminobuttersäure**, GABA, **Serotonin,** sowie die Aminosäure **Glycin,** Neurotransmitter-Fähigkeiten.

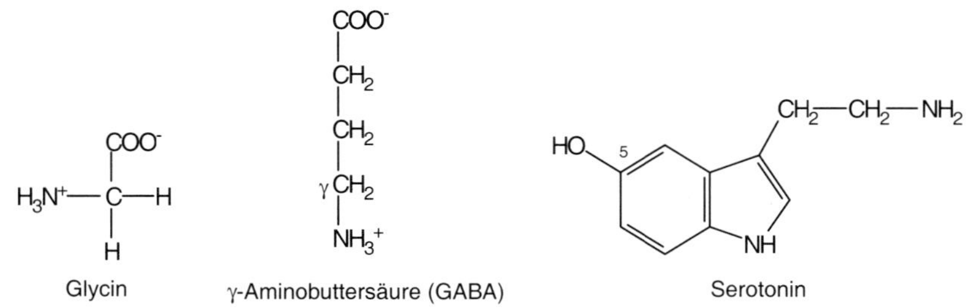

Abb. 15.4: Glycin, GABA und Serotonin.

Die γ-Aminobuttersäure, das biogene Amin des Glutamats, gehört zu den inhibitorisch wirkenden Neurotransmittern. Nach Bindung an den zugehörigen, postsynaptischen Rezeptor, strömen Cl^--Ionen in die Zelle hinein und induzieren, wie erläutert, ein inhibitorisches postsynaptisches Potential. **Barbiturate** und **Benzodiazepine** (Valium®) weisen übrigens einen synergistischen Effekt zu GABA auf. Glycin, ebenfalls hemmend wirksam, wird in den inhibitorischen Synapsen des Rückenmarks gefunden und erhöht analog der GABA die Leitfähigkeit ligandengesteuerter Chloridkanäle. Serotonerge Synapsen sind relativ selten. Ihnen wird eine Funktion bei der Regulation des Wach/Schlaf-Rhythmus zugesprochen.

15.4 Acetylcholin als Neurotransmitter

15.4.1 Die zwei Cholinorezeptoren des Acetylcholins

Acetylcholin, abgekürzt ACh, ist an mannigfachen Stellen des Nervensystems Neurotransmitter. Im Vordergrund stehen dabei die Wirkungen am Skelettmuskel und an den parasympathisch beeinflußten Organen und Geweben.

Die Effekte des Acetylcholins werden über die nikotinischen oder n-Rezeptoren bzw. die muskarinischen oder m-Rezeptoren vermittelt. Nikotinische Rezeptoren finden wir an der motorischen Endplatte, im Nebennierenmark, in den vegetativen Ganglien und teilweise im zentralen Nervensystem. Nikotin wirkt in geringeren Konzentrationen erregend, in höheren jedoch hemmend auf diesen Rezeptorentypus ein. Der n-Rezeptor besteht aus fünf transmembranösen Glykoproteinuntereinheiten, die sich um eine zentrale Ionenpore gruppieren und die Kohlenhydratseitenketten an der Außenseite der Cytoplasmamembran, also extrazellulär, tragen. Das Pentamer (penta gr. fünf und meros gr. Teil) weist die Zusammensetzung $\alpha_2\beta\gamma\delta$ auf. Lediglich die α-Untereinheiten vermögen den Liganden Acetylcholin zu binden, was eine Konformationsänderung des Rezeptorproteins mit Öffnung der zentralen Ionenpore zur Folge hat. Wird die erste α-Untereinheit mit dem Liganden besetzt, so erhöht sich die Wahrscheinlichkeit, daß sich die Ionenpore öffnet, nur geringfügig. Bindet jedoch ein weiteres Acetylcholinmolekül an die zweite α-Untereinheit, erfolgt die Öffnung der zentralen Pore mit großer Wahrscheinlichkeit. Jede Untereinheit beinhaltet wiederum fünf α-helicale transmembranöse Abschnitte (die Proteinkette des Rezeptors durchdringt die Plasmamembran also fünfmal), wobei die vierte membranständige α-Helix vermehrt geladene Aminosäuren aufweist. Vermutlich bildet dieser Abschnitt die Wand des Ionenporenlumens. Es sei hier betont, daß die α-Untereinheit nicht mit den α-Helices einer jeden einzelnen Untereinheit verwechselt werden darf!

Der **muskarinische Rezeptor** ist an den cholinergen parasympathischen Zielorganen und teilweise im zentralen Nervensystem lokalisiert. **Muskarin**, ein Fliegenpilzgift, wirkt an diesem Rezeptor erregend, während es keine Auswirkung auf n-Rezeptoren zeigt. Auch beim m-Rezeptor handelt es sich um ein Glykoprotein, dessen Struktur aber noch nicht so gut aufgeklärt ist. Man unterscheidet zwei Subpopulationen (sub lat. unter und populus lat. Volk), den m_1- und den m_2-Rezeptor. Stimulation des m_1-Rezeptors verursacht einen vermehrten Abbau von Phosphatidylinositol-4,5-bisphosphat (PIP_2) zu Diacylglycerol und Inositol-1,4,5-trisphosphat, diejenige des m_2-Rezeptors eine Hemmung der Adenylat-Cyclase über inhibitorische G-Proteine. Der **nikotinische Rezeptor** der neuromuskulären Endplatte wird durch Muskelrelaxantien (relaxare lat. lockern, abspannen) wie **Tubocurarin** (aus dem **Curare** der Amazonas- bzw. Orinoco-Indianer) oder Pancuronium kompetitiv gehemmt, d. h., eine Erhöhung der Acetylcholinkonzentration am synaptischen Spalt vermindert die Hemmung. **Atropin**, das Gift der Tollkirsche, ist ein kompetitiver m-Rezeptorenblocker, d. h., seine Wirkung entfaltet sich - von sehr hohen Dosen abgesehen - selektiv am Parasympathicus. Die Abb. 15.6 faßt in einem Überblick das Gesagte zusammen.

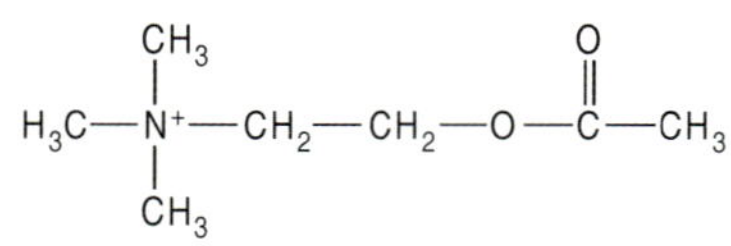

Acetylcholin

- Alle parasympathischen Nervenendigungen
- Einige postganglionäre sympathische Nervenendigungen
- Alle präganglionären vegetativen Nervenendigungen
- Alle motorischen Endplatten
- Viele Synapsen des zentralen Nervensystems

Abb. 15.5: Das Wirkungsspektrum des Acetylcholins.

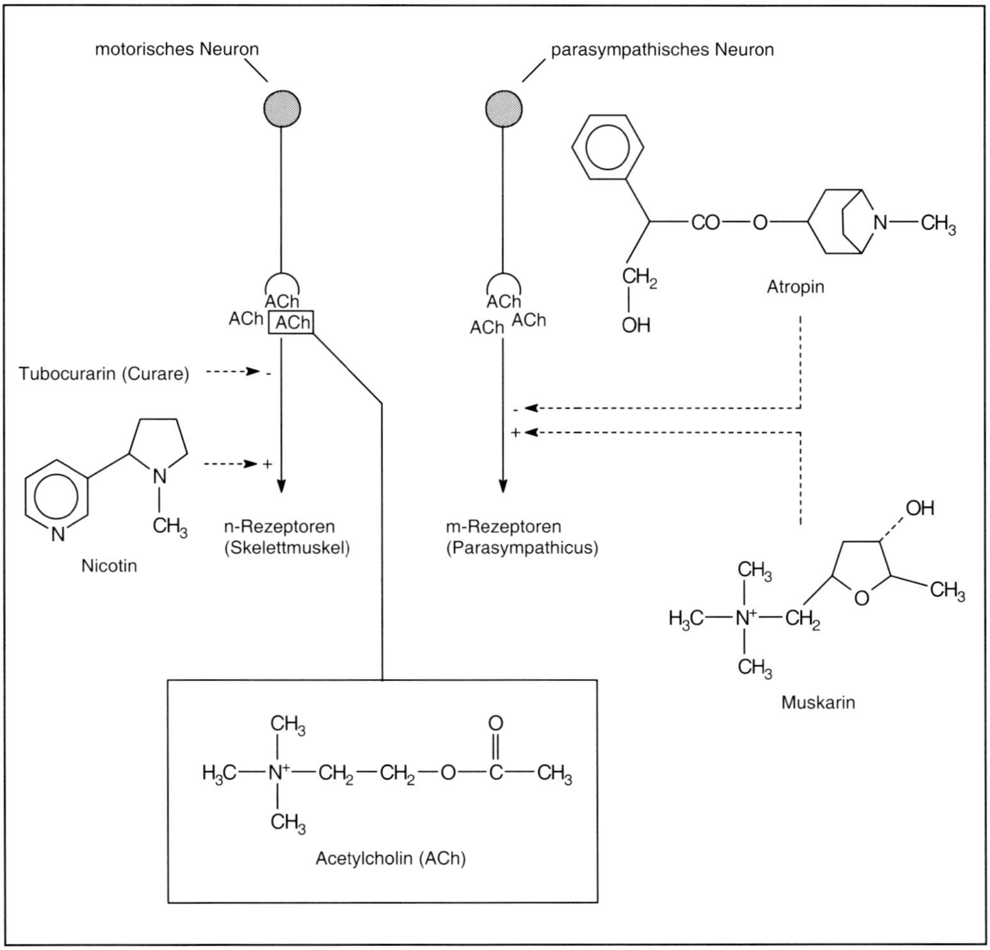

Abb. 15.6: Acetylcholin als Neurotransmitter motorischer und parasympathischer Neuronen. Atropin ist ein sehr wirksames Parasympatholytikum und findet auch therapeutisch Anwendung.

15.4.2 Stoffwechsel des Acetylcholins

Acetylcholin wird im Cytoplasma der präsynaptischen Endigung (Endknopf) aus Cholin und Acetyl-CoA durch die Cholin-Acetyltransferase aufgebaut, welche durch axoplasmatischen Transport aus dem Soma der Nervenzelle in die präsynaptische Endigung gelangt.

Das Acetyl-CoA entstammt dem Citratzyklus der Mitochondrien, während Cholin in der Nervenzelle nicht synthetisiert wird und von ihr sekundär-aktiv aus dem Extrazellulärraum aufgenommen werden muß. Dieser aktive Transport ist der geschwindigkeitsbestimmende Schritt der Acetylcholinsynthese. Das gebildete Acetylcholin wird durch ein Acetylcholin-Transporterprotein im Austausch mit Protonen (also H^+-Ionen) in Vesikel (vesicula lat. Bläschen) überführt, in denen es bis zum Eintreffen eines Aktionspotentials gespeichert bleibt. Ein Vesikel enthält 1.000 bis 10.000 Acetylcholinmoleküle.

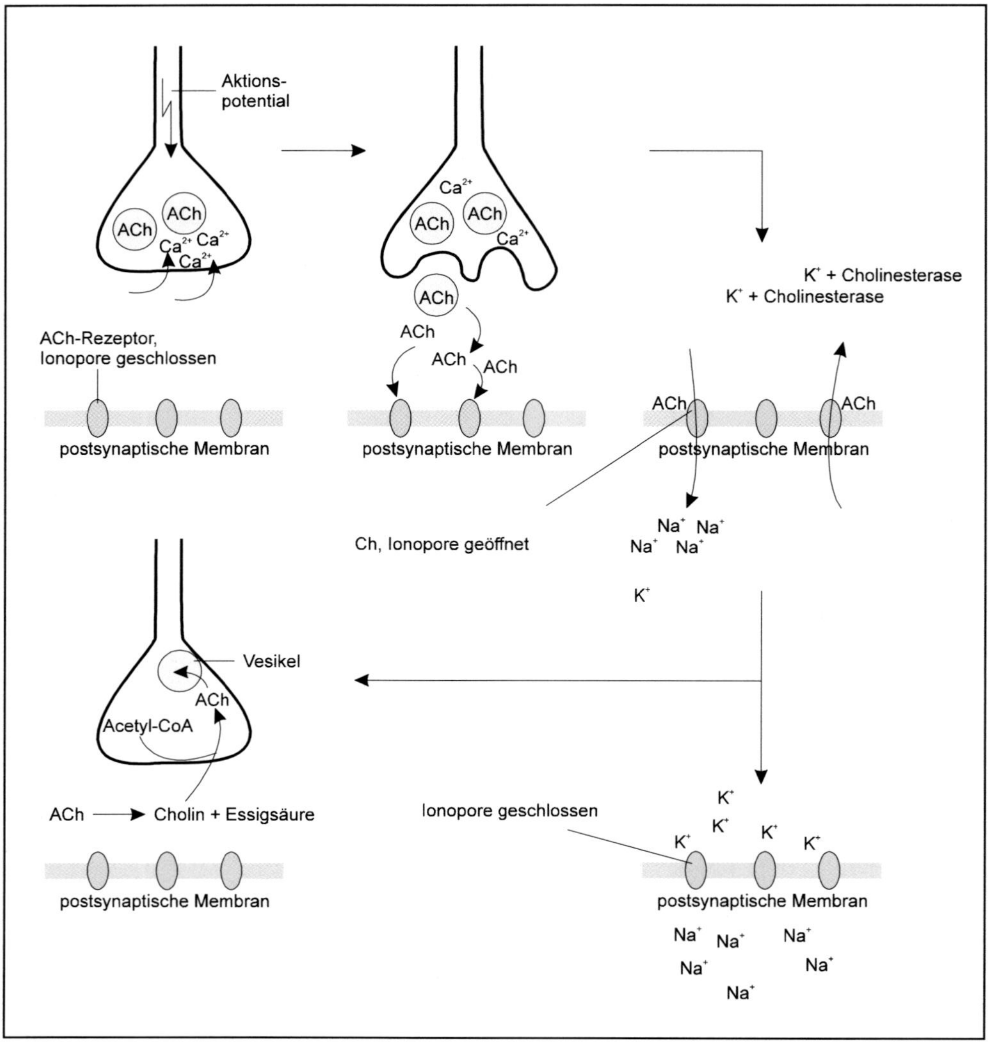

Abb. 15.7: Ausschüttung und Abbau von gespeichertem Acetylcholin. Synthese und Speicherung des Neurotransmitters wird durch Abb. 15.8 erhellt.

Trifft ein Aktionspotential an der präsynaptischen Endigung ein, kommt es durch die Potentialumkehr an der Plasmamembran zur Öffnung spannungsgesteuerter Ca^{2+}-Ionenporen (der ACh-Rezeptor ist dagegen eine sogenannte ligandengesteuerte Ionenpore), durch die nun Calciumionen in das Zellinnere einströmen. Da die intrazelluläre Ca^{2+}-Konzentration lediglich 10^{-7} mol/L beträgt, während sie im Extrazellulärraum einen Wert von 1 bis 2 mmol/L besitzt, kann eine relativ kleine Zahl spannungsgesteuerter Calciumionenporen nach Eintreffen eines Aktionspotentiales die intrazelluläre Ca^{2+}-Konzentration um den Faktor 10 bis 100 erhöhen. Dieser Calciumionenanstieg im Cytoplasma ist das Signal für die Verschmelzung der Acetylcholin beinhaltenden Vesikel mit der präsynaptischen Membran, in deren Folge dann das Acetylcholin durch Exocytose in den synaptischen Spalt abgegeben wird.

Die pro Vesikel freigesetzte Zahl an Acetylcholinmolekülen wird in seiner Gesamtheit als ACh-Quantum bezeichnet. Die Exocytose ist auf bestimmte Areale der präsynaptischen Membran begrenzt, nämlich auf die sogenannten aktiven Zonen. Sie liegen den postsynaptischen ACh-Rezeptoren genau gegenüber, was eine Verminderung des Diffusionsweges beinhaltet und somit die Reizfortleitung beschleunigt. Der intrazelluläre Anstieg von Calciumionen am präsynaptischen Axonende ist nur von kurzer Dauer. Calciumbindende Proteine, Mitochondrien und das Endoplasmatische Retikulum nehmen Calciumionen auf, während Calciumpumpen der Plasmamembran (Ca^{2+}-ATPase) die Calciumionen aktiv aus dem Zellinneren in den Extrazellulärraum transportieren.

Das Acetylcholin trifft nach seiner Freisetzung aus der präsynaptischen Endigung auf seinen Rezeptor, dessen Ionenpore es nach Bindung an die beiden α-Untereinheiten öffnet. Dadurch bricht die bestehende Ionenverteilung an der postsynaptischen Membran (z. B. die Membran einer Skelettmuskelzelle) zusammen, das Membranpotential kehrt sich durch den Einstrom von Natrium und den Ausstrom von Kaliumionen um. Die Folge davon ist die Auslösung eines Aktionspotentials an der postsynaptischen Skelettmuskel- bzw. Nervenzelle. Überwiegt dabei wie bei Skelettmuskelzellen der Natriumeinstrom, so kommt es zu einer Depolarisation mit einem exzitatorischen postsynaptischen Potential (EPSP) und einer Fortleitung des Signals. Ist dagegen wie an den parasympathisch innervierten Schrittmacherzellen des Herzens der Kaliumausstrom größer, so ist eine Hyperpolarisation mit einer Fortleitungshemmung durch ein inhibitorisches postsynaptisches Potential (IPSP) die Folge.

Die Beendigung der Acetylcholinwirkung erfolgt durch Abdiffusion oder hydrolytische Spaltung über die **Acetylcholinesterase**. Dieses Enzym wird an der motorischen Endplatte von der Muskelzelle sezerniert und ist an der Basalmembran fest verankert. Ein Molekül Acetylcholinesterase setzt bis zu 10 Moleküle Acetylcholin/µs um, so daß die Wirkung des Neurotransmitters innerhalb weniger 100 Mikrosekunden beendet ist. Aus diesem Grunde kann Acetylcholin nur kurze Zeit an seinen Rezeptor binden, so daß eine schnelle Repolarisation zwischen zwei aufeinanderfolgenden Aktionspotentialen garantiert ist. Dies ist sinnvoll, da eine Dauerdepolarisation des Muskels unerwünscht ist. Die anfallende Essigsäure wird über den Blutweg entfernt, während der größte Teil des Cholins über sekundär-aktive Transportsysteme wieder in die präsynaptische Zelle aufgenommen wird.

Die Acetylcholinesterase läßt sich durch verschiedene Inhibitoren hemmen. Hierbei unterscheidet man reversible und irreversible Hemmer. Sie wirken an den muskarinischen Rezeptoren parasympathisch innervierter Organe und Gewebe durch die Hemmung des Acetylcholinabbaus erregend. Symptome sind z. B. Bronchokonstriktion (constrigere lat. zusammenschnüren), **Verlangsamung der Herzfrequenz**, **enge Pupillen** (Miosis), vermehrte Sekretion der Bronchial-, Tränen-, Speichel- und Schweißdrüsen, erhöhte Peristaltik von Darm und Magen, sowie verstärkte Sekretion ihrer Drüsen mit Koliken, Durchfällen und Erbrechen. An den nikotinischen Rezeptoren von Skelettmuskeln und vegetativen Ganglien kommt es zunächst zu einer Erregung, dann zur Hemmung. Hierbei treten Muskelsteife, Muskelzuckungen, Krämpfe, **Atemlähmungen** und Sprachstörungen auf. Psychische Veränderungen sind durch Auswirkungen auf die muskarinischen Rezeptoren des ZNS bedingt.

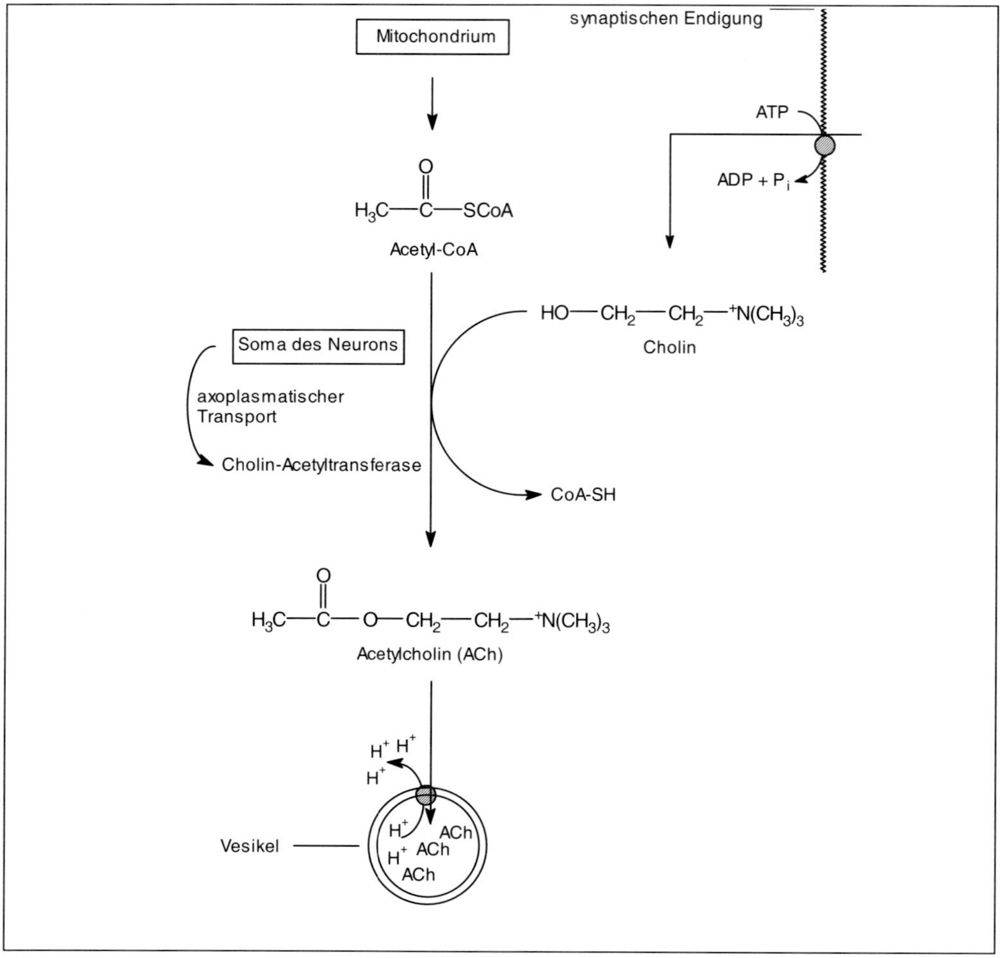

Abb. 15.8: Synthese und Speicherung des Acetylcholins in der präsynaptischen Endigung (Endknopf) eines cholinergen Neurons.

Zu den reversiblen Hemmern gehören **Physostigmin**, **Neostigmin** und **Pyridostigmin**. Das Paraoxon, ein Metabolit des Insektizids **Parathion (E 605)**, inaktiviert das Enzym durch Phosphorylierung einer Serin-Hydroxylgruppe im aktiven Zentrum. Parathion gehört zu Stoffklasse der Alkylphosphate, die insbesondere als Insektenvernichtungsmittel Anwendung finden. Bei ihrer Einnahme kommt es zu blitzartigem Auftreten von Vergiftungssymptomen (s. o.), die innerhalb von wenigen Minuten zum Tod durch Atemlähmung führen können.

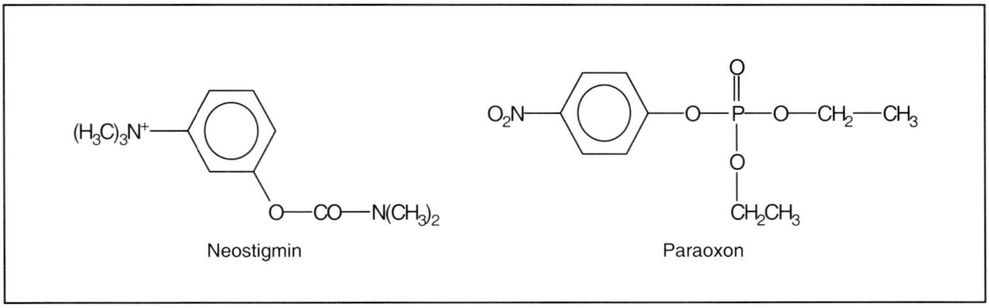

Abb. 15.9: Acetylcholin-Esterasehemmer.

15.5 Spongiforme Enzephalopathien

Nach AIDS war es wohl der sogenannte Rinderwahnsinn **BSE** (abgegleitet vom englischen Ausdruck **b**ovine **s**pongiform **e**ncephalopathy, bos lat. Rind und spongia lat. Schwamm, enkephalos gr. Gehirn), der in jüngster Zeit für Aufsehen gesorgt hat. Hierbei steht die Frage im Vordergrund, ob eine Verbindung zu **neurodegenerativen Erkrankungen** des Menschen existiert.

Wir wollen in diesem Abschnitt die Gemeinsamkeiten solcher Erkrankungen bei Tier und Mensch untersuchen. Allen Erkrankungen, von denen nachfolgend die Rede sein wird, ist der Überbegriff **Prionenerkrankung** gemeinsam. Diesen Namen erhielten sie, als versucht wurde, das infektiöse Agenz auszumachen. Bis heute ist dies noch nicht mit 100 %-iger Sicherheit gelungen, aber viele experimentelle Daten weisen darauf hin, daß es sich dabei um ein **Protein** handelt. In Anlehnung an die viralen oder viroiden Erreger wurde der Begriff **Prion** (von engl. **pro**teinaceus **in**fectious particles, eigentlich Proinen) geschaffen, um die Einheitlichkeit des unbekannten Stoffes zu unterstreichen. Neben der weiter unten beschriebenen Prionentheorie verfolgen andere Wissenschaftler auch einen viralen Erklärungsansatz. Da bis heute der Erreger nicht eindeutig identifiziert werden konnte, sprechen sie, aufgrund der langen Inkubationszeit (bis zu mehreren Jahren), von slow-virus-Erkrankungen.

Sechs solcher Prionenerkrankungen aus dem Tierreich und drei humane Formen sind bekannt, wobei als Prototyp das **Scrapie** bei Schafen und Ziegen gilt, während BSE in jüngerer Zeit mehr in den Brennpunkt des Interesses gerückt ist. Die Übertragung der Erkrankung von Schafen auf Rinder erfolgte durch die Verfütterung infizierten Materials, vornehmlich von Hirn, in Form von Tiermehl. Eine ähnliche Pathogenese trat bei der **Kuru** der Eingeborenen in Neuguinea zu Tage. Als Übertragungsweg gilt hier der Kannibalismus, insbesondere der Verzehr von infizierten, humanen Gehirnen. Als Beispiele weiterer, bekannter Erkrankungen des Menschen aus diesem Formenkreis sollen die **CREUTZFELD-JAKOB-Erkrankung CJD** (D für disease engl. Erkrankung), die auch in einer familiären, vererbbaren Form in Erscheinung tritt (familäre CJD) und das **GERSTMANN-STRÄUSSLER-SCHENKER-Syndrom GSS** angeführt werden.

Die klinischen Symptome werden wir hier kurz am Beispiel der CREUTZFELD-JAKOB-Erkrankung vorgestellen. Sie tritt mit einer Häufigkeit von etwa 1 : 1.000.000 pro Jahr nur sehr selten auf. Etwa 10 % der Fälle sind der erblichen Variante der CJD zuzurechnen. Aus pathologischer Sicht fallen im Gehirn sogenannte **Amyloidplaques** (amylon gr. Stärke) auf, die aus einem verklumpten Protein der relativen Molekülmasse 27.000 - 30.000 bestehen. Entzündungsreaktionen sind nicht zu beobachten, ebensowenig Antikörper gegen spezifische Antigene. Histologisch beobachtet man eine Hypertrophie der Astroglia, also eine Gliose, begleitet vom Untergang häufig entmarkter Neuronen in den betroffenen Gehirnarealen. Schwammartige Hirngewebsauflockerungen mit Vakuolenbildung wiesen die CREUTZFELD-JAKOB-Erkrankung als spongiforme Encephalopathie aus. Äußerlich treten zunächst Gedächtnis- und Konzentrationsstörungen und eine Abnahme der kognitiven Fähigkeiten auf, später Krampfanfälle und Koma. Der Verlauf erstreckt sich zwischen wenigen Wochen und mehreren Jahren.

Erste Hinweise auf ein Zielprotein dieser Encephalopathien erhielt man auf zwei Wegen. Zum einem lieferte die Reinigung des infektiösen Agens Hinweise auf ein Protein, welches als Prionen-Protein PrP bezeichnet wird. Speziell diese Isolierung ist sehr beschwerlich, da der Prionennachweis immer über die Infektion von Versuchstieren erfolgt und die Auswertung aufgrund der langen Inkubationszeit zeitraubend ist. Bis heute konnte in diesem infektiösen Extrakt keine Nukleinsäure nachgewiesen werden. Chemische Behandlung, die zu einer Spaltung oder Modifizierung von Proteinen führt, läßt die Infektiösität des Materials sinken. Gerade dieses Prionen-Protein war auch das Resultat eines zweiten experimentellen Ansatzes. Untersuchungen der familiären Form der CJD ergaben, daß den Patienten Mutationen in einem Gen gemein waren, welches für das Prionen-Protein codiert. Bei PrP handelt es sich zudem um das Protein, welches in den Amyloidplaques zu finden ist. Die natürliche Funktion von PrP ist nicht bekannt, es wird jedoch mit der Regulation der Expression des Acetylcholinrezeptors in Verbindung gebracht.

PrP liegt in zwei verschiedenen Formen vor: PrP^{C} und PrP^{Sc}; die normalerweise in der Zelle zu findende ist PrP^{C}. Es handelt sich um ein Protein, das nach seiner Synthese auf der Zelloberfläche über ein Lipidmolekül in der Membran verankert ist. Die Bezeichnung Sc für Scrapie impliziert schon, daß PrP^{Sc} bei erkrankten Individuen zu finden ist, wobei PrP^{Sc} auf bisher noch nicht genau geklärte Weise aus PrP^{C} hervorgeht. Untersucht man verschiedene Hirnregionen, so gewinnt man ein erstaunliches Resultat: Überall dort, wo die Konzentration an PrP^{Sc} sehr hoch ist, existiert praktisch kein PrP^{C}. Ferner ist interessant, daß PsP^{Sc} die Umwandlung von PrP^{C} zu PrP^{Sc} im Sinne einer autokatalytischen Reaktion katalysiert.

Tabelle 15.1: Die Tabelle macht deutlich, daß Prionenerkrankungen nicht nur beim Menschen, sondern auch im Tierreich weit verbreitet sind. Scrapie konnte tierexperimentell auch auf Mäuse und Hamster übertragen werden. Letztere weisen eine kürzere Inkubationszeit bis zum Ausbruch der Erkrankung auf, was man sich bei der Aufreinigung des infektiösen Agenz zu Nutze macht. Bemerkenswert ist, daß die Erkrankungen zunächst bei Haus- und Nutztieren augenfällig geworden sind.

Prionenerkrankungen

Erkrankung	Wirtsorganismus
Scrapie	Schaf und Ziege
TME (transmissible mink encephalopathy)	Nerz
CWD (chronic watunf disease)	Elch, Maultier
BSE (bovine spongiform encephalopathy)	Kühe
FSE (feline spongiform encephalopathy)	Katzen
EUE (exotic ungulate encephalopathy)	Nyala (südafrikanische Antilope)
Kuru	Mensch, Eingeborene in Neuguinea
CJD (CREUTZFELD-JAKOB-Erkrankung)	Mensch
GSS (GERSTMANN-STRÄUSSLER-SCHENKER-Syndrom)	Mensch

So ließe sich auch erklären, wie ein Protein Überträger dieser Erkrankung sein könnte, wobei völlig unklar ist, wie dieses Protein der enzymatischen Hydrolyse im Verdauungstrakt entgeht und zudem noch vom Körper aufgenommen und zum Gehirn transportiert wird.

Im Frühjahr 1996 erregten einige wenige CJD-Fälle in England Aufsehen. Infolgedessen kam es zur Handelssperre für britisches Rindfleisch durch die EU. Allen Krankheitsfällen war gemeinsam, daß die betroffenen Personen für CJD-Patienten relativ jung waren und die Erkrankung einen rapiden Verlauf annahm. Molekulare Untersuchungen legten eine Übertragung von BSE (siehe Tabelle 15.1) auf den Menschen nahe. Dabei zeigte sich auch, daß manche Menschen für eine BSE-Übertragung anfälliger zu sein schienen als andere. Alle Patienten, die unter diesen neuen Form der CJD litten, waren homozygot für Methionin an Position 129 des PrP. Waren sie hingegen homozygot für Valin bzw. heterozygot für Valin/Methionin, so kam es nicht zu BSE-vermittelten CREUTZFELD-JACOB-Erkrankung.

15.6 Die Histologie des Muskels

Die Skelettmuskulatur, die ca. 40 % des Körpergewichts ausmacht, bildet den aktiven Teil unseres Bewegungsapparates, wobei die Muskeln nicht direkt, sondern über Sehnen an den Knochen befestigt sind. Man unterscheidet die Vertebratenmuskulatur (vertebra lat. Wirbel) morphologisch (morphe gr. Gestalt) in quergestreifte Muskulatur, glatte und Herzmuskulatur. Die Skelettmuskulatur, auf die wir im folgenden näher eingehen wollen, besteht nur aus quergestreiften Muskelzellen. Die glatte Muskulatur zeigt einen einzelzelligen Aufbau ohne Querstreifen. Die Kontraktion erfolgt im Gegensatz zur Skelettmuskulatur langsam und unwillkürlich. Bei der Herzmuskulatur finden wir lange, verzweigte Einzelzellen, die eine Querstreifung aufweisen. Verbindungen zwischen den Zellen werden durch die Disci intercalares hergestellt.

Der quergestreifte Muskel ist aus Faserbündeln aufgebaut, die selbst aus noch kleineren Einheiten, sogenannten Myofibrillen (Muskelfasern), zusammengesetzt sind, die wiederum Syncytien von Muskelzellen darstellen. Man bezeichnet das Plasma solcher Myofibrillen als Sarkoplasma (sarkos gr. Fleisch) und die elektrisch erregbare Plasmamembran, welche die Faser schlauchartig umhüllt, als Sarkolemm. Muskelzellen besitzen dem Endoplasmatischen Retikulum ähnliche und als Sarkoplasmatisches Retikulum (SR) bezeichnete intracelluläre Calciumspeicher. Es liegt direkt unterhalb des Sarkolemms in Form sogenannter longitudinaler Tubuli und umhüllt netzförmig fast die ganze Muskelfaser. Die Gesamtheit der longitudinalen Tubuli wird als **L-System** bezeichnet. Eine ATP-abhängige Ionenpumpe fördert ständig Calciumionen aus dem Sarkoplasma in das Sarkoplasmatische Retikulum. Zudem ist das Sarkolemm an der Grenze von A- und I-Bande tief in das Innere der Faser eingestülpt. Diese Einstülpungen werden als transversale Tubuli (transversus lat. querverlaufend) bezeichnet, ihre Gesamtheit als **T-System**. An der Grenze zum T-System fließen die longitudinalen Tubuli zur terminalen Zisterne (cisterna lat. unterirdischer Wasserbehälter) zusammen, die einen Ring um die Myofibrille bildet. Unter einer **Triade** verstehen wir die aus einem T-Tubulus und zwei benachbarten terminalen Zisternen gebildete Gesamtstruktur.

Myofibrillen besitzen eine senkrecht zu ihrer Längsachse verlaufende Querstreifung, die dadurch zustande kommt, daß sich regelmäßig dunkle (anisotrope) **A-Banden** mit hellen (isotropen) (isos gr. gleich und trope gr. Wechsel, Wende) **I-Banden** abwechseln.

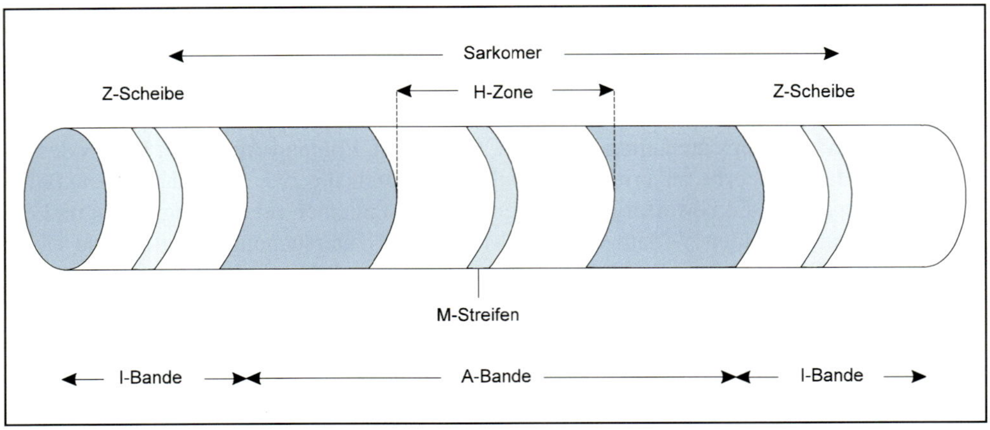

Abb. 15.10: Aufbau des Sarkomers.

In der Mitte der hellen I-Bande liegt eine dunkle Zwischenscheibe, die sogenannte **Z-Scheibe**, in der Mitte der dunklen A-Bande die helle **H-Zone** mit einer dunkleren mittleren **M-Linie**. Die kleinste funktionelle Einheit der Myofibrille ist das **Sarkomer**, das jeweils zwischen zwei Z-Scheiben liegt. Die Entstehung dieses Musters wird in Abschnitt 15.7 erläutert, in dem wir auf die molekularen Grundlagen der Kontraktion eingehen.

15.7 Muskelkontraktion

Voraussetzung für die Entstehung einer Kontraktion ist die direkte Reizung des Sarkolemms durch einen motorischen Nerven des ZNS, der durch eine sogenannte motorische Endplatte, einer besonderen Form der erregenden Synapse, mit der Membran verbunden ist. Bei einem Aktionspotential entleeren sich im präsynaptischen Teil Vesikel, die den Transmitter **Acetylcholin** enthalten, in den Synapsenspalt. Das Acetylcholin diffundiert zur postsynaptischen Membran und wird dort vom Acetylcholinrezeptor gebunden, was eine Depolarisation des Membranpotentials hervorruft. Anschließend wird es von der Acetylcholinesterase gespalten. Die Depolarisation breitet sich schnell über das gesamte Sarkolemm und mittels der transversalen Tubuli tief in das Innere der Muskelfaser aus. Nach der Weiterleitung des Aktionspotentials durch die transversalen Tubuli werden aus dem Sarkoplasmatischen Retikulum Calciumionen freigesetzt, die, wie wir noch sehen werden, die Muskelkontraktion auslösen. Die Übertragung des elektrischen Reizes in die mechanische Kontraktion nennt man auch elektromechanische Kopplung.

Man hat durch elektronenmikroskopische Untersuchungen festgestellt, daß Myofibrillen hauptsächlich aus zwei Arten von Proteinfilamenten zusammengesetzt sind. Einerseits aus den dicken Myosinfilamenten, andererseits aus dünnen Filamenten, die zum größten Teil aus **Actin** und den regulatorischen Proteinen **Tropomyosin,** sowie **Troponin C**, **I** und **T** bestehen. Die H-Zone innerhalb der A-Bande des Sarkomers besteht hierbei nur aus dicken, die I-Bande nur aus dünnen Filamenten, wohingegen der dunkle Anteil der A-Bande den Überlappungsbereich von dicken und dünnen Filamenten repräsentiert. Bei einer Kontraktion schieben sich dicke und dünne Filamente ineinander, indem sie entsprechend dem Gleitfilamentmodell aneinander vorbeigleiten, was eine Verkürzung des Abstands zweier Z-Scheiben, also des Sarkomers, bewirkt.

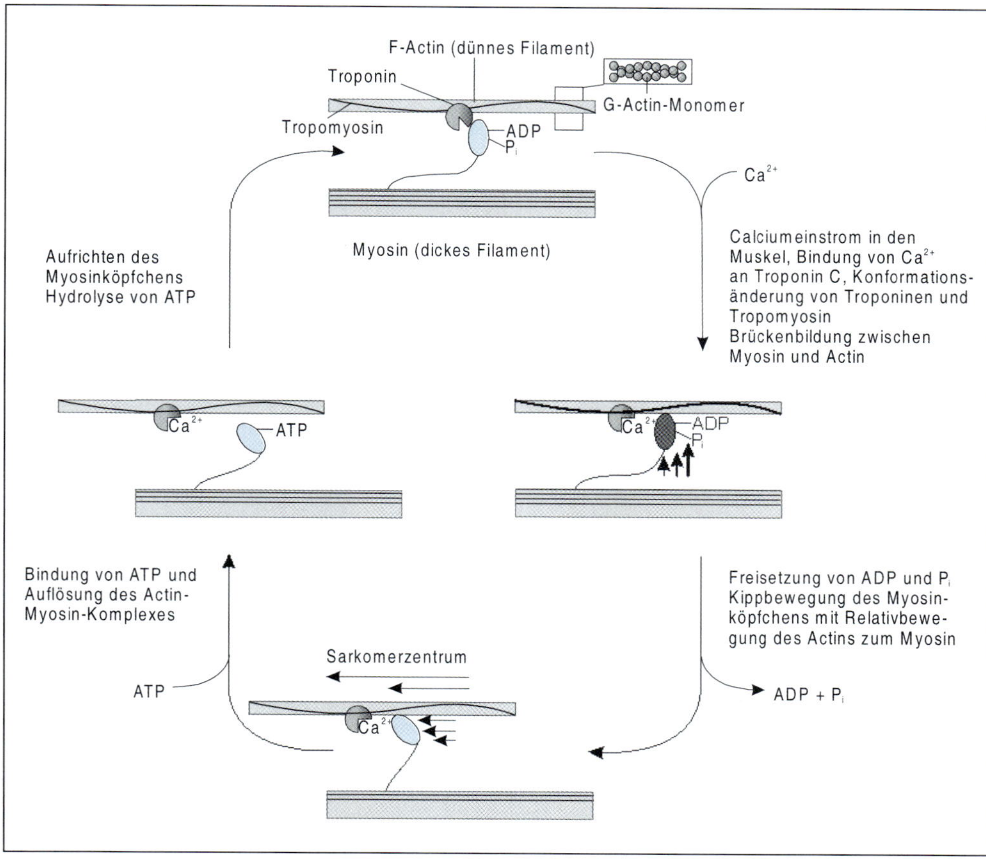

Abb. 15.11: Vereinfachte Darstellung der molekularen Vorgänge bei der Muskelkontraktion.

Myosin ist ein stabförmiges Molekül, das an einem Ende zwei Köpfe besitzt, die für die Bindung von Actin verantwortlich sind. Das Myosinmolekül besteht aus sechs Untereinheiten: Zwei schwere Ketten mit einer relativen Molekülmasse von ca. 200.000 und je zwei Paare unterschiedlicher leichter Ketten mit Molekülmassen von 20.000 bzw. 26.000. Rund 100 solcher Myosinmoleküle bilden ein dickes Filament. Actin hingegen ist ein globuläres Protein, man bezeichnet es demzufolge auch als **G-Actin**. Viele solcher G-Actinmonomere finden sich zu **F-Actin** genannten fibrillären Actinketten zusammen, in die dann Tropomyosin und die Troponine eingelagert werden, wodurch die dünnen Filamente entstehen.

Neben der oben schon erwähnten Eigenschaft des Myosins, an Actin zu binden, besitzt es zusätzlich die Fähigkeit, ATP zu spalten (**Myosin-ATPase**), wodurch die für die Kontraktion nötige Energie gewonnen wird. Diese ATPase-Aktivität ist ebenso wie die Actin-Bindungsstellen in den Köpfen der Myosinmoleküle lokalisiert.

Im ruhenden Muskel sind die ATP-Spaltprodukte ADP und P_i an die Myosinköpfe gebunden und die Myosinbindungsstellen der dünnen Filamente durch Tropomyosin blockiert.

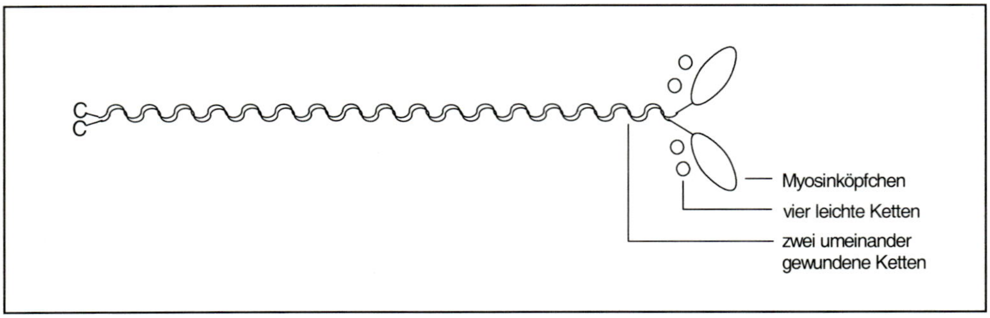

Abb. 15.12: Aufbau von Myosin aus zwei schweren und vier leichten Ketten.

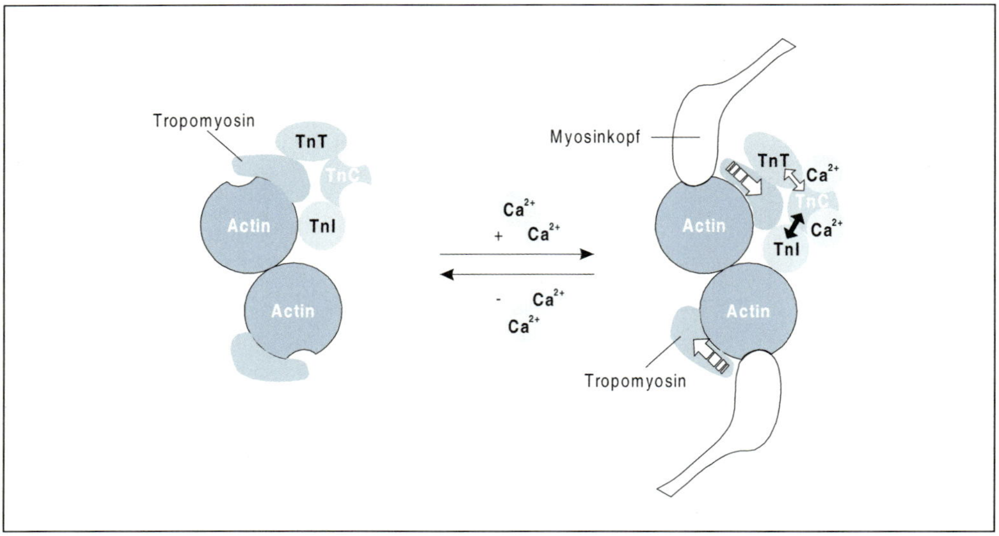

Abb. 15.13: Drei Untereinheiten bilden den Troponinkomplex: Troponin T (tropomyosinbindende Untereinheit, M_r = 37.000, Troponin I (Aktomyosin-ATPase-inhibierende Untereinheit, M_r = 22.500) und Troponin C (calciumbindende Untereinheit, M_r = 18.000). Nach Membrandepolarisation binden aus dem Sarkoplasmatischen Reticulum freigesetze Calciumionen an ihre Bindungsstellen im Troponin C. Dies zieht eine Konformationsänderung des Troponinkomplexes nach sich, durch die Bindungsstelle des Myosins am Actin vom blockierenden Tropomyosin freigelegt wird. Troponin T und Troponin I werden als frühe Marker des akuten Herzinfarkts genutzt, weil deren Konzentrationen bereits 3 bis 8 Stunden nach dem Infarktereignis im Plasma zu steigen beginnen.

Nach einem Aktionspotential werden aus dem Sarkoplasmatischen Retikulum Calciumionen freigesetzt, wodurch die intrazelluläre Konzentration von ca. 0,1 µmol/L des ruhenden Muskels auf etwa 10 µmol/L steigt. Dies hat zur Folge, daß das allosterische Molekül Troponin C durch Calciumbindung eine Konformationsänderung erfährt. Bei niedrigen Calciumkonzentrationen hemmt Tropomyosin die Bindung der Myosinköpfe an Actin, wohingegen bei hohen Calciumkonzentrationen der Sperrmechanismus durch die Gestaltänderung des Troponins C sozusagen entriegelt wird und Myosin sich an Actin binden kann. Nach der Bindung der Myosinköpfe an die Actinmoleküle des dünnen Filaments wird zunächst P_i freigesetzt, danach vollführen die Köpfe eine Kippbewegung, die das dicke Filament relativ zum dünnen Filament bewegt. Darin liegt die eigentliche Ursache der Muskelkontraktion. Anschließend verläßt ADP den **Actin-Myosin-Komplex**, der durch die sofort folgende Bindung von ATP an Myosin wieder in seine Bestandteile Actin und Myosin dissoziiert. Im letzten Schritt wird das gebundene ATP in ADP und P_i gespalten, wodurch der Myosinkopf für eine erneute Actinbindung reorganisiert ist. Dieser Kreislauf wird so lange durchlaufen, bis die erhöhte Calciumionenkonzentration durch die Calciumionenpumpe abgebaut ist, was zur Folge hat, daß der Muskel wieder erschlafft.

Steht in der Zelle kein ATP mehr zur Verfügung, kann nach dem Kraftakt der Myosinkopf nicht mehr vom Actin gelöst werden, wie dies beispielsweise bei der **Leichenstarre** (Rigor) der Fall ist. Da ATP den Rigorzustand aufhebt, spricht man auch von der Weichmacherwirkung des ATP.

Abschließender Gegenstand dieses Abschnitts ist der Energiestoffwechsel des Muskels. Im ruhenden Skelettmuskel stellen **Fettsäuren** die Hauptbrennstoffquelle dar, Glucose wird nur in relativ geringem Umfang verbraucht. ATP, das aus dem Glykogenabbau und der darauf folgenden Glykolyse stammt, ist für die Muskelkontraktion die essentielle energiereiche Verbindung. Da im kontrahierenden Muskel, d. h. unter anaeroben Bedingungen, die Geschwindigkeit der Glykolyse die des nachfolgenden Citratzyklus übertrifft, wird der größte Teil des entstandenen Pyruvats zu Lactat reduziert, welches wiederum in der Leber zu Glucose resynthetisiert wird (Gluconeogenese). Diesen Stoffwechselweg bezeichnet man als **CORI-Zyklus**.

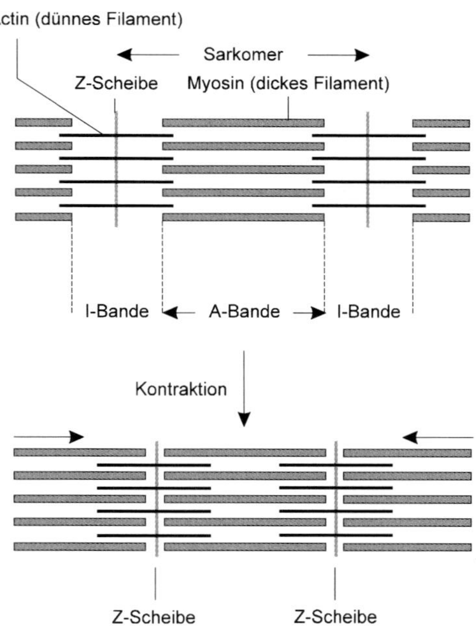

Abb. 15.14: Der Vorgang der Kontraktion.

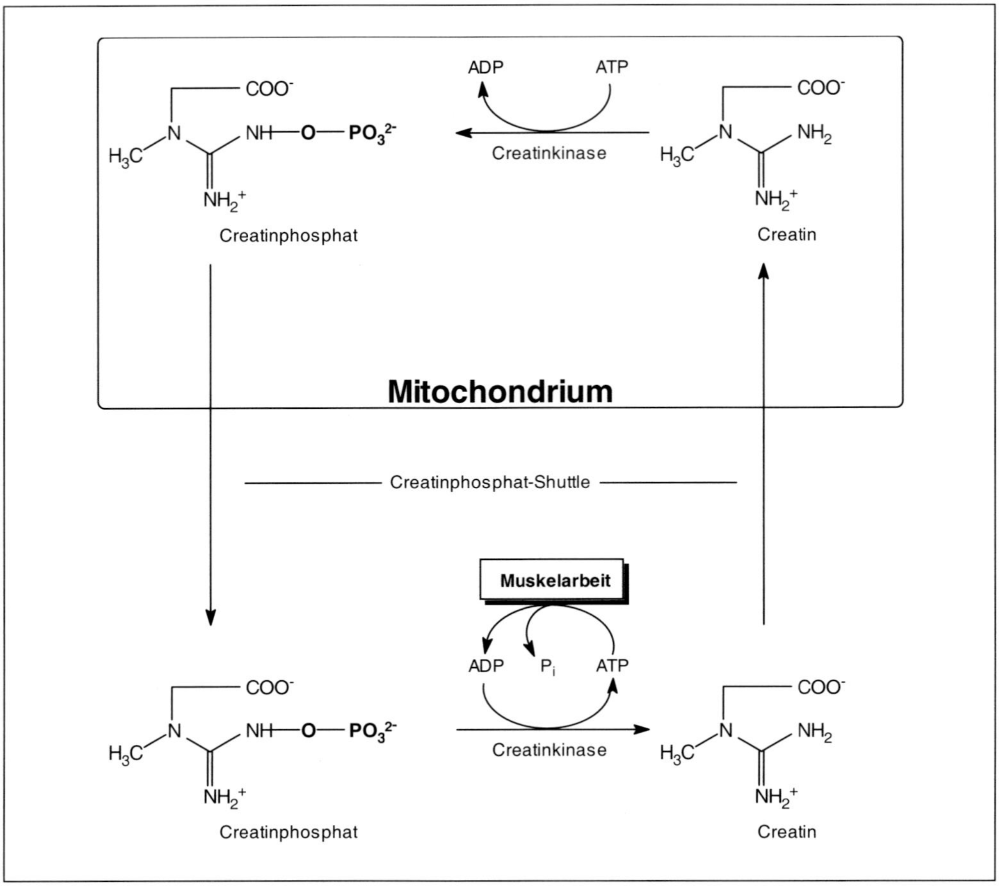

Abb. 15.15: Die Creatinkinase synthetisiert am Ort der Energieproduktion, dem Mitochondrium, das energiereiche Creatinphosphat. Dieses gelangt über den „Creatinphosphat-Shuttle" durch die Mitochondrienmembranen in das Cytoplasma, in dem die dortige Creatinkinase die Synthese von ATP aus Creatinphosphat und ADP katalysiert.

Die Muskulatur enthält neben ATP eine weitere energiereiche Substanz, das **Creatinphosphat**, das als Puffer der intrazellulären ATP-Konzentration wirkt, da es verbrauchtes ATP durch das von der Creatinkinase aufrechterhaltene Gleichgewicht von Creatinposphat und ATP ersetzt. Deshalb bleibt die ATP-Konzentration solange konstant, bis das vorhandene Creatinphosphat verbraucht ist.

In der der Kontraktion folgenden Erholungsphase wird aus Creatin und ATP, das hauptsächlich aus der oxidativen Phosphorylierung stammt, wieder Creatinphosphat gebildet. Ausscheidungsprodukt des Creatins ist **Creatinin**, das nach glomerulärer Filtration über die Niere mit dem Urin abgegeben wird. Abb. 15.16 verdeutlicht das Syntheseschema. Die Creatininbildung ist einzig von der Muskelmasse abhängig. Daher zeigt eine erhöhte Creatinin-Serumkonzentration eine Störung der Niere an.

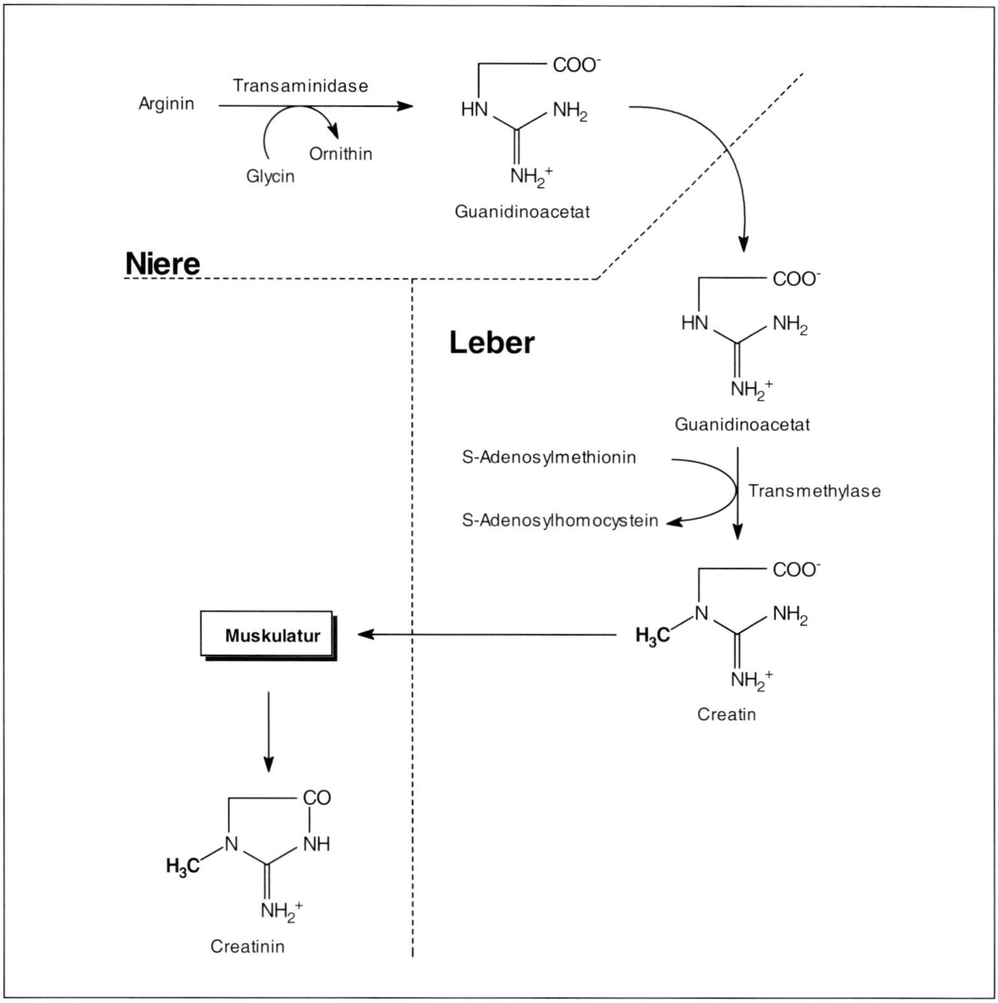

Abb. 15.16: Biosynthese des Creatins in Niere und Leber. Hierbei wird in der Niere zunächst eine Guanidinogruppe vom Arginin auf das Glycin übertragen und das entstandene Guanidinoacetat dann in der Leber durch die Guanidinotransmethylase zu Creatin methyliert. Aus der Leber gelangt Creatin über den Blutweg an seinen Bestimmungsort, das Muskelgewebe. Durch Abspaltung der Phosphatgruppe und Ringschluß mit Wasseraustritt entsteht das Abbauprodukt Creatinin, welches überwiegend glomerulär filtriert wird.

15.8 Neuromuskuläre Erkrankungen

Wir wollen hier abschließend einige vererbbare neuromuskuläre Erkrankungen behandeln. Die Ursache dieser Erkrankungen kann zum einen im Muskel selbst liegen oder Folge eines Defektes der Muskelinnervierung sein. Spricht man im ersten Falle von **Myopathien**, bezeichnet man die zweite Art der Erkrankungen als spinale Muskelatrophien. Die Myopathien selbst lassen sich wiederum in zwei Klassen unterscheiden.

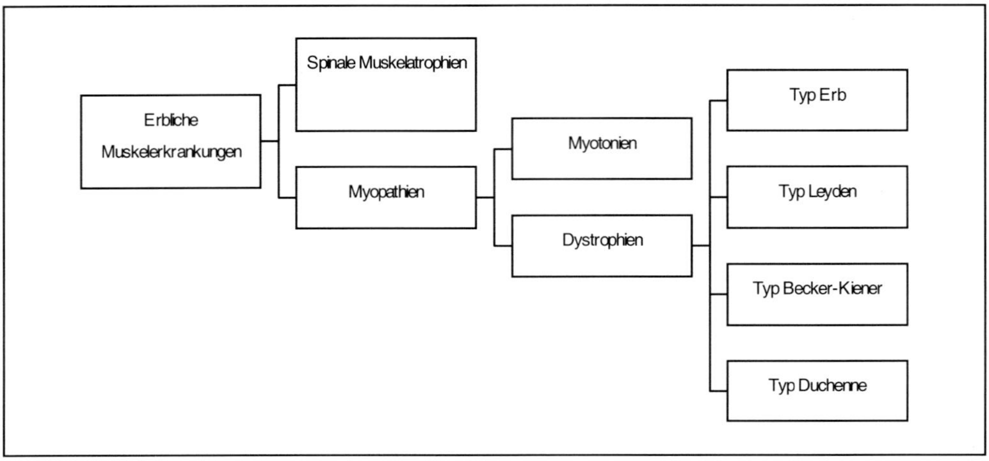

Abb. 15.17: Übersicht über die Nomenklatur neuromuskulärer Erbkrankheiten.

Tabelle 15.2: Die Muskeldystrophien im tabellarischen Überblick.

Typ	Erbgang	Manifestationsalter	Verlauf/Prognose
DUCHENNE	X-chromosomal rezessiv	0. - 3. Lebensjahr	rasch, Tod um 20. Lebensjahr
BECKER-KIENER	X-chromosomal rezessiv	6. - 20. Lebensjahr	langsam, kaum verkürzte Lebenserwartung
LEYDEN	autosomal rezessiv	2. - 50. Lebensjahr	variabel, meist langsam, Lebenserwartung 20 - 50 Jahre
ERB	autosomal dominant	7. - 25. Lebensjahr	langsam

Bei den Myotonien liegt eine Störung der Erregbarkeit des Muskels vor. Die verschiedenen Formen des Muskelschwundes sind als Dystrophien bekannt.

Die wohl bekannteste Form der Dystrophie ist die **DUCHENNE-Muskeldystrophie**. Sie ist die häufigste Dystrophie, ein männliches Neugeborenes (X-chromosomaler Erbgang!) unter 3500 erkrankt an ihr. Histologisch ist ein mit der Zeit zunehmender, disseminierter (disseminare lat. aussähen) Muskelschwund ohne nervales Verteilungsmuster charakteristisch. Hyper- und atrophische Muskelzellen lassen sich neben normalen Zellen nachweisen, wobei die Kaliberschwankungen der Muskelfasern sowie die Zentralisation und Vermehrung der Zellkerne ins Auge fallen. Nicht selten wird das schwindende Muskelgewebe durch Fett- und Bindegewebszellen ersetzt, wie das beim Duchenne-Typ besonders im Wadenbereich zu beobachten ist. Bewegungs- und Haltungsstörungen, lose Schultern, Watschelgang sowie bei Befall der Bauch- und Rückenmuskulatur Hohlkreuz und Wespentaille gelten als typische Symptome der Muskeldystrophien. Im Serum sind die Enzyme **CK-MM**, LDH, die Transaminasen und die Aldolase erhöht, im Harn findet man vermehrt Creatin.

Mit Hilfe molekularbiologischer Methoden ist es gelungen, den Gendefekt zu charakterisieren, der für diese Erkrankung verantwortlich zeichnet. Man findet Mutationen in einem Gen, welches für das Protein **Dystrophin** codiert. Es zeichnet sich durch eine relative Molekülmasse von 427.000 aus. Man nimmt an, daß es unterhalb des Sarkolemms lokalisiert und mit Transmembranproteinen verbunden ist, die innerhalb dieser Membran verankert sind. Es ist auf diese Weise für die Stabilität der Muskelfaser während des Kontraktionsvorganges verantwortlich. Störungen der Dystrophinstruktur führen zu mechanischen Anfälligkeiten, durch die bedingt die Muskelzelle der Belastung nicht mehr gewachsen ist. Sie degeneriert und stirbt ab. Als Beispiel für eine Myotonie wollen wir die THOMSENsche Kongenitale Myotonie betrachten. Sie wird dominant vererbt und zeichnet sich durch eine Übererregbarkeit des Muskels aus. Nach Beendigung eines Kontraktionsvorganges erschlafft der Muskel nicht, sondern sieht sich einer Reihe weiterer Aktionspotentiale ausgesetzt. Folge sind Erstarrungen des Muskels, die sich in Krämpfen äußern. Auch hier hat die Genetik eine molekulare Ursache offenbart. Eine Mutation führt zu einer verminderten Chloridleitfähigkeit der Membran mit daraus resultierender Übererregbarkeit der Muskelfaser.

15.9 Literatur

(1) Cohen, F. et al.: Structural clues to prion replication. Science, Vol. 264, S. 530 – 531 (1994).

(2) Mair, J., Puschendorf, B.: Aktuelle Aspekte der Labordiagnostik des akuten Myokardinfarktes. Lab. med. 19, S. 304 – 318 (1995).

(3) Prusiner, S.: Chemistry and biology of prions. Biochemistry, Vol. 31, S 12227 – 12288 (1992).

(4) Stark, I.: Insektizide und Nervengase: Vergiftung und Therapie. Chemie in unserer Zeit. Nr. 3, S. 96 – 106 (1984).

16 Niere, Mineralstoffe und Spurenelemente

16.1 Einführung

Die **Mineralstoffe** unterscheiden sich in einem Punkt deutlich von den Stoffklassen, die wir bisher besprochen haben (wie Proteine, Fette). Sie imponieren nicht als Makromoleküle und sind nach Aufbau und Struktur eher dem Reich der Anorganischen Chemie zuzuordnen. Es handelt sich um Ionen, wobei Metalle das Kontingent der Kationen stellen, während die Anionen auf die Salze verschiedener Säuren zurückzuführen sind (beispielsweise Hydrogencarbonat, Dihydrogenphosphat oder Chlorid). Die Mineralien unterliegen in der Regel auch nicht den umfangreichen enzymatischen Prozessen, wie wir es von den Biomolekülen her gewohnt sind. Zumeist bleiben sie chemisch unverändert (z. B. Na^+, K^+, Cl^-), auch wenn es davon Ausnahmen gibt (Carboanhydratase und das Hydrogencarbonat oder Fe^{2+} und die Ferrochelatase). Es ist daher besser, im Zusammenhang mit den Mineralien von einem Mineralhaushalt und nicht von einem Stoffwechsel zu sprechen.

Spurenelemente lassen sich zwar nur in geringsten Mengen im menschlichen Organismus nachweisen (eben nur in Spuren, z. B. Selen, Mangan), sind aber gleichwohl lebenswichtig. Im ersten Teil des Kapitels werden wir uns zunächst mit den Mineralstoffen auseinandersetzen, um dann anhand ausgewählter Beispiele auf die Bedeutung der Spurenelemente im Stoffwechsel einzugehen.

16.2 Anatomische Vorbemerkungen

Um die Orientierung in diesem Abschnitt zu erleichtern, soll an hier kurz die Anatomie der **Niere** rekapituliert werden. Die retroperitoneal gelegenen Nieren des Erwachsenen wiegen 120 bis 300 g, sind etwa 10 bis 12 cm lang und 5 bis 6 cm breit. Das Organ wird von einer Kollagenfaserkapsel, der Capsula fibrosa renalis, überzogen. Unter dieser Kapsel liegt die etwa 1 cm breite Nierenrinde. Das aus den Markpyramiden bestehende Rindenmark beginnt an deren kelchabgewandten Basis. Zwischen diesen erstreckt sich Rindensubstanz in Form der Nierensäulen (Columnae renales) bis zum Nierenbecken, in das die Markpyramiden papillenförmig hineinragen.

Die funktionelle Einheit der Niere ist das **Nephron**. Anatomisch gesehen besteht jedes Nephron aus Glomerulum, proximalem Tubulus, HENLE-Schleife und distalem Tubulus. Es hat Anschluß an ein Sammelrohr, durch das der Harn an der Spitze der Nierenpapille in das Nierenbecken austritt. Am proximalen und distalen Tubulus unterscheidet man jeweils einen gewundenen und einen geraden Teil (Pars convoluta und Pars recta). Die geraden Anteile des Nephrons und die Sammelrohre verlaufen praktisch parallel durch Rinde und Mark, wodurch die streifenförmige Organisation zu Tage tritt. Die Aufgabe eines Nephrons besteht in der Harnbereitung durch drei Teilprozesse: **Filtration** im Glomerulum sowie **Rückresorption** und **Sekretion** in den Tubuli.

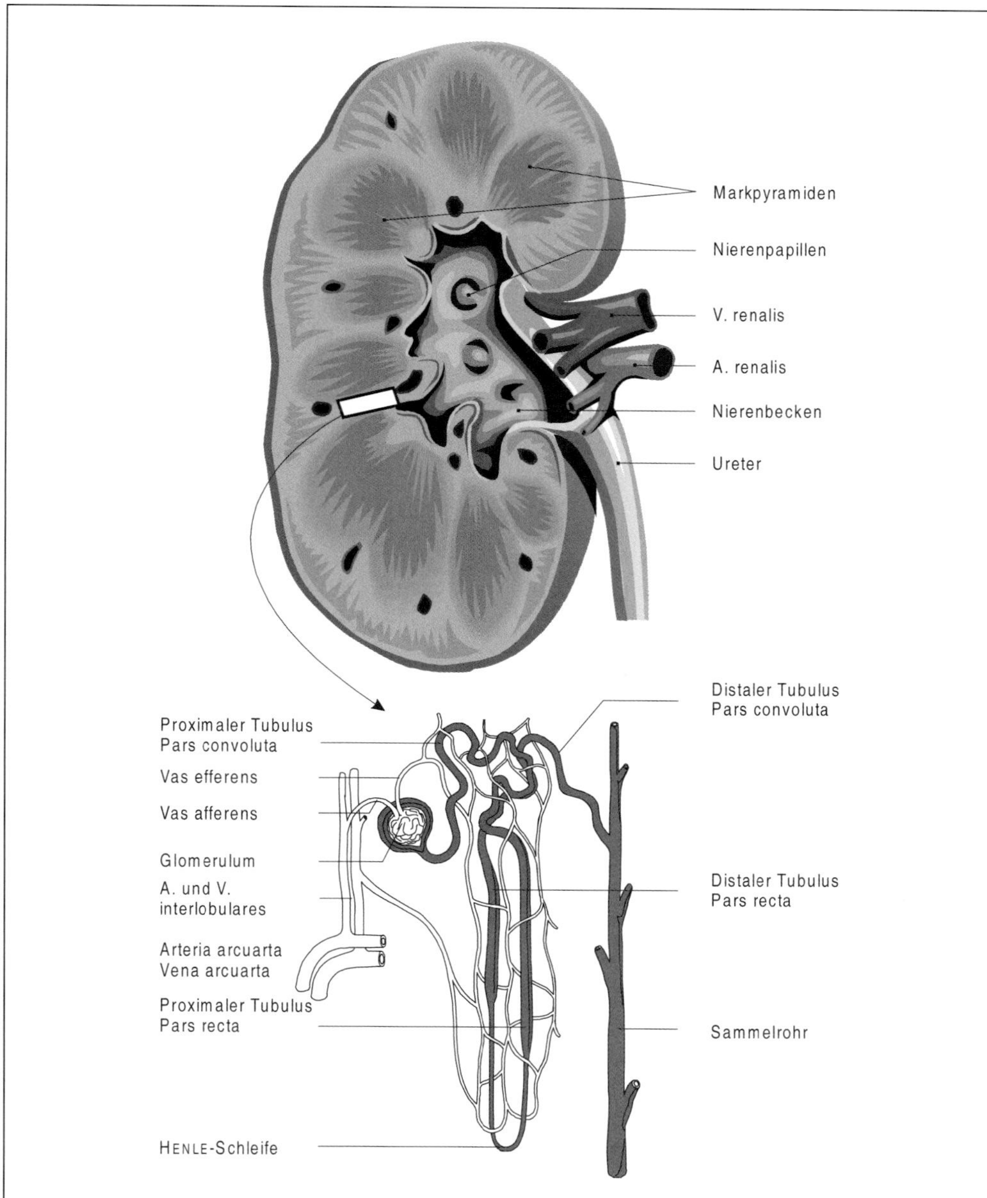

Abb. 16.1: Makroskopische Anatomie der Niere. Aus einem Rindenbezirk (Rechteck) ist gleichsam ein Nephron mit Sammelrohr entnommen und vergrößert dargestellt worden (unten). Das Nephron im Verein mit dem Sammelrohr bildet die funktionelle Einheit der Niere. Im Glomerulum wird das Blut gefiltert, wobei Blutzellen und große Proteine bei gesunden Nieren die Blutbahn nicht verlassen. Salze, kleine Proteine, Harnstoff und viele Medikamente gelangen nach der Filtration in den Tubulus. Dort werden sie der Rückresorption in das umspinnende Kapillarsystem sowie einer möglichen endgültigen Sekretion unterworfen. Die peritubulären Kapillaren versorgen die Tubulusepithelien auch mit Sauerstoff und Substraten.

16.3 Die Alkalimetalle

16.3.1 Natrium und die Osmolalität

Natrium ist das „Leition“ des Extrazellulärraums. Seine Ungleichverteilung über die Zellmembran ist ebenso wie die des Kaliumions auf die Tätigkeit der **Natrium-Kalium-Pumpe** (Na^+-K^+-ATPase) zurückzuführen.

Tabelle 16.1: Steckbrief des Natriums.

Natrium	
Gruppe im Periodensystem/Ordnungszahl	1. Gruppe, Alkalimetalle/11
Relative Atommasse A_r	23,0
Ionenradius im Kristall	95 pm
Hydratationsradius	340 pm
Vorkommen	Kochsalz, Fisch, Getreideprodukte, Würste
Normbereich im Serum (Erwachsene)	135 - 155 mmol/L

Eng verflochten mit dem Natrium- ist der Wasserhaushalt, da Natriumionen aufgrund ihrer großen Hydrathülle (Hydratationsradius 340 pm) „viel Wasser binden“. Wasser- und Chloridverschiebungen verlaufen daher weitgehend parallel zu denen des Natriums, wobei Chlorid das Hauptgegenion für Na^+ im Extrazellulärraum darstellt.

Die Aufnahme des Natriumions im Dünndarm erfolgt in erster Linie über **sekundär-aktiven Cotransport**. Voraussetzung dazu ist die Tätigkeit der Na^+-K^+-ATPase. Sie ist in der Darmepithelzelle auf der basolateralen Seite (die Blutseite) orientiert und sorgt für eine niedrige Natriumkonzentration im Zellinneren. Demzufolge kann Na^+ nun sekundär-aktiv von der Darmlumenseite in die Enterocyten einströmen. Als jeweilige Partner, die im Gegensatz zum Natriumion „bergauf“, also gegen ein Konzentrationsgefälle in die Darmzelle gelangen, kommen auf der einen Seite Cl^-, auf der anderen Seite Aminosäuren und Glucose in Frage. Namentlich in Ileum und Rectum existieren jedoch auch Natriumkanäle, durch die das Ion alleine in die Mucosazelle gelangt. Dem Darmlumen gehen dabei positive Ladungen verloren, es lädt sich negativ auf. Man nennt diese Art des Ionentransports daher auch **elektrogen**. Dieses lumennegative Potential ist nun für Chloridionen Antrieb zur Resorption, Kaliumionen werden durch die negative Ladung des Darminneren angezogen und folglich (im Ileum) sezerniert.

Etwa 70 % des in der Niere filtrierten Natriums wird bereits im **proximalen Tubulus** des Nephrons resorbiert. Entsprechend der Erfahrung, daß der Wasserhaushalt eng mit dem des Natriums verknüpft ist, folgt Wasser den resorbierten Natriumionen passiv ins Blut. Diese werden im proximalen Tubulus sekundär-aktiv im Austausch mit H^+-Ionen in die Nierenepithelzelle aufgenommen. Dies ist natürlich wie in der Darmzelle nur durch die Tätigkeit der Na^+-K^+-ATPase möglich, die zudem auch in der Nierenzelle Voraussetzung für den sekundär-aktiven Cotransport von Aminosäuren und Glucose parallel zum Natrium ist. Neben aktiven Transportprozessen beschreiten die Natriumteilchen auch noch den Weg der passiven, parazellulären Resorption zwischen den Tubuluszellen. Da nur eine Zonula occludens besteht, ist hier ein für das Ion durchlässiger Weg, gleichsam an den Zellen vorbei auf die „Blutseite“ der Tubulusepithelien zu gelangen.

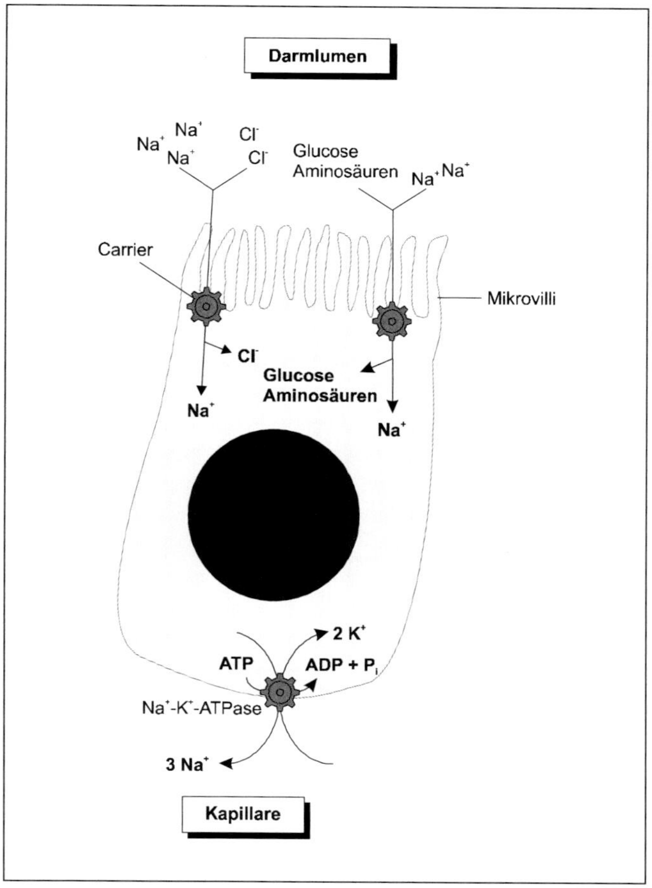

Abb. 16.2: Die Natriumaufnahme durch sekundär-aktiven Cotransport an der Darmepithelzelle.

Im dicken, aufsteigenden Teil der **HENLEschen Schleife** werden weitere 15 bis 20 % des Natriums tubulär resorbiert. Auch hier findet man wieder die basolaterale Na^+-K^+-ATPase als Triebfeder sekundär-aktiver Prozesse. Anders als im proximalen Tubulus existiert hier auf der luminalen Seite ein gemeinsamer Cotransport von K^+, Na^+ und Cl^-. Für Wasser ist dieser Teil des Nephrons weitgehend undurchlässig, so daß sich hier entgegen den Verhältnissen im proximalen Tubulus ein osmotischer Gradient ausbilden kann, der den Harn im Lumen hypoton gegenüber der Interstitialflüssigkeit werden läßt. An der HENLEschen Schleife befindet sich der Angriffspunkt der Schleifendiuretika **Furosemid** und **Etacrynsäure**. Sie behindern von der Lumenseite her die Bindung des Chlorids am sekundär-aktiven Carrier, wodurch die Cl^--Ionen zusammen mit den Kationen des Kaliums und des Natriums im Lumen verbleiben. Darüber hinaus senken die Schleifendiuretika die Magnesium- und Calciumresorption, so daß auch diese Kationen vermehrt im Harn auftauchen. Die nunmehr in erhöhten Konzentrationen auftretenden Ionen binden große Mengen Wasser, welches nun nicht resorbiert, sondern als Harn ausgeschieden wird. Furosemid und Etacrynsäure sind hochwirksame Diuretika, mit denen sich beispielsweise Lungen- oder Hirnödeme schnell ausschwemmen lassen. Allerdings muß dabei der Elektrolythaushalt streng kontrolliert werden, der bei der Wirksamkeit dieser Pharmaka schnell entgleisen kann.

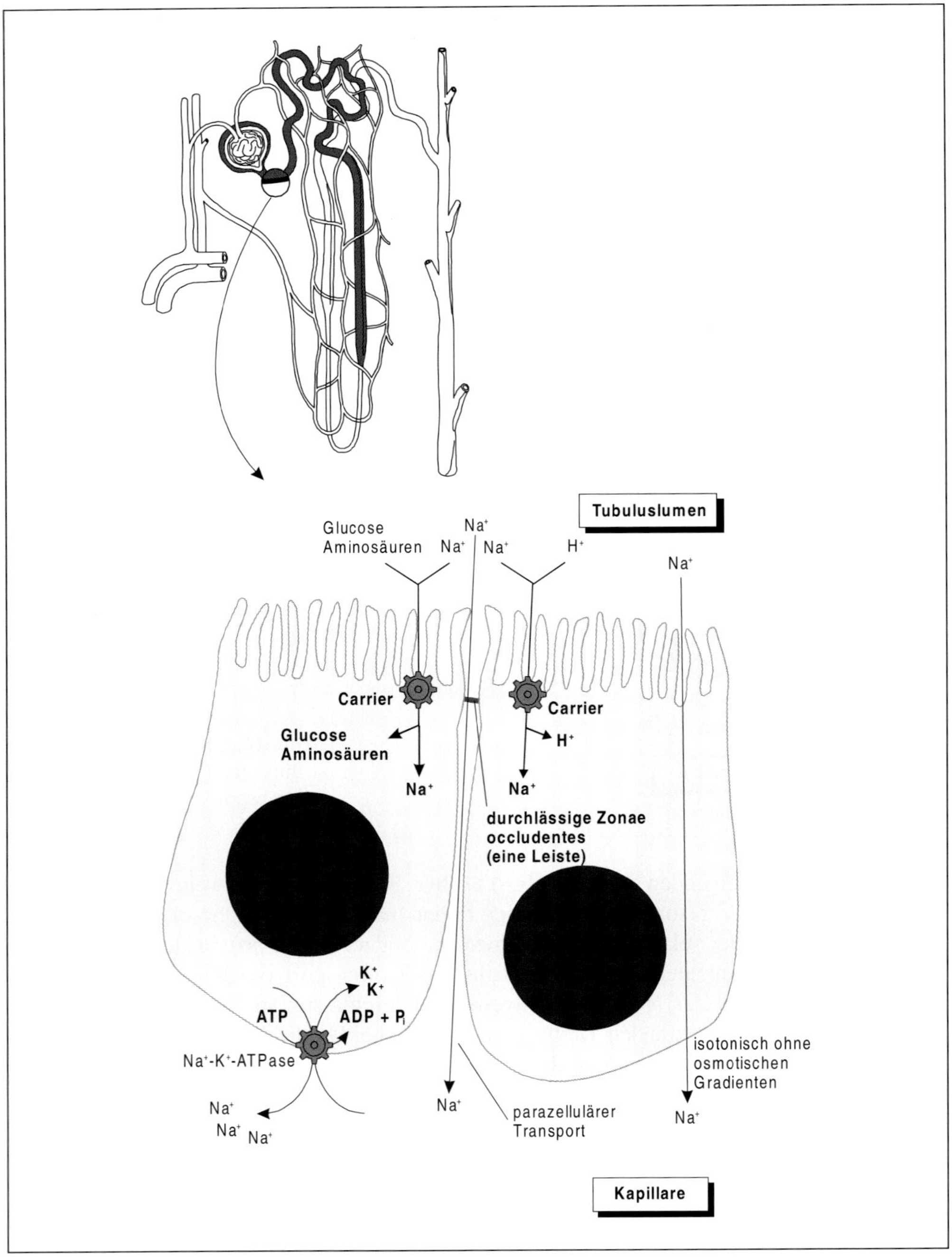

Abb. 16.3: Die Resorption von Natriumionen im proximalen Tubulus des Nephrons. Man beachte, daß es sich dabei um eine isotonische Resorption handelt. Im basalen Teil der Zellen, also zur Kapillarseite, befinden sich viele Mitochondrien, da der aktive Transport mittels Na^+-K^+-ATPase viel Energie benötigt.

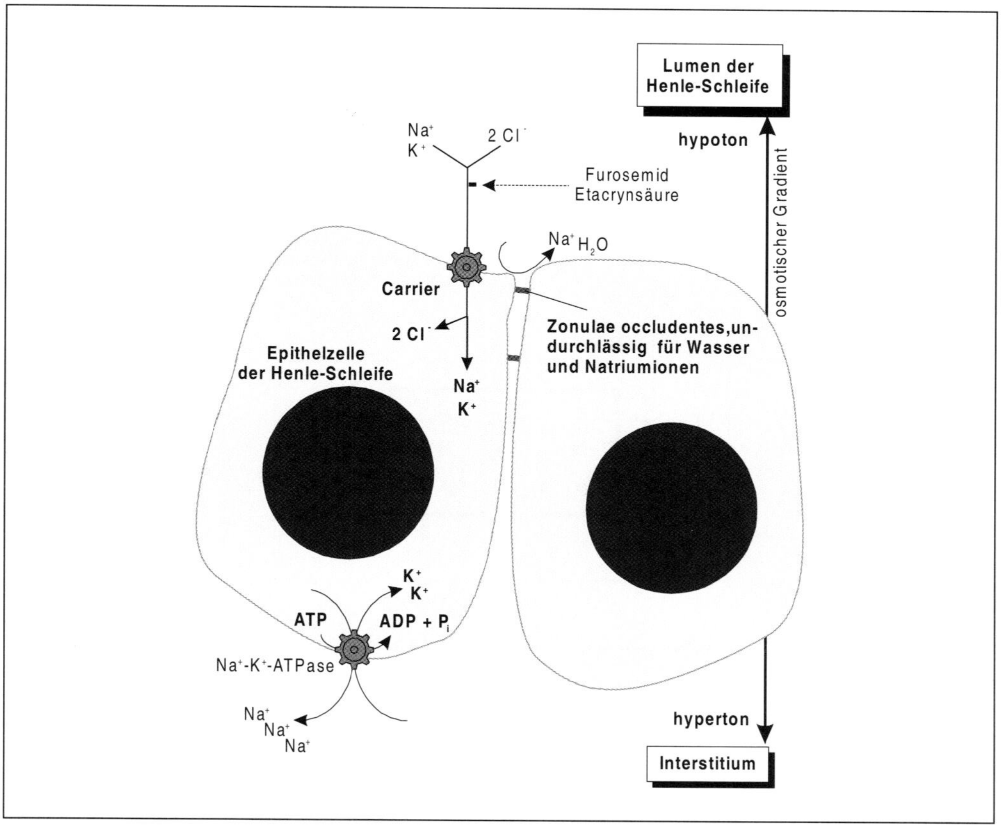

Abb. 16.4: Natriumresorption im dicken, aufsteigenden Teil der HENLEschen Schleife.

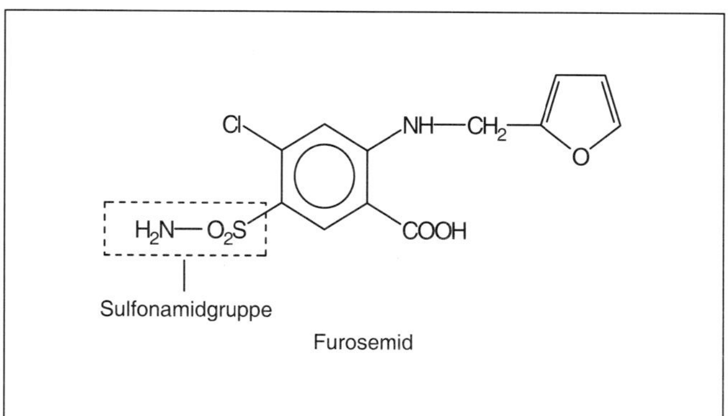

Abb. 16.5: Furosemid, ein hochwirksames Schleifendiuretikum.

Im **distalen Tubulus** und im Sammelrohr wird Natrium insbesondere unter dem Einfluß von Aldosteron, das hier die Na^+-K^+-ATPase stimuliert, im Austausch gegen Kalium resorbiert. Der Transport verläuft aktiv und elektrogen, wobei das Lumeninnere negativ geladen erscheint. Dies wiederum führt zu einem passiven Kaliumausstrom in das Lumen, während Chlorid dieses umgekehrt verläßt. Die Rückführung des Natriums in das Blut ist so effektiv, das lediglich 0,5 bis 5 % der filtrierten Menge die Niere im Endharn verlassen.

Um die Bedeutung des Natriums als Parameter zur Beurteilung des Wasserhaushalts zu verstehen, ist es zunächst nötig, den Begriff der **Osmose** zu erklären. Diesen Vorgang kann man immer dann beobachten, wenn zwei Lösungen unterschiedlicher Konzentration durch eine Membran voneinander getrennt sind, die nur für das Lösungsmittel (in der Regel Wasser) durchlässig ist. Eine solche Membran bezeichnet man als **semipermeabel.**

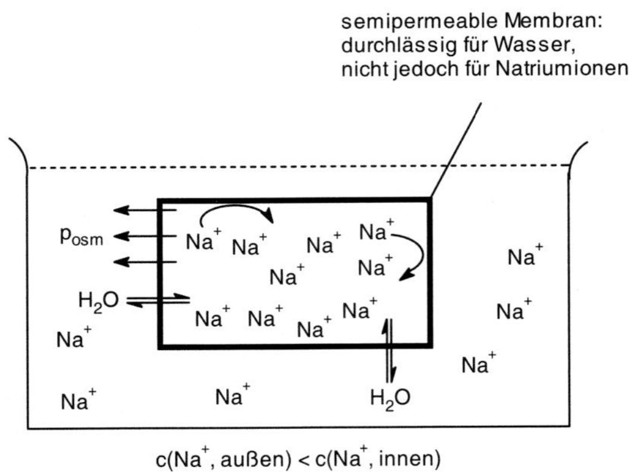

Abb. 16.6: Die Ausbildung eines osmotischen Druckes ist von der Existenz einer semipermeablen Membran und einer Konzentrationsdifferenz über diese Membran abhängig.

Zwischen den beiden Kompartimenten des betrachteten Systems setzen Diffusionsprozesse ein, um die Konzentrationsunterschiede auszugleichen. Da die Membran für die gelösten Substanzen undurchlässig ist, kann dieser Konzentrationsausgleich nur durch die Wanderung des Lösungsmittels erreicht werden. Bei dieser Wanderung entsteht ein gewisser Druck auf die semipermeable Membran. Dieser **osmotische Druck** p_{osm} ist von der Konzentration der osmotischen Teilchen abhängig. Osmotisch wirksam sind Teilchen, die Wasser zu binden vermögen, z. B. Ionen oder hydrophile Stoffe wie Glucose und Harnstoff. Beim Lösen von Salzen entstehen mehrere osmotisch wirksame Ionen, so beispielsweise beim Kochsalz Na^+ und Cl^-, bei $CaCl_2$ das Calcium- und zwei Chloridionen, zusammen also drei osmotisch wirksame Teilchen. Löst man hingegen Glucose in Wasser, so findet keine Dissoziation statt, und es liegt lediglich ein osmotisch wirksames Teilchen vor.

Die Abhängigkeit des osmotischen Drucks von der Konzentration gelöster Ionen oder Moleküle auf eine umgebende semipermeable Membran, die als trennende Barriere zu einer Vergleichslösung fungiert, wird durch das **VAN'T-HOFF-Gesetz** beschrieben:

$$p_{osm} = \sum_{1}^{n} (\Delta c_n \cdot RT) = \Delta c_1 \cdot RT + \Delta c_2 \cdot RT \ldots + \Delta c_n \cdot RT \qquad (16.1)$$

Anhand der Gleichung 16.1 können wir sehen, daß die Summe aller Konzentrationen der gelösten Teilchen berücksichtigt wird. Sind in einer betrachteten Lösung 1 mol NaCl gelöst, so findet die Summe $c(Na^+) + c(Cl^-)$ Eingang in das VAN'T-HOFF-Gesetz:

$$p_{osm} = \Delta c(Na^+) \cdot RT + \Delta c(Cl^-) \cdot RT \qquad (16.2)$$

Ferner fällt an Gleichung (16.1) auf, daß von Konzentrationsdifferenzen Δc die Rede ist. Dies wird sofort einsichtig, wenn man bedenkt, daß sich ein osmotischer Druck nur gegenüber einer Vergleichslösung ausbilden kann, in dem ein betrachtetes Teilchen ebenfalls mit einer Konzentration c vertreten ist (die im Extremfall natürlich auch null werden kann, wobei Δc gleich c wird). In der VAN'T HOFF-Gleichung werden also Konzentrationsdifferenzen berücksichtigt, nicht einzelne Konzentrationen.

Was versteht man nun unter dem Begriff der Osmolarität? Die **Osmolarität** eines Stoffes i ist die Konzentration **seiner osmotisch wirksamen** Teilchen in einem bestimmten Volumen V. Die Einheit der Osmolarität ist das osmol/L (keine SI-Einheit). Im Falle der Glucose sind Konzentration und Osmolarität zahlenmäßig identisch, nicht jedoch bei dissoziablen Stoffen wie NaCl. Eine Lösung mit c(NaCl) = 1 mol/L besitzt hier wegen Gleichung (16.2) eine Osmolarität von 2 osmol/L! Nun ist die Osmolarität einerseits von der Temperatur abhängig (das Volumen der Lösung dehnt sich z. B. bei Temperaturerhöhung aus), andererseits geht in das Lösungsvolumen auch der gelöste Stoff ein, was bei konzentrierteren Lösungen zunehmend an Bedeutung gewinnt. Um sich von diesen Einflüssen frei zu halten, findet die **Osmolalität** Verwendung. Ihre Einheit ist osmol/kg H_2O. Die hier gemachten Überlegungen, insbesondere auch Gleichung (16.1), besitzen nur für ideale, also stark verdünnte Lösungen Gültigkeit. Körperflüssigkeiten sind hingegen reale, also konzentriertere Lösungen, in denen sich die gelösten Teilchen im Gegensatz zu den idealen Flüssigkeiten gegenseitig beeinflussen können. Dies berücksichtigt der osmotische Koeffizient k, mit dem ideale Osmolalitäten multipliziert werden müssen, um auf die realen Verhältnisse übertragen werden zu können. Für ideale Flüssigkeiten nimmt der Koeffizient den Wert 1 an, bei realen wird er < 1. Somit sind die Osmolalitäten realer Lösungen kleiner als diejenigen der idealen.

Tabelle 16.2: Störungen des Wasserhaushalts.

Störungen des Wasserhaushaltes		
Art der Störung	**$c(Na^+)$/Osmolalität**	**Ursachen**
Isotone Dehydratation	normal	Morbus ADDISON, Diuretikatherapie, Durchfälle, Fisteln, Erbrechen
Hypotone Dehydratation	erniedrigt	Wie bei der isotonen Dehydratation, jedoch mit anhaltendem Na^+-Verlust
Hypertone Dehydratation	erhöht	**Diabetes insipidus**, starkes Dursten und Schwitzen, Coma diabeticum, Zufuhr osmotisch aktiver Flüssigkeiten durch den Arzt.
Isotone Hyperhydratation	normal	Herz- und Niereninsuffizienz
Hypotone Hyperhydratation	erniedrigt	Zu hoher Trinkkonsum (Bier) bei gestörter Wasserausscheidung
Hypertone Hyperhydratation	erhöht	Trinken von Meerwasser (Schiffbrüchige), Zufuhr hypertoner Infusionslösungen.

Nach diesem Exkurs wird nun bei Berücksichtigung der VAN'T-HOFF-Gleichung offensichtlich, daß der osmotische Druck der extrazellulären Flüssigkeit, namentlich des Blutes, auf die beiden Leitionen Na^+ und Cl^- zurückzuführen ist. Ändern sich deren Konzentrationen, so wird das Verschiebungen des Lösungsmittels Wasser nach sich ziehen. Das unterstreicht noch einmal die Bedeutung des Natriums als Parameter für die Beurteilung des Wasserhaushalts. Besitzt eine Lösung eine höhere Osmolalität als das Plasma mit ca. 290 mosmol/kg H_2O, so erzeugt sie auch einen höheren osmotischen Druck („Tonus"). In diesem Falle spricht man von einer **hypertonen**, im entgegengesetzten Fall von einer **hypotonen** Lösung, bei gleicher Osmolalität liegen **isotonische** Verhältnisse vor. Störungen der Plasmaosmolalität werden daher auch als hyper-, hypo- oder isoton (tonos gr. Spannung) klassifiziert, die des Plasmavolumens (Plasmawassers) als **De-** und **Hyperhydratation**.

16.3.2 Kalium

Im Gegensatz zum Natrium ist Kalium überwiegend intrazellulär lokalisiert, lediglich 1 bis 2 % des gesamten Körperkaliums von etwa 3500 mmol (ca. 137 g) befinden sich außerhalb der Zellen. Von der Plasmakonzentration läßt sich daher nicht direkt auf den Kaliumhaushalt schließen. Pro Tag werden 50 bis 150 mmol zugeführt, die Ausscheidung des Alkalimetalls erfolgt nicht nur renal, sondern zu etwa 10 % auch über den Stuhl.

Tabelle 16.3: Steckbrief des Kaliums.

Kalium	
Gruppe im Periodensystem/Ordnungszahl	1. Gruppe, Alkalimetalle/19
Relative Atommasse A_r	39,1
Ionenradius im Kristall	133 pm
Hydratationsradius	220 pm
Vorkommen	Fisch, Obst, Kakaopulver, Milchpulver, Pilze
Normbereich im Serum (Erwachsene)	3,6 - 5,0 mmol/L

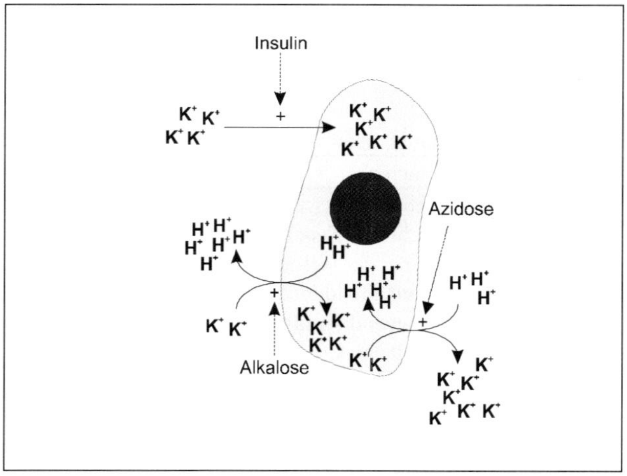

Abb. 16.7: Abhängigkeit der Kaliumverteilung vom pH-Wert des Blutes. Eine Azidose geht mit Hyperkaliämie (haima gr. Blut) einher, eine Alkalose mit Hypokaliämie. Insulin fördert den Kaliumeinstrom in die Zellen, ebenso Aldosteron.

Die Bedeutung des Kaliums gründet sich vor allen Dingen auf seine Rolle bei der Erregung von Nerven- und Muskelzellen. Das Ruhemembranpotential ist weitgehend auf die Ungleichverteilung von K^+ über die Membran zurückzuführen, welche von der Na^+-K^+-ATPase aufrecht erhalten wird. Aber nicht sie allein nimmt Einfluß auf die Bewegung des Kaliums über die Membran, welche das Kaliumion aufgrund seines geringen Hydratationsradius relativ leicht zu durchdringen vermag. **Insulin** erleichtert auf hormonellem Wege den

Transfer des Kaliums aus dem Extrazellulärraum in das Zellinnere; eine erhöhte Konzentration des Ions im Plasma provoziert eine Insulinausschüttung. Auch der pH-Wert ist in diesem Zusammenhang von Bedeutung. Bei Azidosen wird K^+ im Austausch mit H^+ in den Extrazellulärraum und damit ins Blut entlassen, bei Alkalosen verhält es sich umgekehrt. Hierbei kommt es zum Kaliumeinstrom in den Intrazellulärraum. Die Bedeutung des Alkalimetalls für die neuromuskuläre Erregbarkeit läßt starke Schwankungen der Kaliumkonzentration im Blut nicht zu. Dieses muß der Arzt insbesondere in Hinblick auf die Tätigkeit des Herzens immer berücksichtigen.

Kalium wird in der Niere glomerulär filtriert und ähnlich wie Natrium weitgehend wieder tubulär rückresorbiert. Ein geringerer Teil wird auch im Ileum bzw. Colon sezerniert und verläßt über den Darm den Organismus. An der Niere sind bis zum Ende des proximalen Tubulus rund 70 bis 80 % des K^+ resorbiert, wobei das Ion größtenteils passiv vom Tubulus ins Blut wechselt. Einen geringen Anteil nimmt die Tubuluszelle jedoch auch aktiv auf. Vom filtrierten Kalium werden 10 bis 20 % in der HENLEschen Schleife durch sekundär-aktiven Cotransport mit Na^+ und Cl^- resorbiert (Abschnitt 16.3.1; Abb. 16.4). Wie schon erwähnt, besteht für den menschlichen Körper die zwingende Notwendigkeit, die Kaliumkonzentration entsprechend den Erfordernissen einzuregulieren. Je nach Bedarf kann die Menge des im Harn ausgeschiedenen Kaliums zwischen 3 und 150 % des filtrierten Kontingents an Kaliumionen ausmachen. Aus den Zahlen wird deutlich, daß es mitunter auch zur Nettosekretion des K^+ kommen kann (150 % der filtrierten Menge im Harn!). Schauplatz dieser Regulationsvorgänge, die zur endgültigen Einstellung der renalen Kaliumausscheidung führen, sind der distale Tubulus und das Sammelrohr. Speziell am Sammelrohr lassen sich zwei Arten von Epithelien unterscheiden. Die dunklen oder Schaltzellen und die hellen bzw. Hauptzellen. Auf der luminalen Seite besitzt die **Hauptzelle** elektrogene Natriumkanäle. Ihre Bildung wird wahrscheinlich durch Aldosteron induziert. Durch diese Kanäle strömt Na^+ aus dem Lumen in die Zellen und hinterläßt eine negativ geladene Lumenseite der Tubulusmembran, während die basolaterale Membran demgegenüber positiv geladen ist. Insgesamt herrscht zwischen Lumeninnerem (30 mV) und Interstitium auf der basolateralen Seite der Tubuluszelle (70 mV) eine Potentialdifferenz (Spannung) von 40 mV. Kaliumkationen verlassen demzufolge passiv die Hauptzellen des Sammelrohrs in Richtung negatives Lumeninneres, womit eine **Sekretion** des Ions vorliegt. Wird der für die Potentialdifferenz ursächliche elektrogene Natriumkanal jedoch durch **Amilorid** und **Triamteren** gehemmt, so kann es zu keinem potentialgetriebenen K^+-Ausstrom mehr kommen. Die beiden Diuretika werden daher auch als kaliumsparend bezeichnet. Wird nun viel Natrium durch den Kanal resorbiert, so wird auch die Kaliumsekretion gesteigert.

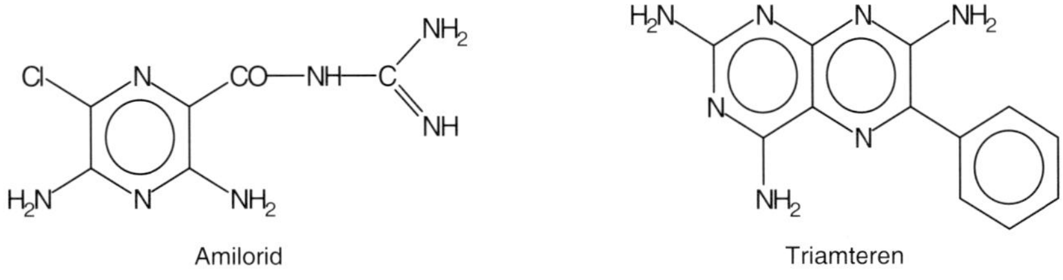

Abb. 16.8: Die kaliumsparenden Diuretika Amilorid und Triamteren.

Die **Schaltzellen** verfügen über keine elektrogenen Natriumkanäle, hier wird Kalium aktiv unter Verbrauch von ATP im Austausch mit H^+-Ionen resorbiert. Schließlich muß noch erwähnt werden, daß im Bereich des distalen Tubulus und der Sammelrohre auch die Kaliumausscheidung dem Einfluß des **Aldosterons** unterliegt. Durch dieses Steroidhormon wird einerseits die Aktivität der Na^+-K^+-ATPase gesteigert, andererseits die Anzahl von Natrium- und auch Kaliumkanälen in der luminalen Membran erhöht. Im Endeffekt wird dadurch die Kaliumausscheidung gesteigert und im Gegenzug Natrium vermehrt resorbiert. Bei chronischer Gabe des Aldosterons beobachtet man das sogenante **Escape-Phänomen**: Während die Kaliumsekretion gleichbleibend hoch ist, fällt die gegenläufige Natriumresorption nach einem relativ kurzen Zeitraum wieder ab.

Der Abschnitt soll mit einer Tabelle zu den Ursachen und Symptomen der Hyper- und Hypokaliämien schließen. Beide sind von erheblicher klinischer Relevanz, besonders vor dem Hintergrund der häufig vorkommenden Herz-Kreislauf-Erkrankungen. Aber auch hormonelle Erkrankungen, Durchfall, Erbrechen, Verbrennungen und Verschreibungsfehler bei Diuretika wie Furosemid können zu Störungen des Kaliumhaushaltes führen. Sie lassen sich nicht nur mit Hilfe der klinischen Chemie nachweisen, sondern äußern sich auch im Elektrokardiogramm.

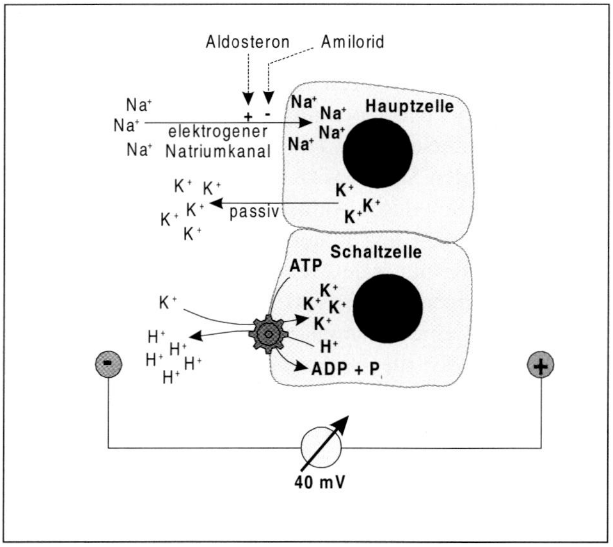

Abb. 16.9: Die Behandlung des Kaliumions im distalen Tubulus und im Sammelrohr. Nicht eingezeichnet ist die basolaterale Na^+-K^+-ATPase.

Tabelle 16.4: Die pathologischen Veränderungen der K^+-Konzentration im Blut. Häufige Ursachen sind **fett** unterlegt.

	Hypokaliämie	**Hyperkaliämie**
Definition	$c(K^+)$ im Serum < 3,5 mmol/L	$c(K^+)$ im Serum > 5,0 mmol/L
Ursachen	**Gastrointestinal**: Diarrhoe, Erbrechen, Fisteln, Mißbrauch von Abführmitteln **Renal**: Alle Erkrankungen, die zu einer chronischen Schädigung der Nieren führen, beispielsweise chronische Nephritiden. Renale tubuläre Azidose **Iatrogen** (Iatros gr. Arzt): **Unkontrollierte Diuretikagabe,** Glucocorticoidtherapie, Therapie mit Carbenoxolon (Magentherapeutikum), Insulingabe **Endokrin**: CONN-Syndrom, CUSHING-Syndrom **Sonstiges**: Lakritzenmißbrauch, Alkalosen	**Renal**: **Chronische Niereninsuffizienz** und unkontrollierte Kaliumzufuhr, akutes Nierenversagen **Zellschäden**: Nach **Verbrennungen** wird viel intrazelluläres Kalium freigesetzt, bei großen Verletzungen des Muskelgewebes, nach später Eröffnung von totalen arteriellen Gefäßverschlüssen (TOURNIQUET-Syndrom). Nach Bluttransfusionen (Erythrocyten besitzen intrazellulär hohe Kaliumkonzentrationen) **Iatrogen**: Unkontrollierte Gabe von Triamteren oder Amilorid, Cytostatikatherapie (Zellschäden mit Kaliumaustritt)
Symptome	EKG: PQ-Verkürzung, ST-Senkung, TU-Verschmelzungswelle, Extrasystolen Klinik: Lähmungen, Muskelschwäche, Verstopfungen (Obstipationen), eventuell Ileus, Alkalose	EKG: P-Abflachung, PQ-Verlängerung, zeltförmiges T, QT-Verlängerung Klinik: Muskelzuckungen, Parästhesien (auffällige Gefühlsempfindungen wie Kribbeln), Lähmungen

16.4 Erdalkalimetalle

16.4.1 Magnesium

Tabelle 16.5: Steckbrief des Magnesiums.

Magnesium	
Gruppe im Periodensystem/Ordnungszahl	2. Gruppe, Erdalkalimetalle/12
Relative Atommasse A_r	24,3
Ionenradius im Kristall	65 pm
Hydratationsradius	590 pm
Vorkommen	Getreideprodukte, Hülsenfrüchte, Hefe, Gemüse
Normbereich im Serum (Erwachsene)	0,60 - 1,05 mmol/L

Magnesium hat besonders als Bestandteil des Chlorophylls Bedeutung in der Pflanzenwelt. So verwundert es nicht, daß das Metall in der Nahrung hauptsächlich über Gemüse und Getreideprodukte zugeführt wird. Aber auch das Trinkwasser gilt als Magnesiumquelle. Der Tagesbedarf dürfte etwa bei 300 bis 350 mg liegen. Nur 30 % des aufgenommenen Magnesiums wird im Duodenum und Jejunum resorbiert, der Rest wird ausgeschieden. Im Blut liegt Magnesium überwiegend ionisiert vor, ca. 30 % sind protein-, etwa 7 % komplexgebunden. In Knochen- und Muskelgewebe werden größere Mengen des Erdalkalimetalls gespeichert, wobei etwa 50 % des Gesamtmagnesiumbestandes auf das Knochengewebe entfallen, 45 % liegen intra- und 5 % extrazellulär vor. Insgesamt verfügt der Organismus über ca. 23 g Magnesium.

Magnesium ist wie Kalium ein vorwiegend intrazelluläres Kation. Ähnlich wie dieses besitzt es Bedeutung für die neuromuskuläre Erregbarkeit, da Magnesium die Na^+-K^+-ATPase aktiviert und somit Einfluß auf die K^+-Verteilung nimmt. Darüber hinaus unterbinden deutlich erhöhte Magnesiumkonzentrationen die Freisetzung des Acetylcholins an den cholinergen Synapsen, was mit einer Lähmung der Skelettmuskulatur einhergeht. Dieser Effekt kann durch Calciumionen aufgehoben werden. Am Herzmuskel wird die Überleitungszeit erhöht, bei Konzentrationen über 10 mmol/L tritt Herzstillstand ein. Pathologische Abweichungen der Magnesiumkonzentrationen erinnern an diejenigen des Kaliums, womit eine weitere Parallele zwischen den beiden Metallionen aufgezeigt wäre. Im Falle eines Magnesiummangels steigt die Erregbarkeit des Muskels bis zur Tetanie. Wegen seiner Bedeutung für den Erregungsablauf an Herz, Nerv und Skelettmuskel geht Mg^{2+} auch in den **SZENT-GYÖRGY-Quotienten** Q ein, der die Auswirkungen von Ionenverschiebungen im Blut auf die Erregbarkeit von Nerven- und Muskelgewebe reflektiert:

$$Q = \frac{c(Na^+) + c(K^+)}{c(Mg^{2+}) + c(Ca^{2+}) + c(H^+)} \qquad (16.3)$$

Eine Zunahme dieses Quotienten bedeutet eine Erhöhung der Erregbarkeit, eine Verminderung das Gegenteil. Er besitzt auch Bedeutung für alle anderen Alkali- und Erdalkalimetallionen, die Gegenstand dieses Abschnitts sind. Gleichung (16.3) ist als Näherungsformel aufzufassen, die dem Arzt als Leitfaden bei Störungen des Elektrolyt- und Säure/Base-Haushalts dient.

Biochemisch ist Magnesium als Aktivator vieler Enzyme, bei deren Umsetzungen ATP beteiligt ist, von Bedeutung. Als Beispiele seien an dieser Stelle die Hexokinase-, die Enolase- und die Pyruvatkinase-Reaktion der Glykolyse angeführt. Das Nukleotid ATP existiert intrazellulär zumeist als Mg^{2+}-Komplex.

Von den täglich in der Niere ausgeschiedenen Menge von etwa 100 mg Mg^{2+} werden 95 % tubulär rückresorbiert, von denen wiederum 60 bis 70 % im dicken aufsteigendenen Teil der HENLE-Schleife zurückgewonnen werden. Hauptort der Regulation seiner Rückresorption ist für das Magnesiumion jedoch der distale Tubulus, obgleich hier nur 10 % der filtrierten Menge resorbiert werden. Wichtigster Regulator ist neben hormonellen Einflüssen die Plasma-Magnesiumkonzentration selbst, d. h. eine Hypermagnesiämie inhibiert die Rückresorption, eine Hypomagnesiämie fördert sie. Als Sensor fungiert der Ca^{2+}/Mg^{2+}-Rezeptor auf der kapillären Seite der Zellen im dicken aufsteigenden Schleifenschenkel, der die Konzentrationsschwankungen des Erdalkalimetalls im Plasma erfaßt. Eine kurze Zusammenfassung der Symptome und Ursachen von Magnesiumüberschuß und -mangel im Blut soll diesen Abschnitt abrunden.

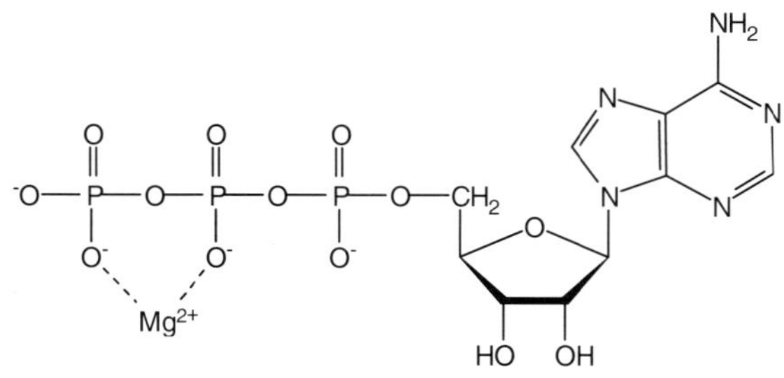

MgATP $^{2-}$

Abb. 16.10: Der Magnesiumkomplex des ATPs.

Tabelle 16.6: Die pathologischen Veränderungen der Mg^{2+}-Konzentration im Blut. Auch hier ist immer an Fehlernährung, Alkoholismus sowie an die Einnahme von Diuretika zu denken!

	Hypomagnesiämie	**Hypermagnesiämie**
Definition	C(Mg^{2+}) im Serum < 0,6 mmol/L	c(Mg^{2+}) im Serum > 1,05 mmol/L
Ursachen	Alkoholismus Malabsorptionssyndrom Chronisches Erbrechen und Diarrhoen Einseitige Ernährung Diuretikatherapie Tubuläre Defekte an der Niere Vermehrter Bedarf (Schwangerschaft)	Niereninsuffizienz Chronische lymphatische Leukämie
Symptome	EKG: Extrasystolen Klinik: Muskelkrämpfe, Parästhesien Darmspasmen	EKG: Überhöhte T-Welle Klinik: Muskelschwäche, Schläfrigkeit

16.5 Chlor

Das Chloridion Cl^-, durch welches das Halogen Chlor (chloros gr. gelbgrün) im menschlichen Organismus vertreten ist, ist das Hauptanion des Extrazellulärraumes. 88 % des Gesamtchlorids befinden sich außerhalb der Zellen. Das Chlorid übernimmt keine spezifischen Aufgaben, es fungiert neben dem Hydrogencarbonat in erster Linie als Gegenion des Natrium- bzw. Kaliumkations. Im Rahmen des Säure/Base-Haushalts wird Cl^- gegen HCO_3^- zwischen Erythrocyten und Plasma ausgetauscht (Chlorid- oder Hamburger-Shift).

Tabelle 16.7: Steckbrief des Chlors.

Chlor	
Gruppe im Periodensystem/Ordnungszahl	7. Gruppe, Halogene/17
Relative Atommasse A_r	35,5
Ionenradius im Kristall	99 pm
Normbereich im Serum (Erwachsene)	97 - 107 mmol/L

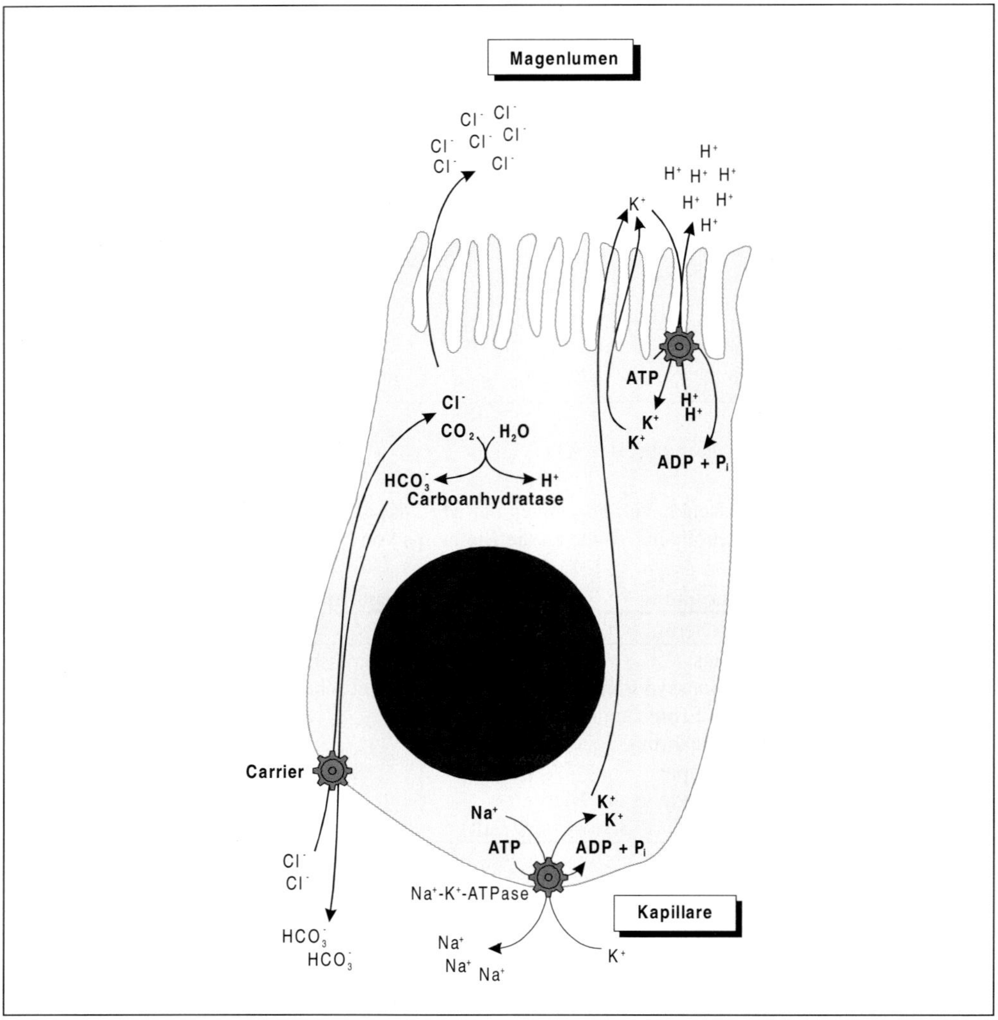

Abb. 16.11: Die Bildung der Magensalzsäure durch die Belegzelle. Die Protonensekretion kann den Wert von 20 mmol/h übersteigen und eine pH-Wert-Differenz von fast 7 Einheiten erzeugen.

An der luminalen Seite der Mucosazelle des Darms existiert ein gemeinsamer Carrier für Na^+ und Cl^-, durch den das Chlorid sekundär-aktiv „bergauf" in die Zelle gelangt. Natrium schafft mit seiner elektrogenen Passage durch Natriumkanäle (Abschnitt 16.3.1) ein lumennegatives Potential, das das Chlorid veranlaßt, dem Kation Na^+ durch die Zellspalten zwischen den Darmepithelien zu folgen. Dieser parazelluläre (para gr. neben, bei) Fluß des Chlorids wird durch die relative Durchlässigkeit der Zonulae occludentes (Tight junctions) möglich. In der Niere verläuft der Austausch von Na^+ und Cl^- parallel.

Bedeutung besitzt das Chlorid für die Bildung der **Magensalzsäure** der Belegzellen. Abb. 16.11 zeigt, daß Protonen H^+ intrazellulär durch die Carboanhydratasereaktion gebildet werden. Ihre Sekretion wird durch eine luminale H^+-K^+-ATPase gewährleistet, die in ihren Eigenschaften der Na^+-K^+-ATPase ähnelt. Das in die Zelle geschleuste Kalium wird anschließend in einem passiven Cotransport mit Chlorid wieder in das Mageninnere entlassen. Das Cl^--Ion gelangt, wie so häufig, im Austausch mit dem durch die Carboanhydratasereaktion gebildeten HCO_3^- in die Belegzelle. Die H^+-Anreicherung im Magenlumen um den Faktor 10^7 ist enorm, sie beträgt gegenüber der Parietalzelle (Belegzelle) 7 pH-Einheiten.

Diese ist damit der größte bekannte pH-Unterschied, der je an eukaryontischen Zellen gemessen wurde. Bei häufigem Erbrechen verliert der Organismus mit dem Magensaft neben Protonen H^+ mehr Chlorid- als Natriumionen. Die durch den Verlust an Wasserstoffionen entstehende Alkalose wird deswegen auch **hypochlorämische Alkalose** bezeichnet.

16.6 Phosphat

Tabelle 16.8: Steckbrief des Phosphats.

Phosphat	
Gruppe im Periodensystem/Ordnungszahl	5. Gruppe, Stickstoffgruppe/15 (Phosphor)
Relative Atommasse M_r von HPO_4^{2-}	96,0
Normbereich im Serum (Erwachsene)	0,87 - 1,45 mmol/L

Unter Phosphat, auch anorganisches Phosphat genannt, verstehen wir sowohl das primäre (ein H^+ ist abdissoziiert) als auch das sekundäre Phosphat (zwei H^+ sind abdissoziiert):

$$H_2PO_4^- \rightarrow H^+ + HPO_4^{2-} \qquad (16.4)$$

Das Verhältnis beider Phosphate wird durch die HENDERSON-HASSELBALCH-Gleichung bestimmt, die für das Serum folgende Form annimmt:

$$7{,}4 = 6{,}8 + \lg \frac{c\,(HPO_4^{2-})}{c\,(H_2PO_4^-)} \qquad (16.5)$$

$$0{,}60 = \lg \frac{c\,(HPO_4^{2-})}{c\,(H_2PO_4^-)} \qquad (16.6)$$

Dann folgt aus 16.6 für das Verhältnis von sekundärem zu primärem Phosphat:

$$3{,}98 = \frac{c\,(HPO_4^{2-})}{c\,(H_2PO_4^-)} \qquad (16.7)$$

Für den Kehrwert ergibt sich dann:

$$0{,}25 = \frac{c\,(H_2PO_4^-)}{c\,(HPO_4^{2-})} \qquad (16.8)$$

Die im Serum überwiegende Form des Phosphats ist also mit 75 % das sekundäre HPO_4^{2-}. Zur Pufferung des Blutes böte sich dieses Säure/Base-System aufgrund seines pK_S-

Wertes zwar an, jedoch ist die Serumkonzentration zu gering, um eine ausreichende Pufferkapazität zu garantieren.

Der menschliche Körper verfügt insgesamt über etwa 26 mol bzw. 2,55 kg Phosphat, das weitgehend in Knochen und Zähnen (etwa 80 %) als Apatit fixiert ist. Pro Tag werden etwa 1,4 g Phosphat vorwiegend über Milchprodukte, Fleisch und Gemüse mit der Nahrung zugeführt und zu ca. 60 bis 70 % im Dünndarm resorbiert. Die Phosphate des Calciums weisen relativ niedrige Löslichkeitsprodukte auf, was ihre Ausfällung begünstigt. Dies hat insbesondere am Knochen Bedeutung, wo es zur Einlagerung von Calciumphosphat kommt, wenn dessen Löslichkeitsprodukt überschritten wird.

$$\left[c\,(Ca^{2+})\right]^3 \cdot \left[c\,(PO_4^{3-})\right]^2 = 2{,}64 \cdot 10^{-27}\,mol^5 l^{-5} \tag{16.9}$$

Vermutlich erhöht die Aktivität der **Alkalischen Phosphatase** aus den Osteoblasten die lokale Phosphatkonzentration, gefolgt von der angesprochenen Fällung des Calciumphosphats. Ein alkalischer pH-Wert wirkt sich dabei fördernd aus, weil er die Konzentration an tertiärem Phosphat PO_4^{3-} durch Abdissoziation von Protonen vom sekundären Phosphat erhöht. Phosphat unterliegt in der Niere der Primärfiltration, wird aber bereits im proximalen Tubulus weitgehend (zu 80 bis 90 %) aktiv rückresorbiert. Parathyrin, Calcitonin und Glucocorticoide wirken der Phosphatresorption entgegen, fördern also dessen Ausscheidung. Im Harn fungiert Phosphat ganz im Gegensatz zum Serum als nennenswerter Puffer. Während der Tubuluspassage fängt das sekundäre Phosphat sezernierte Protonen ab und wird zum primären Phosphat. Der pH-Wert des Urins schwankt zwischen etwa 5,0 und 7,0, wobei er bei vegetarischer Kost eher zur alkalischen, bei proteinreicher Nahrung mehr zur sauren Seite tendiert. Im Harn liegt Phosphat also überwiegend in der primären Form vor, wenn man einen sauren pH-Wert zugrunde legt. So gilt bei pH 6,0 beispielsweise:

$$6{,}0 = 6{,}8 + \lg \frac{c\,(HPO_4^{2-})}{c\,(H_2PO_4^-)} \tag{16.10}$$

$$-\,0{,}8 = \lg \frac{c\,(HPO_4^{2-})}{c\,(H_2PO_4^-)} \tag{16.11}$$

$$0{,}16 = \frac{c\,(HPO_4^{2-})}{c\,(H_2PO_4^-)} \tag{16.12}$$

Der Anteil des sekundären Phosphats ist also auf 16 % gesunken.

16.7 Säure/Base-Haushalt: Azidose und Alkalose

Der Organismus besitzt ein starkes Interesse an der Konstanz des Blut-pH-Wertes, ist doch von diesem das einwandfreie Funktionieren der Enzyme abhängig. Das Blut besitzt einen pH-Wert von 7,40, wobei sich der **Normbereich zwischen 7,35 und 7,44** erstreckt. Werte jenseits von 6,8 sowie 8,0 sind mit dem Leben nicht vereinbar. Das entscheidende Puffersystem des Blutes ist neben dem Hämoglobin das Kohlensäure/Hydrogencarbonat-System.

Dies muß zunächst verwundern, besitzt doch dieses System einen pK_S-Wert von 6,1. Damit liegt der pH-Wert des Blutes außerhalb des Bereiches mit der höchsten Pufferkapazität, nämlich jenseits von $pK_S \pm 1$, weshalb die Pufferkapazität des Blutes nicht sonderlich groß ist. Der Organismus nimmt diesen Nachteil jedoch in Kauf, weil er über das Kohlensäure/Hydrogencarbonat-System im Gegensatz zum Hb^-/HbH-System die Möglichkeit besitzt, auf ein **offenes Puffersystem** zurückzugreifen. Offen ist es deswegen, weil $c(CO_2)$ und $c(HCO_3^-)$ fast vollständig unabhängig voneinander durch die **Atmung über die Lunge** und die Ausscheidung über die Nieren reguliert werden können. Ein definiertes Konzentrationsverhältnis bleibt also nicht wie in einem geschlossenen System „gefangen und starr", sondern läßt sich über Lunge oder Niere in weiten Bereichen beeinflussen und somit dem Soll-pH-Wert wieder angleichen.

Jede Abweichung des Blutes vom Normbereich zu sauren pH-Werten nennt man eine **Azidose**, solche in die entgegengesetzte Richtung eine **Alkalose**. Azidosen und Alkalosen können einerseits durch respiratorische Störungen bedingt sein, andererseits durch Stoffwechselentgleisungen und Nierenfunktionsstörungen. Im einen Fall spricht man von **respiratorischen Azidosen/Alkalosen**, im anderen Fall von **nichtrespiratorischen** oder weniger gut von **metabolischen Azidosen/Alkalosen**.

Zunächst hat für den Organismus die Veränderung des pathologischen pH-Wertes zu physiologischen Werten allerhöchste Priorität. Je nach Ursache wird er durch Kompensationsmechanismen, wie verstärkte Atmung oder verminderte Hydrogencarbonatausscheidung, zunächst versuchen, den pH-Wert in den Normbereich zu verschieben. Ist das Ziel erreicht, findet man im Blut zwar einen normalen pH-Wert, aber die anderen Parameter aus der HENDERSON-HASSELBALCH-Gleichung, die Hydrogencarbonatkonzentration oder die Kohlensäurekonzentration bzw. der $p(CO_2)$, liegen nun außerhalb des Normbereiches. Ein solcher Zustand wird als **kompensierte Azidose bzw. Alkalose** bezeichnet.

Bevor wir auf die einzelnen Azidosen eingehen, müssen wir noch ein allgemeines Prinzip erwähnen. Respiratorische Störungen des Säure/Base-Haushalts werden renal kompensiert, nichtrespiratorische zunächst pulmonal (pulmo lat. Lunge), nach einer gewissen Verzögerung auch durch die Niere. Ferner soll hier noch das Phänomen der Transmineralisation angesprochen werden. Hierbei werden bei einem Mangel an Protonen im Blut, also bei einer Alkalose, H^+-Ionen aus den Intrazellulärräumen der Zellen im Austausch mit Kaliumionen nachgeliefert. Eine Alkalose geht somit häufig mit einer **Hypokaliämie** (Mangel an Kaliumionen im Blut) einher. Im umgekehrten Fall, der Azidose, nehmen die Zellen Protonen aus dem Blut auf und entlassen im Gegenzug Kaliumionen in das Plasma. Bei Azidosen besteht also die Gefahr einer **Hyperkaliämie** (einer unphysiologisch hohen Konzentration an Kaliumionen im Blut)!

16.7.1 Respiratorische Azidose

Ursachen können sein: Lungenerkrankungen mit Einengung des Bronchialbaumes (sogenannte. obstruktive Lungenerkrankungen) wie **Asthma bronchiale, Bronchitis, Emphysem**. Auch eine Hemmung des Atemzentrums durch **Morphin, Heroin** oder Schlafmittel kann Ursache einer respiratorischen Azidose sein. Außerdem kommen noch neuromuskuläre Störungen wie die **Myasthenia gravis** oder die **Poliomyelitis** als Verursacher in Frage.

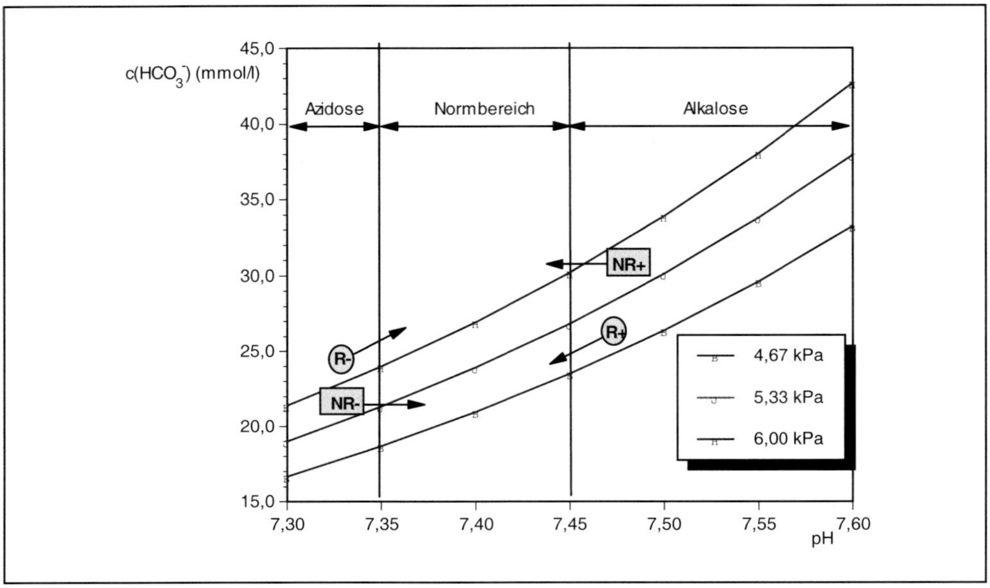

Abb. 16.12: In einem pH/Hydrogencarbonat-Diagramm sind vier fiktive Punkte als Beispiele für Störungen des Säure-Base-Haushalts eingetragen. Das **R** im schattierten Kreis bedeutet dabei **r**espiratorische, **NR** im schattierten Rechteck **nichtr**espiratorische Störung. Das Minuszeichen symbolisiert einen pH-Abfall (Azidose), das Pluszeichen entsprechend einen pH-Anstieg im Blut (Alkalose). Bei der respiratorischen Azidose ist der pCO_2 erhöht und der pH-Wert erniedrigt. Die Kompensation erfolgt in Pfeilrichtung auf der Isobaren, d. h. sie wird durch die Niere ermöglicht, wobei $c(HCO_3^-)$ angehoben (Retention) wird. Auch die respiratorische Alkalose gleicht der Organismus renal entlang der Isobaren aus, jedoch wird hier die HCO_3^--Konzentration abgesenkt. Nichtrespiratorische Azidosen und Alkalosen wird zunächst pulmonal, später auch renal begegnet. Der Pfeilrichtung folgend wird der pH-Wert wieder in den Normbereich verschoben, wobei sich jetzt aber aufgrund des nichtisobaren Verlaufs der $p(CO_2)$ verändert. Bei Einsetzen der renalen Regulation erfolgt auch noch einmal eine Veränderung der HCO_3^--Konzentrationen. Oberste Priorität hat also die Konstanz des pH-Werts, die auf Kosten der anderen Parameter $c(HCO_3^-)$ und pCO_2 aufrecht erhalten wird.

Die Kompensation erfolgt durch vermehrte renale Ausscheidung von H^+ und Retention von Hydrogencarbonat. Befundkonstellation: pH erniedrigt, $p(CO_2)$ erhöht, kompensatorisch auch HCO_3^-.

16.7.2 Nichtrespiratorische Azidose

Wichtige Ursachen sind: **Diabetes mellitus** und **Hungerzustand** mit **Ketoazidose** sowie die **Lactazidose** bei **Schock, Coma diabeticum** oder **Biguanideinnahme** (gefährliche Nebenwirkung einer Substanzklasse, die therapeutisch beim Diabetes mellitus eingesetzt wurde!). Außerdem kommen in Frage: Niereninsuffizienz mit renaler Azidose, intestinale Azidose bei Durchfall mit erhöhter Hydrogencarbonatausscheidung. Auch die renale tubuläre Azidose gehört hierhin. Kompensation: Zunächst durch vertiefte **KUSSMAUL-Atmung** (Abatmen von Kohlendioxid), später renal durch vermehrte Ausscheidung von Protonen und Ammoniumionen und Retention von Hydrogencarbonat. Befundkonstellation: pH erniedrigt, HCO_3^- erniedrigt, kompensatorisch ist auch $p(CO_2)$ erniedrigt.

Tabelle 16.9: Störungen des Säure-Base-Haushalts im Überblick. Weiterhin sind noch relevante Referenzwertbereiche angeführt.

Störung	**pH**	**p(CO_2)**	**c(HCO_3^-)**
	Repiratorische Azidose		
- nicht kompensiert	erniedrigt	erhöht	normal
- teilkompensiert	erniedrigt	erhöht	erhöht
- kompensiert	normal	erhöht	erhöht
	Respiratorische Alkalose		
-nicht kompensiert	erhöht	erniedrigt	normal
-teilkompensiert	erhöht	erniedrigt	erniedrigt
-kompensiert	normal	erniedrigt	erniedrigt
	Nichtrespiratorische Azidose		
-nicht kompensiert	erniedrigt	normal	erniedrigt
-teilkompensiert	erniedrigt	erniedrigt	erniedrigt
-kompensiert	normal	erniedrigt	erniedrigt
	Nichtrespiratorische Alkalose		
-nicht kompensiert	erhöht	normal	erhöht
-teilkompensiert	erhöht	(erhöht)/O_2-Defizit!	erhöht
-kompensiert	normal	(erhöht)/O_2-Defizit!	erhöht
	Referenzwerte		
pH-Wert	7,35 - 7,45		
p(CO_2), arteriell	4,67 - 6,00 kPa (35 - 45 mmHg)		
c(HCO_3^-), aktuell	22 - 26 mmol/L		
Basenüberschuß BE	- 2 bis + 2 mmol/L		

16.7.3 Respiratorische Alkalose

Ursachen: **Psychogene Hyperventilation** (starke, vertiefte und beschleunigte Atmung) besonders bei Frauen, Hyperventilation unter Narkose, cerebrale Störungen mit Hyperventilation. Kompensation: Verstärkte renale Ausscheidung von Hydrogencarbonat, Retention von Protonen. Befundkonstellation: pH erhöht, p(CO_2) erniedrigt, kompensatorisch auch HCO_3^-.

16.7.4 Nichtrespiratorische Alkalose

Als Ursache kommen der Verlust **von Kaliumionen und Protonen** in Frage, da bei Kaliummangel vermehrt H^+ von der Niere ausgeschieden werden. Hier sind zu nennen: **Erbrechen**, Magenabsaugung (sogenannte hypochlorämische Alkalose, bei der auch ein Mangel an Chloridionen im Plasma auftritt), **Überfunktion der Nebennierenrinde, Therapie mit Nebennierenrindenhormonen und Diuretika**, Therapie von Magenulcera durch Natriumhydrogencarbonat (heute veraltet). Kompensation: Pulmonale Hypoventilation ist nur eingeschränkt möglich, da sonst ein Sauerstoffdefizit entsteht. Befundkonstellation: pH erhöht, HCO_3^- erhöht, kompensatorisch auch p(CO_2) erhöht.

16.8 Spurenelemente

Bei den Spurenelementen, also denjenigen Elementen, die nur in äußerst geringen Konzentrationen in Erscheinung treten, überwiegen im menschlichen Organismus eindeutig die Metalle. Einige von ihnen - wie das Eisen für die roten Blutzellen oder das Iod für die Schilddrüse - erlangen dabei größte Bedeutung, andere lassen sich lediglich in einigen Enzymen nachweisen (Kupfer, Selen) und sind daher unentbehrlich. Das Auftreten einer dritten Gruppe von Spurenelementen ist hingegen besorgniserregend und entwickelte sich im Zuge der Industrialisierung zu einem medizinischen Problem. Zu diesen **toxischen Spurenelementen** zählen Blei, Cadmium, Arsen und Quecksilber. Eisen und Iod werden im funktionellen Zusammenhang an anderer Stelle vorgestellt. Beginnen wir unsere Betrachtung der Spurenelemente mit der größeren Gruppe, den Metallen.

16.8.1 Kupfer und der Morbus WILSON

Kupfer, dessen täglicher Bedarf auf 1 bis 5 mg geschätzt wird, ist Bestandteil der Cytochrom c-Sauerstoff-Oxidoreduktase (auch Cytochrom c-Oxidase genannt), eines Enzymkomplexes der Atmungskette, der die Reduktion des Sauerstoffs zu Wasser im Mitochondrium katalysiert. Man findet es neben Zink auch in der **Superoxid-Dismutase**, einem cytoplasmatischen Enzym der Erythrocyten, das Peroxidradikale nach

$$O_2^- + O_2^- + 2H^+ \rightarrow H_2O_2 + O_2 \qquad (16.13)$$

in einem ersten Schritt umsetzt. Im Anschluß daran macht die Katalase das gebildete Wasserstoffperoxid durch Reduktion zu Wasser bzw. Oxidation zu Sauerstoff unschädlich. Auch in den Enzymen Aldehydoxidase, Tyraminase, Tyrosinase, Uricase und Xanthinoxidase kann Kupfer nachgewiesen werden. Besondere Bedeutung besitzt Kupfer im menschlichen Organismus bei der Bindegewebsbildung, bei der Hämatopoese und bei Funktionen des zentralen Nervensystems.

Das in der Nahrung enthaltene Kupfer wird im Dünndarm resorbiert, an Albumin gebunden zur Leber transportiert und größtenteils über die Galle mit dem Stuhl ausgeschieden. Ein geringerer Teil bindet an Apocoeruloplasmin und wird über dieses Transportprotein zu den peripheren, kupferverbrauchenden Geweben transportiert. Coeruloplasmin, welches acht Atome Kupfer pro Molekül transportiert, bindet ungefähr 95 % des Serumkupfers, so daß sich sein Mangel in Störungen des Kupferhaushalts niederschlagen muß.

Als Ursache für den **Morbus WILSON** wird die vierfach größere Bindung des Kupfers an das Leberprotein Kupferthionein angesehen. Dadurch erfolgt kein ausreichender Einbau des Spurenelements in das normal synthetisierte Apocoeruloplasmin. Die Krankheit wird autosomal rezessiv vererbt, die Häufigkeit des rezessiven Gens in der Gesamtbevölkerung beträgt 1 : 500. Somit zählt der Morbus WILSON zu den häufigsten vererbbaren Anomalien. Der Ausfall des Coeruloplasmins bei Morbus WILSON-Patienten zieht eine vermehrte Ablagerung von Kupfer in verschiedenen Geweben nach sich, obwohl die Ausscheidung des Metalls über die Niere erhöht ist. Jedoch kommt es wegen einer gleichzeitig vermehrten Kupferresorption aus dem Darm zu einer positiven Kupferbilanz, da die Ausscheidung über die Galle nicht Schritt hält. Betroffene Organe sind in erster Linie die **Leber**, deren Pathologie über die Stadien Fettleber, chronische Hepatitis und Cirrhose verläuft, sowie das **Nervensystem**. Die neurologischen Symptome werden häufig erst nach dem zehnten Lebensjahr manifest und äußern sich in einer Weise, die an den Morbus PARKINSON erinnern: Rigor (starre Muskulatur), Hypokinese (Bewegungsarmut), Hypo- bzw. Amimie (ausdrucksarmes Gesicht ohne erkennbare Mimik), Tremor (Zittern), übermäßiger Speichelfluß und unkoordinierte Bewegungen. Begleitend dazu tritt der **KAYSER-FLEISCHER-Cornealring** in Erscheinung, eine gold-grüne Verfärbung des Cornearandes an den Augen. Schließlich kann sich der Morbus WILSON auch an den proximalen Tubuluszellen der **Niere** niederschlagen, was die Transportvorgänge an diesen Zellen nachhaltig beeinflußt. So werden Phosphat, Glucose und Aminosäuren in pathologisch großem Umfang mit dem Urin ausgeschieden.

Bei chronischem Kupfermangel kommt es durch Aktivitätsminderung der kupferabhängigen Lysyloxidasen zu Störung der Kollagen- und Elastinsynthese, daneben rufen die Einschränkungen der Cytochrom c-Oxidase- und Dopamin-β-Monooxygenase-Funktion zur Beeinflussung des Catecholaminhaushalts und damit des zentralen Nervensystems. Klinisch-chemisch läßt sich folgende Befundkonstellation ableiten:

- Kupfer im Serum erniedrigt (< 1,18 µmol/L)
- Coeruloplasmin erniedrigt (< 150 g/L)
- Kupferausscheidung im Harn erhöht (> 1,6 µmol/d)
- Kupferablagerungen in den oben angeführten Geweben

Behandelt wird die Krankheit durch kupferarme Diät und Gabe von **D-Penicillamin**, welches Kupfer durch Komplexbildung bindet und mit dem Harn ausgeschieden wird.

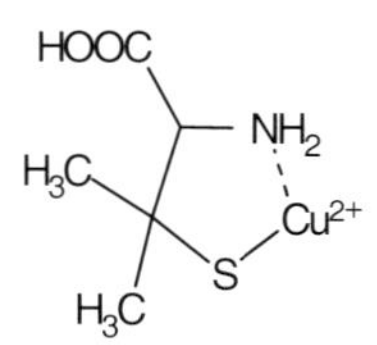

Kupferkomplex des D-Penicillamins

Abb. 16.13: Kupfer geht mit D-Penicillamin einen Komplex ein, der renal eliminiert werden kann.

Physiologisch ist die Kupferkonzentration im letzten Drittel der **Schwangerschaft** und bei Einnahme von **Estrogenen** bzw. **hormonellen Kontrazeptiva** erhöht. Eine regelmäßige Konzentrationserhöhung findet man bei akuten und chronischen **Infektionen**, bei **Eisenmangelanämie** und bei verschiedenen **Tumoren** (Bronchial-, Mamma- und Prostatakarzinom), besonders auch bei Leberschädigungen mit **Cholestase**, Leberkarzinom und im Rahmen der exokrinen Pankreasinsuffizienz.

16.8.2 Zink

Zink wird in der Alkohol-Dehydrogenase, der Glutamat-Dehydrogenase und der oben angeführten Superoxid-Dismutase gefunden. Auch die Carboanhydratase, die Alkalische Phosphatase und die α-Amylase verfügen über Zink, Insulin bindet das Metall. Zink wird nach der Resorption im Dünndarm in der Mucosazelle vom **Metallothionein** aufgenommen, ein Oligopeptid mit 61 Aminosäuren und einer relativen Molekülmasse von 6100. Es bindet bis zu 7 Metallionen, wobei außer Zink noch Kupfer und Cadmium in Frage kommen. Im Serum ist Zink zu etwa 30 bis 40 % an α_2-Makroglobulin gebunden, der Rest wird niederaffin vom Albumin transportiert. Aufgrund seiner Proteinbindung wird Zink kaum über die Nieren ausgeschieden, die Eliminierung erfolgt hauptsächlich über den Stuhl.

16.8.3 Mangan und Molybdän

Mangan, ein Element aus der 7. Nebengruppe des Periodensystems (Ordnungszahl 25) spielt eine wichtige Rolle als Aktivator bzw. Cofaktor von etlichen enzymatischen Reaktionen, wobei es aber häufig durch Magnesiumionen ersetzt werden kann. Manganlieferanten in der Nahrung sind Getreide (Gerste, Hafer, Roggen, Weizen), Soja, Reis, Hülsenfrüchte, Nüsse und Petersilie. Täglich sollen ca. 5 mg (Kinder 3 mg) des Metalls zugeführt werden, für Säuglinge liegt der Wert bei 0,5 mg. Der Gesamtkörperbestand beträgt 10 bis 20 mg, von denen das Gros in mononukleären Blutzellen, in der Leber, in der Niere, in Pankreas, Knochen und in der Hypophyse zu finden ist. Mangan ist Bestandteil der Carboxypeptidase A; die Alkalische Phosphatase, die Arginase und die Aminopeptidase werden durch das Metall aktiviert. Für die Pyruvat-Decarboxylase ist Mangan ein Cofaktor, wichtig ist es auch für die Funktion der Pyruvat-Carboxylase, der Superoxid-Dismutase (Verminderung der Radikalbildung) und die Synthese von Gucosaminoglycanen durch Glykosyltransferasen.

Das Nebengruppenelement **Molybdän** (Ordnungszahl 42, 6. Nebengruppe) ist Bestandteil folgender Enzyme: Xanthin-Oxidase, Sulfit-Oxidase und Aldehyd-Oxidase. Diese Enzyme katalysieren Redoxreaktionen, bei denen Mo^{6+} zu Mo^{4+} reduziert wird. Das Metall wird mit Milchprodukten, Kokosnüssen, Hülsenfrüchten, Gemüse und Getreideprodukten aufgenommen. Der Körperbestand an Molybdän beträgt 8 bis 10 mg, wobei das Skelett mit 60 % und die Leber mit 20 % die Hauptspeicherorte sind. Die restlichen 20 % verteilen sich auf verschiedene Organe. Im Blut ist Molybdän vorwiegend an Erythrocyten gebunden, im Serum an α_2-Globulin. Durch die obengenannten Enzyme bekommt Molybdän Bedeutung für den Purinstoffwechsel (Xanthin-Oxidase), den Alkoholabbau (Aldehyd-Oxidase) sowie den Abbau schwefelhaltiger Aminosäuren, in dessen Rahmen anfallendes Sulfit von der **Sulfit-Oxidase** im Mitochondrium zu Sulfat oxidiert wird:

$$SO_3^{2-} + H_2O \xrightarrow{\text{Sulfit-Oxidase}} SO_4^{2-} + 2\,H^+ + 2\,e^- \qquad (16.14)$$

16.8.4 Fluor

Als Vertreter der Halogene ist Fluor ein typisches Nichtmetall. Das äußerst reaktive Element existiert praktisch nur als **Fluorid F^-** und wird durch das Trinkwasser aufgenommen. Fluor ist nicht lebensnotwendig, fördert aber die Mineralisation von Knochen und Zahn. Besonders am Zahn wird durch das geringe Löslichkeitsprodukt von Fluorapatit $Ca_5[(PO_4)_3F]$ selbst bei Karies begünstigenden pH-Werten von 5,0 noch eine Remineralisation erreicht.

16.8.5 Selen

Selen, ein Halbmetall aus der Sauerstoffgruppe (Chalkogene) des Periodensystems, ersetzt den Schwefel im Selenocystein und im Selenomethionin (der Nahrung). Ersteres ist Bestandteil der **Glutathion-Peroxidase**:

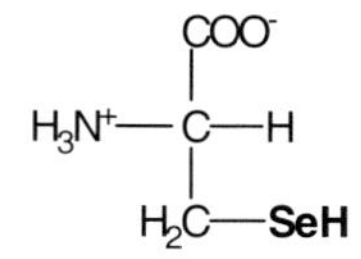

Abb. 16.14: Das Selenocystein, eine Aminosäure der Glutathion-Peroxidase.

Man findet die Glutathion-Peroxidase im Erythrocyten, wo sie mit Hilfe des Glutathions (GSH) aggressives Wasserstoffperoxid in harmloses Wasser umsetzt:

$$2\ GSH + H_2O_2 \rightarrow GSSG + 2H_2O \qquad (16.15)$$

Selen ist ebenfalls Teil der Deiodasen, also derjenigen Enzyme, die ein Iodatom vom Schilddrüsenhormon L-Thyroxin entfernen. Die Thioredoxin-Reduktase ist ein Selenoprotein, dessen Selenocysteinrest essentiell für die enzymatische Aktivität ist.

16.9 Literatur

(1) Gluck, S. L.: Acid-base. Lancet Vol. 352, S. 474 – 479 (1998).
(2) Halperin, M. L., Kamel, S. K.: Potassium. Lancet Vol. 352, S. 135 – 140 (1998).
(3) Holzgreve, H., Bräuer, H.: Niere, Hochdruck und Ödeme. Röhm Pharma GmbH.
(4) Kister, C. et al.: Molybdenum-cofactor-containing enzymes: Structure and mechanism. Annu. Rev. Biochem. 66, S. 233 – 267 (1997)
(5) Schütze, N. et al.: Neue menschliche Selenoproteine: Selenoprotein P und Thioredoxin-Reduktase. J Lab Med 22, S. 539 – 544 (1998).
(6) Sumit, K., Berl, T.: Sodium. Lancet Vol. 352, S. 220 – 228 (1998).
(7) Thomas, L.: Labor und Diagnose. 5. Auflage, TH-Books Verlagsges. mbH S. 339 – 359 (1998).
(8) Weisinger, J. R. et al.: Magnesium and phosphorus. Lancet Vol. 352, S. 391 – 396 (1998).

17 Binde- und Stützgewebe

17.1 Histologie des Bindegewebes

Binde- und Stützgewebe bestehen aus verschiedenen Zelltypen und der interzellulären Substanz, wobei die Bindegewebszellen mobil oder ortsansässig sein können. Zu letzteren zählen als wichtigster Zelltyp die **Fibrocyten**, die Bindegewebszellen im klassischen Sinn. Im Gegensatz zu den Fibroblasten zeigen sie eher reduzierte Stoffwechselaktivität. **Fibroblasten** zeichnen sich dadurch aus, daß sie in umfangreichem Maße Fasern und Grundsubstanz (fibra lat. Faserstoff, blastos gr. Keim) produzieren und damit auf diesem Feld aktiver als die Fibrocyten sind. Ungeachtet dieser Unterschiede werden beide Begriffe oft synonym benutzt. Zu den Bindegewebszellen im weiteren Sinn zählen die Lipocyten (lipos gr. Fett) des Fettgewebes, die Chondrocyten (chondros gr. Knorpel) des Knorpels und schließlich die Osteoblasten im Knochengewebe. Zu den mobilen Zellen gehören Makrophagen und Mastzellen, die aufgrund ihrer Bedeutung für das Immunsystem später erläutert werden sollen. Aus biochemischer Sicht interessiert besonders die Interzellulärsubstanz, die histologisch durch ihren mehr oder weniger großen Faserreichtum imponiert. Es lassen sich dabei verschiedene Arten von Bindegewebsfasern unterscheiden. Die kollagenen Fasern bestehen überwiegend aus Kollagen, enthalten aber auch Kohlenhydratverbindungen, die sogenannten **Glykosaminoglykane**. Auch die retikulären Fasern, oft in Basalmembranen zu finden, zeichnen sich durch einen hohen Kollagengehalt aus, zeigen aber eine unterschiedliche Anfärbbarkeit; ganz anders die elastischen Fasern, welche netzartige Strukturen ausbilden und als wichtigstes Protein Elastin enthalten. In diesem Kapitel sollen auch die Proteine Fibronektin und Laminin angesprochen werden. Ersteres spielt eine Rolle bei der Zellwanderung während der Embryonalentwicklung und der Tumormetastasierung.

Bedeutend fester als das (originäre) Bindegewebe ist der Knorpel. Ursache hierfür ist ein viel größerer Gehalt an Interzellulärsubstanz. Entsprechend weniger zelluläre Anteile sind zu finden, sowohl Blut- und Lymphgefäße als auch Nervenzellen lassen sich nicht nachweisen. Neben Kollagen enthält der Knorpel ebenfalls Glykosaminoglykane, die an Proteine gebunden vorliegen. Man nennt diese Strukturen Proteoglykane. Anhand der unterschiedlichen Bestandteile läßt sich das Knorpelgewebe in hyalinen, elastischen und kollagenfaserigen Knorpel unterscheiden. Als mechanisch noch stabiler erweisen sich Knochen und Zähne. Durch Einlagerung anorganischer Mineralien, namentlich Calciumphosphatverbindungen wie **Apatit**, erhalten sie die ihnen eigene Härte und Stabilität.

Tabelle 17.1: Zusammensetzung von Knorpel, Knochen und Zahn. Die Formel von Hydroxylapatit ist $Ca_5[(PO_4)_3(OH)]$.

	Knorpel	Knochen	Zahnzement	Zahndentin	Zahnschmelz
Kollagen	40 %	15 - 20 %	15 - 20 %	5 - 10 %	-
Glykosaminoglykane	40 %	1%	< 1 %	< 1 %	-
Proteine	5 %	4 %	1 %	< 1 %	1 %
Wasser	5 %	10 %	5 - 10 %	5 %	1 %
Hydroxylapatit	-	60 %	60 %	75 %	95 %
Mineralien	10 %	10 %	10 %	10 %	3 %

Die Einlagerung von Hydroxylapatit in die Knochengrundsubstanz, den Osteoid, wird als **Biomineralisation** bezeichnet. Verursacht wird sie durch Osteoblasten, die **Alkalische Phosphatase** synthetisieren, von der man annimmt, daß sie für die Einleitung der Mineralisation verantwortlich ist. Lokal wird die Konzentration an Phosphationen erhöht. Diese bilden mit Calcium nach Überschreiten des Löslichkeitsproduktes das schon angesprochene Hydroxylapatit. Eine Untersuchung des Gehaltes an Alkalischer Phosphatase im Serum kann Aufschluß über die Aktivität der Osteoblasten liefern. Der **Osteoklast** ist dagegen ein knochenabbauender Zelltyp, der zur Zellinie der Makrophagen gezählt wird. Eng mit der Aktivität dieser beiden Zelltypen ist die hormonelle Regulation des Calciumstoffwechsels verbunden.

17.2 Die Kollagene

17.2.1 Nomenklatur und Einteilung der Kollagene

Allein schon durch seine Häufigkeit verdient ein Protein besondere Erwähnung: Das Kollagen (kolla gr. Leim, genesis gr. Entstehung, Ursache) ist nicht nur das wichtigste Strukturprotein des Menschen, es zeichnet sich darüber hinaus durch eine typische, wenn nicht eigenwillige „Architektur“ aus. Es ist als häufigstes Protein des Menschen zugleich eines der bedeutendsten Skleroproteine (skleros gr. hart, rauh), einer Gruppe von Gerüst- und Stützproteinen, die sich durch Wasserunlöslichkeit und Faserstruktur ausweisen.

Als Bestandteil des Bindegewebes dient Kollagen dem Zusammenhalt der Zellen und ist daneben wichtiger Strukturbestandteil von Haut, Sehnen, Knochen, Knorpel und Gefäßen. Diese vielfältigen Aufgaben werden von einer ganzen Reihe unterschiedlicher Kollagentypen bewerkstelligt, die eine gewebsspezifische Verteilung aufweisen. Man kennt inzwischen weit über 10 verschiedene Kollagentypen und es steht zu erwarten, daß sich weitere in der nächsten Zeit hinzugesellen werden. Die einzelnen Mitglieder der Kollagenfamilie werden als Typen bezeichnet und mit römischen Ziffern versehen. Nur wenn die Proteinketten eines Kollagenmoleküls, die mit dem griechischen Buchstaben α und einer arabischen Ziffer benannt werden, von Genloci codiert werden, die sich eindeutig von den Loci bereits bekannter α-Ketten unterscheiden, kann von einem neuen Kollagentyp gesprochen werden. Sein Aufbau wird kurz durch die Anzahl der α-Ketten, denen nun die römische Typkennung beigefügt wird, wiedergegeben. So hat Kollagen vom Typ II, das aus drei gleichen Ketten besteht, die Zusammensetzung $\alpha 1(\mathrm{II})_3$, während Kollagen I vorwiegend aus unterschiedlichen α-Ketten der Stöchiometrie $\alpha 1(\mathrm{I})_2\alpha 2(\mathrm{I})$ besteht. Einen Überblick über die Terminologie der Kollagene I bis XI vermittelt die in Anlehnung an Miller und Gay (1987) erstellte Tabelle 17.2. Die Kollagenfamilie läßt sich in drei Gruppen unterteilten.

Gruppe-1-Moleküle oder **fibrilläre Kollagene** besitzen α-Ketten mit einer relativen Molekülmasse von $M_r = 95.000$ und zeichnen sich durch eine etwa 300 nm lange, durchgehend helical organisierte Domäne aus. Die α-Ketten der Kollagene dieser Gruppe zeigen große Übereinstimmungen, ihre Gene weisen eine hochkonservierte Exon/Intron-Struktur auf. Die Vertreter dieser Kollagengruppe stellen das Hauptkontingent der fibrillären Proteine im Bindegewebe.

Tabelle 17.2: Terminologie der Kollagene I bis X. Es bedeuten: SC: short chain, LC: long chain, EC: endothelial chain. Die dritte Spalte gibt die Anzahl unterscheidbarer α-Ketten im jeweiligen Kollagentyp wieder, bei n = 1 liegen identische Ketten vor. Inzwischen sind weitere Kollagene bekannt, so daß diese Tabelle lediglich die ersten zehn bekannten Kollagene auflistet. In der Literatur haben sich die Benennungen mit römischen Ziffern weitgehend durchgesetzt.

Aktuelle Benennung	Alte Benennung	α(n)
Kollagen I	Kollagen	2
Kollagen II	Knorpelkollagen	1
Kollagen III	Embryonalkollagen	1
Kollagen IV	Basalmembrankollagen	2
Kollagen V	AB-Kollagen	3
Kollagen VI	SC-Kollagen, Intimakollagen	3
Kollagen VII	LC-Kollagen	1
Kollagen VIII	EC-Kollagen	1
Kollagen IX	Typ M-Kollagen	3
Kollagen X	G-Kollagen, SC-Knorpelkollagen	1

Gruppe-2-Moleküle besitzen zwar ebenfalls Ketten mit einer relativen Molekülmasse von 95.000 oder mehr, sie verfügen aber im Gegensatz zu den Kollagenen der Gruppe 1 über mehrere helicale Domänen, die jeweils durch nichthelicale Abschnitte getrennt sind.

Gruppe-3-Moleküle zeichnen sich durch Kollagenketten mit $M_r < 95.000$ aus.

17.2.2 Die molekulare Architektur der Kollagene

Alle Kollagene zeigen Gemeinsamkeiten, die sie gleichermaßen auf markante Weise charakterisieren:

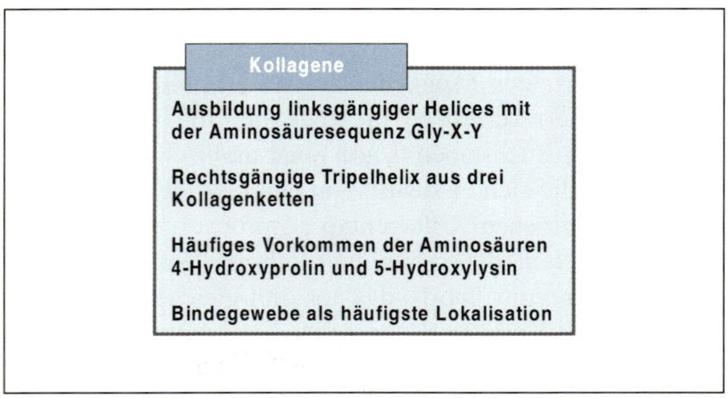

Abb. 17.1: Die markanten Gemeinsamkeiten der Kollagenfamilie. Die Buchstaben X und Y stehen generell für eine beliebige Aminosäure, jedoch nehmen Prolin und sein Derivat 4-Hydroxyprolin besonders häufig diesen Platz ein.

Den Zusammenhang zwischen (rechtsgängiger) Tripelhelix aus drei α-Ketten, einzelner (linksgängiger) Kollagenketten und ihrem charakteristischen Sequenzabschnitt Gly-X-Y verdeutlicht Abb. 17.2. Exemplarisch sollen dann die wichtigsten Vertreter der Gruppen 1 und 2, die Kollagene I und IV vorgestellt werden.

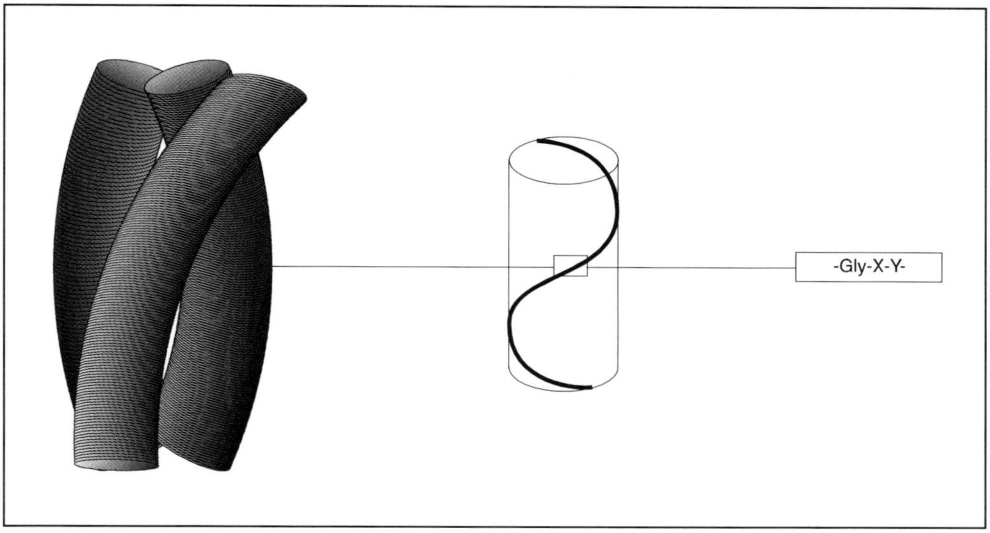

Abb. 17.2: Tripelhelix der Kollagenfamilie.

17.2.3 Kollagen I

Tabelle 17.3 gibt Aufschluß über die Gruppe 1- oder fibrillären Kollagene, zu denen auch das Kollagen I gehört. Sie macht deutlich, daß die fibrillären Kollagene II und III als Homotrimere vorliegen (drei gleiche Ketten), während Typ I und V daneben auch als Heterodimer (zwei unterschiedliche Ketten) vorkommen, Typ V auch als Heterotrimer (drei unterschiedliche Ketten) existiert.

Kollagen ist das häufigste Protein im menschlichen Organismus, es repräsentiert etwa 6 % des Körpergewichts und ca. 25 % aller Proteine. Innerhalb der Kollagene selbst steht der Typ I mit einem relativen Anteil von 90 % im Vordergrund. Es fällt auf, daß praktisch alle Gewebe mehrere Kollagentypen beinhalten, wobei die Proportionen unterschiedlich ausfallen. Im Knorpelgewebe tritt bevorzugt der Typ II auf, während das Typ I-Homotrimer und Kollagen III eine Präferenz für embryonale bzw. fetale Gewebe zeigen.

Tabelle 17.3: Die Gruppe 1-Kollagene bzw. fibrillären Kollagene in der Übersicht.

Kollagen	Ketten	M_r der α-Ketten Prokollagen	M_r der α-Ketten Kollagen	Stöchiometrie
Typ I	α1(I)	140.000	95.000	$[\alpha1(I)]_2\alpha2(I)$
	α2(I)	125.000	95.000	$[\alpha1(I)]_3$
Typ II	α1(II)	140.000	95.000	$[\alpha1(II)]_3$
Typ III	α1(III)	140.000	95.000-110.000	$[\alpha1(III)]_3$
Typ V	α1(V)	240.000	115.000	$[\alpha1(V)]_2\alpha2(V)$
	α2(V)	160.000	125.000	$[\alpha1(V)]_3$
	α3(V)			$[\alpha1(V)\alpha2(V)\alpha3(V)]$

Abb. 17.3: (1) zeigt die drei Domänen des pro-α1(I)-Moleküls mit der jeweiligen Anzahl ihrer Aminosäurereste, pN steht für N-terminales Propeptid, pC entsprechend für das C-terminale Propetid. (2) gibt die Verteilung von Triplettbereichen (fette Linien) und triplettfreien Regionen (dünne Linien) wieder. In (3) stehen die quergestreiften Ellipsen für globuläre Domänen, das Segment mit dünner Strichstärke ist triplettfrei.

Alle Gruppe 1-Kollagene, also auch das Kollagen I, werden extrazellulär durch Proteolyse aus Vorläufermolekülen, den **Prokollagenen**, gebildet. Prokollagene bestehen aus jeweils drei pro-α-Ketten, die intrazellulär ein Trimer bilden. Die Kette besteht aus 1441 Aminosäureresten, in denen Regionen der Triplettsequenz Gly-X-Y mit triplettfreien Abschnitten abwechseln. Es lassen sich drei Domänen unterscheiden, wobei die endständigen Domänen **p(N)** und **p(C)** schließlich extrazellulär abgespalten werden. Sie werden auch als **Extensionspeptide** bezeichnet.

Am Prokollagen I lassen sich mit Abb. 17.3 drei Molekülbereiche unterscheiden: Eine **N-terminale Domäne pN** mit 139 Aminosäuren, in der nach einer anfänglichen triplettfreien Region eine kurze Triplettsequenz folgt sowie wenige Aminosäurereste, die zur Prokollagen-N-Proteinase-Spaltstelle überleiten. Die **α1(I)-Ketten-Domäne** mit 338 ununterbrochen aufeinander folgenden Gly-X-Y-Tripletts, die insgesamt 1056 Aminosäuren umfaßt. Diese Domäne wird an beiden Enden von einer triplettfreien Sequenz eingerahmt. Eine 246 Reste lange **C-terminale Domäne pC**, die mit der Spaltstelle der Prokollagen-C-Proteinase beginnt. Sie enthält keine Tripletts. In den endständigen Domänen pN und pC finden sich mehrere Cysteinylreste, die in der pN-Domäne größtenteils Disulfidbrücken innerhalb der Ketten, im pC-Abschnitt zwischen den Ketten ausbilden. Die pC-Domäne verfügt auch über eine Bindungsstelle für eine N-verknüpfte Heteropolysaccharidkette. Im Gegensatz zu den triplettfreien Kettenabschnitten, die relativ reich an sauren und hydrophoben Aminosäureresten sind, ist der Anteil basischer Aminosäuren in den Triplettsequenzen vergleichsweise hoch. Ein Drittel der X-Y-Position ist mit Prolin und 4-Hydroxyprolin besetzt. Über Hydroxylysylreste sind kurze Kohlenhydratketten O-glykosidisch gebunden, die aus Galactosyl- bzw. Glucogalactosyleinheiten bestehen.

Die Biosynthese des Kollagens I in Fibro- und Osteoblasten vollzieht sich in mehreren Reaktionen sowohl intra- als auch extrazellulär. Eine Synopsis dieser Syntheseschritte zeigt die Abb. 17.4. Die Synthese nimmt ihren Ausgang an den membrangebundenen Ribosomen des rauhen Endoplasmatischen Retikulums, an dem ein Präprokollagen mit Signalsequenz und N- bzw. C-terminalen Extensionspeptiden aufgebaut wird. Mit Hilfe des Signalpeptids wird die Proteinkette in das Lumen des Endoplasmatischen Retikulums eingeschleust, in dem das Signalpeptid abgespalten wird. Dort, im Inneren des Endoplasmatischen Retikulums, werden bestimmte Prolyl- und Lysylreste nach folgendem Muster hydroxyliert:

$$\text{Pro} + O_2 + \text{2-Ketoglutarat} \rightarrow \text{4-Hydroxyprolin} + CO_2 + \text{Succinat} \tag{17.1}$$

$$\text{Lys} + O_2 + \text{2-Ketoglutarat} \rightarrow \text{5-Hydroxylysin} + CO_2 + \text{Succinat} \tag{17.2}$$

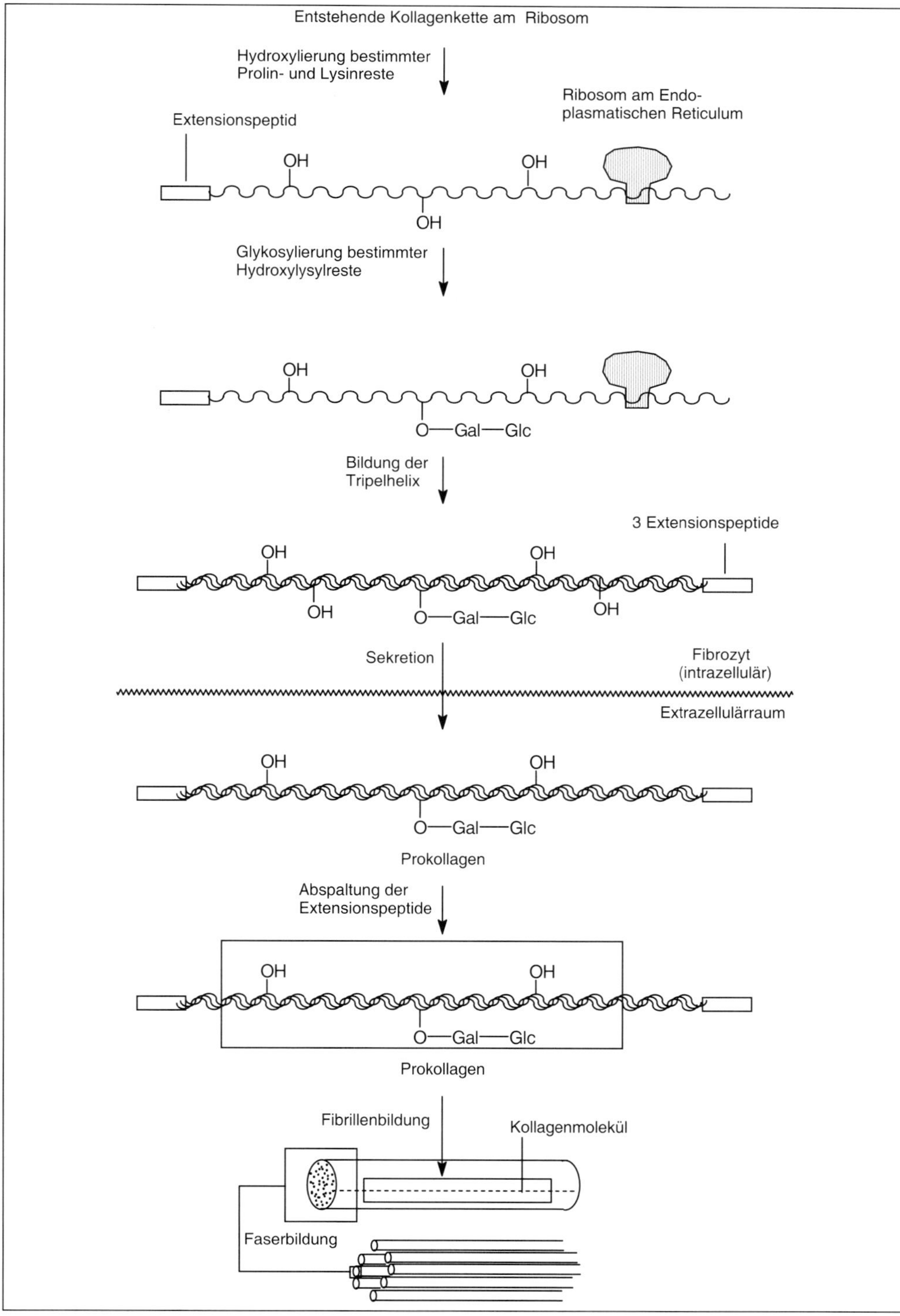

Abb. 17.4: Die Synthese des Kollagens I. Erläuterungen dazu im Text.

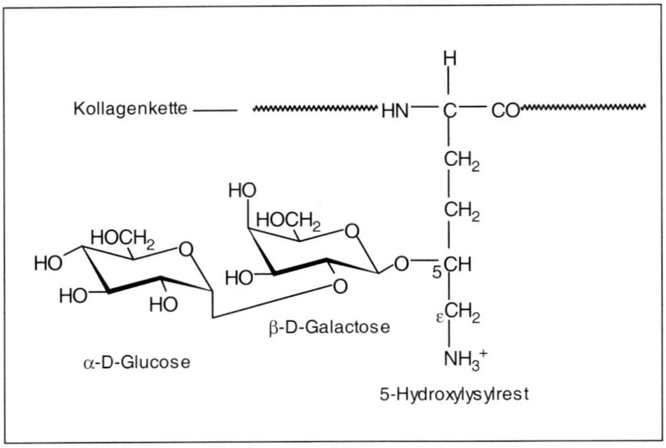

Abb. 17.5: Die Kohlenhydratseitenkette an den 5-Hydroxylysylresten des Kollagens I.

Die angeführten Reaktionen vollziehen sich an der entstehenden Proteinkette. Die Prolyl-Hydroxylase enthält $\mathbf{Fe^{2+}}$ im aktiven Zentrum und benötigt für ihre Aktivität **Ascorbat** (Vitamin C) als Cofaktor. 4-Hydroxyprolin stabilisiert die Tripelhelix über Wasserstoffbrückenbindungen, 5-Hydroxylysin dient als Anker für die O-glykosidische Verknüpfung von Kohlenhydratseitenketten, zudem ist diese Hydroxylierung unabdingbar für extrazelluläre Kreuzverbindungen zwischen einzelnen Kollagenmolekülen.

Dann schließt sich die O-glykosidische Verknüpfung von Galactosyl-Glucose-Seitenketten an 5-Hydroxylysylreste, wobei unter Wasserabspaltung die glykosidische Struktur in Abb. 17.5 entsteht.

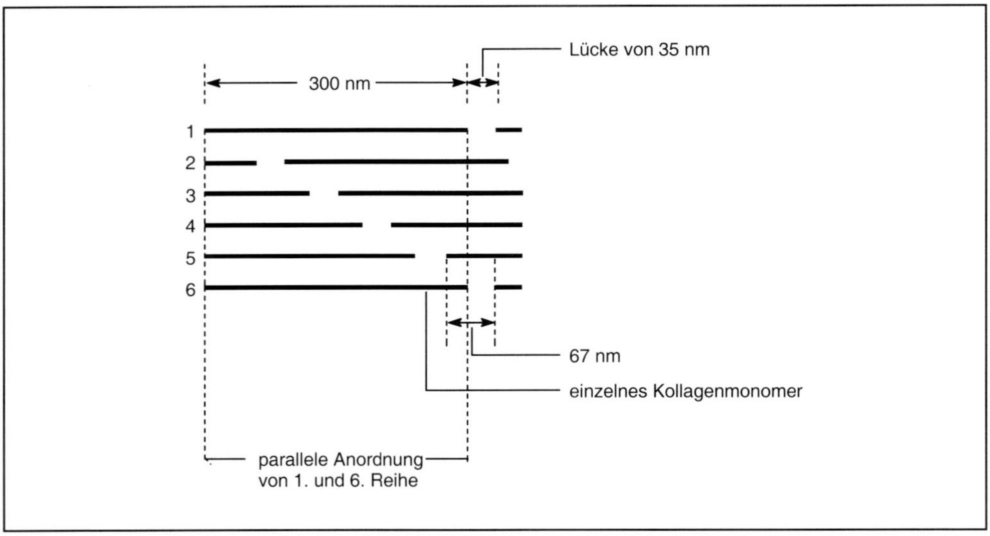

Abb. 17.6: Die Anordnung der Kollagenmonomeren in der Kollagenfibrille.

Der Tripelhelixformierung aus drei pro-α-Ketten schließt sich die Ausschleusung der Prokollagenmoleküle über den sekretorischen Weg in den Extrazellulärraum an. Die Abspaltung der terminalen Extensionspeptide durch extrazelluläre **Prokollagen-Proteinasen** setzt das eigentliche Kollagen I-Monomer von ca. 300 nm Länge und 1,5 nm Durchmesser frei. Welchen Zweck haben nun aber die Extensionspeptide, wenn sie im Zuge der Kollagensynthese verworfen werden? Dies wird nachvollziehbar, wenn man den nachfolgenden Syntheseschritt betrachtet. Nach Abspaltung der Propeptide lagern sich die parallel ausgerichteten Fasern mit charakteristischer Struktur zusammen. In der Kollagenfaser sind die Monomere jeweils um ein Viertel ihrer Länge in Längsrichtung zueinander versetzt, wodurch die typische Querstreifung mit einer Periode von 67 nm ihre Erklärung findet. Zwischen aufeinanderfolgenden Molekülen einer Reihe besteht eine Lücke von 35 nm, so daß sich das Packungsmuster nach Aneinanderlagerung von fünf Monomeren wiederholt. Kollagenmonomere in der 1. und 6. Reihe liegen also parallel. Abb. 17.6 veranschaulicht diesen Sachverhalt.

Der Zusammenhalt zwischen den parallelen Kollagenmonomeren wird zunächst durch schwache Bindungen wie Wasserstoffbrücken und van-der-Waals-Kräfte gewährleistet, erst im Zuge der Kollagenreifung werden diese schwachen Wechselwirkungen durch kovalente Bindungen abgelöst. Hierbei tritt noch einmal die Notwendigkeit des 5-Hydroxylysins zu Tage, welches mit einem Lysinmolekül des benachbarten Kollagenmonomers die kovalente Quervernetzung ausbildet. Dabei wird durch die kupferhaltige **Lysyl-Oxidase** zunächst die ε-Aminogruppe eines Lysyl- oder Hydroxylysylrestes zur Aldehydgruppe oxidiert, wodurch in einem weiteren Schritt zwei Aldehydgruppen mittels Aldolkondensation vernetzt werden können (Abb. 17.7).

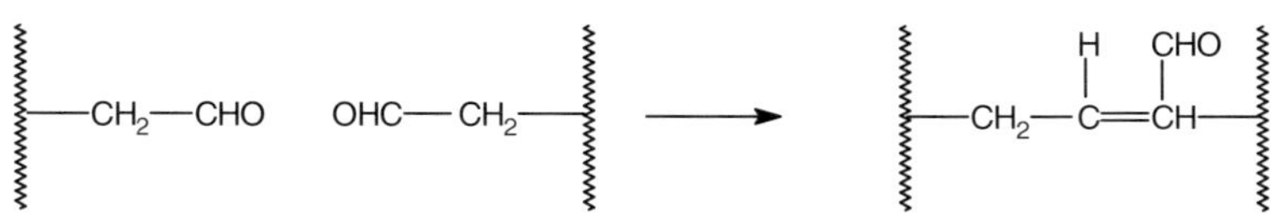

Abb. 17.7: Die extrazelluläre Quervernetzungsreaktion im Kollagen I-Molekül.

Eine Brückenbildung ist auch zwischen einer Aldehydgruppe eines Hydroxylysylrestes und einer ε-Aminogruppe eines Lysyl- bzw. Hydroxylysylrestes möglich. Dabei kommt es zu Aldiminbildung mit anschließender AMADORI-Umlagerung (Wanderung der Doppelbindung unter Ausbildung einer Ketogruppe an Stelle der OH-Gruppe). Das Resultat ist eine -CH_2-NH-CH_2-Brücke.

17.2.4 Kollagen IV

Neben den genannten Unterschieden lagern sich Gruppe 2-Kollagene im Gegensatz zu Gruppe 1-Vertretern wegen ihrer strukturellen Merkmale nicht parallel zu Fibrillen an, sondern bilden geflechtartige Strukturen. Sie werden daher auch nicht zu den fibrillären Kollagenen gezählt. Die anschließenden Tabellen listen die Mitglieder dieser Gruppe, ihre Eigenschaften und ihre Gewebeverteilung auf.

Die chemische und mechanische Stabilität von Basalmembranen läßt sich auch auf einen Hauptbestandteil dieser Strukturen, das Kollagen IV, zurückführen.

Tabelle 17.4: Die Gruppe 2-Kollagene in der Übersicht.

Kollagen	Ketten	M_r der α-Ketten Prokollagen	M_r der α-Ketten Kollagen	Stöchiometrie
Typ IV	α1(IV) α2(IV) α3(IV) α4(IV) α5(IV)	185.000 170.000	185.000 170.000	$[\alpha1(IV)]_2\alpha2(IV)$ $[\alpha1(IV)]_3$ $[\alpha2(IV)]_3$
Typ VI	α1(VI α2(VI) α3(VI)		140.000 140.000 140.000	[α1(VI)α2(VI)α3(VI)] $[\alpha1(VI)]_3$
Typ VII	α1(VII)		> 170.000	$[\alpha1(VII)]_3$
Typ VIII	α1(VIII) α2(VIII)	175.000 125.000		$[\alpha1(VIII)_2\alpha2(VIII)]$?

Tabelle 17.5: Gewebeverteilung der Gruppe 2-Kollagene. **RGD** steht für die Aminosäuresequenz Arginyl-Glycyl-Asparagyl, eine Sequenz, die häufiger als Aminosäuremotiv in Proteinen des Bindegewebes gefunden wird.

Kollagen IV	
Vorkommen in Geweben und Organen	**Eigenschaften**
Basalmembranen in Alveolen, Kapillaren, Glomerula, Haut, Leber, Placenta, Aorta, Tumorgewebe, DESCEMET-Membran	Behält die Extensionspeptide des Prokollagens, bildet Netze statt Fibrillen, starke Glykosylierung und hoher Hydroxylysingehalt, verfügt über RGD-Sequenzen

Neben seiner im wesentlichen auf Basalmembranen beschränkten Gewebeverteilung, der Ausbildung von Netzen statt Fibrillen und der fehlenden extrazellulären Modifizierung vom Prokollagen zum Kollagen ist es besonders die Molekülstruktur, die dieses Kollagen von den Typen I bis III unterscheidet. Sie zeigt lediglich in wenigen, fest umrissenen Abschnitten definitive Sequenzähnlichkeiten zu den fibrillären Kollagenen. Innerhalb des Kollagen IV-Moleküls, das ganz überwiegend als Heterotrimer $\alpha1(IV)_2\alpha2(IV)$ existiert, lassen sich drei Domänen unterscheiden. Eine 390 nm lange **Tripelhelixdomäne**, eine globuläre **NC1-Domäne** (NC von non-collagenous) am C-terminalen Ende der zentralen Tripelhelixregion und schließlich ein 30 nm langes Segment am N-Terminus der Tripelhelix, **7S-Domäne** genannt. Sowohl die 7S- als auch die zentrale Tripelhelixdomäne zeigen wie beim Kollagen I repetitive Gly-X-Y-Sequenzen, die jedoch im Gegensatz zu diesem von triplettfreien Bereichen, die 2 bis 24 Aminosäuren lang sein können, unterbrochen werden. In der 1669 Aminosäuren langen α1-Kette des menschlichen Kollagens IV finden sich 21 solcher Unterbrechungen, in der α2-Kette sind es 23. Die meisten unter ihnen sind in der N-terminalen Hälfte des Moleküls lokalisiert und zumeist in beiden Ketten auf gleicher Höhe zu finden. Die triplettfreien Sequenzen verleihen Kollagen IV gegenüber den fibrillären Kollagenen einerseits mehr Flexibilität, andererseits sind sie die bevorzugten Angriffspunkte proteolytischer Enzyme, besonders des Pepsins. Vergleiche mit triplettfreien Sequenzen im Rinder- und Mauskollagen IV ergeben ein hohes Maß an Homologie (also Übereinstimmung) bezüglich Länge und Position dieser Sequenzen, was ihre physiologische Bedeutung beispielsweise bei mechanischer Beanspruchung der Basalmembran durch Kontraktion und Dehnung unterstreicht.

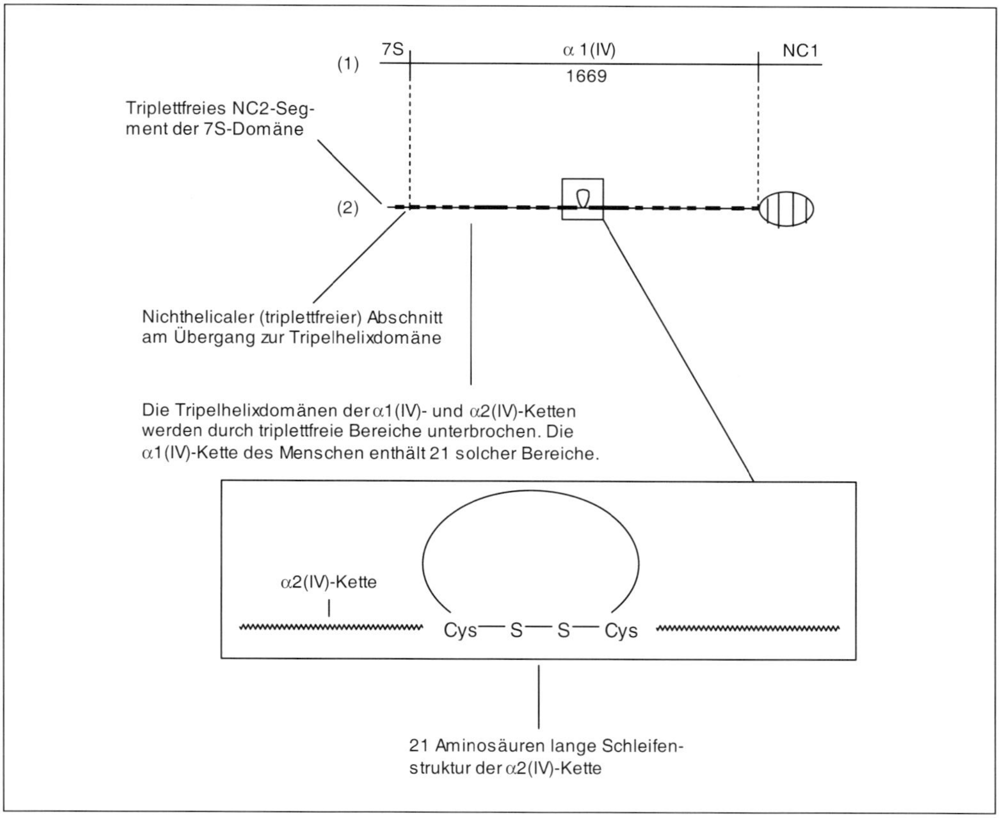

Abb. 17.8: Die Struktur des Kollagens IV. Im Zentrum des menschlichen Kollagens IV steht die 1669 Aminosäuren lange Tripelhelixdomäne, die durch die 7S- und die NC1-Domäne eingerahmt wird (1). Im Gegensatz zum Kollagen I enthält die Tripelhelixdomäne eine ganze Reihe von triplettfreien Regionen, die dem Molekül mehr Flexibilität verleihen. Auch die N-terminale 7S-Domäne ist tripelhelical organisiert, wobei sie von der zentralen Domäne durch einen NC2 (non-collagenous)-Abschnitt getrennt ist. Der Name 7S rührt von einem Proteolysefragment des Kollagens IV her, das eine entprechende SVEDBERG-Konstante aufweist. Über die 7S-Domänen legen sich vier Kollagen IV-Moleküle zu einer spinnenartigen Struktur zusammen. An ihren NC1-Domänen sind sie Kopf-zu-Kopf mit weiteren 7S-verknüpften („Spinnen“)-Tetrameren verbunden, so daß sich netzartige Strukturen des relativ flexiblen (man denke an die triplettfreien Regionen) Kollagenmoleküls ergeben.

Eine weitere Eigenheit der tripelhelicalen Abschnitte ist die relativ hohe Anzahl an **Cysteinylresten**, deren Vorkommen sich auf die 7S-Domäne und die triplettfreien Unterbrechungen in der N-terminalen Hälfte der Tripelhelixdomäne beschränkt. Intramolekulare Disulfidbrücken finden sich bevorzugt im zentralen Bereich des Moleküls, wobei insbesondere die an zwei disulfidverbundene Cysteinylreste verankerte Schleifenstruktur der α2(IV)-Kette auffällt. Diese Schleife beinhaltet 21 Aminosäuren und tritt nur in der α2-Kette auf.

Die C-terminale Domäne NC1 ist 229 Aminosäurereste lang (Maus) und besitzt eine relative Molekülmasse von ca. 25.000. Der Anteil hydrophober Aminosäuren ist hoch, während derjenige an 4-Hydroxyprolin sowie 5-Hydroxylysin gering ausfällt. Diese Domäne ermöglicht eine Kopf-zu-Kopf-Anlagerung zweier Kollagen IV-Moleküle, womit die 7S-verknüpften spinnenförmigen Tetramere zu Netzstrukturen erweitert werden.

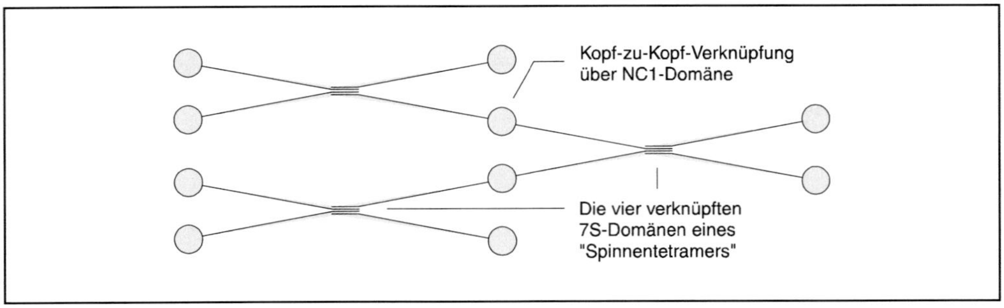

Abb. 17.9: Schematische Darstellung der Kollagen IV-Netzanordnung in der Basalmembran.

17.3 Elastin, Fibronektin und Laminin

Hauptbestandteil der elastischen Fasern ist das Elastin. Bei Betrachtung der Elastinstruktur fällt der hohe Gehalt an Glycin und Alanin auf. Prolin und Hydroxyprolin werden ebenso gefunden, allerdings ist der prozentuale Anteil des Hydroxyprolins im Vergleich zum Kollagen gering, Hydroxylysin fehlt sogar gänzlich. Ausgereiftes Elastin weist einen sehr hohen Grad an **Quervernetzung** auf. Nach der Synthese des Proelastins in den Fibroblasten und seiner Ausschleusung in den Interzellulärraum werden vier Elastinmoleküle unter Ausbildung einer sogenannten **Desmosinverbindung** (Abb. 17.10) miteinander verknüpft. In diese kupferabhängige Reaktion sind vier Lysinreste involviert, von denen drei zuvor durch die Lysyl-Oxidase in entsprechende Aldehydverbindungen überführt worden sind. Das so entstandene Netzwerk ist wasserunlöslich, proteinaseresistent und äußerst elastisch. Der Abbau von Elastin wird durch die Elastinase katalysiert.

Fibronektin ist ein dimeres Protein, dessen Untereinheiten über zwei Disulfidbrücken miteinander verknüpft sind. Jede Untereinheit weist eine relative Gesamtmolekülmasse von 250.000 auf. Die genaue Zusammensetzung der einzelnen Proteinketten variiert aufgrund unterschiedlicher Spleißvarianten. Abb. 17.11 vermittelt einen Eindruck von diesem Molekül. Neben einem Bereich, der für die Bindung an Zelloberflächen verantwortlich ist, verfügt das Molekül über eine Kollagenbindungsstelle. Man kann sich das Fibronektin also als Brücke zwischen Zelle und Kollagen vorstellen. Die Moleküle, mit denen das Fibronektin auf der Zelloberfläche interagiert, werden **Integrine** genannt. Aber nicht nur im erwachsenen Organismus übernimmt Fibronektin wichtige Funktionen. Es hat sich gezeigt, daß Zellwanderungen während der Embryonalentwicklung einiger Spezies fibronektinabhängig sind.

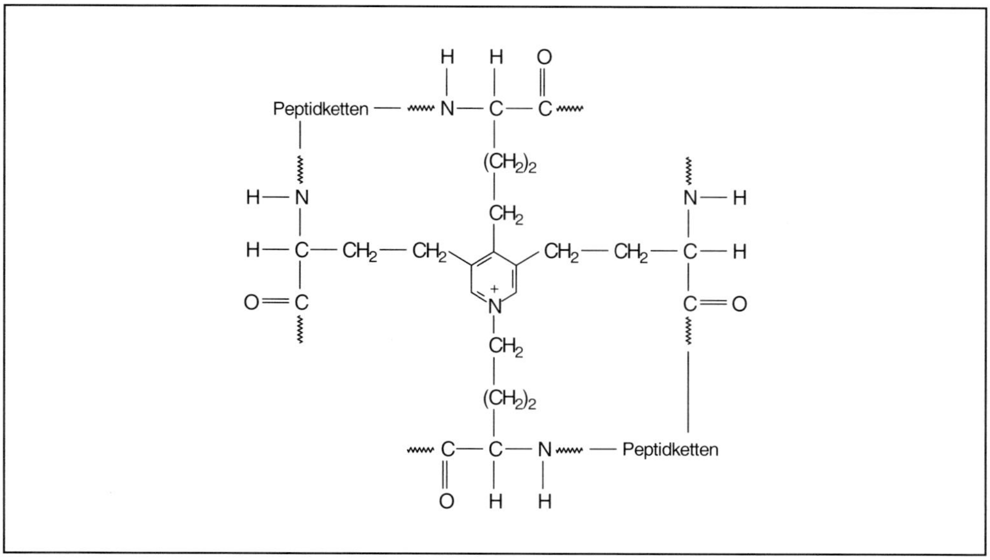

Abb. 17.10: Die Desmosinverknüpfung im Elastin.

So wandern Zellen während der Gastrulation des Frosches ***Xenopus laevis*** auf einer Fibronektinmatrix in das Innere des Embryos. Daneben kommt Fibronektin über seine Fibrinbindungsstelle bei der Pfropfbildung im Rahmen der **Blutgerinnung** eine wichtige Rolle zu. Es dient hier als Überbrückung zwischen Blutplättchen und Fibringerinnsel. Aber damit nicht genug, auch in der Tumorgenese scheint Fibronektin von Bedeutung zu sein. Hier ist es jedoch die Abwesenheit des Proteins in entarteten Zellen, die so unheilvoll zum Tragen kommt. Derartige Zellen sind weit weniger an einen Ort gebunden als gesunde Zellen und neigen daher zur Metastasierung.

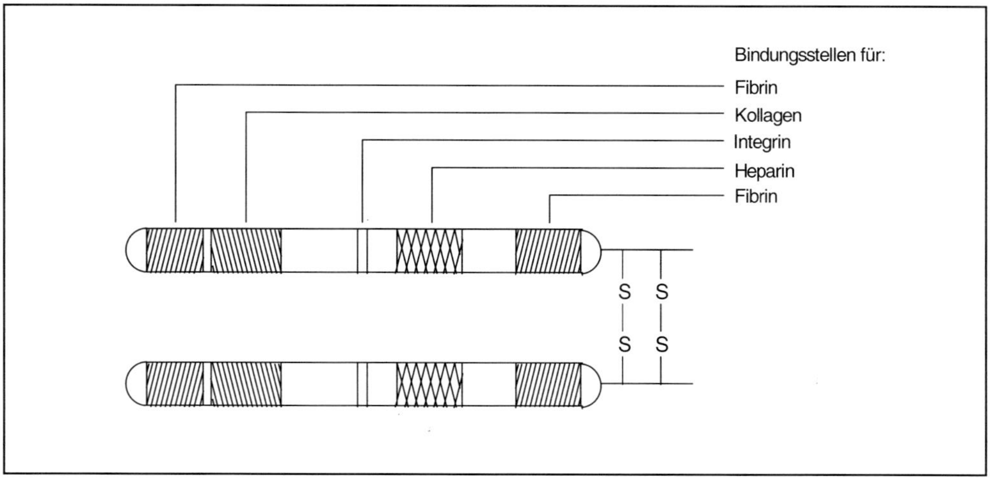

Abb. 17.11: Das Fibronektin.

Als Bestandteil der Basallamina zählt **Laminin** zu den Proteinen der Extrazellulärsubstanz. Es zeigt hohe Affinität zu einem anderen wichtigen Strukturelement der Balsallamina, zum Kollagen IV. Auch für Laminin sind Integrine als Zellrezeptoren beschrieben worden. Laminin trägt wesentlich dazu bei, daß Epithelzellen auf der Basallamina aufsitzen können.

17.4 Proteoglykane

Im Gegensatz zu den Glykoproteinen bestehen die Proteoglykane zum größeren Anteil aus Zuckerstrukturen (bis zu 94 %), den Glykosaminoglykanen (glykys gr. süß), und nur zu einem kleineren Anteil aus Protein. Ein Synonym für Glykosaminoglykane ist der Begriff saure Mucopolysaccharide (sie enthalten als quantitativ wichtigen Bestandteil Glucuronsäure und treten in Körperschleimen auf, muko- gr. Schleim). (1→4)-glykosidisch verbundene Disaccharideinheiten bilden dabei große lineare Makromoleküle mit relativen Molekülmassen von 10^3 bis 10^6. Für die Bestandteile der Disaccharide lassen sich einige einfache Regeln aufstellen: Ein Monosaccharid ist immer ein Aminozucker (z. B. Glucosamin, Galactosamin, N-Acetylglucosamin oder N-Acetylgalactosamin), das zweite enthält keinen Stickstoff und ist meistens Glucuronsäure. Darüber hinaus können eine oder mehrere Sulfatgruppen esterartig an Hydroxylgruppen des Zuckers gebunden sein.

In die Synthese der Glykosaminoglykane, die an einem Proteingerüst erfolgt, sind neben einer Sulfotransferase sechs verschiedene Glykosyltransferasen eingebunden, die auf die Ausgangssubstrate UDP-Monosaccharide und aktiviertes Sulfat PAPS zurückgreifen. Die Glykosaminoglykane werden von Fibroblasten, Chondrocyten, Osteoblasten und mitunter auch von Ductulus- und Kupffer-Sternzellen der Leber synthetisiert. Auf zellulärer Ebene spielt sich dieser Synthesevorgang im Endoplasmatischen Retikulum und im Golgi-Apparat ab. Die Glykosaminoglykane sind keine Eigenheit des Bindegewebes, sie tauchen auch in anderen Organen auf, so z. B. die Hyaluronsäure im Glaskörper des Auges, im Knorpel, in der Nabelschnur und Synovialflüssigkeit. Chondroitinsulfat A und Keratansulfat sind ebenfalls am Aufbau des Knorpels beteiligt, Chondroitinsulfat B und C an demjenigen der Herzklappen und der Haut. Granula der Mastzellen enthalten Heparin. In Geweben existieren diese Glykosaminoglykane nicht in freier Form, sondern sind an Proteine gebunden.

Tabelle 17.6: Zusammensetzung verschiedener Glykosaminoglykane.

Verbindung	Disaccharidbaustein	Sulfat	Verknüpfung
Hyaluronsäure	N-Acetylglucosamin Glucuronsäure	- -	β (1→4) β (1→3)
Chondroitin-4-sulfat (Chondroitinsulfat A)	N-Acetylgalactosamin Glucuronsäure	4 -	β (1→4) β (1→3)
Dermatansulfat (Chondroitinsulfat B)	N-Acetylgalactosamin Glucuronsäure oder Iduronsäure	4 - -	β (1→4) α (1→3) β (1→3)
Chondroitin-6-sulfat (Chondroitinsulfat C)	N-Acetylgalactosamin Glucuronsäure	6 -	β (1→4) β (1→3)
Heparin	Glucosamin Glucuronsäure	3,6 2	α (1→4) β (1→4)
Keratansulfat	N-Acetylglucosamin Galactose	6 -	β (1→3) β (1→4)

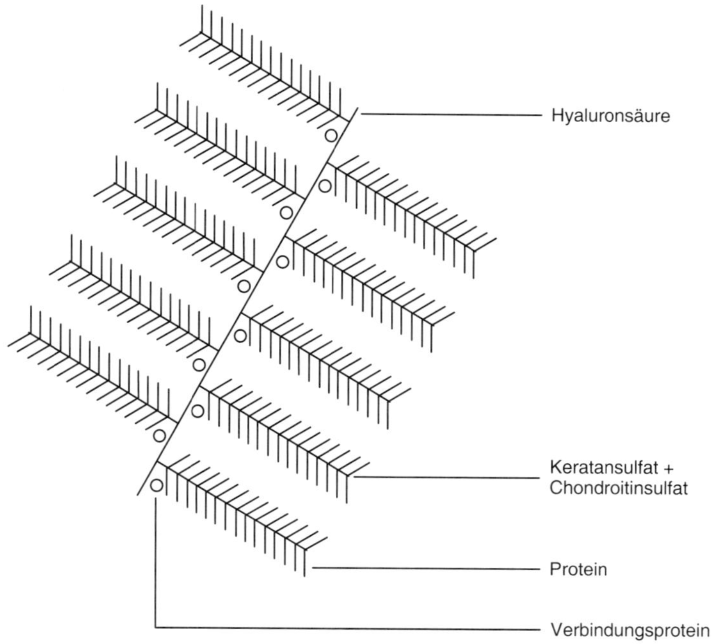

Abb. 17.12: Chemisch gesehen sind Glykosaminoglykane Polyanionen und somit befähigt, Kationen wie Calcium reversibel zu binden bzw. größere Mengen an Wasser im Gewebe zurückzuhalten.

Die Verknüpfung der Glykosaminoglykane mit den Proteinen zu Proteoglykanen erfolgt über O-glykosidische Bindung an Serin oder Threoninreste. In Abb. 17.12 ist ein Proteoglykan des Knorpels dargestellt. Die Proteoglykane sind darüber hinaus mittels eines Verbindungsproteins an Hyaluronsäure gebunden, wodurch bürstenartige Strukturen entstehen. Die Verbindung zwischen Hyaluronsäure und Verbindungsprotein ist nichtkovalenter Art.

Der Abbau der Proteoglykane vollzieht sich mit Hilfe von Proteinasen im Extrazellulärraum, intrazellulär dagegen nach Aufnahme der Zuckerstrukturen durch Hydrolasen im Lysosom. Eine Störung des Stoffwechsels lysosomaler Proteine kann dadurch zur Akkumulation unvollständig abgebauter Produkte in den Lysosomen führen. Die damit einhergehenden Erkrankungen werden Mucopolysaccharidosen genannt. Ihre Folgen sind geistige Retardierung (retardare lat. verzögern) und Unförmigkeiten des Skelettaufbaus. In den meisten Fällen kommt es zur Ausscheidung von Glykosaminoglykanen im Harn.

17.5 Literatur

(1) Harsingham, T., Fosang, A.: Proteoglycans: many forms and many functions. FASEB Journal, Vol. 6, S. 860 – 870 (1992).

(2) Prochop, D. J. et al.: Collagens: Molecular biology, diseases, and potentials for therapy. Annu. Rev. Biochem. 64, S. 403 – 434 (1995).

(3) Ruoslahti, E.: Fibronectin and its receptors. Annu. Rev. Biochem. 57, S. 375 – 413 (1988).

(4) Van der Rest, M. et.al.: Collagen family of proteins. FASEB Journal, Vol. 5, S. 2814 – 2823 (1991).

18 Blut

18.1 Funktion und Bedeutung des Blutes

Die rote Farbe des Blutes weist bereits auf einen Hauptbestandteil dieser Körperflüssigkeit hin, auf die roten Blutkörperchen oder **Erytrozyten** (erythros gr. rot). Zusammen mit den **Leuko-** (leukos gr. weiß) und **Thrombocyten** (thrombos gr. Blutpfropf) stellen sie die korpuskuläre bzw. zelluläre Fraktion des Blutes. Es kann somit als Zellaufschwemmung oder -suspension (suspendere lat. aufhängen, in der Schwebe) aufgefaßt werden und erinnert an ein Gewebe, dessen Zellen frei beweglich und durch Flüssigkeitsräume getrennt sind. Die zellulären Bestandteile des Blutes lassen sich mittels Zentrifugation (centrum lat. Mittelpunkt und fugere lat. fliehen) abtrennen, ihr Volumenanteil am Gesamtvolumen des Blutes heißt **Hämatokrit** (haima gr. Blut und krites gr. Richter). Bei Frauen beträgt der Hämatokrit 37 bis 47 %, bei Männern beläuft er sich auf 40 bis 54 %.

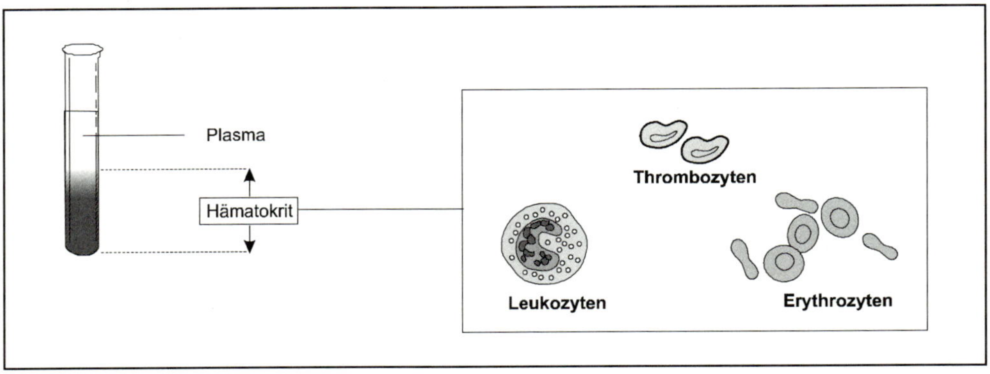

Abb. 18.1: Zentrifugiert man Blut, so sedimentieren die Blutzellen und bilden einen Bodensatz im Zentrifugenglas. Dessen Volumenanteil heißt Hämatokrit, sein Überstand ist das Plasma. Der Hämatokrit wird ganz überwiegend von den Erytrozyten repräsentiert, so daß unter Hämatokrit bisweilen auch nur als Volumenteil der Erytrozyten am Blut verstanden wird.

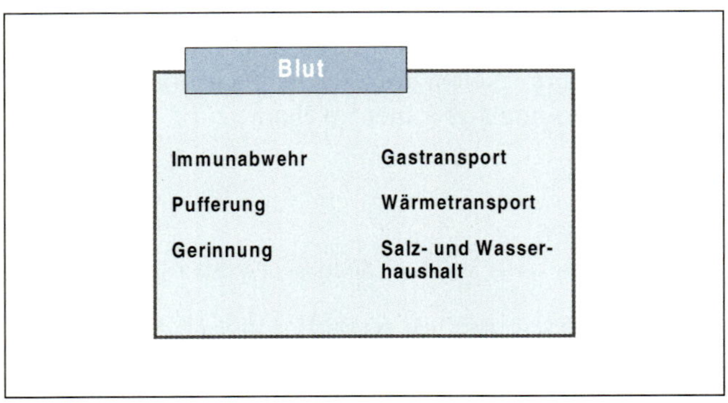

Abb. 18.2: Die wichtigsten Funktionen des Blutes.

Tabelle 18.1: Die Zellen des Blutes. Speziell die Leukocyten werden im sogenannten Differentialblutbild noch einmal aufgeschlüsselt. Unter dem **kleinen Blutbild** verstehen wir die Untersuchung von Hämoglobinkonzentration, Hämatokrit, den Erytrozytenindices MCV, MCH und MCHC (s. u.), der Leuko- und der Thrombocytenzahl. Das **große Blutbild** unterscheidet sich vom kleinen im Hinzutreten des Differentialblutbildes.

Die Zellen des Blutes

		Referenzbereiche	
Parameter	**Gruppe**	**Alte Einheiten**	**SI-Einheiten**
Erytrozytenzahl	Männer	$(4{,}6 - 6{,}2) \cdot 10^6/mm^3$	4,6 - 6,2 T/L
	Frauen	$(4{,}2 - 5{,}4) \cdot 10^6/mm^3$	4,2 - 5,4 T/L
Thrombocytenzahl	Erwachsene	$(150 - 300) \cdot 10^3/mm^3$	150 - 300 G/L
Leukocytenzahl	Erwachsene	$(4 - 9) \cdot 10^3/mm^3$	4,0 - 9,0 G/L
Differentialblutbild			
Stabkernige Granulocyten	Erwachsene	3 - 5 %	0,03 - 0,05
Segmentkernige Granulocyten	Erwachsene	50 - 70 %	0,50 - 0,70
Eosinophile Granulocyten	Erwachsene	2 - 4 %	0.02 - 0,04
Basophile Granulocyten	Erwachsene	0 - 1 %	0,00 - 0,01
Monocyten	Erwachsene	2 - 6 %	0,02 - 0,06
Lymphocyten	Erwachsene	25 - 40 %	0,25 - 0,40

Obliegt den Erytrozyten besonders die Aufgabe des Sauerstoff- und Kohlendioxidtransports, so können die Leukocyten allgemein als Zellen der körpereigenen Immunabwehr bezeichnet werden. Die Thrombocyten haben wichtigen Anteil an der Blutgerinnung und sind ebenso wie die roten Blutzellen kernlos.

Nach der Zentrifugation einer Blutprobe findet man im Sediment (sedere lat. setzen) die Blutzellen, der darüber befindliche, leicht gelbliche Überstand heißt **Plasma**. Als Plasma wird derjenige Anteil der Blutes bezeichnet, den man nach Entfernen der zellulären Bestandteile erhält, während **Serum** der Überstand ist, der nach einer Spontangerinnung im Probenröhrchen gewonnen wird.

18.2 Der Erytrozyt

18.2.1 Entwicklung und Aufbau des Erytrozyten

Während der **Erythropoese** (poein gr. machen, hervorbringen) im Knochenmark läßt sich erst auf der Stufe des polychromatischen (poly gr. viel und chroma gr. Farbe) Erythroblasten intrazelluläres Hämoglobin nachweisen. Die Erythropoese nimmt ihren Ausgang vom Proerythroblasten (pro gr. vor) und erfolgt beim Erwachsenen im **Knochenmark**, beim Embryo bzw. Fetus dagegen zunächst in Leber und Milz.

Die Entwicklung der roten Blutkörperchen wird durch das Hormon **Erythropoetin** reguliert, das zu 90 % von der Niere und lediglich zu 10 % in der Leber synthetisiert wird. Erythropoetin ist ein Glykoprotein (also ein Protein, an dem auch einige Zuckermoleküle gebunden sind) mit einer relativen Molekülmasse von 18.400. Die Ausschüttung dieses Hormons ist sauerstoffabhängig, ein Mangel an O_2 bewirkt Bildung und Freisetzung des Erythropoetins. So ist seine Konzentration im Blut beispielsweise beim Bergsteigen in „dünner Luft“ wegen des niedrigen atmosphärischen Sauerstoffanteils erhöht, aber auch

Anämien (an gr. kein, nicht und haima gr. Blut) lassen die Erythropoetinkonzentration ansteigen. Da die Nieren die Hauptbildungsstätte des Erythropoetins sind, kommt es beim Ausfall beider Nieren (die sogenannte Niereninsuffizienz) zum Erythropoetinabfall im Blut mit der Konsequenz, daß die Blutbildung eingeschränkt und eine Anämie ausgebildet wird. Nach 4 bis 5 Tagen ist die Erythropoese bis zu ihrer ersten kernlosen Stufe, dem Retikulocyten, vorangeschritten. Der **Retikulocyt** repräsentiert neben dem Erytrozyten die einzige Zelle der roten Entwicklungsreihe, die das Knochenmark zu verlassen vermag und somit im Blut erscheint. Beide Zellstufen enthalten viel Hämoglobin, ja man kann den Erytrozyten geradezu als Hämoglobincontainer bezeichnen, da sich 90 % seiner Trockensubstanz aus Blutfarbstoff zusammensetzt. Die mittlere Lebensdauer eines solchen Hämoglobincontainers beträgt 120 Tage, nach deren Ablauf er in der Milz von Makrophagen (makros gr. groß und phagein gr. fressen), d. h. bestimmten körpereigenen Abwehrzellen, abgefangen und gefressen wird.

Der bikonkav geformte und zellkernfreie Erytrozyt hat einen mittleren Durchmesser von 7,7 µm. Er besitzt keine Mitochondrien und stützt sich bei der Energiegewinnung überwiegend auf die Glykolyse. Insbesondere seine Zellmembran ist genauer untersucht worden, wobei sich deren integrale und periphere Membranproteine recht gut mittels SDS-Polyacrylamidgelelektrophorese differenzieren lassen.

Tabelle 18.2: Die Membranproteine des Erytrozyten. Die in der Tabelle aufgelisteten Proteine stellen lediglich einen Teil der in der Erytrozytenmembran vorzufindenden peripheren und integralen Membranproteine dar. So existieren beispielsweise auch die Glykophorine B und C.

Membranproteine des Erytrozyten		
Protein	**M_r/Stöchiometrie**	**Bedeutung**
Periphere Proteine (cytoplasmatische Membranseite)		
α-Spectrin	260.000/$\alpha_2\beta_2$	Bestandteil des Membranskeletts
β-Spectrin	225.000/$\alpha_2\beta_2$	Bestandteil des Membranskeletts
Ankyrin	215.000/Monomer	Bestandteil des Membranskeletts
Actin	43.000/Oligomer	Bestandteil des Membranskeletts
Glycerolaldehyd-3-phosphat-Dehydrogenase	35.000/Tetramer	Enzym der Glykolyse
Integrale Proteine		
Anionenkanal	89.000/Dimer	Ionenkanal für Cl^-/HCO_3^-
Glykophorin A	31.000/Dimer	Träger der MN-Blutgruppeneigenschaft Rezeptor für das Influenzavirus, Rezeptor für *Plasmodium falciparum*

Der dimere Anionenkanal unterhält den Austausch von Chlorid und Hydrogencarbonat, auch **Hamburger-Shift** (Kapitel: Aminosäuren, Peptide und Proteine) genannt, und dient dem CO_2-Transport. Ganz anderer Natur sind die Strukturproteine Spectrin, Ankyrin und Actin. Alle drei Proteine bilden die Grundlage eines Membranskeletts, das die Verformbarkeit der roten Blutzelle gewährleistet. Diese Flexibilität der Erytrozytenmembran ermöglicht der Zelle günstige Fließeigenschaften im Blut, so daß sie auch kleinste Kapillaren passieren kann. Mengenmäßig überwiegt das Spectrin, dessen beide Untereinheiten ein ca. 100 nm langes αβ-Heterodimer ausbilden. Durch End-zu-End-Addition zweier Dimere entsteht das Tetramer mit der Stöchiometrie $\alpha_2\beta_2$. An ihren beiden Enden sind die Tetramere mit Actin und einem weiteren, nicht näher definierten Protein vernetzt. Auf diese Weise kann das Spectrin an der cytoplasmatischen Seite der Erytrozytenmembran ein Maschenwerk ausbilden, das zusätzlich über Ankyrin an den Anionenkanal geknüpft ist. Dieser ist bekanntlich ein integrales Protein, so daß das periphere Spectrinnetzwerk durch die Ankyrin/Anionenkanal-Verknüpfung seine Verankerung in der Membran erfährt.

Das integrale Membranglykoprotein **Glykophorin A** verfügt über drei Domänen. Die extrazelluläre N-terminale Domäne erstreckt sich über 72 Aminosäuren und ist durch 16 Kohlenhydratseitenketten charakterisiert. Der ganz überwiegende Teil der Zuckerketten, nämlich 15, ist O-glykosidisch mit Threonyl- oder Serylresten des Proteins verknüpft, lediglich eine Kette hängt N-glykosidisch gebunden an einem Asparaginrest. Die O-glykosidisch verankerten Kohlenhydratketten bestehen aus vier Kohlenhydraten, wovon zwei N-Acetylneuraminsäure sind. Der Transmembranabschnitt des Glykophorins A ist α-helical organisiert und umfaßt 19 Aminosäuren, die zum größten Teil lipophilen Charakter aufweisen. Das C-terminale Ende des Glykoproteins stellt die cytoplasmatische Domäne mit 40, zumeist geladenen oder polaren Aminosäureresten. Die extrazelluläre Domäne ist Träger der **MN-Blutgruppeneigenschaften**, wobei die Ausbildung M die Aminosäuren Serin und Glycin in Position 1 bzw. 5 beinhaltet, während Leucin an Position 1 und Glutaminsäure an Position 5 die Blutgruppe N definieren.

Die Abspaltung der N-Acetylneuraminsäurereste in den Kohlenhydratketten führt dazu, daß M- und N-Antikörper nicht mehr am Erytrozyten zu binden vermögen. Darüber hinaus entfällt die Rezeptoreigenschaft des Glykophorins A für das **Influenzavirus**, der Malaria-Erreger ***Plasmodium falciparum*** zeigt ein vermindertes Invasionsverhalten. Die N-Acetylneuraminsäure ist also Bestandteil der MN-Antigeneigenschaft, sie definiert jedoch nicht die M- oder N-Blutgruppe. Beide Gruppen weisen keine Unterschiede im Kohlenhydratanteil des Proteins auf, jedoch, wie oben ausgeführt, in der Aminosäuresequenz der N-terminalen Domäne.

Diagnostische Bedeutung kommt dem **mittleren korpuskulären Volumen MCV** (mean corpuscular volume engl. mittleres korpuskuläres Volumen) des Erytrozyten zu, dessen Normbereich 81 bis 100 fL (fL steht für femtoliter, femto = 10^{-15}) beträgt. Das MCV kann bei Kenntnis des Hämatokrits und der Erytrozytenzahl n pro Volumen Blut berechnet werden:

$$\text{MCV} = \frac{\text{HK}}{\text{n}} \tag{18.1}$$

Liegt das Volumen der Erytrozyten unter krankhaften Bedingungen über dem Normbereich, bezeichnet man die Zellen als **makrocytär** (makros gr. groß), im umgekehrten Falle als **mikrocytär** (mikros gr. klein). Der **mittlere Hämoglobingehalt MCH** (mean corpuscular hemoglobin engl. mittleres korpuskuläres Hämoglobin), auch mit Hb_E abgekürzt, gibt an, über wieviel Hämoglobin in pg (pg von pikogramm, piko = 10^{-12}) der einzelne Erytrozyt verfügt. Der Normbereich liegt hier bei 27 bis 34 pg. Wird er unterschritten, so nennt man den Erytrozyten **hypochrom** (hypo gr. unter, chroma gr. Farbe). Weist er zuviel Hämoglobin auf, so gilt er als **hyperchrom** (hyper gr. über).

Um den **mittleren Hämoglobingehalt MCH** und die **mittlere korpuskuläre Hämoglobinkonzentration** des Erytrozyten **MCHC** (mean corpuscular hemoglobin concentration) ermitteln zu können, muß zunächst die Hämoglobinkonzentration klinisch-chemisch gemessen werden. Dies gelingt aber nur, wenn man alle Erytrozyten einer Blutprobe zerstört und dem intrazellulären Hämoglobin damit die Möglichkeit gibt, in das Serum überzutreten. Nachdem im Labor die Zellmembranen aller roten Blutkörperchen durch entsprechende Chemikalien aufgelöst wurden, wird der Blutprobe Kaliumhexacyanoferrat-(III) als starkes Oxidationsmittel und Cyanid hinzugefügt. Diese Reagenzien reagieren mit dem nunmehr freien Hämoglobin zu einer chemisch sehr stabilen Verbindung, dem Cyanhämoglobin, in dem das Eisenion nach Oxidation durch Kaliumhexacyanoferrat als Fe^{3+} vorliegt und Cyanid gebunden hält. Die Absorption dieser Verbindung kann bei 546 nm photometrisch ermittelt und damit auf die Hämoglobinkonzentration des Blutes zurückgeschlossen werden. Sie liegt bei gesunden Frauen zwischen 120 und 160 g/L, bei Männern zwischen 140 und 180 g/L. Der **MCHC-Wert** ergibt sich aus dem Quotienten von Hämoglobinkonzentration c(Hb) und Hämatokrit Hk des Blutes, der MCH-Wert aus c(Hb) und der Anzahl der Erytrozyten n pro Blutvolumen:

$$\mathrm{MCHC} = \frac{c(\mathrm{Hb})}{\mathrm{Hk}} \qquad (18.2)$$

$$\mathrm{MCH} = \frac{c(\mathrm{Hb})}{n} \qquad (18.3)$$

Die Einheit von MCHC ist g/L, der Normbereich lautet 3,2 bis 3,6 g/L. Es sei an dieser Stelle betont, daß sich die Einheit Liter im Nenner des Bruches auf das Gesamtvolumen aller gezählten Erytrozyten und nicht auf das Blutvolumen bezieht!

18.2.2 Der Eisenstoffwechsel

Eng mit dem Erytrozyten verknüpft ist der Eisenstoffwechsel, enthält doch die rote Blutzelle viel eisenhaltiges Hämoglobin. Neben seiner Funktion beim Sauerstofftransport ist Eisen Bestandteil der Cytochrome und wichtiger Enzyme wie der Katalase oder der Peroxidase. Man unterscheidet das im Menschen vorhandene Eisen in Funktions- und Speicher- bzw. Depoteisen. Unter den Oberbegriff Funktionseisen fällt das Eisen in den O_2-transportierenden Proteinen und den eisenhaltigen Enzymen. Speichereisen hingegen ist an spezielle Proteine gebunden und kann bei Bedarf aus diesen wieder freigesetzt werden.

Der menschliche Organismus enthält ingesamt 4 bis 5 g Eisen, welches weitgehend wiederverwertet wird. Deshalb ist der tägliche Bedarf an Eisen relativ gering, er beträgt beim Mann etwa 1 mg, bei der Frau ca. 1,5 bis 2 mg, da sie durch Regelblutungen und auftretende Schwangerschaften (Versorgung der Frucht) mehr Eisen verliert. Die regulären Verluste beruhen vor allem auf der Abstoßung von Darm- und Hautepithelzellen. Wichtigste Eisenquellen des Organismus sind Fleischprodukte (enthalten Häm), aus denen das Eisen durch die Magensäure leicht freigesetzt werden kann. Vom Körper wird Fe^{2+} bedeutend besser resorbiert als Fe^{3+}, welches von **Gastroferrin** (gaster lat. Magen und ferrum lat. Eisen), einem von der Magenmucosa gebildeten Glykoprotein, komplexiert wird. Dieses Protein besitzt etwa 280 (!) Bindungsstellen für dreiwertiges Eisen. Im Duodenum bindet mucosales **Transferrin zwei** zweiwertige Eisenatome pro Molekül und transportiert es durch den Bürstensaum in die Zellen der Mucosa. Nach der Resorption wird das Eisen in dreiwertiger Form vom Protein **Ferritin** gespeichert, falls es nicht gleich in einem energieabhängigen Prozeß an das Blut abgegeben wird. Die Freisetzung des Eisens aus dem Speicher Ferritin erfolgt nach Reduktion des Fe^{3+} zu Fe^{2+} durch das Enzym Ferritinreduktase.

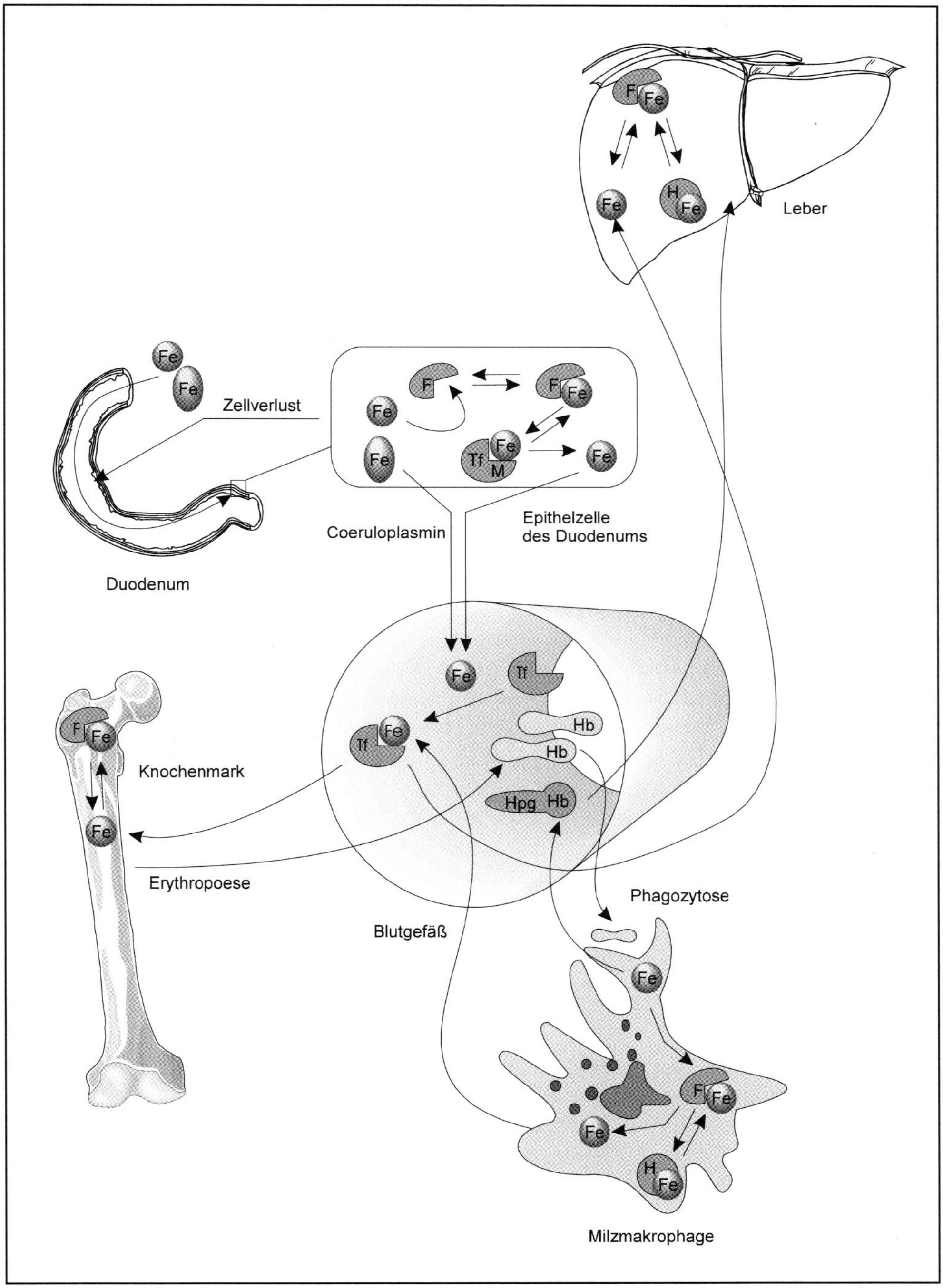

Abb. 18.3: Zusammenfassung des Eisenstoffwechsels. F steht für Ferritin, H für Hämosiderin, Hb für Hämoglobin und Hpg für Haptoglobin. Tf ist die Abkürzung des Transferrins, ein ovales Fe steht für Fe^{2+}, eine Kugel für Fe^{3+}. Das Häm-transportierende Hämopexin wurde der Übersicht halber nicht

mit eingezeichnet, das an Haptoglobin gebundene Hämoglobin wird zur Leber transportiert, wo es abgebaut wird. Eisenfreies Transferrin heißt Apotransferrin, gleiches gilt für das Ferritin.

Das ins Blut abgegebene zweiwertige Eisen Fe^{2+} wird durch **Coeruloplasmin** (Abschnitt 18.3.6), auch Ferrioxidase genannt, zu dreiwertigem Eisen Fe^{3+} oxidiert. An Serumtransferrin gebunden gelangt es über den Blutweg zum Ort der Erythropoese, dem Knochenmark. Mit der Nahrung aufgenommenes Eisen wird zudem in Leber, Milz und Knochenmark durch Bindung an Ferritin gespeichert. Das eisenbeladene Ferritin unterliegt in den Zellen einem laufenden Abbau, so daß Eisen fortwährend in das Blut abgegeben wird und dem Organismus zur Verfügung steht.

Bei einer allzu großen Zufuhr kommt es zu Eisenablagerungen in Leber, Lunge, Pankreas und im mononukleären Phagocytensystem. Diese bestehen aus **Hämosiderin** (sideros gr. Eisen), welches aus abgebautem Ferritin und unlöslichem Eisen der Form Eisen-III-hydroxid-oxid-phosphat ($FeO(OH) \cdot (FeO(H_2PO_4))$) aufgebaut ist. Auch das Eisen aus den durch Makrophagen phagocytierten Erytrozyten erfährt eine Wiederverwertung, indem Hämoglobin an Haptoglobin gebunden die Leber erreicht. So vermeidet der Körper die Ausscheidung von Hämoglobin in der Niere und damit einen Verlust an Eisen und Aminosäuren. In der Leber freiwerdendes Eisen wird dort an Ferritin gebunden gespeichert und steht dem Organismus wieder zur Verfügung. Mit dem Hämopexin steht auch ein Transportprotein für das Häm bereit.

Eisenmangelerscheinungen haben ihre Ursache in verschiedenen Gründen. Durch erhöhten Verlust, z. B. durch Blutungen, Schwangerschaft sowie durch vermindertes Eisenangebot bei Fehlernährung oder chronischen Darmerkrankungen, kommt es zu Bilanzstörungen im Eisenstoffwechsel. Mit der oralen (os lat. Mund) und der parenteralen (par gr. außer, neben und enteron gr. Darm) Eisenzufuhr gibt es zwei Therapieansätze. Zur oralen Therapie kommen nur Fe^{2+}-Verbindungen in Frage, wobei die Resorption durch die gleichzeitige Gabe von Komplexbildnern wie Vitamin C oder Citrat bedeutend erleichtert wird. Zudem schützt Ascorbinsäure zweiwertiges Eisen vor der Oxidation. In seltenen Fällen muß Eisen in dreiwertiger Form intravenös zugeführt werden. Dies birgt jedoch eine Reihe von Risiken, da Fe^{3+}, welches im Plasma nicht gebunden werden kann, toxisch wirkt. Es kommt zu Hämosiderosen und Vergiftungssymptomen wie Kopfschmerzen, Erbrechen und Herzschmerzen.

18.2.3 Porphyrinstoffwechsel

Zum Aufbau des Häms ist nicht nur ein effizienter Eisenstoffwechsel erforderlich, auch die Synthese des Porphyrins spielt in diesem Zusammenhang eine wichtige Rolle. Sie soll daher an dieser Stelle im Anschluß an den Eisenstoffwechsel näher betrachtet werden. Wir finden es als prosthetische Gruppe im Hämoglobin, in den Cytochromen und im Chlorophyll der Pflanzen. Seinen Aufbau aus vier Pyrrolringen zeigt uns Abb. 18.4

Ausgangsverbindungen der Porphyrinsynthese sind Succinyl-CoA aus dem Citratzyklus und die Aminosäure Glycin, die beim ersten Syntheseschritt im Mitochondrium durch **5-Aminolävulinat-Synthase** zu 5-Aminolävulinat umgesetzt werden.

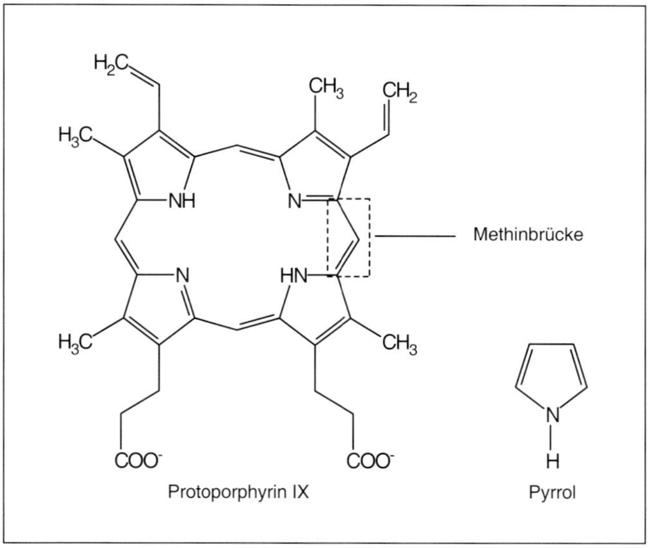

Abb. 18.4: Das Protoporphyrin IX als Grundgerüst des Häms, daneben ein Pyrrolring. Sogenannte Methinbrücken verbinden die vier Pyrrolringe miteinander. Die vier Stickstoffatome verleihen dem Porphyrin die Fähigkeit, metallische Kationen wie Fe^{2+} oder Mg^{2+} zu binden.

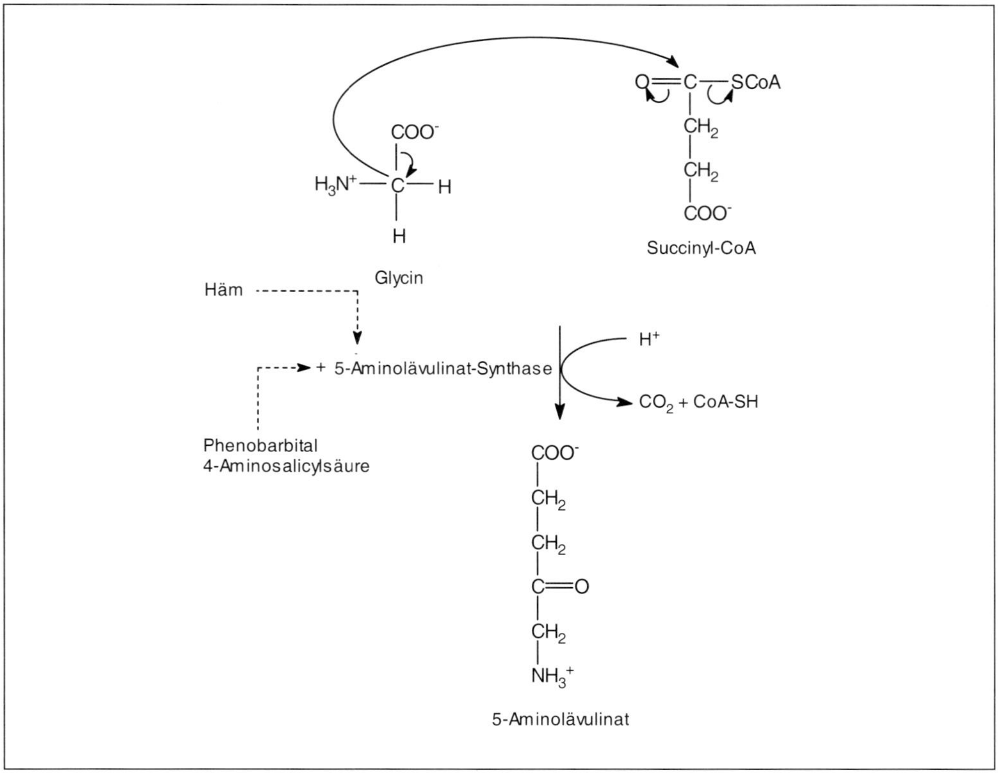

Abb. 18.5: Die im Mitochondrium lokalisierte Reaktion der 5-Aminolävulinat-Synthase, die als Coenzym Pyridoxalphosphat, PLP, einen Abkömmling des Vitamins B_6, benötigt. Ein Mangel an Vitamin B_6 führt somit auch zu einer Störung der Hämsynthese.

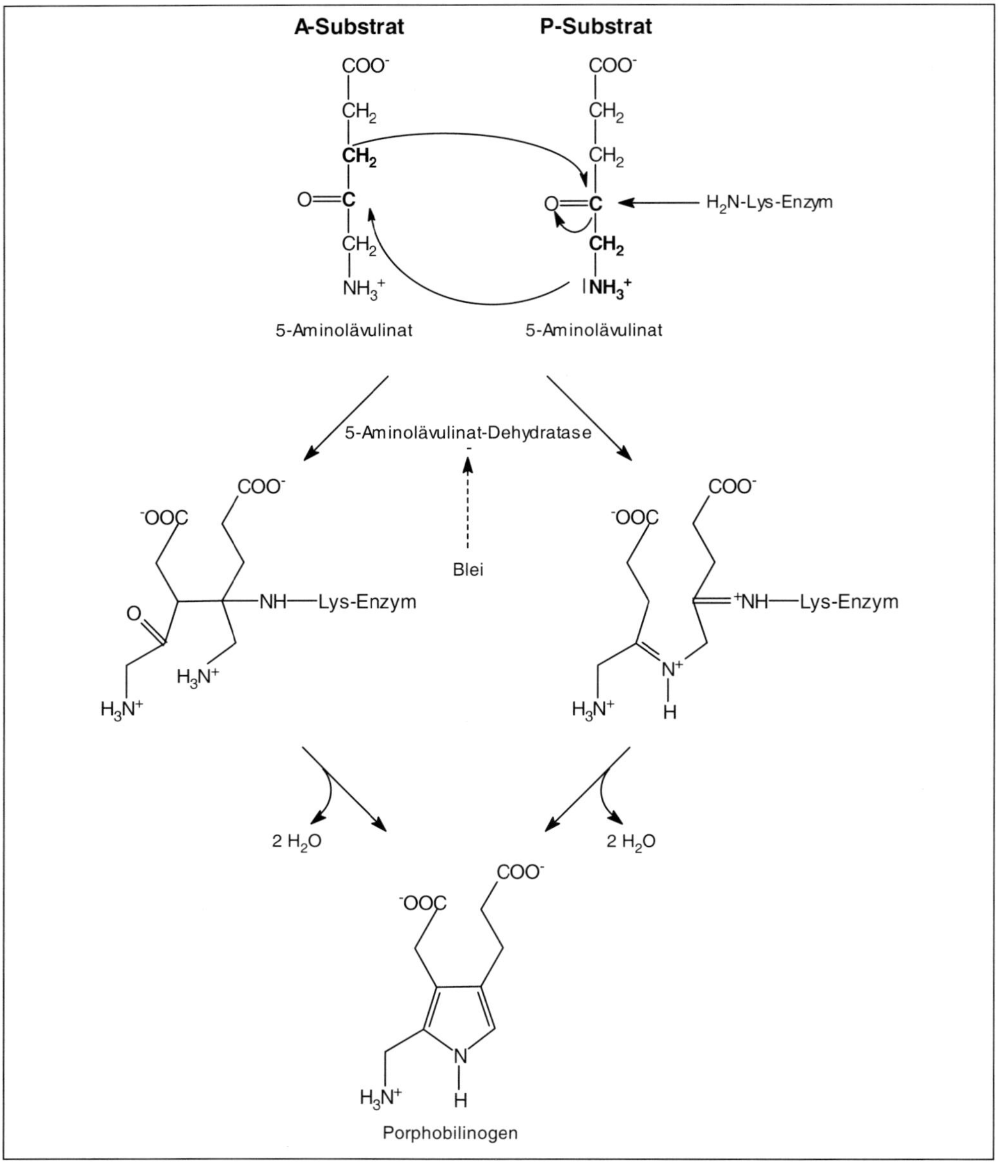

Abb. 18.6: 5-Aminolävulinat-Dehydratase synthetisiert im Cytoplasma Porphobilinogen aus 2 Molekülen 5-Aminolävulinat über kovalent gebundene Enyzmmediate. Von beiden gezeigten Wegen ist der linke wahrscheinlicher. Zunächst wird das erste Substratmolekül an einen Lysinrest im aktiven Zentrum des Enzyms gebunden, wobei eine SCHIFF-Base gebildet wird. Das so gebundene 5-Aminolävulinatmolekül bringt die Propionylkette des Porphobilinogens ein, während das zweite Substratmolekül den Acetylrest im Porphobilinogen stellt. Somit verfügt das Enzym über zwei aktive Zentren, die **P**(ropionyl)- und die **A**(ctetyl)-Substratbindungsstelle. Durch die Aminogruppe des P-Substrats erfolgt ein nucleophiler Angriff auf die Carbonylgruppe des A-Substrats. Daneben kommt es zu einer Aldolkondensation zwischen C-3 des A-Substrates und der SCHIFF-Base (am Enzym) des P-Substrates. Diejenigen Atome, die für den Pyrrolring des Porphobilinogens strukturbildend sind, sind **fett** hervorgehoben.

Das Enzym ist das Schrittmacherenzym der Hämsynthese, dessen Aktivität durch freies Häm vermindert wird, wobei einerseits eine Rückkopplungshemmung zum Tragen kommt, andererseits eine Unterdrückung der 5-Aminolävulinat-Synthase-Synthese. Pharmaka wie Phenobarbital oder 4-Aminosalicylsäure induzieren dagegen die Synthese des Enzyms.

5-Aminolävulinat-Dehydratase ist ein Homooctamer, das aus vier Dimeren besteht. Jede Untereinheit besitzt eine relative Molekülmasse von 35.000. Als Metalloenzym benötigt es für seine katalytische Aktivität **Zink**. Vermutlich bindet jede Untereinheit acht Zinkionen an zwei unterschiedlichen Bindungsstellen, vier an Cysteinresten des Enzyms („B-site" genannt) und vier an polareren Aminosäuren („A-site" bezeichnet). Lediglich die vier Zinkionen der „A-site" sind für die katalytische Aktivität der 5-Aminolävulinat-Dehydratase notwendig. Die Bedeutung des Zinks liegt in seiner Funktion als LEWIS-Base (eine LEWIS-Base fungiert als Elektronenakzeptor), d. h. es polarisiert die Carbonylgruppe (Abb. 18.6) des Substrats und macht es für den nucleophilen Angriff der Aminogruppe empfänglich.

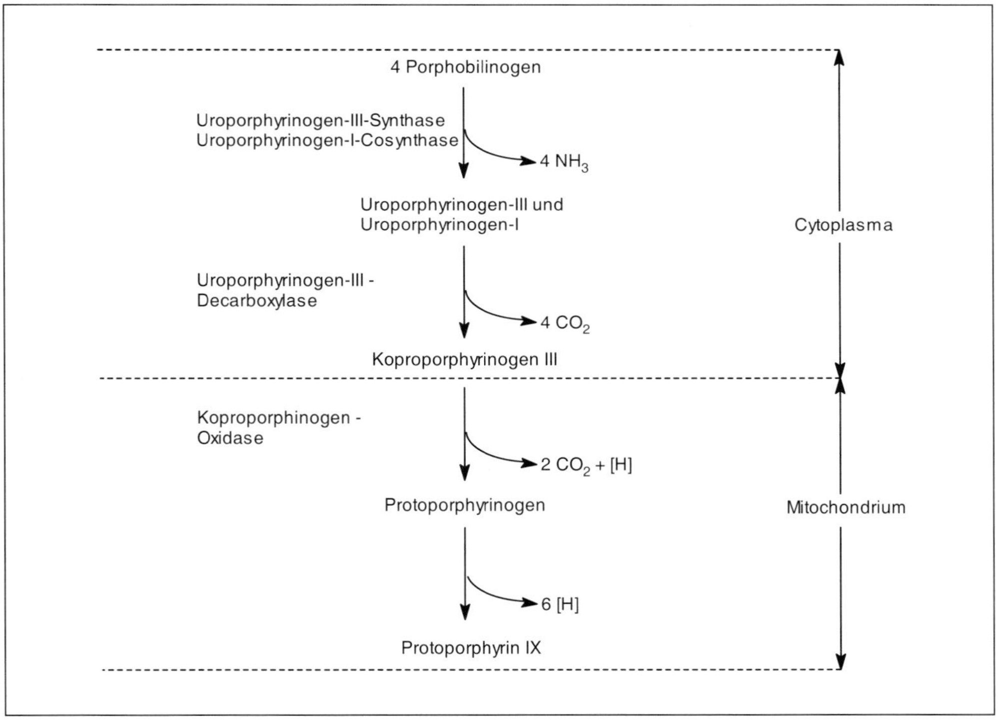

Abb. 18.7: Synthese des Häms, ausgehend vom Porphobilinogen.

Blei, von dem über 30 Millionen Tonnen pro Jahr produziert werden und mehr als 3 Millionen Tonnen in die Atmosphäre gelangen, vergiftet insbesondere die 5-Aminolävulinat-Dehydratase. Daneben inhibiert es Koproporphyrinogen-Oxidase und Ferrochelatase, doch ist seine Wirkung am deutlichsten an der 5-Aminolävulinat-Dehydratase nachweisbar. Es bindet an Cysteinreste des Enzyms und verdrängt dabei Zinkionen, ohne dessen Funktion einnehmen zu können. Entweder erfolgt die Enzyminhibition durch sterische, also räumliche Hinderung, oder Blei ist im Gegensatz zu Zink ist nicht in der Lage, als LEWIS-Base im katalytischen Prozeß zu fungieren. Die Symptome einer chronischen **Bleivergiftung** ähneln einer akuten Porphyrie: Schwere Bauchschmerzen, Müdigkeit, Kopfschmerzen, Tremor, Schwindel, periphere Neuropathie, psychiatrische Symptome, Grand mal-Anfälle, Delirium, Lähmungen der quergestreiften Muskulatur, Erbrechen, Verstopfung, Darmkoliken, **hypochrome Anämie** mit basophil getüpfelten Erytrozyten und vermehrte Harnausscheidung von Stoffwechselzwischenstufen aus der Hämbiosynthese, namentlich 5-Aminolävulinat und Koproporphyrinogen III. Typisch ist auch der sogenannte Bleisaum, die Einlagerung von Bleisulfid im Zahnfleisch.

Vier Porphobilinogenmoleküle werden zu einem linearen Tetrapyrrol verknüpft, welches dann zu Uroporphyrinogen III zyklisiert. Die zugehörigen Enzyme heißen **Uroporphyrinogen-I-Synthase** und **Uroporphyrinogen III-Cosynthase**. Über einige Zwischenstufen gelangen wir zum Protoporphyrin-IX, wobei die letzten Syntheseschritte wieder im Mitochondrium lokalisiert sind.

Mit Hilfe der **Ferrochelatase** kann in dieses Ringsystem ein Eisenion eingebaut werden, wodurch das Häm entsteht. Häm ist einer der wichtigsten Regulatoren der gesamten Porphyrinsynthese, da es die 5-Aminolävulinat-Synthase durch negative Rückkopplung inhibiert und zudem die Neusynthese von 5-Aminolävulinat-Synthase unterbindet.

Der **Abbau des Porphyrinringsystems** ist im wesentlichen am Hämoglobin untersucht worden, gilt jedoch in den Grundzügen auch für andere Porphyrinproteine. So stammen 85 % des Bilirubins aus dem Hämoglobinabbau, 10 bis 15 % entspringen dem Abbau der Cytochrome bzw. demjenigen unreifer Zellen der Erythropoese. Orte des Hämkatabolismus sind beim Menschen **Leber**, **Knochenmark** und **Milz,** in denen er sich namentlich in den Zellen des Reticuloendothelialen Systems (RES) abspielt.

Bilirubin, welches nicht in der Leber gebildet wird (extrahepatisches Bilirubin), sondern beispielsweise aus dem Abbau der Erytrozyten stammt, wird zunächst über die Blutbahn an Serumalbumin gebunden zur Leber transportiert. Diese Bindung an Transportproteine ist wegen der geringen Wasserlöslichkeit des Bilirubins notwendig. Das Albumin wird nicht mit in die Leber aufgenommen.

Erster Schritt des Abbaus ist die oxidative Öffnung einer Methingruppe, so daß wieder eine lineare Tetrapyrrolstruktur entsteht. Das Eisen des Häms wird an Ferritin gebunden und wiederverwertet. Die weiteren Abbauprodukte des Porphyrins sind die Gallenfarbstoffe, wobei zunächst Biliverdin anfällt. Der Mensch wandelt **Biliverdin** zu **Bilirubin** um, welches ins Blut abgegeben und dort an Albumin gebunden zur Leber transportiert wird. In den DISSÉ-Räumen der Leber wird der Albumin-Bilirubin-Komplex nach Carriertransport vom cytoplasmatischen Protein Ligandin (auch Protein Y oder Z genannt) in Empfang genommen und zum Endoplasmatischen Retikulum des Hepatocyten weitergereicht. Dort findet nun die Konjugation mit Glucuronat statt, die das unkonjugierte „indirekte Bilirubin" in das Glucuronsäurekonjugat („direktes Bilirubin") überführt.

Im Anschluß an diese Konjugation an Glucuronsäure wird das Kopplungsprodukt aktiv in die Gallenkanälchen ausgeschieden. Damit ist der Abbau aber noch nicht beendet, da es durch die Bakterienflora im Darmtrakt zu weiteren Veränderungen kommt, deren Produkte **Urobilinogen**, **Urobilin** und **Stercobilin** sind. Diese sind Ursache für die Farbe des Stuhles. Bilirubin und Urobilinogen werden zum Teil im Dünndarm resorbiert und zur Leber zurücktransportiert, wo sie weiter abgebaut werden. Man spricht vom **enterohepatischen Kreislauf**. Sterkobilinogen dagegen wird teilweise im Rektum resorbiert und über die Niere ausgeschieden.

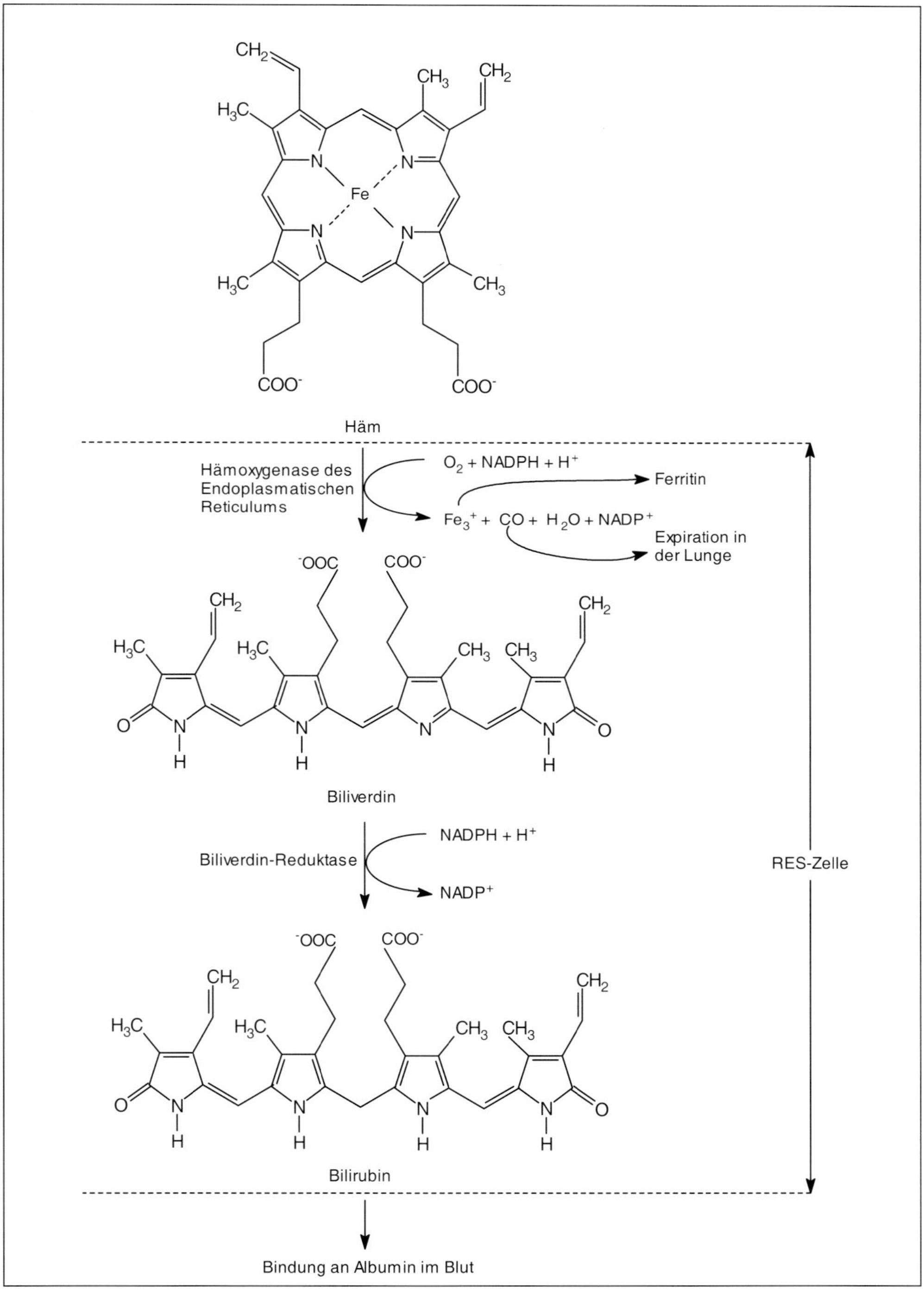

Abb. 18.8: Die ersten Schritte des Hämabbaus in einer Zelle des Reticuloendothelialen Systems RES. Das Endprodukt Bilirubin wird ins Blut abgegeben, wo es an Albumin gebunden zur Leber transportiert wird.

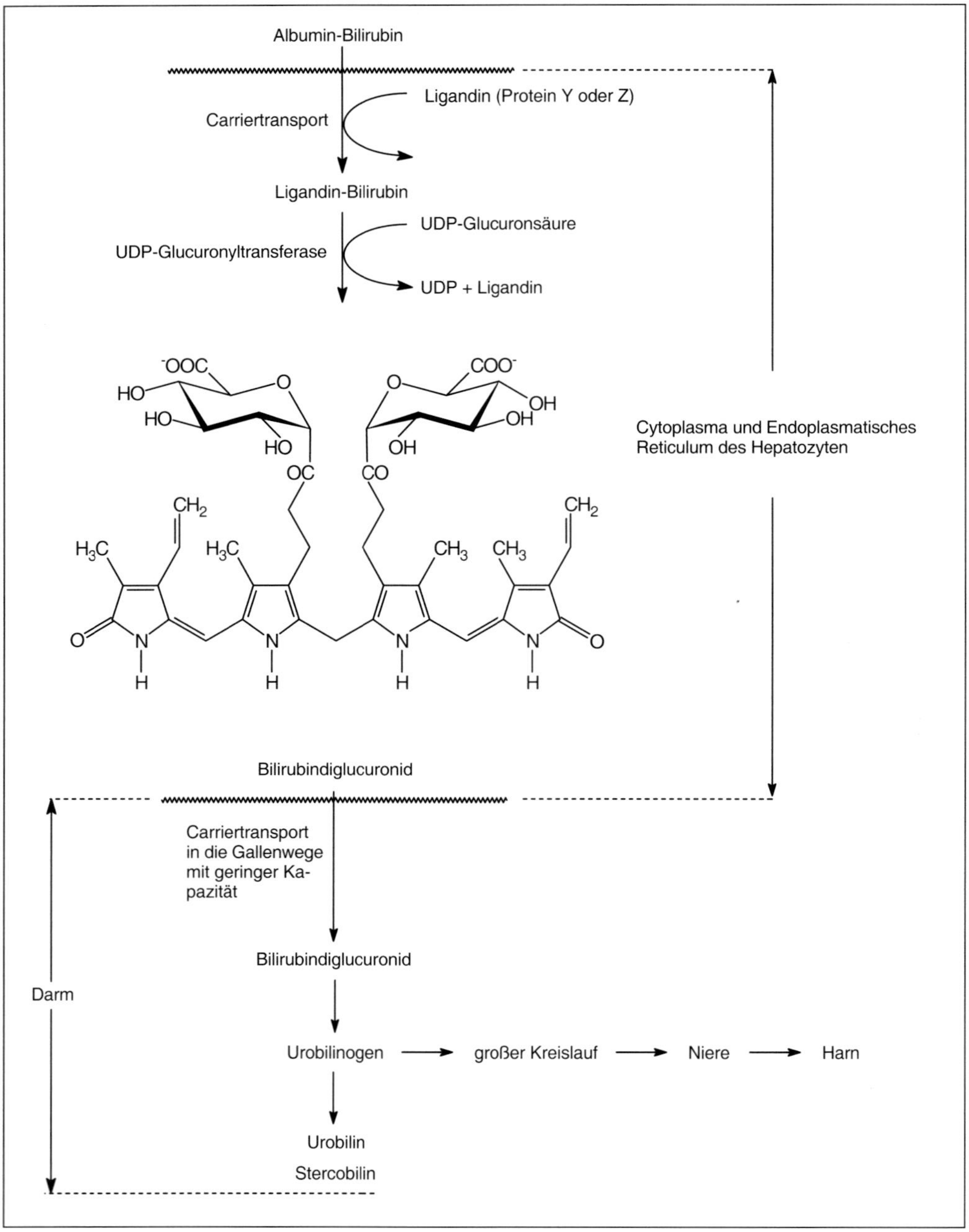

Abb. 18.9: Die Kopplung des Bilirubins mit Glucuronat erfolgt am Endoplasmatischen Reticulum, wobei neben dem Di- auch das Monoglucuronid entsteht. Die anschließende Ausschleusung in die Gallenkapillaren verfügt nur über eine geringe Kapazität und ist die Engstelle der Bilirubinausscheidung. Das farblose Urobilinogen unterliegt im Darm bakterieller Reduktion, wobei orangegelbes Urobilin und goldgelbes Stercobilin entstehen. Für die Bilirubinmetaboliten existiert ein enterohepatischer Kreislauf. Über den großen Kreislauf gelangt Urobilinogen beim Gesunden aus dem Darm auch in den Harn.

Es wird zwischen **direktem** und **indirektem Bilirubin** unterschieden. Indirektes Bilirubin wird auch freies oder unkonjugiertes Bilirubin genannt, es ist nicht harngängig. In der Nachweisreaktion nach JENDRASSIK reagiert es erst nach Zugabe sogenannter Acceleratoren (accelerare lat. beschleunigen) wie Methanol oder Coffein mit dem Diazoreagenz (azote franz. Stickstoff) zu einer farbigen Verbindung. Direktes Bilirubin liegt als konjugiertes Bilirubinmono- oder -diglucoronid vor, welches sofort mit dem Diazofarbstoff reagiert. Im Alkalischen ist dieser blau und kann zur photometrischen Konzentrationsbestimmung des Bilirubins bei 578 nm herangezogen werden. Direktes Bilirubin ist harngängig.

18.3 Die Serumproteine

18.3.1 Serumelektrophorese

Das Serum enthält eine ganze Reihe von Proteinen, die Serumproteine. Durch eine Serumelektrophorese kann man diese Proteinbestandteile des Serums in mehrere Fraktionen auftrennen. Die Serumelektrophorese wird auf Papier oder Celluloseacetatfolien ausgeführt, auf denen die Proteine im elektrischen Feld verschieden schnell wandern.

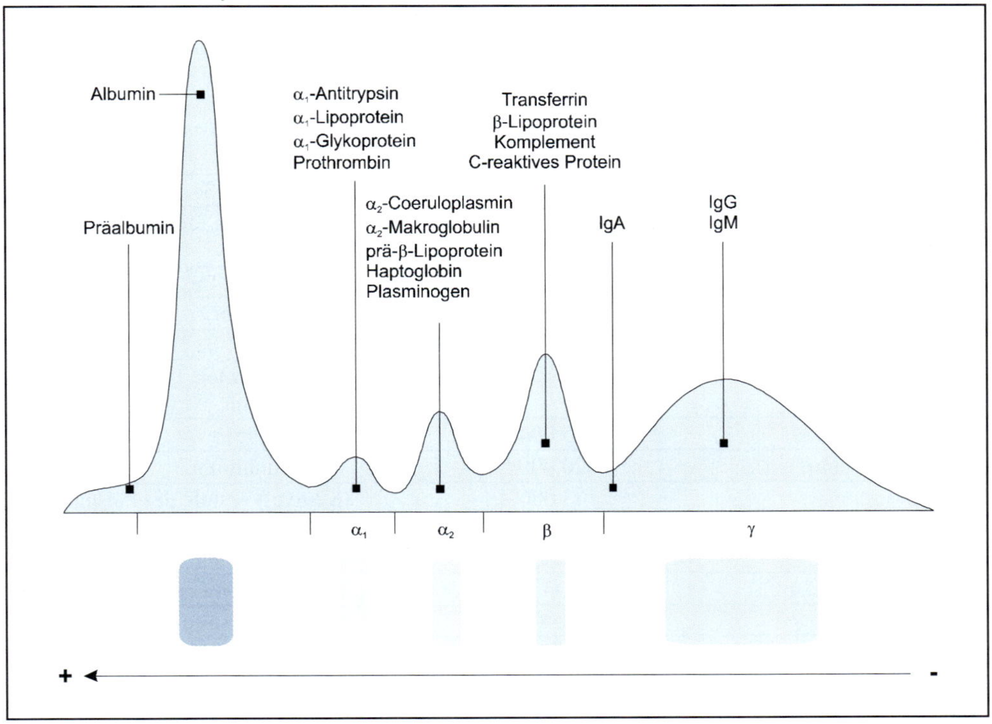

Abb. 18.10: Das Elektropherogramm der Serumproteine. Die verschiedenen Fraktionen werden in Albumin und die Globuline (α_1, α_2, β und γ) unterteilt.

Ihre Wanderungsgeschwindigkeit richtet sich dabei nach ihrer relativen Molekülmasse M_r, also letztlich nach ihrer Größe und elektrischen Ladung. Während der Auftrennung befinden sich die Proteine in einem Puffer mit alkalischem pH-Wert 8,6, so daß sie alle eine negative Gesamtladung tragen (die -COOH-Gruppen spalten bei diesem pH-Wert ein Proton H^+ ab, die Aminogruppen $-NH_2$ weisen keine Ladung auf). Folglich wandern alle Proteine auf die positive Elektrode, die Anode, zu. Kleinere und höher geladene Proteine werden sich dabei schneller fortbewegen, größere und weniger negativ geladene Proteinmoleküle bleiben bei diesem „Wettlauf" zur Anode hinter ihnen zurück.

Während der Elektrophorese bilden die einzelnen Proteinfraktionen quer zur Laufrichtung Banden, die sich mit bestimmten Farbstoffen sichtbar machen lassen. Je dichter das Protein in einer Bande vorliegt, umso intensiver und dunkler ist seine Anfärbung und umso mehr wird es Licht, das man durch die angefärbte Bande schickt, abschwächen. Ein Maß für diese Lichtabschwächung ist die sogenannte Extinktion E, die besonders groß wird, wenn eine Bande viel Protein enthält und dadurch intensiver gefärbt ist.

Tabelle 18.3: Die Serumproteine. Zum Prothrombin und Plasminogen, Kapitel: Blutgerinnung, zu den Immunglobulinen und dem C-reaktiven Protein, Kapitel: Immunologie – eine Einführung.

Serumprotein	Serumproteine Relative Molekülmasse M_r	Bedeutung
	Albumin	
Albumin	66.300	Transportprotein für Fettsäuren, unkonjugiertes Bilirubin, Pharmaka u. a. Träger des onkotischen Drucks
	α_1-Globuline	
α_1-Antitrypsin	51.000	Inhibitor von Serinproteinasen
α_1-Lipoprotein (HDL)	200.000 – 400.000	Transport von Lipiden
Prothrombin	72.000	Vorstufe des Thrombins
α_1-Glykoprotein	44.000	Transport von Progesteron
	α_2-Globuline	
α_2-Haptoglobin	100.000	Transportprotein für freies Hämoglobin
α_2-Coeruloplasmin	135.000	Oxidase für Fe^{2+}
α_2-Makroglobulin	820.000	Plasmininhibitor
Plasminogen	143.000	Inaktive Vorstufe des Plasmins
	β-Globuline	
Transferrin	79.600	Transportprotein für Fe
β-Lipoprotein (LDL)	2.000.000 – 4.500.000	Transport von Lipiden
Fibrinogen	340.000	Inaktive Vorstufe des Fibrins
C-reaktives Protein	135.000	Förderung der Phagocytose
	γ-Globuline	
IgG	ca. 146.000	Abwehr körperfremder Stoffe
IgA	160.000/380.000	Abwehr körperfremder Stoffe
IgM	970.000	Abwehr körperfremder Stoffe
IgD	184.000	Abwehr körperfremder Stoffe
IgE	188.000	Abwehr körperfremder Stoffe

Wertet man die Auftrennung der Elektrophorese mit einem Photometer aus (phos oder photos gr. Licht und meter gr. Längenmaß; ein Photometer ist ein Meßgerät, das Licht durch ein Objekt strahlt und mißt, wie groß der Anteil des vom Objekt absorbierten Lichts ist) und trägt die Extinktion der unterschiedlichen Proteinbanden gegen die Laufstrecke auf, so erhält man das sogenannte Elektropherogramm (phorein gr. tragen und gramma gr. bildliche Darstellung).

Während die Albuminfraktion, wie ihr Name schon nahelegt, lediglich aus Albumin besteht, setzen sich die nachfolgenden Serumelektrophoresefraktionen aus Proteingemischen zusammen. Die Einzelkomponenten dieser Gemische sind Proteine, die man als **Globuline** bezeichnet. Ihr Name leitet sich vom lateinischen Wort „Globus" ab, dessen deutsche Bedeutung „Kugel" bzw. „Klumpen" bereits auf die Gestalt dieser Proteinmoleküle hinweist. Natürlich sind auch diese Proteine unregelmäßig geformt und entsprechen oftmals nur entfernt der Idealgestalt einer Kugel. Dennoch erinnert auch der andere Sammelbegriff für diese Proteine, **Sphäroproteine** (sphaira gr. Kugel), an die kugelförmige Beschaffenheit. Sphäroproteine sind im Gegensatz zu den **Skleroproteinen** (man denke an das Kollagen!) in verdünnten Salzlösungen und Wasser löslich.

Im Pherogramm folgen dem Albumin drei Globulinfraktionen, die man als α_1-, α_2- und β-Globulinfraktion bezeichnet. Zu ihnen gehören eine Reihe von Proteinen, die spezifische Transportfunktionen erfüllen. In diesem Zusammenhang sollen die Bindung und der Transport von freiem Hämoglobin durch **α_1- und α_2-Haptoglobin**, von Eisen durch **Transferrin**, von Cortisol durch **Transcortin** aus der α_1-Fraktion und von Kupfer durch α_2-Coeruloplasmin erwähnt werden. Lipide werden im Plasma proteingebunden als Lipoproteine transportiert. Die Proteine, die an der Blutgerinnung und der Fibrinolyse beteiligt sind, z. B. α_1-Antitrypsin, α_1-Prothrombin, α_2-Makroglobulin, Plasminogen und Fibrinogen gehören ebenso in diese Klasse wie das **C-reaktive Protein**, das mit dem sogenannten **C-Kohlenhydrat** der Polysaccharidkapsel aller Pneumokokken reagiert und hierdurch die Phagocytose fördert. Die γ-Globuline nennt man auch **Immunglobuline** (Ig) oder Antikörper. Ihr Aufbau und ihre Funktion sind ebenso wie das C-reaktive Protein Gegenstand des Kapitels zur Immunlogie.

18.3.2 Albumin

Rund 60 % der im Plasma enthaltenen Proteine bestehen aus dem wegen seiner geringen relativen Molekülmasse von 66.300 am schnellsten wandernden **Albumin**, einem Protein, das viele verschiedene Stoffe im Blut zu transportieren vermag (z. B. körpereigene Fettsäuren, Hormone oder Bilirubin, aber auch Pharmaka). Das kohlenhydratfreie Protein garantiert weiterhin den **kolloidosmotischen Druck** (onkotischen Druck) im Plasma, d. h. bei einem Abfall der Serumalbuminkonzentration (Hypalbuminämie) entwickeln sich Ödeme. Albumin wird in der Leber synthetisiert und nimmt allein für seine Synthese 12 – 20 % der Proteinsynthesekapazität dieses Organs in Anspruch! Ein Einschränkung der Leberfunktion, z. B. bei Lebercirrhose, geht daher mit einer Mindersynthese des Albumins einher, es kommt zur Hypalbuminämie. Die Albuminsynthese wird durch Hormone wie Thyroxin, Cortisol und Androgene gesteigert, während sich eine verminderte Verfügbarkeit von Aminosäuren oder der Einfluß des Interleukins 6 bei akuten Entzündungen hemmend auswirken. Auch ein Anstieg des onkotischen Drucks im Plasma bremst die Biosynthese des Albumins.

Aus den Hepatocyten gelangt Albumin über die Lebervene in den Kreislauf und gelangt in den interstitiellen Raum, aus dem es durch die Lymphgefäße ins Blut zurückgelangt. Aufgrund seines isoelektrischen Punkts von 4 bis 5,8 (hängt von der Bestimmungsmethode ab) liegt Albumin beim Blut-pH-Wert von 7,4 mit mehr als 200 negativen Ladungen pro Molekül als Anion vor. Dies ist ein Grund, warum ca. 40 % des Calciums im Plasma an Albumin gebunden ist. Unter den Medikamenten, die eine starke Albuminbindung erfahren, sind Phenylbutazon, Warfarin, Clofibrat und Salicylat zu nennen. Die Halbwertszeit des Albumins beträgt 19 Tage. Täglich gehen etwa 100 mg über den Darm verloren, 15 mg über die Nieren. Ist das Glomerulum (der Nierenfilter) geschädigt, so findet das am frühesten im Auftreten unphysiologisch hoher Albuminkonzentrationen im Harn seinen Ausdruck. Der Katabolismus des Proteins findet in vielen Geweben statt, wobei hier das Endothel der Kapillaren im Vordergrund steht.

18.3.3 α_1-Antitrypsin

Das Glykoprotein α_1-Antitrypsin mit einer relativen Molekülmasse von 51.000 und einem Kohlenhydratanteil von 10 – 12 % wird nicht nur in den Hepatocyten, sondern auch in Monocyten und Alveolarmakrophagen synthetisiert. Es zählt zu den **Akute-Phase-Proteinen** (Abschnitt 18.3.9), d. h. bei einer Entzündung wird es im Plasma erhöht vorgefunden. In der α_1-Fraktion der Serumelektrophorese macht es mit 90 % den Hauptteil aus. Das Protein wird zu den Serpinen gezählt, eine Familie von Serinproteinaseinhibitoren. Diese wichtige Eigenschaft ist am besten im neutralen bis leicht alkalischen pH-Wert ausgebildet (wie im Blut) und verliert sich bei pH-Werten um 4,5. Daher ist der Name „Antitrypsin" eher irreführend, da sich der inhibitorische Effekt des Proteins weniger gegen gastrointestinale Serinproteinasen wie Trypsin und Chymotrypsin richtet, sondern am ehesten gegen die Elastase und Kollagenase des neutrophilen Granulocyten. Daneben zeigt es Hemmwirkung gegen Trypsin im Plasma, Kallikrein, Renin, Plasmin und Urokinase. Im Bereich von Entzündungsherden begrenzt α_1-Antitrypsin daher die gewebsschädigenden Auswirkungen der lysosomalen Enzyme (namentlich der Elastase) der Granulocyten, indem es diese bindet und entfernt.

α_1-Antitrypsin wirkt besonders auf serösen und epithelialen Oberflächen. Das **Lungenemphysem** bei α_1-Antitrypsinmangel soll auf ein Ungleichgewicht von Elastase und α_1-Antitrypsin zurückgehen.

Vom α_1-Antitrypsin sind über 75 genetische Varianten bekannten, von denen die klinisch relevanten nach ihrer elektrophoretischen Beweglichkeit benannt werden: F für „fast" (anodisch gelegen), M für „medium", S für „slow" (langsame anodische Mobilität) und Z, das in der Regel kathodisch lokalisiert ist. Der Hauptphenotyp ist MM. Bezogen auf dessen Inhibitoraktivität gegen Serinproteinasen von 100 % zeigen die Varianten MS (80 %), MZ (57,5 %), SS (60 %) und ZZ (15 %) deutlich weniger Wirksamkeit. Bei Personen mit dem Z-Allel, insbesondere bei Homozygoten mit ZZ treten gehäuft Lebererkrankungen auf. Bei ihnen wird das α_1-Antitrypsin vermehrt im Endoplasmatischen Reticulum der Hepatocyten gefunden, wobei Granula ausgebildet werden. Der Mechanismus der Zellzerstörung durch dieses Phänomen ist noch unklar, die Folge ist jedoch eine **Hepatitis**, die in eine **Lebercirrhose** einmündet. Diese tritt sowohl im Kleinkind- und Säuglings- als auch im Erwachsenenalter auf.

18.3.4 α_1-saures Glykoprotein

Das saure Glykoprotein, auch **Orosomucoid** genannt, besteht bei einer relativen Molekülmasse von 44.000 aus 45 % Kohlenhydraten, wobei Hexosen, Hexosamine und N-Acetylneuraminsäure in gleichem Verhältnis auftreten. Das gut wasserlösliche Molekül weist einen pI von 2,7 bis 3,5 auf, womit es als stark negatives Anion im Plasma existiert. Behandlung mit Neuraminidase zeigt einen Polymorphismus (unterschiedliche Anzahl von N-Acetylneuraminsäureresten), der bei verschiedenen Proben zu leicht unterschiedlichem Laufverhalten im Rahmen der Serumelektrophorese führen kann. Die Funktion des in der Leber synthetisierten Akute-Phase-Proteins ist nicht ganz klar, doch scheint es als Progesteron-Transporter zu fungieren. Nach Entfernung der N-Acetylneuraminsäurereste wird α_1-saures Glykoprotein innerhalb von Minuten in der Leber abgebaut.

18.3.5 α_2-Makroglobulin

Aufgrund seiner Größe (M_r ca. 800.000) findet man **α_2-Makroglobulin** zu etwa 75 % im intravasalen Kompartiment. Das Glykoprotein besteht zu 8 % aus Kohlenhydraten und liegt mit einem isoelektrischen Punkt von 5,4 im Plasma als Anion vor. Synthetisiert wird es in der Leber und in Zellen des Reticuloendothelialen Systems. In freier Form, also ohne Ligandenbindung, besitzt es eine Halbwertszeit von 5,5 Tagen. Nach Bindung einer Proteinase verkürzt sich diese Zeit auf etwa 10 min, weil dieser Komplex sehr schnell durch Monocyten bzw. Makrophagen abgebaut wird.

Die Hauptfunktion dieses Serumproteins liegt in der festen Bindung von Proteinasen und Ionen. Zu diesen zählen insbesondere: Plasmin, Pepsin, Trypsin, Chymotrypsin und Cathepsin G, auf Seite der Ionen ist Zink zu nennen.

18.3.6 Coeruloplasmin

Dem in der Leber gebildetet Coeruloplasmin (M_r ca. 135.000, pI = 4,4), ebenfalls ein Akute-Phase-Protein, kommen folgende Funktionen zu:

- Ferroxidase, es oxidiert Fe^{2+} zu Fe^{3+}
- Antioxidans, Lipide der Zellmembran werden vor Oxidation geschützt

Das Glykoprotein mit einem Kohlenhydratanteil von ca. 9 % hält 6 bis 8 Kupferionen gebunden, die dem reinen Protein eine blaue Farbe verleihen. Zunächst wird es in der Leber als kupferfreies Apocoeruloplasmin synthetisiert, in das dann intrazellulär Kupferionen mit Hilfe einer ATPase eingebaut werden.

Eine wichtige Funktion des Coeruloplasmins liegt in seiner **Ferroxidase-Aktivität**. Sobald Fe^{2+}-Ionen ins Plasma übertreten, z. B. aus der Mucosazelle in die Kapillare oder nach Freisetzung aus dem Ferritin ins Blut, wird es schnell zu Fe^{3+}-oxidiert:

$$4\ Fe^{2+} + 4\ H^+ \xrightarrow{\text{Ferroxidase}} 4\ Fe^{3+} + 2\ H_2O \qquad (18.4)$$

Dies ermöglicht den Einbau in den Eisentransporter Transferrin, das nur Fe^{3+}-Ionen akzeptiert. Weiterhin verhindert Coeruloplasmin die Metallionen-katalysierte Oxidation von Membranlipiden, ein Prozeß, der an der Entstehung der Arteriosklerose beteiligt sein soll.

18.3.7 Haptoglobin

Haptoglobin ist ein tetrameres Glykoprotein, dessen beide Untereinheiten α und β durch eine Disulfidbrücke miteinander verbunden sind, so daß sich sein Aufbau als $\alpha_2\beta_2$ beschreiben läßt. Für die α-Kette besteht eine genetischer Polymorphismus, ihre Synthese wird durch zwei verschiedene Allele α_1 und α_2 codiert, wodurch sich drei Phänotypen ableiten lassen.

Tabelle 18.4: Polymorphismus des Haptoglobins. Die Haptoglobin-Phänotypenbestimmung spielt auch eine Rolle bei Vaterschaftsgutachten in der Rechtsmedizin. Die relative Häufigkeit der α_1-Kette beträgt in Europa 31 bis 45 %. Der Phenotyp Hp 1-1 besitzt die höchste Inzidenz in Europa, gefolgt von Hp 2-1 und 2-2.

Genotyp	Phänotyp	Relative Molekülmasse und Elektrophorese
$\alpha_1\alpha_1\beta\beta$	Hp 1-1	85.000, ein Bande
$\alpha_1\alpha_2\beta\beta$	Hp 2-1	120.000, Oligomer 200.000 Polymerisierungstendenz
$\alpha_2\alpha_2\beta\beta$	Hp 2-2	160.000, Oligomer 400.000 Polymerisierungstendenz

Haptoglobin bindet zwei Moleküle freies Oxyhämoglobin im Plasma, wobei die Bindung durch die α-Kette vermittelt wird und irreversibel ist. Nicht gebunden werden desoxygeniertes Hämoglobin, Häm, Myoglobin oder isolierte Hämoglobin-β-Ketten. Der so gebildetet Komplex wird binnen weniger Minuten (Halbwertszeit 8 Minuten) durch das Reticuloendotheliale System aufgenommen und abgebaut. Dadurch wird verhindert, daß freies Hämoglobin aufgrund seiner geringen relativen Molekülmasse über die Niere ausgeschieden wird und damit Eisen verloren geht. Bei einer akuten intravasalen Hämolyse ist das zirkulierende Haptoglobin in der Lage, auf diese Weise etwa 3 g Hämoglobin zu binden und der renalen Eliminierung zu entziehen. Der Abfall der Haptoglobinkonzentration im Plasma ist ein empfindlicher Indikator für intravasale Hämolysen, kann jedoch bei einer gleichzeitigen Entzündung durch seine Erhöhung als Akute-Phase-Proteins verschleiert werden.

18.3.8 Transferrin

Transferrin ist ein Anti-Akute-Phase-Protein, d. h. seine Synthese wird im Rahmen einer Entzündung durch den Tumor-Nekrose-Faktor β unterdrückt. Estrogene und eine niedrige Eisenkonzentration im Plasma fördern dagegen seine Synthese. Das Glykoprotein, dessen Kohlenhydratanteil etwa 6 % beträgt, besteht aus einer Aminosäurekette mit 679 Resten und einer relativen Molekülmasse von ca. 79.600. Syntheseorte sind Leber, Testes, Ovarien und das Reticuloendotheliale System. Seine Hauptfunktion liegt im Transport von Fe^{3+}-Ionen (Abschnitt 18.2.2) im Plasma, die an den beiden globulären Domänen N- und C-terminal gebunden werden. Das Molekül weist zwei N-glykosidisch gebundene Kohlenhydratseitenketten auf, die bis zu 5 Acetylneuraminsäurereste beinhalten können (Pentasialoform). Varianten mit lediglich 2, 1 oder gar keinem Acetylneuraminsäurerest werden **Carbohydrate-deficient transferrin (CDT)** genannt und werden vermehrt bei Alkoholikern gefunden, aber auch bei Patienten mit Lebercirrhose ohne Alkoholgenese.

18.3.9 Akute-Phase-Proteine

In der akuten Phase einer **Entzündung** treten charakteristische Änderungen des Elektrophoresemusters auf. So sind einige Proteine wie das Haptoglobin, das Fibrinogen oder das C-reaktive Protein in erhöhter, andere Proteine wie das Albumin und Transferrin, in erniedrigter Konzentration im Blut vorzufinden. Diese „Akute-Phase-Reaktion" wird begleitet von Fieber, Erhöhung der Erytrozyten-Sedimentationsrate (Blutsenkungsgeschwindigkeit) und einer Leukocytose.

Die Synthese von Akute-Phase-Proteinen wird in der Leber durch Cytokine induziert, die wiederum von Monocyten, Makrophagen oder Fibroblasten während einer Entzündung synthetisiert werden. Zu diesen Cytokinen zählen: **Interleukin 1** und **Interleukin 6**, **Tumor-Nekrose-Faktor α** und Interferon γ. Auch Cortisol induziert die Synthese von Akute-Phase-Proteinen.

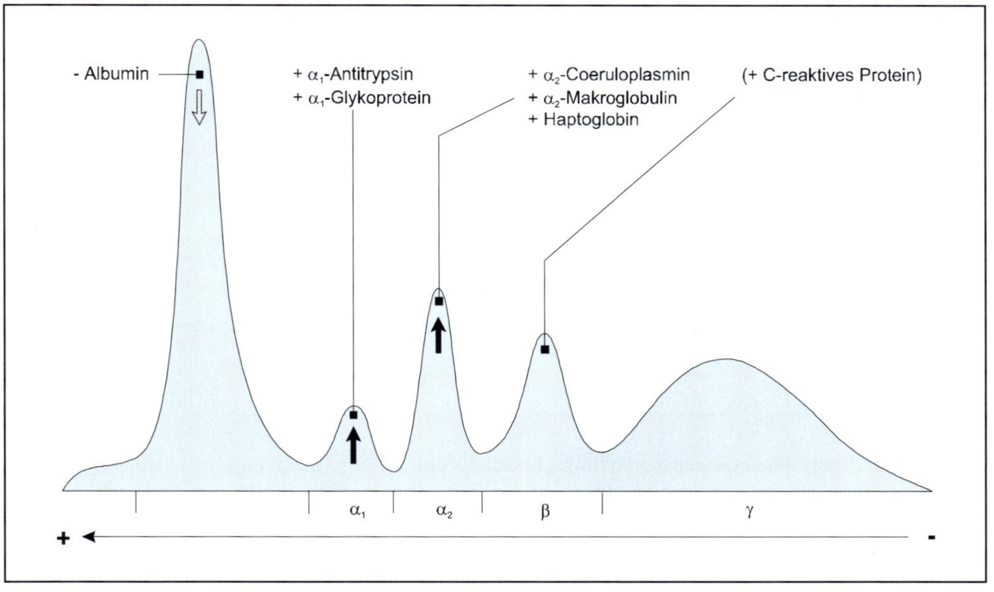

Abb. 18.11: Serumelektrophoresemuster einer akuten Entzündung. Erhöht sind die α_1- und α_2-Fraktion, Albumin und Transferrin sind meist vermindert nachweisbar. Das C-reaktive Protein ist nur seiner Bedeutung halber als Kenngröße der Entzündung aufgeführt. Durch seine geringe Serumkonzentration macht sich eine Konzentrationsveränderung dieses Proteins in der Serumelektrophorese nicht bemerkbar. Ein Muster dieser Art findet man vor allem bei **akuten Infektionen** bakterieller Natur, bei **Verletzungen** physikalischer oder chemischer Art (z. B. postoperativ), beim **Myocardinfarkt**, bei der Polyarthritis rheumatica (**Rheuma**) und auch bei **malignen Tumoren**.

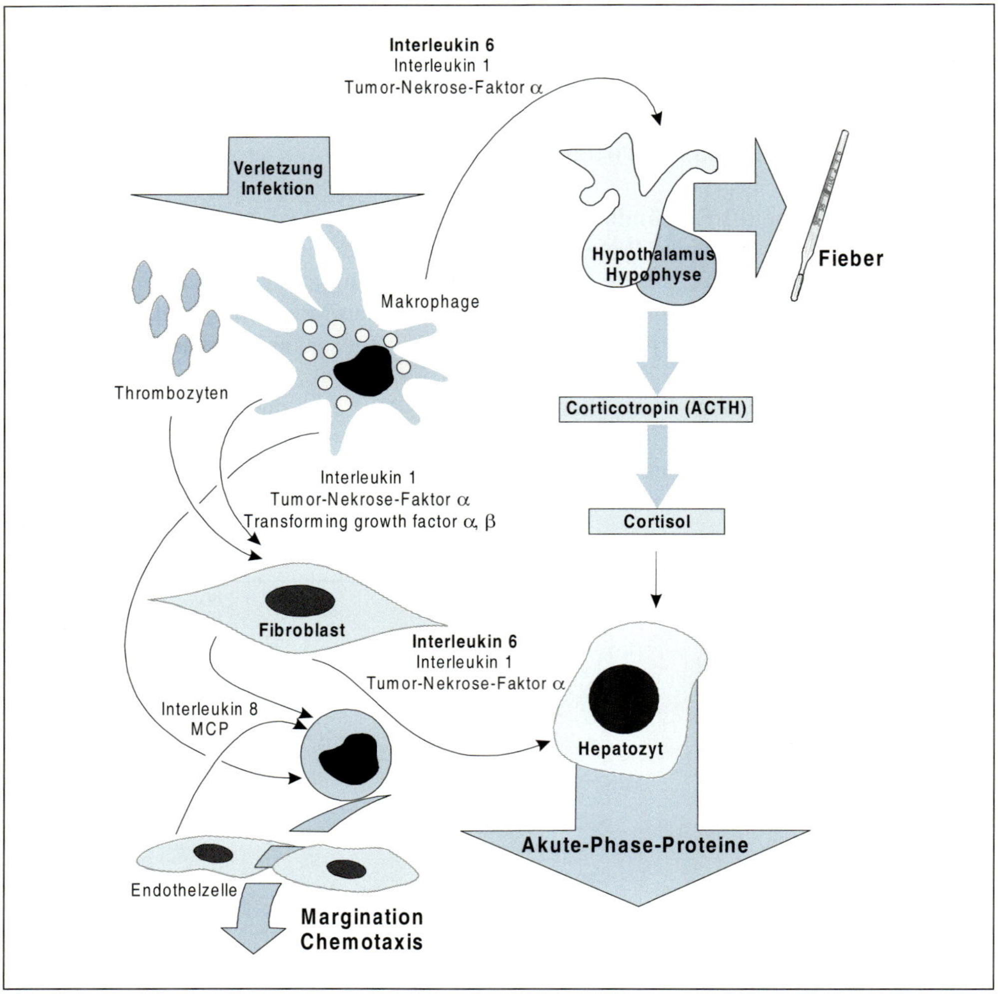

Abb. 18.12: Nach einer Gewebsverletzung (Infarkt, Verbrennung, mechanische Läsion) oder einer Infektion setzen Thrombocyten und Makrophagen frühe Cytokine frei, z. B. Interleukin 1 oder Tumor-Nekrose-Faktor α. Der Makrophage stimuliert über die Interleukin 6 und 1 und Tumor-Nekrose-Faktor α im Hyothalamus mittels Prostaglandin E_2 eine Veränderung der Tempertursollwert-Einstellung, was Fieber zur Folge hat. Eine ebenfalls zentrale Wirkung ist die Synthese von Corticotropin (ACTH) im Hypophysenvorderlappen. Dadurch wird die Nebennierenrinde zur Cortisolproduktion angeregt. Cortisol wiederum fördert die hepatische Synthese von Akute-Phase-Proteinen. In diesem Punkt fungiert Insulin übrigens als Gegenspieler des Cortisols, d. h. es schwächt die hepatische Akute-Phase-Reaktion ab. Interleukin 8 und das Monocyte chemoattractant protein (MCP) induzieren die Margination und Chemotaxis von Monocyten. Hierbei finden sie auch Unterstützung durch die Endothelzelle, die diese Cytokine ebenfalls freisetzt. Späte Cytokine wie Interleukin 6, das wichtigste späte Cytokin, Interleukin 1, und Tumor-Nekrose-Faktor α aus Fibroblasten stimulieren den Hepatocyten, Akute-Phase-Proteine zu synthetisieren.

18.4 Klinischer Bezug

18.4.1 Hämoglobinopathien

Unter **Anämien** (an gr. kein und haima gr. Blut) versteht man die Abnahme der Hämoglobinkonzentration c(Hb) im Blut unter den Normbereich. In diesem Zusammenhang sollen hier zwei Erbkrankheiten besprochen werden, die mit einer krankhaften Veränderung des Hämoglobinmoleküls einhergehen. Es handelt sich um die Sichelzellanämie und die Thalassämie.

Die **Sichelzellanämie** hat ihre Ursache in einem einzelnen Aminosäureaustausch an **Position 6** im N-terminalen Bereich der β–Ketten. Im **HbS**, wie das Hämoglobin bei dieser Krankheit genannt wird, ist das Glutamat 6 durch ein Valin 6 ersetzt. Ihren Namen erhielt diese Anämie durch die Beobachtung, daß die Erytrozyten bei niedrigen Sauerstoffkonzentrationen bzw. -partialdrücken im Blut eine längliche, sichelförmige Gestalt annehmen. Dies ist dadurch bedingt, daß sich HbS innerhalb des Erytrozyten zu langen, stabförmigen Riesenaggregaten (aggregare lat. beigesellen) zusammenlagert, die beim Abfall des Blutsauerstoffs im Cytoplasma der roten Zellen ausfallen. Ermöglicht wird die Bildung dieser Riesenmoleküle durch das fälschlich eingebaute **Valin**, welches als wasserabweisende (sogenannte hydrophobe) Aminosäure jeweils in die (räumliche) Tasche der β-Untereinheit eines benachbarten HbS-Moleküls paßt. Dies hat zur Folge, daß sich viele HbS-Einzelmoleküle wie die Glieder einer Kette aneinanderreihen. Darüber hinaus kann sich eine solche Einzelkette mit parallel lokalisierten HbS-Ketten zu einer regelrechten Faser zusammenlagern. Ist die Sauerstoffkonzentration im Blut z. B. während der Lungenpassage hoch, so kann sich das Valin nicht mehr in die passende Tasche eines Nachbarmoleküls einfügen, da Oxyhämoglobin über eine andere Quartärstruktur verfügt als die desoxygenierte Form.

Sichelförmige Erytrozyten, kurz Sichelzellen genannt, sind weniger verformbar und werden deshalb in der Milz rasch abgebaut. Die Patienten leiden daher an einer schweren hämolytischen Anämie und sterben früh. Das Krankheitsbild der homozygoten (zygota gr. zweispännig) Form äußert sich aufgrund der geringen Verformbarkeit der Erytrozyten in Blutstauungen und hieraus resultierenden Sichelzellthromben (thrombos gr. Blutpfropf) in den Kapillaren, so daß lokale Gewebsinfarkte (infarcire lat. hineinstopfen) die Folge sind.

Die Sichelzellanämie existiert auch in einer heterozygoten Form, die sich nur in einer leichten Hämolyse ohne die schweren klinischen Symptome der homozygoten Form äußert. Die mangelnde Funktionsfähigkeit des HbS kann zum Teil durch das ebenfalls vorhandene HbA kompensiert werden. Bemerkenswert bei der heterozygoten Form ist, daß die Merkmalsträger gegen die Erreger der Malaria widerstandsfähiger sind, was in malariagefährdeten Gebieten einen Selektionsvorteil gegenüber normalen Malaria-Patienten, d. h. homozygoten HbA-Trägern, darstellt. Deshalb kommt das Gen für HbS in solchen Gebieten unter der Bevölkerung häufiger vor. Mit dem Malaria-Erreger befallene Erytrozyten gehen leicht in die Sichelform über, verlieren ihre Verformbarkeit und werden deshalb einschließlich der intrazellulären Krankheitserreger vernichtet.

Bei den häufig im Mittelmeerraum anzutreffenden **Thalassämien** (thalassa gr. Meer) ist die Synthese der Globinketten des Hämoglobins genetisch fehlreguliert. Bei der häufigeren β-Thalassämie ist hiervon die β-Kette betroffen, bei der selteneren α-Thalassämie die α-Kette. Die **β-Thalassämie** tritt in zwei Spielarten auf, der heterozygoten Minor- und der homozygoten Maiorform. Patienten mit der Minorform dieser Krankheit weisen im Blut neben herkömmlichem HbA leicht erhöhte Werte von fetalem Hämoglobin mit der Zusammensetzung $\alpha_2\gamma_2$ auf, zudem läßt sich als weitere ungewöhliche Hb-Form HbA_2 mit der Zusammensetzung $\alpha_2\delta_2$ nachweisen. Die Synthese von γ- und δ-Ketten ist die kompensatorische Antwort des Körpers auf die mangelnde Ausbildung von β-Ketten. Die Minorform der β-Thalassämie ist eine **hypochrome, mikrocytäre Anämie**. Das Serumeisen ist normal oder lediglich leicht erhöht, man findet eventuell eine geringgradige Milzvergrößerung. Die Erytrozyten sind osmotisch resistenter als die gesunde Form. Durch die instabilen Hämoglobinformen, die als Gel ausfallen, deformieren die Erytrozyten zu sogenannten **Targetzellen** (target engl. Ziel, Schießscheibe). Die **Maiorform** geht dagegen mit einer schweren hämolytischen Anämie einher, bei der Leber und Milz vergrößert sind. Der relative Anteil des fetalen Hämoglobins liegt zwischen 30 und 100 %. Patienten mit homozygoter Maior-Thalassämie versterben innerhalb der ersten 10 Lebensjahre. Die **α-Thalassämie** ist bevorzugt in Asien anzutreffen und läßt sich ebenfalls in eine homo- und eine heterozygote Form differenzieren. Bei homozygotem Verlauf lassen sich zwei ungewöhnliche Hb–Moleküle nachweisen: Einerseits das mit dem Leben unvereinbare Tetramer γ_4, auch **Hb Barths** genannt, andererseits die ebenfalls tetramere Form β_4, die aufgrund ihres Vermögens, Sauerstoff binden zu können, durchaus mit dem Leben in Einklang zu bringen ist.

18.4.2 Hepatische Porphyrie

Bei der **akuten intermittierenden Porphyrie** (intermittere lat. dazwischentreten lassen) liegt eine Verminderung der Uroporphyrinogen I-Synthetase vor. Dies führt über eine Abnahme der Porphyrinsynthese zu einer Aktivitätszunahme der 5-Aminolävulinat-Synthase. Sich akkumulierendes 5-Aminolävulinat wird über Porphobilinogen zu Uroporphyrinogen III umgesetzt und im Urin ausgeschieden. Dieser nimmt nach längerem Stehen eine rote Farbe an, was neben auftretenden Bauchkoliken ein wichtiges Symptom ist. Die akute intermittierende Porphyrie tritt besonders zwischen dem zwanzigsten und vierzigsten Lebensjahr auf. Ein Nachweis vermehrter Porphobilinogene ist mit dem Hoesch-Test möglich, bei dem frisch gelassener Urin in Kombination mit Ehrlich-Reagenz eine rote Färbung zeigt. Stoffe, die die Aktivität der 5-Aminolävulinat-Synthase steigern, so z. B. Alkohol, Sulfonamide, Barbiturate, Halothan, aber auch **Sexualhormone** können ähnliche Symptome hervorrufen, welche folgerichtig unter dem Begriff der **symptomatischen Porphyrie** zusammengefaßt werden. Die akute intermittierende Porphyrie wird autosomal dominant vererbt.

Die häufigste Porphyrie ist die **Porphyria cutanea tarda** (cutis lat. Haut und tardus lat verzögert), auch chronische hepatische Porphyrie genannt (chronos gr. Zeit). Es kommt zu einer Ausscheidung von Uroporphyrin III im Harn und Koproporphyrin im Stuhl. Auch diese Störung wird autosomal dominat vererbt und manifestiert sich durch Alkoholabusus oder Einnahme von Kontrazeptiva (meistens) nach dem vierzigsten Lebensjahr. Es kommt zu einer Photosensibilisierung der Haut mit verstärkter Pigmentation, Blasenbildung und erhöhter Verletzbarkeit. Regelmäßig treten auch Leberschäden durch Porphyrineinlagerungen auf, die sich durch UV-Rotfluoreszenz des Leberbiopsats zu erkennen geben. Der Porphyrinnachweis ist auch aus dem Harn durch UV-Fluoreszenz möglich.

18.4.3 Erythropoetische Porphyrie

Bei der **congenitalen erythropoetischen Porphyrie** liegt eine verminderte Aktivität der Uroporphyrinogen III-Cosynthase vor. Falsch gebildete Syntheseprodukte wie z. B. Uroporphyrin I und Koproporphyrin I werden in großen Mengen über Urin und Stuhl ausgeschieden. Die Krankheit geht mit einer hämolytischen Anämie einher. Einlagerungen von Uroporphyrin I und Koproporphyrin I in vielen Organen und der Haut führt zu Überempfindlichkeit gegen Lichteinfall.

18.4.4 Ikterus (Gelbsucht)

Ursache des Ikterus (icterus gr. Pirol) ist ein Anstieg des Bilirubingehaltes im Plasma über 34 mmol/L. Nachfolgend kommt es zur Gelbfärbung der Augenbindehaut und der Haut.

Beim **prähepatischen Ikterus** führt eine verstärkte Hämolyse zum Anstieg des Bilirubinspiegels, insbesondere des nichtkonjugierten Bilirubins. Der **intrahepatische Ikterus** kann verschiedene Ursachen haben, z. B. ein fehlerhaftes Glucuronylierungssystem oder eine Hemmung desselben. Eine Schädigung der Leberzellen durch akute oder chronische Hepatitis, aber auch oft durch Drogen und Alkoholabusus verursacht, führt zu einer Beeinträchtigung des Bilirubinabbaus. Bei Verlegung der Gallenwege durch Gallensteine oder Tumore, aber auch durch eine Pankreatitis kommt es zum **posthepatischen Ikterus** mit Anstieg des konjugierten Bilirubins und der Alkalischen Phosphatase im Plasma.

Tabelle 18.5: Die Symptomatik der verschiedenen Ikterusformen.

	Ikterus		
	Prähepatisch (Hämolyse)	**Intrahepatisch**	**Posthepatisch (Cholestase)**
Serum			
Indirektes Bilirubin	stark erhöht	erhöht	(erhöht)
Direktes Bilirubin		erhöht	stark erhöht
Stuhl	dunkel	hell	hell
Enzyme im Serum	LDH erhöht	ALT, AST erhöht	AP, γ-GT erhöht

18.5 Literaturhinweise

(1) Baumann, H., Gauldie, J.: The acute phase response. Immunology today, Vol. 15, S. 74 – 80 (1994).

(2) Mutschler, E.: Arzneimittelwirkungen. Wissenschaftliche Verlagsgesellschaft. 7. Auflage, S. 807 – 808 (1997).

(3) Silverman, L. M., Christenson, R. H.: „Amino acids and proteins" in Burtis, C. A., Ashwood, E. R.: Tietz Textbook of Clinical Chemistry. W. B. Saunders Verlag. 2nd Ed. (1994).

(4) Thomas, L.: Labor und Diagnose. TH-Books Verlagsgesellschaft. 5. Auflage, S. 657 – 732 (1998).

(5) Warren, J. M. et al.: Lead poisoning, haem synthesis, and 5-aminolaevulinic acid dehydratase. TIBS Vol. 23, S. 217 – 221 (1998).

(6) Warren, M., Scott, A.: Tetrapyrrole assembly and modification into the ligands of biologically functional cofactors. TIBS Vol. 15, S. 486 – 491 (1990).

19 Die Blutgerinnung

19.1 Übersicht

Die „Gerinnung“ wird gleichsam von zwei Säulen getragen:

- Die Thromobozyten
- Die Gerinnungsfaktoren im Plasma

Dem steht die Fibrinolyse,also diejenigen Mechanismen, die das durch Gerinnung gebildete Fibrin wieder auflösen, und das eher antikoagulatorische Endothel gegenüber.

Man darf sich das Gerinnungssystem daher nicht als eine statische Faktorenkaskade vorstellen, sondern als ein dynamisches und komplexes Gleichgewicht, das durch die Gegenspieler Gerinnung und Fibrinolyse ausbalanciert wird, wobei die Fibrinbildung in geringem Maße überwiegt. Wichtige Funktionen des Gerinnungs-/Fibrinolysesystems sind der Erhalt der Fließfähigkeit des Blutes sowie der Integrität der Gefäßwandung. Unter Auslassung des Gefäßendothels sollen zunächst einige Erläuterungen zu Thromobozytenaufbau und -funktion erfolgen.

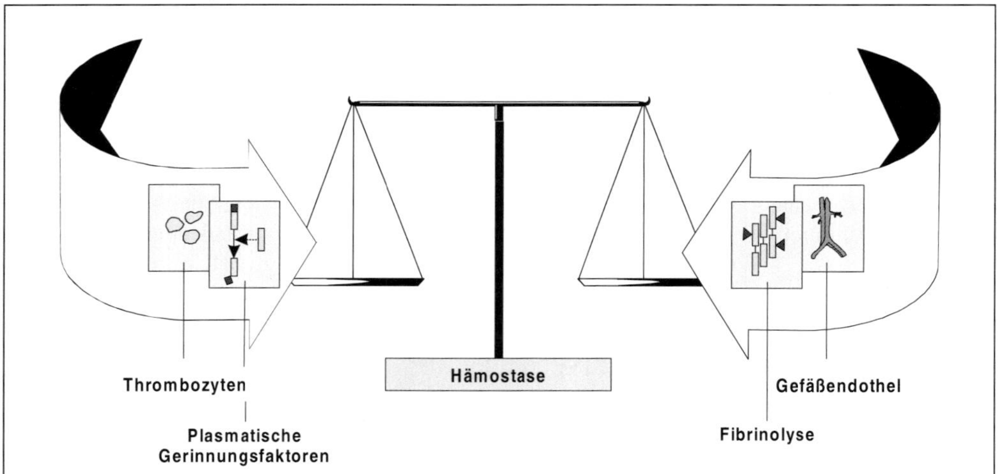

Abb. 19.1: Gerinnung und Fibrinolyse/Endothel als gegenläufige Prinzipien der Hämostase. Diese ist als dynamisches Gleichgewicht aufzufassen, das durch die Gegenspieler austariert wird. Man beachte, daß die Gerinnung gleichsam von zwei Säulen getragen wird.

19.2 Der Thromobozyt

Die Thromobozyten, häufig auch Blutplättchen (engl. platelets) genannt, entstehen durch Abschnürung aus den **Megakaryocyten** des Knochenmarks. Sie sind kernlos und besitzen eine diskoide Form von 2 bis 4 µm Durchmesser, so daß sie als kleinste Blutzellen im mikroskopischen Blutausstrich imponieren. Die Lebensdauer eines Thromobozyten beträgt 8 - 14 Tage, nach ca. 9 - 10 Tagen Verweildauer verläßt er die Blutbahn, in der er in Zelldichten von etwa 150 G/L bis 350 G/L (bei Kindern und Jugendlichen bis zu 530 G/L) nachzuweisen ist (G: Giga = 10^9).

Zur Energiegewinnung, also zur Synthese von ATP, nutzen Plättchen **Glykolyse** und **oxidative Phosphorylierung**, und sind somit im Gegensatz zum ebenfalls kernlosen Erytrozyten in der Lage, die Atmungskette zur ATP-Bildung heranzuziehen. Das energiereiche Nukleotid wird neben seiner üblichen Verwendung im Stoffwechsel bevorzugt für folgende Thromobozytenfunktionen benötigt:

- Adhäsion
- Aggregation
- Membrantransport und Freisetzung von zelleigenen Stoffen

Im Thromobozytencytoplasma findet man Lysosomen, Mitochondrien, Ribosomen und Granula. Die Granula fungieren als Thromobozytenspezifische Speicherorganellen, die man in **α-Granula** und **dichte** bzw. **δ-Granula** unterteilt. Während man in den δ-Granula vornehmlich ADP, Serotonin und Calcium vorfindet, sind α-Granula reich an Proteinen, wie Abb. 19.2 zeigt.

Tabelle 19.1: Inhalt der α-Granula im Thromobozyten. Die Aufstellung zeigt, daß der überwiegende Teil der Proteine nicht vom Megakaryocyten selbst synthetisiert wird, sondern von außen in die Zelle aufgenommen werden muß. Die zugrundeliegenden Mechanismen sind dabei die rezeptorvermittelte Endocytose sowie die Flüssigphasen-Endocytose.

Protein	Syntheseort
Rezeptorvermittelte Endocytose	
Fibrinogen	Leber
Fibronectin	Endothelzellen, Fibroblasten
High molecular weight kininogen HMWK	Endothel
Flüssigphasen-Endocytose	
IgG und IgA	B-Lymphocyten
Albumin	Leber
α_1-Antitrypsin	Leber
α_1-Antiplasmin	Leber
Synthese in Megakaryocyten/Thromobozyten	
VON WILLEBRAND-Faktor vWF	Megakaryocyten, Endothel
Faktor V	Megakaryocyten, Leber
Thrombospondin	Megakaryocyten/Thromobozyten, Endothel, Fibroblasten, glatte Muskelzellen
β-Thromboglobulin	Megakaryocyten/Thromobozyten
Plättchenfaktor 4	Megakaryocyten/Thromobozyten

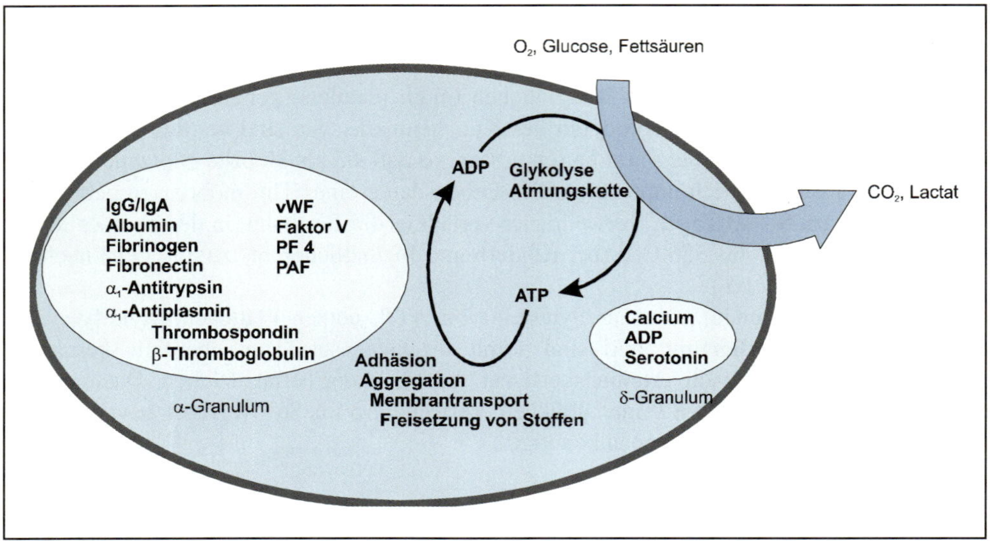

Abb. 19.2: Energiegewinnung und Granulainhalte des Thromobozyten in einer Übersichtsdarstellung. Unter PAF versteht man den **p**latelet **a**ctivating **f**actor.

Wie aber wird nun ein Plättchen aktiviert und welche Rolle spielen dabei die zelleigenen, in Granula deponierten Substanzen? Was wollen wir unter „Aktivierung“ verstehen?

19.2.1 Die Aktivierung des Thromobozyten

Voraussetzung für die Thromobozytenaktivierung ist eine Verletzung des Gefäßendothels, in deren Folge Blutplättchen in Kontakt mit subendothelialen Stoffen wie Kollagen und VON WILLEBRAND-Faktor treten können. Dieser Kontakt ist der „Zündfunke“ für die Plättchenaktivierung, während die Zellen ihre discoide in eine mehr kugelige Form ändern, Pseudopodien bekommen und zuletzt die Inhalte ihrer Granula nach außen entleeren. Drei Stadien markieren den Ablauf der Plättchenaktivierung:

- **Adhäsion** an freigelegte Moleküle (z. B. Kollagen, VON WILLEBRAND-Faktor)
- **Aggregation** der Zellen untereinander
- **Thrombenbildung** unter Mithilfe des durch plasmatische Gerinnung gebildeten Fibrinnetzes

Physiologische Aktivatoren der Thromobozyten zählt die folgende Tabelle 19.2 auf, wobei ihre Rezeptoren und deren rezeptorgekoppelten Enzyme (Signaltransduktion) ebenfalls aufgeführt werden. Ihr Aufbau weist sieben Transmembrandomänen auf und entspricht somit dem Modell des β_2-Rezeptors im Hormonkapitel. Die physiologischen Agonisten induzieren eine Verstärkerreaktion, indem die Inhaltsstoffe der Plättchengranula entleert werden und nachfolgend, in einem weiteren Schritt, auch eine Neusynthese von Aktivatoren angeregt wird. Zu den aktivierenden Substanzen der dichten Granula zählen Serotonin, Ca^{2+}-Ionen und ADP, die α-Granula steuern VON WILLEBRAND-Faktor, Thrombospondin und Fibrinogen bei. Aktivierende Prozesse werden häufig über die **Phospholipase C** vermittelt.

Tabelle 19.2: Wichtige Aktivatoren des Thromobozyten und ihre Rezeptoren. Die Botschaft der aufgelisteten Stoffe wird via Rezeptor und G-Proteine auf den zweiten Boten („second messenger", Kapitel: Hormone) weitergereicht.

Aktivator	Rezeptor	Rezeptorenzahl am Thromobozyten	Gekoppeltes Enzym
Thrombin	Thrombinrezeptor	1700 - 1800	Phospholipase C
Adrenalin	α_2-Rezeptor	200 - 300	Proteinkinase C
Serotonin	Serotoninrezeptor	20 - 2500	Phospholipase C
PAF	PAF-Rezeptor	150 - 2000	Phospholipase C
TxA_2, PGH_2, PGG_2	TxA_2-Rezeptor	200	Phospholipase C

Wie bereits oben angedeutet, vermögen auch Kollagen (hier besonders das Kollagen VI) und der VON WILLEBRAND-Faktor Thromobozyten zu aktivieren. Ihre Membranrezeptoren sind Glykoproteine (abgekürzt GP), die strukturell von den oben angeführten Rezeptoren abweichen. Die wichtigsten sollen ebenfalls in Form einer Tabelle genannt werden:

Tabelle 19.3: Weitere Thromobozytenaktivatoren und ihre Rezeptoren.

Aktivator	Rezeptor	Rezeptorenzahl am Thromobozyten
VON WILLEBRAND-Faktor	GP Ib/IX	25.000
Kollagen	GP IaIIa	1000 - 2000/7000
Thrombospondin, Kollagen	GP IV	12.000 - 19.000
Kollagen	GP VI	unbekannt
Fibronectin	GP Ic/IIa	unbekannt
Fibrinogen, VON WILLEBRAND-Faktor, Thrombospondin	GP IIb/IIIa	40.000 - 80.000

19.2.2 Wichtige Thromobozytenaktivatoren im einzelnen

Der reife **VON WILLEBRAND-Faktor**, vornehmlich ein Produkt des Endothels und der Megakaryocyten, verfügt über 2050 Aminosäuren und weist eine relative Molekülmasse von 260.000 auf. Abb. 19.2 erinnert daran, daß dieser Faktor auch in den α-Granula der Thromobozyten zu finden ist. Im Plasma tritt er lediglich in geringen Konzentrationen auf (etwa 10 mg/L) und bindet dort den Faktor VIII der Gerinnungskaskade, der dadurch in seiner Proenzymform vor proteolytischem Abbau geschützt wird.

Das primäre Translationsprodukt umfaßt 2813 Aminosäuren, wovon 22 Aminosäurereste auf das Signalpeptid zurückgehen und 741 Reste das Propeptid definieren. Struktur und Prozessierung des Moleküls reflektieren die beiden nachfolgenden Abbildungen.

Der VON WILLEBRAND-Faktor bildet Multimere, die vom Dimer (M_r = 500.000) aufsteigend erhebliche Größe erreichen können (M_r über 20.000.000). Große Multimere induzieren Thromobozytenadhäsion und -aggregation am effektivsten, sie werden im Subendothel und in den Plättchen selbst vorgefunden, während sie sich im Plasma nur vorübergehend nachweisen lassen.

Die Bindung des VON WILLEBRAND-Faktors an Komponenten des Subendothels, namentlich an Kollagen VI, verursacht eine Konformationsänderung des Moleküls, die es ihm ermöglicht, an den **Rezeptor GP Ib** des Thromobozyten zu binden. Dieser, ein Sialoglykoprotein, besteht aus zwei Untereinheiten α (M_r = 143.000) und β (M_r = 22.000), die durch zwei Disulfidbrücken miteinander verbunden sind. Darüber hinaus ist GP Ib nichtkovalent im 1/1-Verhältnis an GP IX, einem weiteren Glykoprotein, gebunden. VON WILLEBRAND-Faktor und auch Thrombin haben ihre Bindungsstelle am N-terminalen Teil der α-Untereinheit, während der intracytoplasmatische Teil der β-Einheit phosphoryliert werden kann und somit der Signalfortleitung dient. Das durch die Wechselwirkung des Aktivators und dem GP Ib hervorgerufene Signal wiederum aktiviert ein weiteres Glykoprotein, das GP IIb/IIIa, das seinerseits als Rezeptor für eine **Arg-Gly-Asp-(RGD)-Sequenz** im C-terminalen Sequenz des VON WILLEBRAND-Faktors fungiert. Diese Bindung resultiert in einer irreversiblen Plättchenadhäsion und -aggregation.

Thrombin, dessen Stimulus neben der Plättchenaggregation auch die Sekretion aus den Granula und Lysosomen des Thromobozyten nach sich zieht, ist ein starker Aktivator. Der Thrombinrezeptor, ein Transmembranprotein mit sieben Domänen innerhalb der Zellmembran, wird bei seiner Aktivierung vom Thrombin zwischen Arginin 41 und Serin 42 gespalten. Er ist der Prototyp der sogenannten **spaltungsinduzierten Rezeptoren**. Nach seiner Aktivierung wird der Rezeptor durch Endosomen aufgenommen und zu fast 75 % in Lysosomen abgebaut. Die Botschaft des Thrombins wird durch G-Protein vermittelt über die Phospholipase C in die Zelle weitergeleitet.

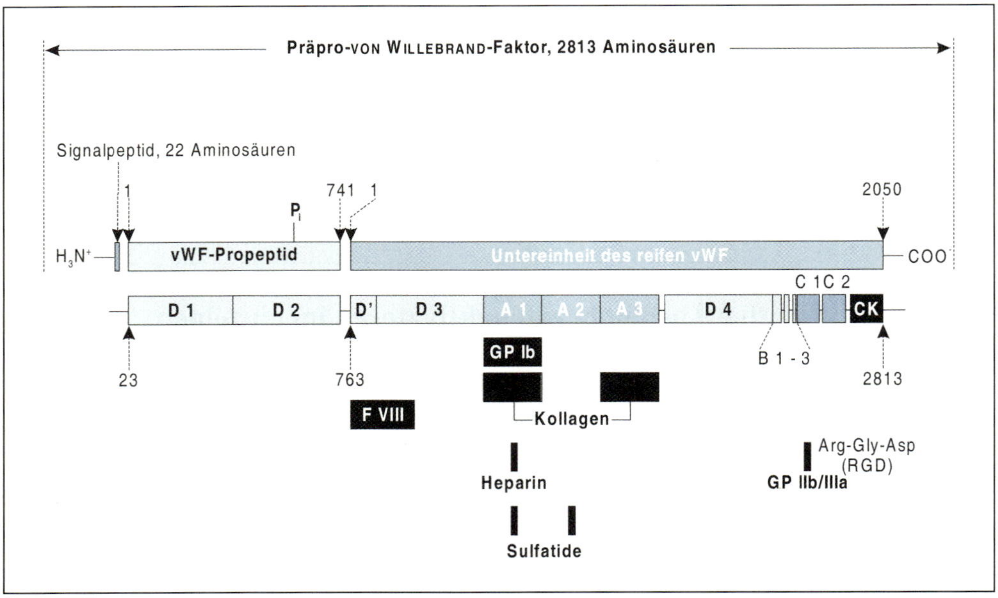

Abb. 19.3: Oben ist die Struktur des Präpro-VON-WILLEBRAND-Faktors über seine Länge von 2813 Aminosäuren gezeigt. Das 22 Aminosäuren lange Signalpeptid wird nach Einschleusung in das Endoplasmatische Reticulum durch die Signalpeptidase abgespalten. Das Propeptid ist notwendig für die Multimerisierung des VON WILLEBRAND-Faktors und wird daher nicht im Golgi-Apparat, sondern später entfernt. Parallel zur obigen Darstellung sind sechs verschiedene, konservierte Strukturdomänen aufgeführt: A, B, C, D, D', und CK. Da einige repetitiv vorkommen (z. B. „D" oder „B"), sind diese durchnummeriert. Den Domänen sind in Form schwarzer Balken Bindungsstellen zugeordnet. So bindet Faktor VIII beispielsweise an die Domänen D' und D 3. GP IIb/IIIa dockt an eine RGD-Sequenz des VON WILLEBRAND-Faktors an.

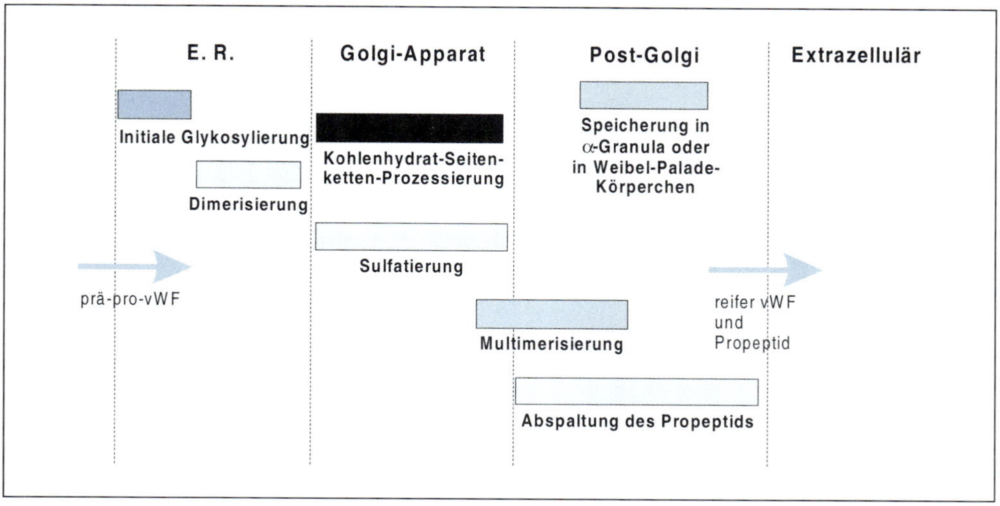

Abb. 19.4: Nach Abspaltung des Signalpeptids im Endoplasmatischen Reticulum (oben E. R.) wird das Protein an 12 Asparaginresten glykosyliert. Die Knüpfung von Disulfidbrücken zwischen Cysteinresten im C-terminalen Teil des reifen Moleküls ermöglicht die Dimerformierung, aus der sich später alle Multimere ableiten. Im Golgi-Apparat werden 10 O-glykosidisch gebundene Kohlenhydratseitenketten an Threonin-/Serinreste angefügt und die Seitenkettenprozessierung durchgeführt. Darüber hinaus wird die Multimerisierung eingeleitet. Sie erfolgt an den N-terminalen Cysteinresten 459 bis 464 des reifen vWF-Moleküls. Im Golgi-Apparat werden zudem anorganische Sulfatgruppen eingeführt. Im trans-Golgi-Kompartiment startet die Abspaltung des Propeptides. Nach der Prozessierung wird der VON WILLEBRAND-Faktor überwiegend (etwa zu 95 %) direkt ins Plasma entlassen oder in den α-Granula des Thromobozyten bzw. den WEIBEL-PALADE-Körperchen der Endothelzelle zwischengespeichert. WEIBEL-PALADE-Körperchen sind spezifische Organellen der Endothelzellen.

Thromboxan A_2 ist ein Produkt der Plättchen selbst und wird von ihnen aus freier Arachidonsäure synthetisiert. Thrombin, Kollagen oder die Thromobozytenaggregation vermögen **Phospholipase A_2** zu aktivieren, ein Enzym, das aus Phospholipiden der Zellmembran Arachidonsäure freisetzt. Abb. 19.5 zeigt den Stoffwechselweg über die Zwischenstufe Prostaglandin H_2, eine instabile Verbindung (Halbwertszeit ca. 5 min), die im Thromobozyten weiter in Richtung Thromboxane umgesetzt wird. Im Gegensatz dazu verzweigt diese Biosynthese in der Endothelzelle zum Prostacyclin, einem Inhibitor der Plättchenaggregation. Beide, Thromboxan A_2 und Prostacyclin, sind wiederum labile Substanzen (Halbwertszeit des Thromboxans < 1 min!), die in Thromboxan B_2 bzw. 6-Oxo-Prostaglandin $F_{1\alpha}$ umgesetzt werden.

Ähnlich dem Thrombin beantwortet das Plättchen den Einfluß von Thromboxan A_2 mit einer Änderung seiner Form, Aggregation und Freisetzung der Granulainhalte (ADP, Serotonin, PAF, Calciumionen). Auch hier spielen G-Proteine als Vermittler eine Rolle, Phospholipase C wird dadurch katalytisch aktiv.

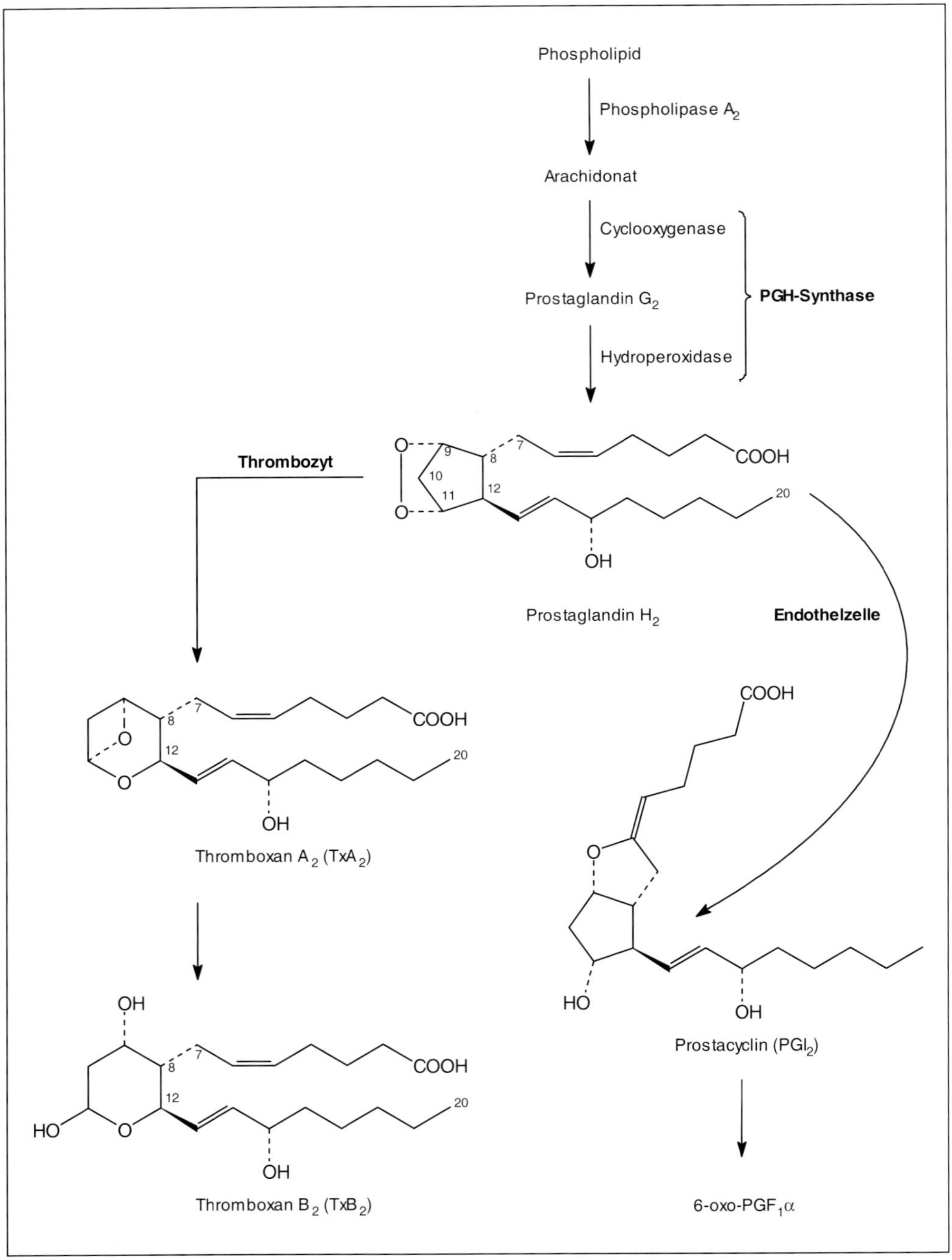

Abb. 19.5: Synthese der Thromboxane A_2 und B_2 aus Arachidonsäure. Auf diesem Wege treten Prostaglandine, wie PGG_2 oder PGH_2, als Zwischenprodukte auf. Thromboxan A_2 ist instabil und reagiert zum Endprodukt Thromboxan B_2 weiter. Man beachte, daß in der Endothelzelle nicht Thromboxane, sondern Prostacyclin entsteht, ein Thromobozytenhemmer und Vasodilatator.

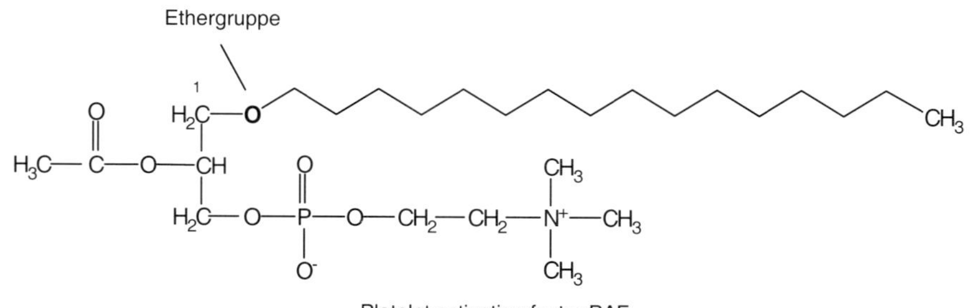

Abb. 19.6: Der platelet activating factor PAF ähnelt auf den ersten, flüchtigen Blick dem Lecithin, weist aber im Gegensatz zu diesem an Position 1 des Glycerolgerüsts eine **Etherbindung** auf!

Der **platelet activating factor PAF**, wird aus 1-Alkyl-2-arachidonoyl-sn-glycero-3-phosphocholin durch aufeinanderfolgendes Einwirken der Enzyme Phospholipase A_2 und Acyltransferase freigesetzt. Zunächst wird also Arachidonsäure an Position 2 des Glycerolskeletts abgespalten, anschließend wird mit einer Acylgruppe erneut verestert. Das Produkt, dargestellt in Abb. 19.6, ist mit einem langkettigen Alkan, dem Hexadecan, an Position 1 ver**ethert**. In Position 2 finden wir die Acetylgruppe wie gewohnt über eine Esterbindung mit dem Restmolekül verknüpft.

Während Thrombin, Kollagen oder Ionophoren für Calcium (also Stoffe, die den Einstrom von Ca^{2+}-Ionen in die Zelle ermöglichen) die Bildung von PAF durch den Thromobozyten induzieren, ist dies für Arachidonsäure, ADP oder PAF selber nicht zu beobachten. Wie andere Induktoren, vermag auch PAF eine Formänderung und nachfolgende Plättchenaggregation herbeizuführen, aber die Abhängigkeit vom Arachidonsäurestoffwechsel (siehe oben) bleibt insbesondere in Hinblick auf die Freisetzung des Granulainhaltes der Thromobozyten offenkundig. Somit wirkt PAF vermutlich als nachgeordneter Stimulator. Folgeerscheinungen der PAF-Wirkung sind eine Calciummobilisation und ein verstärkter Inositolphospholipid-Stoffwechsel. Sein Rezeptor ist G-Protein-gekoppelt und ist ebenfalls ein Membranprotein mit sieben Transmenbrandomänen.

Diese Eigenschaften weist auch der Rezeptor des **Serotonins** (5-Hydroxytryptamins) auf: G-Protein-Kopplung mit Phospholipase-C-Aktivierung und sieben-Domänen-Motiv. Wie beim PAF geht die Serotoninwirkung am Plättchen auch mit einem verstärkten Inositolphospholipid-Stoffwechsel einher. Freigesetzt wird Serotonin durch die dichten Granula.

Thromobozyten werden durch **Adrenalin** nur aktiviert, wenn das Hormon im **mikro**mol/L-Konzentrationen vorliegt und - als zweite Bedingung - wenn Calcium in **sub**physiologischen Konzentrationen anwesend ist. Im Blut weist man Adrenalin aber in **nano**mol/L-Bereich nach, während die erforderlichen extrazellulär niedrigen Calciumkonzentrationen lediglich im Citrat- oder EDTA-Plasma (also nach Antikoagulantienzugabe zur Gerinnungshemmung) erreicht werden. Dies legt nahe, daß Adrenalin in vivo wohl keine Bedeutung als Plättchenaktivator hat, wenngleich das Catecholamin eine sensibilisierende Rolle für andere Agonisten spielen könnte.

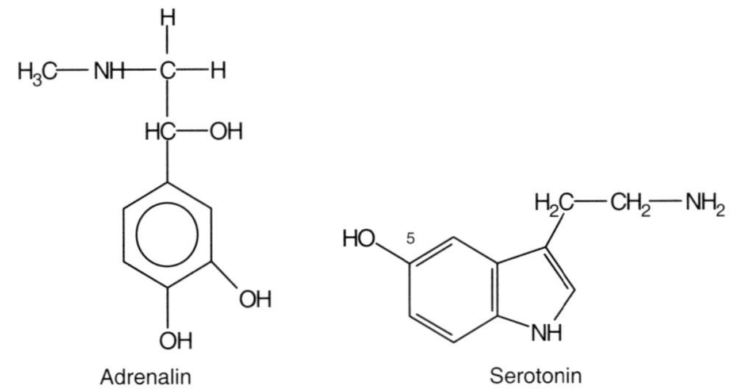

Abb. 19.7: Die Aminosäurederivate Adrenalin (Tyrosin) und Serotonin (biogenes Amin des Tryptophans) sind Agonisten der Thromobozytenaktivierung, wenngleich das für Adrenalin nur in vitro gilt.

ADP überträgt seine Aktivatorwirkung mittels Purinrezeptoren vom Typ P_2, die im Unterschied zum P_1-Pendant auch vom ATP (mit gleicher Wirkung) stimuliert werden. Im Falle des Thromobozyten verläuft dies jedoch im gegenläufigen Sinne, so daß der Rezeptor des Plättchens aufgrund dieses abweichenden Verhaltens mit der Bezeichnung P_{2T} belegt wird. In vitro geht der Einfluß des ADPs mit Plättchenverformung, Aggregation und Entleerung der Granula einher. Letzteres wird aber nur in Citratblut mit subphysiologischen Ca^{2+}-Konzentrationen (Citrat bildet Calciumkomplexe) außerhalb der Zelle beobachtet.

19.2.3 Wichtige Thromobozyteninhibitoren

Adenosin ist ein Gegenspieler aller Agonisten, indem es Formänderung und Aggregation der Plättchen inhibiert. Sein Rezeptor stimuliert Adenylat-Cyclase via G_s-Regulatorprotein, wodurch der Gehalt an cAMP in der Zelle um den Faktor 10 gesteigert werden kann. Adenosin wird von Blutplättchen aufgenommen und sukzessive über AMP und ADP zu ATP phosphoryliert, und damit Eingang in den Nukleotidpool findet. Die Prostaglandine **PGI_2** und **PGG_2** wirken über einen gemeinsamen Rezeptor, während **PGD_2** an einem eigenen bindet. Beide Rezeptoren nehmen über ein G_s-Protein Einfluß auf die Adenylat-Cyclase, die als zweiten Boten cAMP synthetisiert. Die Hemmung der Plättchenaggregation ist allen drei Prostaglandinen gemein, PGD_2 induziert außerdem eine Vasokonstriktion, PGG_2 sowohl Vasodilatation als auch -konstriktion (es wirkt als Vasokonstriktor, wobei der Effekt jedoch von einer Vasodilatation überlagert oder gefolgt wird, was durch rasche enzymatische Umwandlung in PGI_2 in Endothelzellen und Lungengewebe bedingt ist), PGI_2 nur eine Vasodilatation.

Tabelle 19.4: Wichtige Inhibitoren der Plättchenaktivierung.

Inhibitor	**Rezeptor**	**Gekoppeltes Enzym**
Adenosin	A_2-Rezeptor	Adenylat-Cyclase
Prostacylin PGI_2, Prostaglandin G_2	PGI_2-Rezeptor	Adenylat-Cyclase
Prostaglandin D_2	PGD_2-Rezeptor	Adenylat-Cyclase

19.2.4 Hemmung der Cyclooxygenase durch Acetylsalicylsäure (Aspirin®)

Acetylsalicylsäure (Aspirin®) ist weithin als Analgetikum (algos gr. Schmerz), insbesondere gegen Kopfschmerzen bekannt. Bereits 1943 wurde von der ausgeprägt antihämostatischen Wirkkomponente dieses Pharmakons berichtet und in den 60er Jahren als Suppression der Plättchenfunktion gedeutet. 1971 schließlich wurde bekannt, daß Acetylsalicylsäure die Prostaglandinsynthese hemmt.

Auf dem Weg der Prostaglandinsynthese werden die Schritte bis zum Prostaglandin H_2 in allen Zellen durchlaufen, sie gelten als gobaler Teil des Prostaglandinanabolismus. Das zentrale Enzym der „globalen Phase" ist die Prostaglandin-H_2-Synthase, kurz PGH_2-Synthase. Diese wiederum verfügt über zwei Aktivitäten, nämlich eine Cyclooxygenase- und eine Peroxidaseaktivität. Acetylsalicylsäure inhibiert ganz spezifisch die Cyclooxygenaseaktivität in den Thromobozyten, wodurch infolge entfallender Thromboxan-A_2-Synthese (Abb. 19.8) die **Thromobozytenaggregation** beeinträchtigt wird. Eine zweite PGH_2-Synthase (PGH_2-Synthase 2), die kürzlich beschrieben wurde, findet man nicht in Plättchen und sie bleibt von Acetylsalicylsäure unbeeinflußt.

Wie Abb. 19.9 deutlich macht, greift der Inhibitor durch **Acetylierung** am **Serylrest 529** im aktiven Zentrum des Enzyms an. Die Acetylgruppe am Salicylsäuremolekül ist labil, was durch die unspezifische Acetylierung von Proteinen, Lipiden und Nukleinsäuren dokumentiert wird. Werden diese in millimolaren Konzentrationen (10^{-3} mol/L) von Acetylsalicylsäure acetyliert, so verläuft diese Umsetzung innerhalb von Minuten bereits bei mikromolekularen Konzentrationen (10^{-6} mol/L) in spezifischer Weise an der Cyclooxygenase. Die hohe Affinität zum aktiven Zentrum dieses Enzyms kommt durch eine tausendfache Differenz zwischen „unspezifischer" und „spezifischer" Acetylierung zum Ausdruck. In letzter Zeit wurde klar, daß der Serylrest 529 per se nicht für die katalytische Aktivität erforderlich ist, aber eine Bindung des sperrigen Acetylrestes beeinträchtigt dennoch die Enzymaktivität. Das Resultat der Inhibition ist eine kovalente O-Acetylbindung, welche der Hydrolyse unter intrazellulären Bedingungen widersteht. Dies hat zur Folge, daß Aspirin®-behandelte Thromobozyten für den Rest ihrer Zirkulationsdauer von ca. 10 Tagen inaktiv bleiben. Hinzu kommt, daß Plättchen über keinen Zellkern verfügen und somit keine Möglichkeit besitzen, mittels mRNA- und Proteinsynthese inhibiertes Enzym zu ersetzen. Die Wirkung auf den Thromobozyten hat daher **permanenten** Charakter. Sie hat aber auch **limitierten** Charakter, da lediglich die Thromboxan-A_2-Synthese blockiert wird, während andere Signaltransduktionswege, wie z. B. über die Proteinkinase C, das Inositol oder das Calcium unbeeinträchtigt bleiben. Dies ermöglicht es den Plättchen, in einem gewissen Umfang doch nach Aktivierung zu aggregieren.

Aus Abb. 19.8 geht hervor, daß die Prostaglandinsynthese in der Endothelzelle gleichermaßen durch Acetylsalicylsäureeinwirkung betroffen ist. Endothelien sind jedoch kernhaltige Zellen und somit in der Lage, mittels Proteinsynthese inhibierte Enzymmoleküle zu ersetzen. Hinzu kommt, daß bei oraler Applikation Aspirin® bereits vor seiner Inaktivierung durch die Leber im Portalkreislauf einwirken kann, während das für die weitaus meisten Endothelzellen (jenseits der Leberpassage) nicht zutrifft.

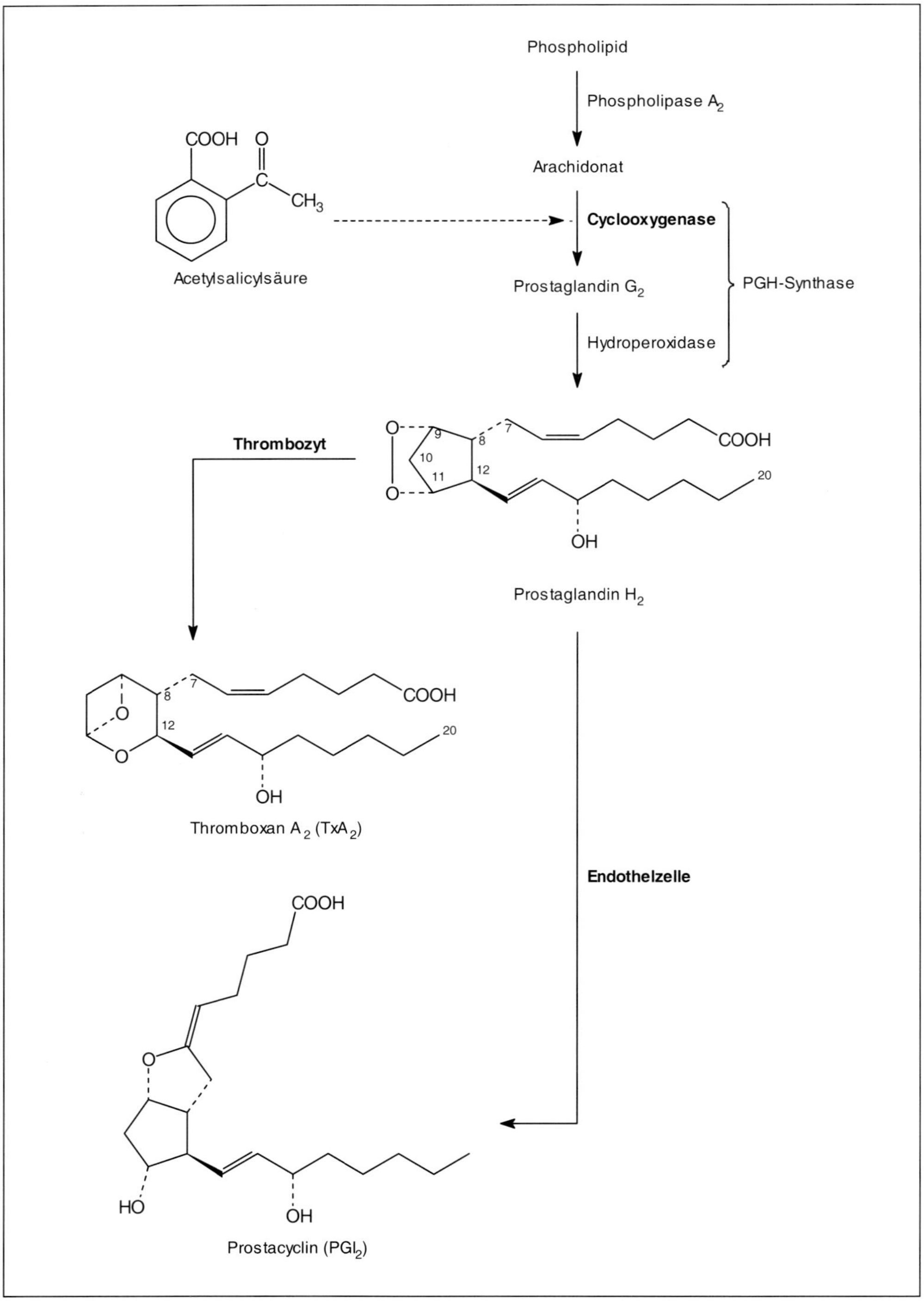

Abb. 19.8: Die Prostaglandinsynthese in Thromobozyten und Endothelzelle. Der Angriffspunkt der Acetylsalicylsäure an der Cyclooxygenase ist eingezeichnet.

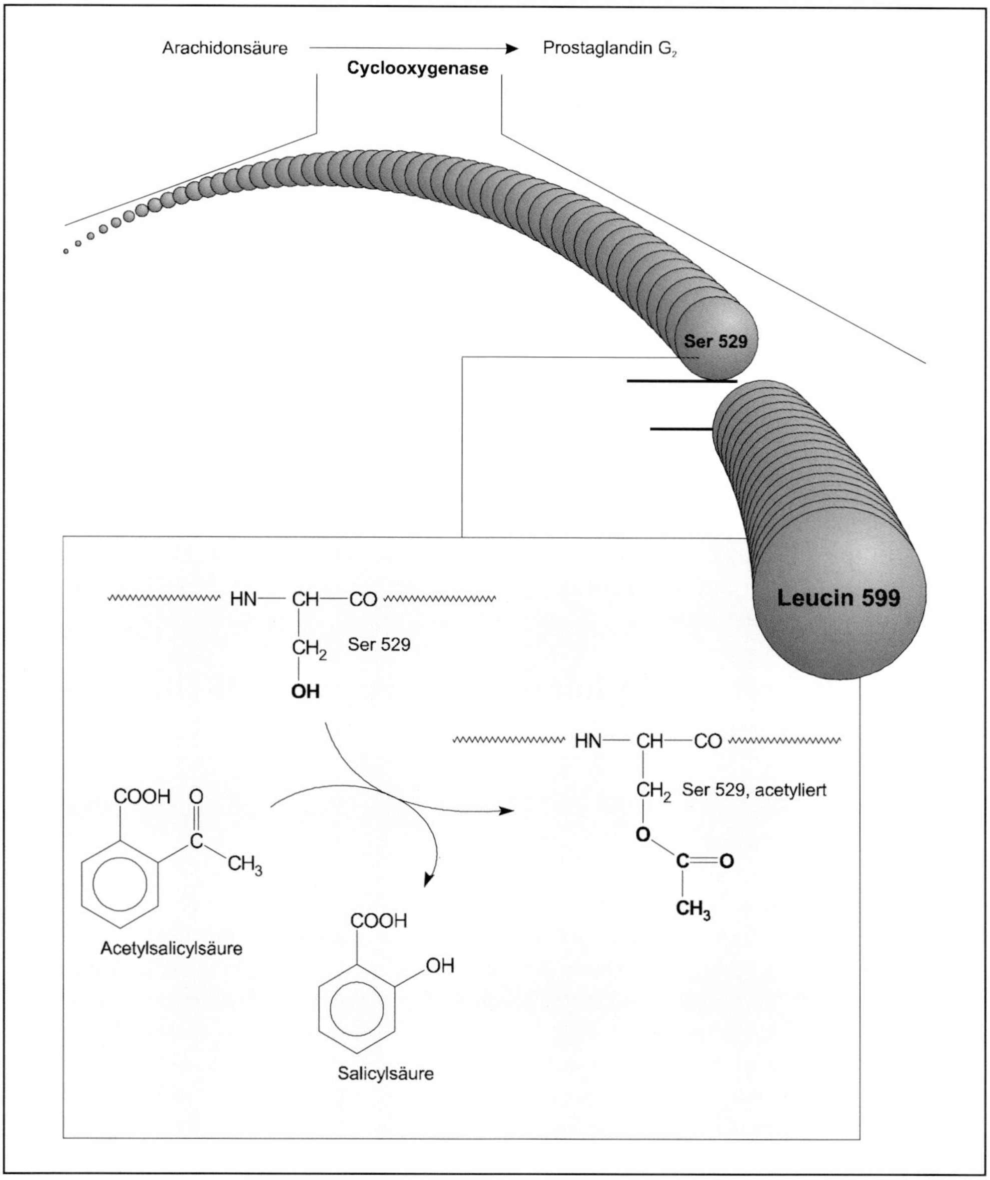

Abb. 19.9: Interaktion der Acetylsalicylsäure mit dem Serylrest 529 aus dem aktiven Zentrum der Cyclooxygenase.

19.3 Die plasmatische Gerinnungskaskade

Die Blutstillung repräsentiert die Antwort des Körpers auf Gefäßverletzungen. Innerhalb weniger Minuten wird die „undichte Stelle" im Gefäßsystem verschlossen, die Blutung kommt zum Stillstand. Die Hämostase (haima gr. Blut und stasis gr. Stillstand) selbst stellt ein komplexes Zusammenspiel von Endothel, Thromobozyten und bestimmten Plasmaproteinen, den Gerinnungsfaktoren, dar. Die **primäre Hämostase** wird im wesentlichen von den **Thromobozyten** getragen. Sie führt zunächst zur Bildung des Thromobozytenpfropfes und damit zu einem primären Verschluß der Verletzung. Die **sekundäre Hämostase** ist die Domäne der **eigentlichen Blutgerinnung** und wird durch die Gerinnungsfaktoren, also von Serumproteinen, gewährleistet. Sie mündet in die Bildung eines **Fibringerinnsels**, welches im Verein mit dem Thromobozytenpfropf den endgültigen Wundverschluß in Form eines **Thrombus'** (thrombos gr. Blutpfropf) aus Thrombo- und Erytrozyten sowie aus Fibrin bildet. Nach abgeschlossener Thrombusbildung setzt die Reorganisation des verletzten Gewebes ein.

Im menschlichen Körper werden eine ganze Reihe von Proteinen, die sogenannten Gerinnungsfaktoren, als inaktive Vorläuferstufen (**Zymogene**) synthetisiert. Erst die Entfernung eines Molekülbestandteils (also eines Abschnitts aus der Aminosäurekette) überführt das Vorläuferprotein in die aktive Form. Da bei diesem Vorgang die Polypeptid- bzw. Proteinkette des Moleküls an Peptidbindungen gespalten wird, spricht man von einer **proteolytischen Aktivierung**. Diese stellt einen nicht umkehrbaren (irreversiblen) Prozeß dar. Proteolytisch aktiviert werden die Verdauungsenzyme des Pankreas, z. B. das Trypsin, die Komponenten des sogenannten Komplementsystems (Kapitel: Immunologie - eine Einführung), aber auch Peptidhormone wie das Insulin. Als weiteres Beispiel für diesen Reaktionstyp soll nun in diesem Abschnitt die plasmatische Blutgerinnung, ein Teilprozeß der Blutstillung, vorgestellt werden.

19.4 Faktoren und Inhibitoren der plasmatischen Gerinnung

19.4.1 Übersicht

Die Beschäftigung mit der plasmatischen Gerinnung soll zunächst eine Klassifikation der Faktoren und Inhibitoren einleiten, um sie nachfolgend in Gruppen mit ähnlichen Eigenschaften geordnet zu besprechen. Unter den verschiedenen Möglichkeiten stellt Abb. 19.10 eine Einteilung dar, die nach unterschiedlichen Gesichtspunkten differenziert, und gleichzeitig Überschneidungen mit berücksichtigt. Die Schnittmengen repräsentieren Komponenten, die mehrere Zugehörigkeiten besitzen. Protein C beispielsweise ist ein Inhibitor der plasmatischen Gerinnung, der von Vitamin K abhängig synthetisiert wird und dessen Wirksamkeit sich auf seine Eigenschaften als Serin-Proteinase gründet. Die Abbildung erinnert gleichzeitig daran, daß die meisten Schritte der Gerinnungskaskade und die ihrer Inhibition durch Protein C ohne Calciumionen und eine Phospholipidmatrix nicht möglich wären.

Tabelle 19.5 und eine erste, vereinfachte Darstellung der plasmatischen Gerinnung in Form von Abb. 19.11 sollen zunächst einen groben Überblick vermitteln, bevor Faktoren und Inhibitoren im einzelnen abgehandelt werden. So ist es möglich, die Komponenten in den größeren Zusammenhang zu stellen und damit nicht den Überblick zu verlieren.

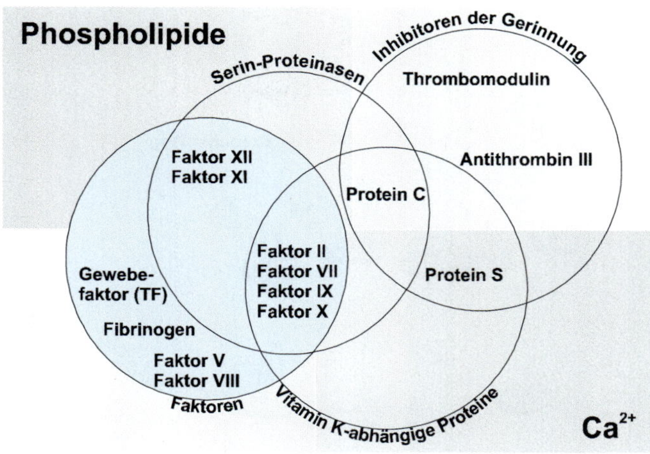

Abb. 19.10: Einteilung und Gemeinsamkeiten der plasmatischen Gerinnung in Anlehnung an FURIE und FURIE. Schnittmengen sind Repäsentanten für Gemeinsamkeiten. Katalytische Eigenschaften spielen ebenso eine Rolle wie die Vitamin K-Abhängigkeit der Proteinsynthese. Grau unterlegt sind die eigentlichen Gerinnungsfaktoren, deren Gegenspieler als „Inhibitoren der Gerinnung" zusammengefaßt wurden. Nicht eingezeichnet ist der Faktor XIII, der die Umwandlung von Fibrinmonomeren in Polymere ermöglicht. Die Gerinnungskaskade und ihre Inhibition spielen sich gleichsam auf dem Boden einer Phospholipidgrundlage ab, wobei Calciumionen als „bindende Vermittler" auftreten.

Tabelle 19.5: Die Faktoren des Gerinnungssystems und seine wichtigsten Inhibitoren. **Fett** unterlegte Faktoren und Inhibitoren können nur in Anwesenheit von Vitamin K synthetisiert werden.

Gerinnungsfaktoren und -inhibitoren

Faktor	Fraktion	M_r	Halbwertszeit	Bildungsort
I	Substrat	341.000	5 - 6 Tage	Leber
II	(Pro)enzym	72.000	2 Tage	Leber
III	(Pro)enzym	37.000	sehr kurz	Gewebszellen
IV (Ca^{2+})	Katalysator	40	-	-
V	Accelerator	330.000	12 - 15 Stunden	Leber Megakaryocyten
VII	(Pro)enzym	50.000	2 - 5 Stunden	Leber
VIII	Accelerator	330.000	5 - 12 Stunden	Leber, Milz, Nieren Plazenta, Muskelzellen
IX	(Pro)enzym	56.000	12 - 30 Stunden	Leber
X	(Pro)enzym	59.000	32 Stunden	Leber
XI	(Pro)enzym	160.000	< 12 Stunden	Leber
XII	(Pro)enzym	80.000	< 12 Stunden	Leber
XIII A	(Pro)enzym	320.000	2 - 3 Tage	Leber
XIII S		180.000		Thromobozyt
Antitrombin	Inhibitor	65.000	18 - 30 Stunden	Leber
Protein C	Proenzym	60.000	2 - 5 Stunden	Leber
Protein S	Cofaktor	69.000	60 Stunden	Leber/Endothel

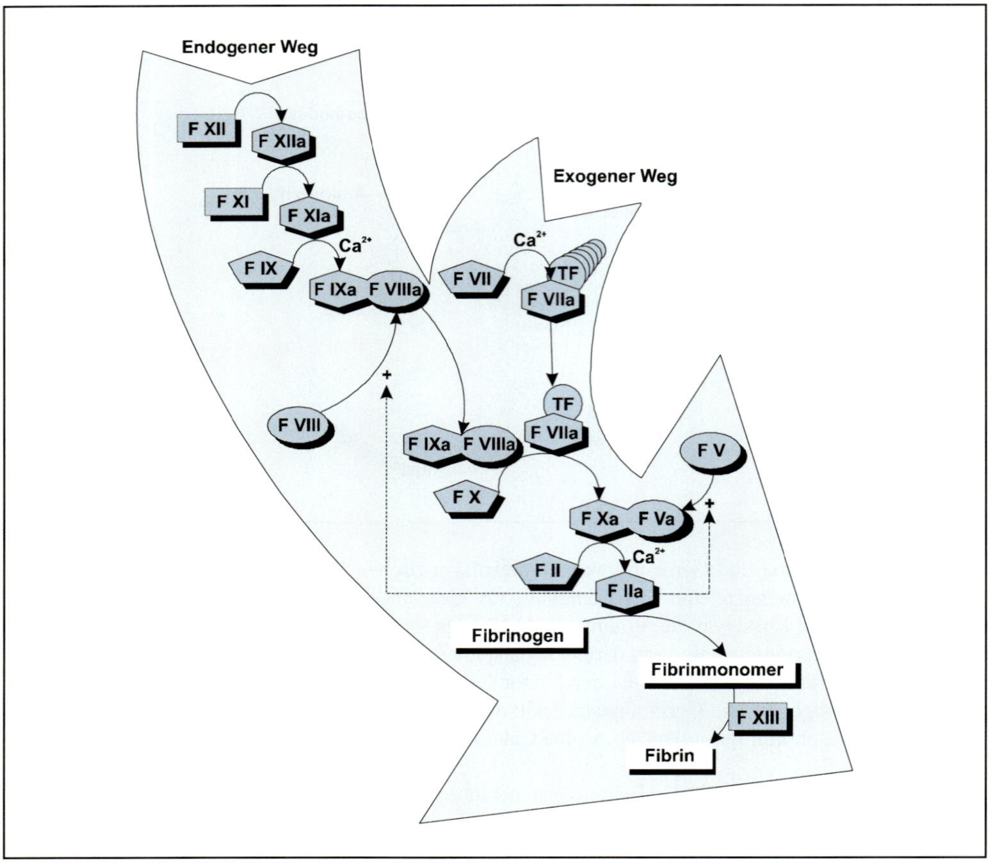

Abb. 19.11: Die Gerinnung in einem ersten und stark vereinfachenden Überblick. Exo- und endogener Weg sind getrennt dargestellt. Dies entspricht der überkommenen Sichtweise, neuere Erkenntnisse legen jedoch nahe, von dieser Trennung in zwei Gerinnungswege abzusehen. So ist Faktor VIIa in der Lage, Faktor IX gleichsam in einem überspringenden Funken zu aktivieren. Dieser in vivo wichtige Schritt wurde in dieser Graphik nicht berücksichtigt, um diese möglichst übersichtlich zu halten. Vitamin K-abhängige Gerinnungsfaktoren (II, VII, IX und X) sind als Pentagone dargestellt. Cofaktoren ohne enzymatische Aktivität sind oval eingezeichnet. TF steht für **t**issue **f**actor und bezeichnet den Gewebefaktor (F III). Endpunkt und „Ziel" der Gerinnung ist die Ausbildung eines Fibrinpolymers, das mit Hilfe von Faktor XIII aus Monomeren gebildet wird.

19.4.2 Die Faktoren der Kontaktphase

Betrachtet man in Abb. 19.11 links oben den Beginn des endogenen Weges, so begegnet man zuerst den Faktoren XII und XI. Sie bilden zusammen mit dem Präkallikrein und dem hochmolekularen Kininogen (High molecular weight kininogene HMWK) die Gruppe der sogenannten Kontaktphasefaktoren. Im Begriff „Kontaktfaktor" kommt zum Ausdruck, daß diese Faktoren im Anfangsstadium der endogenen Gerinnung Kontakt zu elektrisch negativen Oberflächen aufnehmen, indem sie an diese binden. Diese Oberflächen werden durch Basalmembranen, Kollagen, Phospholipide oder Plättchenmembranen gestellt. In vitro können Glas, Kaolin, Ellagsäure oder Sulfatide diese Funktion einnehmen. Während die Faktoren XII und XI Zymogene darstellen, die mittels Aktivierung in Enzyme übergehen, zählt hochmolekulares Kininogen zu den Bindungsproteinen und Cofaktoren.

Auffällig ist, daß das Fehlen der Kontaktphasefaktoren mit Ausnahme des Faktors XI nicht zu Blutungen bei Patienten führt, wohl aber zu Thrombosen. Daraus läßt sich einerseits ableiten, daß die Kontaktphase offenbar keine entscheidende Rolle für die Gerinnungsaktivierung spielt, andererseits jedoch für die Fibrinolyse von Bedeutung ist (siehe unten)!

Faktor XII ist ein in der Leber gebildetes Glykoprotein mit M_r = 80.000. Gerät es in Kontakt mit negativ geladenen Oberflächen, beispielsweise mit dem Kollagen des Subendothels, wird es mittels Konformationsänderung aktiviert und dabei in zwei Fragmente, α-F XIIa und β-F XIIa gespalten. β-F XIIa (M_r = 28.000) ist im Gegensatz zum α-F-XIIa-Fragment ein von Oberflächen unabhängiger Präkallikreinaktivator, das entstehende Kallikrein wiederum vermag, ebenso wie Faktor XI und Plasmin, Faktor XII in XIIa umzuwandeln. Es ergibt sich somit eine Aktivierungsschleife (Abb. 19.12).

Präkallikrein (M_r = 82.000) ist ein einkettiges Peptid, das an HMWK gebunden im Blut vorliegt. HMWK verstärkt die Aktivierbarkeit von Präkallikrein durch F XIIa und unterstützt seine Anbindung an Oberflächen. Nach seiner Spaltung in Kallikrein kann dieses in die flüssige Phase abdissoziieren, um dort weitere Wirkungen zu entfalten (siehe unten).

Hochmolekulares Kininogen (HMWK) besteht ebenfalls aus lediglich einer Aminosäurekette (M_r = 110.000), die im Komplex mit Präkallikrein oder Faktor XI im Blut zirkuliert. Mit einer Oberflächenbindungsstelle versehen, wird dieses Molekül an negative Oberflächen gebunden.

Der **Faktor XI** (M_r = 160.000), ein Glykoprotein mit zwei über Disulfidbrücken verbundenen identischen Proteinketten, markiert gleichsam das Schlußglied der Kontaktphase innerhalb der endogenen Gerinnung. Er aktiviert Faktor IX. Im Plasma ist Faktor XI wie bereits erwähnt an HMWK gebunden, das auch seine Bindung an Oberflächen vermittelt. Zu diesen zählen auch die Thromobozyten, auf denen Rezeptoren für Faktor XI und XIa gefunden wurden.

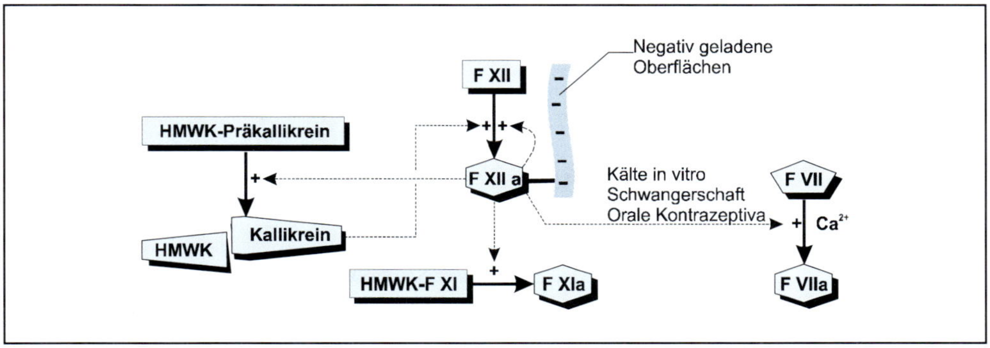

Abb. 19.12: Die Kontaktphasenfaktoren. Man beachte, daß F XIIa unter bestimmten Bedingungen auch Faktor VII zu aktivieren vermag, womit eine (erste) Verknüpfung zwischen exogenem und endogenem Weg hergestellt wäre.

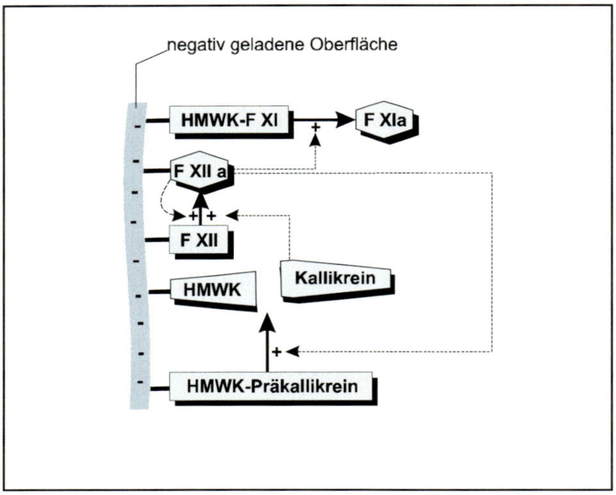

Abb. 19.13: Diese Abbildung zeigt die Rolle des hochmolekularen Kininogens im Rahmen der Kontaktphasefaktoren auf. HMWK vermittelt für Faktor XI und Präkallikrein die Oberflächenbindung in Nachbarschaft zum aktivierten Faktor XII. In räumlicher Nähe zueinander laufen nun jene Gerinnungsschritte ab, die letztlich zum Faktor XIa führen.

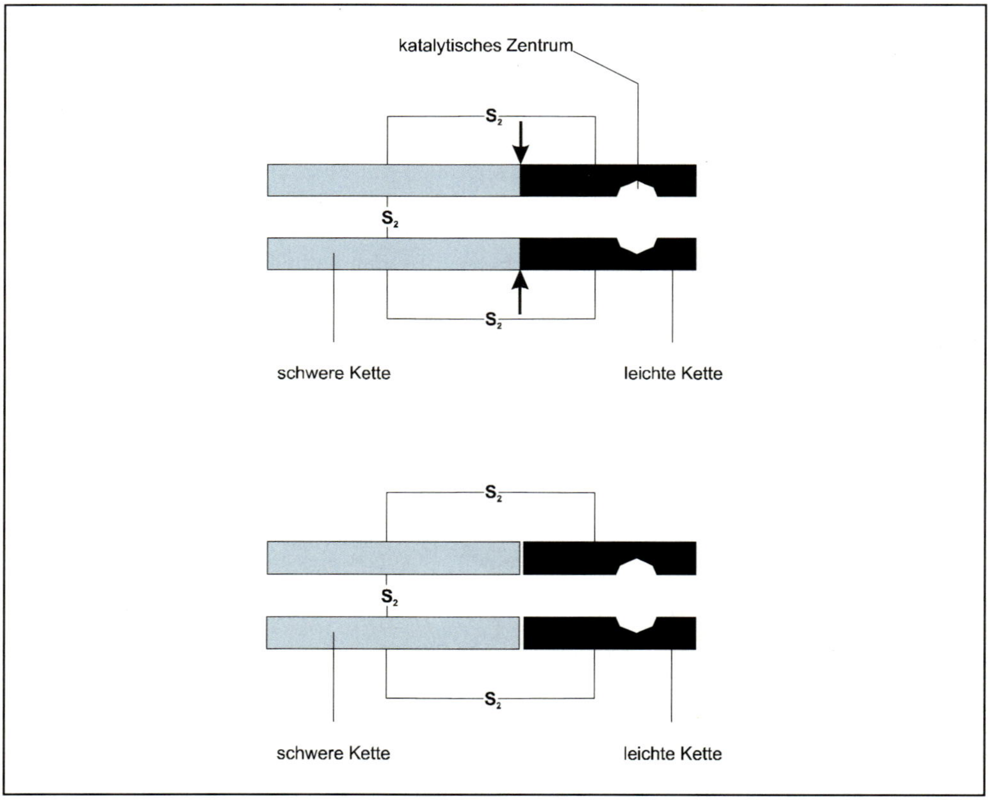

Abb. 19.14: Die Aktivierung des Faktors XI.

Die Bedeutung der Kontaktphasefaktoren beschränkt sich jedoch nicht allein auf die Gerinnungskaskade, vielmehr bestehen auch Verknüpfungen zu drei weiteren wichtigen Systemen:

- Fibrinolyse
- Kininsystem
- Komplementsystem

Die Rolle des Faktors XIIa wird schon dadurch deutlich, daß manche Patienten bei einem Mangel an diesem Faktor eine Neigung zu Thrombosen aufweisen. Neben einer direkten Aktivierung der Proteolyse von Plasminogen, dem wichtigsten Zymogen der Fibrinolyse, nimmt Faktor XIIa auch indirekt mittels **Prourokinase** Einfluß auf den Gegenspieler der Gerinnung:

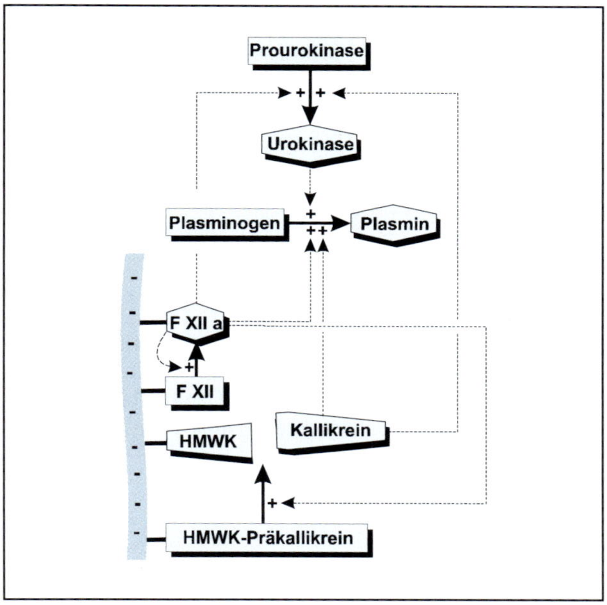

Abb. 19.15: Die Verknüpfung der Kontaktphasefaktoren mit der Fibrinolyse. Die Fibrinolyse kommt durch proteolytische Spaltung von Plasminogen in Gang und kann, wie links gezeigt, durch Faktor XIIa und Kallikrein angestoßen werden. Neben der direkten Aktivierung wird auch der mittelbare Weg über Prourokinase beschritten.

Die Querverbindung zum Kininsystem, dessen aktives Produkt das Nonapeptid **Bradykinin** darstellt, dokumentiert Abb. 19.16. Bradykinin, ein hochaktives Peptid, spielt ein wichtige Rolle im Entzündungsgeschehen. Näheres dazu erfährt man im Kapitel: Hormone.

Im Rahmen einer Entzündung kann auch das Komplementsystem (Kapitel: Immunologie - eine Einführung) Bedeutung erlangen. Sein Initialschritt, die Konversion des Komplementfaktors C 1 zu C 1r wird auch durch Faktor XIIa und Plasmin vermittelt. Der Faktor B des alternativen Komplementweges kann darüber hinaus durch Kallikrein aktiviert werden. Schließlich vermag Plasmin C 3 in C 3a zu überführen, so daß sich ein komplexes Ineinandergreifen von Kontaktphase und Komplementkaskade ergibt.

Zieht man das bisher Gesagte in Erwägung, so erscheint das Kontaktphasesystem weniger als Aktivator der endogenen Gerinnungskaskade, sondern vielmehr als zentraler Anstoß mehrerer, im Entzündungsgeschehen involvierter Systeme zu fungieren. In der Tat ist der exogene Zweig für den plasmatischen Gerinnungsablauf wichtiger, äußert sich doch ein Mangel an Faktor XII eher in Thrombosen als in Blutungen. Das Kontaktphasesystem kann über Faktor XII durch Lipid A (Endotoxinschock), Harnsäurekristalle (Gicht) sowie allgemein durch Entzündungen aktiviert werden. Inhibiert werden die Kontaktphasefaktoren durch den **C_1-Esterase-Inhibitor**.

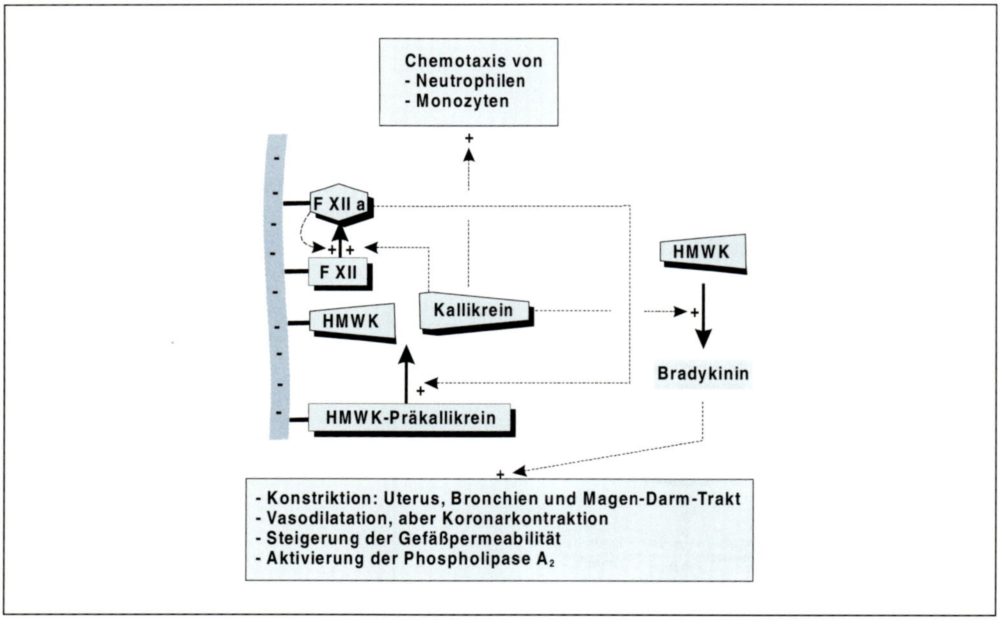

Abb. 19.16: Die Aktivierung von HMWK zum Nonapeptid Bradykinin (Kapitel: Hormone). Über den gezeigten Mechanismus nehmen die Kontaktphasefaktoren auch Einfluß auf das Entzündungsgeschehen, da Bradykinin durch seine Effekte Entzündungswirkungen unterhält. Darüber hinaus besitzt Kallikrein chemotaktische Eigenschaften auf neutrophile Granulocyten und Monocyten. Das Bradykinin wird durch Angiotensin Converting Enzyme abgebaut.

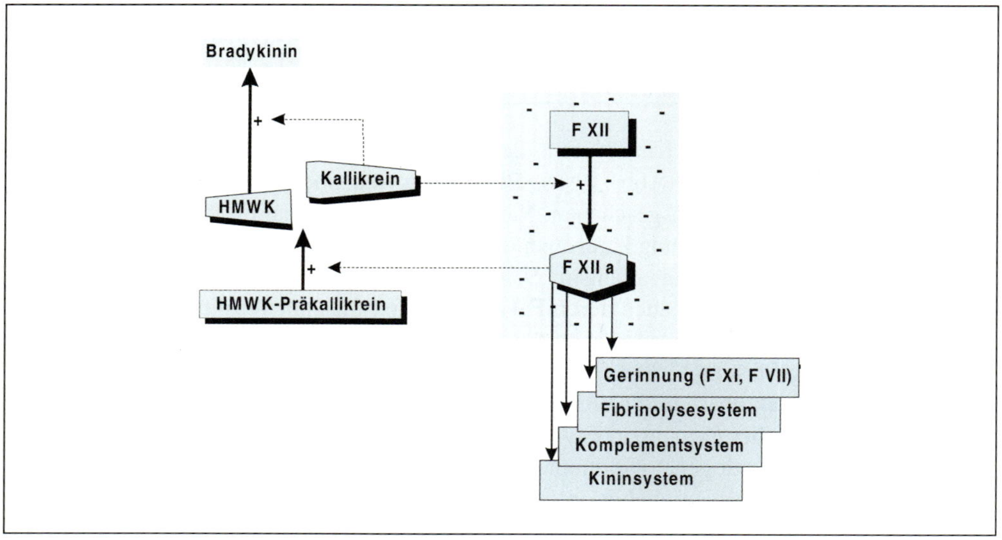

Abb. 19.17: Des Wirkungsspektrums der Kontaktphase in der Zusammenfassung. Der grau unterlegte Hintergrund symbolisierte negative Oberflächen.

19.4.3 Vitamin K und die Faktoren IX, X, VII und II

Vor ca. 50 Jahren wurde von HENRIK DAM ein antihämorrhagischer Faktor (Koagulationsfaktor) entdeckt, heute besser bekannt unter dem Namen Vitamin K (**K** steht für **K**oagulation). Mitte der siebziger Jahre wurde deutlich, daß Vitamin K nicht nur für die Synthese der Gerinnungsfaktoren II (Thrombin), VII, IX und X, sondern auch für diejenigen der Proteine C und S sowie des Ostoecalcins aus dem Knochenstoffwechsel essentiell ist.

Abb. 19.18 zeigt die Struktur der Vitamine K_1 und K_2. Phyllochinon wird in grünen Pflanzen und Algen unter Lichteinwirkung synthetisiert und ist überwiegend in den Chloroplasten lokalisiert. Vitamin K_2 wird von Bakterien der menschlichen Darmflora aufgebaut. Die Zufuhr des Vitamins erfolgt also überwiegend durch pflanzliche Nahrung mit einem Schwerpunkt bei Gemüse, wie auch Tabelle 19.6 ausführt.

Die Aufnahme des Vitamins im Darm erfolgt im Kanon mit anderen lipophilen Substanzen. Um eine optimale Resorption beider Vitamine in Micellen zu gewährleisten, ist die Anwesenheit von Gallensalzen und Produkten der Pankreaslipase-Reaktion (Fettsäuren und 2-Monoacylglycerol) erforderlich. Dementsprechend kommt es bei extrahepatischer **Cholestase** und **Pankreasinsuffizienz** zu Vitamin K-Mangel. Im Gegensatz zu den Vitaminen A und D existiert im Plasma kein spezifisches Transportprotein für Vitamin K. Stattdessen dienen, ähnlich dem Vitamin E, Lipoproteine als Transportvehikel, wobei das Vitamin in allen Lipoproteinklassen nachgewiesen werden konnte. Es erreicht das Speicherorgan Leber via Chylomikronen-Remnants. In der Leber wird wesentlich mehr Menachinon als Phyllochinon nachgewiesen, bei einer Dominanz langkettiger Formen mit n = 7 - 13.

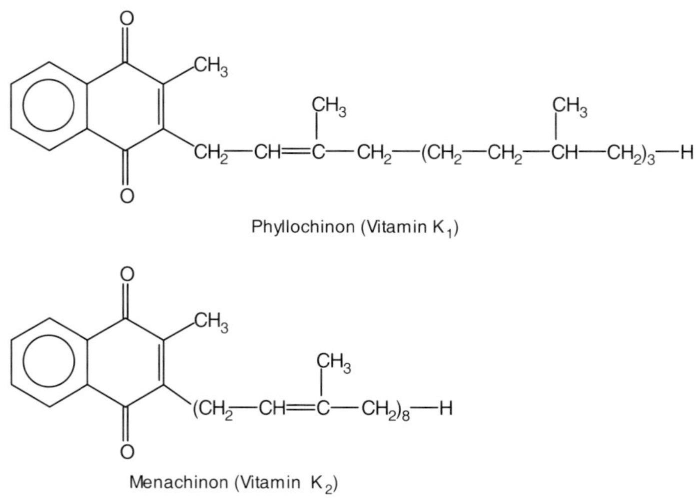

Abb. 19.18: Der Aufbau von Phyllochinon und Menachinon. Grundstruktur ist ein Chinon, das 2-Methyl-1,4-naphtochinon. Die einzelnen Vitamin K-Formen unterscheiden sich in der langen Seitenkette an Position 3. Menachinon weist in dieser Kette n wiederkehrende Prenyleinheiten auf, hier sind es 8. Sie differieren meist zwischen 6 und 19, so daß die Benennung Menachinon-n üblich ist, wobei n folglich die Anzahl der Prenylreste wiedergibt.

Tabelle 19.6: Vitamin K im tabellarischen Überblick.

	Phyllochinon/Menachinon (Vitamin K)
Vorkommen	**Grünkohl** 729 µg/100 g, **Spinat** 415 µg/100 g, **Brokkoli** 175 µg/100 g, **Salat** 129 µg/100 g, Kohl 125 µg/100 g, grüne Bohnen 40 µg/100 g, grüne Erbsen 29 µg/100 g, Tomaten 10 µg/100 g, Bananen 2 mg/100 g (OLSON 1987)
Bedarf pro Tag	ca. 1 mg
Bedeutung	Cofaktor der nach der Translation der Faktoren II, VII, IX, X, der Proteine C und S, sowie des Osteocalcins erfolgenden Carboxylierung von Glutamatresten zu γ-Carboxyglutamat.
Vitaminmangel	Verstärkte Blutungsneigung infolge Faktorenmangels (Faktoren II, VII, IX, X)

Nach der ribosomalen Proteinsynthese der genannten Blutgerinnungsfaktoren werden in einer Vitamin K-abhängigen Reaktion Glutamatreste durch eine Carboxylase an ihrem γ-C-Atom carboxyliert. Das Enzym reagiert nur mit dem Hydrochinon, das dabei durch eine Epoxidaseaktivität unter Einbeziehung von molekularem Sauerstoff O_2 zum **Vitamin K-2,3-Epoxid** oxidiert wird. Parallel dazu wird vom γ-C-Atom des Glutamats unter Bildung eines Carbanions ein Proton abgezogen. Das Glutamatcarbanion reagiert nun mit CO_2 weiter. Betroffen sind davon die ersten zehn N-terminalen Glutamatreste des Proteins. Die Carboxylierung verwandelt Glutamat, einen schwachen Ca^{2+}-Chelator, in den starken Chelator **γ-Carboxyglutamat** (chele gr. Krebsschere, ein Chelator ist ein organisches Molekül, das ein Metallion durch Ausbildung eines zangenartigen Komplexes, der an eine Krebsschere erinnert, binden kann).

Das Vitamin K-Hydrochinon wird in zwei aufeinanderfolgenden Schritten, während derer Reduktionen des Substrats erfolgen, regeneriert. Beide werden offensichtlich vom gleichen Enzym katalysiert, das hierzu **Thiolgruppen** (-SH) benötigt. Diese können beispielsweise von Liponsäure gestellt werden. Namentlich für die Vitamin K-Reduktase-Reaktion gibt es noch einen alternativen, NADH- bzw. NADPH-abhängigen Syntheseschritt!

Die Fähigkeit des Gerinnungsfaktors, Calcium zu binden, nimmt damit erheblich zu. Durch die Ca^{2+}-Bindung kann Prothrombin auf Phospholipidmembranen (zum Aufbau von Membranen, siehe Kapitel: Lipide I), die nach einer Verletzung aus Thromobozyten freigesetzt werden, haften. Auf diese Weise wird Prothrombin an dieser Membranmatrix in eine räumlich geordnete Nachbarschaft zu den Faktoren V und Xa gebracht, was die Aktivierung des Prothrombins um mehr als den Faktor 10.000 beschleunigt. Bei diesem Schritt wird das aminoterminale Fragment mit den Ca^{2+}-Bindungsstellen abgespalten und Thrombin freigesetzt, welches dann Fibrinogen zu Fibrin umwandelt.

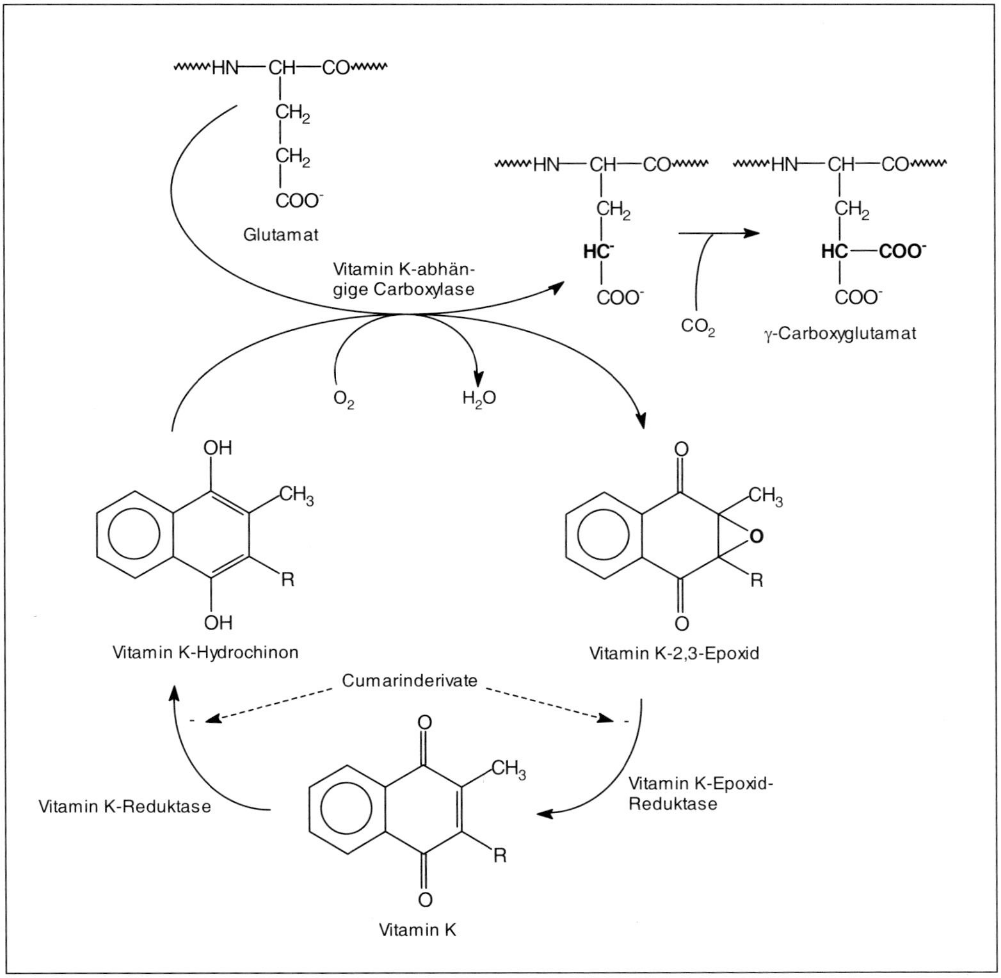

Abb. 19.19: Der Vitamin K-Epoxidzyklus. Obwohl hier separat dargestellt, werden vermutlich beide Reduktaseaktivitäten von einem Enzym gestellt. Die Cumarinderivate greifen hier an. Weitere Erläuterungen finden sich im Text.

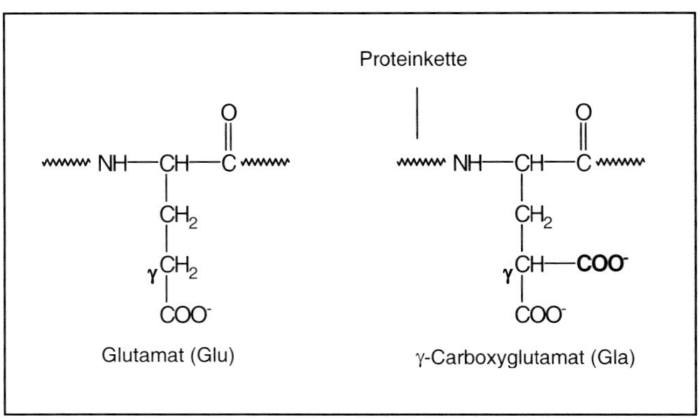

Abb. 19.20: Die Struktur des γ-Carboxyglutamats, zur Erinnerung und zum Vergleich ist auch noch einmal die Muttersubstanz, das Glutamat dargestellt.

Neben einem Vitamin K-Mangel führt auch die Präsenz von **Vitamin K-Antagonisten** (wie Dicumarol und Warfarin; beide vom Cumarintyp) infolge mangelhafter Carboxylierung von Glutamatresten zu Störungen der Blutgerinnung. Warfarin findet heutzutage als Rattengift Anwendung. Vergiftete Tiere verbluten innerlich durch mangelhafte Gerinnung. **Dicumarol** wird als Antikoagulans (coagulare lat. gerinnen machen) klinisch eingesetzt.

Quasi „vom Faktor XIa kommend" verläuft der endogene Weg weiter über den **Faktor IX**, ein einkettiges Glykoprotein mit 12 γ-Carboxyglutamatresten nahe des Aminoendes, das sich durch eine relative Molekülmasse von 56.000 auszeichnet. Sein Mangel, der mit einer Häufigkeit von 0,001 % in der Bevölkerung zu beobachten ist, wird X-chromosomal vererbt und bildet die Ursache der **Hämophilie B**, einer Erkrankung, deren Symptomatik der häufigeren Hämophilie A des Faktor VIII-Mangels ähnelt.

Aktiviert wird das Zymogen durch Spaltung zweier Peptidbindungen, wobei ein Aktivierungspeptid freigesetzt wird. Die Tatsache, daß F IX auch durch Faktor VIIa aktiviert werden kann, läßt ihn eine Schlüsselposition im Gerinnungssystem einnehmen.

Die Serin-Proteinase **Faktor X**, das Substrat der intrinsischen Tenase, dem Komplex aus Faktor IXa, F VIIIa, Ca^{2+} und Phospholipiden der Thromobozyten, steht an zentraler Stelle im plasmatischen Gerinnungsablauf, denn hier fließen exo- und endogener Weg zur gemeinsamen Endstrecke der Kaskade zusammen. Das in der Leber synthetisierte Glykoprotein mit der relativen Molekülmasse von 59.000 zirkuliert als zweikettiges Zymogen im Kreislauf, eine Struktur, die unter den Gerinnungsfaktoren einmalig ist und nur im Aufbau des Proteins C eine Entsprechung findet. Beide Ketten werden durch eine Disulfidbrücke zusammengehalten.

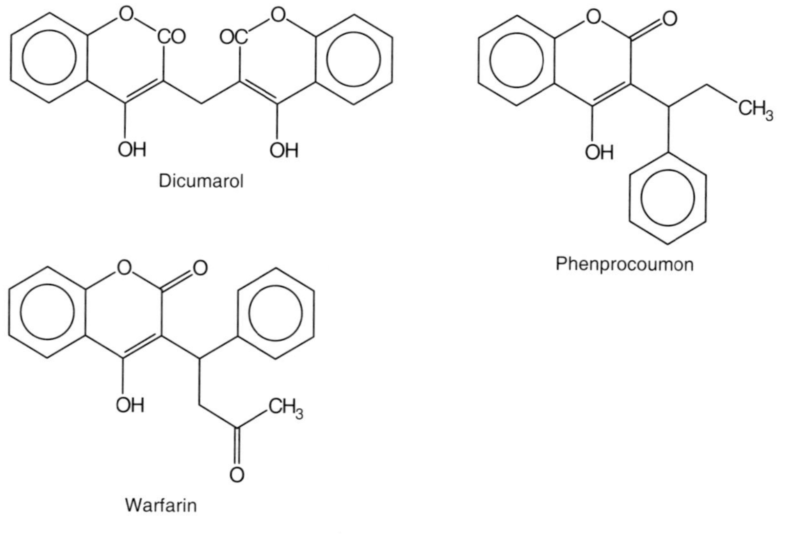

Abb. 19.21: Die Cumarinderivate fungieren als Vitamin K-Antagonisten. Man beachte ihre strukturelle Ähnlichkeit zum Vitamin K.

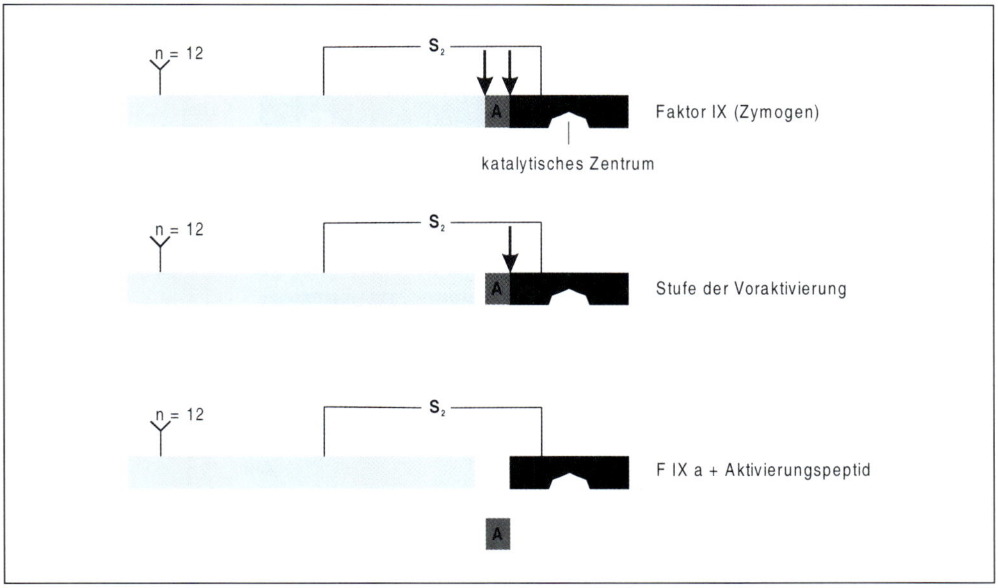

Abb. 19.22: Aktivierung des Faktors IX über eine Voraktivierung zum F IX a. Im katalytischen Zentrum findet man wie bei anderen Vitamin K-abhängigen Proteinen die **katalytische Triade**, also die für den Katalysemechanismus entscheidenden Aminosäuren Serin, Histidin und Asparaginsäure.

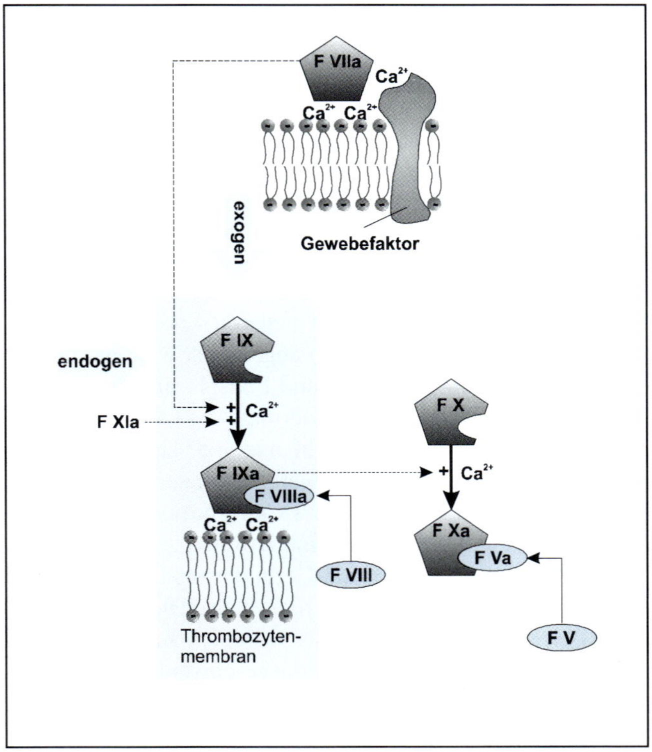

Abb. 19.23: Faktor IX als Bindeglied zwischen Kontaktphasefaktoren und dem sogenannten **Prothrombinasekomplex**, bestehend aus F X, F V, Ca^{2+} und Phospholipiden. Der Faktor IXa tritt seinerseits mit F VIII, Ca^{2+} und Phospholipiden der Thromobozyten zur „**intrinsischen Tenase**" zusammen. Wichtig ist die Verknüpfung von endo- und exogener Gerinnung durch die Aktivierung des Faktors IX mittels F VIIa.

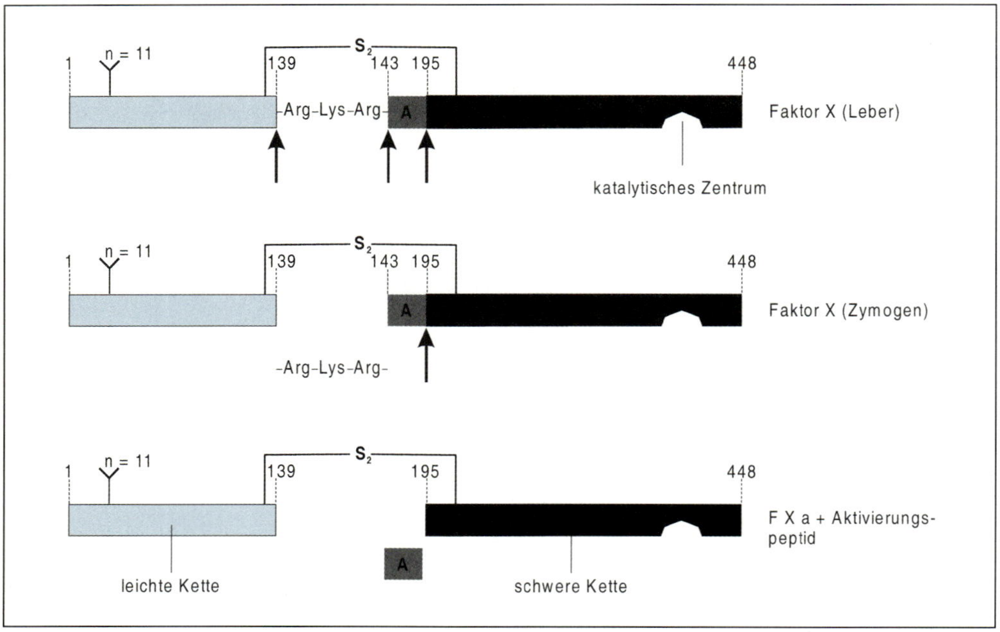

Abb. 19.24: Faktor X und seine Aktivierung. In der Leber wird zunächst eine einkettige Form des Faktors synthetisiert, die vermutlich im Blut durch proteolytische Abspaltung des Tripeptids -Arg-Lys-Arg- in das zweikettige Zymogen übergeht. Faktor Xa wird durch Freisetzung eines 52 Aminosäure langen Aktivierungspeptids synthetisiert. Ebenfalls in der Leber erfährt das Propeptid erhebliche posttranslationale Modifikationen, so eine N-Glykosylierung, die γ-Carboxylierung der Glutamatreste, sowie die Hydroxylierung des Aspartatrestes 63 zu β-Hydroxyaspartat, eine seltene Aminosäure, die man auch in anderen Vitamin K-abhängigen Faktoren findet und deren Bedeutung noch unklar ist. Im katalytischen Zentrum des Faktors X findet man ein Aminosäuretriplett, das man bei allen Vitamin K-abhängig synthetisierten Serin-Proteinasen findet und **katalytische Triade** genannt wird: **Serin**, **Histidin** und **Asparaginsäure** bilden ihre Bestandteile, die für den katalytischen Mechanismus von entscheidender Bedeutung ist. Substrat bei dieser Katalyse ist Thrombin, der Faktor II. Die Zahlen geben Aminosäurepositionen wieder.

Als Hauptaktivator für das Zymogen Faktor X wird nach neueren Erkenntnissen der Komplex aus Faktor VIIa und Gewebefaktor (**t**issue **f**aktor TF) angesehen, während die intrinsische Tenase auf Faktor IXa, Faktor VIII, Calciumionen und Phospholipiden dagegen in den Hintergrund tritt. Betrachten wir zunächst letzteren Aktivierungsweg (Abb. 19.25).

Dieser ist abhängig von Phospholipidoberflächen, die nicht nur von Thromobozyten, sondern auch von Endothelzellen oder Makrophagen gestellt werden können. Wenngleich die Anwesenheit von F VIII und X für die Bindung von Faktor IX an Thromobozytenoberflächen nicht zwingend notwendig ist, erhöht deren Präsenz seine Affinität zu Phospholipiden um das Fünffache, so daß in Hinblick auf eine relevante Gerinnungsaktivierung unter physiologischen Verhältnissen diese Präsenz vorausgesetzt werden kann. Die **intrinsische Tenase** spaltet diesselben Bindungen des Zymogens F X wie der Komplex aus Gewebefaktor und Faktor VIIa. Während Faktor VIII die maximale Reaktionsgeschwindigkeit v_{max} für diese Hydrolyse um den Faktor 200.000 (!) erhöht, senken Phospholipide gleichzeitig die MICHAELIS-Konstante K_M dieser Umsetzung für das Substrat auf 1/5000! Ein Vergleich möge diese enorme Beschleunigung verdeutlichen: In einer Minute wird unter diesen Bedingungen die gleiche Menge Faktor Xa synthetisiert, wie Faktor IXa allein in 6 Monaten hervorbringen würde! Ermöglicht wird dies durch eine stark erhöhte Bindungsaffinität und die lokale Substratanhäufung (F X) in Nachbarschaft der aktiven Proteinase (F IXa) auf der Phospholipidmatrix. Dominiert wird die Faktor X-Proteolyse jedoch durch den exogenen Weg mittels Gewebefaktor und Faktor VIIa. Dieser, in Zymogenform als **F VII** ein einkettiges Glykoprotein (M_r = 50.000) mit 10 γ-Carboxyglutamatresten, weist mit 4 bis 6 h die kürzeste biologische Halbwertszeit aller Gerinnungsfaktoren im Plasma auf. Auch seine Plasmakonzentration von 0,5 bis 2,0 mg/L markiert zusammen mit der des Faktors VIII die untere Grenze des Konzentrationsspektrums für Gerinnungsfaktoren. Die Faktor VII-Bindung an Gewebefaktor führt zu seiner Aktivierung und dann zur enzymatischen Proteolyse von Faktor X zu Xa. Dieser Schritt, unterhalten von der **extrinsischen Tenase** aus F VIIa, Gewebefaktor und Ca^{2+}, gilt als primärer Initiator der plasmatischen Gerinnungskaskade.

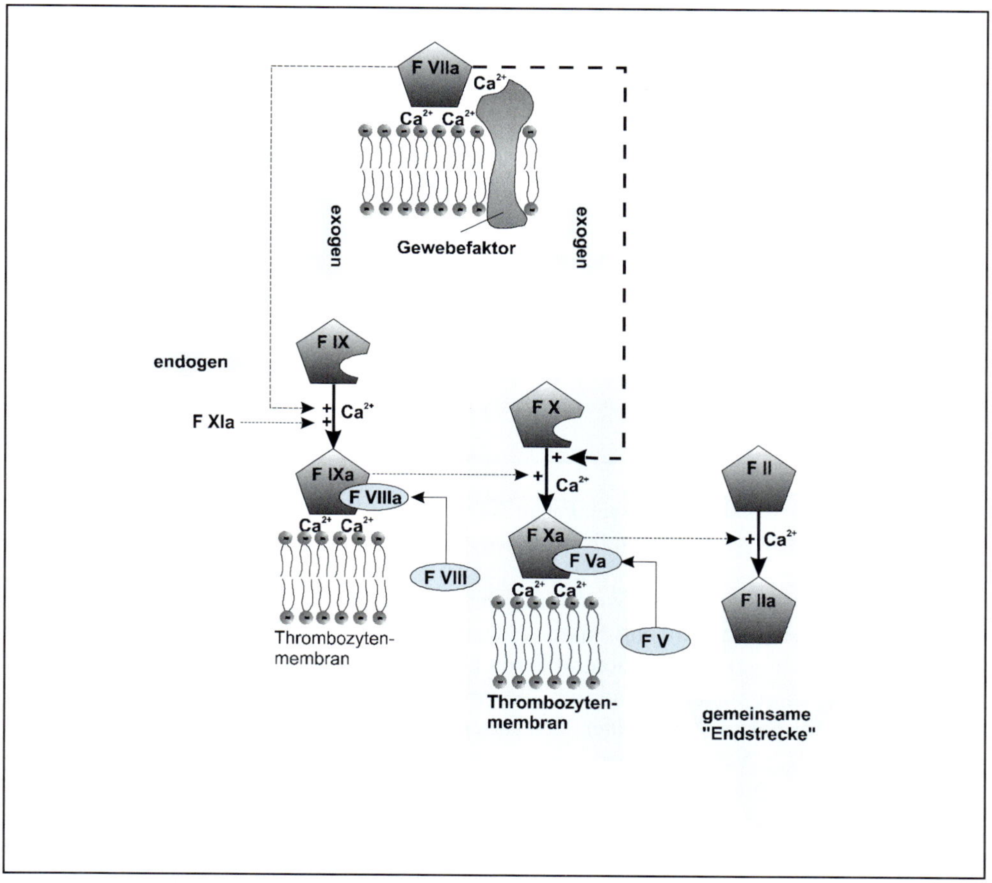

Abb. 19.25: Die Faktor X-Aktivierung als Einmündung von exo- und endogenem Gerinnungsweg in die gemeinsamen Endstrecke der plasmatischen Gerinnung. Die direkte Aktivierung durch Faktor VIIa im Verein mit Gewebefaktor (extrinsische Tenase) gilt heute als die wichtigste und ist in der Abbildung **fett** herausgehoben. Auch über die Proteolyse von F IX nimmt F VIIa/Gewebefaktor Einfluß auf die Spaltung des Faktors X. Endogen erfährt F X seine Aktivierung über die Faktoren XIa und IXa.

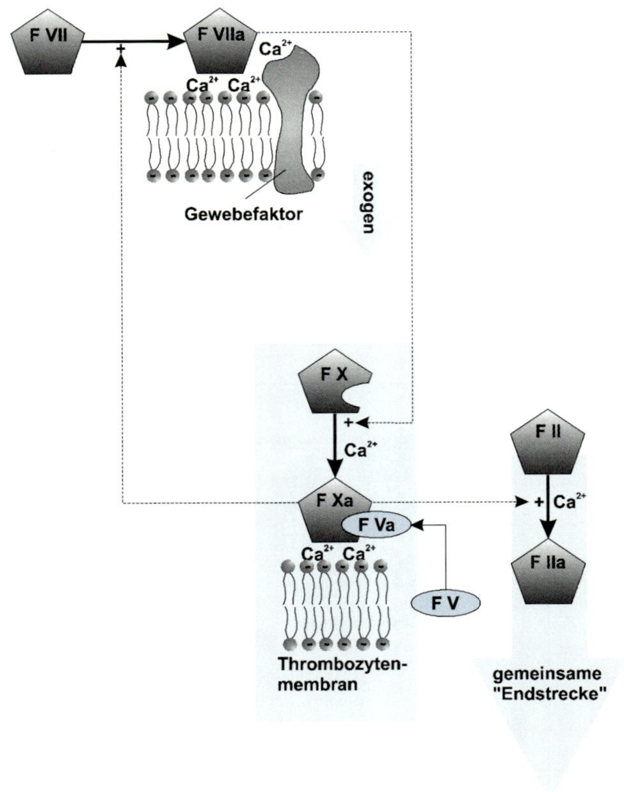

Abb. 19.26: In einer Rückkopplung kann Faktor Xa auf Faktor VII aktivierend Einfluß nehmen und somit seine eigene Proteolyse verstärken.

Angestoßen durch eine Gefäßverletzung induziert das Gespann aus Faktor VIIa und Gewebefaktor eine erste, schnelle Faktor Xa-Anhäufung. Diese wiederum garantiert eine ausreichende Thrombinkonzentration, in deren Folge es zur Ausbildung einer lokalen Thrombozytenaggregation einerseits und zur Aktivierung der Cofaktoren VIII und V kommen kann. Ferner wird Faktor Xa in einer Verstärkerschleife zurückgeführt, indem er jetzt seinerseits Faktor VII in VIIa zu konvertieren vermag.

Eine dauerhafte Bildung von Faktor Xa hingegen erfordert dessen kontinuierliche Bildung mittels Faktor IXa, generiert durch Faktor XIa. Möglicherweise wird dieser hierbei durch Thrombinspuren aus Faktor XI gebildet. An dieser Stelle sei noch einmal darauf hingewiesen, daß die extrinsische Tenase aus F VIIa, Gewebfaktor und Ca^{2+} nicht nur Faktor X, sondern auch Faktor IX zu aktivieren vermag. Diese Querverbindung stellt somit eine wichtige Verknüpfung zwischen beiden „klassischen Zweigen" der Gerinnungskaskade dar. Mit **Prothrombin**, dem Faktor II, schließt sich der Kreis der Vitamin K-abhängig gebildeten Gerinnungsfaktoren.

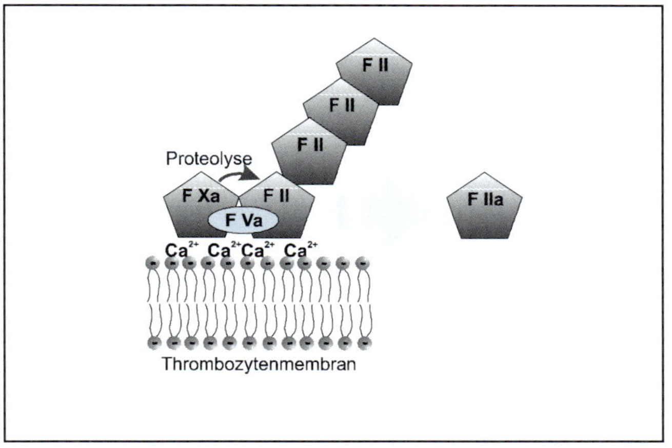

Abb. 19.27: Auf der Phospholipidoberfläche befinden sich Faktor Xa und sein Substrat Prothrombin in unmittelbarer Nachbarschaft. Hierbei spielt der Faktor Va eine wichtige Rolle, da er die räumliche Anordnung der Reaktionspartner garantiert. Durch den Komplex wird in zwei Minuten soviel Prothrombin umgesetzt, wie freier Faktor Xa in einem Jahr spalten würde.

Prothrombin erfährt seine Aktivierung durch den Prothrombinasekomplex, bestehend aus F Xa, F Va, Ca^{2+}-Ionen und einer Phospholipidoberfläche. Die Phospholipidoberflächen werden dabei vorrangig von Plättchen gestellt, können aber auch von anderen Blutzellen wie Monocyten, Lymphocyten, Neutrophilen oder von Endothelien stammen. Cofaktor (F Va), Enzym (F Xa) und Substrat (Prothrombin) bilden einen membrangebundenen Komplex, innerhalb dessen die Spaltung des Prothrombins erfolgt. Fehlt nur ein Bestandteil des Prothrombinase-Prothrombin-Komplexes, so läßt die katalytische Effizienz erheblich nach. Es stellt sich die Frage, wie der hierfür geschwindigkeitsbestimmende Faktor Va bereitgestellt wird, zumal dieser von Thrombin, also Faktor IIa, aktiviert wird. Offenbar vermag Faktor Xa membrangebundenen F V mittels einer „Initialzündung“ in F Va zu überführen, von dem kleine Mengen reichen, um im Verein mit Faktor Xa Thrombin zu generieren. Dieses wiederum setzt Faktor Va über eine positive Rückkopplungsschleife frei.

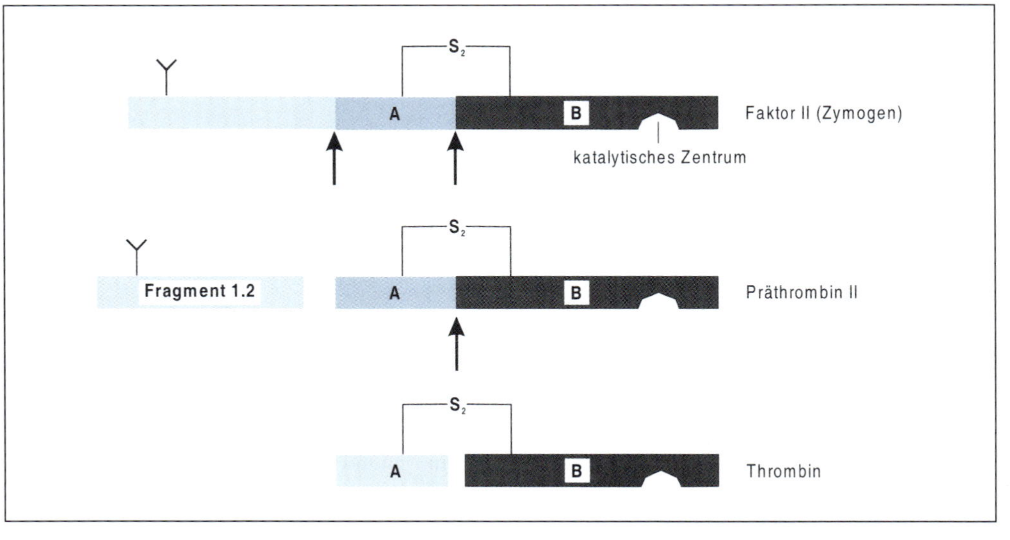

Abb. 19.28: Das Spaltungsschema des Prothrombins. Zunächst wird ein Fragment 1.2 abgespalten, das parallel entstandene Präthrombin II wird proteolytisch in Thrombin umgewandelt.

Die Schlüsselrolle des Faktors V macht ihn zum idealen Angriffspunkt für Regulationsmechanismen. So setzt sein Inhibitor, das Protein C in Kooperation mit Protein S (Abschnitt 19.4.8), das die Schutzfunktion des Faktors Xa für Faktor Va aufhebt, hier an.

Abb. 19.28 zeigt, wie aus Prothrombin (M_r = 72.000) die Serin-Proteinase Thrombin (M_r = 38.000) entsteht. Thrombin darf lediglich nicht als einzelnes Enzym in der Gerinnungskaskade verstanden werden. Es repräsentiert ein zentrales Molekül im Rahmen der Hämostase, von dem vielfältige Effekte ausgehen.

Diese müssen durchaus nicht immer gerinnungsfördernd sein. Endothelständig gebunden an Thrombomodulin vermittelt Thrombin beispielsweise die Aktivierung des Proteins C, eines wichtigen Inhibitors der Gerinnung. Im Rahmen der Gerinnung selbst ist die Aktivierung der Faktoren V und VIII; des Faktors XIII und die katalytische Umsetzung des Fibrinogens hervorzuheben. Hinzutreten vielfältige Effekte auf Endothelzellen und Monocyten, die hier aber keine weitere Erwähnung finden sollen.

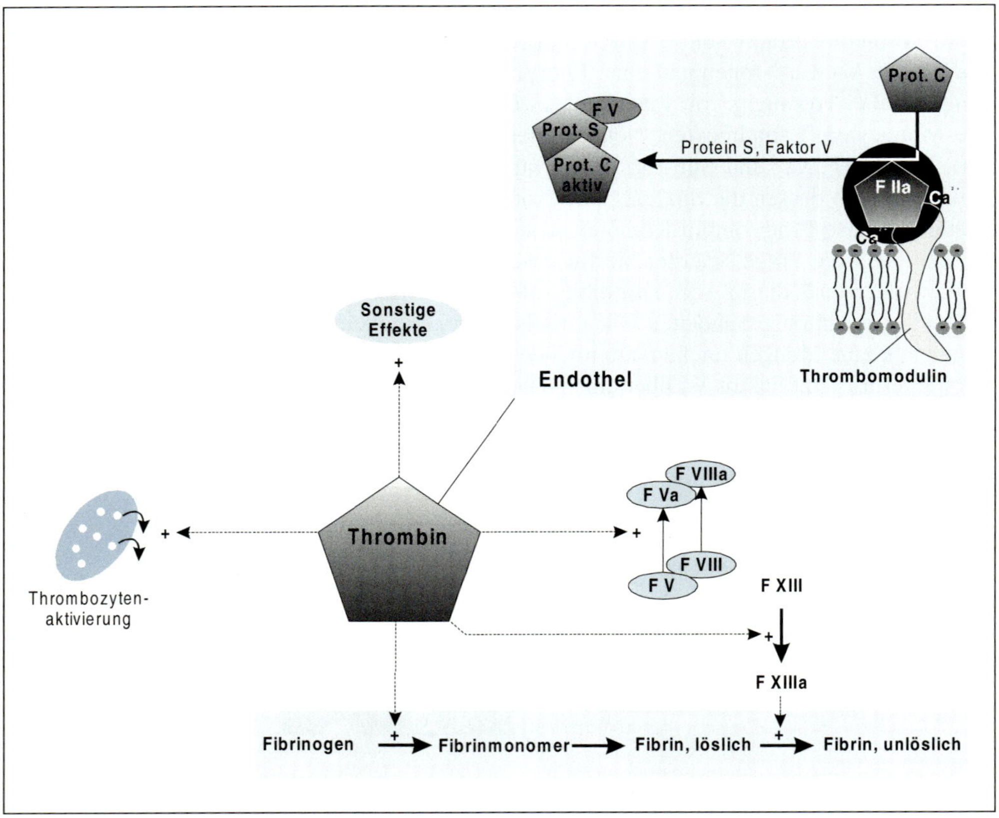

Abb. 19.29: Die zentrale Rolle des Thrombins. Gerinnungsfördernd wirken sich die Aktivierungen der Faktoren V, VIII, XIII und die Umsetzung von Fibrinogen in Fibrinmonomer aus. Hinzu kommt die Aktivierung von Thromobozyten. Beachtung verdient insbesondere die gerinnungshemmende Aktivierung des Proteins C, die nicht an Thromobozyten, sondern am Endothel lokalisiert ist. Voraussetzung dafür ist die Bindung an Thrombomodulin. Unter „sonstigen Effekten" sind in erster Linie die Effekte auf das Endothel zu subsummieren: Freisetzung von Prostacyclin, PAF, Interleukin 1 und Platelet derived growth factor PDGF. Ferner fungiert Thrombin als Mitogen für Endothelzellen.

19.4.4 Der Gewebefaktor (tissue factor TF, Faktor III)

Der Gewebefaktor wird nicht als lösliches Molekül im zirkulierenden Blut gefunden, sondern ist in Zellmembranen verschiedener Gewebe anwesend. Gehirn, Lunge und Plazenta sind besonders reich an Gewebefaktor. Wichtig für die Gerinnungsaktivierung ist, daß Fibroblasten in der Adventitia der Gefäße ebenfalls über tissue factor verfügen. Da Endothelzellen im Gegensatz dazu frei von Gewebefaktor sind, stellen diese am unverletzten Blutgefäß eine natürliches Hindernis für die Gerinnungsaktivierung dar.

Biochemisch betrachtet handelt es sich beim Gewebefaktor um ein Glykoprotein, das in der Zellmembran von Gewebszellen als Transmembranprotein verankert ist. Für seine Aktivität ist diese Verankerung Voraussetzung. Entsprechend seinem Charakter als Transmembranprotein findet man drei Domänen, wobei die cytoplasmatische die kürzeste ist. Die hydrophile extrazelluläre Region vermittelt via Ca^{2+}-Ionen die Bindung von Faktor VII in der Nachbarschaft des Gewebefaktors. Erst nach dieser Anlagerung ist Faktor VII durch Konformationsänderung in der Lage, die Faktoren IX und X als Substrate zu erkennen und umzusetzen.

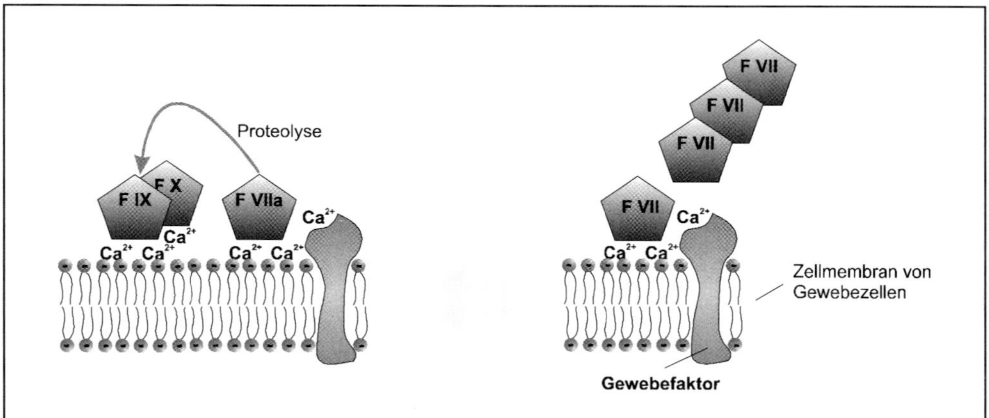

Abb. 19.30: Funktion des Gewebefaktors bei der Aktivierung von Faktor VII, der wiederum in seiner Nachbarschaft auf der Lipidmatrix Faktor IX und X proteolytisch umsetzt.

Durch Kombination von Gewebefaktor und Lipidmatrix entsteht das gerinnungsaktive Thromboplastin, welches in Form eines thromboplastinhaltigen Gewebeextrakts aus Lunge, Gehirn oder Plazenta in der Diagnostik („Quick-Test") genutzt wird.

19.4.5 Faktor V und VIII

Faktor V wird in der Leber und im Megakaryocyten synthetisiert, mitunter auch in der Endothelzelle. Das Glykoprotein mit einer relativen Molekülmasse von 330.000 zirkuliert als einkettiges Molekül im Blut. Faktor V ist ähnlich dem Faktor VIII ein Cofaktor der Gerinnung, der durch Serin-Proteinasen wie Thrombin oder Faktor Xa aktiviert und durch Protein C (Abschnitt 19.4.8) inaktiviert wird. Faktor Va ist Bestandteil des Prothrombinasekomplexes, innerhalb dessen er die katalytische Effizienz steigert. Hervorgerufen wird dies durch bessere Bindung des Faktors X an die Phospholipidoberfläche, eine Konformationsänderung des Faktors und durch die Herabsetzung von K_M bzw. die Steigerung von v_{max} der katalysierten Reaktion. Die Bindungsstellen des Cofaktors für F Xa und Prothrombin werden durch Protein C-Einwirkung zerstört.

Faktor VIII, ein Glykoprotein, dessen Aminosäuresequenz zu etwa 40 % identisch mit der des Faktors V ist, bildet mit Faktor IX, Phospholipiden und Calciumionen den Faktor X aktivierenden Tenasekomplex. Im Blut zirkuliert er gebunden am VON WILLEBRAND-Faktor als inaktive Vorstufe. Die Plasmakonzentration ist mit etwa 0,1 mg/L die niedrigste aller Gerinnungsfaktoren. Durch die Bindung am VON WILLEBRAND-Faktor wird der Faktor im Plasma stabilisiert. Dadurch erhält er eine Halbwertszeit von 12 - 14 Stunden gegenüber ca. 2,5 Stunden des freien Faktors.

19.4.6 Hämophilie

Die Hämophilie (Bluterkrankheit) ist eine **X-chromosomal rezessiv** vererbte Krankheit, von der deshalb fast ausschließlich männliche Individuen betroffen sind. Da Frauen im Gegensatz zu Männern ein zweites X-Chromosom besitzen, kann das gesunde X-Chromosom den Ausbruch der Krankheit unterdrücken. Frauen, die ein defektes X-Chromosom besitzen, können aber als Konduktorinnen wirken, indem sie mit einer Wahrscheinlichkeit von 50 % dieses an ihre Söhne weitergeben. Von diesen sind wiederum 50 % erkrankt. Man kennt bei der Hämophilie zwei Typen, zum einen die (klassische) Hämophilie A, an der rund 85 % der Bluterkranken leiden, und zum anderen die Hämophilie B. Bei der **Hämophilie A** liegt der Defekt in einem Mangel des **Gerinnungsfaktors VIII**, die **Hämophilie B** hat ihre Ursache im Mangel an **Faktor IX**. Die Krankheit äußert sich in einer gestörten Blutgerinnung, so daß die Erkrankten schon durch kleinere Verletzungen verbluten können. Die Behandlung der Hämophilie A erfolgte früher durch Faktor VIII-Präparate aus menschlichem Blut. Da diese eine große Infektionsgefahr durch Hepatitisviren oder HIV in sich bargen, wird Faktor VIII heute gentechnologisch hergestellt.

19.4.7 Fibrinogen und Faktor XIII

Fibrinogen (fibra lat. Faserstoff) ist ein dimeres Glykoprotein, das im Vergleich mit anderen Gerinnungsfaktoren mit 3 bis 4 g/L die höchste Plasmakonzentration aufweist. Jedes Monomer besteht aus drei Proteinketten α, β und γ, so daß sich die Zusammensetzung des Moleküls zu $(\alpha\beta\gamma)_2$ ergibt. Drei Disulfidbrücken halten die beiden Monomere zusammen, von denen wiederum jedes über 13 weitere verfügt, die die Ketten innerhalb des Monomers zusammenhalten. In jedem von ihnen findet man zwei Kohlenhydratseitenketten. Wie eine Reihe anderer in der Leber synthetisierter Glykoproteine zählt Fibrinogen zu den Akute-Phase-Proteinen, deren Konzentrationen im Blut nach Entzündungen, Operationen oder bei Tumoren erhöht ist.

Das vom Faktor Xa gebildete Thrombin kann aus Fibrinogenmolekülen von den α- und β-Ketten die **Fibrinopeptide A** und **B** abspalten. Die Bruchstücke sind vergleichsweise klein, ihre relative Molekülmasse beträgt ungefähr 2 % derjenigen des Fibrinogens. Durch Entfernen dieser kleinen Spaltstücke entstehen die **Fibrinmonomere**. Die Proteolyse des Fibrinogens führt aber nicht nur einfach zu einer Verkürzung des Moleküls. Sie bedingt auch eine Änderung der Oberflächenladung des Fibrinmomomers, das dadurch in die Lage versetzt wird, in Form von Fibrinpolymeren nichtkovalent zu aggregieren.

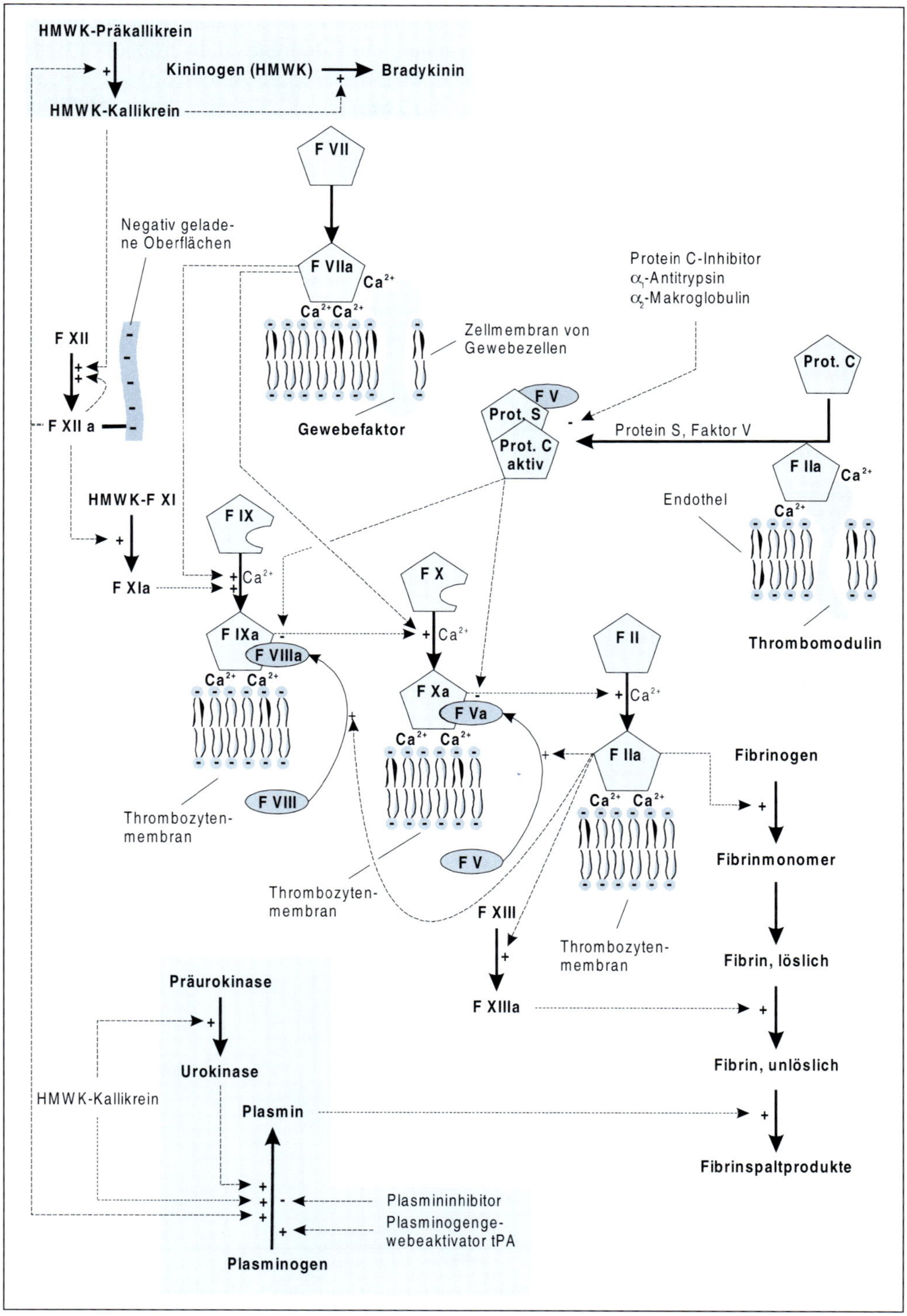

Abb. 19.31: Die Gerinnungskaskade im Überblick. Nähere Erläuterungen finden sich im Text.

An den N-terminalen Enden, dort wo die Fibrinopeptide abgespalten wurden, entsteht eine Bindungsstelle für eine Seit-an-Seit-Anlagerung mit C-terminalen, hydrophoben Enden der β- und γ-Ketten. Ähnlich wie beim Kollagen folgt dieser losen Assoziation zur weiteren Stabilisierung eine kovalente Quervernetzung der Fibrinfasern. Sie wird durch den Faktor XIIIa bewerkstelligt. Plasmatransglutamidase, ein Synonym für F XIIIa, wird durch Thrombin in Anwesenheit von Calciumionen aktiviert. Auffallend an dieser Umsetzung ist ihr recht eigenwilliger Mechanismus. Durch die Reaktion der **Plasmatransglutamidase** (Faktor XIIIa) werden Isopeptidbindungen zwischen Glutamin- und Lysinseitenketten ausgebildet. Ihr Reaktionstyp ist in Abb. 19.32 dargestellt. Mit der Bildung des Fibringerinnsels ist die Gerinnung abgeschlossen. Nach erfolgter Gerinnung zieht sich der endgültige Thrombus zusammen, es kommt zur **Retraktion** mit Annäherung der Wundränder und erleichtertem Wundschluß. Das folgende Einwachsen von Bindegewebe in das Gerinnsel wird **Organisation des Thrombus** genannt.

Entsprechend dem Faktor V erhöht Faktor VIIIa die katalytische Effizienz des Tenasekomplexes, wobei die Prinzipien den oben beschriebenen gleichen. Die Aktivierung des Faktors erfolgt durch F Xa und Thrombin.

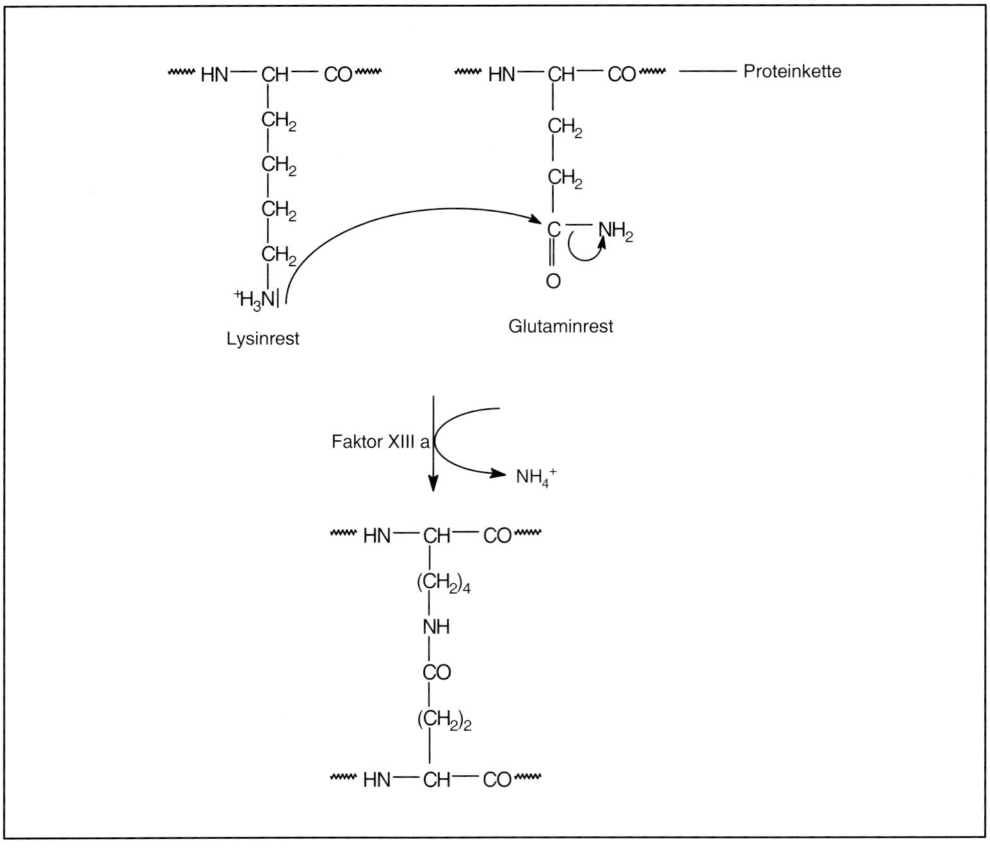

Abb. 19.32: Die Vernetzungsreaktion im Fibrin. Faktor XIII wird durch Thrombin zu F XIIIa aktiviert.

Am Anfang wird dieser Prozeß wohl durch Spuren von F Xa angestoßen, der wiederum von F VII/Gewebsthromboplastin synthetisiert worden ist. Bei der F VIII-Aktivierung wird die Bindung zum VON WILLEBRAND-Faktor gelöst. Die Inaktivierung geht wie beim Faktor V auf die Einwirkung des Proteins C zurück.

19.4.8 Protein C und Protein S - APC-Resistenz

Protein C, ein Vitamin K-abhängiges Plasmaprotein, wurde erst 1976 von STENFLO beschrieben, ohne daß zu diesem Zeitpunkt seine Eigenschaften als Zymogen einer Serin-Proteinase mit gerinnungshemmendem Effekt bekannt war. Das reife Protein mit einer relativen Molekülmasse von 62.000 besitzt im Plasma eine Halbwertszeit von 6 bis 8 h. Die Plasmakonzentration beträgt 3 bis 5 mg/L. Eine Vorstellung von der Struktur des Proteins C vermittelt Abb. 19.33.

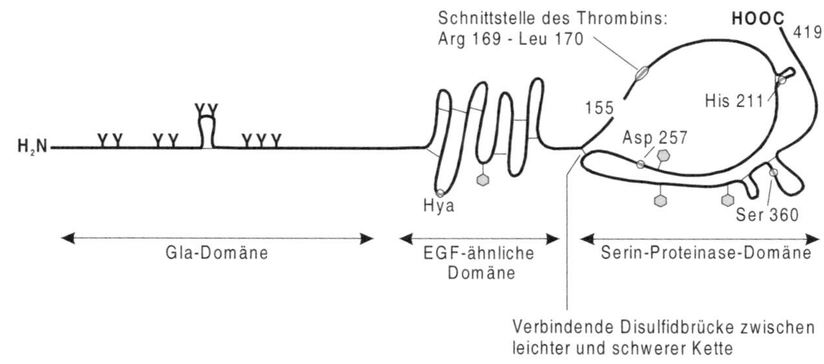

Abb. 19.33: Schematisches Modell des Proteins C. Es lassen sich zwei Ketten und drei Domänen unterscheiden. Das einkettige Propeptid des Proteins C wird im Golgi-Apparat der Leberzelle zwischen Arg 157 und Lys 156 gespalten. Anschließend werden diese beiden Aminosäuren entfernt, so daß eine 155 Aminosäuren lange leichte und eine 262 Aminosäuren umfassende schwere Kette resultieren, die über eine Disulfidbrücke verknüpft sind. Im N-terminalen Bereich der schweren Kette befindet sich die Schnittstelle für den Aktivator des Proteins C, das Thrombin. Vier N-glykosidische Kohlenhydratseitenketten, eine in der leichten und drei in der schweren Kette (graue Sechsecke), definieren das Protein C als Glykoprotein. Die Gla-Domäne am aminoterminalen Ende enthält neun γ-Carboxyglutamatreste, welche calciumabhängig die Bindung an Phospholipide vermitteln. Darüber hinaus interagiert die Gla-Domäne während der Aktivierung mit Thrombomodulin. Die EGF-Domäne ähnelt in ihrem Aufbau dem **E**pidermal **g**rowth **f**actor EGF und enthält einen Hydroxyaspartylrest (Hya), wie er auch in den EGF-Domänen der Faktoren VII, IX und X zu finden ist. Dieser Rest entsteht durch posttranslationale Hydroxylierung von Aspartylresten des Proteins. Seine Funktion ist bisher unklar. Das erste Modul der EGF-Domäne vermag Ca^{2+} zu binden und infolgedessen Kontakt mit der Gla-Domäne aufzunehmen. Ferner wird angenommen, daß dieses Modul mit der Thrombin-sensitiven Domäne und dem ersten EGF-Modul des Proteins S (Abb. 19.34) Kontakt aufnimmt. Die Serin-Proteinase-Domäne beinhaltet die katalytische Triade His 211-Asp 257-Ser 360. Die Aktivierung des Protein C erfolgt am aminoterminalen Ende dieser Domäne zwischen Arg 169 und Leu 170. Dabei wird ein Aktivierungspeptid freigesetzt.

Protein C ist neben Antitrombin der wichtigste Inhibitor der Gerinnung. Seine Substrate sind die aktiven Faktoren Va und VIIIa, die es als **aktiviertes Protein C APC** jeweils an einem Arginylrest spaltet, während die diesem Rest nachfolgenden Aminosäuren durchaus in bestimmten Grenzen variieren können (Arg, Glu, Leu oder Pro für die zweite, Gln, Asp oder Glu für die dritte Aminosäure).

Zu einer effektiven Aktivierung des Proteins C kann es jedoch nur kommen, wenn der Aktivator Thrombin an **Thrombomodulin**, einem 557 Aminosäuren umfassenden Glykoprotein (M_r = 60.300) mit N- und O-verknüpften Kohlenhydratseitenketten, gebunden ist. Die proteolytische Wirkung des Thrombins gegenüber seinem Substrat wird dadurch um den Faktor 20.000 verstärkt!

Thrombomodulin wirkt als Membranprotein wie ein Bindungsanker für das Thrombin. Von den sechs EGF-Modulen der EGF-Domäne vermittelt die fünfte die Thrombinbindung, die vierte erlaubt die Interaktion mit Protein C. Darüberhinaus verfügt Thrombomodulin über eine Chondroitinsulfatseitenkette, die einerseits die Bindung des Thrombins unterstützt, andererseits dessen Inhibition durch Antitrombin fördert.

Protein C selbst kann nur in Verein mit seinem Cofaktor Protein S, einem weiteren Vitamin K-abhängigen Glykoprotein, katalytisch tätig werden. Protein S, dessen Aufbau durch Abb. 19.34 erläutert wird, ist im Blut zu etwa 60 % an den Komplementfaktor C4 bBP gebunden, wobei jedoch nur das freie Protein S Cofaktorfunktion ausüben kann.

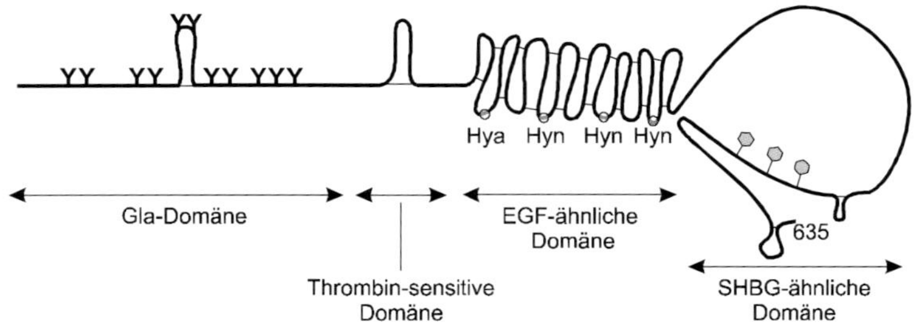

Abb. 19.34: Schematisches Modell des Proteins S. Das Precusor-Protein für humanes Protein S umfaßt 676 Aminosäuren. Nach Abspaltung einer Leader-Sequenz besitzt das sezernierte Protein S nur noch 635 Aminosäuren. Neben der Leber produzieren auch Endothelzellen, Megakaryocyten und die LEYDIG-Zwischenzellen des Hodens dieses Protein. Geringe Konzentrationen hat man auch in Thromobozyten gefunden. Im Gesamtmolekül lassen sich vier Domänen differenzieren: Die Gla-Domäne, eine Thrombin-sensitive, eine EGF- und eine carboxyterminale Domäne, die zwar keine Beziehung zu den Serin-Proteinasen erkennen läßt, dafür aber eine Homologie zum Sex hormone binding protein SHBG. Ein Vergleich mit dem Protein C-Molekül läßt Ähnlichkeiten (EGF- und Gla-Domänen), aber auch speziell im C-terminalen Bereich die Verschiedenheiten erkennen. Die Gla-Domäne vermittelt die Bindung zum Ca^{2+}. Spaltet Thrombin Protein S in seiner Thrombin-sensitiven Domäne, so bleibt die Gla-Region dennoch über die Disulfidbrücke mit dem Restmolekül verbunden. Im Gegensatz zum Protein C findet man in der EGF-Domäne nicht nur Hydroxyaspartyl- (Hya), sondern auch Hydroxyasparaginylreste (Hyn). Die Hyn-reiche EGF-Domäne besitzt hohe Ca^{2+}-Bindungsaffinität und die dadurch erzielte Calciumbindung erhält die native Konformation des Proteins und schützt es vor proteolytischen Abbau. Obwohl die C-terminale Domäne eine Homologie zum SHBG aufweist, vermag es offensichtlich keine Steroidhormone zu binden.

Protein S beschleunigt die Bindung des APC an die Phopholipidoberfläche, dessen Affinität zur Matrix dadurch um das Zehnfache steigt. Beide, APC und Protein S, bilden dabei auf der Lipidoberfläche einen Komplex mit 1 : 1-Stöchiometrie. Eine weitere Funktion für das Protein S liegt darin, die Faktoren Va und VIIIa der APC-vermittelten Proteolyse überhaupt zugänglich zu machen. Beide werden nämlich durch die Faktoren Xa und IXa gerade vor diesem Abbau geschützt, somit dem aktivierten Protein C entzogen. Tritt jedoch Protein S hinzu, so endet diese protektive Wirkung für die Substrate des Proteins C.

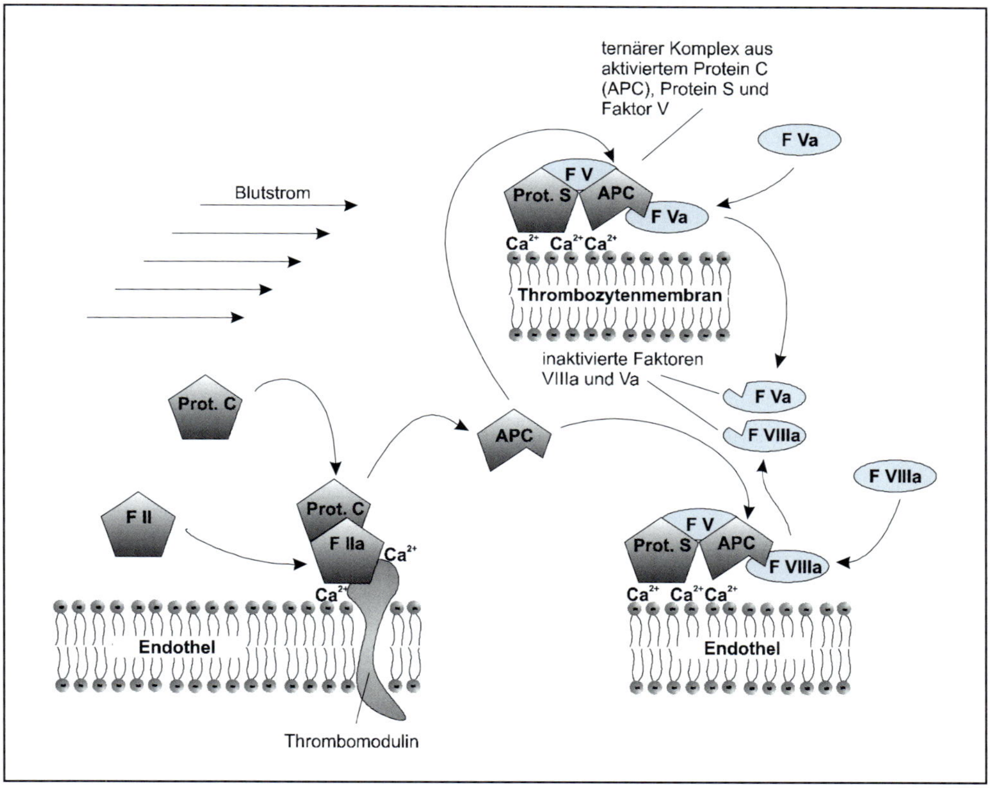

Abb. 19.35: Übersicht zur Protein C-Aktivierung und -Wirkung. Thrombin bindet an seinen endothelständigen Rezeptor Thrombomodulin, wodurch es seine prokoagulatorische Aktivität verliert und Fibrinogen nicht mehr zu spalten vermag. Dagegen wird es zum potenten Protein C-Aktivator, indem es am N-terminalen Ende der schweren Kette des Protein C-Moleküls das sogenannte Aktivierungspeptid abspaltet. Aktiviertes Protein C (APC) besitzt katalytische Aktivität gegenüber seinen Substraten Faktor Va und Faktor VIIIa, die es an verschiedenen Arg-Positionen der schweren Kette proteolytisch inaktiviert. Dieser Abbau findet auf Phospholipidoberflächen des Endothels oder des Thromobozyten statt, wobei Protein S und Faktor V für die Funktion des Protein C notwendig sind. Aktiviertes Protein C wird durch zirkulierende Inhibitoren (Protein C-Inhibitor, α_1-Antitrypsin und α_2-Makroglobulin) langsam neutralisiert, während der Thrombin-Thrombomodulin-Komplex durch die Endothelzelle endocytotisch aufgenommen und abgebaut wird. Daneben kann das gebundene Thrombin auch durch zirkulierendes Antitrombin inhibiert werden.

Speziell beim Abbau des Faktor VIIIa scheint Protein S in seiner Cofaktoreffizienz eine weitere Steigerung zu erfahren, wenn Faktor V, und zwar nur die nicht aktivierte Form, hinzutritt. Beide werden von APC auf der Phospholipidmembran von Thromobozyten oder Endothelzellen gebunden, so daß ein Dreierkomplex entsteht, in dem Faktor V und Protein S synergistisch die Funktion des aktivierten Proteins C unterstützen. In Abwesenheit von Protein S oder aber bei Aktivierung zum Faktor Va verliert Faktor V seine antikoagulatorischen Eigenschaften. Abb. 19.35 verdeutlicht noch einmal das Zusammenwirken aller genannten Komponenten. Dabei wird erkennbar, daß auf dem „Boden" der Phospholipidmatrix erst das konzertierte Einwirken von APC, Faktor V und Protein S auf die Substrate F Va und F VIIIa zu der starken inhibitorischen Wirkung führt, die mit dem Begriff „Protein C" in Verbindung gebracht wird.

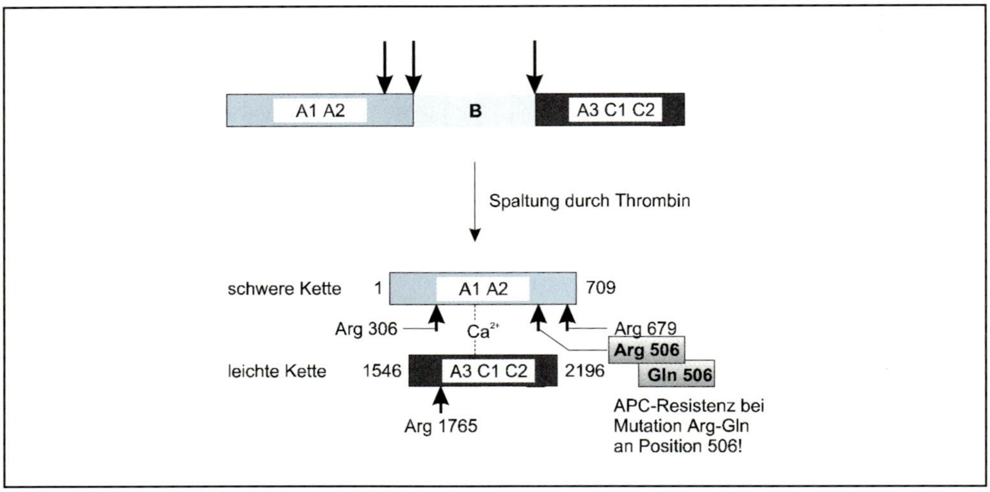

Abb. 19.36: Spaltung von Faktor Va durch aktiviertes Protein C (APC). Sowohl Faktor V als auch Faktor VIII weisen einen modularen Aufbau mit drei A-Modulen, einem B- und zwei C-Modulen auf. Die Aktivierung des Faktors V durch Thrombin ist im oberen Teil der Abbildung dargestellt, wobei die drei vertikalen Pfeile die „Schnittstellen" bezeichnen. Calciumionen ermöglichen eine Komplexbildung zwischen der entstandenen schweren Kette mit den Modulen A1 und A2 sowie der leichten Kette, die sich aus den Modulen A3, C1 und C2 rekrutiert. Das zentrale B-Modul geht als Aktivierungspeptid „verloren". Im Faktor Va sind die Angriffspunkte (Arg 306, Arg 506, Arg 679 und Arg 1765) des Proteins C ausgewiesen.

Abb. 19.36 zeigt das proteolytische Spaltungsmuster von Protein C am Faktor Va. Die Proteolyse des Faktors VIIIa verläuft ähnlich. Speziell Arg 506 der schweren Kette im Faktor Va kann eine Punktmutation erfahren, wobei ein Austausch gegen Glutamin erfolgt. Aufgrund der Kurzschreibweise „R" für Arg und „Q" für Gln wird diese Mutante **Faktor V: R506Q** oder **Leiden-Mutante** genannt. Im entsprechenden Faktor V-Gen erfolgt der Austausch im Exon 10, wobei das Triplett C**G**A zu C**A**A mutiert.

Der mutierte Faktor Va (mit Gln 506) zeigt einerseits uneingeschränkte Gerinnungsaktivität, ist jedoch gegenüber der Inaktivierung durch aktiviertes Protein C resistent geworden. Ein verminderter Abbau von mutiertem Faktor Va führt zur Stabilisierung des Prothrombinasekomplexes, was eine vermehrte Thrombinsynthese nach sich zieht. Dieses wiederum aktiviert die Faktoren V und VIII, die nunmehr zu einer verstärkt ablaufenden Gerinnungskaskade beitragen. Somit fehlt auch mehr und mehr nicht aktivierter Faktor V für die von diesem abhängige Protein C-Aktivität. Dies leistet der APC-Resistenz zusätzlich Vorschub.

Das Resultat ist eine Begünstigung von Gerinnungsprozessen, die eines wichtigen Gegenspielers entledigt, in eine Thrombose einmünden können.

Die APC-Resistenz wird autosomal dominant vererbt. Heterozygote Anlageträger besitzen ein 10-fach erhöhtes Risiko gegenüber Gesunden (ohne Mutation), an einer Thrombose zu erkranken. Für homozygote Patienten beträgt dieser Faktor sogar 90. Man schätzt, daß etwa 5 % alle Europäer Träger der Leiden-Mutante sind, wobei die Prävalenz für Deutschland bei 7,3 % liegt. Zählt man vererbbare strukturelle und funktionelle Störungen der Inhibitoren Antitrombin, Protein C sowie Protein S zusammen, so werden diese in weniger als 8 % aller Patienten im Kollektiv mit venöser Thrombose gefunden. Hingegen konnten bei 40 % eines solchen Patientenkollektivs APC-Resistenzen nachgewiesen werden, jedoch nur 7 % in der gesunden Kontrollgruppe. Die APC-Resistenz ist somit die häufigste, auf einer einzelnen Mutation beruhende Ursache für venöse Thrombosen.

Nun erkrankt natürlich nicht jeder Träger einer Leiden-Mutante an einer Thrombose. Kommt jedoch zu dem Dispositionsfaktor „APC-Resistenz" ein Expositonsfaktor (exponere lat. aussetzen) hinzu, so ist das Thromboserisiko für den Betroffenen erheblich erhöht. Zu solchen Expositionsfaktoren gehört die Einnahme der „Pille", längere Immobilisation, Operationen oder Verbrennungen.

19.4.9 Antitrombin

Sowohl in An- als auch in Abwesenheit von Heparin gilt Antitrombin heute als der wichtigste Inhibitor der Gerinnung, dessen Anteil an der Inhibition des Thrombins ca. 80 % beträgt. Zielmolekül ist jedoch nicht nur das Thrombin, sondern darüber hinaus eine ganze Reihe anderer Serin-Proteinasen. Zu diesen zählen die Faktoren Xa, XIIa, XIa, IXa, Kallikrein, Plasmin, Urokinase und auch Trypsin. Einen lediglich schwachen Effekt erzielt der Inhibitor gegenüber Faktor VIIa. Hauptsächlich entfaltet Antitrombin seine Hemmaktivität am **Thrombin** und am **Faktor Xa**. Es zeigt eine strukturelle und funktionelle Homologie mit anderen Mitgliedern der sogenannten **Serpine**. Serpine sind eine Superfamilie von Serin-Proteinaseinhibitoren, die offenbar alle aus einem gemeinsamen „Ur-Serpin" entstanden sind.

Tabelle 19.7: Einige Mitglieder der Serpine mit ihren Funktionen. Man beachte, daß es neben dem Antitrombin auch noch einen weiteren Thrombininhibitor, den Heparin-Cofaktor II gibt.

Serpin	Zielproteinase
Antithrombin	Thrombin, Faktoren XIIa, XIa, Xa, IXa
Heparin-Cofaktor II	Thrombin
Antiplasmin	Plasmin
α_1-Antitrypsin	Elastase der neutropilen Granulocyten
Antichymotrypsin	Cathepsin G
C1-Inhibitor	C 1s, Kallikrein

Antitrombin wird als 464 Aminosäuren langes Präprotein in der **Leber** synthetisiert. Vor seiner Sekretion in den Blutkreislauf wird das 32 Aminosäure umfassende Signalpeptid abgespalten, so daß das reife Protein über 432 Aminosäurereste verfügt. Das einkettige Antithrombin besitzt eine relative Molekülmasse von 65.000 und weist im Plasma eine Halblebenszeit von 65 Stunden auf. Das Molekül beinhaltet drei Disulfidbrücken an Cystinylresten (Positionen 8 - 128, 21 - 95, 247 - 430) und vier N-glykosidisch verknüpfte Kohlenhydratseitenketten (Asn 96, Asn 135, Asn 155 und Asn 192). Etwa 10 % des Plasma-Antithrombins, β-Antithrombin genannt, verfügt über keine Kohlenhydratseitenkette an Asn 135, was mit einer höheren Affinität zum Heparin einhergeht.

Die Aktivierung des Antithrombins durch das saure, sulfatierte Polysaccharid Heparin demonstriert Abb. 19.37. Basische Aminosäuren vermitteln dabei die Bindung des negativen Polysaccharids an seine Bindungsstelle, die räumlich getrennt von derjenigen für die Serin-Proteasen ist. Interessant ist dabei, daß im Fall des Faktors Xa lediglich ein Pentasaccharid für die Affinität steigernde Konformationsänderung im Antitrombin notwendig ist. Längere Heparinabschnitte sind dagegen erforderlich, um eine maximale Hemmaktivität gegenüber Thrombin zu erzielen.

Verminderte Antithrombinkonzentrationen im Blut gehen mit erhöhter Thromboseanfälligkeit einher. Neben dem angeborenen, autosomal dominant vererbten Antitrombindefekten findet man oft sekundär zu niedrige Inhibitorkonzentrationen.

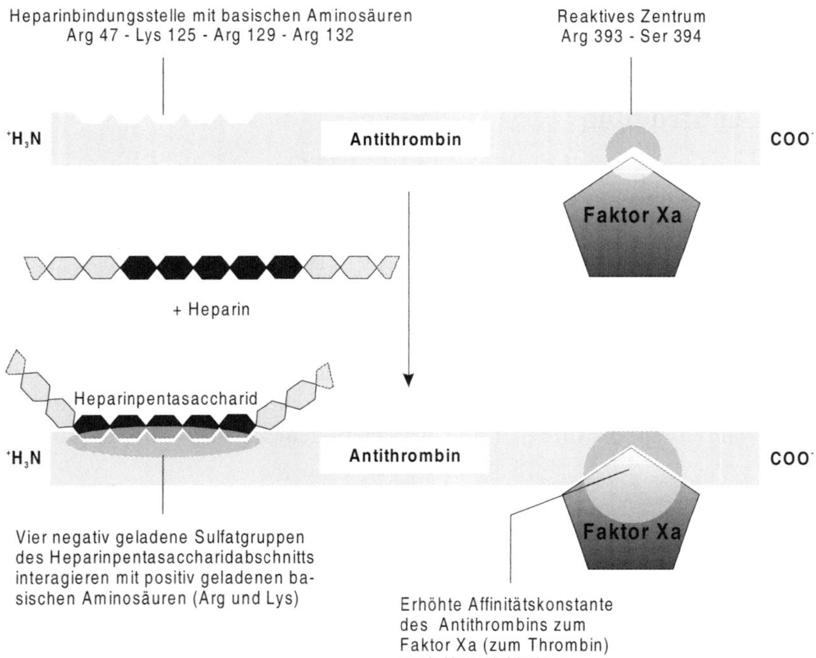

Abb. 19.37: Antitrombin ist ohne gebundenes Heparin lediglich ein schwacher Inhibitor des Faktors Xa und des Thrombins. Die Affinitätskonstante des Serpins wird gegenüber Thrombin jedoch um den Faktor 10.000 erhöht, wenn Heparin via N-terminaler Bindungsstelle am Antitrombin gebunden wurde. Vermittelt wird dieser Effekt durch Konformationsänderung im Molekül. Die Bindung eines Heparinpentasaccharid-Abschnittes läßt Antithrombin zu einem potenten Inhibitor des Faktors Xa werden, während dieser Effekt im Hinblick auf das Thrombin nur partiellen Charakter hat. Um eine maximale Thrombininhibition zu erzielen, ist die Bindung eines längeren Heparinstücks (14 und mehr Reste) an einer weiteren (sekundären) Bindungsstelle notwendig.

Dies ist bei **Lebercirrhose** (verminderte Synthese), **nephrotischem Syndrom** (vermehrte Ausscheidung über die Niere), **disseminierter intravasaler Gerinnung** (Verbrauchskoagulopathie) bzw. akuter tiefer Venenthrombose (vermehrter Verbrauch) der Fall.

19.5 Die Fibrinolyse

Das Auflösen der Fibringerinnsel, die keine dauerhaften Gebilde darstellen, bezeichnet man als Fibrinolyse. Grundlage der **Fibrinolyse** ist die Wirkung des Plasmins, welches Fibrin proteolytisch in kleine Bruchstücke zerlegt. Ähnlich den Gerinnungsproteinasen liegt auch Plasmin zunächst als inaktive Vorstufe, dem Plasminogen, im Plasma vor. Die Aktivierung des Plasminogens ist auf Plasminogenaktivatoren zurückzuführen, die ihre Namen nach ihrem Ursprungsort als **Erythro**- (Erytrozyten), **Thrombo**- (Thromobozyten) oder **Urokinase** (Urin) erhalten. Während diese als Proteinasen fungieren, wirkt **Streptokinase**, die aus Streptokokken gewonnen wird, allein durch Anlagerung an Plasminogen fibrinolytisch. Plasminogen aktiviert sich nach erfolgter Streptokinasebindung in einer „Selbstspaltung“, auch Autoproteolyse (auto gr. selbst) genannt, selbst.

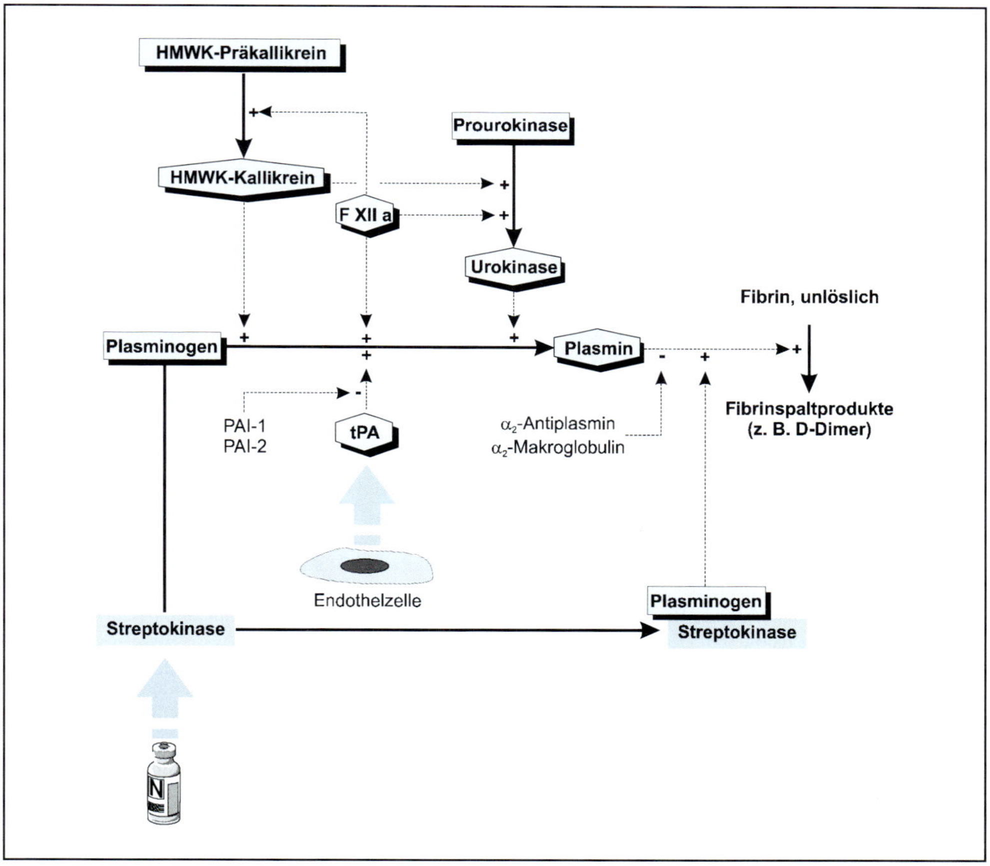

Abb. 19.38: Übersicht zur Fibrinolyse. Einbezogen ist auch die „exogene“ Streptokinase, die als Fibrinolytikum therapeutisch zum Einsatz kommt.

Im menschlichen Körper sind auch Gegenspieler des Plasmins, die Plasmininhibitoren oder Antiplasmine, gefunden worden. Beispielhaft seien hier **Aprotinin**, **α_2-Makroglobulin** und **α_1-Antitrypsin** genannt. **Tranexamsäure**, p-Aminomethylbenzoesäure und **ε-Aminocapronsäure** sind dagegen therapeutisch eingesetzte Hemmstoffe der Plasminbildung.

Erst das fein ausbalancierte Netzwerk zwischen Blutgerinnung, Plasminogenaktivatoren und Antiplasminen stellt sicher, daß an verletzten Gefäßen ein Verschluß der Wunde erfolgt, die Blutgerinnung aber nicht auf andere Körperregionen übergreift.

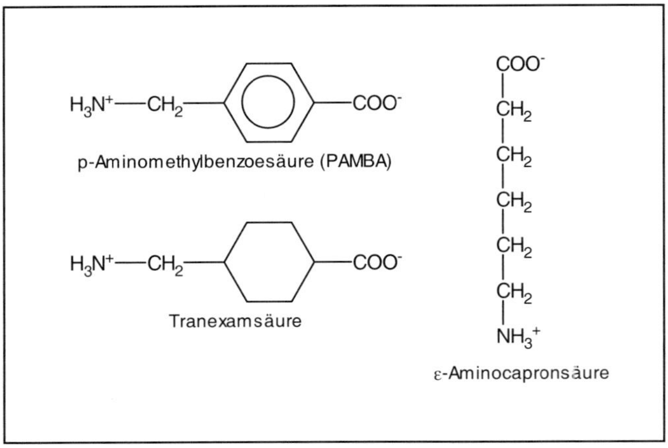

Abb. 19.39: Hemmsubstanzen der Plasminbildung. Sie verhindern die Anbindung des Plasmins an Fibrin.

19.6 Literatur

(1) Blockmann, D., Deckmyn, H., Vermylen, J.: Platelet activation. Blood Reviews 9, S. 143 - 156 (1995).

(2) Dahlbäck, B.: The Protein C anticoagulant system: inherited defects as basis for venous thrombosis. Thromb. Res. 77, S. 1 - 43 (1995).

(3) Furie, B., Furie, B. C.: The molecular basis of blood coagulation. Cell 53, S. 505 - 518 (1988).

(4) Furie, B., Furie, B. C.: Molecular basis of vitamin K-dependent γ-carboxylation. Blood 75, S. 1753 -1762 (1990).

(5) Hertzberg, M.: Biochemistry of factor X. Blood Reviews 8, S. 56 - 62. (1994).

(6) Murray, E. W., Lillicrap, D.: Von Willebrand disease: Pathogenesis, classification, and management. Transfusion medicine reviews, Vol. X No. 2, S. 93 –110 (1996).

(7) Perry, D. J.: Antithrombin and its inherited deficiencies. Blood Reviews 8, S. 37 - 55 (1994).

(8) Roth, G. J., Calverley, D. C.: Aspirin, platelets, and thrombosis: Theory and practice. Blood 83, No 4, S. 885 - 898 (1994).

(9) Sadler, J. E.: Biochemistry and genetics of von Willebrand factor. Annu. Rev. Biochem. 67, S. 395 – 424 (1998).

(10) Schwender, S. ,Großmann, R., Keller, F.: High prevalence of factor V Leiden mutation is detected in a north to south axis through Germany. J. Lab. Med. 21 (6), S. 347 - 352 (1997).

(11) Shearer, M. J.: Vitamin K metabolism and nutrition. Blood Reviews 6, S. 92 - 104. (1992).

(12) Späethe, R.: Hämostase. Teil A, S. Baxter Diagnostics (1992).

20 Immunologie - eine Einführung

20.1 Der Begriff der Immunität

Der menschliche Organismus befindet sich in einer ständigen Auseinandersetzung mit Krankheitserregern seiner Umwelt. **Immunis**, ein lateinisches Wort, bedeutet „frei von", und die Leistung des Immunsystems besteht darin, den eigenen Körper von Krankheitserregern frei zu halten. Dazu bedient sich das Abwehrsystem zweier, eng zusammenarbeitender funktioneller Unterbereiche. Hierbei handelt es sich zum einen um die **unspezifische**, zum anderen um die **spezifische** Abwehr. Richtet sich die unspezifische Abwehr ohne Rücksicht auf individuelle Unterschiede gegen alles Fremde, so ist die spezifische Abwehr sozusagen auf die individuellen Eigenschaften eines infektiösen Agens zugeschnitten. Je ein Beispiel möge dies erläutern: Die Haut als Bestandteil der unspezifischen Abwehr bildet für eine Vielzahl von Erregern und Giften eine wirksame Barriere, ohne daß dieses „Abwehrorgan" zwischen den einzelnen Pathogenen zu unterscheiden vermag. Unterschiedslos prallen Eindringlinge an ihr ab, ohne daß das Organ zu „individuellen" Antworten in der Lage wäre.

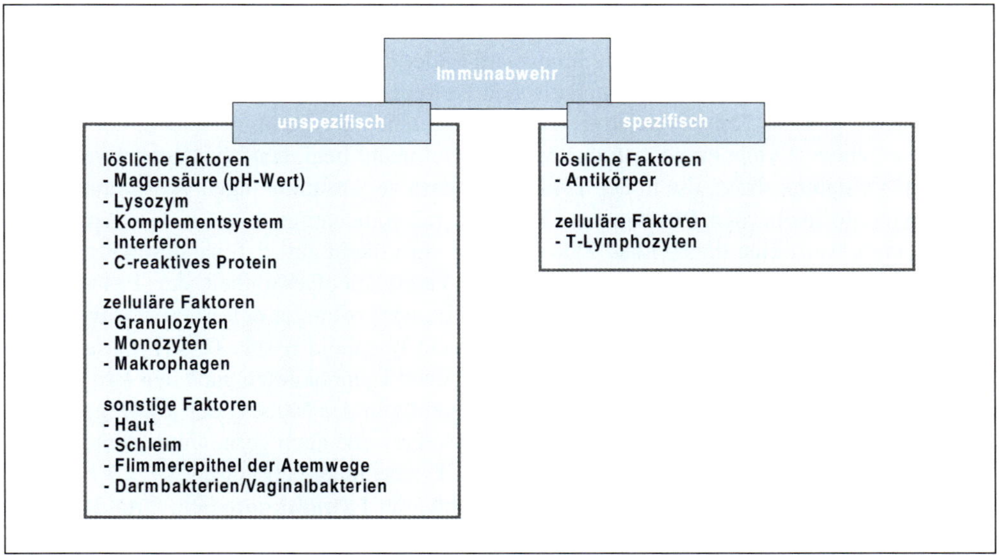

Abb. 20.1 Spezifische (erworbene) und unspezifische (angeborene) Abwehr.

Ganz anders reagiert der sogenannte Antikörper, der von speziellen Zellen des lymphatischen Systems gegen einen individuellen Fremdkörper „maßgeschneidert" wird. Man könnte auch sagen, daß der Krankheitserreger auf seinen (eigenen) Antikörper trifft. Gegenüber anderen Krankheitsauslösern verliert dieser Antikörper seine Wirkung, da er nicht wie die Haut einen generellen, sondern einen individuellen Abwehrmechanismus darstellt. Durch die spezifische Abwehr kommt das Immunsystem in die Lage, flexible Antworten auf verschiedenste Bedrohungen zu finden. Darüberhinaus zeichnet sich das spezifische System durch ein **immunologisches Gedächtnis** aus. Hat sich beispielsweise die körpereigene Abwehr eines Kindes mit dem Masernerreger auseinandergesetzt, so wird dieses Kind in seinem späteren Leben nicht mehr an Masern erkranken. Das Abwehrsystem hat sich den Krankheitserreger „gemerkt" und weiß bei erneuter Konfrontation in adäquater Weise auf ihn zu reagieren. Diese Reaktion erfolgt schneller; es kommt gar nicht mehr zum Krankheitsausbruch. Noch ein Unterschied zwischen den beiden Zweigen des Abwehrsystems soll hier zur Sprache kommen. Das unspezifische Abwehrsystem ist **angeboren**, das bedeutet, es steht von Geburt an für die Auseinandersetzung mit der Umwelt zur Verfügung. Anders dagegen die spezifische Abwehr, welche das Individuum erst in der Auseinandersetzung mit Krankheitsauslösern entwickeln muß. Ein Synonym für diese Art der Abwehr ist daher der Begriff der **erworbenen Immunität**. An manchen Erregern bzw. „Giften" erkrankt der Mensch nie, da die unspezifische Abwehr von Geburt an einen ausreichenden Schutz bietet. In andern Fällen wie bei den Masern muß dieser Schutz erst durch den Kampf mit den Erregern erlernt werden. Die dabei erworbenen Fähigkeiten bleiben dem Organismus zeitlebens „im Gedächtnis".

20.2 Die Organe des lymphatischen Systems

Durch die tägliche Nahrungsaufnahme kommt der Mensch ständig mit fremden Stoffen und Organismen in Berührung. Es ist daher notwendig, den Gastrointestinaltrakt mit einer ausreichenden Anzahl von Abwehrorganen vor dem Eindringen potentieller Krankheitskeime bzw. Gifte zu schützen. Einen ersten Schutzwall bildet dabei der **WALDEYER-Rachenring**, zu dem folgende Strukturen des lymphatischen Gewebes gezählt werden: Tonsilla pharyngea, Tonsilla tubaris, Tonsilla palatina, Tonsilla lingualis und die umgebenden, die Tonsillen drainierenden Lymphknoten. In der Magenschleimhaut beginnend begleiten Lymphfollikel den Verdauungstrakt, die in der **Tela submucosa** zu Ansammlungen von zwanzig und mehr Lymphfollikeln, den **PEYERschen Plaques**, zusammentreten können. Die **Appendix vermiformis** weist eine derart hohe Zahl von Lymphfollikeln auf, daß sie durchaus als ein eigenes lymphatisches Organ aufgefaßt werden kann. Die Gesamtheit der PEYERschen Plaques, isolierten Lymphfollikeln und der Appendix wird oft unter dem Begriff **darmassoziiertes lymphatisches Gewebe** (engl. gut-associated lymphoid tissue, **GALT**) zusammengefaßt. Ähnlich wie beim Gastrointestinaltrakt begleiten Lymphknoten auch den Urogenital- und den Respirationstrakt. Man findet sie dort ebenfalls in der Mucosa der jeweiligen Körperhöhlen, so daß man dieses mucosaständige Lymphgewebe auch gerne unter dem Begriff m**ucosaassoziiertes lymphatisches System**, **MALT**, zusammenfaßt.

Wie aus dem Gesagten schon ersichtlich ist, bildet der **Lymphknoten** ein Grundelement des Lymphsystems. Diese stecknadelkopf- bis walnußgroßen Lymphorgane bilden die Filterstationen im lymphatischen Netz, durch das die Lymphe auf ihrem Weg in die Blutbahn fließt. Sie bilden in den Achselhöhlen (axilläre Lymphknoten), den Leisten (inguinale Lymphknoten), vor der Aorta abdominalis (coeliacale Lymphknoten), am Hals (cervicale Lymphknoten) und im Mesenterium (mesenteriale Lymphknoten) Gruppen, die dann die Lymphe einer bestimmten Körperregion oder eines Organes filtern. Diese Lymphknoten nennt man **regionale** oder **regionäre Lymphknoten**. Die **Lymphgefäße**, die übrigens durch ihre Taschenklappen bedingt nur einen unidirektionalen Transport der Lymphe erlauben, beginnen in den Bindegewebsbereichen der Gewebe und Organe mit Ausnahme des Gehirns. Sie nehmen die **Gewebsflüssigkeit** auf, die mit dem Stofftransport aus den Blutgefäßen in die Interstitien gelangt, und führen sie letztlich über den **Ductus thoracicus** und den **Ductus lymphaticus dexter** in das venöse Blutsystem zurück. Auf ihrem Wege befinden sich die bereits angesprochenen Lymphknoten, in die mehrere **afferente** (affere lat. herbeitragen) Lymphgefäße einmünden, aber nur eines oder wenige **efferente** (effere lat. hinaustragen) entspringen. Fremdkörper und -stoffe, die mit der afferenten Lymphe in den Knoten eintreten, werden von dessen verschiedenen Abwehrzellen bearbeitet. Diese Zellen gelangen ebenfalls über die Lymphgefäße in die Lymphknoten, die sie auch wieder in Richtung Blutsystem verlassen. Aus diesen gelangen sie dann über die epitheloiden Venolen erneut in die Bindegewebe der verschiedenen Organe, wo sie erneut Anschluß an das Netz der Lymphgefäße finden. **Epitheloide Venolen** sind postkapilläre Venolen, deren Endothelzellen Ähnlichkeit mit kubischen Epithelzellen aufweisen. Reife Lymphozyten besitzen auf ihrer Zelloberfläche sogenannte **Homingrezeptoren**, die von den Endothelzellen der postkapillären Venolen synthetisierte Liganden erkennen. Der Lymphknoten-Homingrezeptor fungiert als Lectin, welches spezifisch für Mannose- und Fructose-6-phosphat ist. Beim Durchqueren dieser postkapillären Venolen geraten die Lymphozyten in Berührung mit den Gefäßwänden, wobei eine Bindung zwischen Lymphozytenrezeptor und seinem Liganden auf der Endothelzelloberfläche resultieren kann. Kommt es zu einer solchen Interaktion, so beginnt der Lymphozyt das Endothel interzellulär zu durchqueren. Nach dem Passieren der Basalmembran gelangt er in das umliegende Gewebe. Verschiedene Lymphozyten weisen auch unterschiedliche Homingrezeptoren auf, so daß sie nur in Gewebsregionen auswandern können, deren postkapilläre Venolen über den entsprechenden Liganden verfügen. So besitzen B-Lymphozyten beispielsweise Rezeptoren für Liganden, die von postkapillären Venolen der PEYER-Plaques synthetisiert werden. Diese Spezifität erleichtert das „Plazieren" der jeweiligen Lymphozyten in ihre Gewebsregionen innerhalb der lymphatischen Organe. Im Lymphknoten findet man die B-Lymphozyten im Cortex (im Rindenbereich), während die T-Lymphozyten im weiter innen liegenden Paracortex (para gr. neben, bei) lokalisiert sind. Eine ähnliche Schichtung liegt auch in der Milz vor, um deren Zentralarteriolen T- und B-Lymphozytenregionen konzentrisch in der sogenannten **periateriolären Scheide (PALS)** (peri gr. um, herum) angeordnet sind. Die T-Region befindet sich dabei innen, während die B-Zellen (neben T-Zellen) mehr peripher zu finden sind. Epitheloide Venolen findet man ausschließlich in Lymphknoten, Tonsillen und im lymphatischen Gewebe des Darms. Bilden die Lymphknoten die Filterstationen in dem System der Lymphgefäße, so ist die **Milz** ihr Pendant im Blutkreislauf. In diesem faustgroßen, nicht lebensnotwendigen Organ wird Fremdmaterial aus dem Blut aufgenommen und zerstört, überalterte Blutzellen werden abgebaut. Ähnlich den Lymphknoten findet man auch in der Milz bestimmte Regionen, wo sich bevorzugt verschiedene Unterarten von Abwehrzellen niederlassen. Neben ihrer Filterfunktion dient die Milz als Speicherorgan für alle Zellen der Immunabwehr. An dieser Stelle sei hervorgehoben, daß keine Lymphgefäße in die Milz hineinfließen, an ihrem Hilus aber efferente heraustreten.

Abschließend seien noch Knochenmark und Thymus angeführt. Das **Knochenmark** gilt als Geburtsstätte aller blutbildenden Zellen, d. h. neben den Zellen des Immunsystems haben auch Erythro- und Thrombozyten dort ihren Ursprung. Das blutbildende Knochenmark des Erwachsenen findet man in den Diaphysen der Röhrenknochen und in den platten Knochen wie Brustbein, Wirbelkörper und Becken. Es gilt als sicher, daß alle Zellen des Blutes letztlich von einer pluripotenten Stammzelle, dem **Hämozytoblasten des Knochenmarks**, abstammen.

Der **Thymus** ist ein paariges, hinter dem Sternum gelegenes Organ, welches besonders in der Kindheit stark ausgebildet ist.

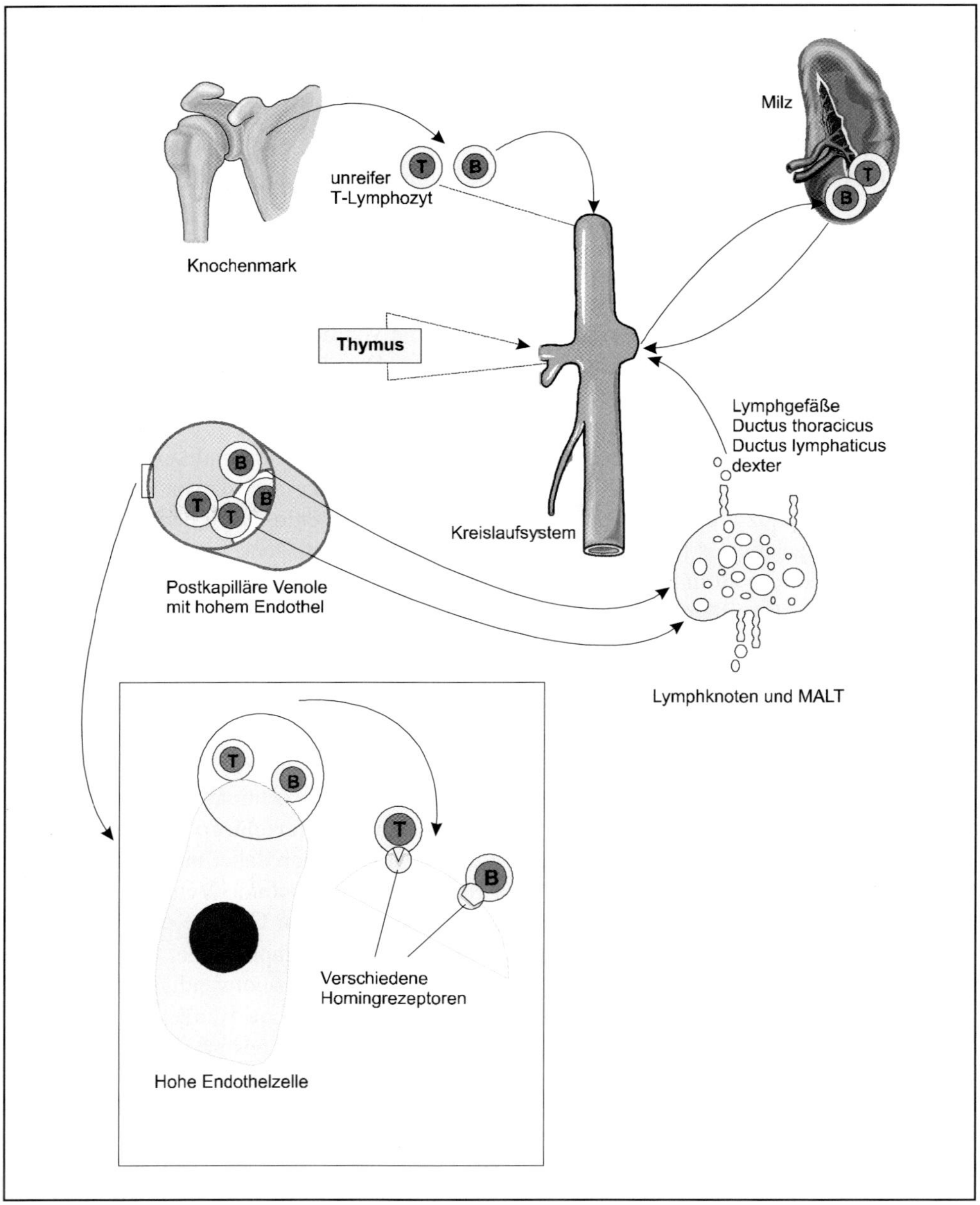

Abb. 20.2: Die Lymphozytenzirkulation. Man beachte, daß der unreife T-Lymphozyt nach Übertritt in den Blutkreislauf eine Reifung im Thymus erfährt.

Beim Erwachsenen ist er kleiner und weist neben dem typischen retikulären Bindegewebe auch Fettgewebe auf. Er ist Ort der Reifung und Differenzierung einer bestimmten Spielart der Lymphozyten, der T-Lymphozyten. Das T im Namen dieser Immunzellen weist auf diesen Zusammenhang hin.

20.3 Die Zellen des Immunsystems

20.3.1 Die Zellen der unspezifischen Abwehr

Sowohl dem spezifischen als auch dem unspezifischen Immunsystem lassen sich verschiedene Typen von Zellen zuordnen. Zu den unspezifischen Abwehrzellen zählen neben den Monozyten besonders die **Granulozyten** oder Mikrophagen. Diese besitzen als gemeinsames Merkmal Granula, nach deren Färbungsverhalten die Granulozyten differenziert werden können.

Der **neutrophile Granulozyt**, dessen Durchmesser etwa 14 µm beträgt, weist bei Anfärbung mit Eosin und Methylenblau viele blaß purpurfarbene Granula auf, daneben fällt er besonders durch seinen in zwei bis fünf Lappen segmentierten Kern auf. Aufgrund seines unregelmäßig geformten Zellkernes wird er auch als **polymorphkerniger Granulozyt** bezeichnet. Die Granula des Neutrophilen enthalten Hydrolasen, Lysozym, kollagenspaltende Enzyme und Myeloperoxidase. Polymorphkernige Leukozyten, deren Lebensdauer etwa fünf bis sechs Tage umfaßt, können aus der Blutbahn durch Diapedese (das Durchwandern der Gefäßwand, dia gr. durch, hindurch und pes lat. Fuß) austreten und in die umliegenden Gewebe eindringen. Neutrophile Granulozyten sind die ersten Abwehrzellen, die an einem Entzündungsherd eintreffen. Dort phagozytieren sie die Entzündungserreger und bauen sie intrazellulär durch Degranulation ihrer Granula enzymatisch ab. Gleichzeitig scheiden sie proteolytisch aktive Enzyme aus, so daß es zur Erweichung des Entzündungsherdes kommt (Abszeß). Ansammlungen abgestorbener neutrophiler Granulozyten bilden makroskopisch sichtbare Eiterkörperchen.

Eosinophile Granulozyten zeichnen sich durch einen zweigelappten Kern und große (Durchmesser bis zu 1 µm), hellrote Granula aus. Diese rote Farbe rührt vom sauren Farbstoff Eosin her, von dem sich der Name dieser Granulozytenklasse ableitet. Die Granula enthalten saure Phosphatase, Ribonuklease und Cathepsin. Aufgrund ihrer kurzen Verweildauer von vier bis zwölf Stunden im Blut ist der Anteil eosinophiler Leukozyten mit 4 % der Blutleukozyten gering. Die eosinophilen Granulozyten wandern genauso wie die neutrophilen in die Gewebe ein, wo sie durch Freisetzung ihres Granulainhaltes nach außen besonders Parasiten bekämpfen.

Der Kern des **basophilen Granulozyten** ist zwar ebenfalls unregelmäßig geformt, zeigt aber keine Segmentierung. Besonders auffallend sind seine durch den basischen Farbstoff Methylenblau dunkelblau gefärbten Granula. Diese enthalten größere Mengen an **Histamin** sowie Heparin und sind darüber hinaus reich an Enzymen. Die Ausschüttung dieser Stoffe erfolgt im Rahmen allergischer Reaktionen. Basophile Leukozyten sind die seltensten weissen Blutkörperchen im Blut. Ihre Verweildauer beträgt dort lediglich sechs Stunden. Ebenso wie ihre neutro- und eosinophilen Verwandten wandern sie ins Gewebe aus. In Funktion und Wirkung ähneln den basophilen Granulozyten die 20 - 30 µm großen, gewebsständigen Mastzellen. Sie weisen eine runde Zellform und einen recht kleinen Kern auf. Aufgrund ihrer Gewebelokalisation und des Granulainhaltes unterscheidet man zwei Subtypen. Die **Bindegewebstyp-Mastzelle** ist in der Haut, der Lunge und in lymphatischen Organen zu finden. Sie enthält in ihren Granula sowohl Histamin als auch Heparin. Die **Schleimhauttyp-Mastzelle** der Gastrointestinalschleimhäute enthält hingegen nur Histamin und kein Heparin.

Mit einem Durchmesser von 15 - 20 µm hebt sich der **Monozyt** deutlich von den anderen weißen Blutkörperchen ab. Sein schwach basophiles Zytoplasma enthält feine Granula. Der große nierenförmige Zellkern ist manchmal gelappt und meist exzentrisch in der Zelle lokalisiert. Auch in seiner Lebensdauer, die Monate bis Jahre betragen kann, unterscheidet sich der Monozyt erheblich von anderen Leukozyten. Monozyten sind amöboid beweglich und verlassen ebenso wie diese nach einer Verweildauer von ca. 20 Stunden die Blutbahn. Hat der Monozyt einmal die Blutbahn verlassen, so differenziert er zum **Makrophagen.** Dieser übertrifft die Größe der Blutmonozyten um das Fünf- bis Zehnfache. Er nimmt eine unregelmäßige Form mit fingerförmigen Ausstülpungen (Mikrovilli) an. Ähnlich wie Monozyten haften Makrophagen an Glasflächen. Man nennt dieses Phänomen **Adhärenz** (adhärere lat. kleben an). Gegenüber den Monozyten ist die Phagozytosekapazität deutlich gesteigert, der Gehalt der Lysosomen an hydrolytischen Enzymen erhöht und die Menge energieproduzierender Mitochondrien vermehrt. Diese Eigenschaften machen den Makrophagen zu einer sehr „kampfstarken" Abwehrzelle. Verbleibt der Makrophage in dem Gewebe (in der Regel Bindegewebe), in das er eingewandert ist, so wird er als sessiler oder fixierter Makrophage bezeichnet. Je nach Gewebetyp, den sie besiedeln, erhalten diese Makrophagen verschiedene Namen. So werden z. B. Makrophagen der Leber als **KUPFFER-Sternzellen** oder die der Milz als **Uferzellen** bezeichnet. Im Gehirn heißen sie **Mikroglia**, in der Niere **Mesangiumzellen.** Die Makrophagen der Lunge werden **Alveolarmakrophagen** genannt, im Bindegewebe unter der Haut heißen sie **Histiozyten**.

Im Gegensatz zu den sessilen Makrophagen streifen die bis zu 50 µm großen freien Makrophagen unaufhörlich durch die Gewebe, um bei einer eventuellen Infektion als phagozytierende Abwehrzellen zur Stelle zu sein. Im Gegensatz zu den Mikrophagen sterben Makrophagen nach der Phagozytose von Fremdpartikeln nicht ab, was ihre lange Lebensdauer erklärt. Ihre Phagozytosekapazität ist erheblich, auch wenn sie bisweilen unverdauliche Fremdkörper wie Tuberkuloseerreger wieder „ausspucken". Die eigentliche Phagozytose findet in den Phagolysosomen statt, in denen sich neben vielen lytischen Enzymen Peroxid- und Superoxidradikale sowie Halogene befinden, die chemisch extrem reaktiv sind. Der Phagozytosehunger der Makrophagen richtet sich aber nicht nur gegen fremde Eindringlinge, sondern auch gegen körpereigene tote Zellen, angeschlagene Erythrozyten und erschöpfte Granulozyten, so daß man die Makrophagen auch als hauseigene „Müllabfuhr" bezeichnen könnte. Neben der Phagozytose üben die Makrophagen aber noch eine weitere, sehr wichtige Aufgabe im körpereigenen Abwehrsystem aus. Sie nehmen fremde Materialien und Zellen in sich auf und präsentieren diese in veränderter Form auf ihrer Zelloberfläche anderen Immunzellen, namentlich den T-Lymphozyten. Diese erfahren durch die Präsentation eine Aktivierung und geben sie an B-Lymphozyten und den Makrophagen selbst weiter. Dieses „gegenseitige Hochschaukeln" wird besonders dann wichtig, wenn es sich um Krankheitserreger wie *Mycobacterium tuberculosis* oder Leishmanien handelt, die die gewöhnliche Phagozytoseaktivität von nicht aktivierten Makrophagen überleben können. Der aktivierte Makrophage ist nunmehr in der Lage, auch diese widerstandsfähigen Erreger zu eliminieren. Da Stoffe bzw. Zellen, die eine Immunreaktion auslösen, auch als **Antigen** bezeichnet werden, zählt man Makrophagen zu den **antigenpräsentierenden Zellen**. Besonders diese Funktion weist ihnen eine zentrale Rolle im Zusammenspiel aller Immunzellen zu. Die Gesamtheit der Blutmonozyten, freien und gewebsständigen Makrophagen nennt man das **mononukleäre Phagozytensystem MPS.**

20.3.2 Die spezifischen Zellen der Immunabwehr

Mit den spezifischen Abwehrzellen setzen wir die Lymphozyten gleich. Nach den neutrophilen Granulozyten mit 30 bis 80 % nehmen die Lymphozyten mit 15 bis 50 % der Leukozyten im Blutausstrich das zweitgrößte Kontingent ein. Lymphozyten besitzen einen Durchmesser von 6 bis 10 µm; wenn sie auf Glasflächen adhärieren (also anhaften), kann dieser auch 12 µm betragen. Der typische kleine Lymphozyt verfügt über keine Granula und weist ein hohes Kern/Plasma-Verhältnis auf, wobei der Kern etwa 90 % des Zellvolumens ausmacht. Der Zellkern hat eine runde Gestalt und ist manchmal etwas eingedellt. Nur ca. 2 % der Lymphozyten sind große Lymphozyten, die im Gegensatz zu ihren kleinen Verwandten eine geringeres Kern/Plasma-Verhältnis aufweisen und zudem über Granula verfügen. Erscheinen Lymphozyten lichtmikroskopisch mehr oder minder rund bis oval, so treten elektronenmikroskopisch fingerförmige Fortsätze an ihrer Oberfläche, sogenannte Mikrovilli, in Erscheinung. Lymphozyten können sich ähnlich wie Monozyten aktiv durch Gewebe bewegen, indem sie sich wie diese amöboid fortbewegen. Ein Erwachsener verfügt durchschnittlich über 10^{12} Lymphozyten, von denen aber nur ein geringer Teil langlebig ist. Etwa 10^9 Lymphozyten werden jeden Tag in Knochenmark und Thymus neu gebildet, ungefähr die gleiche Zahl stirbt im gleichen Zeitraum ab. Morphologisch lassen sich Lymphozyten nur schlecht differenzieren, wenn man von Unterschieden in der Größe und der Anzahl an Mikrovilli absieht. Dennoch lassen sich die Lymphozyten in mehrere Gruppen einteilen, wobei wir nachfolgend besprechen werden, wie dies experimentell ermöglicht wird. Grob werden B- und T-Lymphozyten unterschieden. Der Begriff **B-Lymphozyt** wurde ursprünglich von **B**ursa Fabricii abgeleitet, einem lymphatischen Organ der Vögel, in dem B-Zellen gebildet werden und heranreifen. Der Mensch verfügt über kein entsprechendes Organ, bei ihm ist die Geburtsstätte der B-Lymphozyten das Knochenmark, englisch **b**one marrow genannt. T-Lymphozyten entstammen zwar auch den Stammzellen des Knochenmarks, erlangen ihre Reife aber erst im **T**hymus, in den sie als Vorläuferzellen einwandern. Durch dieses Organ wurde auch der Name **T-Lymphozyt** geprägt. B- und T-Lymphozyten verlassen nach ihrer Reifung Knochenmark und Thymus, treten in den Blutkreislauf und besiedeln die sekundären lymphatischen Organe (Lymphknoten, Milz und MALT).

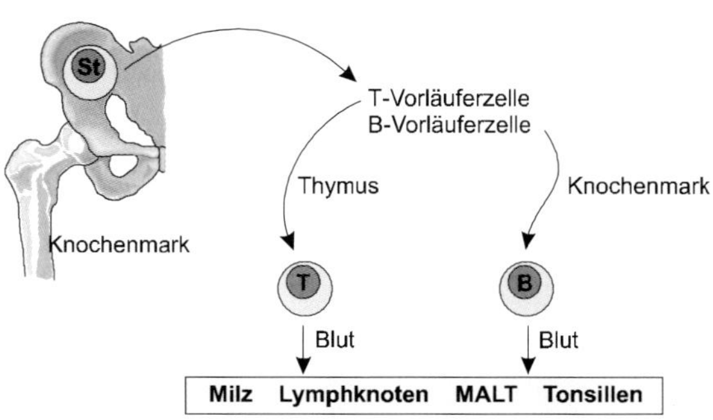

Abb. 20.3: Die Lymphozytendifferenzierung aus der Knochenmarkszelle in reife B- und T-Zellen.

Wie aber lassen sich jetzt die beiden Lymphozytengruppen unterscheiden? Dies wird durch die Definition und Identifizierung sogenannter **Marker** ermöglicht. Unter Markern versteht man Strukturen der Zellmembranoberfläche, namentlich Glykoproteine, die in der Regel Rezeptorfunktionen übernehmen. Jeder Lymphozyt verfügt über eine ganze Reihe von Markern, von denen einige nur in bestimmten Phasen seiner Entwicklung und Differenzierung auftreten, andere wiederum bleiben konstant und sind für den jeweiligen Lymphozytentyp spezifisch. Diese permanenten Marker sind es, die für die Unterscheidung der verschiedenen Lymphozyten herangezogen werden. Erkannt werden diese Marker von bestimmten Molekülen, sogenannten monoklonalen Antikörpern. Was ein monoklonaler Antikörper genau ist, wird im Abschnitt 20.5.10 erklärt. An dieser Stelle sei soviel gesagt: Ein Antikörper ist eine Y-förmiges Glykoprotein, das in der Lage ist, bestimmte Oberflächenstrukturen spezifisch zu erkennen und an diese zu binden. Ein **monoklonaler Antikörper** gilt als ganz besonders spezifisch und ist damit das ideale Werkzeug für den Immunologen, Oberflächenstrukturen auf Zellen zu finden und diese zu definieren. Koppelt man beispielsweise einen Fluoreszenzfarbstoff an einen solchen monoklonalen Antikörper, so kann man fluoreszenzmikroskopisch verfolgen, an welche (histo- oder zytologische) Strukturen der Antikörper bindet. Inzwischen gibt es sehr viele monoklonale Antikörper, jeden Tag werden weltweit in naturwissenschaftlichen Arbeitsgruppen neue erstellt. Glaubt eine Arbeitsgruppe, mit einem monoklonalen Antikörper einen bisher unbekannten menschlichen Lymphozytenmarker gefunden zu haben, dann kann sie diesen Antikörper an ein spezielles Nomenklaturkomitee schicken, das dem Marker eine Bezeichnung zuordnet. Ist der gefundene Marker tatsächlich bisher unbekannt, bekommt er eine CD-Nummer, welche fortlaufend vergeben wird. Die Bezeichnung „**CD**“ kommt aus dem Englischen und ist die Abkürzung von **Cluster of Differentiation**, was so viel wie Differenzierungsgruppe bedeutet. Damit ist diejenige Gruppe von eingeschickten monoklonalen Antikörpern gemeint, die alle dasselbe Oberflächenmolekül auf dem Lymphozyten erkennen. Der Marker und die Gruppe aller ihn erkennenden monoklonalen Antikörper des Menschen erhalten dieselbe CD-Nummer.

Welche Oberflächenmarker sind aber nun geeignet, um T- und B-Lymphozyten sicher trennen zu können? Viele Marker finden sich nämlich nicht nur auf den Plasmamembranen beider Lymphozytenreihen, sondern auch auf denjenigen von Makrophagen oder Granulozyten. Naturgemäß eignen sich solche Moleküle nicht, um Lymphozyten zu differenzieren. Menschliche T-Lymphozyten besitzen die Fähigkeit, an Schafserythrozyten zu binden. Dabei werden von einem Lymphozyten mehrere Schafserythrozyten rosettenförmig gebunden, wie man lichtmikroskopisch beobachten kann. Verantwortlich für dieses Phänomen ist der **Schafserythrozytenrezeptor CD 2** des menschlichen T-Lymphozyten, ein **Glykoprotein** mit einer relativen Molekülmasse von 50.000. Es besteht aus einer Proteinkette mit 336 Aminosäuren. CD 2 ist spezifisch für T-Zellen, d. h. es wird auf B-Lymphozyten nicht gefunden.

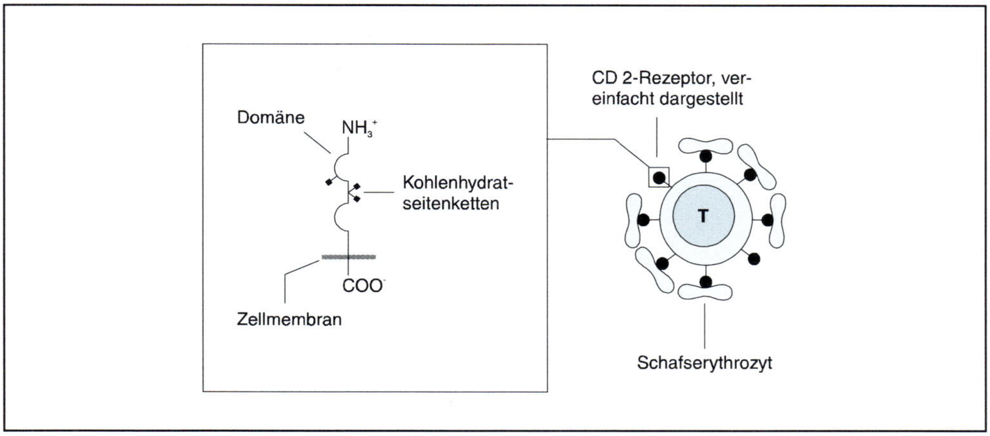

Abb. 20.4: Rosettenbildung durch den Schafserythrozytenrezeptor CD 2.

T- wie B-Zellen müssen ihr spezifisches Antigen finden, was sie über entsprechende membranständige Rezeptoren bewerkstelligen, die „ihr" Antigen binden können. Im Falle des T-Lymphozyten ist das der **T-Zell-Rezeptor TCR** (TCR von engl. T-cell receptor), ein **Glykoprotein** (relative Molekülmasse ca. 90.000) mit zwei Aminosäureketten von 248 bzw. 282 Aminosäureresten, die über eine gemeinsame Disulfidbrücke miteinander verbunden sind.

Ist der T-Zell-Rezeptor ein charakteristisches Membranglykoprotein der T-Lymphozyten, so nimmt diese Funktion bei den B-Lymphozyten der **B-Zell-Rezeptor BCR** (BCR von engl. B-cell receptor) ein. Genauso wie sein Pendant ist der BCR ein membranständiges Glykoprotein, welches das spezielle Antigen eines B-Lymphozyten zu binden vermag. Er hat eine Y-förmige Struktur und erinnert damit an den Aufbau der bereits angesprochenen löslichen (nicht membranständigen) Antikörper. Tatsächlich ist der BCR mit den Antikörpern verwandt, daher wird seine Struktur im Abschnitt 20.5.8 näher beleuchtet werden.

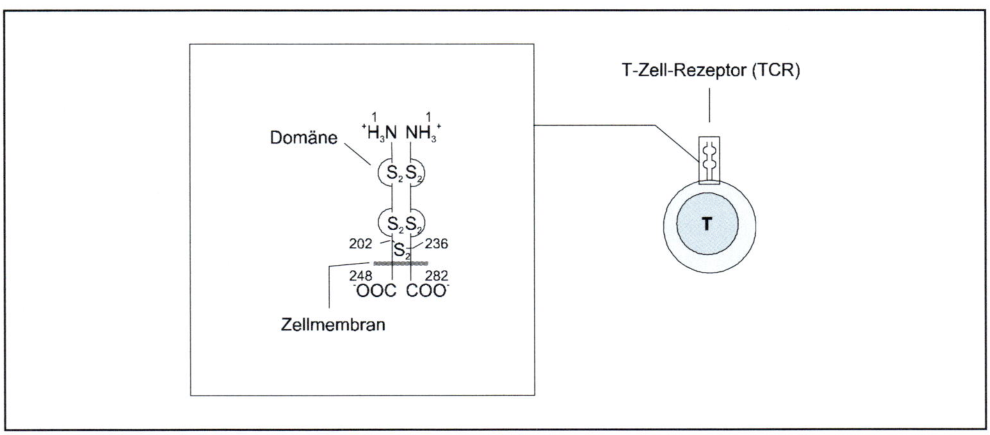

Abb. 20.5: Der T-Zell-Rezeptor. Die Zahlen geben die erste und letzte Aminosäure einer jeden Kette an. Aminosäure 202 der einen und 236 der anderen Kette sind durch eine Disulfidbrücke verbunden.

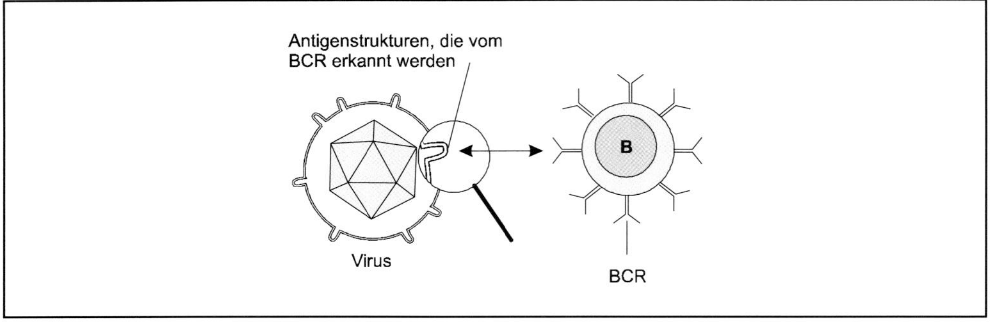

Abb. 20.6: Der B-Zell-Rezeptor. Seine Struktur wird in Abschnitt 20.5.8 genauer besprochen. Der Rezeptor erkennt in unserem Beispiel ein Oberflächenprotein in der Hülle eines Virus. Dieses ist aus didaktischen Gründen im Vergleich zur B-Zelle vergrößert dargestellt.

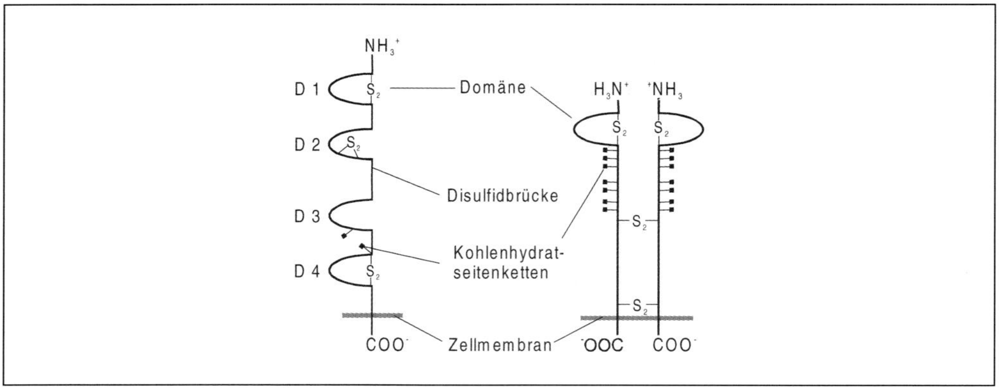

Abb. 20.7: Die verschiedenen Arten des T-Lymphozyten und ihre spezifischen Rezeptoren CD 4 und CD 8. Eingezeichnet sind auch Disulfidbrücken und Kohlenhydratseitenketten.

B- und T-Zell-Rezeptor sind als Marker so charakteristisch für die sie tragenden Lymphozyten, daß sie besonders gut zur Lymphozytendifferenzierung geeignet sind. **CD 21**, ein Protein mit einer relativen Molekülmasse von 140.000, wird exklusiv von B-Zellen auf der Zelloberfläche exprimiert. Speziell an diesem Oberflächenmolekül bleibt das **EPSTEIN-BARR-Virus** (zufällig, es ist nicht die Funktion dieses Rezeptors, Virusinfektionen zu ermöglichen!) haften, welches als Erreger der infektiösen Mononukleose (PFEIFFER-Drüsenfieber) lediglich B-Lymphozyten befällt. T-Zellen lassen sich in zwei Subpopulationen unterteilen, einerseits in die zytotoxischen T_C-Lymphozyten und Suppressor-T_S-Lymphozyten, andererseits in die Helfer T_H-Lymphozyten. Die T_H-Zelle werden noch einmal durch das Muster ihrer Zytokinsekretion differenziert. **T_H1-Zellen** sezernieren Interleukin 2 und γ–Interferon und bekämpfen damit primär intrazelluläre Pathogene wie Viren, Bakterien und Parasiten. **T_H2**-Lymphozyten dagegen stimulieren durch die Freisetzung von Interleukin 4, 5, 6 und 10 die B-Zell-Proliferation und damit die Antikörperproduktion.

T_C-Zellen weisen einen für sie charakteristischen Marker auf, das CD 8, Helfer-Zellen halten mit ihrem CD 4 dagegen. Sowohl **CD 4** als auch **CD 8** sind wie die anderen Marker Membranglykoproteine, wobei CD 4 ein 435 Aminosäuren umfassendes Monomer ist, während CD 8 aus zwei 214 Aminosäuren langen Ketten besteht, die über eine extrazellulär gelegene Disulfidbrücke miteinander verbunden sind.

Nach dem ersten Kontakt mit ihrem Antigen differenzieren T- und B-Lymphozyten in immunkompetente Lymphozyten, die sich nun in verschiedene Spielarten weiterentwickeln. Die **T_H-Zelle** nimmt dabei eine zentrale Rolle ein, da sie zur Aktivierung von Makrophagen und T_C-Zellen nach Antigenpräsentation und zur Entwicklung von B-Lymphozyten beiträgt. Dadurch werden Makrophagen in die Lage versetzt, bislang „unverdauliche" Erreger zu phagozytieren. T_C-Zellen vernichten effektiv virusinfizierte körpereigene Zellen, während B-Zellen in Plasmazellen ausdifferenzieren können, die dann Antikörper produzieren. Die Helfer-T-Zelle bringt dabei das Immunsystem erst richtig in Schwung, wobei sie bezüglich der B-Zell-Beeinflussung von **Suppressor-T-Zellen** gebremst werden kann. Durch die zentrale Stellung der Helfer-T-Zelle im Immungeschehen wird auch die Tragweite der Infektion mit HIV (AIDS) deutlich, die an CD 4 binden und darüber die Helferzelle infizieren.

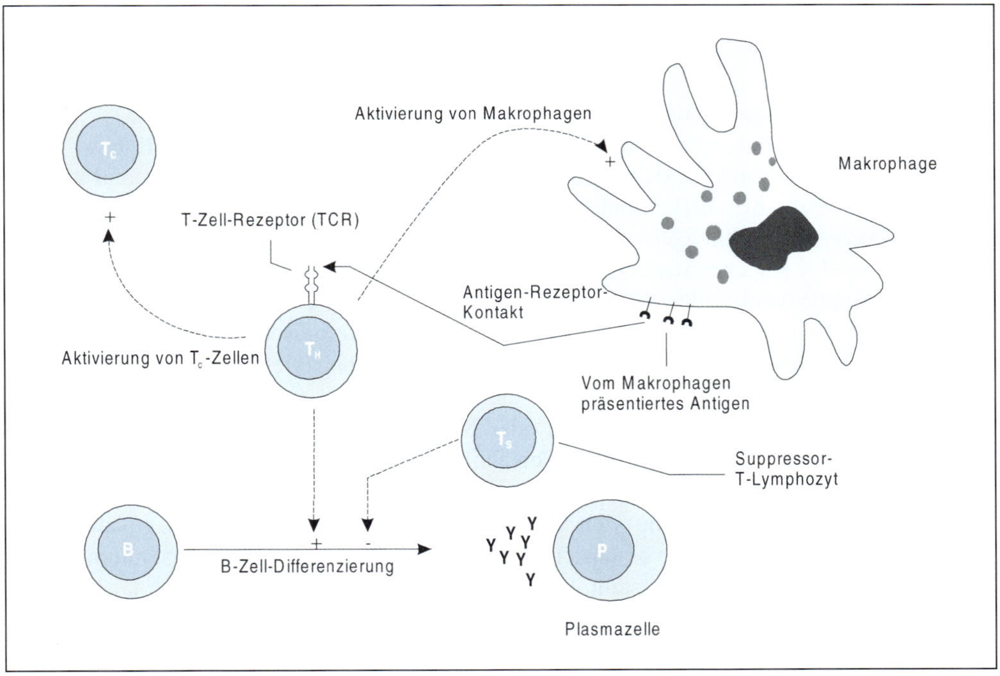

Abb. 20.8: Lymphozytenentwicklung und -funktion. Die Folge der Makrophagenaktivierung ist eine intensivierte Phagozytose; die stimulierte T_C-Zelle tötet effizienter virusinfizierte Zellen ab.

Zytotoxische T-Lymphozyten sind in der Lage, körpereigene Zellen, die durch Viren infiziert sind, abzutöten. Sie bilden dabei sogenannte **Perforine**, die die Plasmamembran der Zielzelle nach Anheftung des zytotoxischen T-Lymphozyten perforieren und diese durch massive Störung der Ionen- und Wasserverteilung töten. Der T_C-Lymphozyt bleibt dabei unbehelligt und kann sich der nächsten Zielzelle zuwenden. Möglicherweise werden von der zytotoxischen T-Zelle auch Lymphotoxine freigesetzt, die eine Selbstzerstörung der Zielzelle induzieren.

Unter dem Einfluß der Helferzellen differenzieren B-Lymphozyten zu Plasmazellen. Die **Plasmazelle** hat eine ovale Form mit einem exzentrisch gelagerten Kern, in dem die dunkel und hell färbenden Bereiche des Chromatins an die Speichen eines Wagenrads erinnern. Die Plasmazellen sind mit einem Durchmesser von 10 bis 15 µm größer als B-Lymphozyten und gelten als End- bzw. Effektorzellen der B-Zellreihe. Das hochentwikkelte rauhe Endoplasmatische Retikulum, der gut ausgebildetet Golgi-Apparat und die hohe Zahl an Ribosomen sowie das basophile Zytoplasma deuten auf ihre Hauptfunktion hin, die Produktion von Glykoproteinen, in diesem Fall von Antikörpermolekülen. Plasmazellen weisen eine Lebensdauer von 10 bis 30 Tagen auf, in denen sie unablässig Antikörper sezernieren. Danach sterben sie (erschöpft) ab.

Wesentlich langlebiger sind die **Memory-** oder **Gedächtniszellen** (T_M bzw. B_M-Zellen), die sowohl in der T- als auch in der B-Reihe nach einem ersten Antigenkontakt ausgebildet werden. Die Gedächtniszellen haben sich für einen langen Zeitraum ihr Antigen gemerkt. Kommt es zu einem Zweitkontakt mit diesem Antigen, so können die T_M-Zellen in einer wesentlich schnelleren Sekundärimmunantwort zu Effektorzellen ausdifferenzieren, die dann die Abwehr des Antigens einleiten. Dabei werden erneut Gedächtniszellen gebildet (Man denke an die verschiedenen Kinderkrankheiten, die im Erwachsenenalter in der Regel zu keinen Krankheitserscheinungen mehr führen.).

Abschließend soll erwähnt werden, daß es auch Lymphozyten ohne TCR bzw. BCR gibt. Morphologisch sind sie als **große granulierte Lymphozyten** einzustufen und werden auch, da sie weder den herkömmlichen T-Zellen noch den B-Lymphozyten zuzuordnen sind, als Dritte-Population-Zellen bezeichnet. Diese Zellen sind vom Thymus unabhängig, bedürfen aber des Knochenmarks. Am auffälligsten an ihnen ist jedoch, daß sie wie zytotoxische T-Lymphozyten Zellen abtöten. Dies verläuft aber im Gegensatz zu den T_C-Zellen innerhalb von Stunden, während die Immunantwort der zytotoxischen T-Zellen wesentlich mehr Zeit beansprucht. Da die großen, granulierten Lymphozyten diese „Killeraktivität" auch ohne jede Immunisierung zeigen, also darin offenbar eine ganz natürliche Aufgabe sehen, werden sie **Natürliche Killerzellen** oder **NK-Zellen** genannt. Der Mechanismus des Tötens ist wahrscheinlich dem der T_C-Zellen ähnlich. Zielzellen sind **Tumorzellen**, **virusinfizierte Körperzellen**, mitunter aber auch körpereigene gesunde Zellen. Die Erkennung der Zielzelle durch den NK-Lymphozyten ist unklar ebenso wie die Herkunft der Natürlichen Killerzellen. Es ist nach wie vor unsicher, ob die NK-Zelle ein Zwischenstadium in der Lymphozytendifferenzierung darstellt oder aber als eigene Verzweigung in der Differenzierungslinie der Lymphozyten zu gelten hat.

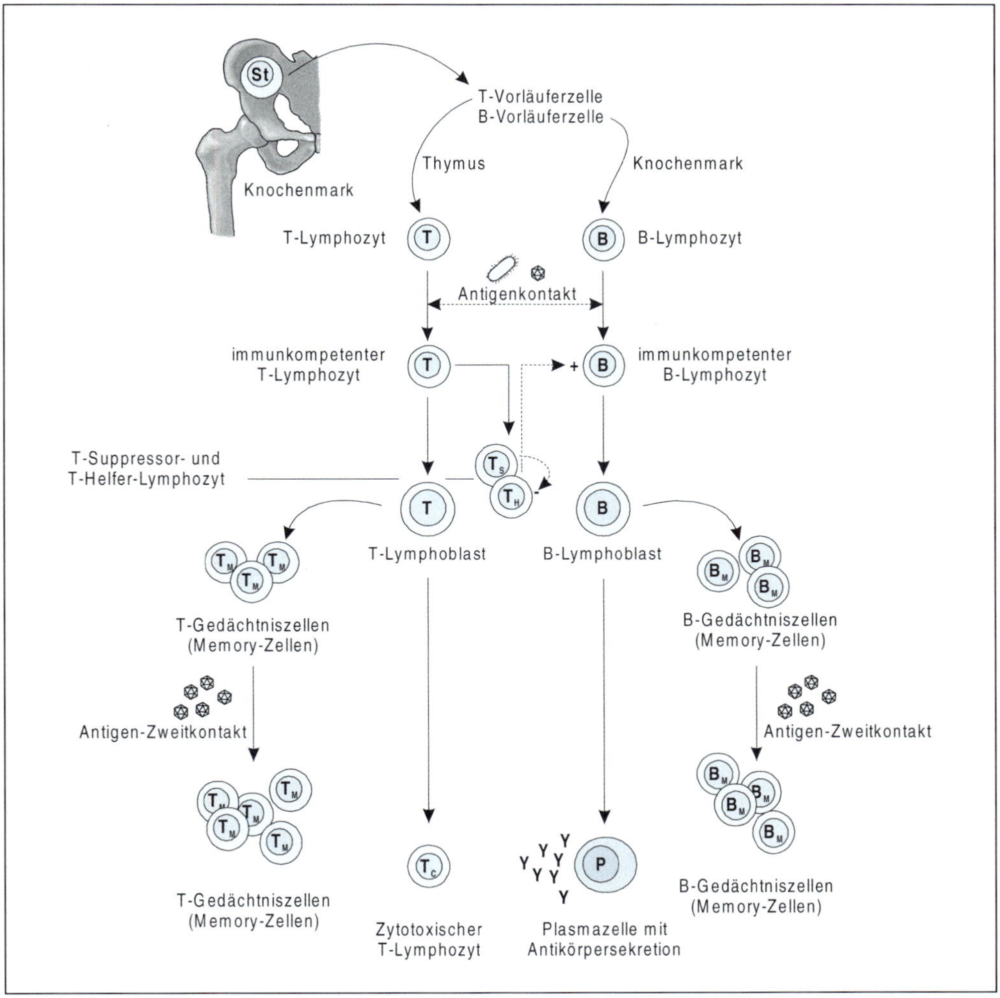

Abb. 20.9: Die verschiedenen Lymphozytenpopulationen, ihre Entwicklung und Interaktionen.

20.4 Unspezifische Abwehr

Zu den unspezifischen löslichen Faktoren der Immunabwehr zählen das Lysozym, das C-reaktive Protein (CRP), Interferon und das Komplement. Dem Komplement ist ein eigener Abschnitt gewidmet, es wird später besprochen.

Lysozym ist ein Protein mit 129 Aminosäuren und einer relativen Molekülmasse von 14.600. Es besteht aus lediglich einer Proteinkette, die in ihrer Tertiärstruktur durch vier Disulfidbrücken stabilisiert wird. An der Moleküloberfläche ist ein langer Spalt lokalisiert, der das aktive Zentrum des Moleküls bildet. Lysozym, auch Muramidase genannt, ist Bestandteil der Tränenflüssigkeit, des Nasen- und Darmschleims sowie des Blutplasmas. Es ist eine Hydrolase, die unter Verbrauch eines Moleküls Wasser spezifisch die 1,4-glykosidische Bindung zwischen N-Acetylmuraminsäure (MurNAc) und N-Acetylglucosamin (GlcNAc) im Murein der Bakterienzellwand spaltet.

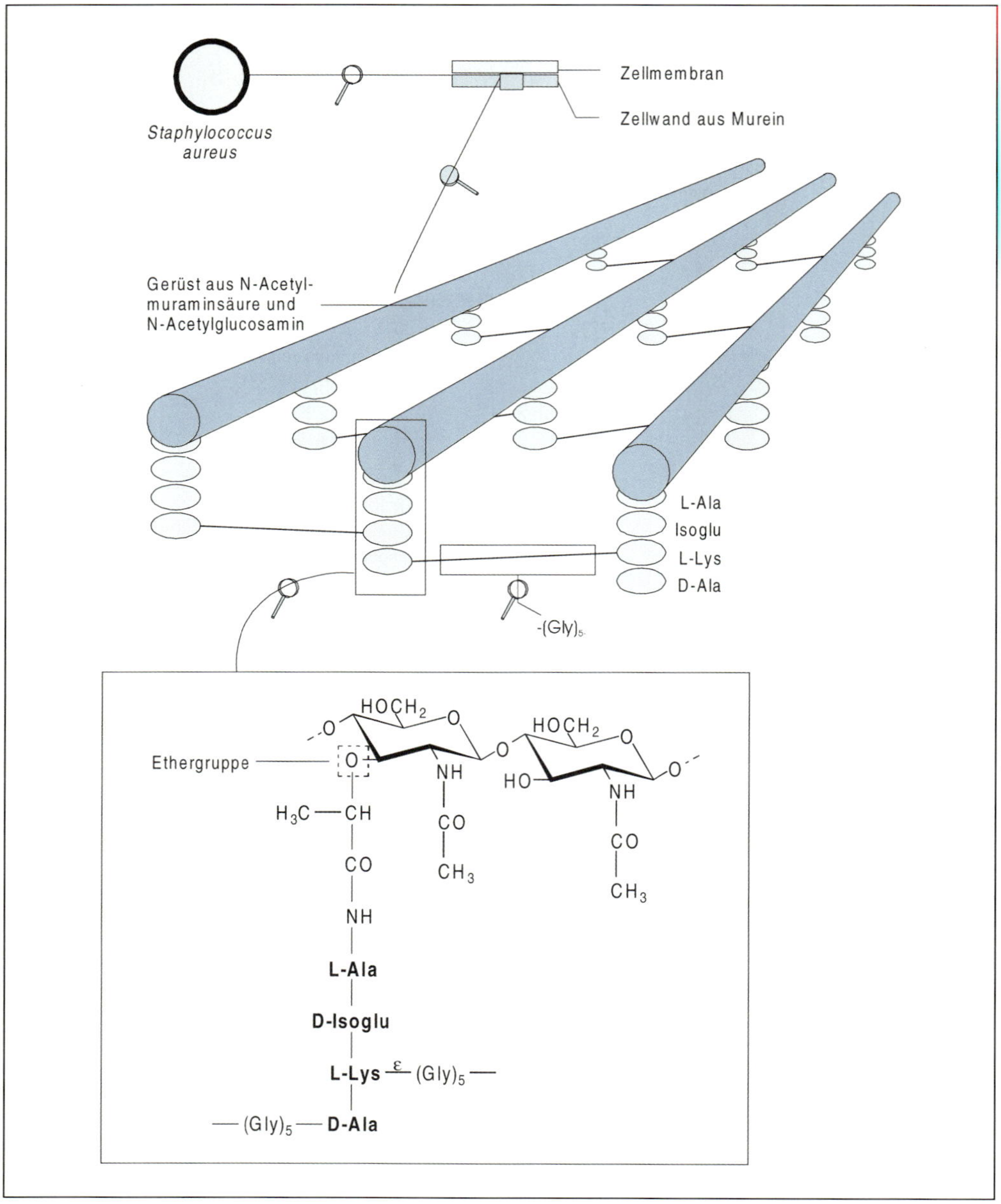

Abb. 20.10: Aufbau der Zellwand des grampositiven Bakteriums *Staphylococcus aureus*. Das Koh lenhydratskelett aus N-Acetylmuraminsäure und N-Acetylglucosamin ist über Aminosäurebrücken miteinander verknüpft. Der Ausschnitt zeigt die N-Acetylmuraminsäure links, die **fett** eingezeichneten Aminosäuren gehören nicht zu ihrer Struktur (in Anlehnung an MATHEWS und VAN HOLDE).

Die Zell**wand** der Bakterien (nicht die Zytoplasmamembran, die auch Zellmembran genannt wird!) liegt der Zytoplasmamembran auf und besteht im wesentlichen aus **Murein**, einem Peptidoglycan. Die Zusammenhänge macht am Beispiel des grampositiven Bakteriums *Staphylococcus aureus* Abb. 20.10 deutlich. Das Rückgrat des Mureins bilden lange

Polysaccharidketten aus N-Acetylmuraminsäure, dem Milchsäureether (Ether sind organische Verbindungen mit der Gruppierung -C-O-C-) des Glucosamins und dem N-Acetylglucosamin selbst. Die Ketten sind untereinander durch ein Tetrapeptid (-L-Ala-D-IsoGlu-L-Lys-D-Ala-) und ein quervernetzendes Pentaglycinpeptid verbunden. Die Pentaglycinkette knüpft jeweils über einen Alaninrest und die ε-Aminogruppe des Lysins in Position 3 des Tetrapeptids an. Dadurch kommt es zu einer Netzstruktur, die die Bakterienzelle sackförmig umgibt. Lysozym zerstört die Mureinstruktur durch Hydrolyse der glykosi-dischen Bindungen im Polysaccharidrückgrat.

Das **C-reaktive Protein CRP** wird in der Leber synthetisiert. Es besteht aus fünf identischen Untereinheiten mit einer relativen Molekülmasse von jeweils 21.500, wobei jede Untereinheit 187 Aminosäuren lang ist. Das Protein erhielt seinen Namen durch die Tatsache, daß es in Anwesenheit von Calciumionen ein Polysaccharid **C** aus der Zellwand von Pneumokokken zu präzipitieren vermag. Das in der Serumelektrophorese zwischen β- und γ-Fraktion wandernde C-reaktive Protein wird als „Akute-Phase-Protein" bezeichnet, das bei Entzündungen und Tumoren von der Leber etwa um den Faktor 1000 vermehrt synthetisiert wird. Die Erhöhung der CRP-Konzentration im Blut ist eine unspezifische Reaktion, die in ihrem diagnostischen Wert mit der Blutkörperchen-Senkungsgeschwindigkeit vergleichbar ist. Im Gegensatz zu dieser normalisiert sich die CRP-Konzentration nach Ausheilung einer Entzündung relativ schnell, nämlich innerhalb von ca. 2 im Gegensatz zu 4 bis 8 Wochen. Das C-reaktive Protein ist in der Lage, das Komplementsystem (Abschnitt 20.10) zu aktivieren.

In diesem Zusammenhang sollen auch die **Interferone** vorgestellt werden. Diese Proteinklasse wird von Körperzellen nach einer Virusinfektion produziert und löst in Nachbarzellen eine antivirale Reaktion aus. Aber auch einige Bakterien, Protozoen und organische Substanzen können die Interferonsynthese provozieren. Die bisher bekannten Interferone werden aufgrund ihrer Struktur und Funktion in zwei Klassen eingeteilt, von denen beide eine Abwehrreaktion gegen Viren auszulösen vermögen. Ebenso sind sie imstande, die Immunantwort zu modulieren. Interferone des Typs I stehen dabei ganz im Vordergrund der Virenbekämpfung, Typ 2-Interferone haben sich in erster Linie der Immunmodulation verschrieben.

Hauptvertreter des Typs I sind **α**- und **β-Interferon**, strukturell jeweils **Proteinmonomere**. Die wichtigsten Syntheseorte des α-Interferons sind virusinfizierte Zellen, hier besonders die Leukozyten, während das β-Interferon ein Produkt der Fibroblasten ist. Nach der Glykosylierung im Endoplasmatischen Retikulum wird das Interferon in die Umgebung der infizierten Zelle abgegeben, wobei es seine Rezeptoren auf Nachbarzellen besetzen kann. Die Typ I-Interferone nutzen den gleichen Rezeptor, wohingegen γ-Interferon (ein Typ II Interferon, s. u.) einen eigenen für sich in Anspruch nimmt. Menschliches Interferon zeigt bei den meisten anderen Wirbeltierarten keinen Effekt, wofür die **Artspezifität** der Rezeptoren verantwortlich gemacht wird.

Interferon wird von seiner Zielzelle internalisiert und löst dort durch Induktion verschiedener Gene Reaktionen aus, die eine unspezifische, also gegen alle Viren gerichtete Infektionsresistenz nach sich ziehen. Zwei Enzyme, eine **Proteinkinase** und die **2,5-Oligoadenylat-Synthase** werden nun synthetisiert. In nativer Form inaktiv, werden sie durch die anwesende doppelsträngige Virus-RNA aktiviert. Das Produkt der 2,5-Oligoadenylat-Synthase wiederum induziert Ribonukleasen, welche virale RNA abbauen. Die Proteinkinase inaktiviert mittels Phosphorylierung den Initiationsfaktor IF 2 der Translation und unterbindet auf diesem Wege den Aufbau von Virusprotein. Insgesamt hat man mittlerweile mehr als 30

Proteine identifiziert, deren Synthese durch Interferone angeschaltet wird, so daß die Antwort einer Zelle auf ein Interferonsignal sehr komplex ausfallen kann.

Zu den Typ II-Interferonen zählt das **γ-Interferon**, ein Homodimer, das in seiner Aminosäuresequenz keinerlei Ähnlichkeit mit den Verwandten des Typs I aufweist. So ist es auch nicht verwunderlich, daß γ-Interferon einen anderen Rezeptor auf der Zielzelle (s.o.) anspricht und teilweise andere Folgereaktionen auslöst. Neben den antiviralen Eigenschaften zeichnet es sich durch immunmodulatorische Fähigkeiten aus. Endothel- und Epithelzellen, aber auch Fibroblasten animiert es zu einer vermehrten Produktion von MHC Klasse II-Proteinen (Abschnitt 20.8), wodurch deren Fähigkeit zur Antigenpräsentation gestärkt wird. Daneben fungiert γ-Interferon als Makrophagenaktivator. Mitunter spielt γ-Interferon auch ein Rolle bei der Zelldifferenzierung. Unter bestimmten Kulturbedingungen lassen sich Fibroblasten in Fettzellen umwandeln. Gerade diese Veränderung des Zellschicksals kann γ-Interferon offenbar zumindest in vitro (d. h. außerhalb des Organismus) unterdrücken.

Erst unlängst wurde bekannt, daß das Funktionsspektrum der Interferone größer als bisher angenommen ist und über die Immunabwehr hinausreicht. So zeigte sich, daß **Trophoblastin**, ein Protein des Trophoblasten, zur Klasse der Typ I-Interferone gezählt werden kann. Dem Molekül wurde daher auch der Name **τ-Interferon** zugesprochen.

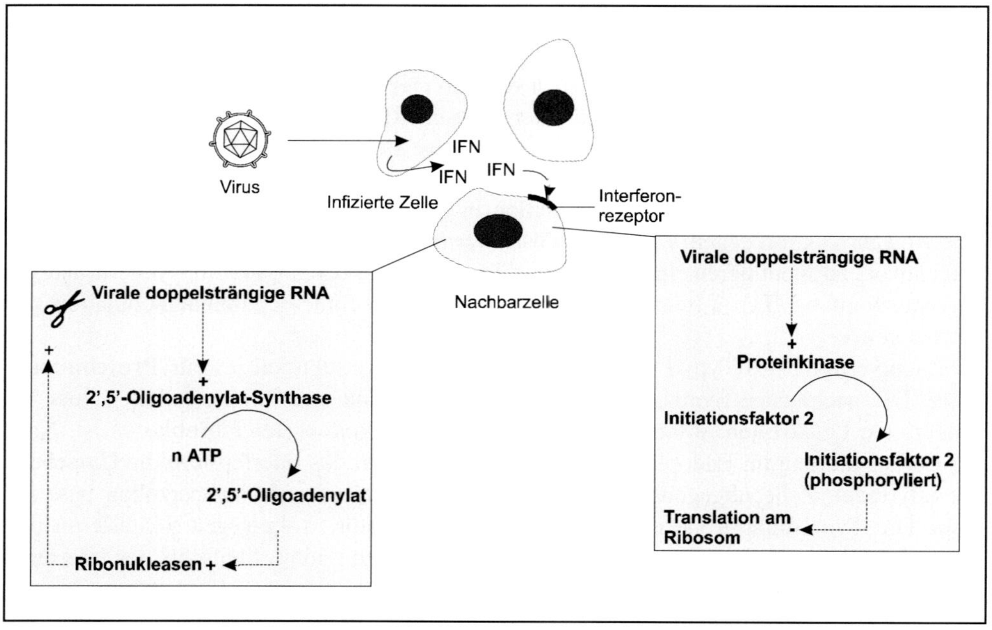

Abb. 20.11: Wirkungsmechanismus des Interferons: Das Virus induziert in der infizierten Zelle die Interferonsynthese (Interferon hier als IFN abgekürzt). Interferon wird von der befallenen Zelle in den Extrazellulärraum geschleust, wo es auf die Interferonrezeptoren der nicht infizierten Nachbarzellen trifft. In diesen werden die in den beiden Kästen eingezeichneten Prozesse ins Rollen gebracht, welche letztlich zur erhöhten Widerstandskraft der gesunden Zellen gegen virale Infektionen führen. Es ist hierbei noch unklar, wie zwischen viraler und zellulärer RNA durch die Ribonuklease und zwischen viraler und zellulärer Proteinsynthese durch die Proteinkinase unterschieden wird.

Tabelle 20.1: Die Interferone im Überblick.

	Typ I-Interferone	**Typ II-Interferone**
Vertreter	α, β, τ	γ
Aufbau	Monomer	Homodimer
Produzierende Zellen	virusinfizierte Zellen stellen α-Interferon her, Fibroblasten β-Interferon, der Trophoblast τ-Interferon	T-Lymphozyten Natürliche Killerzellen
Effekte	antiviral	Antiviral immunmodulatorisch
Einsatz in den USA als Arznei u .a. bei	**α**: chron. Hepatitis B, KAPOSI-Sarkom **β**: Multiple Sklerose	**γ**: septische Granulomatose
Studien u.a. bei	**α**: Infektion mit HIV, malignes Melanom, chronische myeloische Leukämie, Non-HODGKIN-Lymphom	**γ**: Leishmaniose

Wegen ihrer vielfältigen Wirkungen als Modulatoren der unspezifischen Immunabwehr finden einige Interferone auch als Medikament Anwendung, z. B bei verschiedenen Krebs- und Leukämiearten, bei der chronischer Hepatitis B und C sowie bei multipler Sklerose.

20.5 Die spezifische Immunabwehr: Der Antikörper

20.5.1 Begriffsbestimmung

Der Begriff „Antikörper" ist uns vereinzelt schon in den letzten Abschnitten begegnet. Dabei wurde deutlich, daß Antikörper von spezialisierten Immunzellen, den **Plasmazellen** synthetisiert und sezerniert werden. Weiterhin wurde angesprochen, daß sie Instrumente der **spezifischen Abwehr** sind, und damit ähnlich wie der T-Zell-Rezeptor in der Lage sind, gezielt individuelle, zu ihnen komplementäre Strukturen zu erkennen. Diese Strukturen, die gleichsam wie das Schloß zum Schlüssel (Antikörper) passen, nennt man **Antigene**. Ein Antikörper erkennt sein Antigen in der Regel nicht als Ganzes, sondern immer nur einen abgrenzbaren Bereich des Antigenmoleküls, den man **Epitop** (epi gr. auf, darauf und topos gr. Ort) nennt. Die dazu komplementäre Region auf dem Antikörpermolekül, also das antigenerkennende und -bindende Areal, heißt **Paratop** (para gr. neben, bei). Antikörper findet man im Serum und in den Körperflüssigkeiten des Menschen.

In der Serumelektrophorese wandern sie ganz überwiegend mit den **γ-Globulinen** (in gewissem Umfang findet man sie auch bei den β-Globulinen), wie Abb. 20.12 zeigt. Nicht alle γ-Globuline sind Antikörper, so daß man zur Abgrenzung den Begriff **Immunglobulin** eingeführt hat. Alle Immunglobuline sind **Glykoproteine**, deren Kohlenhydratanteil von Immunglobulinklasse zu Immunglobulinklasse schwankt. Immunglobuline lassen sich auf der Grundlage ihrer unterschiedlichen Strukturmerkmale in **Immunglobulinklassen** und **Subklassen** differenzieren.

Aus Abb. 20.12 geht hervor, daß fünf Klassen unterschieden werden können, die als IgG, IgM, IgA, IgD und IgE bezeichnet werden. Subklassen existieren beim Menschen von IgG und IgA: IgG 1 bis IgG 4 sowie IgA 1 und IgA 2.

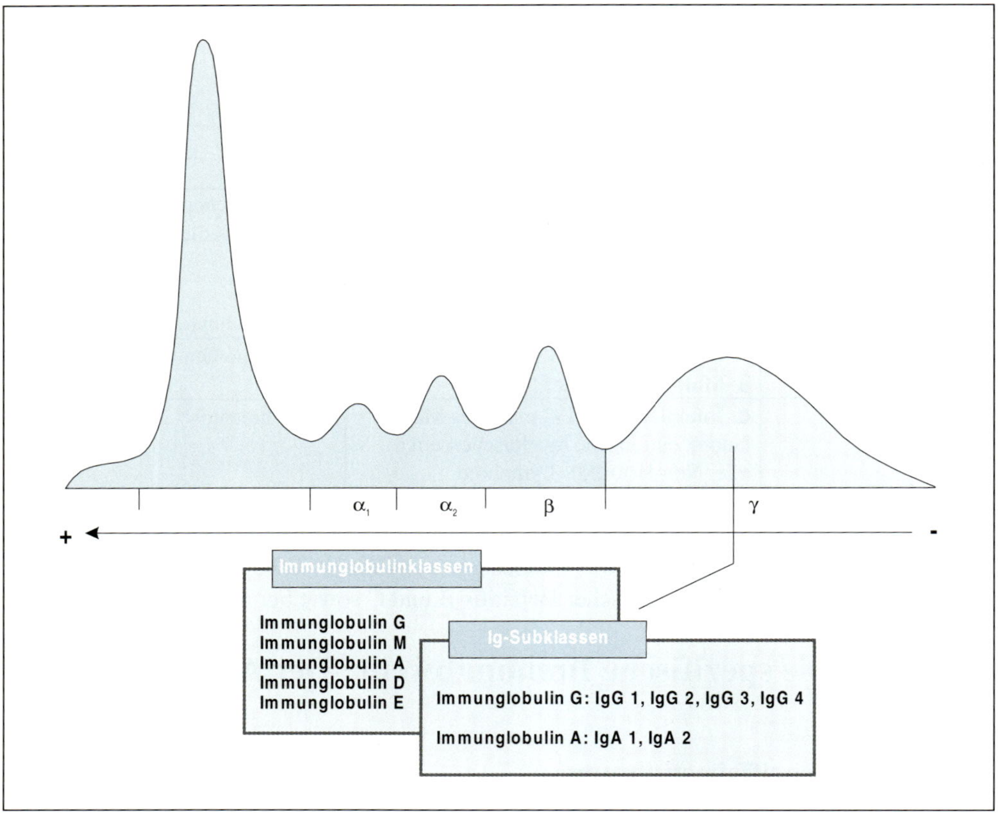

Abb. 20.12: Überblick über die Immunglobulinklassen und ihre Subklassen.

20.5.2 Die Immunglobulinklassen und ihre Subklassen

Die allgemeine Grundstruktur aller Immunglobuline besitzt angenähert die Form eines „Y“, wobei, wie in Abb. 20.13 gezeigt, vier verschiedene Proteinketten unterschieden werden können. Die beiden größeren Ketten werden als **schwere** oder **H-Ketten** (heavy engl. schwer) bezeichnet, die kleineren als **leichte** oder **L-Ketten** (light engl. leicht). Es gibt fünf strukturell unterschiedlich schwere Ketten, die mit den griechischen Buchstaben γ, μ, α, δ und ε benannt werden. Die H-Ketten eines Immunglobulinmoleküls entscheiden über seine Zugehörigkeit zu einer Immunglobulinklasse. So gehören beispielsweise Antikörper mit γ-Ketten zur IgG-Klasse, solche mit α-Ketten zur IgA-Klasse. Ein einzelnes Immunglobulinmolekül besitzt immer zwei identische H-Ketten, so z. B ein IgM-Molekül zwei gleiche μ-Ketten. Innerhalb der γ-Ketten der IgG- und der α-Ketten der IgA-Klasse bestehen geringe Strukturunterschiede, so daß diese noch einmal in γ1 bis γ4 bzw. α1 und α2 unterteilt werden können. Diese, die Subklassen begründenden Unterschiede sind so geringfügig, daß sie die gemeinsamen Eigenschaften als γ- bzw. α-Ketten nicht in Frage stellen. Die vier Subklassen des menschlichen IgG stehen etwa im Verhältnis 66/23/7/4 zueinander.

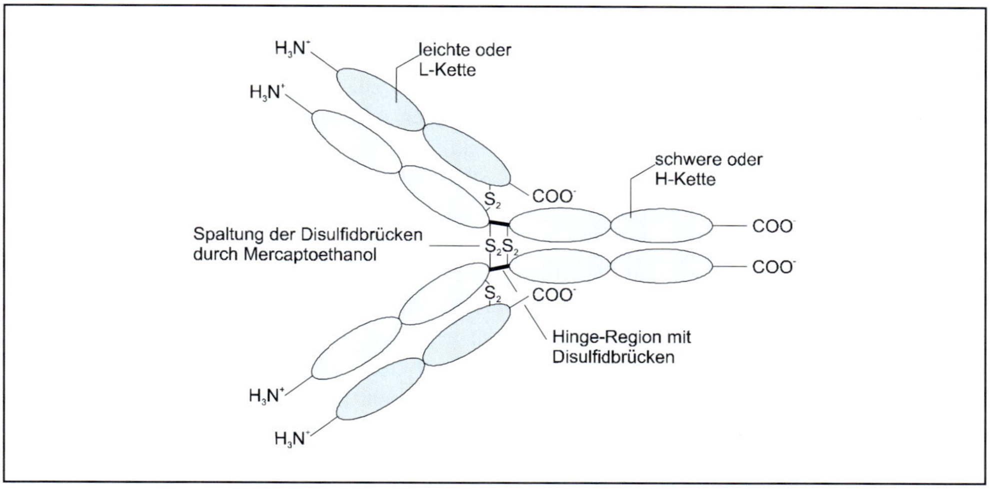

Abb. 20.13: Erste vereinfachte Darstellung eines Immunglobulinmoleküls. Die „Hinge-Region" verhält sich wie ein Scharnier und verleiht den schweren Ketten Flexibilität.

Neben den schweren Ketten weist jedes Immunglobulin zwei identische leichte Ketten auf, die wiederum in zwei Formen auftreten: als **κ-** und **λ-Kette**. Leichte und schwere Ketten sind frei kombinierbar, im einzelnen Molekül treten jedoch stets nur zwei κ- oder zwei λ-Ketten auf, genauso wie immer nur zwei gleiche H-Ketten ein Antikörpermolekül auszeichnen. Die L- und H-Ketten werden neben nichtkovalenten Bindungen durch **Disulfidbrücken** verbunden, die auch den kovalenten Zusammenhalt der schweren Ketten untereinander herstellen.

Die Disulfidbrücken lassen sich durch Zugabe von Mercaptoethanol reduktiv spalten, die nichtkovalenten Bindungen durch Zufügen denaturierender Reagenzien wie Harnstoff. Derart behandelte Antikörpermoleküle werden in ihre vier Ketten aufgespalten, die sich mit geeigneten Methoden auftrennen lassen.

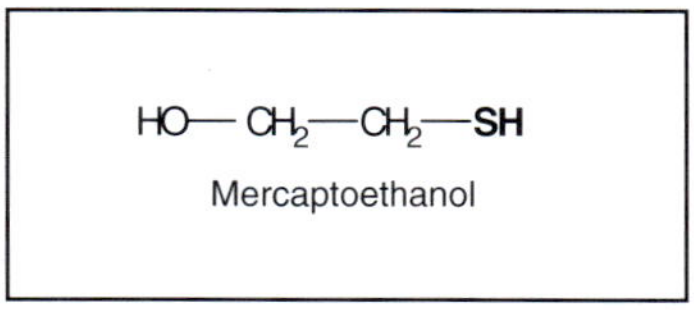

Abb. 20.14: Mercaptoethanol vermag mittels seiner Thiolgruppe -SH die Disulfidbrücken der „Hinge-Region" zu spalten.

20.5.3 Die Immunglobulinfragmente

Unterwirft man ein Immunglobulinmolekül, beispielsweise das IgG, einer enzymatischen Verdauung durch ein Enzym aus dem Milchsaft des Papaya-Baumes, **Papain**, so erhält man drei gleichgroße Fragmente mit einer relativen Molekülmasse von etwa 45.000. Zwei dieser Bruchstücke sind identisch und in der Lage, Antigen zu binden, während das dritte Fragment diese Eigenschaft vermissen läßt. Die erstgenannten, gleichen Fragmente werden daher als **Fab-Fragmente** bezeichnet, wobei das „ab" von der englischen Formulierung **ant**igene **b**inding herrührt. Das dritte Teilstück heißt **Fc-Fragment** und leitet sich von der Tatsache ab, daß sich dieses Fragment aus einer Lösung kristallisieren läßt (crystaline engl. kristallin). Fab-Fragmente, die aus einem Gemisch gelöster IgG-Moleküle durch enzymatische Verdauung hergestellt werden, lassen sich dagegen nicht auskristallisieren. Da die Kristallbildung eine Eigenschaft reiner bzw. homogener Stoffe ist, ist der Rückschluß erlaubt, daß die Fc-Fragmente verschiedener IgG-Moleküle (einer Art, z. B. des Menschen) identisch sind, während die Fab-Fragmente von IgG-Molekül zu IgG-Molekül offenbar in ihrem Aufbau variieren. Diese Erkenntnis ist, wie wir sehen werden, für die Funktion der einzelnen Fragmente von großer Bedeutung.

Bei der Pepsinspaltung erhält man ein Bruchstück, das etwa doppelt so groß ist wie ein Fab-Fragment. Im Gegensatz zur Papainspaltung greift Pepsin auf der anderen Seite der beiden Disulfidbrücken zwischen den H-Ketten an. Dadurch bleiben L-Ketten und die H-Kettenspaltfragmente miteinander verknüpft, das gebildete Spaltprodukt wird **F(ab)2-Fragment** genannt. Der Rest der beiden H-Ketten wird zu kleinen Bruchstücken und einem pFc-Fragment verdaut, die im Gegensatz zum F(ab)2-Fragment keine Antigenbindung eingehen. Pepsin und Papain setzen bei der Proteolyse in der gleichen Region des IgG-Moleküls an. Dieser Bereich des Antikörpermoleküls ist wie ein Scharnier beweglich, weshalb er auch als **Hinge-Region** bezeichnet wird (hinge engl. Gelenk). Die durch die Hinge-Region gewährleistete Beweglichkeit der beiden „Y-Arme" ist für die Funktion der Antikörper unabdingbar. Sie ermöglicht das flexible Anhaften des Antikörpers an das Epitop des entsprechenden Antigens.

20.5.4 Domänen

Untersucht man die leichten Ketten eines Typs (also z. B. von λ) genauer, indem man die Aufeinanderfolge der einzelnen Aminosäuren ermittelt, so kann man zwei etwa gleich große, 110 Aminosäuren umfassende Regionen unterscheiden. Die C-terminale Region, also diejenige mit der endständigen freien Carboxylgruppe, weist dabei von geringfügigen Variationen abgesehen eine erstaunliche Konstanz in ihrem Aufbau auf. Im Gegensatz dazu zeichnet sich die andere Kettenhälfte mit der terminalen Aminogruppe durch eine erhebliche Variabilität aus. Entsprechend werden diese Regionen **V_L-** (variable light chain engl. variable Leichtkette) und **C_L-Region** (constant light chain engl. konstante Leichtkette) genannt. Im zentralen Abschnitt beider Regionen befindet sich eine von zwei Cysteinresten gestellte Disulfidbrücke, die einen etwa 60 Aminosäurereste langen Abschnitt ausstülpt.

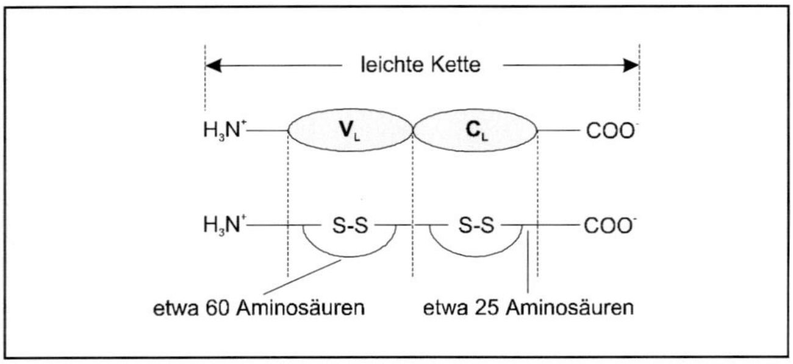

Abb. 20.15: V_L- und C_L-Region der leichten Ketten.

Schwere Ketten sind doppelt so lang wie L-Ketten. Ihr Aufbau folgt demjenigen der leichten Ketten mit dem Unterschied, daß man jetzt eine **V_H-Region** (variable heavy chain engl. variable Schwerkette) mit großer Strukturvariabilität sowie drei (bei IgG, IgA, IgD) bzw. vier (IgM und IgE) konstante **C_H-Regionen** (constant heavy chain engl. konstante

Schwerkette) mit geringfügigen Unterschieden vorfindet. Auch bei den schweren Ketten liegen zentrale Disulfidbrücken mit 60 bis 70 Aminosäuren langen Ausstülpungen vor, jede Region beinhaltet ebenfalls ungefähr 110 Aminosäuren. Die verschiedenen Regionen werden im konstanten Teil von C_H1 bis C_H3 oder bei IgM und IgE C_H4 durchnumeriert, wobei C_H3 bzw. C_H4 den carboxyterminalen Pol bilden. Diese Regionen, die von nun an **Domänen** genannt werden sollen, weisen starke Ähnlichkeiten in ihren Sekundär- und Tertiärstrukturen auf. Sowohl in den variablen V- als auch in den konstanten C-Domänen ist das **antiparallele β-Faltblatt** die beherrschende Sekundärstruktur. Zwischen den einzelnen Faltblattstrukturen bilden die variablen Domänen verbindende Schleifen aus, die durch ihre stark wechselnde Aminosäurezusammensetzung die eigentlichen Träger der Variabilität in den variablen Regionen sind.

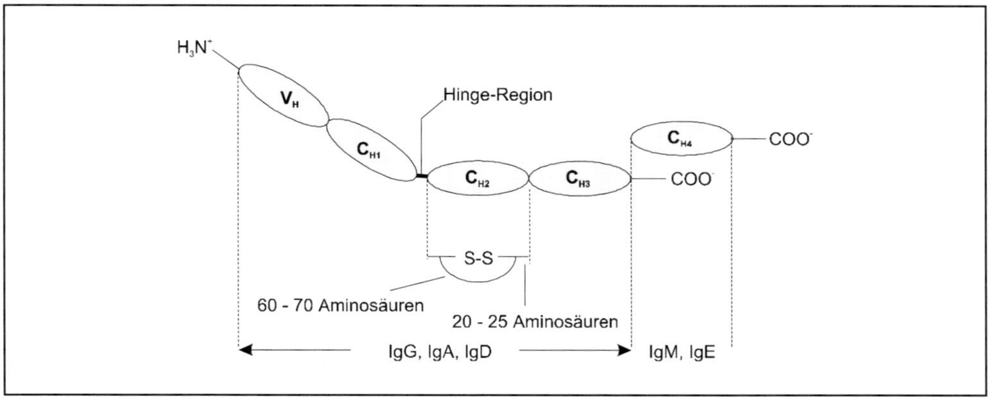

Abb. 20.16: V_H - und C_H-Region der schweren Kette.

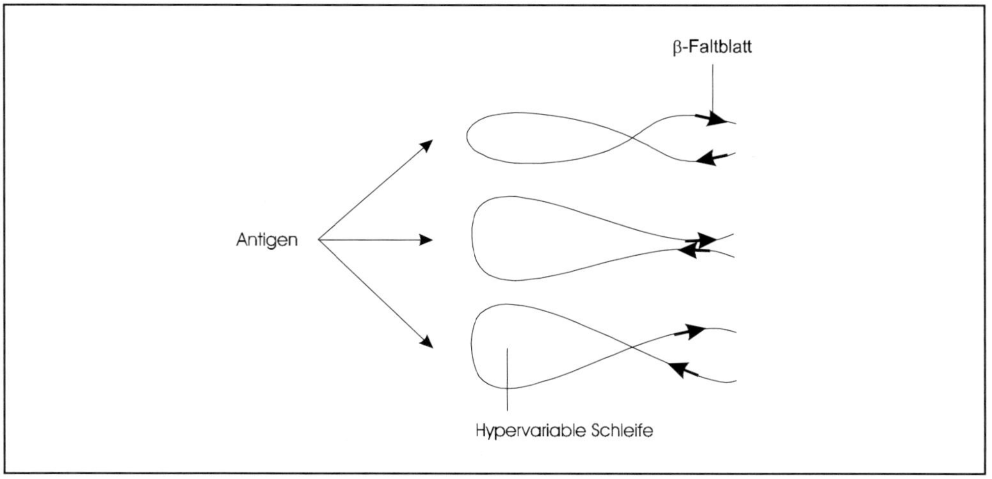

Abb. 20.17: Schematischer Aufbau einer V-Domäne.

Sie werden als **hypervariable Regionen** der V-Domänen bezeichnet und tragen am meisten zur Individualität eines Antikörpers bei. Über die hypervariablen Regionen erfolgt auch die Bindung an das Antigen, d. h., diese Schleifen vermitteln den unmittelbaren Kontakt zur entsprechenden (komplementären) Antigenstruktur.

Das IgG-Molekül umfaßt zwölf Domänen, welche wiederum zu sechs Paaren angeordnet sind. Den Antigenbindungsbereich bilden dabei zwei V_L-V_H-Paare, bei den konstanten Domänen werden die Paare C_H-C_L, C_H1-C_H1 und C_H3-C_H3 durch hydrophobe Wechselwirkungen fest aneinander gebunden. Das Paar der C_H2-Domänen bildet insofern eine Ausnahme, als die beiden Domänen durch zwischen ihnen stehende Oligosaccharidketten (Immunglobuline sind Glykoproteine!) getrennt bleiben. Dies führt dazu, daß dieses Domänenpaar deutlich anfälliger gegenüber enzymatischem Abbau durch Proteinasen ist als die anderen, in engerem Kontakt stehenden Domänenpaare. Mit den gewonnenen Erkenntnissen läßt sich nun eine verfeinerte Darstellung des Immunglobulins G aufstellen, in der die Domänen als ovale Körper dargestellt und ihre Winkel zueinander berücksichtigt sind.

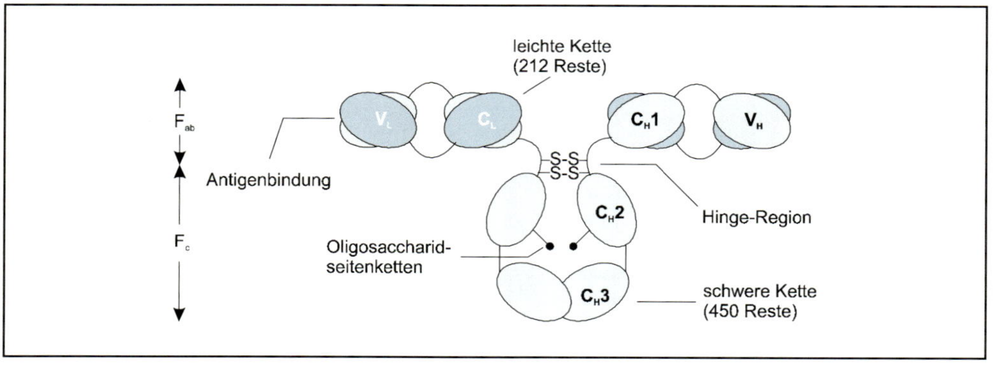

Abb. 20.18: Verfeinerte Darstellung der IgG-Struktur.

20.5.5 Die Disulfidbrücken der Immunglobuline

Durch zwei Cysteinreste ausgebildete Disulfidbrücken finden sich bei Immunglobulinen häufig und bilden ein tragendes Strukturmerkmal ihres Aufbaus. Sie verbinden leichte und schwere Ketten miteinander sowie auch die schweren Ketten untereinander. Gleichfalls findet man Disulfidbrücken innerhalb der Domänen, wo sie verschiedene Aminosäureabschnitte miteinander verbinden. Die Bindungen zwischen den Ketten sind schwächer als diejenigen in den Domänen, so daß Immunglobuline selektiv durch Reduktion (z. B. mit Mercaptoethanol) in ihre Ketten gespalten werden können, ohne daß sie selbst denaturiert werden.

Disulfidbrücken, die Schwerketten verbinden, sind meistens in der Hinge-Region lokalisiert. Beim IgM beispielsweise findet man sie aber auch am Carboxylende der H-Ketten. Ihre Zahl variiert stark. So ist IgG 1 durch zwei Disulfidbrücken in der Hinge-Region gekennzeichnet, während es bei IgG 2 vier und bei IgG 3 sogar fünfzehn sind.

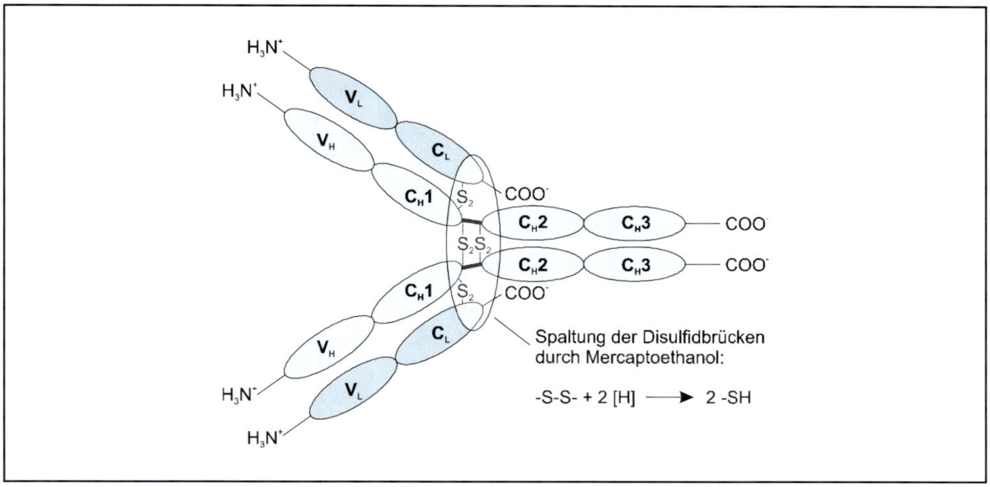

Abb. 20.19: Disulfidbrücken im Immunglobulinmolekül und ihre selektive Spaltung.

20.5.6 Die Kohlenhydrate der Immunglobuline

Als Glykoproteine enthalten alle Immunglobuline einen Kohlenhydratanteil, der zwischen 2 (IgG) und 14 % (IgD) schwanken kann. Sie sind über einen Asparaginrest N-glykosidisch mit der Aminosäurekette der betroffenen Domäne verknüpft. Bei humanem IgA1 und IgD kommen daneben auch O-glykosidisch gebundene Ketten vor. Die O-glykosidischen nehmen sich mit einer ungefähren relativen Molekülmasse von 750 gegenüber den N-glykosidischen Kohlenhydratseitenketten als kleine Strukturen aus. Die N-Glykane, wie diese Seitenketten auch genannt werden, erreichen relative Molekülmassen von 2500 bis 3000.

IgG-Moleküle besitzen lediglich ein N-Glykan pro schwerer Kette, das an den C_H2-Domänen gebunden ist. Bei den anderen Immunglobulinklassen, die allesamt mehr als eine N-glykosidisch verknüpfte Oligosaccharidkette aufweisen, findet man diese auch an den C_H1- und C_H3-Domänen. Die O-glykosidisch gebundenen Oligosaccharide der $\alpha 1$- und δ-Ketten sind auf die jeweiligen Hinge-Regionen beschränkt, in der sie vier- (IgD) bzw. fünffach (IgA) anzutreffen sind.

20.5.7 Die funktionellen Bereiche des Immunglobulinmoleküls

Am Antikörpermolekül lassen sich zwei funktionelle Bereiche unterscheiden. Der eine, welcher die Antigenbindung vermittelt, wird durch die V_L- und V_H-Regionen repräsentiert. Die hypervariablen Schleifen der benachbarten Domänen bilden dabei dreidimensionale Strukturen, die man als **Antigenbindungsstelle** oder als **combining site** (combine engl. sich verbinden, sich vereinigen und site engl. Lage, Stelle) bezeichnet.

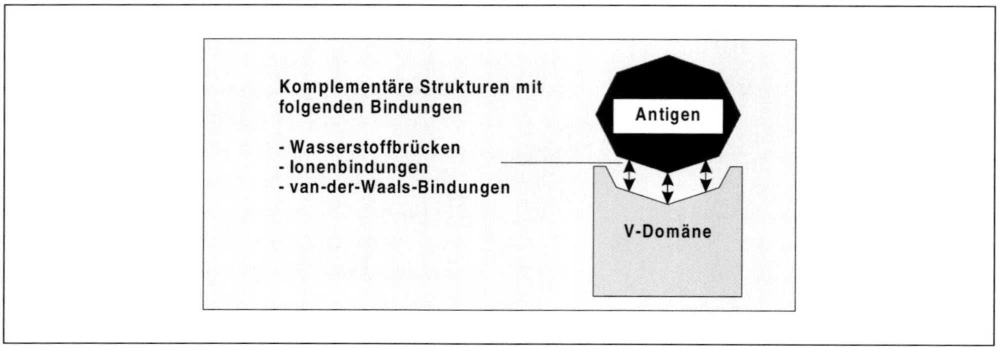

Abb. 20.20: Schematische Darstellung der Antigen-Antikörper-Beziehung.

Besteht zwischen Antigen und Antigenbindungsstelle eine gute Paßform, so sind die Bindungskräfte zwischen beiden Partnern zahlreich und intensiv, der Antikörper besitzt in einem solchen Fall eine hohe **Affinität** zu seinem Antigen. Jeder Antikörper besitzt jedoch mehr als eine Antigenbindungsstelle, im Regelfall zwei. Beim IgM finden sich sogar zehn combining sites. Viele Antigene, z. B. Bakterienoberflächen, verfügen über mehr als eine **antigene Determinante**, wie man die antigene Komplementärstruktur zur Antigenbindungstelle des Antikörpers bezeichnet. In solchen Fällen wird sich ein Antikörper mit beiden Antigenbindungsstellen (beim IgM können es noch mehr sein) an das Antigen anlagern. Die resultierenden Bindungskräfte sind größer als die Summe der Kräfte, die zwischen den einzelnen Antigenbindungsstellen und ihren antigenen Determinanten existieren.
Ist die Affinität ein Maß für die Güte der Bindung zwischen einer einzelnen antigenen Determinante und der zugehörigen Antigenbindungsstelle, so ist die **Avidität** eines Antikörpers der analoge Begriff für das multivalente Bindungsverhalten eines Immunglobulins.

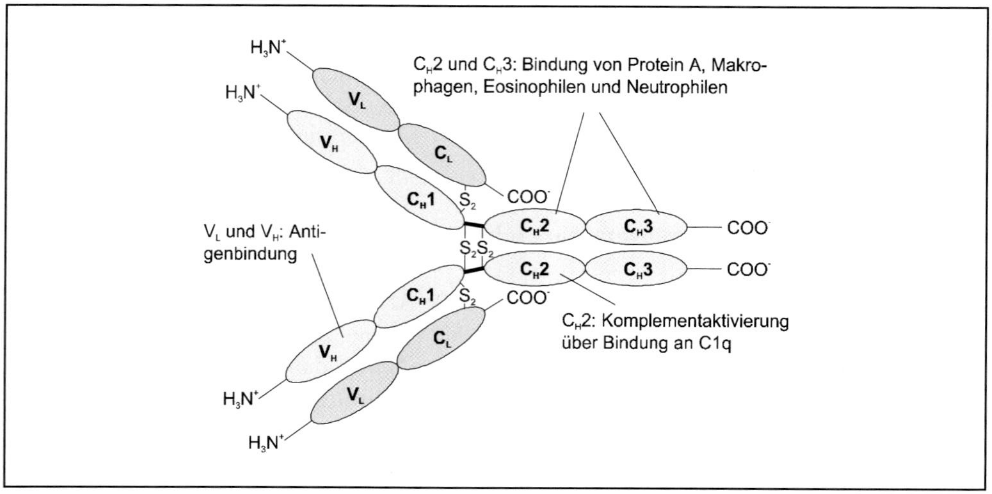

Abb. 20.21: Die verschiedenen Funktionen eines Antikörpermoleküls.

Zwar fußt die Avidität letztlich auf den einzelnen Affinitäten der Komplementärstrukturen, doch weist der Antikörper bei multivalenter Antigenbindung eine Bindungsintensität auf, die über die bloße Summe der Affinitäten hinausgeht. Die Qualität einer Antigen-Antikörper-Bindung wird somit für den physiologischen Normalfall, also die multivalente Bindung von Antigenen, besser durch den Begriff der Avidität beschrieben. Untersucht man dagegen die genauen Bindungsverhältnisse einer einzelnen variablen Region zu einem Antigen, so wird man sich des Begriffes der Affinität bedienen.

Die Funktion des Antikörpers erschöpft sich aber nicht nur in der Antigenerkennung und -bindung. Vielmehr schlagen Immunglobuline mit ihren konstanten Domänen eine Brücke zu anderen Bereichen der Immunabwehr. So beginnt die **Komplementaktivierung** (Abschnitt 20.10.2) mit der Bindung des Komplementfaktors C1q an die C_H2-Domäne eines IgG- oder IgM-Moleküls. Über einen **Fc-Rezeptor** sind viele Zellen der Immunabwehr in der Lage, eine Bindung mit der C_H2- und der C_H3-Domäne des IgG-Moleküls einzugehen. Dies trifft besonders auf Makrophagen und neutrophile Granulozyten zu, die dadurch sehr viel besser das mit Antikörpern behaftete Antigen phagozytieren können. Diese Funktion, Antigene durch Antikörperbeschichtung den Freßzellen für die Phagozytose „schmackhafter" zu machen, nennt man **Opsonierung** (opson gr. Würze).

Ebenfalls über einen Fc-Rezeptor erfolgt die Bindung von IgE-Molekülen an Mastzellen und basophile Granulozyten. **Protein A**, ein Protein der Staphylokokkenzellwand, vermag zwei IgG-Moleküle zu binden. Dies macht man sich im Labor zunutze, indem man IgG durch die spezifische Bindung an Protein A-beschichtete Gele reinigen und isolieren kann.

20.5.8 Die Immunglobuline im einzelnen

Bevor auf die verschiedenen Immunglobulinklassen im Detail eingegangen wird, soll eine Tabelle die wichtigsten Eigenschaften der Immunglobuline übersichtlich zusammenfassen.

Tabelle 20.2: Die Immunglobuline.

	IgM	IgD	IgG	IgA	IgE
Schwere Kette/Zahl der Domänen	μ/5	δ/4	γ1/4 γ2/4 γ3/4 γ4/4	α1/4 α2/4	ε/5
Leichte Ketten	κ/λ	κ/λ	κ/λ	κ/λ	κ/λ
M_r (x 10^3)	970	184	146 146 170 146	160 160	188
Kohlenhydratanteil (%)	12	9 bis 14	2 bis 3	7 bis 11	12
Zahl der Vier-Ketten-Einheiten	5	1	1	1 oder 2	1
Relativer Anteil am Gesamt-Ig im Blut (%)	10	< 1	75	15	< 1
Aktiviert Komplement	ja		ja		
Placentagängig			ja		
Bindet an Makrophagen und Neutrophile			ja		
Bindet an Mastzellen und Basophile					ja
Elektrophoretische Beweglichkeit bei pH 8,6	γ	γ	γ	γ/β	γ

Das **IgG** ist der Hauptantikörper im Blut, wobei IgG1 mit 9 g/L Serum die vorherrschende Rolle spielt. Vom IgG3 mit M_r = 170.000 abgesehen, zeichnen sich alle Subklassen des IgG durch eine relative Molekülmasse von etwa 146.000 aus. Makrophagen und Neutrophile binden mit ihren Fc-Rezeptoren an die entsprechenden Regionen derjenigen IgG-Antikörper, die ein Antigen, z. B. ein Bakterium, bedecken. Die **Phagozytose** antikörperbedeckter Antigene erfolgt wesentlich effektiver als ohne Mitwirkung von Antikörpern. Verschiedene Abwehrzellen können eukaryontische Zellen (also Zellen mit Zellkern) jedoch auch ohne Phagozytose abtöten, indem sie über Fc-Rezeptoren an antikörperbehaftete Zellen binden und diese im Anschluß (vermutlich ähnlich wie zytotoxische T-Lymphozyten) zerstören. Dieses Phänomen wird mit dem Begriff antikörperabhängige Zytotoxizität (engl. antibody-dependent cell-mediated zytotoxicity, ADCC) umschrieben. Insbesondere Makrophagen können auf diese Weise Zellen abtöten.

Ebenso wie IgM vermag IgG das **Komplementsystem** zu aktivieren, wenn auch weniger effektiv. Namentlich IgG4 zeigt hier kaum Aktivität. Um die Komplementkaskade auszulösen, sind zwei am Antigen benachbart haftende IgG-Moleküle notwendig. Zellen der Plazenta, die mit dem mütterlichen Blut in Kontakt stehen, verfügen ebenfalls über Fc-Rezeptoren, an die IgG-Moleküle gebunden werden. Durch rezeptorvermittelte Endozytose werden diese Antikörper in die Plazentazelle aufgenommen, durch diese Zelle hindurchtransportiert und mittels Exozytose an das fetale Blut abgegeben. IgG ist die einzige Immunglobulinsubklasse, die **placentagängig** ist und somit dem Fetus einen Immunschutz durch mütterliche Antikörper gewährt.

Bei der **passiven Impfung** fungieren IgG-Moleküle auch als **Antitoxine**. Im Rahmen einer passiven Impfung werden einem Individuum schützende Moleküle (Antikörper) oder Zellen (Lymphozyten) zugeführt, die von einem anderen Organismus hergestellt worden sind. So begegnet man Diphterie- und Tetanusvergiftungen durch Injektion von Immunglobulinen (Antitoxinen), die spezifisch das jeweilige Gift binden und neutralisieren. Eine passive Impfung erzeugt im Gegensatz zur **aktiven Impfung** keine Immunität, d. h. das erkrankte Individuum reagiert nicht durch eine Lymphozytenaktivierung. Da Immunglobuline mit der Zeit abgebaut werden (Halbwertszeit von IgG1: 21 d), erlischt der durch passive Impfung aufgebaute Schutz nach einem bestimmten Zeitraum. Bei einer Tetanusvergiftung impft man daher simultan, d. h., aktive und passive Impfung erfolgen gleichzeitig. Aktiv wird dabei mit einem Antigen immunisiert, das dem eigentlichen Tetanustoxin strukturell sehr ähnlich ist, aber dessen Giftigkeit nicht mehr teilt. Dieses modifizierte Toxin, auch **Toxoid** genannt, stimuliert die körpereigene Abwehr wie das eigentliche Tetanustoxin, so daß nach einer bestimmten Reaktionszeit das Immunsystem in der Lage ist, einer erneuten Intoxikation von Tetanustoxin durch eigene Antikörper zu begegnen. Während bei passiver Impfung ein sofortiger, aber nicht dauerhafter Schutz besteht, ermöglicht die aktive Impfung eine zwar verzögerte, aber dafür auch fortwährende Abwehr von Toxinen bzw. Erregern.

Die ersten Immunglobulinketten, die eine Vorläuferzelle des B-Lymphozyten, die **Prä-B-Zelle**, synthetisiert, sind μ-Ketten, also die schweren Ketten eines zukünftigen IgM-Moleküls. Danach macht sich diese Prä-B-Zelle daran, L-Ketten herzustellen, die dann als κ- oder λ-Ketten mit den bereits fertigen μ-Ketten zum vollständigen IgM zusammentreten. Diese IgM-Antikörpermoleküle werden jetzt aber nicht ins Blut abgegeben, sondern als **membranständige mIgM** in die Zellmembran eingebaut. Besitzt die schwere Kette des im Serum existierenden IgM 576 Aminosäurereste, so sind es beim mIgM 597.

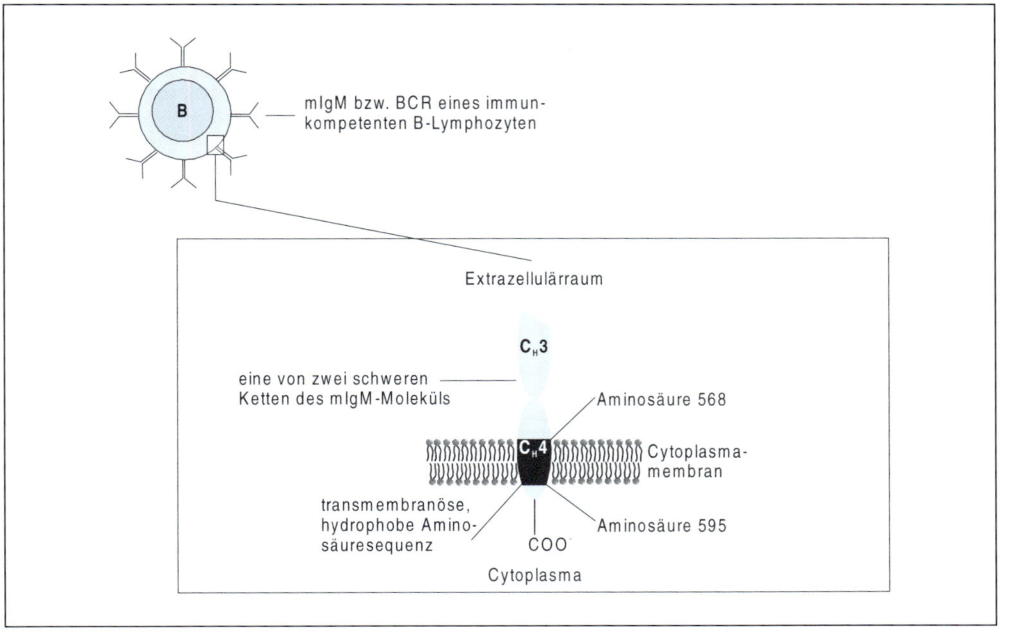

Abb. 20.22: Verankerung von mIgM in der Zytoplasmamembran in einer schematischen Darstellung.

Nur bis zum 556. Rest sind beide Formen des IgM-Moleküls identisch, im Gegensatz zum freigesetzten IgM besitzt die membranständige Form zwischen den Resten 568 und 595 eine Sequenz aus überwiegend hydrophoben Aminosäuren, die die Verankerung des Immunglobulins in der lipophilen Zytoplasmamembran ermöglichen, wie in Abb. 20.22 gezeigt wird.

Welchen Zweck hat das membranständige IgM? Das mIgM dient der Zelle als Antigen-Rezeptor, der auf Antigene reagieren kann und die Prä-B-Zelle zu einem immunkompetenten B-Lymphozyten macht. Wie wir aus vorherigen Abschnitten wissen, werden membrangebundene Antikörpermoleküle auch als **B-Zell-Rezeptoren BCR** bezeichnet. Im Anschluß an die mIgM-Synthese werden mIgD-Moleküle mit der gleichen Antigenspezifität hergestellt, die dann ebenfalls neben den bereits vorhandenen IgM-BCR als Antigenrezeptoren in der Zytoplasmamembran fungieren.

IgM ist nicht nur derjenige Antikörper, der in der reifenden B-Zelle in Form von antigenerkennenden Oberflächenrezeptoren zuerst erscheint, sondern auch dasjenige Immunglobulin, das als erstes bei einem Primärkontakt mit Antigen als Antikörper vor dem IgG ins Blut abgegeben wird. Erst nach dem IgM-Gipfel steigt die IgG-Konzentration im Serum an, so daß man das IgG als „späten" Antikörper bei einer **Primärantwort des Immunsystems** auf einen Antigenreiz bezeichnen kann. Kommt es allerdings zu einem erneuten **sekundären Antigenkontakt**, so beobachtet man ein schnelleres Ansteigen der Immunglobulinkonzentrationen, die an ihrem Höhepunkt diejenigen der Primärantwort übertreffen und von IgG-Antikörpern dominiert werden.

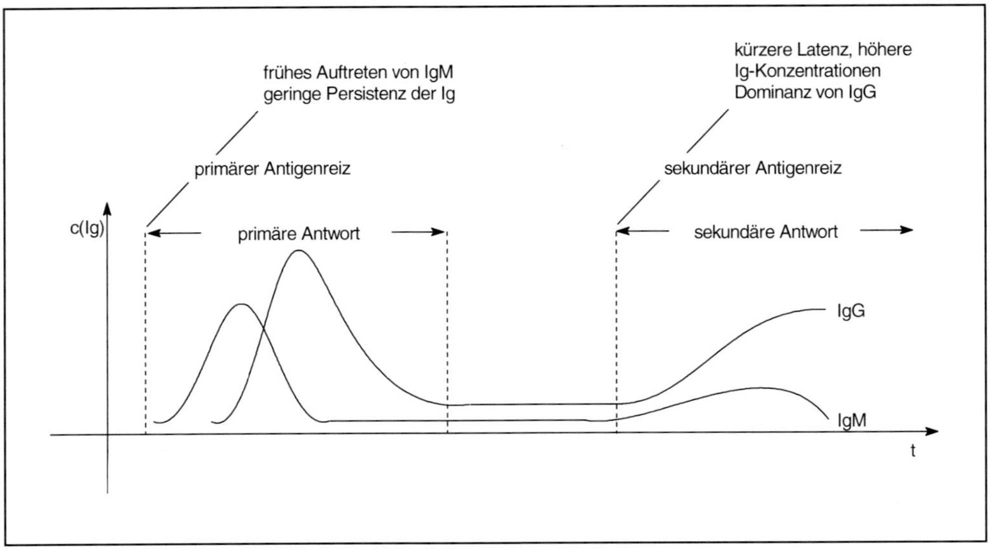

Abb. 20.23: Primäre und sekundäre Immunantwort.

Es ist wichtig zu betonen, daß die sezernierten IgM- und IgG-Antikörper einer Plasmazelle die gleiche Antigenspezifität aufweisen wie die membranständigen mIgM- und mIgD-Moleküle desjenigen B-Lymphozyten, aus dem sich die betrachtete Plasmazelle differenziert hat. Erst nachdem diese das Antigen „erkannt" haben, wird die B-Zelle aktiviert und beginnt im Anschluß als Plasmazelle mit der Sekretion löslicher IgM- und IgG-Antikörper.

Das **plasmatische IgM** ist ein Pentamer (also ein Protein mit fünf Untereinheiten, penta gr. fünf und meros gr. Teil) mit einer relativen Molekülmasse von 970.000. Die fünf identischen Monomere (M_r ungefähr 180.000) sind durch Disulfidbrücken und die sogenannte **J-Kette** (join engl. verbinden, zusammenfügen) miteinander verknüpft. Die J-Kette selbst ist ein an Cystein reiches Glykoprotein mit M_r = 15.000, das über 137 Aminosäurereste und eine Oligosaccharidkette verfügt. Sie wird ebenso wie die IgM-Moleküle von der Plasmazelle synthetisiert. J-Kette und µ-Ketten sind über Disulfidbrücken miteinander verknüpft.

Die IgM-Monomere besitzen im Gegensatz zu IgG-Molekülen schwere Ketten mit **fünf Domänen** und fünf Oligosaccharidketten pro µ-Kette. Von den zehn Antigenbindungsstellen (zwei pro Monomer) werden oft nur fünf genutzt, was vermutlich in der fehlenden Flexibilität der F(ab)2-Fragmente des sperrigen Moleküls begründet ist. Bindet ein IgM-Molekül an eine Antigenoberfläche, z. B. eines Bakteriums, so verändert es sein sternförmiges Aussehen zugunsten einer eher krabbenförmigen Struktur. Antigengebundenes IgM ist ein starker **Komplementaktivator**.

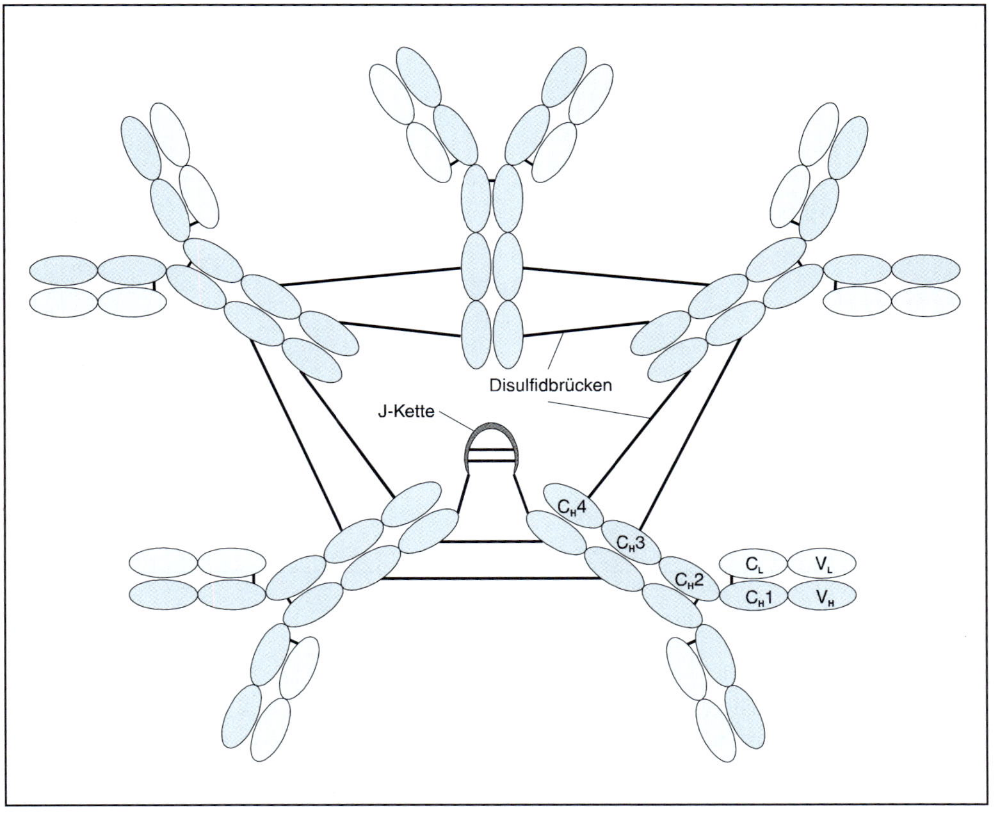

Abb. 20.24: Struktur des sekretorischen IgM-Moleküls. Kohlenhydratseitenketten sind nicht eingezeichnet (nach ROITT, BROSTOFF und MALE).

IgA ist, auch wenn es im Serum vorkommt, der **Antikörper der Körperflüssigkeiten**. Man findet es im Speichel, Tränen, Nasensekret, Muttermilch, Colostrum, Schweiß, Bronchial- und Intestinalschleim. Die mit der **Muttermilch** in den Säugling gelangten IgA-Moleküle schützen diesen vor pathogenen Keimen im Darmtrakt und tragen zum Aufbau einer normalen Bakterienflora bei. Das **Serum-IgA** liegt im Blut zu etwa 80 % als Monomer mit einer relativen Molekülmasse von 160.000 vor. Wie beim IgG besitzen die schweren Ketten vier Domänen, im Gegensatz zu diesem sind die α-Ketten jedoch nur über eine Disulfidbrücke miteinander verbunden. Mit dem IgM teilt IgA die Eigenschaft über ein C-terminales Octapeptid zu verfügen, das mit seinem Cysteinrest eine Disulfidbrücke zu einer **J-Kette** im polymeren IgA herstellt. Polymeres IgA findet sich im Serum zu ca. 20 % des Gesamt-IgA, wobei dieses Immunglobulin Dimere, Trimere, Tetramere und Pentamere ausbilden kann. Wie beim IgM-Pentamer sind polymere IgA-Moleküle über Disulfidbrücken und eine J-Kette verknüpft. In den Körpersekreten existiert das IgA ganz überwiegend aus **Dimeren**, welche eine relative Molekülmasse von 380.000 aufweisen. Dieses IgA wird **sekretorisches IgA** oder **sIgA** genannt. Neben der bereits vom IgM her bekannten J-Kette besitzt sIgA darüber hinaus noch eine sogenannte **sekretorische Komponente**, die im Gegensatz zur J-Kette nicht von den Plasmazellen, sondern von den Epithelzellen des jeweiligen Gewebes (z. B. Darm-, Bronchial- oder Mammaepithel) synthetisiert wird.

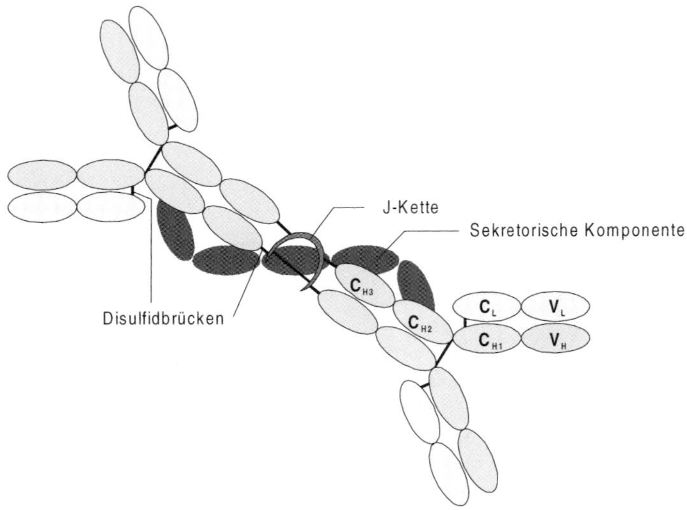

Abb. 20.25: Struktur eines dimeren, sekretorischen IgA-Moleküls. Kohlenhydratseitenketten sind nicht eingezeichnet.

Die Komponente ist kein Immunglobulin, sie besitzt in der an IgA gebundenen Form eine relative Molekülmasse von etwa 50.000 bis 60.000 und weist in ihrer Eigenschaft als Glykoprotein einen Kohlenhydratanteil von 16 bis 23 % auf. Die sekretorische Komponente ist über Disulfidbrücken an jedes der beiden IgA-Monomere gebunden, wobei vermutlich Cysteinreste in der C_H2-Domäne den Anknüpfungspunkt bilden.

Die Funktion der sekretorischen Komponente wird darin gesehen, IgA einerseits vor proteolytischem Abbau zu schützen und andererseits den Transport des sIgA in die Sekrete zu erleichtern. Wie aber findet diese Sekretion statt?

Zunächst werden monomere IgA-Moleküle in Plasmazellen der Lamina propria mucosae, einer exokrinen Drüse oder des Darms nach den Prinzipien der Glykoproteinsynthese aufgebaut und über die J-Kette miteinander zu Dimeren verknüpft. Die von den Plasmazellen sezernierten IgA-Dimere werden von speziellen Rezeptoren der Darm-, Bronchial- oder Drüsenzelle, den **Poly-Ig-Rezeptoren,** an der lumenabgewandten Seite gebunden. Durch **rezeptorvermittelte Endozytose** werden die Poly-Ig-Rezeptor-IgA-Komplexe in die Epithelzelle aufgenommen und in Vesikeln eingeschlossen durch deren Zytoplasma transportiert. Während dieser Zytoplasmapassage wird der Rezeptor enzymatisch gespalten, und derjenige Rezeptorteil, der am IgA-Dimer gebunden bleibt, bildet die sekretorische Komponente. Sie kann daher als ein proteolytisches Fragment des Poly-Ig-Rezeptors betrachtet werden. Der Rezeptor wird nicht wieder verwendet und muß daher neu synthetisiert werden.

In den Drüsenlumina des Darms oder der Lunge findet man aber nicht nur sIgA, sondern auch monomere Formen, die in den lymphatischen Organen gebildet wurden und über Blutbahn und „umgekehrte Epithelzellpassage“ in die Lumina der jeweiligen Organe gelangen.

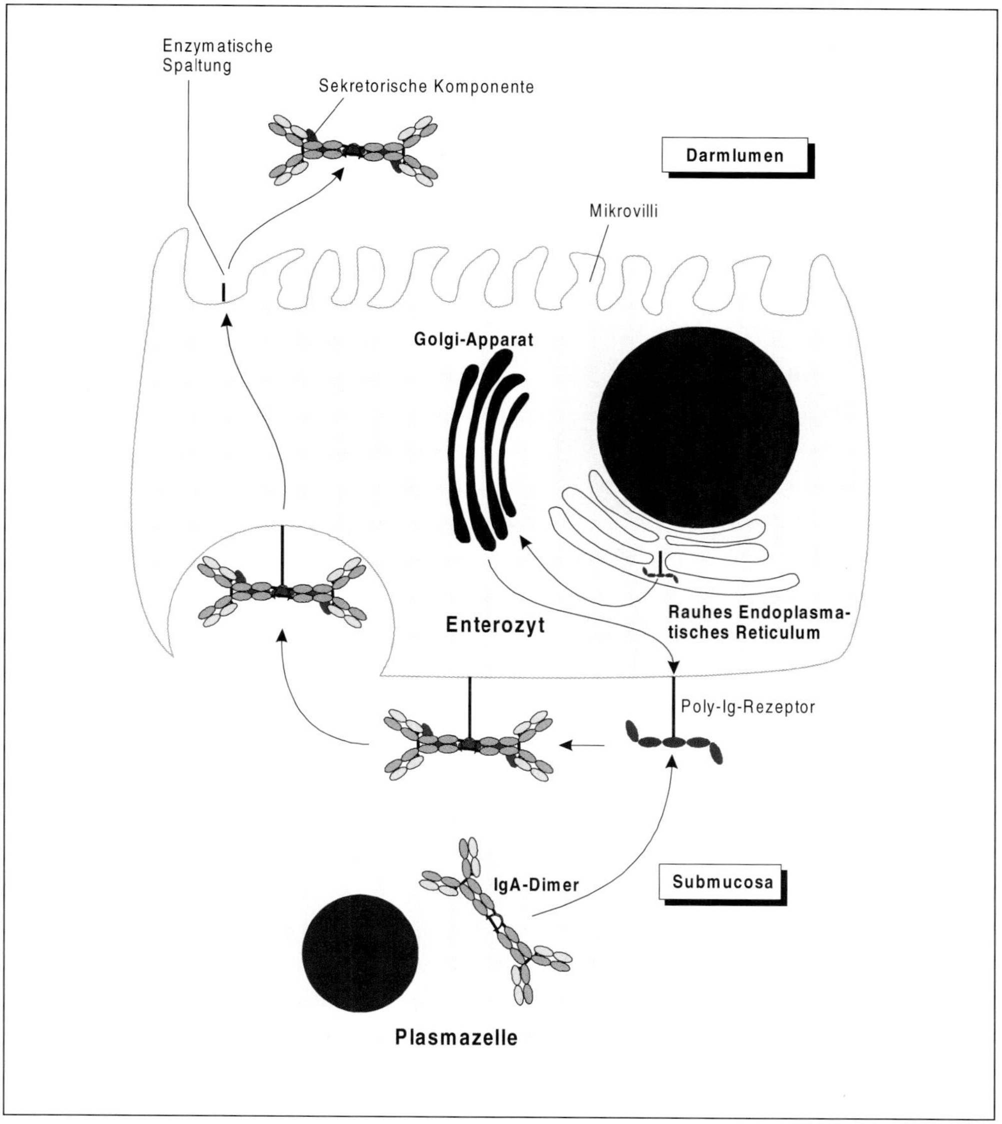

Abb. 20.26: Sekretorisches IgA (sIgA) und J-Kette werden von Plasmazellen der Submucosa synthetisiert. Die Darmepithelzelle, der Enterozyt, produziert im rauhen Endoplasmatischen Reticulum den Rezeptor für polymere Immunglobuline, der anschließend im Golgi-Apparat glykosyliert wird. Der gezeigte Mechanismus gilt übrigens auch für pentameres IgM, das in den Darm sezerniert wird. Durch Exozytose gelangt der Rezeptor an die submucosale Zelloberfläche, wo er auf dimeres IgA oder pentameres IgM trifft. Endozytose, Transport durch die Zelle via Vesikel und Exozytose auf der luminalen Seite befördern Immunglobulin und Rezeptor in das Darmlumen. Nach enzymatischer Spaltung verbleibt aber nur die sekretorische Komponente des Poly-Ig-Rezeptors beim Immunglobulin.

Vom Immunglobulin A existieren zwei **Subklassen.** Während im Serum IgA1 überwiegt, findet man in den Sekreten relativ mehr IgA2. Beide Subklassen unterscheiden sich in der Zusammensetzung der Oligosaccharidseitenketten und ihrer elektrophoretischen Beweglichkeit (α2-Ketten sind stärker negativ geladen als α1-Ketten).

Die Serumkonzentration von **IgD** ist im Vergleich zu den zuvor besprochenen Immunglobulinklassen gering. Immunglobulin D ist empfindlicher als IgG, IgA und IgM gegenüber enzymatischer Proteolyse, die im Serum besonders auf das Plasmin zurückgeht. IgD-Antikörper sind Monomere mit zwei schweren und zwei leichten Ketten, deren relative Molekülmasse 184.000 beträgt. Die schweren Ketten sind wie beim IgA nur durch eine in der Hinge-Region lokalisierte Disulfidbrücke miteinander verbunden.

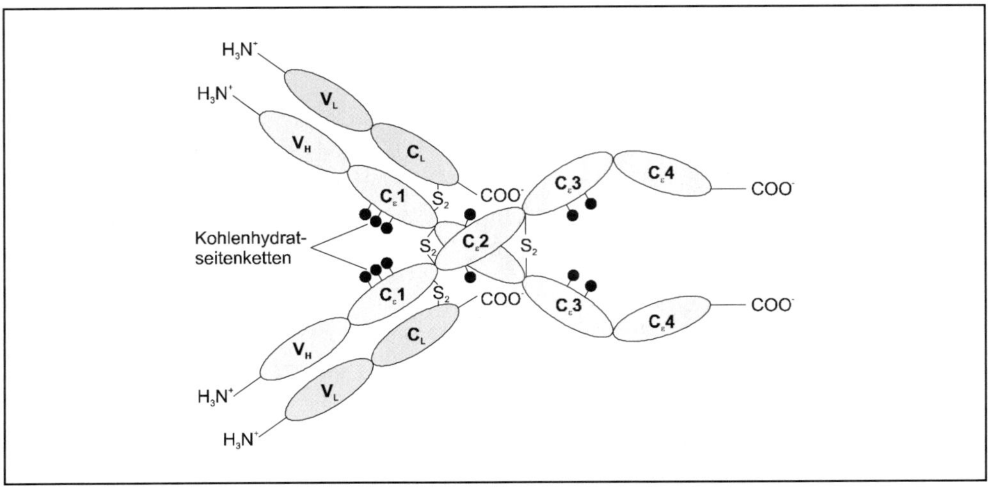

Abb. 20.27: Struktur des IgE.

IgD wird wie IgM in die Membran von reifen B-Zellen eingebaut, wo es wie dieses als **Antigenrezeptor** des immunkompetenten B-Lymphozyten (**BCR**) fungiert. Auch IgD besitzt dabei dieselbe Antigenspezifität wie membranständiges IgM und die später sezernierten Antikörper.

Ist IgD schon spärlich im Serum vertreten, so trifft dies für **IgE** noch eher zu. Das Immunglobulin E existiert nur als Monomer, dessen relative Molekülmasse mit 188.000 recht hoch ausfällt. Das liegt einerseits daran, daß der Kohlenhydratanteil mit etwa 12 % beträchtlich ist, andererseits weist IgE zwei schwere Ketten mit fünf Domänen (V_H und C_H1 bis C_H4) auf. Zwei durch die C_H2-Domänen voneinander getrennte Disulfidbrücken verbinden die beiden ε-Ketten. Bemerkenswert ist, daß IgE über keine Hinge-Region verfügt und daher als Molekül sehr unflexibel ist. Die Fc-Region des IgE-Moleküls zeigt eine hohe Affinität zu **Fc-Rezeptoren** der gewebsständigen **Mastzellen** und der **basophilen Leukozyten** des Blutes. Über diese an Mastzellen und Basophile gebunden, fungieren die von Plasmazellen an die Gewebe abgegebenen und nunmehr zellständigen IgE-Antikörper als Antigenrezeptoren. Im Gegensatz zu den B-Zellen tragen Mastzellen und Basophile also IgE-Moleküle mit unterschiedlichen Antigenbindungsstellen, da IgE-Moleküle verschiedener Plasmazellen an die Fc-Rezeptoren derselben Mastzelle bzw. desselben Basophilen andocken können. Bindet nun ein Antigen an zwei benachbarte IgE-Antigenrezeptoren und vernetzt sie dadurch, so kommt es zu einer massiven **Degranulation der Mastzellen**. Dabei werden die Histamin und verschiedene Mediatoren (besonders Prostaglandine) enthaltenden Vesikel der Mastzellen durch Exozytose nach außen entleert.

Mediatoren und Histamin erhöhen die Gefäßpermeabilität, erweitern die Gefäße und verursachen ein Ödem. In der Lunge kommt es zu einer Kontraktion der Bronchialmuskulatur mit Verengung der zuführenden Atemwege (sogenannte Obstruktion). Chemotaktische (taxis gr. Stellung) Faktoren aus den Vesikeln locken Abwehrzellen herbei, die nun im Verein mit den Gefäßveränderungen eine entzündliche Reaktion veranlassen. Sie äußert sich in Form einer **allergischen Reaktion,** beispielsweise als **Asthma** oder **Heuschnupfen.** Daher werden die Antigene der zellständigen IgE-Antikörper auch als **Allergene** bezeichnet.

20.5.9 Die Struktur von Antigenen

Antigene sind bekanntlich Stoffe, die über Interaktionen mit T- oder B-Zell-Rezeptoren (membranständige Antikörper an B-Lymphozyten) Lymphozyten aktivieren. Wie müssen Antigenmoleküle jedoch beschaffen sein, um diese Aktivierung herbeizuführen?

Zunächst fällt auf, daß anorganische Moleküle und Ionen nicht antigen sind. Somit existieren auch keine Antikörper gegen anorganische Strukturen. Organische Stoffe müssen eine gewisse Größe erlangen, um als Antigene zu fungieren. Antigene organische Moleküle haben in der Regel eine relative Molekülmasse, die über 4000 liegt. Zu hochpotenten Antigenen werden organische Stoffe aber erst, wenn sie relative Molekülmassen im Bereich von 10^4 bis 10^6 besitzen. Kleine Moleküle, die für sich genommen keine Antigenität aufweisen, können durch Bindung an ein großes **Carriermolekül**, z. B. ein Protein, zum Antigen werden. Niedermolekulare Teilchen, die durch Carrierbindung zu Antigenen werden, heißen **Haptene.** Ein solches Hapten ist beispielsweise Trinitrophenol, auch **Penicillin** kann die Rolle eines Haptens übernehmen.

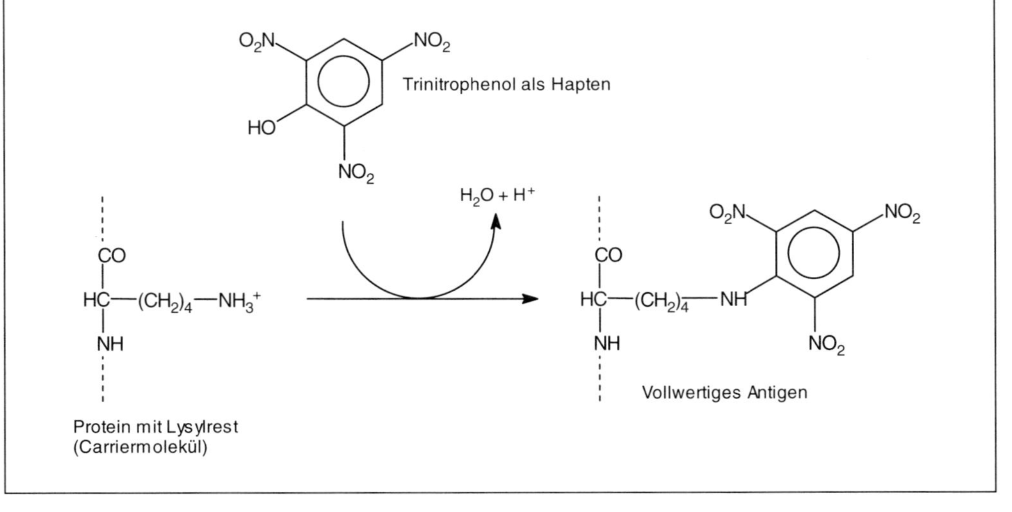

Abb. 20.28: Hapten und Carriermolekül als Antigen.

Die besten Antigene stellen **Proteine** dar. Im Vergleich zu ihnen wirken Polysaccharide weniger antigen, Lipide und Nukleinsäuren provozieren eine Lymphozytenantwort nur als carriergebundene Haptene. Immunisiert man mit Nukleoproteinen (also Komplexen aus Nukleinsäuren und Proteinen), so lassen sich jedoch Antikörper gegen DNA erzeugen. Solche Antikörper findet man bei Patienten, die an systemischen Lupus erythematodes, einer Autoimmunerkrankung, leiden.

20.5.10 Das Prinzip der Herstellung monoklonaler Antikörper

Die Immunisierung eines Organismus wird immer eine heterogene Immunantwort ergeben, d. h., es werden verschiedene B-Lymphozytenklone (ein Klon ist die Gesamtheit aller Zellen, die von einer einzigen Mutterzelle durch Zellteilung abstammen und somit genetisch identisch sind) aktiviert, die dann auch unterschiedliche, **polyklonale Antikörper** gegen das Antigen produzieren. Im Gegensatz zu normalen, gesunden Plasmazellen, die sich zwar isolieren, aber kaum in Kultur halten lassen können, ist dies bei sogenannten **Myelomzellen** möglich. Myelomzellen sind Tumorzellen aus einem bestimmten Knochenmarkstumor, dem **Plasmozytom** oder **Multiplen Myelom**. Sie entstehen durch somatische Transformation (Umwandlung einer gesunden in eine Krebszelle) einer einzigen B-Zelle und stellen somit einen Klon dar. Sie sind unbegrenzt kultivierbar und produzieren auch **monoklonale Antikörper** (diese entstammen also alle demselben Klon und müssen daher identisch sein), deren Antigenpartner jedoch - und das ist hierbei das Problem - im Regelfall nicht bekannt ist.

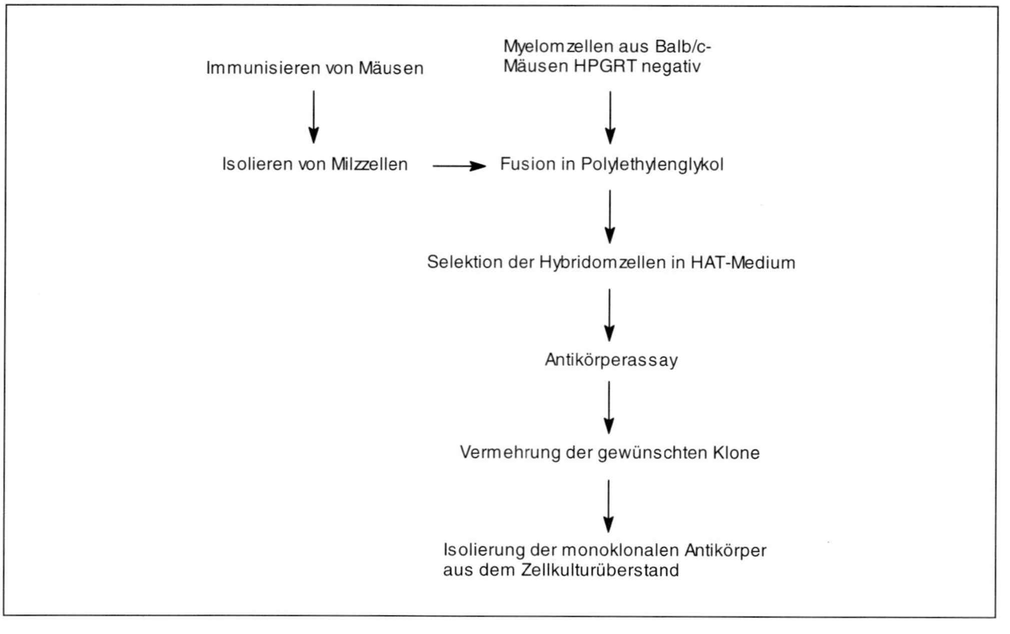

Abb. 20.29: Die Herstellung monoklonaler Antikörper im Flußdiagramm.

1975 gelang es G. KÖHLER und C. MILSTEIN[1], Zellen herzustellen, die einerseits unbegrenzt in Kultur haltbar sind (sogenannte potentielle Unsterblichkeit) und andererseits monoklonale Antikörper gegen ein einziges, vorher durch Immunisierung definiertes Antigen herstellen. Diese Zellen heißen **Hybridomzellen** (Hybrid aus B-Zelle und Myelomzelle). Ihre Entwicklung verläuft im einzelnen wie folgt: Eine Maus wird über einen längeren Zeitraum mit einem Antigen X immunisiert. Folglich wird sie auch (!) Antikörper gegen speziell dieses Antigen X über entsprechende B-Lymphozyten produzieren. Nach Tötung der Maus wird dieser die Milz entnommen (Splenektomie). Diese wird homogenisiert und derart aufgearbeitet, daß man Milzlymphozyten weitgehend isoliert vorliegen hat. Sie werden nun unter Zugabe von Polyethylenglykol mit Myelomzellen einer anderen Maus fusioniert (also miteinander verschmolzen). Man benutzt zur Fusion Myelomzellen von sogenannten „Balb/c-Mäusen" (ein Inzuchtstamm), die keine eigenen Antikörper synthetisieren und zudem eine defekte Hypoxanthin-Guanin-Phosphoribosyl-Transferase ($HGPRT^-$) besitzen, wodurch die Selektion der fusionierten Hybridomzellen erleichtert werden kann. Dafür hat sich das sogenannte **HAT-Medium** bewährt, das Hypoxanthin, Aminopterin und Thymidin enthält. Aminopterin blockiert als Folsäureantagonist den regulären Syntheseweg für Nukleotide, insbesondere von TMP und den Purinnukleotiden. Dieser Syntheseweg kann über den sogenannten „Salvage Pathway" umgangen werden. Dabei werden im katabolen Stoffwechsel der Nukleinsäuren entstandene (hier beigefügte) Basen durch HGPRT mit 5-Phophoribosyl-1-diphosphat zu neuen Nukleotiden verbunden. Folglich überleben und proliferieren im HAT-Medium nur solche Myelomzellen, die durch Fusion mit einem B-Lymphozyten oder einer Plasmazelle aus der Milz $HGPRT^+$ geworden sind, also die gewünschten Hybridomzellen darstellen. Die im Fusionsansatz in großer Überzahl vorhandenen, nicht fusionierten Myelomzellen und verbliebenen Milzzellen, die in Kultur ohnehin nicht wachsen können, sterben ab. Die Hybridomzellen der Kultur sezernieren 10 bis 15 µg Antikörper pro ml Kulturmedium. Diese befinden sich im Kulturüberstand, aus dem sie isoliert werden müssen.

20.6 Das Plasmozytom oder Multiple Myelom

20.6.1 Definition und Epidemiologie

Das Multiple Myelom bzw. Plasmozytom ist eine bösartige Geschwulst des Knochenmarks, deren Häufigkeitsgipfel im 6. bis 7. Lebensjahrzehnt liegt und bei beiden Geschlechtern etwa gleich häufig auftritt. Im Jahr erkranken 3 von 100.000 Personen neu an dieser Krankheit, ihre Häufigkeit in der Bundesrepublik Deutschland liegt bei 10 – 20 Erkrankten pro

---

[1] **KÖHLER, G. J:** *1946, † 1995. **MILSTEIN, C.**: *1927. In der Zeit von 1974 bis 1976 unterbrach der deutsche Immunologe KÖHLER seine Tätigkeit am Immunologischen Institut in Basel, um in die Arbeitsgruppe des Argentiniers MILSTEIN nach London zu wechseln. Zusammen entwickelten sie dort die Techniken zur Herstellung monoklonaler Antikörper, derentwegen die beiden Immunologen 1984 den Nobelpreis für Medizin erhielten. Der dritte Preisträger war in jenem Jahr der dänische Biochemiker **N. JERNE** (*1911), welcher theoretische Grundlagen zur Entstehung der Antikörpervielfalt sowie die sogenannte Netzwerktheorie entwickelte. Von London kehrte KÖHLER nach Basel zurück, um anschließend von 1984 bis zu seinem Tode im Jahre 1995 das Freiburger MAX-PLANCK-Institut für Immunologie zu leiten.

100.000 Einwohner. Im Jahr versterben wiederum 2 von 100.000 Einwohnern an dieser malignen Erkrankung (Saarländisches Krebsregister).

Nahezu alle Plasmozytome beginnen im Knochenmark, erst im Endstadium kommt es zur Tumorbesiedlung außerhalb des Skelettsystems. Primär extraossäre (also außerhalb des Knochengewebes lokalisierte) Plasmozytome sind mit ca. 4 % der Fälle selten.

20.6.2 Pathologie

Der Tumor entsteht aus der Transformation eines einzigen B-Lymphozyten, von dem alle durch Mitose entstandenen Zellen des Neoplasmas (Neoplasma gr. Neubildung) abstammen, wie die Produktion eines gemeinsamen, identischen monoklonalen Antikörpers in allen Zellen zeigt. (Abb. 20.30). Das Zielantigen dieser Antikörper, die in der Serumelektrophorese einen schmalbasigen Gipfel zeigen, ist unbekannt. Sie sind für die eigene Immunabwehr „wertlose Antikörper".

Die Ursache der dem Plasmozytom zugrunde liegenden Transformation ist unbekannt, diskutiert werden aber genetische Faktoren oder Strahlung. Es handelt sich also um einen **Klon** pathologisch veränderter B-Zellen, die sich zu Plasmazellen entwickeln. Dabei zeigen sie ein expansives und **destruierendes Wachstum**, das zur Verdrängung und Zerstörung des umliegenden Knochen- und Knochenmarksgewebes führt.

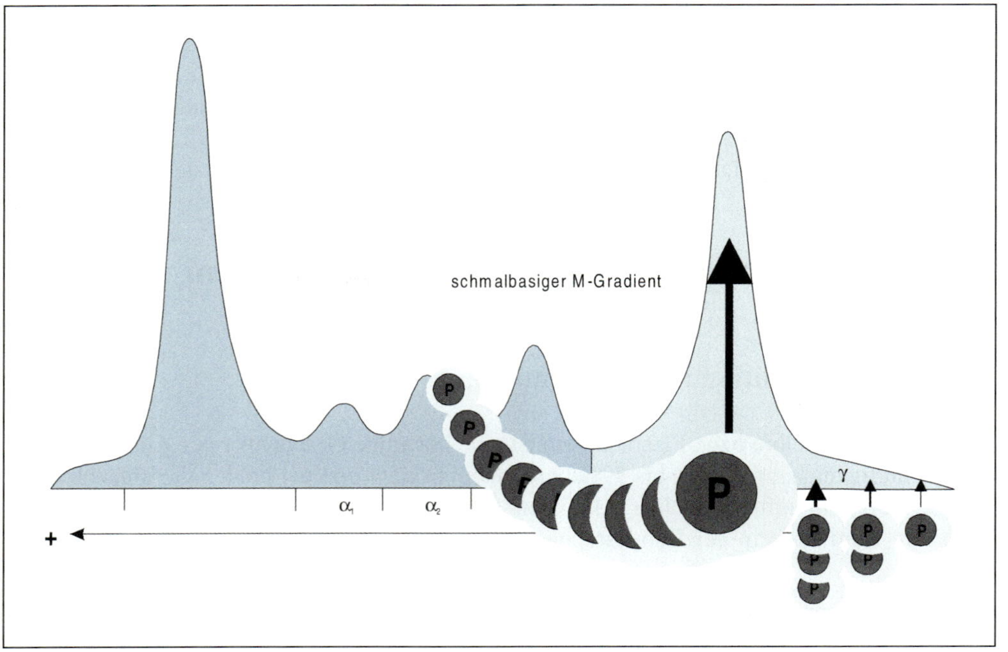

Abb. 20.30: Serumelektrophorese bei Plasmozytom. Man findet einen schmalbasigen Gipfel, den sogenannten M-Peak oder M-Gradient (von **m**onoklonal oder **m**ultiplem **M**yelom) in der γ-Fraktion. Bei BENCE-JONES-Plasmozytomen kann aufgrund der schnellen Eliminierung der freien Leichtketten (M_r = 22.000, also frei filtrierbar) über die Nieren ein M-Gradient fehlen!

Tabelle 20.3: Die Häufigkeit verschiedener Plasmozytome.

Plasmozytom oder Multiples Myelom	
Immunglobulinklasse	**Häufigkeit (%)**
Immunglobulin G	61
Immunglobulin A	20 - 25
Immunglobulin M	15
BENCE-JONES-Leichtketten	ca. 15 %
Immunglobulin D	1
Immunglobulin E	Einzelfälle

Für die Häufigkeit, mit der die einzelnen monoklonalen Antikörper bei Plasmozytompatienten auftreten, gilt die Aufstellung in Tabelle 20.3.

Die Tumorzellen können Plasmazellen weitgehend gleichen (reifzellige Plasmozytome), daneben findet man mehrkernige Zellen, Mitosen und Plasmazellenvorstufen. In unreifzelligen Plasmozytomen haben die Zellen ihre Ähnlichkeit mit Plasmazellen verloren, so daß dieser Tumor auch als (Multiples) **Myelom** bekannt ist. Aufgrund seiner verstreuten osteolytischen (also knochenauflösenden) Aktivität äußert sich das Plasmozytom im Röntgenbild meist mit mehreren Knochenläsionen (laedare lat. verletzen, stoßen), weshalb es den Begriff „multipel" im Namen führt.

20.6.3 BENCE-JONES-Proteine

In etwa 15 % aller Fälle sezernieren die Plasmazellen des Tumors lediglich freie, also nicht an entsprechende Schwerketten gebundene L-Ketten, die zunächst im Serum auftreten und sich leicht im Harn nachweisen lassen, da sie über die Niere aufgrund ihrer geringen relativen Molekülmasse von 22.000 schnell ausgeschieden werden. Durch diese Eliminierung zeigt sich in der Serumelektrophorese oftmals kein M-Gradient, der jedoch in einer Harnelektrophorese deutlich zu Tage tritt. Die Harnimmunfixation zeigt dann eine schmale Bande für die jeweilige Leichtkette an. L-Ketten, die beim Erhitzen des Harns auf etwa 50 °C ausfallen und bei höheren Temperaturen wieder in Lösung gehen, werden nach dem englischen Pathologen HENRY BENCE-JONES als BENCE-JONES-**Proteine** bezeichnet, das entsprechende Plasmozytom wird BENCE-JONES-Plasmozytom oder **Leichtkettenkrankheit** genannt. Man unterscheidet dabei BENCE-JONES-Plasmozytome vom κ- und λ-Typ. Es treten daneben häufig Plasmozytome auf, die sowohl vollständige Antikörper als auch BENCE-JONES-Proteine sezernieren.

20.6.4 Symptome

Das Plasmozytom weist drei **Kardinalbefunde** auf:

- Auftreten **monoklonaler Immunglobuline** (Serumelektrophorese)
- **Plasmazellanteil > 10 % im Knochenmark** (Knochenmarkshistologie)
- **Osteolysen** im Röntgenbild, oft multipel in Schädel, Rippen, Wirbel und Becken

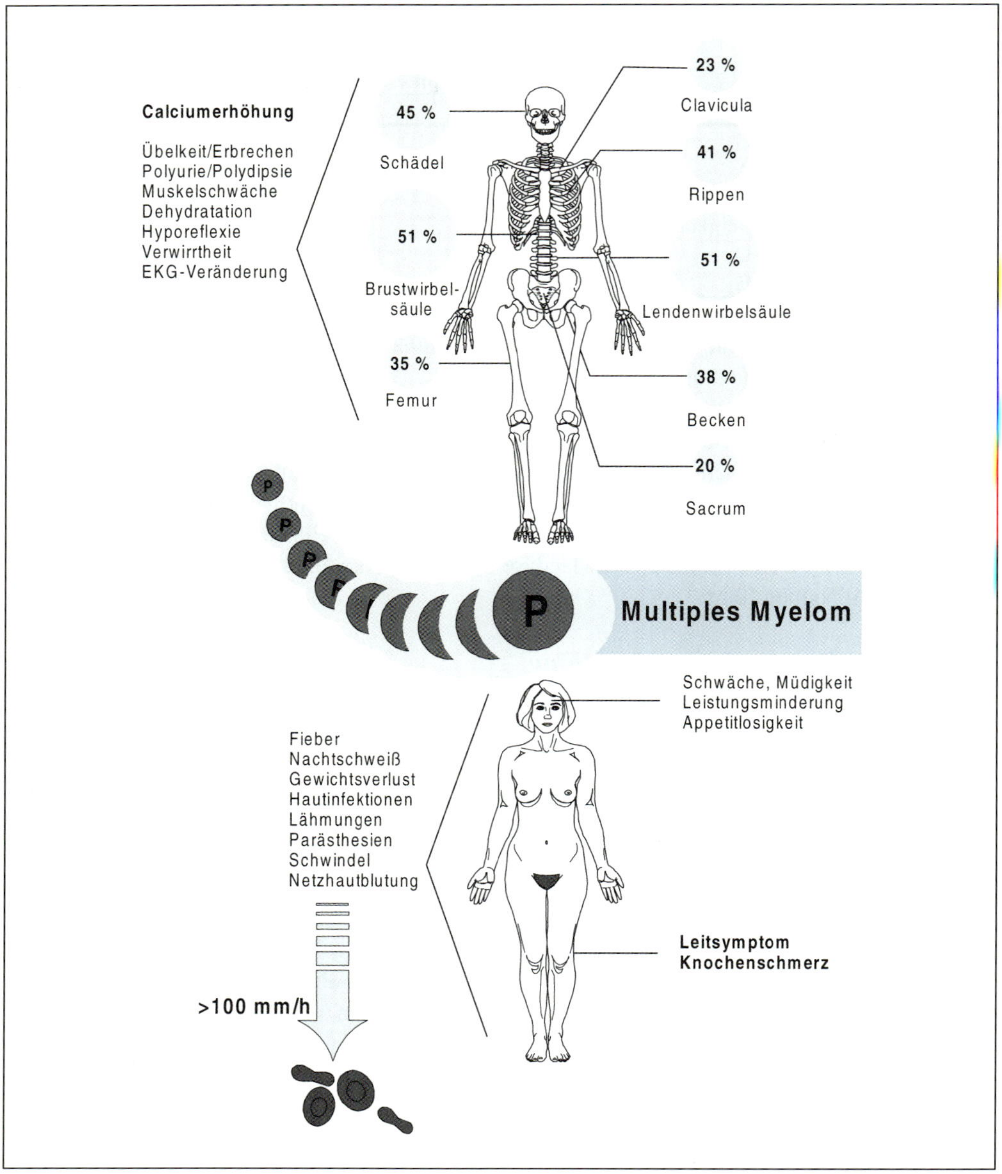

Abb. 20.31: Das Leitsymptom des Multiplen Myeloms bzw. Plasmozytoms sind Knochenschmerzen. Oben sind die Häufigkeitsverteilung des Knochenbefalls sowie der dadurch bedingten Symptome der Hypercalcämie wiedergegeben. Die untere Hälfte zeigt weiter häufige Symptome, die weitgehend unspezifisch sind und bei anderen Erkrankungen ebenfalls gefunden werden. Typisch ist auch die stark beschleunigte Blutkörperchen-Senkungsgeschwindigkeit, deren Werte nicht selten über 100 mm in der ersten Stunde liegen können.

Darüber hinaus finden sich folgende Symptome: Extrem **beschleunigte Blutkörperchen-Senkungsgeschwindigkeit** mit 1 h-Werten > 100 mm (nur leichte Erhöhung beim BENCE-JONES-Plasmozytom!), **Knochenschmerzen**, **Spontanfrakturen** der Knochen sowie Allgemeinsymptome (Gewichtsverlust, Fieber, Abgeschlagenheit und Nachtschweiß). Aufgrund des expansiven Wachstums im Knochenmark wird die Bildung der anderen Blutzellen gestört, **Anämie** (Müdigkeit, Leistungsschwäche, eventuelle Atemnot) und **Thrombozytopenie** (penia gr. Mangel) mit Gerinnungsstörungen sowie Blutungen sind die Folge. Beeinträchtigungen der Lymphopoese (Bildung der Lymphozyten) fördern die **Infektionsanfälligkeit**, die auch durch die immunologische Unwirksamkeit der monoklonalen Tumorantikörper unterstützt wird.

Die Osteolysen können zu einem erhöhten Anfall von Calciumionen im Serum führen, was wiederum Nierensteine bzw. das Ausfallen von Calciumsalzen im Tubulussystem (Nephrocalzinose) nach sich ziehen kann.

Die monoklonalen Immunglobuline können Polymere bilden (besonders die Klassen IgA und IgM), die dann die Viskosität und damit die Fließfähigkeit des Blutes erhöhen. Erfolgt diese Polymerenbildung besonders bei niedrigen Außentemperaturen, so nennt man diese Immunglobuline **Kryoglobuline**. Insbesondere Finger und Füßen können dann Durchblutungsstörungen aufweisen (sogenanntes RAYNAUD-Phänomen).

Der erhöhte Anfall an BENCE-JONES-Proteinen kann die Nierentubuli verstopfen bzw. beim Eindringen in das Nierenepithel dessen Funktion durch direkte toxische Wirkung oder Freisetzung lysosomaler Enzyme stören. Folgeerscheinungen sind die **Myleomniere**, die letztlich in eine **Niereninsuffizienz** einmündet. Diese stellt heute die häufigste Todesursache dar.

20.6.5 Labordiagnostik

Zur Grunddiagnostik des Plasmozytoms gehören heute folgende Bestimmungen:

- Serumproteinelektrophorese und Gesamtproteinbestimmung im Serum
- Immunfixation in Serum und Harn
- quantitative Bestimmung der IgG-, IgA- und IgM-Konzentration im Serum
- Blutbild einschließlich Differentialblutbild
- Konzentration des Calciums im Serum
- Konzentration des Creatinins im Serum (Nierenfunktion)
- Creatinin-Clearance (Nierenfunktion)
- Konzentration des β_2-Mikroglobulins im Serum (Tumormarker für Lymphome)

20.6.6 Therapie und Prognose

Therapeutisch geht man mittels Chemotherapie (Prednison oder Mephalan) bzw. mit α-Interferon vor. Neuerdings wird auch bei Patienten im Alter von < 60 a die autologe Knochenmarkstransplantation bzw. Stammzelltransplantation mit Erfolg eingesetzt. Die Prognose ist nicht gut, die mittlere Überlebenszeit beträgt lediglich 50 Monate.

20.7 Die Entstehung der Antikörpervielfalt

Man nimmt derzeit an, daß jeder Mensch etwa 10^8 verschiedene Antikörper bildet. Wie bereits besprochen, liegen dieser Variabilität hauptsächlich die Veränderungen des Immunglobulins in der hypervariablen Region zugrunde. Andererseits weisen alle Erkenntnisse aus der Entschlüsselung des menschlichen Genoms bis zum heutigen Tage darauf hin, daß der Mensch nur etwa 30.000 verschiedene Gene besitzt. Mit anderen Worten, die Anzahl verschiedener Antikörper übersteigt die Anzahl der vorhandenen Gene um fast vier Zehnerpotenzen. Wir wollen daher in diesem Abschnitt der Frage nachgehen, wie aus einer begrenzten Anzahl verschiedener Gene sehr viel mehr unterschiedliche Antikörper entstehen können. Die Arbeit in vielen Laboratorien rund um den Erdball hat dieses Problem mittlerweile in seinen Grundzügen geklärt. Dabei hat sich gezeigt, daß die enorm große Variabilität der Antikörperspezifität durch 3 verschiedene Ursachen und Mechanismen erklärt werden kann:

- Die konstanten und die variablen Bereiche eines Antikörpers werden durch verschiedene Gene codiert. Insbesondere für den variablen Teil stehen ein Vielzahl von unterschiedlichen Genen zur Verfügung (**Prinzip der multiplen Gene**).
- Die Gene für den variablen Teil selbst sind in kleineren Fragmenten (V-, D- und J-Abschnitte) organisiert, für welche jeweils mehrere unterschiedliche Ausführungen existieren. Während der Differenzierung der B-Zellen werden diese einzelnen Fragmente in jeder B-Zelle neu angeordnet und ergeben nach dieser Umordnung das Gen für den variablen Teil (Abb. 20.32). In den einzelnen B-Zellen kann diese Anordnung jedoch unterschiedlich erfolgen. Durch diese zufälligen Kombinationen wird die genetische Ausstattung einer jeden B-Zelle verändert. Man nennt diesen Vorgang **somatische Rekombination**. Durch Ungenauigkeiten bei der Verknüpfung wird die Variabilität zusätzlich erhöht.
- Gerade in den hypervariablen Regionen treten vermehrt Mutationen auf. Im Unterschied zu den Zellen der Keimbahn weisen B-Zellen also unterschiedliche somatische Gene auf (**Prinzip der somatischen Mutation**).

Wir wollen diesen Vorgang exemplarisch anhand der schweren Antikörperkette verdeutlichen und dann auf die Unterschiede bei der Entstehung der leichten Kette eingehen. An dieser Stelle sei darauf hingewiesen, daß ähnliche Vorgänge auch der Variabilität der T-Zell-Rezeptoren zugrunde liegen. Wie uns Abb. 20.33 verdeutlicht, liegen am 5'-Ende des IgH-Locus die Genabschnitte für die variablen Regionen. Diesen V-Exonen vorgeschaltet liegt jeweils ein sogenanntes Leaderexon, L (leader, engl. Führer). Dieses Leaderexon ist dafür verantwortlich, daß der synthetisierte Antikörper sezerniert werden kann. Die von dem Leaderexon codierten Aminosäuren werden später von dem reifen Protein abgespalten. Am 3'-Ende des Locus finden sich die Gene für die konstanten Regionen der schweren Kette. Für jede unterschiedliche Antikörperklasse gibt es ein Exon (μ für IgM, δ für IgD, ε für IgE usw.). Die Exone für die variablen Antikörperbereiche müssen nun mit denen der konstanten Region verknüpft werden. Für diese Zwecke gibt es zwei verscheidene Klassen von Zwischenstücken, die D-Exone (d für diversity, engl. Vielfalt) und die J-Abschnitte (j für to join, engl. verbinden). Zwischen den einzelnen DNA-Abschnitten, den L-, V-, D- und J-Exonen liegen jeweils nichtcodierende Bereiche.

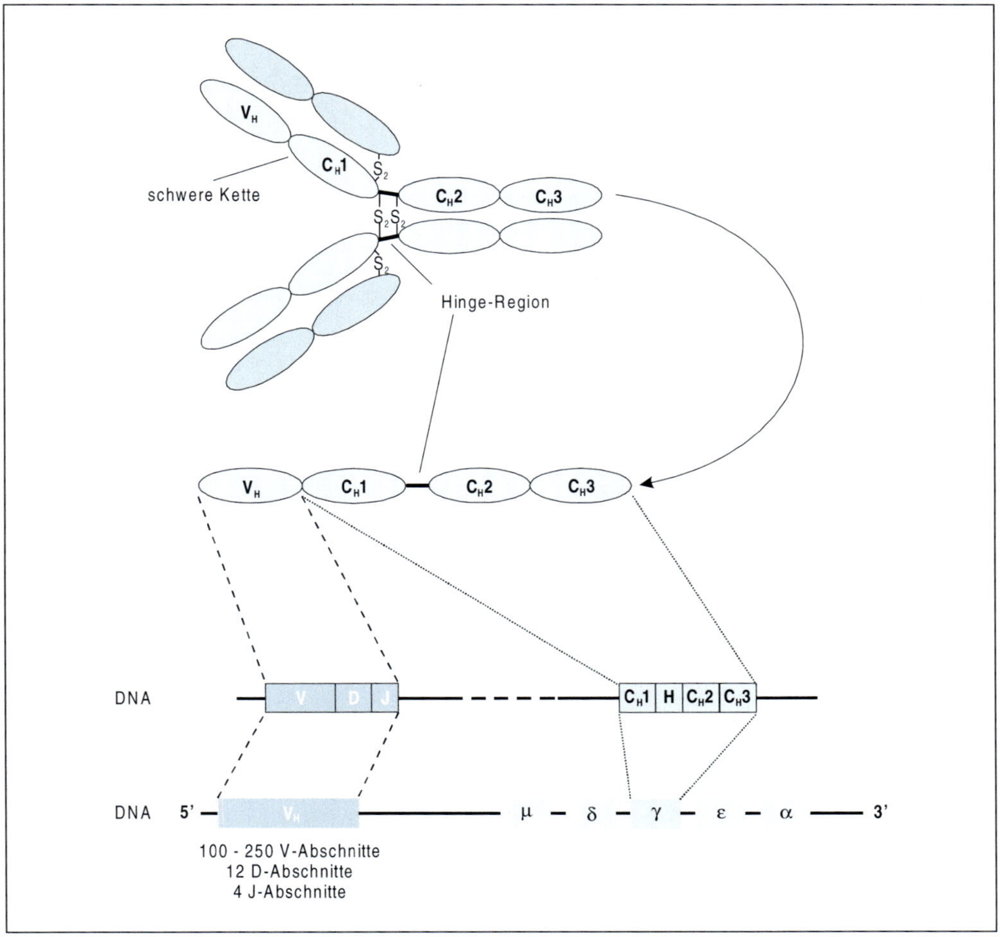

Abb. 20.32: Im oberen Teil der Abbildung sehen wir die uns mittlerweile gut bekannte Struktur eines Antikörpers. Die einzelnen Abschnitte der schweren Kette sind nochmals benannt. Der mittlere Teil der Abbildung zeigt abermals die schwere Kette vom N- zum C-Terminus. Leichte Ketten sind hier nicht mehr berücksichtigt. Darunter sehen wir die zugehörige genomische Struktur. Von 5' nach 3' finden wir den Bereich für den variablen Teil der schweren Kette gefolgt von den einzelnen Loci für die unterschiedlichen konstanten Bereiche. Exemplarisch für die γ-Kette erkennen wir die einzelnen Immunglobulindomänen und die Hinge-Region (H) auch auf der Ebene der DNA. Der Genbereich für den variablen Teil der schweren Kette setzt sich aus je einem V-, D- und J-Abschnitt zusammen. Insgesamt gibt es für die schwere Kette etwa 100 bis 250 verschiedene V-Segmente, 12 D- und 4 J-Abschnitte. Die Frage der Antikörperdiversität fokussiert sich hier auf die Frage, wie die einzelnen V-, D- und J-Abschnitte zu einem fertigen V-D-J-Fragment verknüpft werden. Für die leichte Kette der Antikörper gelten ähnliche Zusammenhänge (siehe Text).

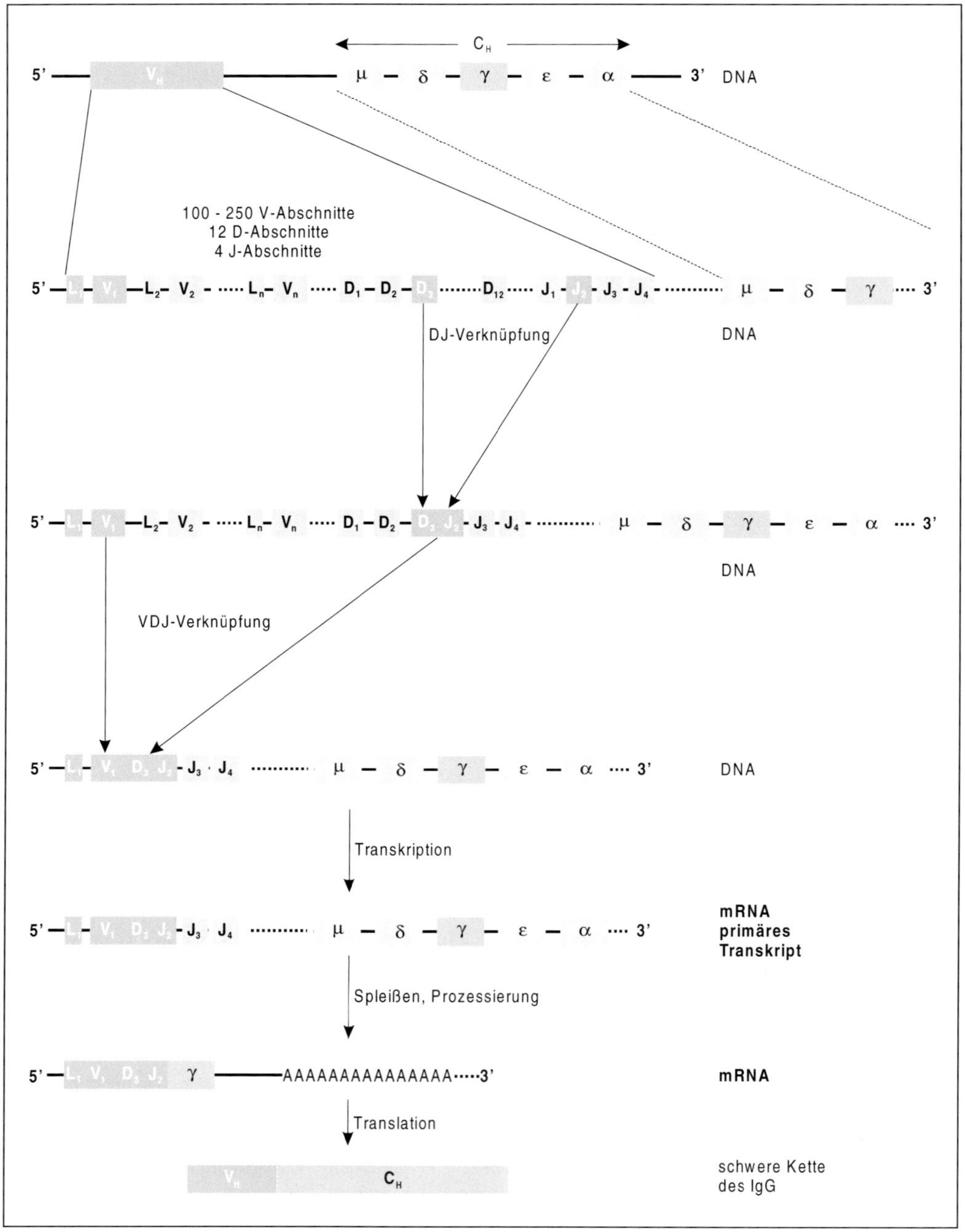

Abb. 20.33: Schematische Übersicht zur Entstehung eines Antikörpers am Beispiel der schweren Kette. Der-IgH Locus enthält im 5'-Bereich die verschiedenen V-Abschnitte, denen jeweils ein L-Exon vorgeschaltet liegt. Es schließen sich die D- und die J-Abschnitte an. Zunächst werden je ein D- und ein J-Abschnitt miteinander verbunden. Die dazwischen liegenden DNA-Bereiche gehen verloren (D-J-Verknüpfung). Danach geschieht selbiges mit einem V-Abschnitt und dem bereits vorliegenden D-J-Fragment. Bei beiden Vorgängen handelt es sich um eine somatische Rekombination. Anschließend können Transkription, differentielles Spleißen, Prozessierung und Translation erfolgen.

Im Rahmen eines chromosomalen Rearrangements, der bereits angesprochenen somatischen Rekombination, werden nun zunächst jeweils ein D- und ein J-Abschnitt miteinander verbunden (D-J-Verknüpfung), bevor die V-D-J-Verknüpfung erfolgt. Im Ergebnis wurde die DNA des Lymphozyten derart umgestaltet, daß nun einem V-Abschnitt direkt ein D- und ein J-Bereich folgen. Da zwischen 100 und 250 verschiedene V-Segmente mit 12 verschiedenen D-Abschnitten und 4 unterschiedlichen J-Segmenten verknüpft werden können, gibt es bereits jetzt mehrere tausend unterschiedliche Kombinationsmöglichkeiten! Dieser Vorgang findet während der B-Zell-Differenzierung statt. Im Anschluß an die somatische Rekombination ist es einem B-Lymphozyten möglich, ein primäres Transkript zu bilden, welches jedoch noch die unterschiedlichen Exone für den konstanten Bereich der schweren Kette und nicht benötigte J-Abschnitte beinhaltet. Während der Prozessierung der mRNA gehen diese nicht verwendeten Bereiche verloren. Durch differentielles Spleißen ist es dem Lymphozyten dabei möglich, sich auf eine bestimmte Antikörperklasse festzulegen.

Differentielles Spleißen ermöglicht es einer B-Zelle also, zwischen verschiedenen Antikörperklassen umzuschalten. So gibt es Zellen, die sowohl IgM als auch IgE produzieren. Außerdem wird die Möglichkeit untersucht, daß im Rahmen der B-Zell-Reifung (Übergang von IgM zu IgG-Produktion) einzelne Bereiche für die konstante Region verloren gehen.

Ähnlich wie es hier für die schwere Kette eines Antikörpers erläutert wurde, wird auch die **leichte Kette** synthetisiert. Im Gegensatz zur schweren Kette gibt es hier jedoch keine D-Segmente und es kommt direkt zu einer **V-J-Rekombination**. Für die beiden leichten Ketten κ und λ gibt es sowohl beim Menschen als auch bei der Maus zwei verschiedene Genloci.

Welche molekularen Mechanismen liegen nun aber der beschriebenen Genrekombination zugrunde? Ein wesentliches Element spielen hierbei in den nichtcodierenden Bereichen der DNA auftretende Erkennungssequenzen. Dabei handelt es sich um kurze, hochkonservierte Nukleotidfolgen (Abb. 20.34). So finden sich 3' vom V-Gen sowie 5' vom J-Abschnitt gelegen ein Hepta- und ein Nonamer, welche durch einen 23 bzw. 12 Basen langen Spacer getrennt sind. Die D-Abschnitte hingegen werden beiderseits von diesen Erkennungssequenzen eingefaßt. Während der Rekombination kommt es zu einer Paarung der Hepta- und Nonamerabfolgen. Ein kritischer Parameter während dieser nichthomologen Paarung ist die Länge der Spacer: Sie müssen genau 12 bzw. 23 Basen lang sein. Obwohl man annehmen könnte, daß dieser Prozeß mit höchster Genauigkeit erfolgt, ist genau das Gegenteil der Fall. Oft kommt es an der Verknüpfungsstelle zu Ungenauigkeiten, die hier eine zusätzliche Variabilität ins Spiel bringen. Mit Hilfe der in diesem Abschnitt beschriebenen Mechanismen ist es dem Organismus also möglich, mit einigen wenigen Genen eine immense Antikörpervielfalt sicherzustellen.

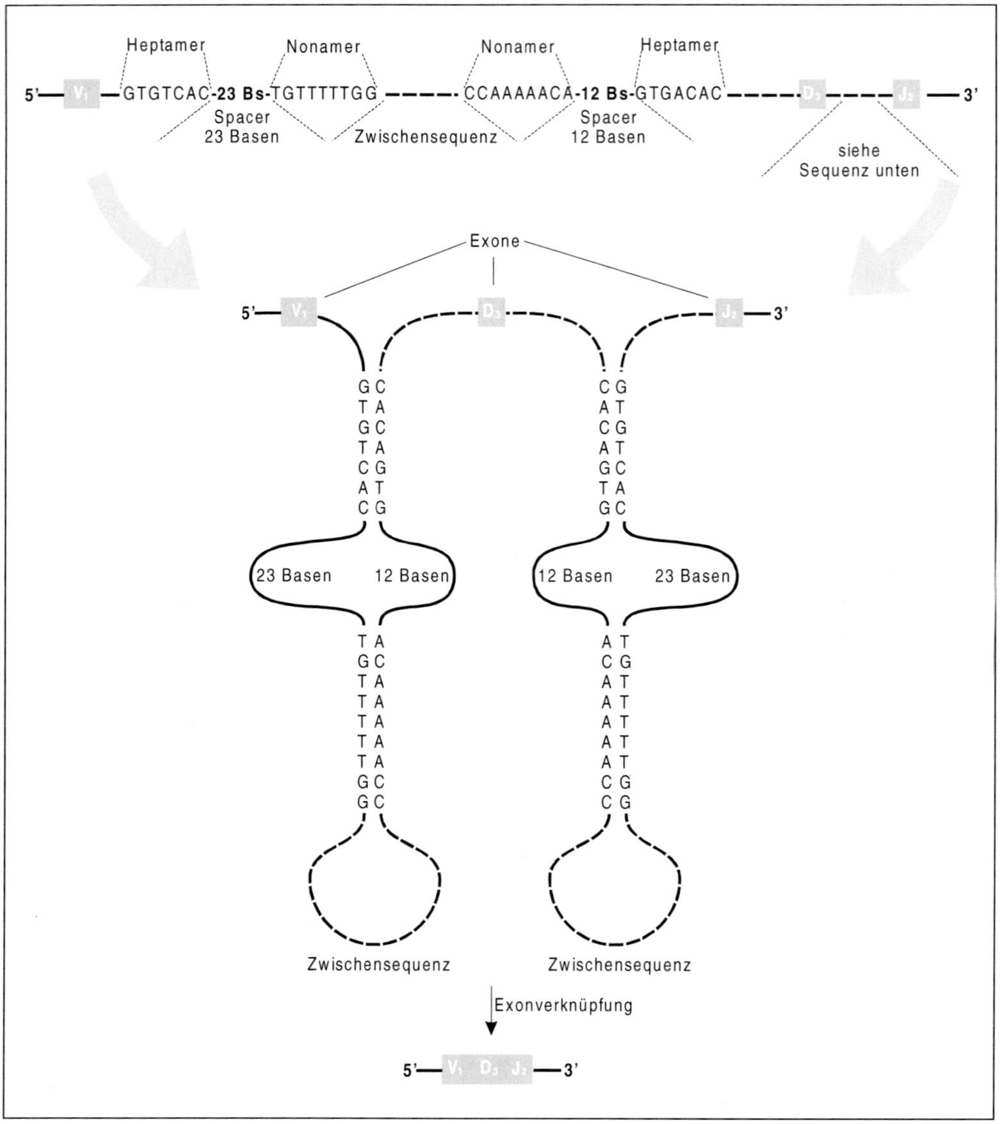

Abb. 20.34: Spezifische, hochkonservierte DNA-Abschnitte sind in die Rekombination während des Antikörper-Rearrangements involviert. Die Funktion der Sequenzabschnitte ist exemplarisch an der V-D-J-Rekombination gezeigt. Nur einer der beiden DNA-Stränge ist abgebildet. 3' der V-Region folgt ein Heptamer. Nach einem 23 Basenpaaren langem DNA-Abschnitt (Spacer) folgt ein Nonamer. Eine komplementäre Nonamerstruktur liegt im 5'-Bereich des D-Abschnittes. Nach einem Spacer von 12 Basen folgt ebenfalls ein Heptamer. Nach Ausbildung der im unteren Teil der Abbildung dargestellten Struktur erfolgt die direkte Verknüpfung der einzelnen Exone. Ähnliche Vorgänge finden auch bei der D-J-Verknüpfung statt.

20.8 Aktivierung von T- und B-Lymphozyten

Voraussetzung für die spezifische Abwehr durch T- und B-Lymphozyten ist, daß den im lymphatischen Gewebe (z. B. Lymphknoten) patrouillierenden „naiven" (sie hatten noch keinen Kontakt mit ihrem Antigen) T_H-Zellen „ihr" Antigen von **antigenpräsentierenden Zellen** angeboten wird. Dieser Vorgang soll hier am Beispiel der dendritischen Follikelzelle als **antigenpräsentierende Zelle** (APC) und der T_H-Zelle als Zielzelle dargestellt werden. Weitere solche APC sind z. B. Makrophagen aber auch die LANGERHANS-Zellen der Haut und der B-Lymphozyt.

Nach Antigenaufnahme durch Phagozytose wird dieses in Phagolysosomen der APC abgebaut und nachfolgend in Form kleiner Bruchstücke auf der Zelloberfläche präsentiert. Diese Bruchstücke haben nur eine Größe zwischen 8 und 24 Aminosäuren. Diese Antigenbruchstücke werden in Verbindung mit einer Molekülklasse präsentiert, die „MHC"-Moleküle heißen. **MHC** steht für **m**ajor **h**istocompatibility **c**omplex, was soviel wie Haupthistokompatibilitäts-Komplex bedeutet. Er stellt einen größeren Gen-Cluster im Genom höherer Lebewesen dar. Die zugehörigen Gene kodieren für die Histokompatibilitäts-Antigene, die wir in zwei Gruppen, MHC I und MHC II, einteilen können. Beim Menschen werden diese Moleküle auch **HLA-I** und **HLA-II** genannt. „HLA" leitet sich von „**h**umane **L**eukozyten-**A**ntigene" ab. Die MHC-Klasse-I-Moleküle findet man auf allen kernhaltigen Zellen des Körpers sowie auf Thrombozyten. Sie sind aus zwei verschiedenen Untereinheiten aufgebaut. In dieser α,β-heterodimeren Grundstruktur stellt jedoch die β-Kette ein invariantes, allen MHC-Klasse-I-Molekülen gemeinsames Merkmal dar. Diese β-Kette wird durch ein nicht glykosyliertes Peptid mit einer Molekülmasse von 12.000, dem **β_2-Mikroglobulin**, repräsentiert. Die α-Untereinheit ist glykosyliert und weist eine Molekülmasse von 45.000 auf. Sie zeigt einen zytoplasmatischen Anteil und einen extrazellulären Teil mit drei globulären Domänen auf. Auch die MHC-Klasse-II-Moleküle besitzen eine α,β-heterodimere Grundstruktur, die jedoch beide transmembranöse Polypeptidketten mit zwei extrazellulären Domänen darstellen. Sie zeigen strukturelle Verwandtschaft zu den Immunglobulindomänen. Man findet die MHC-Klasse-II-Moleküle nur auf Monozyten, verschiedenen Typen von Makrophagen, B-Lymphozyten, den LANGERHANS-Zellen der Epidermis sowie einigen wenigen weiteren antigenpräsentierenden Zellen.

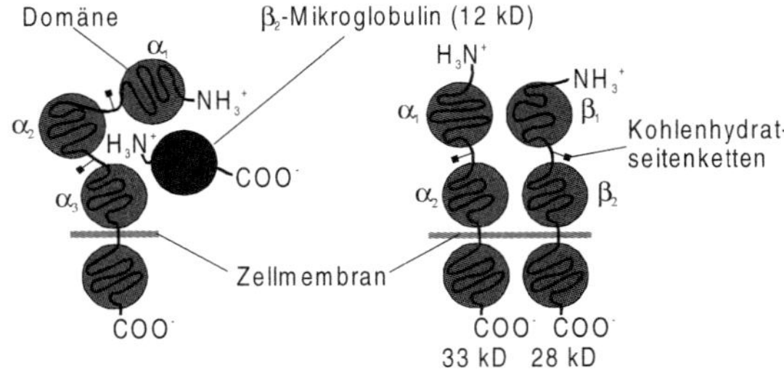

Abb. 20.35: Die MHC-Antigene vom Typ I und II. Die schwere Kette des MHC I-Moleküls mit M_r = 45.000 umfaßt drei extrazelluläre Domänen mit jeweils etwa 90 Aminosäuren, wobei α_2- und α_3-Domäne eine Disulfidbrücke aufweisen. β_2-Mikroglobulin ist nichtkovalent mit der schweren Kette assoziiert.

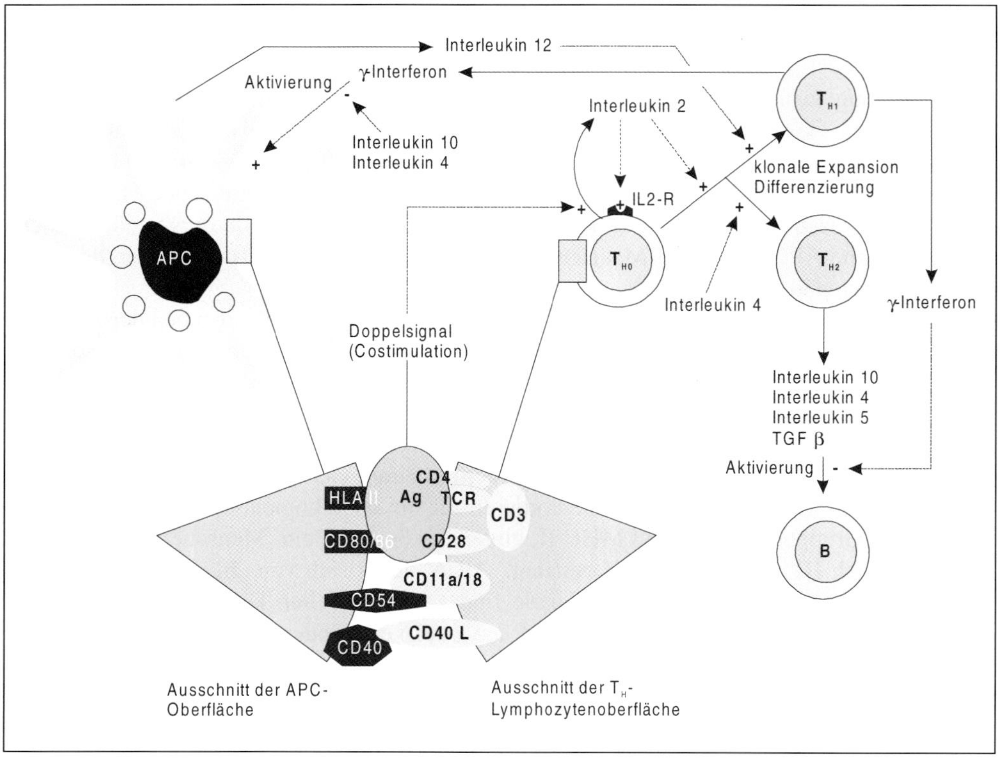

Abb. 20.36: Die dendritische Follikelzelle (APC) präsentiert einer naiven T_H-Zelle (CD 4 ist positiv) nach vorheriger Antigenprozessierung Antigenfragmente an ihrer Oberfläche. Zur Aktivierung des T_{H0}-Lymphozyten sind zwei Signale notwendig: Zunächst die Wechselwirkung von HLA II und T-Zell-Rezeptor (TCR), wobei das Antigen mit beiden Oberflächenproteinen „wie eine Brücke" Kontakt hält. Der CD 3-Komplex leitet das ausgelöste erste Signal in das Zellinnere des Lymphozyten weiter. CD 80/86 (oft auch „B7-1/B7-2" genannt) auf der APC-Seite und CD 28 auf der T_H-Seite repräsentieren die zweite Hälfte des **costimulatorischen Doppelsignals**, ohne das der Lymphozyt nicht aktiviert wird. Der aktivierte Lymphozyt synthetisiert übrigens nach 24 bis 48 h ein weiteres Oberlächenmolekül, das CD 152 oder CTLA 4, welches mit CD 80/86 interagiert. Dadurch entsteht aber ein deaktivierendes Signal, d. h. die vorherige Aktivierung wird dadurch schließlich beendet. CD 54 (auch „ICAM" genannt) und CD 11a/18 (auch LFA-1 genannt) gelten als Adhäsionsmoleküle. Nur die terminal ausgereifte dendritische Zelle ist in der Lage, via CD 40/CD 40 L (**L**igand)-Interaktion Interleukin 12 auszuschütten, das die Differenzierung der T_{H0}-Zelle in Richtung T_{H1}-Zelle bahnt. Interleukin 4 dagegen, frühzeitig durch Mastzellen, basophile Granulozyten oder NK-Zellen sezerniert, schafft eine Zytokinmilieu, das die Entwicklung in Richtung T_{H2}-Lymphozyt treibt. Diese bewirken eine B-Zell-Aktivierung (Abb. 20.37) und letztlich damit die Antikörperproduktion. Beachte, daß die Makrophagenaktivierung via γ–Interferon einerseits und die B-Zell-Aktivierung über Interleukin 4 sowie Interleukin 10 andererseits wechselseitig durch diese Zytokine inhibiert werden. Ein einmal eingeschlagener Weg der Lymphozytenaktivierung unterdrückt also die jeweilige Alternative. Nicht gezeigt, aber verstärkend an der abgebildeten Interaktion beteiligt sind CD 2 des T_H-Lymphozyten und sein Gegenpart CD 58 auf der APC.

Abb. 20.36 zeigt, daß das **costimulatorische Doppelsignal** aus HLA II/Antigen/TCR/CD4 einerseits und CD 80/86 mit CD 28 andererseits die vermehrte Produktion von **Interleukin 2** induziert, das wiederum autokrin die Bildung seines eigenen Rezeptors

(IL 2-Rezeptor) und damit seine eigene Bildung induziert und die klonale Expansion sowie Differenzierung der jetzt $\mathbf{T_{H0}}$ genannten Zelle in die Wege leitet. Überwiegt in der Umgebung Interleukin 12, so differenziert die T_{H0}-Zelle zum T_{H1}-Lymphozyten**, auch inflammatorische T-Zelle** genannt. Der nun eingeschlagene Weg ist unumkehrbar und führt zur Makrophagenaktivierung via **γ–Interferon**, (inflammatorische Reaktion), so daß die nun deutlich aggressiveren Makrophagen auch intrazelluläre Erreger abtöten können, was bei der Abwehr von Parasiten, Pilzen, Bakterien und Viren wichtig ist.

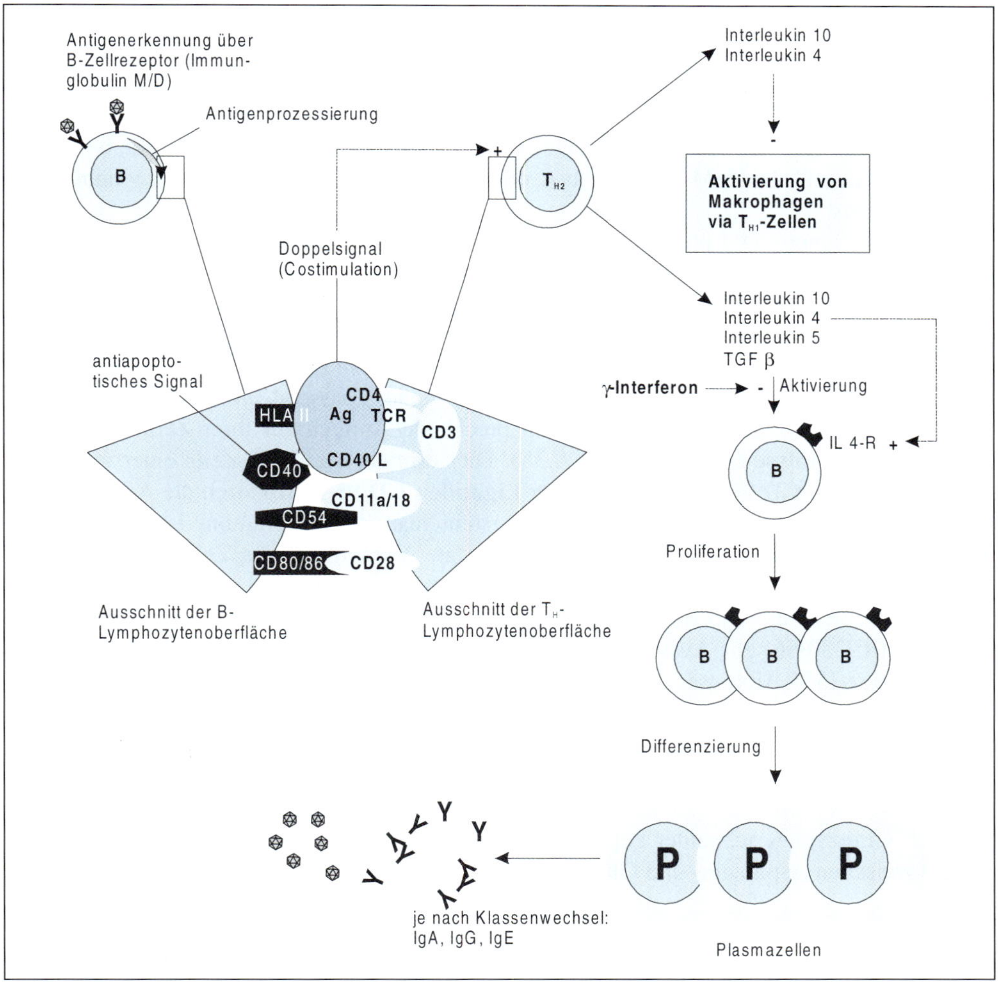

Abb. 20.37: Der B-Lymphozyt fungiert als Antigen präsentierende Zelle gegenüber dem T_{H2}-Lymphozyten, nachdem dieser zuvor nach Präsentation des gleichen Antigens durch eine dendritische Zelle oder einen Makrophagen in einem von Interleukin 4 dominiertem Milieu ausreifte (Abb. 20.36). Im Vordergrund steht die Interaktion von **CD 40** auf der B-Zelle und seines „Gegenspielers", dem **CD 40-Liganden** der T_{H2}-Lymphozyten. Im Verein mit der HLA II/TCR/CD4-Interaktion wird die Interleukin 4-Synthese ausgelöst. Interleukin 4 regt durch Ausbildung seines eigenen Rezeptors die Proliferation der B-Zelle und deren Differenzierung zur Plasmazelle an. Zusammen mit Interleukin 10 inhibiert es den Alternativweg der Makrophagenaktivierung durch T_{H1}-Zellen und γ–Interferon.

Gleichzeitig behindert γ–Interferon die Aktivität von T_{H2}-Zellen (Abb. 20.36), also den Alternativweg. T_{H2}-Lymphozyten aktivieren mittels Interleukin 4, 5, 6 (nicht gezeigt) 10, 13 (nicht gezeigt) und TGF β die klonale Expansion und Ausdifferenzierung der B-Lymphozyten. Sie tun dies, nachdem sie ein costimulatorisches Signal bekommen haben, bei dem neben dem HLA II/TCR/CD4-Komplex **CD 40** und sein Ligand **CD 40L** die entscheidende Rolle spielen. Hauptwirkung des Signals ist die Synthese des **Interleukins 4**, das wiederum die Synthese des eigenen Rezeptors anregt.

Aus dem kleinen B-Lymphozyten, der bereits im Knochenmark verschiedene Reifungsstadien durchlaufen hat, wird mittels Interleukinwirkung über das Zwischenstadium des B-Plasmoblasten die voll ausdifferenzierte Plasmazelle. Der Weg dorthin wird durch TGF β und die Interleukine 4, 5, 6, 10 und 13 begünstigt. Die Plasmazelle ist nicht mehr zur Proliferation befähigt und voll auf die Synthese löslicher Immunglobuline eingestellt, wobei der „Klassenwechsel" von IgM auf IgG, IgA oder IgE in den Keimzentren der Lymphfollikel vollzogen wird.

An Stelle einer CD 4-positiven T-Helferzelle kann auch eine naive CD 8-positive zytotoxische T-Zelle Antigen durch eine APC präsentiert bekommen. Im Gegensatz zum ersten Fall sind aber nun das **HLA-I-Molekül** (statt HLA-II) sowie **CD 8** (statt CD 4) an der Antigenpräsentation beteiligt. Zum costimulatorischen Signal tragen wieder CD 28 und CD 80/86 bei. Einmal ausglöst kommt es zur klonalen Expansion und Differenzierung des T_C-Lymphozyten, der nun beim Zusammentreffen mit einer „passend infizierten" Körperzelle (oder Tumorzelle), die HLA-I und das entsprechende Antigen auf ihrer Zellmembran exprimiert, die Zytolyse einleitet (Abb. 20.38). Dies erreicht die CD 8-Zelle einerseits durch die Bindung von **CD 95 („Fas")** an seinen **Liganden CD 95 L**, wodurch die **Apoptose** der Zielzelle induziert wird. Unter Apoptose versteht man den programmieren Zelltod einer Zelle (sozusagen ein „Selbstmord"), bei dem es zur Vernetzung von Zellproteinen, Membrandesorganisation, Kernfragmentierung und Zerfall zu kleinen Apoptosekörperchen kommt. Andererseits führt das costimulatorische Doppelsignal (HLA I, Antigen, CD 8 und CD28 mit CD80/86) zur Ausschleusung von **Perforinen** und **Granzym A bzw. B**. Perforinmonomere (534 Aminosäuren lang, M_r = 70.000) binden in Anwesenheit von Ca^{2+}-Ionen an Phospholipide der Zielzellmembran, werden in diese eingebaut und bilden dann durch Zusammenlagerung homooligomere Poren. Diese Löcher in der Zellmembran verursachen eine osmotische Lyse. Zudem verschaffen sie den Serinproteinasen Granzym A und B Zugang zum Zytoplasma der Zielzelle, so daß sie dort ihre proteolytische Aktivität entfalten können. Granzym A schneidet Peptidbindungen zwischen Arginin und Lysin, Granzym B solche zwischen Asparagin- und Glutaminsäure.

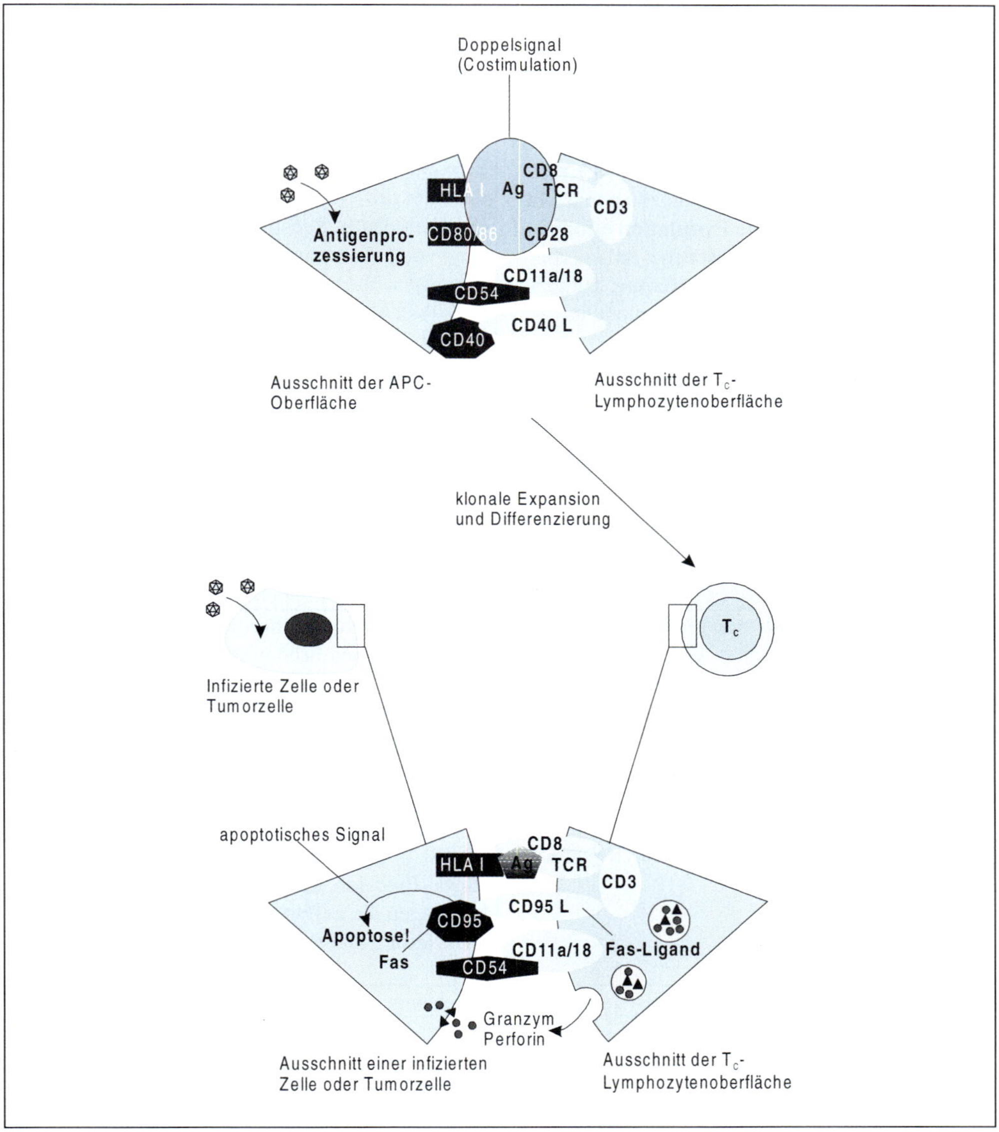

Abb. 20.38: Interaktion einer zytotoxischen T-Zelle (T_C-Lymphozyt) mit seiner Zielzelle, hier einer durch Viren infizierte Körperzelle. Der Zelltod wird durch **CD 95/CD 95 L**-induzierte Apoptose, Proteolyse (Granzyme A und B) sowie osmotische Lyse (Perforine) herbeigeführt.

20.9 Die Interleukine

Nachdem einige wichtige Interleukine bezüglich ihre Funktion schon besprochen wurden, soll die nachfolgende Tabelle einen Überblick verschaffen, wobei kein Anspruck auf Vollständigkeit erhoben wird. Ansonsten werden die Interleukine weitgehen im Zusammenhang mit ihrer Funktion besprochen.

Tabelle 20.4: Übersicht zu den Interleukinen. Strukturell gehören die Interleukine meist in die Gruppe der Glykoproteine, so z. B. Interleukin 2 bis 7. Phorbolester induzieren Il 4, 9 und 12.

Il	Struktur/Vorkommen	Rezeptor/Wirkung
IL-1	Man unterscheidet die Subtypen α und β mit Molekülmassen von je 17.500. Syntheseort sind Monozyten und Makrophagen. Die **Regulation** erfolgt auf der Transkriptionsebene, induzierbar durch Antigene, Interferone, Tumor-Nekrose-Faktor und Entzündung.	Beide Rezeptoren binden IL-1, u.a. auf T-Zellen, Fibroblasten, Osteoklasten und Hepatozyten, in denen es die **Synthese** von **Akute-Phase-Proteinen** hervorruft. Sonstige Wirkungen: Aktivierung von T-Lymphozyten und Osteoklasten (Knochenabbau), Proliferation und Reifung von B-Zellen, Synthese von PGE_2 und Tumor-Nekrose-Faktor in Makrophagen
IL-2	IL-2 (M_r = 15.400, 133 Aminosäuren) wird in T-Zellen synthetisiert. Die **Regulation** erfolgt auf Transkriptionsebene, induzierbar durch IL-1. Cyclosporin A und Dexamethason hemmen die IL-2 Synthese	Wirksamer Rezeptor ist ein Heterodimer (M_r = 55.000 und 75.000). Wirkungen: Proliferation von T-Zellen, gesteigerte Immunglobulinsynthese bei B-Zellen, erhöhte Zytotoxizität in Makrophagen
IL-3	Humanes IL-3 (M_r = 17.000) wird in T-Zellen, Monozyten, Endothelzellen und Keratinozyten synthetisiert	Als Rezeptor fungiert ein monomeres Glykoprotein. Wirkung: Wachstum und Differenzierung des hämatopoetischen Systems
IL-4	153 Aminosäuren groß, wird in T-Zellen produziert. Durch IL-2, Mitogen, und Phorbolester induzierbar.	Wirkungen: Proliferation von B-Lymphozyten, in Makrophagen Erhöhung der Zytotoxizität
IL-5	Ein Glykoprotein, 115 Aminosäuren groß. Syntheseorte sind T-Zellen, und bestimmte Tumore.	IL-5 besitzt Effekte auf B-Zellen (Proliferation, Differenzierung) und Eosinophile (Proliferation, Differenzierung).
IL-6	211 Aminosäuren großes Glykoprotein, das in T-Zellen und Monozyten produziert wird. Es ist durch Zytokine induzierbar	Glykoprotein, 486 Aminosäuren, M_r = 80.000. Bei Monozyten induziert IL-6 den „oxidativen Burst“, in der Leber die Freisetzung der **Akute-Phase-Proteine**, bei B-Lymphozyten und Makrophagen die Differenzierung, bei T-Zellen Aktivierung und Proliferation in **Synergie mit IL-1**.
IL-7	129 Aminosäuren, glykosyliert	Wachstum von Prä-B- und Prä-T-Zellen
IL-8	IL 8 (70 - 79 Aminosäuren) ist ein Produkt von Endothelzellen, Fibroblasten, Monozyten und Makrophagen. Stimulation durch IL-1 und TNF Hemmung durch Cortisol und γ-Interferon.	Wirkt auf Neutrophile chemotaktisch, degranulierend und adhäsionsfördernd, bei Basophilen kommt es zur Histamin- und Leukotrienfreisetzung.
IL-9	126 Aminosäuren lang, wird IL-9 von T-Zellen synthetisiert	Proliferation von T-Zellen
IL-10	IL-10 ist ein Homodimer mit M_r = 50.000. Seine Syntheseorte sind aktivierte T_H-und B-Zellen.	Suppression von Makrophagen und der T_H1-Zell-Funktion
IL-11	Nichtglykosyliertes Protein mit M_r = 23.000. Syntheseort: viele Zellen mesenchymatischen Ursprungs.	Makrophagen: Proliferation. Bestandteil der Akute-Phase-Reaktion
IL-12	Heterodimer. M_r von 40.000 bzw. 35.000. Als Syntheseort fungieren B-Lymphoblasten.	Aktivierung von Natürlichen Killerzellen und inflammatorische Aktivierung via T_{H1}-Zellen

Neben den immunmodulatorischen Effekten kommen Zytokinen auch weitergehende Aufgaben zu. Im Gehirn werden Fieber und Schlaf gefördert. Im Hepatozyten wird die Synthese der Akute-Phase-Proteine wie z. B. des C-reaktiven Proteins, Haptoglobins, Coeruloplasmins oder Fibrinogens positiv beeinflußt. Eine Übersicht zu den derzeit bekannten Interleukinen soll dem Leser einen Eindruck vermitteln, welch komplexes Netzwerk an Interaktionen zwischen den einzelnen Zellen des Immunsystems besteht.

20.10 Komplement

20.10.1 Begriff, Nomenklatur und Eigenschaften des Komplements

Der Name Komplement leitet sich von seiner Entdeckungsgeschichte ab. Bereits Ende des 19. Jahrhunderts fand man, daß zwei Substanzen zum effektiven Abtöten von Bakterien nötig waren. Die eine war hitzestabil und trat nur bei Individuen auf, die den jeweiligen Bakterien ausgesetzt gewesen waren. Die andere Substanz dagegen war hitzelabil und fand sich auch im Blut von Personen, die nicht in Kontakt mit dem betreffenden Bakterium geraten waren. Sie war offenbar die **unspezifische** Komponente bei der Abwehr des Bakteriums. Der hitzestabile Stoff erwies sich als Antikörper, während die thermolabile Substanz als Komplement bezeichnet wurde, weil sie die Wirkung der Antikörper ergänzte bzw. komplementierte.

Komplement ist nicht ein einzelner, wohldefinierter Stoff, sondern eine Reihe von annähernd fünfzehn **Proteinen**, die inaktiv im Blut vorliegen. Durch bestimmte Signale initiiert, aktivieren sich die Komplementkomponenten kaskadenförmig in einer festgelegten Reihenfolge, ähnlich der Gerinnungskaskade. Wie die Gerinnungsfaktoren sind auch die Komplementfaktoren **Zymogene**, die durch Abspaltung eines Peptidfragments in die proteolytisch aktive Form überführt werden. Nach den oben geschilderten Erkenntnissen war es naheliegend, als Auslöser für die Komplementaktivierung antigengebundene **Antikörper** zu vermuten. Diese Annahme bestätigte sich zwar im folgenden, jedoch wurde auch deutlich, daß es noch einen zweiten, von Immunglobulinen unabhängigen Weg geben mußte, der das Komplement zu aktivieren imstande war. Hier sind Polysaccharide in den Zellhüllen von Bakterien, Pilzen oder Einzellern (Protozoen) der Auslöser für eine Komplementaktivierung. Daher werden heute zwei Wege der Komplementkaskade unterschieden, der **klassische** und der **alternative Reaktionsweg**, die beide in eine gemeinsame Endstrecke, den **lytischen Weg** einmünden. Endpunkt dieses lytischen Weges ist ein Komplex von mehreren Komplementfaktoren, der - wie der Name des Weges schon andeutet - in der Lage ist, ein Bakterium oder eine fremde Zelle mittels Lyse abzutöten. Dabei bohrt sich dieser Komplex wie ein Stachel in die Zytoplasmamembran der angegriffenen Zelle und schafft eine offene Verbindung zur Außenwelt, wodurch die Zelle abgetötet wird.

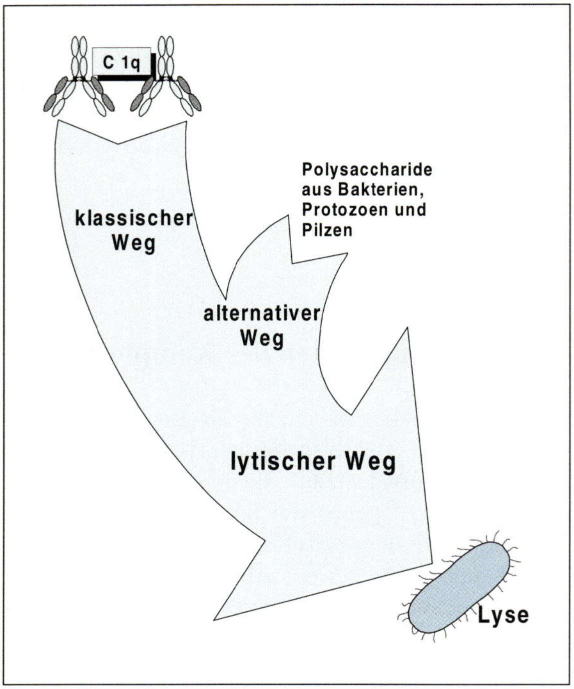

Abb. 20.39: Die verschiedenen Wege der Komplementaktivierung.

Die Komplementfaktoren des klassischen und des lytischen Reaktionsweges werden mit einem „**C**“ abgekürzt und durchnumeriert. Die Reihenfolge ihrer Aktivierung lautet historisch bedingt: C1q-C1r-C1s-C4-C2-C3-C5-C6-C7-C8-C9. C3 ist diejenige Komponente, bei der sich klassischer und alternativer Reaktionsweg treffen und von der der gemeinsame lytische Endabschnitt seinen Ausgang nimmt. C3 ist darüberhinaus auch Anfangspunkt des alternativen Reaktionsweges, der über die Faktoren B und D verläuft und bei der erneuten Aktivierung von C3 einmündet.

Die Bedeutung des Komplements erschöpft sich aber nicht in der Bildung eines lytischen Komplexes, sondern geht darüber hinaus. Ähnlich wie die Antikörper tragen einzelne Komplementfaktoren zur **Opsonierung** der Zielzelle bei und machen sie für eine Phagozytose zugänglicher.

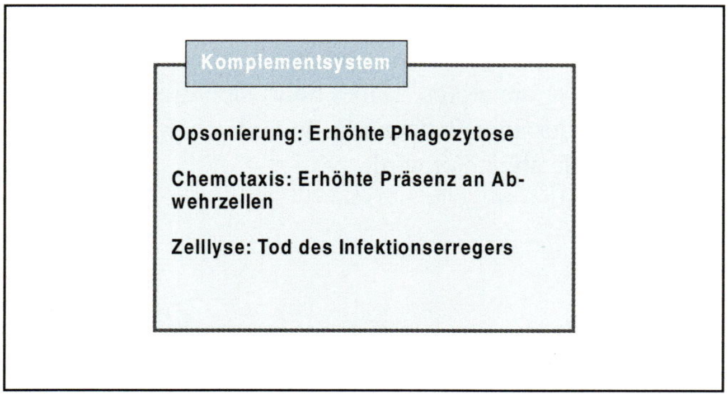

Abb. 20.40: Die Funktionen des Komplementsystems.

Neutrophile Granulozyten und Makrophagen besitzen auf ihrer Zelloberfläche Rezeptoren für bestimmte Komplementfragmente, bei deren Bindung diese Zellen aktiviert werden und mittels gerichteter Zellbewegung zum Ort der Komplementaktivierung gelockt werden. Dieses Phänomen der durch chemische Lockstoffe geleiteten Fortbewegung von Zellen nennt man **Chemotaxis** (taxis gr. Ordnung, Stellung).

20.10.2 Der klassische Weg der Komplementaktivierung

Der klassische Weg nimmt seinen Ausgang vom Komplementfaktor C1q. Sind zwei IgG-Moleküle oder ein IgM-Molekül an der Oberfläche eines Antigens gebunden (z. B. eine Bakterienoberfläche), so wird C1q aktiviert und setzt die proteolytische Kaskade in Gang.

C1q, das eine relative Molekülmasse von 450.000 besitzt, besteht aus sechs Untereinheiten und ist von merkwürdiger Gestalt. Es erinnert am ehesten an einen Tulpenstrauß, wobei jede Tulpe eine Untereinheit bildet. Der „stielartige“ Bereich der tulpenförmigen Untereinheit besteht aus einer etwa 200 Aminosäuren langen **Tripelhelix**, die nach ca. 90 Aminosäuren eine Krümmung aufweist. Vom N-terminalen Ende bis zu dieser Stielkrümmung gleicht der Aufbau der drei Proteinketten demjenigen des Kollagens, d. h. es wiederholt sich die **Sequenz Glycin-X-Y**. Häufig steht dabei X für Prolin sowie Y für Hydroxyprolin und Hydroxylysin. Die Gesetzmäßigkeit dieser Sequenz endet an der Stielkrümmung, also von der Postition 90 an in Richtung auf das Carboxylende der Ketten. An diesem Ende münden die Proteinketten in ein globuläres Ende ein, das die „Tulpenblüte“ bildet. Die Krümmung im „Tulpenstiel“ ermöglicht durch ihre Flexibilität Winkel zwischen 40 und 160°, wobei 100° der bevorzugte Winkel ist. Jeder der globulären Köpfe („Tulpenblüten“) kann an die C_H2-Domäne eines IgG- oder die C_H4-Domäne eines IgM-Moleküls binden, wenn der jeweilige Antikörper bereits an seinem Antigen gebunden ist. Zur Aktivierung des klassischen Reaktionsweges kommt es jedoch nur, wenn mehr als ein C1q-Kopfende („Tulpenblüte“) an die Fc-Region von Antikörpern gebunden ist. Beim IgG sind daher mindestens zwei benachbarte Moleküle für diese Art der Komplementaktivierung notwendig.

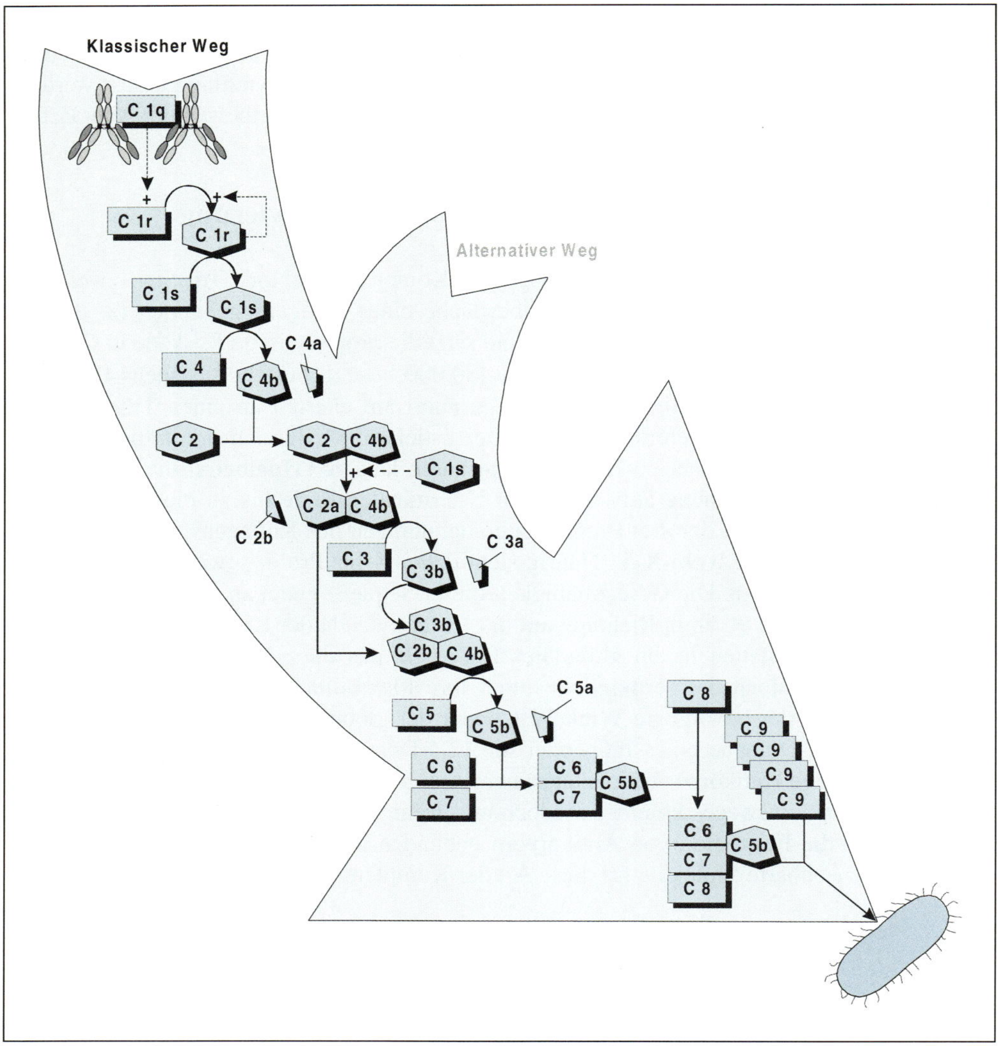

Abb. 20.41: Die klassische Komplementkaskade. Proteolytisch aktive Komplementfaktoren sind polygonal (als Sechsecke oder deren Spaltprodukte) eingezeichnet.

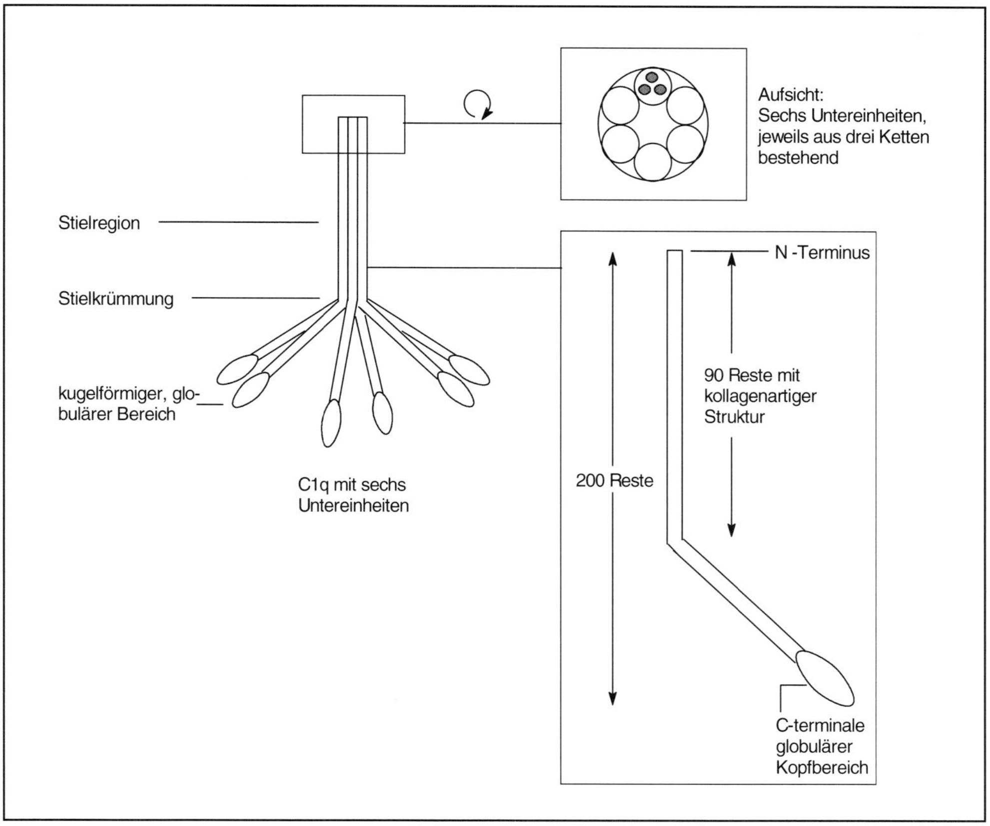

Abb. 20.42: Die Struktur von C1q.

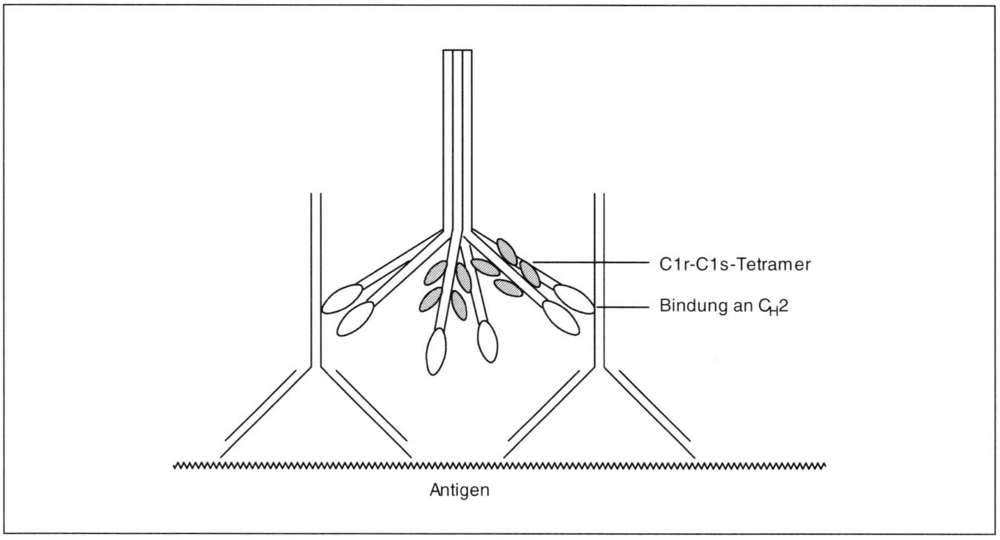

Abb. 20.43: Die Bindung des C1-Komplexes an zwei antigenständige IgG-Moleküle.

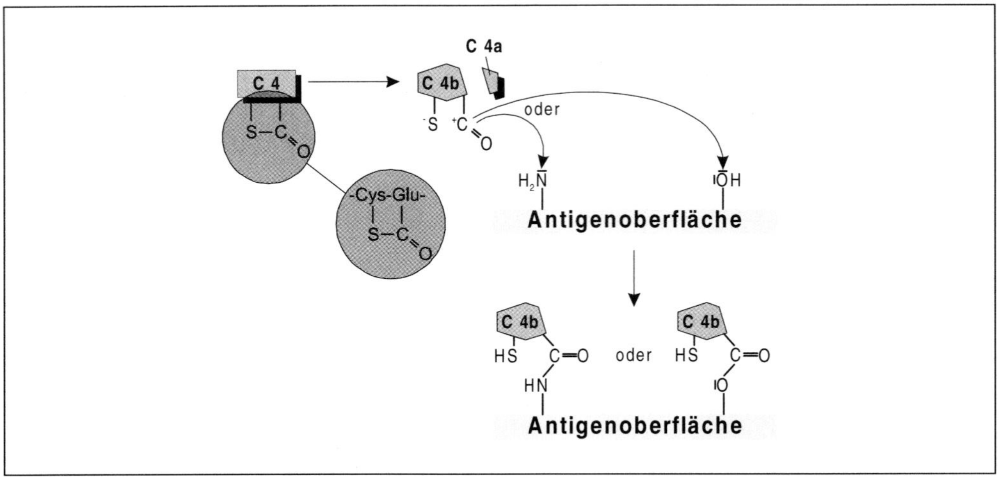

Abb. 20.44: Die kovalente Bindung von C4b an die Antigenoberfläche.

Hat C1q durch Antikörperbindung eine Konformationsänderung durchlaufen, so versetzt es das im C1-Komplex benachbarte C1r in die Lage, sich zunächst autokatalytisch mittels Spaltung einer einzigen Arginin-Isoleucin-Bindung zu aktivieren, um dann C1s proteolytisch zu spalten. C1s beinhaltet wie C1r und C2 einen Serinrest im aktiven Zentrum. Dieses Strukturmerkmal findet man auch bei vielen anderen Proteinasen wie Trypsinogen, Chymotrypsinogen oder Komplementfaktor B wieder. Daher werden diese Enzyme in der Familie der **Serin-Proteinasen** zusammengefaßt. Sowohl C1r als auch C1s sind hantelförmige Moleküle, die als Tetramer C1r2-C1s2 nichtkovalent an C1q gebunden sind. Die Bindung innerhalb des achtförmig angeordneten Tetramers benötigt Calciumionen.

C1s spaltet nun seinerseits C4 in die zwei Fragmente C4a und C4b, wobei das mit b gekennzeichnete Fragment immer das größere ist. C4b bindet nun kovalent über eine reaktive Carbonylgruppe, die aus einer Thioesterbindung zwischen einem Glutaminsäure- und einem Cysteinrest stammt, an eine Amino- oder Hydroxylgruppe an der Antigenoberfläche, oder aber - und das ist der häufigste Fall - an ein freies Wassermolekül.

Das nunmehr membranständige C4b bindet C2, welches nach dieser Bindung durch aktiviertes C1s in C2a und C2b zerlegt wird. C2b, an C4b gebunden, bildet mit diesem als Komplex die sogenannte **C3-Konvertase**, welche nunmehr C3 in C3a und C3b überführt. Letzteres setzt sich nach demselben Prinzip wie C4b auf der Membran der Zielzelle fest und bindet C5. In der Verbindung C3bC5 kann nun C5 proteolytisch von C4bC2b in C5a und C5b gespalten werden. C5b wiederum lagert sich mit C6 zusammen, um mit diesem die Bildung des **Membranangriffskomplexes** C5bC6C7C8C9 zu initiieren, welcher letztlich durch Bildung eines „Membranlochs" die Zelle tötet.

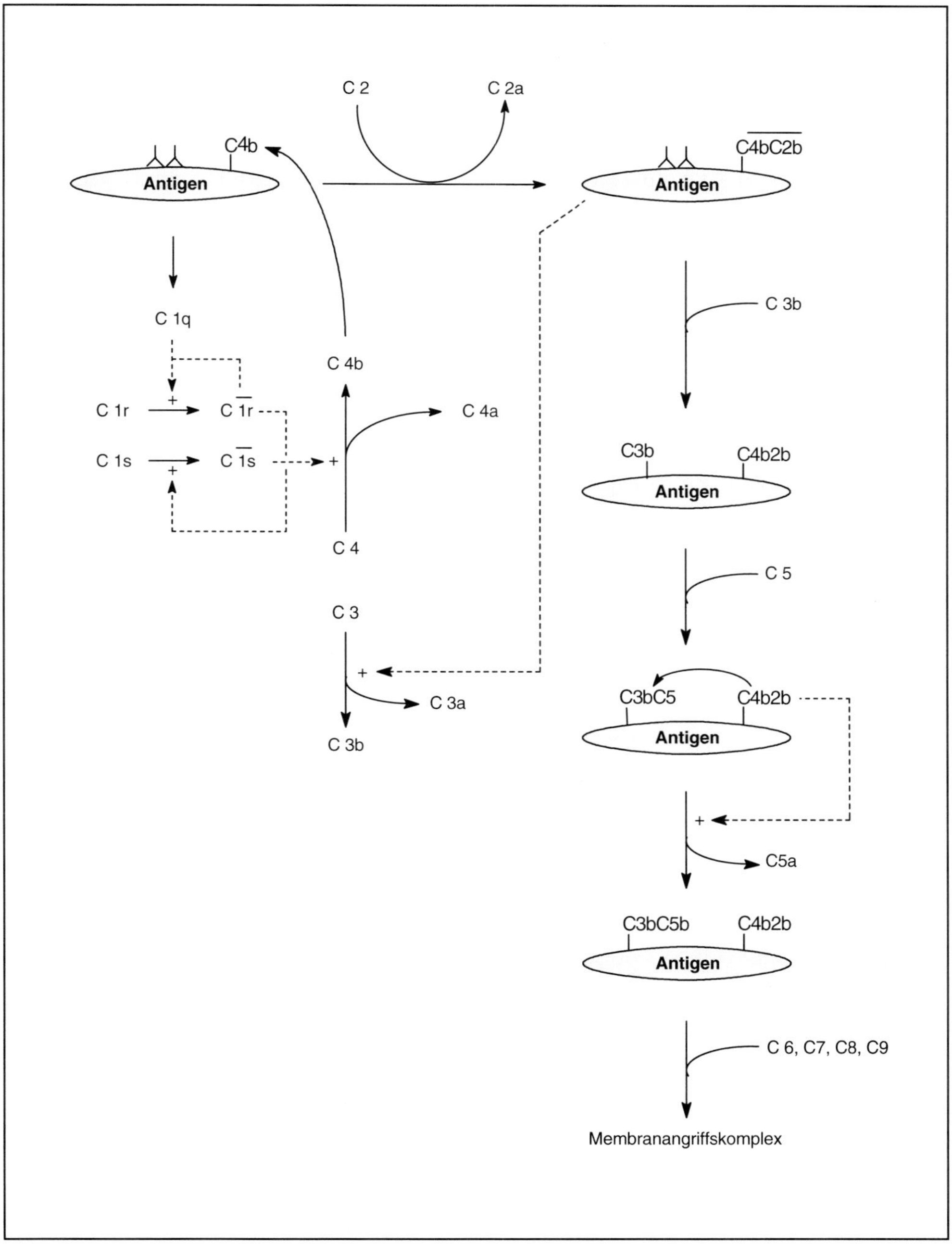

Abb. 20.45: Der klassische Reaktionsweg bis zur Bildung von C5b. Die Querstriche über den Komponenten C1r, C1s und C4bC2b deuten die jeweils enzymatisch aktive Form an.

20.10.3 Der alternative Weg der Komplementaktivierung

Das deutlichste Merkmal des alternativen Weges ist die Tatsache, daß er im Gegensatz zum klassischen Reaktionsweg ohne Antikörpermithilfe ablaufen kann. Das Startermolekül des Alternativweges ist der Komplementfaktor C3. Wie bereits bekannt, verfügt C3 ebenso wie C4 über eine intramolekulare Thioesterbindung, die zwischen einem Glutamat- und einem Cysteinrest geknüpft ist. Im Plasma, in dem C3 immerhin in einer Konzentration von etwa. 1 g/L vertreten ist, wird die instabile Thioesterbindung fortlaufend spontan hydrolytisch (also durch Wassermoleküle) gespalten (Abb. 20.46).

Die abgebildete Hydrolyse des C3 verläuft sehr langsam und lediglich in geringem Umfang. Es sei betont, daß es sich hierbei nicht um eine Proteolyse handelt, das Produkt dieser Reaktion daher auch nicht C3b bzw. C3a, sondern C3i heißt! In Anwesenheit von Magnesiumionen verbindet sich nun C3i mit dem Faktor B, einem Einzelkettenprotein, das im alternativen Weg eine ähnliche Rolle wie das C2 im klassischen spielt. Ist **Faktor B** erst einmal an C3i gebunden, so wird es sofort vom Faktor D, ebenfalls eine Serin-Proteinase, attakkiert. **Faktor D** liegt bereits in aktivierter Form im Blut vor, richtet aber gegenüber körpereigenen Strukturen keinen Schaden an, da er in geringen Konzentrationen auftritt und sehr spezifisch eine Arginin-Lysin-Bindung des Faktors B spaltet, vorausgesetzt, dieser ist an C3i gebunden. Durch den Einfluß von Faktor D wird das Fragment Ba freigesetzt, während der entstandene C3iBb-Komplex wie das bereits bekannte C42b eine **C3-Konvertasefunktion** übernimmt. Im Gegensatz zu diesem ist C3iBb jedoch nicht membrangebunden, es liegt also in gelöster Form im Blut vor.

Das durch die C3-Konvertasereaktion gewonnene C3b bindet sich nun wahllos über seine gespaltene Thioesterbindung an die nächste erreichbare Membran. Während jedoch auf körpereigenen Membranen durch regulatorische Proteine die Anlagerung der Faktoren H und I unterstützt wird, wird dies auf körperfremden Oberflächen (also auf Antigenoberflächen) unterbunden.

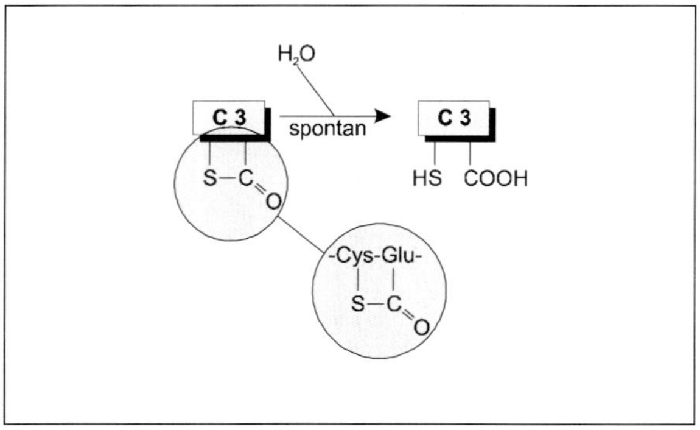

Abb. 20.46: Die spontane Hydrolyse von C3 zu C3i, dem Produkt dieser Reaktion.

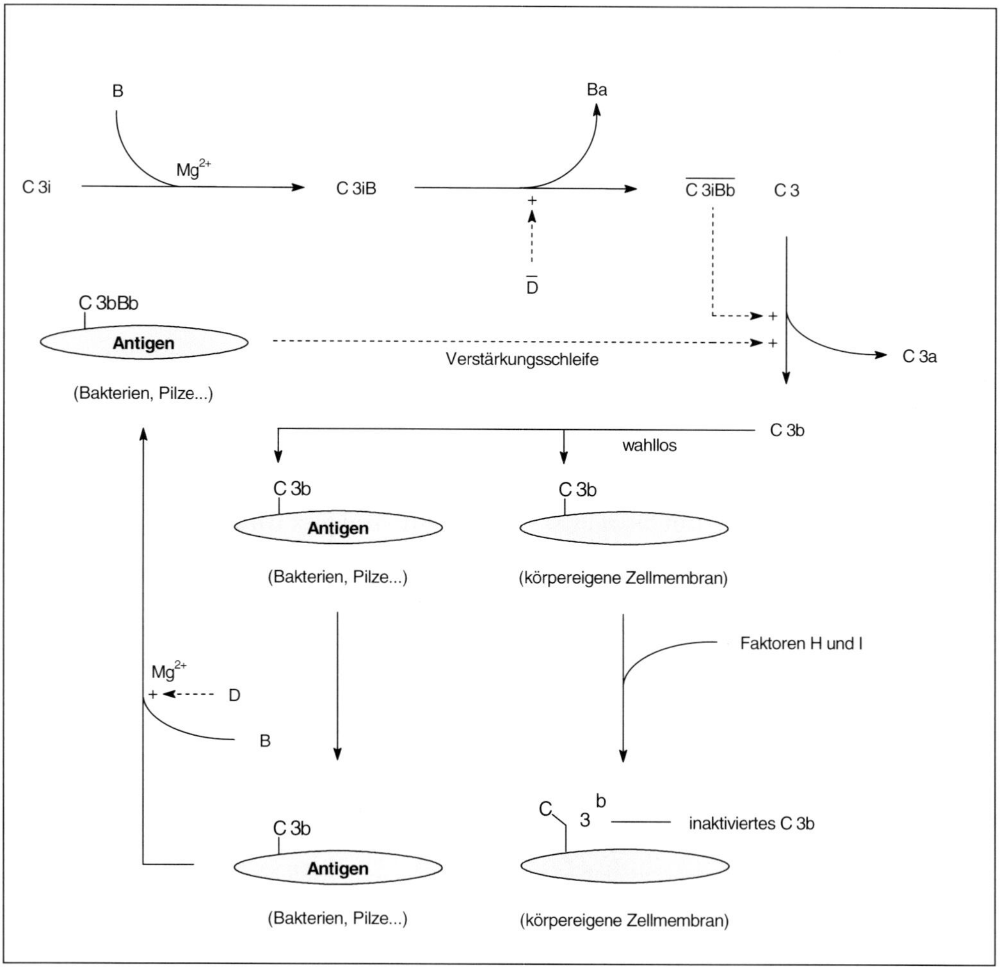

Abb. 20.47: Entstehung der C3-Konvertase (C3iBb) und die Ausbildung einer Verstärkungsschleife im alternativen Reaktionsweg.

Hier fehlen regulatorische Proteine, so daß anstelle des Faktors H der Faktor B gebunden wird. **Faktor I** ist eine Serin-Proteinase, die unter Mithilfe des an C3b gebundenen **Faktors H** das membrangebundene C3b proteolytisch inaktiviert und somit die weitere Komplementaktivierung auf körpereigenen Zellen verhindert. Diese würde ja unweigerlich mit dem Tod der eigenen Zelle enden!

Auf Antigenoberflächen hingegen tritt an die Stelle des H-Faktors der Faktor B, so daß nunmehr ein membranständiger C3bB-Komplex vorliegt. Dieser kann auf bekanntem Wege mittels Faktor D in Anwesenheit von Magnesiumionen ebenfalls zur C3-Konvertase C3bBb umgeformt werden. Dadurch kann nun erneut C3 gespalten werden, das wiederum eine Bindung an Zelloberflächen eingehen kann. Somit kommt es zu einer Verstärkungsschleife, in deren Ablauf immer mehr C3b auf das Antigen „herabregnet".

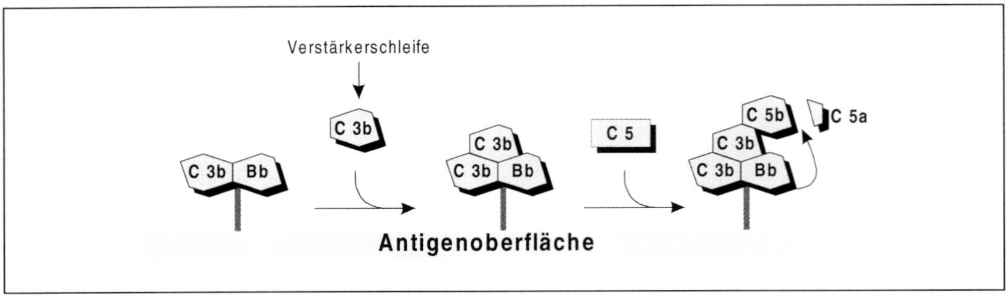

Abb. 20.48: Die Bildung der C5-Konvertase im alternativen Weg.

Dabei kann es eine Bindung zu einem C3bBb-Komplex herstellen und bildet auf diese Weise die **C5-Konvertase** des alternativen Weges. Der Aufbau dieser C5-Konvertase ist C3bBb-C3b. Abb. 20.48 zeigt, bindet C5 an das „zweite" C3b und wird anschließend in C5a, welches abdiffundiert, und C5b gespalten. C5b jedoch markiert den Startpunkt des lytischen Weges, dessen Verlauf bis zum Membranangriffskomplex wir nun verfolgen wollen.

20.10.4 Der lytische Weg

Das an C3b gebundene C5b bildet den Start dieses Weges. Nichtenzymatisch werden nun an dieses C5b die Faktoren C6 und C7 gebunden. Mit der Bindung von C7 macht dies eine Konformationsänderung durch und aus dem zuvor hydrophilen Komplex wird ein amphiphiler (also ein Komplex mit einem hydrophilen und einem hydrophoben Ende), der sich nun mit seinem hydrophoben Ende in der Zellmembran der Erregerzelle verankern kann.

Der Hydrophilie/Amphiphilie-Übergang spielt eine entscheidende Rolle, da er die Verankerung des Komplexes an der Zytomembran ermöglicht. Einen solchen Übergang vollzieht auch das im folgenden angelagerte C8-Glykoprotein, welches ebenfalls mit seinem hydrophoben Ende in die Zellmembran eindringt und dort bereits ein kleines Loch verursacht. Die anschließende Anlagerung von C9-Komponenten führt lediglich zu einer Vergrößerung des Membranlecks. C9, ein kugelförmiges, hydrophiles Glykoprotein, bindet an den bereits bestehenden Komplex. Der ersten C9-Komponente folgen bis zu elf weitere, die sich selbst zu einer transmembranösen Pore zusammenfügen. Dieser Polymerisationsprozeß verursacht erneut einen Hydrophilie/Amphiphilie-Übergang, in dessen Zuge die hydrophoben Enden der C9-Monomeren den Kontakt zur Lipiddoppelschicht der Zytomembran herstellen, während die hydrophilen Bereiche die innere Oberfläche der gebildeten Röhre bilden. also ihrem Lumen zugewandt sind.

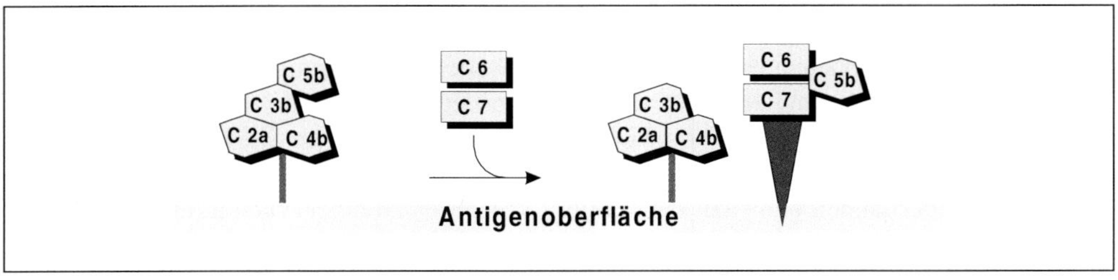

Abb. 20.49: Bildung des membranständigen C5bC6C7-Komplexes.

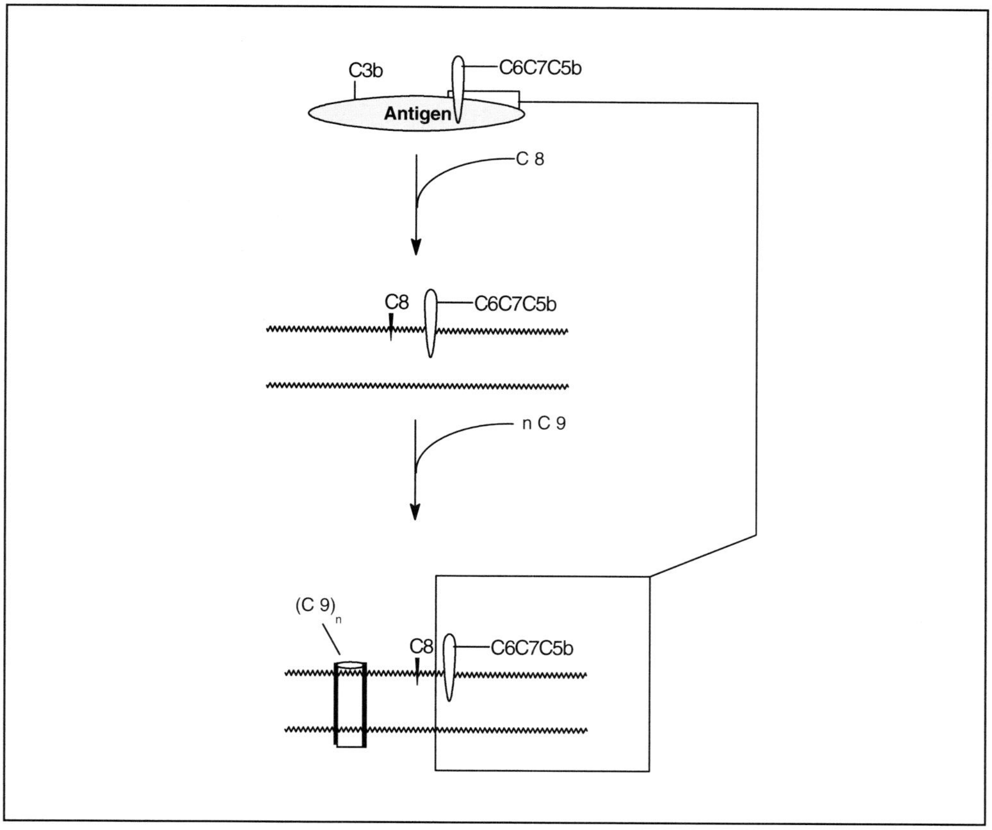

Abb. 20.50: Die Bildung des Membranangriffskomplexes.

Das porenförmige C9-Polymer bildet zusammen mit dem benachbarten C5bC6C7C8-Komplex den Membranangriffskomplex. Die Membranporen ermöglichen nun den freien Austausch von Kalium- und Natriumionen, was den Zusammenbruch des Membranpotentials zur Folge hat. Eindringende Calciumionen stören die intrazellulären Signalwege, die von diesem Ion abhängen. Wasser strömt in die angegriffene Zelle ein, da ihre Proteinkonzentration im Inneren größer als im Extrazellulärraum ist. Die Zelle schwillt im Zuge dieses Wassereinstroms an und wird für Makromoleküle durchlässiger. Diese, namentlich Proteine und Nukleinsäuren, können die Zelle nun ungehindert verlassen. Die Summe dieser Ereignisse ist die Lyse der Zelle und damit ihr Tod.

20.10.5 Die Regulation der Komplementkaskade

Es ist klar, daß ein lawinenartiger Prozeß wie die Komplementaktivierung einer Regulation unterliegen muß. Dies wird zum einen durch Enzyme wie den Faktor I erzielt, die bestimmte Komplementfaktoren abbauen. Aber auch nichtenzymatische Inhibitoren wirken auf die Komplementkaskade ein. 99 % des C1-Komplexes werden durch den sogenannten C1-Inhibitor gehemmt, welcher das aktive Zentrum von C1r inhibiert. Nur wenn der C1-Komplex an Immunglobuline bindet, dissoziiert der C1-Inhibitor ab und gibt das aktive Zentrum von

C1r frei. Schließlich sei daran erinnert, daß Komponenten mit reaktiven Thioesterbindungen wie C3b und C4b durch Reaktion mit Wasser inaktiviert werden, wenn sie nicht in ihre Nähe Membranen finden, an denen sie sich über Ester- oder Säureamidbindungen kovalent verankern können.

20.10.6 Die sonstigen Effekte von C3b, C4a und C5a

Für die in der Komplementkaskade entstehende Komponente C3b besitzen viele Abwehrzellen Rezeptoren. Insbesondere neutrophile Granulozyten und Makrophagen können darüber an antigengebundenes C3b binden. Dadurch wird die Phagozytose des Antigens erheblich gesteigert, was die Funktion des Faktors C3b bei der **Opsonierung** unterstreicht. Die Komplementfragmente **C3a**, **C4a** und **C5a** sind basische Peptide mit 77 (C3a und C4a) bzw. 74 (C5a) Aminosäuren. Ihre Molekülmassen liegen zwischen 9000 und 11.000. Alle drei Fragmente zeigen folgende biologische Effekte: Kontraktion der glatten Muskulatur (z. B. der Bronchialmuskulatur), Erhöhung der Durchlässigkeit von Blutgefäßen, Freisetzung von Histamin aus Basophilen und Mastzellen. C5a dient darüber hinaus als Lockstoff für Neutrophile und Monozyten, zeigt also **chemotaktische Eigenschaften**. Die Degranulation der Granulo- und Monozyten mit Freisetzung intrazellulärer Enzyme ist ebenfalls eine Folge der C5a-Wirkung. Die vorgenannten Effekte sind Erscheinungen der Entzündungsreaktion und werden von C5a am nachhaltigsten, von C4a am geringsten hervorgerufen. Die biologischen Wirkungen der drei hier angeführten Komplementfragmente sind Kennzeichen von allergischen Reaktionen. Sie werden daher auch als **Anaphylatoxine** bezeichnet.

20.11 Klinischer Bezug

20.11.1 Der Entzündungsprozeß

In den bisherigen Abschnitten wurden die einzelnen Komponenten des Immunsystems isoliert betrachtet. Hier soll nun das Zusammenspiel der zellulären und humoralen, der angeborenen und erworbenen bzw. spezifischen und unspezifischen Mechanismen im komplexen Entzündungsprozeß betrachtet werden. Wir werden sehen, wie durch molekulare Vorgänge die fünf Kardinalsymptome der Entzündungsreaktion, **Calor** (Wärme), **Rubor** (Rötung), **Dolor** (Schmerz), **Tumor** (Schwellung) und **functio laesa** (Funktionseinschränkung) entstehen.

Die reine Präzenz eines Erregers im Gewebe führt unter Mithilfe der Makrophagen zur **Aktivierung von B-Zellen** (Abschnitt 20.8), die nach Reifung zur Plasmazelle mit der Antikörperproduktion und -ausschüttung beginnen. Die Bindung dieser Antikörper am Antigen, vorausgesetzt sie gehören zum IgG- oder IgM-Typ, aktiviert das **Komplementsystem** (Abschnitt 20.10.2), Makrophagen und neutrophile Granulozyten. Zudem kann das Komplementsystem über den alternativen Weg aktiviert werden (Abschnitt 20.10.3). Allein diese Effekte sind geeignete Maßnahmen zur Bekämpfung des eingedrungenen Erregers. Die Bildung des Membranangriffskomplexes im lytischen Weg des Komplementsystems (Abschnitt 20.10.4) endet in der Regel mit dem Tod der angegriffenen Zelle, eine Opsonierung ermöglicht eine verstärkte Phagozytose durch Makrophagen und verbunden damit eine verstärkte Antigenpräsentation mit konsekutiver Lymphozytenaktivierung. Neben Immunglobulinen der Klassen G und M werden auch IgE-Antikörper synthetisiert, die nach Bindung an Fc-Rezeptoren auf **Mastzellen** in Gegenwart von Antigen eine Degranulation und somit Ausschüttung präformierter Mediatoren hervorrufen. Die Aktivierung der Phospholipase A_2 bringt über den Cyclooxygenase- und den Lipoxygenaseweg Prostaglandine, Thromboxane und Leukotriene hervor, die ebenfalls in das Entzündungsgeschehen eingreifen. Besonders das Histamin führt zu einer **Vasodilatation** und **Erhöhung der Gefäßpermeabilität**, die sich infolge des Flüssigkeits- und Serumproteinübertritts aus dem Blutkreislauf in das Infektionsgebiet in einer **Ödembildung** äußert. Andere Mediatoren wie C3a und C5a, auch **Anaphylatoxine** genannt, besitzen chemotaktische Eigenschaften und locken damit Granulo- und Monozyten in den Infektionsherd. Durch die Anschwellung des Gewebes (**Tumor**) kommt es zur Reizung lokaler Nervenendigungen, was die Schmerzreaktion (**Dolor**) auslöst. Die bessere Durchblutung des Gewebes ist für die Rötung (**Rubor**) und Wärmeentwicklung (**Calor**) verantwortlich. Schwellung und Schmerzreaktion münden oft in eine Funktionseinschränkung des betroffenen Gewebes oder Organs (etwa eines Gelenkes) ein, dann spricht man vom fünften Kardinalsymptom einer Entzündung, der **functio laesa**.

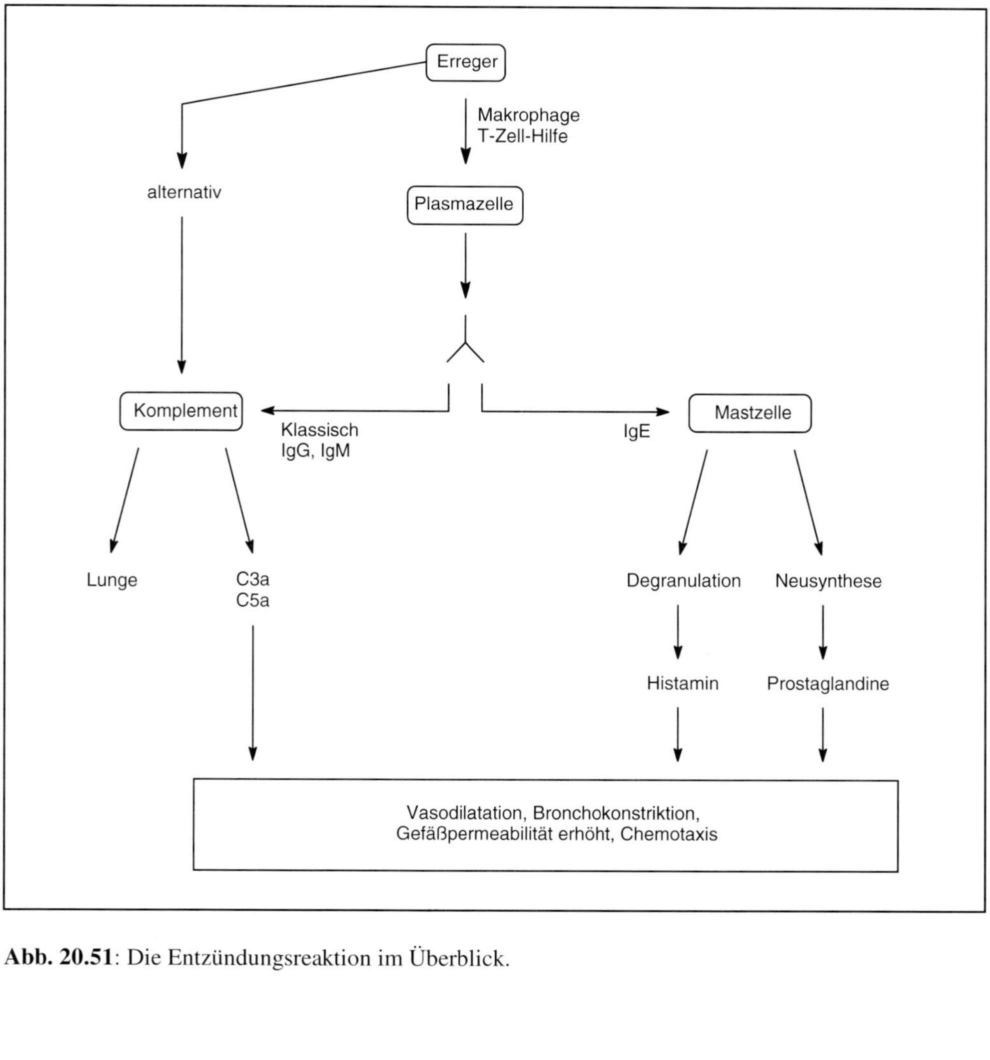

Abb. 20.51: Die Entzündungsreaktion im Überblick.

Durch dieses Zusammenspiel verschiedener Bestandteile des Immunsystems wird zumeist eine Eliminierung des eingedrungenen Erregers erreicht. Trotz allem sind damit bisweilen auch nachteilige Effekte verbunden. Aktivierte Neutrophile verursachen mitunter beträchtliche **Gewebeschädigungen,** nach dem sie den Inhalt ihre Lysosomen in das infizierte Gewebe entleert haben. Am Eintrittsort kann sich dann ein aus abgestorbenen Granulozyten und zerstörtem Gewebe bestehender Herd, ein **Abszeß**, ausbilden. Hauptbestandteil des **Eiters**, dem Inhalt des Abszesses, sind abgestorbene neutrophile Granulozyten. Bei chronischen Entzündungen besteht das Infiltrat hingegen hauptsächlich aus Makrophagen und T-Lymphozyten, wobei durch sezernierte Mono- und Lymphokine der Entzündungsprozeß über lange Zeiträume unterhalten werden kann. Anzeichen solcher chronischen Entzündungsprozesse sind häufig **Granulome**, in denen der Entzündungsherd durch einen Wall von Abwehrzellen in Schach gehalten wird. Abb. 20.51 vermittelt einen Überblick zur Entzündungsreaktion.

20.11.2 Überempfindlichkeitsreaktionen

Ist das Zusammenspiel der verschiedensten Komponenten des Immunsystems zur Bekämpfung eingedrungener Erreger von elementarer Bedeutung, so führt die Reaktion gegen an sich unschädliche Antigene zu ungewollten Effekten. Man spricht in solchen Fällen von Überempfindlichkeitsreaktionen. Je nach Art und Weise ihres Phänotyps unterscheidet man vier verschiedene Typen (Tabelle 20.5).

Die Vorgänge, die zu einer Überempfindlichkeit vom **Typ I**, auch Soforttyp genannt, führen, sind uns schon im wesentlichen bekannt. Durch das Auftreten eines Antigens werden lokal Immunglobuline der Klasse E gebildet. Diese IgE-Antikörper finden auf gewebsständigen Mastzellen ihren adäquaten Fc-Rezeptor und binden an ihn. Bei einem Zweitkontakt mit dem Antigen induziert die dann erfolgte Vernetzung der Fc-Rezeptoren eine **Degranulation** der **Mastzellen** mit Ausschüttung der in diesen Zellen präformierten Mediatoren, insbesondere **Histamin**, Heparin, **Leukotriene** und **Prostaglandine**. Namentlich das Histamin ist für lokale Vasodilatation, Ödembildung sowie Bronchokonstriktion in der Lunge verantwortlich zu machen. Diese Symptomkonstellation äußert sich typischerweise bei Allergien wie Heuschnupfen oder **Asthma**. Wie und wann es zum Ausbruch einer Allergie kommt, ist bis heute nicht bekannt. Mit Sicherheit spielen genetische Prädisposition, Umwelteinflüsse, die Art und Dauer des Allergenauftritts sowie die hervorgerufene IgE-Antwort dabei eine Rolle.

Tabelle 20.5: Übersicht über die verschiedenen Überempfindlichkeitsreaktionen.

Überempfindlichkeitsreaktionen		
Typ	**Charakterisierung**	**Beispiele**
I	IgE-vermittelte Überempfindlichkeitsreaktion vom Soforttyp	Heuschnupfen, Asthma, Urtikaria
II	IgG- oder IgM-vermittelte zytotoxische Überempfindlichkeit	Transfusionszwischenfälle, Rhesusinkompatibilität, einige Autoimmunerkrankungen
III	Ausbildung und Ablagerung von Immunkomplexen	Systemischer Lupus erythematodes, rheumatische Erkrankungen, Nephritis
IV	Involvierung von Makrophagen und T-Lymphozyten, verzögerte Überempfindlichkeit	Kontaktallergien, Tuberkulinreaktion

Ist die Typ I-Reaktion IgE-vermittelt, so sind es beim **Typ II** IgG- oder IgM-Antikörper, die eine Überempfindlichkeit provozieren. Die Immunantwort richtet sich gegen eigene Zellen oder Fremdantigene, die normalerweise keine Immunantwort hervorrufen würden, da sie keinerlei Gefahr für den Körper in sich bergen. Infolge der Antigen-Antikörper-Interaktion kommt es zu einer Aktivierung des lytischen Weges im Rahmen des Komplementsystems. Ist dieser normalerweise gegen Infektionserreger gerichtet, richtet sich das System nun fatalerweise gegen körpereigene Zellen. Neutrophile Granulozyten schütten darüber hinaus aggressive Sauerstoffverbindungen und lytische Verdauungsenzyme aus. Auf die beschriebene Weise verlaufen IgM-vermittelte Transfusionzwischenfälle, wenn zwischen Spender und Empfänger eine ABO- oder Rhesus-System-Unverträglichkeit besteht. Wir gehen im nächsten Abschnitt darauf ein.

Anders gestaltet sich die Lage beim **Typ III**. Kommt es im Serum zur Bildung von Antigen-Antikörper-Immunkomplexen, so werden diese unter physiologischen Verhältnissen von Makrophagen beseitigt. Geschieht dies (unter pathologischen Umständen) jedoch nicht, so können sich die o. a. Komplexe in Geweben oder zwischen den Gefäßendothelzellen ablagern. Dort sind sie in der Lage, das Komplementsystem zu aktivieren, was mit entsprechenden Entzündungsreaktionen einher geht. Eingewanderte Granulozyten schütten lysosomale Enzyme aus, die lokale Gewebsschädigungen hervorrufen. Daneben kommt es zu Anlagerung von Thrombozyten, über die sich an den Entzündungsherden Mikrothromben ausbilden können. Häufig betroffen von dieser Überempfindlichkeitsreaktion ist die Niere, die mit entsprechenden Funktionseinbußen auf die Läsionen antwortet. Immunkomplexe der beschriebenen Art können auch mit körpereigenen Antigenen beobachtet werden, so z. B beim Lupus erythematodes. Bei dieser Erkrankung lassen sich Antikörper gegen Histone nachweisen, solche gegen DNA werden in der Regel nicht gefunden.

Wie bei den anderen Überempfindlichkeitsreaktionen muß auch beim **Typ IV** zunächst ein Erstkontakt mit dem Allergen vorliegen. Die Typ IV-Reaktion zeigt kein einheitliches Bild und kann selbst wieder in vier Subklassen differenziert werden. Die Symptome treten, je nach Reaktionstyp, innerhalb von 24 Stunden oder mit einer Latenz von mehreren Wochen auf. Anders als bei den schon besprochenen Überempfindlichkeiten wird der verspätete Typ nicht durch Antikörper vermittelt, vielmehr wird eine bestimmte T-Zell-Population durch den Kontakt mit dem Allergen in einen reaktionsbereiten Zustand versetzt. Diese T-Lymphozyten unterhalten dann im Verein mit Makrophagen mittels Synthese von Mediatoren wie Lympho- und Monokine die Entzündungsreaktion. In den meisten Fällen kommt es zu einer **Granulombildung,** in denen besonders die charakteristischen **Epitheloidzellen** imponieren. Überempfindlichkeitsreaktionen vom verzögerten Typ treten u. a. bei **Tuberkulose** oder **Lepra** in Erscheinung.

20.11.3 Die Rhesus-Inkompatibilität und der COOMBS-Test

Das Rhesus-System bzw. die Rhesus-Blutgruppen (abgekürzt Rh) des Erythrozyten wurden 1939/40 von LANDSTEINER und WIENER entdeckt, nachdem sie Rhesusaffen-Erythrozyten Kaninchen und Meerschweinchen injiziert hatten, welche entsprechende Antikörper gegen diese Antigene synthetisierten. Die hitzelabilen Rhesus-Antigene sind vermutlich Proteine. Etwa 40 dieser Antigene sind inzwischen bekannt, wovon jedoch nur wenige von klinischem Interesse sind.

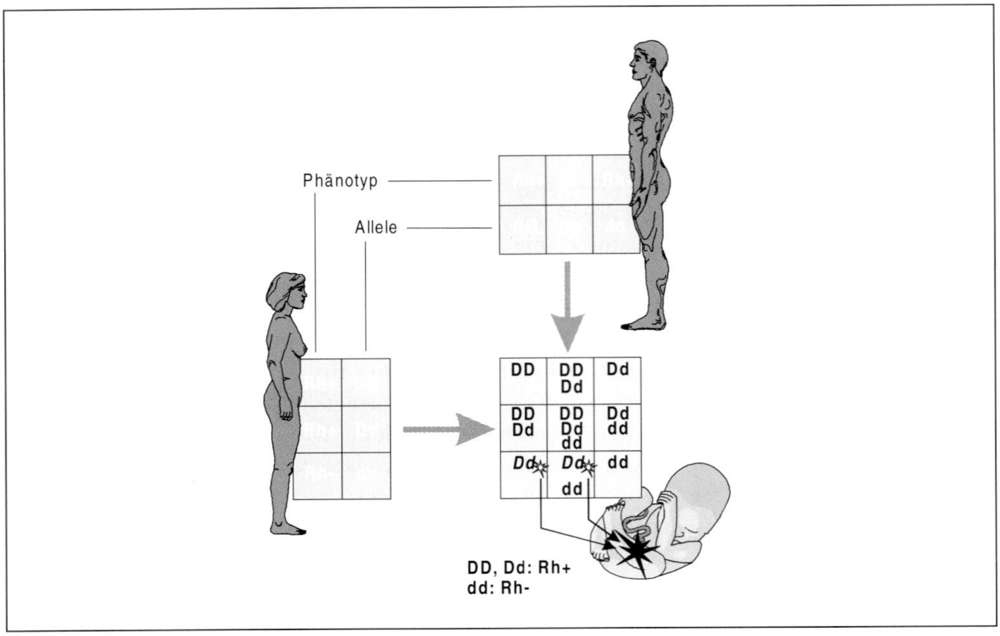

Abb. 20.52: Der Erbgang der Rhesus-Allele.

Das wichtigste ist das sogenannte **D-Antigen**, welches **dominant** vererbt wird. „D" bedeutet hierbei die Existenz des codierenden Rhesus-Gens (Rhesus positiv), „d" seine Abwesenheit (Rhesus negativ). Etwa 15 % der mitteleuropäischen Bevölkerung sind Rhesus negativ. Aus dem dominanten Erbgang ergeben sich für das betreffende Kind letztlich drei Möglichkeiten, die zu einer Rhesus-Inkompatibilität führen können. Abb. 20.52 zeigt die Zusammenhänge in einer Übersicht.

Rhesus positive Mütter bilden für ihr Kind keine Gefahr, da sie selbst keine Antikörper gegen die Rhesus-Antigene ausbilden. Dies würde ja ihre eigenen Erythrozyten schädigen. Bei etwa 10 % aller Schwangerschaften liegt jedoch die problematische Kombination einer Rhesus negativen Mutter und eines Rhesus positiven Vaters vor. Nur in 0,5 bis 1,0 % dieser Problemfälle findet man jedoch ein Krankheitsbild des Kindes, was u. a. darauf zurückzuführen ist, daß es nicht immer zu einer Sensibilisierung der Mutter kommt und das Merkmal D eine relativ schwache Antigenwirkung aufweist. Während der Geburt kann durch die auftretenden Plazentaverletzungen mit Eröffnung zahlreicher Endometriumsgefäße ein Übertritt von kindlichen Rhesus positiven Erythrozyten in den mütterlichen Kreislauf erfolgen. Bereits 0,005 bis 0,10 ml fetalen Blutes reichen aus, um im Abwehrsystem der Mutter in den folgenden drei Monaten eine Immunisierung gegen diese Erythrozyten einzuleiten.

Tabelle 20.6: Die Rhesus-Inkompatibilität in der tabellarischen Übersicht.

Rhesus-Inkompatibilität		
Gene	**Erbgang**	**Folge für das Kind**
DD	homozygot	Kind Rh positiv
Dd	heterozygot	Kind Rh positiv
dd	homozygot	Kind Rh negativ

B-Lymphozyten synthetisieren nun Antikörper vom IgG-Typ gegen das Rhesus-(D)-Antigen, Gedächtniszellen behalten das Antigen in Erinnerung. Es sollte in diesem Zusammenhang nicht übersehen werden, daß eine mütterliche Immunisierung auch durch **Fehlgeburten**, **Schwangerschaftsabbrüche** oder **Fehltransfusionen** von **Rhesus positiven Erythrozyten** hervorgerufen werden kann.

In einer darauffolgenden Schwangerschaft dringen die **plazentagängigen IgG-Antikörper** der Mutter in den kindlichen Kreislauf ein und verursachen in diesem über die Lyse von Erythrozyten eine **hämolytische Anämie.** Die hämolytische Anämie hat dem Krankheitsbild des Neugeborenen seinen Namen gegeben: **Morbus haemolyticus neonatorum.** Das bei der Hämolyse anfallende Bilirubin wird während der Schwangerschaft noch über die Plazenta ausgeschieden, wobei sich das Fruchtwasser gelblich verfärbt (Diagnose durch Fruchtwasseruntersuchung). Postpartal (nach der Geburt) ist die unreife kindliche Leber nicht in der Lage, das vermehrt auftretende indirekte Bilirubin mit Glucuronsäure zu konjugieren, um es somit der Ausscheidung zugänglich zu machen. Somit kommt es beim Neugeborenen zu einem **prähepatischen Ikterus**, also zu einer Gelbfärbung der Haut. Bilirubin kann sich auch im Gehirn ablagern, was zu Schwerhörigkeit, Blicklähmungen und geistiger Unterentwicklung führen kann. Da hierbei besonders die Kerngebiete des Pallidums, des Thalamus, der Nuclei caudatus und subthalamicus sowie des Nucleus dentatus des Kleinhirns durch die Bilirubinanreicherung gelb gefärbt sind, spricht man auch vom **Kernikterus** des Neugeborenen. Die ausgeprägte Anämie verursacht ein Sauerstoffdefizit in den Geweben, das mit Herzmuskelschäden und Herzinsuffizienz einhergehen kann. Aus der Herzinsuffizienz resultieren Ödeme und Ergüsse in den Körperhöhlen. Kompensatorisch ist die Blutbildung außerhalb des Knochenmarks, vornehmlich in Milz und Leber erhöht, wodurch beide Organe vergrößert sind. Der schwersten Verlaufsform des Morbus haemolyticus neonatorum liegt eine systemische Gefäßschädigung zugrunde, die eine Permeabilitätssteigerung nach sich zieht. Dadurch entstehen generalisierte Ödeme, die eine besonders deutliche Ausprägung in der Haut, der Plazenta und den Körperhöhlen aufweisen. In 5 % aller Fälle von Morbus haemolyticus neonatorum kommt es zu diesem **Hydrops congenitus universalis** (Hydrops gr. Wassersucht, congenitus lat. mit der Geburt), der in den meisten Fällen bereits intrauterin zum Fruchttod führt.

Die Diagnose eines Morbus haemolyticus neonatorum stützt sich u. a. auf den **COOMBS-Test**. Der COOMBS-Test dient dem Nachweis sogenannter **inkompletter Antikörper**, die nicht in der Lage sind, zwei Erythrozyten miteinander zu verbinden (eine Brücke zu bilden) und sie zu agglutinieren (verkleben). Inkomplette Antikörper sind vom IgG-Typ, während ihr Gegenstück, der komplette Antikörper, ein IgM-Immunglobulin ist. Da die mütterlichen Antikörper gegen die kindlichen Erythrozyten mit positiver Rhesus-Eigenschaft IgG-Antikörper sind, lassen sie sich **während der Schwangerschaft** Rhesus-negativer Frauen aus deren Blut nachweisen. Hierbei wendet man den **indirekten COOMBS-Test** an, bei dem man dem Schwangerenserum Rhesus positive Testerythrozyten und anschließend Kaninchenserum, das gegen humane IgG sensibilisiert wurde, zufügt. **Nach der Geburt** muß bei Rhesus-Inkompatibilität der **direkte COOMBS-Test** aus dem Nabelvenenblut durchgeführt werden. Er dient dem Nachweis der an den kindlichen Erythrozyten gebundenen mütterlichen inkompletten IgG und verursacht nach Zugabe des Kaninchenserums eine direkte Agglutination der antikörperbehafteten kindlichen Erythrozyten. Die Gefährdung des Fetus läßt sich durch eine spektrophotometrische Untersuchung einer Fruchtwasserprobe, die durch Amniozentese (kentein gr. stechen) gewonnen wurde, bei 450 nm abschätzen.

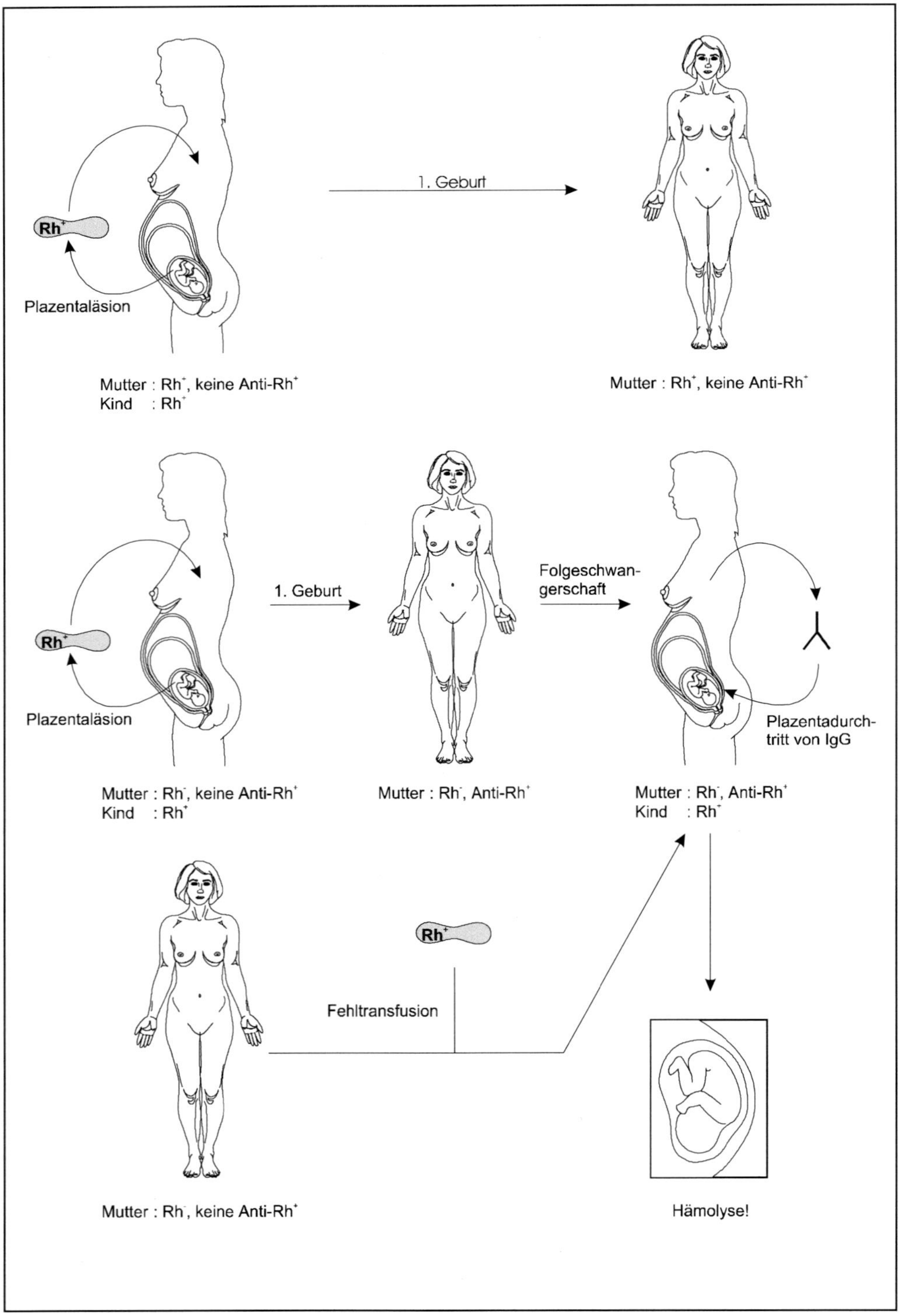

Abb. 20.53: Entstehung des Morbus haemolyticus neonatorum.

Durch sie wird die Konzentration des in das Fruchtwasser übergetretenen Bilirubins ermittelt. Bei der Gefahr eines intrauterinen Fruchttodes werden unter Ultraschallkontrolle wiederholt Rhesus negative 0-Erythrozyten in die Bauchhöhle des Fetus transfundiert, aus der sie durch das Peritoneum in dessen Kreislauf gelangen. Nach der Geburt kann der Anämie durch reguläre Erythrozytentransfusionen begegnet werden. Der Ikterus wird bei leichter bis mittlerer Ausprägung mittels **Phototherapie** bei 420 bis 490 nm behandelt, wobei das indirekte Bilirubin in der Haut zerfällt und ausgeschieden werden kann. Zur **Prophylaxe** erhält eine Rhesus negative Erstgebärende direkt nach der Geburt ihres Rhesus positiven Kindes Anti-D-Serum, also ein Serum, das Antikörper gegen Rhesus positive Erythrozyten enthält. Diese neutralisieren die übergetretenen kindlichen Erythrozyten und verhindern somit eine Sensibilierung des mütterlichen Immunsystems.

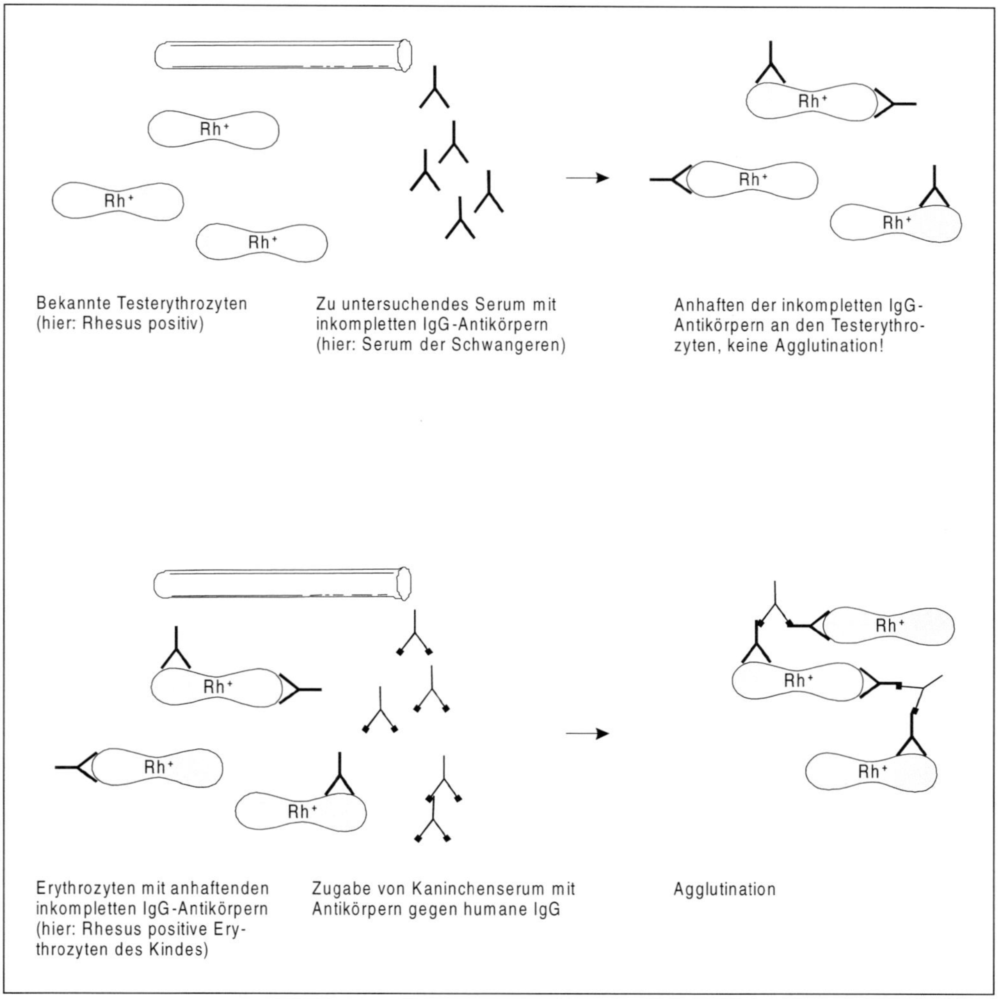

Abb. 20.54: Die zwei Schritte des indirekten COOMBS-Tests.

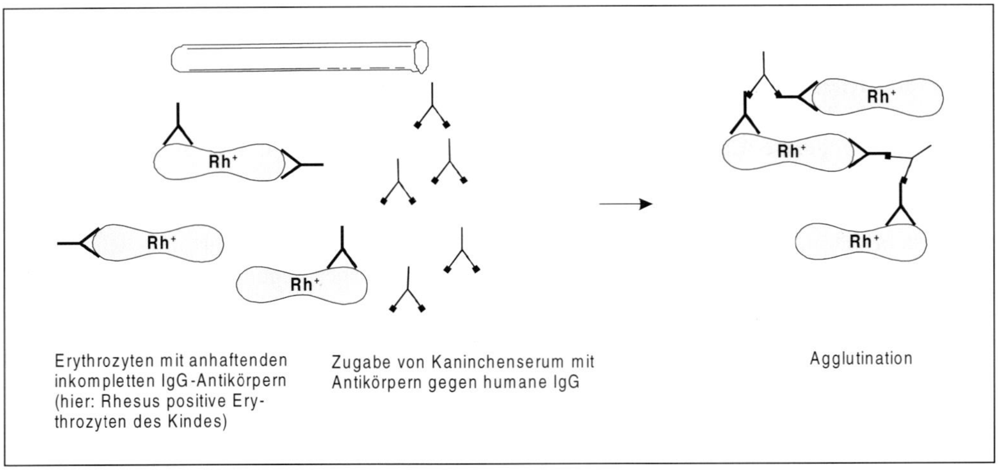

Abb. 20.55: Der direkte COOMBS-Test.

Das Kaninchenserum vermag die humanen inkompletten Antikörper zu vernetzen und somit Brücken zwischen den Erythrozyten zu bilden. Dies führt zu einer **sichtbaren Agglutination** der Testerythrozyten.

20.12 Western-Blot-Analysen

Erinnern wir uns noch einmal an das Verfahren der Polyacrylamid-Gelelektrophorese, das wir im Kapitel: Experimentelle Methoden besprochen haben. Nach der Elektrophorese wurde das Gel mit einem proteinspezifischen Farbstoff angefärbt und somit eine mehr oder minder große Anzahl von Banden sichtbar gemacht, die jeweils verschiedene Proteine markieren. Doch welches dieser vielen Proteine ist nun beispielsweise der Transferrinrezeptor, den wir in unserem Leberzellaufschluß nachweisen wollen? Ist man in Besitz eines Antikörpers gegen dieses Protein, gestaltet sich sein Nachweis mit Hilfe des Western-Blot-Verfahrens vergleichsweise einfach.

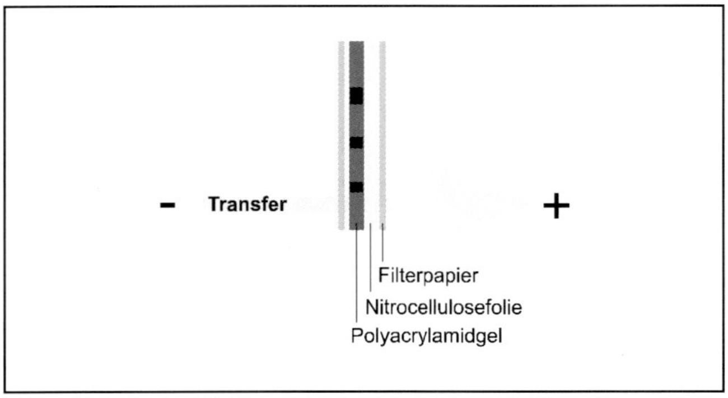

Abb. 20.56: Aufbau des Western-Blots.

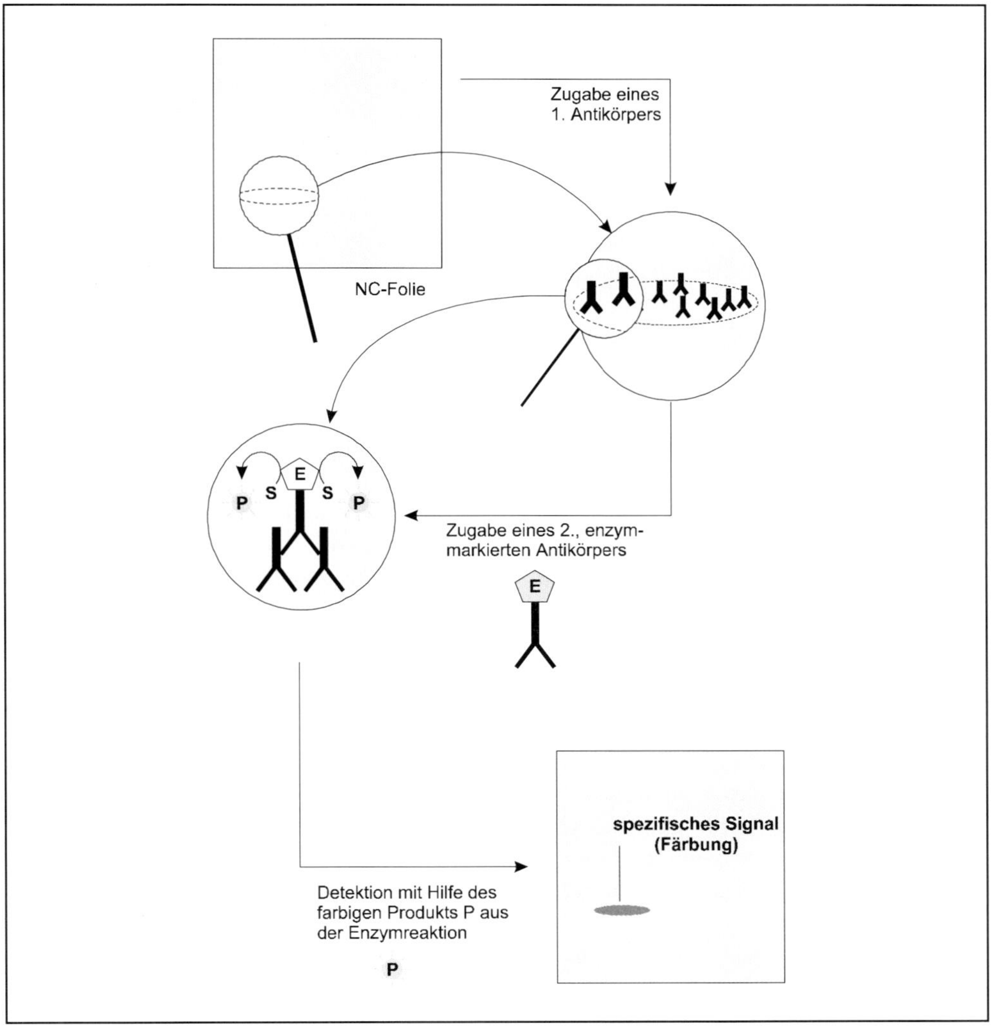

Abb. 20.57: Die Nachweisreaktion im Western-Blot. „S" steht für „Substrat", „P" für Produkt.

Nach Abschluß der Elektrophorese löst man das Gel vorsichtig von seinen anhaftenden Glasplatten und legt darauf ein gleichgroßes Stück Nitrocellulosefilter. Zwischen Filterpapier gepackt und in eine entsprechende Halterung eingespannt, setzt man das Gel erneut einem elektrischen Feld aus, nur ist dieses jetzt senkrecht zur ersten Laufrichtung orientiert, so daß die Proteine auf die Nitrocellulose überwechseln. Hier werden sie infolge starker Wechselwirkungen festgehalten und können nicht mehr weiterwandern. Abb. 20.56 gibt den Aufbau dieses Verfahrens wieder.

Nach Beendigung des Transfers wird die Nitrocellulose mit einem Antikörper gegen Transferrin bzw. dem zu suchenden Antigen versetzt, so daß dieser nun spezifisch an „sein Protein" auf der Nitrocellulosefolie binden kann. Um den gebildeten Antigen-Antikörper-Komplex anzufärben, verwendet man einen zweiten Antikörper, dessen Antigen wiederum der erste Antikörper ist (Anti-Antikörper). Der Trick der Methode ist nun, daß an eben dieses zweite Immunglobulin ein Enzym gekoppelt ist, das ein farbloses Substrat in einen Farbstoff umzusetzen vermag. Auf der Folie erscheint ein farbiger Strich, der selektiv die Lage und damit die Existenz des Transferrinreceptors anzeigt.

Eine Frage, die sich dem Leser aufdrängt, ist, woher der seltsame Name dieser Methode rührt. Es gibt ähnliche Transfer-Methoden auch für DNA- und RNA-Moleküle. Erarbeitet wurde das Grundprinzip dieser immunologischen Methode anhand des DNA-Transfers auf Nitrocellulose von einem Herren namens SOUTHERN. Aufgrund des zufälligen Namenszusammenhanges mit den vier Himmelsrichtungen hat man die später entwickelten Techniken Northern- und Western-Blot genannt, lediglich ein Eastern-Blot existiert noch nicht.

20.13 Der Immunoassay

20.13.1 Allgemeines

Der Prototyp eines Immunoassays, der erstmals von YALOW und BERSON 1959 publizierte **Radioimmunoassay RIA**, fand seinerzeit zum Nachweis von ^{131}I-markiertem Insulin Verwendung. Damals wie heute ist die Quantifizierung von Hormonkonzentrationen eine Domäne der Immunoassays, auch wenn diese Methode schon lange nicht mehr auf endokrinologische Fragestellungen beschränkt ist. Welche Vorzüge haben den Siegeszug dieses Verfahrens in der biochemischen Analytik begründet?

Hormone wie das Insulin liegen im Serum in überaus niedrigen Konzentrationen vor, nämlich im Bereich von 10^{-10} mol/L. Will man diese zahlenmäßig erfassen, so ist eine hochsensitive Methode erforderlich. Der Radioimmunoassay vereint die hohe Spezifität einer Immunreaktion mit der gleichfalls hohen Sensitivität der Detektion von Radionukliden. **Spezifität** und **Sensitivität** sind jene hervorragenden Eigenschaften des Immunoassays, die ihn für die Bestimmung von niedrig konzentrierten Stoffen prädestinieren. Prinzipiell kann jeder Stoff so nachgewiesen werden, wenn folgende Eigenschaften erfüllt sind:

- der Stoff muß immunogen sein (eine Immunantwort herbeiführen),
- der Stoff muß in reiner Form verfügbar sein und
- der Stoff muß auf irgendeine Weise markierbar sein

Nun sind Substanzen mit relativen Molekülmassen < 10.000 nicht immunogen. Wir erinnern uns (Abschnitt 20.5.9), daß solche **Haptene** durch Kopplung an Proteine immunogenen Charakter gewinnen. Dieses Verfahren ist beispielsweise notwendig, um Steroidhormone, Vitamine oder Pharmaka mittels Immunoassay nachzuweisen. Allgemein bestehen Immunoassays aus 5 Schritten:

- Pipettieren von Probe und Reagenz und Mischen der beiden Komponenten
- Inkubation
- Trennung von gebundenem und ungebundenem (markiertem) Antigen
- Detektion (Messung) des Markierungssignals und
- Berechnung der Ergebnisse.

20.13.2 Der kompetitive Immunoassay

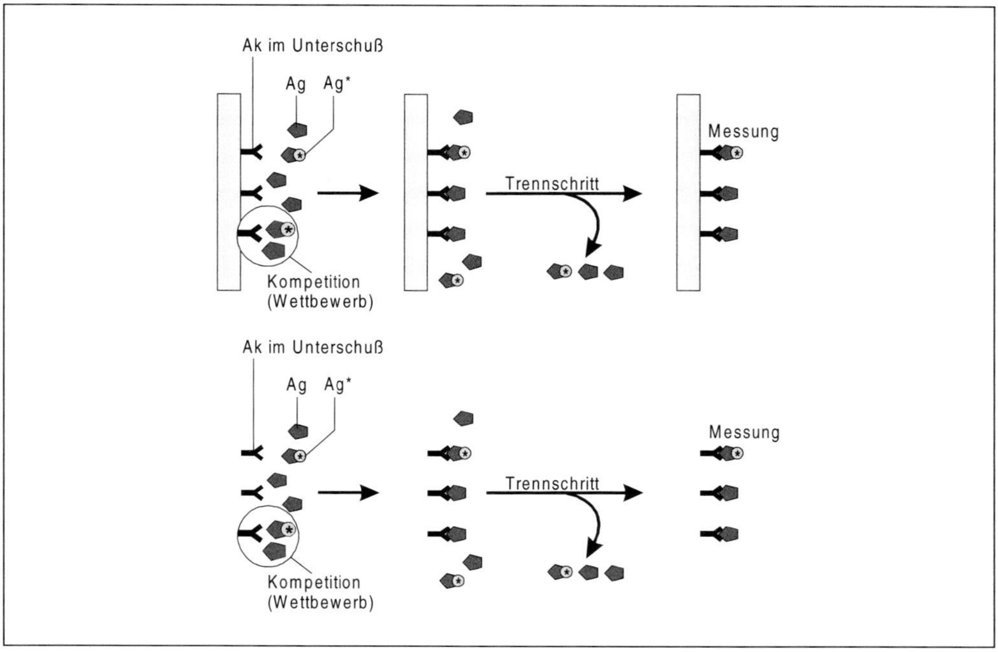

Abb. 20.58: Antikörper (Ak) liegen entweder an einer Festphase, z. B. der Röhrchenwand, gebunden (oben) oder frei (unten) vor. Markiertes Antigen (Ag*) steht im Wettbewerb (competere lat. zugleich erstreben) um die im Unterschuß vorhandenen Antikörper mit dem zu bestimmenden Antigen (Ag) der Probe. Im Ansatz sind die Mengen an Antikörper und markiertem Antigen konstant, während diejenige des nicht markierten unbekannt und damit variabel ist. Die Verdrängung des markieren Antigens ist proportional zur Konzentration von Ag in der Probe. Je höher also die Konzentration an unmarkiertem Antigen in der Probe ist, umso niedriger fällt die Konzentration des Antikörper-gebundenen „Tracers" (Ag*) aus.

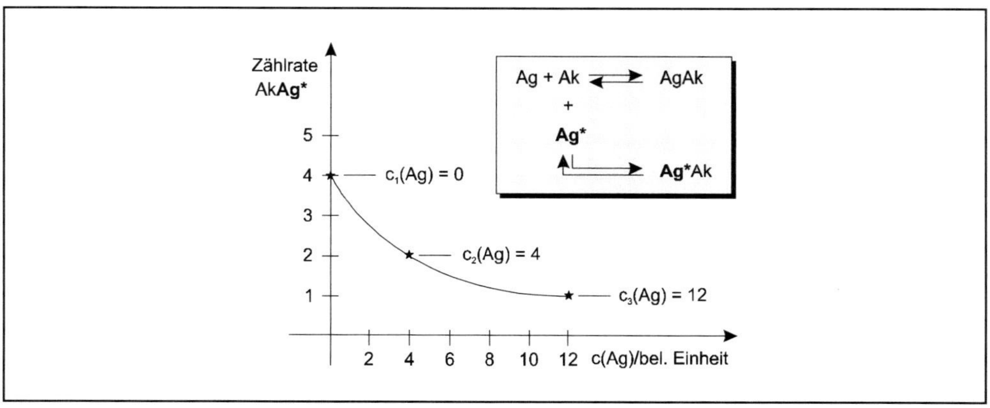

Abb. 20.59: Grundlage eines Immunoassays ist die Standardkurve. Sie wird unter Bedingungen erstellt, bei denen die Konzentrationen des Antikörpers Ak und des markierten Antigens Ag* konstant

gehalten werden, während die Konzentrationen der Standardproben zwar bekannt sind, aber variieren. So sind im obigen Beispiel drei Standards mit den definierten Konzentrationen c_1 bis c_3 vorgegeben. Im Prinzip ist dies der einzige Unterschied gegenüber der zu bestimmenden Patientenprobe, dessen Antigenkonzentration natürlich unbekannt ist. Die Einheit der Antigenkonzentrationen kann beliebig (bel.) angegeben werden und ist hier nicht näher ausgeführt. Die Markierung des Antigens Ag* liefert im Falle von Fluoreszenz, Radioaktivität oder Chemilumineszenz eine Zählrate („counts"), die pro Zeiteinheit gemessen wird. Oberhalb des Koordinatensystems ist das zugrundeliegende Reaktionsschema angeführt.

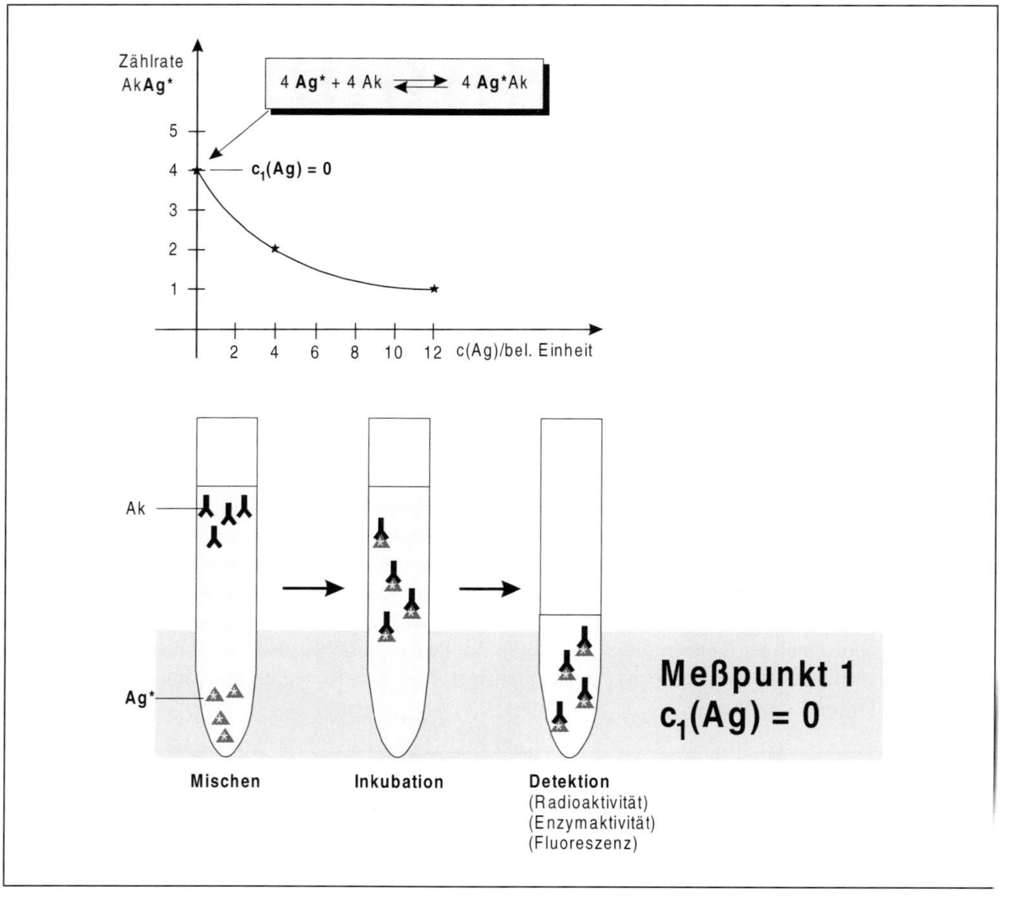

Abb. 20.60: Meßpunkt 1 der Standardkurve. Es ist kein unmarkiertes Antigen Ag vorhanden, so daß alle markierten Antigene Ag* von im Unterschuß vorhandenen Antikörpern Ak gebunden werden. Dieser Meßpunkt repräsentiert den sogenannten Null-Standard für unmarkiertes Antigen, so daß hier ein maximales Bindung von Ag* erfolgen kann. Dementsprechend ist hier das Meßsignal (z. B. Radioaktivität oder Fluoreszenz) am höchsten.

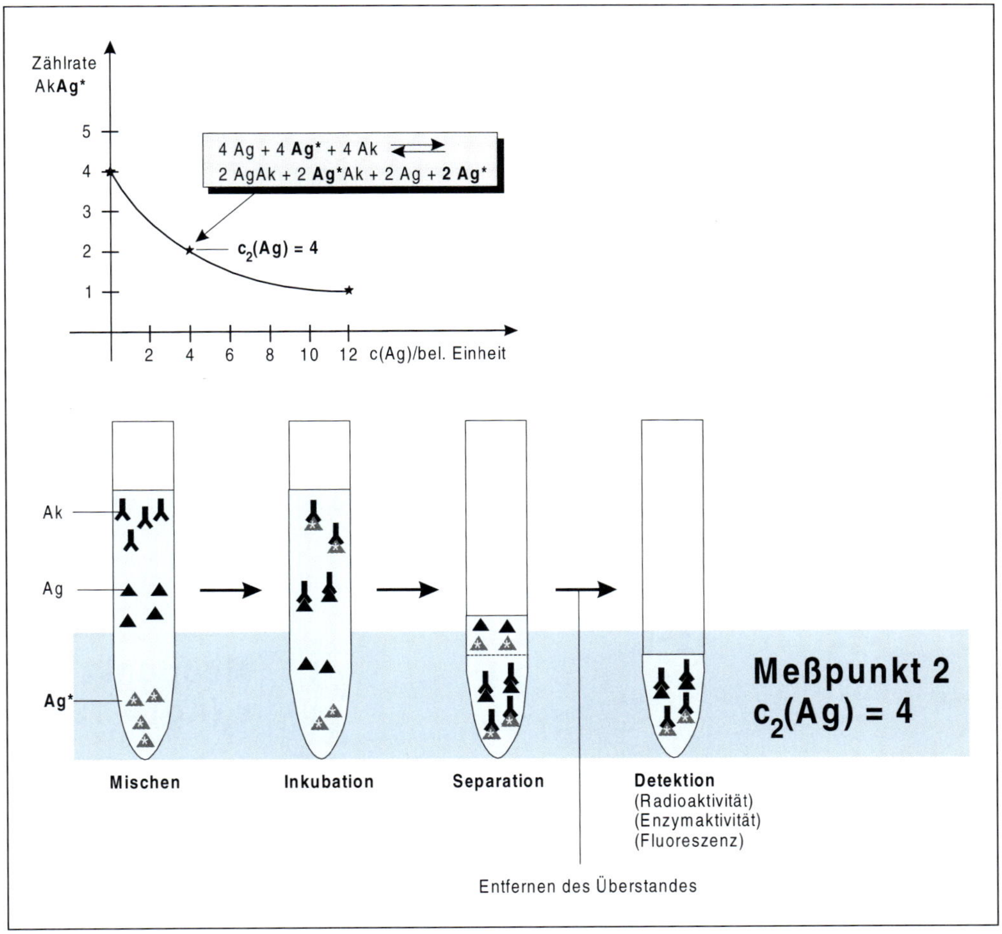

Abb. 20.61: Meßpunkt 2 der Standardkurve. Vier unmarkierte und vier markierte Antigene konkurrieren um die vier Antikörper. Die Konzentrationen von markiertem Antigen Ag* und Antikörper Ak sind nach wie vor konstant. Unter diesen Bedingungen entstehen zwei Ag*Ak-Komplexe, die Zählrate ist auf 50 % des Meßpunktes 1 gesunken.

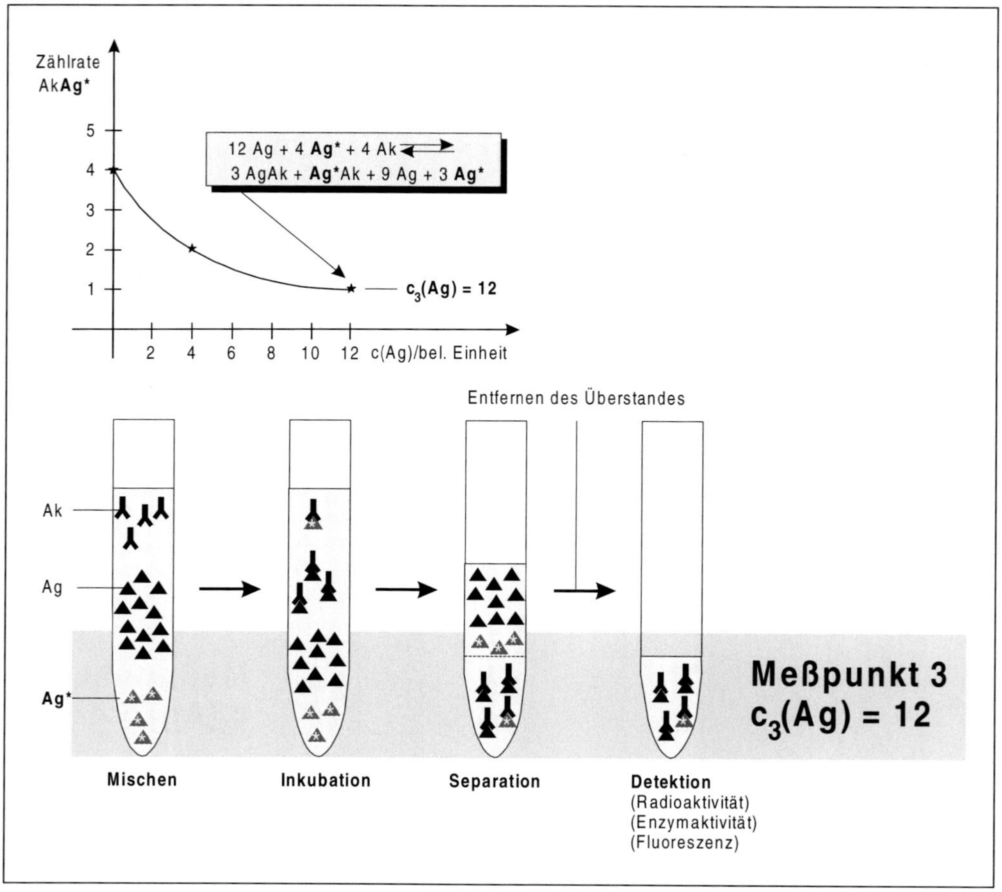

Abb. 20.62: Meßpunkt 3 der Standardkurve. Bei gleichbleibender Konzentration von markiertem Antigen Ag* und Antikörper Ak ist die Anzahl der unmarkierten Antigene auf 12 angestiegen. Das Verhältnis Ag zu Ag* ist nun 4 zu 1, d. h. die Zählrate sinkt auf 25 % des Ausgangswertes c_1(Ag).

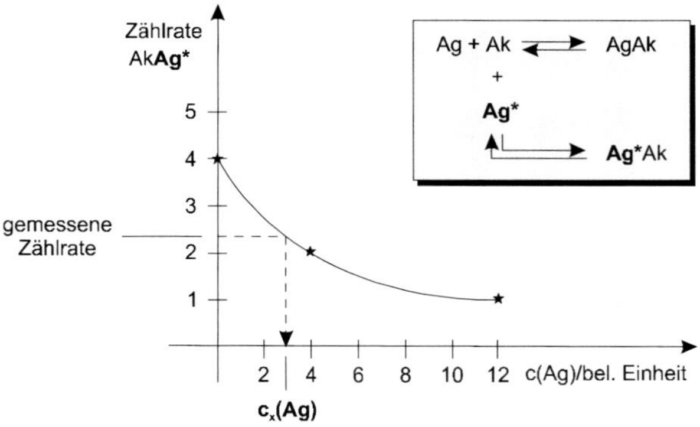

Abb. 20.63: Die Ermittlung eines Patientenwertes mit der Antigenkonzentration c_x(Ag). Das Vorgehen entspricht genau dem der Standardproben, nur ist hier jetzt die Konzentration des Antigens unbekannt. Die Konzentrationen c(Ag*) und c(Ak) entsprechen nach wie vor denjenigen der Standardkurvenerstellung in den Abb. 20.60 bis Abb. 20.62. Nach Messung der Radioaktivität oder der Fluoreszenz- bzw. Lumineszenzintensitäten (Zählraten) wird c_x(Ag) auf der Abzisse des Standardkurvendiagramms abgelesen.

20.13.3 Der immunometrische Assay („Sandwich-Assay")

Ein konstantes Merkmal immunometrischer Assays ist eine Festphase, beispielsweise die Röhrchenwand, an der ein 1. Antikörper (Ak) für das zu bestimmende Antigen oder umgekehrt ein Antigen (Ag) für einen zu bestimmenden Antikörper (Ak) gebunden sind.

In Abb. 20.64 ist der klassische Sandwich- oder Antigen capture assay gezeigt, bei dem an der Festphase Antikörper gebunden sind und wie er in Form des IRMA, ILMA oder ELISA realisiert ist. Hierbei befindet sich der Antikörper im Überschuß und vermag das ganze, der Probe entstammende und zu bestimmende Antigen Ag zu binden. Dieses Antigen muß ein zweites Epitop besitzen, an dem nun ein markierter Zweitantikörper Ak* binden kann (Ausbildung eines Ak-Ag-Ak*-Sandwiches). Je höher die Antigenkonzentration in der Probe ist, umso intensiver fällt auch das Signal der proportional dazu gebundenen Zweitantikörper Ak* aus. Im mittleren Teil der Abbildung ist Antigen Ag an die Festphase gebunden, so daß es sich hier um einen Sandwich-Assay zum Antikörpernachweis handelt (Antibody capture assay). Der Zweitantikörper ist ein Anti-Humanglobulin, d. h. der erste (humane) Antikörper fungiert als sein Antigen. Die Menge des derart gebunden Antikörpers Ak* ist proportional der zu bestimmenden Antikörperkonzentration c(Ak) in der Probe.

Dieses Prinzip findet z. B. in der Hepatitis-Diagnostik Verwendung, wobei HBsAg-Anti-HBsAg und HBsAg* einen Sandwich konstituieren.

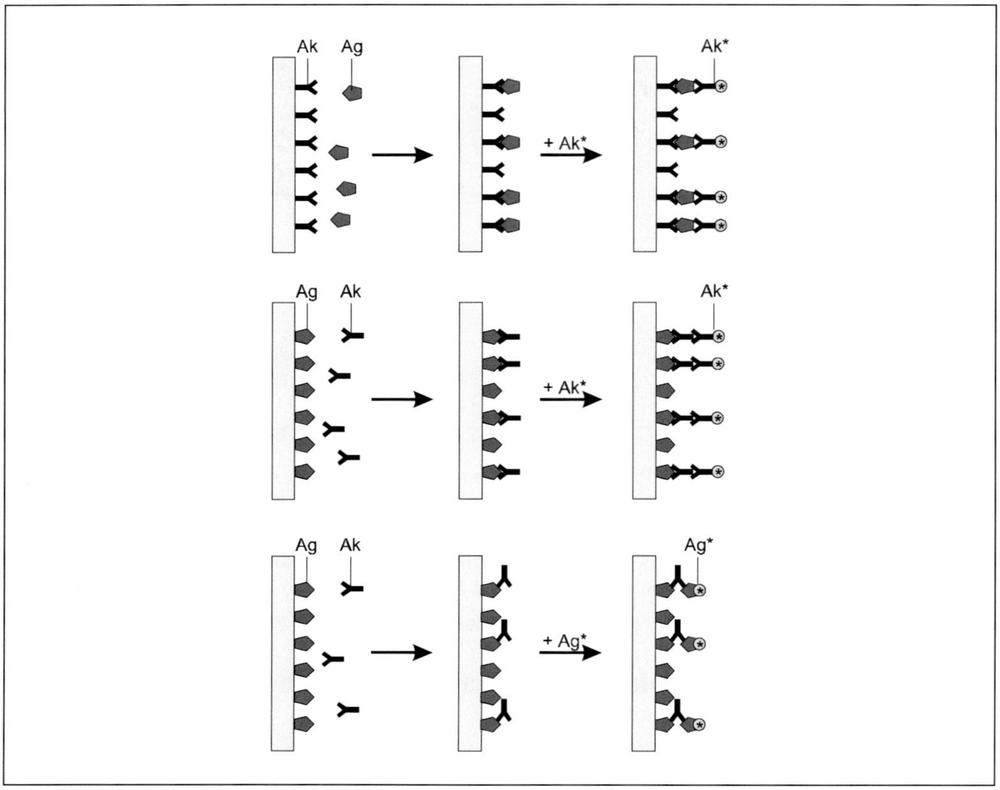

Abb. 20.64: Prinzip des immunometrischen Assays. Dargestellt sind nur Festphasenreaktionen, so daß der beim kompetitiven Assay erforderliche Trennschritt entfällt. Im Gegensatz zu diesem wird beim immunometrischen Assay überwiegend mit markierten Antikörpern Ak* gearbeitet, es sei denn, es sollen bestimmte Antikörper in Körperflüssigkeiten nachgewiesen werden (unteres Drittel der Abbildung). Nachgewiesen wird in diesem Fall ein Antikörper, der ein Ag-Ak-Ag*-Sandwich ausbildet.

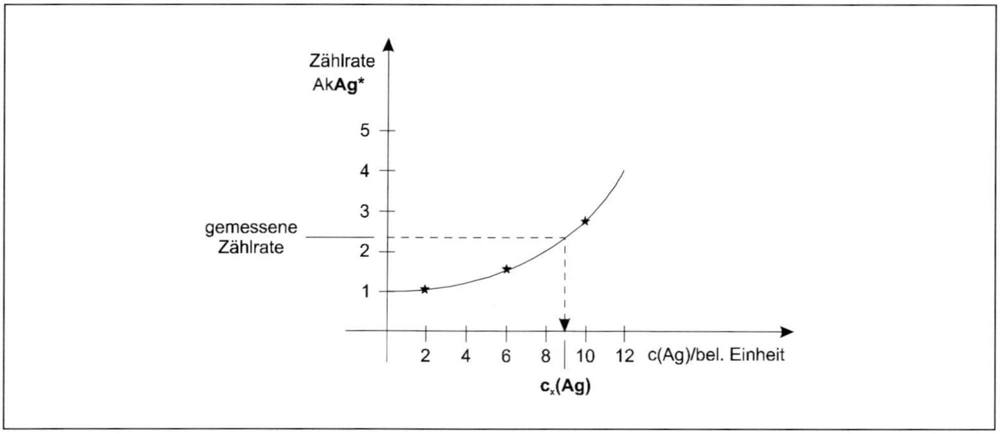

Abb. 20.65: Die Ermittlung eines Patientenwertes der Antigenkonzentration $c_x(Ag)$ mit einem Immunometrischem Assay.

20.13.4 Trennverfahren

Eines der wichtigsten Trennverfahren besteht darin, den Antikörper einfach an eine **Festphase** zu binden. Dies kann im einfachsten Fall die Wand des Reagenzröhrchens sein, in dem die Immunreaktion des Assays abläuft. Weil es sich hier um eine Beschichtung des Reaktionsgefäßes handelt, wird diese Technik englisch auch als „Coated tube"-Verfahren bezeichnet (Abb. 20.58 oben). Nach der Inkubation wird hier durch Dekantieren (ausschütten) des flüssigen Inhalts mit anschließendem Waschschritt getrennt, wobei das gebundene Antigen an der Gefäßwandung zurückbleibt. Die Festphase kann aber auch aus latexbeschichten, **magnetischen Partikeln** bestehen, an denen die Antikörper gebunden sind. Nach erfolgter Immunreaktion wird der Immunkomplex unter Einfluß eines Magnetfeldes aus der Reaktionslösung entfernt.

Schließlich kann der gebildete Immunkomplex durch einen zweiten, zeitversetzt zugefügten **Zweitantikörper**, der immunologisch gegen der ersten gerichtet ist, spezifisch ausgefällt werden. Dieses Präzipitat wird dann durch Zentrifugation abgetrennt.

20.13.5 Detektionsverfahren

Ursprünglich wurde nur radioaktiv markiert, wobei sich das Element Iod in Form von ^{125}I oder ^{131}I aufgrund seiner Affinität zu Tyrosin besonders anbot:

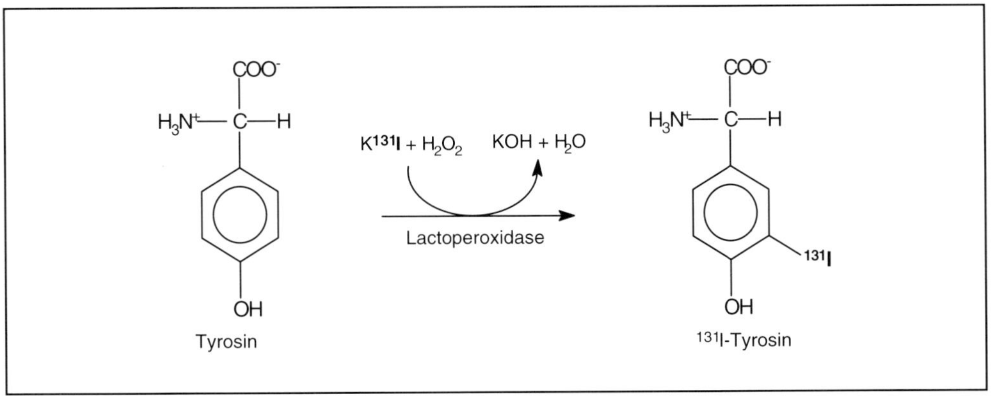

Abb. 20.66: Markierung von Tyrosin mit ^{131}I zu ^{131}Iodtyrosin nach der Lactoperoxidase-Methode. Heute wird ^{125}I bevorzugt, ein γ-Strahler mit einer Halbwertszeit von 60 Tagen.

Natürlich ergeben sich bei der Verwendung radioaktiver Nukliden eine Reihe von Problemen, so z. B. die Kontaminationsgefahr und die Entsorgung. Zudem kann es zur Autoradiolyse kommen, d. h. der markierte Antikörper oder das markierte Antigen werden unter der radioaktiven Bestrahlung chemisch instabil und ändern ihre Struktur. Man hat daher nach neuen Markierungsmöglichkeiten gesucht, wobei die Sensitivität des RIA erreicht oder überboten werden mußte. Hierbei konnten sich folgende Methoden etablieren:

- **Markierung mit Enzymen**
- **Markierung mit lumineszierenden Molekülen**
- **Markierung mit fluoreszierenden Molekülen**

Bevor wir uns den einzelnen Prinzipien zuwenden, wollen wir noch die Nachweisgrenzen der verschiedenen Verfahren im Vergleich zum RIA betrachten:

Tabelle 20.7: Erforderliche Mindeststoffmenge eines Analyten (z. B. eines Hormons) für den Nachweis durch das angegebene immunobiochemische Meßverfahren.

Marker	Nachweisgrenze in mol
^{125}Iod	10^{-18}
^{3}Wasserstoff (Tritium)	10^{-16}
Enzym (photometrischer Nachweis)	10^{-15} bis 10^{-16}
Fluoreszierende Moleküle	10^{-18} bis 10^{-20}
Lumineszierende Moleküle	10^{-17} bis 10^{-20}

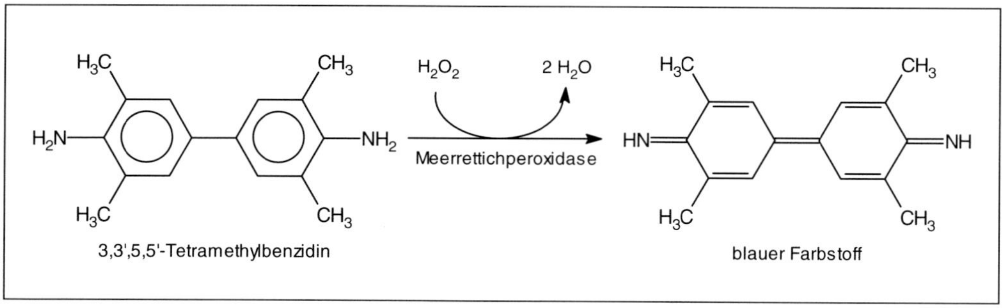

Abb. 20.67: Beispiel für eine Enzymreaktion, die beim EIA oder ELISA genutzt wird. Der blaue Farbstoff kann photometrisch bestimmt werden.

Immunoassays mit einem Enzym als „Label“ (label engl. Etikett) werden gemeinhin als **Enzymimmunoassays EIA** bezeichnet. Sowohl Antigene als auch Antikörper lassen sich auf diese Weise markieren. Sind sie dabei an eine feste Phase gebunden, z. B. an der Röhrchenwand oder an die Oberfläche einer Kunststoffkugel, so spricht man von einem **E**nzyme **l**inked **i**mmunsorbent **a**ssay **ELISA**. Als Enzyme für diese Methoden stehen heute die **Alkalische Phosphatase** und die **Meerrettichperoxidase** im Vordergrund. Beiden ist gemeinsam, daß sie ihr farbloses Substrat in ein farbiges Produkt umwandeln, das sich photometrisch erfassen läßt.

Chemisch angeregte Stoffe können mittels Oxidation durch Aussendung von Licht in einen stabilen Zustand zurückkehren. In der Natur kann man dies an Glühwürmchen, die in der Dämmerung leuchten, beobachten. Diesem Phänomen liegen biochemische Prozesse zu grunde, weswegen es auch **Biolumineszenz** genannt wird. Beteiligt sind daran Luziferin (das anzuregende Substrat), ATP, das Enzym Luziferase und Sauerstoff.

Die Detektion durch Luminophore („Lichtträger“) soll hier aber am Beispiel der **Acridiniumester**, die einer chemischen Oxidation unterliegen, erläutert werden. Man spricht dann analog zur Bio- von Chemilumineszenz, wobei die davon abgeleiteten Immunoassays als LIA oder ILMA bezeichnet werden. Die Chemilumineszenzreaktion der Acridiniumester dokumentiert Abb. 20.68. Im letzten Schritt, der eigentlichen Lumineszenzreaktion, emittiert das angeregte Molekül mit einem Maximum bei $\lambda = 426$ nm.

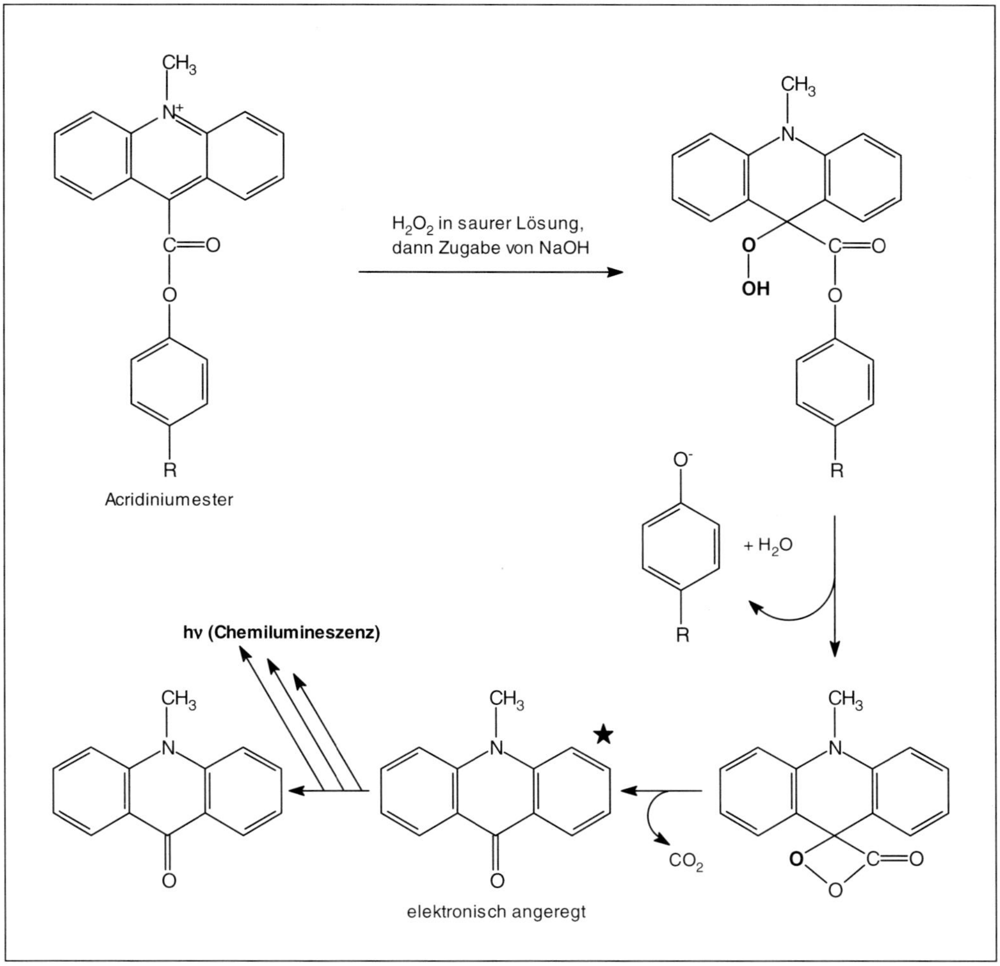

Abb. 20.68: Markierung mit lumineszierenden Stoffen am Beispiel der Acridiniumester. Diese werden an primäre Aminogruppen des zu markierenden Antikörpers gebunden. Diese Aminogruppen sind meist nicht essentiell für antigenbindende Eigenschaften. Zunächst wird Wasserstoffperoxid mit Salpetersäure zugeben, also ein saures Milieu erzeugt. Dies ist für die Stabilität des Esters notwendig, da sonst die Zugabe von OH^--Ionen zur Ausbildung einer nichtreaktiven Form des Esters führen würde. Bei niedrigem pH-Wert greifen jedoch Wasserstoffperoxidanionen HOO^- den Ester an, der unter Abspaltung von Wasser, einem Phenolderivat und CO_2 in einen angeregten Zustand überführt wird. Dieser, ein sogenanntes N-Methyl-acridon, stabilisiert sich unter Abgabe eines Photons (hν).

Gegenüber der radioaktiven Markierung weist das Chemilumineszenzverfahren einige Vorteile auf. So besitzen mit Acridiniumestern markierte Antigene bzw. Antikörper eine höhere „Signalausbeute" als der RIA/IRMA, d. h. von der Gesamtzahl der markierten Moleküle ist ein größerer Anteil tatsächlich „aktiv" und emittiert Licht (beim RIA/IRMA γ-Strahlung). Weiterhin sind Acridiniumester stark lumineszent, was sich in der niedrigen Nachweisgrenze von ca. 10^{-18} mol niederschlägt. Darüberhinaus sind diese Ester aufgrund ihrer niedrigen Aktivierungsenergie unter milden Oxidationsbedingungen ohne Katalysator einsetzbar. Mit ihnen sind kurze Meßzeiten erreichbar, da innerhalb von 2 Minuten 95 % alle emittierten Photonen erfaßt werden können.

Ist das „Label“ ein fluoreszierendes Molekül, so handelt es sich um ein **Fluoreszenzimmunoassay FIA**. Solche Teilchen, auch Fluorophore genannt, werden durch Lichteinstrahlung angeregt, indem vereinfacht ausgedrückt Elektronen auf ein höheres Energieniveau gehoben werden. Dieser Zustand der Anregung dauert ca. 10^{-9} Sekunden. Danach „fallen“ die Elektronen wieder in den Grundzustand zurück, wobei einer Sekundärstrahlung, die Fluoreszenz, emittiert wird. Die Sekundärstrahlung ist gegenüber der primären Anregungsstrahlung um etwa 30 bis 50 nm langwelliger, d. h. energieärmer. Diese Emissionsstrahlung (Fluoreszenz) wird durch geeignete Detektoren gemessen.

Tabelle 20.8: Anregungs- und Emissionswellenlängen zweier Fluorophore, die in der immunologischen Diagnostik (Lymphozytentypisierung oder Immunfluoreszenzmikroskopie) Anwendung finden. Beim FIA wird heute bevorzugt ein anderes Fluorophor verwendet, das 4-Methylumbelliferon.

Fluoreszenzfarbstoff	**Anregungslicht Primärstrahlung**	**Emittiertes Licht Sekundärstrahlung**
Fluorescein-Isothiocyanat FITC	blau, Maximum 500 nm	grün, Maximum 525 nm
Phycoerythrin	blau, Maximum 488 nm	orange, Maximum 578 nm

20.14 Immundiffusion nach MANCINI

Bei der einfachen radialen Immundiffusion trägt man die Probe mit unbekannter Antigenkonzentration in eine Vertiefung des Agargels, das in räumlich konstanter Konzentration antigenspezifische Antikörper enthält. Am Startpunkt aufgetragenes Antigen diffundiert nun radial in das umliegende Agarosegel, wobei es zusehends verdünnt wird und mit den im Gel befindlichen Antikörpern reversibel Immunkomplexe ausbildet. Bei einem bestimmten Antigen-Antikörper-Konzentrationsverhältnis wird der Komplex jedoch so groß, daß er irreversibel präzipitiert (ausfällt) und einen weißlichen Präzipitatring ausbildet. Die Fläche bzw. der Durchmesser dieses Ringes ist proportional zur Antigenkonzentration, so daß sich mit Hilfe einer Eichgeraden das Antigen quantifizieren läßt.

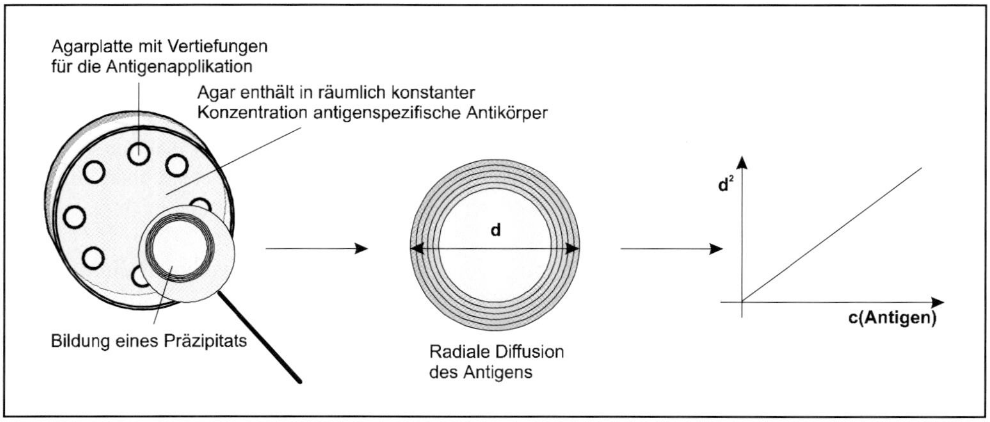

Abb. 20.69: Prinzip und Auswertung der radialen Immundiffusion nach MANCINI.

20.15 Literatur

(1) Albrecht, S. et al.: Chemilumineszenz am Rande der Jahrtausendwende - von der Jahrmarktskuriosität zum unentbehrlichen Werkzeug der Laboratoriumsdiagnostik. S. 191 - 204. J. Lab Med 21 (4) (1997).

(2) Butz, H., Stangl, A.: Fertilität und Schwangerschaft: Diagnose und Überwachung mit Hilfe von Chemilumineszenz-Immunoassays. Diagnostica Nachrichten 8, S. 4 - 6. (1991).

(3) Klein, J. et al.: Immunology. Blackwell Science. 2nd Ed. (1997).

(4) Ludwig, H.: Die Behandlung des Multiplem Myeloms. Onkologie 5, S. 307 – 314 (1999)

(5) Peters, J. H., Baumgarten, H.: Monoklonale Antikörper. Springer Verlag. 2. Auflage (1990).

(6) Theory and practice in radioimmunoassay. RIA today. LKB Wallace (1984).

(7) Thomas, L.: Labor und Diagnose. S. 1821 - 1833. Medizinische Verlagsgesellschaft Marburg. 4. Auflage (1992).

(8) Yalow, R. S., Berson, S. A.: Immunoassay of endogenous plasma insulin in man. J. Clin. Invest. 39, 1157 (1960).

21 Anhang

21.1 Logarithmisches Rechnen

Der Logarithmus einer Zahl n ist derjenige Exponent b, mit dem die Basis a potenziert werden muß, um n zu erhalten:

$$n = a^b \tag{21.1}$$

$$b = \log_a n \tag{21.2}$$

Nun ist „log" der Logarithmus zur einer beliebigen Basis a (also z. B. a = 5 oder a = 2,4). Daneben spielen zwei spezielle Logarithmen eine große Rolle, nämlich der dekadische - lg zur Basis 10 und der natürliche Logarithmus ln zur Basis e, wobei e die EULERsche Zahl

$$e = 2{,}718282 \tag{21.3}$$

ist. Somit können wir als Definitionen formulieren:

$$\lg n = \log_{10} n \tag{21.4}$$

$$\ln n = \log_e n \tag{21.5}$$

Für die Umrechnung der beiden wichtigen Logarithmen gilt:

$$\begin{aligned} \ln n &= 2{,}302 \cdot \lg n = \ln 10 \cdot \lg n \\ \lg n &= 0{,}434 \cdot \ln n = \lg e \cdot \ln n \end{aligned} \tag{21.6}$$

Durch Logarithmieren erniedrigt sich die Rechenart um eine Stufe, so z. B. vom Multiplizieren zum Addieren:

$$\lg(n \cdot m) = \lg n + \lg m \tag{21.7}$$

$$\lg\left(\frac{n}{m}\right) = \lg n - \lg m \tag{21.8}$$

$$\lg n^m = m \cdot \lg n \tag{21.9}$$

$$\lg \sqrt[m]{n} = \frac{1}{m} \cdot \lg n \tag{21.10}$$

Speziell sollte man sich merken:

$$\lg 10 = \ln e = 1 \quad (21.11)$$

$$\lg 1 = \ln 1 = 0 \quad (21.12)$$

21.2 Größen, Einheiten und Konstanten

Das internationale Einheitensystem Système International d'Unites SI kennt sieben Basisgrößen mit ihren Einheiten, von denen sich alle anderen Einheiten und Größen durch Division bzw. Multiplikation dieser Basisgrößen und -einheiten ableiten lassen:

Tabelle 21.1: Die SI-Basisgrößen und Ihre Einheiten.

SI-Basisgrößen		SI-Basiseinheiten	
Basisgröße	**Größensymbol**	**Basiseinheit**	**Einheitensymbol**
Masse	m	Kilogramm	kg
Länge	s	Meter	m
Zeit	t	Sekunde	t
Temperatur	T	Kelvin	K
Stromstärke	I	Ampere	A
Stoffmenge	n	Mol	mol
Lichtstärke	I	Candela	Cd

Tabelle 21.2: Abgeleitete SI-Einheiten und ihre Größen.

Abgeleitete Größe		Abgeleitete SI-Einheit		
Name	**Symbol**	**Name**	**Symbol**	**Definition**
Fläche	A	Quadratmeter		m^2
Volumen	V	Kubikmeter		m^3
Dichte	ρ			$kg \cdot m^{-3}$
Geschwindigkeit	v			$m \cdot s^{-1}$
Beschleunigung	a			$m \cdot s^{-2}$
Frequenz	ν	Hertz	Hz	s^{-1}
Kraft	F	Newton	N	$kg \cdot m \cdot s^{-2}$
Arbeit, Energie	W, E	Joule	J	$N \cdot m$
Leistung	P	Watt	W	$J \cdot s^{-1}$
Druck	p	Pascal	Pa	$N \cdot m^{-2}$
Wärmemenge	Q	Joule	J	$N \cdot m$
Molare Masse	M			$kg \cdot mol^{-1}$
Molares Volumen	V_m			$m^3 \cdot mol^{-1}$
Konzentration	c			$mol \cdot m^3$
Katalytische Aktivität	A	Katal	kat	$mol \cdot s^{-1}$
Entropieänderung	ΔS			$J \cdot K^{-1}$
Elektrische Ladung	Q	Coulomb	C bzw. As	$A \cdot s$
Elekrische Spannung	U	Volt	V	$J \cdot A^{-1} \cdot s^{-1}$
Elektrischer Widerstand	R	Ohm	Ω	$V \cdot A^{-1}$
Elektrischer Leitwert	G	Siemens	S	Ω^{-1}
Radiologische Aktivität	A	Becquerel	Bq	s^{-1}
Energiedosis	D	Gray	Gy	$J \cdot kg^{-1}$
Äquivalentdosis	H	Sievert	Sv	$J \cdot kg^{-1}$

Um nicht mit zu großen Zahlen umgehen zu müssen, werden im SI-System bestimmte Vorsätze (Präfixe) verwendet. Die Präfixe Dezi (10^{-1}), Zenti (10^{-2}) sowie Deka (10^{1}) und Hekto (10^{2}) sollen dabei vermieden werden. Neben dem SI-System sind einige nichtkonforme Einheiten gängig, die als Vielfache von entsprechenden SI-Einheiten aufgefaßt werden können.

Tabelle 21.3: SI-Dezimalvorsätze. Beachte, daß das Kilogramm als einzige SI-Einheit bereits ein Vorzeichen beinhaltet. Multiplikatoren für die Einheit der Basisgröße Masse werden daher von der Einheit Gramm g abgeleitet.

		SI-Dezimalvorsätze			
Multiplikator	**Vorsatz**	**Präfix**	**Multiplikator**	**Vorsatz**	**Präfix**
10^{-3}	Milli	m	10^{3}	Kilo	k
10^{-6}	Mikro	µ	10^{6}	Mega	M
10^{-9}	Nano	n	10^{9}	Giga	G
10^{-12}	Piko	p	10^{12}	Tera	T
10^{-15}	Femto	f	10^{15}	Peta	P
10^{-18}	Atto	a	10^{18}	Exa	E

Tabelle 21.4: Einheiten, die nicht zum SI-System zählen, aber dennoch breite Verwendung finden.

Größe		**Einheit**		
Name	**Symbol**	**Name**	**Symbol**	**Definition**
Länge	s	Ångström	Å	10^{-10} m
Volumen	V	Liter	l	10^{-3} m^3
Masse	m	Tonne	t	10^{3} kg
Druck	p	Bar	bar	10^{3} Pa
Temperatur	ϑ	Grad Celsius	°C	1 °C K^{-1} T - 273,15 °C

Neben den in Tabelle 21.4 genannten trifft man bisweilen auf alte Einheiten, die heute nicht mehr genutzt werden sollen:

Tabelle 21.5: Alte Einheiten, von deren Verwendung abgeraten wird (nicht gesetzliche Einheiten). Diese Einheiten dürfen offiziell nicht mehr genutzt werden. Insbesondere der Einheit mmHg wird man jedoch im medizinischen Bereich immer wieder begegnen. Aber auch hier wäre im Zuge der Vereinheitlichung und Vereinfachung der Einheitenumrechnung eine konsequente Einführung der SI-Einheit Pascal wünschenswert.

Größe		**Nicht gesetzliche Einheit**		
Name	**Symbol**	**Name**	**Symbol**	**Definition**
Länge	s	Ångström	Å	10^{-10} m
Druck	p	Torr, mmHg	mmHg	133,3 Pa
Energie	E	Kalorie	cal	4,1868 J
Leistung	P	Pferdestärke	PS	735,5 $J \cdot s^{-1}$

Einige Naturkonstanten spielen in Physik, Chemie und Biochemie eine bedeutende Rolle. Sie sollen daher an dieser Stelle aufgeführt werden. Sie werden grundsätzlich in SI-Einheiten angegeben. Alle Werte wurden auf vier Stellen nach dem Komma gerundet:

Tabelle 21.6: Wichtige Naturkonstanten.

Wichtige Naturkonstanten			
Konstante	**Symbol**	**Zahlenwert/Einheit**	**Definition**
Lichtgeschwindigkeit	c	$2{,}9979 \cdot 10^{8}$ m·s^{-1}	
Elementarladung	e	$1{,}6022 \cdot 10^{-19}$ C	
Atomare Masseneinheit	u	$1{,}6606 \cdot 10^{-27}$ kg	
Masse des Protons	m_p	$1{,}6726 \cdot 10^{-27}$ kg	
Masse des Elektrons	m_e	$9{,}1095 \cdot 10^{-31}$ kg	
Masse des Neutrons	m_n	$1{,}6749 \cdot 10^{-27}$ kg	
Standard-Fallbeschleunigung	g	$9{,}8067$ m·s^{-2}	
PLANCK-Konstante	h	$6{,}6262 \cdot 10^{-24}$ J·s	
AVOGADRO-Konstante	N_A	$6{,}0221 \cdot 10^{23}$ mol^{-1}	
FARADAY-Konstante	F	$9{,}6485 \cdot 10^{4}$ C·mol^{-1}	$F = N_A \cdot e$
Gaskonstante	R	$8{,}3144$ J·mol^{-1}·K^{-1}	$R = N_A \cdot k$
BOLTZMANN-Konstante	k	$1{,}3807 \cdot 10^{23}$ J·K^{-1}	$k = R \cdot N_A^{-1}$
Elektrische Feldkonstante	ε_0	$8{,}8542 \cdot 10^{-12}$ C·V^{-1}·m^{-1}	
Absoluter Nullpunkt	T_0	0 K bzw. - 273,15 °C	
Molares Standardvolumen	V_0	$2{,}2414 \cdot 10^{-3}$ m^{3}·mol^{-1}	

Tabelle 21.7: Wichtige Säure- und Basekonstanten. Beachte: $pK_S + pK_B$ ergeben immer 14.

pK_S-Wert	Säure	Base	pK_B-Wert
- 1,74	H_3O^+	H_2O	15,74
- 1,32	HNO_3	NO_3^-	15,32
- 0,08	CCl_3COOH	CCl_3COO^-	14,08
0,00	$HClO_3$	ClO_3^-	14,00
1,25	HOOC-COOH	HOOC-COO$^-$	12.75
1,92	HSO_4^-	SO_4^{2-}	12,08
1,92	Maleinsäure	Maleinat	12,08
1,96	H_3PO_4	$H_2PO_4^-$	12,04
2,00	EDTA (freie Säure)	EDTA$^-$	12,00
2,85	Malonsäure	Malonat$^-$	11,15
2,96	Weinsäure	Tartrat$^-$	11,04
3.02	Fumarsäure	Fumarat$^-$	10,98
3,10	Citronensäure	Citrat$^-$	10,90
3,75	H-COOH	H-COO$^-$	10,25
3,89	Milchsäure	Lactat	10,11
4,18	Bernsteinsäure	Succinat$^-$	9.82
4,28	HOOC-COO$^-$	$^-$OOC-COO$^-$	9,72
4,75	H_3C-COOH	H_3C-COO$^-$	9,25
6,52	H_2CO_3	HCO_3^-	7,48
6,92	H_2S	HS^-	7,08
7,12	$H_2PO_4^-$	HPO_4^{2-}	6.88
9,25	NH_4^+	NH_3	4,75
9,40	HCN	CN^-	4,60
10,40	HCO_3^-	CO_3^{2-}	3.60
12,32	HPO_4^{2-}	PO_4^{3-}	1,68
15,74	H_2O	OH^-	- 1,74

21.3 Lokalisation der Stoffwechselwege in der Zelle

Tabelle 21.8: Stoffwechselwege und ihre Lokalisation. Beachte die Bedeutung der Leber als Organlokalisation! ER bedeutet Endoplasmatisches Retikulum.

Stoffwechselweg	Eingangs substrat	Intrazelluläre Lokalisation	Organlokalisation	Kapitel
		Abbauwege		
Glykolyse	Glucose	Cytoplasma	ubiquitär	7
β-Oxidation	Acyl-CoA	Mitochondrium	ubiquitär (außer Gehirn)	9
Citratzyklus	Acetyl-CoA	Mitochondrium, Matrix	ubiquitär (außer Erythrozyt)	8
Atmungskette	NADH, $FADH_2$	Mitochondrium, Membran	ubiquitär (außer Erythrozyt)	8
LYNEN-Zyklus	Acetyl-CoA	Mitochondrium	Leber	9
Biotransformation	Hormone Pharmaka	Cytoplasma, ER	Leber (Darm, Niere)	5
		Synthesen		
Gluconeogenese	Oxalacetat	Cytoplasma, Mitochondrium, ER	Leber und Niere	7
Pentosephosphatweg	Glucose-6-phosphat	Cytoplasma	Leber, Fettgewebe, Mamma	7
Fettsäuresynthese	Acetyl-CoA	Cytoplasma	Leber, Fettgewebe	9
Cholesterolsynthese	Acetyl-CoA	Cytoplasma, ER	Leber, Gonaden, Darmmucosa, Nebennierenrinde	6
Hämsynthese	Glycin Succinyl-CoA	Cytoplasma, Mitochondrium	Leber, Knochenmark	8
Harnstoffzyklus	CO_2, NH_3	Cytoplasma, Mitochondrium	Leber	10

21.4 Etymologie

Nachfolgend gelten als Abkürzungen: eng. für englisch, f. für französisch, gr. für griechisch und lat. für Latein.

A

ab lat.	von
acetum lat	Essig
acidus lat.	sauer
ad lat.	zu, an, bei
aër, aëros gr.	Luft
agglutinare lat.	anleimen
albus lat.	weiß
allos gr.	anders
amnos gr.	Lamm
amphi gr	um, herum
ampulla lat.	kleine Flasche
amylon gr.	Stärke
anabainein gr.	aufsteigen
anapleroun gr.	auffüllen,
angeion gr.	Gefäß
antagonistes gr.	Gegner
ante lat.	vorn, vor
anti- gr.	gegen, wider entgegen
apex lat.	Spitze
aqua lat	Wasser
archaios gr.	uralt
arthron gr.	Glied
aureus lat.	golden
autos gr.	selbst, eigen, unmittelbar

axon gr.	Achse
azoté f.	Stickstoff

B

bacillum lat.	Stäbchen
bakterion gr.	kleiner Stab
ballein gr.	werfen
baros gr.	Schwere
basis gr.	Grundlage
bios gr.	Leben
bis lat.	zweimal
blastos gr.	Keim
bolos gr.	Wurf
bos, bovis lat	Rind
botulus lat.	Wurst, Darm
brevis lat	kurz

C

calor lat.	Wärme
carbo lat.	Kohle
chloros gr.	grünlichgelb
chole gr.	Galle
chondros gr.	Knorpel
chiton gr.	Gewand
chroma gr.	Farbe
chronos gr.	Zeit
chylos gr.	Saft, Nahrungssaft
circulare lat.	kreisen
classis lat.	Abteilung, Klasse
clavis lat.	Schlüssel
cluster eng.	Haufen, Gruppe
coagulare lat.	gerinnen lassen
coccum lat.	Kern, Beere
color lat.	Farbe
combinare lat.	vereinigen
competere lat	wetteifern
complere lat	auffüllen
confluere lat	zusammenfließen
coniungere lat	verbinden
conservare lat	bewahren
contaminare lat	verderben, berühren
cortex lat	Rinde

D

de lat.	von oben herab, von, von her
delere lat.	zerstören
derivare lat.	ableiten, -zweigen
derma gr.	Haut
detergere lat.	abwischen, reinigen
determinare lat.	bestimmen
deuteros gr.	der Zweite
dexter lat.	rechts
dia- gr.	auseinander, hindurch, zwischen
diabainein gr.	hindurchgehen
diagnosis gr.	Unterscheidung
diaita gr.	Lebensweise
dicha gr.	zweigeteilt
diffundere lat.	verbreiten, zerstreuen
dignitas lat.	Wertigkeit, Stellung
dilatare lat.	erweitern
diluere lat.	zerwaschen, auflösen
diplous gr.	zweifach
dis gr.	zweimal
dis- lat.	auseinander, zwischen
dispergere lat.	zerstreuen
disseminare lat.	aussähen
dissolvere lat.	auflösen

E

-eides gr.	gestaltig
eikosi gr.	zwanzig
ektos gr.	außerhalb
emulgere lat.	ausmelken
endon gr.	innen
enkephalos gr.	Gehirn
enteron gr.	Eingeweide, Darm
entos gr.	drinnen
epi- gr.	auf, darauf, darüber, über
ergon gr.	Werk, Tat
erythros gr.	rot
eu gr.	gut, normal, gesund, typisch
ex lat.	aus, heraus,
exitus lat.	Ausgang, Tod
extra lat.	außerhalb, außen

F

facere lat.	machen
facultas lat.	Möglichkeit
fermentum lat.	Hefe, Sauerteig
ferrum lat.	Eisen
fertilis lat.	fruchtbar
fibra lat.	Faser
filum lat.	Faden, Gewebe
fimbria lat.	Faden
flectere lat.	biegen

flos, floris	Blume, Blüte
fluor lat.	Fluß
focus lat.	Herd, Feuer, Brandstätte
forma lat.	Gestalt
fulmen lat.	Blitz
fungus lat.	Pilz
fusus lat.	Faden, Spindel

G

gamein gr.	vermählen
ganglion gr.	Knoten
gaster gr.	Magen
genesis gr.	Entstehung, Ursache
genus lat.	Geschlecht, Art
gestus lat.	Trächtigkeit
globus lat.	Kugel
glomus lat.	Knäuel
glykys gr.	süß
granum lat.	Korn
graphein gr.	schreiben
griseus lat.	grau
gyne, gynaikos gr.	Frau
gyros gr.	Ring, Kreis

H

haploos gr.	einfach
haima gr.	Blut
helix gr.	Drehung, Spirale
hepta gr.	sieben
hermaaphroditos gr.	Zwitter
heteros gr.	der andere von beiden
hippos gr.	Pferd
histos gr.	Gewebe
holos gr.	ganz
homoios gr.	gleich, ähnlich
hyalos gr.	Glas
hybrida gr.	Mischling
hydor gr.	Wasser
hyper- gr.	übermäßig

I

iatros gr	Arzt
immunis lat.	unversehrt
inducere lat	hineinführen
inficere lat.	vergiften, hineinbringen
infra lat.	unterhalb
inhibere lat.	verhindern, bremsen
inserere lat.	einfügen
inter lat.	zwischen
intra lat.	innerhalb
in vitro lat.	im Glase, im Laborversuch
in vivo lat.	im Leben, natürlich
isos gr.	gleich

K

karoton gr.	Möhre
karyon gr.	Nuß, Kern
kata- gr.	herab
kentein gr.	stechen
kinein gr.	bewegen
konis gr.	Stab
kolla gr.	Leim
kryptein gr.	verbergen
kyanos gr.	blaue Farbe
kybos gr.	Würfel
kyklos gr.	Kreis
kystis gr.	Blase
kytos gr.	Höhlung, Zelle

L

laevus lat.	links
latere lat.	verborgen sein
latus, lateris lat.	Seite
latus lat.	breit
layer eng.	Schicht, Lage
leptos gr.	fein, dünn
letalis lat.	tödlich
leukos gr.	weiß
ligare lat.	binden
lipos gr.	Fett, Talg
lithos gr.	Stein
logos gr.	Wort, Lehre
lux lat.	Licht
lyein gr.	lösen

M

megas gr.	groß
mel, mellis lat	Honig
melas gr.	schwarz
meros gr.	Teil
membrana lat.	Häutchen
mesos gr.	der Mittlere
meta- gr.	nach, hinter, mitten
mikros gr.	klein
mitos gr.	Faden
mobilis lat.	beweglich
monos gr.	allein, einzeln
morphe gr.	Gestalt

mucor lat.	Schimmel, Moder
murus lat.	Wand, Mauer
mutatio lat.	Veränderung, Wechsel
mutare lat.	verändern
myelos gr.	Mark, Rückenmark
mykes gr.	Pilz
myon gr.	Muskel
myxa gr.	Schleim

N

neos gr.	neu
nephros gr.	Niere
neura gr.	Sehne
neuron gr.	Nerv
niger lat.	schwarz
nomos gr.	Gesetz
notare lat.	kennzeichnen
novus lat.	neu
nucleus lat.	Kern

O

oideam gr.	Schwellung
oides gr.	ähnlich
oikos gr.	Haus, Haushalt
oistros	Brunst
onkos gr.	Geschwulst
omnis lat.	ganz, jeder
oon gr.	Ei
operari lat.	arbeiten
organon gr.	Werkzeug
opsis gr.	Sehen
ouron gr.	Urin

P

par lat.	gleich, ähnlich
para gr.	neben, bei
parare lat.	(zu)bereiten
partiri lat.	teilen
pathos gr.	Leid, Leiden
pente gr.	fünf
peri- gr.	um, herum
permeare lat.	hindurchgehen
phagein gr.	fressen
phaios gr.	bräunlich, grau
phorein gr.	tragen
philos gr.	Freund
phobein	erschrecken
phos, photos gr.	Licht
phyle gr.	Stamm
physis, physeos gr.	Natur, Wuchs
phyton gr.	Pflanze
pilus lat.	Haar
pinein gr.	einsaugen
planus lat.	flach, eben
plasma gr.	Gebilde
plassein gr.	bilden, formen
plicare lat.	falten
pneuma gr.	Hauch
poiein gr.	machen, bewirken
polys gr.	viel
potens lat.	mächtig, kräftig
pous, podos gr.	Fuß
promotor lat.	Vermehrer
progredi lat.	vorwärts-, weitergehen
protos gr.	erster
pseudein gr.	täuschen
ptyalon gr.	Speichel
purpureus lat.	purpurfarben
pyon gr.	Eiter
pyr, pyros gr.	Feuer

Q

quantitas lat.	Menge
quintus lat.	der Fünfte

R

racemus lat.	Beere, Traube
radius lat.	Stab, Strahl
ramus lat.	Ast, Zweig
raphe gr.	Naht
re- lat.	zurück-, wieder
recipere lat.	empfangen, aufnehmen
regenerare lat.	erneuern
repellere lat.	zurückstoßen
reprimere lat.	hemmen, zurückdrängen
resistere lat.	widerstehen
restringere lat.	beschränken
reticulum lat.	Netz
revertere lat.	zurückkehren
rhabdos gr.	Stab
rhage gr.	Riß
ruber, rubrum lat.	rot

S

sal lat.	Salz
saliva lat.	Speichel
sapros gr.	verfault
schizein gr.	spalten
to screen eng.	durchsieben
secretio lat.	Absonderung
selectio lat.	Auswahl, Auslese
semi lat.	halb

sensus lat.	Sinn, Gefühl
sexus lat.	Geschlecht
shuttle eng.	pendeln
sideros gr.	Eisen
sinus lat.	Bucht, Busen
skleros gr.	hart, rauh
skopein gr.	betrachten
soma gr.	Körper
speira gr.	Windung
sphaira gr.	Kugel
spira lat.	Windung
spirare lat.	atmen
spongia lat.	Schwamm
staphyle gr.	Traube
stear gr.	Talg
stele gr.	Säule
stereos gr.	räumlich, fest
sterilis lat.	unfruchtbar
stare lat.	stehen
stingere lat.	zusammenziehen
stratum lat.	Schicht
stroma gr.	Unterlage
subtilis lat.	fein, dünn
supplere lat.	auffüllen, ergänzen
supprimere lat.	unterdrücken
symbiosis gr.	Zusammenleben
syn gr.	zusammen
synapsis gr.	Verbindung

T

tachys gr.	schnell
taxis gr.	Ordnung, Stellung
telos gr.	Ende
temperare lat.	mäßigen
tetanos gr.	Spannung
theion gr.	Schwefel
thermos gr.	warm
thrombos gr.	Klumpen, Gerinnsel
trichos gr.	Haar
thylakos gr.	Sack
thyreos gr.	Schild
tolerare lat.	ertragen
tome gr.	Schnitt
tonos gr.	Spannung
topos gr.	Ort
toxikon gr.	Pfeilgift
transcribere lat.	umschreiben
transducere lat.	hinüberführen
transire lat.	hinübergehen
transferre lat.	übertragen
transformare lat.	umwandeln
transplantare lat.	verpflanzen
transmittere lat.	übertragen, übermitteln
transponere lat.	hinübersetzen
treis, tria gr.	drei
trepein gr.	wenden
triplex lat.	dreifach
trophe gr.	Nahrung
tryptein gr.	zerreiben, zermalmen
tubulus lat.	kleine Röhre
tumor lat.	Geschwulst
typhos gr.	Fieber
typos gr.	Form

U

ubique lat.	überall
ultra lat.	jenseits
undula lat.	kleine Welle
uterus lat.	Gebärmutter
utilis lat.	nützlich
uva lat.	Traube

V

valere lat.	wert sein, gelten
variare lat.	verändern
vector lat.	Träger
ventriculus lat.	kleiner Bauch
vertere lat.	wenden
vesicula lat.	Bläschen
viridis lat.	grün
virus lat.	Gift
vita lat.	Leben
vitrum lat.	Glas
vivus lat.	lebend, lebendig

X

xanthos gr.	gelb
xeros gr.	trocken

Z

zoon gr.	Tier
zyme gr.	Hefe, Sauerteig
zygos gr.	Joch, Brücke

22 Register

Druck: Mercedes-Druck, Berlin
Verarbeitung: Buchbinderei Lüderitz & Bauer, Berlin